The Lilies

Lilien · Les Liliacées

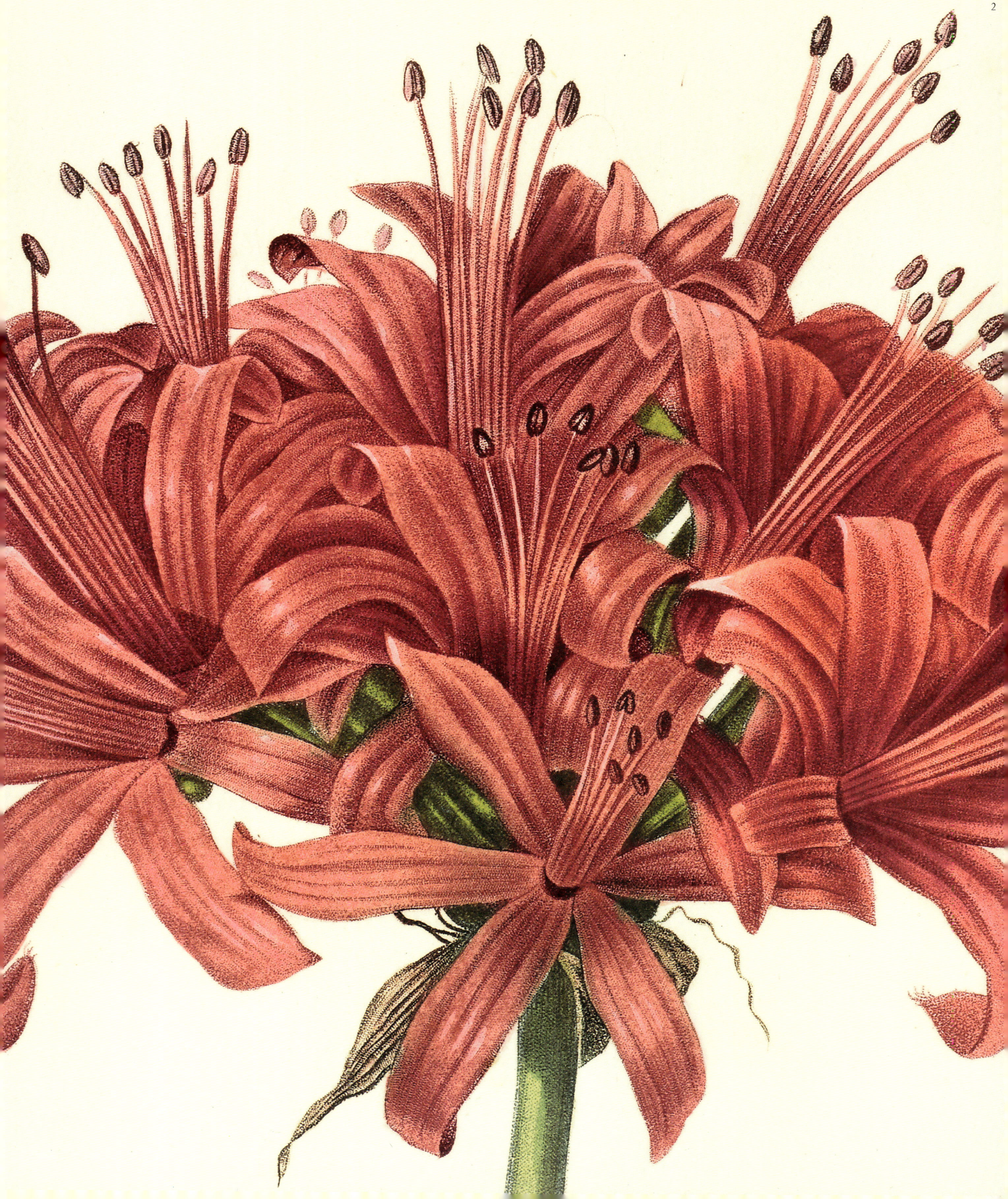

The Lilies

Lilien · Les Liliacées

PIERRE-JOSEPH
REDOUTÉ 1759–1840

TASCHEN
KÖLN LONDON MADRID NEW YORK PARIS TOKYO

Acknowledgements | Danksagung | Remerciements

The copy used for printing belongs to the manuscript department of the university library in Tübingen. We thank the library's employees for their friendly assistance. Thanks is also due to Ute and Dietrich Müller-Doblies for their botanical researches on this volume.

Der Druck erfolgte nach dem Exemplar in der Universitätsbibliothek Tübingen, Handschriftenabteilung. Wir danken den Mitarbeitern der Bibliothek für die freundliche Unterstützung. Dank gebührt Ute und Dietrich Müller-Doblies für die wissenschaftliche Bearbeitung des vorliegenden Bandes.

L'impression a été effectuée d'après l'exemplaire de la bibliothèque universitaire de Tübingen, département des manuscrits. Nous remercions le personnel de la bibliothèque pour son aimable soutien. Nous tenons également à remercier Ute et Dietrich Müller-Doblies pour les recherches botaniques effectuées sur cet ouvrage.

www.taschen.com

Photographs by Kurt Henseler, Tübingen

Project management Petra Lamers-Schütze, Cologne
Editing Thierry Nebois, Cologne
Botanical editing Kerstin Walter, Aachen
Layout Claudia Frey, Cologne
Cover design Angelika Taschen, Cologne
Production Ute Wachendorf, Cologne
English translation Harriet Horsfield in association with First Edition Translations Ltd., Cambridge, UK
French translation Annie Berthold, Düsseldorf (Petra-Andrea Hinz)
Wolf Fruhtrunk, Paris (Werner Dressendörfer)

ISBN 3–8228–6407–2
Printed in Spain

Contents | Inhalt | Sommaire

Pierre-Joseph Redouté:

Pierre-Joseph Redouté: Leben und Werk

Life and Work

Pierre-Joseph Redouté : Vie et Œuvre

PETRA-ANDREA HINZ

Pierre-Joseph Redouté was born on 10 July 1759 in St Hubert near Liège in an area of the Ardennes. He came from a family of painters. Churches and monasteries commissioned works from his grandfather, Jean-Jacques Redouté (1687–1752), and his father, Charles-Joseph Redouté (1715–1776), also earned his living as a painter. The three sons thus had an early introduction to art. The oldest son, Antoine-Ferdinand (1756–1809), was a scene painter at the Théâtre italien in Paris; the youngest son, Henri-Joseph (1766–1852), later worked as an artist at the Muséum national d'Histoire Naturelle in Paris, as did Pierre-Joseph. At barely 15 years of age, Pierre-Joseph left his father's care and, as was customary in those days, set out on his travels. He journeyed through Holland, Belgium and Luxembourg and accepted various commissions: interior decorations, portraits and religious works. He became familiar with the works of the great Flemish masters. The flower pictures of Rachel Ruysch (1664–1750) and Jan van Huysum (1682–1749) in particular opened up a new world to him.

In 1782, Pierre-Joseph Redouté went to Paris, where, together with his brother Antoine-Ferdinand, he worked as a stage designer for the Théâtre italien. In his spare time, however, Redouté painted plants. In his constant quest for new subject matter, he discovered the Jardin du Roi, which is now the Muséum national d'Histoire Naturelle. In addition to its zoological and botanical collections, it also ran courses in zoology, botany and mineralogy. The professor for biological iconography at the Jardin du Roi was Gerard van Spaen-

Pierre-Joseph Redouté wurde am 10. Juli 1759 in St. Hubert in der Nähe von Lüttich in den Ardennen geboren. Er stammte aus einer Familie von Malern; sein Großvater Jean-Jacques Redouté (1687–1752) arbeitete im Auftrag für Kirchen und Klöster, und auch sein Vater Charles-Joseph Redouté (1715–1776) verdiente seinen Lebensunterhalt als Maler. So wurden die drei Söhne vom Vater in die Kunst eingeführt. Der älteste Sohn, Antoine-Ferdinand (1756–1809), wurde Kulissenmaler am Théâtre italien in Paris, der jüngste Sohn, Henri-Joseph (1766–1852), arbeitete später wie Pierre-Joseph als Künstler am Muséum national d'Histoire Naturelle in Paris. Mit kaum 15 Jahren war Pierre-Joseph der väterlichen Obhut entwachsen und begab sich, wie damals üblich, auf Wanderschaft. Er zog durch Holland, Belgien und Luxemburg und nahm verschiedene Aufträge an: Innendekorationen, Porträts und religiöse Themen. Er lernte die Werke der großen flämischen Meister kennen, besonders Rachel Ruysch (1664–1750) und Jan van Huysum (1682–1749). Diese Blumenbilder öffneten ihm eine neue Welt.

1782 ging Pierre-Joseph Redouté nach Paris, wo er zusammen mit seinem Bruder Antoine-Ferdinand als Bühnenbildner für das italienische Theater arbeitete. In seiner Freizeit aber malte Redouté Pflanzen. Auf der Suche nach immer neuen Objekten entdeckte er den Jardin du Roi, das heutige Muséum national d'Histoire Naturelle. Neben den zoologischen und botanischen Sammlungen gab es dort auch Kurse zum Beispiel in Zoologie, Botanik oder Mineralogie. Professor für naturkundliche Ikonographie am Jardin du Roi war der Holländer Ger-

Pierre-Joseph Redouté est né le 10 juillet 1759 à Saint-Hubert, près de Liège. Il est issu d'une famille de peintres. Son grand-père Jean-Jacques Redouté (1687–1752) et son père Charles-Joseph Redouté (1715–1776) ont travaillé pour divers monastères et abbayes. Les trois fils reçurent tout jeunes l'enseignement du père. L'aîné Antoine-Ferdinand (1756–1809) devint peintre de décors au théâtre italien à Paris, le plus jeune Henri-Joseph (1766–1852) travailla plus tard au Muséum national d'Histoire Naturelle à Paris, comme Pierre-Joseph. A l'âge de quinze ans à peine, Pierre-Joseph quitta l'atelier paternel pour parfaire sa formation, comme cela se faisait à l'époque. Au cours de ses pérénigrations en Hollande, en Belgique et au Luxembourg, il réalisa divers travaux de décoration, portraits et peintures religieuses. Il découvrit les œuvres des grands peintres flamands ainsi que les productions des peintres de fleurs Rachel Ruysch (1664–1750) et Jan van Huysum (1682–1749) et sentit s'éveiller sa vocation.

En 1782, Pierre-Joseph Redouté entra dans l'atelier de son frère, peintre de décors pour le théâtre italien à Paris. Ses temps libres, il les passait à peindre des plantes. En quête de nouveaux sujets, il découvrit le Jardin du Roi, l'actuel Muséum national d'Histoire Naturelle, qui possédait des collections zoologiques et botaniques. On y donnait aussi des cours de botanique, de zoologie ou de minéralogie. Le professeur d'iconographie végétale au Jardin du Roi était le Hollandais Gérard van Spaëndonck (1746–1822). Connu pour ses gravures de fleurs qui comptent par-

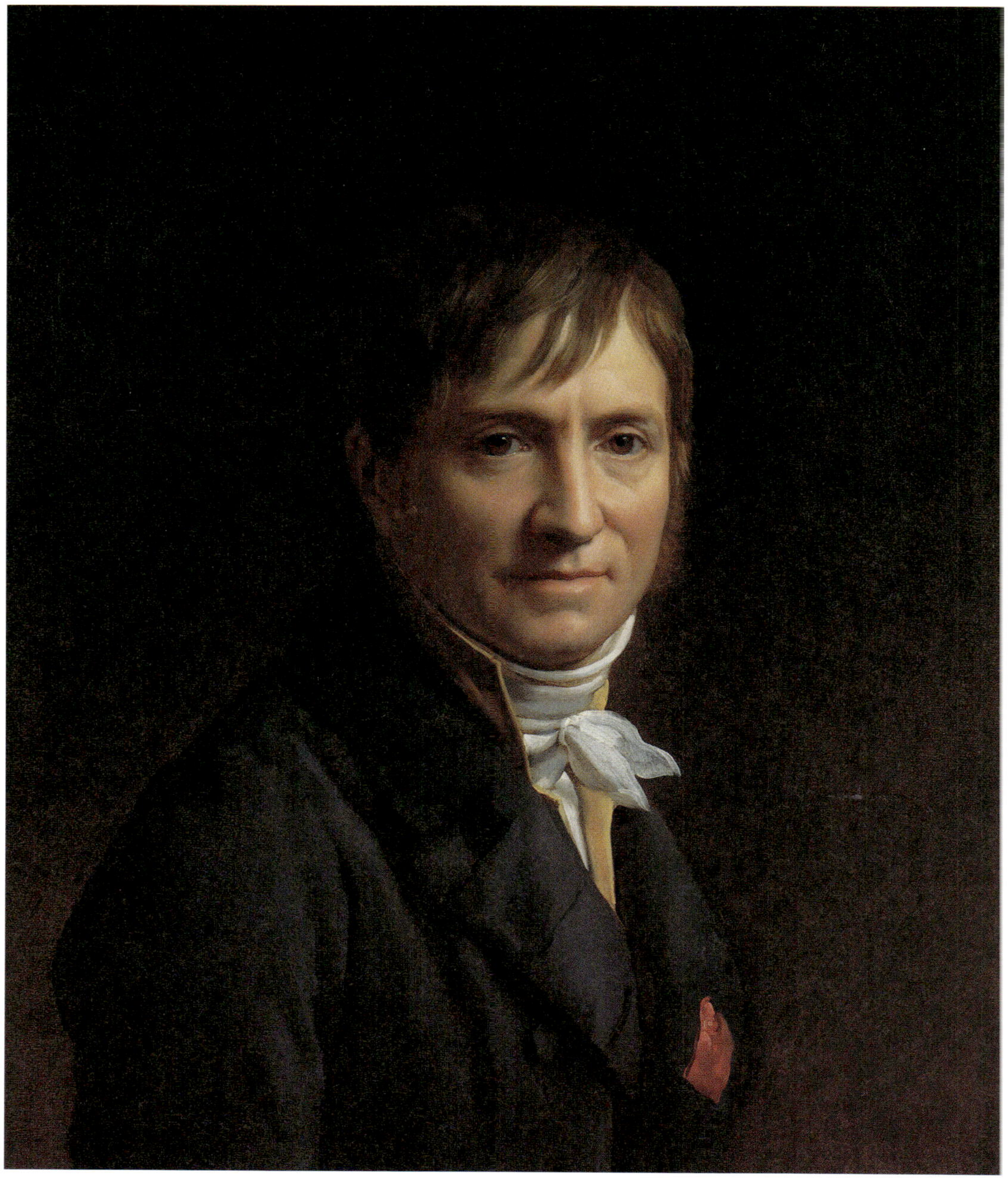

BARON FRANCOIS GÉRARD
Pierre-Joseph Redouté (1759–1840)
Bruxelles, Musées royaux des Beaux-Arts de Belgique

donck (1746–1822), a Dutchman whose flower engravings are some of the very finest. He noticed Redouté, made him his assistant and had a considerable influence on his artistic development. From van Spaendonck, Redouté learnt the technique of watercolour painting on parchment and also produced plant portraits for the royal picture collection, the Vellum Collection, which now contains more than 6500 watercolour paintings of plants and animals.

At van Spaendonck's suggestion, the professoriate decided to appoint, in addition to an extra botany painter, two further artists for zoological illustrations, to cope with the institution's extended range of tasks and the increased demands of science. The two brothers, Pierre-Joseph and Henri-Joseph Redouté, were chosen, together with an animal painter, so the two brothers were now both at the museum as scientific draftsmen, the older one to paint plants, the younger fish and reptiles. During his time at the Jardin du Roi, Pierre-Joseph Redouté came to know the wealthy amateur botanist, Charles-Louis L'Héritier de Brutelle (1746–1800). L'Héritier cultivated new foreign plants in his gardens in Paris and Picardy and published his descriptions at his own expense in works such as *Stirpes novae* ("New plants", 1785–1805). While looking for a suitable illustrator for his works, he noticed the young Redouté's drawings in the Jardin du Roi and recognized his great talent. While L'Héritier offered him the promise of a regular income, Redouté turned his back on the Théâtre italien and devoted all his energies to painting plants. L'Héritier instructed Redouté in plant

ard van Spaendonck (1746–1822), dessen Blumenstiche zu den feinsten überhaupt gehören. Er wurde auf Redouté aufmerksam, ernannte ihn zu seinem Assistenten und nahm wesentlichen Einfluß auf seinen künstlerischen Werdegang. Redouté lernte von van Spaendonck die Technik der Wassermalerei auf Pergament und fertigte ebenfalls Pflanzenbilder für die Königliche Gemäldesammlung, die Velinensammlung, an, die heute mehr als 6500 Pflanzen- und Tieraquarelle enthält.

Auf van Spaendoncks Antrag hin beschloß das Professorenkollegium 1793, außer einem zusätzlichen Botanikmaler noch zwei weitere Künstler für die zoologische Darstellung einzustellen, um den erweiterten Aufgaben des Institutes und den gewachsenen Ansprüchen der Wissenschaft gerecht zu werden. Vorgeschlagen wurden, neben einem Tiermaler, die beiden Brüder Pierre-Joseph und Henri-Joseph Redouté. So wurden beide Brüder wissenschaftliche Zeichner am Museum, der ältere als Pflanzenmaler, der jüngere, um Fische und Reptilien zu zeichnen. Während seiner Zeit am Jardin du Roi lernte Pierre-Joseph Redouté den wohlhabenden Amateurbotaniker Charles-Louis L'Héritier de Brutelle (1746–1800) kennen. L'Héritier kultivierte neue ausländische Pflanzen in seinen Gärten in Paris sowie in der Picardie und publizierte seine Beschreibungen, zum Beispiel in *Stirpes novae* (»Neue Pflanzen«, 1785–1805), auf eigene Kosten. Auf der Suche nach einem geeigneten Illustrator für seine Werke fiel ihm der junge Redouté auf, und er erkannte dessen großes Talent. Auf ein Angebot L'Héritiers hin, das ihm ein regelmäßiges Einkommen versprach, kehrte Redouté dem italienischen Theater den Rücken und widmete sich ganz der Pflanzen-

mi les plus belles du genre, il remarqua le jeune Redouté, lui offrit sa protection, lui apprit la technique de l'aquarelle sur parchemin et lui confia l'exécution de plantes pour la *Collection des vélins*, collection royale qui compte aujourd'hui plus de 6500 aquarelles de plantes et d'animaux.

En 1793, à l'instigation de Van Spaëndonck, l'assemblée des professeurs du Jardin du Roi décida d'engager un peintre de végétaux ainsi que deux peintres d'animaux. Outre le peintre d'animaux, l'institut prit à son service les deux frères Redouté, Pierre-Joseph et Henri-Joseph, le premier pour la botanique, le second, pour la zoologie. Durant son travail au Jardin du Roi, Pierre-Joseph Redouté fit la connaissance de Charles-Louis L'Héritier de Brutelle (1746–1800), riche botaniste amateur. L'Héritier cultivait des plantes étrangères dans ses jardins de Paris et de Picardie et éditait à ses frais ses propres descriptions de plantes, entre autres *Stirpes novae* («Plantes nouvelles», 1785–1805). Recherchant un bon illustrateur, il remarqua le jeune Redouté qui peignait au Jardin et reconnut son talent. Suite à une offre de L'Héritier qui lui assurait des revenus réguliers, Redouté tourna le dos à la peinture de décors pour se consacrer à celle des plantes. L'Héritier lui révéla l'anatomie des végétaux, leurs charactéristiques morphologiques, et lui ouvrit sa riche bibliothèque privée. Redouté n'a pu parvenir à la précision scientifique qui caractérise ses illustrations que grâce à l'enseignement de L'Héritier. Dans les premiers dessins de Redouté, le style académique, très naturaliste,

anatomy, showed him the morphologically important characteristics of the plants and allowed him to use his large private library. On the basis of the botanical knowledge he acquired from L'Héritier, Redouté was able for the first time to make his pictures scientifically exact. In his early creative period, it is the merely academic representation – very naturalistic and botanical (and in these senses extremely valuable) – that prevails over any aesthetic demands. In 1787, Redouté came with L'Héritier to London. Together with the English plant painter James Sowerby (1757–1822), Redouté drew the illustrations for L'Héritier's *Sertum Anglicum* ("English floral wreath", 1789–1792) at the Botanical Gardens in Kew near London. While there, he also learnt about single plate colour printing, which, unlike the French colour engraving process that requires three or four plates, uses only one plate with several colours. Back in France, through L'Héritier, Redouté came to know the horticulturist and botanist Jacques-Martin Cels (1743–1806), from whose garden many of the plants described for the first time by L'Héritier and illustrated by Redouté stemmed. Cels also provided a link with Jean-Jacques Rousseau (1712–1778). Although they never met, in 1805 Redouté illustrated Rousseau's *La Botanique* with 65 exquisite plant portraits. In 1788, the royal house finally became one of his patrons when Marie-Antoinette (1755–1793) appointed him as *Dessinateur du Cabinet de la Reine* and granted him access to the Petit Trianon. During the turmoil of the Revolution, which began soon thereafter, Redouté continued to work undisturbed, sometimes on several projects at once.

malerei. L'Héritier unterwies Redouté in der Anatomie der Pflanzen, zeigte ihm ihre morphologisch wichtigen Merkmale und öffnete ihm seine große Privatbibliothek. Aufgrund der von L'Héritier erworbenen botanischen Kenntnisse konnte Redouté erst die wissenschaftliche Genauigkeit seiner Darstellungen erreichen. In seiner frühen Schaffensperiode überwiegt die akademische, sehr naturalistische, botanisch aber äußerst wertvolle Wiedergabe gegenüber ästhetischen Ansprüchen.

1787 kam Redouté in Begleitung von L'Héritier nach London; zusammen mit dem englischen Pflanzenmaler James Sowerby (1757–1822) entwarf er am Botanischen Garten in Kew die Abbildungen zu L'Héritiers *Sertum Anglicum* (»Englischer Blütenkranz«, 1789–1792). Dort lernte er den Einplattenfarbdruck kennen, der im Gegensatz zum französischen Farbstichverfahren mit drei bis vier Platten nur eine, allerdings mehrfarbig eingefärbte Platte benutzte. Zurück in Frankreich wurde Redouté über L'Héritier mit dem Gärtner und Botaniker Jacques-Martin Cels (1743–1806) bekannt, aus dessen Garten viele der neu von L'Héritier beschriebenen und von Redouté illustrierten Pflanzen stammten. Cels stellte auch die Verbindung zu Jean-Jacques Rousseau (1712–1778) her. Obwohl sie nie zusammentrafen, illustrierte Redouté 1805 Rousseaus *La Botanique* mit 65 sehr feinen Pflanzenzeichnungen. 1788 gesellte sich schließlich das Königshaus zu seinen Förderern, Marie-Antoinette (1755–1793) ernannte ihn zum *Dessinateur du Cabinet de la Reine* und erlaubte ihm Zugang zum Petit Trianon. In den bald darauf einsetzenden Revolutionswirren

mais extrêmement précieux sur le plan botanique, prédominait par rapport aux préoccupations esthétiques.

En 1787, Redouté se rendit à Londres en compagnie de L'Héritier. Il rencontra le peintre de plantes James Sowerby (1757–1822) avec qui il dessina au jardin botanique de Kew, près de Londres, les illustrations de l'ouvrage de L'Héritier, *Sertum Anglicum* (« Couronne de fleurs anglaises », 1789–1792). Il découvrit en outre la technique de l'impression en couleur par une seule plaque : à la différence du procédé français de l'impression polychrome par passage de trois ou quatre plaques, on n'utilisait qu'une seule plaque pour plusieurs couleurs. A son retour en France, Redouté fit la connaissance, par l'intermédiaire de L'Héritier, du jardinier et botaniste Jacques-Martin Cels (1743–1806). Parmi les plantes décrites par L'Héritier et illustrées par Redouté, beaucoup proviennent de son jardin. Cels mit aussi le peintre en contact avec Jean-Jacques Rousseau (1712–1778), mais leur rencontre n'eut jamais lieu. Cependant, en 1805, Redouté illustra l'ouvrage de Rousseau, *La Botanique*, avec 65 dessins de plantes d'une grande finesse. La maison royale fit bientôt partie de ses protecteurs. En 1788, Marie-Antoinette (1755–1793) le nomma dessinateur de son cabinet et lui ouvrit le Petit Trianon. Les remous de la Révolution ne l'empêchèrent pas de travailler, à certains moments même sur plusieurs projets à la fois.

La première œuvre dessinée et apparemment gravée par Redouté fut *Plantarum historia succulentarum* (« L'Histoire des

The first work for which Redouté made all the illustrations himself and obviously also engraved all the plates himself, was *Plantarum historia succulentarum* ("Succulent Plants", 1799–1832) by Augustin-Pyramus de Candolle (1778–1841). This Swiss botanist, who was at that time a medical student in Paris, wrote the accompanying text to the drawings. He later gained general recognition. He became professor of botany in Montpellier and later returned to his home town of Geneva, where he wrote many botanical works and, until his death, was active in a wide variety of fields that extended way beyond his position as a professor of botany. In *Plantes Grasses*, Redouté used the colour stipple engraving method for the first time. This enabled him to achieve the high standard of botanical illustration that distinguished his main works, *Les Liliacées* and *Les Roses*.

Redouté's most important creative period began when, in 1798/99, Napoleon's first wife, Joséphine, acquired the Malmaison château in Rueil, south of Paris. Joséphine was born in 1763 on the island of Martinique and came to Paris when she was sixteen. After her first marriage was dissolved, she married Napoleon Bonaparte in 1796 and was crowned Empress of France in Paris in 1804. She was passionately interested in botany and horticulture, and the design and layout of the Malmaison château garden became her personal concern. She went to great efforts to collect beautiful and rare plants from all over the world and to cultivate them in her gardens. Thus Malmaison became more of a botanical garden rather than the traditional

arbeitete Redouté unbeirrt weiter, zum Teil an mehreren Projekten gleichzeitig.

Das erste Werk, für welches Redouté alle Abbildungen selbst zeichnete und offensichtlich auch alle Platten selber stach, war Augustin-Pyramus de Candolles (1778–1841) *Plantarum historia succulentarum* (»Die sukkulenten Pflanzen«, 1799–1832). Dieser später anerkannte Schweizer Botaniker, der zu jener Zeit als Medizinstudent in Paris weilte, verfaßte den Begleittext zu den Zeichnungen. Er wurde Professor der Botanik in Montpellier und kehrte später in seine Heimatstadt Genf zurück, wo er als Verfasser vieler botanischer Schriften galt und bis zu seinem Tode eine ungewöhnlich vielseitige Wirksamkeit entfaltete, die über sein Amt als Professor weit hinausging. In den »Sukkulenten Pflanzen« verwendete Redouté erstmals die Methode des Farbpunktstiches und erreichte damit das hohe Niveau botanischer Illustration, das seine Hauptwerke *Les Liliacées* und *Les Roses* auszeichnet.

Redoutés wichtigste Schaffensperiode begann, als Napoleons erste Gattin, die spätere Kaiserin Josephine, im Jahre 1798/99 die Grafschaft Malmaison in Rueil, südlich von Paris, erwarb. Josephine wurde 1763 auf der Insel Martinique geboren und kam mit sechzehn Jahren nach Paris. Nach einer ersten Ehe heiratete sie 1796 Napoleon Bonaparte und wurde 1804 in Paris zur Kaiserin Frankreichs gekrönt. Sie hatte offensichtlich ein großes Interesse an Botanik und Gartenbau. So wurde die Anlage und Ausgestaltung des Gartens der Grafschaft Malmaison zu ihrem persönlichen Anliegen. Sie unternahm große Anstrengungen, schöne und seltene Pflanzen aus aller Welt zusammenzutragen und in

Plantes», 1799–1832) d'Augustin-Pyramus de Candolle (1778–1841). Ce botaniste suisse qui allait devenir célèbre, étudiait alors la médecine à Paris et fut chargé d'écrire les textes du recueil. Par la suite, il fut nommé professeur de botanique à Montpellier puis revint dans sa ville natale, Genève. Connu pour ses nombreux écrits sur les plantes, il déploya jusqu'à sa mort une extraordinaire activité dépassant largement le cadre de son travail de professeur. Dans les *Plantes Grasses*, Redouté recourut pour la première fois à la technique de la gravure au pointillé, ce qui lui permit d'atteindre la qualité d'illustration qui caractérise ses œuvres majeures, *Les Liliacées* et *Les Roses*.

La période la plus féconde de Redouté commence en 1798–99, lorsque la femme de Napoléon, la future impératrice Joséphine, achète le château de Malmaison près du village de Rueil, à l'ouest de Paris. Joséphine, née en 1763 à La Martinique, était venue à Paris à l'âge de seize ans. Après un premier mariage, elle avait épousé en 1796 Napoléon Bonaparte et fut sacrée impératrice en 1804. Joséphine qui montrait un goût particulier pour la botanique et l'horticulture, s'occupa en personne de l'aménagement et de l'agrandissement du jardin de Malmaison. Elle mettait la plus grande énergie à rassembler du monde entier les végétaux les plus rares et les plus beaux pour les cultiver dans ses jardins. Le parc de Malmaison prit bientôt les allures d'un jardin botanique. Les plants provenaient pour l'essentiel du jardin de Cels, situé près de Paris. C'est à Etienne-Pierre Vententat (1757–1808), bibliothécaire et

château gardens. The basis of the planting came from Cels' garden near Paris, which was cultivated scientifically by Etienne-Pierre Vententat (1757–1808), a cleric, librarian and amateur botanist who later became chief librarian at the Panthéon. Joséphine also procured further plants from market gardens and tree nurseries with no regard for cost. Aimé Jacques Alexandre Goujaud, called Bonpland, (1773–1858) also made great efforts to have live specimens sent from the botanical gardens at Schönbrunn (Vienna) and Schönfeld (Berlin). Bonpland was a doctor, botanist and explorer. When he accompanied Alexander von Humboldt (1769–1859) on his South American journey (1799–1804), he collected over 4500 varieties of plants, of which 3600 were new to cultivation. On his return, he became Joséphine's private botanist at Malmaison.

These immense efforts made it possible to build up a collection, unique at that time, of plants from outside Europe in just a few years at Malmaison. Joséphine's aim, however, was not just to lay out a beautiful garden, but also to cultivate the collected varieties scientifically. To do this, she appointed Charles-François Brisseau de Mirbel (1776–1854) as horticulturist and secured the co-operation of the renowned botanists, Vententat and Bonpland, together with the flower painter Redouté, to whom she paid a generous annual salary. Vententat's diagnostic descriptions are often provided with valuable notes. This gave rise to a magnificent, large format work, *Jardin de Malmaison* (1803–1805), with 120 plates from watercolours by Redouté. When Vententat died, Bonpland completed the work and published it under the title *Description des plantes rares cul-*

ihren Gärten zu kultivieren. Aus Malmaison wurde so eher ein botanischer Garten als ein traditioneller Schloßpark. Den Grundstock der Bepflanzung lieferte der Garten von Cels in der Nähe von Paris, dessen wissenschaftliche Bearbeitung Etienne-Pierre Vententat (1757–1808), ein Geistlicher, Bibliothekar und Amateurbotaniker, der später Hauptbibliothekar des Pantheons wurde, übernahm. Aber auch aus Handelsgärtnereien und Baumschulen ließ Josephine weiteres Pflanzenmaterial ohne Rücksicht auf die Kosten besorgen. Aimé Jacques Alexandre Goujaud dit Bonpland (1773–1858) bemühte sich ebenfalls um Zusendung lebender Pflanzen aus den botanischen Gärten Schönbrunn (Wien) und Schönfeld (Berlin). Bonpland war Arzt, Botaniker und Forschungsreisender. Als Begleiter Alexander von Humboldts (1769–1859) auf dessen Südamerikareise (1799–1804) sammelte er über 4500 Pflanzenarten, darunter 3600 neue Arten. Nach der Rückkehr von dieser Reise wurde er Privatbotaniker Josephines in Malmaison.

Dank dieser immensen Ausgaben entstand in wenigen Jahren in Malmaison eine zu jener Zeit einmalige Sammlung außereuropäischer Pflanzen. Josephines Ziel war aber nicht nur die Anlage eines schönen Gartens, sondern auch die wissenschaftliche Bearbeitung der zusammengetragenen Arten. Dazu stellte sie Charles-François Brisseau de Mirbel (1776–1854) als Gartenbauer ein und sicherte sich die Mitarbeit der anerkannten Botaniker Vententat und Bonpland sowie des Blumenmalers Redouté, dem sie ein großzügiges Jahresgehalt zahlte. Vententats Pflanzenbeschreibungen sind oft mit wertvollen Anmerkungen

botaniste amateur, que Joséphine confia le soin du jardin. Mais Joséphine se fournissait aussi chez d'autres horticulteurs et pépiniéristes, sans jamais regarder à la dépense. Aimé Jacques Alexandre Goujaud dit Bonpland (1773–1858) faisait venir également des plantes vivantes des jardins botaniques de Schönbrunn (Vienne) et de Schönfeld (Berlin). Bonpland était chirurgien, botaniste et explorateur. Il avait accompagné Alexandre von Humboldt (1769–1859) dans son voyage en Amérique du Sud (1799–1804), voyage au cours duquel il avait recueilli plus de 4500 plantes, dont 3600 inconnues. A son retour d'Amérique, il devint le botaniste de Joséphine à Malmaison.

Grâce à l'immense travail de ces naturalistes, Malmaison réunit en quelques années une extraordinaire collection de plantes non-européennes, unique à l'époque. Mais Joséphine ne voulait pas qu'aménager un beau jardin, son intention était aussi de faire une étude scientifique de la collection. Pour cela, elle engagea Charles-François Brisseau de Mirbel (1776–1854) comme jardinier et s'assura le concours de Vententat et de Bonpland ainsi que de Redouté. Les diagnoses détaillées de Vententat s'accompagnaient souvent de commentaires précieux. Ces études furent réunies en un magnifique recueil, le *Jardin de Malmaison* (1803–1805), avec 120 planches exécutées à l'aquarelle par Redouté. Après le décès de Vententat, Bonpland acheva son œuvre et la publia sous le titre de *Description des plantes rares cultivées à Malmaison et à Navarre* (1812–1817). Il comprend 64 planches dont

tivées à Malmaison et à Navarre (1812–1817). It contains 55 colour engravings from watercolours by Redouté. The other illustrations are by Pancrace Bessa (1772–1835), another pupil of Gerard van Spaendonck.

Under the patronage of Empress Joséphine, the book on *Liliaceae* was published from 1802 to 1816 in eight volumes. The title is misleading, since a broad selection of monocotyleds, such as *Iridaceae*, *Commelinaceae*, *Amaryllidaceae* and *Orchidaceae*, were also represented. The plant descriptions in Volumes 1–4 again were written by Augustin-Pyramus de Candolle. The accompanying texts for Volumes 5 and 6 are by François de la Roche (1780–1813), while those for Volumes 7 and 8 are by Alire Raffeneau-Delile (1778–1850). With 486 colour engravings, all produced from Redouté's own watercolours, the *Les Liliacées* is his most comprehensive work.

Joséphine's special interest, however, was roses. She was in constant contact with the most important European rose growers and breeders and had a rose garden laid out with the intention of growing all known varieties of rose there. When Empress Joséphine died in 1814, the garden contained around 250 rose varieties. Thus Redouté's rose book also contains a great many roses from the garden at Malmaison, although Redouté and Thory also state that they had obtained roses from the gardens around Paris and from a great many different horticulturists and botanists. The rose book enjoyed immediate success. It contains 170 colour prints using Redouté's particular colour engraving technique. The accompanying text was written by

versehen. Es entstand ein großformatiges Prachtwerk *Jardin de Malmaison* (1803–1805) mit 120 Tafeln nach Aquarellen von Redouté. Nach Vententats Tod vervollständigte Bonpland das Werk und publizierte es unter dem Titel *Description des plantes rares cultivées à Malmaison et à Navarre* (1812–1817). Insgesamt 55 Tafeln wurden nach Aquarellen von Redouté gestochen, die übrigen Illustrationen stammen von Pancrace Bessa (1772–1835), einem weiteren Schüler Gerard van Spaendoncks.

Das achtbändige Werk über die Lilien wurde 1802–1816 unter dem Protektorat der Kaiserin Josephine publiziert. Die Pflanzenbeschreibungen von Band 1–4 stammen wiederum von Augustin-Pyramus de Candolle. Die Begleittexte für Band 5 und 6 stammen von François de la Roche (1780–1813), diejenigen von Band 7 und 8 von Alire Raffeneau-Delile (1778–1850). Mit 486 Farbpunktstichen, die alle nach Redoutés eigenen Aquarellen hergestellt wurden, ist das Lilienwerk das umfangreichste Werk Redoutés. Der Titel ist allerdings irreführend, da auch eine reiche Auswahl von einkeimblättrigen Pflanzen anderer Familien, wie zum Beispiel *Iridaceen*, *Commelinaceen*, *Amaryllidaceen* und *Orchidaceen*, abgebildet sind.

Das besondere Interesse Josephines aber galt den Rosen. Sie pflegte ständigen Kontakt mit den bedeutendsten europäischen Rosengärtnereien sowie Baumschulen und ließ einen Rosengarten anlegen, in dem alle bekannten Sorten wachsen sollten. Bis zu ihrem Tod 1814 waren hier rund 250 Rosensorten angesiedelt. In Redoutés Meisterwerk stammt eine große Anzahl von Rosen aus dem Garten von Malmaison, allerdings berichten sowohl Redouté als auch Claude-Antoine Thory

55 sont l'œuvre de Redouté ; les autres ont été exécutées par Pancrace Bessa (1772–1835), un autre élève de Gérard van Spaëndonck.

Les huit volumes des *Liliacées* s'échelonnèrent de 1802 à 1816, sous le patronnage de l'impératrice Joséphine. Les textes descriptifs des quatre premiers volumes sont d'Augustin-Pyramus de Candolle, les textes des volumes 5 et 6, de François de la Roche (1780–1813) et ceux des volumes 7 et 8, d'Alire Raffeneau-Delile (1778–1850). Avec 486 planches en couleurs, toutes exécutées d'après les aquarelles de Redouté, les *Liliacées* constitue l'œuvre la plus considérable de l'artiste. Le titre est cependant trompeur car cet ouvrage renfermait aussi une sélection de monocotylédones d'autres familles, comme les iridacées, les commélinacées, les amaryllidacées et les orchidacées. Mais l'impératrice des Français avait une prédilection pour les rosiers. Elle était en contact permanent avec les plus grands rosiéristes d'Europe et se fit planter une roseraie où elle voulait faire pousser toutes les variétés de rosiers connus. Jusqu'à sa mort en 1814, 250 espèces y furent cultivées. Dans *Les Roses*, Redouté a représenté un grand nombre de spécimens venant du jardin de Malmaison. Toutefois, l'artiste et Thory lui-même ont raconté avoir reçu des plants de divers jardins de la région parisienne ainsi que de jardiniers et de botanistes. Le recueil eut un succès immédiat. Il comprend 170 planches en couleurs exécutées selon la technique particulière de Redouté et des feuillets de texte de Claude-Antoine Thory. Jardi-

Claude-Antoine Thory (1759–1827), a French horticulturist and botanist who also compiled his observations on roses in a rose monograph of his own: *Prodrome de la monographie des espèces et variétés communes du genre rosier* (1820).

The three volumes of Redouté's rose book were published in 30 installments between 1817 and 1824. There was a large folio edition of only five copies, which contained a monochrome engraving and a hand-coloured engraving for each rose. The small folio edition was printed at the same time. The roses painted by Redouté in this edition can be grouped into three categories: wild roses known to the ancients, such as the dog rose and the evergreen rose; roses from medieval times, such as the white rose and the eglantine rose; and the newer roses, which were appearing when the book was written, with the introduction of the Asiatic roses. Redouté's rose monograph also enjoyed immediate success and had to be reprinted shortly after it first appeared.

The Bourbons were able to form a close connection with Redouté. In 1825, Charles X appointed him Knight of the Légion d'Honneur. Marie-Amélie, the wife of Louis-Philippe, her sister and his daughter were all introduced to flower painting by Redouté, as was Marie-Caroline, Duchesse de Berry (1798–1872), under whose auspices the rose book appeared. In 1822, he followed van Spaendonck to the Muséum national d'Histoire Naturelle, not as professor for biological iconography, but merely as an ordinary, poorly paid

(1759–1827), der den Begleittext erstellte, daß sie Rosen aus den Gärten der Umgebung von Paris und von verschiedenen Gärtnern und Botanikern zur Verfügung hatten. Thory, ein französischer Gärtner und Botaniker, hatte seine Beobachtungen auch in einer eigenen Rosenmonographie, der *Prodrome de la monographie des espèces et variétés communes du genre rosier* (1820), zusammengestellt.

Die drei Rosenbände von Redouté enthalten 170 Tafeln und wurden in 30 Teillieferungen während der Jahre 1817–1824 veröffentlicht. Eine große Folio-Ausgabe erschien zunächst in nur 5 Exemplaren und enthielt für jede Rose einen unkolorierten Stich und einen von Hand kolorierten Farbstich. Gleichzeitig wurde eine kleine Folio-Ausgabe herausgegeben. Das Werk hatte großen Erfolg und mußte bereits kurz nach Erscheinen nachgedruckt werden. Die im Inhalt gezeigten Rosen lassen sich zu drei Gruppen zusammenfassen: die schon im Altertum bekannten wildwachsenden Rosen wie die Hundsrose und die immergrüne Rose; die Rosen des Mittelalters wie die Weiße Rose und die Fuchsrose sowie die neueren Rosen, die zu Zeiten Redoutés mit der Einführung der asiatischen Rosen neu entstanden.

Die Bourbonen wußten Redouté später eng an sich zu binden, so ernannte ihn Karl X. 1825 zum Ritter der Ehrenlegion. Marie-Amelie, die Gattin Louis-Philippes, dessen Schwester und seine Tochter ließen sich von Redouté in die Blumenmalerei einführen, ebenso Marie-Caroline, Duchesse de Berry (1798–1872), unter deren Protektorat das Rosenwerk erschien. 1822 trat Redouté die Nachfolge von van Spaendonck am Muséum national d'Histoire Naturelle an, aber nicht

nier et botaniste français, Thory (1759–1827) a écrit une monographie de ses observations sur les rosiers, intitulée *Prodrome de la monographie des espèces et variétés communes du genre rosier* (1820).

La publication des trois volumes de Redouté se fit de 1817 à 1824, en 30 livraisons partielles et tirage simultané en deux formats : un grand in-folio qui parut en cinq exemplaires seulement, avec pour chaque rosier une planche coloriée et une planche non coloriée, et un petit in-folio. Les rosiers peints par Redouté pour cet ouvrage se classent en trois groupes : les rosiers sauvages, connus dès l'Antiquité, tels l'églantier et le rosier toujours vert ; les rosiers du Moyen-Age, comme le rosier blanc et le rosier fétide ; les rosiers plus récents, créés à l'époque de Redouté à partir d'espèces importées d'Asie. La monographie de Redouté eut un tel succès qu'il fallut la réimprimer sitôt après la première parution.

Les Bourbons surent attacher Redouté à leur famille. En 1825 Charles X le fit chevalier de la Légion d'honneur. L'artiste enseigna la peinture de fleurs à la femme de Louis-Philippe, Marie-Amélie ainsi qu'à la sœur et à la fille de celui-ci. Il eut aussi pour élève la duchesse de Berry, Marie-Caroline (1798–1872), qui patronna la publication des *Roses*.

Redouté succéda en 1822 à Van Spaëndonck, mais à un poste plus modeste et mal rétribué, celui de professeur de dessin. Après la révolution de Juillet, il fut nommé *Peintre de fleurs du Cabinet de la Reine* Marie-Amélie (1782–1866). Durant les dernières années de son activité, il publia deux autres recueils importants : *Choix des*

teacher of drawing. After the July Revolution of 1830, he became *Peintre de fleurs du Cabinet de la Reine* for the new French queen, Marie-Amélie (1782–1866). In his last productive years, he published two more important works of botanical illustrations: firstly *Choix des plus belles fleurs* (1827–1833), which included 144 roses, and in 1836 a selection of 60 new roses (*Choix de soixante roses dédiées à la reine des Belges*).

In conclusion, it should be emphasised that Redouté's personal life was barely affected by the political and social unrest of the time. He survived the difficult years of the Revolution and the Restoration and found approval with the all the rulers who changed in quick succession. Redouté illustrated approximately 50 botanical books, but did not, however, publish any plant descriptions himself. Nor did he create a herbarium. A few examples from the Malmaison garden that served as subjects for his drawings can still be found in Paris today. He died on 20 June 1840, almost 81 years old, and was buried at the Père Lachaise cemetery in Paris.

als Professor für naturkundliche Ikonographie, sondern als einfacher, schlecht bezahlter Zeichenlehrer.

Nach der Julirevolution von 1830 wurde er zum *Peintre de fleurs du Cabinet de la Reine* der neuen französischen Königin Marie-Amelie (1782–1866) ernannt. In seinen letzten Schaffensjahren publizierte er zwei weitere wichtige Werke botanischer Buchillustration, zunächst *Choix des plus belles fleurs* (1827–1833) mit 144 Tafeln sowie 1836 eine Auswahl von sechzig neuen Rosen (*Choix de soixante roses dédiées à la reine des Belges*).

Zum Schluß bleibt hervorzuheben, daß die politischen und sozialen Unruhen auf das persönliche Leben Redoutés kaum Einfluß genommen haben. Er überlebte die schwierigen Jahre der Revolution und der Restauration und fand Anerkennung bei den rasch wechselnden Machthabern. Redouté illustrierte nahezu fünfzig botanische Bücher, veröffentlichte jedoch selbst keine Pflanzenbeschreibungen und legte auch kein Herbarium an. Einige Belege aus dem Garten von Malmaison, die als Vorlage für seine Zeichnungen dienten, befinden sich heute in Paris. Er starb am 20. Juni 1840, fast 81 Jahre alt, und wurde auf dem Friedhof Père Lachaise in Paris beigesetzt.

plus belles fleurs (1827–1833) avec 144 planches, puis en 1836 une selection de soixante roses nouvelles (_Choix de soixante roses dédiées à la reine des Belges_).

Il reste à mentionner que Redouté ne s'est jamais mêlé de politique et que les troubles sociaux et politiques n'ont aucunement influé sur sa vie. Il survécut à la Révolution et à la Restauration et fut en faveur auprès de tous les dirigeants qui se sont succédé au pouvoir. Si Redouté a illustré cinquante livres environ, il n'a rédigé lui même aucune description de végétaux et ne s'est jamais confectionné d'herbier. Quelques échantillons de plantes qui lui ont servi de modèles pour ses dessins se trouvent aujourd'hui à Paris. Redouté mourut le 20 juin 1840 à l'âge de 81 ans et fut enterré au cimetière parisien du Père-Lachaise.

Illustrations p. 16 | Abbildungen S. 16 | Illustrations p. 16

Calostemma purpureum

Purple Calostemma | Purpur-Calostemma | Calostemma pourpre

Androcymbium cruciatum

Cross-leaved Man-in-a-Boat | Kreuzblättriger Mann-im-Boot
Homme-en-bateau à feuilles en croix

Illustrations p. 17 | Abbildungen S. 17 | Illustrations p. 17

Androcymbium orienticapense

Eastern Cape Man-in-a-Boat | Ostkap-Mann-im-Boot
Homme-en-bateau du Cap oriental

Calostemma luteum

Yellow Calostemma | Gelbe Calostemma | Calostemma jaune

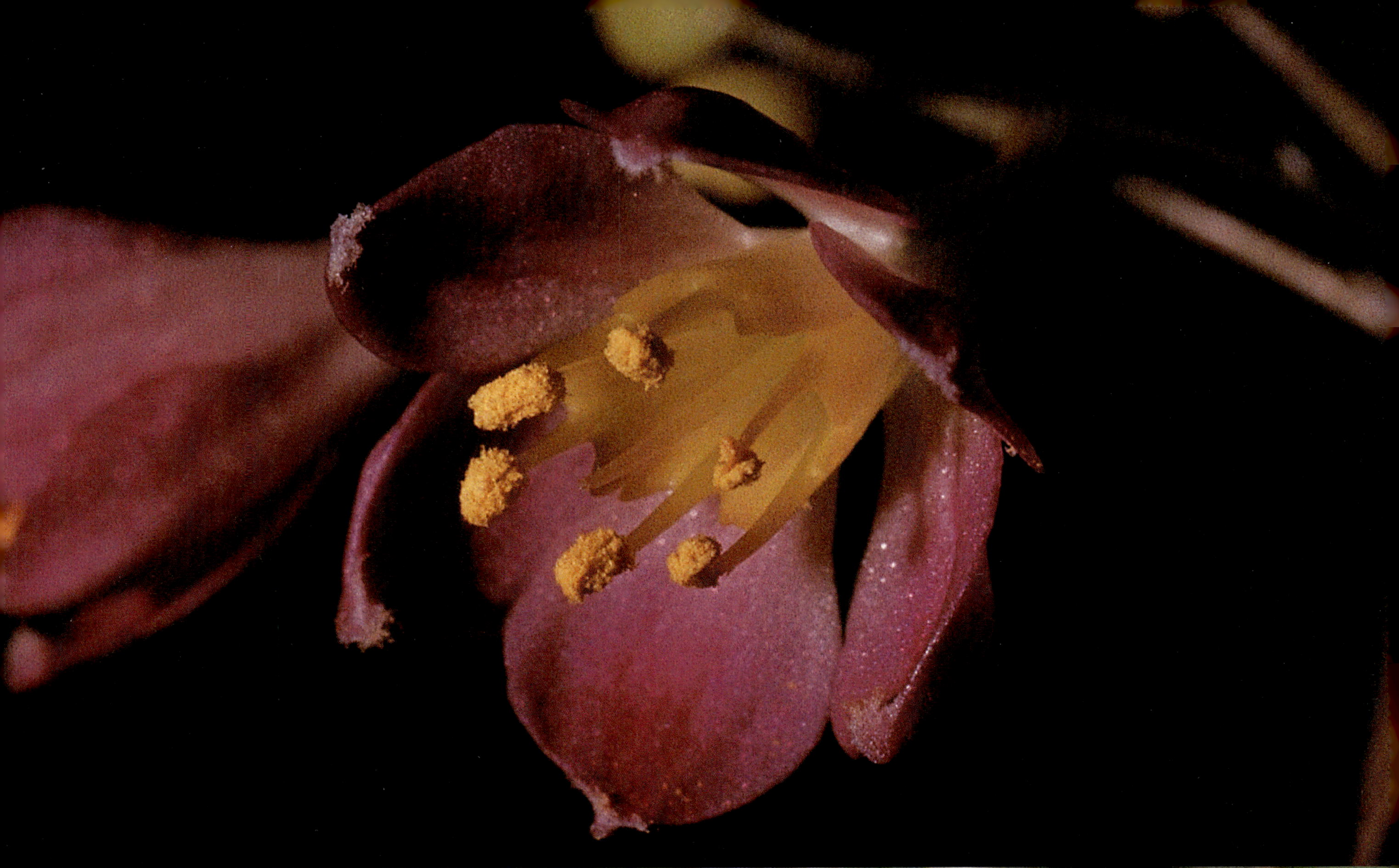
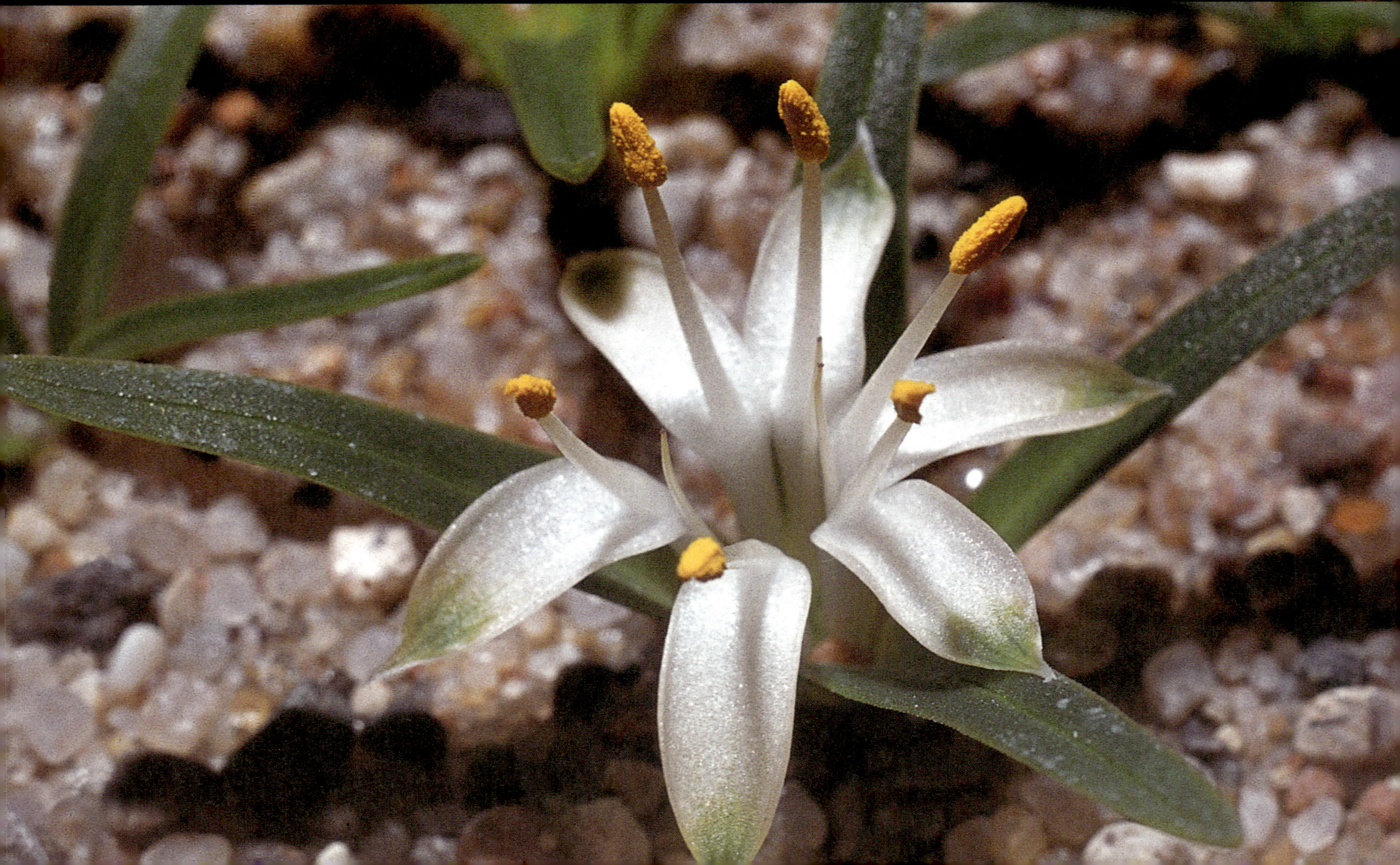

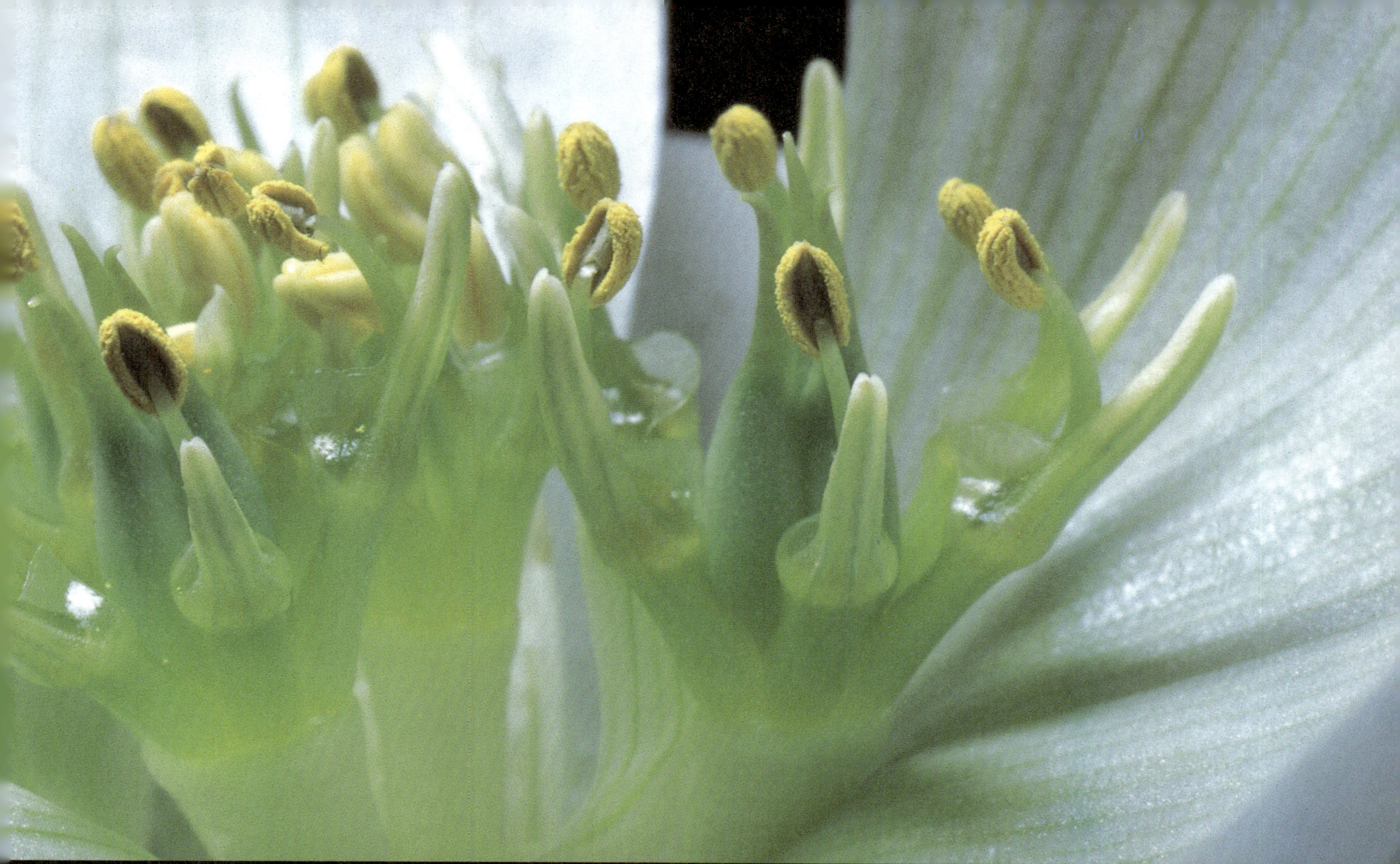
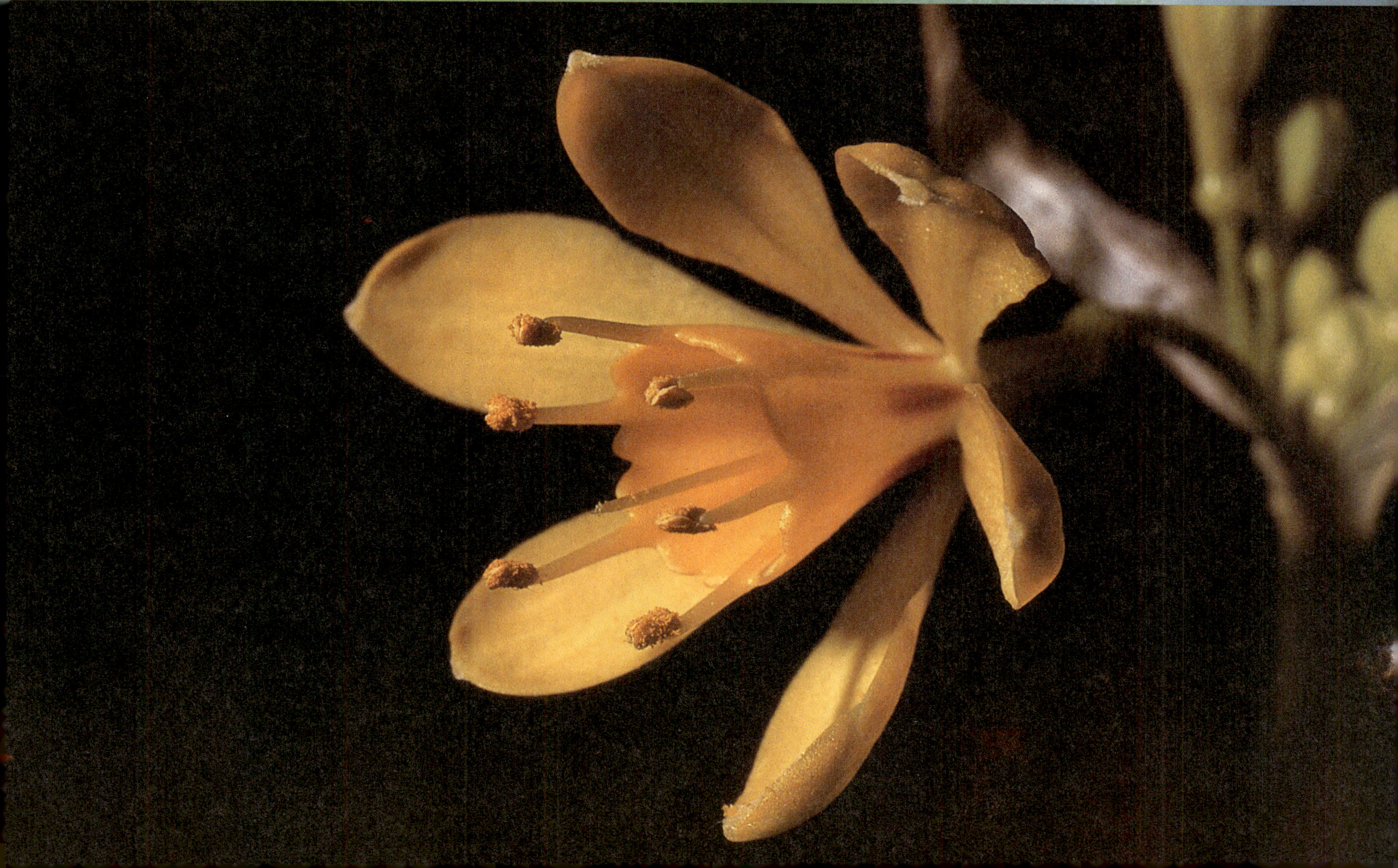

“... and every summer yields us lilies”

The cultural and botanical history of Redouté’s *Liliacées*

»... und jeder Sommer muß uns Lilien geben«

Kultur- und Botanikhistorisches zu Redouté’s *Liliacées*

« ... et que chaque été nous donne des lis »

Une histoire culturelle et botanique des *Liliacées* de Redouté

BETTINA VON ARNIM

WERNER DRESSENDÖRFER

With their luxuriant blooms, they are a focal point of many gardens; some of them taste good and thus have a distinct role to play in culinary matters; and their active ingredients are such that they are even used for medicinal purposes. They are, of course, the plants, more than 500 of them, that Pierre-Joseph Redouté illustrated so sumptuously in his splendid volume of plates, *Les Liliacées*.

The exceptional trinity of beauty, flavour and curative properties may come as a surprise. But it gives an idea of the extent and significance of these plants, which we now allocate to various botanical families and orders of monocotyledons and by no means solely to the Liliaceae family, as the book's title would suggest. Many have been familiar to us for such a long time that we no longer give a thought as to when and how they originally reached us and gradually acquired their established places in European gardens. Plant names can sometimes indicate the extent to which they had already become naturalized. If a separate, common name has gained acceptance, it indicates that the plant has long been known, often since the early 18th century or even before then. In contrast, the botanical names of some species reveal their origins by including areas of the south-eastern Mediterranean, the African Cape, and even the 'New World' or Asia.

The Mediterranean region contributed the asphodel (plate 223), for example, the spring crocus (plate 266), the checkered fritillary (plate 222), various grape hyacinths (plates 231, 232), species of *Narcissus* (e.g. plate 160), stars-of-Bethlehem (e.g. plate 143) and wild tulips (e.g. plate 38). The crown imperial (plate 131), the hyacinth (plate 465), the Byzantine squill (plate 298), the tulip, the day lily (plates 15, 16), the plan-

Ihre extravaganten Blüten machen sie zum Mittelpunkt vieler Gärten, ihr Wohlgeschmack sichert einigen von ihnen sogar einen festen Platz im Speiseplan, und selbst die Heilkunde greift auf ihre Wirkstoffe zurück. Die Rede ist von den über 500 Pflanzen, die Pierre-Joseph Redouté in seinem prachtvollen Tafelwerk *Les Liliacées* dem Betrachter so opulent darbietet.

Die ungewöhnliche Trias von Schönheit, Aroma und Heilkraft mag überraschen, sie läßt aber erahnen, welche Spannbreite und Bedeutung diesen Pflanzen zukommt, die wir heute verschiedenen botanischen Familien und Ordnungen der Einkeimblättrigen (Monokotyledonen) und keineswegs nur den Liliengewächsen (Liliaceae) zuordnen, wie der Titel suggeriert. Viele sind uns längst so vertraut, daß wir uns keine Gedanken mehr darüber machen, wann und wie sie einst zu uns gelangten und sich nach und nach ihre Stammplätze in den europäischen Gärten eroberten. An den Namen läßt sich aber teilweise ablesen, wie weit die Einbürgerung schon fortgeschritten ist. Hat sich eine eigenständige deutsche Bezeichnung durchgesetzt, spricht dies für lange Bekanntheit, die nicht selten bis ins frühe 18. Jahrhundert oder noch weiter zurückreicht. Dann verraten nur noch manche botanische Artnamen die ursprüngliche Heimat, wenn Landschaften des südöstlichen Mittelmeeres oder gar das afrikanische Kap, aber auch neuweltliche oder asiatische Regionen genannt werden.

Das Mittelmeergebiet steuerte zum Beispiel die Junkerlilie (Tafel 223), den Frühlings-Krokus (Tafel 266), die Schachblume (Tafel 222), verschiedene Traubenhyazinthen (Tafeln 231, 232), Narzissenarten (z. B. Tafel 160), Milchsterne (z. B. Tafel 143) und die Wild-Tulpe (z. B.

Leurs fleurs extravagantes en font le centre d'intérêt de bien des jardins, leur succulence assure à certaines d'entre elles une place de choix dans l'art culinaire, et la médecine elle-même fait appel à leurs vertus curatives. Il est question des quelque 500 plantes que Pierre-Joseph Redouté propose si généreusement à notre contemplation dans les planches de son magnifique ouvrage *Les Liliacées*.

Ce triple bouquet composé de beauté, d'arôme et de vertu curative a de quoi surprendre, mais il permet de se faire une idée de l'étendue et de l'importance de ces plantes aujourd'hui classées dans les différentes espèces et familles botaniques des monocotylédones (*liliopsida*), et non pas sous la seule appellation de liliacées, comme le suggère le titre. Beaucoup de ces fleurs nous sont depuis longtemps si familières que nous ne nous demandons plus quand ni comment elles sont venues à nous pour conquérir peu à peu leur place privilégiée dans nos jardins européens. Certains noms permettent cependant de deviner combien l'intégration dans nos contrées est déjà avancée. Lorsqu'une désignation usuelle s'est imposée, on peut supposer que la fleur est connue depuis longtemps, et il n'est pas rare que son adoption remonte jusqu'au début du XVIIIe siècle, voire plus loin. Dans ce cas, seuls quelques noms botaniques trahissent encore leur patrie d'origine en faisant état des paysages de la Méditerranée orientale ou du Cap, en Afrique, mais aussi du Nouveau Monde ou du domaine asiatique.

C'est ainsi que les contrées méditerranéennes nous ont donné par exemple l'asphodèle (pl. 223), le safran printanier (pl. 266), la fritillaire damier (pl. 222), différentes espèces de jacinthes (pl. 231,

tain lily (plate 106) and various other species of lily all originate from Asia. Southern Africa is home to the lily-of-the-Nile (plate 4) and the *Gladiolus* (e.g. plate 122), whereas the *Agave*-known as the yucca (plates 326, 327), *Alstroemeria* (plates 40, 46), *Furcraea* (plate 476) and *Canna* (e.g. plate 331), to mention but a few, all came from the 'New World'.

Knowing the geographic origin forms only part of our background information as to when and how a plant came to be introduced to a country. A detailed assessment is possible only when the relevant historical period is taken into consideration, noting the delicate interplay of the mutual effects of the socio-historical situation on the one hand, and, on the other, the plant's place in the broad spectrum ranging between useful and ornamental plants. In this way, the plant is acknowledged and accepted as part of our culture.

It must be noted, however, that the ornamental garden is not an obvious accoutrement of the settled human being, even if the appreciation of flowers is an innate human characteristic. It is much more an expression of our conscious and confident association with nature, and in no small way of his attempt to bend nature to our wishes, albeit in a clearly defined area – to create for ourselves a little heaven on earth in our own *hortus conclusus*. Cultivated gardens have always been a reflection of the culture of their owner.

We should therefore first look at the Madonna lily (plate 199), one of the very first ornamental plants to be cultivated, and, together with the *Iris* (e.g. plate 309), lily-of-the-valley (plate 227) and *Narcissus* (plate 158), one of the plants illustrated by Redouté that were already being grown in medieval gardens.

Tafel 38) bei. Aus Asien stammen die Kaiserkrone (Tafel 131), die Hyazinthe (Tafel 465), verschiedene Lilienarten, der Schöne Blaustern (Tafel 298), die Tulpen, die Taglilie (Tafeln 15, 16) und die Hosta (Tafel 106). Südafrika ist die Heimat der Liebeslilie (Tafel 4) und der Gladiolen (z. B. Tafel 122), und aus der Neuen Welt kamen die Palmenlilie genannte Yucca (Tafeln 326, 327), die Alstroemeria (Tafeln 40, 46), die Furcraea (Tafel 476) und das Blumenrohr (z. B. Tafel 331), um nur einige bekanntere Beispiele zu nennen.

Die Kenntnis der geographischen Herkunft ist aber nur ein Teilaspekt unseres Wissens über die Pflanzeneinführungen. Erst die Berücksichtigung des zugehörigen Zeitrahmens ermöglicht eine umfassende Betrachtung, die auch das feine Wechselspiel der gegenseitigen Auswirkungen von historisch-gesellschaftlicher Situation auf der einen und der Bedeutung der Pflanze im weiten Spektrum zwischen Zier- und Nutzpflanze auf der anderen Seite wahrnimmt, sie also als Teil unserer Kultur erkennt und akzeptiert. Dabei ist der Ziergarten kein selbstverständlicher Begleiter des seßhaften Menschen, auch wenn diesem die Freude an Blumen sicherlich angeboren ist. Er ist vielmehr immer Ausdruck seines bewußten und selbstbewußten Umgangs mit der Natur, nicht zuletzt auch seines Versuchs, wenigstens in einem abgegrenzten Areal die Entfaltung der Natur zumindest vordergründig nach seinen Wünschen zu lenken, sich im eigenen »Hortus conclusus« ein kleines Paradies auf Erden zu schaffen. Kultivierte Gärten waren zu allen Zeiten ein Spiegelbild der Kultur ihrer Besitzer.

So wäre unter den bereits in den mittelalterlichen Gärten kultivierten Pflanzen Redoutés neben der Schwertlilie (z. B. Tafel 309),

232) et de narcisses (par ex. pl. 160), les ornithogales (par ex. pl. 143) et la tulipe de Cels (par ex. pl. 38) ; d'Asie nous sont venues la fritillaire (pl. 131), la jacinthe (pl. 465), plusieurs variétés de lis, la scille agréable (pl. 298), les tulipes, l'hémérocalle jaune ou fauve (pl. 15, 16) et l'hémérocalle bleue (pl. 106). L'Afrique du Sud est la patrie d'origine de l'agapanthe (pl. 4) et du glaïeul (par ex. pl. 122), et le Nouveau Monde nous a donné l'agave appelé yucca (pl. 326, 327), l'alstrœmeria (pl. 40, 46), la fourcroye (pl. 476) et le balisier (par ex. pl. 331), pour ne citer que quelques noms.

Mais l'origine géographique n'est qu'un aspect très partiel de la connaissance que nous avons de l'introduction des plantes sous nos latitudes. Seule la prise en compte des différents contextes historiques permet d'avoir une vision globale intégrant aussi l'interaction subtile entre la situation socio-historique d'une part et la place de la plante dans le vaste éventail qui va de la plante ornementale à la plante alimentaire d'autre part, en d'autres termes, une vision qui l'identifie et l'accepte comme une partie intégrante de notre culture. A cet égard, il convient de faire remarquer tout d'abord que le jardin d'agrément n'est nullement le compagnon naturel de l'homme sédentaire, même si l'on peut considérer que la joie que l'homme éprouve au contact la vue des fleurs lui est innée. En fait, le jardin d'agrément est toujours l'expression de son rapport conscient, voire orgueilleux, à la nature, mais aussi et pour une part non négligeable, de son effort pour régir à sa guise le développement de la nature – au moins superficiellement et dans un espace délimité –, bref, pour réaliser à l'intérieur d'un *Hortus*

In the mid-16th century, Ogier Ghislain de Busbecq, the imperial envoy at the Sublime Porte, in other words the envoy to the court of the Turkish sultan in Constantinople, was instrumental in bringing numerous Asiatic bulbous plants to central Europe, the tulip being by far the most spectacular. But most of the Mediterranean plants mentioned above, together with the *Canna* (e.g. plate 331) and *Agave* (plates 328, 329) from America, were already widespread in Renaissance gardens, as can be seen from the *Hortus Eystettensis*, that pictorial catalogue, published in 1613, of the plants in the famous garden belonging to the Bishop of Eichstätt. The Virginian tradescantia (plate 95) is a very early 17th-century contribution, with the *Yucca* (plates 326, 327) and the African lily-of-the-Nile (plate 4), as well as the ever popular *Gladiolus* (e.g. plate 122) dating from the 18th century.

Many of the plants illustrated by Redouté are associated in cultural-historical terms with interesting folklore, some of which goes back to Classical times. Thus the generic name for the flag iris, leads us back to Greek mythology, where Iris was worshipped as the goddess of the rainbow, her brilliant colours being reflected in the elegant flowers of the flag. Its stylised inflorescence is often also found in heraldry, as the 'lily flower', which is incorrect in botanical terms. It adorns the city arms of Florence and Lille, for example, just as the Bourbon lily – *fleur-de-lis* – later adorned the old French flag and other noble insignia of the French kings. The *Iris*, particularly its rhizome, has long played an important role in the field of medicine and cosmetics too. The taste of the root led to its confusing German name, *Veilchenwurzel* (violet root). Teething chil-

dem Maiglöckchen (Tafel 227) und der Osterglocke (Tafel 158) in erster Linie die Madonnen-Lilie (Tafel 199) zu nennen, die zu den ältesten kultivierten Zierpflanzen überhaupt gehört.

In der Mitte des 16. Jahrhunderts kamen nicht zuletzt durch Vermittlung Ogier Ghislain de Busbecqs, des kaiserlichen Gesandten bei der Hohen Pforte, also des Gesandten am Hof des türkischen Sultans in Konstantinopel, zahlreiche asiatische Zwiebelgewächse nach Mitteleuropa, und die Tulpe war sicherlich das spektakulärste von ihnen. Aber auch die meisten der oben genannten mediterranen Pflanzen und aus Amerika das Blumenrohr (z. B. Tafel 331) sowie die Agave (Tafeln 328, 329) finden sich bereits in den Gärten der Renaissance, wie wir zum Beispiel dem *Hortus Eystettensis* entnehmen können, jenem 1613 erschienenen Bildkatalog der Pflanzen im berühmten Garten des Eichstätter Bischofs. Das 17. Jahrhundert steuerte unter anderem schon früh die Virginische Dreimasterblume, die Tradescantia (Tafel 95), bei, das 18. Jahrhundert die als Yucca bekannte Palmenlilie (Tafeln 326, 327) und vom Kap die afrikanische Liebeslilie (Tafel 4) sowie die noch heute beliebten Gladiolen (z. B. Tafel 122).

Mit vielen der bei Redouté abgebildeten Pflanzen verbinden sich kulturhistorisch reizvolle Überlieferungen, die teilweise bis in die Antike zurückreichen. So führt uns der Gattungsname der Schwertlilie, Iris, in die griechische Mythologie, wo Iris als Göttin des Regenbogens verehrt wurde, dessen Farbenpracht sich in den eleganten Blüten der Schwertlilie zu wiederholen scheint. Ihre stilisierte Blüte findet sich unter der botanisch falschen Bezeichnung »Lilienblüte« auch in der Heraldik. Sie ziert zum Beispiel die Städtewappen von Florenz und Lille

conclusus, un jardin clos, un petit paradis de son cru. De tous temps le jardin organisé a reflété la culture de son propriétaire.

Parmi les plantes cultivées depuis le Moyen Age présentées dans l'ouvrage de Pierre-Joseph Redouté, on relèvera plus particulièrement, à côté de l'iris (par ex. pl. 309), du muguet (pl. 227) et du faux-narcisse (pl. 158), le lis blanc (pl. 199), l'une des plus anciennes plantes ornementales de l'humanité.

Entre autres grâce à l'action d'Ogier Ghislain de Busbecq, envoyé de l'empereur auprès de la Sublime Porte, c'est-à-dire ambassadeur impérial à la cour du sultan de Turquie à Constantinople, le milieu du XVIe siècle a vu l'introduction en Europe occidentale de plantes asiatiques à bulbe, parmi lesquelles la tulipe fut sans doute la plus spectaculaire. La plupart des plantes d'origine méditerranéenne citées plus haut, ou encore originaires d'Amérique comme le balisier (par ex. pl. 331) et l'agave (pl. 328, 329), sont déjà présentes dans les jardins de la Renaissance, comme nous l'apprend l'_Hortus Eystettensis_ (1613), catalogue illustré des plantes du célèbre jardin de l'évêque d'Eichstätt. Le XVIIe siècle nous a apporté très tôt la tradescante de Virginie (pl. 95), et le XVIIIe le yucca (pl. 326, 327) ; le Cap nous a donné l'agapanthe (pl. 4), mais aussi les glaïeuls (par ex. pl. 122), aujourd'hui encore très prisés.

Beaucoup de plantes reproduites dans l'ouvrage de Redouté sont liées à des anecdotes charmantes qui nous renseignent sur l'histoire culturelle, et dont certaines remontent à l'Antiquité. Ainsi, le nom d'espèce du glaïeul, classé parmi les iris, nous ramène à la mythologie grecque, où Iris est adorée comme déesse de l'arc-

dren were given pieces of root to bite on, as it was supposed to make the teeth come through more quickly and to alleviate the pain. Iris powder was a popular addition to cosmetic powders, its slight irritant effect producing a fresh, rosy complexion.

With its 113 representatives, the Iridaceae family, named after the *Iris*, is the largest in this volume. It is in no way restricted solely to species of *Iris*, but also includes crocus species, for example, freesias, rush lilies (*Sisyrinchium*), *Ixias* and *Gladioli*. Although a few *Gladiolus* species do also occasionally occur in Europe, it was the large-flowered species, introduced to Europe from southern Africa shortly before the mid-18th century, that were of special interest to garden enthusiasts and plant breeders. From the 1820s onwards, successful hybrids were produced in England and particularly Holland, which led to increasing numbers of new colour variants and even more splendid blooms. Over 10,000 different hybrids have now been produced.

As the title of Redouté's work intimates, lilies are given pride of place. Of the eleven species mentioned, the Madonna lily (*Lilium candidum* plate 199), the fire lily or orange lily (*Lilium bulbiferum*, plate 210) and the common turk's cap lily or martagon lily (*Lilium martagon*, plate 146), are indigenous to or long naturalised in central Europe. Evidence from as long as 5,000 years ago of the high esteem in which the brilliant-white flowering Madonna lily was held can be found in the Persian-Arab region, in Ancient Egyptian culture and also in Greek and Roman times. The Romans were probably the first to bring it over the Alps, but the Crusaders were the first to establish it permanently. In Classical times, this stately plant with its large, trum-

ebenso wie die fleur-de-lis – später als Bourbonenlilie bezeichnet – das alte französische Banner und sonstige Herrschaftsinsignien der französischen Könige. Aber auch im Bereich der Medizin und der Kosmetik spielte die Schwertlilie lange Zeit eine gewichtige Rolle, wobei ganz überwiegend die Rhizome verwendet wurden. Unter der irreführenden Bezeichnung »Veilchenwurzel« – wegen des veilchenähnlichen Geruchs – gab man Stücke davon zahnenden Kindern in den Mund, damit sie darauf beißen; das Durchbrechen der Zähne sollte dadurch beschleunigt und außerdem die Schmerzen ein wenig gelindert werden. Sehr beliebt war auch der Zusatz von Irispulver in kosmetischen Pudern, weil die dadurch hervorgerufene leichte Hautreizung zu einem rosig-frischen Teint führte.

Die nach der Iris benannte Familie der Iridaceae ist mit 113 Vertretern die umfangreichste in unserem Band. Dabei handelt es sich keineswegs ausschließlich um Schwertlilienarten. Vielmehr gehören zum Beispiel auch Krokusarten, Freesien, Binsenlilien (Sisyrinchium), Ixien und die Gladiolen in diese Familie. Obwohl einige Gladiolen auch in Europa vereinzelt vorkommen, erregten besonders die kurz vor der Mitte des 18. Jahrhunderts aus Südafrika nach Europa eingeführten großblütigen Arten das Interesse von Gartenliebhabern und Züchtern. Seit den 20er Jahren des 19. Jahrhunderts führte man in England und besonders in Holland erfolgreiche Kreuzungen durch, die zu immer neuen Farbvarianten und noch prachtvolleren Blüten führten. Bis heute sind wohl über 10.000 verschiedene Hybriden bekannt geworden.

Wie schon der Titel von Redoutés Werk vermuten lässt, nehmen die Lilien einen besonderen Platz ein. Unter den elf aufgeführten

en-ciel, dont les couleurs semblent se répéter dans les fleurs élégantes du glaïeul. La fleur stylisée du glaïeul apparaît aussi sous la fausse appellation botanique de « lis » dans l'héraldique, par exemple dans les blasons de villes telles que Florence et Lille, mais aussi comme lis bourbon ou comme fleur de lis de l'ancien étendard et autres insignes de la royauté française. Mais le glaïeul a aussi joué longtemps un rôle dans le domaine médical et la cosmétique, la partie la plus communément employée étant le rhizome. Sous la fausse appellation de « racine de violette » – par référence à son parfum – on donnait autrefois des morceaux de racine de glaïeul aux nourrissons pour atténuer la douleur de la poussée dentaire. L'adjonction de poudre d'iris dans les poudres cosmétiques était particulièrement appréciée pour la légère irritation cutanée qu'elle produisait et qui donnait aux joues un teint rose et frais.

Avec 113 représentants, la famille des iridacées, ainsi nommée d'après l'iris, est la plus importante de l'ouvrage. Il ne s'agit pourtant pas seulement de variétés d'iris. Ainsi, on trouve dans cette famille certaines variétés de safrans, des freesias, des sisyrinches, des ixias et les glaïeuls. Bien que quelques variétés de glaïeuls soient originaires d'Europe, ce sont surtout les variétés à grandes fleurs venues d'Afrique du Sud peu avant la moitié du XVIIIe siècle qui suscitèrent l'intérêt des amateurs et des horticulteurs. Depuis les années 1820, on a procédé en Angleterre, mais surtout en Hollande, à des croisements très réussis qui présentent des variations de couleurs sans cesse nouvelles et des fleurs de plus en plus magnifiques. A ce jour, quelque 10 000 hybrides se sont ainsi fait connaître.

pet-shaped flowers was dedicated to Hera and Juno. In the Middle Ages, the plant became a symbol of the Virgin Mary, the pure white of its flower being seen as a reference to the purity of the Mother of God. Similarly, the glowing orange-red funnel-shaped flower of *Lilium bulbiferum* was seen as a clear reference to burning and purifying fire, which is why this plant became known as the fire lily and is found on some late mediaeval pictures of the Last Judgment. The turk's cap lily ultimately owes its name to its recurved petals, reminiscent of the turban wound around the head, the 'Turk's cap'.

The other members of the Liliaceae family include ornamental plants that have been known for a longer period of time, such as fritillaries (e.g. plate 67), the yellow star-of-Bethlehem (plate 302) and a few tulips (e.g. plates 477, 478), which were defining features in gardens, especially in the Baroque period. The tulip was first mentioned in 1554 in a report on the sultan's gardens in Constantinople and reached European gardens soon after. There it was quickly bred to produce new varieties with ever more exotic colour combinations, enabling the elegant plant to become the much sought-after distinctive flower of the decade at the turn of the 16th and 17th centuries. This trend increased during the 1630s, culminating in Holland in a hitherto unparalleled hysteria, which has gone down in history as 'Tulipomania'. Single tulip bulbs went for such crazy prices on a special stock exchange, that the state had to intervene, banning such fraud-prone transactions. Enthusiasm for the tulip may have waned slightly subsequently, and other plants may have taken centre stage, but even today a carefully tended garden would be unthinkable without the tulip.

Arten sind die Madonnen-Lilie (Lilium candidum, Tafel 199), die Feuer-Lilie (Lilium bulbiferum, Tafel 210) und die Türkenbund-Lilie (Lilium martagon, Tafel 146) in Mitteleuropa heimisch bzw. lange eingebürgert. Zeugnisse für die Hochschätzung der strahlendweiß blühenden Madonnen-Lilie finden sich schon vor etwa 5.000 Jahren im persisch-arabischen Bereich, später in der alten Kultur Ägyptens und bei den Griechen und Römern. Vermutlich waren es auch schon die Römer, die sie über die Alpen brachten, aber erst durch die Kreuzfahrer kam es zur nachhaltigen Einführung der stattlichen Pflanze mit ihren großen trompetenförmigen Blüten, die in der Antike Hera und Juno geweiht war. Die weiße Blüte ließ die Pflanze im Mittelalter zum Mariensymbol werden, weil man in der reinen Farbe einen Hinweis auf die Reinheit der Gottesmutter sah. Dementsprechend erblickte man in der leuchtend orangeroten, becherförmigen Blüte von Lilium bulbiferum einen deutlichen Hinweis auf das verzehrende und reinigende Feuer, weshalb sich diese folgerichtig Feuer-Lilie genannte Pflanze auf manchen spätmittelalterlichen Bildern des Jüngsten Gerichts findet. Die Türkenbund-Lilie schließlich erhielt ihren Namen wegen der zurückgebogenen Blütenblätter, die an den um den Kopf gewundenen Turban erinnern, eben den »Türkenbund«.

Unter den sonstigen Liliengewächsen finden sich mit den Fritillarien (z. B. Tafel 67), den Gelbsternen (Tafel 302) und einigen wenigen Tulpen (z. B. Tafeln 477, 478) weitere altbekannte Zierblumen, die besonders in der Barockzeit das Aussehen der Gärten bestimmten. Die Tulpe wurde erstmals 1554 in einem Bericht über die Sultansgärten in Konstantinopel erwähnt und gelangte bald darauf auch in europäische

Comme le laisse entendre le titre de Redouté, les lis occupent également une place importante. Parmi les onze variétés présentées, le lis blanc ou *lilium candidum* (pl. 199), le lis bulbifère ou *lilium bulbiferum* (pl. 210), et le lis martagon ou *lilium martagon* (pl. 146) ont depuis longtemps acquis droit de cité dans les jardins d'Europe centrale. Les témoignages pour le *lilium candidum* aux fleurs blanches éclatantes nous sont connus déjà d'il y a quelque 5000 ans dans le domaine arabo-persan et la civilisation égyptienne, mais aussi de l'époque gréco-romaine. Si les Romains furent sans doute les premiers à lui faire franchir les Alpes, il faudra attendre les croisades pour voir l'implantation durable de cette plante sublime dont les grandes corolles en trompette étaient consacrées à Héra et à Junon dans l'Antiquité. Au Moyen Age, le lis blanc deviendra le symbole de la Vierge, sa blancheur immaculée étant considérée comme un rappel de la pureté de la mère de Dieu. De même, la fleur rouge orangé éclatant en forme de calice du lis bulbifère fut considérée comme un renvoi manifeste au feu dévorant et purificateur, et cette fleur, que les Allemands ont très logiquement appelée « lis flamboyant », figure dans certaines représentations du Jugement dernier de la fin du Moyen Age. Enfin, le « lis turban », nom allemand du lis martagon, tire son nom de l'enroulement des pétales, qui fait songer à un turban noué autour de la tête.

Parmi les autres liliacées, outre les fritillaires (par ex. pl. 67), les ornithogales (pl. 302) et quelques tulipes (par ex. pl. 477, 478), nous trouvons des fleurs ornementales qui nous sont depuis longtemps familières, et qui ont en particulier marqué l'image du jardin

Of the fritillaries, the crown imperial (plate 131) and the checkered fritillary (plate 222) played a particularly important role in European gardens. Both plants fully justify their names. In true majestic fashion, the stately crown imperial with its distinctive inflorescence provides a focal point in any flowerbed, while the distinctive colouring of the petals of the snake's head fritillary really does give it the appearance of the scaly head of a snake.

Redouté also gave a major role to the plants of the Amaryllidaceae family, illustrating 60 species, including its best-known representatives, the *Narcissi*. Of course, the South African *Amaryllis* (plate 180), which gave the family its name, is there too, as are the horse-star representatives (e.g. plate 9) of the genus *Hippeastrum*, which come from America and were included erroneously because of their similar flowers. Flanked by so much exotic beauty, the common snowdrop (plate 200) and snowflake (e.g. plate 150) may look modest, but have no difficulty holding their own.

Of course, the long-cultivated *Narcissus* also has its own folklore attributing various qualities to it and explaining its name. According to Ovid's *Metamorphoses*, a youth called Narcissus was responsible. He was so beautiful that everyone who saw him could not help but fall in love with him immediately. The heartless beau, however, spurned all affection, so that one day a lovelorn admirer turned to the deity of retribution, requesting that such arrogance be punished. The goddess complied with the request and devised an appropriate punishment. One day, when bending down to drink from a lake, Narcissus saw his own reflection in the water.

Gärten, wo die Züchtung sehr schnell zu neuen Sorten mit immer ungewöhnlicherem Farbspiel führte und die elegante Pflanze zur begehrten Charakterblume der Jahrzehnte um die Wende vom 16. zum 17. Jahrhundert werden ließ. Diese Mode steigerte sich in den 30er-Jahren des 17. Jahrhunderts in Holland zu einmaliger Hysterie, die als Tulipomanie in die Geschichte eingegangen ist. Einzelne Tulpenzwiebeln erzielten dabei an einer speziellen Börse derart aberwitzige Preise, daß der Staat einschreiten mußte und diese ins Betrügerische abgleitenden Handelsabschlüsse verbot. Zwar flaute in der Folgezeit die Begeisterung für die Tulpe ein wenig ab und andere Pflanzen traten stärker in den Vordergrund, aus den gepflegten Gärten ist sie aber bis heute nicht wegzudenken.

Bei den Fritillarien spielten besonders die Kaiserkrone (Tafel 131) und die einheimische Schachblume (Tafel 222) eine bedeutende Rolle in den europäischen Gärten. Beide Pflanzen tragen ihre Namen völlig zu recht: Wahrhaft majestätisch setzt die stattliche Kaiserkrone mit ihrer eigentümlichen Blüte einen optischen Akzent im Gartenbeet, und die charakteristische Färbung ihrer Blütenblätter erinnert bei der Schachblume tatsächlich an ein Schachbrett.

Ebenfalls eine große Rolle spielen bei Redouté die Amaryllisgewächse, die mit 60 Arten vertreten sind, darunter als bekannteste Vertreter die Narzissen. Natürlich fehlt die namengebende südafrikanische Amaryllis (Tafel 180) ebenso wenig wie die wegen ihrer ähnlichen Blüten fälschlicherweise mit demselben Namen bezeichneten Vertreter der Gattung Hippeastrum (z. B. Tafel 9), zu deutsch Ritterstern, die aber aus Amerika stammen. Neben so viel exotischer Schönheit nehmen

baroque. La tulipe est mentionnée pour la première fois en 1554 dans une description des jardins du Sultan. Après son introduction dans les jardins européens, l'horticulture produisit rapidement de nouvelles variétés aux jeux de couleurs de plus en plus inusités, faisant de cette plante élégante une fleur très prisée au tournant des XVIe et XVIIe siècles. Dans les années 1730, cette mode conduira en Hollande à l'hystérie sans précédent qui est entrée dans l'histoire sous le nom de tulipomanie. Dans une bourse aux tulipes créée à cet effet, certaines variétés de bulbes atteignaient alors des prix si exorbitants que le gouvernement dut interdire ces conventions commerciales proches de l'escroquerie. S'il est vrai que la folie des tulipes allait peu à peu s'apaiser, laissant la première place à d'autres plantes, aucun jardin digne de ce nom ne saurait aujourd'hui encore se concevoir sans sa présence.

Parmi les fritillaires, deux fleurs de nos contrées, la fritillaire impériale (pl. 131) et la fritillaire damier (pl. 222), occupent une place de choix dans les jardins européens. Ces deux plantes portent fort justement leur nom : avec sa fleur très particulière, la superbe fritillaire impériale pose un accent majestueux dans les parterres de fleurs, tandis que le dessin très particulier des pétales de la fritillaire damier rappelle effectivement un damier.

Représentés par une soixantaine de variétés dont les plus célèbres sont les narcisses, les amaryllis occupent eux aussi une place importante chez Redouté. On trouvera là bien sûr l'amaryllis d'Afrique (pl. 180), qui a donné son nom à l'espèce, mais aussi l'espèce *hippeastrum* (par ex. pl. 9), en français amaryllis de la Rei-

He immediately felt the fatal effect of his beauty in his own heart. He became inseparable from his reflection and starved to death in unrequited self-love beside the lake. His body, however, changed into the beautiful *Narcissus*, thereby immortalizing him.

The Hyacinthaceae family is also well represented with many species of star-of-Bethlehem (*Ornithogalum*, e.g. plate 63), squill (*Scilla*, e.g plate 298), bluebell (*Hyacinthoides*, e.g. plate 224) and grape hyacinth (*Muscari*, e.g. plate 361). *Hyacinthus orientalis* (plate 465), which is of course also illustrated, is the ancestor of all the cultivated forms of hyacinth that were already an inspiration to garden enthusiasts in the late 17th century, but which were also prized in the 19th century. The fact that hyacinths could be grown indoors over water-filled glass vases must certainly have encouraged their popularity. Here too, Classical mythology provides an explanation of its name. According to this legend, the name is derived from a handsome youth, loved equally by Apollo, the god of the sun, and Zephuros, the god of the west wind. When, however, Hyacinthus chose the god of the sun, Zephuros sent a gust of wind that blew a flying disc off course, so that it hit the youth and killed him. A wonderfully beautiful plant arose from his blood and has borne his name ever since.

With 37 species, the Alliaceae family is extremely well represented, although the overwhelming dominance of the *Allium* genus does mean that there is space for only two other genera: the South African *Agapanthus* (plates 4, 402) and the American *Nothoscordum*, plates 50, 68). The decorative umbels of these plants,

sich das einheimische Schneeglöckchen (Tafel 200) und die Knotenblume (z. B. Tafel 150) zwar bescheiden aus, können aber trotzdem durchaus bestehen.

Auch zu der seit langem kultivierten Narzisse finden sich alte Überlieferungen, die ihr bestimmte Eigenschaften zuschreiben und den Namen erklären. Angeblich stand – folgen wir den Metamorphosen des Ovid – ein Jüngling namens Narcissus Pate, der so schön war, daß sich jeder, der ihn sah, sofort in ihn verliebte. Der herzlose Schöne aber ließ jede Zuneigung unerwidert, so daß sich eines Tages ein Verschmähter an die Gottheit der Vergeltung wandte, und forderte, diesen Hochmut zu ahnden. Und tatsächlich ersann sie eine angemessene Strafe: als sich Narcissus eines Tages über einen See beugte, um zu trinken, erblickte er im Wasserspiegel sein eigenes Abbild und erlebte prompt die fatale Wirkung seiner Schönheit am eigenen Leib, denn nun konnte er selbst sich nicht mehr von der Wasserspiegelung trennen und verhungerte in unerfüllbarer Eigenliebe am Ufer des Sees. Sein Körper jedoch wurde in die schöne Narzisse verwandelt, die ihn unsterblich machte.

Eine andere stark vertretene Familie sind die Hyazinthengewächse, unter denen die Milchsterne (Ornithogalum, z. B. Tafel 63), die Blausterne (Scilla, z. B. Tafel 298), das Hasenglöckchen (Hyacinthoides, z. B. Tafel 224) und die Traubenhyazinthe (Muscari, z. B. Tafel 361) jeweils mit mehreren Arten vertreten sind. Vom Hyacinthus orientalis (Tafel 465) leiten sich sämtliche Kulturformen der Hyazinthe ab, die im späteren 17. Jahrhundert bereits Gartenliebhaber begeisterte, aber auch im 19. Jahrhundert hochgeschätzt wurde; wobei die Möglichkeit der Zimmerkultur auf wassergefüllten Gläsern diese Vorliebe sicherlich förder-

ne, originaire d'Amérique. Comparés à tant de beautés exotiques, le perce-neige (pl. 200) et la nivéole (pl. 150) de chez nous sont sans doute plus modestes, mais leur beauté ne le cède en rien à la leur.

On trouve bien sûr toutes sortes de récits autour du narcisse, cultivé depuis des temps très anciens, récits qui lui attribuent certaines qualités et qui expliquent son nom. A en croire les *Métamorphoses* d'Ovide, le nom de la fleur viendrait d'un certain Narcisse, un adolescent si beau que tous ceux qui le voyaient s'éprenaient immanquablement de lui. Le bel adolescent sans cœur ne répondant à aucune inclination, un jour, un amoureux éconduit alla s'en plaindre à la déesse de la vengeance, et exigea le châtiment de son orgueil. Et de fait, la déesse conçut un châtiment approprié : alors que Narcisse se penchait pour boire l'eau d'un lac, il aperçut son reflet dans l'eau et subit à ses dépens les funestes effets de sa beauté, car il lui fut impossible de quitter sa propre image. Se consumant d'amour pour lui-même, il mourut de faim sur le rivage, mais son corps fut transformé en une fleur qui porte son nom.

Une autre famille largement représentée est celle des jacinthacées, parmi lesquels on trouve les ornithogales (par ex. pl. 63), les scilles (par ex. pl. 298), la scille penchée (par ex. pl. 224) et la jacinthe dite *muscari* (par ex. pl. 361), chacune représentée par plusieurs variétés. C'est du *hyacinthus orientalis* (pl. 465) dûment représenté que dérivent toutes les formes cultivées de la jacinthe qui ont réjoui les amateurs dès la fin du XVIIe siècle, mais qui furent aussi très prisées au XIXe, la possibilité d'en faire des plantes d'intérieur très persistantes dans les vases ayant sans aucun doute

which at times reach an impressive height, make them excellent garden plants. *Allium schoenoprasum* (plate 214), chives, is also used in cooking, and *Allium ursinum* (plate 303), wild garlic, is used for its medicinal properties, similar to those of garlic.

Turmeric (*Curcuma longa*, plate 473), which is indigenous to south-east Asia and is a member of the Zingiberaceae family, is another plant used both as a spice and for medicinal purposes. Its pulverised rhizome is taken medicinally to stimulate the gall bladder and digestion and is also one of a range of spices that are essential ingredients in many curries. However, the beautiful flowers of the *Curcuma* mean that it is becoming an increasingly prized ornamental plant.

To conclude, let us look briefly at the Musaceae family, of which Redouté includes five representatives. This family owes its name to the *Musa* × *paradisiaca* (plates 443, 444), the banana. Its original home was in fact south-east Asia, but it spread extremely rapidly throughout the tropical regions of the entire world. In 1516, it came to Santo Domingo via the Canary Islands. In 1535, it was introduced to Peru. Central and South America are still important exporters of these tasty fruits that develop on a huge, pendent inflorescence. It is a close botanical relative of the *Strelitzia* (plates 77, 78), which is surely one of the most striking flowering plants there is. Introduced to Europe from South Africa in 1773, it was given its unusual name in honour of Queen Charlotte, the wife of King George III of England, and a princess of Mecklenburg-Strelitz in her own right. When viewed from the side, the horizontal spathe of the inflorescence resembles a bird's head, the brilliant contrasting orange and blue emphasising the exotic effect, and leading to its common name, bird

te. In der antiken Mythologie findet sich die legendäre Erklärung ihres Namens, derzufolge er auf einen schönen Jüngling zurückgeht, der von Apollo, dem Sonnengott, und Zephir, dem Gott des Westwindes, gleichermaßen geliebt wurde. Als sich Hyacinthus aber dem Apollo zuwandte, lenkte Zephir durch einen Windstoß einen fliegenden Diskus aus seiner Bahn, der den Jüngling traf und ihn tötete. Aus seinem Blut entstand eine wunderschöne Pflanze, die seither seinen Namen trägt. Mit 37 Arten sind auch die Lauchgewächse sehr gut repräsentiert, wobei allerdings der überwältigende Auftritt der Gattung Lauch (Allium) nur noch zwei weiteren Gattungen Platz läßt: dem südafrikanischen Agapanthus (Tafeln 4, 402) und dem amerikanischen Nothoscordum (Tafeln 50, 68). All diese Pflanzen eignen sich wegen ihrer dekorativen Dolden, die teilweise beträchtliche Höhen erreichen, hervorragend zur Gartengestaltung. Darüber hinaus werden Allium schoenoprasum (Tafel 214), der Schnitt-Lauch, in der Küche und Allium ursinum (Tafel 303), der Bär-Lauch, wegen seiner knoblauchähnlichen Wirkung in der Heilkunde verwendet.

Den Status als Gewürz und Heilpflanze besitzt auch die zu den Ingwergewächsen gehörende, in Südostasien heimische Gelbwurzel (Curcuma longa, Tafel 473), deren pulverisierter Wurzelstock als gallewirksames und verdauungsförderndes Arzneimittel eingenommen wird und als Bestandteil vieler Curry-Mischungen auch zu unserer Gewürzpalette gehört. Wegen ihrer schönen Blüten wird die Curcuma aber zunehmend auch als Zierpflanze geschätzt.

Werfen wir zum Abschluss noch einen kurzen Blick auf die Familie der Musaceae, die bei Redouté mit fünf Arten vertreten ist. Namenge-

contribué à cette prédilection. La mythologie antique nous donne l'explication légendaire du nom, qui remonterait à un bel adolescent aimé à la fois d'Apollon et de Zéphyr, le dieu du vent d'ouest. Hyacinthus ayant accordé sa préférence au dieu solaire, Zéphyr détourna le vol d'un disque qui alla frapper l'adolescent et le tua. De son sang fleurit une plante merveilleuse qui porte son nom.

Avec 37 variétés, les alliacées sont très bien représentés, sachant que l'imposante apparition de l'espèce *allium* ne laisse plus place qu'à deux autres espèces : l'*agapanthus* d'Afrique du Sud (pl. 4, 402) et le *nothoscordum* d'Amérique (pl. 50, 68). Toutes ces plantes se prêtent merveilleusement à l'horticulture en raison de leurs fleurs décoratives et, parfois, de leur grande taille. On trouvera aussi l'*allium schoenoprasum* (pl. 214), plus connu sous le nom de « fines herbes », ce condiment si prisé par l'art culinaire, et l'*allium ursinum* (pl. 303), l'ail des ours utilisé en médecine pour ses vertus curatives proches de l'ail commun.

Originaire du Sud-Est asiatique, le *curcuma longa* (pl. 473), une plante de la famille des zingibéracées, a lui aussi un statut à la fois d'épice et de plante médicinale. La racine pulvérisée en est utilisée pour ses effets bénéfiques sur la sécrétion biliaire et comme stimulant digestif. Dans notre palette gustative, le curcuma entre dans la composition de nombreux currys, mais il est aussi de plus en plus apprécié comme plante ornementale pour la beauté de ses fleurs.

Pour finir, nous jetterons un bref regard sur la famille des musaceae, dont Redouté présente cinq espèces. Le nom de cette famille vient de la *musa* × *paradisiaca* (pl. 443, 444), plus connue

of paradise. It is an extremely long-lasting cut flower and therefore a popular choice for striking flower arrangements.

Our short stroll through botanical history must come to an end now, although plenty more could still be written about the plants so superbly illustrated by Pierre-Joseph Redouté to enable his contemporaries and subsequent generations to enjoy the beauty of nature and admire his art. The old originals have long been much sought after, expensive, carefully preserved but inaccessible treasures. This new edition means that the work of this 'Raphael of Flowers' can once again be readily enjoyed and is just waiting to be rediscovered.

bend ist die *Musa × paradisiaca* (Tafeln 443, 444), die Banane. Ihre Urheimat war wohl Südostasien, doch hat sie sich schon bald über die tropischen Gebiete der ganzen Welt verbreitet. Im Jahr 1516 kam sie über die Kanarischen Inseln nach Santo Domingo. 1535 wurde sie in Peru eingeführt. Mittel- und Südamerika sind auch heute noch wichtige Exportstaaten der wohlschmeckenden Früchte, die sich an einem riesigen hängenden Blütenstand bilden. Botanisch eng verwandt ist die Strelitzia (Tafeln 77, 78), sicherlich eine der auffälligsten Blütenpflanzen überhaupt. Sie wurde 1773 aus Südafrika nach Europa eingeführt und erhielt ihren eigentümlichen Namen zu Ehren von Königin Charlotte, der Gemahlin König Georgs III. von Großbritannien, einer geborenen Prinzessin von Mecklenburg-Strelitz. Da der Blütenstand wegen des waagerechten Hochblattes von der Seite gesehen einem Vogelkopf ähnelt und sein leuchtendes Farbspiel von Orange und Blau die exotische Wirkung unterstreicht, setzte sich Paradiesvogelblume als deutscher Name für die äußerst haltbare Schnittblume, die gerne zur effektvollen Blumensteckerei verwendet wird, weitgehend durch.

Wir wollen unseren kurzen botanikgeschichtlichen Spaziergang hier beenden, obwohl es noch sehr viel zu berichten gäbe über die Pflanzen, die Redouté so prachtvoll abbildete, damit sich seine Zeitgenossen und spätere Generationen beim Durchblättern der Tafelbände an der Schönheit der Natur und an seiner Kunst erfreuen können. Längst sind die alten Originale zu gesuchten, teuer bezahlten und sorgsam gehüteten Schätzen geworden, die nur noch schwer zugänglich sind. Mit dieser neuen Ausgabe ist nun das Werk dieses »Raffael der Blumen« wieder verfügbar und wartet darauf, neu entdeckt zu werden.

sous le nom de banane. Elle était probablement originaire du Sud-Est asiatique mais s'est répandue dans toutes les régions tropicales du globe. En 1516, elle arriva à Saint-Domingue par le biais des îles Canaries, avant d'être introduite au Pérou en 1535. Les Etats d'Amérique centrale et d'Amérique latine sont aujourd'hui encore de grands exportateurs des fruits délicieux qui se forment sur une immense inflorescence suspendue. Très proche sur le plan botanique, on trouve encore la remarquable *strelitzia* (pl. 77, 78). Originaire d'Afrique du Sud, elle fut introduite en Europe en 1773 et reçut son nom en hommage à la reine Charlotte, épouse du roi Georges III d'Angleterre née princesse de Mecklembourg-Strelitz. Considérée latéralement, la position horizontale de la feuille supérieure fait ressembler l'inflorescence à une tête d'oiseau, tandis que le bleu et l'orangé accentuent l'effet exotique, ce qui a valu le nom allemand d'« oiseau-de-paradis » à cette fleur persistante et volontiers utilisée dans les compositions florales.

Nous terminerons ici notre brève promenade historico-botanique, bien qu'il y aurait encore beaucoup à dire sur ces plantes que Pierre-Joseph Redouté a si magnifiquement représentées, afin qu'en feuilletant les planches de son ouvrage, ses contemporains et les générations suivantes puissent se délecter des beautés de la nature et de son art. Depuis longtemps les éditions originales sont des trésors très recherchés et religieusement conservés par les bibliophiles, ce qui rend l'ouvrage aujourd'hui difficilement accessible. Avec la présente réédition, cet ouvrage du « Raphaël des fleurs » est à nouveau disponible et attend d'être redécouvert.

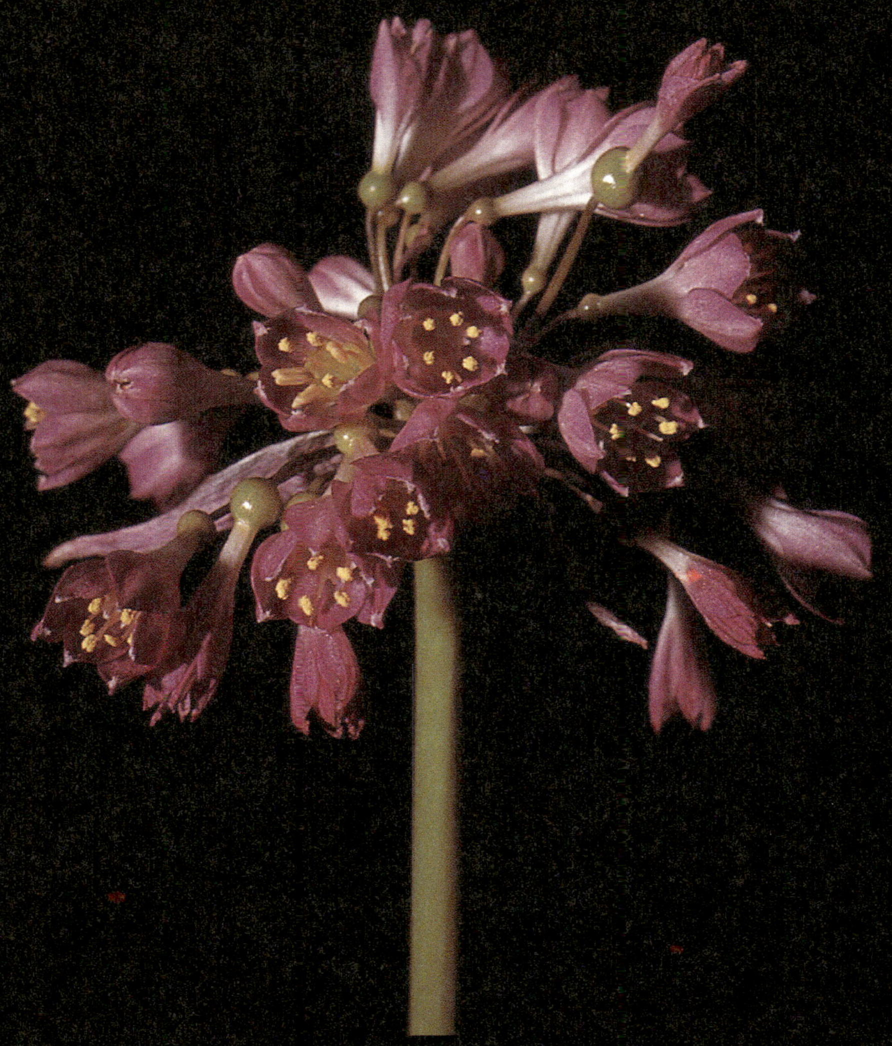
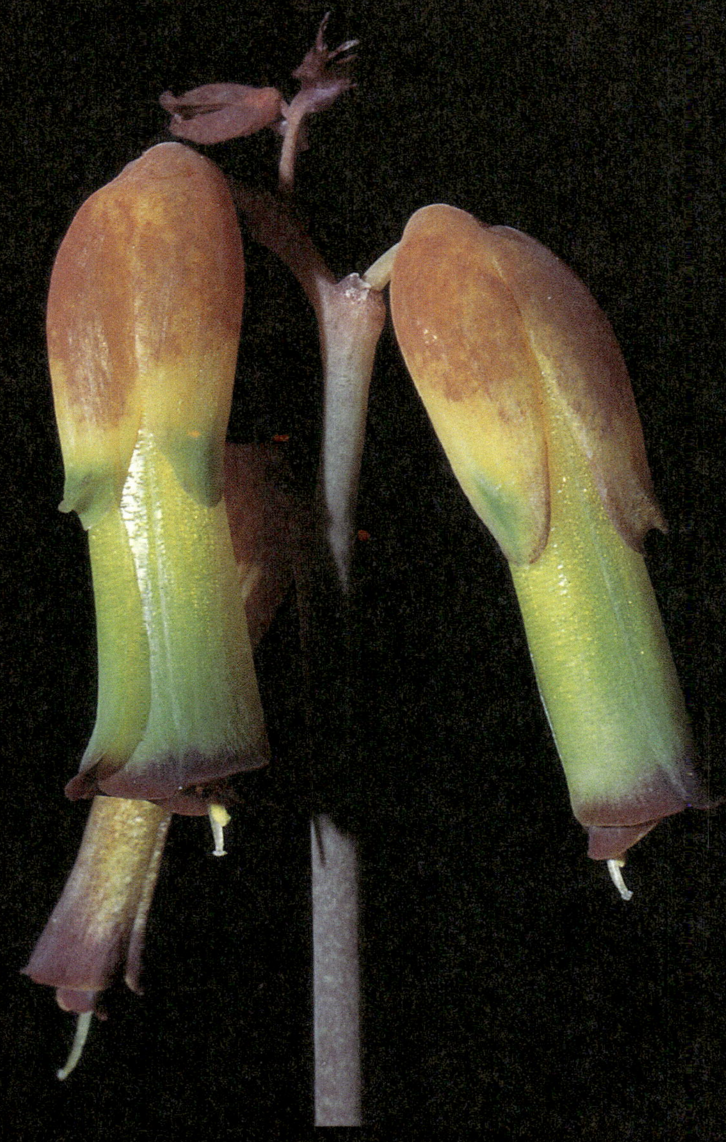
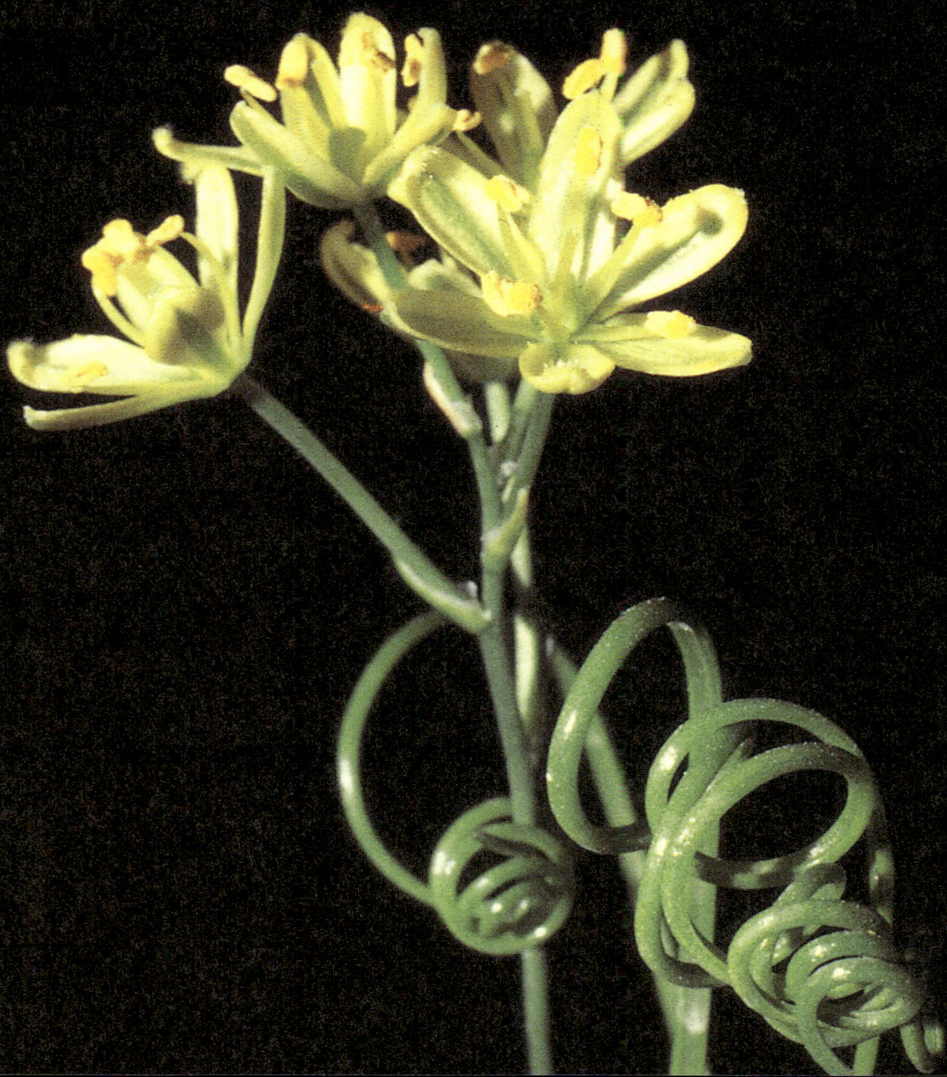
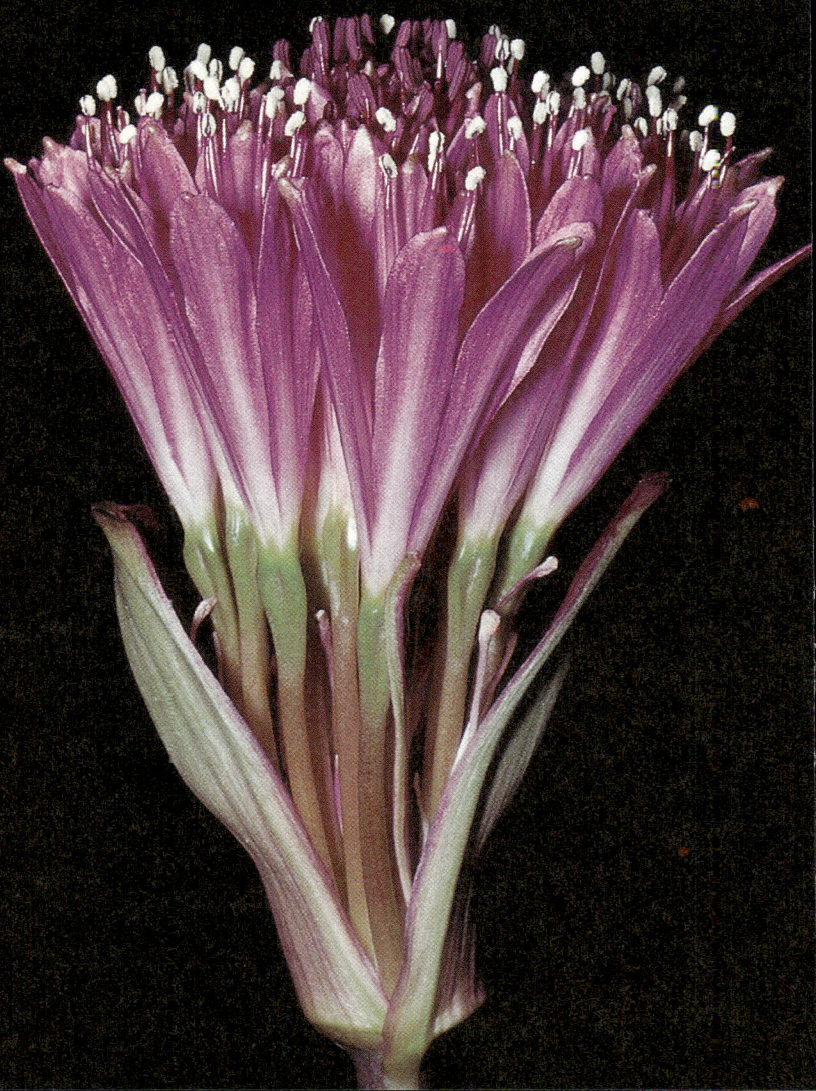

Explanation of the captions

Erläuterung zu den Legenden

Note explicative aux légendes

The first line of the caption beneath each plate gives the internationally recognized botanical name of the plant, together with additional infomation by the author and the year in which the name was first published. An asterisk in front of the botanical name signifies that the term already in existence two hundred years ago, and was used by Redouté's in his plates. The second line provides older botanical synonyms, if any. In the case of hybrids (signifed by the multiplication sign: '×'), this line also designates the parent stock.

The following lines state the common names of the plant in English, German and French. An asterisk (*) in front of the French name signifies that this term (given here in modernized spelling) was already used in Redouté's time, and is legible (albeit only faintly at times) on his plates. A leaf symbol (❧) behind the popular name signifies a literal translation of the botanical reference.

The remarks printed in smaller typeface offer information in English concerning the natural habitat of the plants, the origin of the botanical name or other important facts.

The plate numbers correspond to the original edition of Redouté's *Les Liliacées*.

Die Legenden zu den Bildtafeln enthalten in der ersten Zeile den international gültigen botanischen Namen mit Angabe des Autors und des Jahres, in dem der Name zuerst veröffentlicht wurde. Ein Sternchen vor dem Namen besagt, daß dieser schon zu Redoutés Zeiten, vor zweihundert Jahren, bekannt war und von ihm auf seiner Tafel angegeben wurde. In einer ergänzenden Zeile stehen – sofern vorhanden – ältere botanische Synonyme. Bei Hybriden, die durch ein Multiplikationszeichen gekennzeichnet sind, befinden sich in dieser ergänzenden Zeile Angaben zu den Elternpflanzen.

Die folgende Zeile enthält die gebräuchlichen Populärnamen in Englisch, Deutsch und Französisch. Ein Sternchen (*) vor einem französischen Namen besagt wiederum, daß dieser Name, nun in aktueller Schreibweise abgedruckt, schon zu Redoutés Zeiten benutzt wurde und auf der jeweiligen Tafel (nicht immer leicht) lesbar ist. Ein Blattsymbol (❧) hinter einem Populärnamen kennzeichnet eine wörtliche Übersetzung der botanischen Bezeichnung.

In den kleiner gesetzten Anmerkungen werden in englischer Sprache Informationen zum natürlichen Verbreitungsgebiet der Pflanzen, zum Ursprung der botanischen Bezeichnungen sowie wichtige Zusatzinformationen gegeben.
Die Numerierung der Tafeln entspricht der Abfolge der Orinalausgabe von Redoutés *Les Liliacées*.

A la première ligne des légendes qui accompagnent les planches, on trouvera les noms botaniques internationaux des plantes représentées, avec mention de l'auteur et de l'année de première publication. L'astérisque précédant un nom indique que ce nom était déjà connu à l'époque de Pierre-Joseph Redouté, voici deux cents ans, et qu'il figure dans les planches originales de l'ouvrage. Le cas échéant, une ligne complémentaire donne les noms botaniques plus anciens. Pour les hybrides indiqués par un signe de multiplication, des indications sur les variétés croisées sont données à la même ligne.

La ligne suivante indique les noms usuels de la plante en anglais, en allemand et en français. Une astérisque (*) devant le nom français usuel indique à nouveau que ce nom, dont l'orthographe a été modernisée, était déjà en usage à l'époque de Redouté, et qu'il figure sur la planche afférente (sans être toutefois toujours très lisible). Une petite feuille (❧) suivant un nom usuel indique qu'il s'agit de la traduction littérale du nom botanique.

Dans les observations en langue anglaise imprimées en petits caractères, on trouvera des informations relatives au domaine de culture de la plante et à l'origine des noms botaniques, ainsi qu'un précieux complément d'informations.

Les numéros des planches se réfèrent à l'ordre de l'édition originale de Redouté *Les Liliacées*.

Illustrations p. 28 from top left to bottom right | Abbildungen S. 28 von links oben nach rechts unten | Illustrations p. 28 de gauche à droite et de haut en bas

Calostemma purpureum

Purple Calostemma | Purpur-Calostemma | Calostemma pourpre

Lachenalia aloides

Cape Cowslip Aloeartige Lachenalie | Lachenale à feuilles d'aloès

Ornithogalum osmynellum

Spiral-leaved Star-of-Bethlehem | Schraubenblättriger Milchstern | Ornithogale à feuilles en hélice

Brunsvigia pulchra

Beautiful March-Lily | Schöne Märzlilie | Belle Brunsvigia

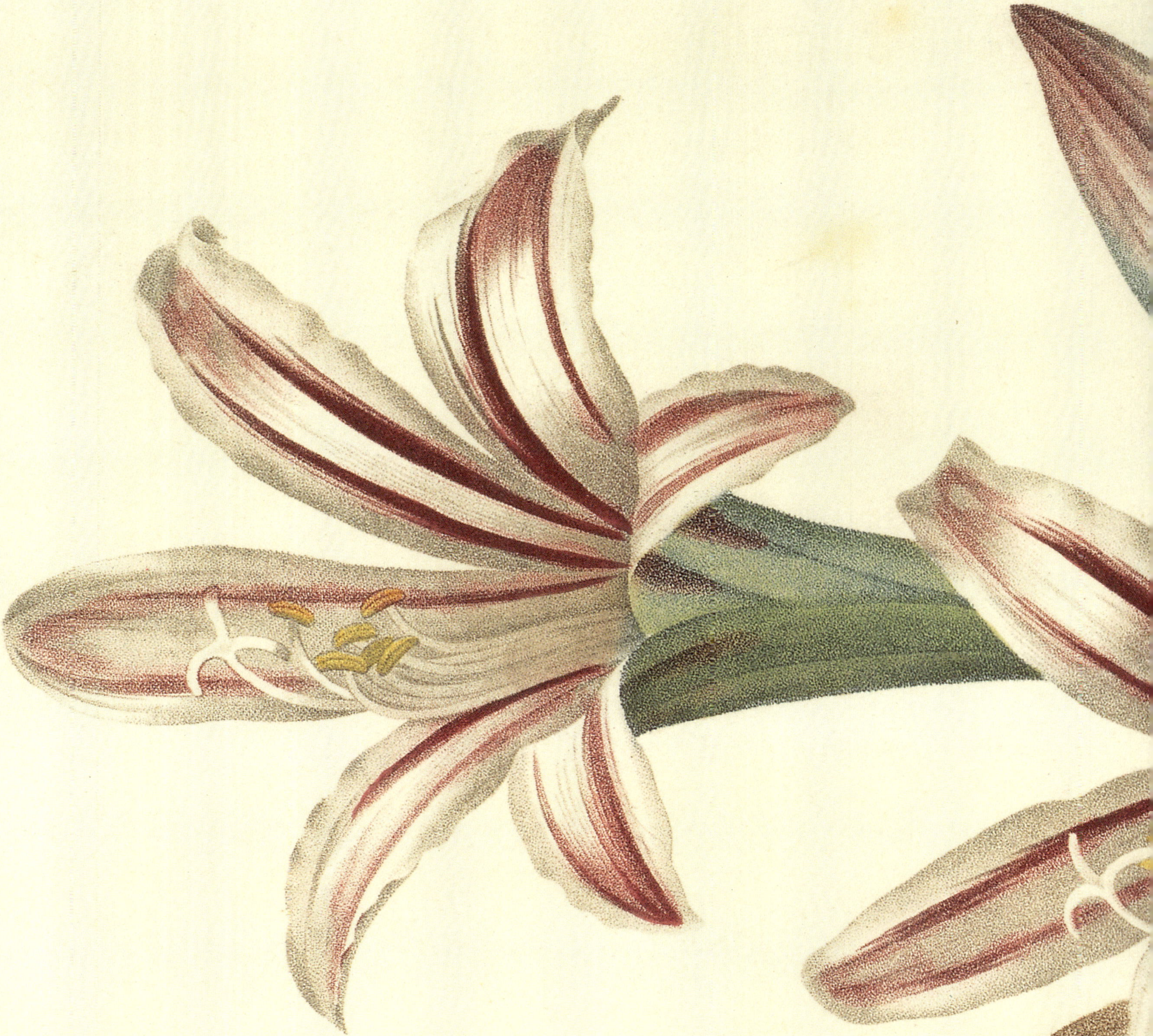

Les Liliacées

Volume I

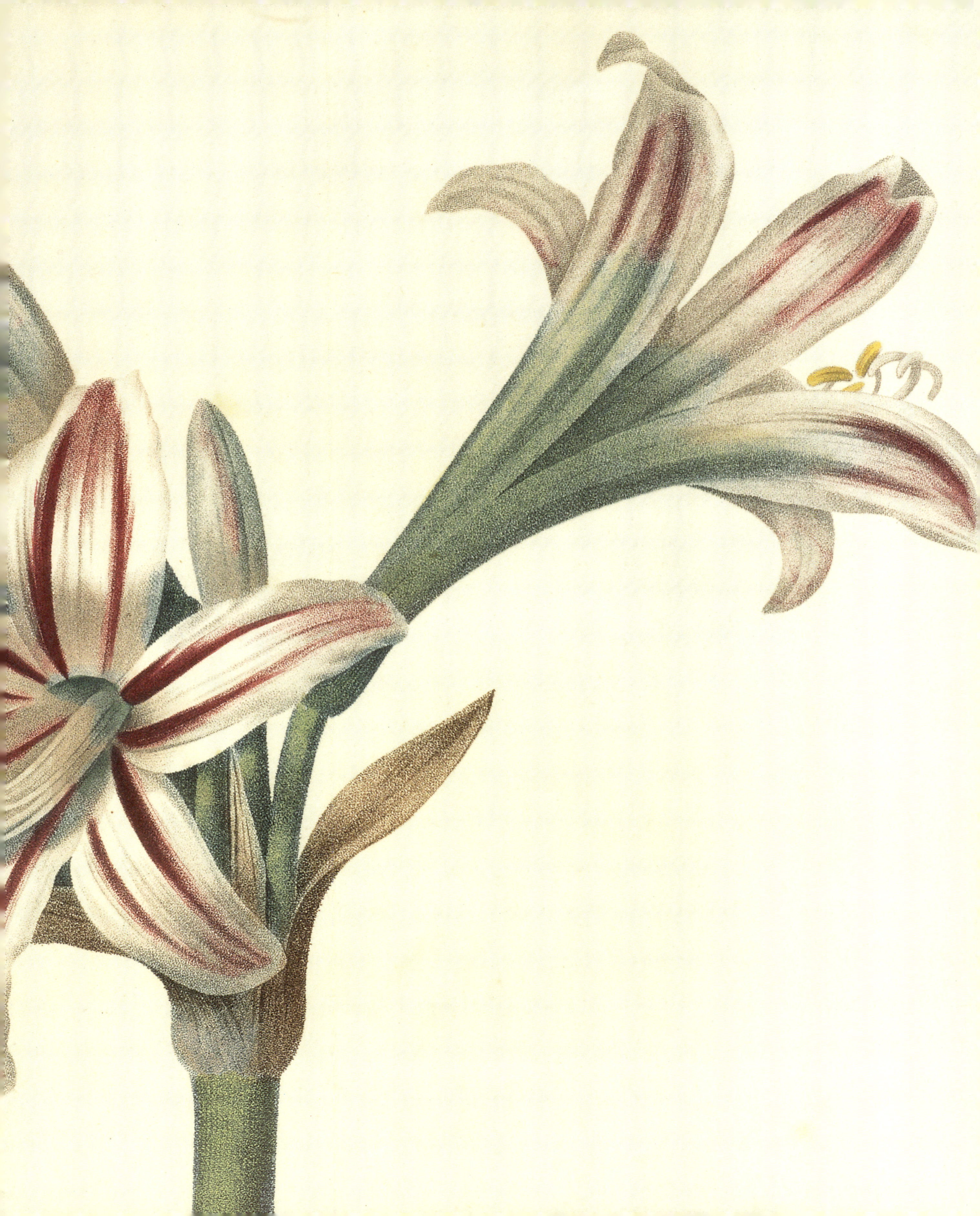

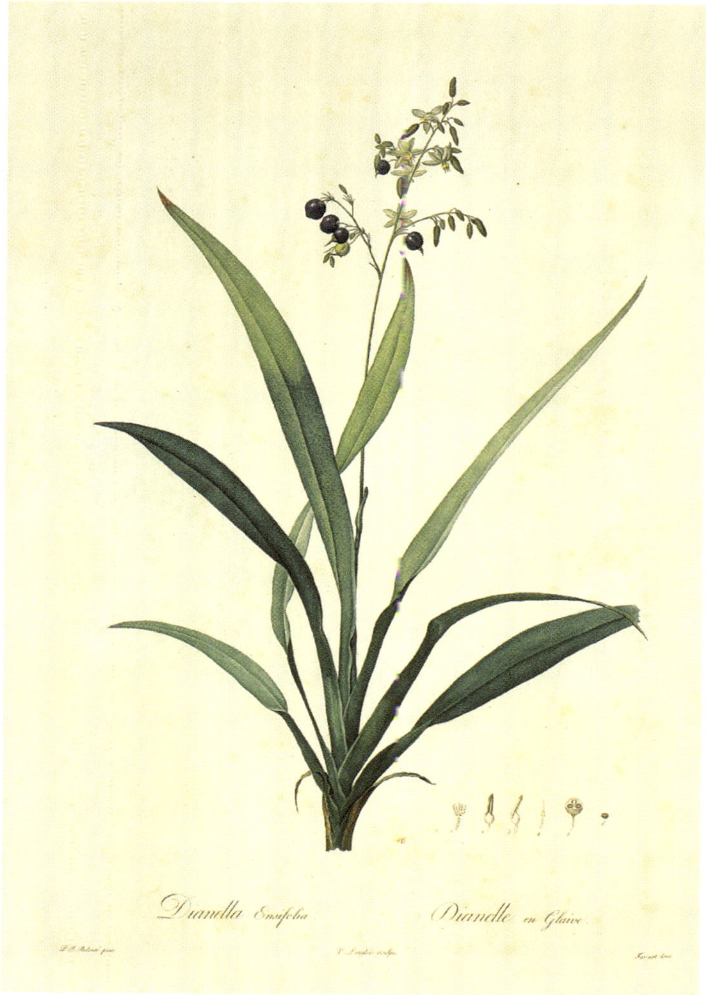

1

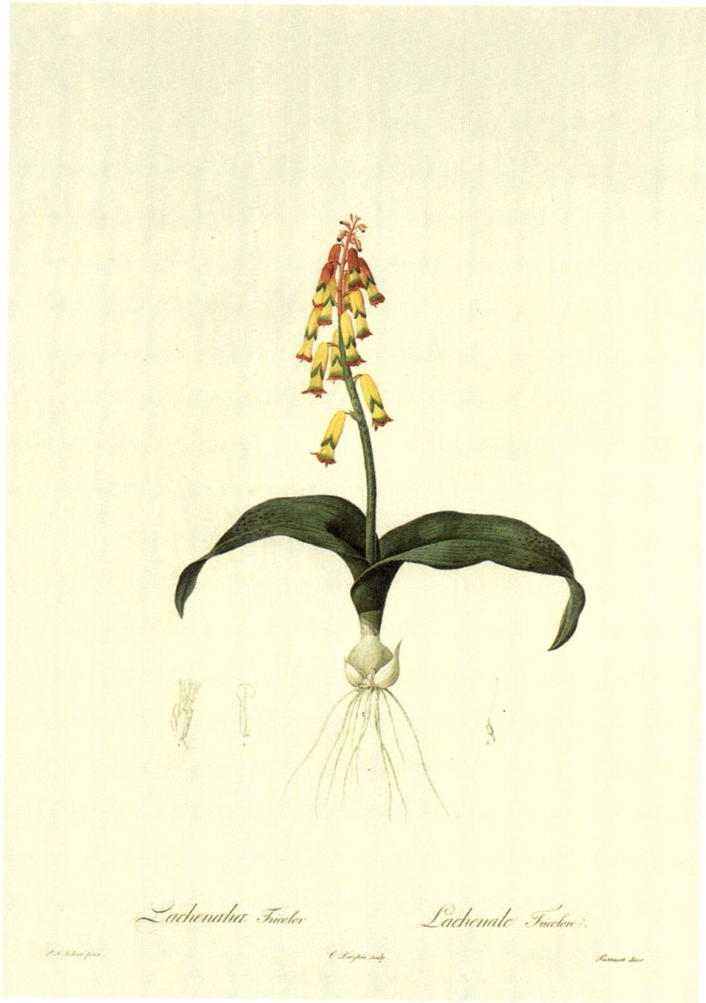

2

****Dianella ensifolia* (L.) DC. in REDOUTÉ 1802 (Phormiaceae)**
(= *Dracaena ensifolia* L. 176
= *Dianella nemorosa* Lam. 1786)
Sword-leaved Dianella | *Dianelle en glaive
Schwertblättrige Dianelle

East and southeast Asia (Japan, Taiwan, Malaysia, Sri Lanka), islands east of Africa (Madagascar, Mascarenes, Seychelles), doubtful reports from north and east Australia. *Dianella* is the diminutive of Diana, the Roman goddess of hunting.

***Lachenalia aloides* (L.f.) hort. vel Engl. ex Asch. & Graebn. 1905 (Hyacinthaceae)**
(= *Phormium aloides* L.f. 1782, "1781")
Cape Cowslip | *Lachenale tricolore
Aloeartige Lachenalie

South Africa (Western Cape from the Cape Peninsula to Citrusdal in the north). Named for the Swiss botanist Werner de Lachenal (or Werner de la Chenal; 1736–1800).

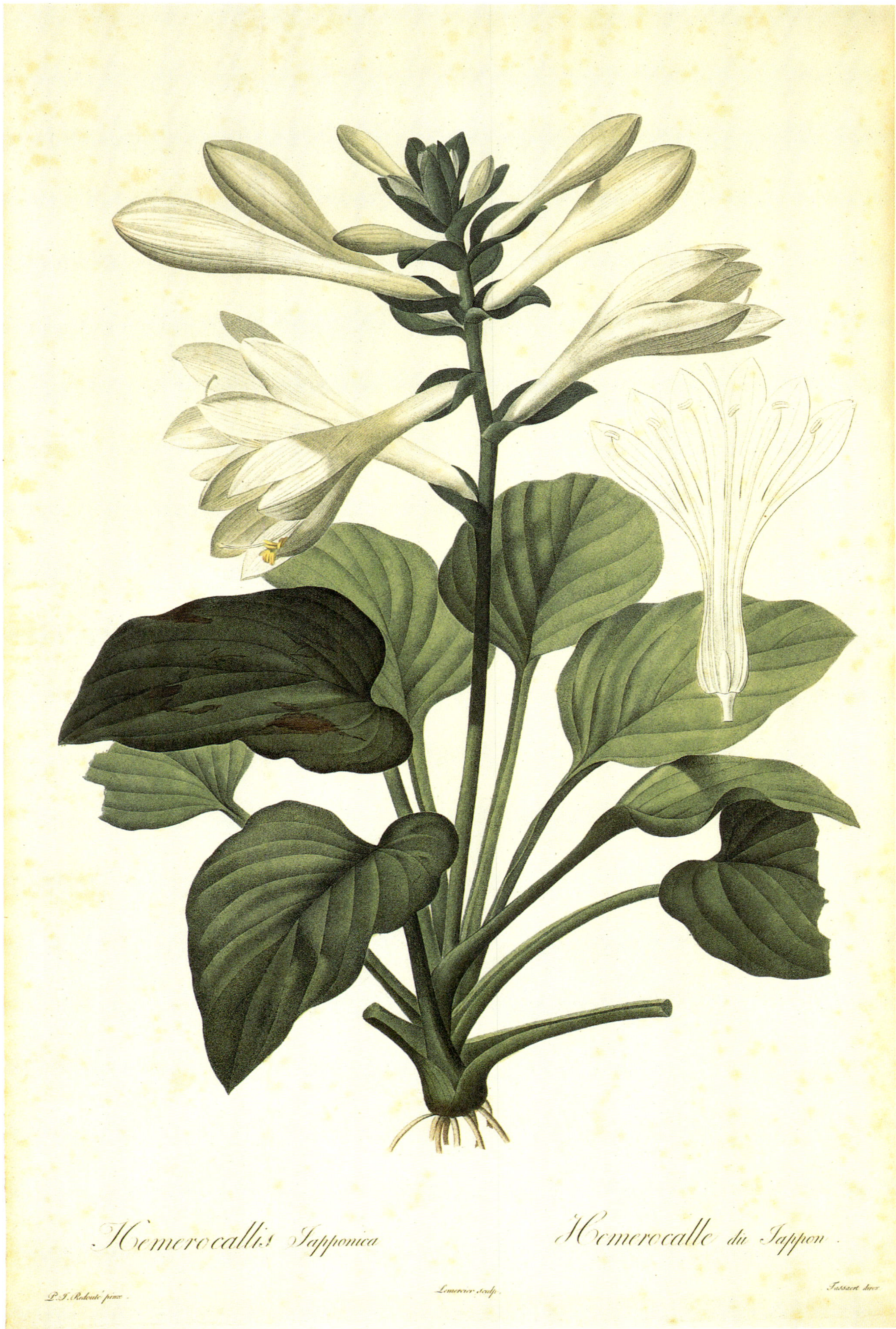

3

Hosta plantaginea (Lam.) Asch. 1864 (Hostaceae)
(= _Hemerocallis plantaginea_ Lam. 1789)

Plantain Lily | *Hémérocalle du Japon | Wegerich-Funkie

East Asia (China; in Japan introduced later according to Ohwi 1965, *Flora of Japan*). Named for the Austrian medical doctor (personal physician of the Emperor) and botanist Nicolaus Thomas Host (1761–1834).

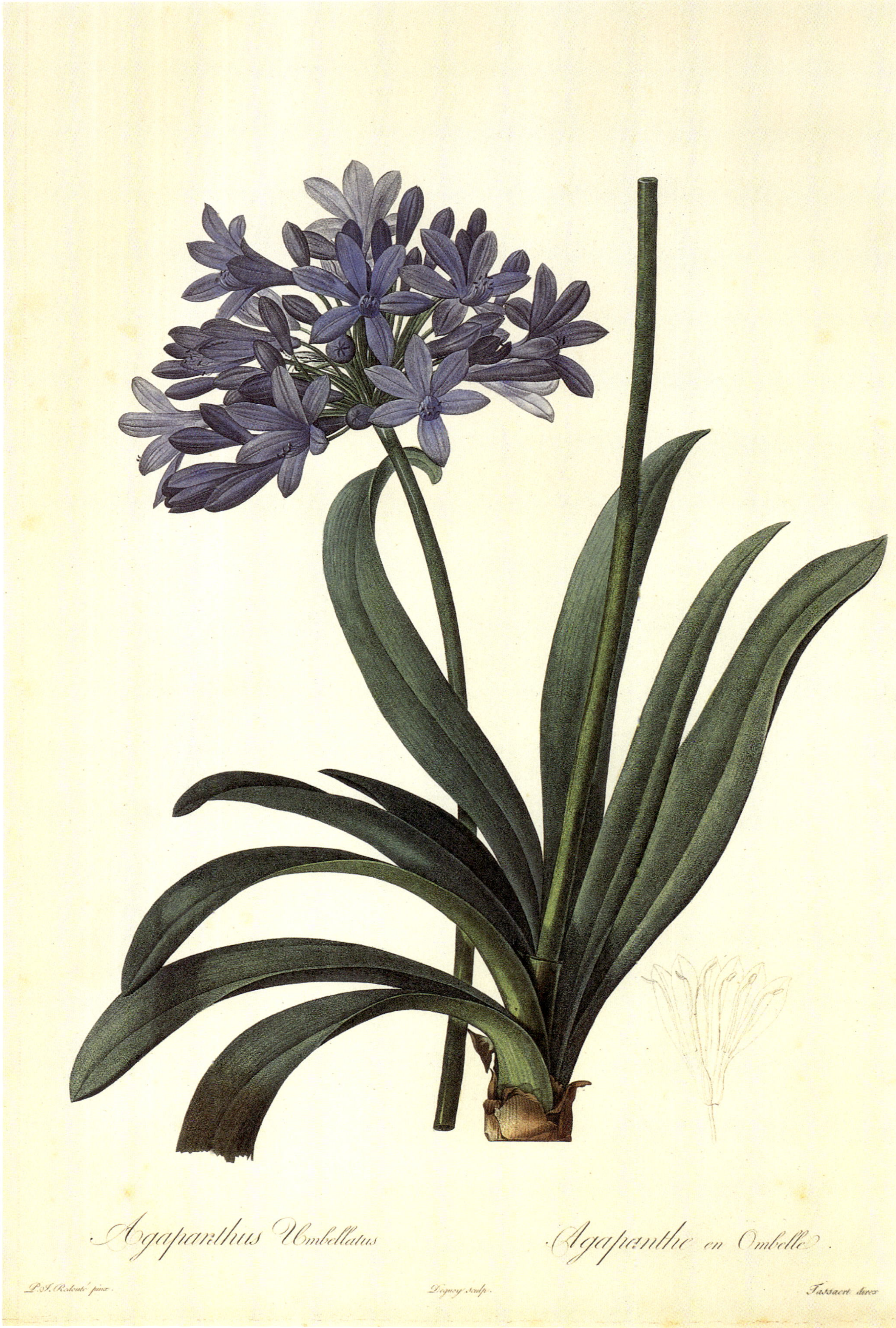

4

Agapanthus africanus **(L.) Hoffmanns. 1824 (Alliaceae)**
(= *Crinum africanum* L. 1753)
Lily-of-the-Nile | *Agapanthe en ombelle | Afrikanische Liebeslilie

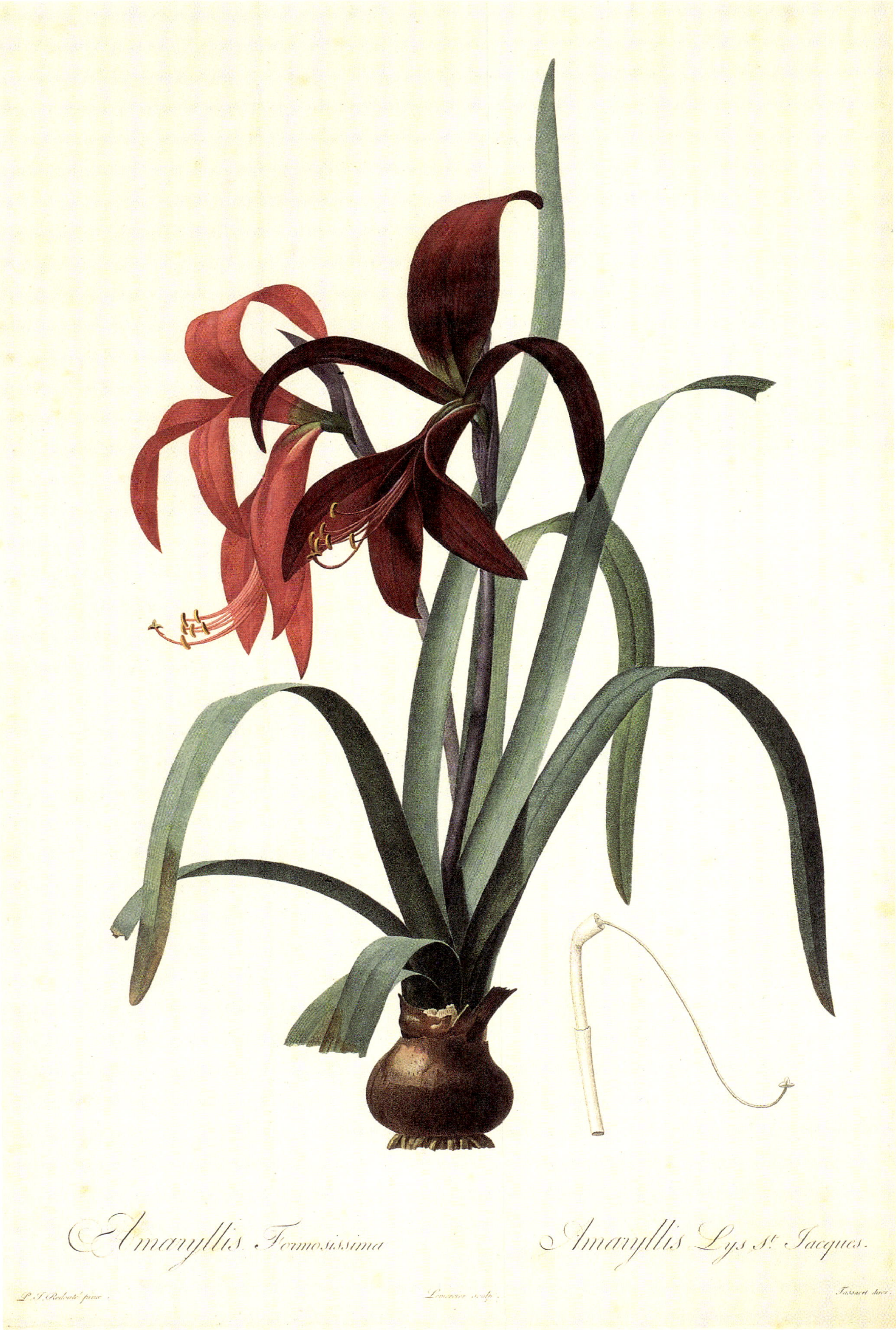

5

Sprekelia formosissima (L.) Herb. 1821 (Amaryllidaceae)

Jacobean Lily | *Lis St. Jacques | Jakobslilie

Central America (Mexico and Guatemala). Named for the German administrator and amateur botanist J. H. von Sprekelsen (†1764), who published a treatise about *Yucca* in 1729.

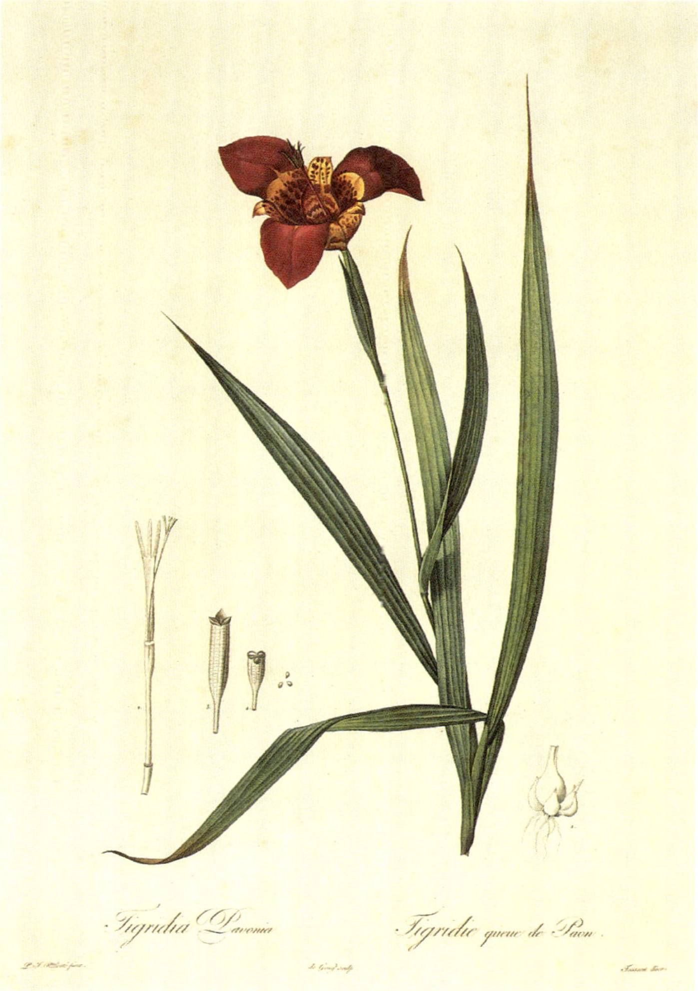

6

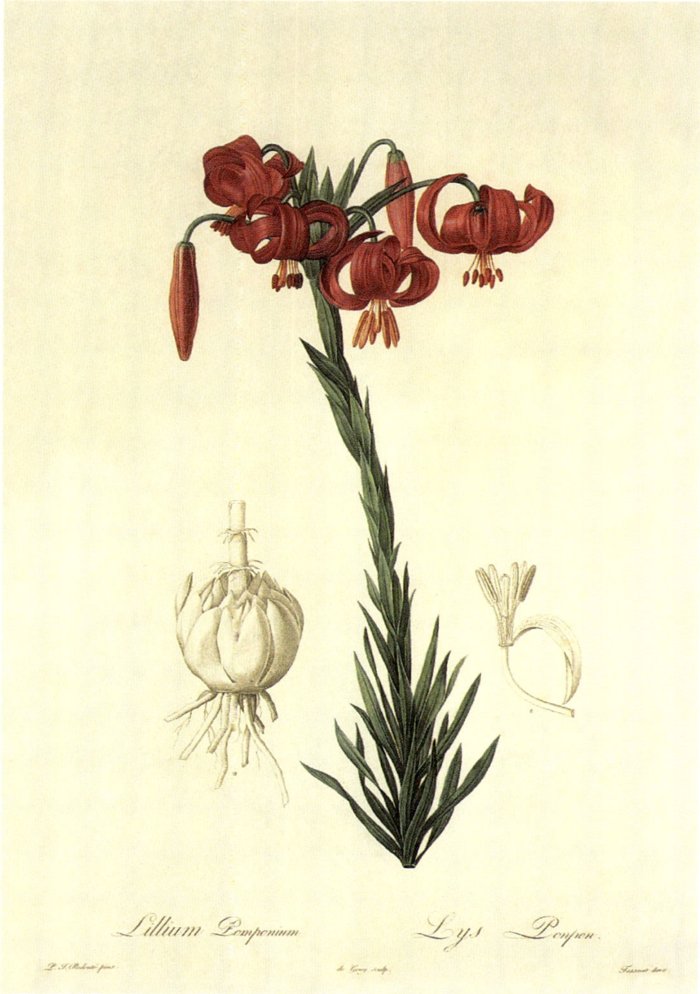

7

Tigridia pavonia (L.f.) DC. in REDOUTÉ 1802 (Iridaceae)
(= *Ferraria pavonia* L.f 1782, "1781")
Tiger Flower | *Tigridie queue de paon
Tigerblume, Ffauenlilie

Central America (Mexico and Guatemala).

**Lilium pomponium* L. 1753
(Liliaceae)
Red Lily | Lis de Pompone, Lis turban
Rote Meeralpen-Lilie

Southern central Europe (maritime Alps of France and Italy).

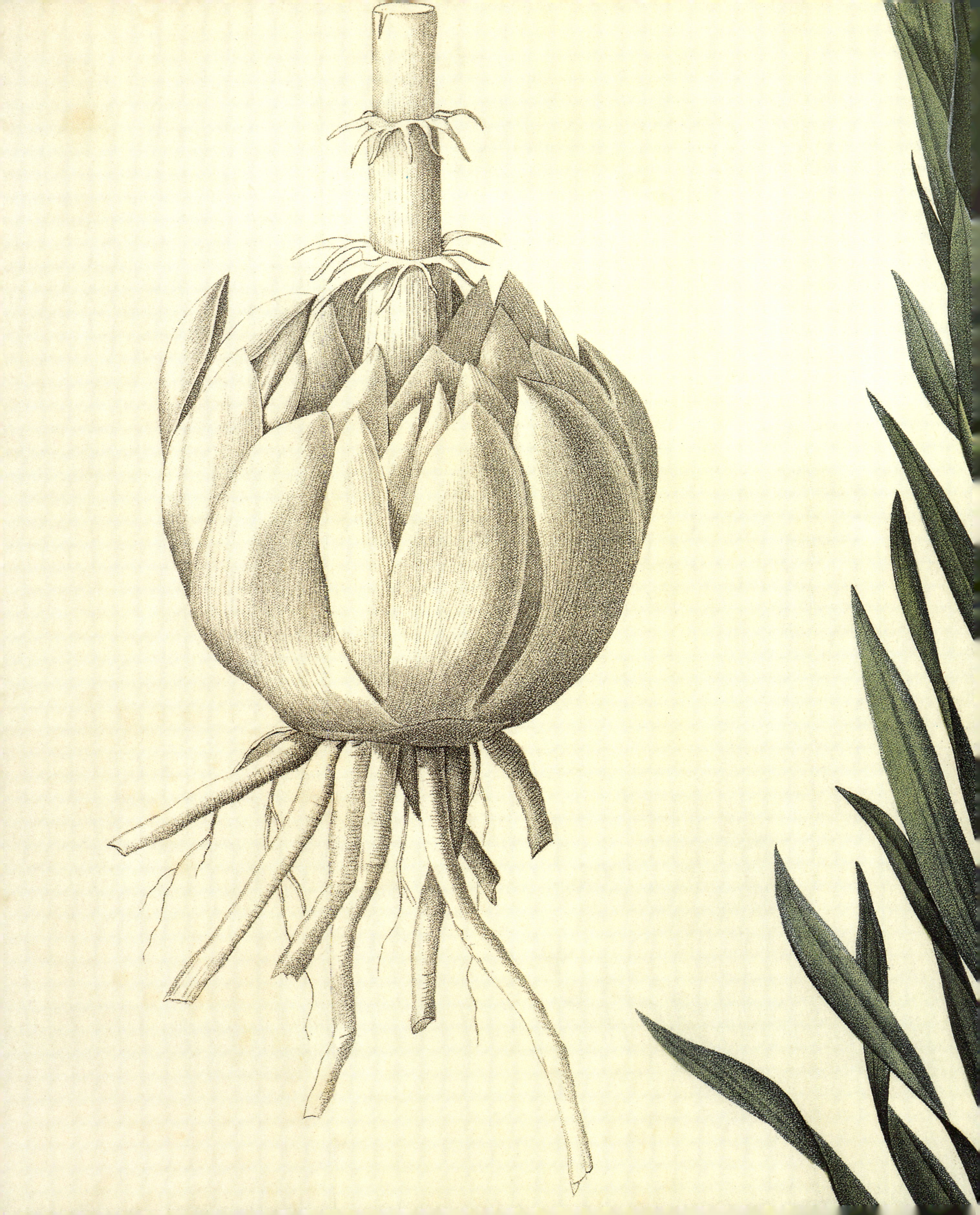

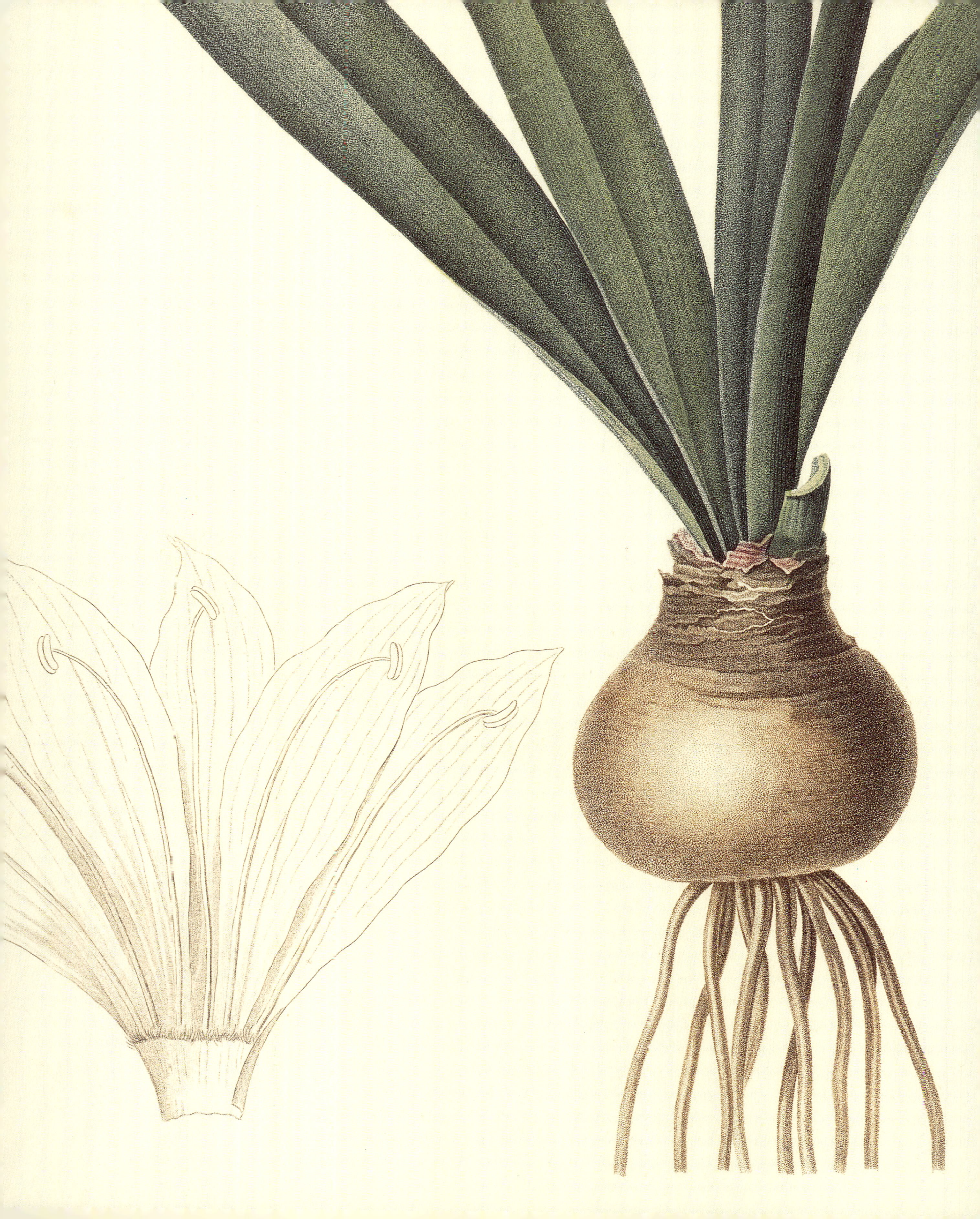

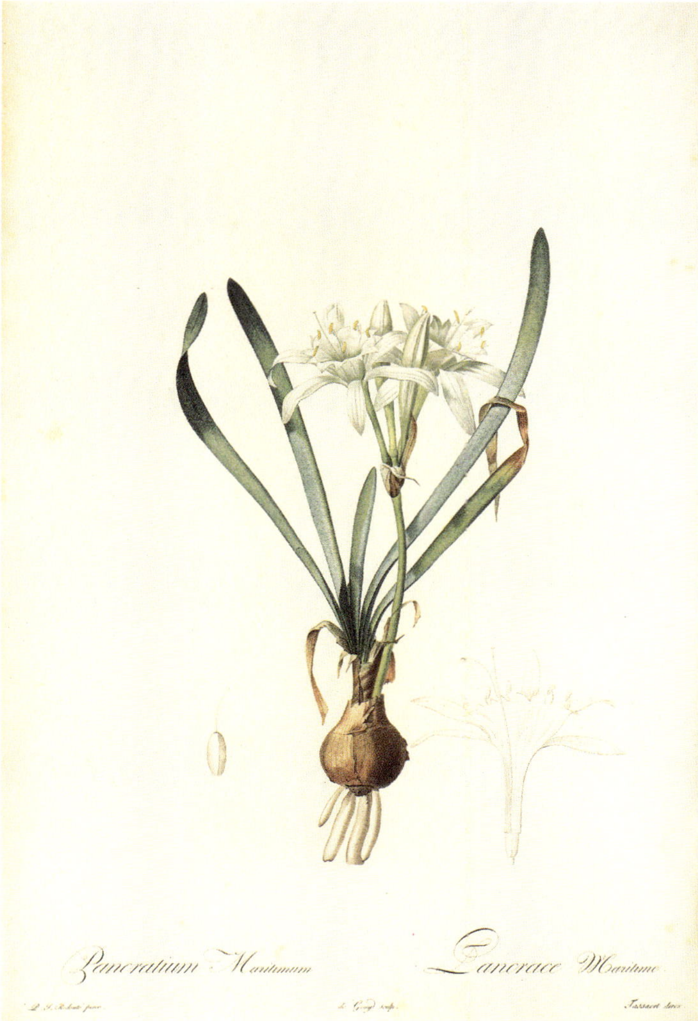

8

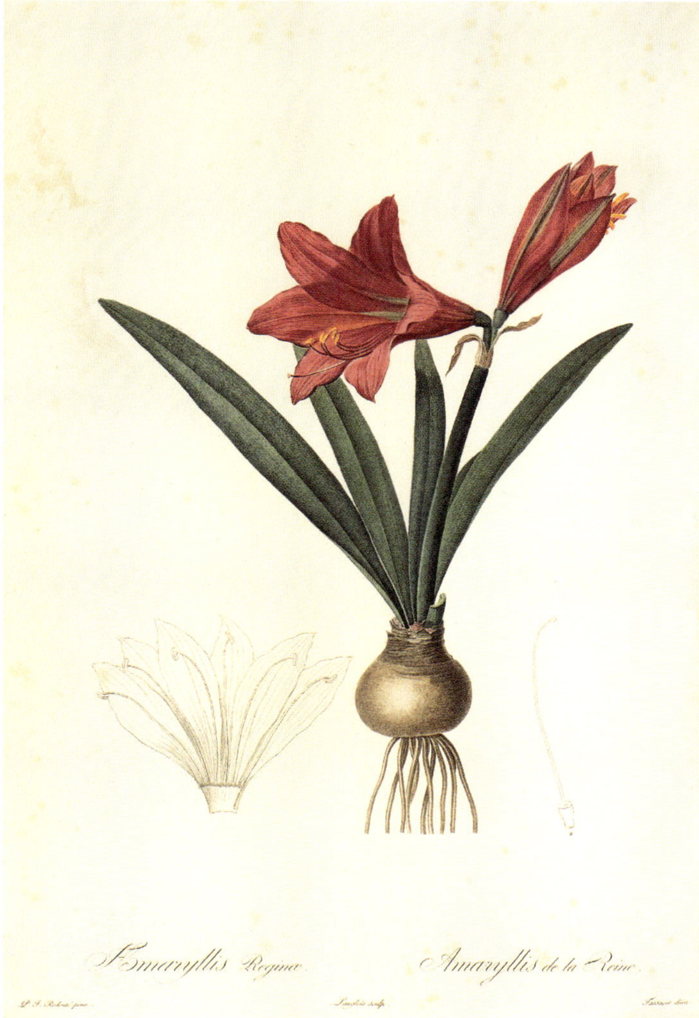

9

**Pancratium maritimum* L. 1753 (Amaryllidaceae)

Sea Lily, Sea Daffodil | *Pancrace maritime

Strand-Pankrazlilie

Circummediterranean (Europe, Africa, Asia), extending to the Atlantic coast of western France.

Hippeastrum reginae (L.) Herb. 1821 (Amaryllidaceae)

Mexican Lily, Queen's Horse-Star ❦ | *Amaryllis de la Reine

Königin-Ritterstern

Central (Mexico and Antilles) and South America (to Brazil and Peru); it is the only *Hippeastrum* species occurring in Africa, where it is most likely not indigenous. 'Horse-star' means 'knight's star'.

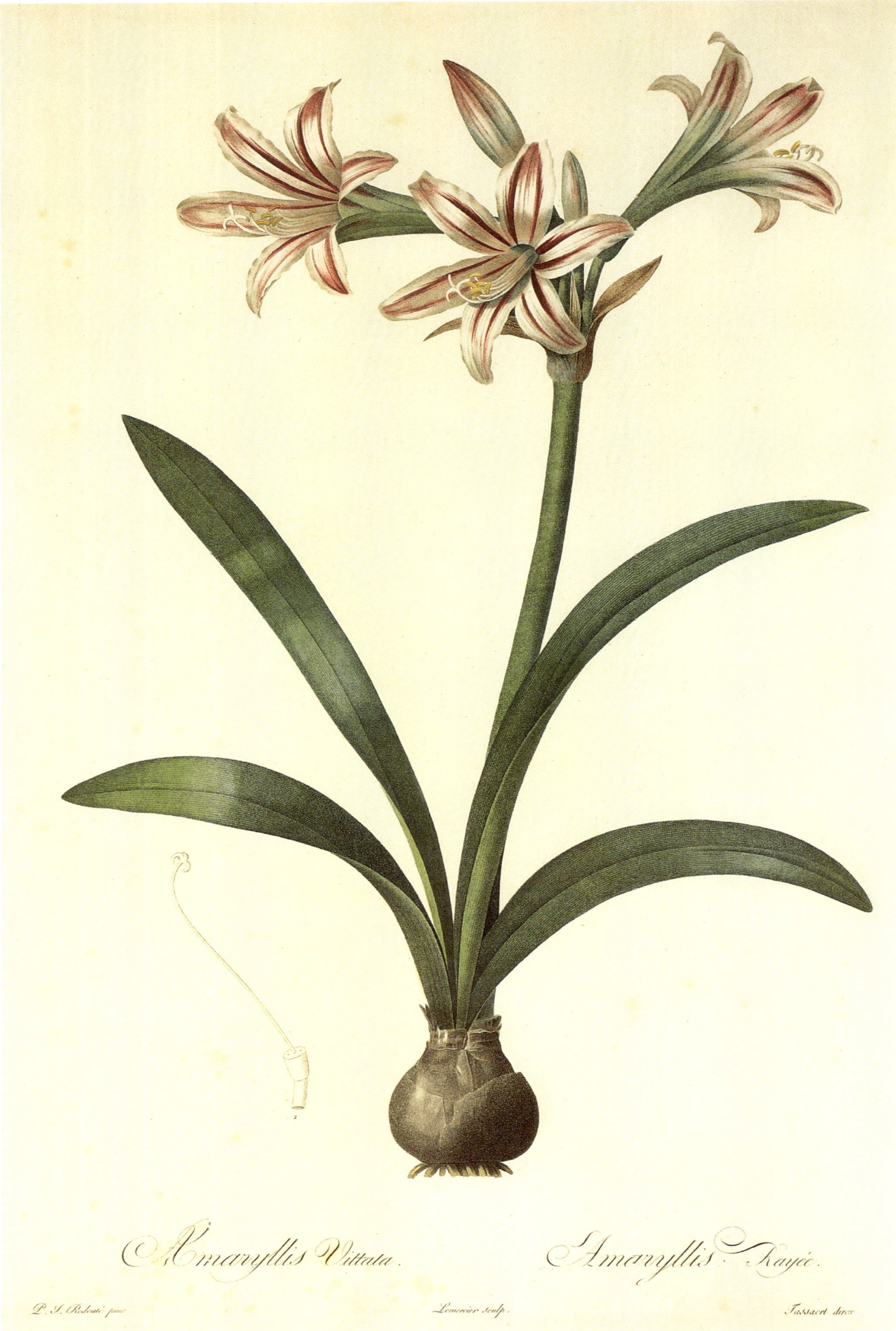

10

Hippeastrum vittatum (L'Hér.) Herb. 1821 (Amaryllidaceae)

Barbados Lily, Striped Horse-Star | *Amaryllis rayée | Gestreifter Ritterstern

South America (Andes of Peru). The same vernacular name also applies to *Hippeastrum puniceum*.

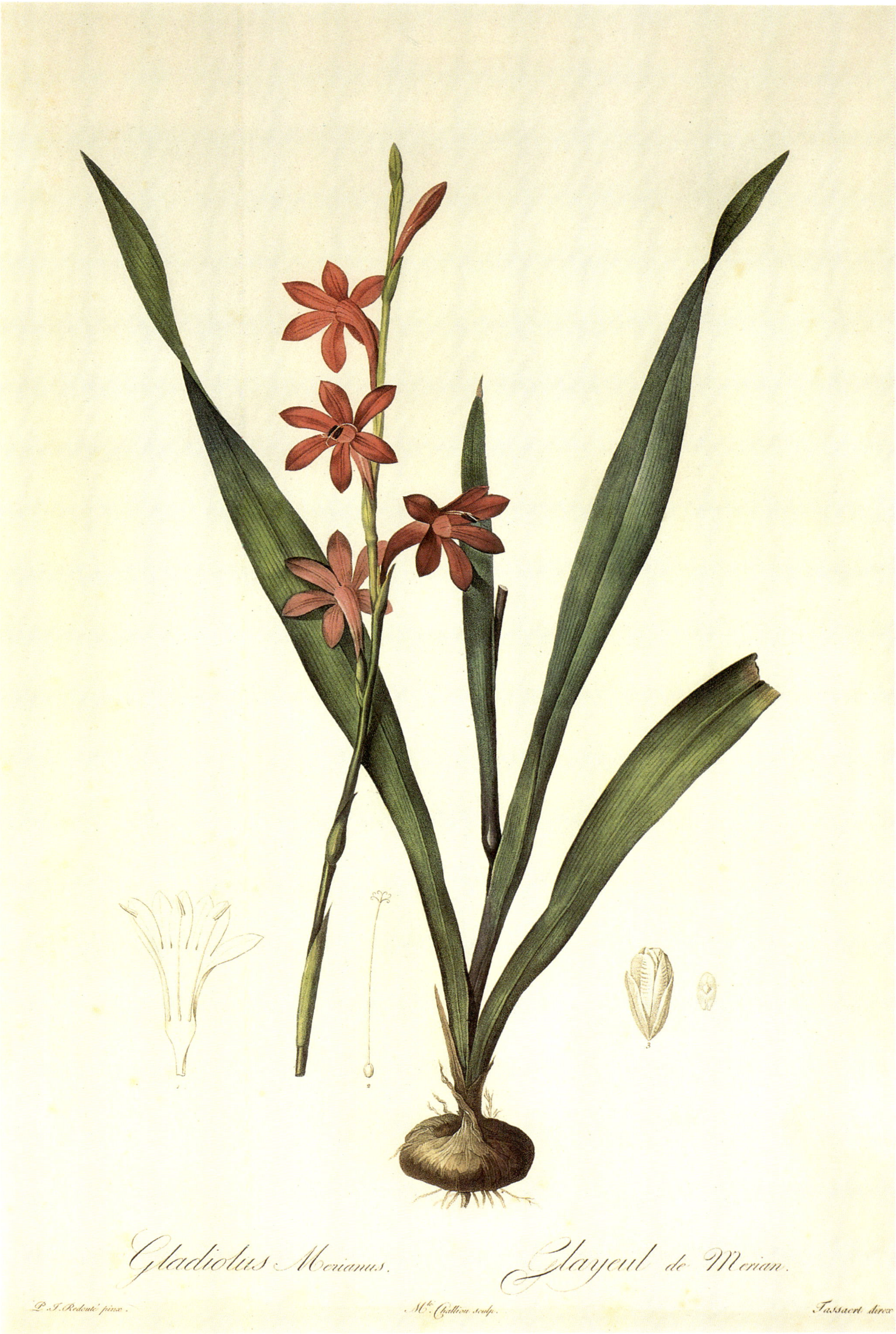

11

Watsonia meriana (L.) Mill. 1768 (Iridaceae)

(= *Antholyza meriana* L. 1759)

Meriana Watsonia | *Glaïeul de Merian | Meriana-Watsonie

South Africa (Western Cape from the Bredasdorp region to the Kamiesberge in the Northern Cape). The genus is named for the British physician and botanist William Watson (1715–1787). The species is named for the obsolete genus *Meriana* (Iridaceae), whose name derives from the German-Dutch painter Maria Sybilla Merian (1647–1707). See pl. 343.

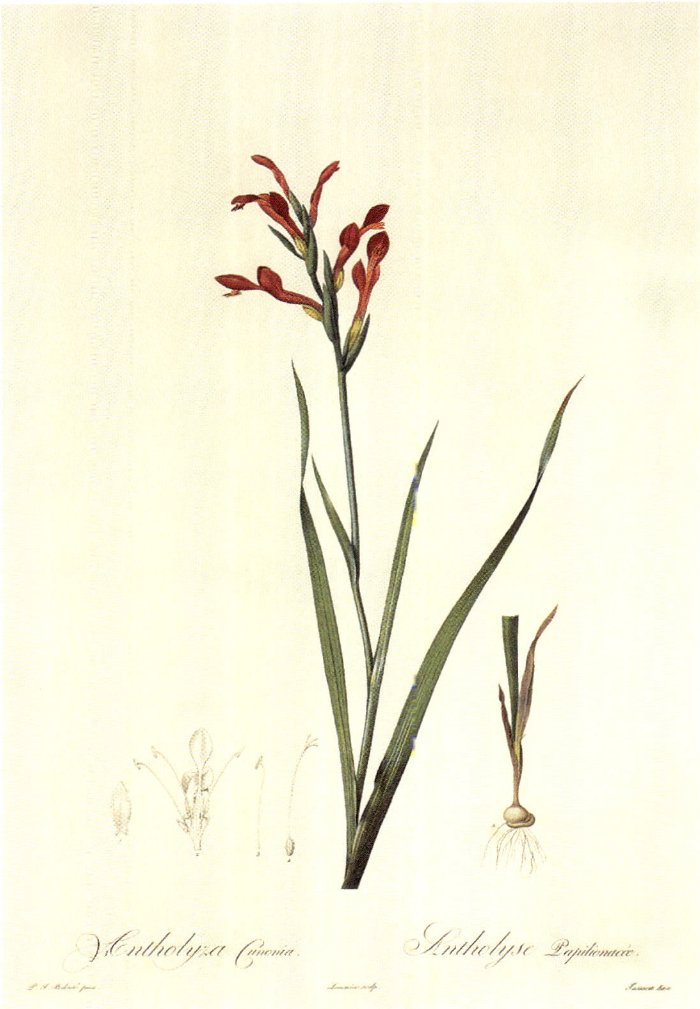

12

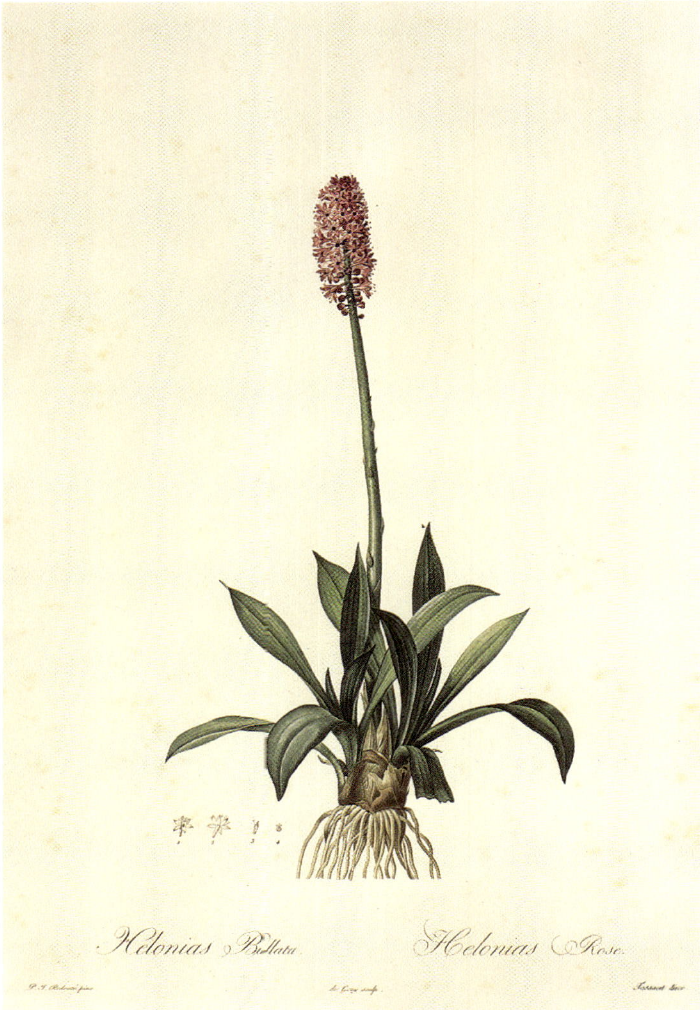

13

Anomalesia cunonia (L.) N. E.Br. (Iridaceae)
Cunonia Anomalous | *Antholyse papilionacée
Cunonia-Anomalesie

South Africa (Western Eastern Cape, from the Cape Peninsula to Knysna).

**Helonias bullata* L. 1753 (Melanthiaceae)
Swamp Pink | *Helonias rose
Nordamerikanisches Sumpf-Rosa

North America (USA from New Jersey in the east to Pennsylvania in the west and Georgia in the south).

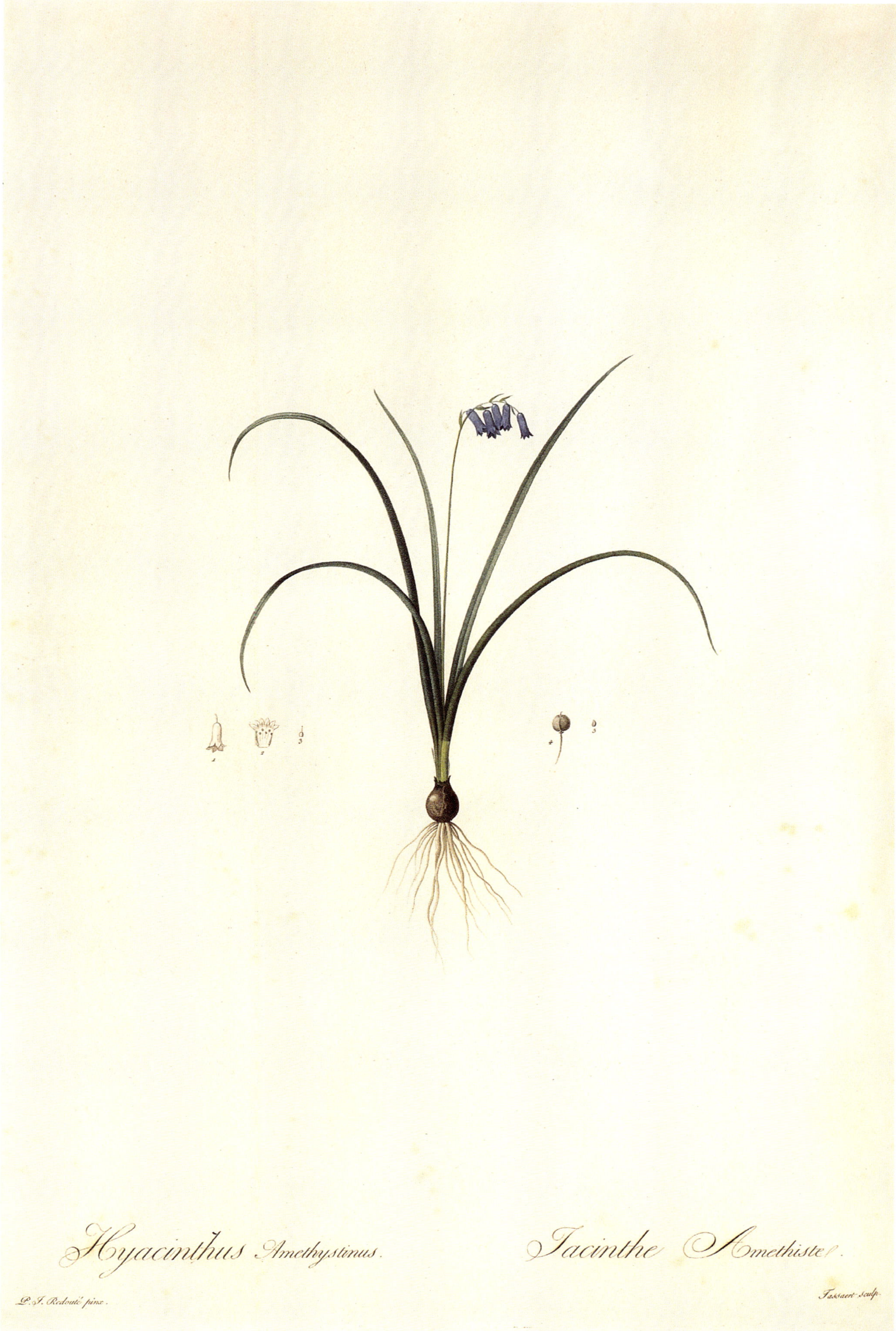

14

Brimeura amethystina (L.) Chouard (Hyacinthaceae)

Amethyst-Brimeura | *Jacinthe améthyste | Amethystblaue Brimeurenzinthe

Southwest Europe (northeast Spain, southwest France and northwest Yugoslavia). Named by Salisbury (1866) after a Dutch lady, Maria de Brimeur, gratefully mentioned by L'Ecluse for her love of plants.

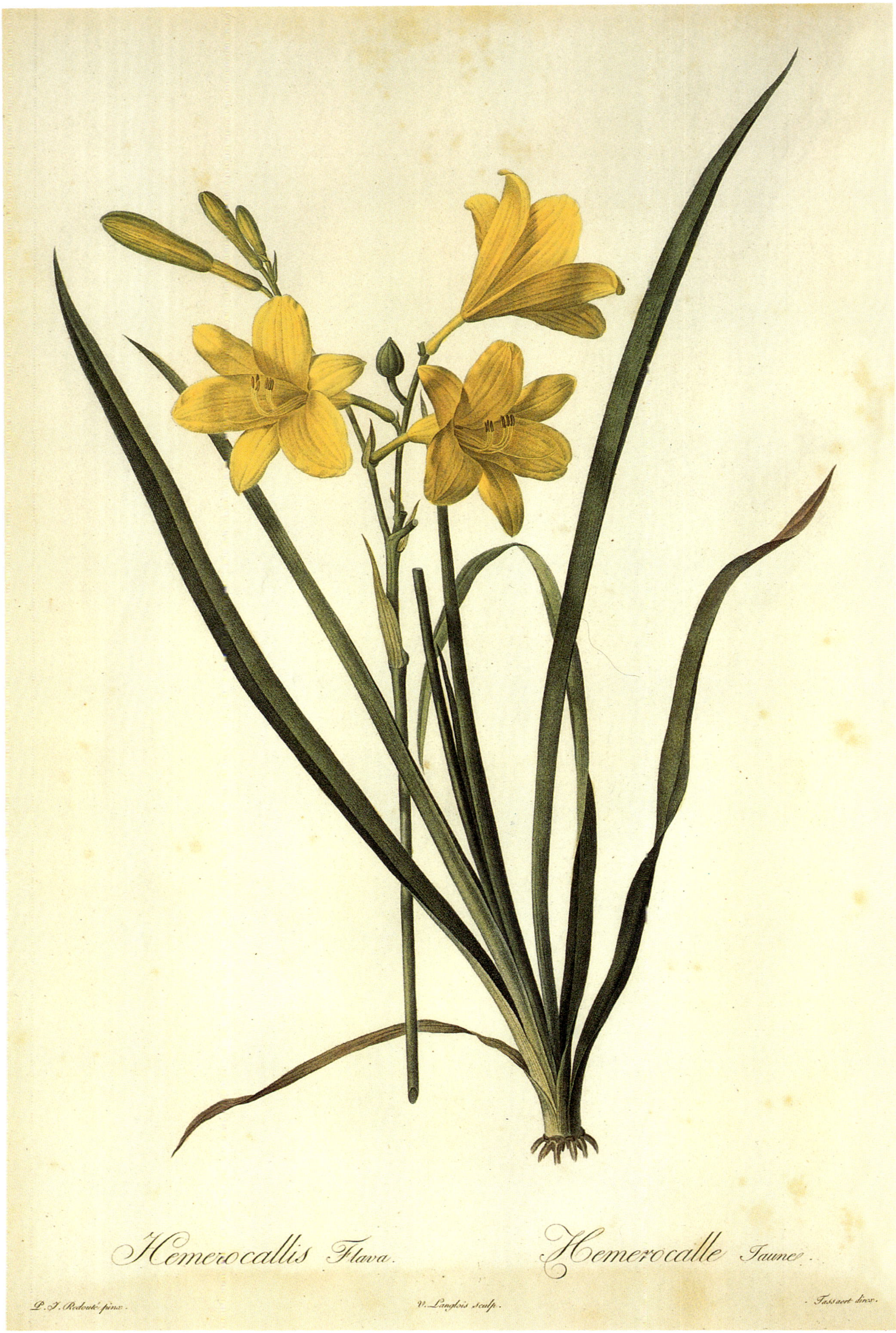

15

Hemerocallis lilioasphodelus L. 1753 (Hemerocallidaceae)

Yellow Day Lily | *Hémérocalle jaune | Gelbe Taglilie

Central Europe (foothills of the southeast Alps, Northeast Italy and Slovenia).

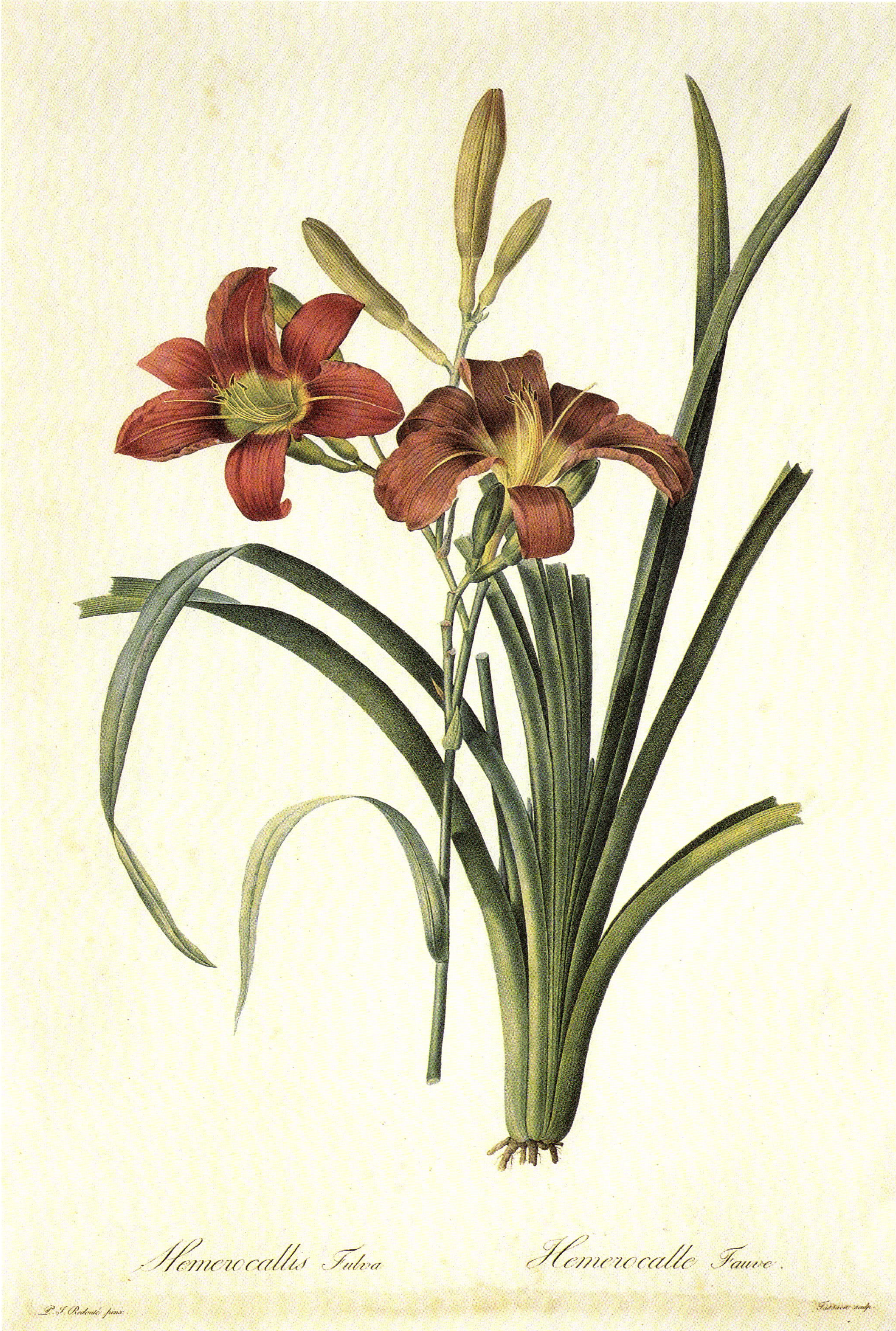

16

******Hemerocallis fulva* **(L.) L. 1762 (Hemerocallidaceae)**
(= ***Hemerocallis lilioasphodelus*** **var.** ***fulva*** **L. 1753)**
Orange Day Lily | *Hémérocalle fauve | Rotgelbe Taglilie

East Asia (China). Naturalized in central Europe.

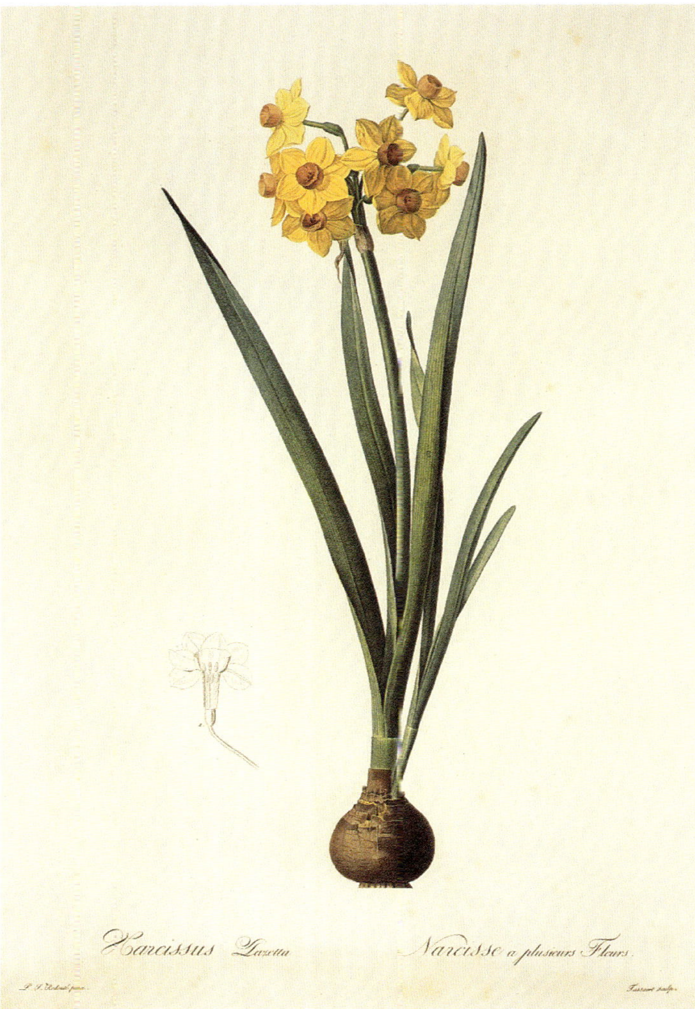

17

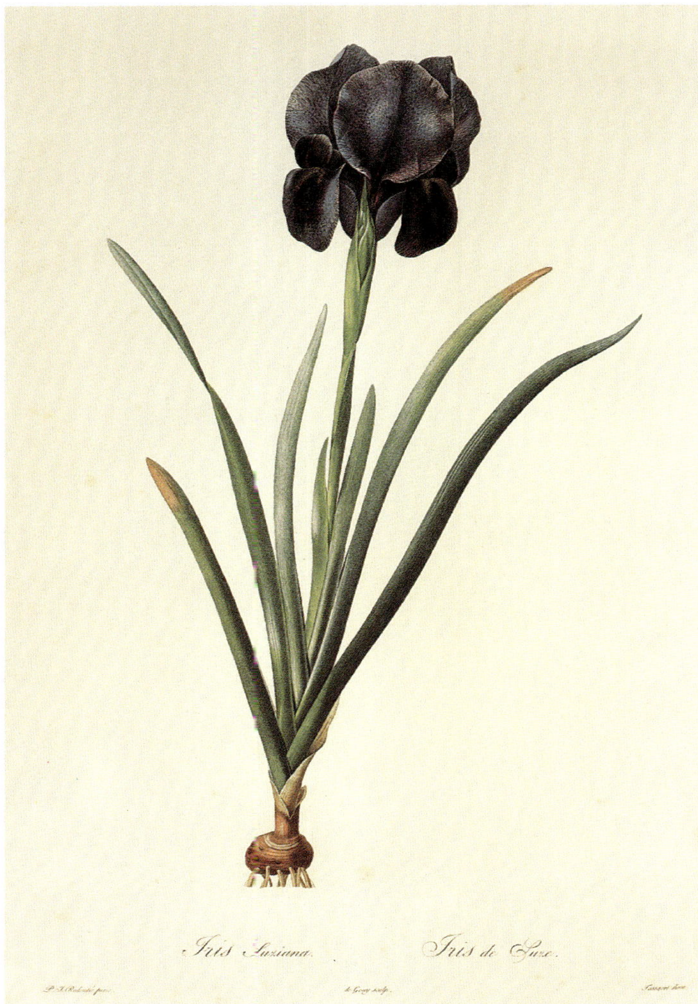

18

***_Narcissus tazetta_ L. 1753 (Amaryllidaceae)**

Angel's Tears | *Narcisse à plusieurs fleurs | Tazette

Circummediterranean (Europe, Africa, Asia), extending to China along the Himalaya, in central and east Asia probably only naturalized as the plants are triploids.

***_Iris susiana_ L. 1753 (Iridaceae)**

Mourning Iris | *Iris de Suse | Dame-in-Trauer

West Asia (Iran, Asia Minor). Named for the Iranian province of Susa.

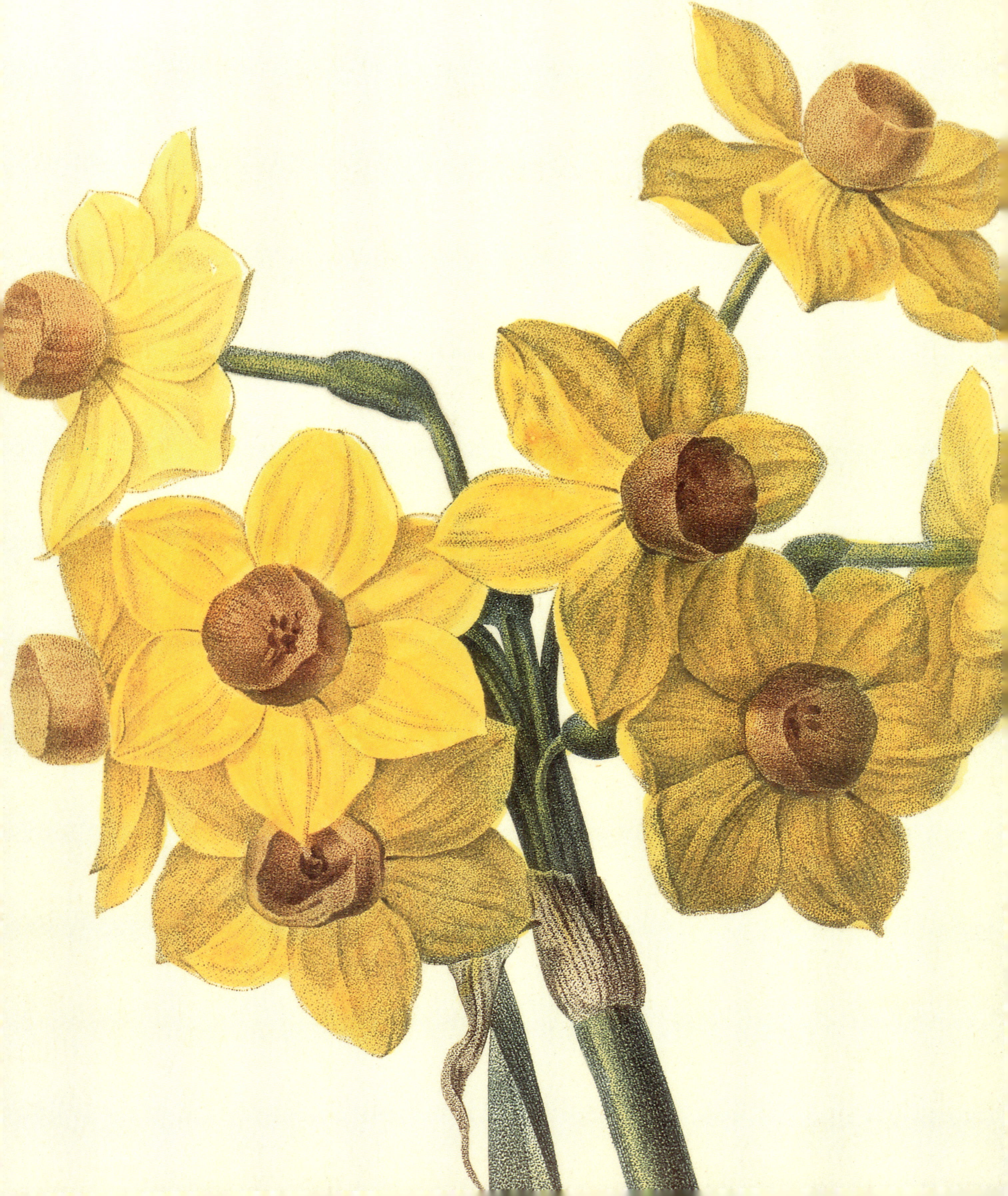

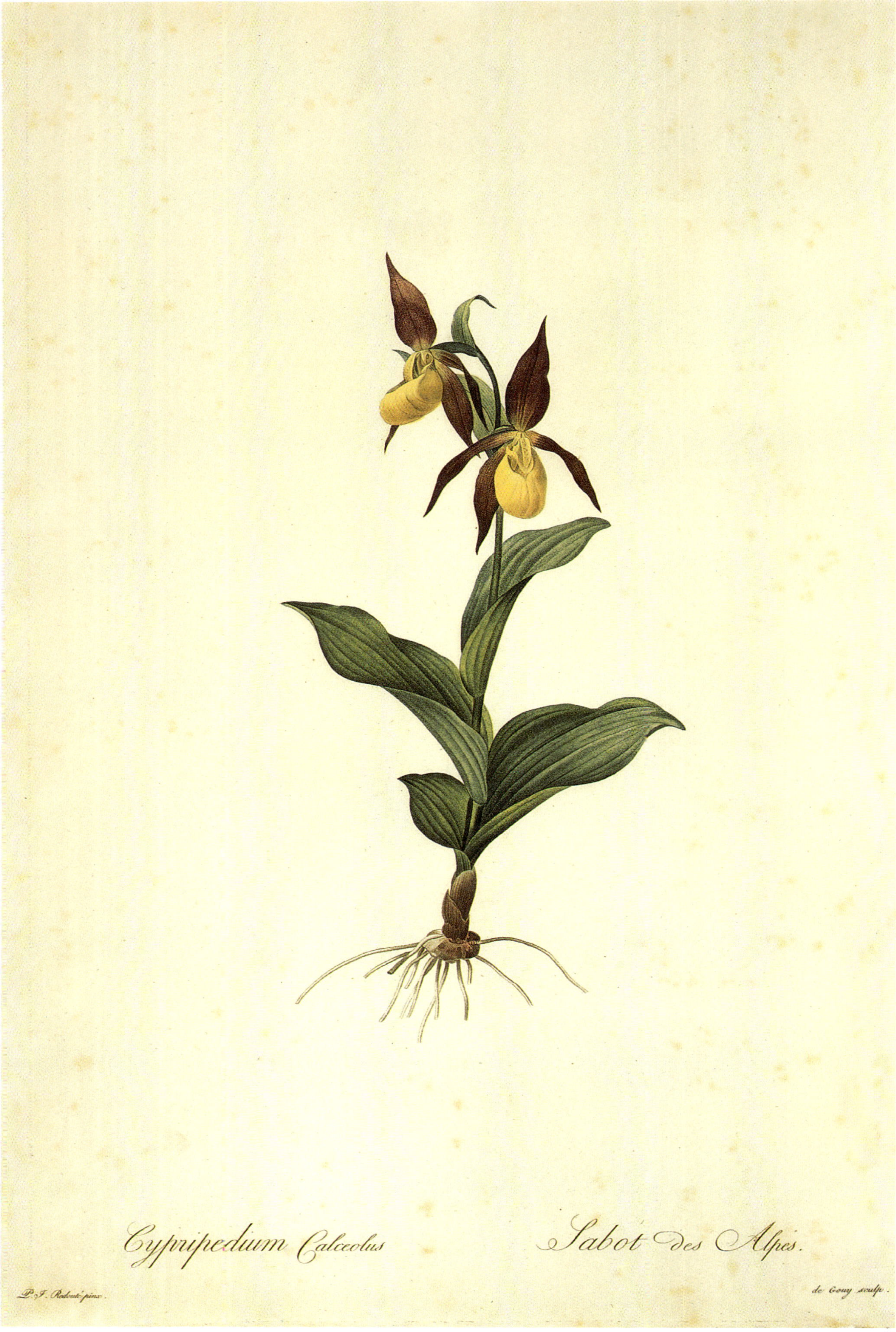

19

***Cypripedium calceolus L. 1753 (Orchidaceae)**

Larger Yellow Ladyslipper | *Sabot des Alpes, Sabot de la Vierge | Frauenschuh

Most of Europe and Africa (not in Portugal) to southern Siberia and the Caucasus in Asia.

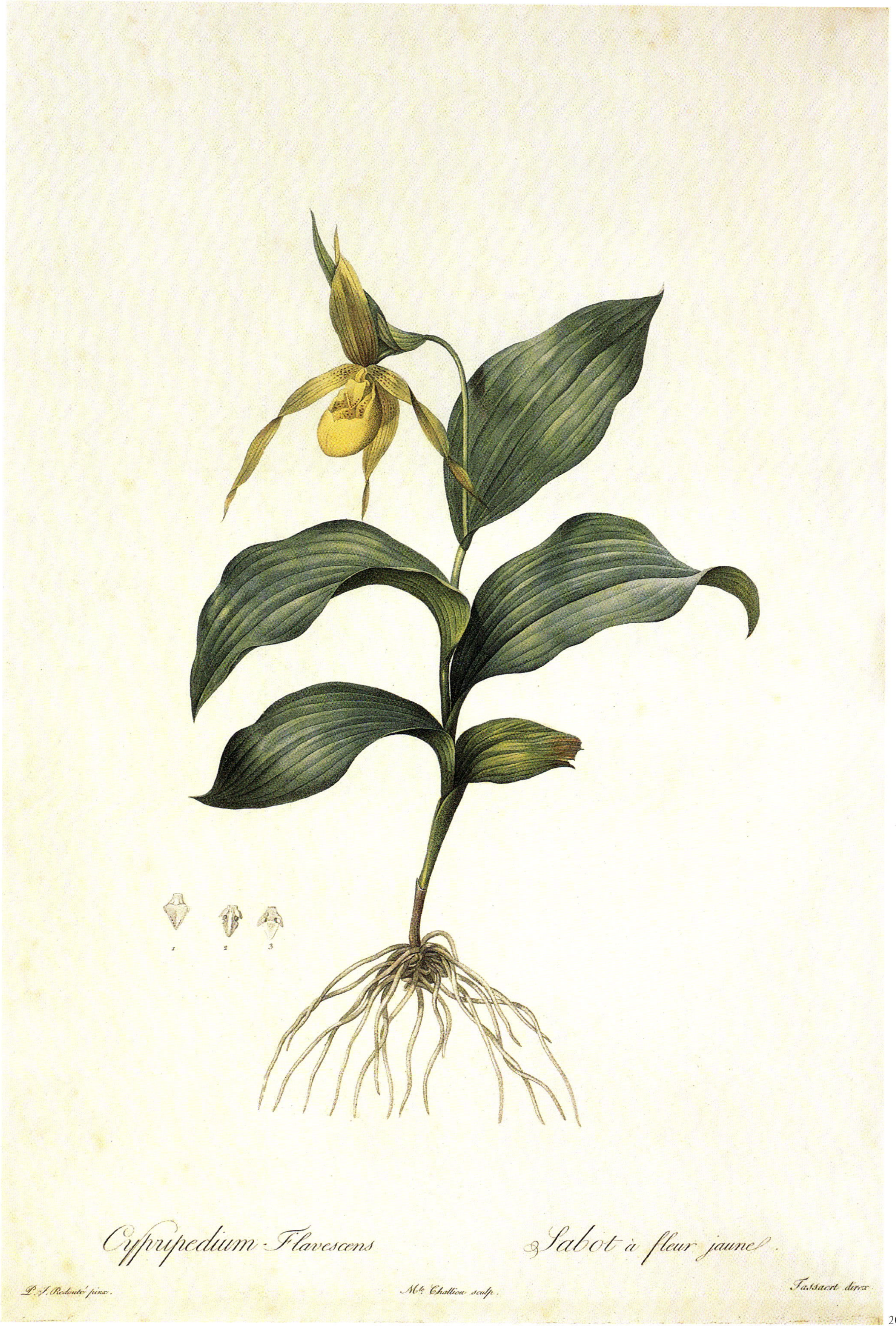

20

Cypripedium calceolus L. 1753 var. *pubescens* (Willd.) Correll 1938 (Orchidaceae)
(= *Cypripedium pubescens* Willd. 1809)

North American Yellow Ladyslipper | *Sabot à fleur jaune | Nordamerikanischer Frauenschuh

North America (from Canada to South Carolina and Alabama in the East and British Columbia to New Mexico and Texas in the West of the USA).

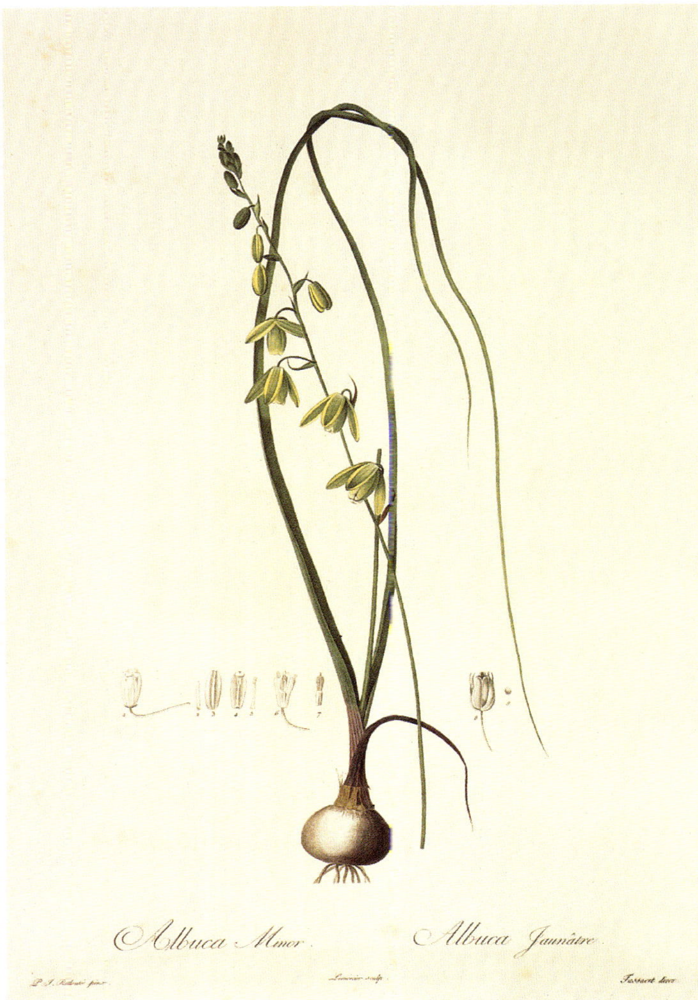

21

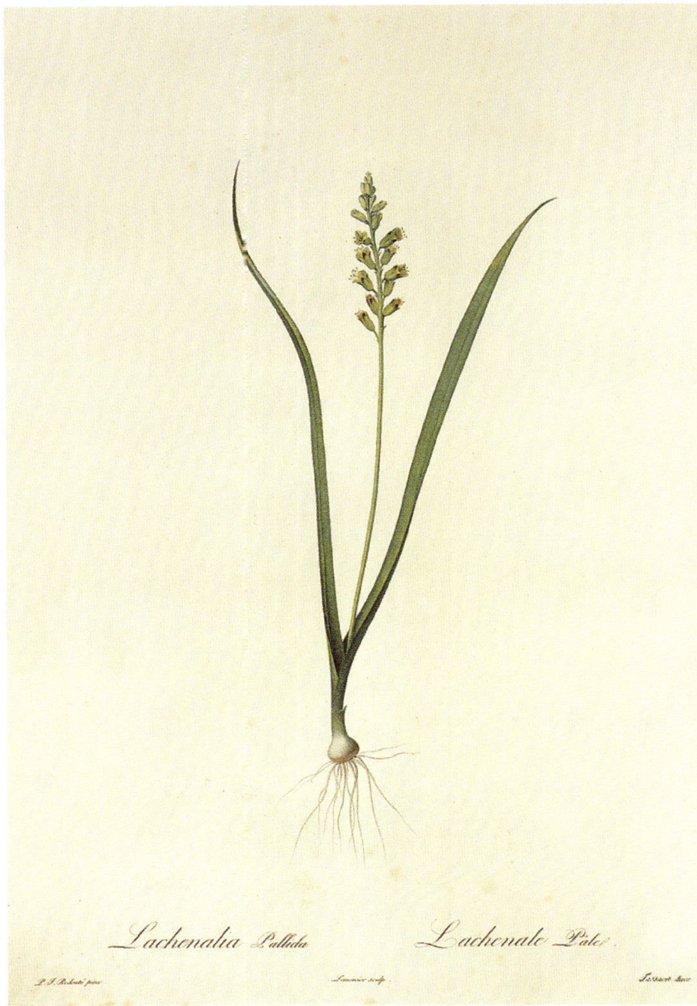

22

Albuca acuminata Baker 1904 (Hyacinthaceae)

Attenuate-leaved Lantern Flower | *Albuca jaunâtre

Ruderale Faser-Laternenlilie

Winter rainfall southern Africa, from southern Namibia in the north to the Cape Peninsula in the south (Northern and Western Cape) and to Port Elisabeth in the east (Eastern Cape with winter and summer rainfall).

**Lachenalia pallida* Sol. in Aiton 1789 (Hyacinthaceae)

Pale Lachenalia | *Lachenale pâle

Blasse Lachenalie

South Africa (Western Cape, from the Cape Peninsula to Piketberg in the north and to Stellenbosch in the east. Named for the Swiss botanist Werner de Lachenal (or Werner de la Chenal, 1736–1800).

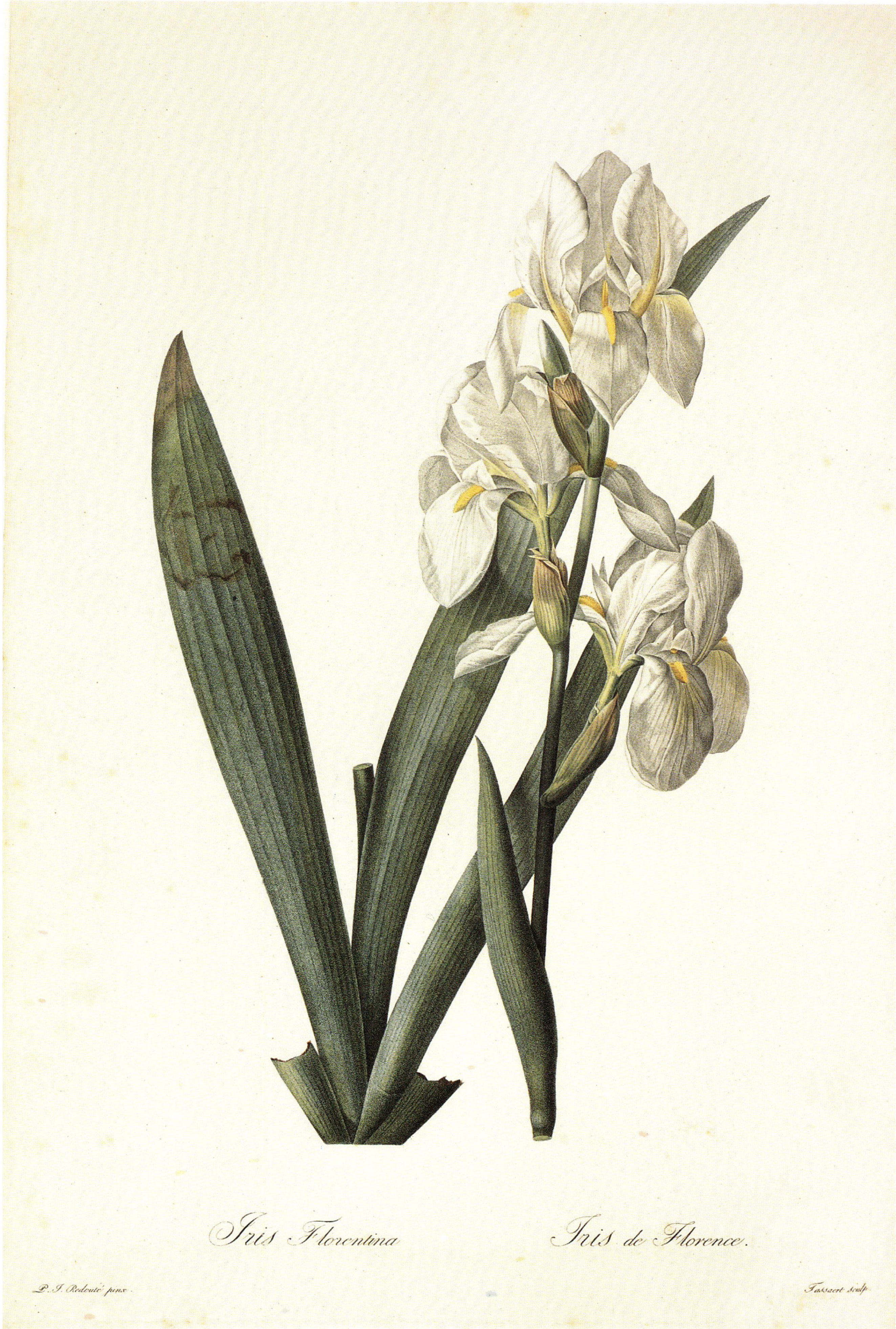

23

Iris germanica L. 1753 var. *florentina* (L.) Dykes 1913 (Iridaceae)

Florentine Iris | *Iris de Florence | Florentinische Schwertlilie

This species is of unknown and probably hybrid origin. The vernacular names concern the variety, according to Mallary & Mallary 1986. See pl. 309.

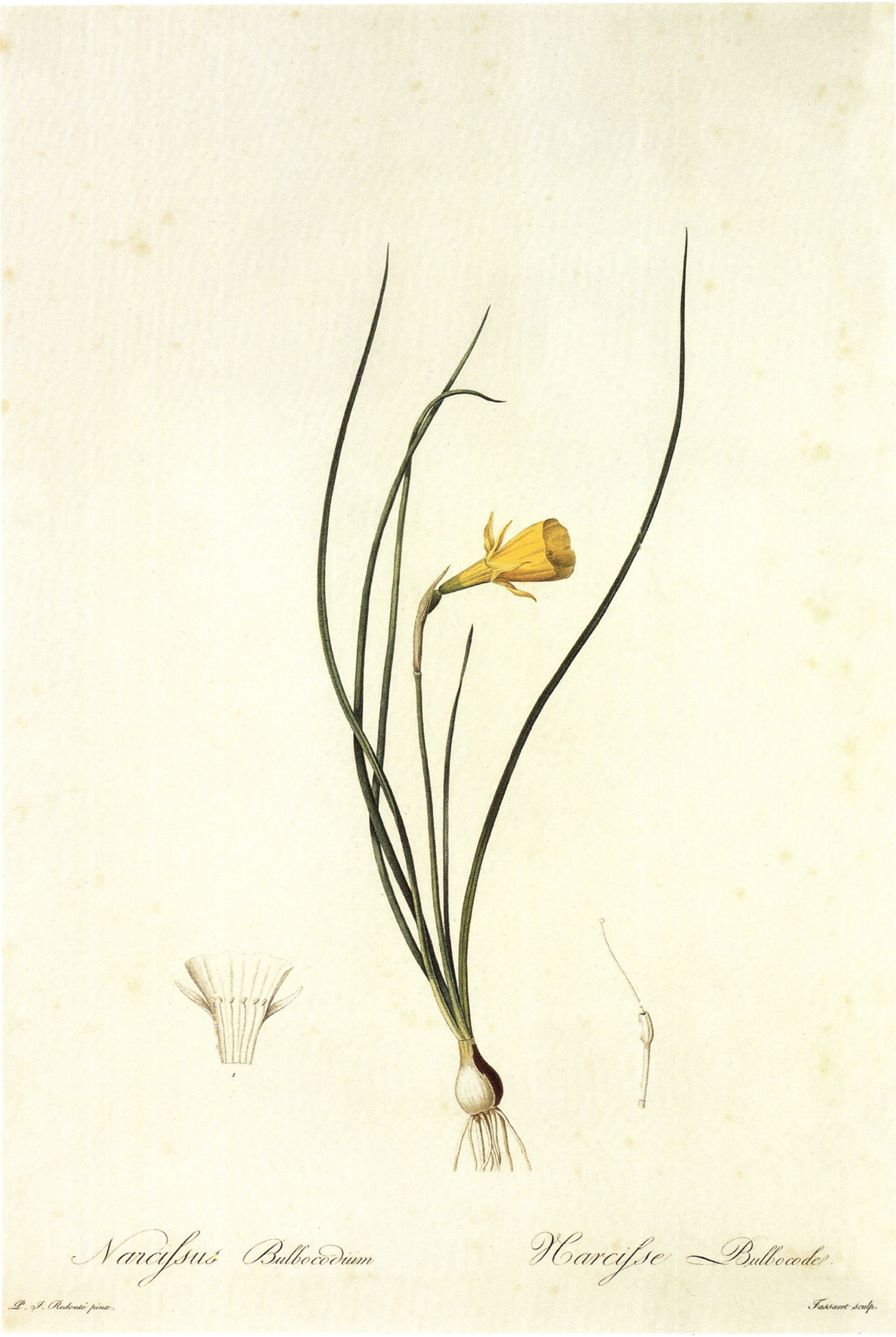

24

Narcissus bulbocodium L. 1753 subsp. _bulbocodium_ (Amaryllidaceae)

Hoop Petticoat Narcissus | *Narcisse bulbocode | Reifrock-Narzisse

Southwest Europe (north Spain and southwest France) and northwest Africa (Morocco, Algerie). Named after the plant called *bulbocodium* by the Romans. See pl. 486.

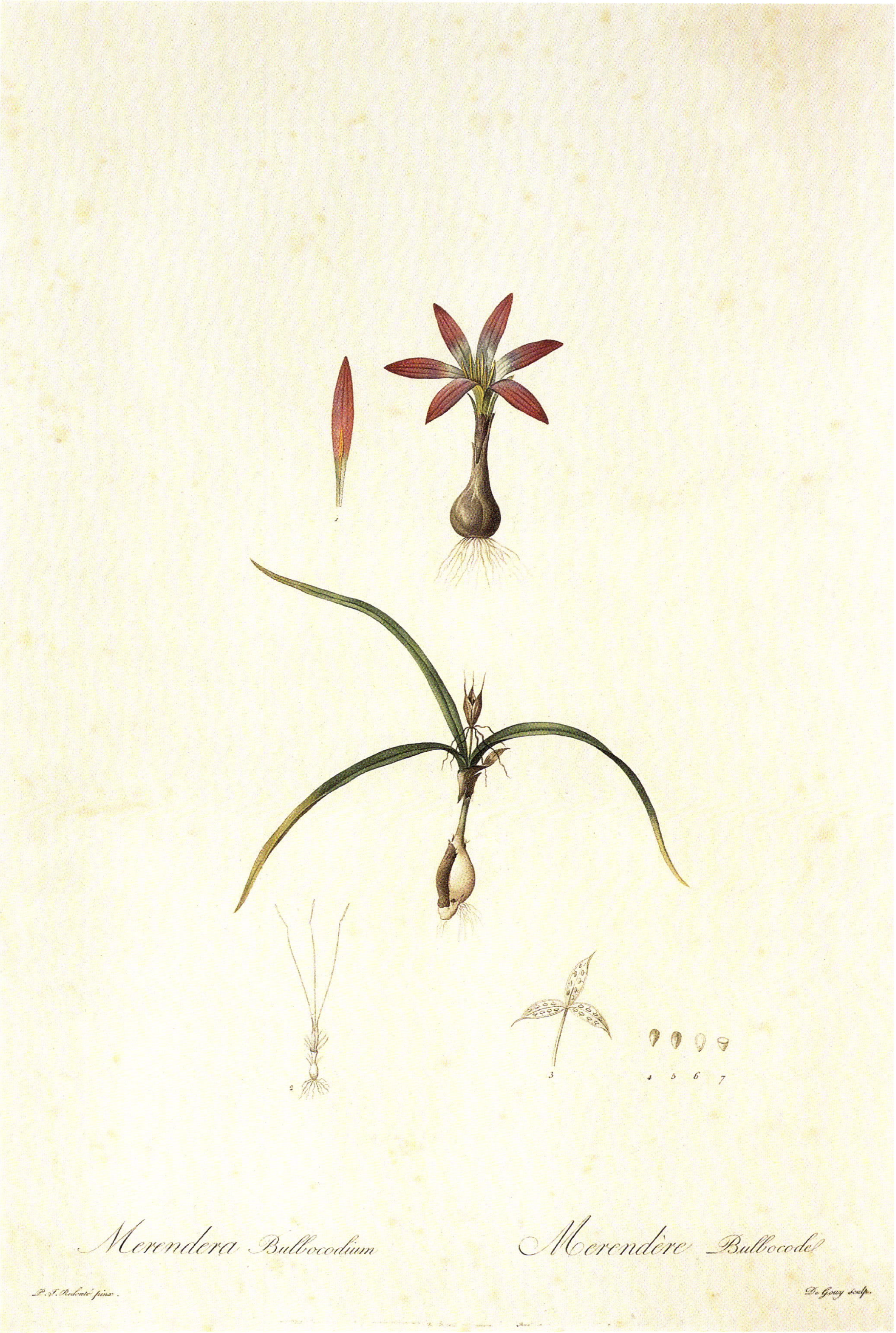

25

Merendera pyrenaica (Pourr.) P.Fourn. 1935 (Colchicaceae)
(= *Colchicum pyrenaicum* Pourr. 1788)
Pyrenean Free Naked Ladies | *Merendère bulbocode | Pyrenäische Tubus-und-Zeitlose

Southwest Europe (Pyrenees of France and Spain, Portugal).

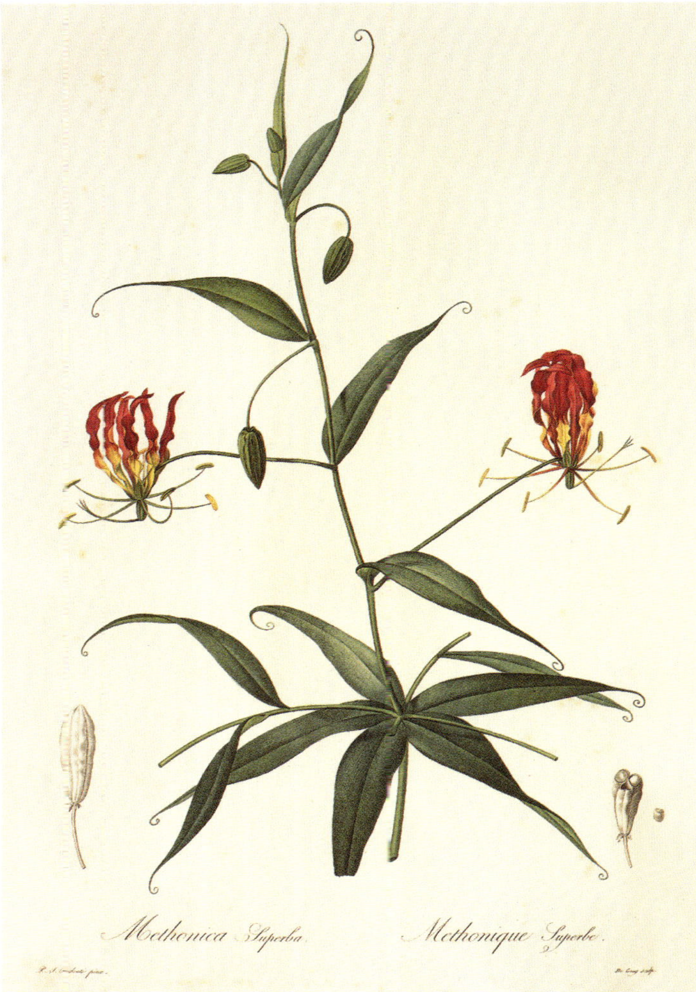

26

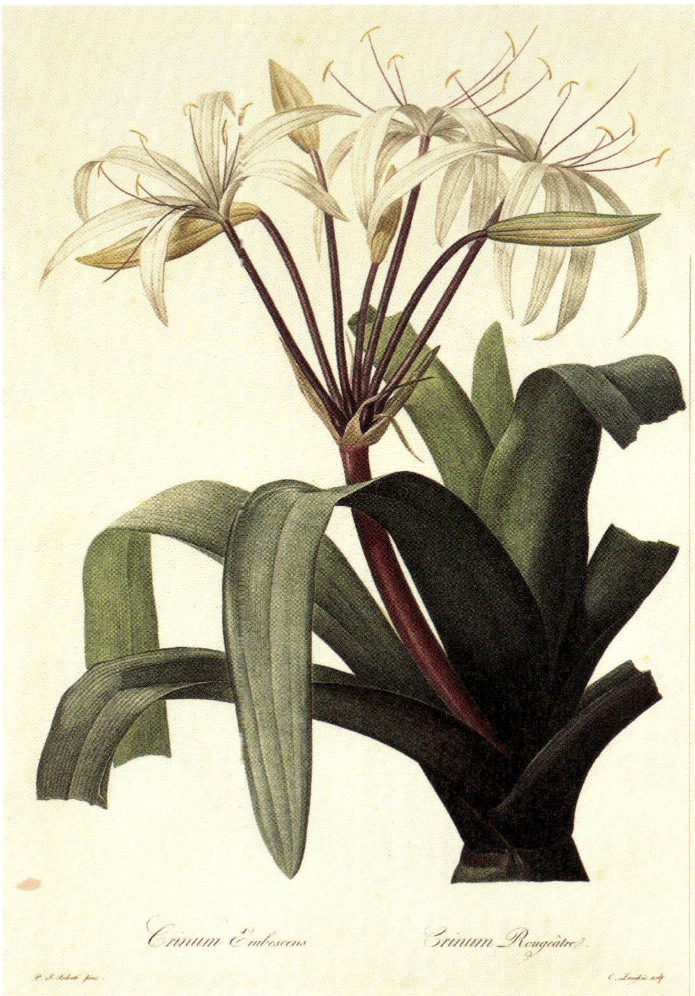

27

Gloriosa superba L. 1753 (Colchicaceae)
Superb Climbing Lily, Flame Lily | *Methonique superbe
Stolze Ruhmeskrone

Tropical Africa (from west tropical Africa and Ethiopia in the north to Swaziland and to the Eastern Cape in South Africa) and Tropical Asia.

**Crinum erubescens* Aiton 1789 (Amaryllidaceae)
Blush-coloured Crinum | *Crinum rougeâtre
Errötende Hakenlilie

Central and South America (from southern Mexico to southern Brazil). The botanical name *Crinum* is based on the Ancient Greek and Latin plant name *κρινον* or *crinon* respectively for a red lily. See pl. 322.

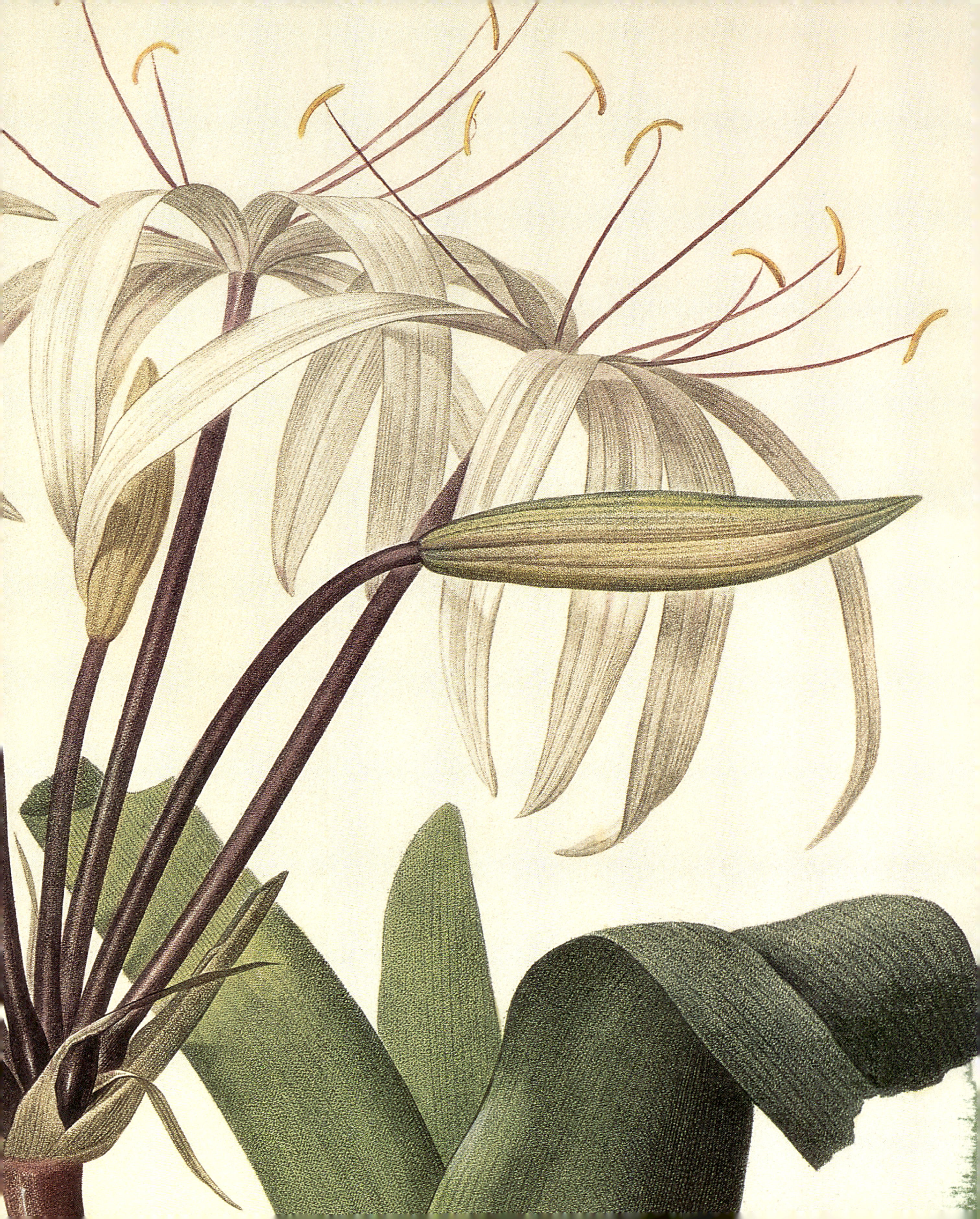

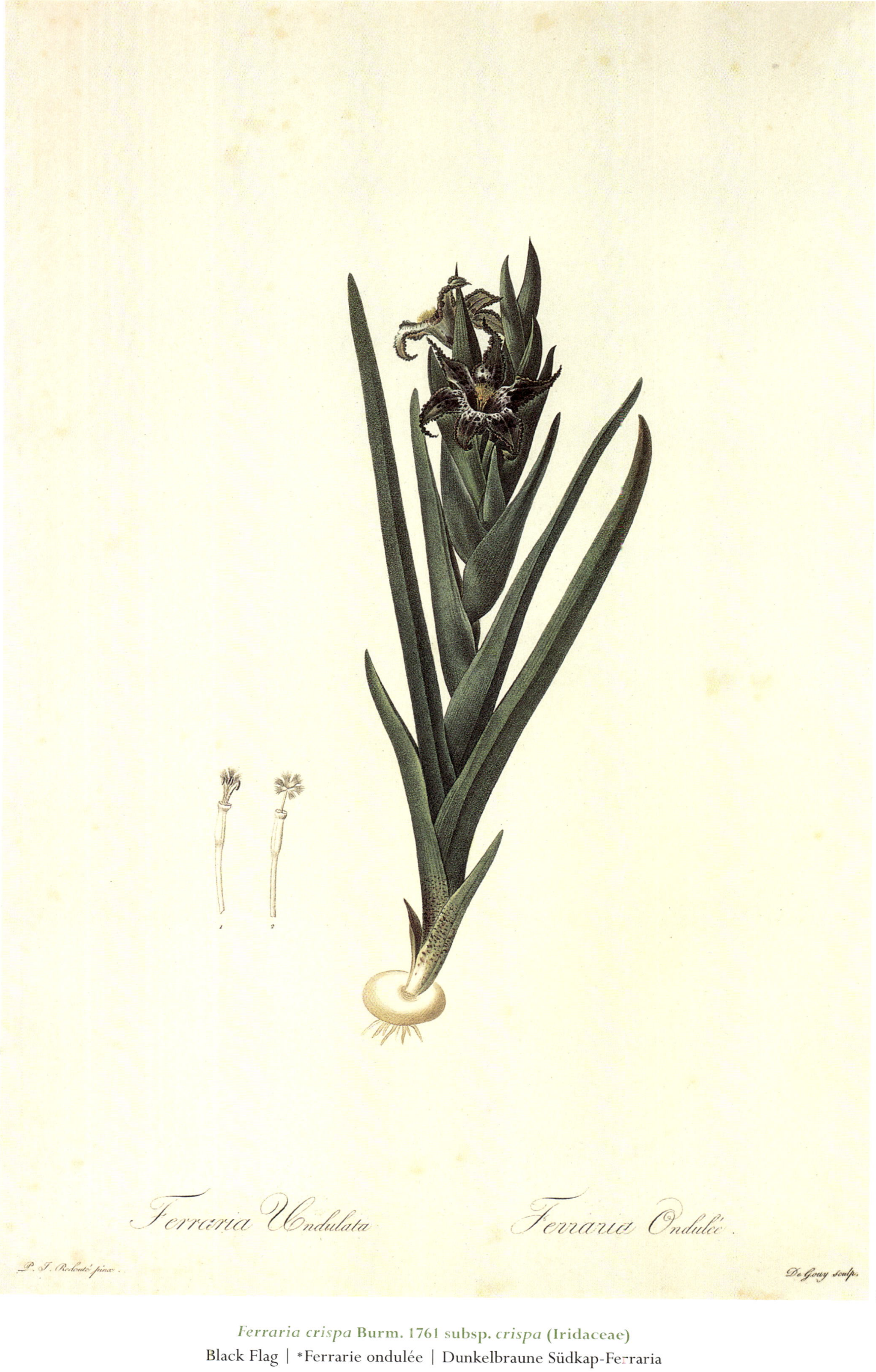

28

Ferraria crispa Burm. 1761 subsp. *crispa* (Iridaceae)

Black Flag | *Ferrarie ondulée | Dunkelbraune Südkap-Ferraria

Geogr. of the species: Winter rainfall South Africa (Western Cape from Nardouwskloof in the north to the Cape Peninsula in the southwest and Mosselbay in the east).
Named for the Italian botanist Giovanni Battista Ferrari (1584–1655), who was the first to figure a *Ferraria* in 1633.

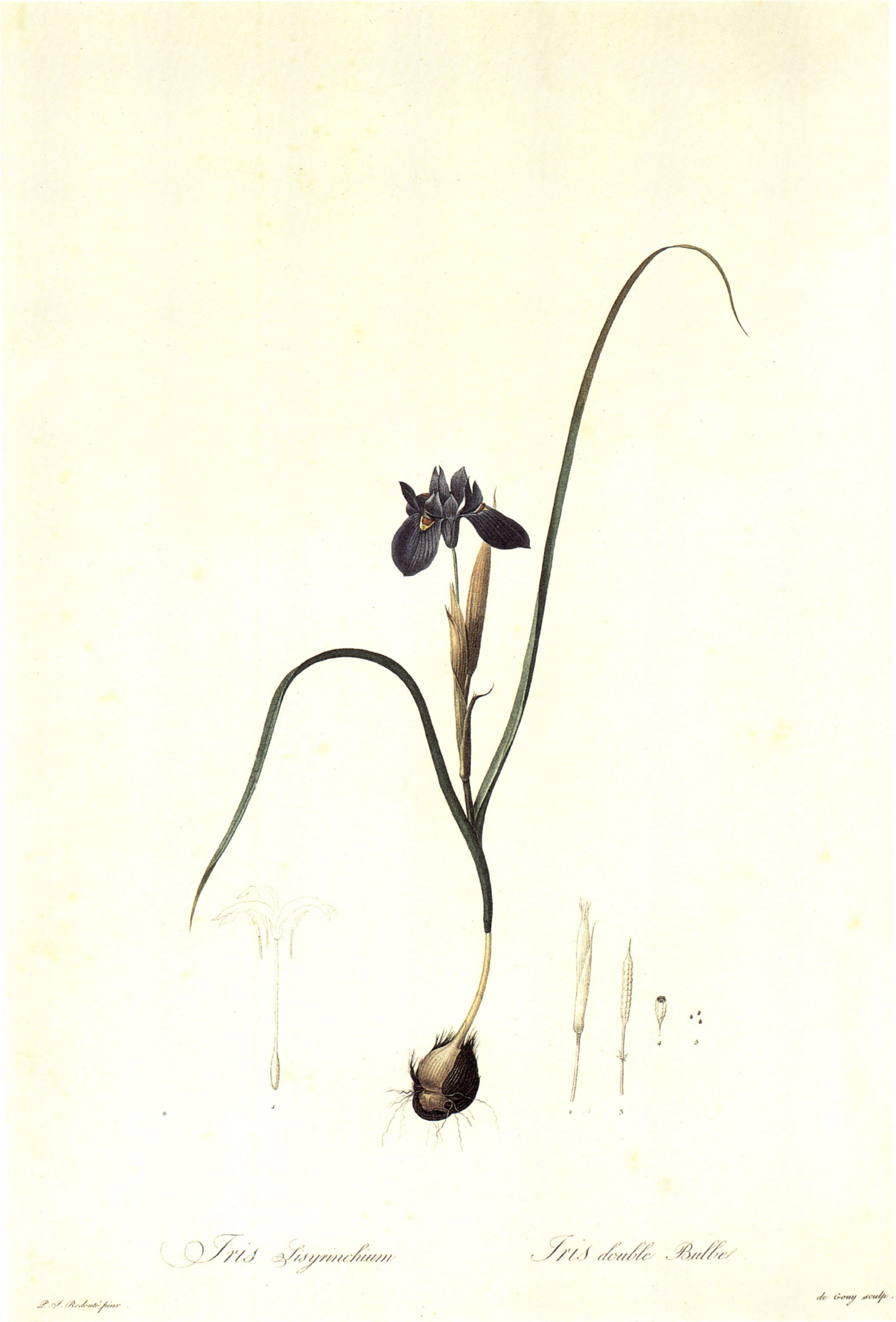

29

Gynandiris sisyrinchium (L.) Parl. 1854 (Iridaceae)

Common Barbary Nut | *Iris double bulbe à fleur violet pâle | Gewöhnliche Zwittergriffeliris

Circummediterranean (south Europe, absent from southern France, in North Africa, Turkey and Middle East). See pl. 458.

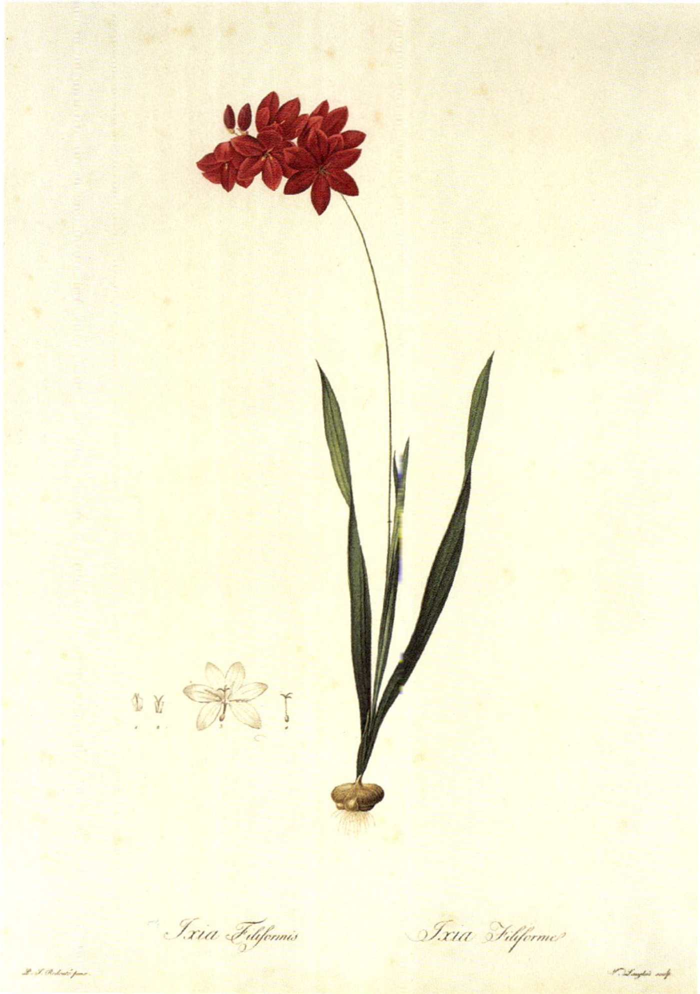

30

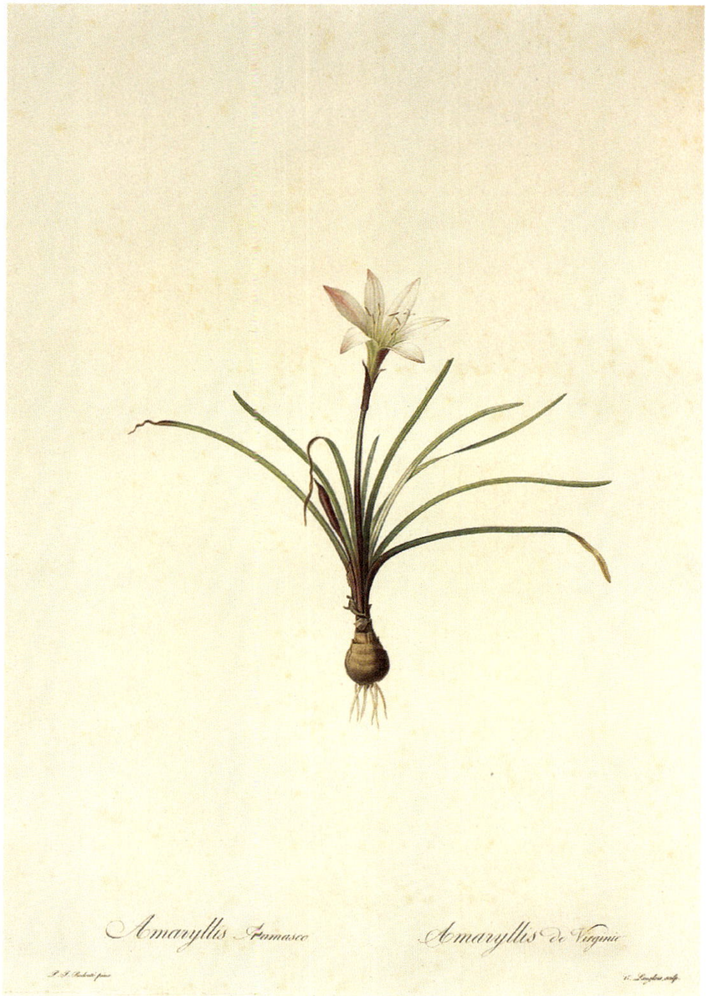

31

Ixia patens Aiton 1789 (Iridaceae)

Yawning Ixia | *Ixia filiforme | Weitoffenblütige Ixia

Winter rainfall South Africa (Western Cape: from Clanwilliam in the north to Caledon in the southeast). Named for the Greek plant ἰξία = *Viscum*. As the Latin word for *Viscum* is used as the botanical name, the Greek name is available for another genus and was given to the present genus because of the presence of sticky substances in the corms of several species. See pl. 140, 425.

Zephyranthes atamasco (L.) Herb. 1821 (Amaryllidaceae)

Fairlily | *Amaryllis de Virginie | Zephirlilie

North America (southeast USA from Virginia to Missouri and to Alabama and Florida in the south). See pl. 454.

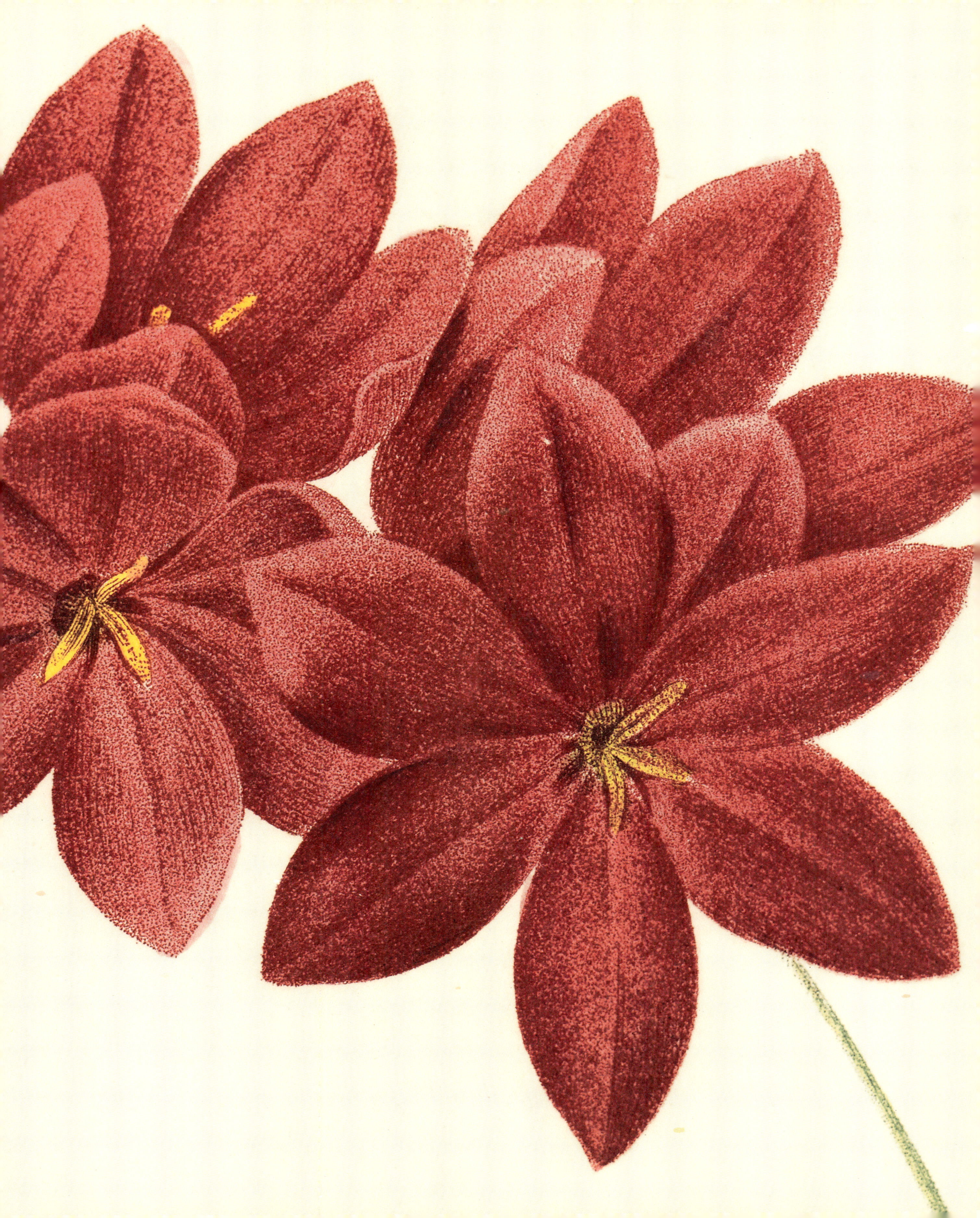

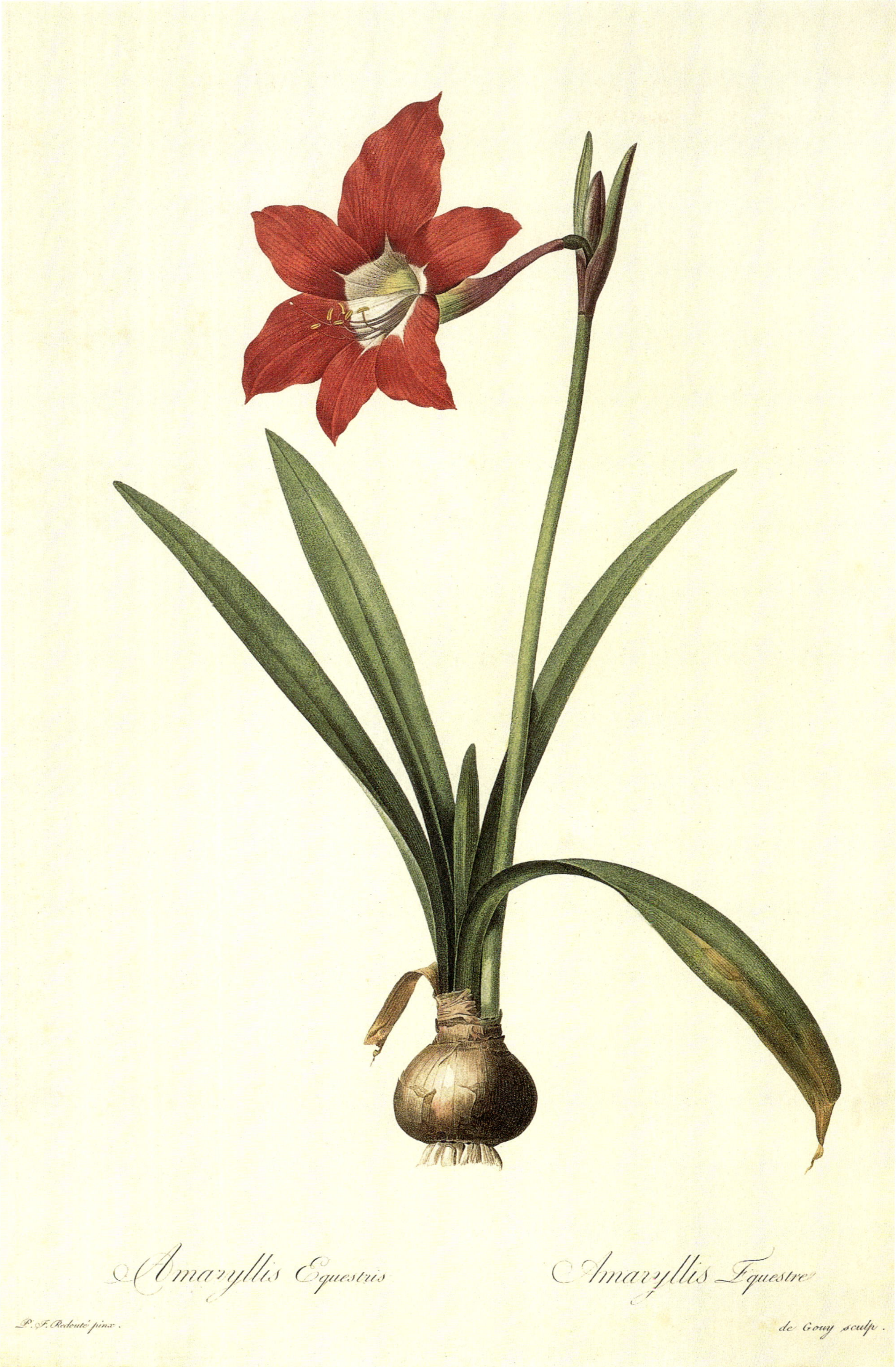

32

Hippeastrum puniceum (Lam.) Voss 1895 (Amaryllidaceae)
(= *Amaryllis punicea* Lam. 1783 = *Hippeastrum equestre* (Aiton) Herb. 1821)
Barbados Lily | *Amaryllis équestre | Barbados-Lilie

Central (Mexico and West Indies) and South America (to Brazil and Chili). The same vernacular name also applies to *Hippeastrum vittatum*. See pl. 469

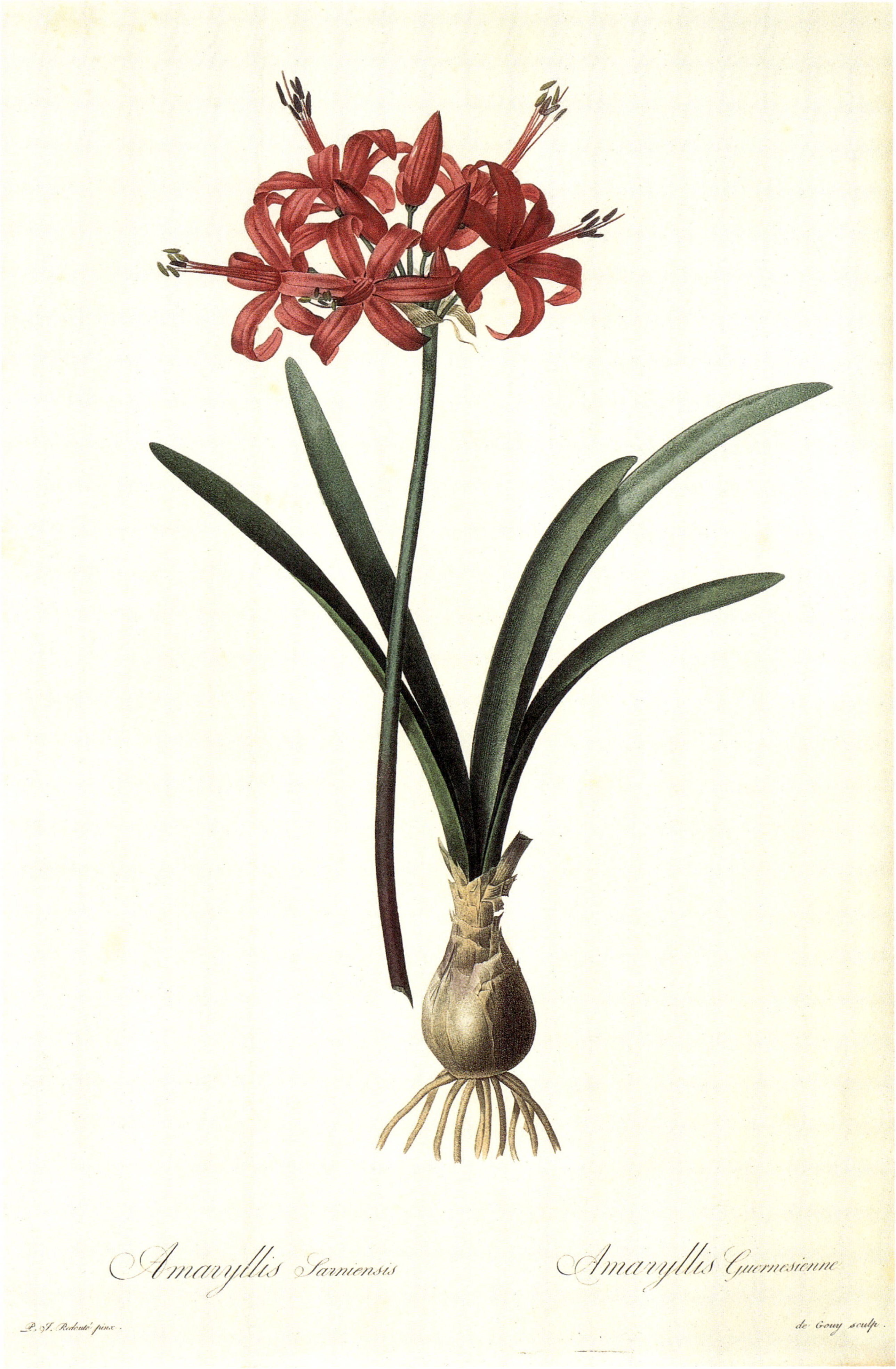

33

Nerine sarniensis (L.) Herb. 1821 (Amaryllidaceae)

Guernsey Lily | *Amaryllis guernesienne | Guernseylilie

Winter rainfall South Africa (Western Cape: from Clanwilliam in the north to Caledon in the southeast). The generic name is probably a rare form of *nereïde*, nymph of the Mediterranean Sea; 'Guernsey' originates from a ship wreckage: the first plants of this species were found growing on the Channel island of Guernsey. See pl. 274.

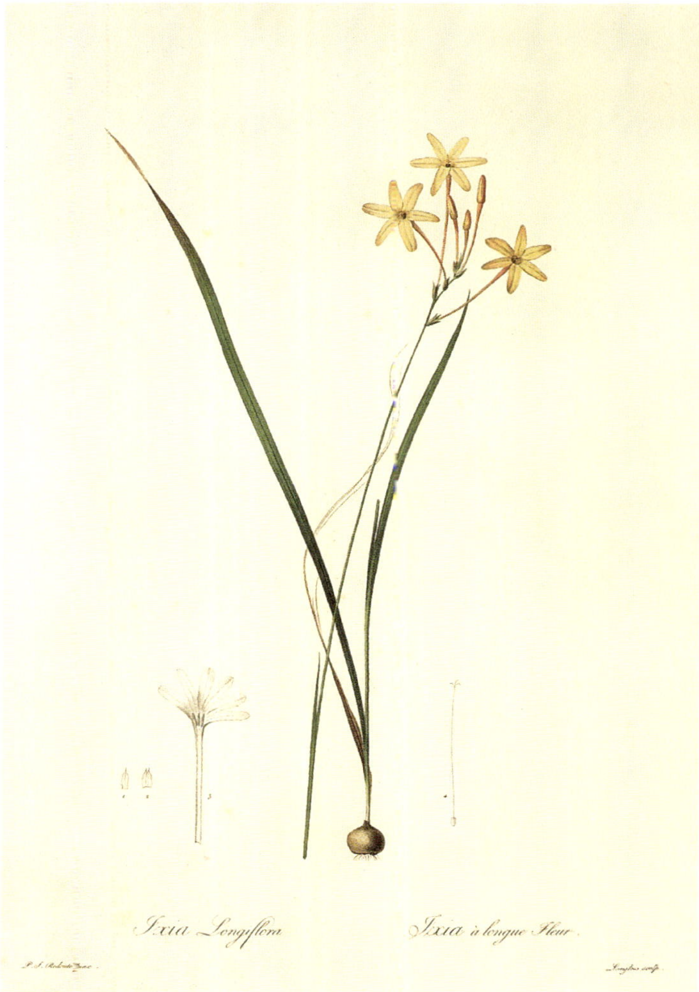

34

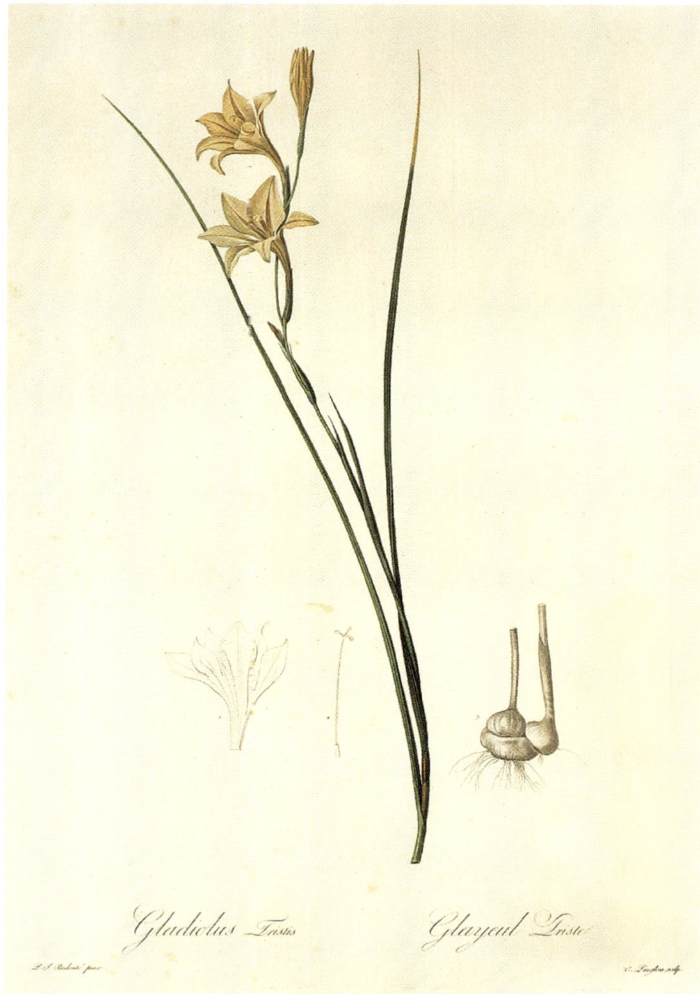

35

Ixia paniculata D.Delaroche 1766 (Iridaceae)
Longtubed Ixia | *Ixia à longue fleur | Rispige Ixia

Winter rainfall South Africa (Western Cape: from Clanwilliam in the north
to the Cape Peninsula in the south and Caledon in the southeast).

**Gladiolus tristis* L. 1762 (Iridaceae)
Mourning Swordlet ✿ | *Glaïeul triste | Trauer-Gladiole

Winter rainfall South Africa (Western Cape: from Clanwilliam in the north
to the Cape Peninsula in the south and eastwards to Humansdorps in the Eastern Cape).

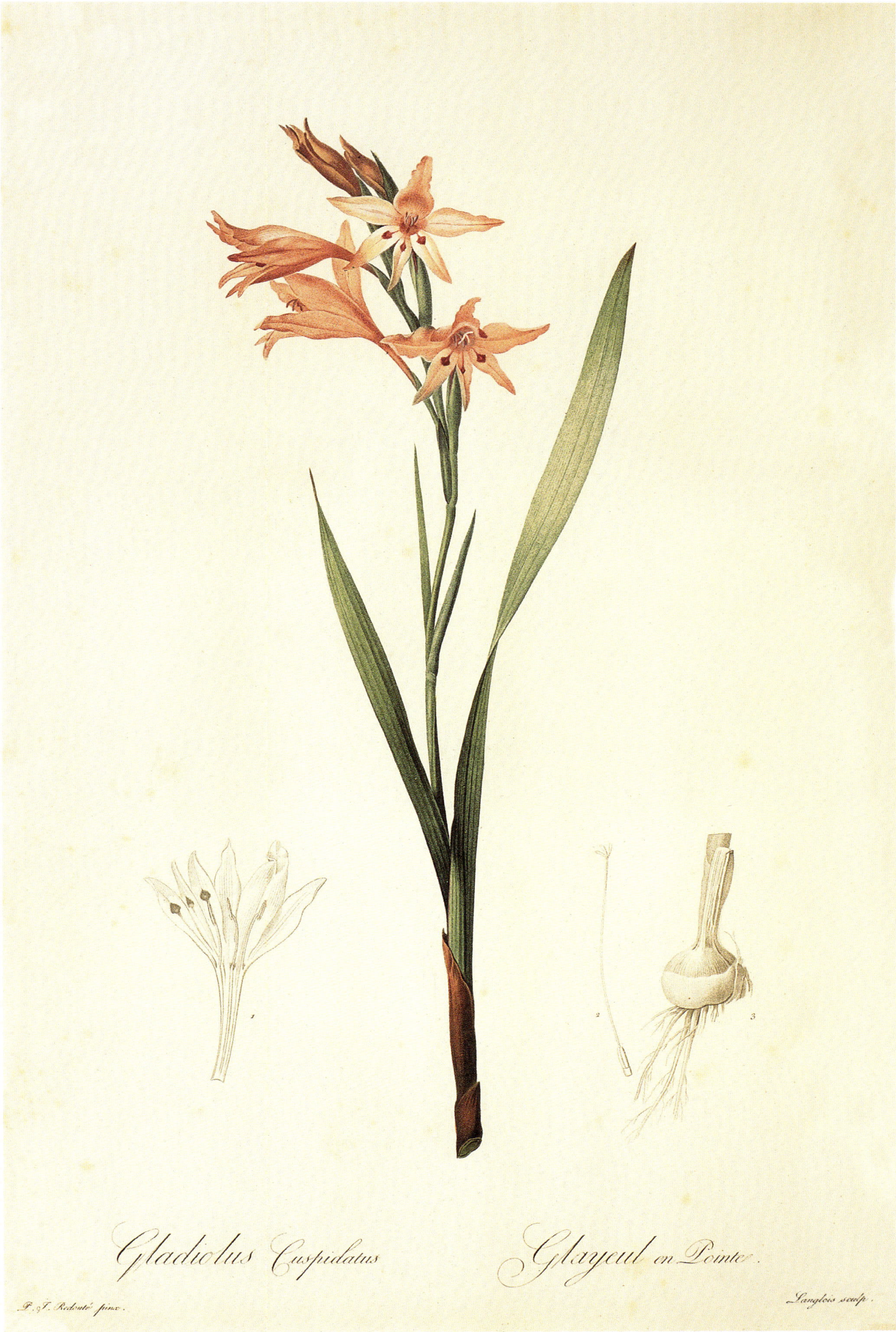

36

Gladiolus undulatus L. 1767 non Jacq. 1791 nec DC. in REDOUTÉ 1805 (Iridaceae)

Undulated Painted Lady | *Glaïeul en pointe | Wellblütenblättrige Gladiole

Winter rainfall South Africa (Western Cape from Clanwilliam to the Cape Peninsula and eastwards to Caledon). See pl. 136.

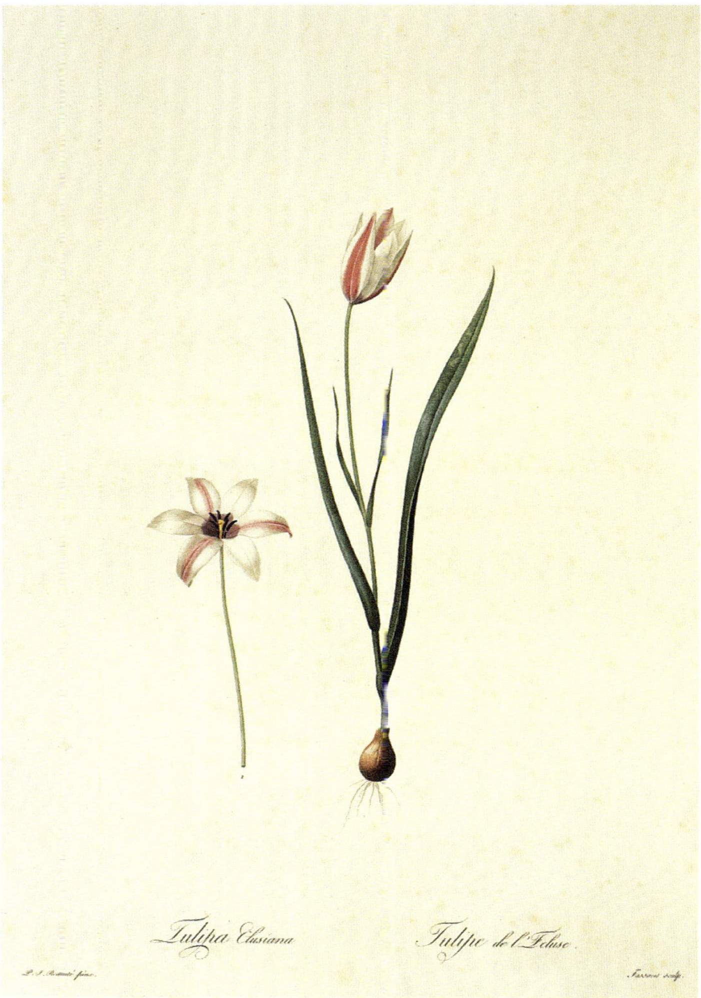

37

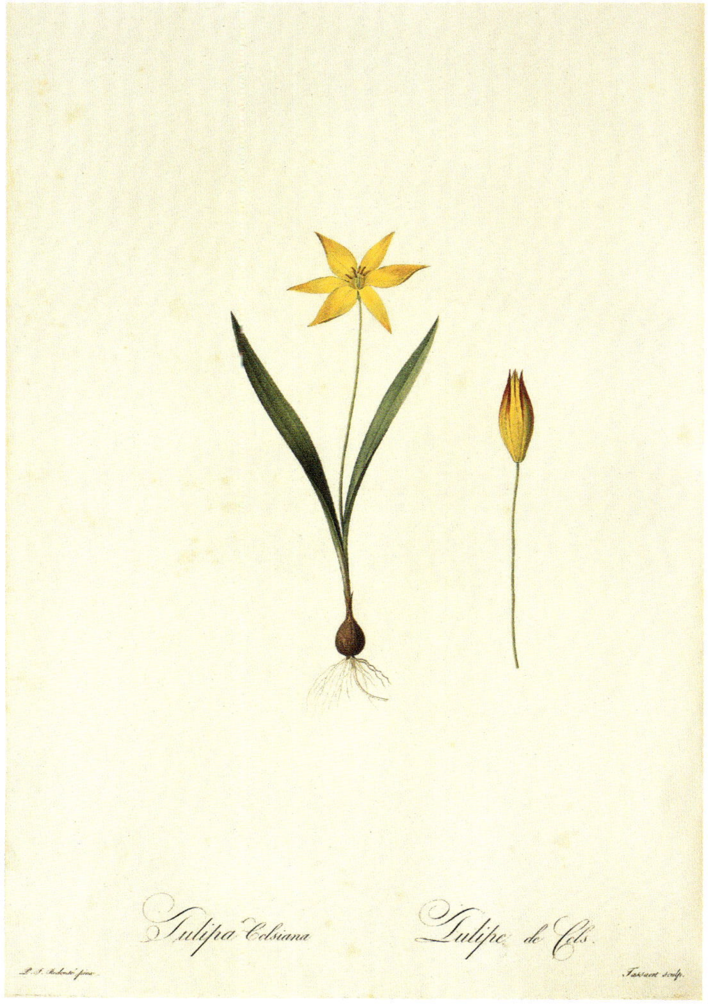

38

**Tulipa clusiana* DC. in REDOUTÉ 1803 (Liliaceae)

Lady Tulip | *Tulipe de l'Ecluse | Damen-Tulpe

Southwest Asia (Syria, Iran, Pakistan and Afghanistan). Naturalized in southern Europe. The generic name *Tulipa* is derived from the Persian plant name *toliban*. The species name is dedicated to the great Swiss botanist Charles de l'Ecluse (1525–1609).

Tulipa sylvestris L. 1753 subsp. *australis* (Link) Pamp. 1914 (Liliaceae)

Wild Tulip | *Tulipe de Cels | Europäische Wild-Tulpe

Circummediterranean (S Europe, N Africa, Middle East of Asia) extending eastwards to S central Asia. T. s. subsp. *australis* throughout the native range of the species, except for gaps in the Mediterranean centre. The generic name *Tulipa* is derived from the Persian plant name *toliban*. See pl. 165.

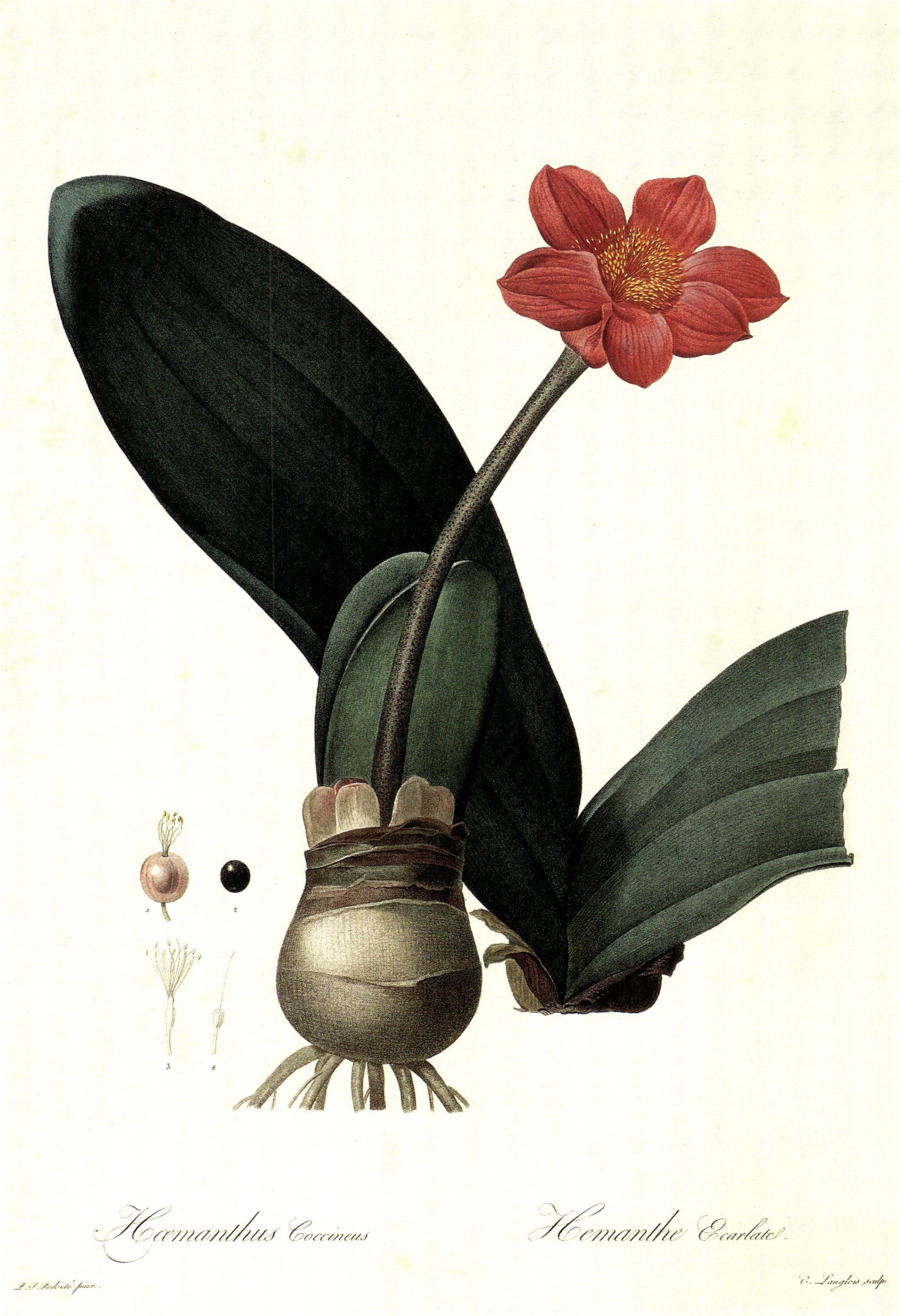

39

Haemanthus coccineus L. 1753 (Amaryllidaceae)

April Fool | *Hémanthe écarlate | Scharlachrote Blutblume

Winter rainfall southern Africa (from southern Namibia to the Cape Peninsula and eastwards to the Eastern Cape).

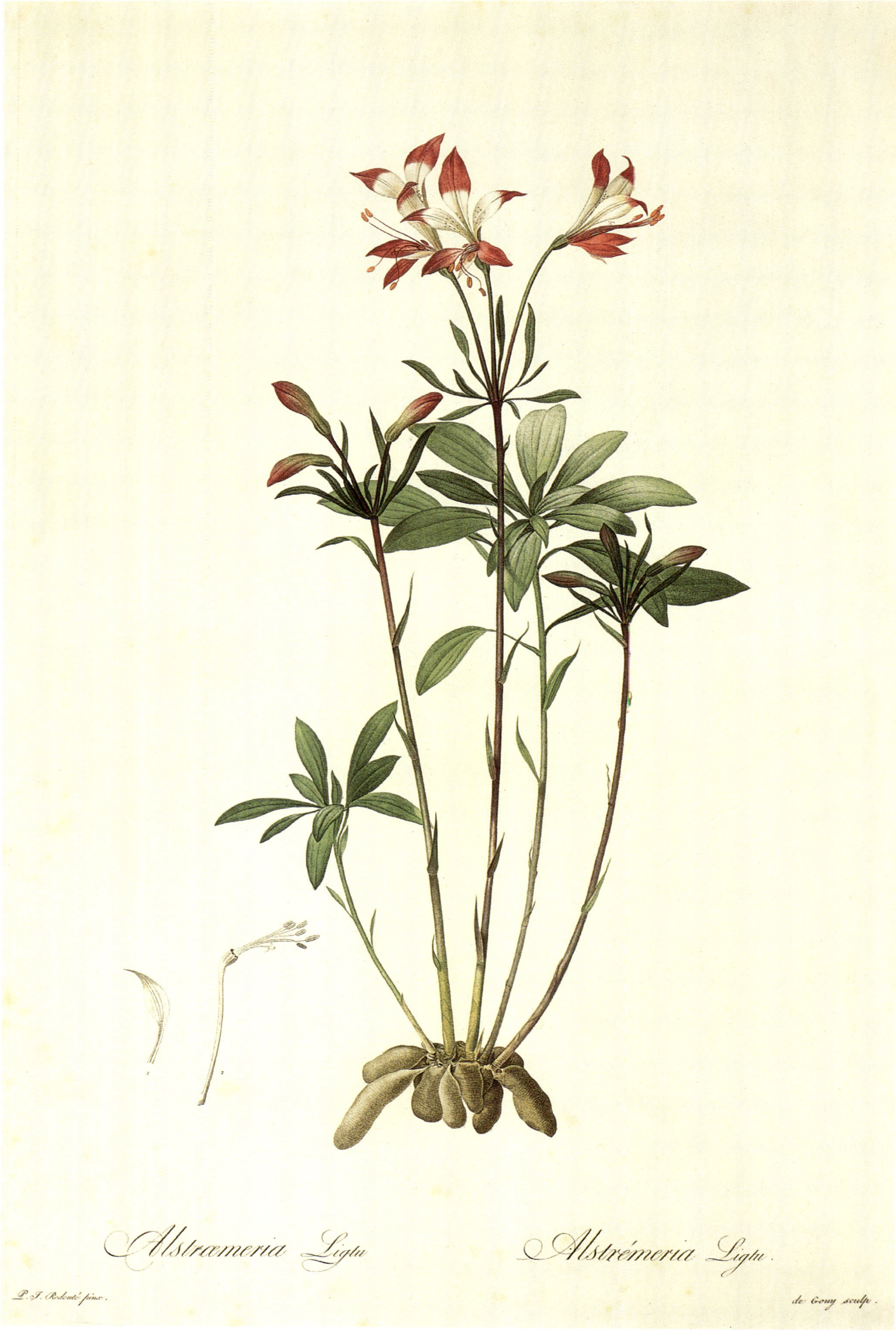

40

Alstroemeria ligtu L. 1762 (Alstroemeriaceae)

Ligtu Incan Lily | *Alstrœmeria ligtu | Ligtu-Inkalilie

South America (Peru, Chili and Argentina). Named for the Swedish botanist and disciple of Linnaeus, Clas Alströmer (1734–1794).

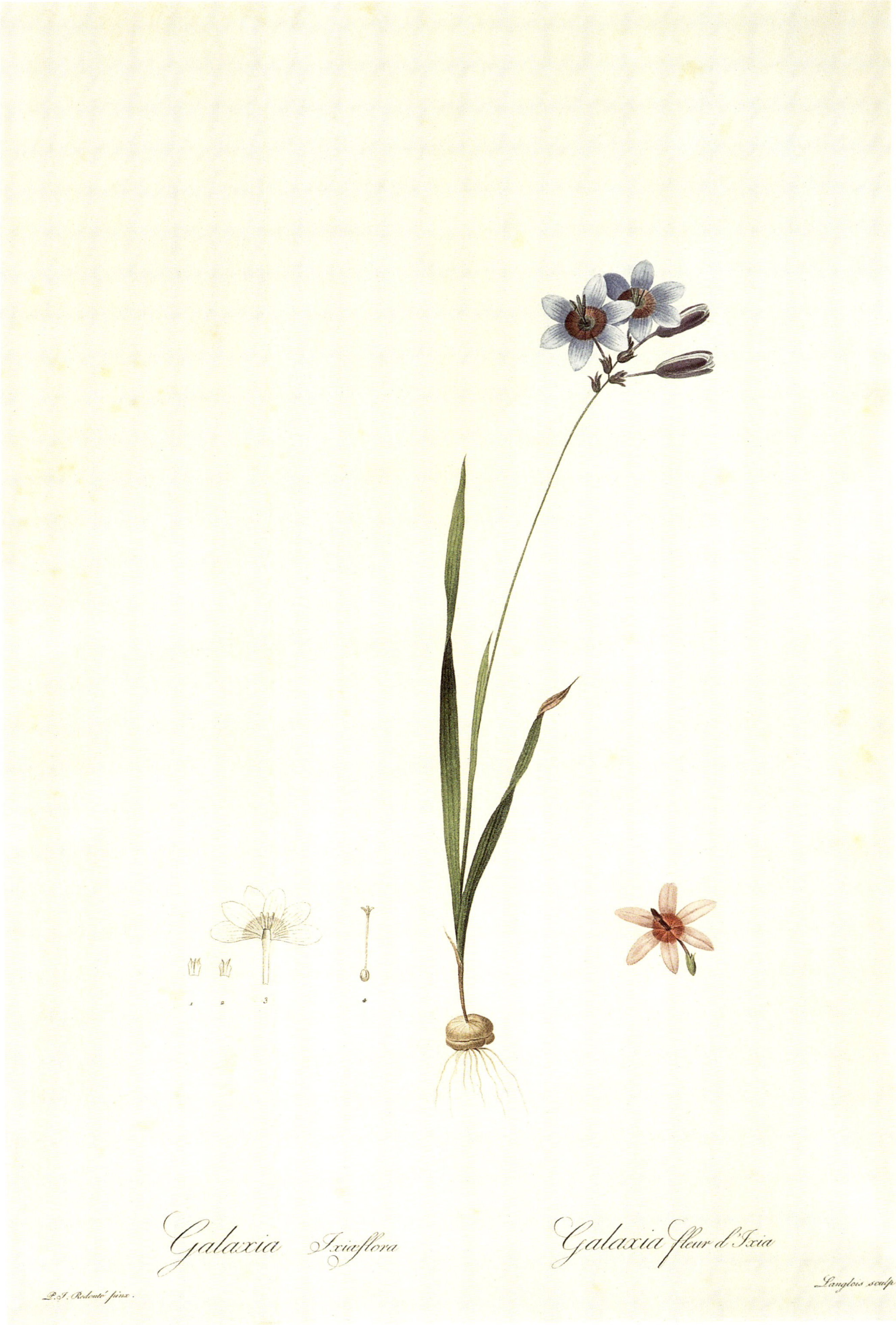

41

Ixia monadelpha D.Delaroche 1766 (Iridaceae)

Synfilamentous Ixia | *Galaxia fleur d'ixia | Verwachsenstaubfädige Ixia

Winter rainfall South Africa (Western Cape from Malmesbury in the north to the Cape Peninsula in the south and eastwards to Tulbagh in the east). Named after the Greek plant ἰξία = *Viscum*, see pl. 30.

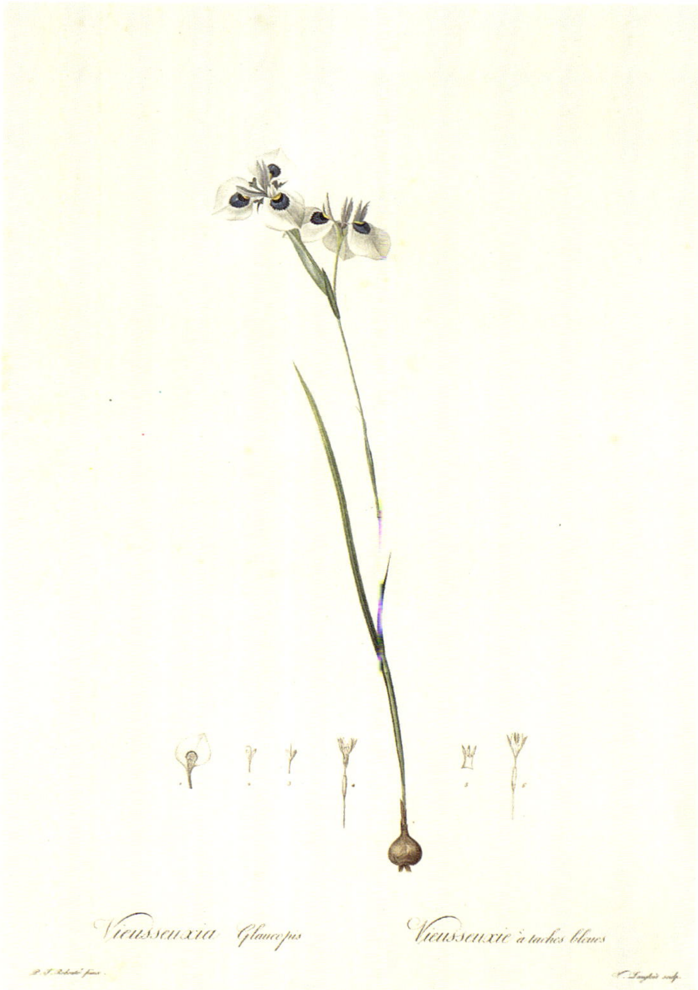

42

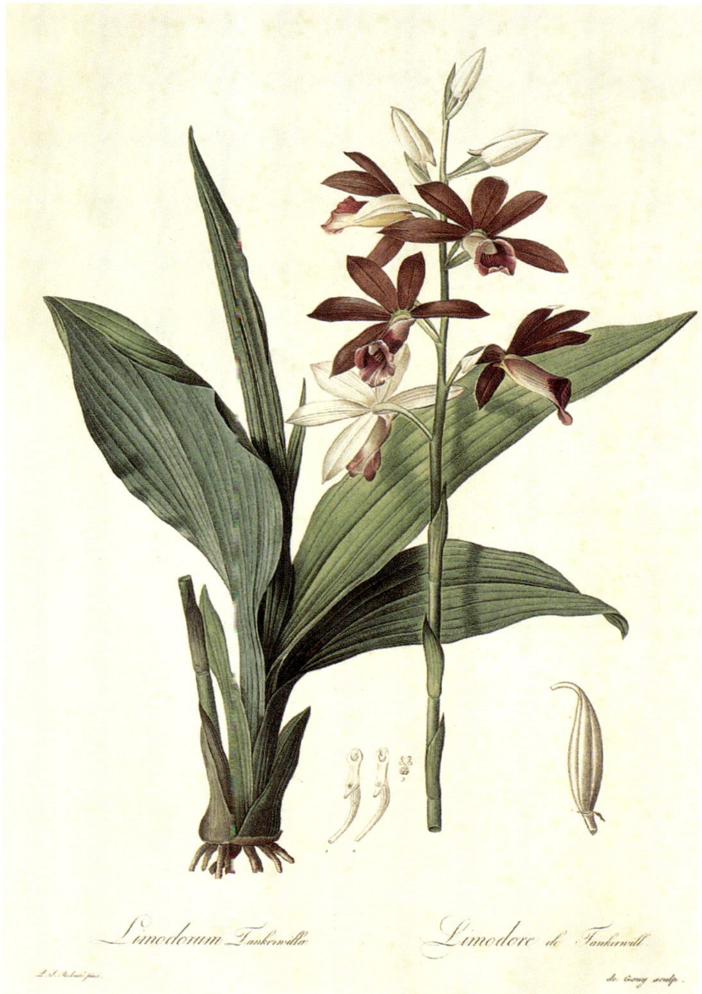

43

Moraea aristata (D.Delaroche) Asch. & Graebn. 1906
(Iridaceae)
(= *Visseuxia aristata* D.Delaroche 1766)
Aristate South-hemispheric-Iris | *Vieusseuxie à taches bleues
Begrannte Südhemisphären-Iris

Winter rainfall South Africa (Western Cape, only known from near Cape Town in a single quarter degree square). Named for the British garden-owner Robert More, not (as often given) after the Swedish medical doctor Johann Moraeus (in Fahlun), father-in-law of Linnaeus or after the maiden name of Linnaeus' wife.

Phaius tankervilleae (Banks) Blume 1970
(Orchidaceae)
Brown (flower) of (Lady) Tankerville
*Limodore de Tankervill
Lady-Tankervills-Braune-Orchidee

South and southeast Asia (north India to China, Taiwan and Japan), Polynesia and north Australia.

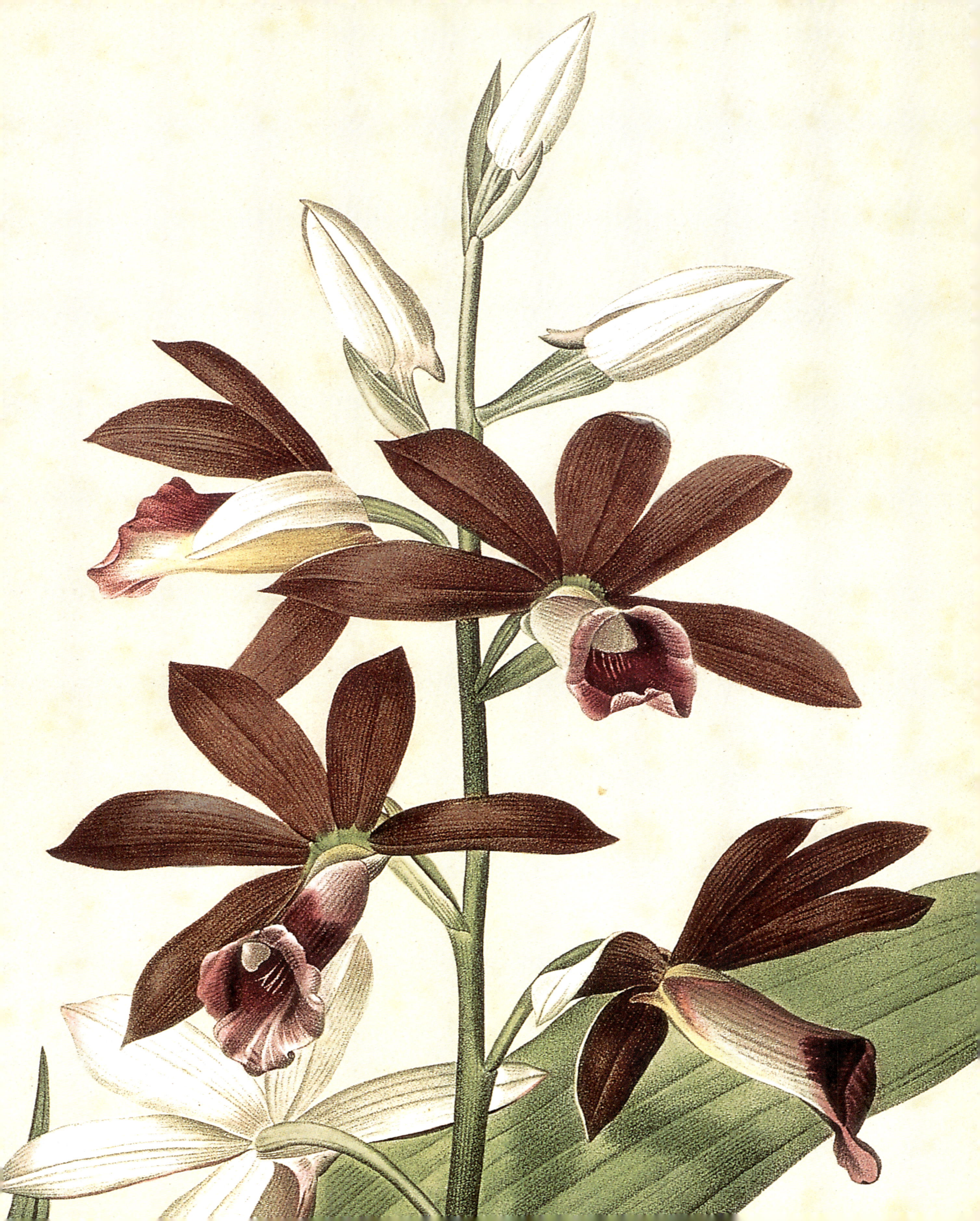

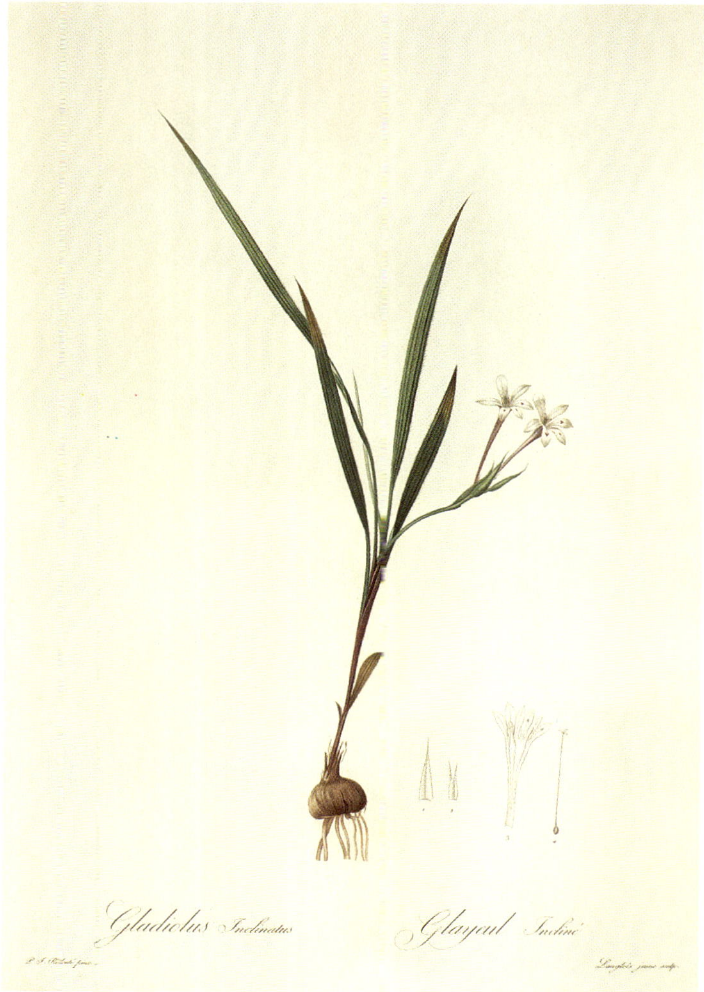

44

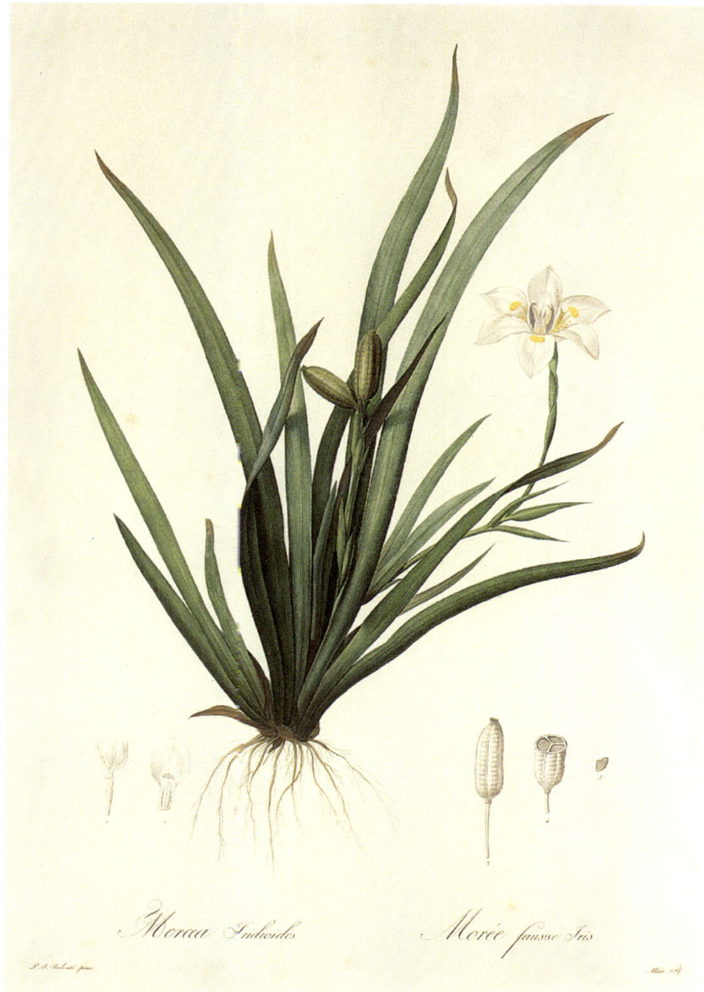

45

***Babiana tubulosa* (Burm.f.) Ker Gawl. 1827 var. *tubiflora* (L.f.) G. J.Lewis 1959 (Iridaceae)**

Long-tubed Babiana | *Glaïeul incliné

Röhrenblütige Paviansknolle

South Africa (Western Cape, coastal areas from Clanwilliam to Riversdale; *Babiana tubulosa* var. *tubiflora* is more widespread than var. *tubulosa*). Named after the Dutch plant name *Babianer* on the Cape of Good Hope, referring to the fact that the corms (tubers) of *Babiana* are a much sought-after food of baboons. See pl. 264, 364.

***Dietes iridioides* (L.) Sweet ex Klatt 1895 (Iridaceae)**

Peacock Flower | *Morée fausse iris

Zwittergriffeliris

Tropical east Africa from Kenia to South Africa radiating into the Western Cape (winter rainfall) to Riviersonderend.

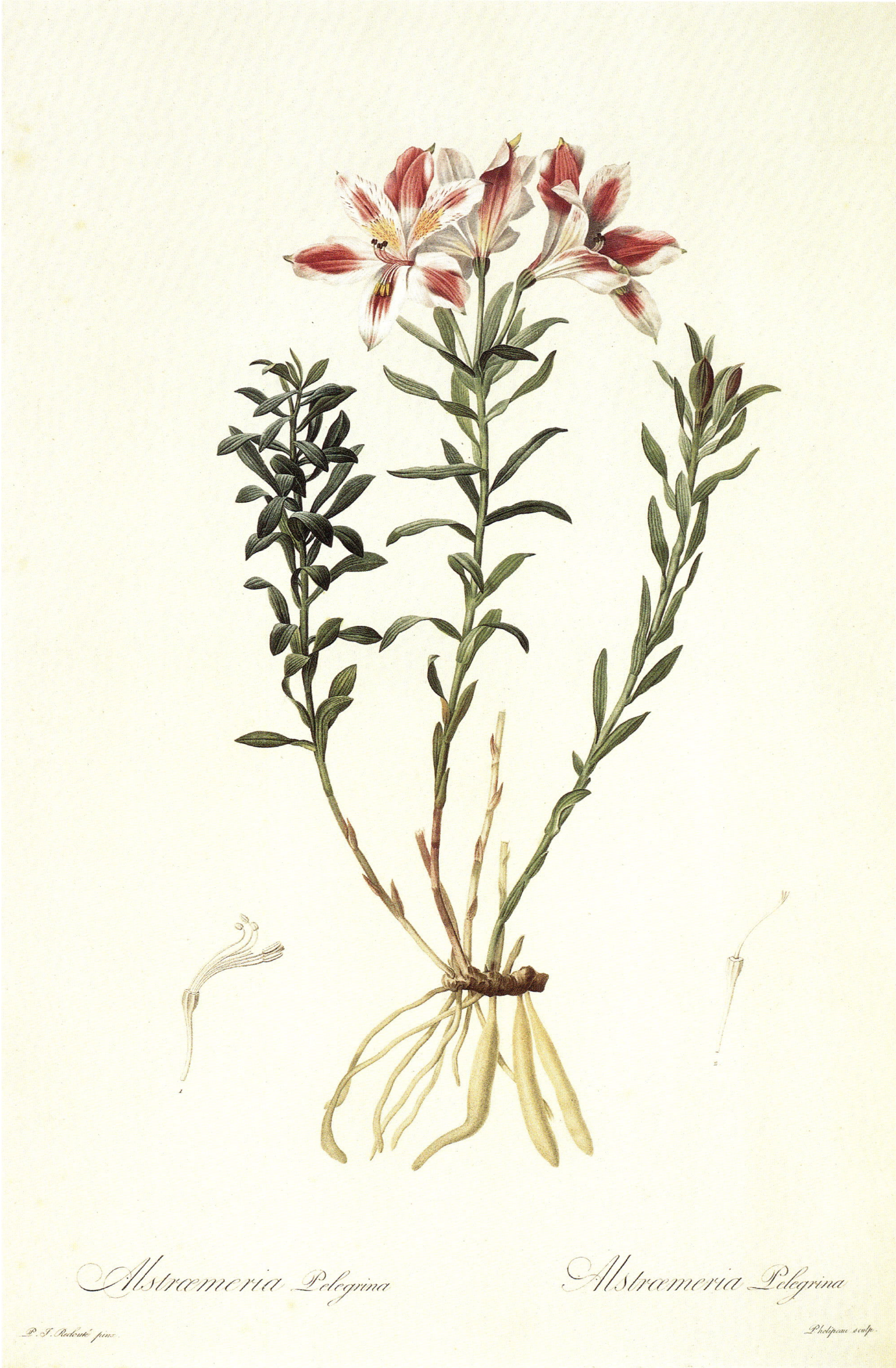

46

***_Alstroemeria pelegrina_ L. 1762 (Alstroemeriaceae)**

Pelegrina Incan Lily | *Alstrœmeria pelegrina | Pelegrina-Inkalilie

South America (Peru and Chili). Named for the Swedish botanist and disciple of Linnaeus, Clas Alströmer (1734–1794). The species name derived from the Peruvian plant name *Pelegrina*.

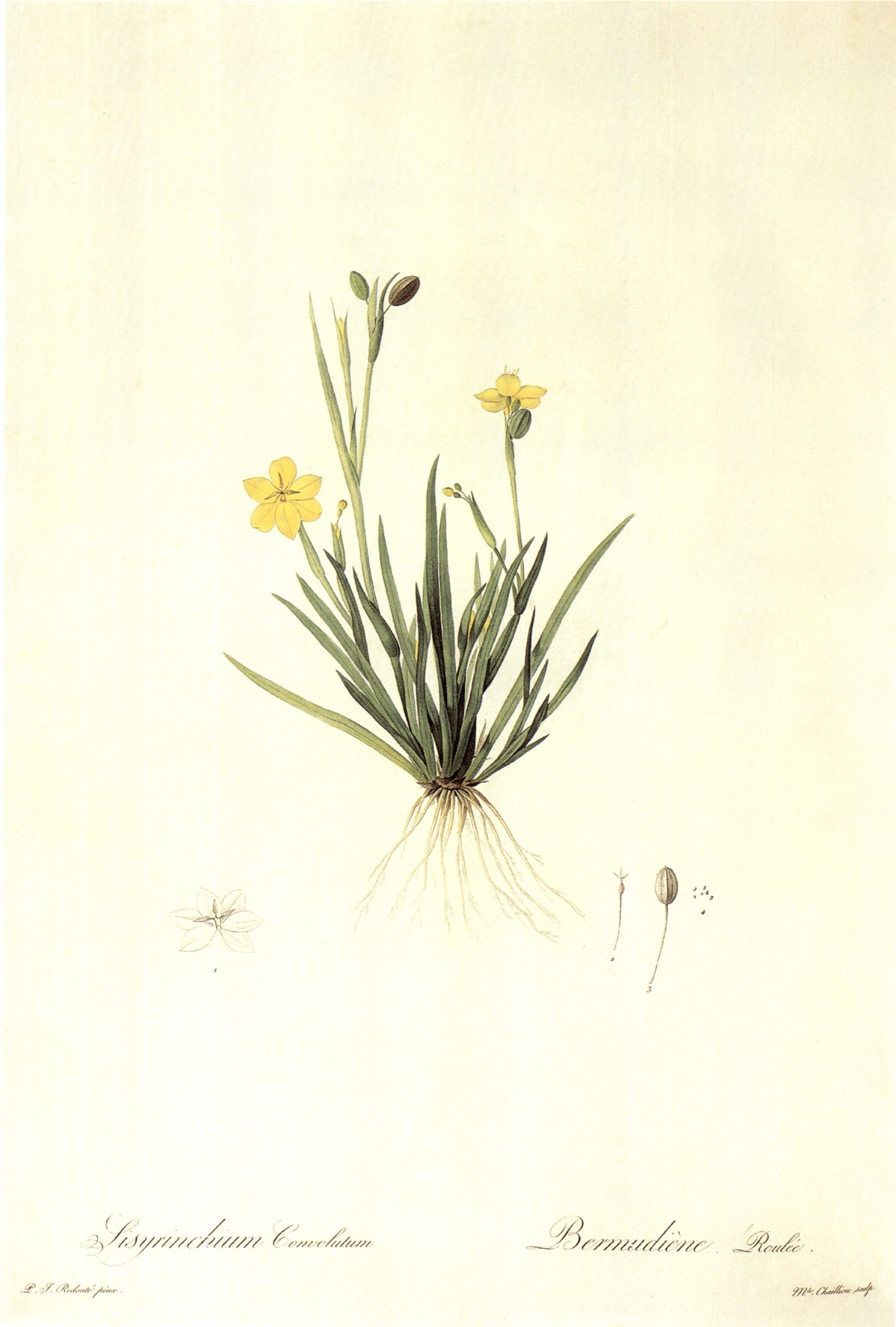

47

Sisyrinchium convolutum Nocca 1800 (Iridaceae)

Convolute Golden-eyed-Grass | *Bermudienne roulée | Rollblättrige Binsenlilie

Tropical America (Mexico, Peru). Note: In other *Sisyrinchium* species the French genus name is written *Bermudienne*.

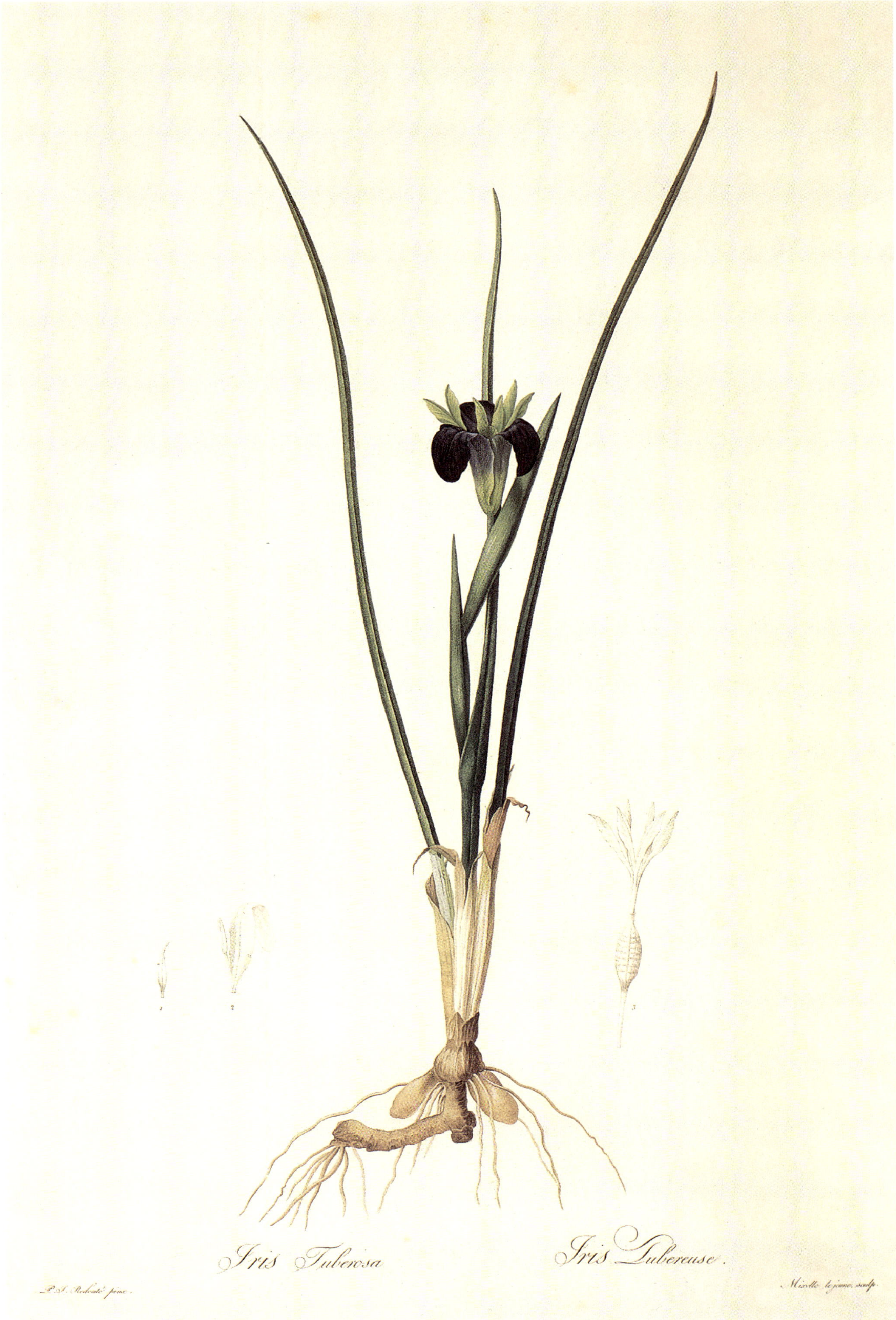

48

Hermodactylus tuberosus (L.) Mill. 1768 (Iridaceae)

Snake's-head Iris, Widow Iris | *Iris tubéreux | Wolfsschwertel

South Europe from southeast France in the west to Greece in the east & Sicily in the south (not in N Africa), Turkey in Asia.

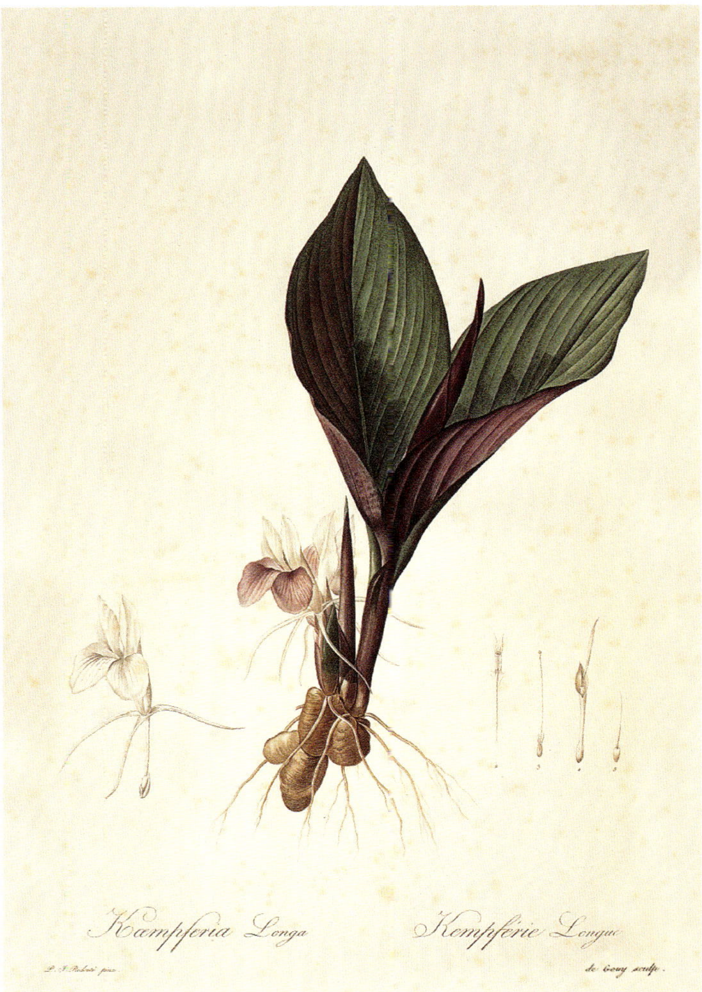

49

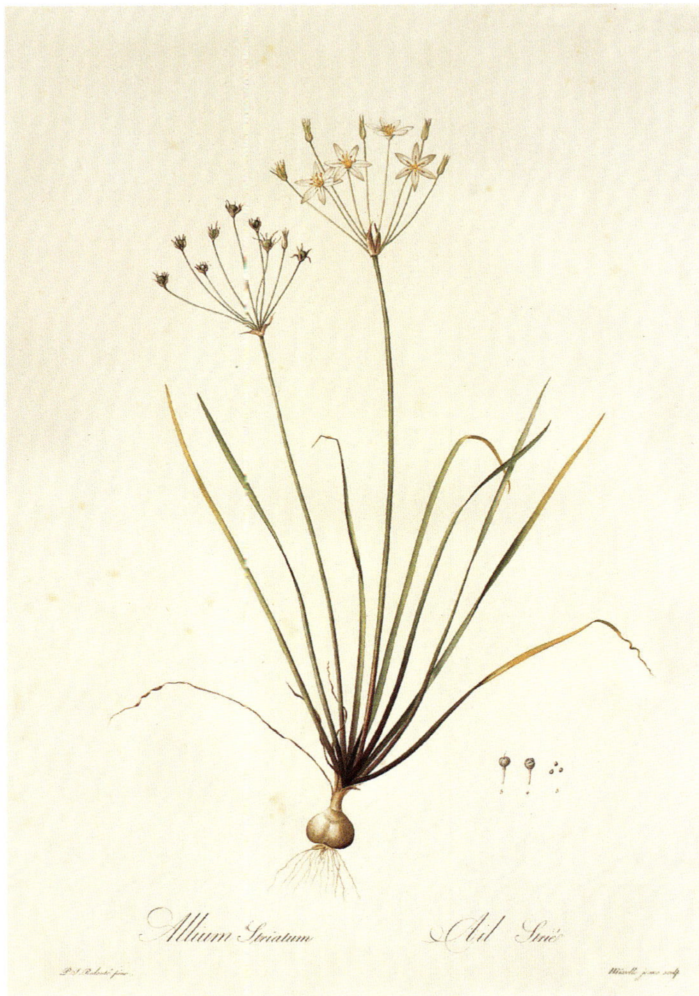

50

Kaempferia rotunda L. 1753 (Zingiberaceae)
(= *Kaempferia stenopetala* K.Schum. 1904)
Round Ginger Lily | *Kaempferia longue
Runde Gewürzlilie

Tropical Asia (India, Sri Lanka, Indonesia) and tropical South Africa (Kwazulu/Natal, if Schumann's *K. stenopetala* is considered as conspecific with *K. rotunda*).
Named for the German physician, botanist, and traveller Engelbert Kämpfer (1651–1716).

Nothoscordum bivalve (L.) Britten 1896 (Alliaceae)
(= *Ornithogalum bivalve* L. 1753 = *Allium bivalve* (L.) Kuntze 1891)
Two-valved False Garlic | *Ail strié
Zweiklappiger Pseudo-Lauch

North America (southeast USA from Virginia to Illinois in the west and to Florida and Missisippi in the south).

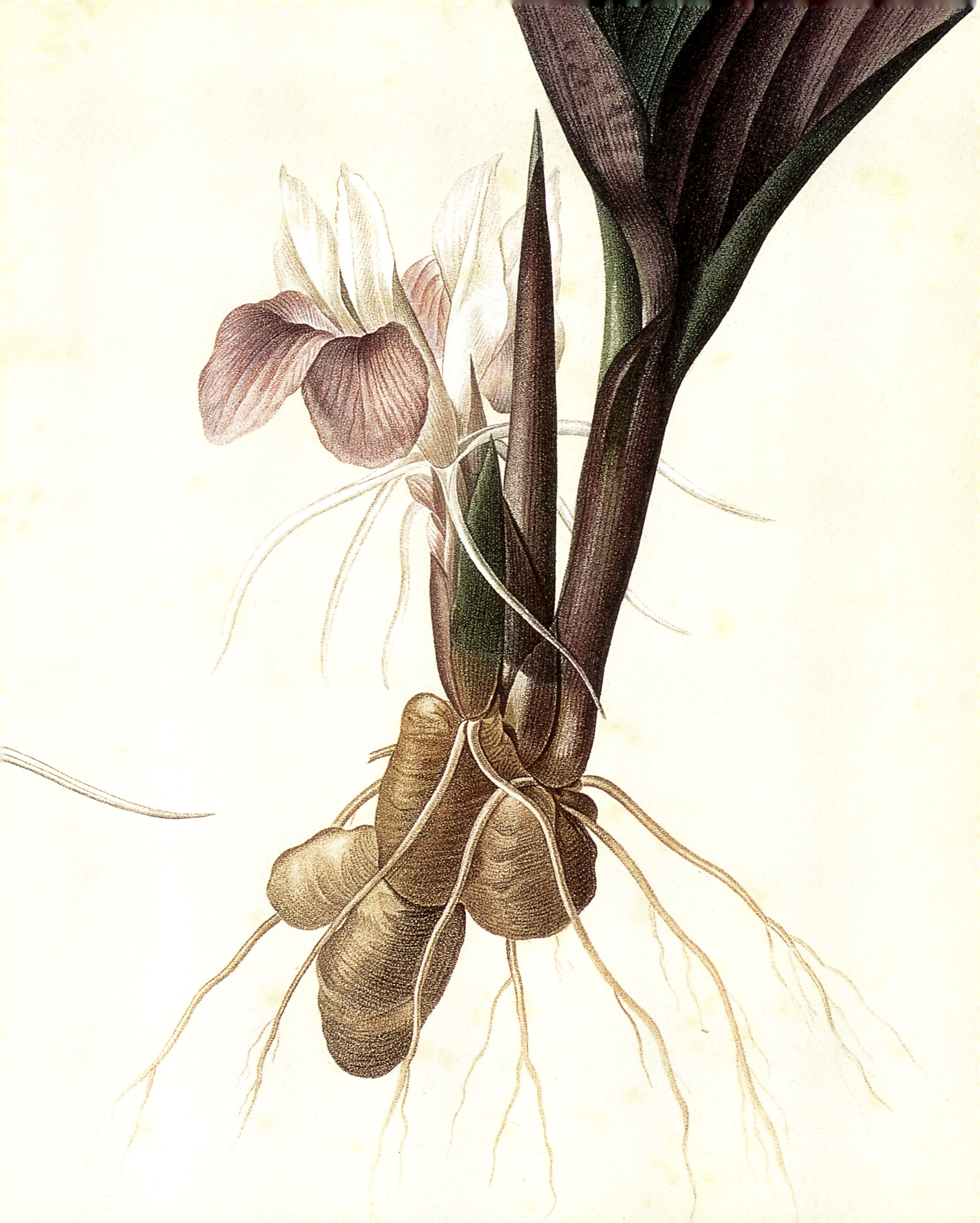

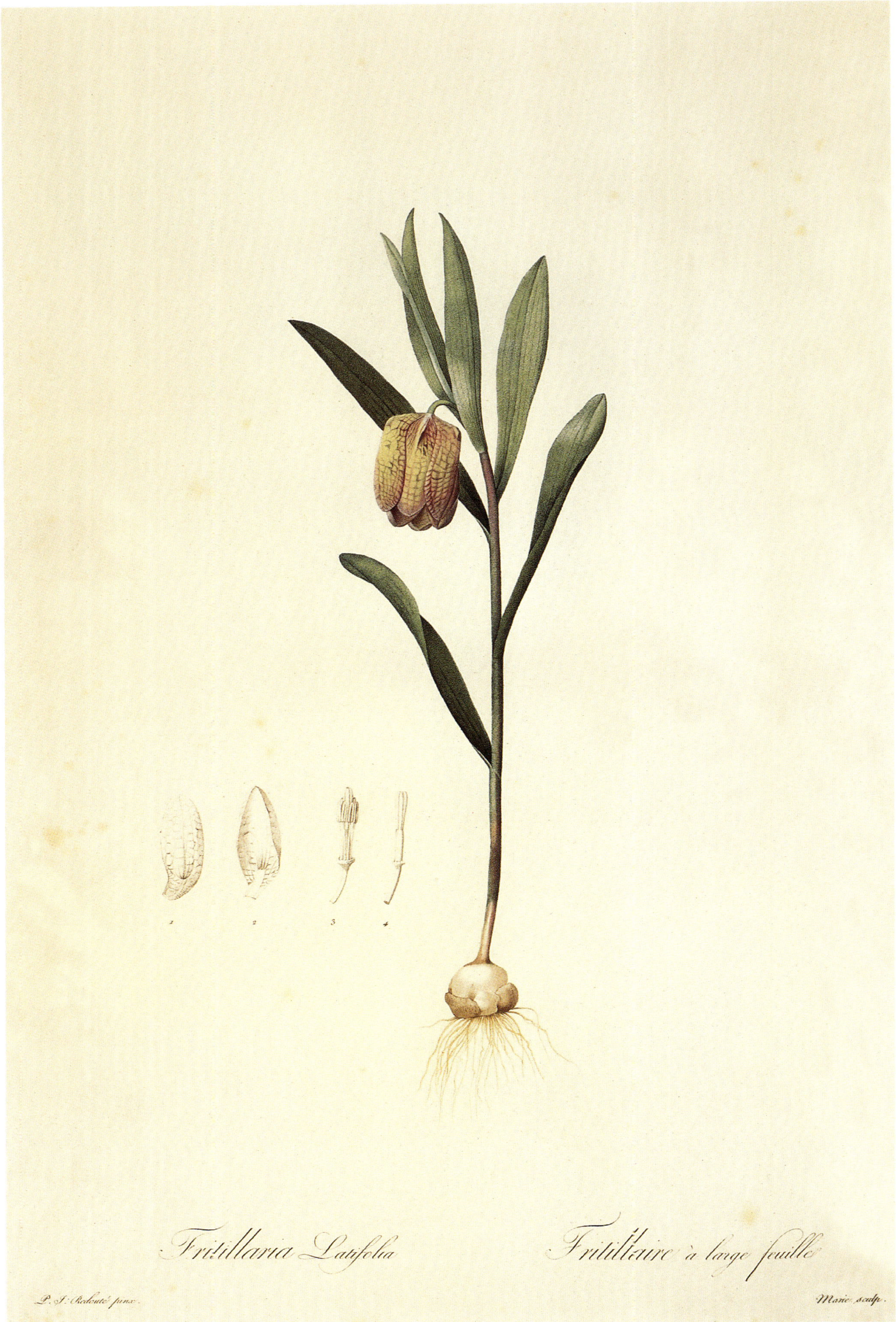

51

***_Fritillaria latifolia_ Willd. 1799 (Liliaceae)**

Broad-leaved Fritillary | *Fritillaire à large feuille | Breitblättrige Schachblume

West Asia (Caucasus and Iran).

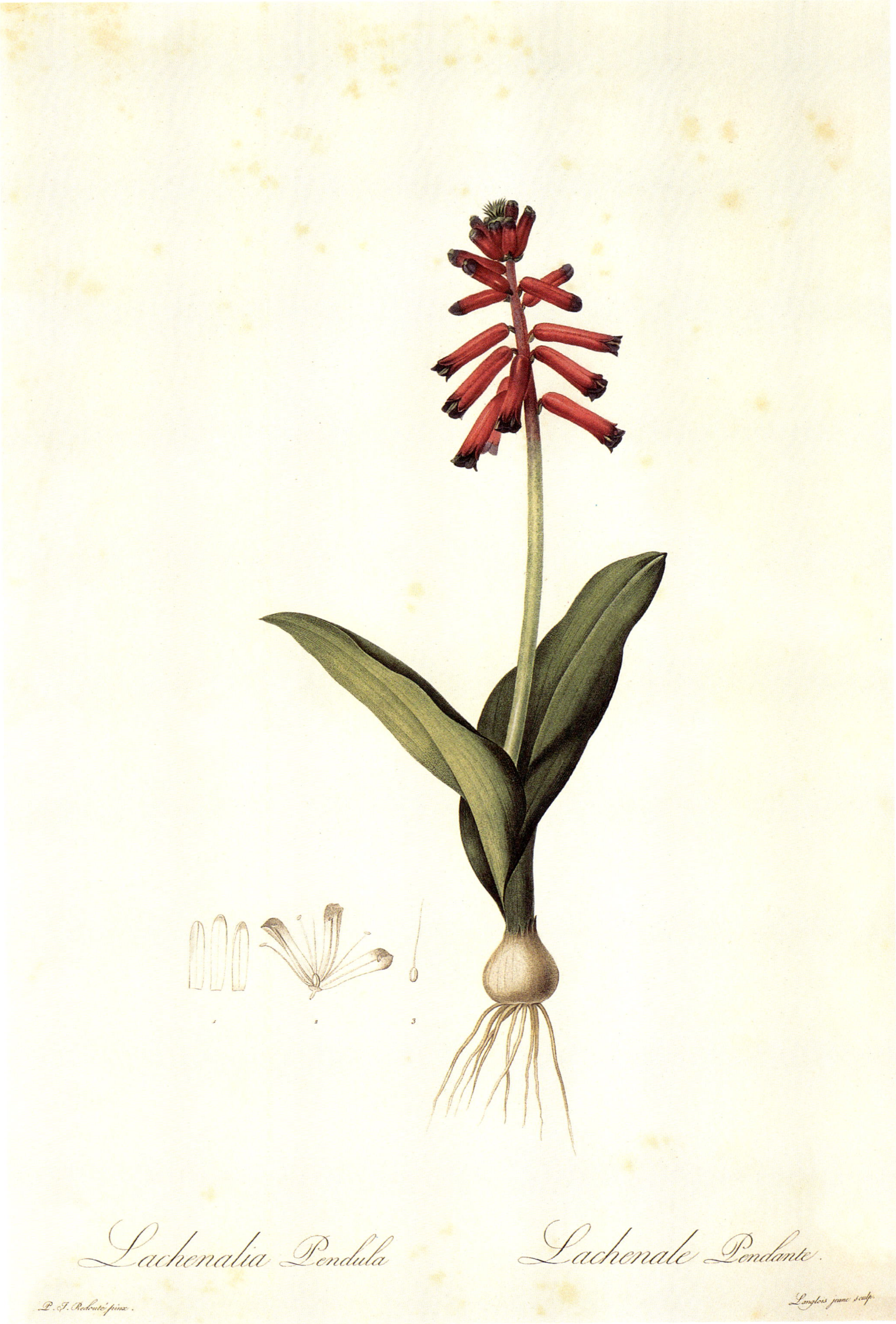

52

Lachenalia bulbifera (Cyr.) Asch. & Graebn. 1905 (Hyacinthaceae)

(= _Phormium bulbiferum_ Cyr. 1788)

Bulb-bearing Lachenalia | *Lachenale pendante | Zwiebeltragende Lachenalie

Winter rainfall South Africa (Western Cape from Vredendal in the north to the Cape Peninsula in the south and to Mossel Bay in the east).
Named for the Swiss botanist Werner de Lachenal (or Werner de la Chenal) 1736–1800.

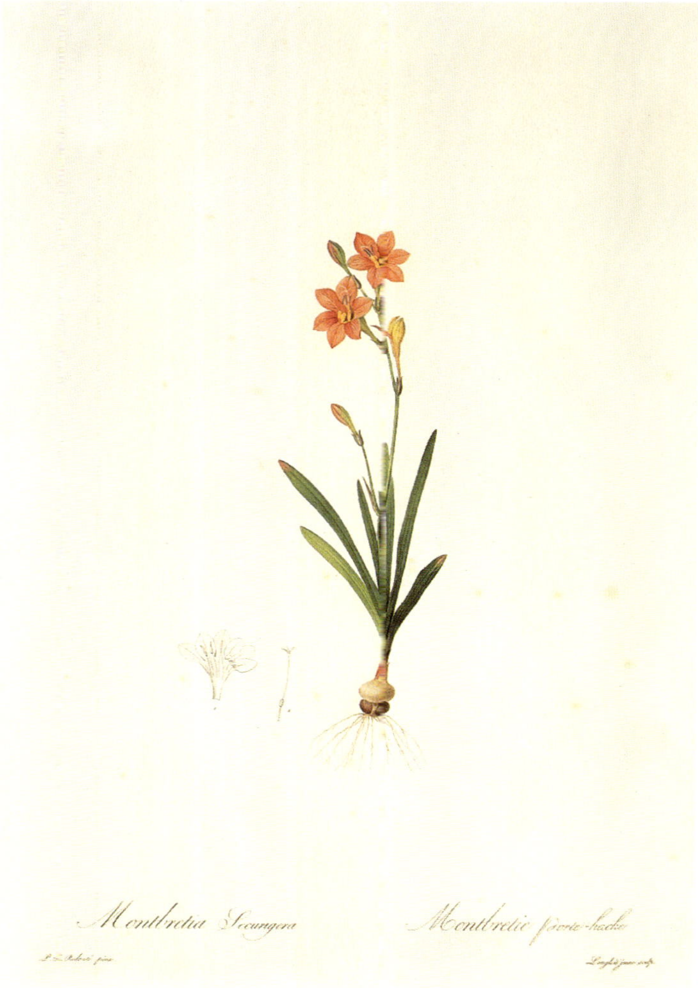

53

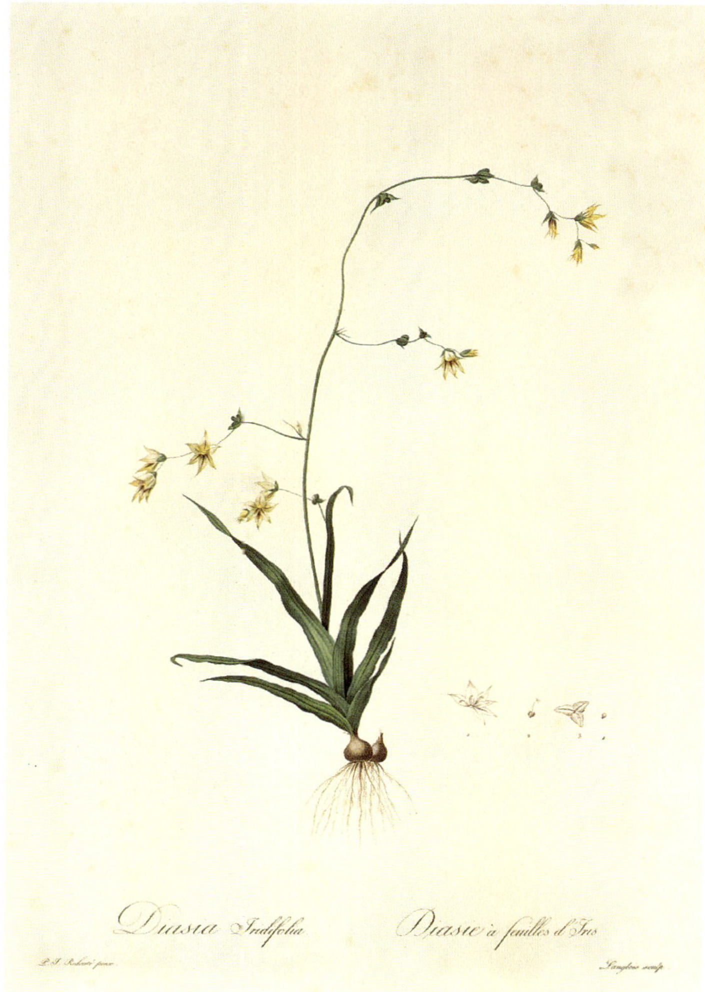

54

Tritonia securigera (Aiton) Ker Gawl. 1805 (Iridaceae)
(= *Gladiolus securiger* Aiton 1789)

Axe-bearing Tritonia | *Montbretie porte-hache
Beiltragende Montbretie

South Africa (between Ladismith and Port Elisabeth, i.e. southeastern part of the Western Cape and western part of the Eastern Cape). "Name derived from *Triton*, in the signification of a vane or weathercock, in allusion to the variable direction in the stamens of the different species" according to Ker Gawler, the author of the genus *Tritonia*.

Melasphaerula ramosa (L.) Klatt 1895 (Iridaceae)
(= *Gladiolus ramosus* L. 1753 = *Melasphaerula iridifolia* (DC.) Sweet 1830)

South African Archaic Irid | *Diasie à feuilles d'iris
Südafrikanische Uriridacee

Winter rainfall southern Africa, from southern Namibia in the north to the Cape Peninsula in the south (Northern and Western Cape) and to Bredasdorp in the east. See pl. 163.

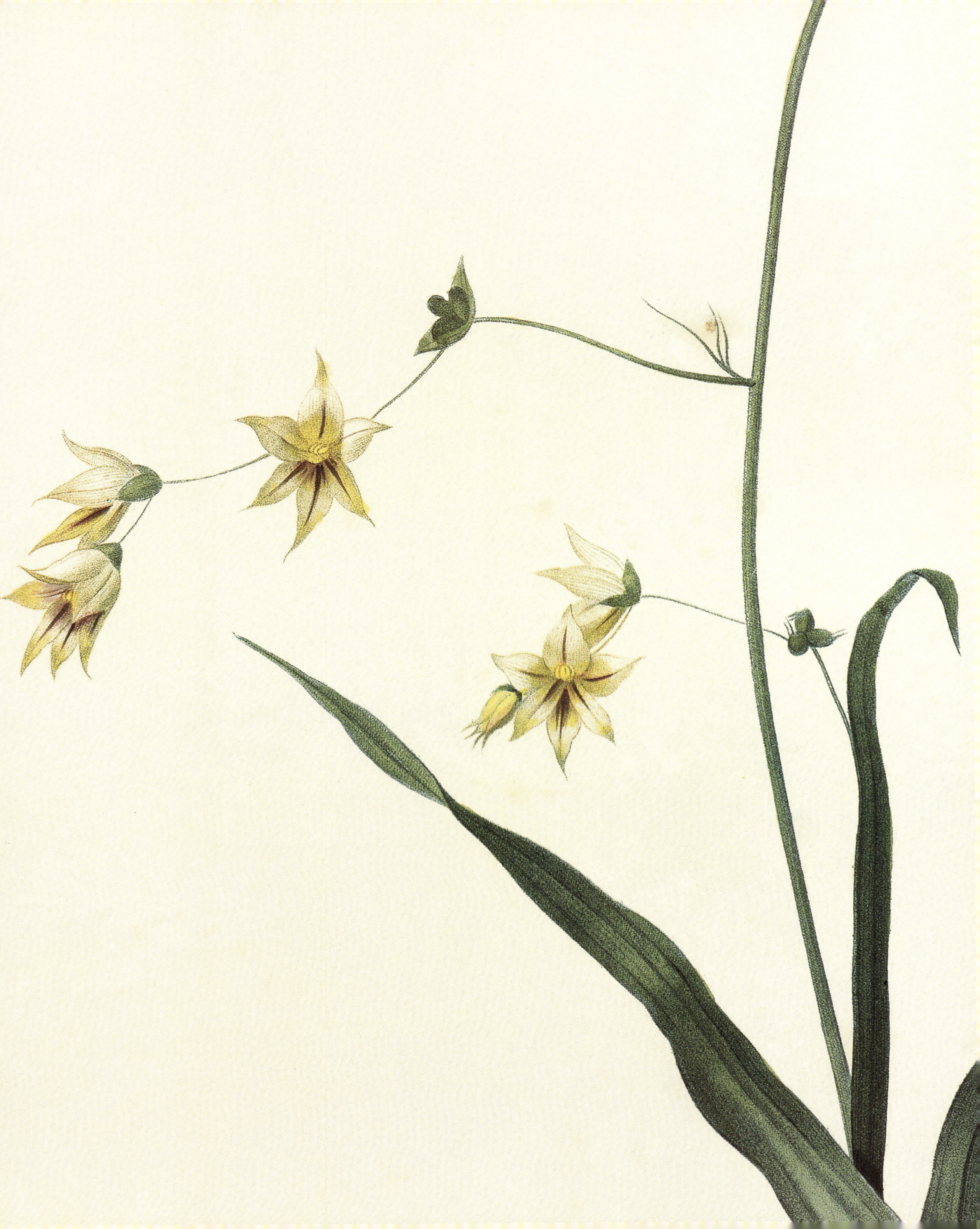

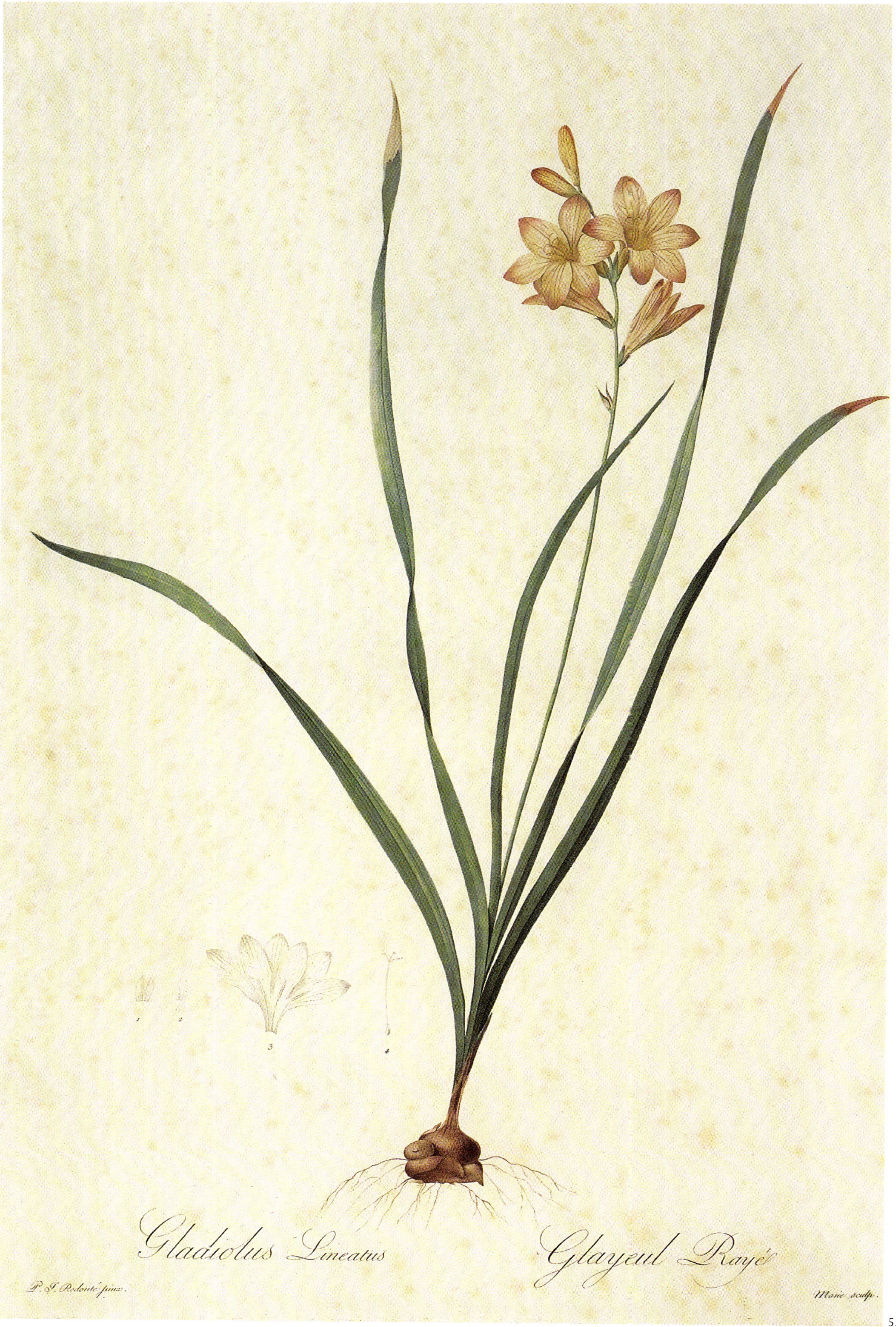

55

***Tritonia lineata* (Salisb.) Ker Gawl. 1805 var. *lineata* (Iridaceae)**

Lined Tritonia, Pencilled Corn-Flag | *Glaïeul rayé | Linierte Tritonie

Summer rainfall southern Africa (Transvaal, Orange Free State and Kwazulu/Natal in South Africa, and Lesotho). "Name derived from *Triton*, in the signification of a vane or weathercock …" according to Ker Gawler, the author of the genus *Tritonia*. See pl. 53, 399.

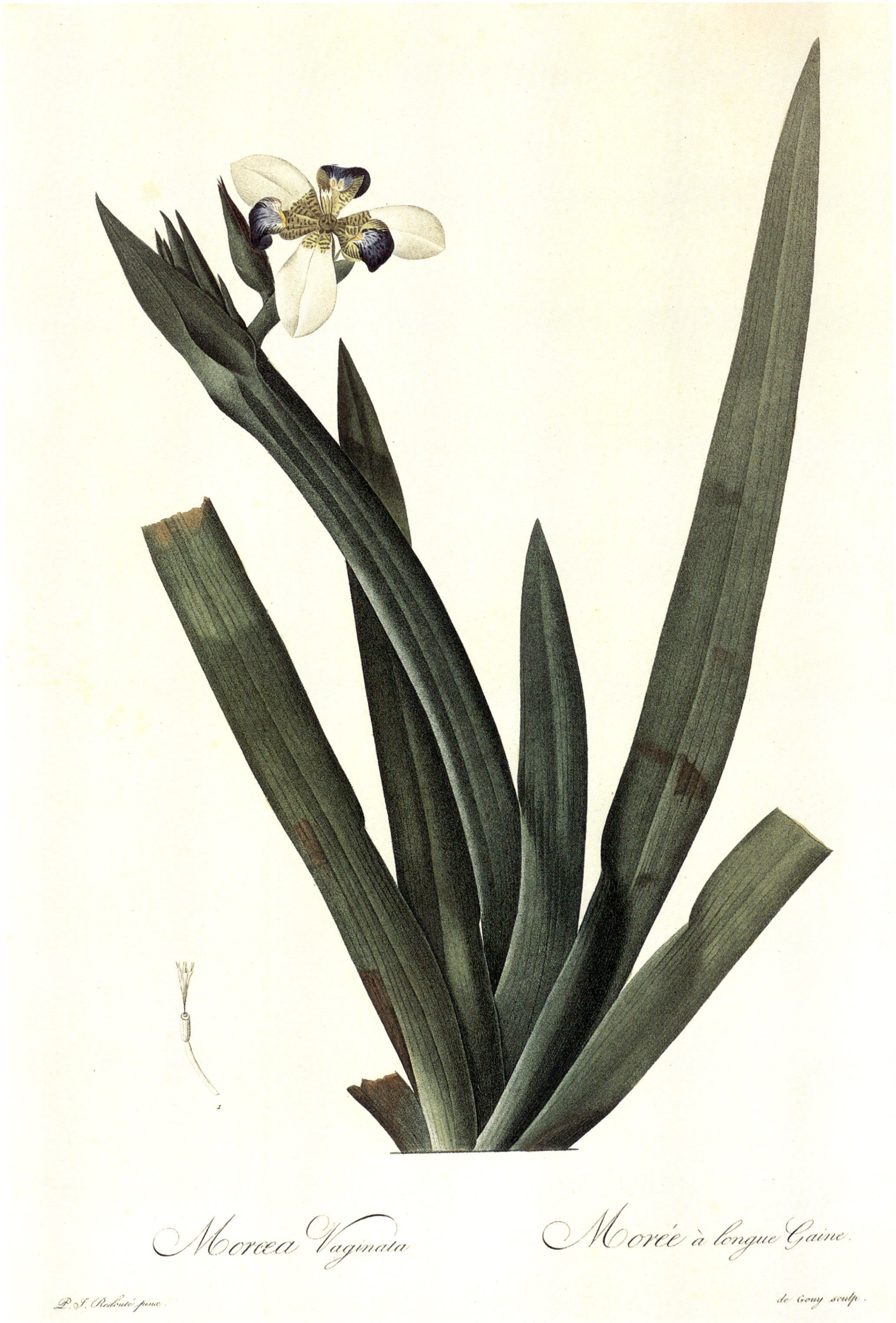

56

Neomarica northiana (Schneev.) Sprague 1928 (Iridaceae)
(= *Moraea northiana* Schneev. 1795 = *Marica northiana* (Schneev.) Ker Gawl 1803)
North's Neomarica | *Morée à longue gaine | Norths Neomarica

South America (Brazil). Named for a Mrs. North who introduced the plant to England via Lisbon. Ker Gawler 1903 reports that the gardeners used the nick-name Marica.

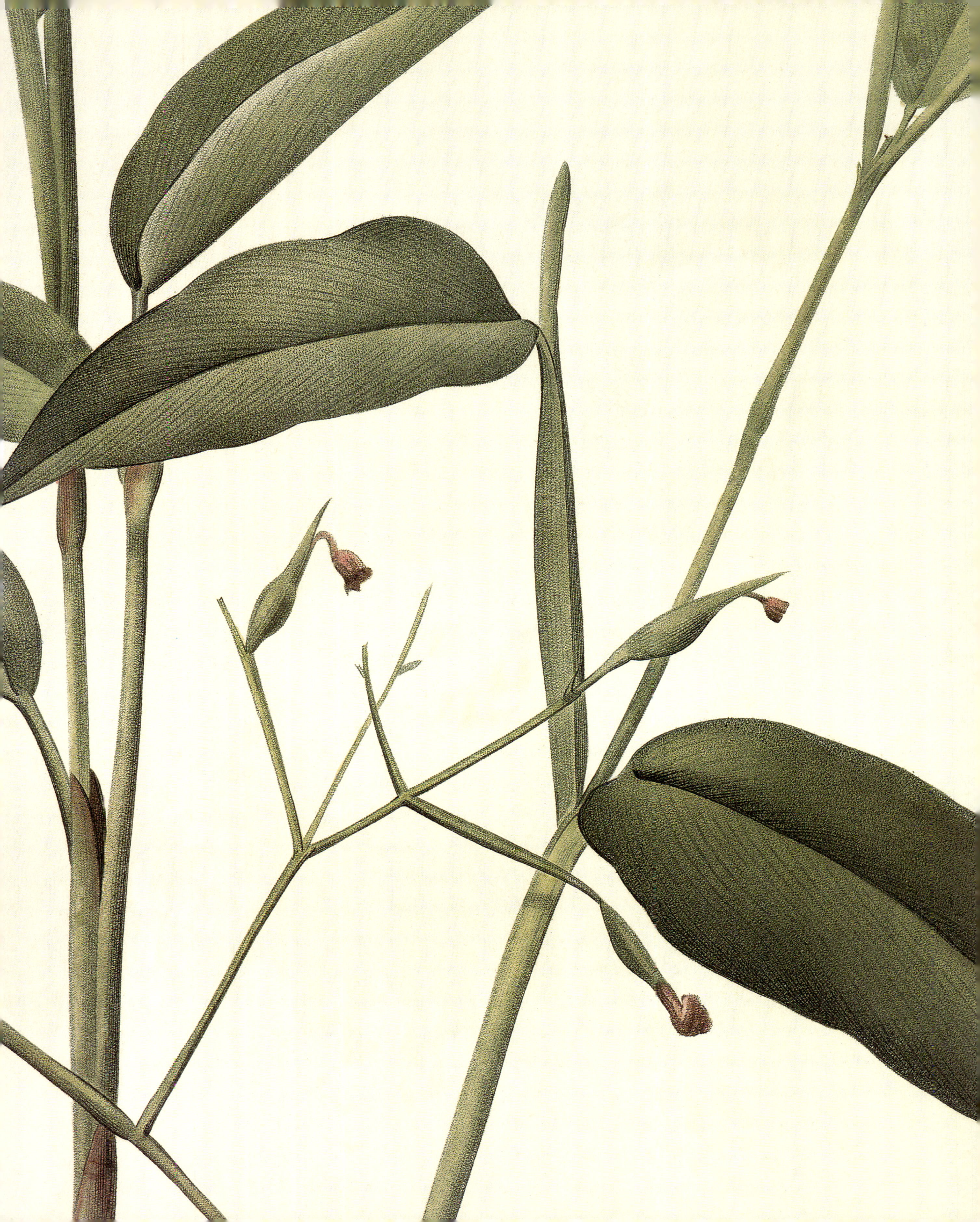

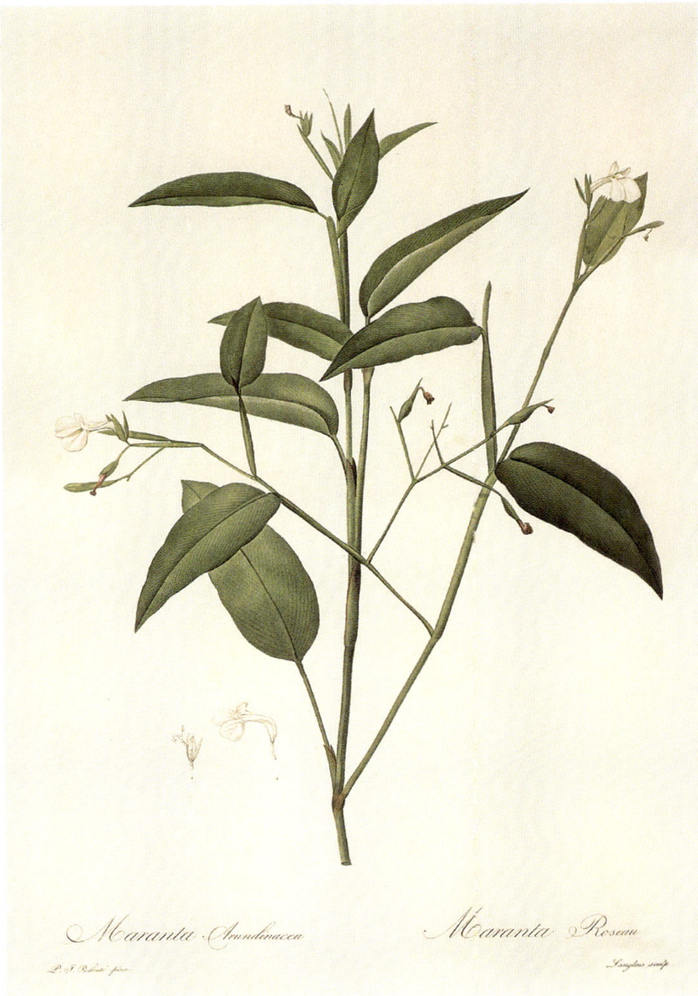

57

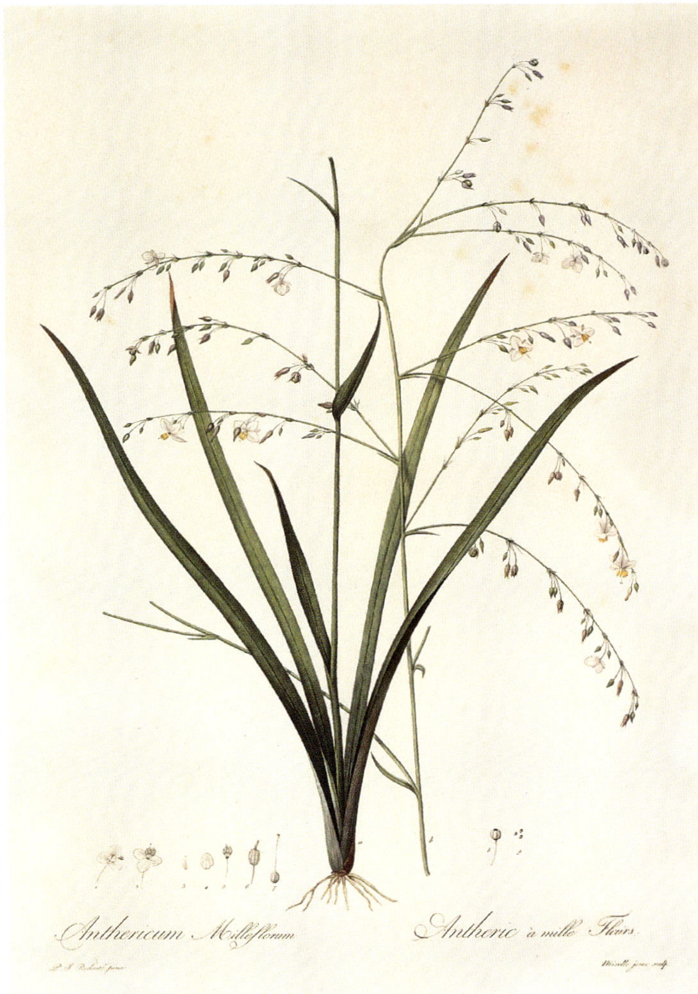

58

**Maranta arundinacea* L. 1753 (Marantaceae)

Arrowroot | *Maranta roseau | Pfeilwurz

Cultivated for the starch of the rootstocks. South and Central America (from western Brazil to Guiana, Mexico and West Indies). Named for the Italian (Venetian) Botanist Bartolommeo Maranta (ca. 1500–1571).

Arthropodium milleflorum (DC. in REDOUTÉ) Macbr. (Anthericaceae)

(= *Arthropodium paniculatum* (Andr.) R. Br. 1810)

Pale Vanilla Lily | *Anthéric à mille fleurs

Tausendblütiges Arthropodium

South and east Australia (Queensland to Tasmania).

The name *Arthropodium* = 'articulated foot' refers to the articulated pedicels. See pl. 360.

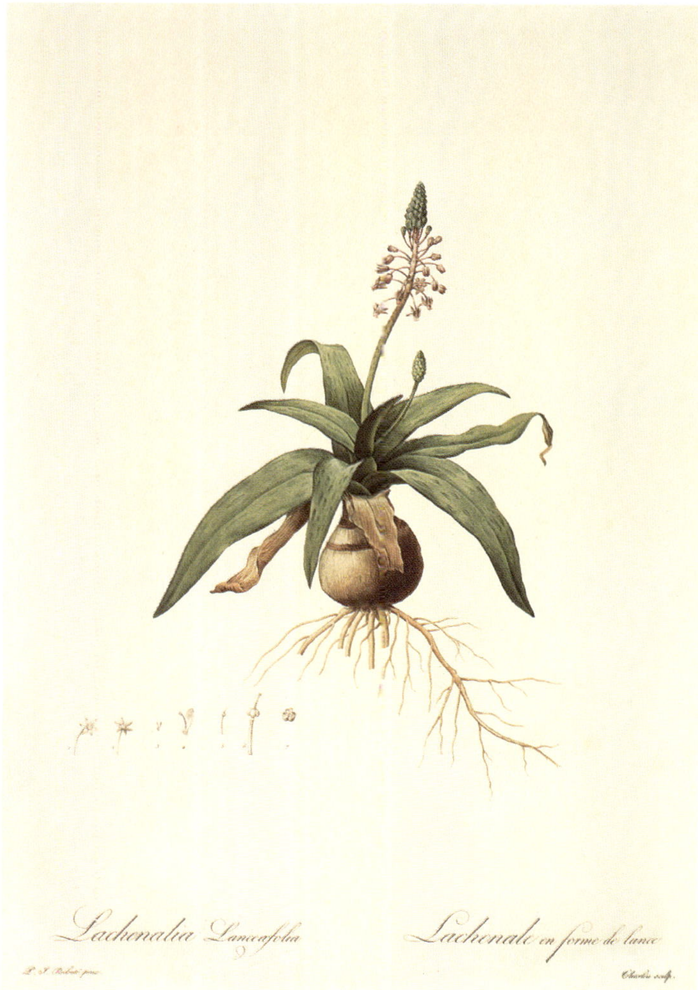

59

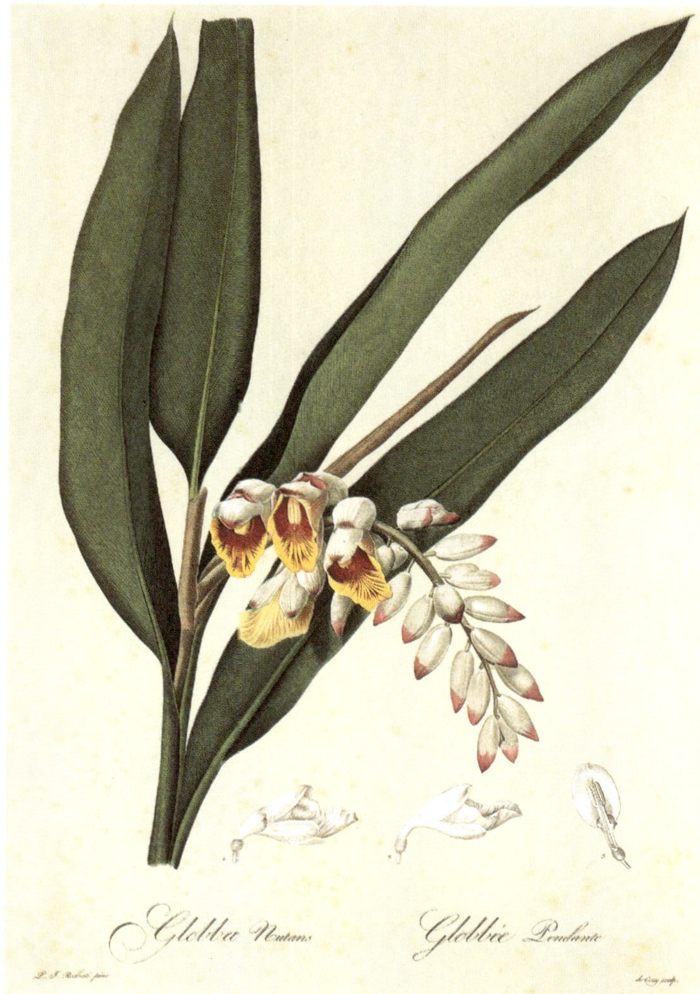

60

Ledebouria revoluta (L.f.) Jess. 1970 (Hyacinthaceae)
(= *Hyacinthus revolutus* Lf. 1782, "1781")
Revolute Cape Squill | *Lachenale en forme de lance
Zurückgekrümmte Ledebouria ꕤ

Widespread in southern Africa (centred in the Eastern Cape, extending to most other provincea and Namibia). Named for the German Botanist Carl Friedrich von Ledebour (1785–1851).

Alpinia nutans (L.) Roscoe 1805
(Zingiberaceae)
Shell Ginger, Pink Porcelain Lily | *Globbée pendante
Nickende Alpinie

East Asia (China, Japan). Named for the Italian Botanist Prospero Alpino (1553–1617).
Note: It is an open question, whether the English names apply only to *Alpinia zerumbet* or also to *A. nutans*.

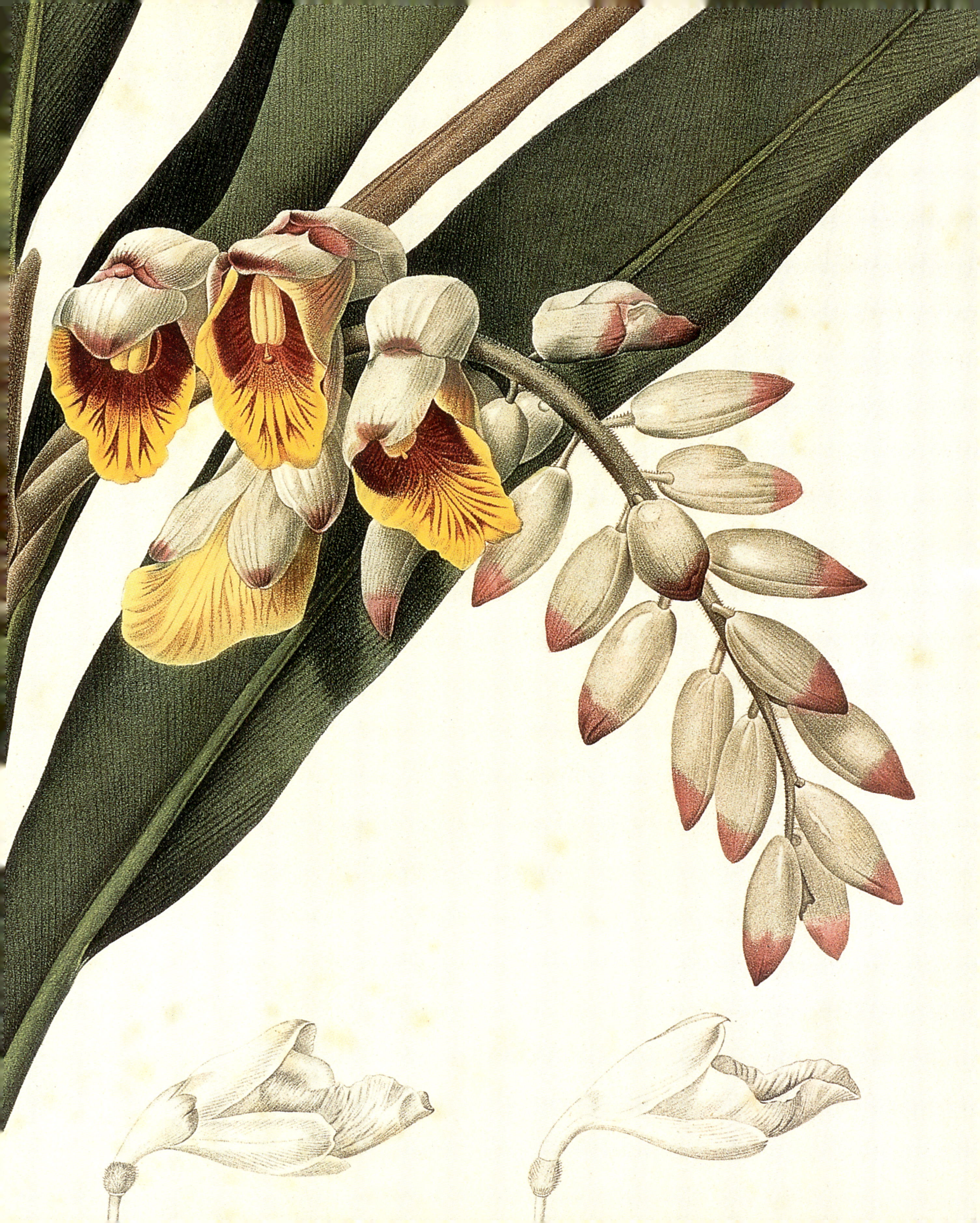

Les Liliacées

Volume II

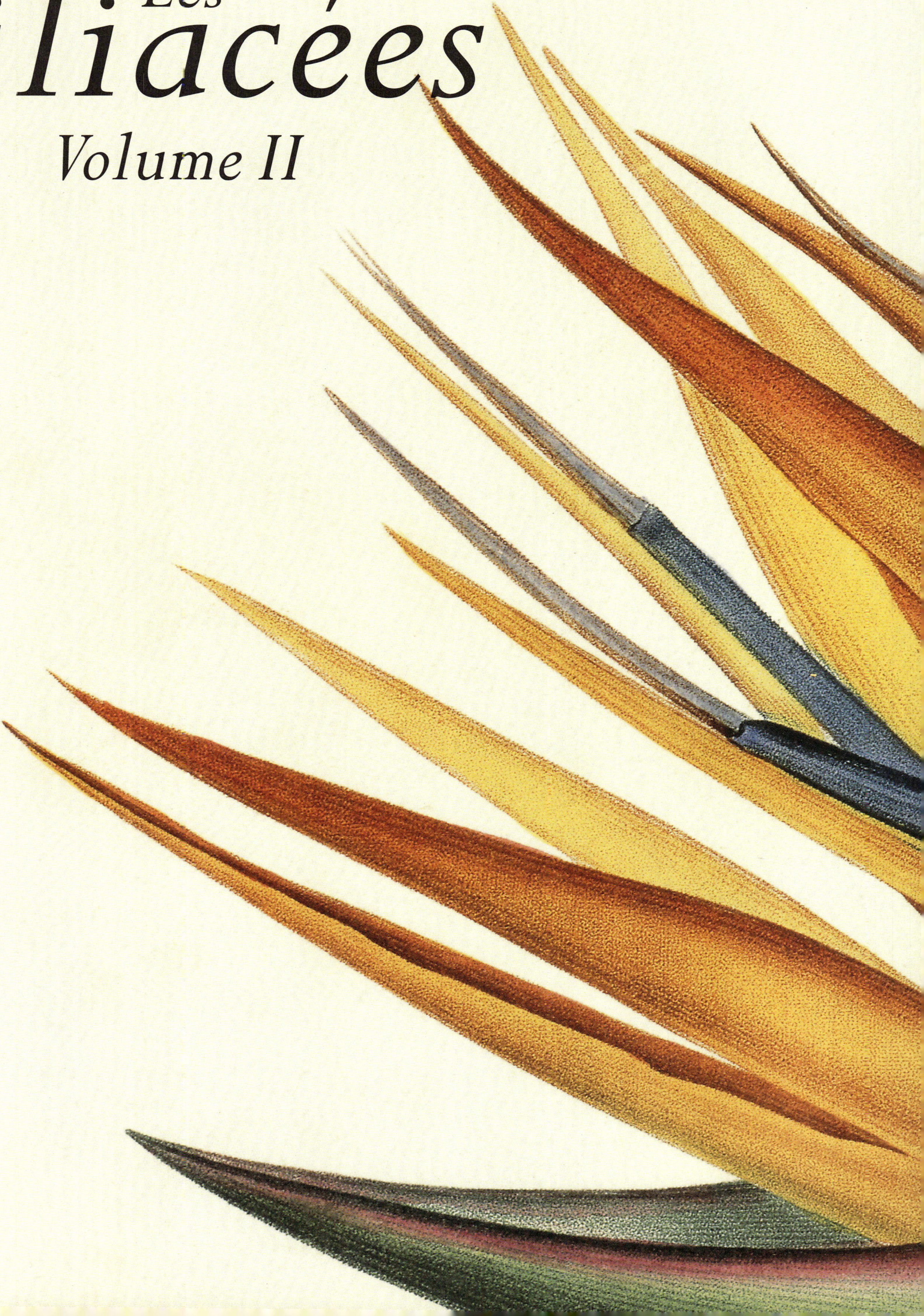

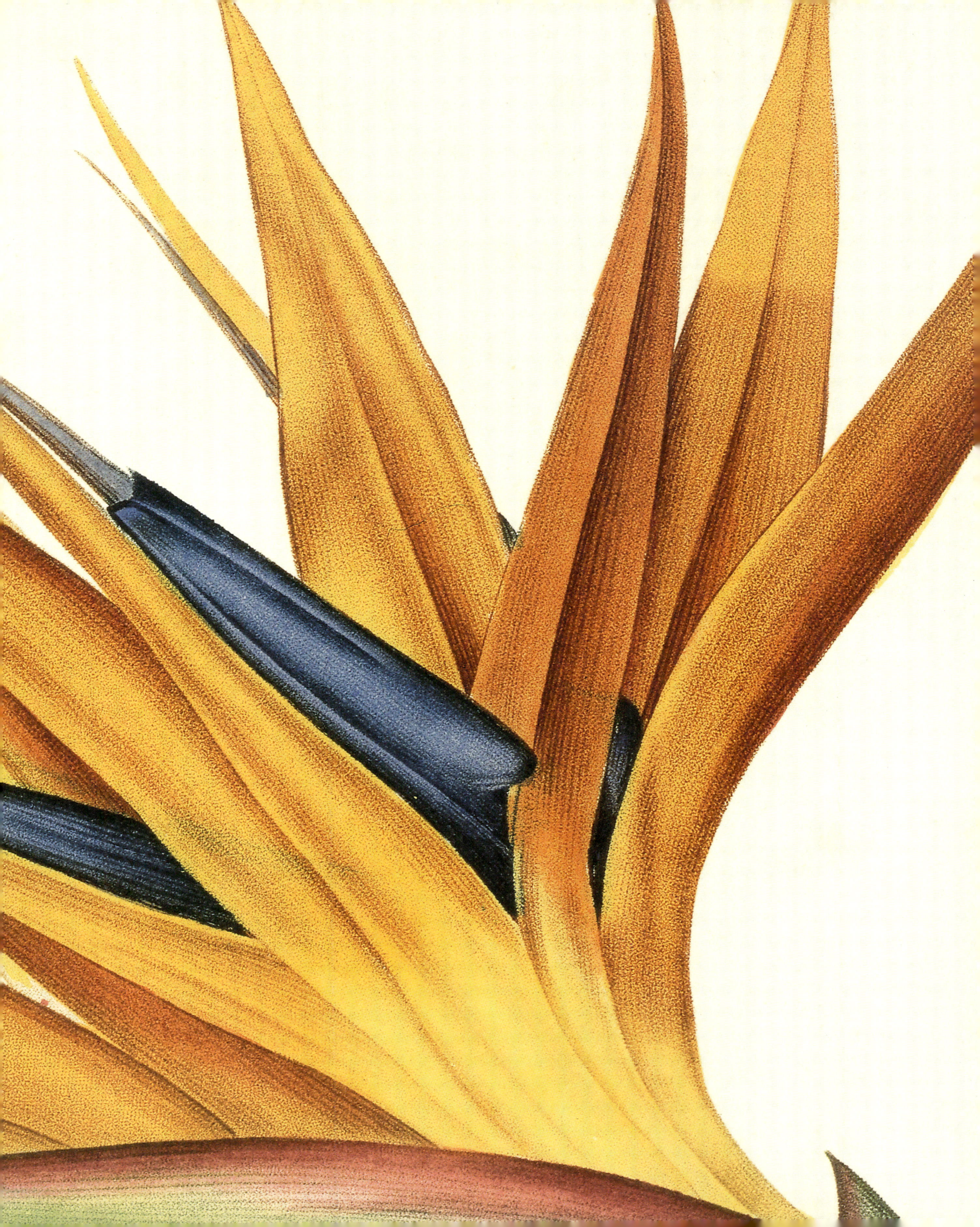

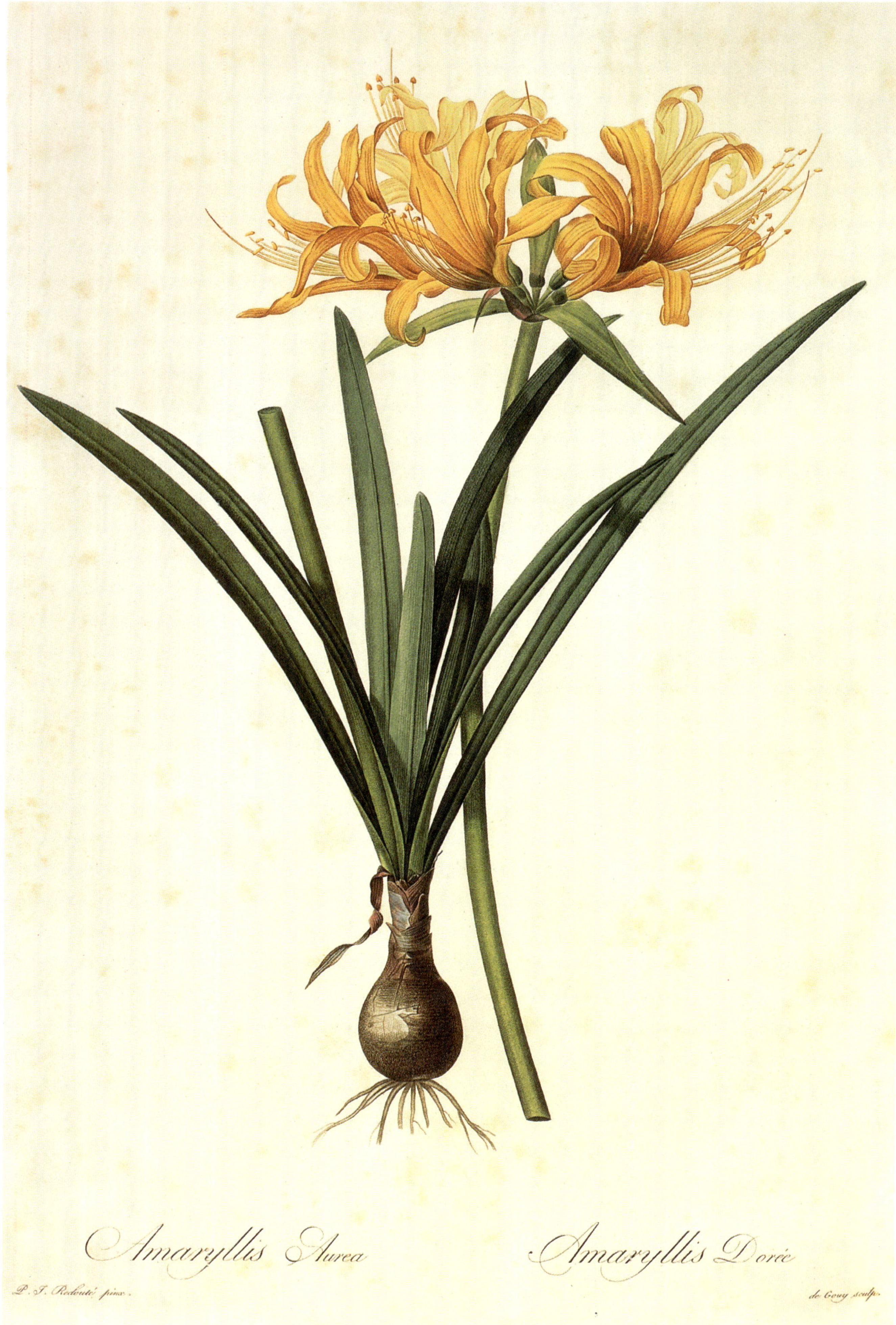

61

Lycoris africana (Lam.) Roem. 1847 (Amaryllidaceae)
(= *Amaryllis africana* Lam. 1783 = *Lycoris aurea* (L'Hér.) Herb. 1821)
Golden Hurricane Lily | *Amaryllis dorée | Goldgelbe Lycorislilie, Goldgelbe Chinalilie

East Asia (China, Taiwan, Upper Burma, and Japan). Named for the Roman beauty Lycoris, freedwoman of the senator Eutrapelus, the mistress of Cornelus Gallus and afterwards of Marc Antony.

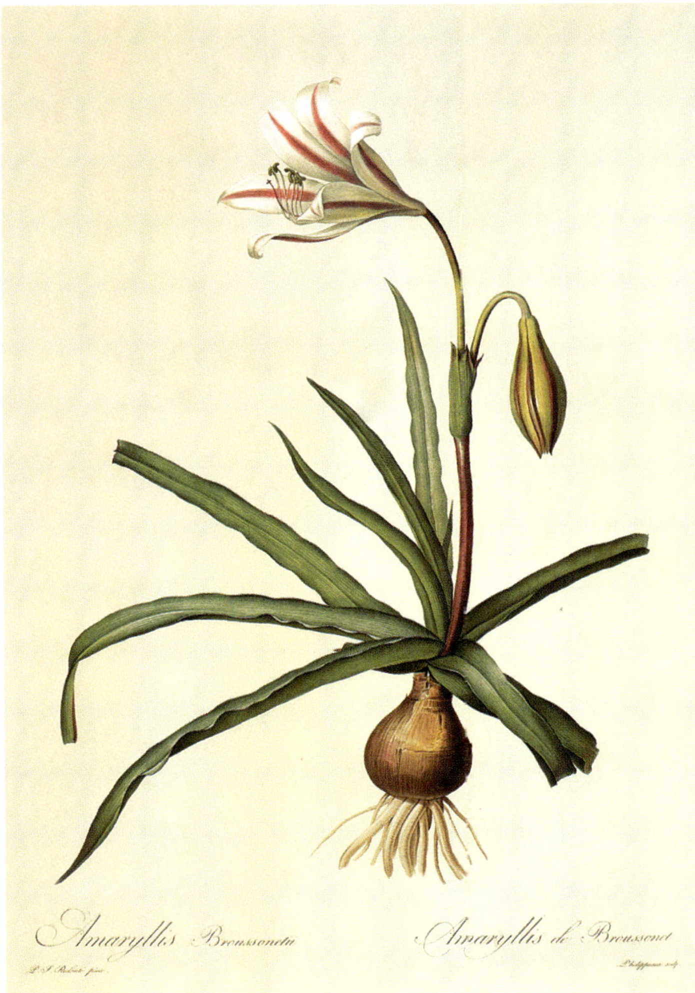

62

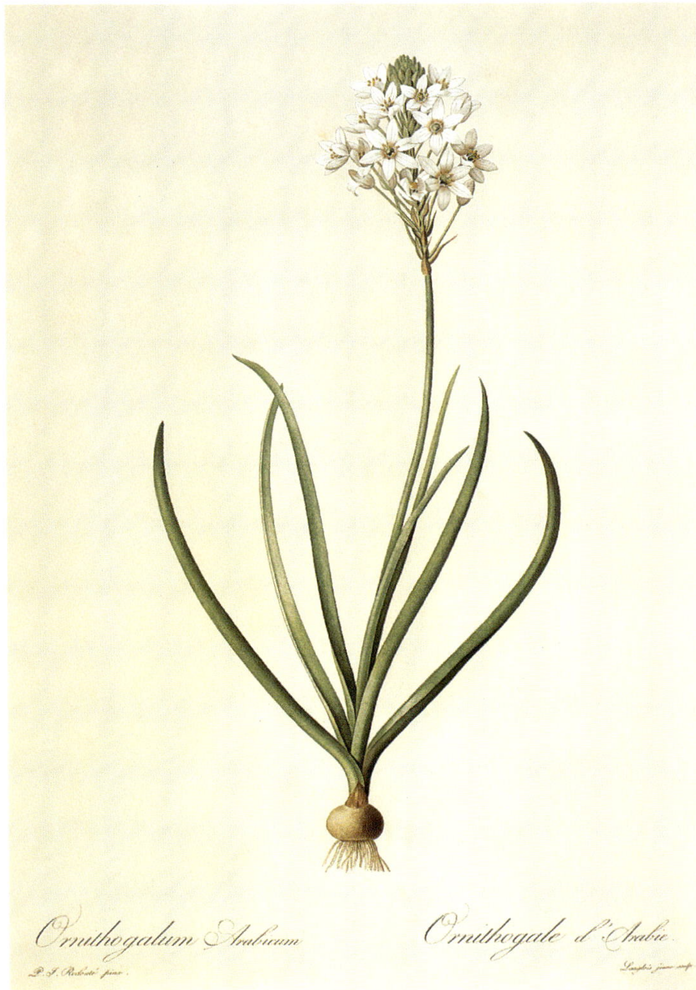

63

Crinum zeylanicum (L.) L. 1759 (Amaryllidaceae)
(= *Amaryllis zeylanica* L. 1753 = *Crinum broussonetii* (DC.) Herb. 1820)

Afro-Asiatic Crinum | *Amaryllis de Broussonet
Afro-asiatische Hakenlilie

West and east tropical Africa and tropical Asia. The botanical name *Crinum* is based on the Ancient Greek and Latin plant name *κρινον* or *crinon* respectively for a red lily.

**Ornithogalum arabicum* L. 1753
(Hyacinthaceae)

Arabian Star-of-Bethlehem | *Ornithogale d'Arabie
Arabischer Milchstern

Circummediterranean (S Europe, N Africa, Middle East).

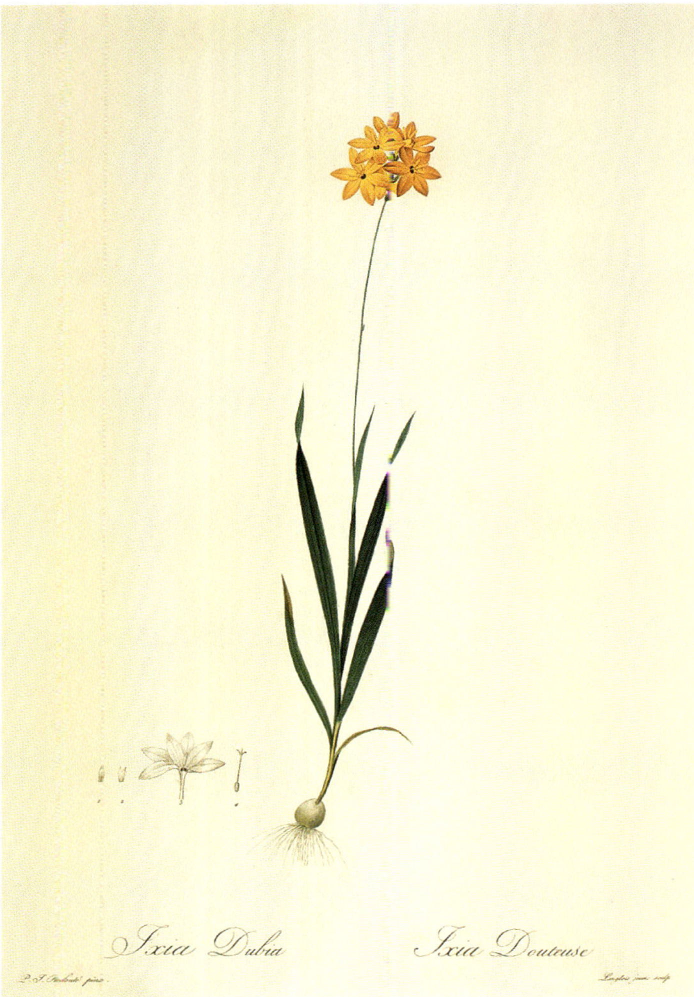

64

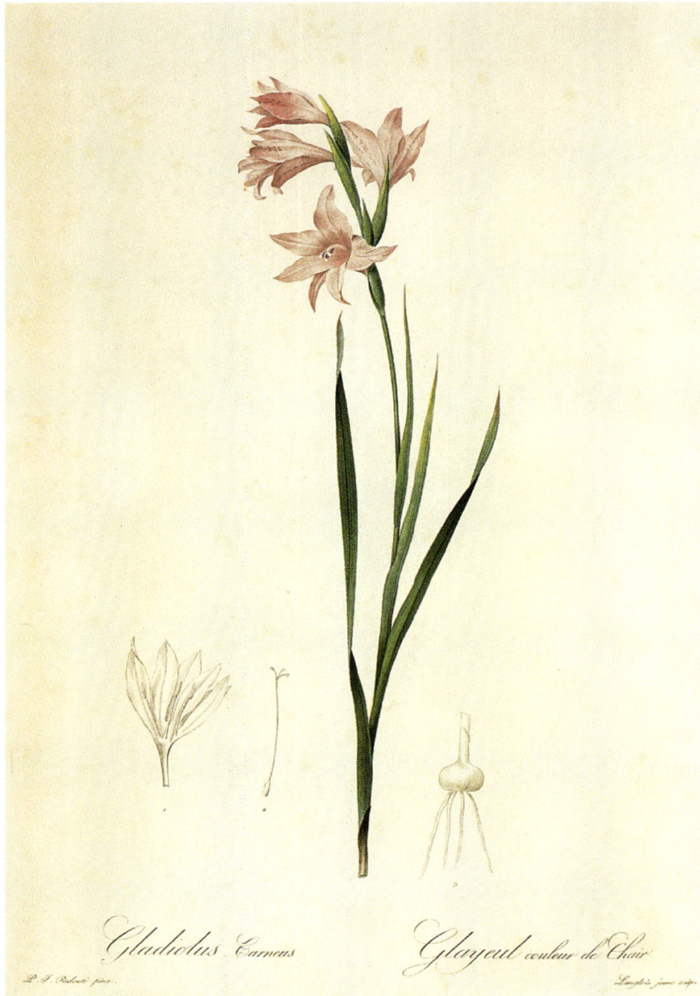

65

Ixia dubia Vent. 1803 (Iridaceae)

Doubtful Ixia | *Ixia douteuse | Zweifelhafte Leimknolle

Winter rainfall South Africa (Western Cape from Piketberg in the north to the Cape Peninsula in the south and to Caledon in the east). Named after the Greek plant *ιξια* = *Viscum*, see pl. 30.

**Gladiolus carneus* D.Delaroche 1766 (Iridaceae)

Painted Lady | *Glaieul couleur de chair | Blassrosa Gladiole

Winter rainfall South Africa (Western Cape from Ceres in the north to the Cape Peninsula in the south and to Riversdale in the east). See pl. 376.

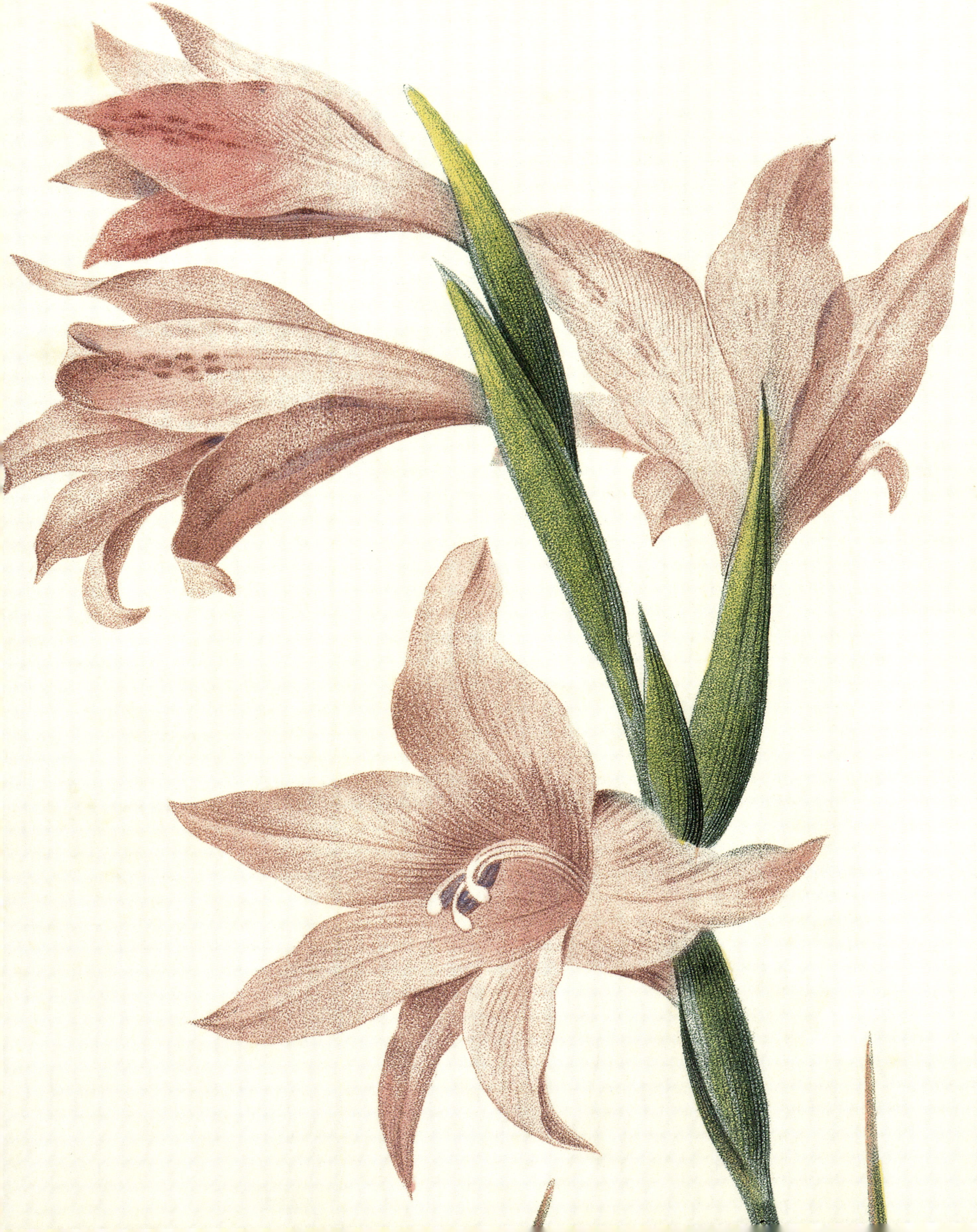

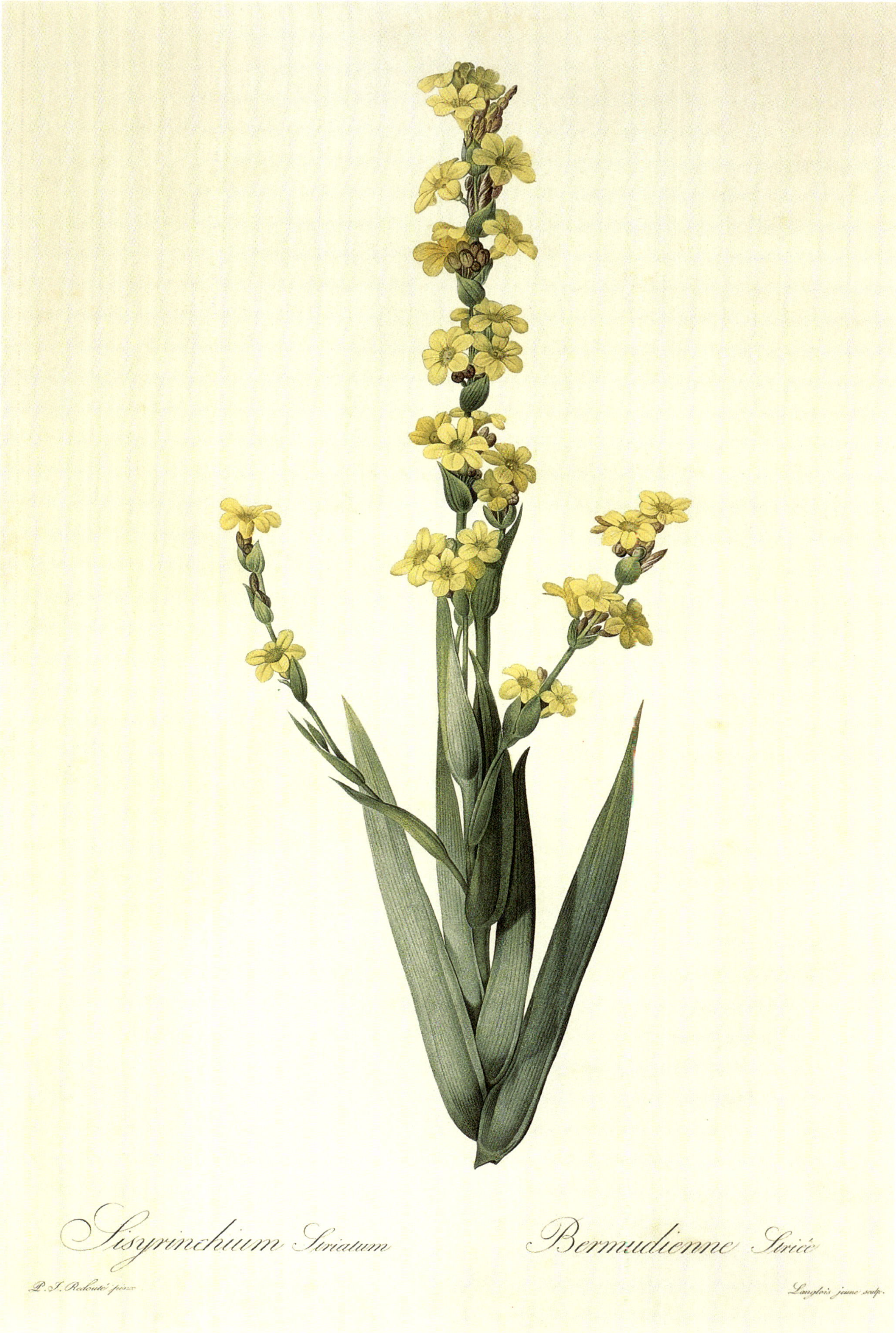

66

Sisyrinchium striatum Sm. 1792 (Iridaceae)

Streaked-flowered Sisyrinchium | *Bermudienne striée | Gestreifte Binsenlilie

South America (Argentina and Chili).

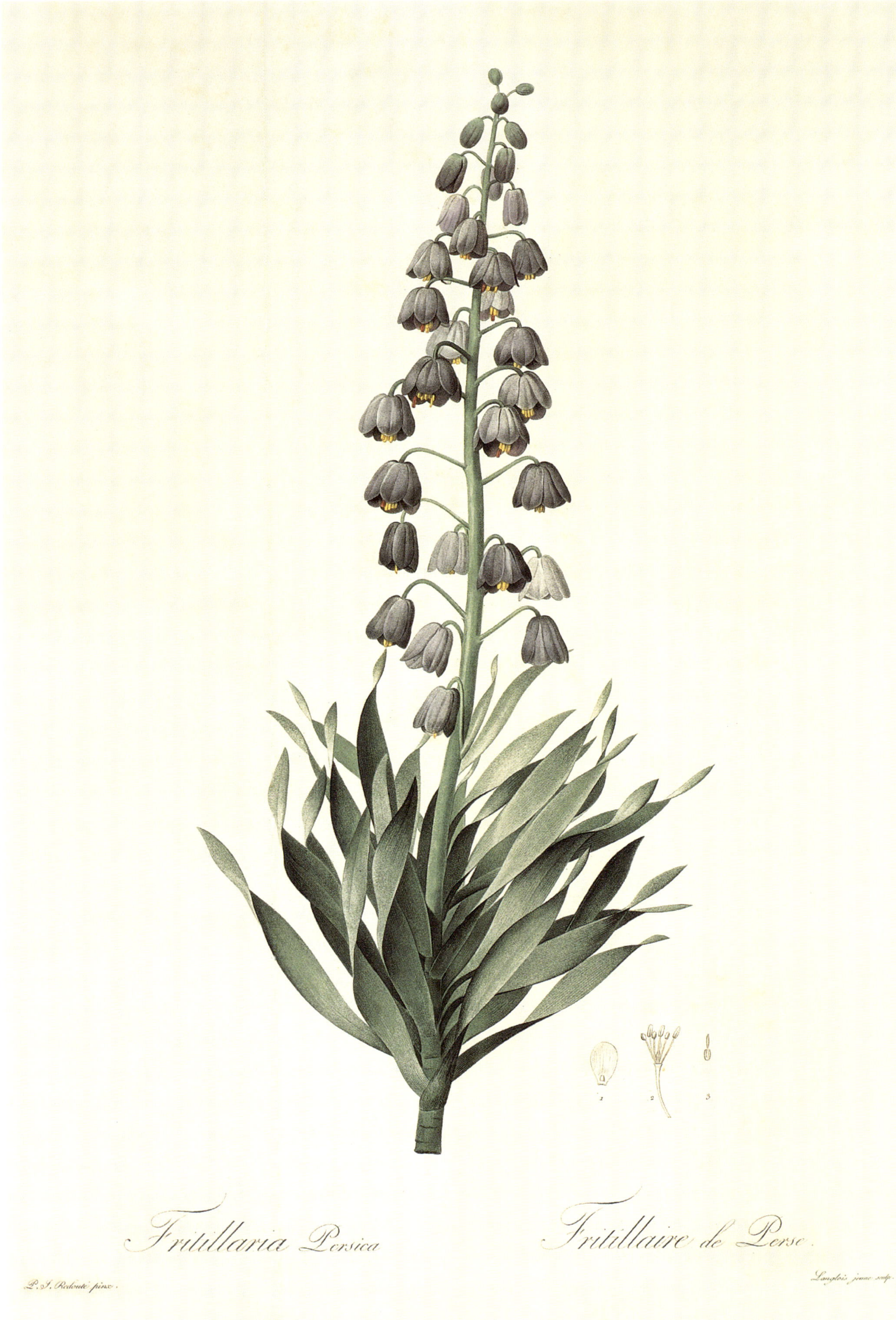

67

Fritillaria persica L. 1753 (Liliaceae)

Persian Fritillary | *Fritillaire de Perse | Persische Schachblume

West Asia (Iran, Iraq, Syria and Turkey).

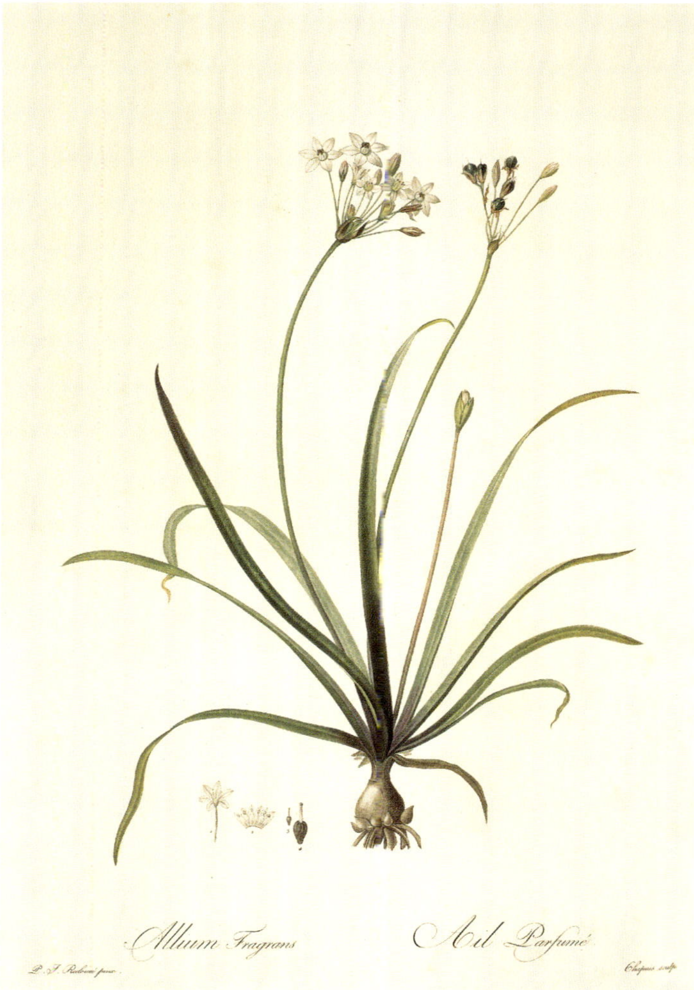

68

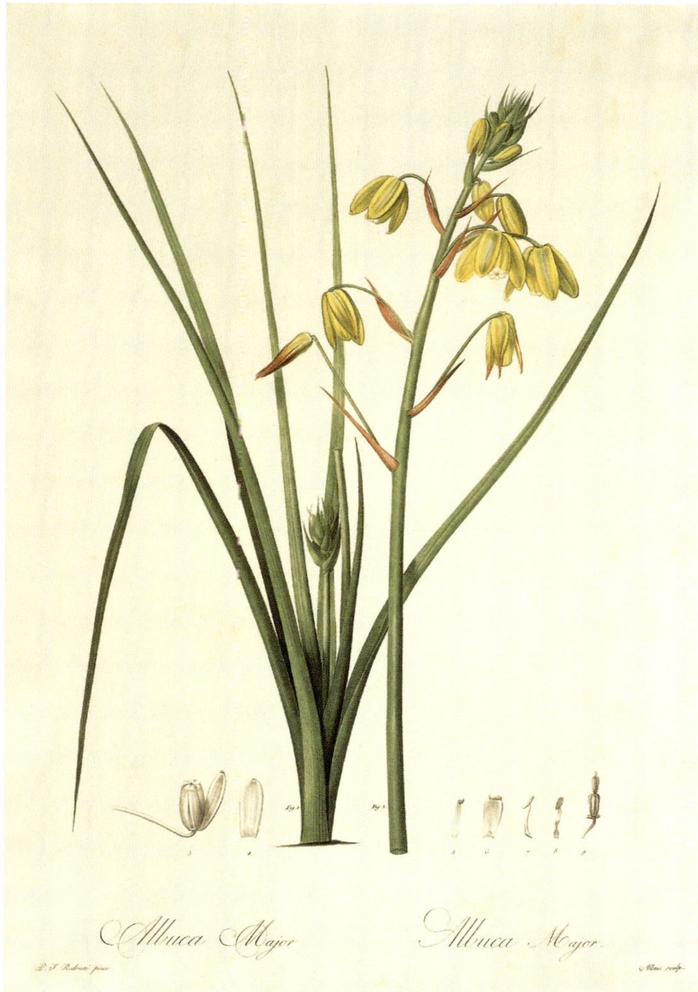

69

Nothoscordum gracile (Aiton) Stearn 1980sq (Alliaceae)
(= *Allium gracile* Aiton 1789 = *Nothoscordon fragrans* (Vent.) Kunth 1843)

Graceful False Garlic ✿ | *Ail parfumé
Zierlicher Pseudo-Lauch

Warm temperate South America. Naturalized as a garden escape in southwest Europe and in many parts of the world.

Albuca flaccida Jacq. 1791
(Hyacinthaceae)

Flabby-leaved Lantern Flower | *Albuca major
Schlaffblättrige Laternenlilie

Winter rainfall South Africa (Western Cape from Gifberg near Vanrhynsdorp in the north to the Cape Peninsula in the south and to Bredasdorp in the east).

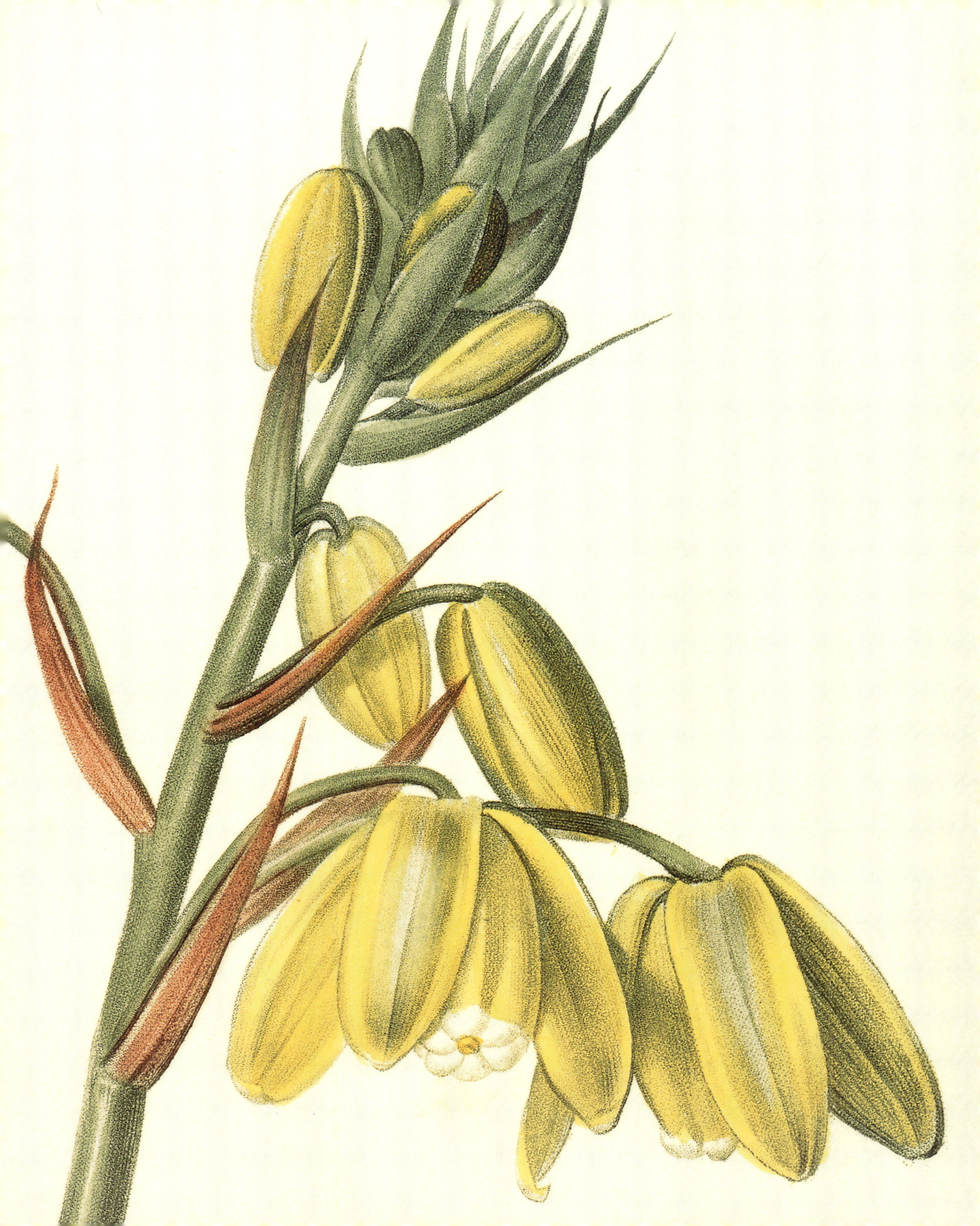

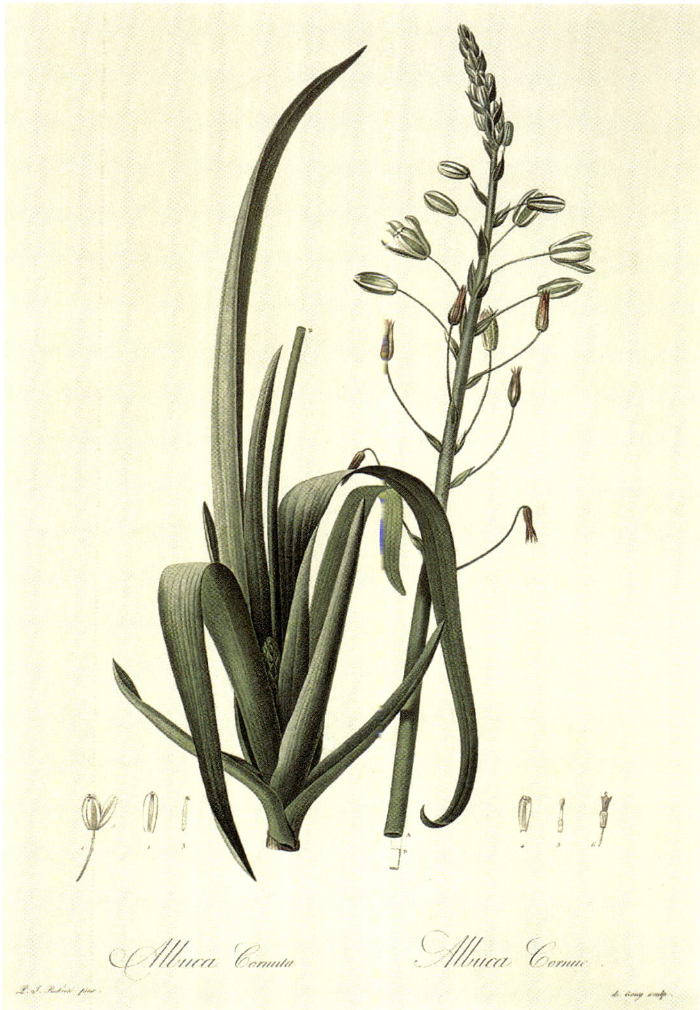

70

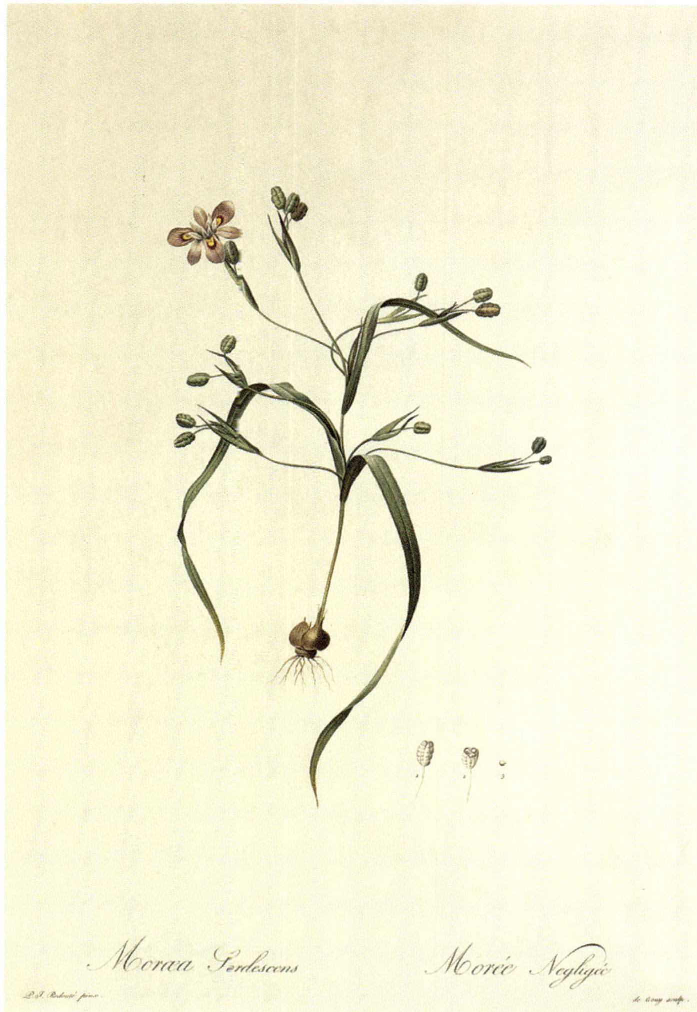

71

Albuca maxima Burm.f. 1768 (Hyacinthaceae)
Giant Lantern Flower | *Albuca cornue, Lis lanterne géant
Riesengroße Laternenlilie

Winter rainfall South Africa (Northern and Western Cape) radiating into the Eastern Cape with winter and summer rains).

Moraea vegeta L. 1762 non Miller 1768 (Iridaceae)
Vigorous South-hemispheric-Iris | *Morée négligée
Muntere Südhemisphären-Iris

Winter rainfall South Africa (Western Cape from Darling in the north to the Cape Peninsula in the south and to Swellendam in the east). Named for the British garden-owner Robert More and not for persons of Linnaeus' family as often pretended, see pl. 42.

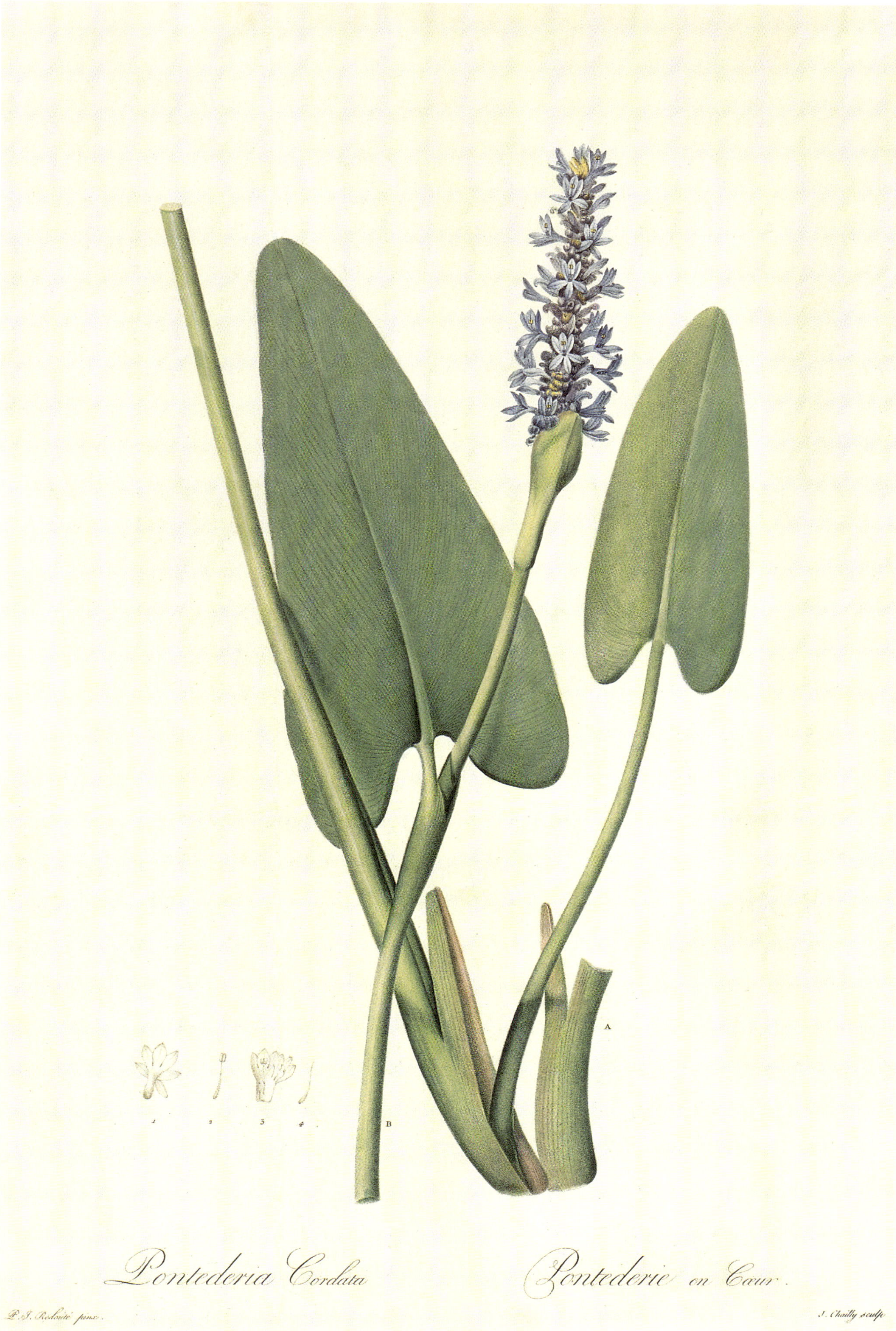

72

Pontederia cordata L. 1753 (Pontederiaceae)

Pickerel Weed | *Pontederie en cœur | Herzblättrige Pontederie

North (southeastern USA), Central and South America. Named for the Italian botanist Guilio Pontedera (1688–1757).

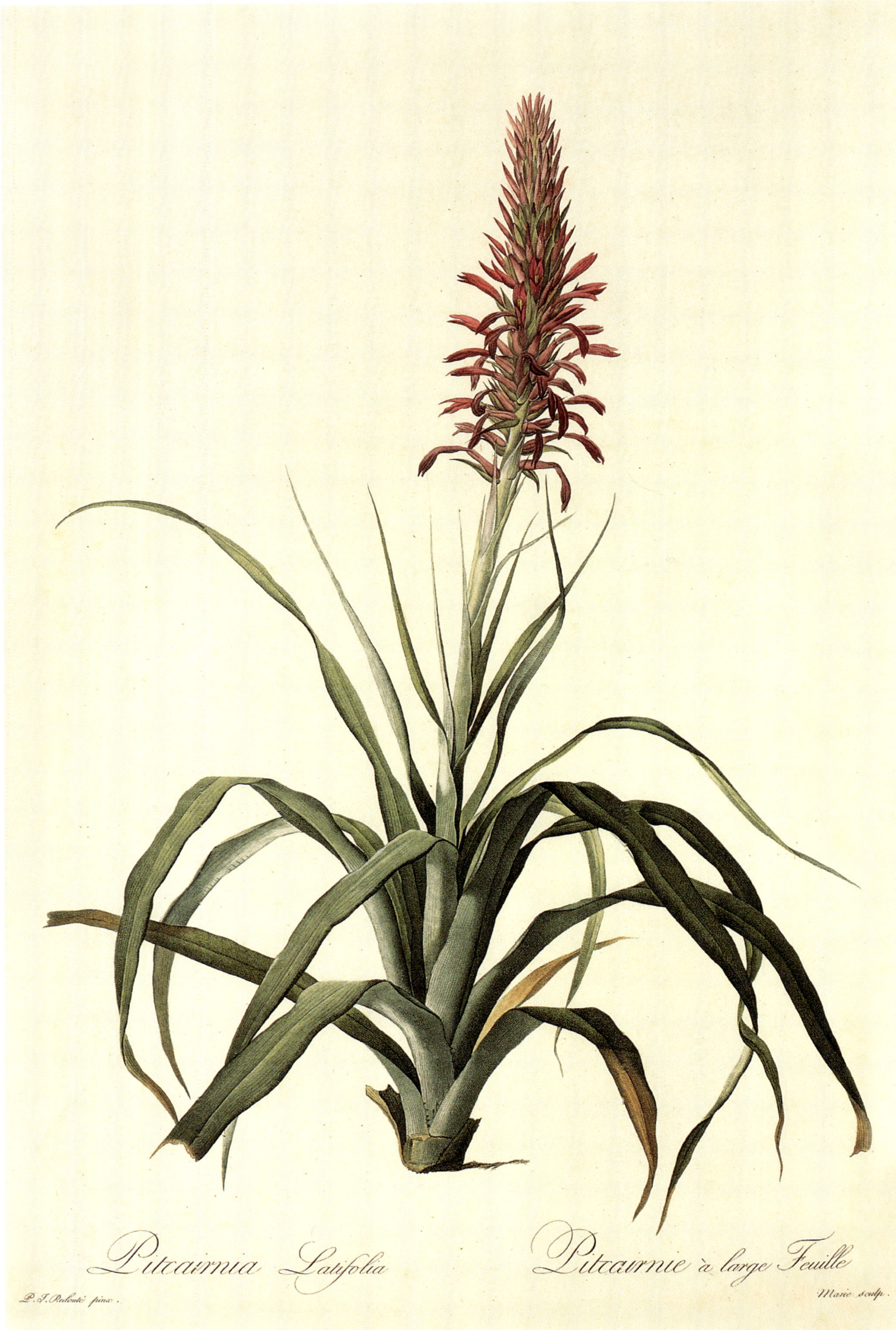

73

Pitcairnea bracteata Dryand. in Aiton 1789 (Bromeliaceae)

Bracteose Pitcairnea | *Pitcairnie à large feuille | Hochblatt-Pitcairnie

Central and South America. Named for the English physician William Pitcairn (1688–1757).

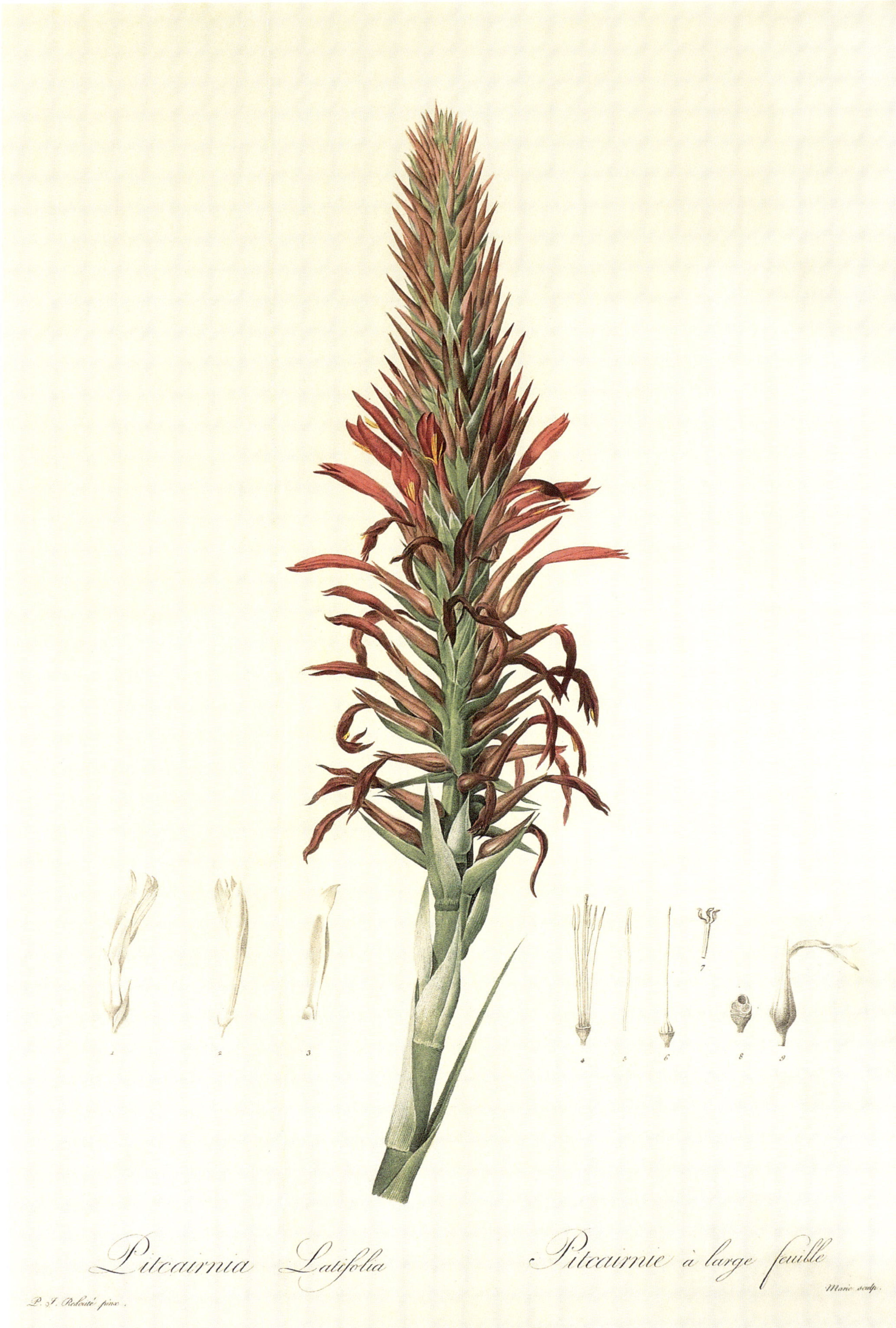

74

Pitcairnea bracteata Dryand. in Aiton 1789 (Bromeliaceae)

Bracteose Pitcairnea | *Pitcairnie à large feuille | Hochblatt-Pitcairnie

Central and South America. Named for the English physician William Pitcairn (1688–1757).

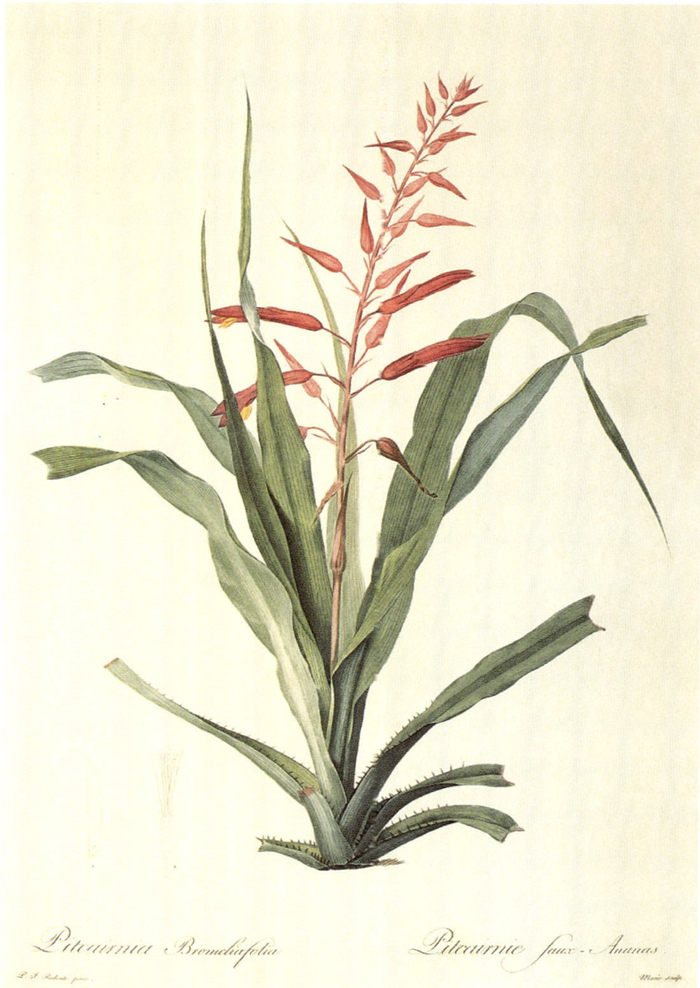

75

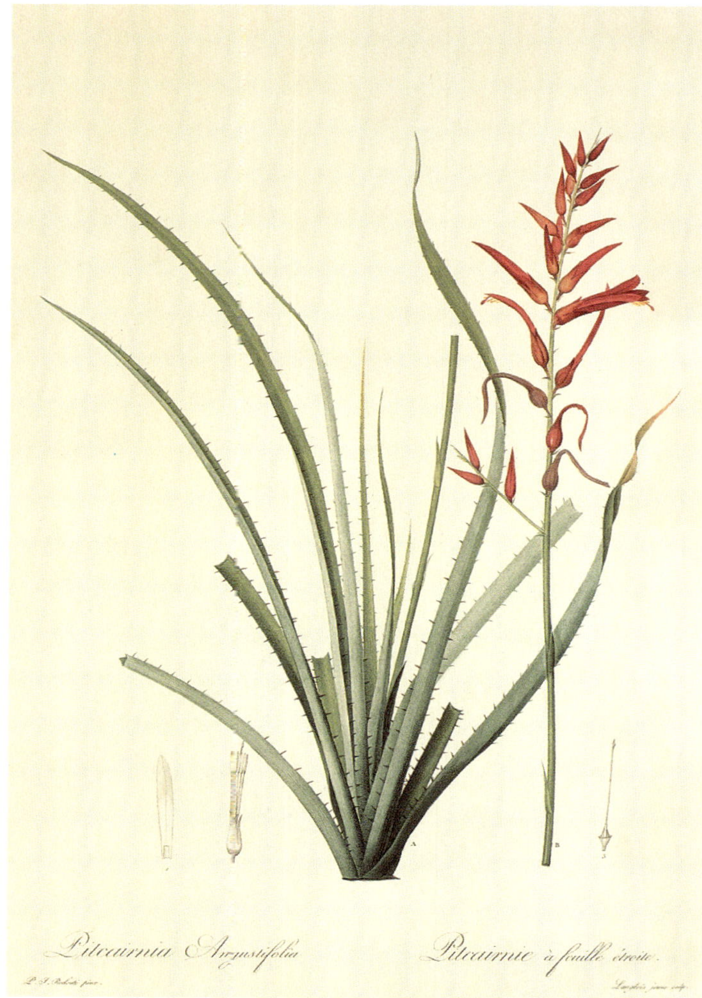

76

****Pitcairnea bromeliifolia* L'Hér. 1789 [*bromeliaefolia*]**
(Bromeliaceae)
(= *Pitcairnea redouteana* Beer 1857)

Bromelia-leaved Pitcairnea | *Pitcairnie faux-ananas
Bromelienblättrige Pitcairnie

Central and South America. Named for the English physician and botanist William Pitcairn (1688–1757).

****Pitcairnea angustifolia* Sol. in Aiton 1789**
(Bromeliaceae)
(= *Pitcairnea redouteana* Schult. &. Schult.f. 1830)

Narrow-leaved Pitcairnea | *Pitcairnie à feuille étroite
Schmalblättrige Pitcairnie

Central America (Puerto Rico). Named for the English physician and botanist William Pitcairn (1688–1757).

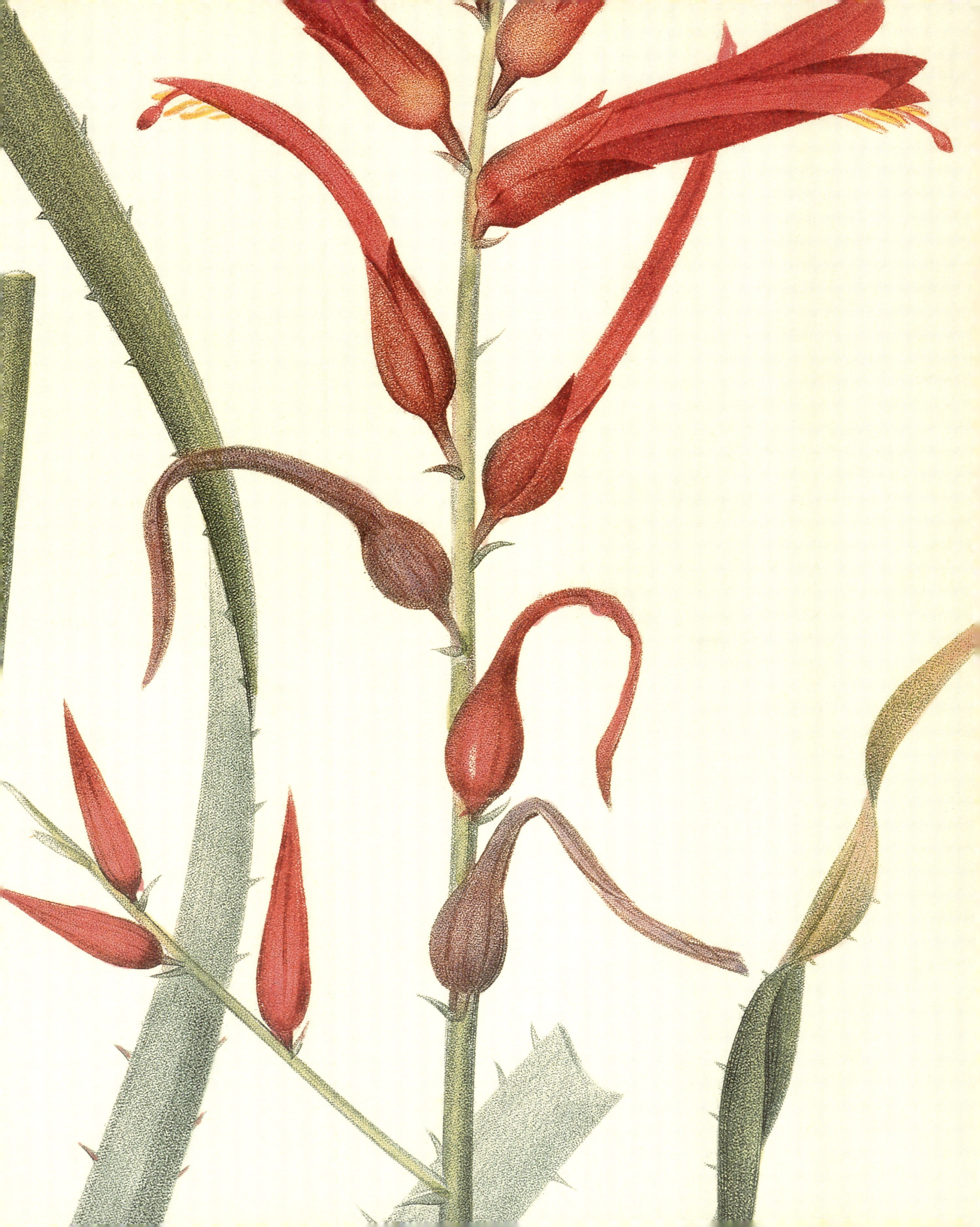

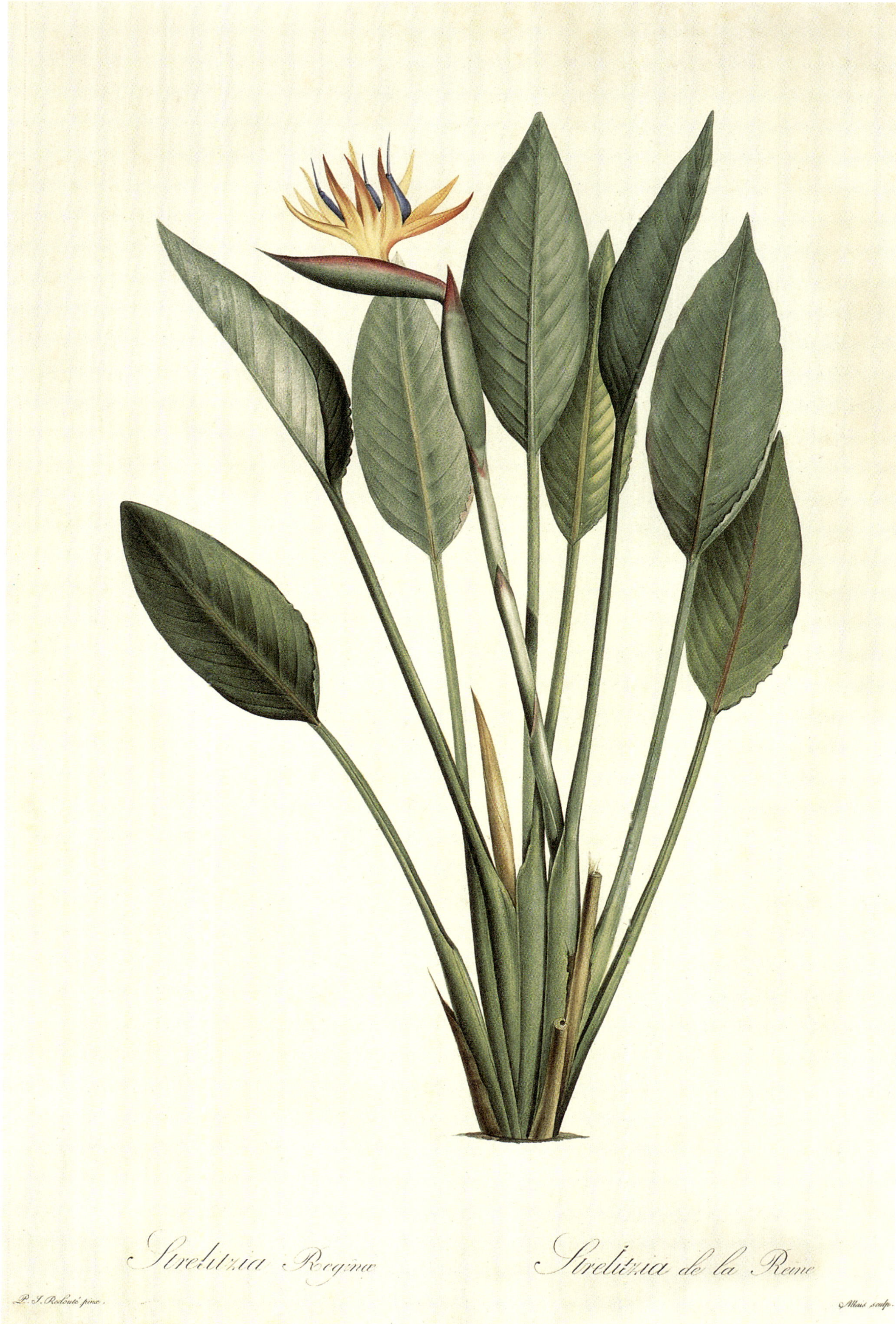

77

Strelitzia reginae Banks in Aiton 1789 (Musaceae)

Bird-of-Paradise Flower | *Strelitzia de la Reine | Paradiesvogelblume

Summer rainfall South Africa (Eastern Cape with a small isolated area in Kwazulu/Natal). Named for the English Queen Charlotte Sophia (1774–1818), wife of George III. (1738–1820), former Princess of Mecklenburg-Strelitz, who gave birth to fifteen royal children.

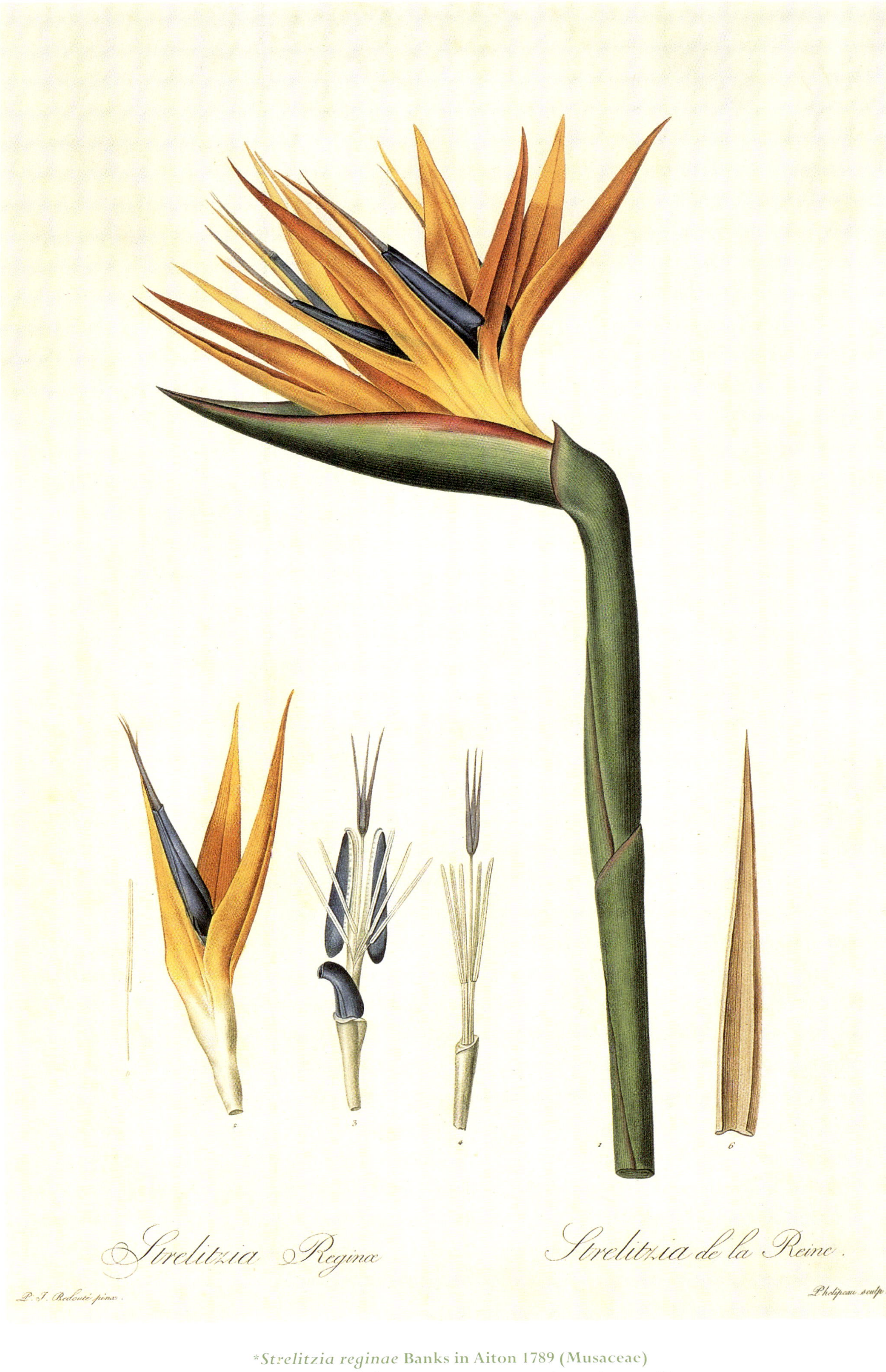

78

Strelitzia reginae Banks in Aiton 1789 (Musaceae)

Bird-of-Paradise Flower | *Strelitzia de la Reine | Paradiesvogelblume

Summer rainfall South Africa (Eastern Cape with a small isolated area in Kwazulu/Natal). Named for the English Queen Charlotte Sophia, wife of George III., former Princess of Mecklenburg-Strelitz, who gave birth to fifteen royal children.

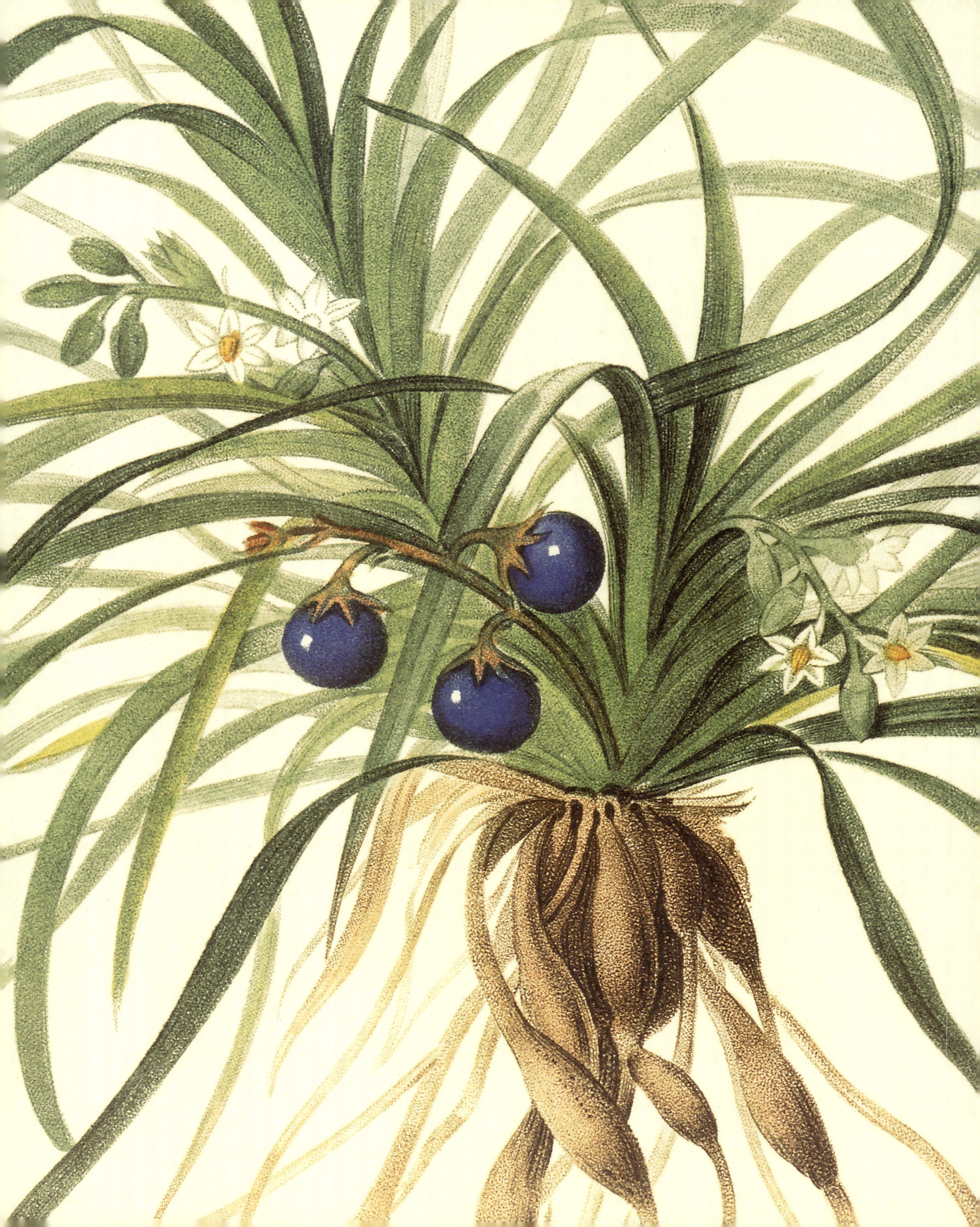

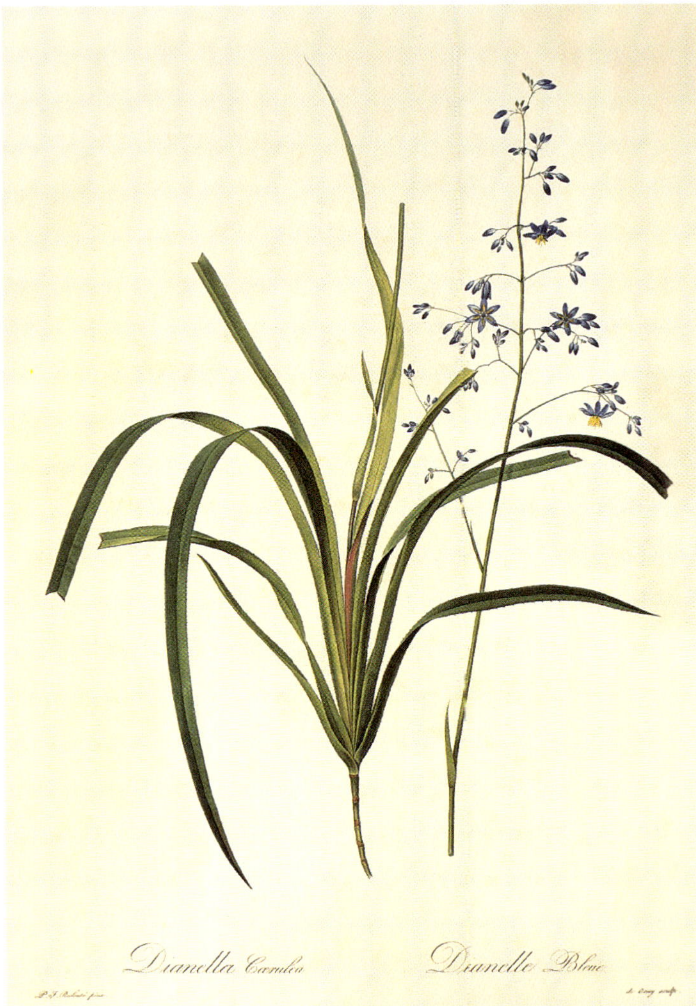

79

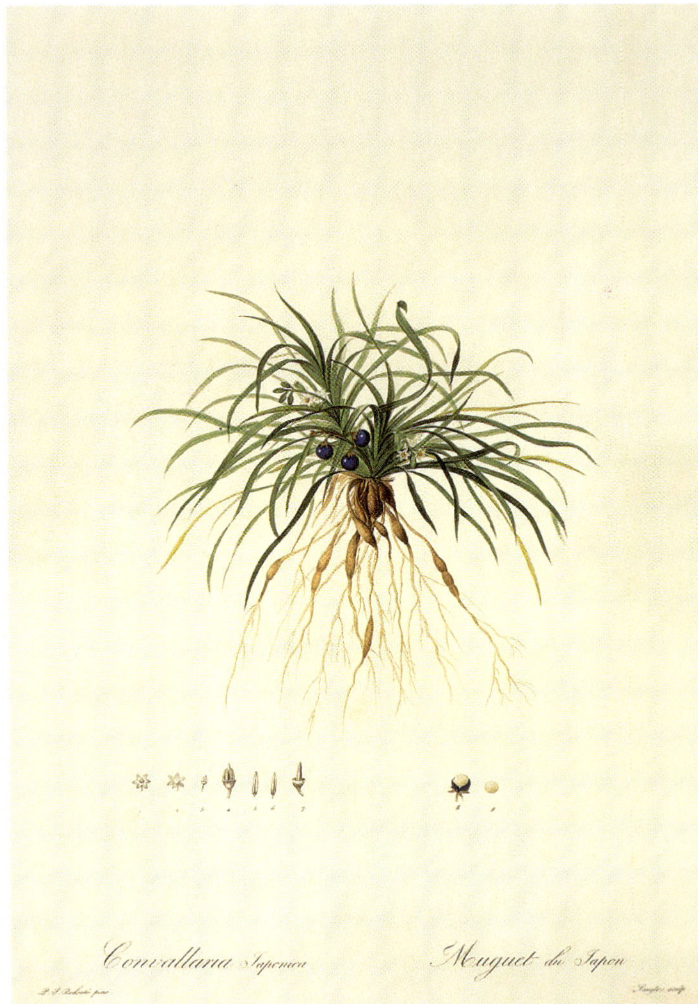

80

**Dianella caerulea* Sims 1801

(Phormiaceae)

Blue-Flax Lily, Blue Berry | *Dianelle bleue

Blaue Dianelle

Southeast Asia (New Guinea), Australia (northern and eastern Australia, Tasmania, Lord Howe Island) and Oceania (New Caledonia and Fiji Islands). *Dianella* = diminutive of Diana, the Roman goddess of hunting.

Ophiopogon japonicus (L.f.) Ker Gawl. 1807

(Convallariaceae)

Japanese Snake's-Beard ✿ | *Muguet du Japon

Japanischer Schlangenbart ✿

East Asia (south China, Korea, Philippines and Japan). Stearn (1972) states that the allusion of the name is obscure.

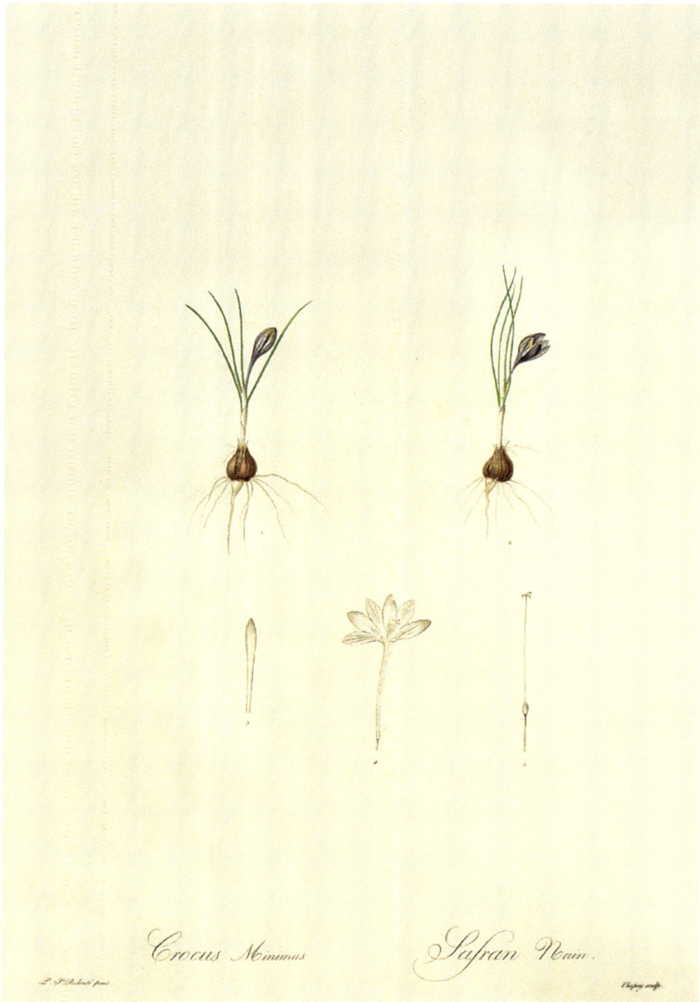

81

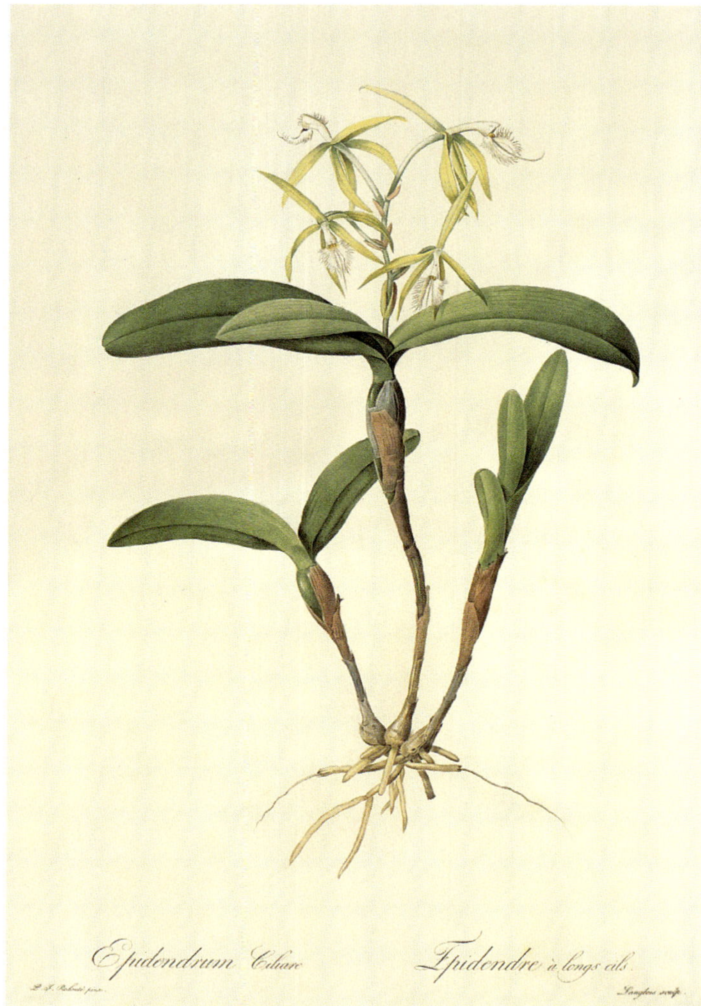

82

**Crocus minimus* DC. in REDOUTÉ 1804 (Iridaceae)

Smallest Saffron | *Safran nain | Kleinster Krokus

Tyrrhenian Sea (= endemic of the islands of the west Mediterranean Sea): central south Europe (Sardinia & Corsica). *Curcuma* and *Crocus* are old plant names with a common linguistic root in the Semitic *karkom*, originally meaning *Crocus*.

**Epidendrum ciliare* L. 1759 (Orchidaceae)

Ciliate Epidendrum | *Epidendre à longs cils

Fransen-Epidendrum

Central (including West Indies) and northern South America (Brazil).

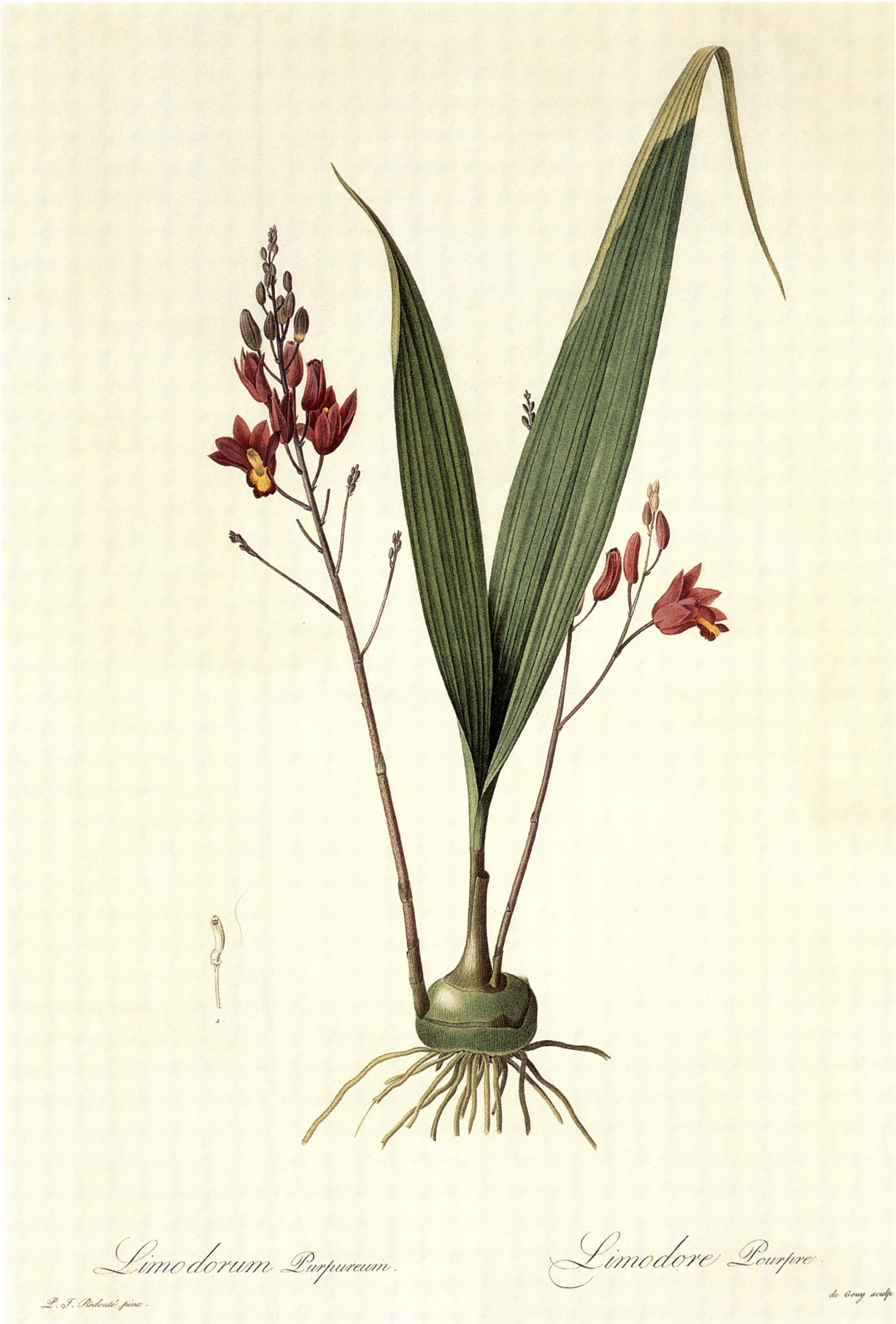

83

Bletia purpurea (Lam.) DC. 1840 (Orchidaceae)

Purple Bletia | *Limodore pourpre | Purpur-Bletia

North America (Florida), Central (including West Indies) and northern South America (Venezuela and Colombia).
Named for the Spanish military pharmacist and botanist Luis Blet (fl. ca. 1800), who founded a botanical garden in Algeciras.

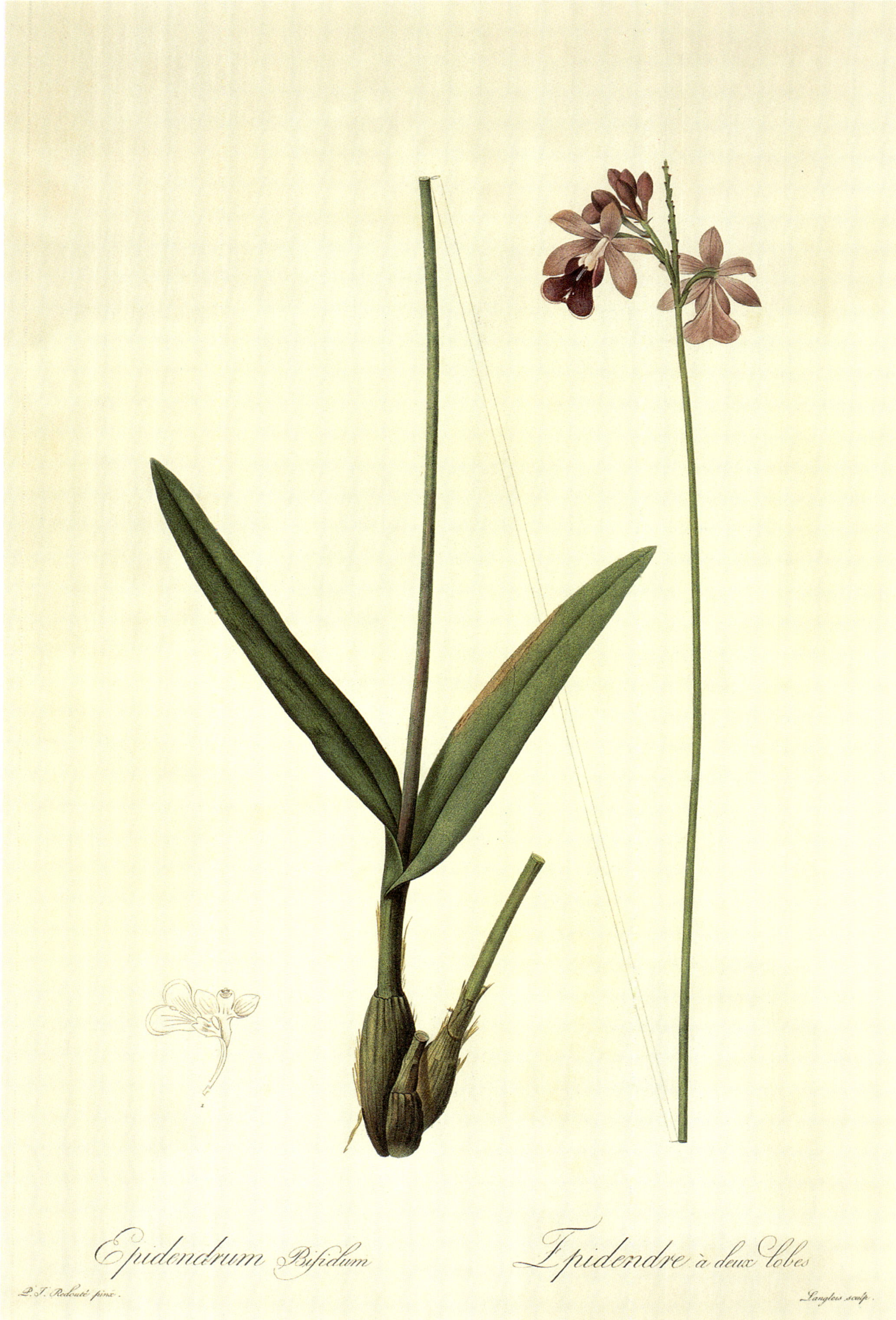

84

Epidendrum bifidum Aubl. 1775 (Orchidaceae)

Bilobed Epidendrum | Epidendre à deux lobes | Zweispaltiges Epidendrum

Northern South America (French Guiana).

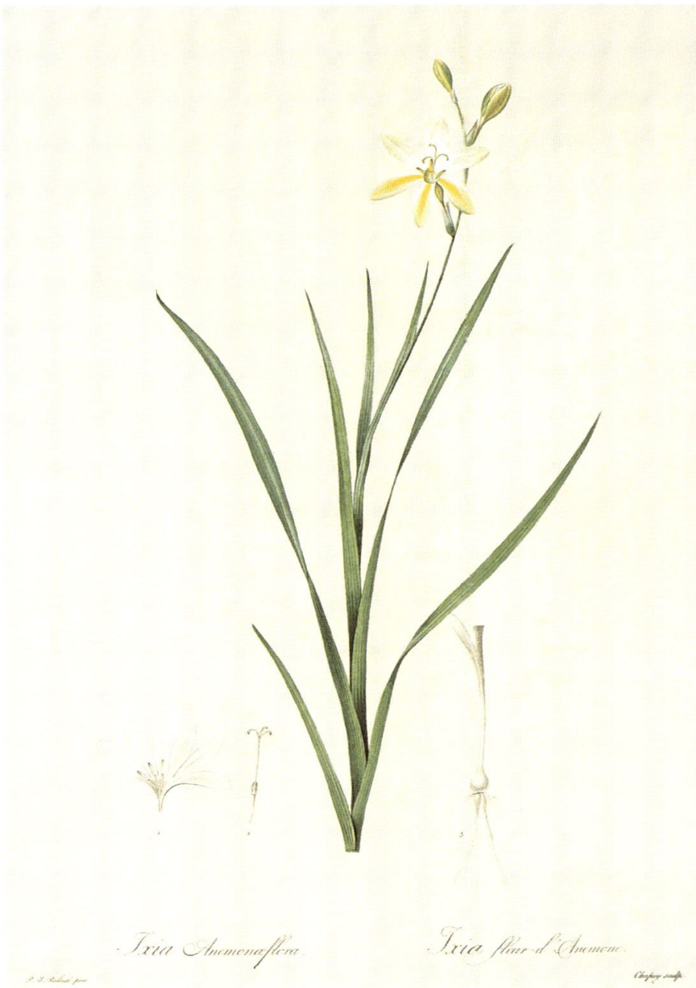

85

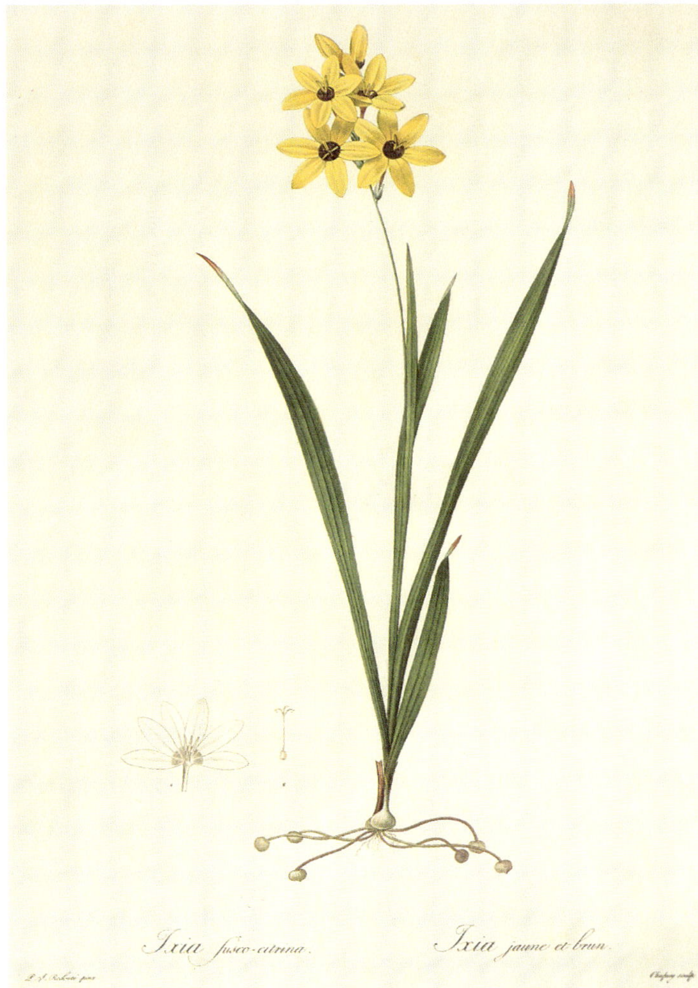

86

Sparaxis bulbifera (L.) Ker Gawl. 1805 (Iridaceae)
(= *Ixia bulbifera* L. 1756)

Bulbil-Sparaxis | *Ixia fleur d'anémone | Brutzwiebel-Sparaxis

Winter rainfall South Africa (Western Cape from Tulbagh in the north to the Cape Peninsula in the south and to Bredasdorp in the east). See pl. 128.

Ixia maculata L. 1763 var. *fusco-citrina* (DC. in REDOUTÉ) G.J. Lewis 1962 (Iridaceae)

Brownish-yellow Ixia | *Ixia jaune et brune | Braun-gelbe Ixia

Winter rainfall South Africa (Western Cape: from Cape Town to Hopefield). The subsp. is apparently very rare and not a single locality from the wild was known to Lewis 1962. The common names refer to the variety.

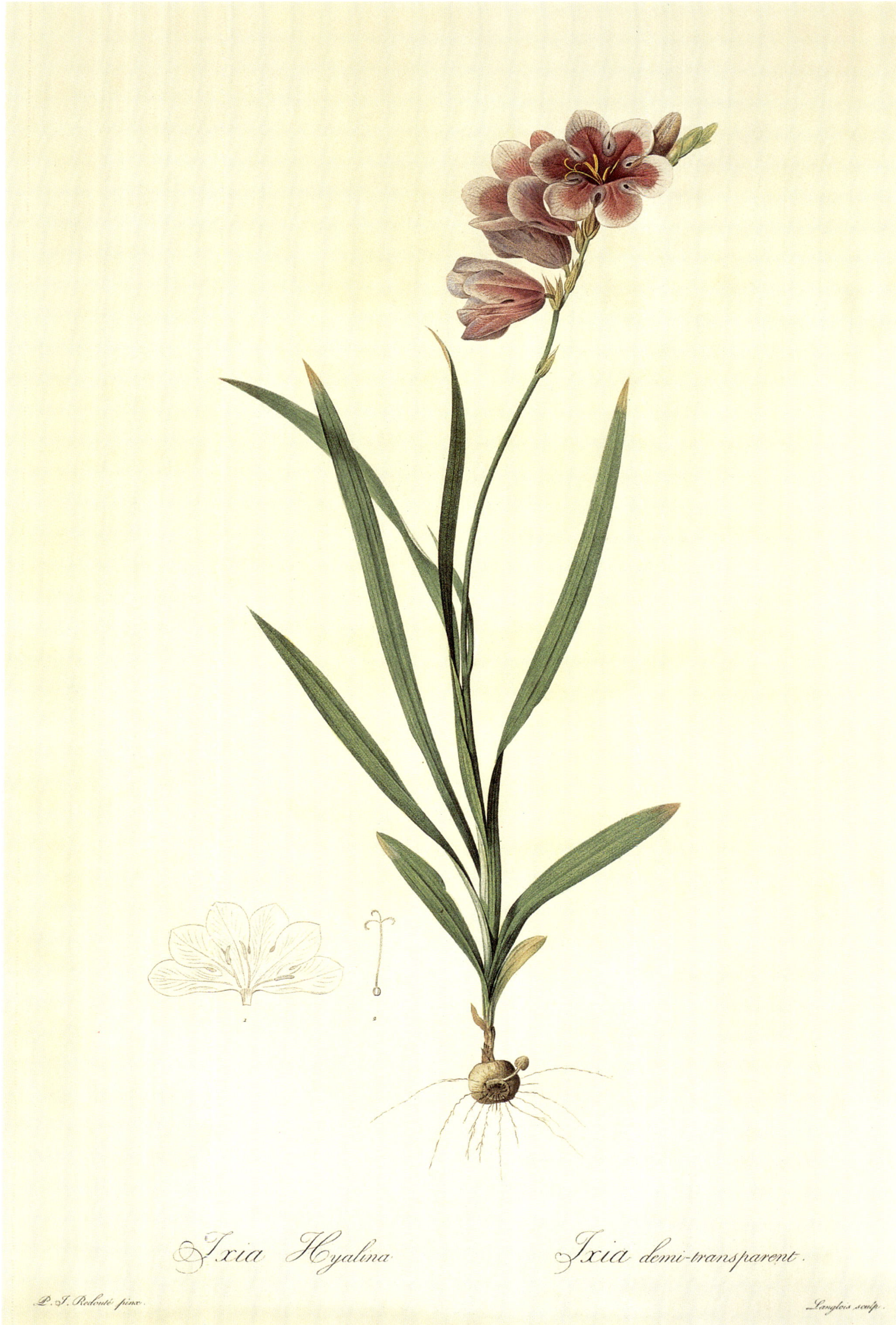

87

Tritonia squalida (Aiton) Ker Gawl. 1802 (Iridaceae)
(= *Tritonia squalida* Sol. in Aiton 1789)
Stiff Ixia | *Ixia demi-transparente | Zweifelhafte Ixia

Winter rainfall South Africa (Western Cape from Piketberg in the north to the Cape Peninsula in the south and to Caledon in the east).
"Name derived from *Triton*, in the signification of a vane or weathercock ..." according to Ker Gawler, the author of the genus *Tritonia* (see pl. 53).

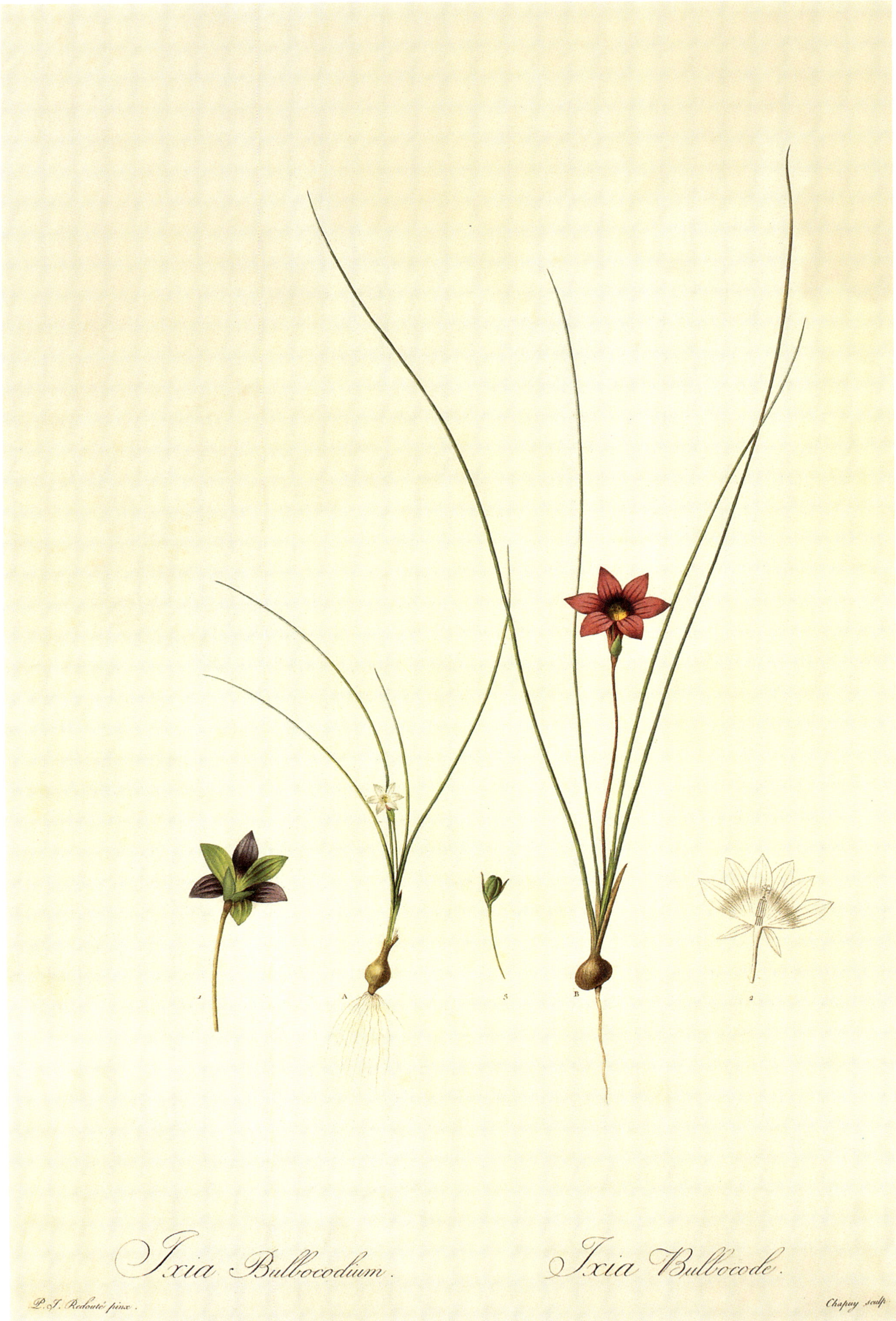

88

Romulea bulbocodium (L.) Sebast. & Mauri 1818 (Iridaceae)
(= *Crocus bulbocodium* L. 1753)

Common Romulea | *Ixia bulbocode | Gewöhnliche Romulee

Circummediterranean: S Europe (extending to northwest Spain, N Africa, Middle East of Asia). Named by Maratti 1772 for the legendary founder of Rome, Romulus, probably because of the abundance of this genus in the surrounding of Rome (Fournier 1961).

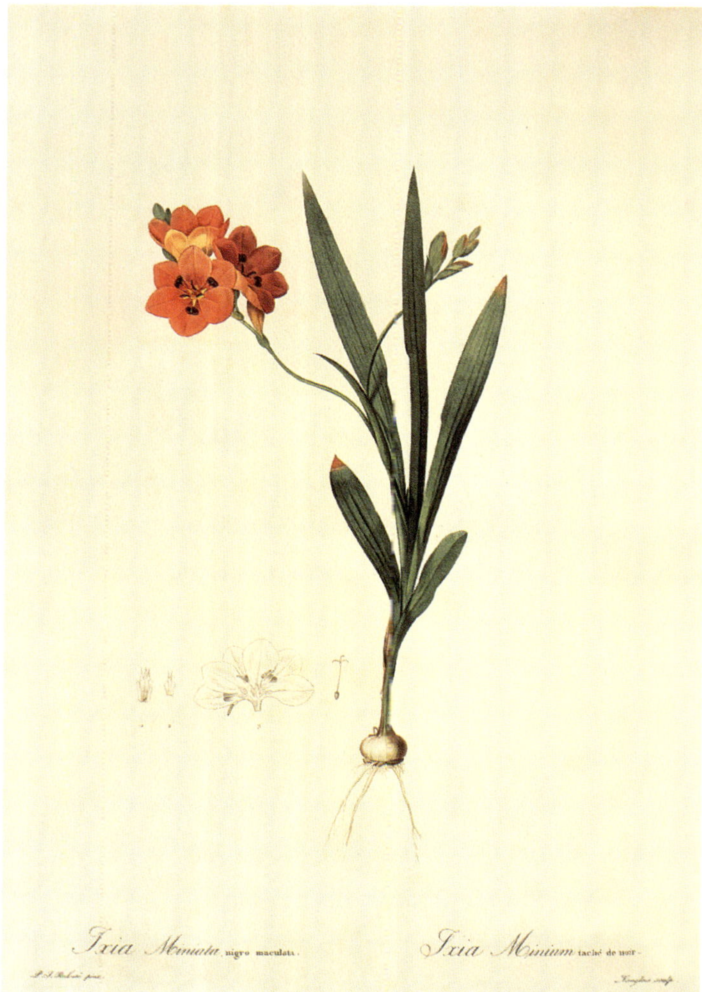

89

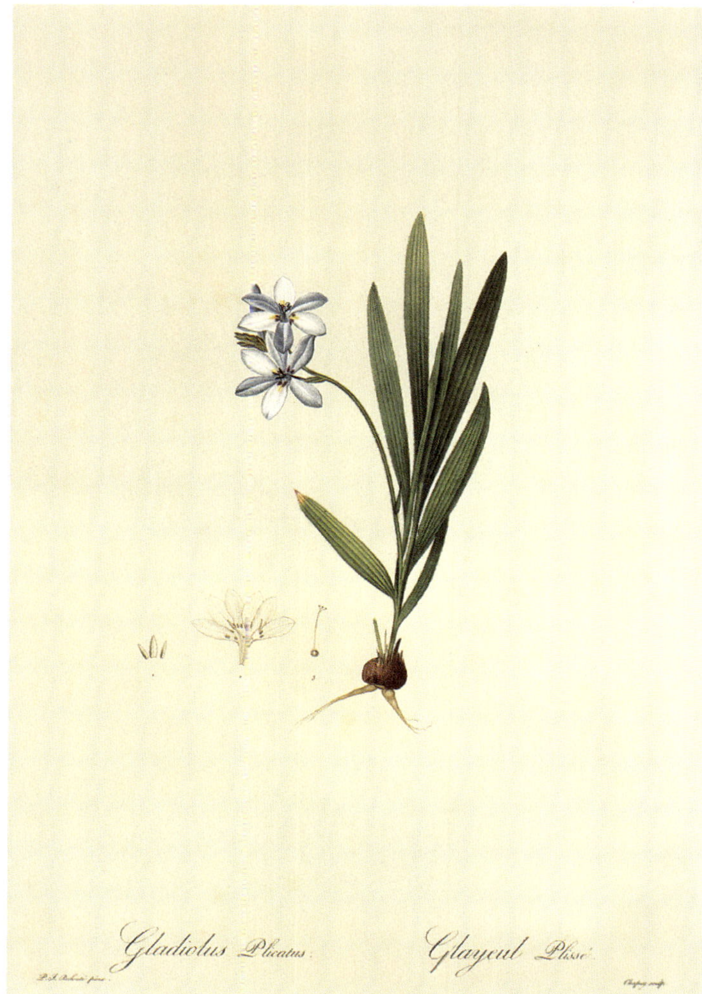

90

Tritonia deusta (Aiton) Ker Gawl. 1803 subsp. *deusta* (Iridaceae)

Burnt Tritonia | *Ixia minium tachée de noir
Brand-Tritonie

Winter rainfall South Africa (Western Cape, from Stellenbosch to Mossel Bay). "Name derived from *Triton*, in the signification of a vane or weathercock …" according to Ker Gawler, the author of the genus *Tritonia*. See pl. 53, 335.

Babiana stricta (Aiton) Ker Gawl. 1802 (Iridaceae) (= *Gladiolus strictus* Aiton 1789)

Stiff-leaved Baboon-Potato | *Glaïeul plissé
Steifblättrige Paviansknolle

Winter rainfall South Africa (Western Cape from Piketberg in the north to the Cape Peninsula in the south and to Bredasdorp in the east).

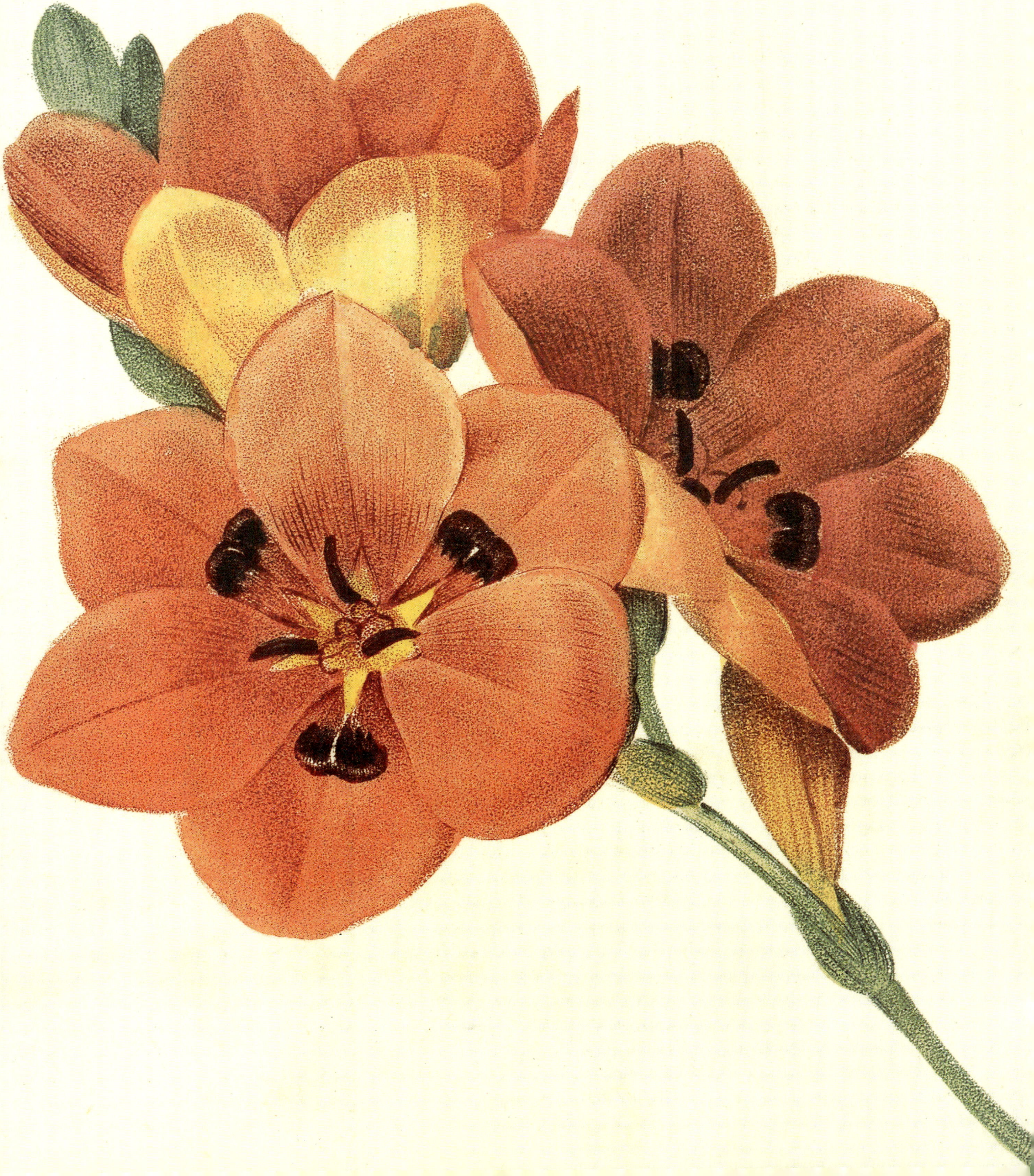

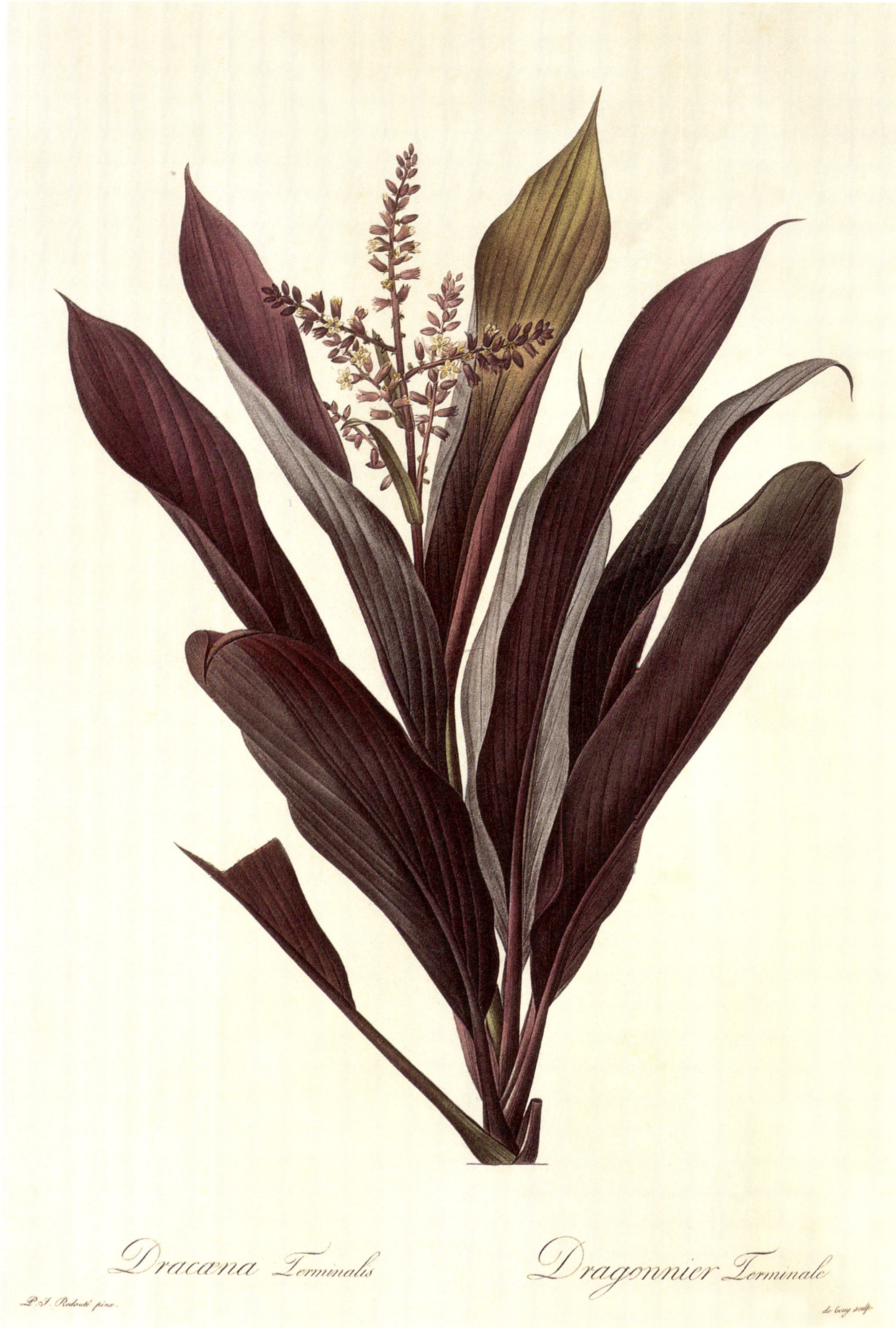

91

Cordyline fruticosa (L.) A. Chev. (Asteliaceae)
(= *Asparagus terminalis* L. 1762 = *Cordyline terminalis* (L.) Kunth 1843)
Shrubby Palmlily | *Dragonnier terminal | Terminalblütiger Drachenbaum

South and southeast Asia (India, Malaysia, New Guinea) northeast Australia, New Zealand, Hawaii.

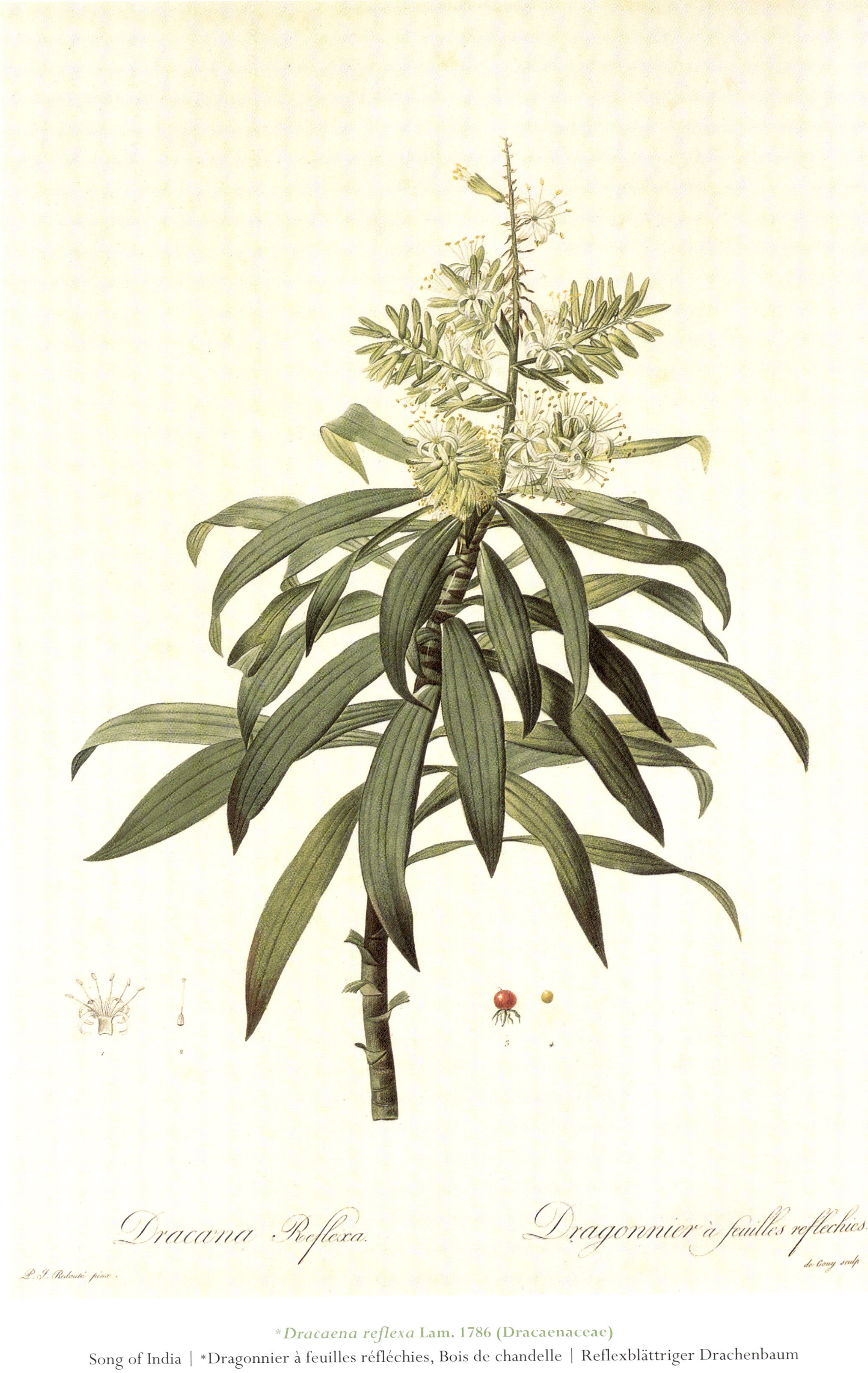

92

***_Dracaena reflexa_ Lam. 1786 (Dracaenaceae)**

Song of India | *Dragonnier à feuilles réfléchies, Bois de chandelle | Reflexblättriger Drachenbaum

Islands east of Africa (Madagascar, Mauritius, La Réunion and Rodrigues Island).

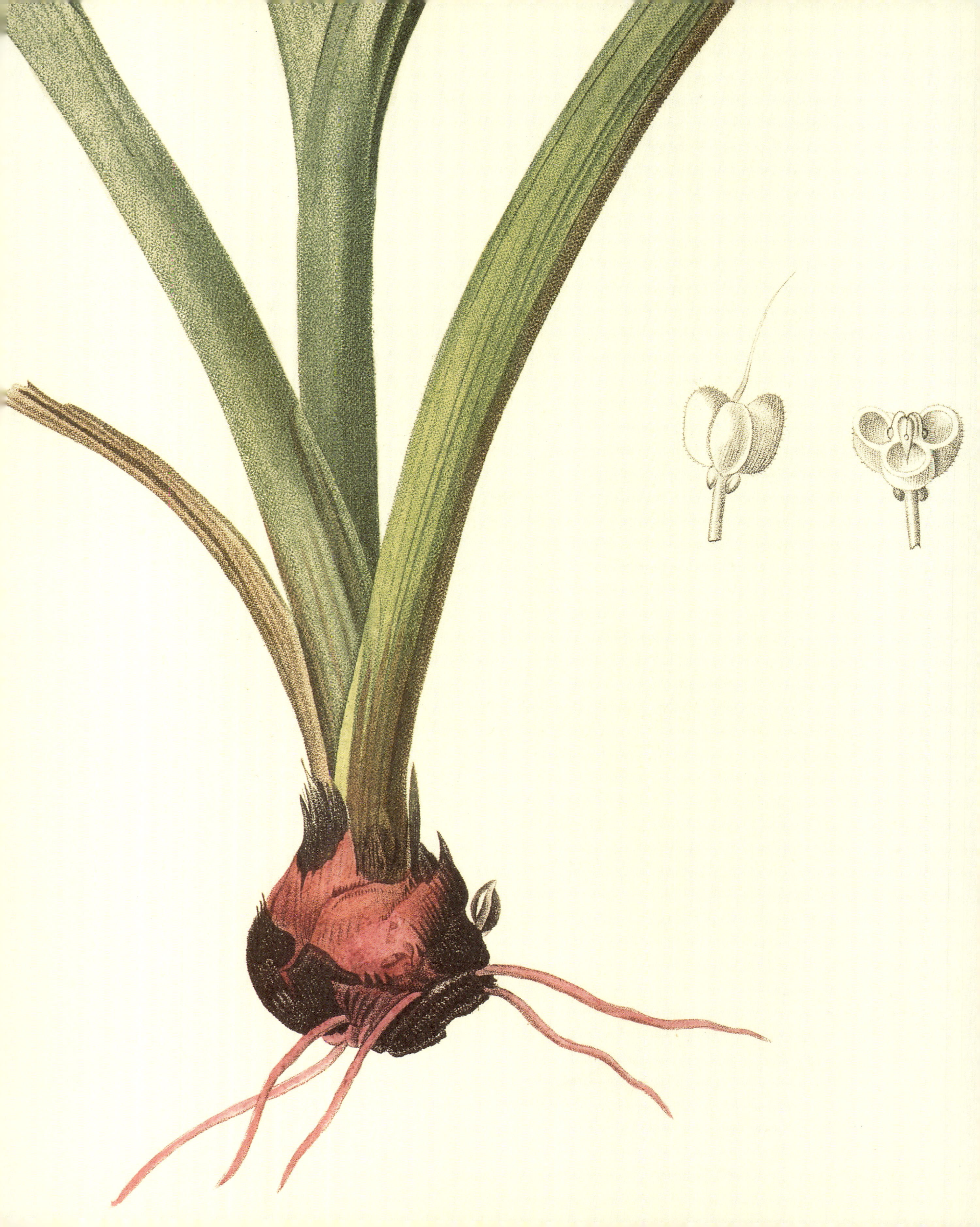

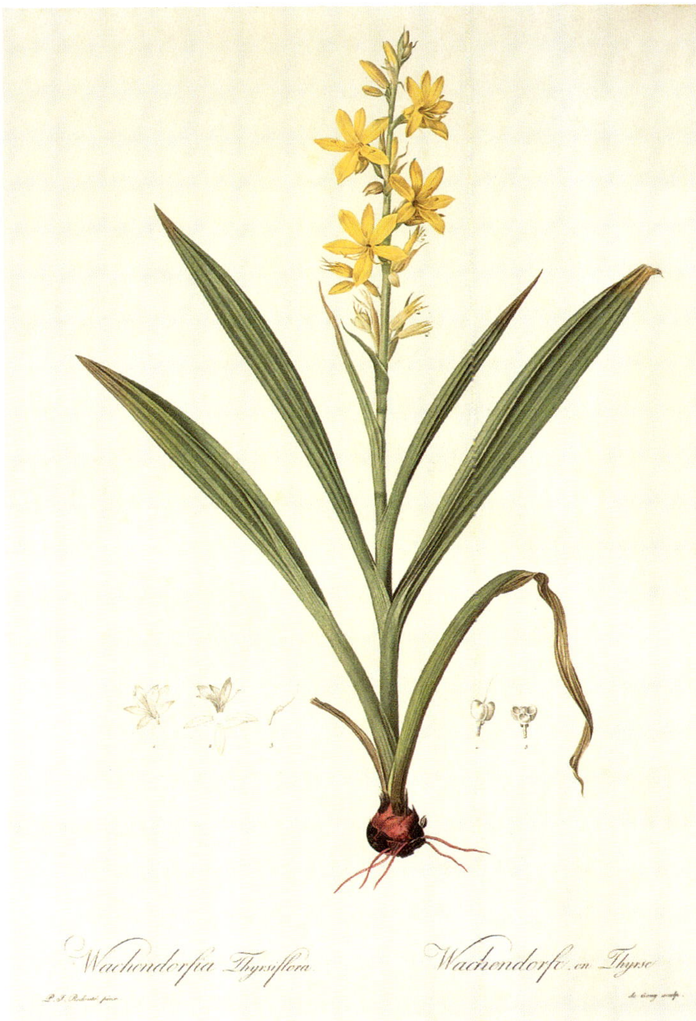

93

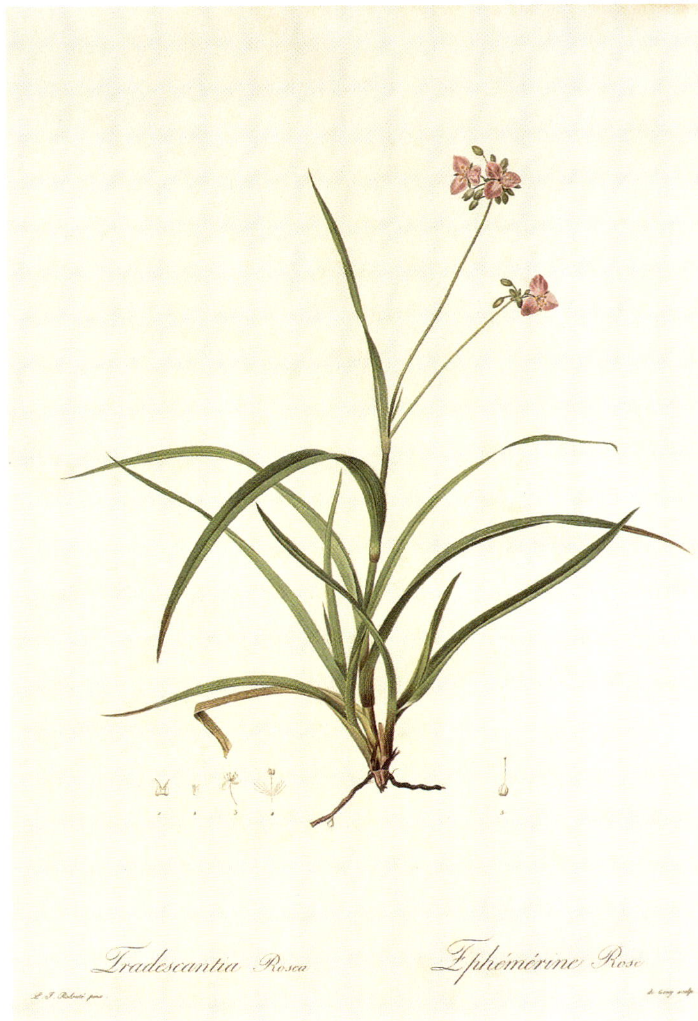

94

***Wachendorfia thyrsiflora L. 1759 (Haemodoraceae)**

Thyrsic Wachendorfia | *Wachendorfe en thyrse
Thyrsische Wachendorfie

Winter rainfall South Africa (Western and Eastern Cape: from the Cape Peninsula to Port Elisabeth).
Named for the Dutch physician and botanist Evert Jacob von Wachendorff (1702–1758),
professor of medecine, botany and chemistry at the University of Utrecht.

***Tradescantia rosea Vent. 1800 (Commelinaceae)**

Pink Tradescantia | *Ephémérine rose
Rosarote Tradescantie

North America (southeastern USA, from North Carolina to Florida).
Named for the British gardener, naturalist and botanist John Tradescant (1608–1662).

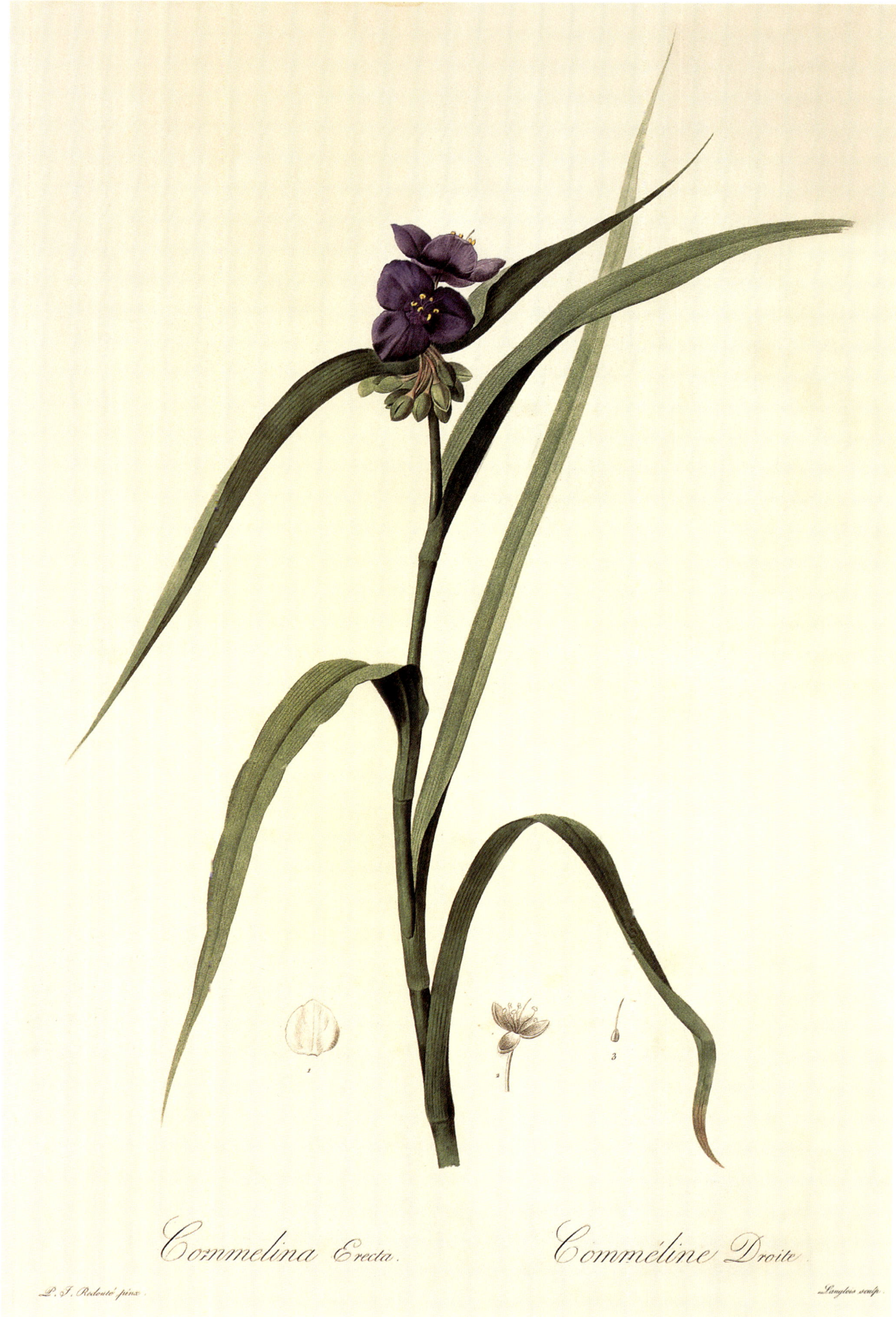

95

Tradescantia virginiana L. 1753 (Commelinaceae)

Virginian Tradescantia ✿ | Tradescante de Virginie | Virginia-Tradescantie ✿

North America (USA, from Maine in the north to Georgia in the south and Illinois in the west). In the text DC. replaces the erroneous names of the plate: *Commelina erecta* by *Tradescantia virginica* (fide L. 1759) and *Commeline droite* by *Tradescante de Virginie*.

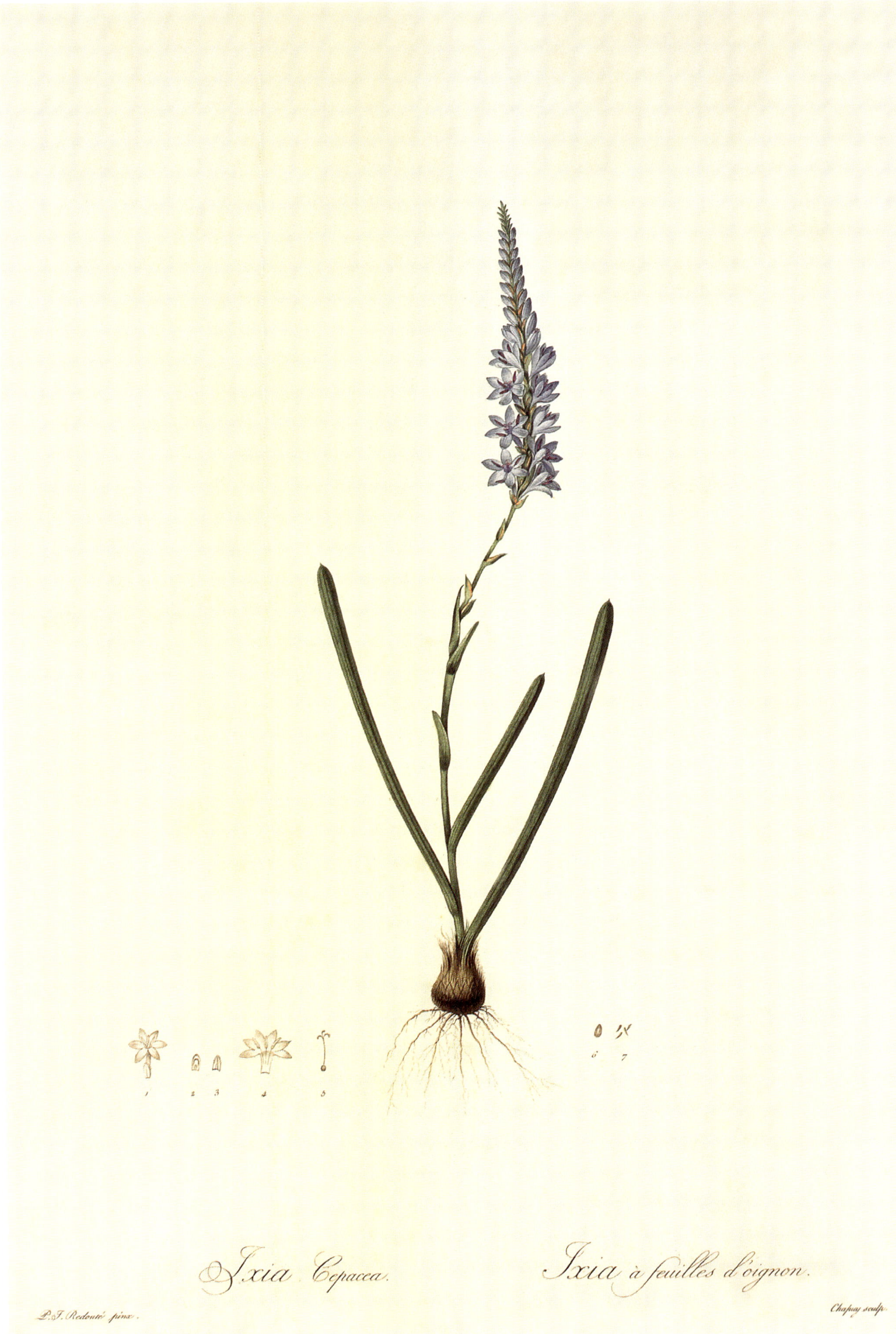

96

Micranthus tubulosus (Burm.f.) N.E.Br. 1929 (Iridaceae)
(= Gladiolus tubulosus Burm.f. 1768)

Tubular Micranthus | *Ixia à feuilles d'oignon | Röhrenblütiger Micranthus

Winter rainfall South Africa (Western Cape from Citrusdal in the north to the Cape Peninsula in the south).

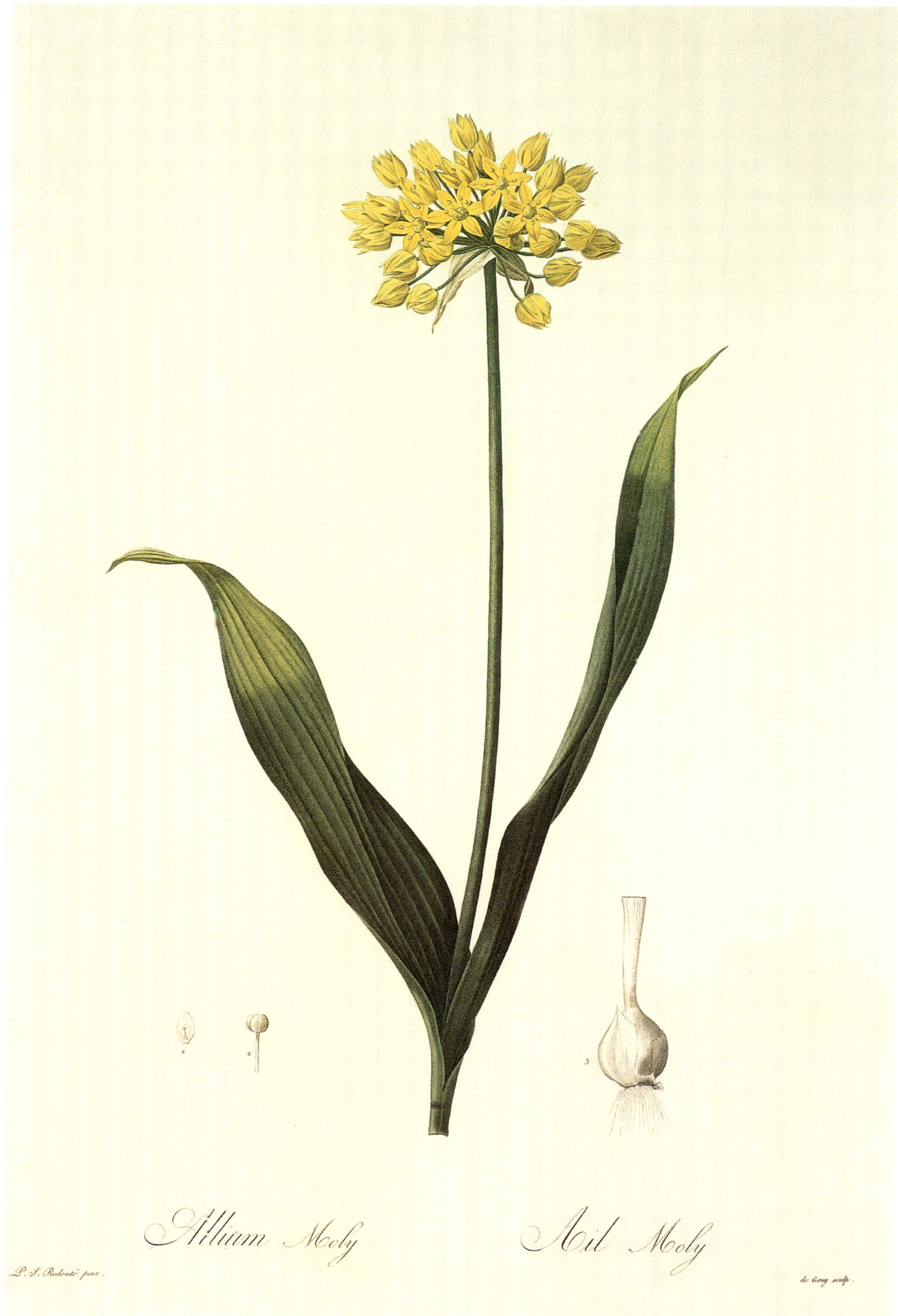

97

Allium moly L. 1753 (Alliaceae)

Golden Leek | *Ail moly, Ail doré | Gold-Lauch

Southwest Europe (southwest France and east Spain) and northwest Africa (Morocco). Note: In Flora Europaea marked as endemic to Europe, but Maire (1958) gives two localities in Morocco. *Moly* is an ancient Greek name of a magic plant.

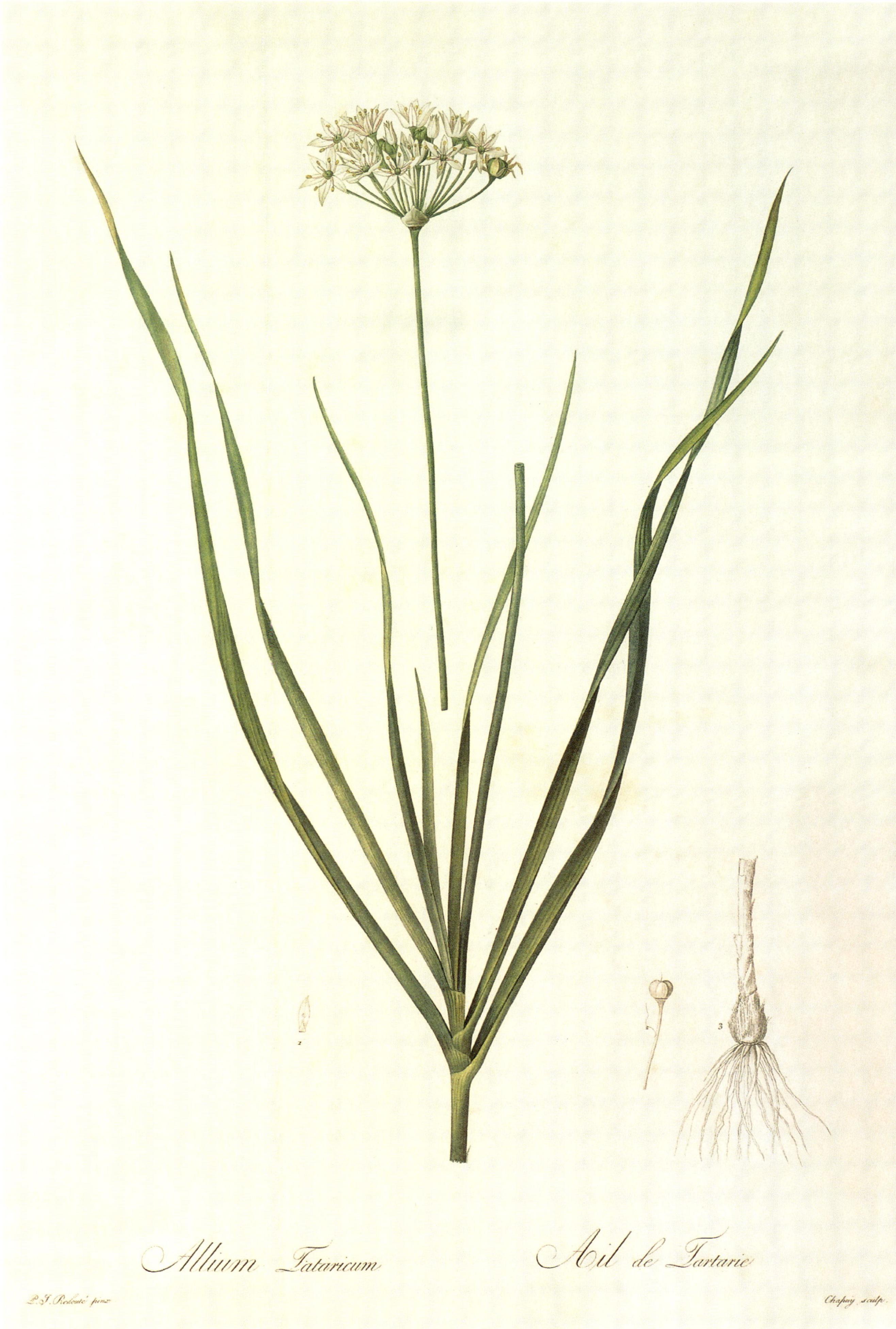

98

Allium tataricum L.f. 1782 [1781] (Alliaceae)

Leek of Tataria | *Ail de Tartarie | Tatarischer Lauch

West and North Asia (Iran, west Siberia and Turkistan).

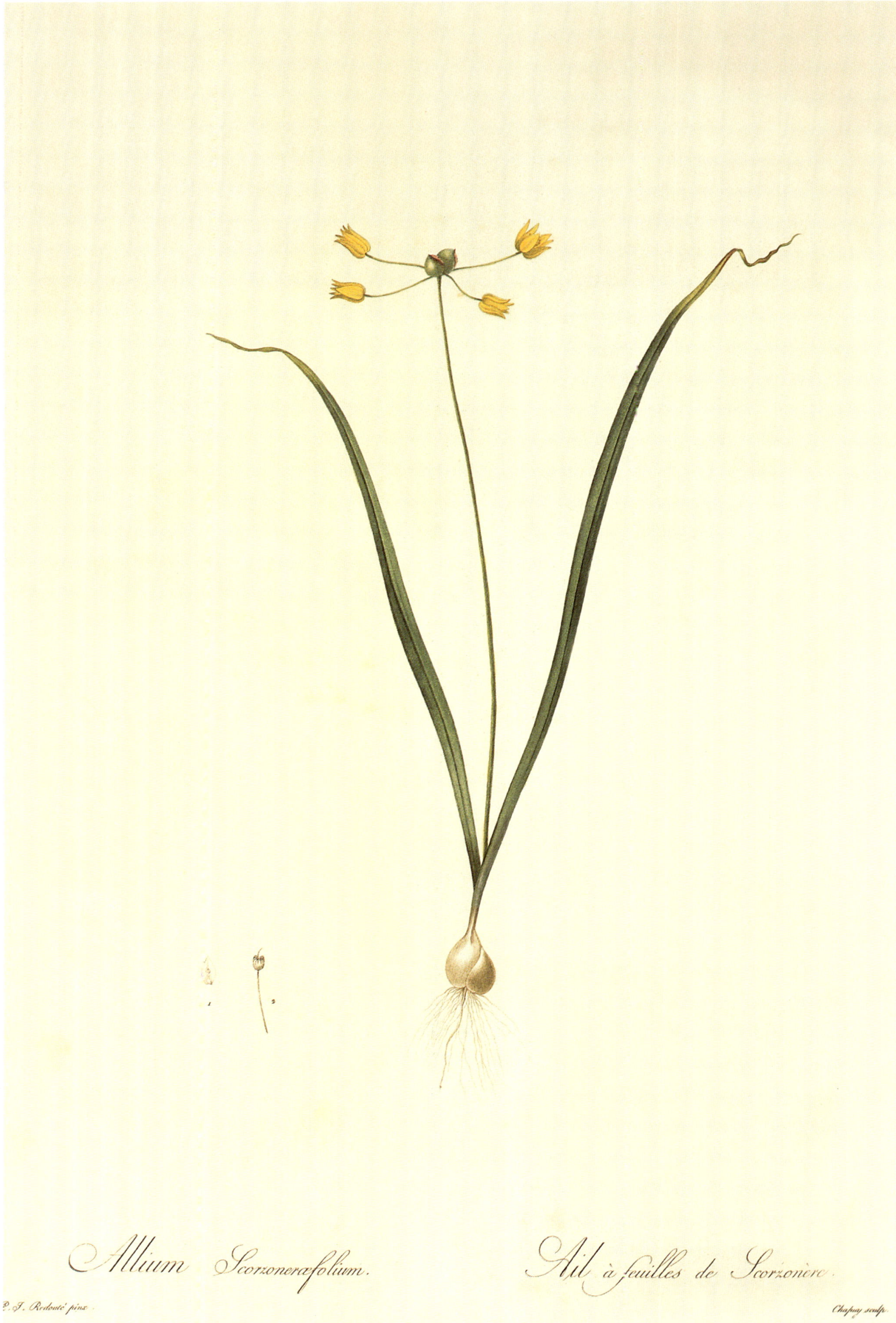

99

**Allium scorzonerifolium* DC. in REDOUTÉ 1804 var. *scorzonerifolium* (Alliaceae)

Scorzonera-leaved Leek | *Ail à feuilles de scorsonère | Schwarzwurzelblättriger Lauch

Southwest Europe (northwest Portugal and west to central Spain).

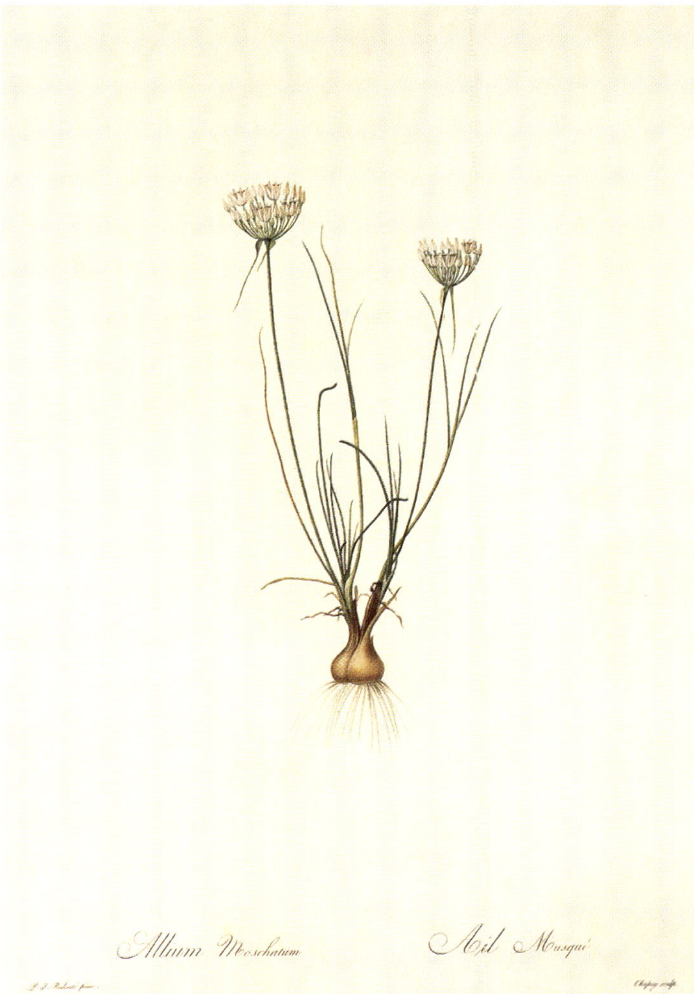

100

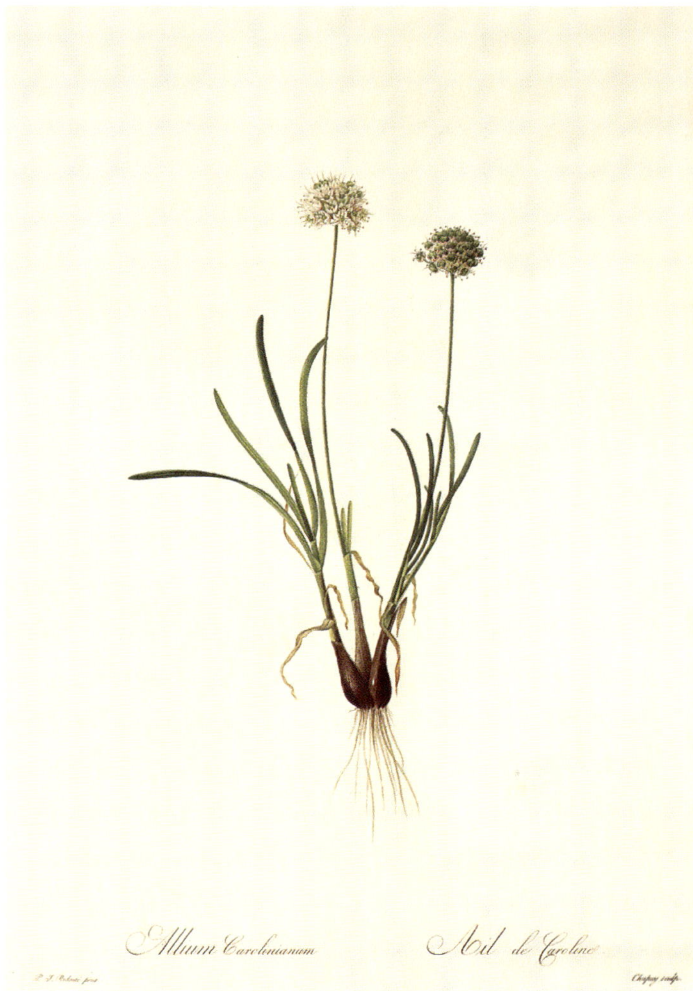

101

***Allium moschatum L. 1753 (Alliaceae)**
Musk Leek | *Ail musqué
Moschus-Lauch

South Europe (from Spain in the west to Greece and European Turkey in the east).

***Allium carolinianum DC. in REDOUTÉ 1804 (Alliaceae)**
So-called Leek of Carolina | *Ail de Caroline
So genannter Carolina-Lauch

Central Asia (Himalaya).

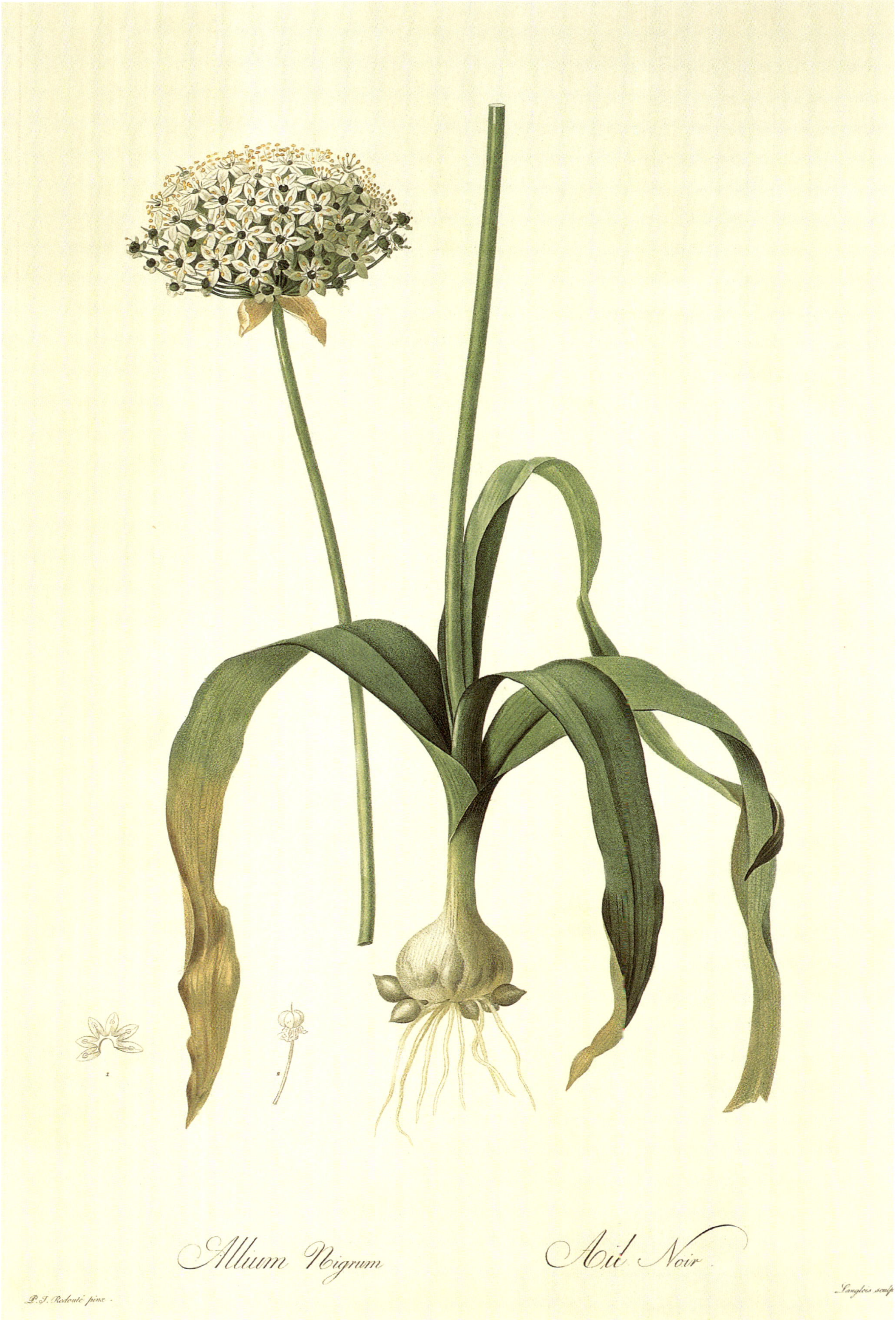

102

Allium nigrum L. 1762 (Alliaceae)

Black Leek | *Ail noir | Schwarzer Lauch

Circummediterranean (in Europe from Portugal to European Turkey, in north Africa from Morocco to Libya; in Asia Minor and Cyprus).

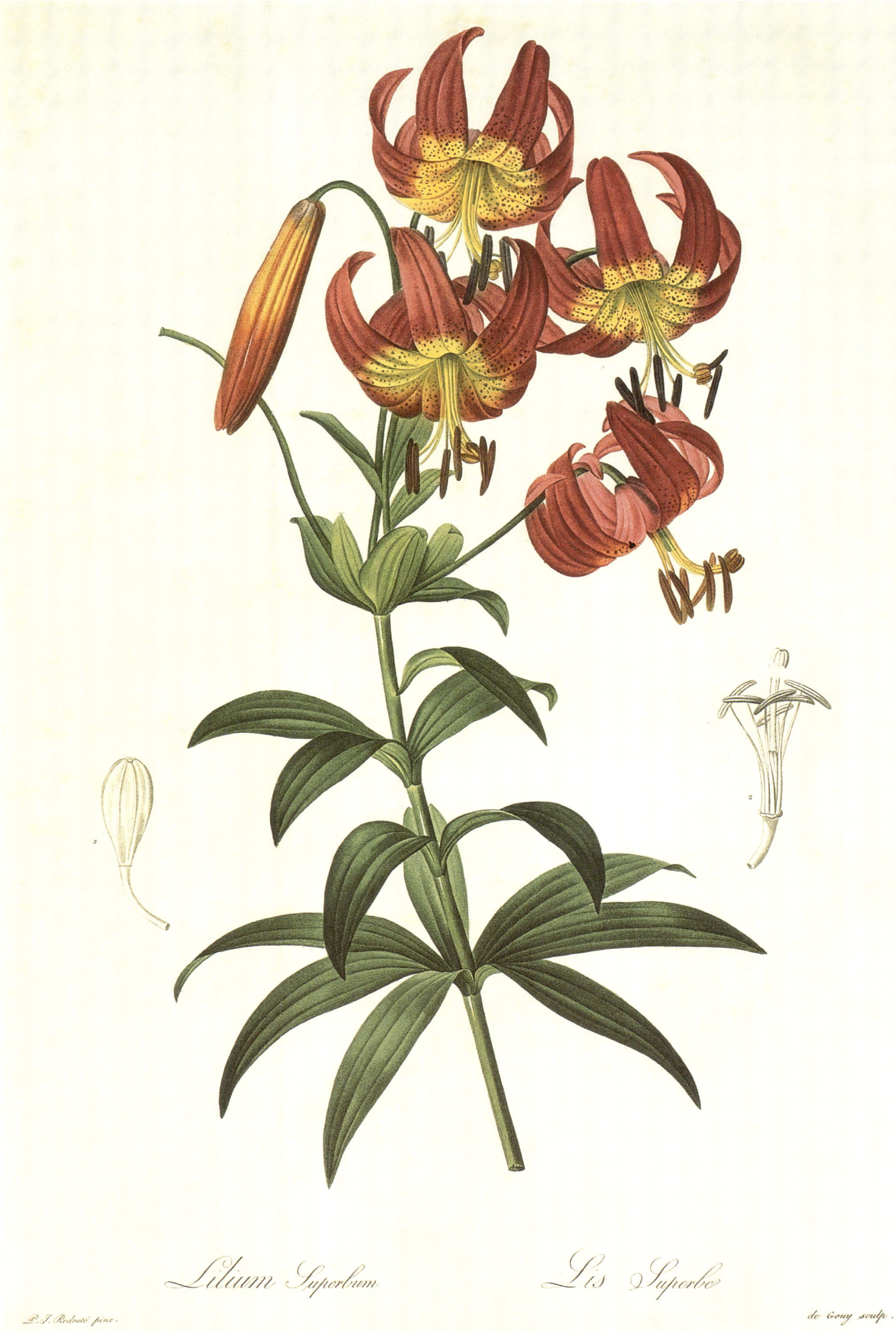

103

Lilium superbum L. 1762 non Thunb. 1794 (Liliaceae)

Proud Lily ❀ | *Lis superbe | Stolze Lilie ❀

Eastern North America (Easterr USA; from New Hampshire in the north to Georgia and Florida in the south and Indiana and Alabama in the west).

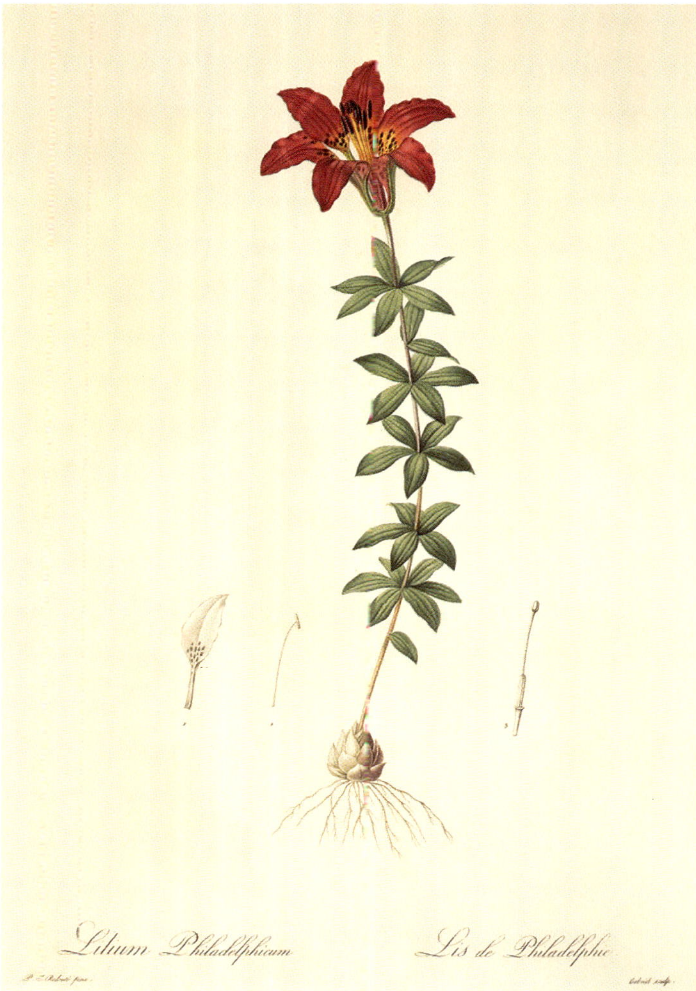

104

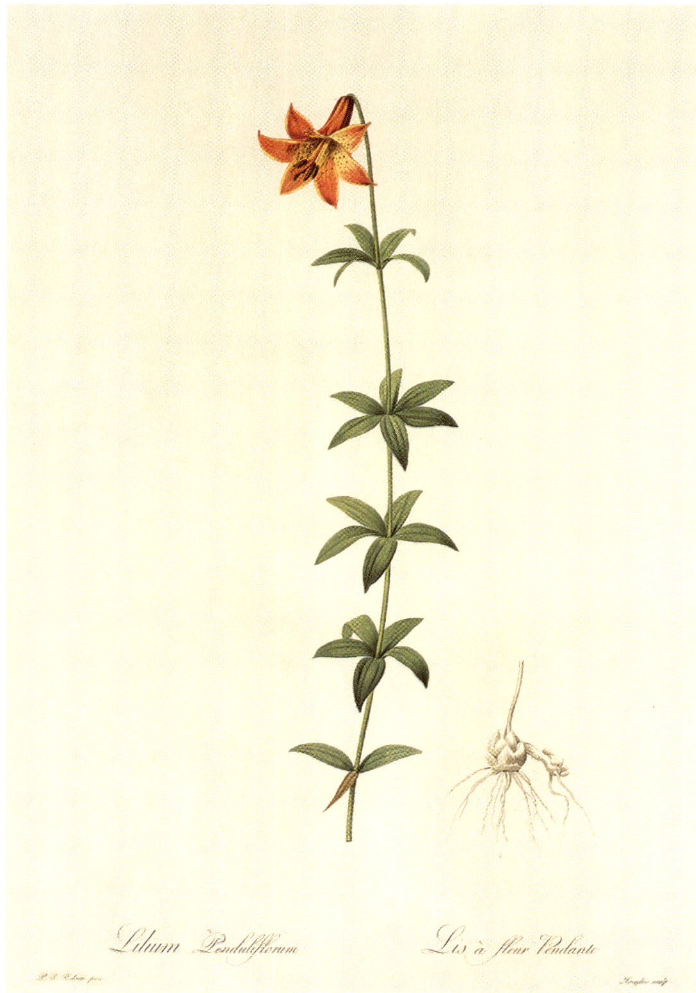

105

Lilium philadelphicum L. 1762 (Liliaceae)

Louisina Red-Lily, Wood Lily | *Lis de Philadelphie
Philadelphia-Lilie, Waldlilie

North America (from Quebec to British Columbia in Canada and in USA from New Mexico and Nebraska in the West to Maine in the northeast and North Carlina in the southeast).

Lilium canadense L. 1753 (Liliaceae)

Canadian Lily, Wild Yellow Lily | *Lis à fleur pendante
Kanadische Lilie

Eastern North America (from Quebec in Canada to the eastern USA: from the east coast to Indiana, Kentucky and Alabama in the west and Florida in the south). See pl. 301.

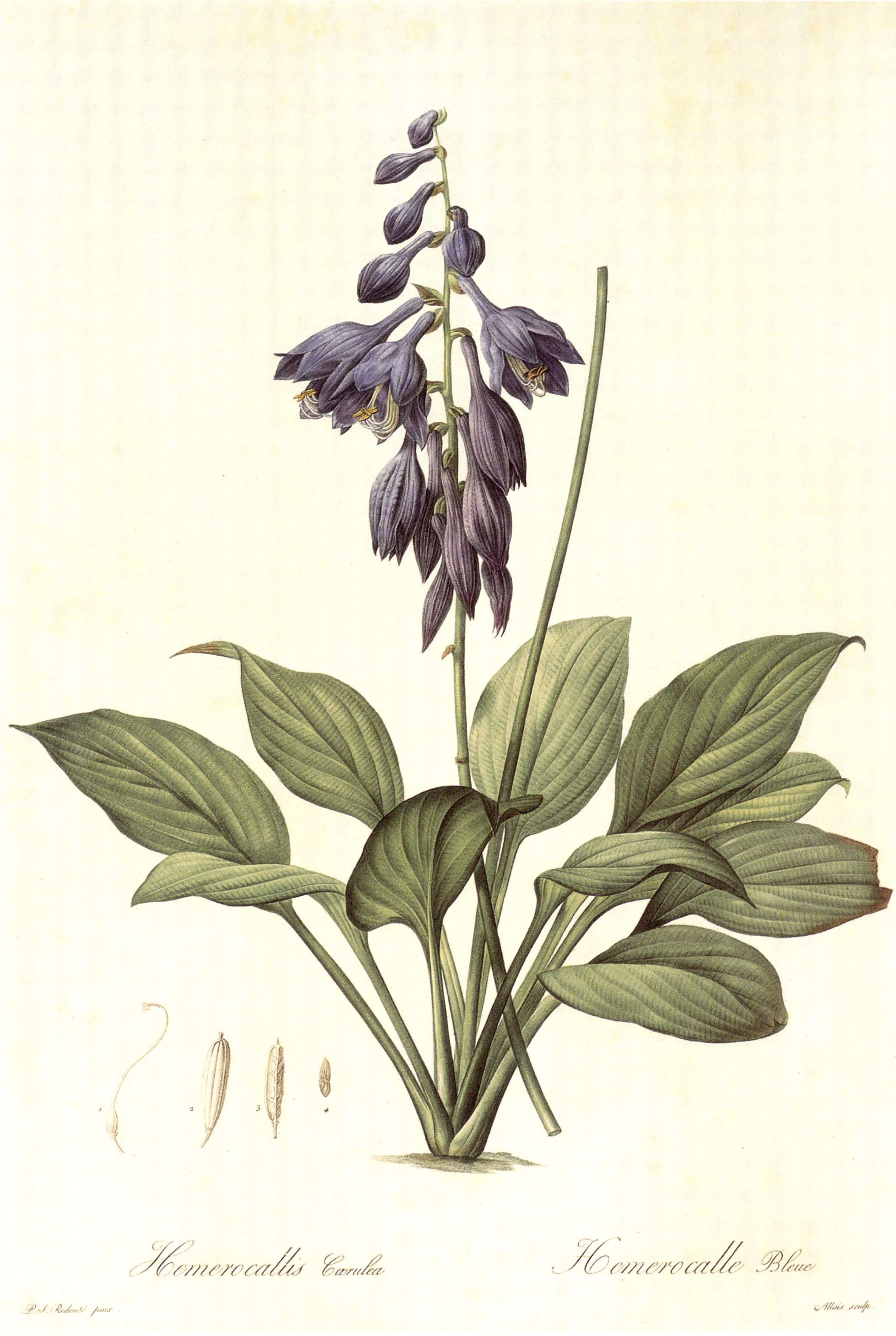

106

Hosta ventricosa Stearn 1931 (Hostaceae)
(= _Hosta caerulea_ (Andr.) Tratt. 1814)

Blue Plantain Lily | *Hémérocalle bleue | Bauchige Hosta

East Asia (China). Apparently no longer considered as indiginous in Japan as often cited. Named for the Austrian medical doctor (personal physician of the Emperor) and botanist Nicolaus Thomas Host (1761–1834).

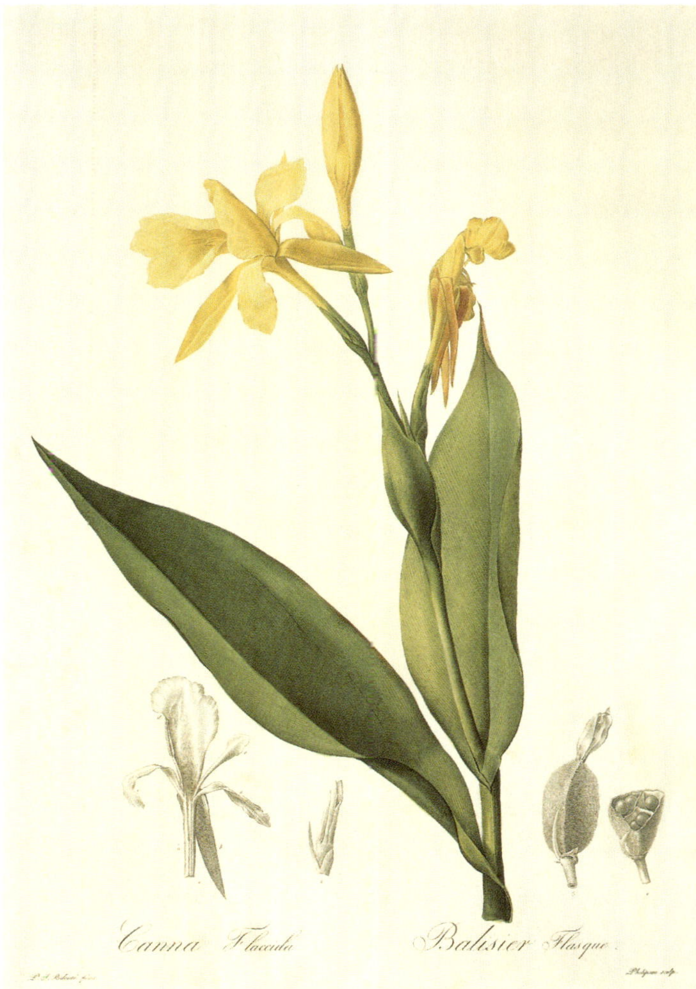

107

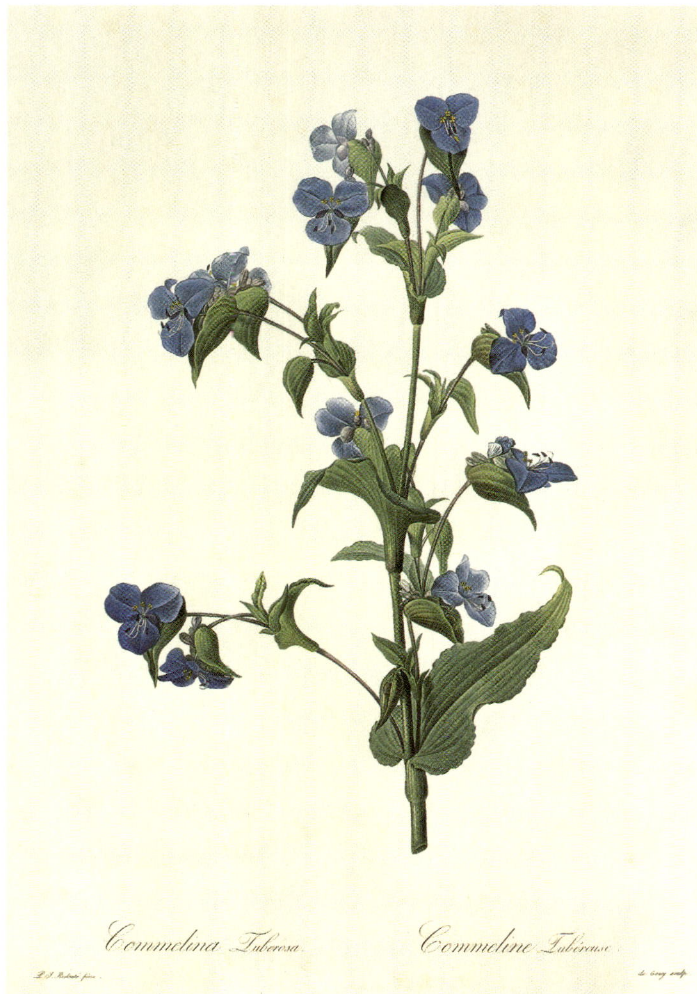

108

******Canna flaccida*** **Salisb. 1791 (Cannaceae)**

Flabby-leaved Canna | *Balisier flasque

Schlaffblättriges Blumenrohr

Eastern North America (eastern USA: from South Carolina to Florida). Originally this was a Semitic plant name which was introduced into ancient Latin for all sorts of reed or cane. Linnaeus switched the meaning to *Canna*.

******Commelina tuberosa*** **L. 1753 (Commelinaceae)**

Tuberous Dayflower | *Commeline tubéreuse

Knollige Commeline

Central and South America (from Mexico to Guatemala and Brazil to Bolivia). Named for the Dutch botanists Commelin (Commelijn), Johan (1629–1692) and his nephew Caspar (1667–1731).

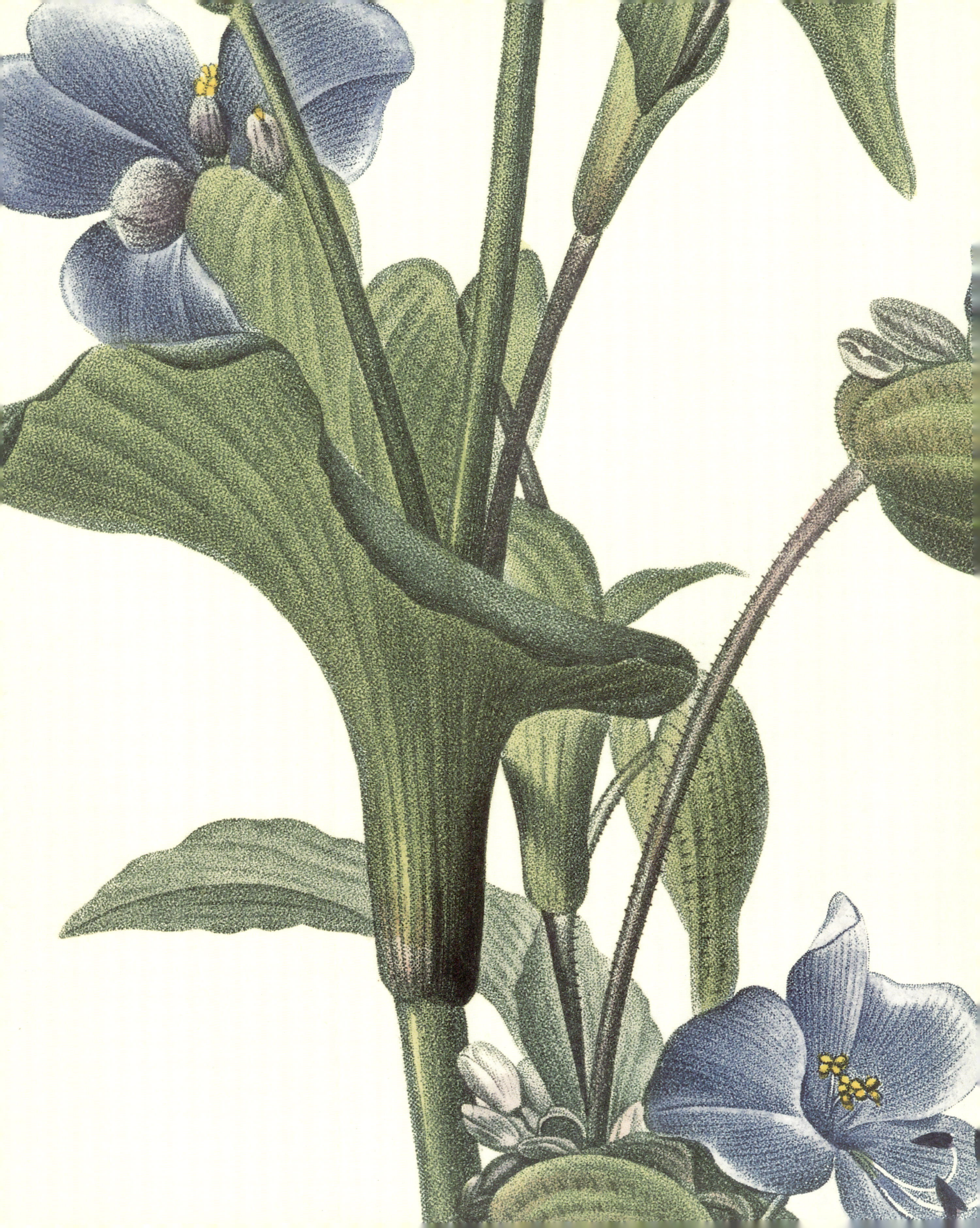

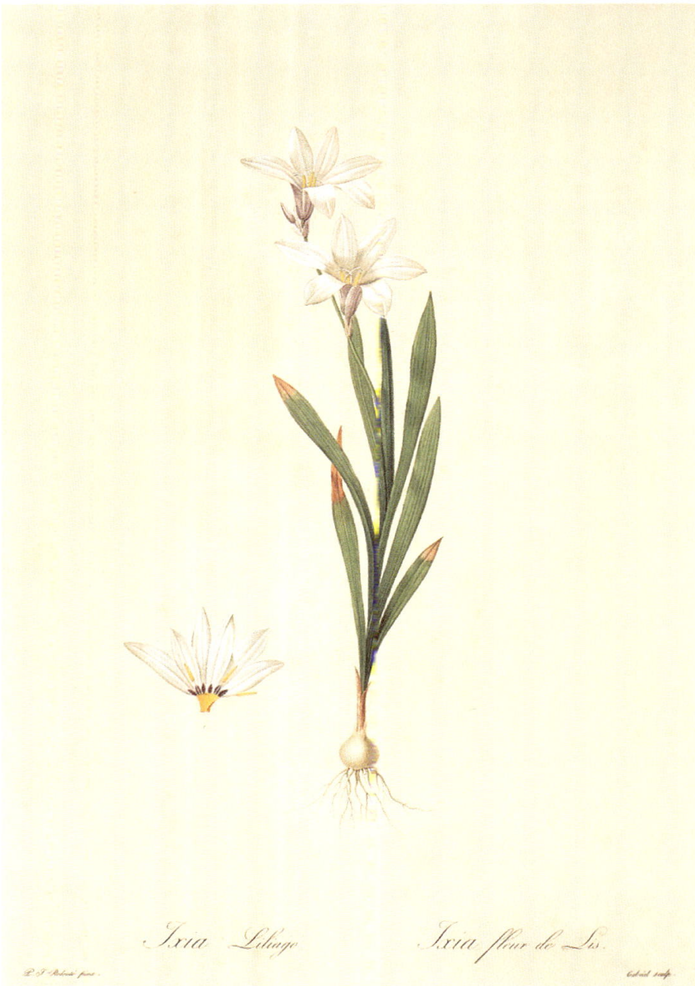

109

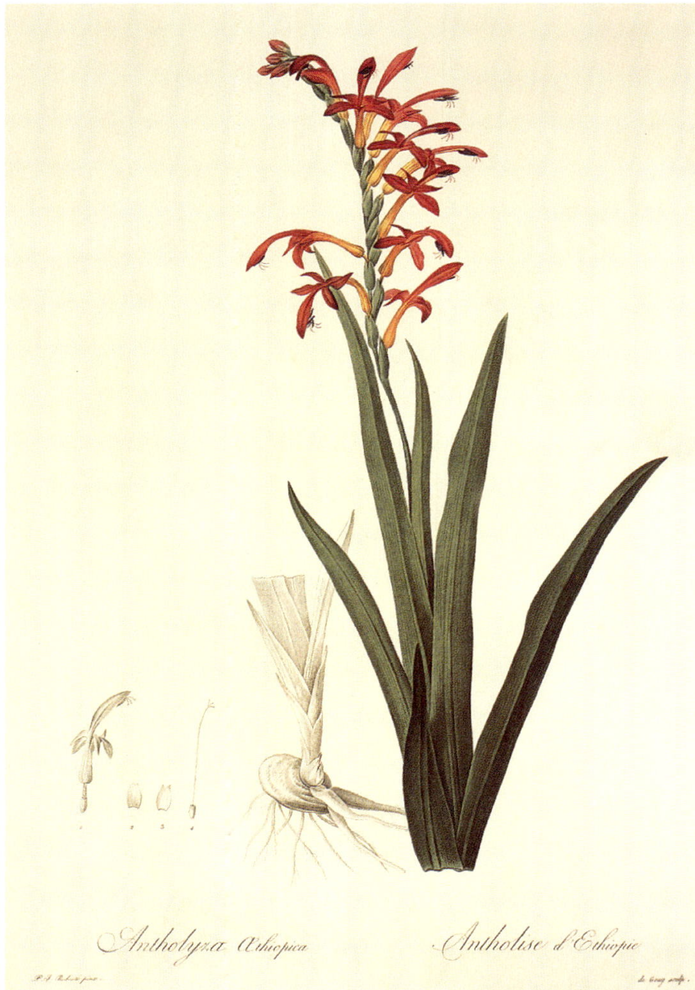

110

Sparaxis grandiflora (D.Delaroche) Ker Gawl. 1804 subsp. _fimbriata_ (Lam.) Goldbl. 1969 (Iridaceae)
(= _Sparaxis grandiflora_ (D.Delaroche) Ker Gawl. 1804 var. _Liliago_ (DC. in REDOUTÉ 1805) Ker Gawl. 1817)

Large-flowered Sparaxis | *Ixia fleur de lis, Sparaxis à grande fleur
Großblütige Sparaxis

South Africa (Western Cape from near Citrusdal in the north to the Cape Peninsula and eastwards to Stellenbosch). See pl. 139, 362.

Chasmanthe aethiopica (L.) N.E.Br. 1932 (Iridaceae)

Flag Lily, Flag-leaved Antholyza | *Antholise d'Ethiopie
Südkap-Chasmanthe

South Africa (Western and Eastern Cape). See pl. 386.

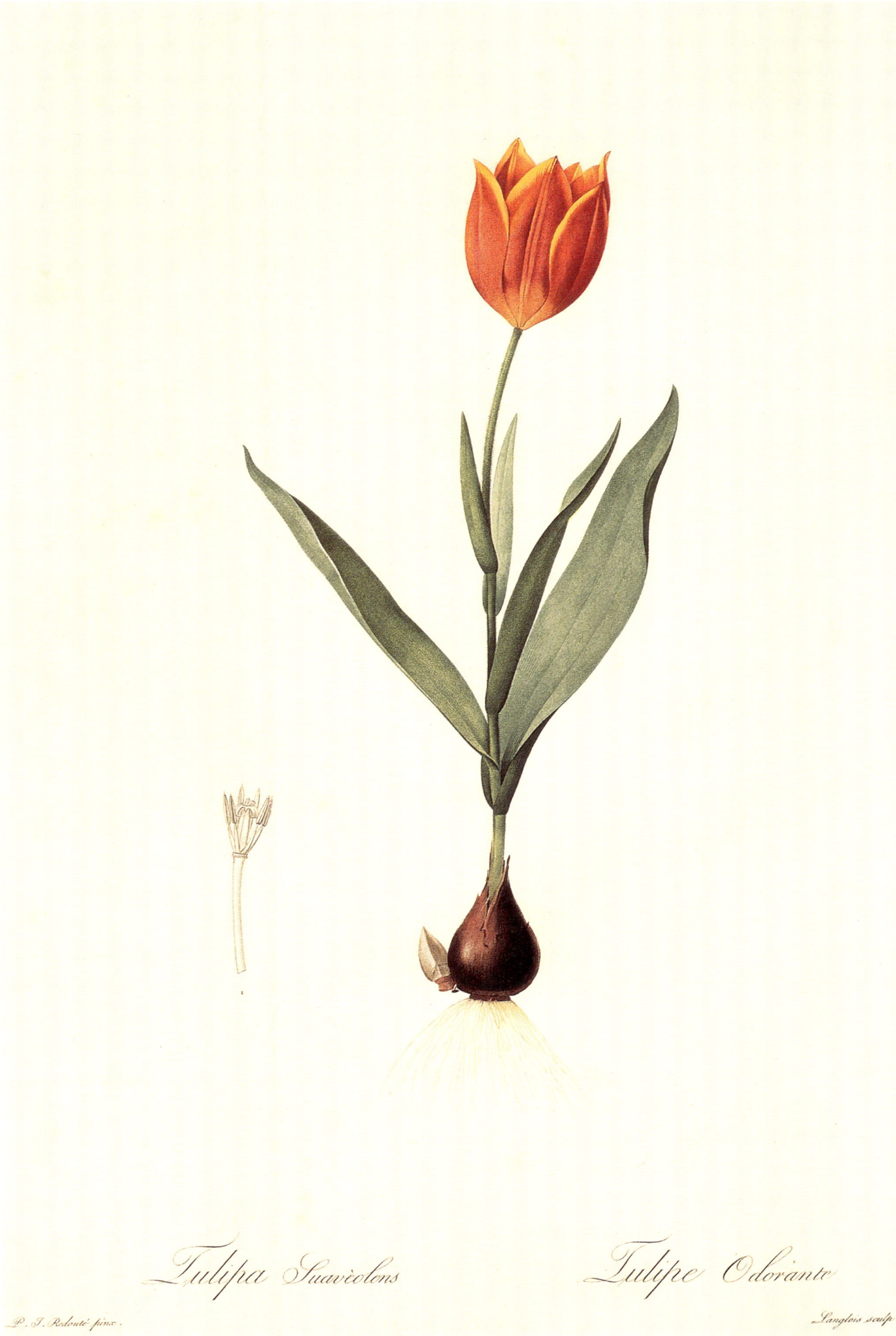

111

Tulipa gesneriana L. 1753 agg. (Liliaceae)

Garden Tulip | *Tulipe odorante, Tulipe des jardins | Garten-Tulpe

Only known as cultivated ornamental. Origin uncertain. Locally naturalized in SW Europe and widespread in SW and S central Asia.
The generic name *Tulipa* is derived from the Persian plant name *toliban*. The species name is dedicated to the great Swiss botanist Konrad Gesner (1516–1565). See pl. 477, 478.

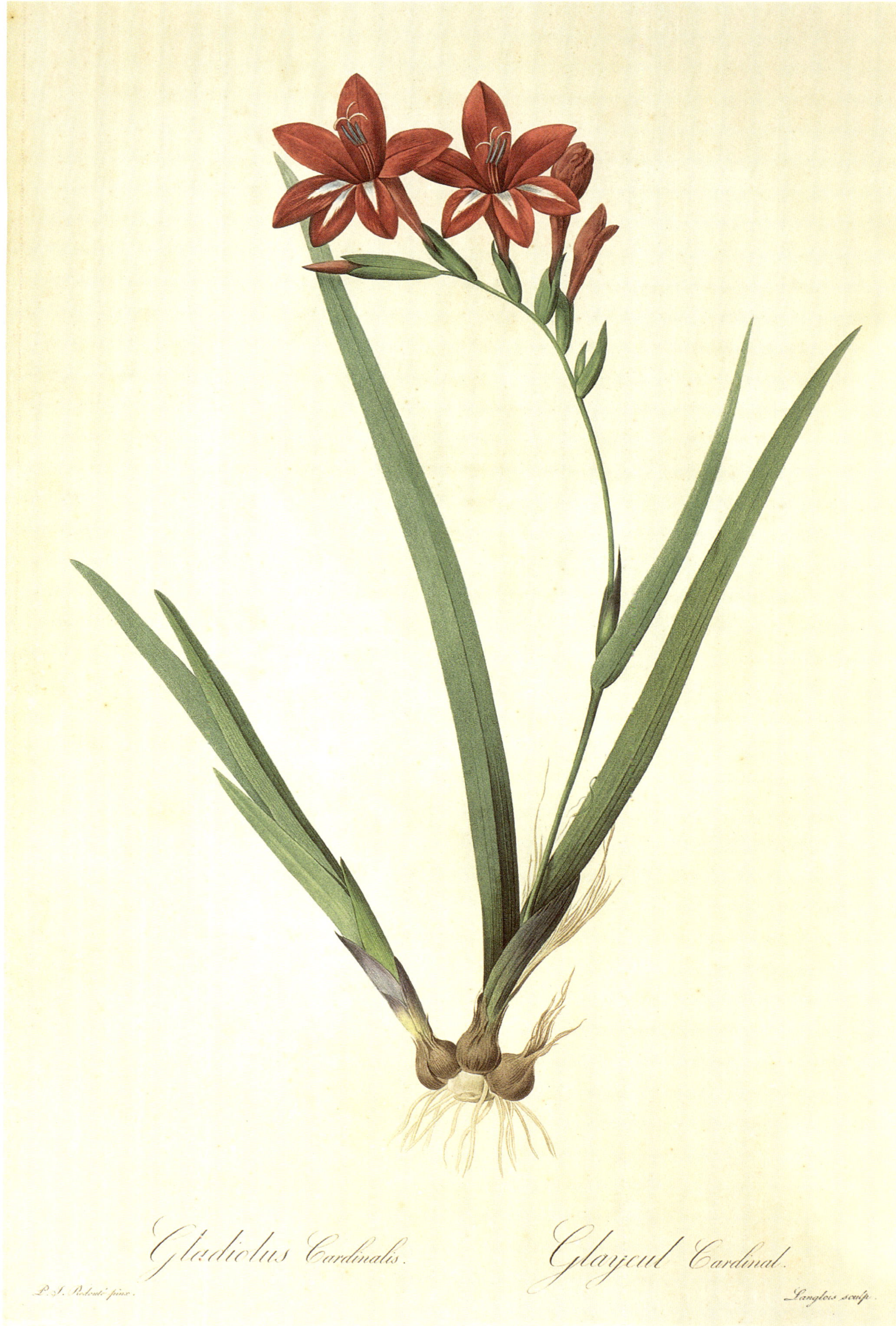

112

Gladiolus cardinalis Curtis 1790 (Iridaceae)

Waterfall Gladiolus, New Year Lily | *Glaïeul cardinal | Kardinalrote Gladiole

South Africa (Western Cape, between Paarl and Worcester).

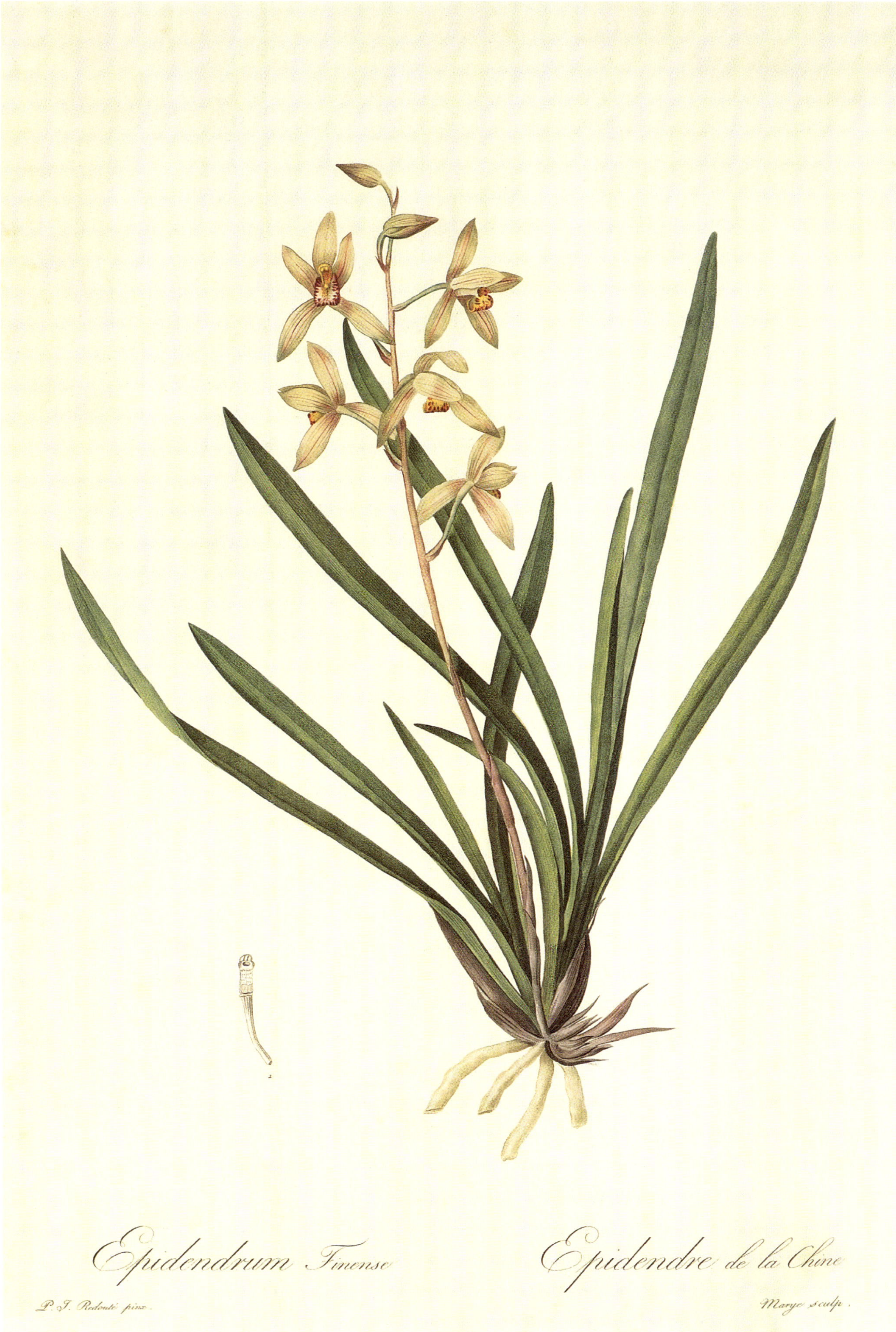

113

Cymbidium sinense (Andr.) Willd. 1809 (Orchidaceae)

Chinese Cymbidium | *Epidendre de la Chine | Chinesischer Epidendrum

Eastern Asia (China, Taiwan, Japan). The name refers to the boat-shaped labellum of the flower.

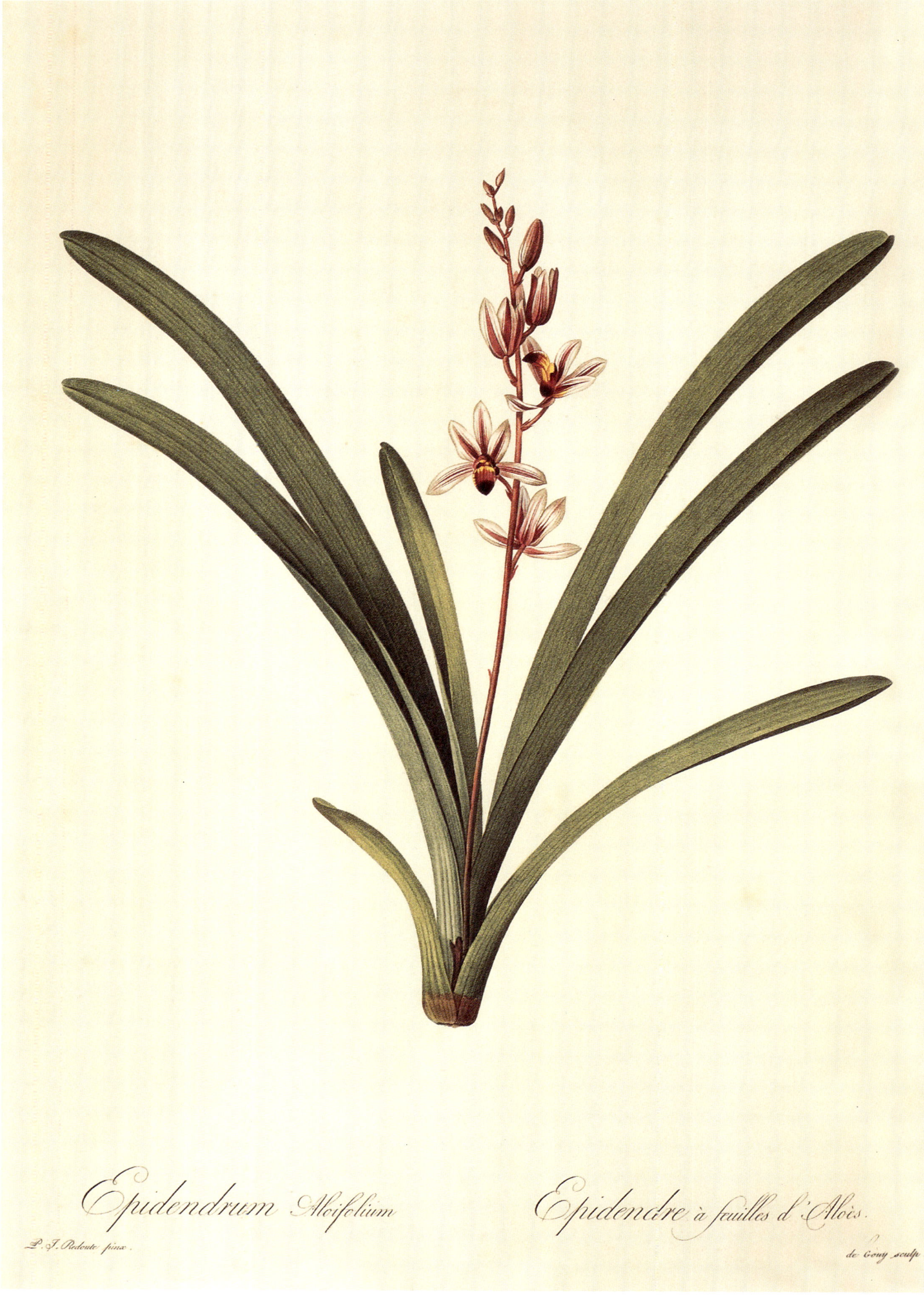

114

Cymbidium aloifolium (L.) Sw. 1800 (Orchidaceae)

Aloe-leaved Cymbidium | *Epidendre à feuilles d'aloès | Aloeblättriges Cymbidium

Southeast Asia (south India to south China, Sumatra and Java). The name refers to the boat-shaped labellum of the flower.

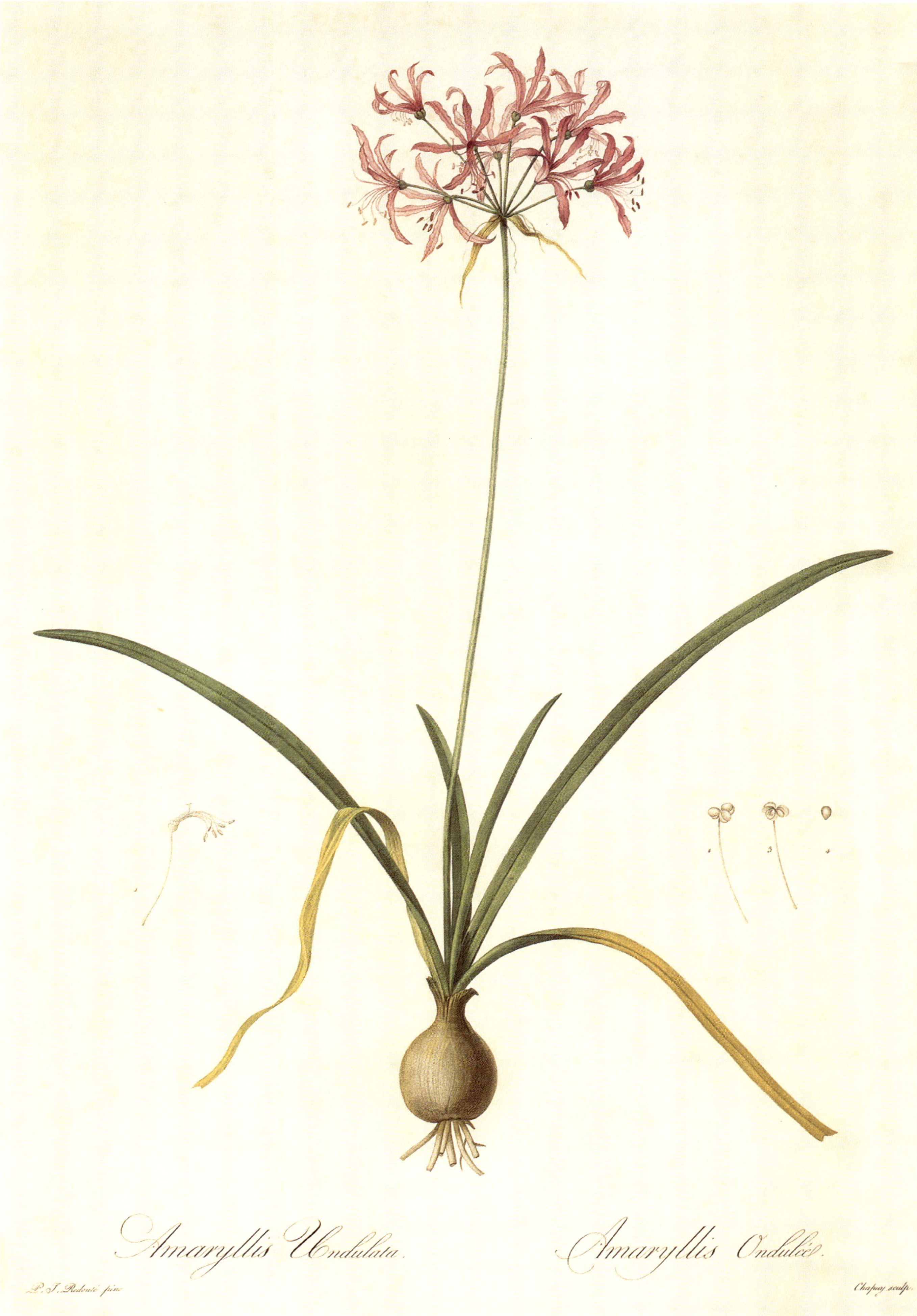

115

Nerine undulata **(L.) Herb. 1821 (Amaryllidaceae)**

Undulate Nerina | Nerine ondulée | Wellblütenblättrige Nerine

South Africa (Eastern Cape and Orange Free State).

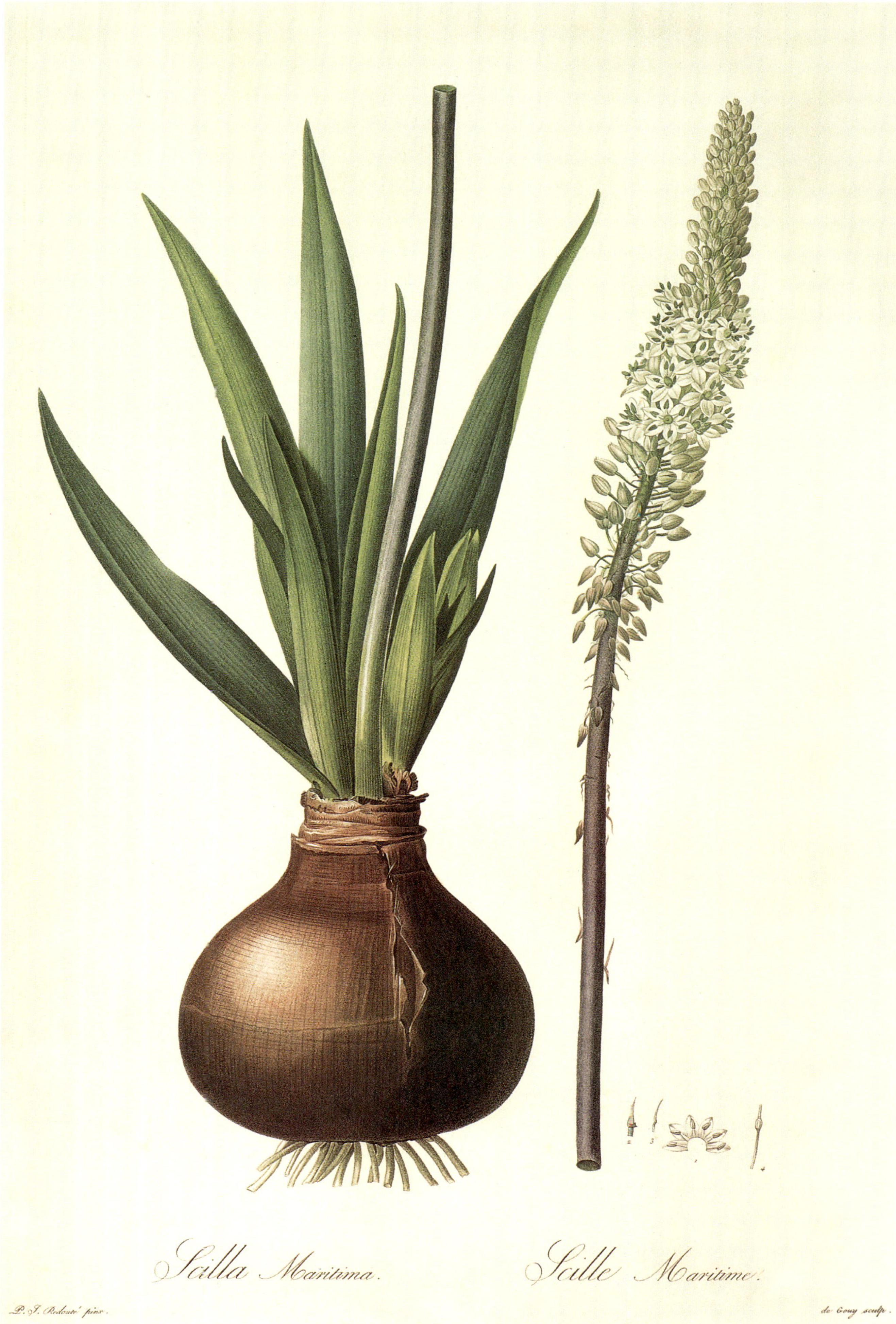

116

Urginea maritima (L.) Baker 1873 (Hyacinthaceae)

(Sea) Squill, Sea Onion | *Scille maritime | Meerzwiebel, Strand-Urginea

Circummediterranean (in Europe from Portugal to Greece; in north Africa from Morocco to Libya; and in Asia from Turkey to Arabia), extending westwards to the Canary Islands. Named after a northern African tribe, Beni Urgin.

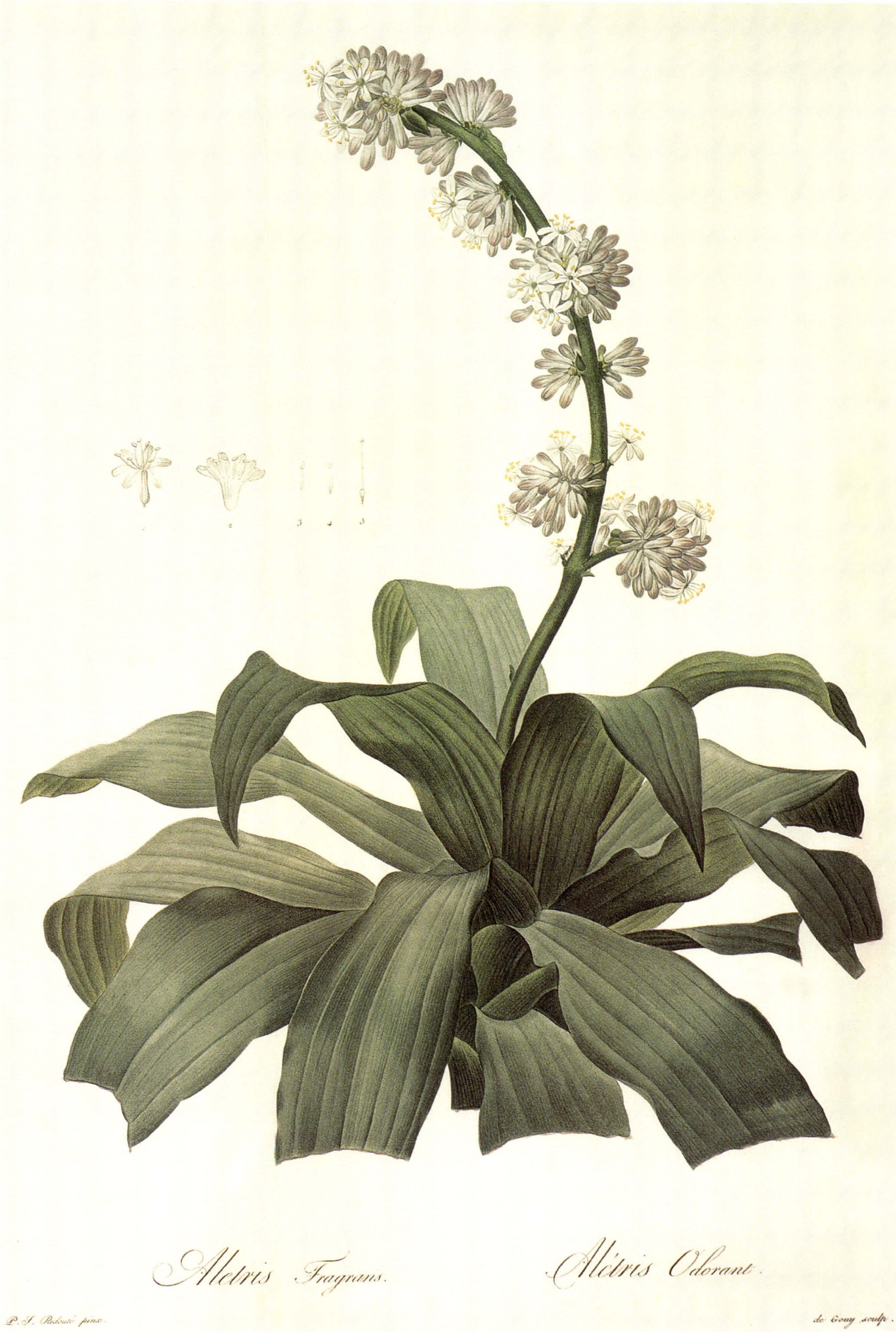

117

Dracaena fragrans (L.) Ker Gawl. 1808 (Dracaenaceae)

Fragrant Dragon-Tree | *Alétris odorant | Duftender Drachenbaum

Tropical west and east Africa (from Sierra Leone to Malawi).

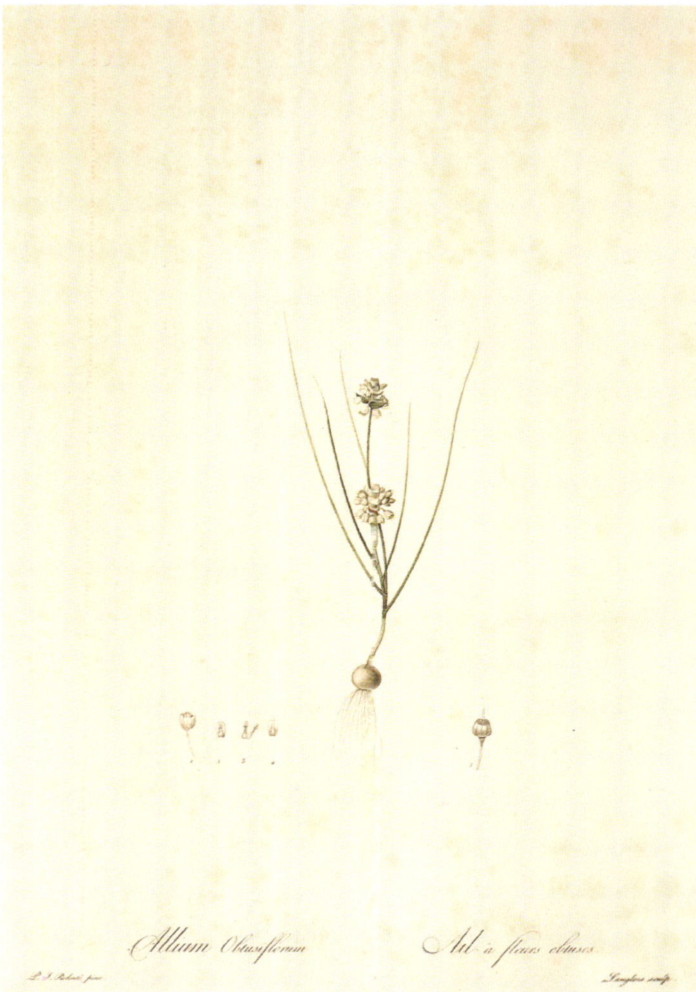

118

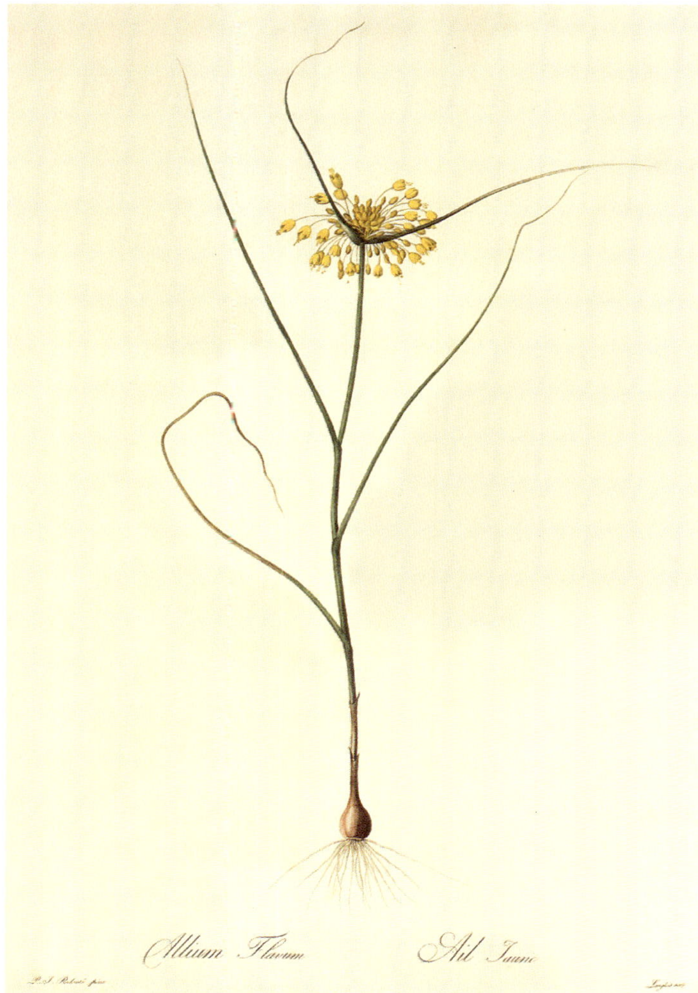

119

Allium obtusiflorum DC. in REDOUTÉ 1805 (Alliaceae)
Obtuse-flowered Leek | *Ail à fleurs obtuses
Stumpfblütiger Lauch

Southeast Europe (Greece and Sicily).

Allium flavum L. 1753 subsp. *flavum* (Alliaceae)
Yellow-flowered Leek | *Ail jaune
Gelber Lauch

South Europe (from France to Greece & European Turkey, also in Sicily; extending northwards to Austria and Hungary).

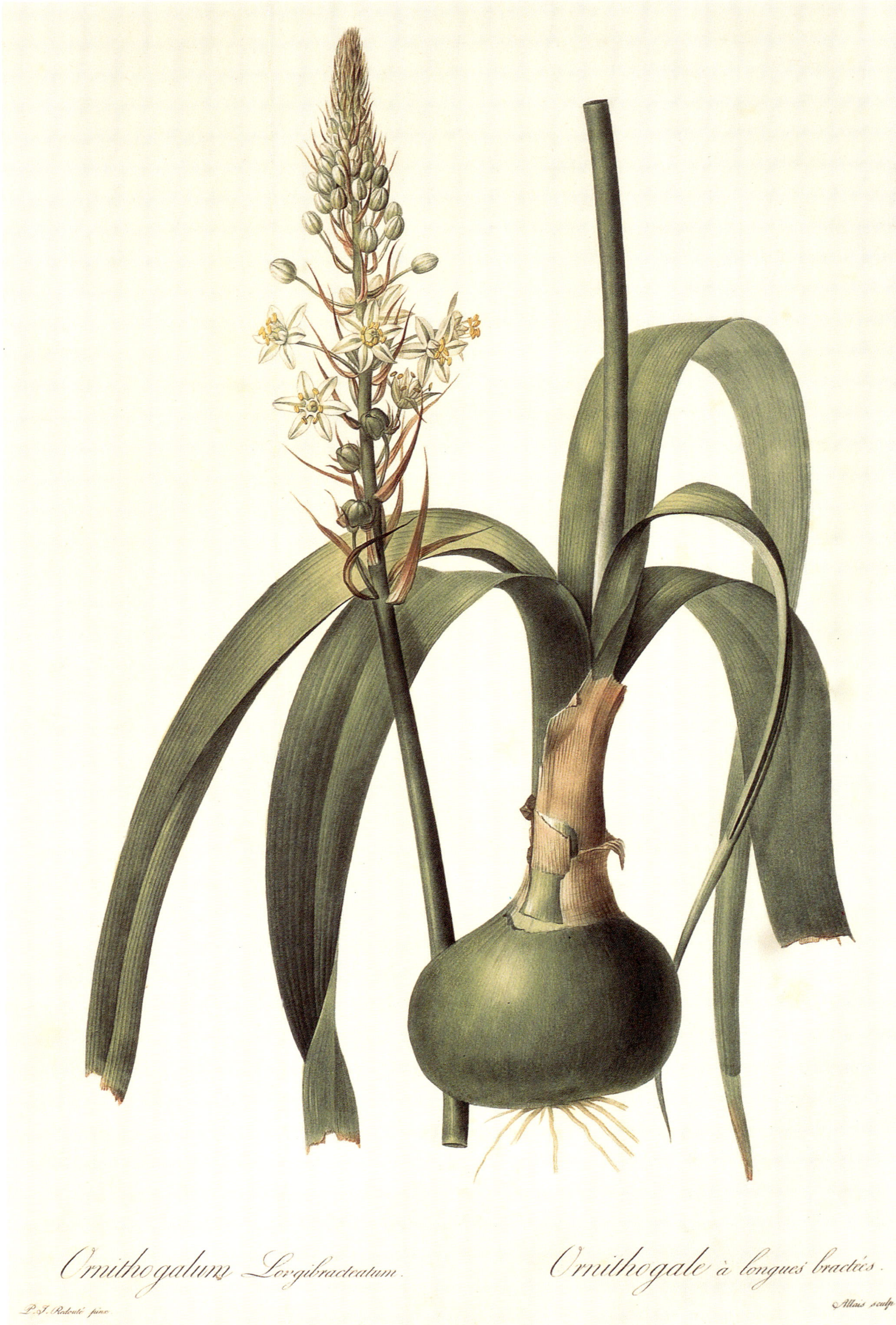

120

Ornithogalum longibracteatum Jacq. 1776 (Hyacinthaceae)
(= *Ornithogalum caudatum* Jacq. 1789)

Star-of-Bethlehem | *Ornithogale à longues bractées | Heil-Milchstern

South Africa (Eastern Cape and Kwazulu/Natal, one outlier near Mosselbay in the Western Cape).

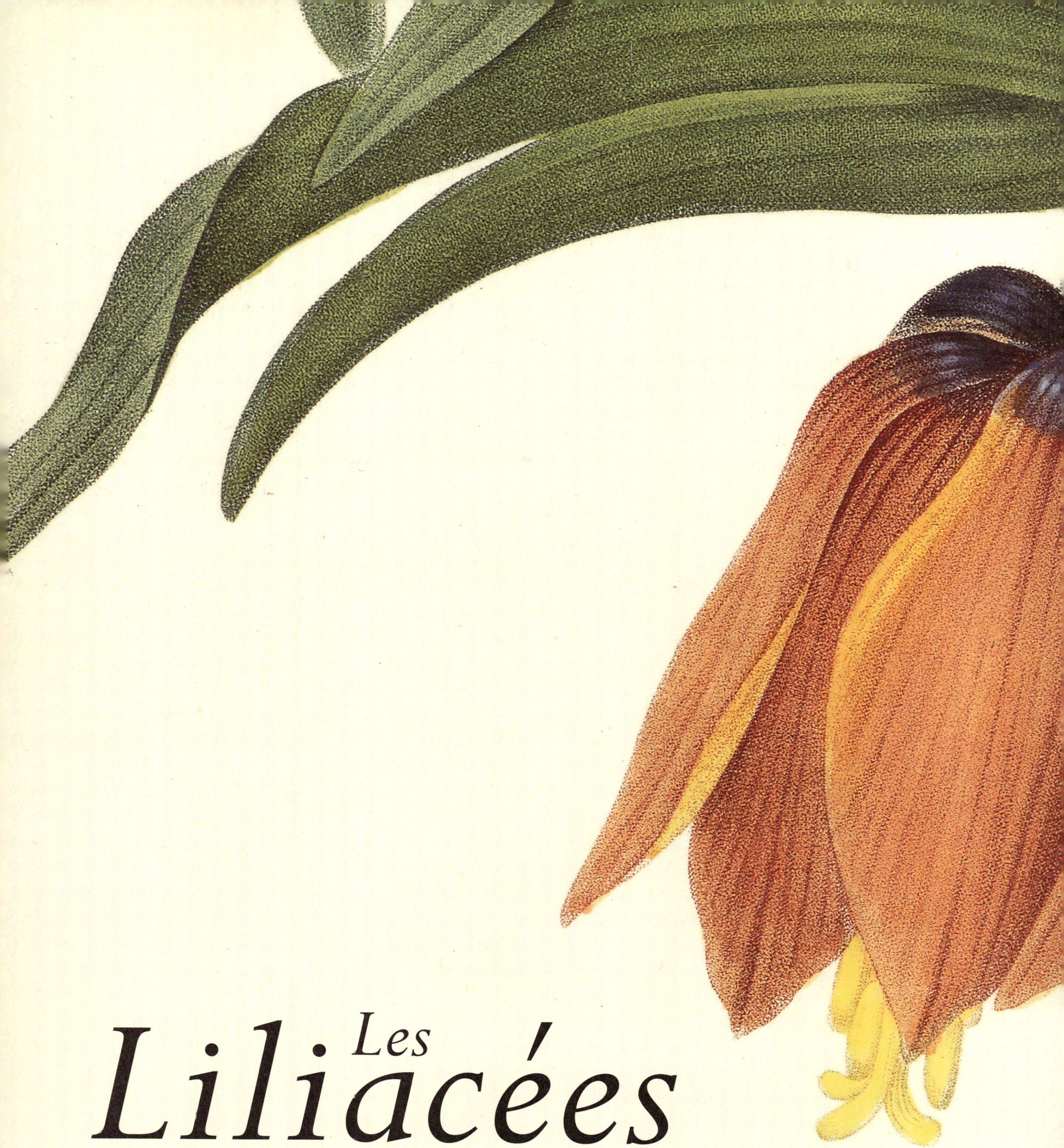

Les Liliacées

Volume III

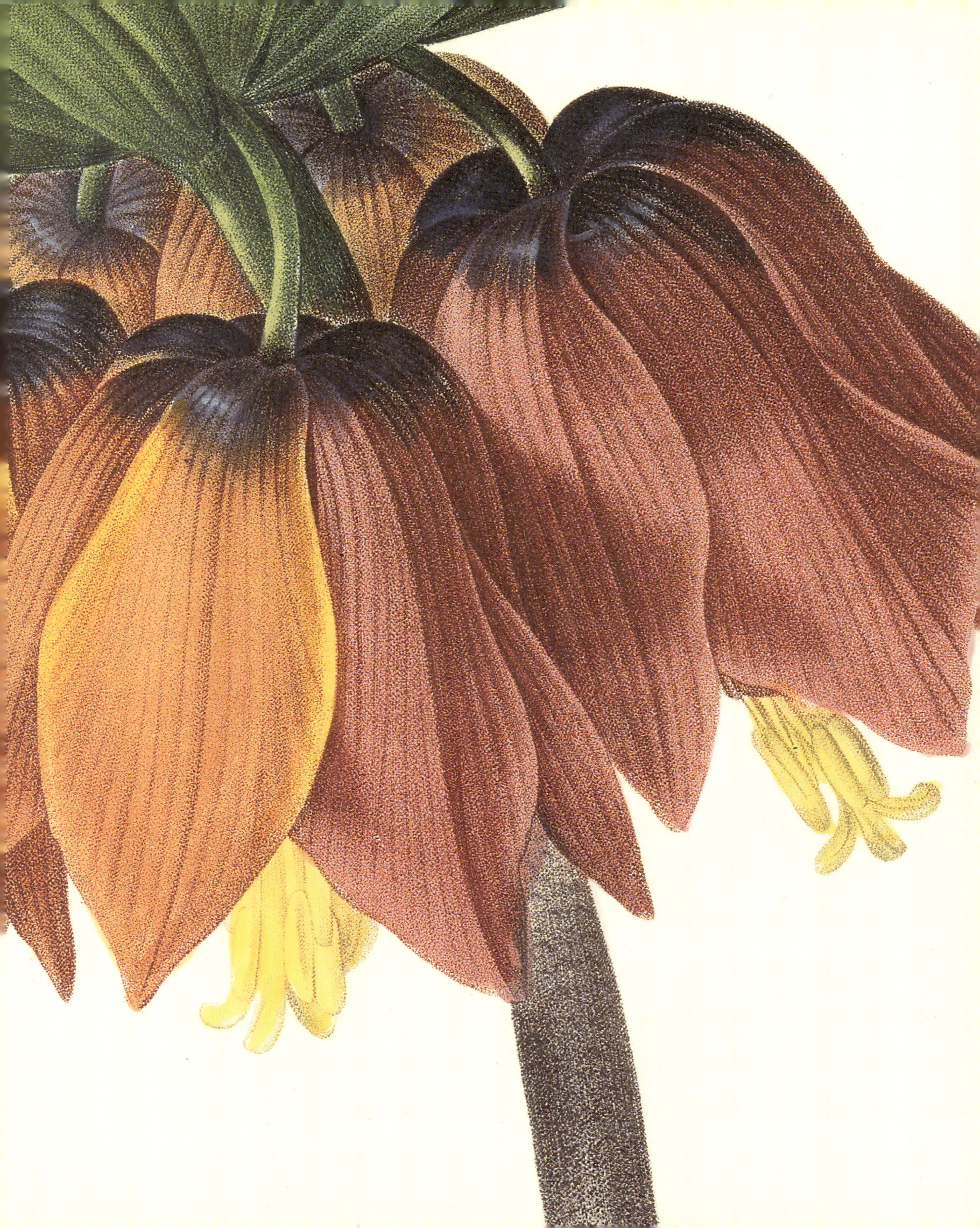

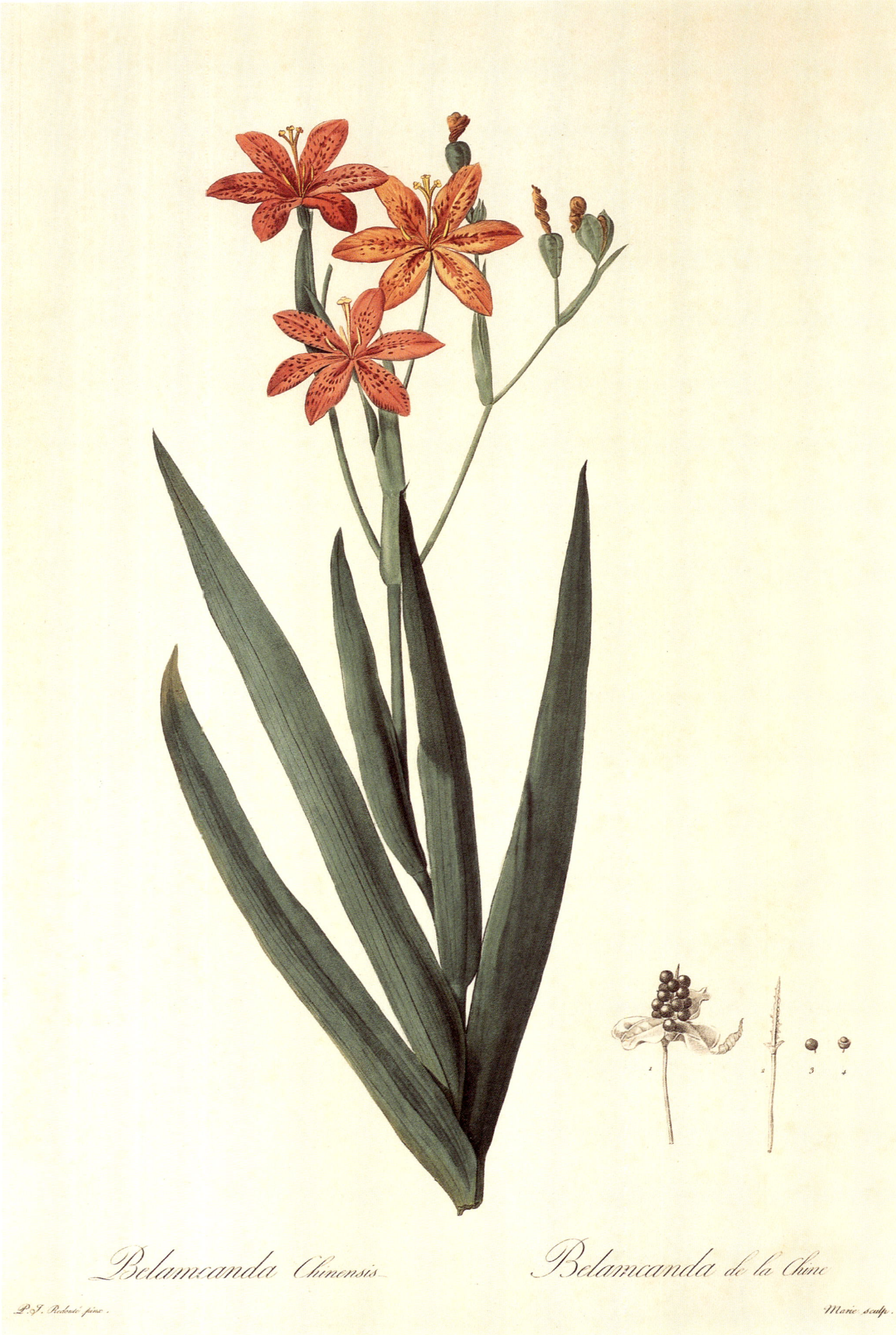

**Belamcanda chinensis* (L.) DC. in REDOUTÉ 1805 (Iridaceae)
(= Ixia chinensis L. 1753)

Blackberry Lily | *Belamcanda de la Chine | Chinesische Leopardenblume

East and southeast Asia (China, Taiwan, Japan, northern India, Indochina). Indian name of this plant compound of Tamil and Sanskrit elements meaning 'power tuber', see Ascherson and Graebner.

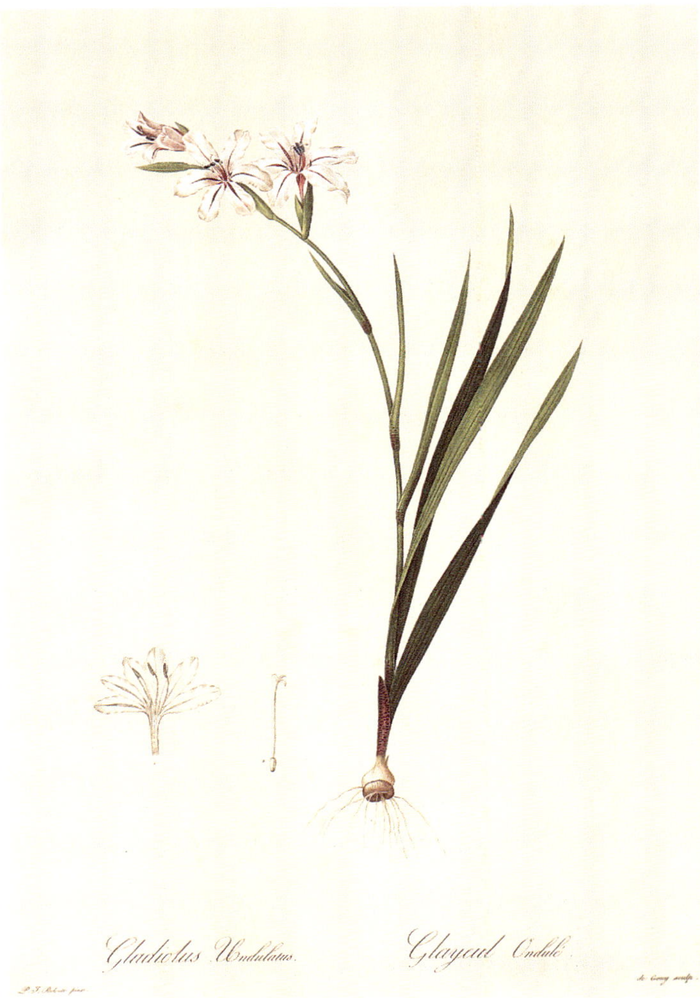

122

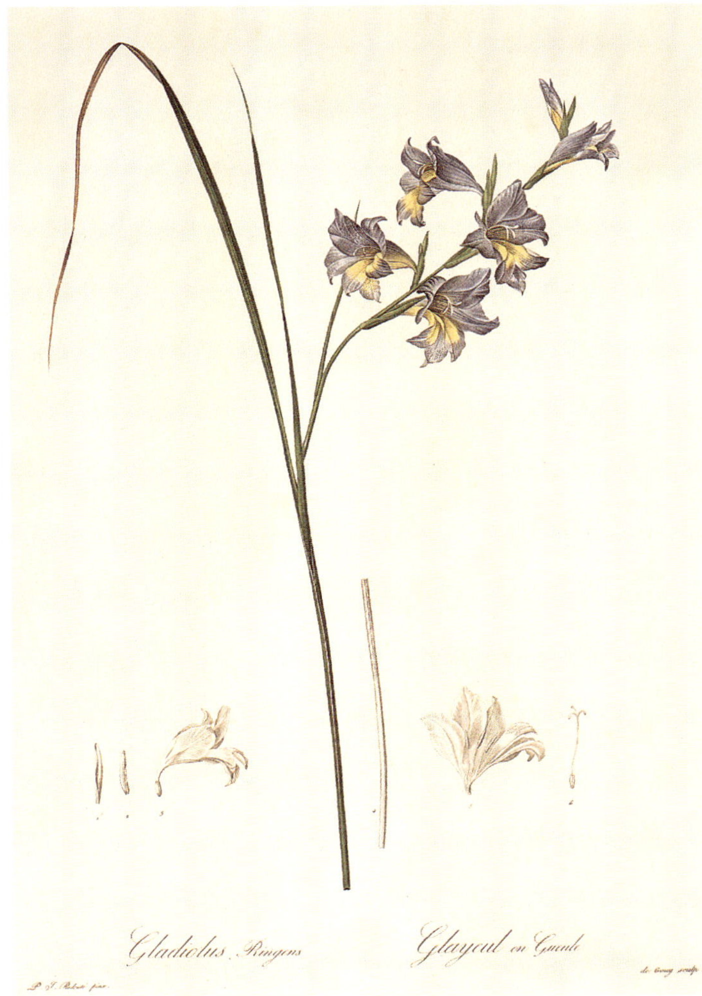

123

Gladiolus floribundus Jacq. 1791 subsp. *milleri* (Ker Gawl.) Oberm. 1972 (Iridaceae) (= *Gladiolus milleri* Ker Gawl. 1803)

Profusely-flowering Gladiolus | *Glaïeul ondulé
Reichblühende Gladiole

Centered in winter rainfall South Africa (Western and Eastern Cape from Caledon to Port Elisabeth).

Gladiolus carinatus Aiton 1789 (Iridaceae)

Blue Afrikaner | *Glaïeul en gueule
Gekielte Gladiole

Winter rainfall South Africa (Western Cape from Nieuwoudtville in the north to the Cape Peninsula and eastwards to Mossel Bay).

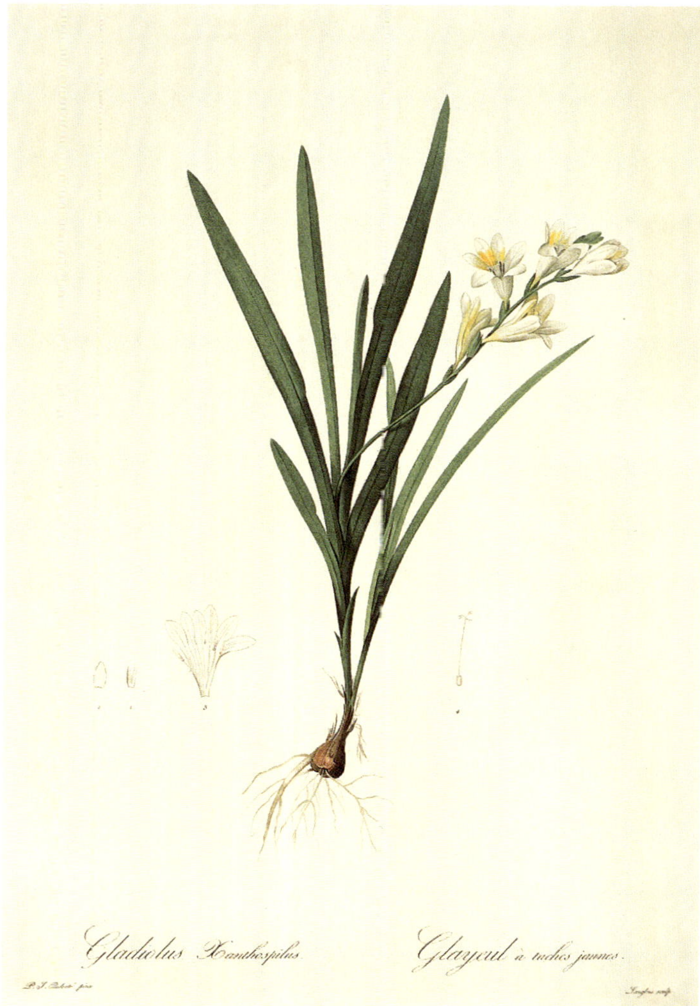

124

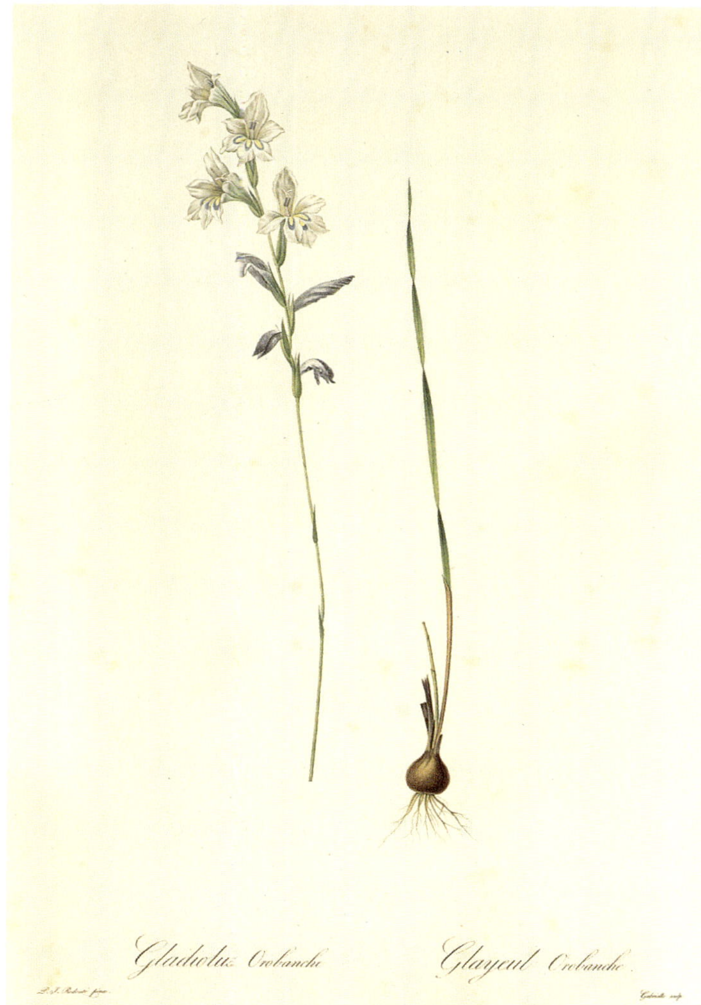

125

Freesia caryophyllacea (Burm.f.) N.E.Br. 1929 (Iridaceae)
(= *Ixia caryophyllacea* Burm.f. 1768)

Carnation-scented Freesia | *Glaïeul à taches jaunes
Nelkenduft-Freesie

Winter rainfall South Africa (southern part of the Western Cape, between Caledon, Swellendam and Robertson).
Named for the German medical doctor Friedrich Heinrich Theodor Freese (1795–1876).
Note: Goldblatt (1982, pages 67, 90) suggests that *Gladiolus xanthospilus* DC. is most likely
an untypical individual of *Freesia caryophyllacea* alterated in cultivation by too little light and too much water.

Gladiolus brevifolius Jacq. 1791 var. *brevifolius*
(Iridaceae)

Painted Lady | *Glaïeul orobanche
Kurzblättrige Gladiole

Winter rainfall South Africa
(Western Cape from Clanwilliam to the Cape Peninsula and eastwards to Bredasdorp).

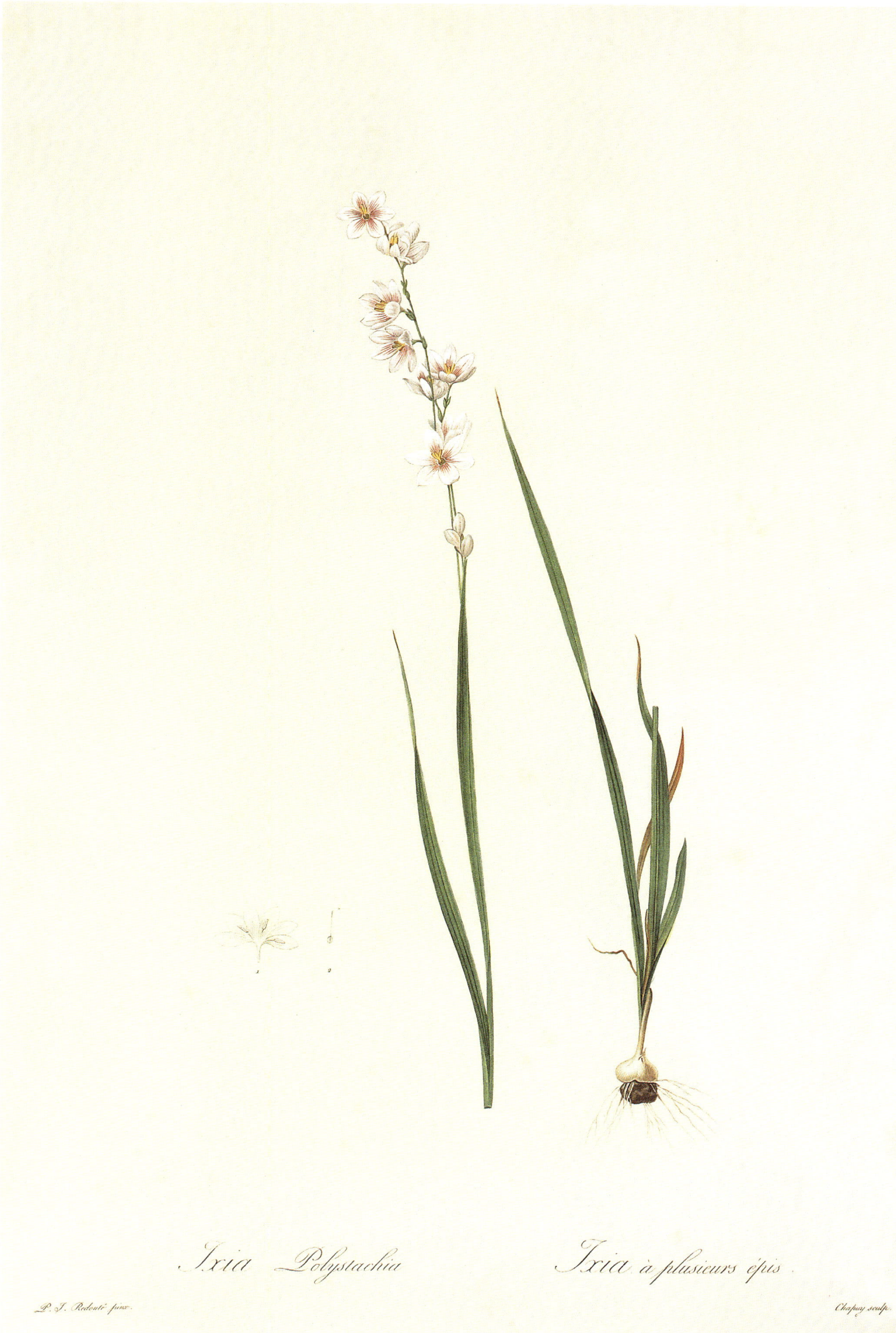

126

Ixia flexuosa L. 1762 (Iridaceae)

Flexuose Ixia | *Ixia à plusieurs épis | Schlängelige Ixia

Winter rainfall South Africa (Western Cape from Clanwilliam to the Cape Peninsula and eastwards to Riversdale). Named after the Greek plant *ἰξια* = *Viscum*, see pl. 30.

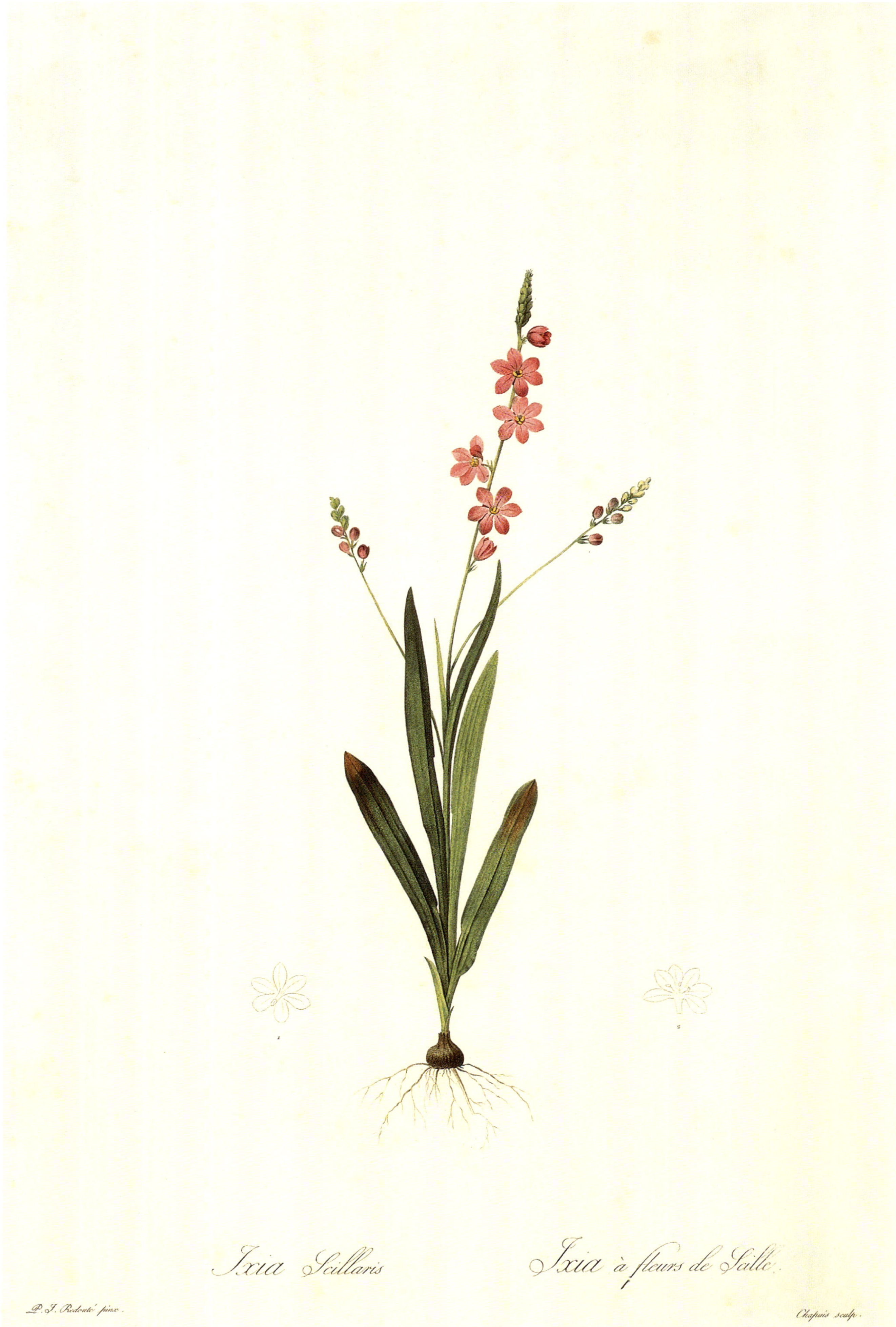

127

***_Ixia scillaris_ L. 1762 (_Iridaceae_)**

Squill-flowered Ixia | *Ixia à fleurs de scille | Blausternblütige Ixia

Winter rainfall South Africa (Northern & Western Cape from Springbok to the Cape Peninsula & eastwards to Caledon). Named after the Greek plant *ιξια* = *Viscum*, see pl. 30.

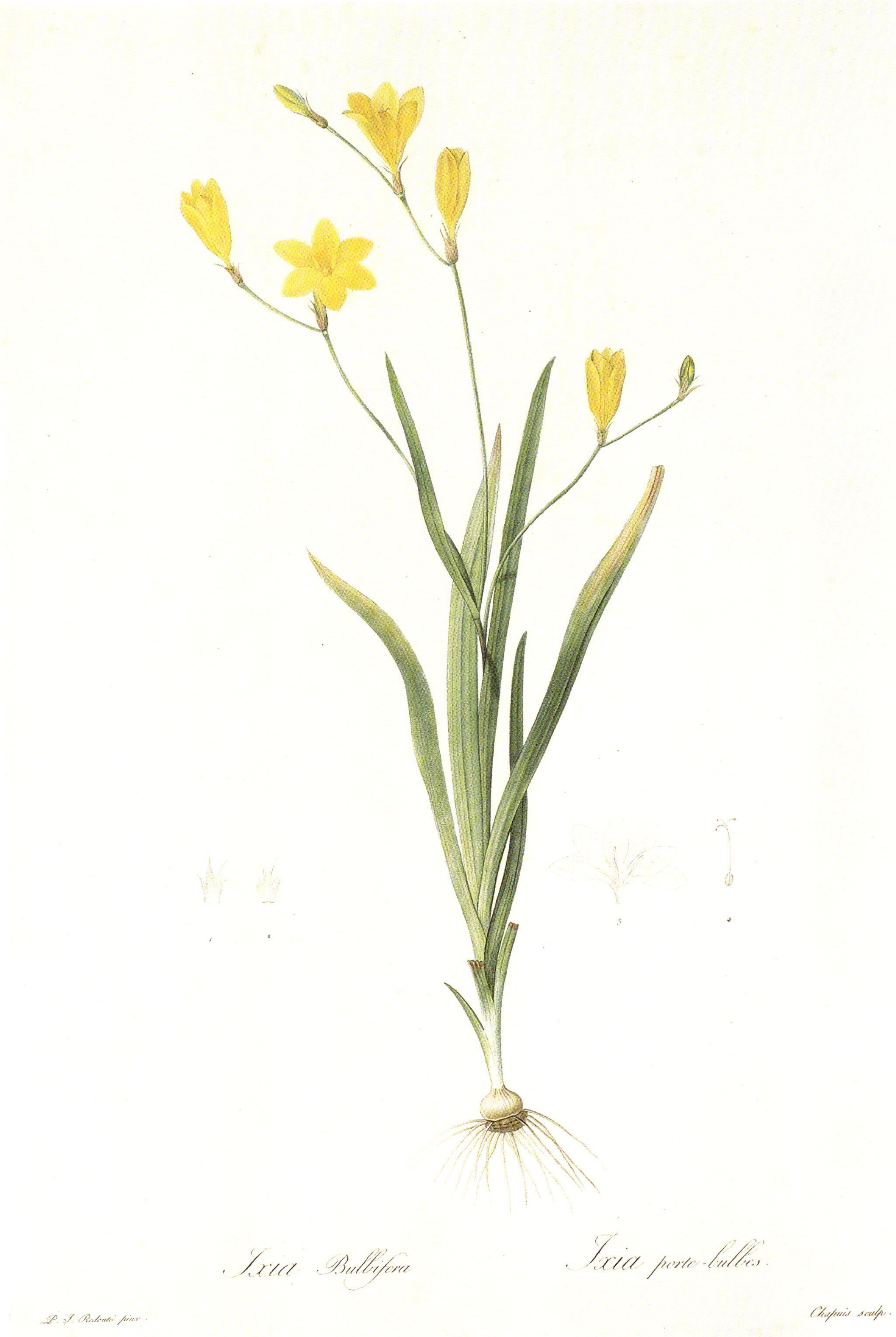

128

Sparaxis bulbifera (L.) Ker Gawl. 1805 (Iridaceae)
(= _Ixia bulbifera_ L. 1756)

Bulbil-Sparaxis | *Ixia porte-bulbes | Brutzwiebel-Sparaxis

Winter rainfall South Africa (Western Cape from Tulbagh in the N to the Cape Peninsula & to Bredasdorp in the E). See pl. 85.

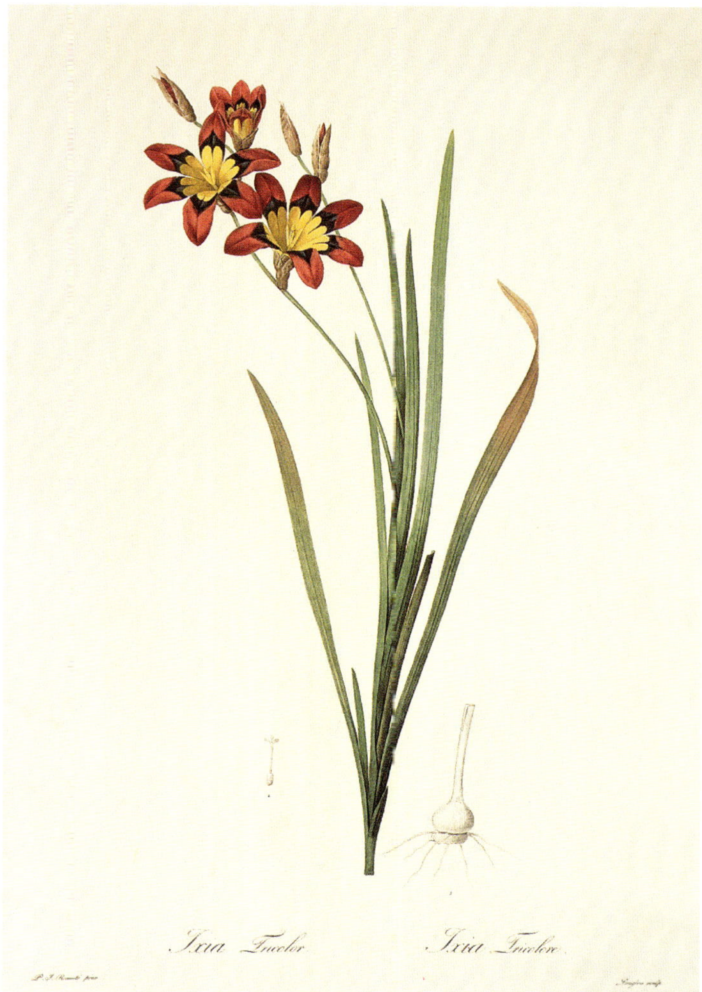

129

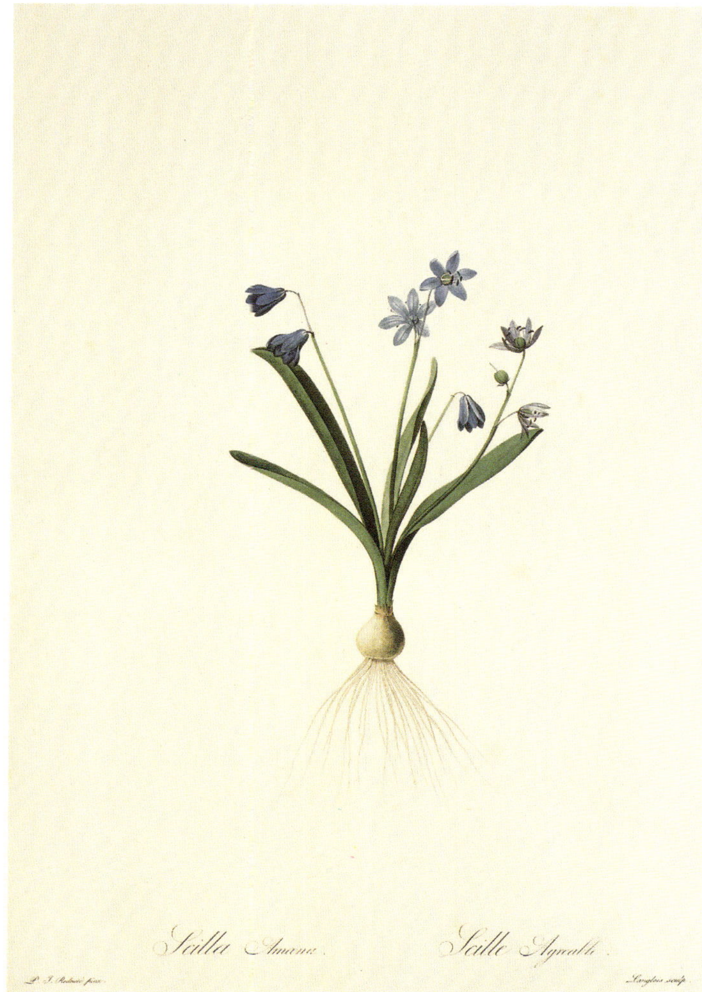

130

Sparaxis tricolor (Schneev.) Ker Gawl. 1805 (Iridaceae)

Harlequin Flower | *Ixia tricolore

Dreifarbige Fransenschwertel

Winter rainfall South Africa
(northeast corner of the Western Cape near Nieuwoudtville).

Scilla siberica Haw. in Andr. 1804 (Hyacinthaceae)

Siberic Squill | *Scille agréable

Sibirischer Blaustern

Central-, West-, and East-Russia, Crimea; in central Europe as frequent ornamental and garden escape.
Note: Today *Scilla siberica* has a most fully replaced *Scilla amoena* in European parks and gardens.

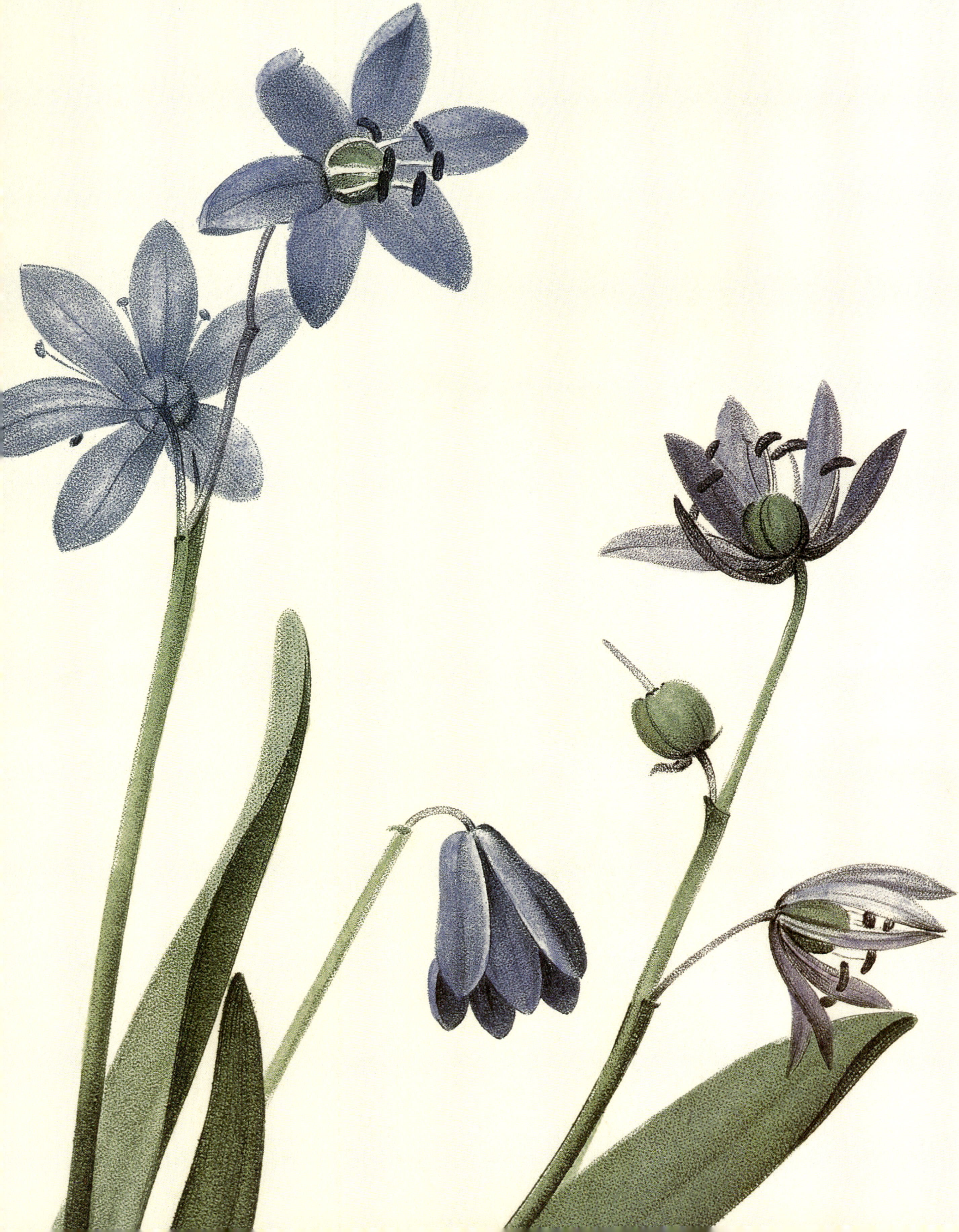

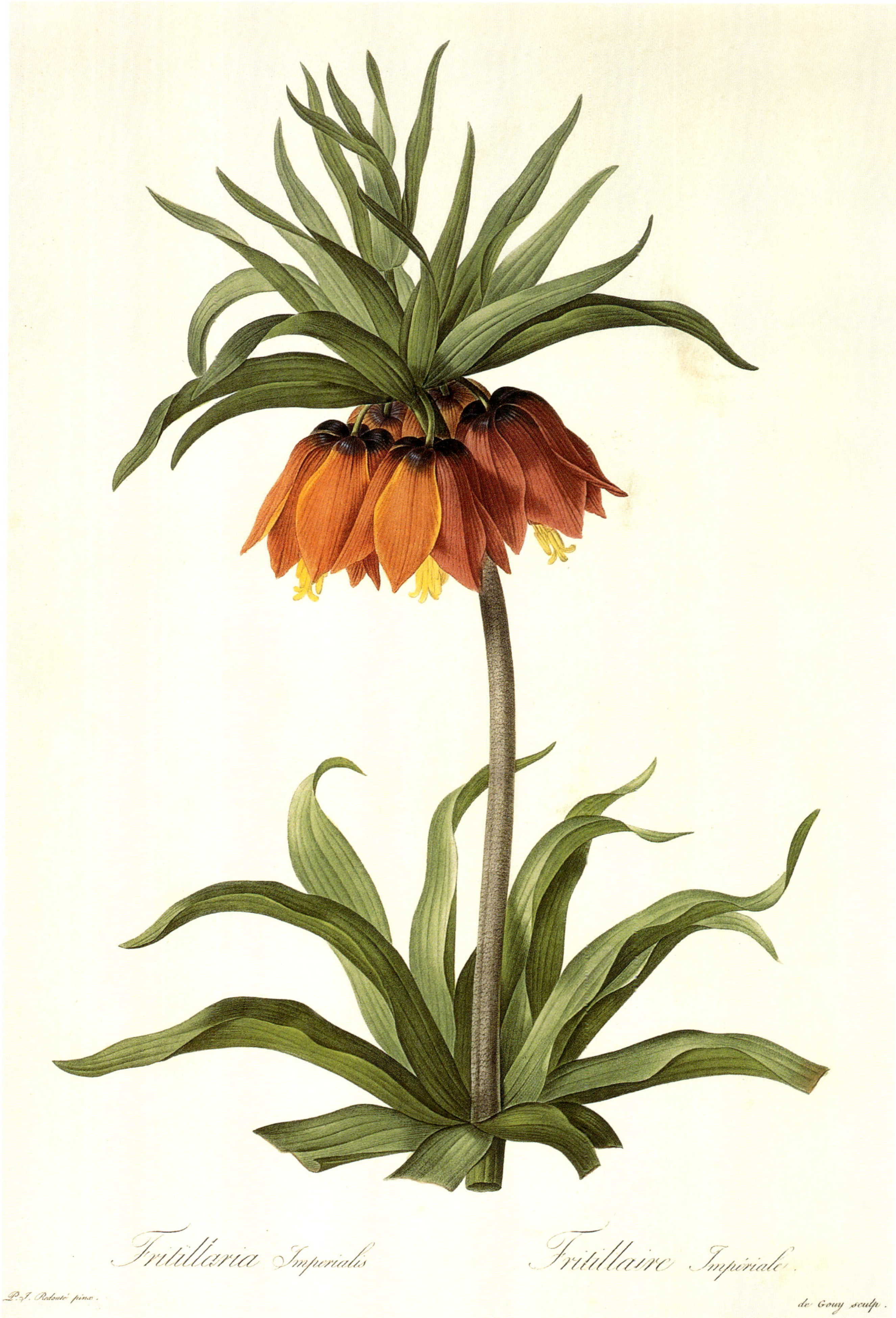

131

***Fritillaria imperialis* L. 1753 (Liliaceae)**

Crown Imperial | *Fritillaire impériale | Kaiserkrone, Kaiserliche Schachblume

Central & west Asia (Kashmir, Afghanistan, Iran, Turkistan, Turkey; origin probably in *Buchara fide*, Synge).

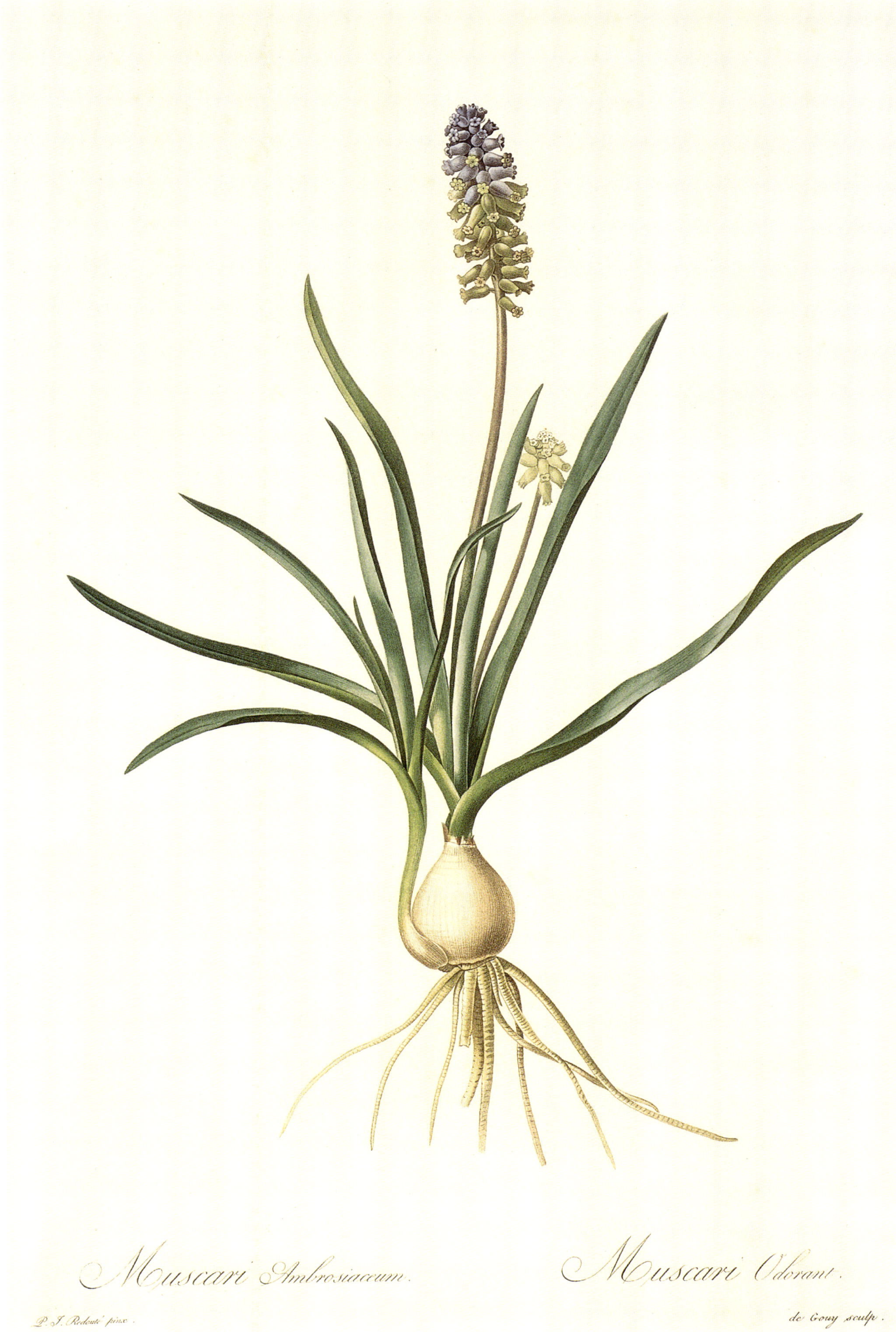

132

Muscari muscarimi Medik. 1791 (Hyacinthaceae)
(= *Hyacinthus muscari* L. 1753 = *Muscari moschatum* Willd. 1809)
Ambrosia-scented Grape Hyacinth | *Muscari odorant | Ambrosia-Träubelhyazinthe

West Asia (Anatolia). Naturalized in west Italy and Sicily. Turkish name of the present genus and species recorded by Clusius in 1601.

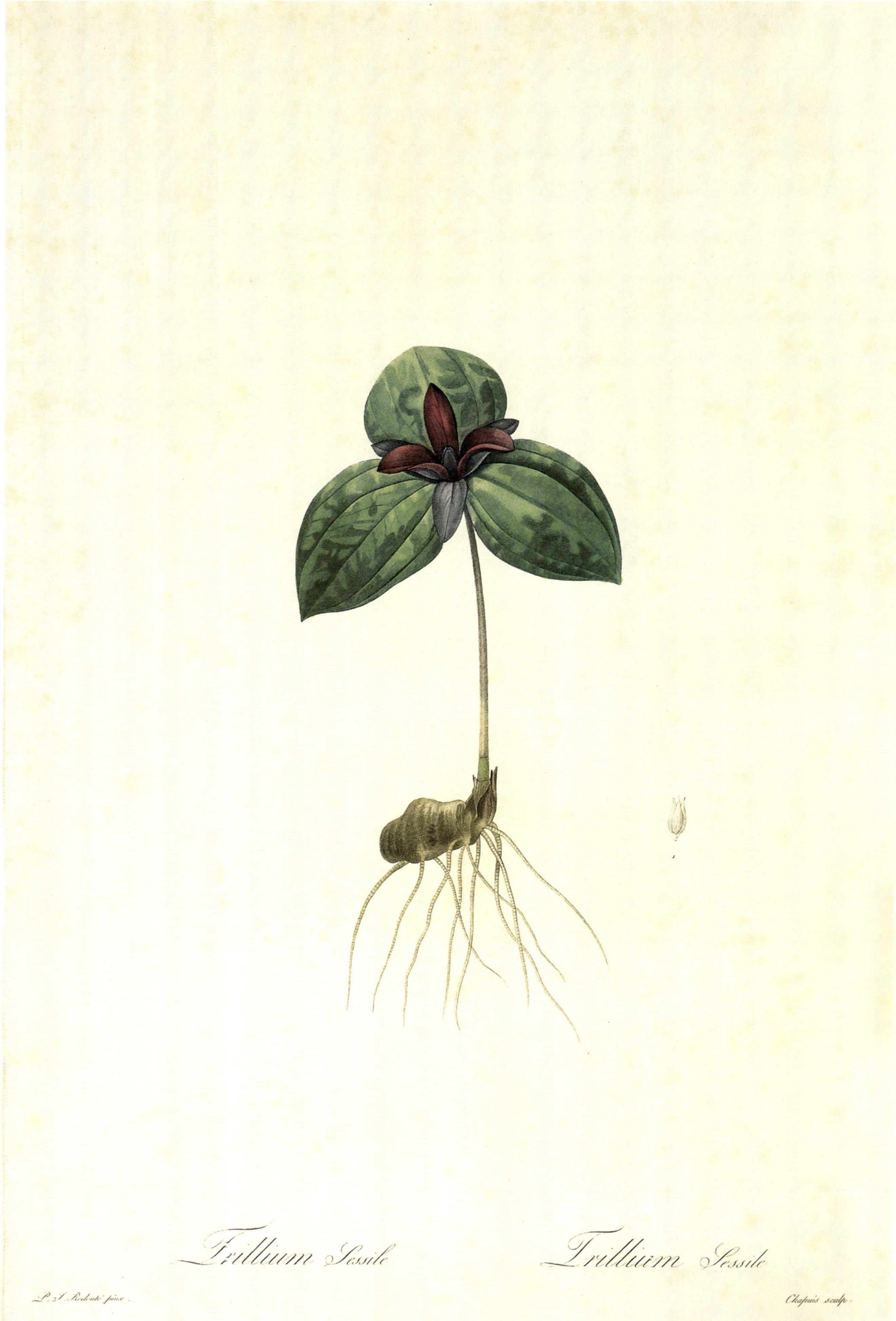

133

Trillium sessile L. 1753 (Trilliaceae)

Sessile Wake-Robin | *Trillium Sessile | Sitzblättrige Waldlilie

North America (eastern and central USA: from New York and Virginia in the east to Kansas and Arkansas in the west and northern Alabama in the south).

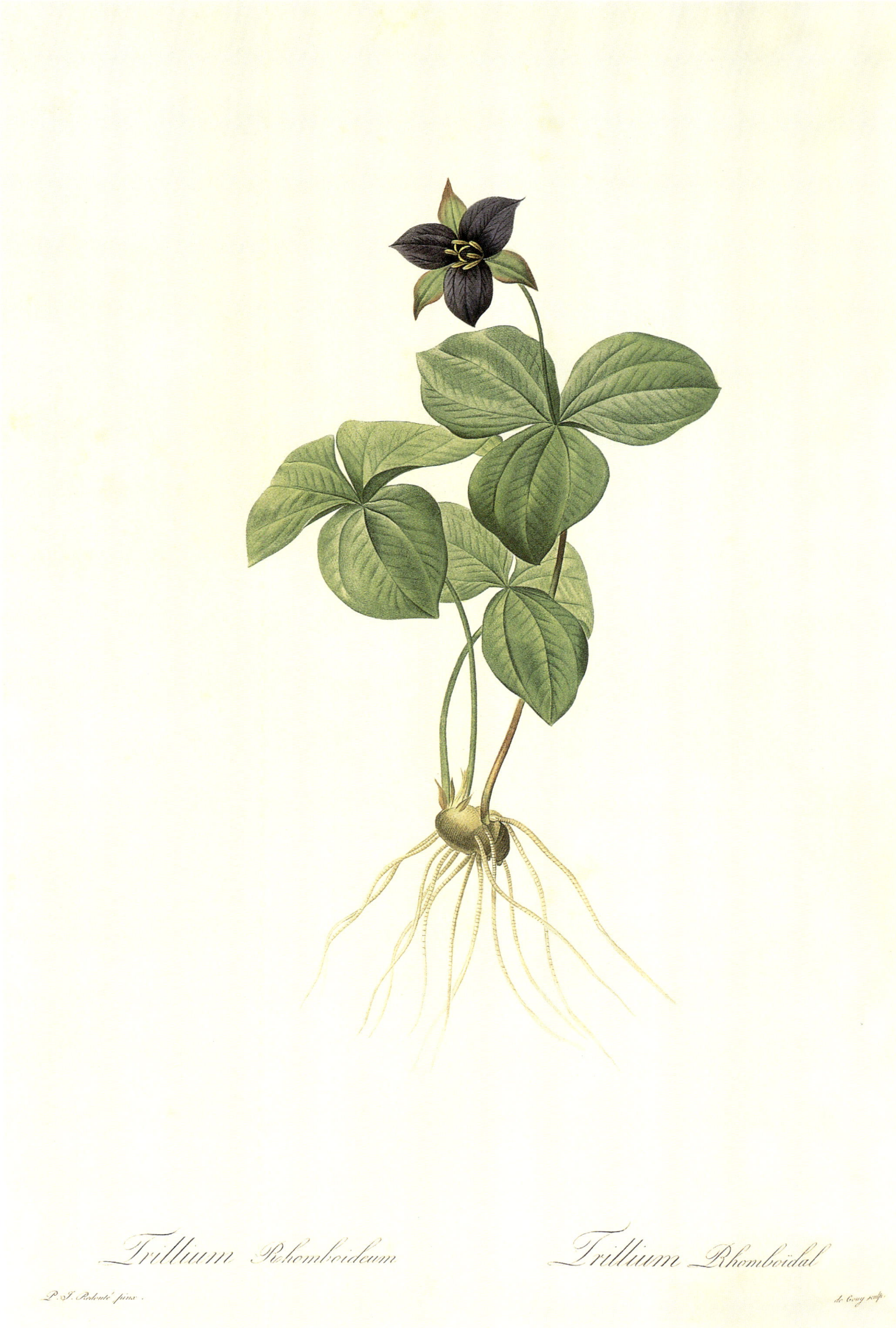

134

Trillium erectum L. 1753 (Trilliaceae)

Rhombic Wake-Robin | *Trillium rhomboïdal | Rhomben-Dreiblatt, Rhomben-Waldlilie

North America (Quebec to Ontario in eastern Canada and eastern USA: from Michigan, Pennsylvania and Delaware in the north to Alabama and Georgia in the south).

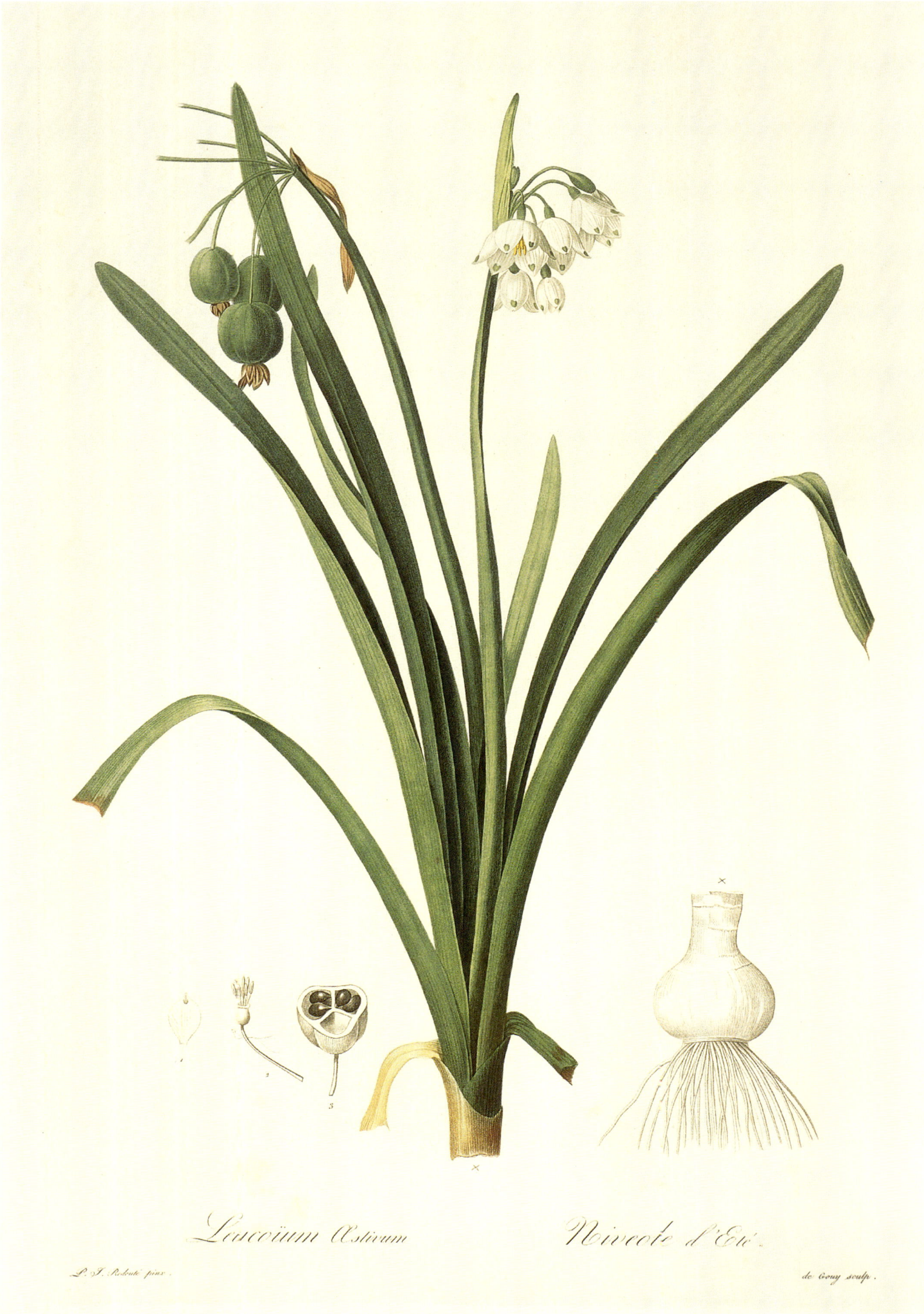

135

***_Leucojum aestivum_ L. 1759 (Amaryllidaceae)**

Summer Snowflake | *Nivéole d'été | Sommer-Knotenblume

Southern Europe (from the Baleares in the west to the European and northern Turkey in the east) radiating locally to Ireland in the northwest and to the southern margin of the Caspian Sea in Asia.

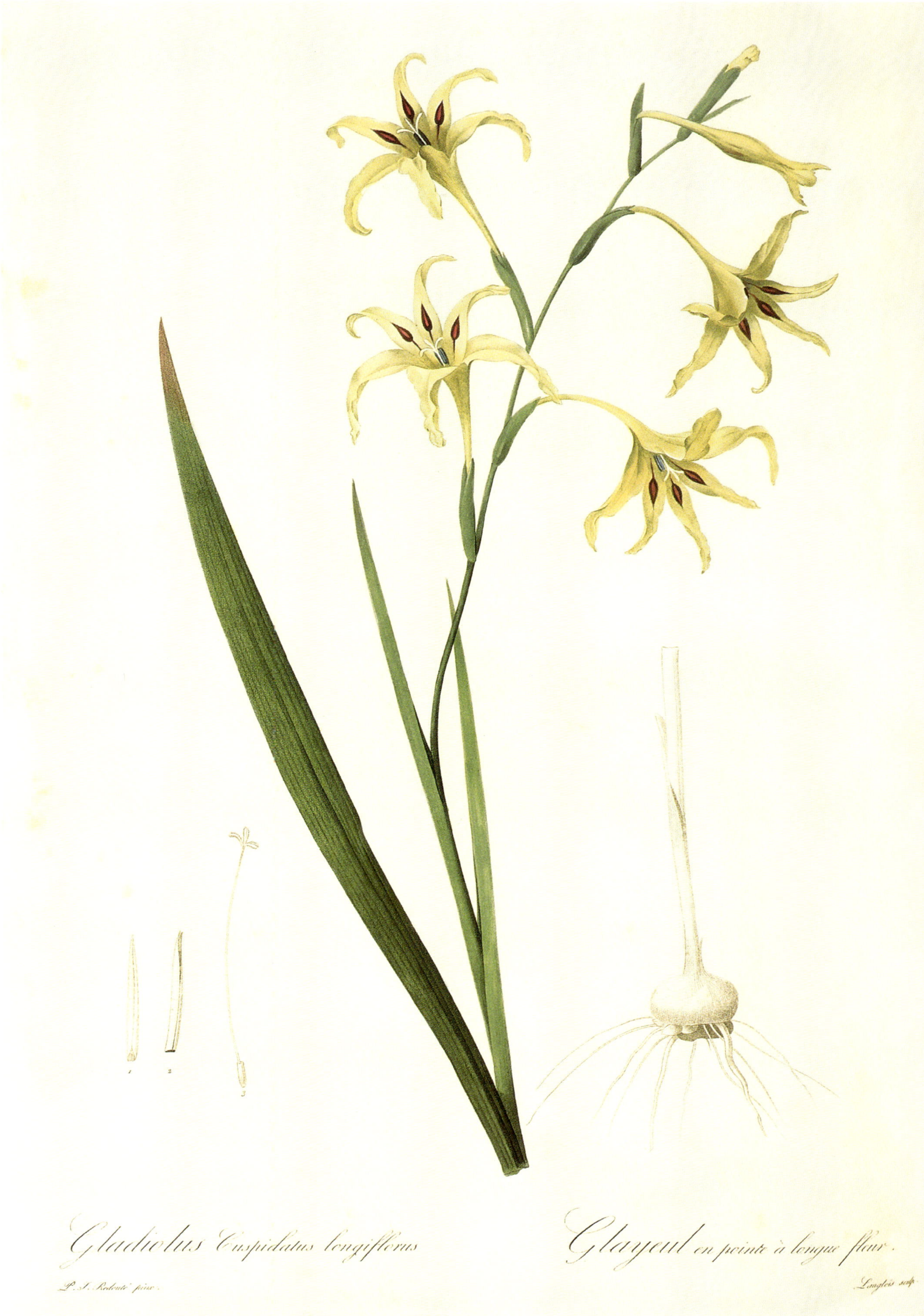

136

***Gladiolus undulatus* L. 1767 non Jacq. 1791 nec DC. in REDOUTÉ 1805 (Iridaceae)**

Undulated Painted Lady | *Glaïeul en pointe à longue fleur | Wellblütenblättrige Gladiole

Winter rainfall South Africa (Western Cape from Nieuwoudtville to the Cape Peninsula & eastwards to Hottentots-Holland). See pl. 36.

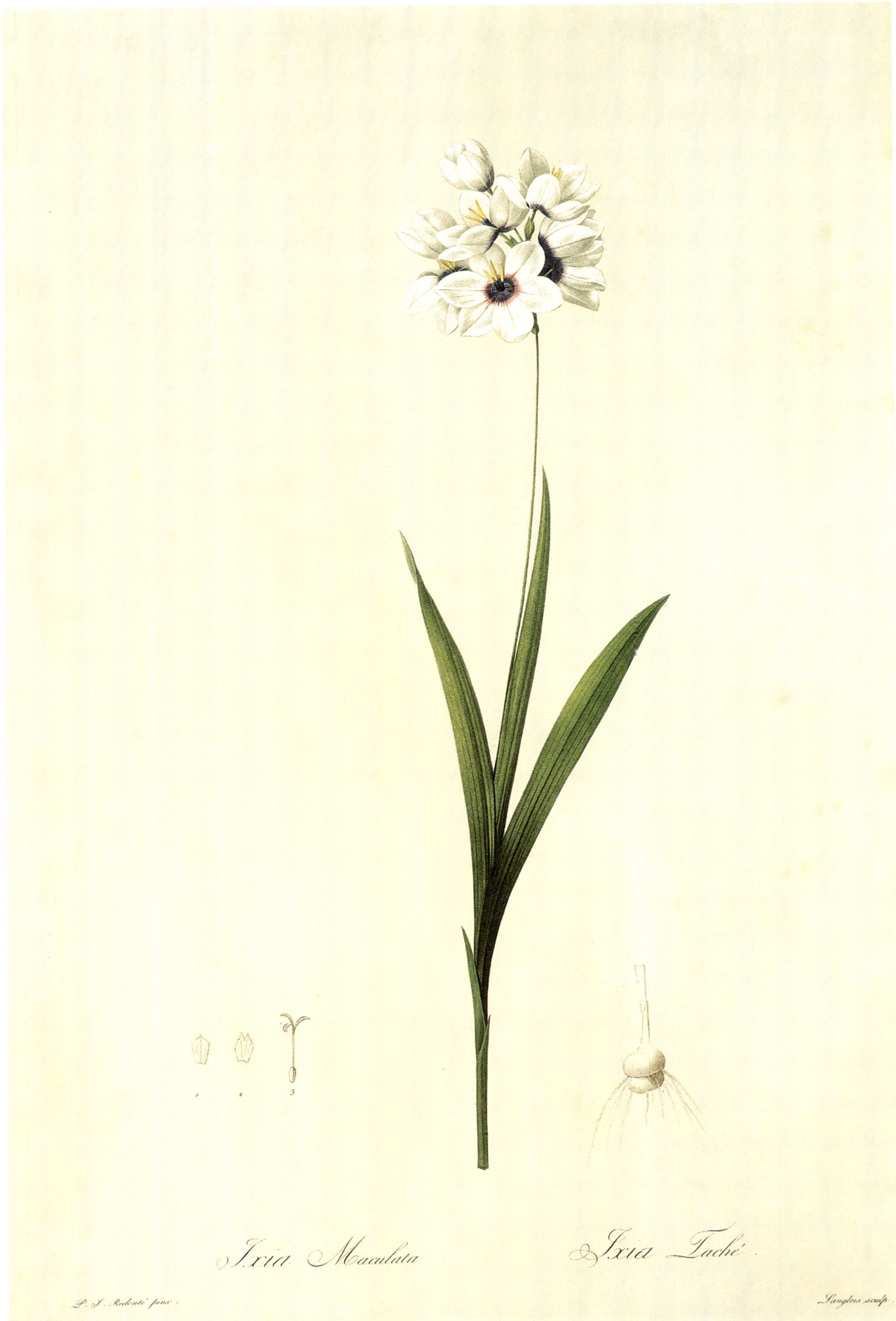

137

Ixia polystachya L. 1762 (Iridaceae)

Ixia with many spikes | *Ixia tachée | Vielährige Ixia

Winter rainfall South Africa (Western Cape: from Clanwilliam to the Cape Peninsula and eastwards to Caledon). Named after the Greek plant ἰξία = *Viscum*, see pl. 30.

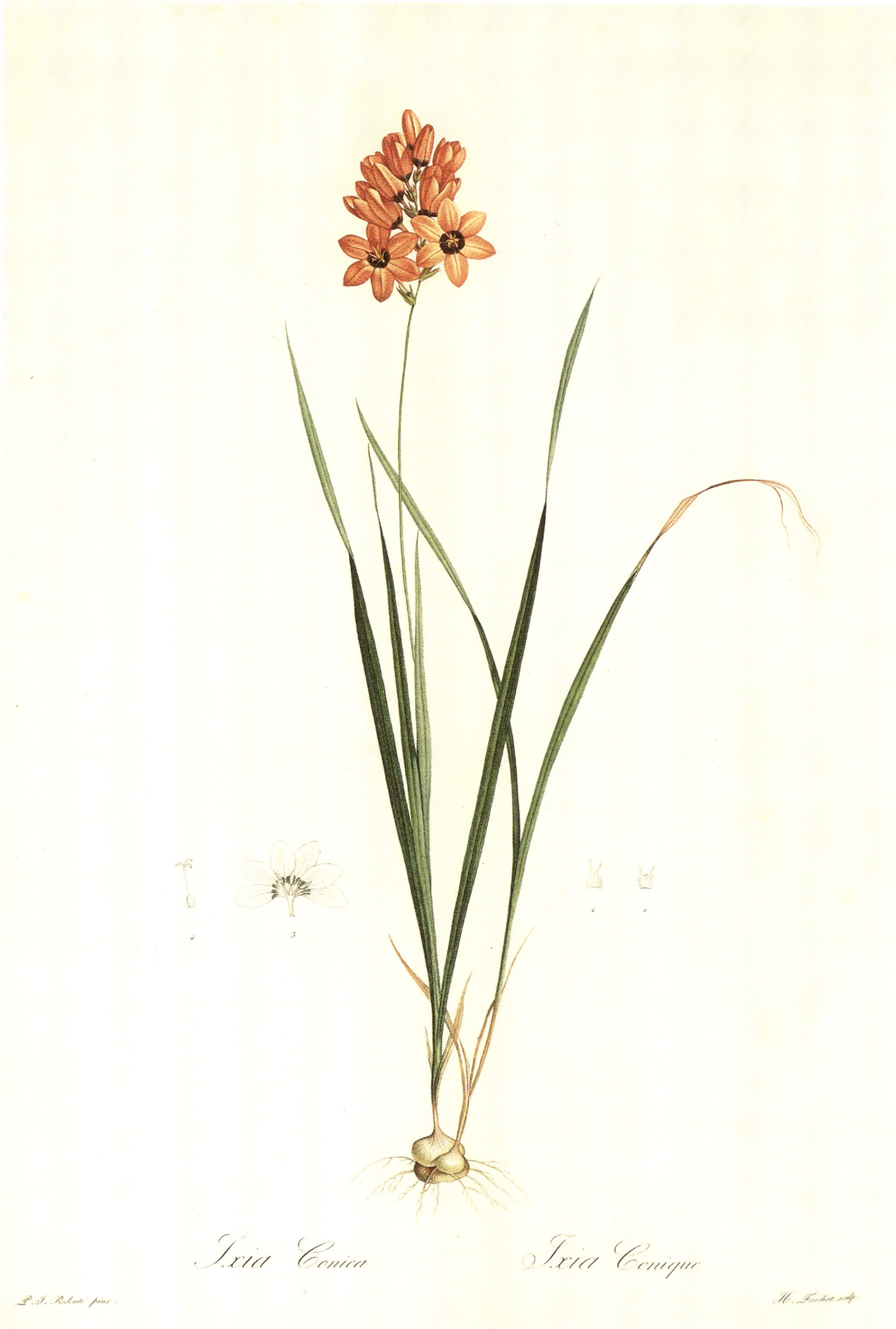

138

Ixia maculata L. 1763 (Iridaceae)

Maculate Ixia | *Ixia conique | Gefleckte Ixia

Winter rainfall South Africa (Western Cape: from Cape Town to Hopefield). Named after the Greek plant ιξια = *Viscum*, see pl. 30.

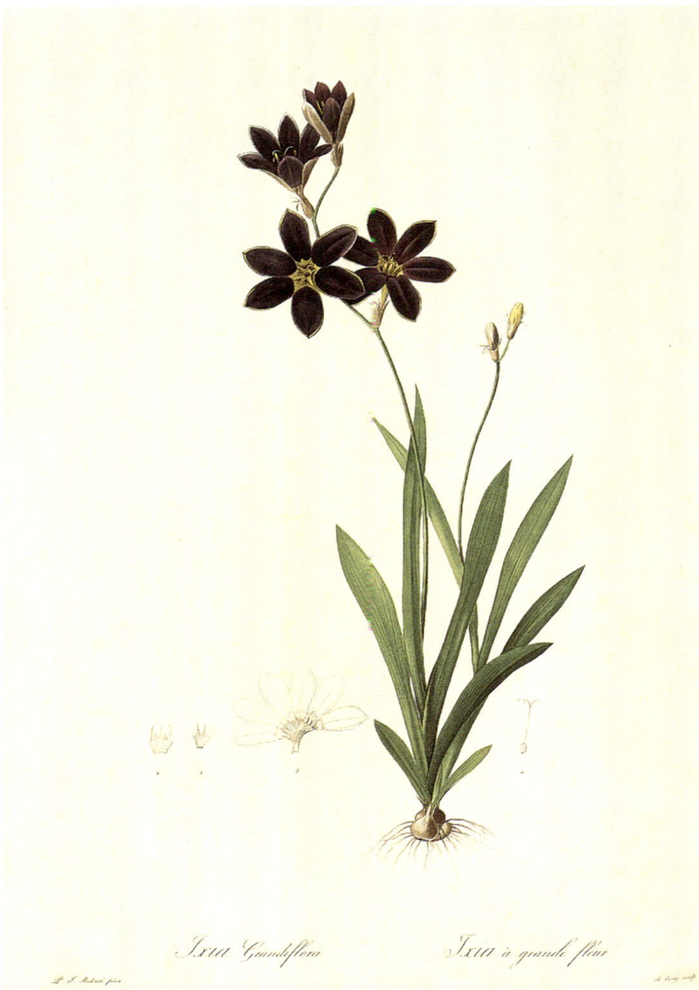

139

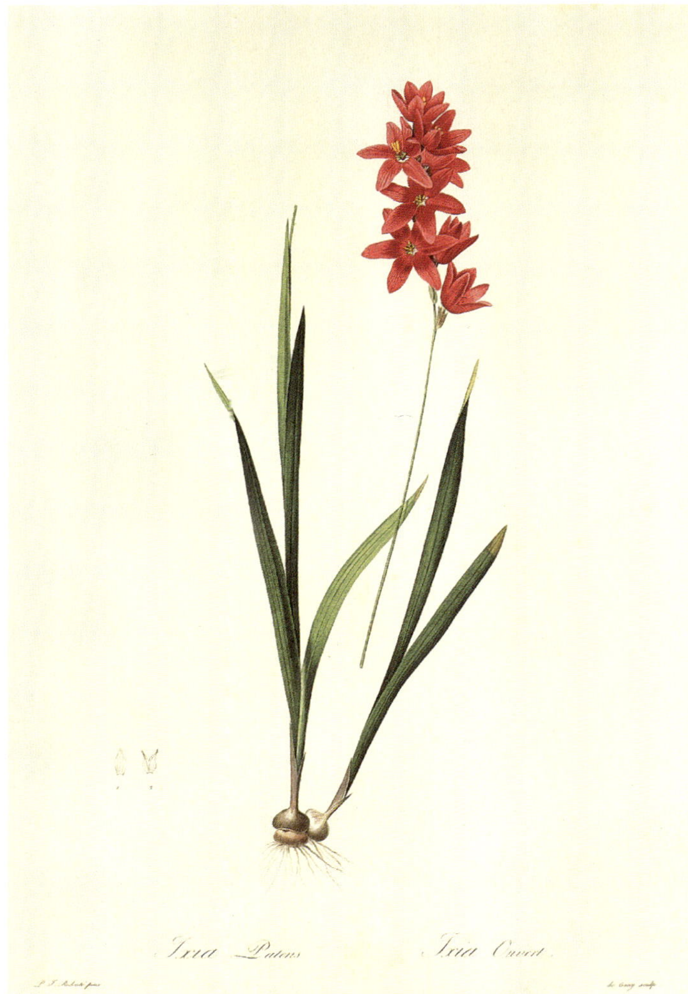

140

Sparaxis grandiflora **(D.Delaroche) Ker Gawl. 1804**
subsp. ***grandiflora*** **(Iridaceae)**

Large-flowered Sparaxis | *Ixia à grande fleur,
Sparaxis à grande fleur | Großblütige Sparaxis

South Africa (Western Cape around Tulbagh). See pl. 109, 362.

******Ixia patens*** **Aiton 1789 (Iridaceae)**

Yawning Ixia | *Ixia ouverte
Weitoffenblütige Ixia

Winter rainfall South Africa (Western Cape: from Clanwilliam in the north to Caledon in the southeast).
Named after the Greek plant *ιξια* = *Viscum*. See pl. 30, 425.

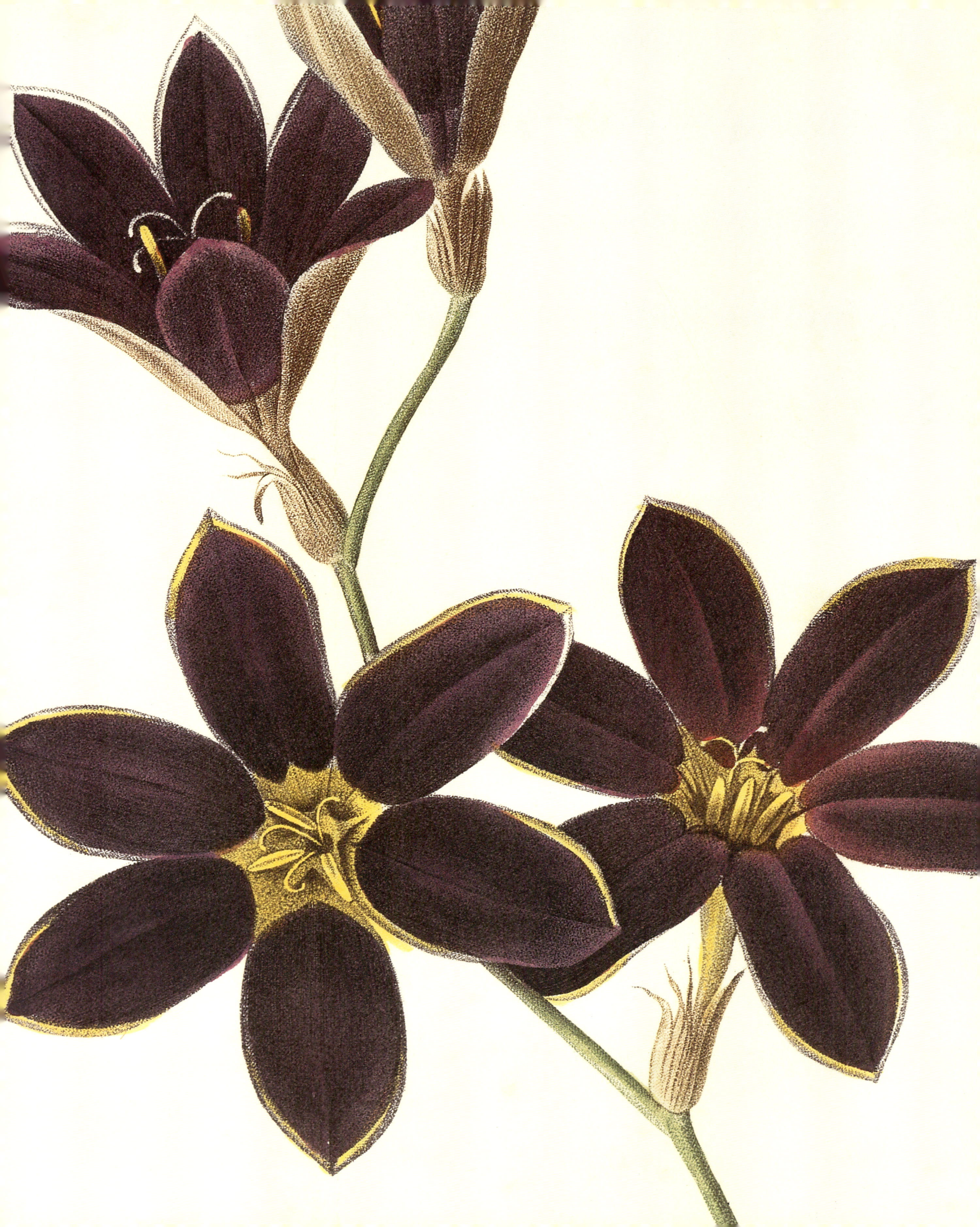

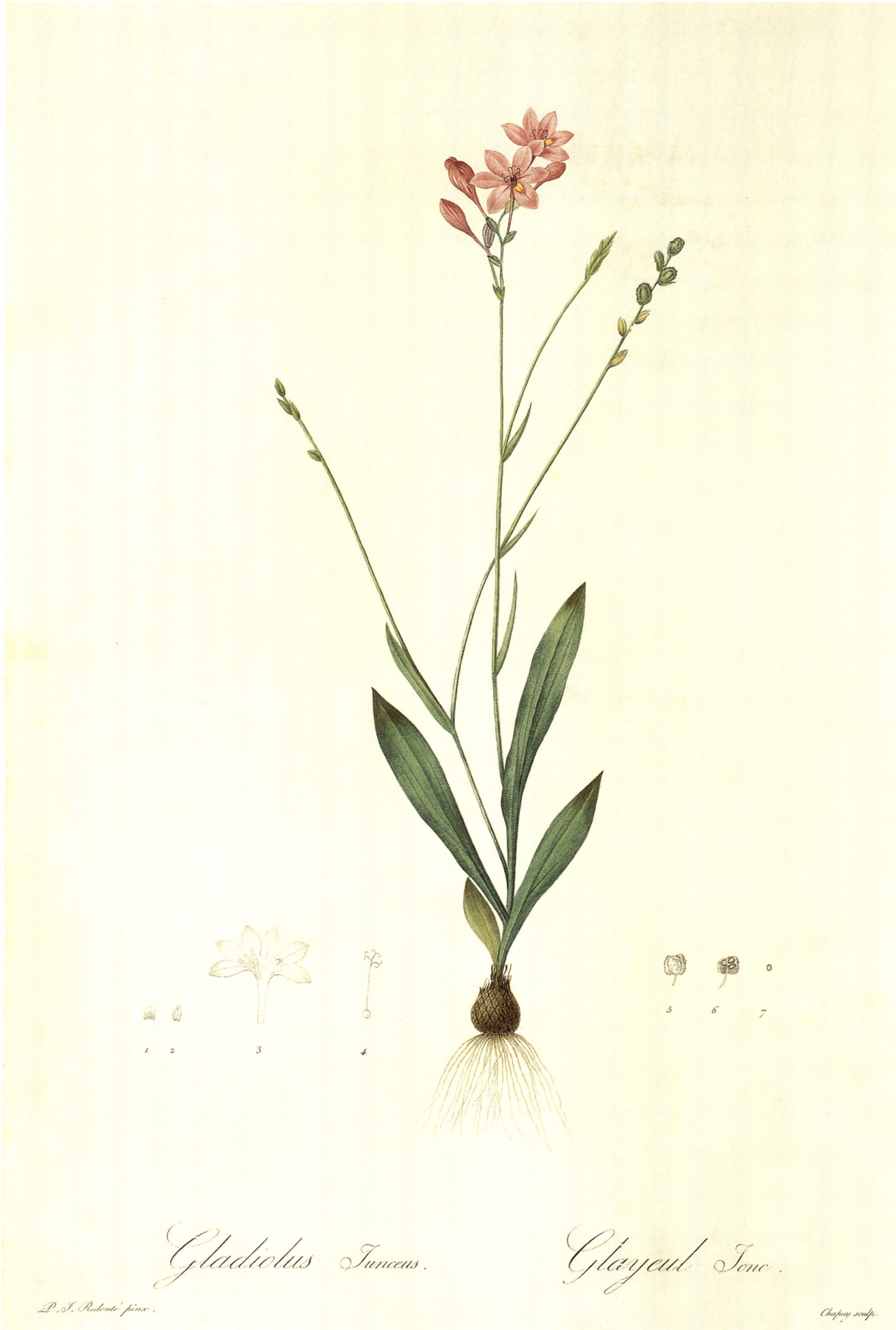

141

Anomatheca verrucosa (Vogel in Trew) Goldbl. 1971 (Iridaceae)
(= *Ixia verrucosa* Vogel in Trew 1784 = *Lapeirousia juncea* (L.f.) Ker Gawl. 1802)
Cut-leaved Anomatheca | *Glaïeul jonc | Warzige Sonderkapsel

Winter rainfall South Africa (Western Cape from Oudtshoorn eastwards to Avontuur and the Langkloof).

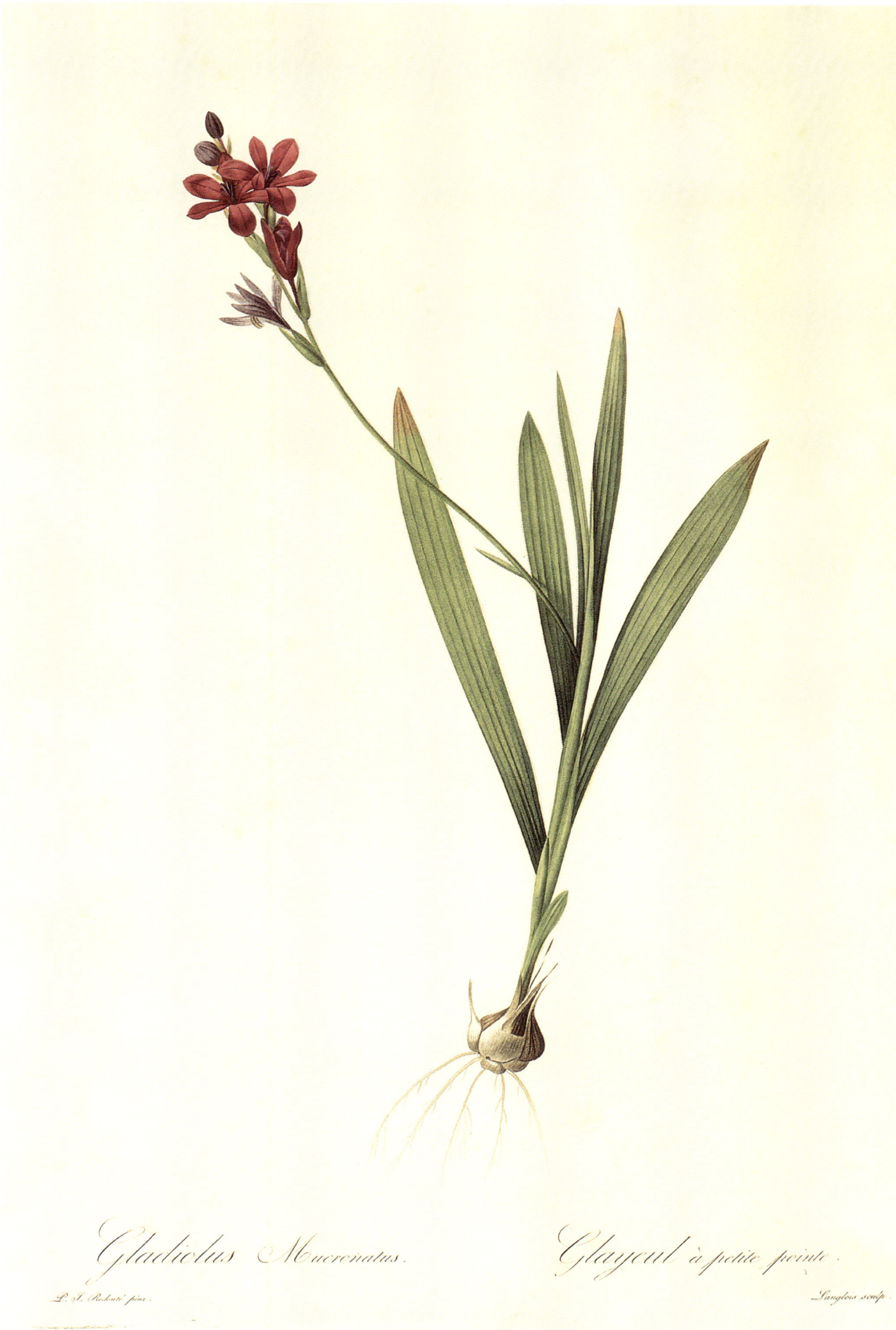

142

Babiana villosa (Aiton) Ker Gawl. 1802 (Iridaceae)
(= _Ixia villosa_ Aiton 1789)
Crimson Babiana | *Glaïeul à petite pointe | Zottige Babiana

Winter rainfall South Africa (Western Cape, from Tulbagh to Malmebury).

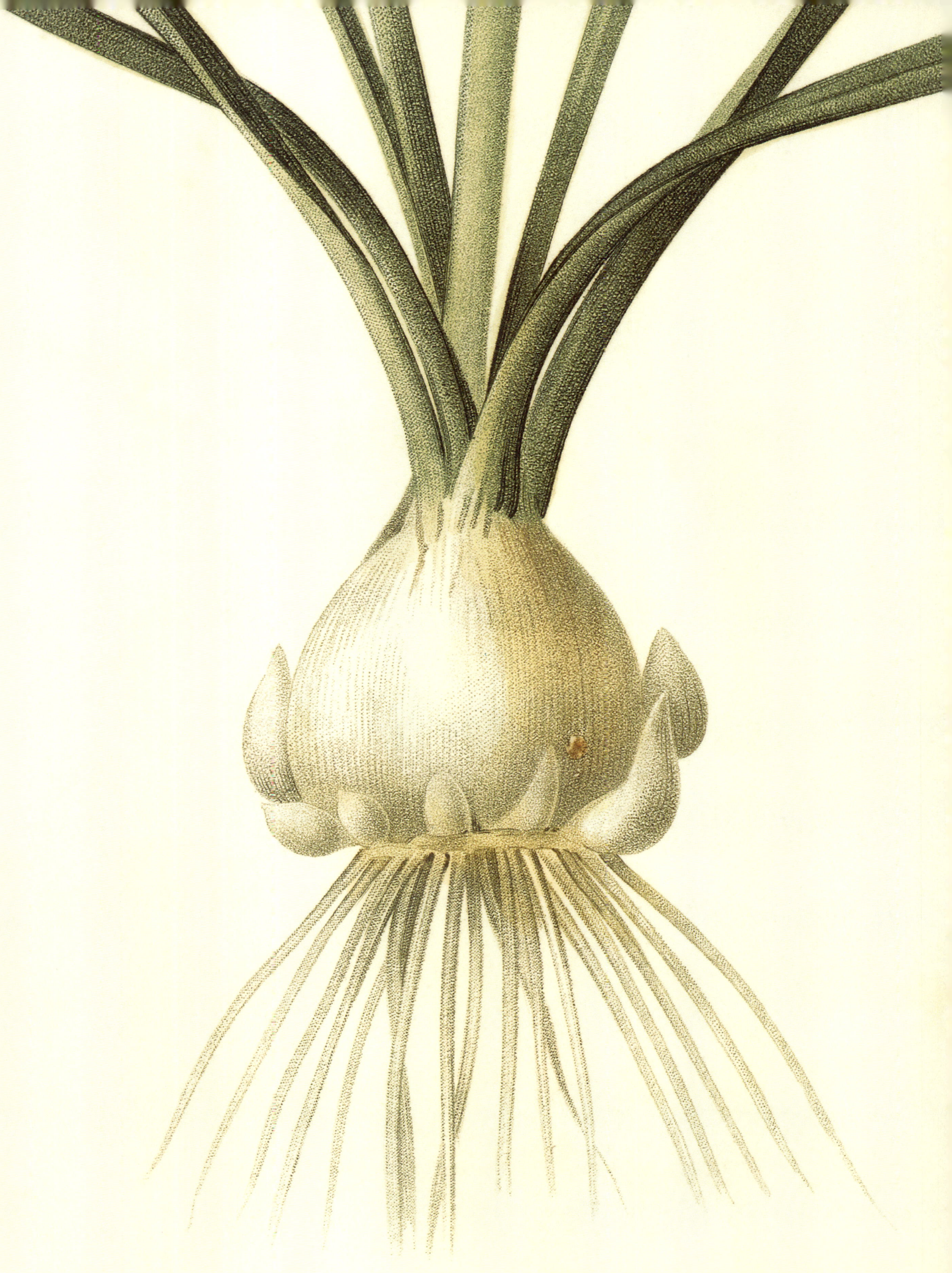

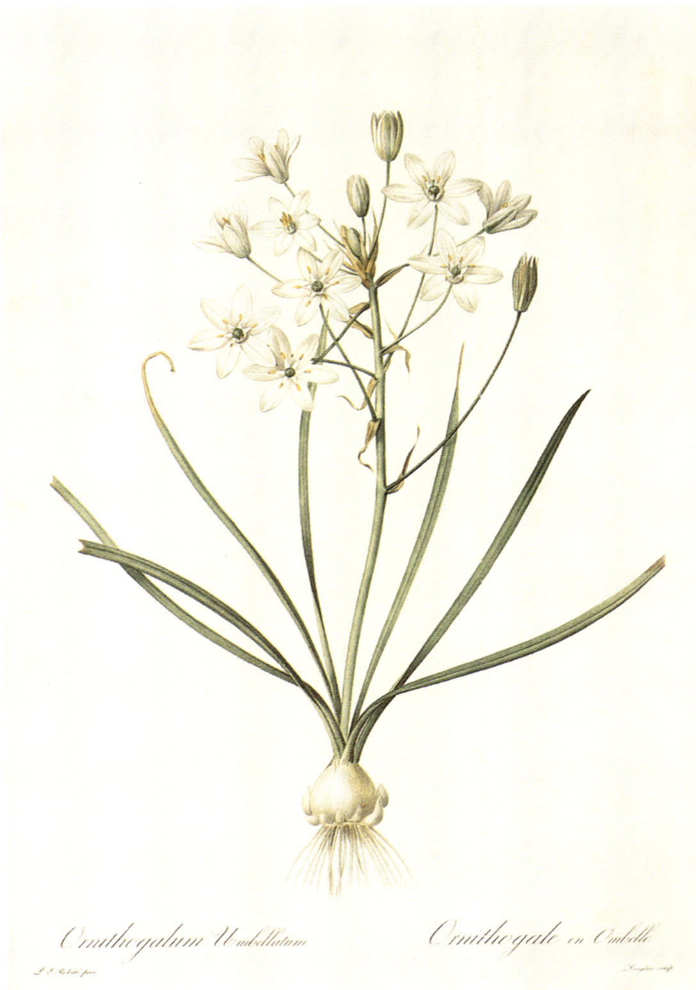

143

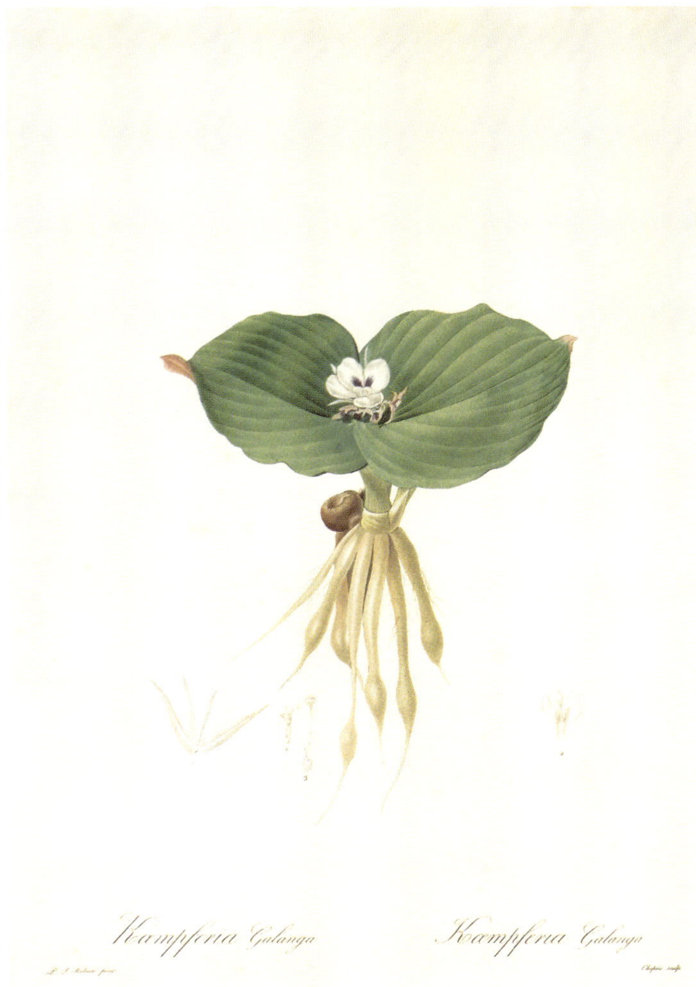

144

***_Ornithogalum umbellatum_ L. 1753 (Hyacinthaceae)**

Umbellate Star-of-Bethlehem | *Ornithogale en ombelle

Doldiger Milchstern

South and southern central Europe (from Portugal in the west to the European Turkey in the east, and Holland, Belgium, Germany in the north) to Circummediterranean (Morocco to Syria and Turkey).

***_Kaempferia galanga_ L. 1753 (Zingiberaceae)**

Galanga, Galingale | *Kaempferia galanga

Galgant-Gewürzlilie

Tropical Asia (India, Malaysia). Named for the German physician, botanist, and traveler Engelbert Kämpfer (1651–1716), who visited Japan in 1690–1692, see pl. 49.

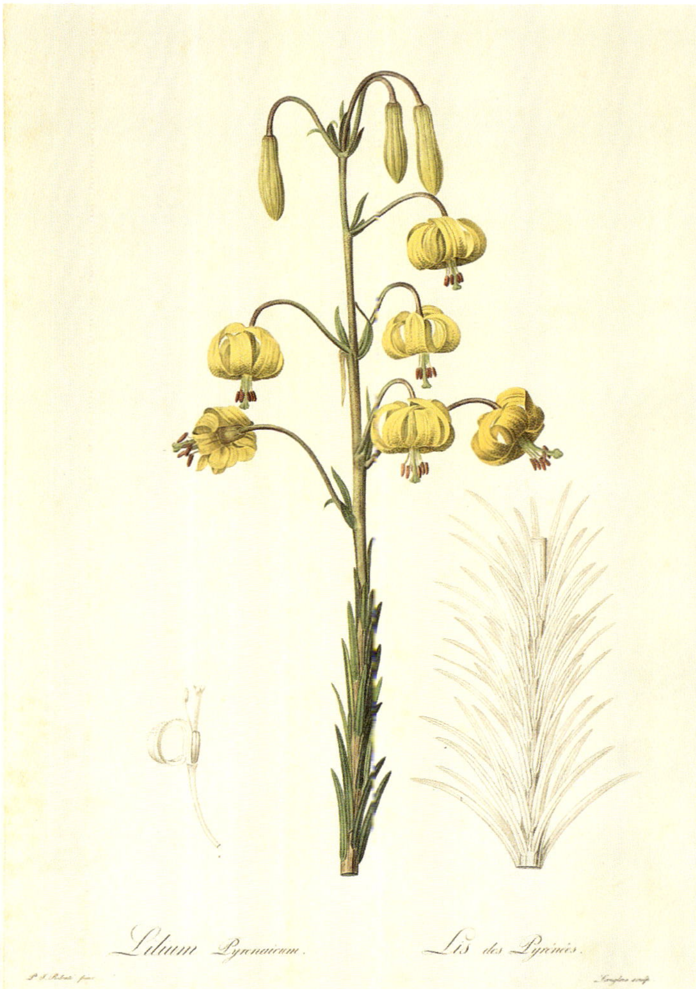

145

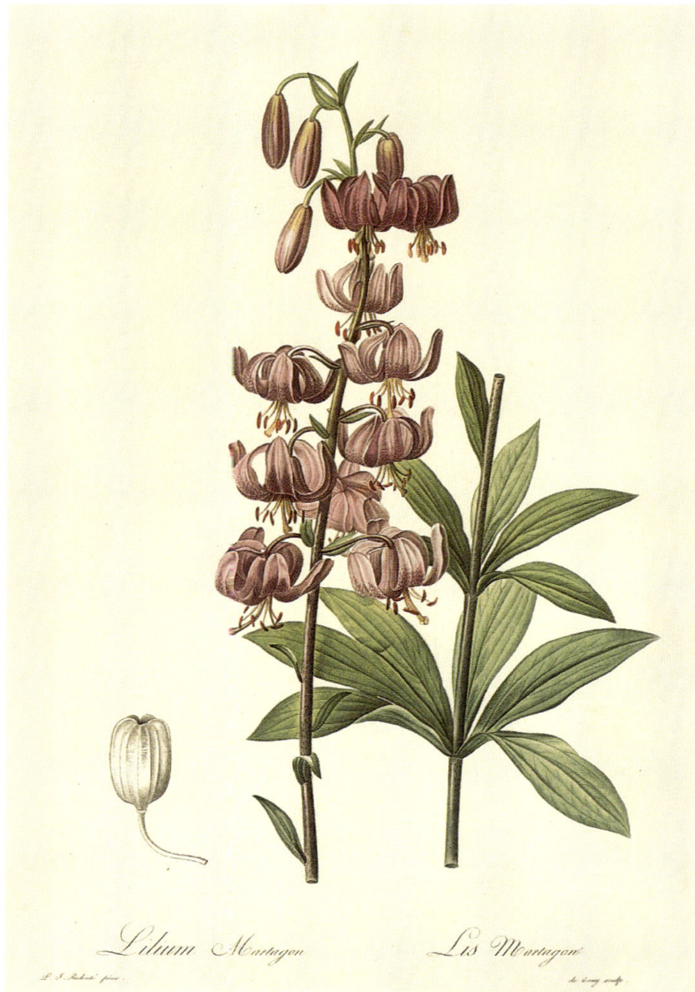

146

Lilium pyrenaicum Gouan 1773 (Liliaceae)

Pyrenean Lily | *Lis des Pyrénées | Pyrenäen-Lilie

Southwest Europe (southern France and northern Spain).

**Lilium martagon* L. 1753 (Liliaceae)

Martagon Lily | *Lis martagon, Lis turban | Türkenbund-Lilie

Central and south Europe (from France and Portugal in the west to the Ural in the east) and Transcaucasia in Asia. In Siberia it is represented by *L. m.* subsp. *pilosiusculum*.

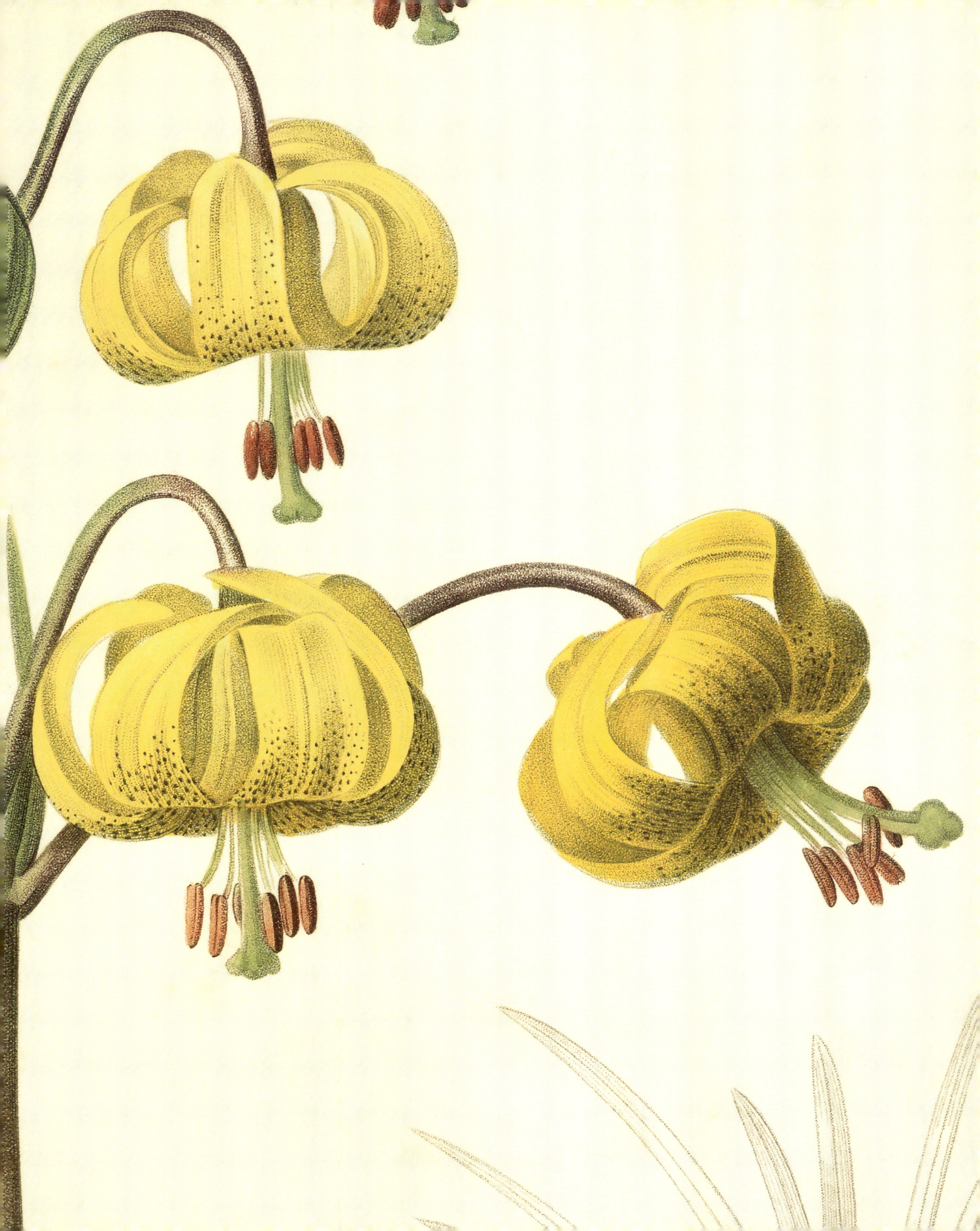

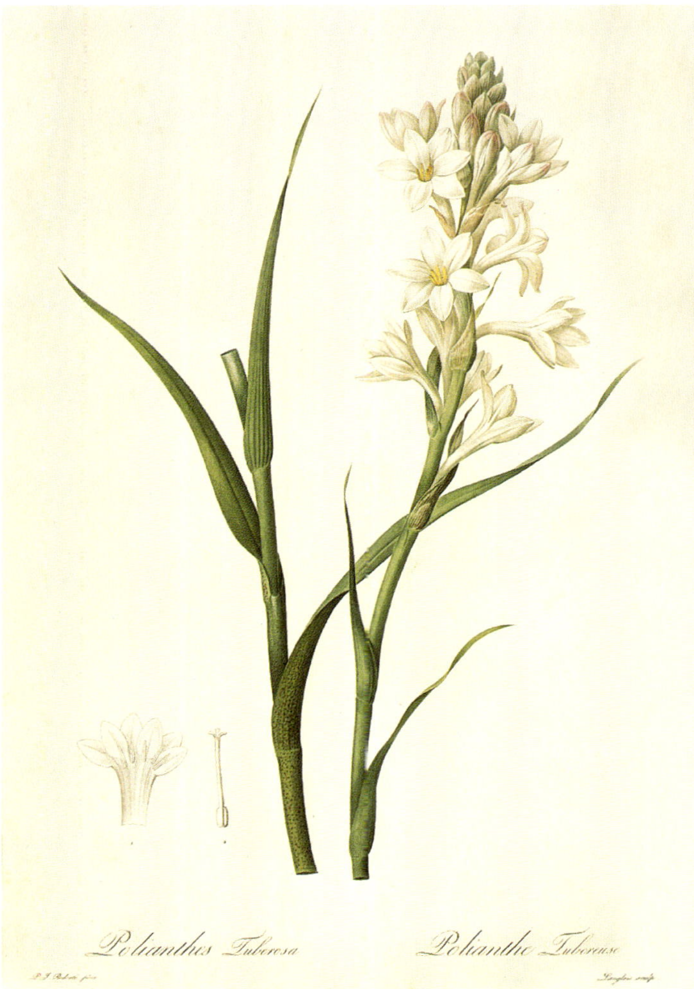

147

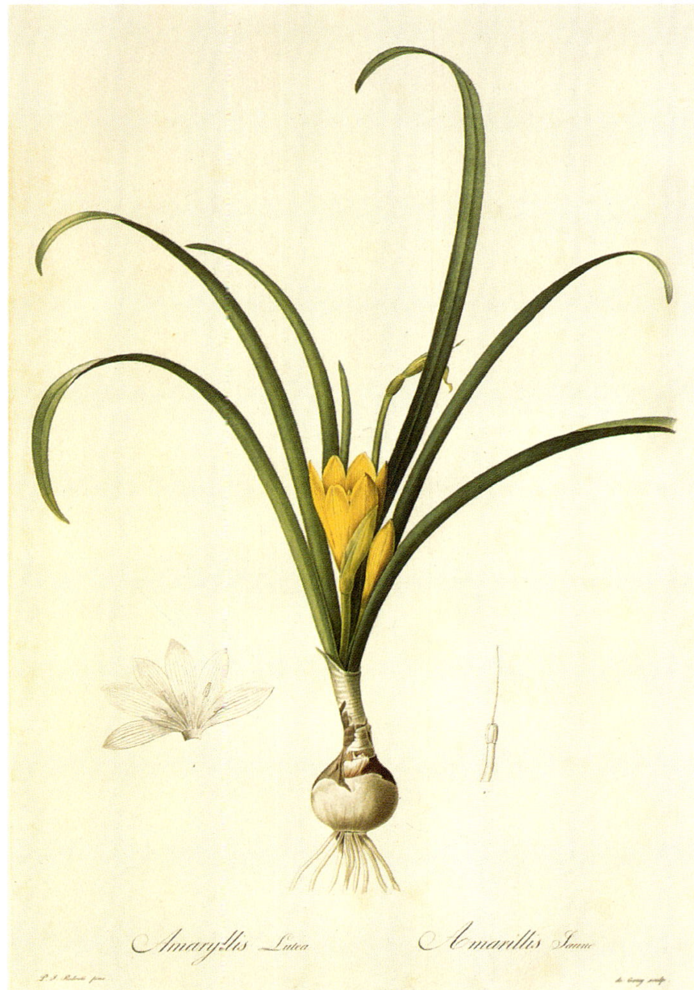

148

***Polianthes tuberosa* L. 1753**
(Agavaceae)
Tuberose | *Polianthe tubéreuse
Tuberose

Only known in cultivation. Origin probably North America (Mexico).

***Sternbergia lutea* (L.) Ker Gawl. ex Spreng. 1825**
(Amaryllidaceae)
Common Winter Daffodil | *Amaryllis jaune
Gewöhnliche Altwelt-Gewitterlilie

Sub Circummediterranean (in south Europe absent as indiginous plant from France, Corsica, and European Turkey; in northern Africa indiginous only in Tunesia; in Asia only in Asia Minor). Named for the Austrian botanist, Count Kaspar von Sternberg (1761–1838).

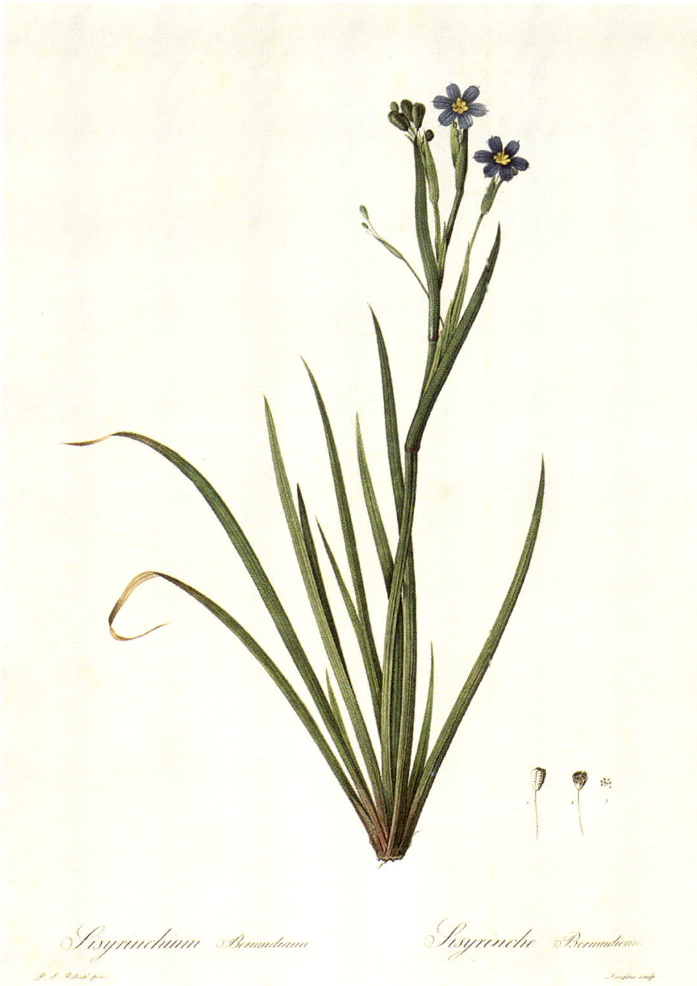

149

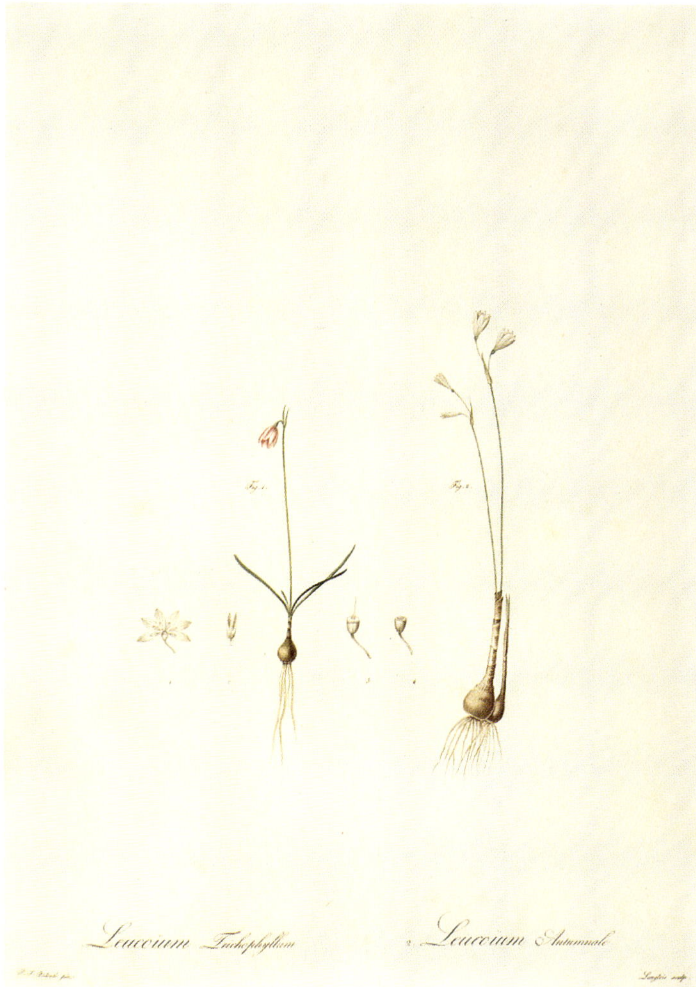

150

***Leucojum roseum* F.Martin 1804 (Amaryllidaceae)**

Rose Snowflake | Nivéole à fleurs roses

Rosa Knotenblume

South Europe (central Mediterranean region: Corsica, Sardinia).

****Sisyrinchium bermudianum* L. 1753 (Iridaceae)**

Bermuda Sisyrinchium | *Sisyrinche bermudienne

Bermuda-Binsenlilie

Central (West Indies) and North America (eastern USA) and in Europe considered native in Ireland. Naturalized in France.

****Leucojum autumnale* L. 1753 (Amaryllidaceae)**

Autumn Snowflake | *Nivéole automnale

Herbst-Knotenblume

West Mediterranean region (in Europe from Portugal and Spain to Sardinia and Sicily; and in north Africa from Morocco to Tunesia).

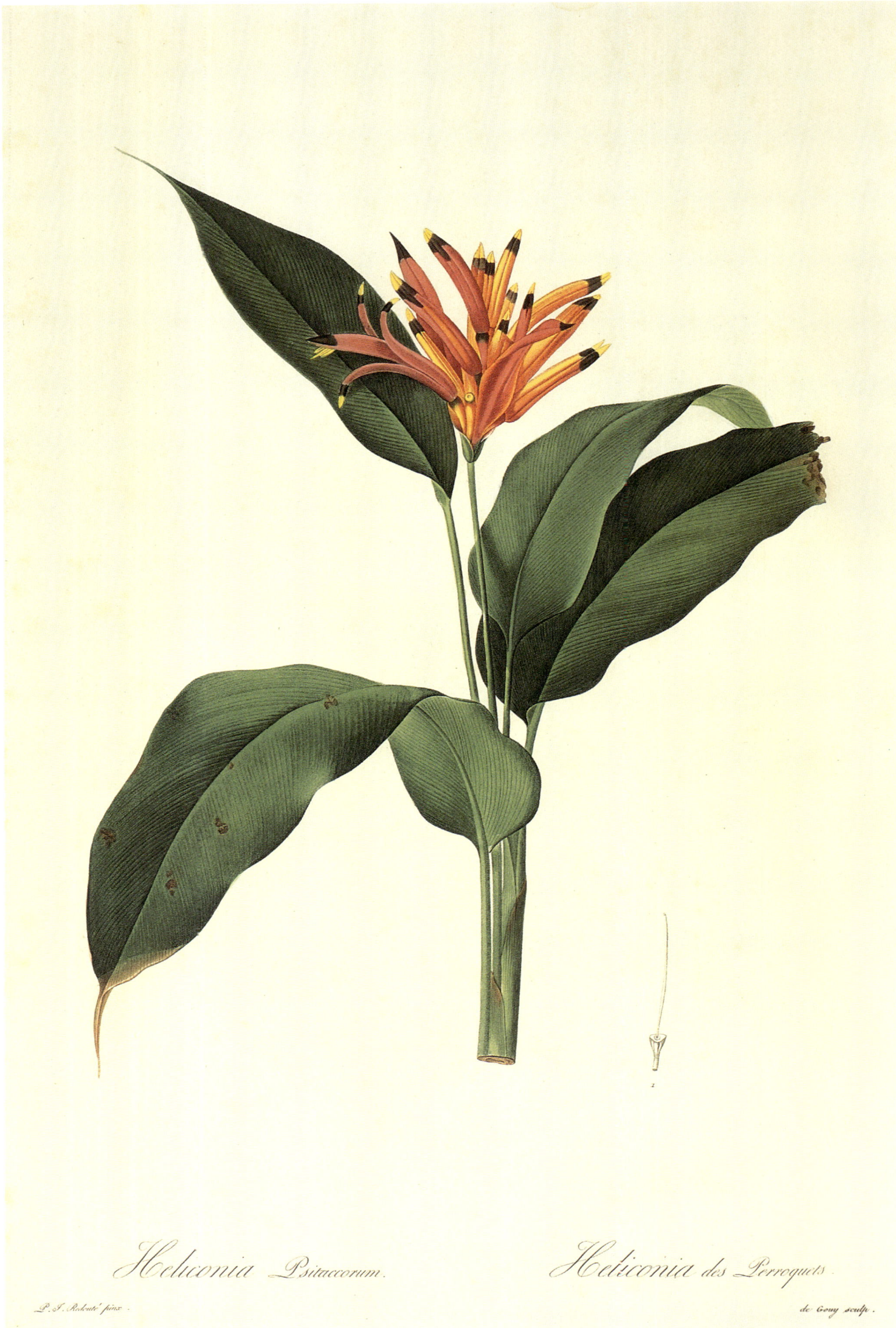

Heliconia psittacorum L.f. 1782 [1781] (Musaceae)

Parrot's Flower | *Heliconia des perroquets | Papageien-Heliconie

Central (West Indies) and South America (Guiana, Brazil, Paraguay).

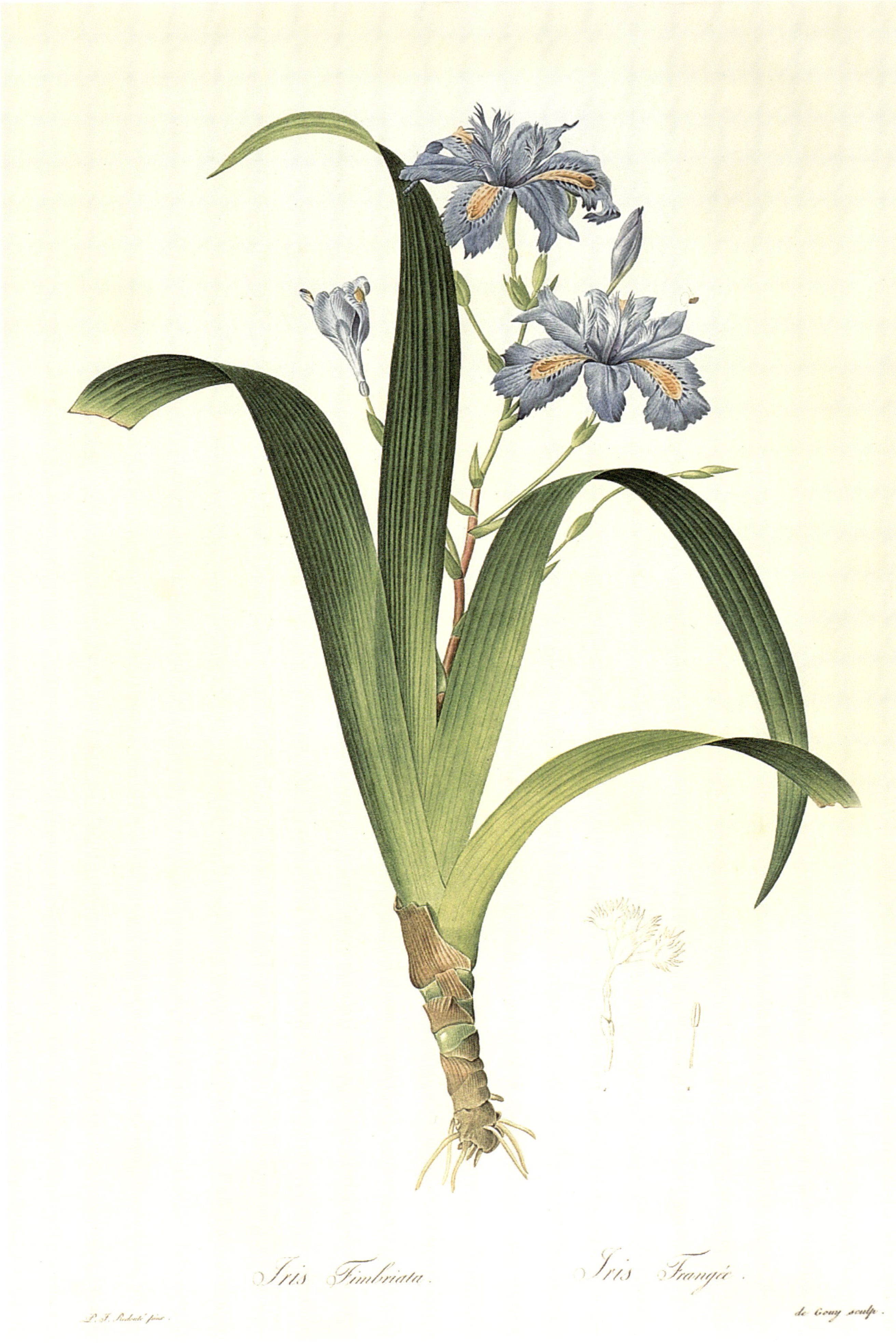

152

Iris japonica Thunb. 1794 (Iridaceae)
Japanese Iris | *Iris frangée | Japanische Schwertlilie

East Asia (Japan and China).

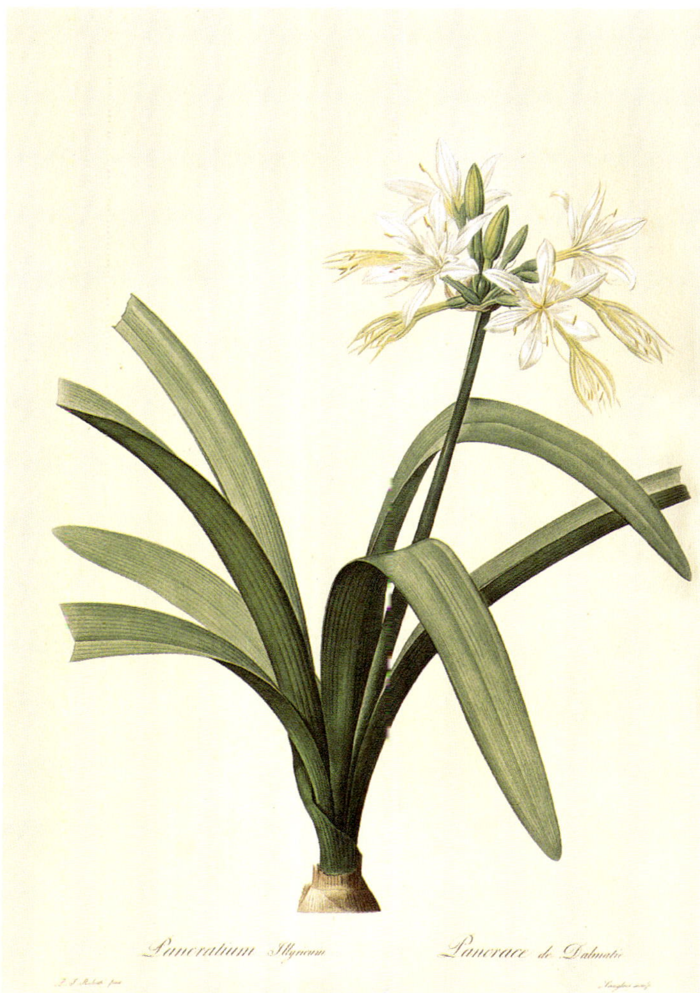

153

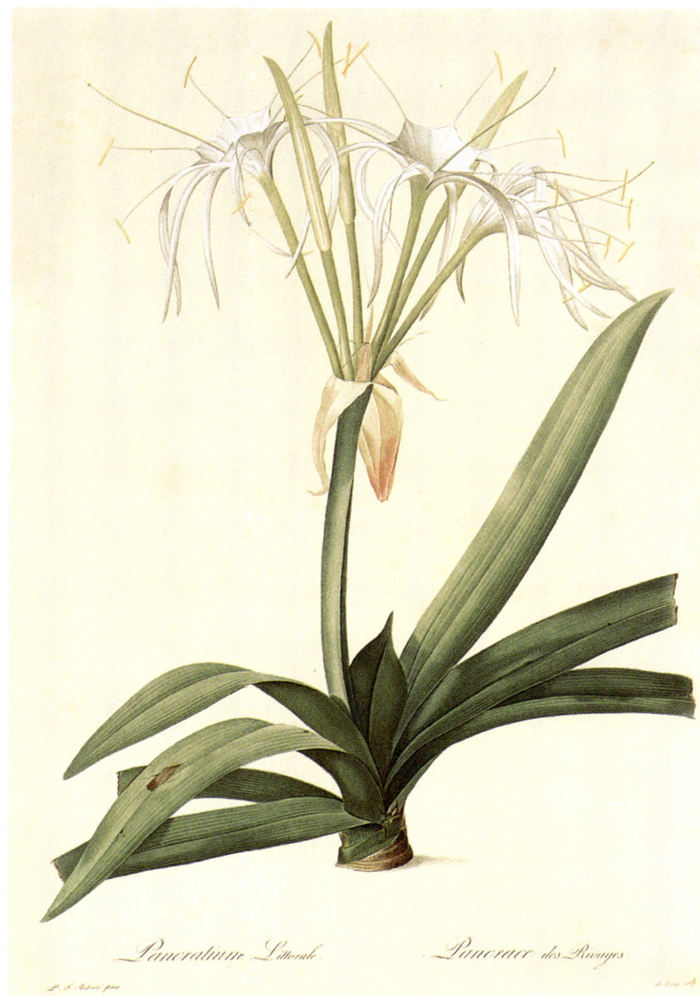

154

**Pancratium illyricum* L. 1753 (Amaryllidaceae)

Thyrrhenian Pancratius Lily

*Pancrace de Dalmatie, Pancrace tyrrhénien

Tyrrhenische Pankrazlilie

South Europe (Central Mediterranean region: Corsica, Sardinia, Capri, and a small territory of adjacent Italy, but not in Illyria). Note: The specific adjective *illyricum* is badly choosen: Linnaeus 1753 followed Bauhin, but he puts a question mark: Habitat in Illyria?

Hymenocallis littoralis (Jacq.) Salisb. 1812 (Amaryllidaceae)

Coastal New World Pancratius Lily

*Pancrace des rivages, Nouveau-Monde-Pancrace des rivages

Küsten-Neuwelt-Pankrazlilie

Central and northern South America (Mexico, Colombia, Guiana). *H. senegambica* from west Africa is by several authors not considered as a distinct species but as belonging to *H. littoralis*. Note: The leaves are too broad and too short for typical *H. littoralis*, but we follow DC. and Sealy (1954).

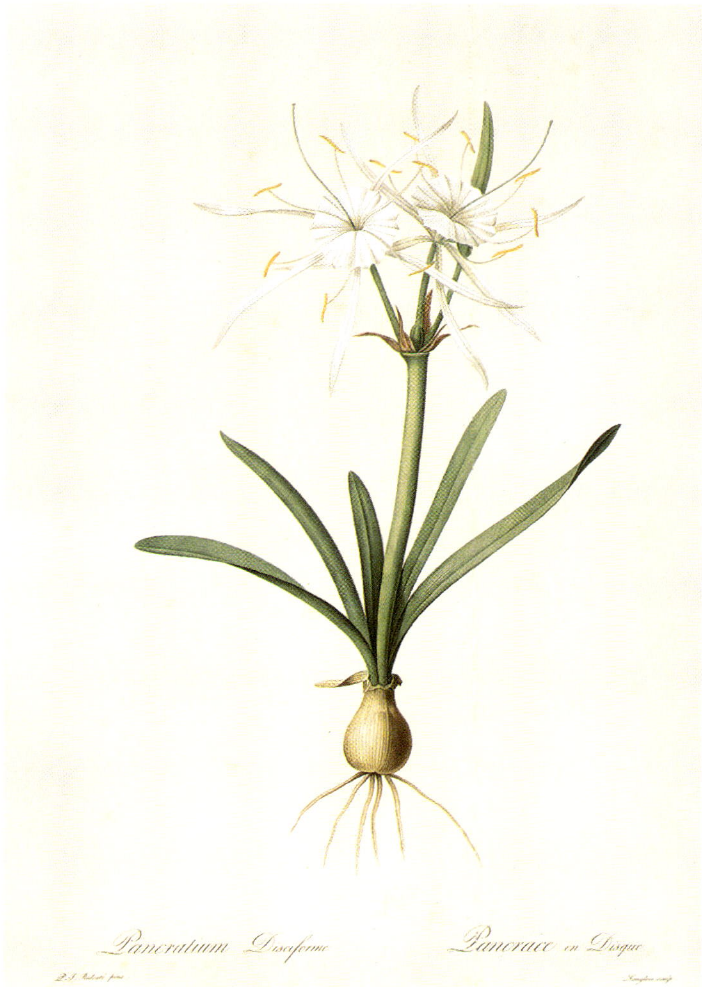

155

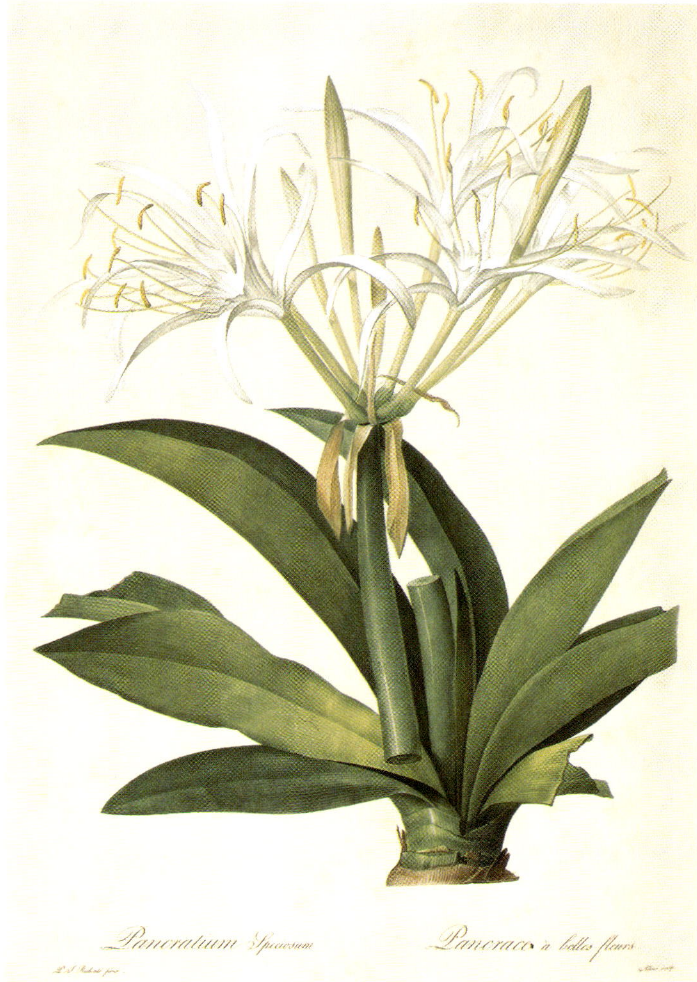

156

***Hymenocallis rotata* (Ker Gawl.) Herb. 1821**
(Amaryllidaceae)
(= *Pancratium rotatum* Ker Gawl.1805)
Rotate New World Pancratius Lily
*Pancrace en disque, Nouveau-Monde-Pancrace en disque
Radförmige Neuwelt-Pankrazlilie

North America (southeastern USA: from Missouri in the northwest to North Carolina in the east and Florida in the south), perhaps also on Jamaica, Cent-al America.

***Hymenocallis caribaea* (L.) Herb. 1821 (Amaryllidaceae)**
(= *Pancratium caribaeum* L. 1753 = *Hymenocallis speciosa*
(Salisb.) Salisb. 1812)
Caribbean New World Pancratius Lily
*Pancrace à belles fleurs
Karibik-Neuwelt-Pankrazlilie

Central America (West Indies). Note: Sealy (1954) cites pl. 156 under *H. caribaea,* whereas Baker (1888) simply omits to cite this plate under any species. We agree with both authors that pl. 412 represents typical *H. speciosa*. See pl. 358, 413.

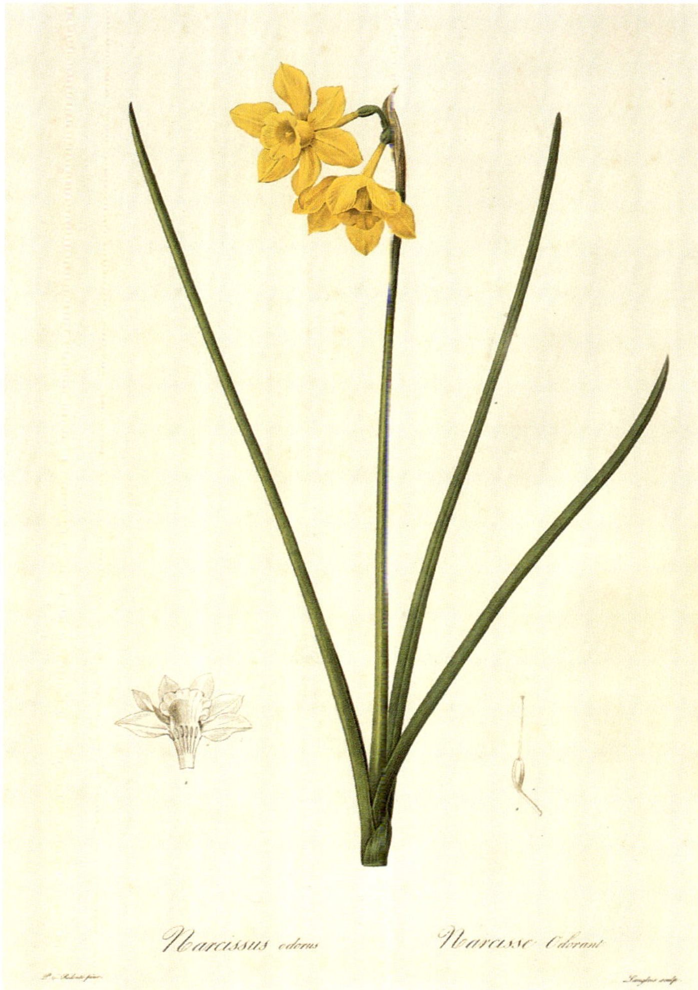

157

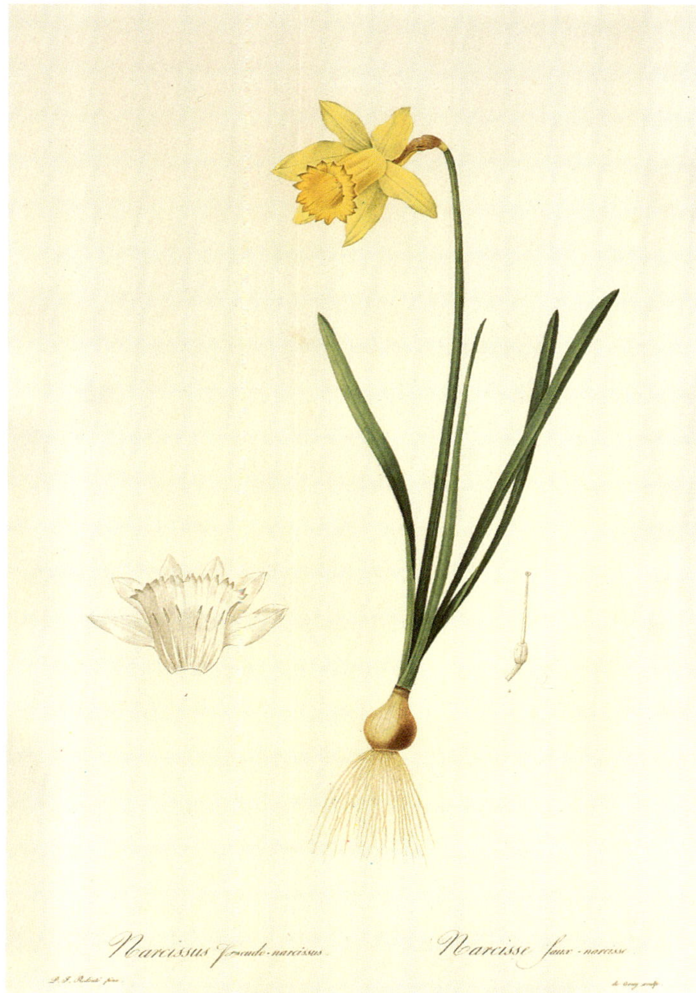

158

**Narcissus × odorus* L. 1756 (Amaryllidaceae)
(=Narcissus jonquilla L. 1753 × N. pseudnarcissus L. 1753)
Fragrant Daffodil | *Narcisse odorant
Wohlriechende Narzisse

Of garden origin and naturalized in south Europe: in France, in Italy and possibly in Spain.

**Narcissus pseudonarcissus* L. 1753
(Amaryllidaceae)
Lent Lily, Wild Daffodil | *Narcisse faux-narcisse
Osterglocke

West Europe (from northern England to France, Spain and Portugal in the west and Holland, the very west of Germany and Switzerland in the east. See pl. 188.

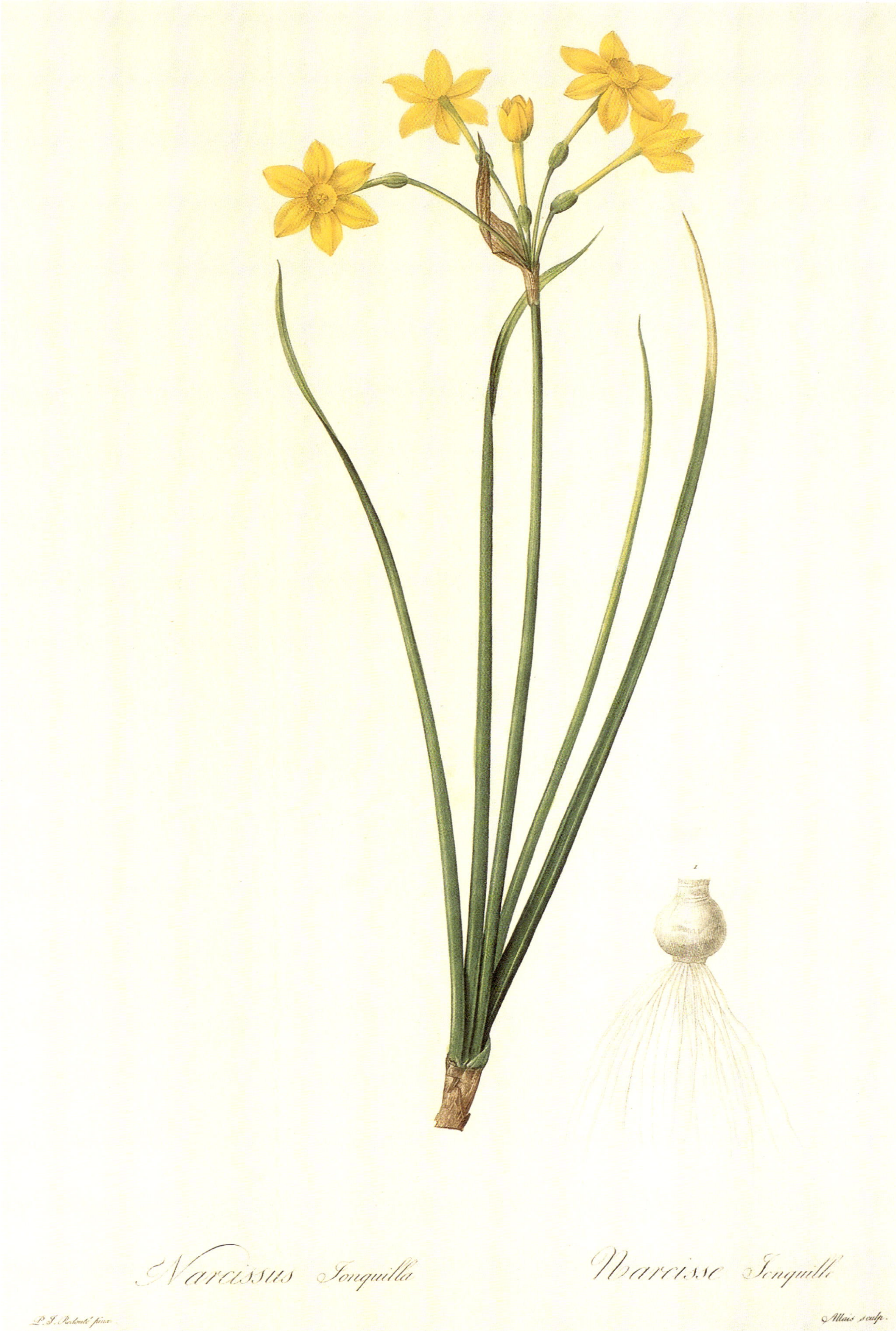

159

**Narcissus jonquilla* L. 1753 (Amaryllidaceae)

Common Jonquil | *Narcisse jonquille | Jonquille

Southwest Europe (central and south Spain, south and east Portugal). Note: It is probably by error that Grey-Wilson & Mathew (1981) state "The natural distribution of the species extends southwards to North Africa." According to Maire (1959) it is not indiginous in North Africa.

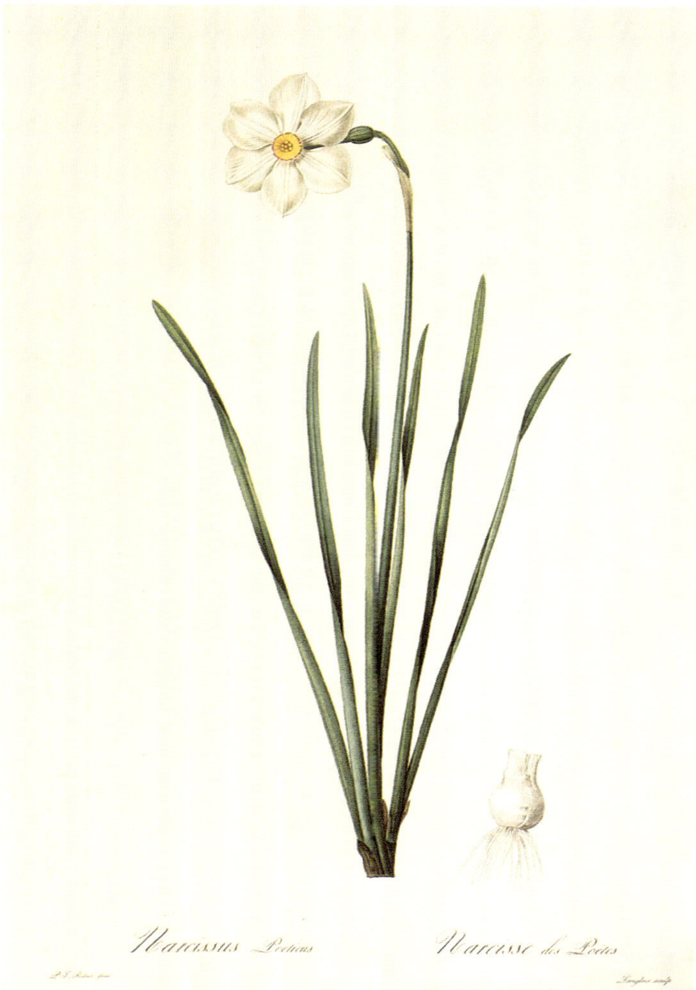

160

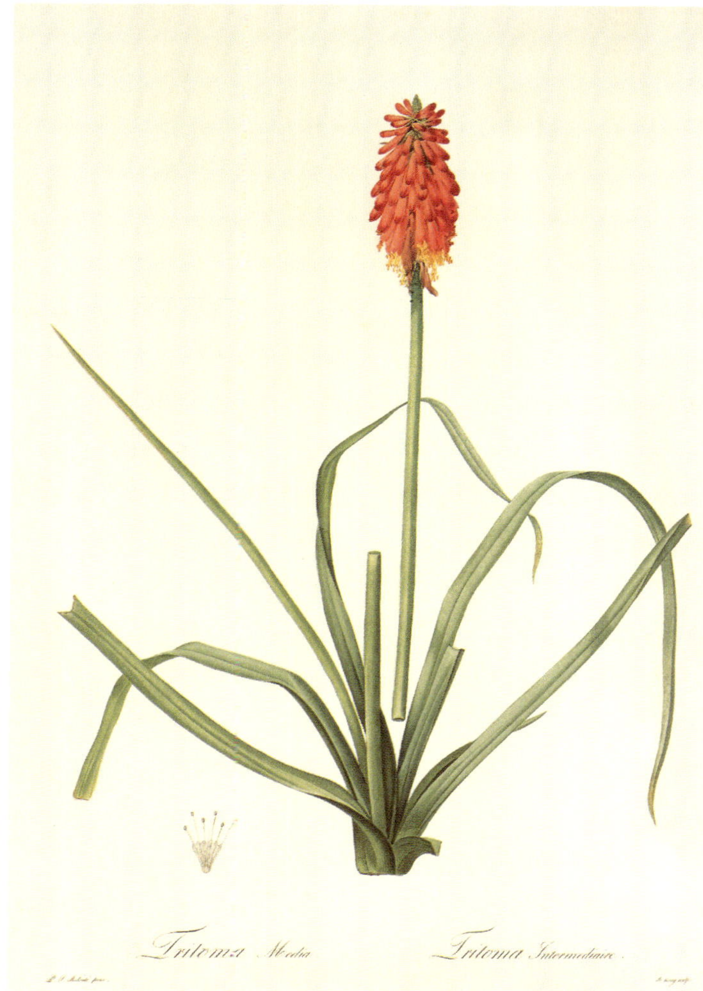

161

***Narcissus poeticus* L. 1753 (Amaryllidaceae)**

Poet's or Pheasant's Eye Narcissus | *Narcisse des poètes

Dichter-Narzisse

West and south Europe (from central and east France, to the very southwest of Germany and to central Spain, Switzerland, Austria, south Italy, Balkan Peninsula from Yugoslavia to northwest Greece, finally west Russia).

***Kniphofia sarmentosa* (Andr.) Kunth 1843 (Asphodelaceae)**

(= *Aletris sarmentosa* Andr. 1799

= *Veltheimia media* Donn 1800)

Stoloniferous Torch Lily | *Tritoma intermédiaire

Ausläufer-Fackellilie

Winter rainfall South Africa (Western and inland Northern Cape: Worcester, Caledon and Roggeveld). Named in honour of the German physician and professor of medicine at Erfurt University Johannes Hieronymus Kniphof (1704–1763).

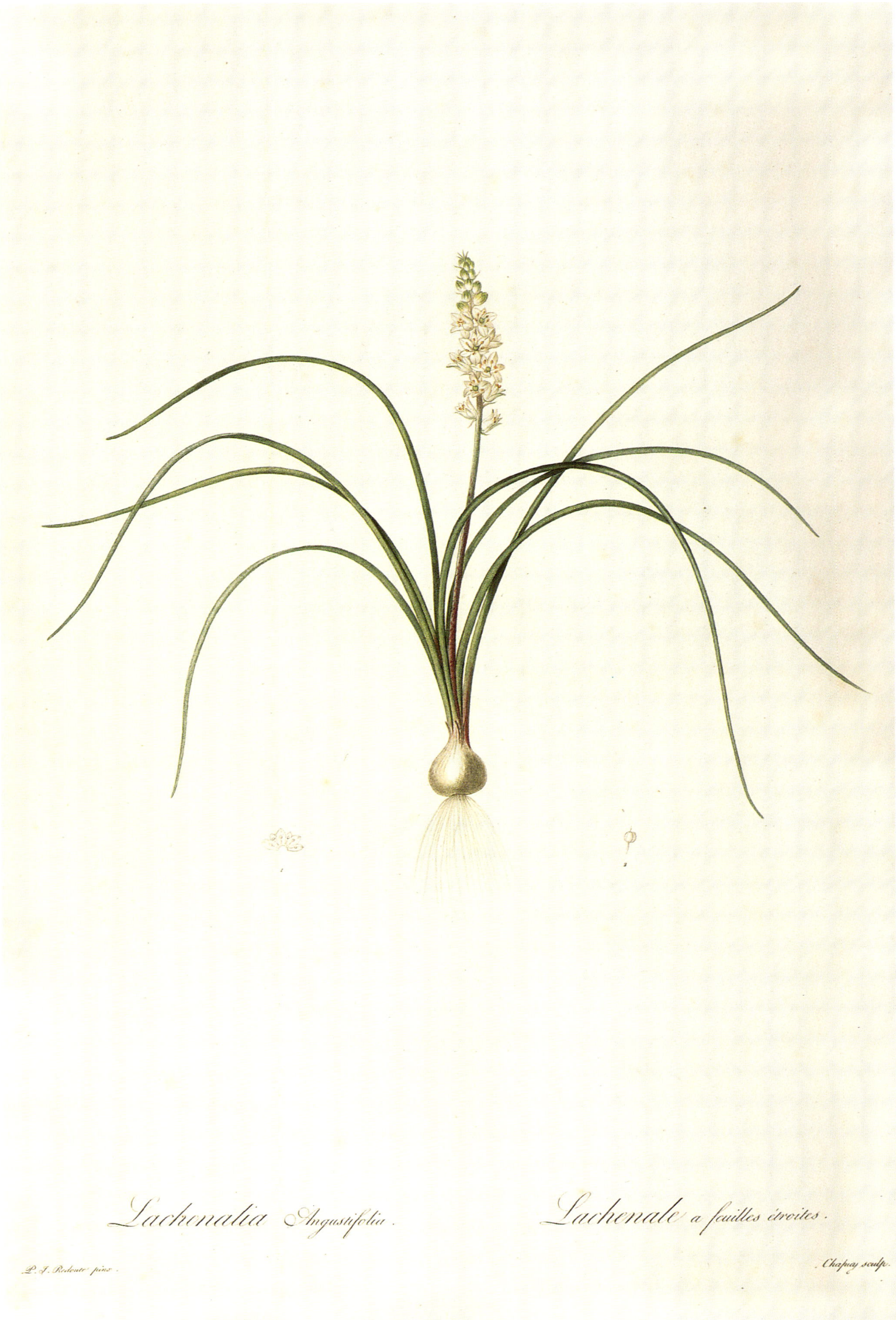

162

Lachenalia contaminata **Sol. in Aiton 1789 (Hyacinthaceae)**

Wild Capehyacinth | *Lachenale à feuilles étroites | Vielblättrige Südkap-Lachenalie

Winter rainfall South Africa (Western Cape: from Citrusdal in the north to the Cape Peninsula and to Bredasdorp in the east). Named for the Swiss botanist Werner de Lachenal (or Werner de la Chenal; 1736–1800).

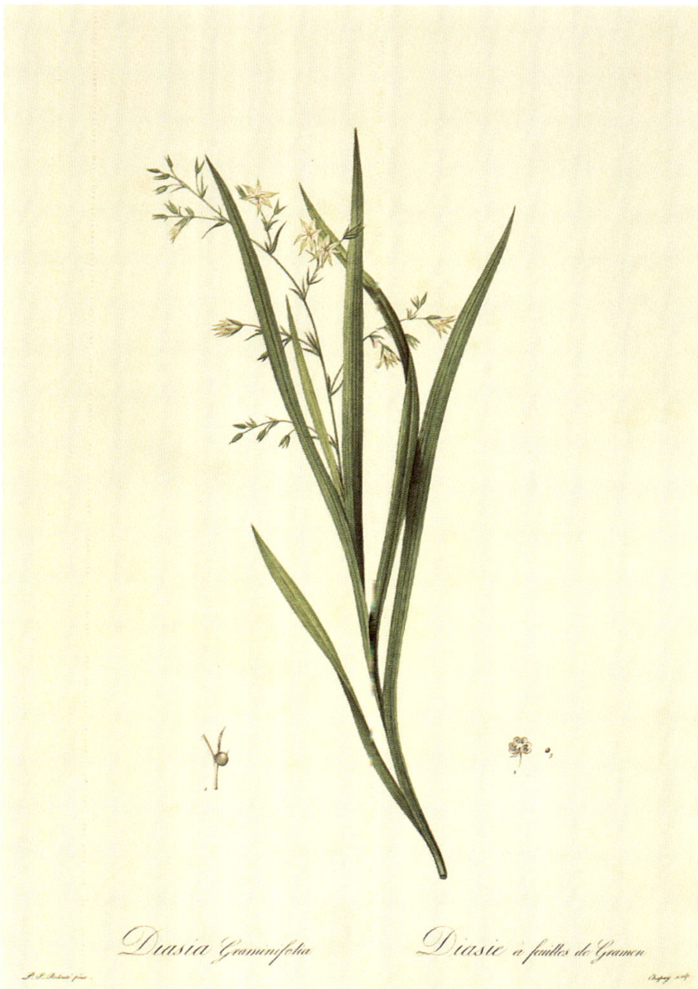

163

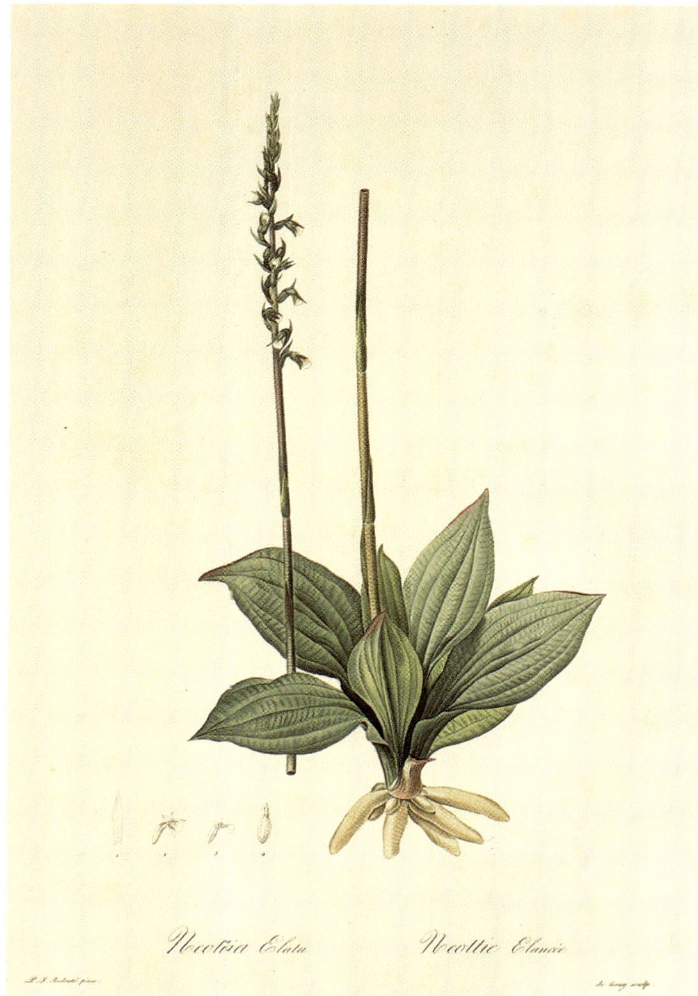

164

Melasphaerula ramosa (L.) Klatt 1895 (Iridaceae)
(= *Gladiolus ramosus* L. 1753)
South African Archaic Irid | *Diasie à feuilles de gramen
Südafrikanische Uriridacee

Winter rainfall southern Africa, from southern Namibia in the north to the Cape Peninsula in the south (Northern and Western Cape) and to Bredasdorp in the east. See pl. 54.

Spiranthes elata (Sw.) L. C.Rich. 1817
(Orchidaceae)
Tall Lady's Tresses | *Néottie élancée
Hohe Wendelähre, Hohe Drehwurz

North America (Florida), Central America (Mexico, Trinidad among the West Indies) and South America.

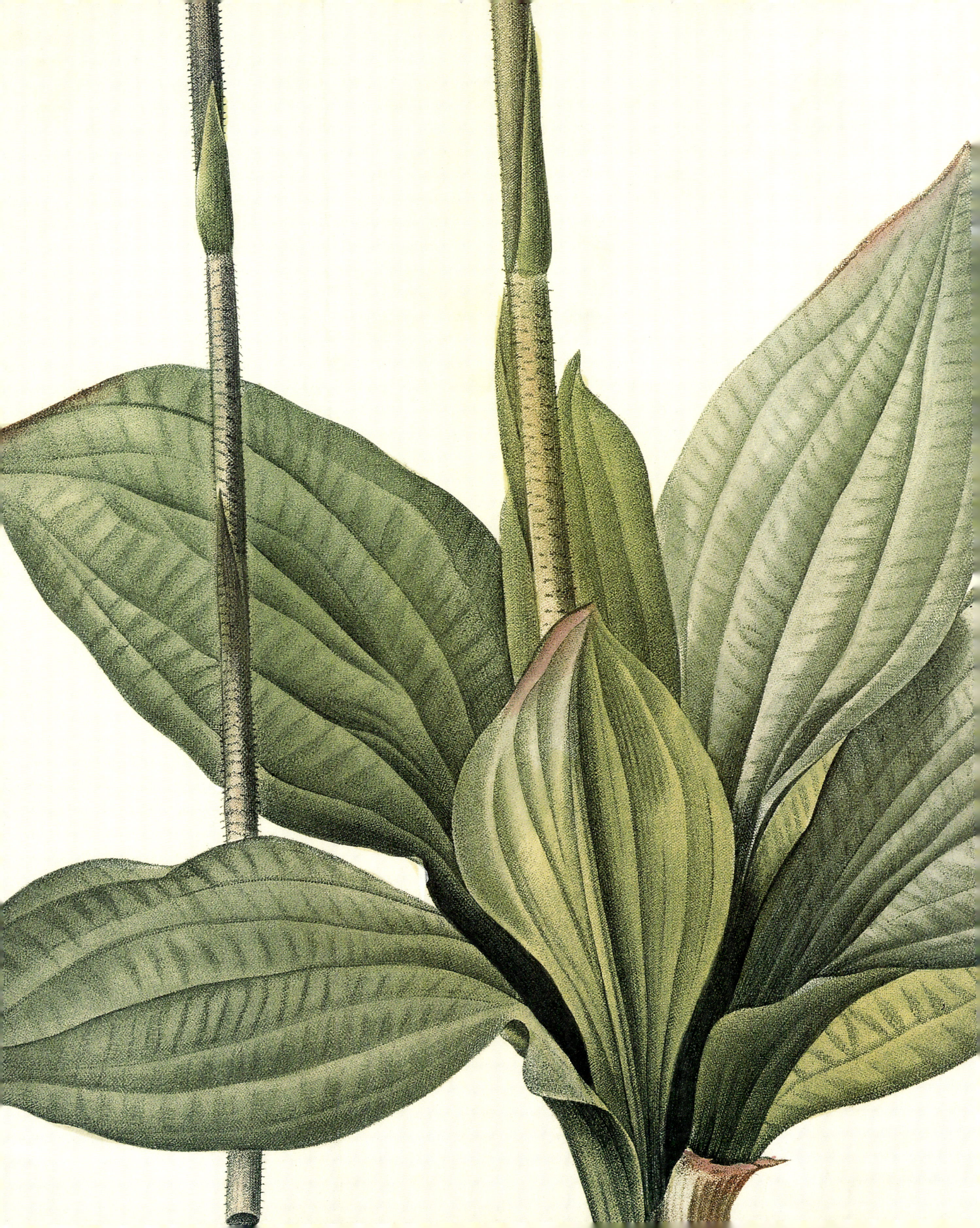

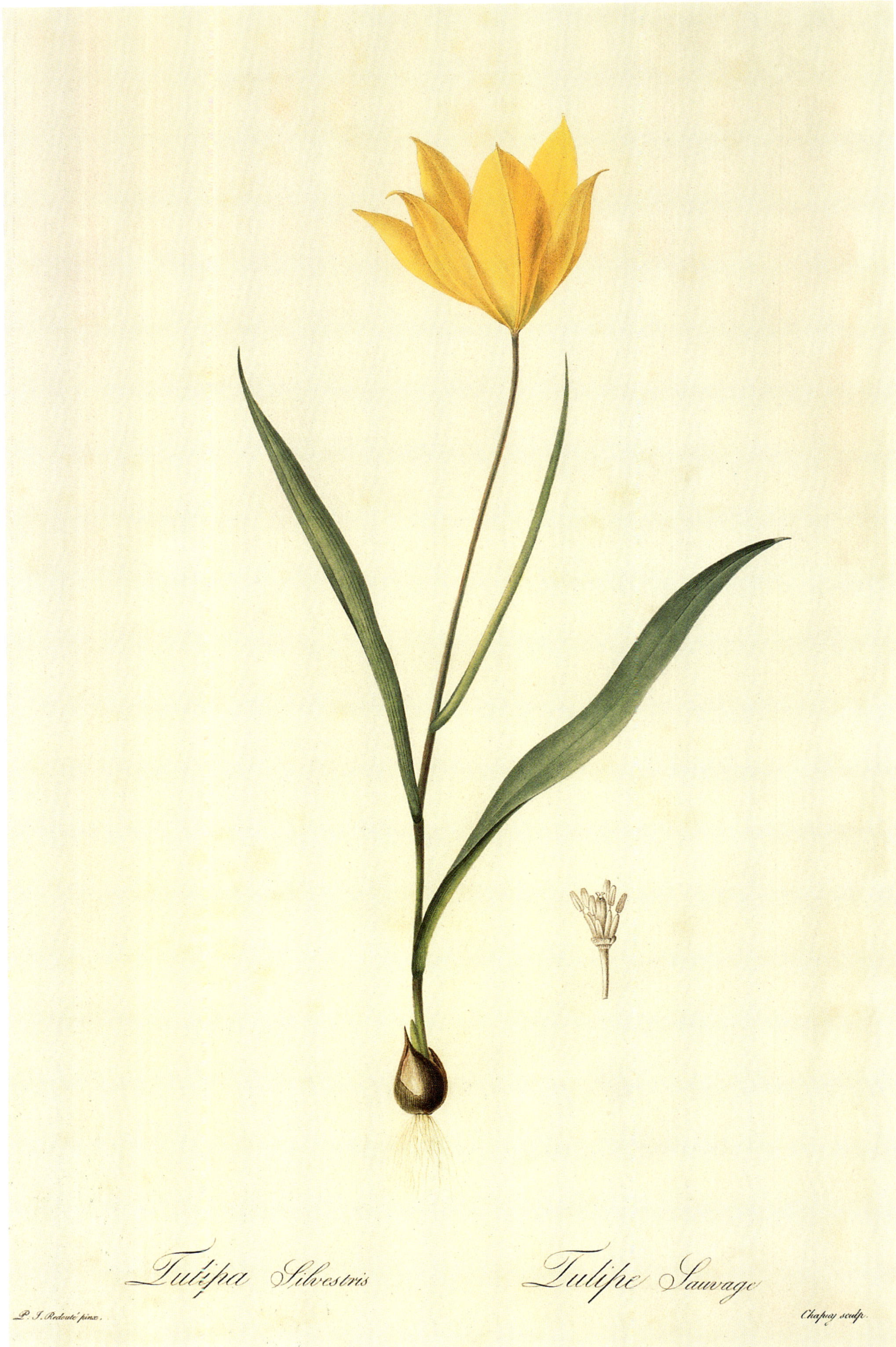

165

Tulipa sylvestris L. 1753 subsp. _sylvestris_ (Liliaceae)

Wild Tulip | *Tulipe sauvage | Wild-Tulpe

Central Mediterranean region (Italy, Sicily, and Sardinia in S Europe, and Morocco in N Africa), thus in the region, in which *T. s.* subsp. *australis* is nearly absent.
The generic name *Tulipa* is derived from the Persian plant name *toliban*. See pl. 38.

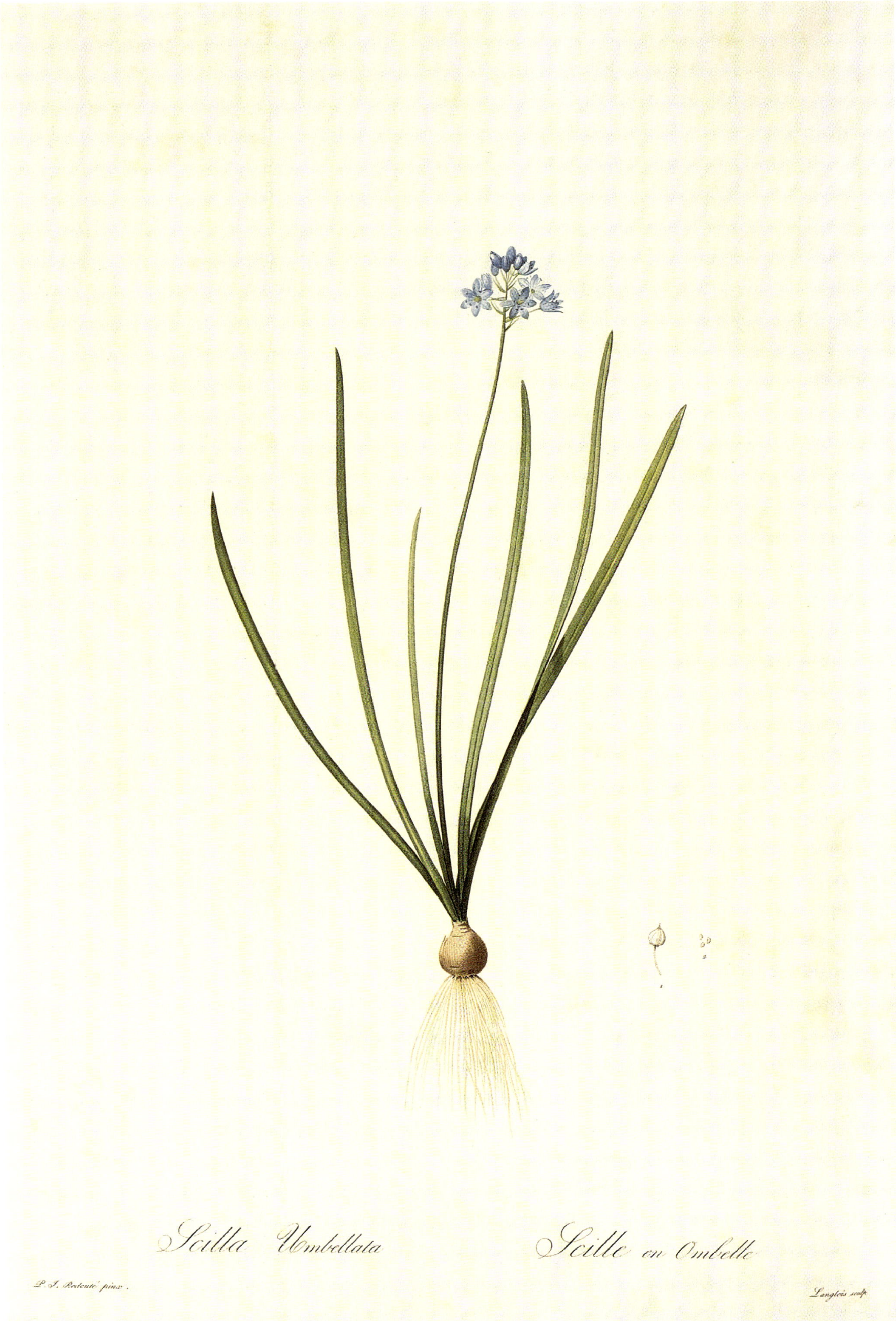

166

Scilla verna Huds. 1778 (Hyacinthaceae)

Spring Squill | *Scille en ombelle | Frühlings-Blaustern

West Europe (from north Portugal to the Faro Islands).

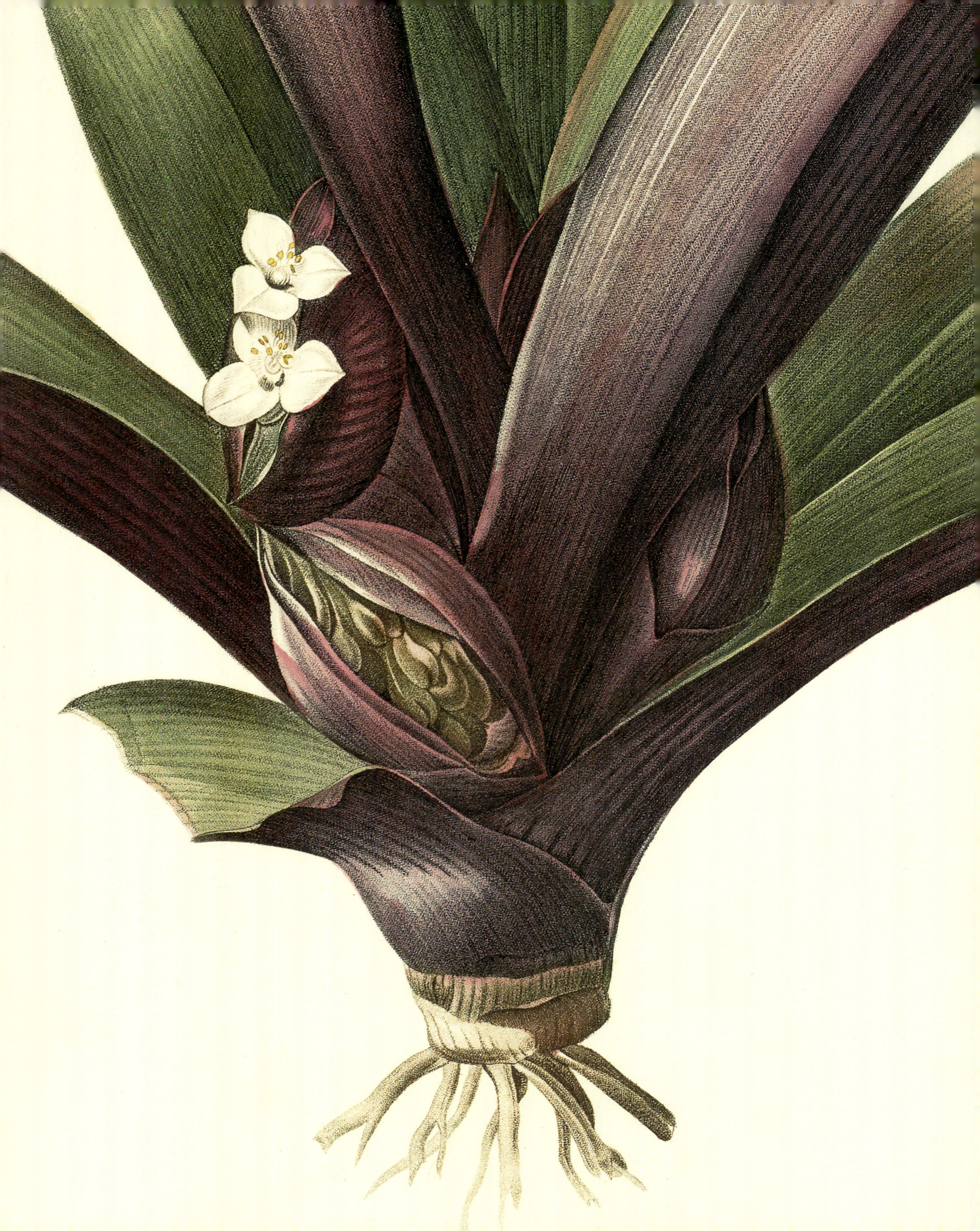

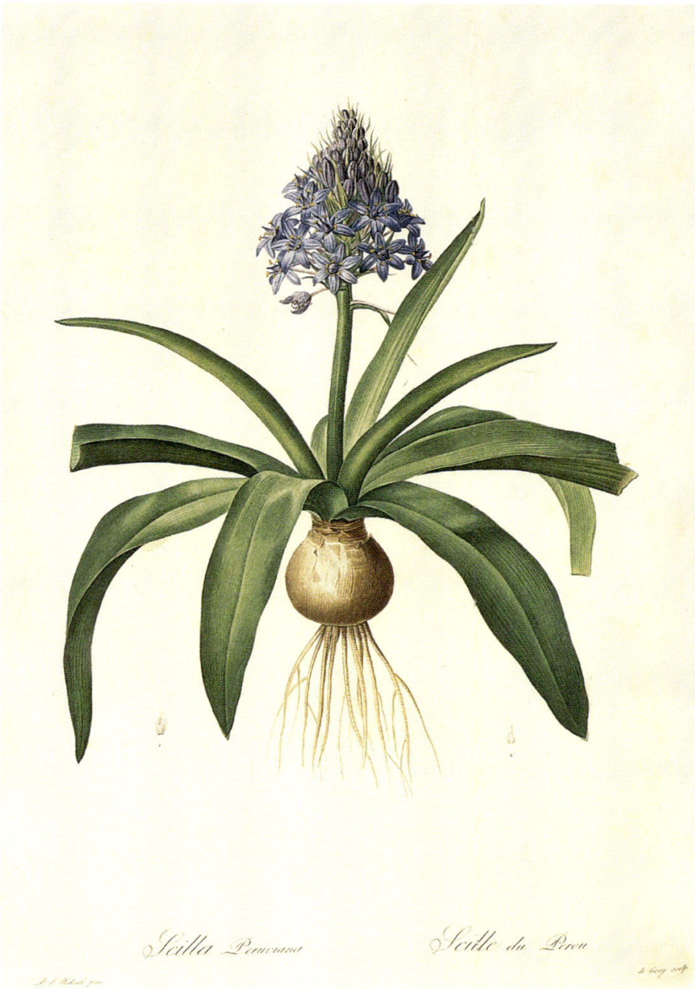

167

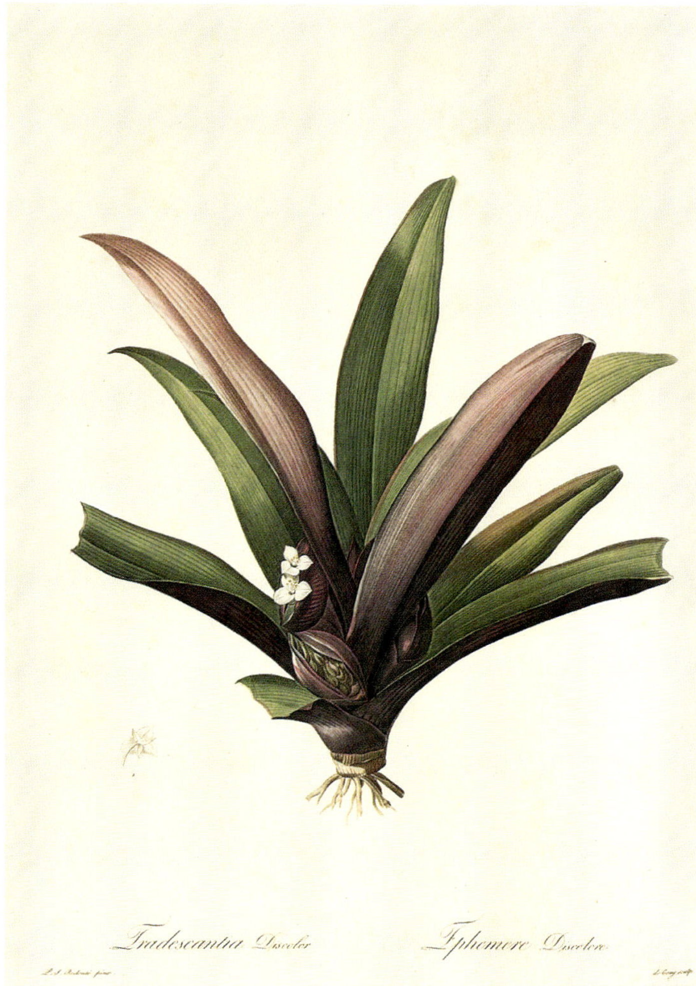

168

***Scilla peruviana L. 1753 (Hyacinthaceae)**

Cuban Lily | *Scille du Pérou | Riesen-Blaustern

West Mediterranean region to Portugal
(in Europe from Spain to Sardinia and Sicily and possibly Corsica, in north Africa from Morocco to Libya).

**Tradescantia spathacea Sw. 1788 (Commelinaceae)
(= Rhoeo spathacea (Sw.) Stearn = Rhoeo discolor (L'Hér.) Hance ex Walp.)**

Oyster Plant | *Ephémère discolore
Blütenscheidige Dreimasterblume, Muschelblume

Central America (southern Mexico, Honduras, and Guatemala).
Named for the British gardener, naturalist and botanist John Tradescant (1608–1662).

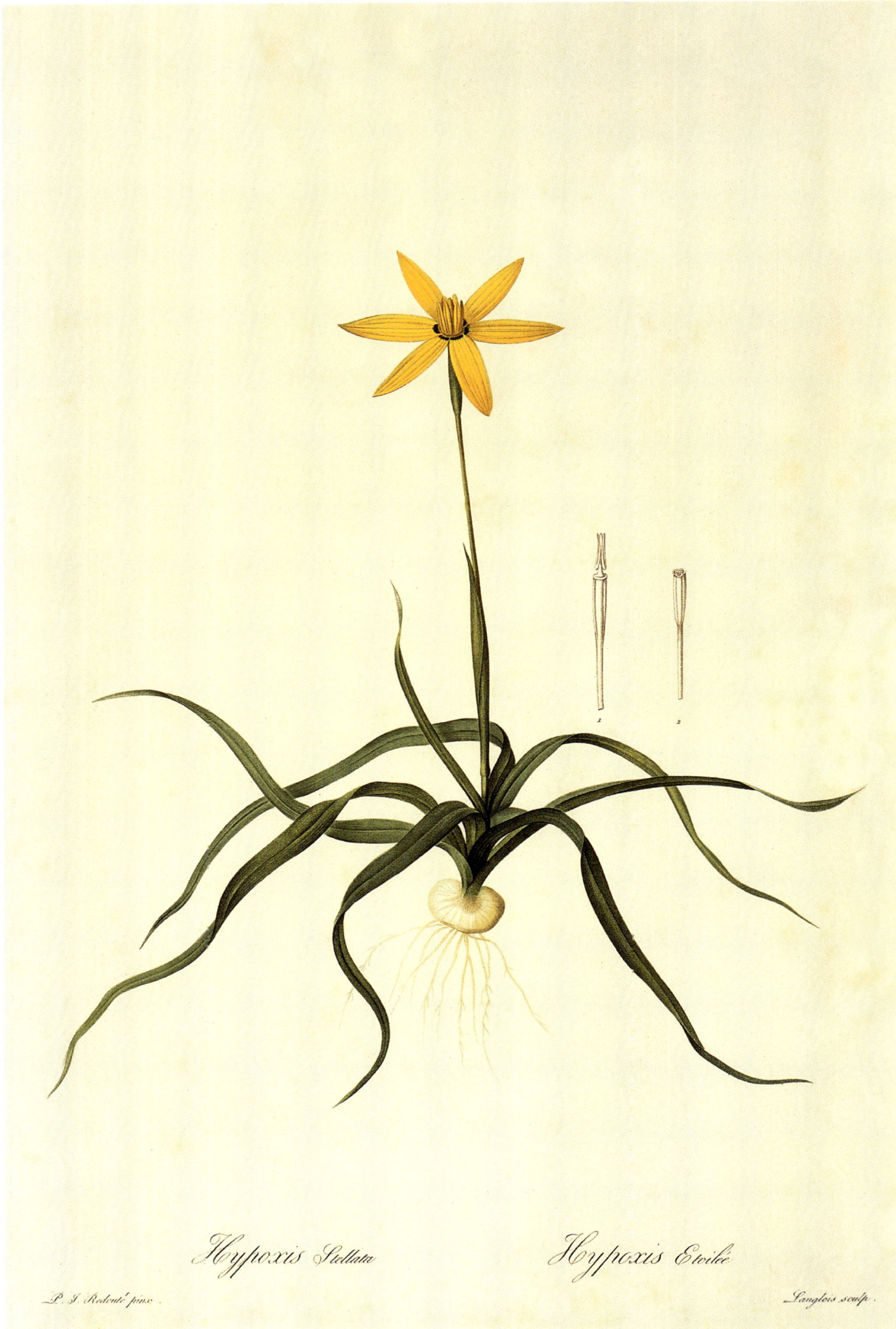

169

Spiloxene capensis (L.) Garside 1936 (Hypoxidaceae)
(= *Amaryllis capensis* L. 1767 = *Spiloxene stellata* (L.f.) Salisb.)
Peacock Flower | *Hypoxis étoilée | Kap-Spiloxene

Winter rainfall South Africa (Western Cape from Clanwilliam to the Cape Peninsula & eastwards to Humansdorp).

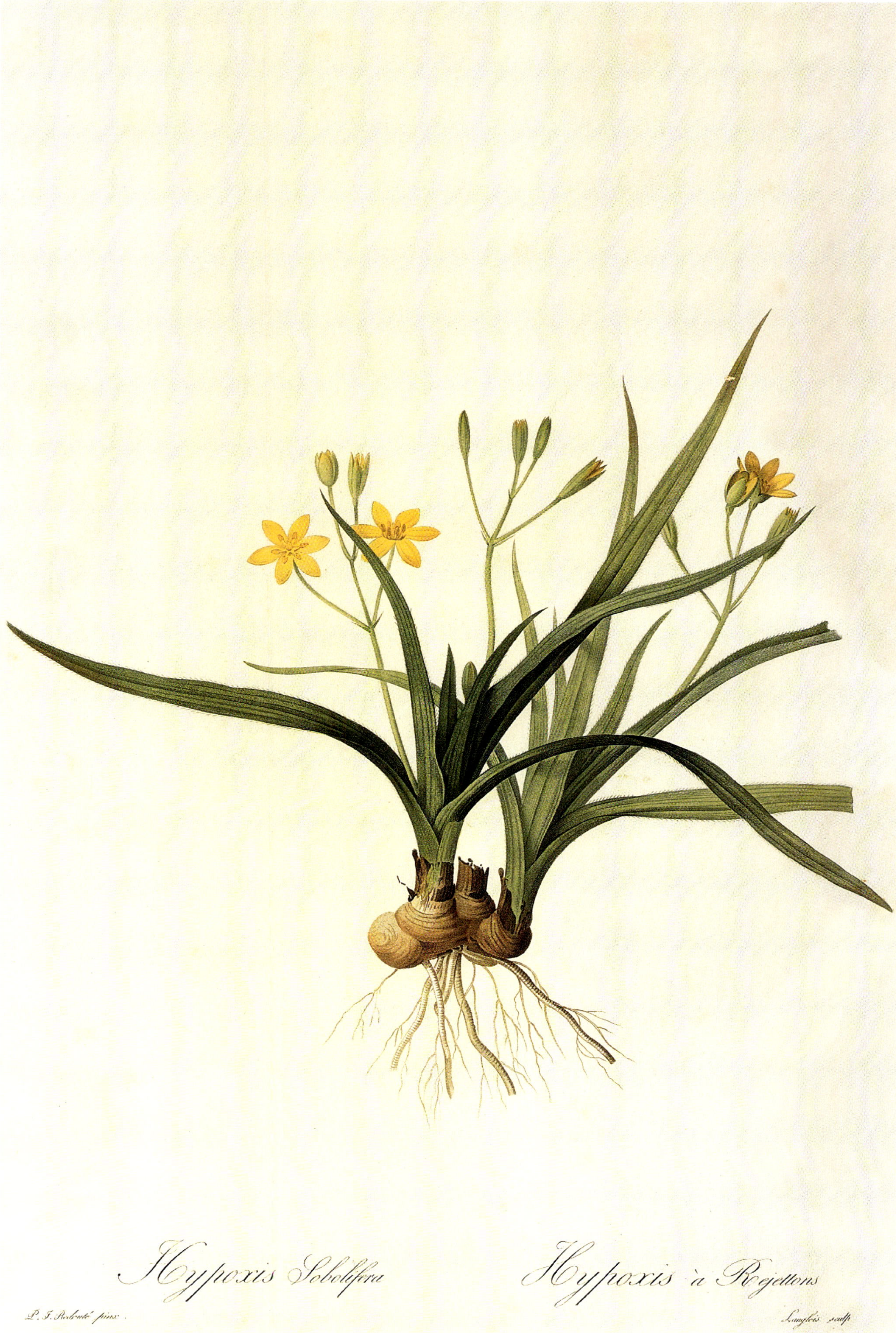

170

Hypoxis villosa L.f. 1782 [1781] var. *sobolifera* (Jacq.) Baker 1878 (Hypoxidaceae)

Stoloniferous Golden Winter-Star | *Hypoxis à rejetons | Ausläufer-Hypoxis

Winter and summer rainfall South Africa (Western and Eastern Cape extending to Kwazulu/Natal and Swaziland and possibly further northwards)
The present translation of the name refers only to the variety. The species adjective *villosus* = villlous, shaggy.

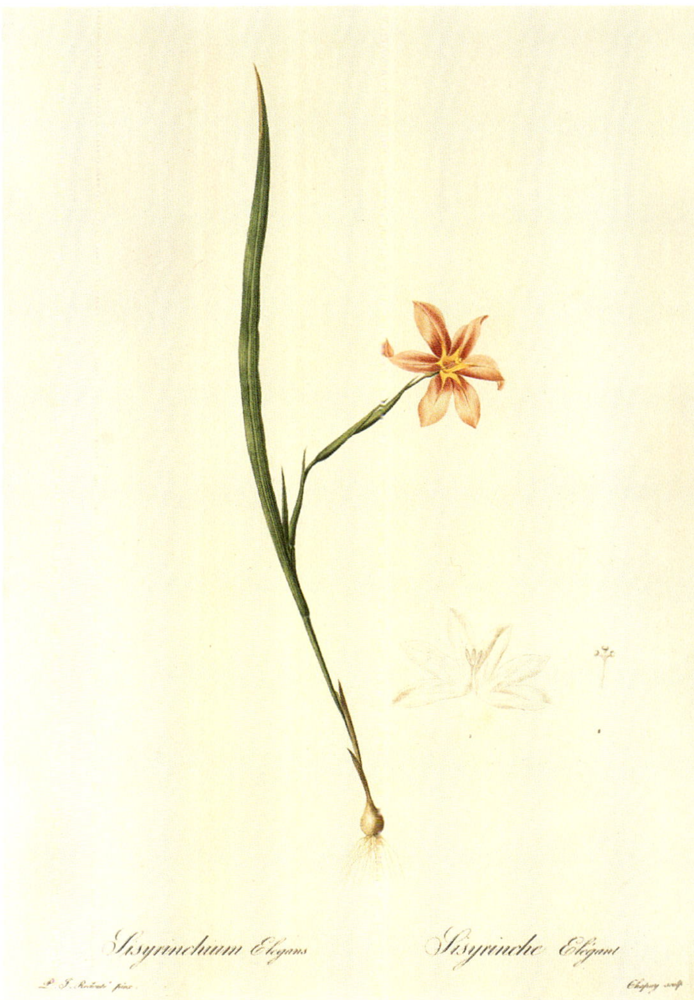

171

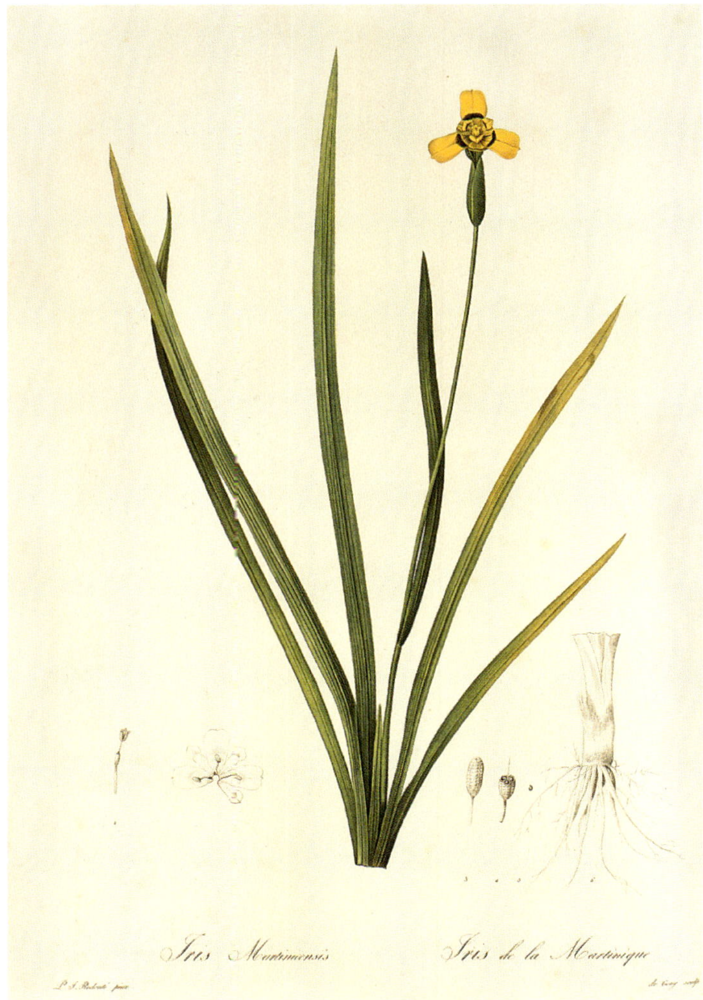

172

Homeria elegans (Jacq.) Sweet 1827 (Iridaceae)
(= Moraea elegans Jacq. 1797)
Elegant Homeria | *Sisyrinche élégante | Zierliche Homerie

Winter rainfall South Africa (Western Cape from Clanwilliam to the Cape Peninsula and eastwards to Caledon).

Trimeza martinicensis (Thunb.) Herb. 1844 (Iridaceae)
Martinico Iris | *Iris de la Martinique
Martinique-Schwertlilie

Central and South America (Martinique etc).

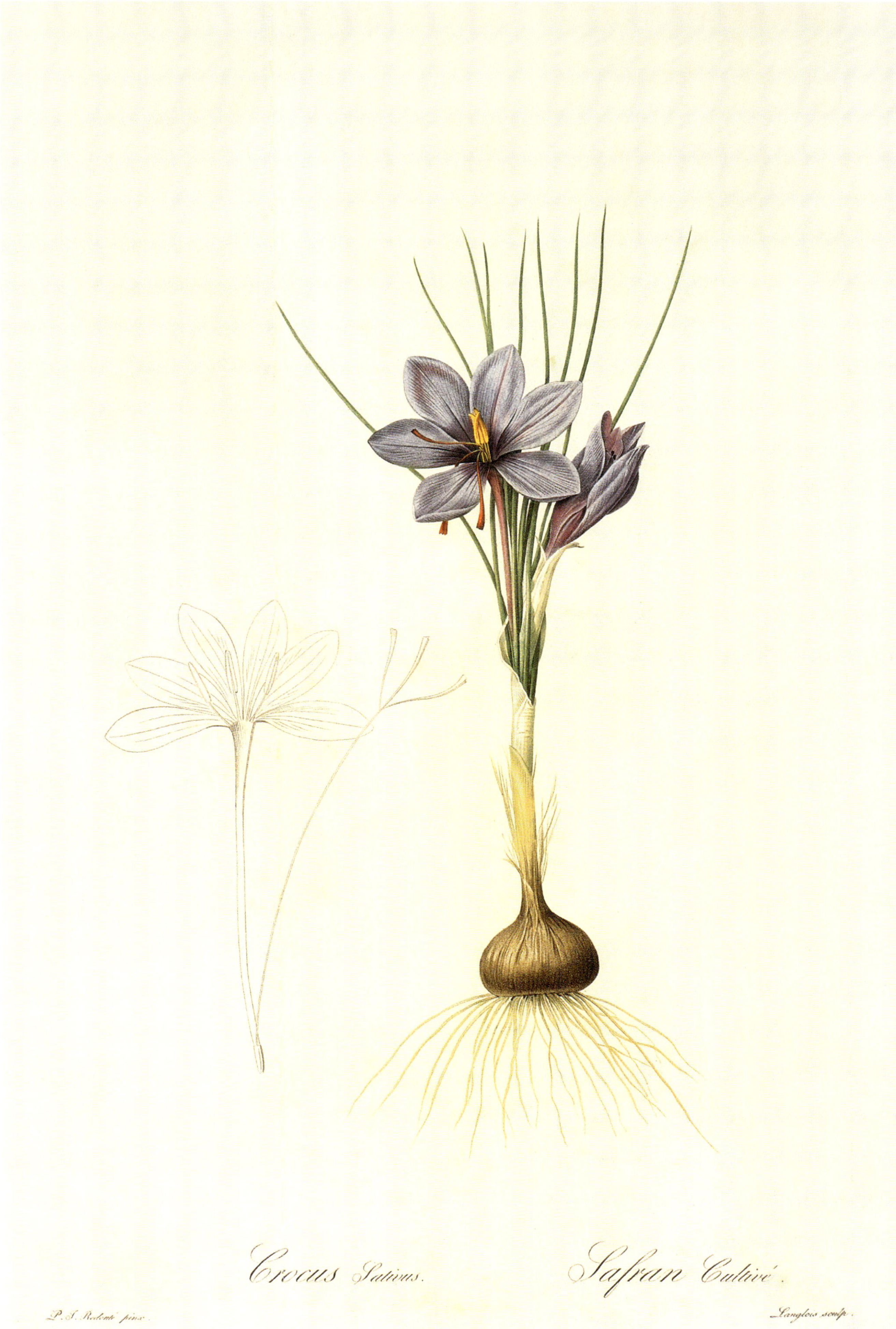

173

***Crocus sativus L. 1753 (Iridaceae)**

Saffron Crocus | *Safran cultivé | Kultur-Krokus, Safran

This species, widely cultivated from south Europe to India, is not known as a wild plant, but may be found naturalized as a relic of cultivation. It only propagates vegetatively by cormlets, as the flowers are ster le (triploid plants). It probably derived from the European endemic *C. cartwrightianus* (Greece and Crete).

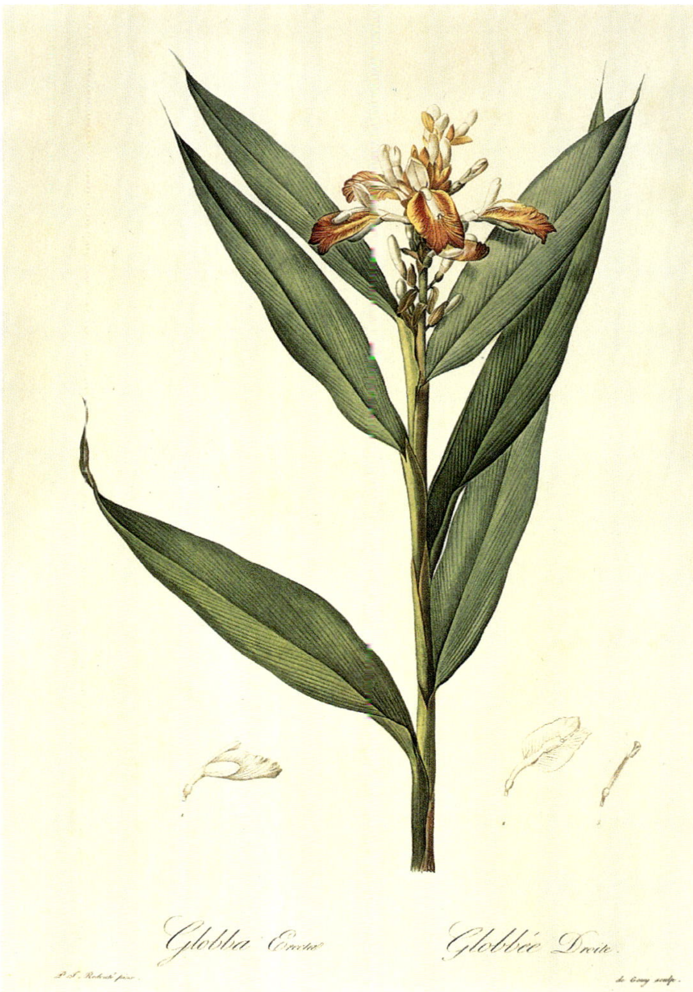

174

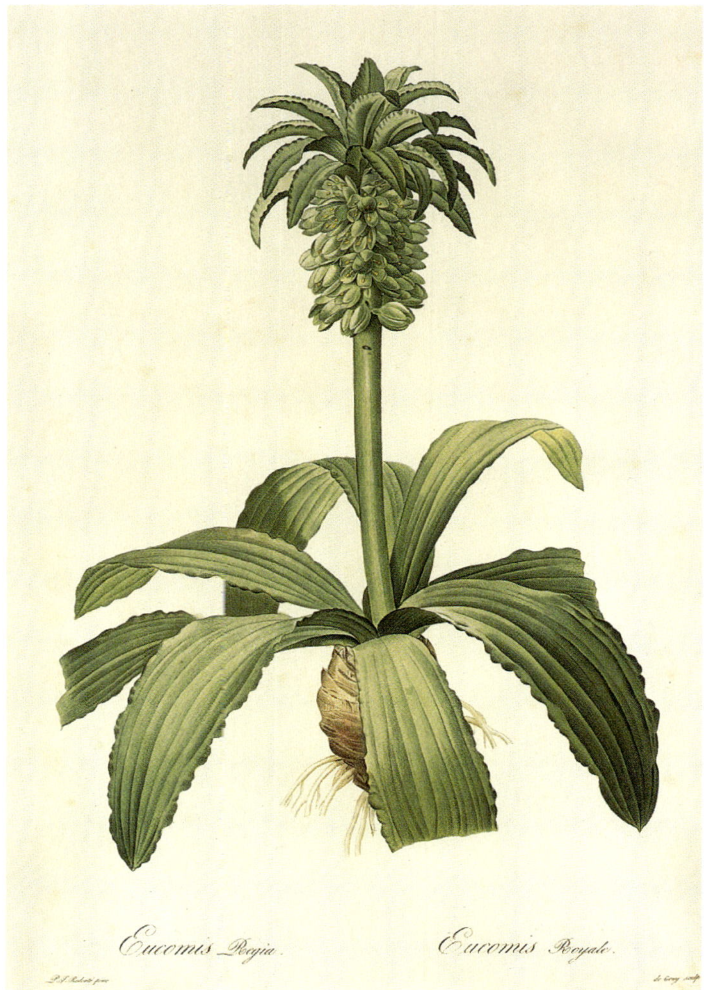

175

Alpinia calcarata (Haw.) Rosc. 1807
(Zingiberaceae)
(= *Renealmia calcarata* Haw. in Andr. 1805)
Indian Ginger, Indian Alpinia
*Globbée droite, Alpinia à éperon
Vorderindische Alpinie

South Asia (India, Sri Lanka, Vietnam). Named for the Italian Botanist Prospero Alpino (1553–1617).

Eucomis autumnalis (Mill.) Chitt. 1951 subsp. *autumnalis*
(Hyacinthaceae)
(= *Fritillaria autumnalis* Mill. 1768 = *Eucomis undulata* Aiton 1789 = *Fritillaria regia* L. 1753)
Common Pineapple Flower | *Eucomis royale
Gewöhnliche Schopflilie

South Africa (Eastern and Northern Cape, Orange Free State, Northern and Eastern Transvaal, Zimbabwe, Sambia, Malawi.

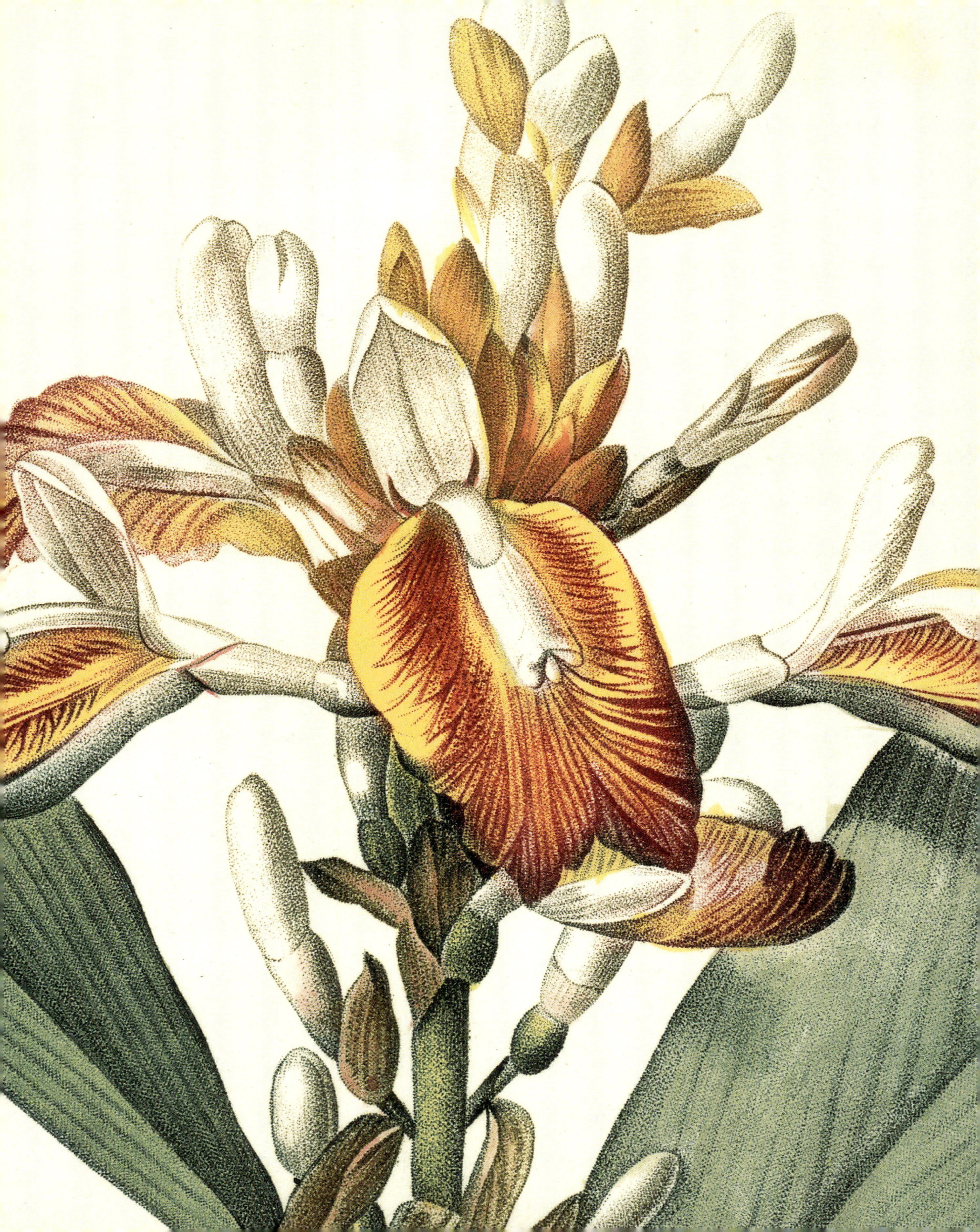

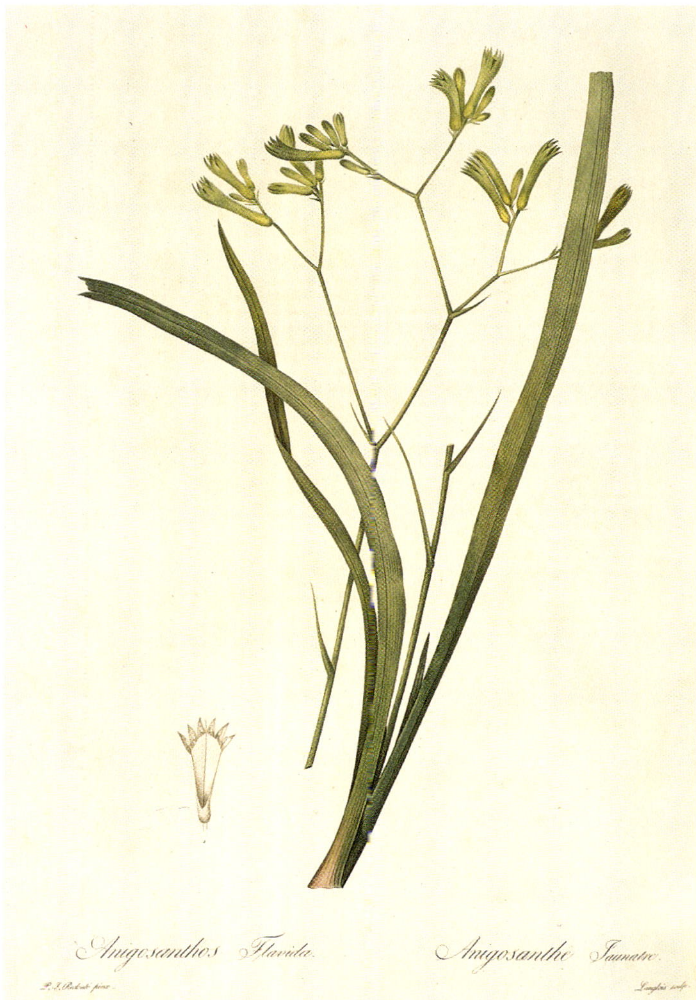

176

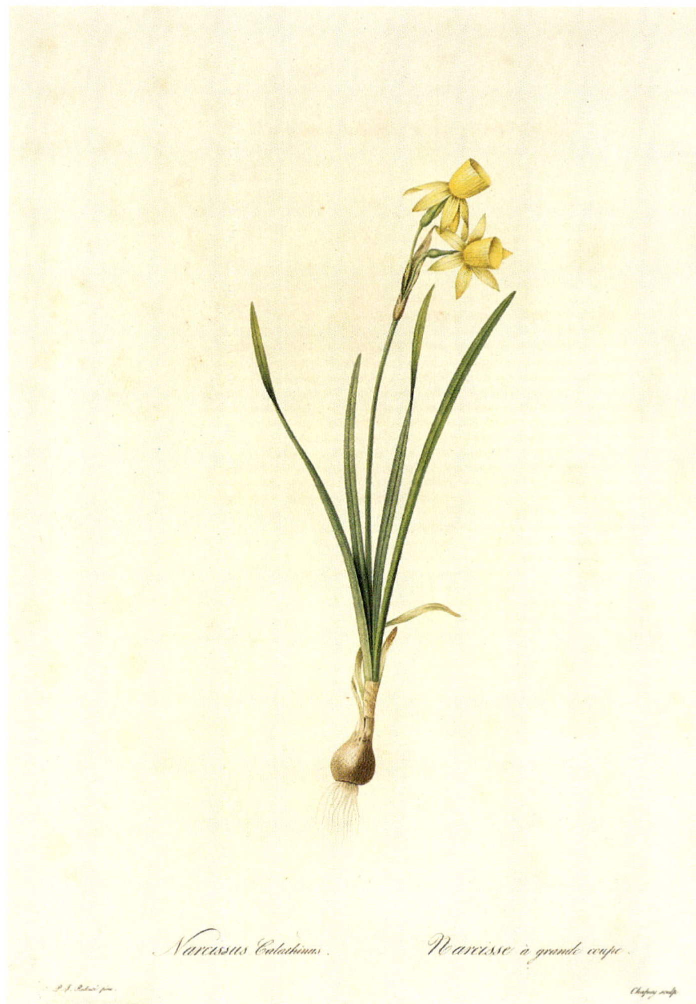

177

******Anigozanthos flavidus*** **DC. in REDOUTÉ 1807 (Haemodoraceae)**
Yellowish Kangeroo's Paw | *Anigosanthe jaunâtre
Gelbliche Kängurublume

Western Australia.

Narcissus triandrus **L. 1762 subsp.** ***capax*** **(Salisb.) D.A.Webb 1978 (Amaryllidaceae)**
Angel's Tears of Glénans Islands | *Narcisse à grande coupe
Isles-de-Glénans-Narzisse

West Europe (Spain, Portugal, northwest France: Iles Glénants in Finistère). See pl. 409.

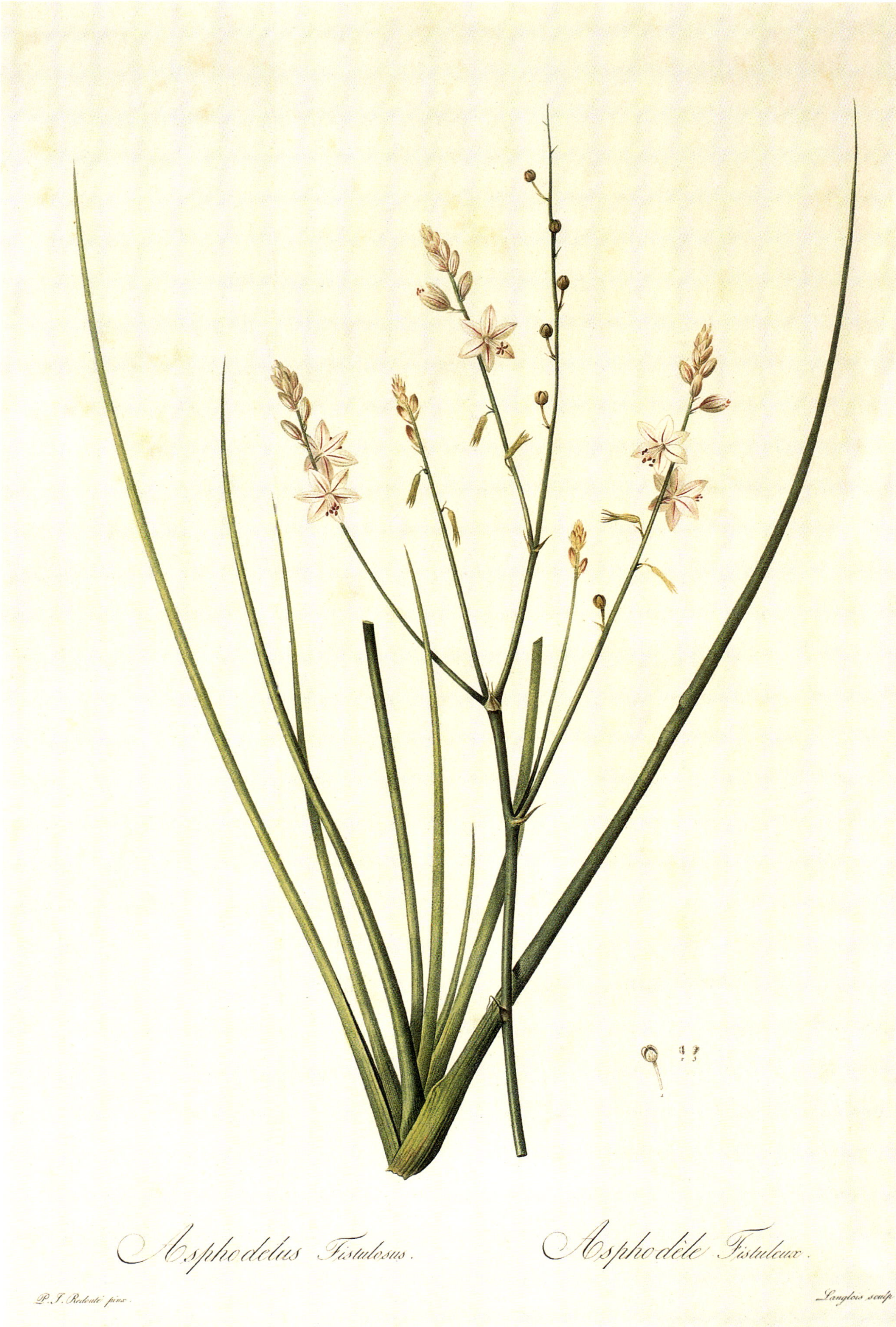

178

Asphodelus fistulosus L. 1753 (Asphodelaceae)

Onion Weed, Wild Onion | *Asphodèle fistuleux | Einjähriger Affodill

Circummediterranean (south Europe, Asia minor and Syria in western Asia, Morocco in north Africa) in the west to Portugal and the Canary Islands. Ancient Greek name for the true asphodel (*A. ramosus*).

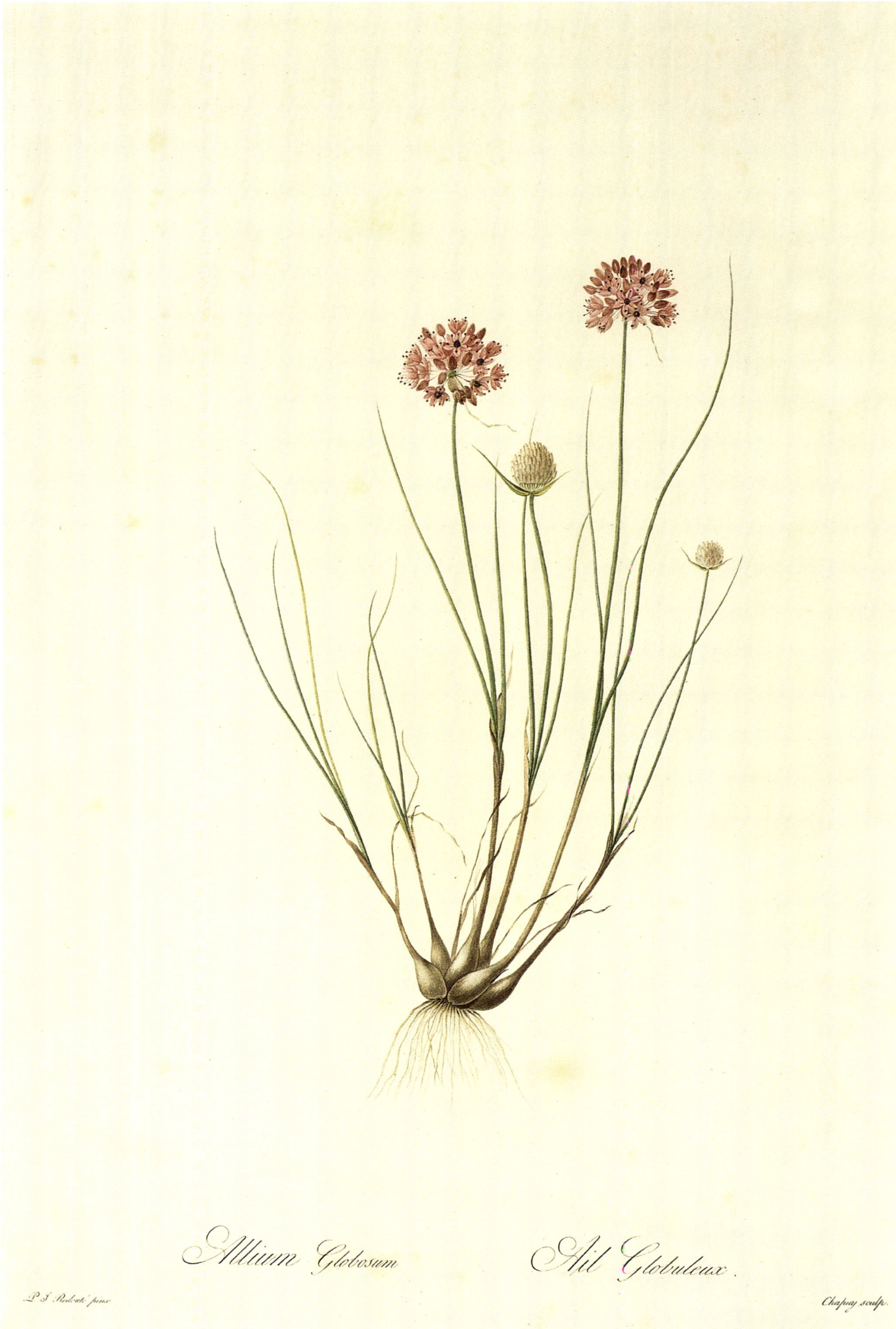

179

Allium saxatile* **Bieb. 1798 (Alliaceae)

Rock-dwelling Leek | *Ail globuleux | Felsen-Lauch

Southeastern Europe (from northern and central Italy, eastwards over the northern Balkan Peninsula to Russia) extending to western (Caucasus), northern (Siberia) and central Asia.

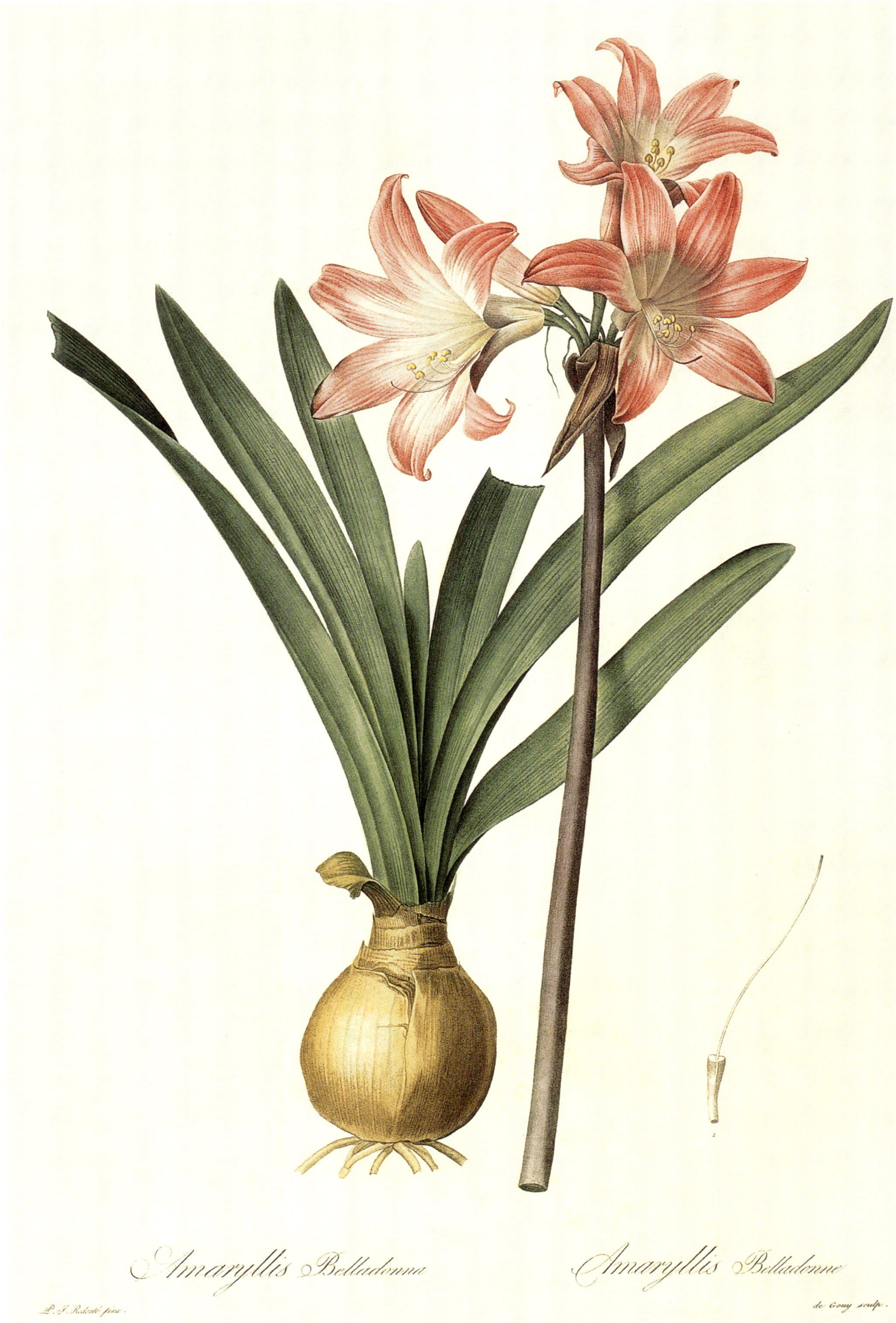

180

***Amaryllis belladonna L. 1753 (Amaryllidaceae)**

Belladonna Lily, March Lily | *Amaryllis belladonne | Belladonna-Lilie

South Africa (Western Cape).

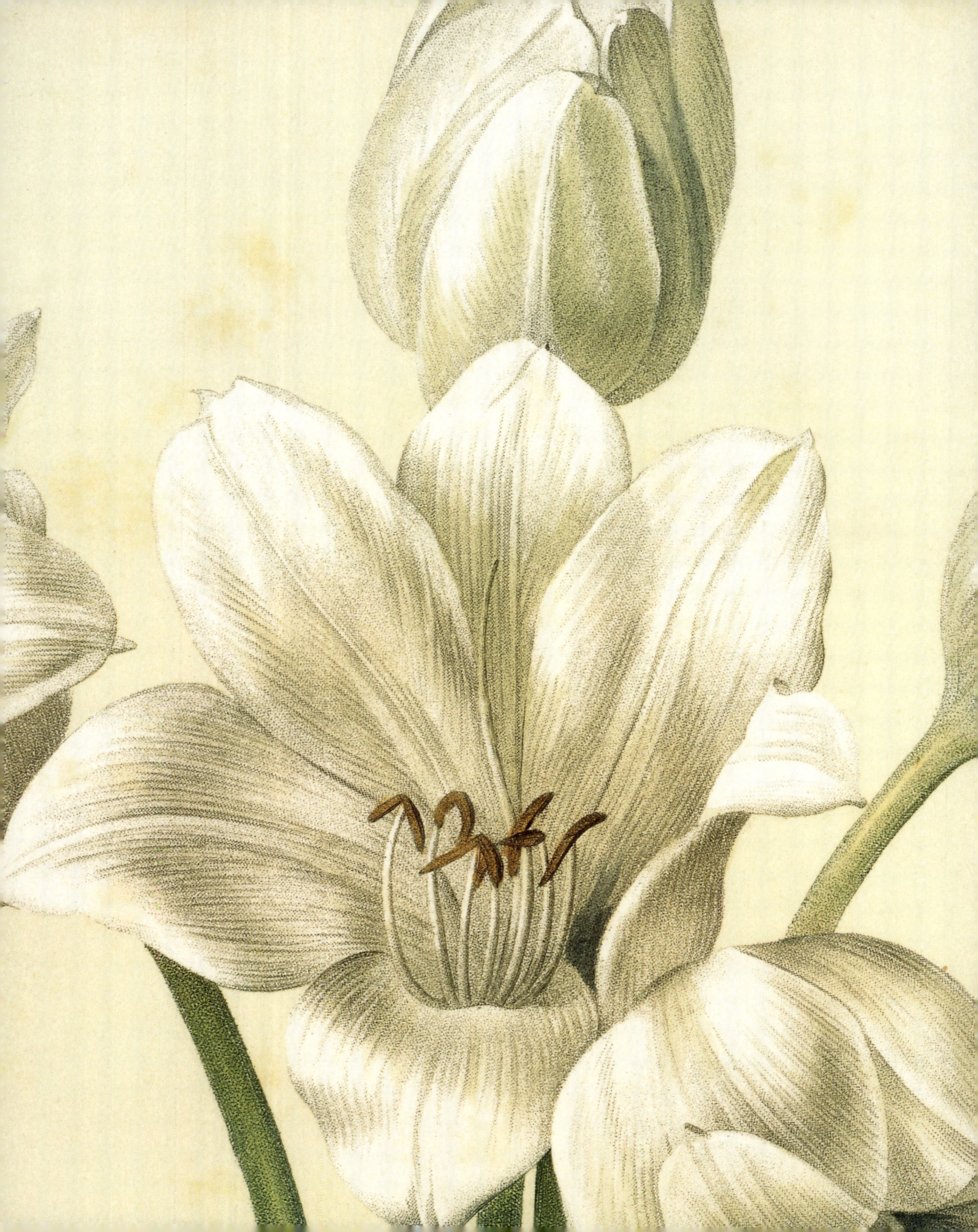

Les Liliacées
Volume IV

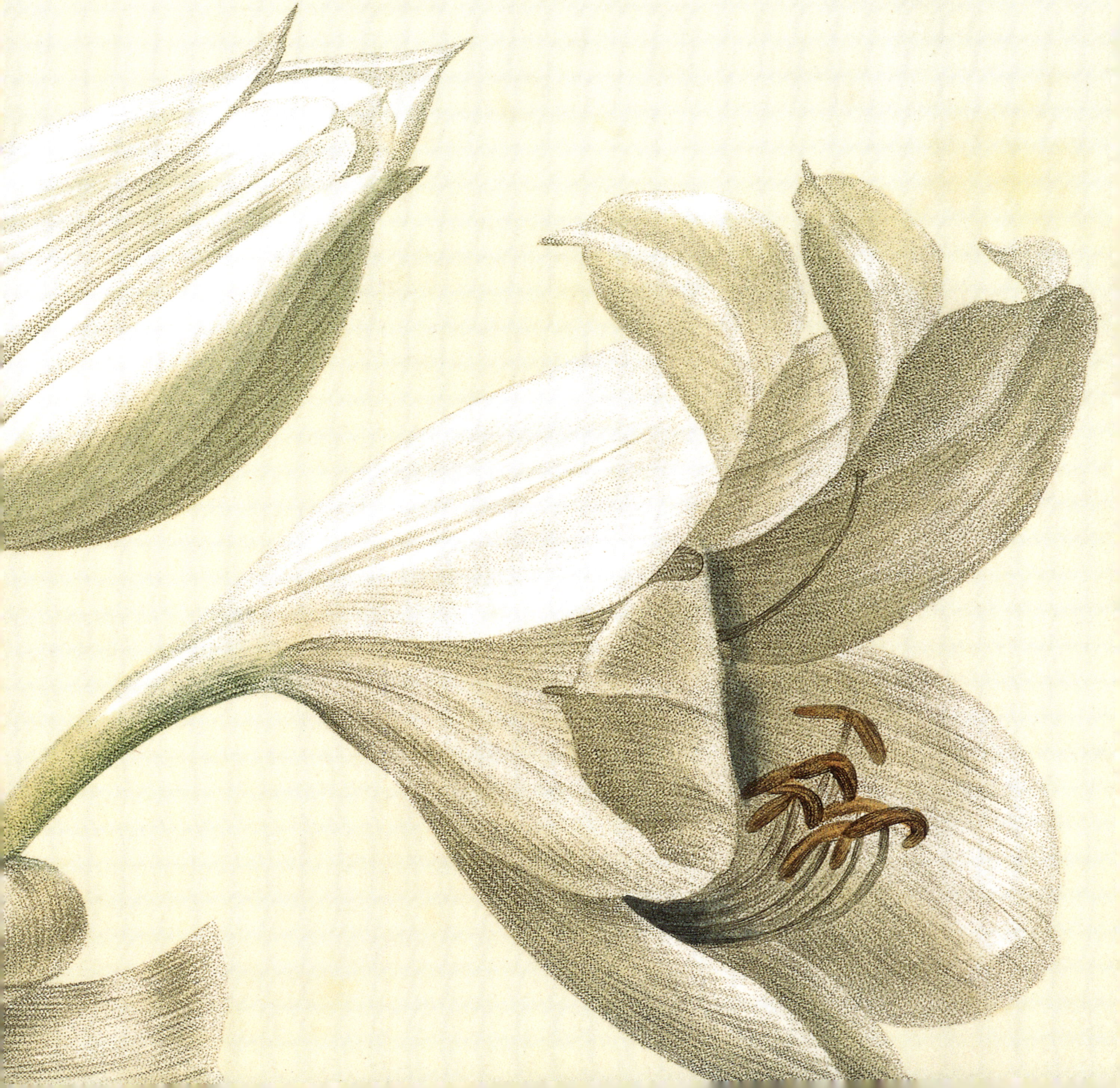

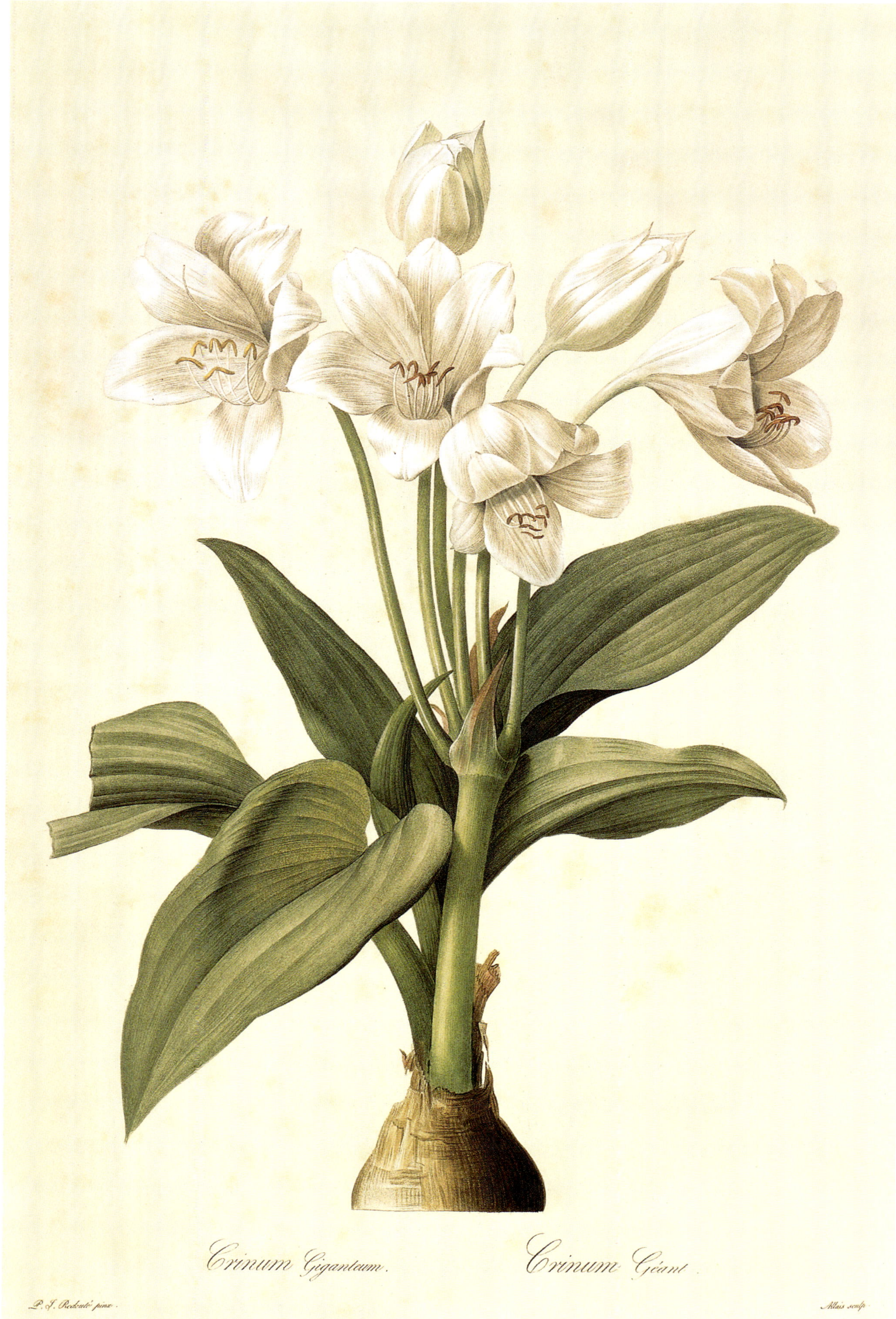

181

Crinum jagus (J.Thomps.) Dandy 1939 (Amaryllidaceae)

(=Amaryllis jagus J.Thomps. 1798)

Giant Crinum | *Crinum géant | Riesen-Hakenlilie

Tropical West Africa (from Sierra Leone to Ghana and North and South Nigeria). The botanical name *Crinum* is based on the ancient Greek and Latin plant names κρινον or *crinon* respectively for a red lily.

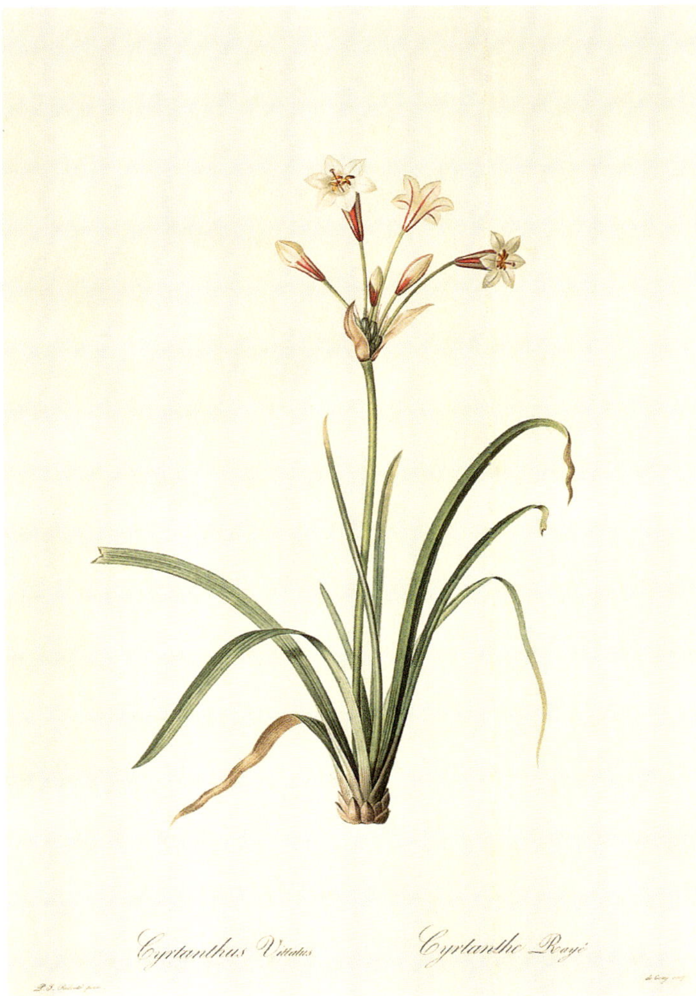

182

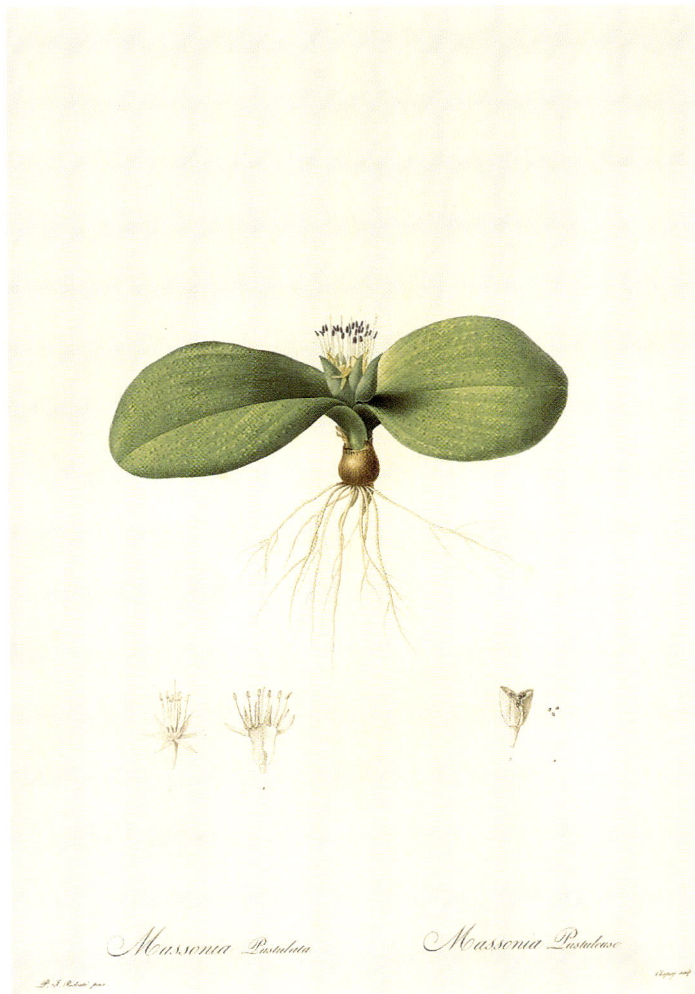

183

Cyrtanthus vittatus Desf. ex DC. in REDOUTÉ 1807 (Amaryllidaceae)

Vittate Brandlily | *Cyrtanthe rayé | Gestreifte Brandlilie

Origin not known. DC. gives the statement: "The analogy suggests that the plant is native to the Cape of Good Hope."

Massonia pustulata Jacq. 1791 (Hyacinthaceae)

Pustulate Massonia | *Massonia pustuleuse
Pustel-Massonia

South Africa (Western Cape, south of Bredasdorp). Named for the English gardener, traveller, plant collector and botanist Francis Masson (1741 to ca. 1805), who collected in South Africa bulbs and seeds on two journeys for about 12 years.

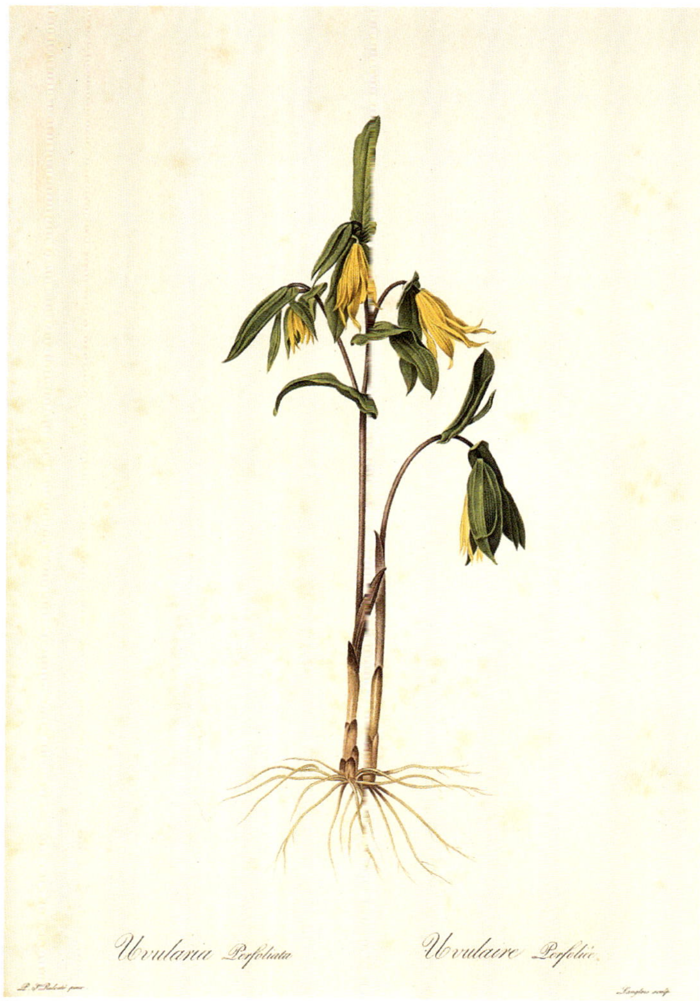

184

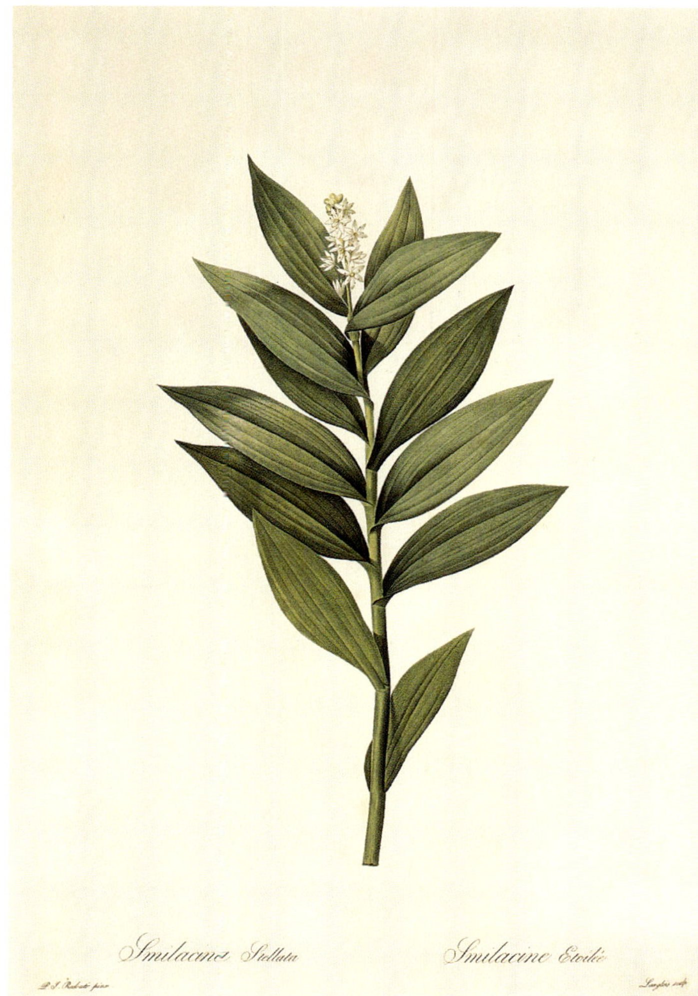

185

***Uvularia perfoliata* L. 1753**
(Convallariaceae)

Common Bellwort | *Uvulaire perfoliée
Gewöhnliche Uvularia

North America (southeastern USA: from Virginia in the north to Georgia, Alabama and Florida in the south). The botanical name *Uvularia* refers to the drooping flowers like the lobe (*uvula* in anatomy) hanging from the back of the soft palate in man.

***Smilacina stellata* (L.) Desf. 1807 (Convallariaceae)**
(= *Convallaria stellata* L. 1753)

Small False Solomon's Seal | *Smilacine étoilée
Stern-Schattenblume

North America (USA from West Virginia in the southeast to New Mexico and California in the southwest to Canada from Labrador to British Columbia, extending to main land Alaska, without a gap in central North America). The German vernacular name *Schattenblume* is misleading, since it also applies to the genus *Maianthemum*.

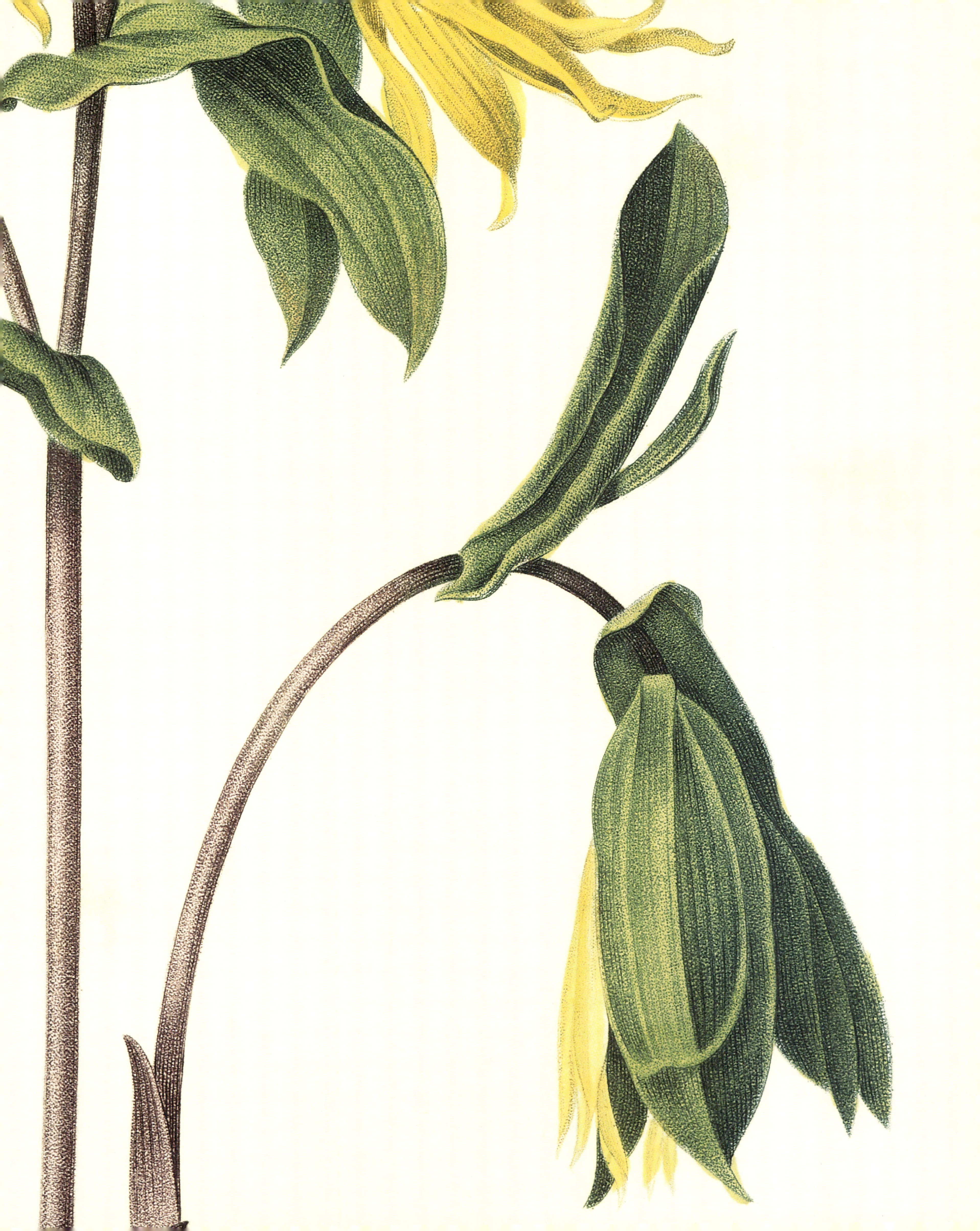

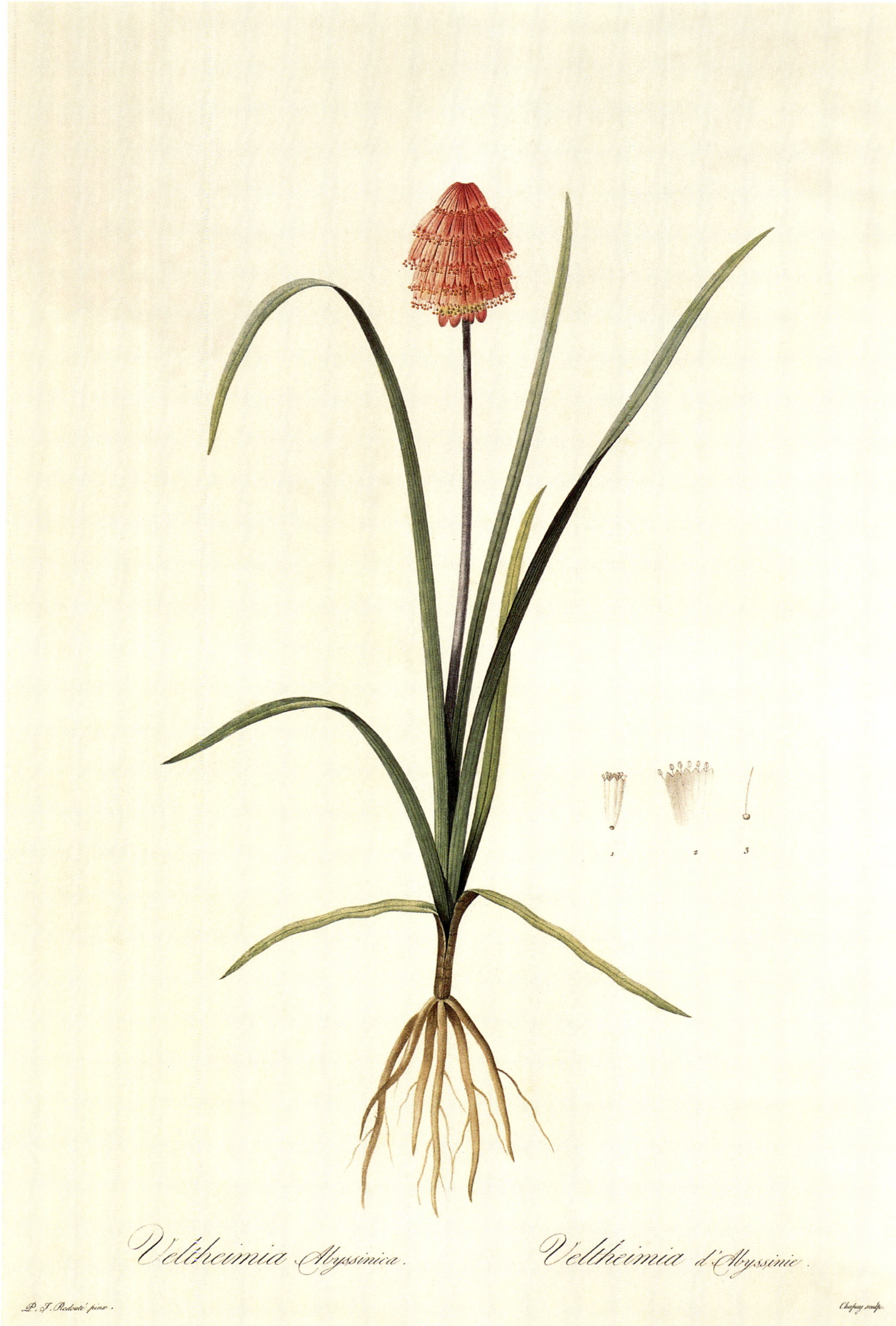

186

Kniphofia pumila (Aiton) Kunth 1843 (Asphodelaceae)
(= _Aletris pumila_ Aiton 1789 = _Kniphofia comosa_ Hochst. 1844)

Abyssinian Kniphofia | *Veltheimia d'Abyssinie | Abessinische Fackellilie

Northeast Africa (Ethiopia). Named in honour of the German physician and professor of medicine at Erfurt University Johannes Hieronymus Kniphof (1704–1763).

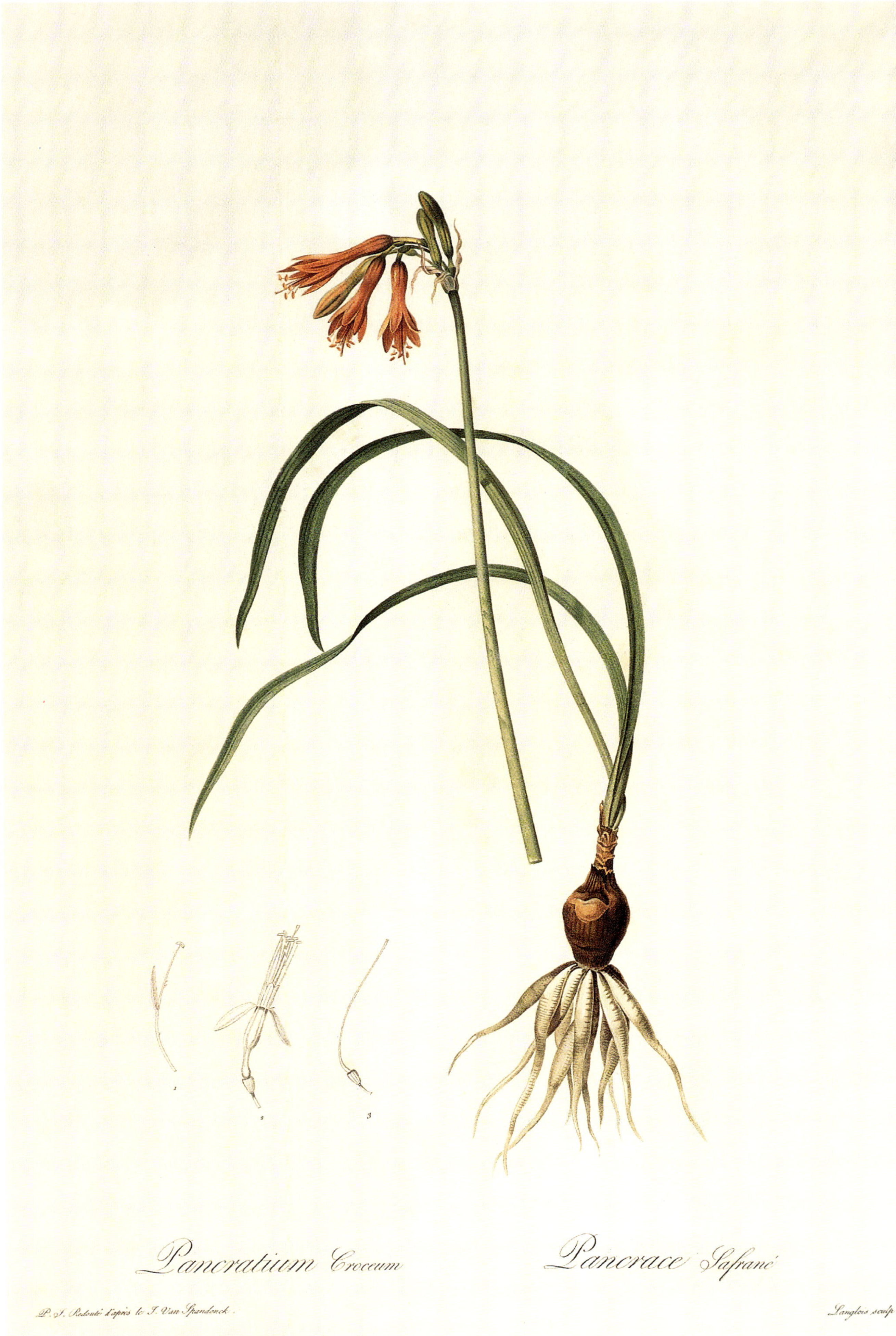

187

Stenomesson spec. (Amaryllidaceae)

(= _Stenomesson croceum_ (Savigny) Herb. 1837)

Yellow Waisted-tube | *Pancrace safrané | Gelber Taillien-Tubus

South America (Peru). Note: According to Ravenna (1971) the plant of the Redouté plate 187 is probably a mixture of *S. flavum* and leaves of a *Zephyranthes*.

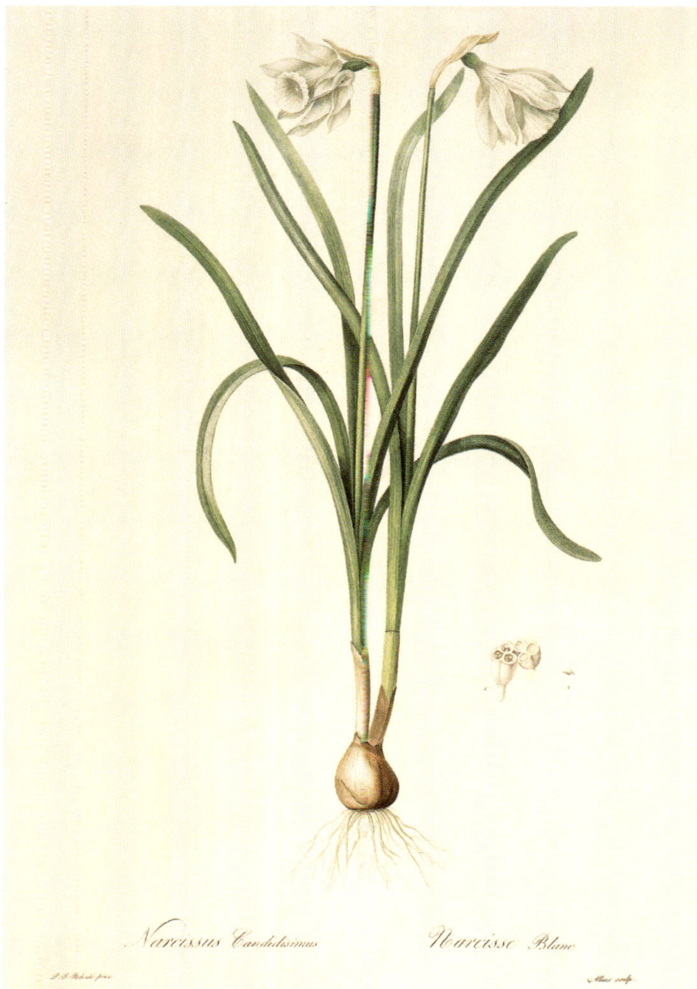

188

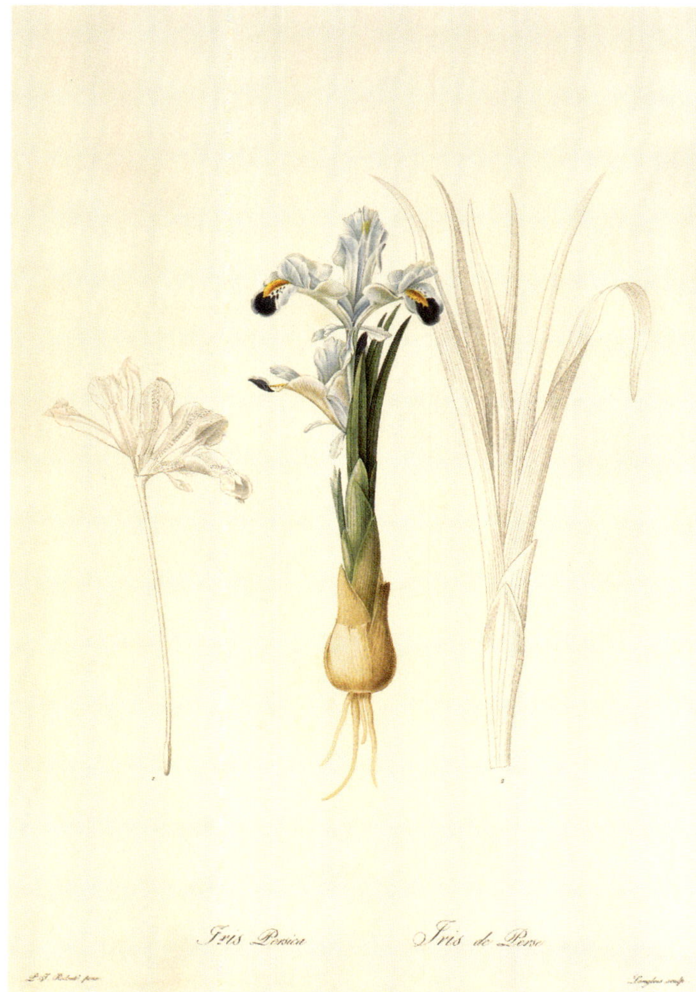

189

Narcissus pseudonarcissus L. 1753 subsp. moschatus (L.) Baker 1888 (Amaryllidaceae)
(= Narcissus moschatus L. 1762)
Wild White Muskdaffodil | *Narcisse blanc
Weiße Moschus-Osterglocke

Southwest Europe (Pyrenees and Cordillera Cantabrica = southwest France and northeast Spain), see pl. 158.

***Iris persica* L. 1753**
(Iridaceae)
Persian Iris | *Iris de Perse
Persische Schwertlilie

West Asia (Iran, Iraq, Syria, Lebanon, Asia Minor) and northeast Africa (Egypt).

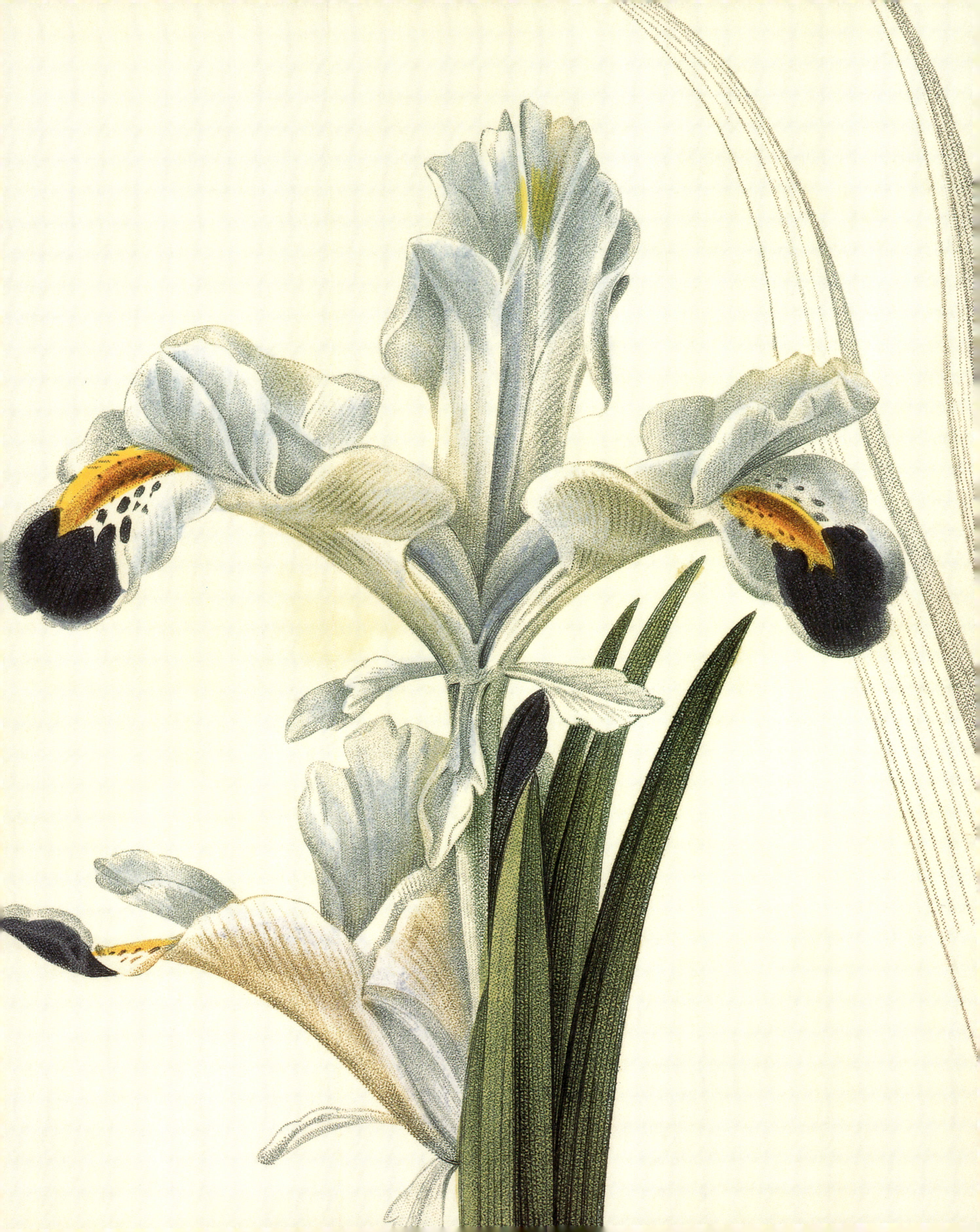

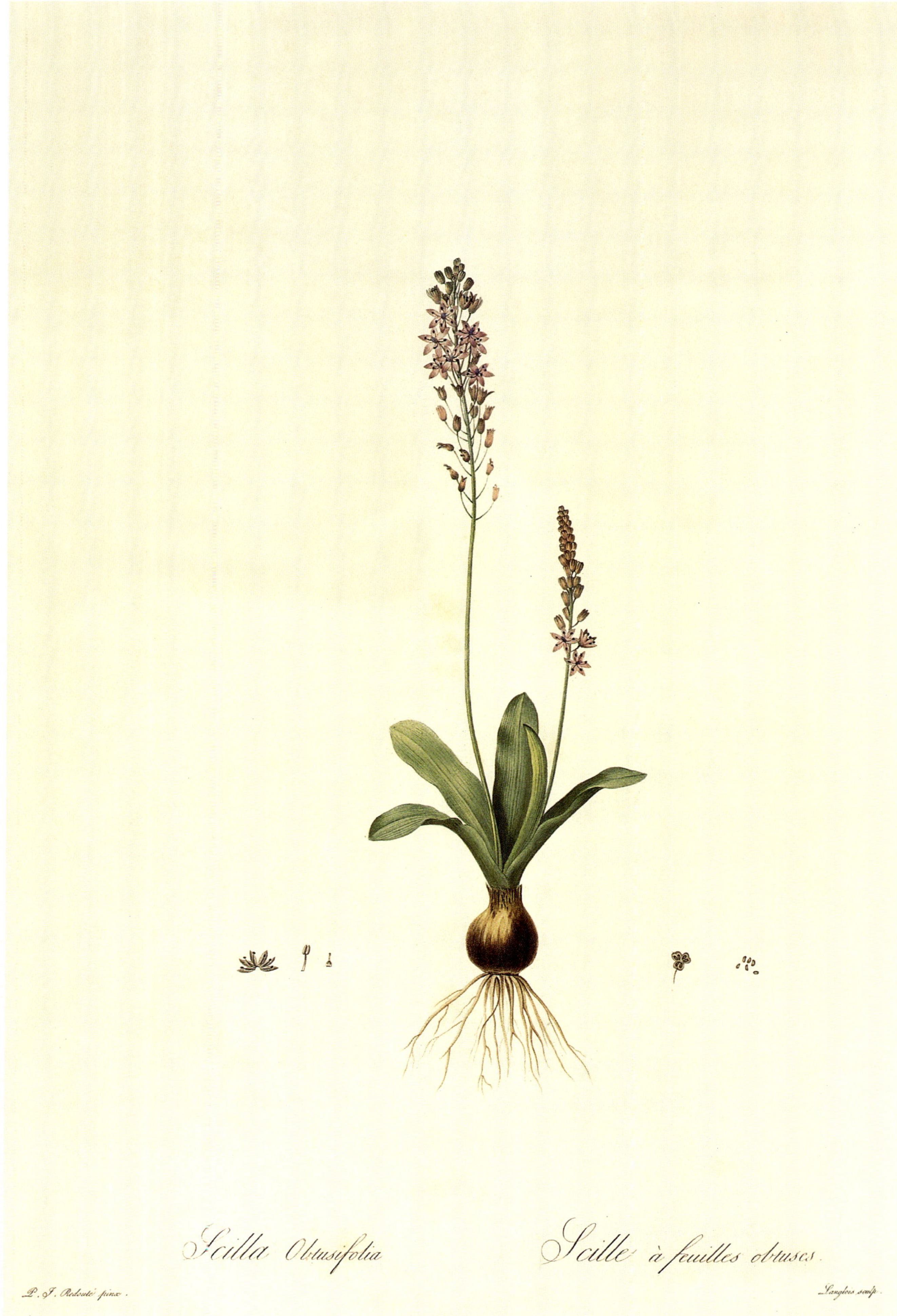

190

Scilla obtusifolia Poiret 1789 subsp. *obtusifolia* (Hyacinthaceae)
Blunt-leaved Squill | *Scille à feuilles obtuses | Stumpfblättriger Blaustern

West Mediterranean region. Endemic to northwest Africa (Morocco and Algeria).

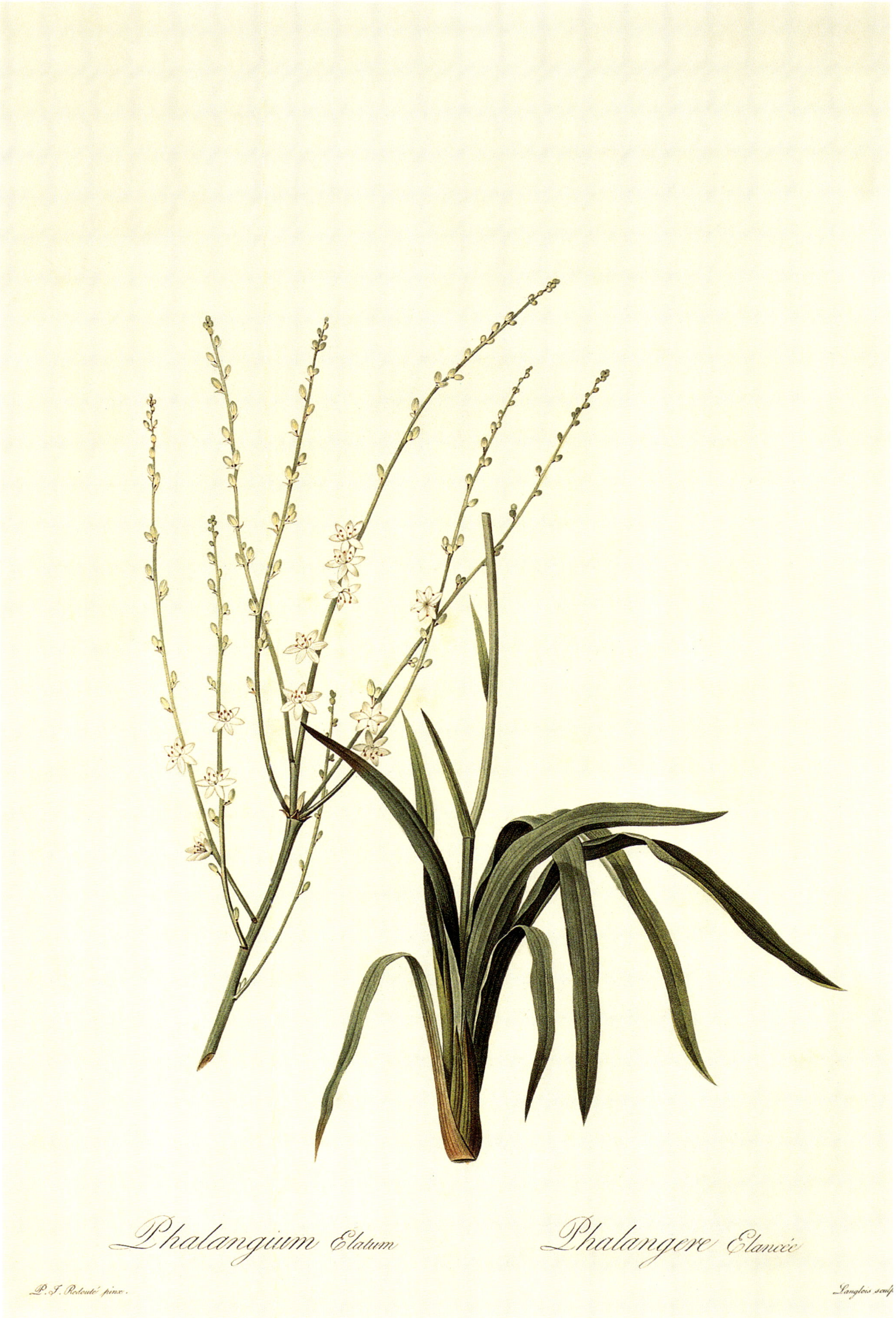

191

Chlorophytum capense (L.) Voss 1895 (Anthericaceae)
(= *Asphodelus capensis* L. 1758 = *Anthericum elatum* Aiton 1789)
Cape Greenlily | *Phalangère élancée | Kap-Grünlilie

South Africa (Eastern Cape, between Humansdorp and King Williams Town).

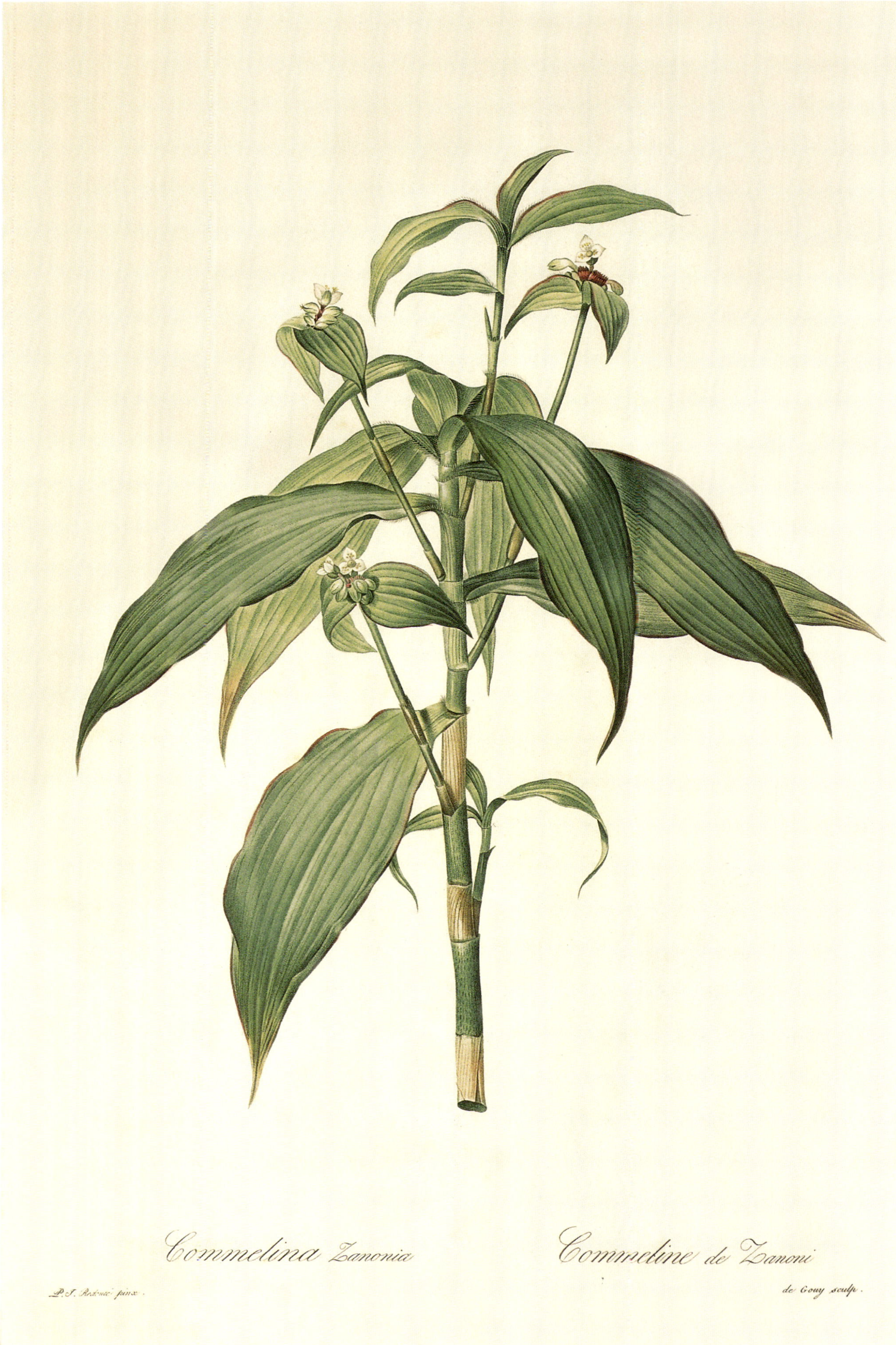

192

Campelia zanonia (L.) H.B.K. 1816 (Commelinaceae)

Zanoni's Campelia ✿ | *Commeline de Zanoni | Zanonis Campelia ✿

Central ar d South America (from southern Mexico to Brazil and Bolivia). Genus named for a certain Campel, and species named by Linnaeus for the botanist Giacomo Zanoni (1615–1682), head of the botanic garden of Bologna.

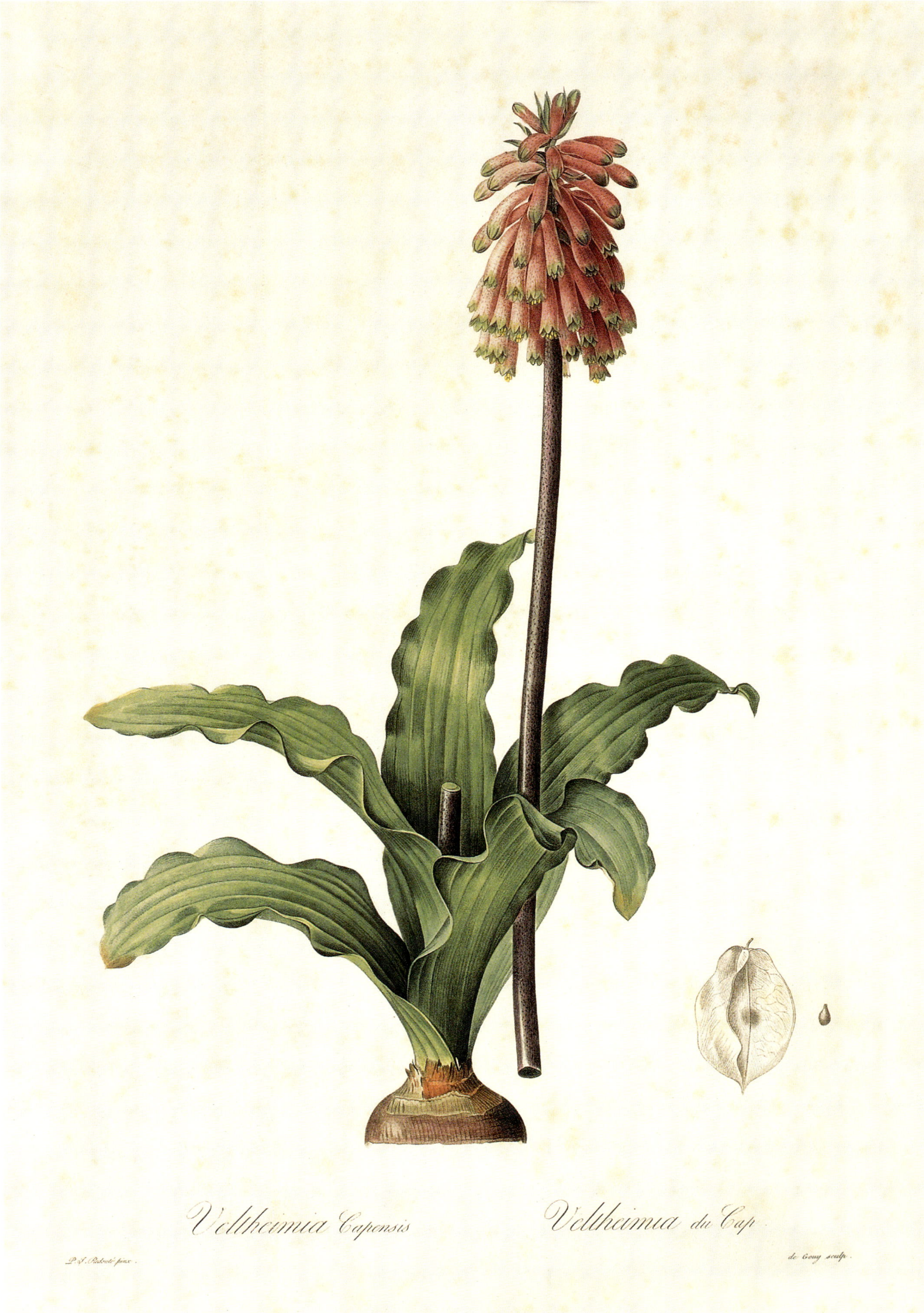

193

Veltheimia bracteata **Harv. ex Baker 1871 (Hyacinthaceae)**

Eastern Cape Veltheimia | *Veltheimia du Cap | Ostkap-Veltheimie

Summer rainfall South Africa (Eastern Cape to Kwazulu/Natal). Named for the German geologist and dendrologist, August Ferdinand Graf von Veltheim (1741–1801). Note: The text of the present plate contains the valid publication of the combination *Veltheimia capensis* (L.) DC. 1807, the winter rainfall *Veltheimia*, whereas the plant depicted is the summer rainfall Eastern Cape species.

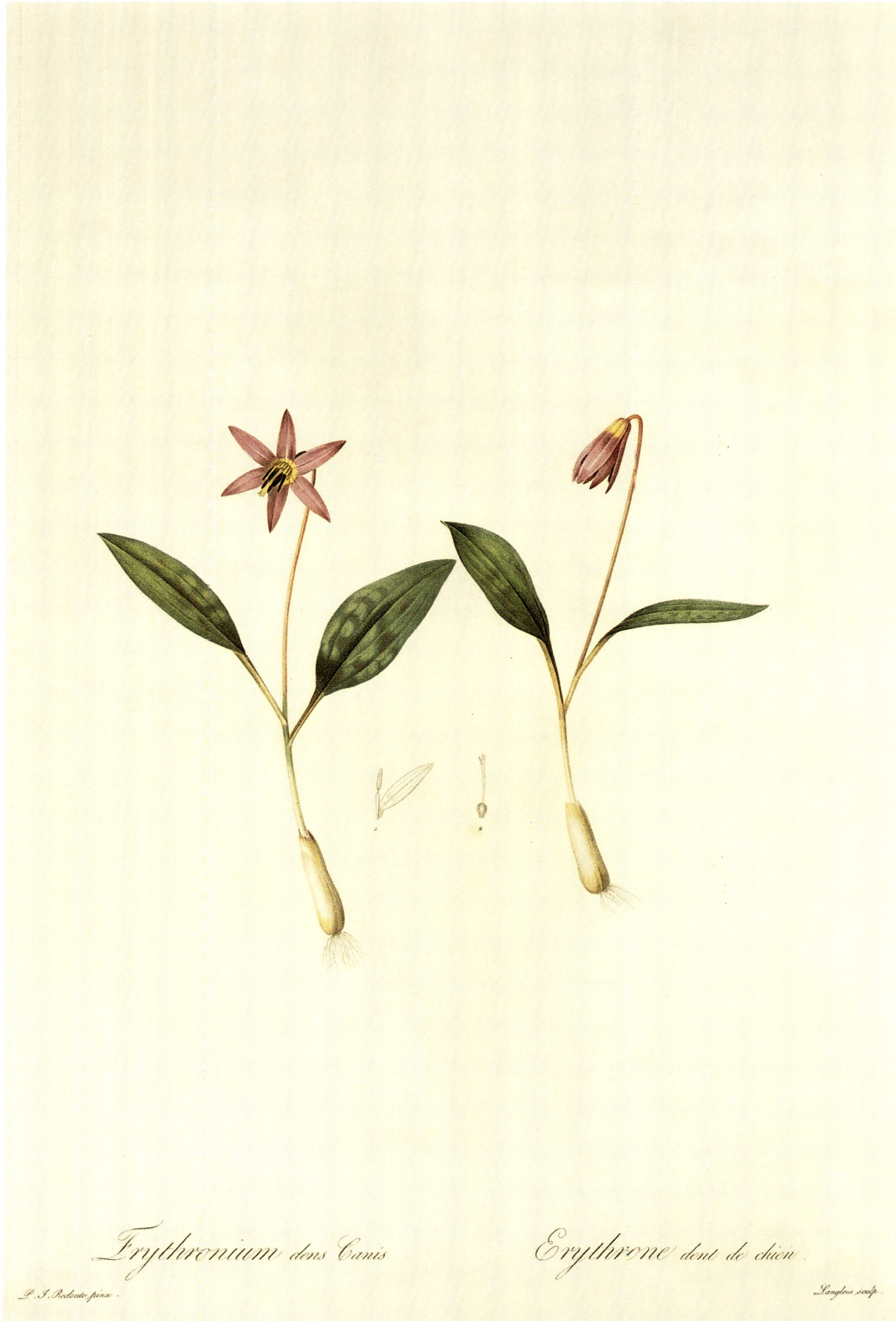

194

Erythronium dens-canis L. 1753 (Liliaceae)

Dogtooth Fawnlily | *Erythrone dent de chien | Hundszahnlilie

South central and south Europe (from Portugal to the European Turkey and to the Czech Republic and Slovakia in the north). Derived from an ancient Greek plant name handed down by Dioskorides.

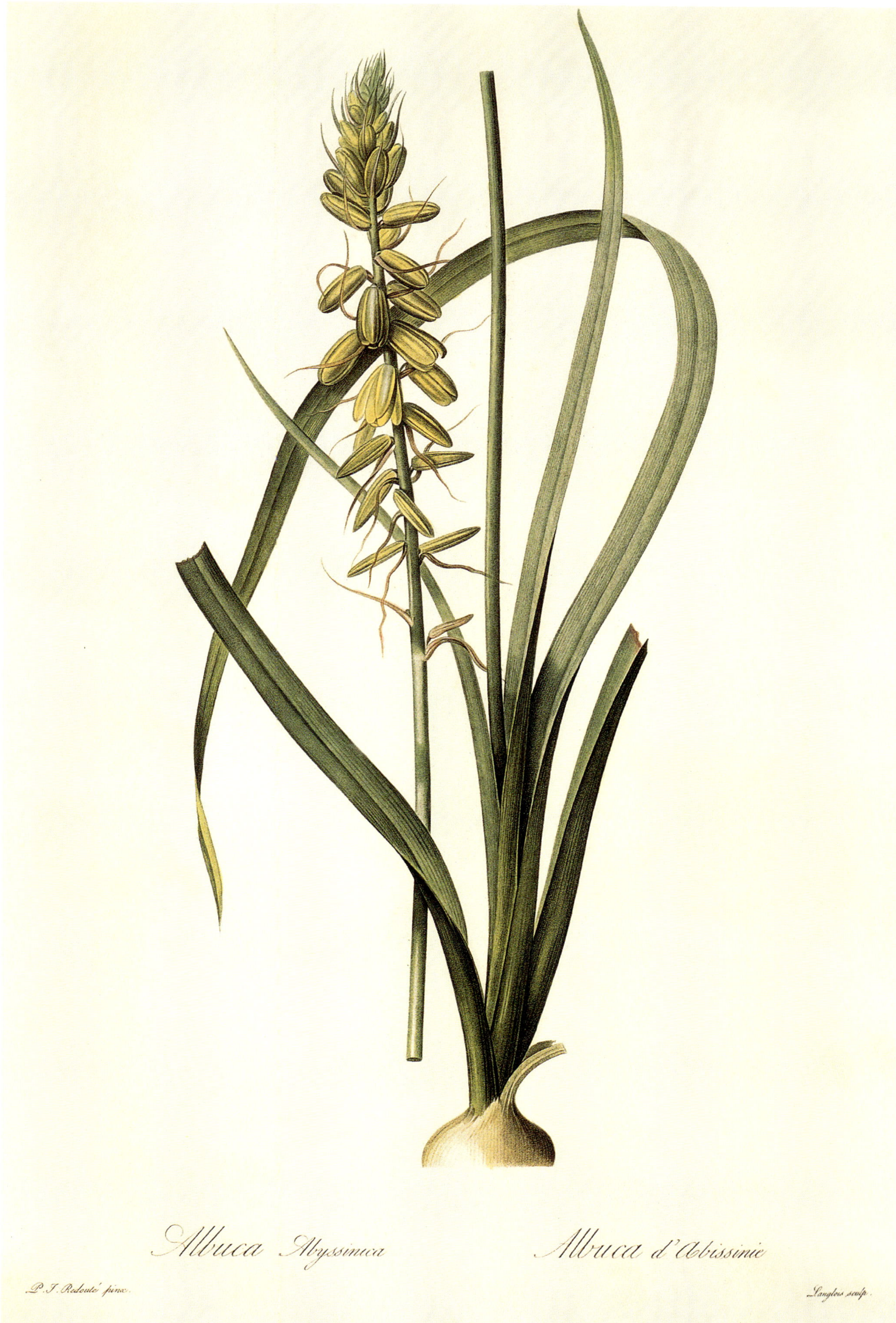

195

******Albuca abyssinica* **Jacq. 1783 (Hyacinthaceae)**

Ethiopian Lantern Flower | *Albuca d'Abyssinie | Äthiopische Laternenlilie

Tropial Africa (from Ethiopia in the north to Cameroon and Tanzania in the south).

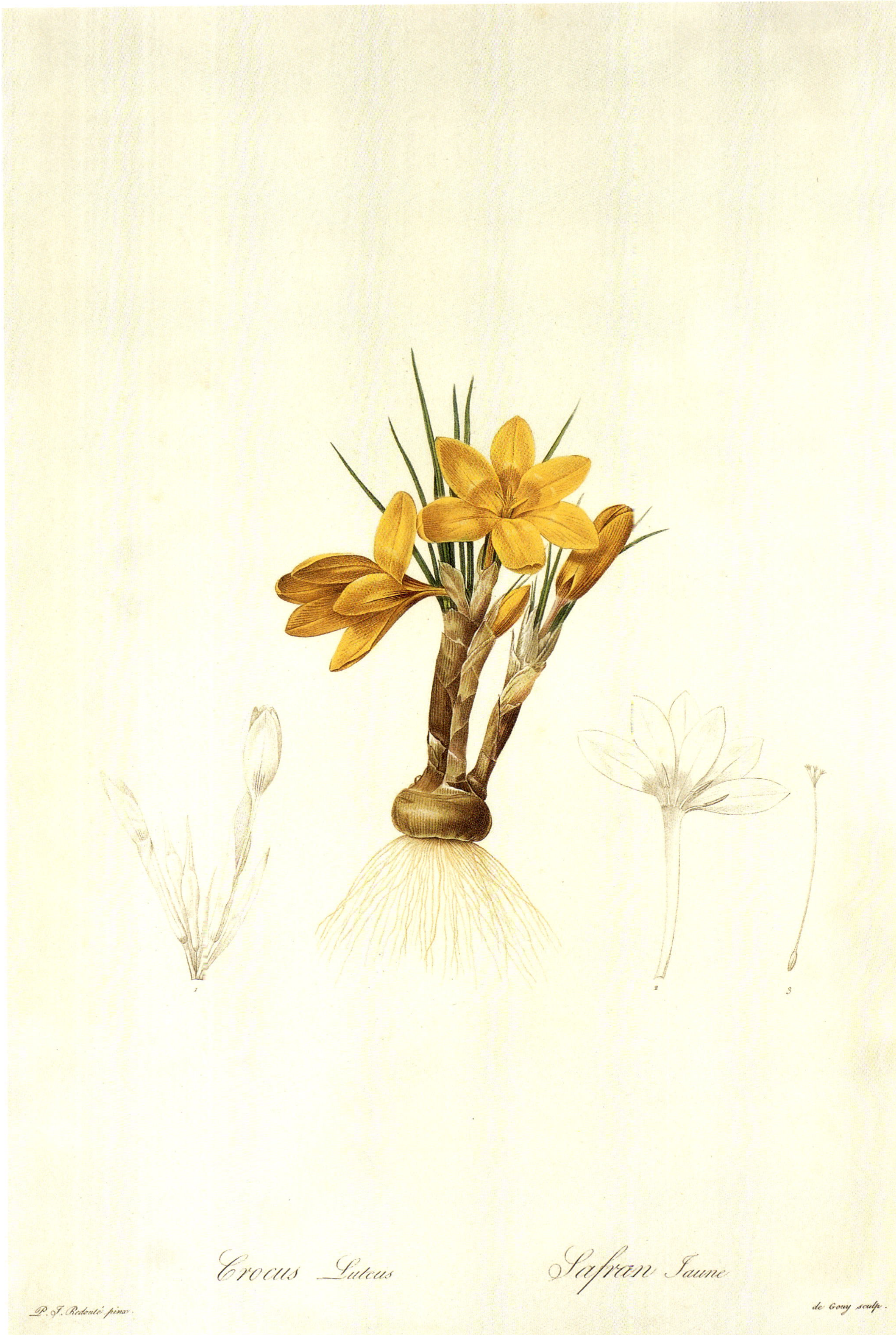

196

Crocus flavus Weston 1771 (Iridaceae)

Golden Crocus | *Safran jaune, Safran doré | Gold-Krokus

Southeast Europe (central & eastern parts of Balkan Peninsula: Yugoslavia, Romania, Bulgaria, Greece) & western Asia Minor.
Note: The above common names of the national languages refer to the very popular synonym *Crocus aureus*.

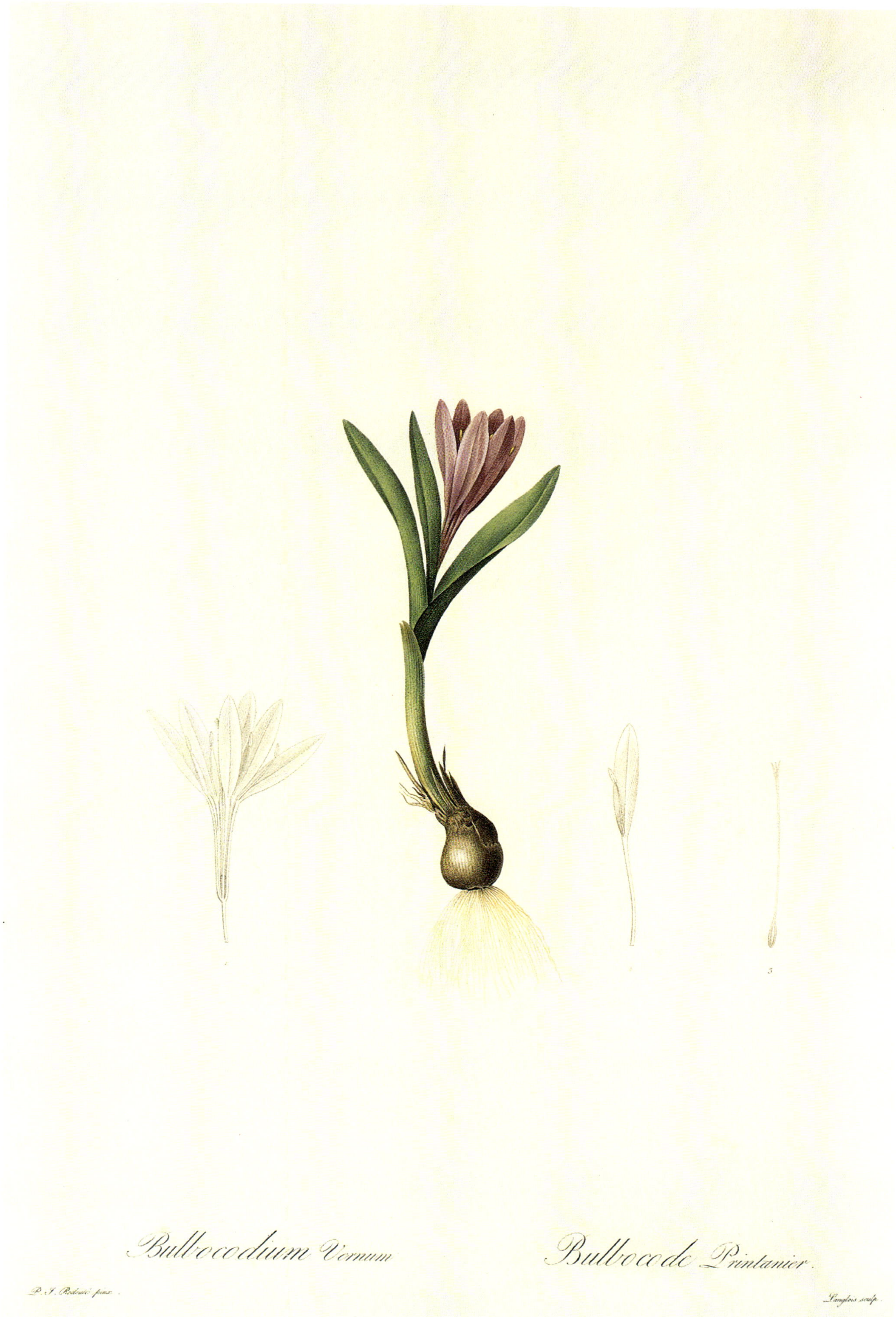

197

***Bulbocodium vernum* L. 1753 (Colchicaceae)**

Common Bulbocodium | *Bulbocode printanier | Frühlingslichtblume

Southwest Europe (Pyrenees and western Alps with one outlier in the Austrian Alps).

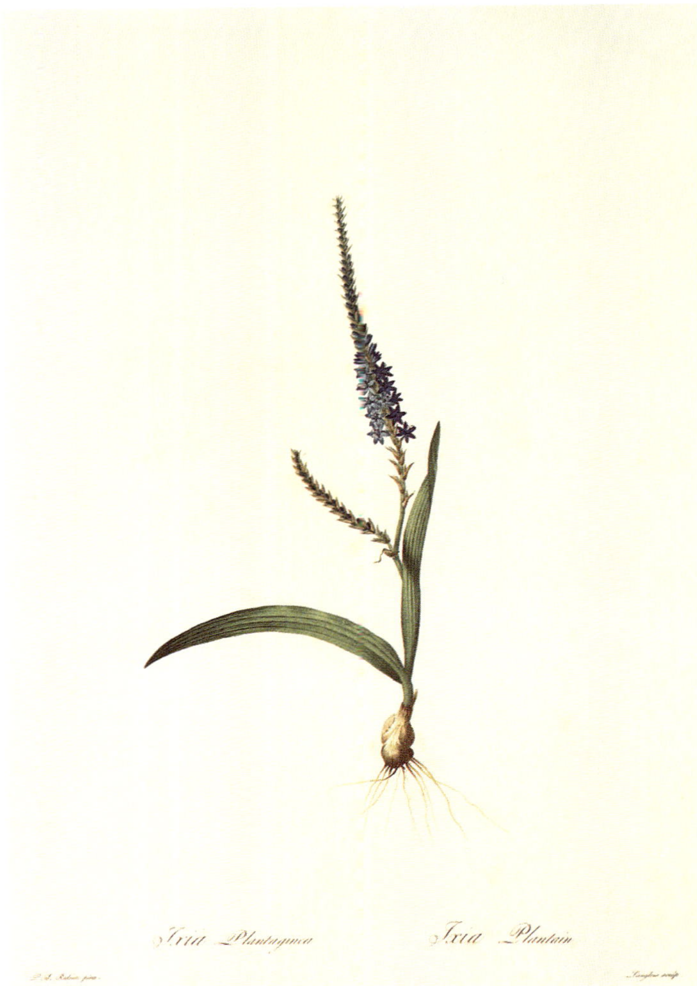

198

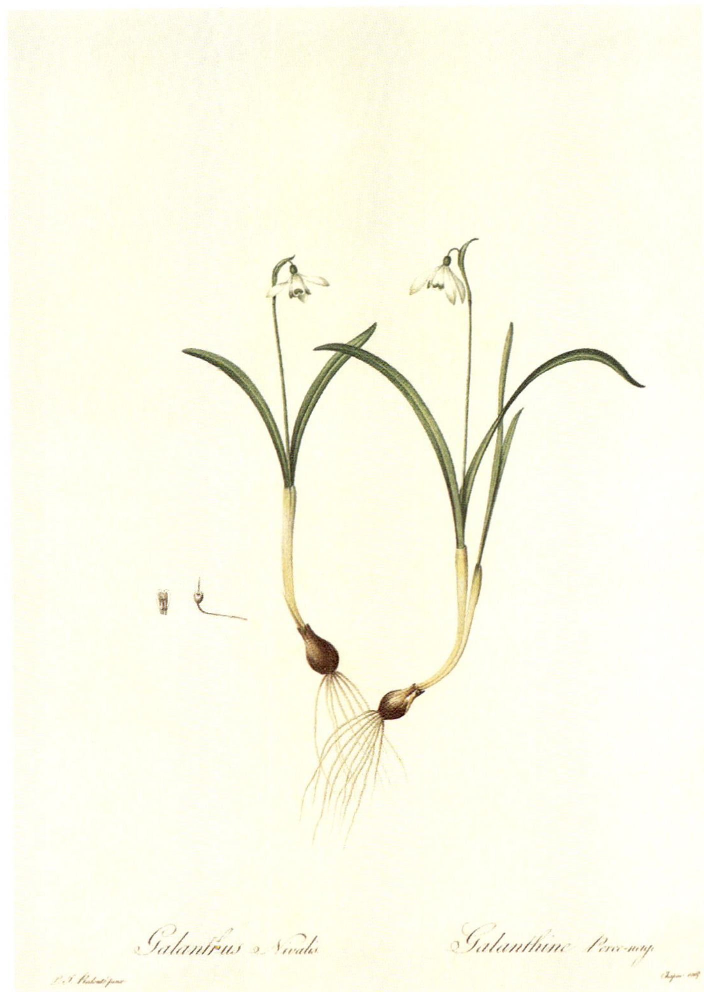

200

Micranthus alopecuroides **(L.) Rothm. 1941 (Iridaceae)**
(= *Gladiolus alopecuroides* L. 1756)
Foxtail Micranthus | *Ixia plantain | Fuchsschwanz-Micranthus

Winter rainfall South Africa (Western Cape from the Gifberg near Vanrhynsdorp in the north to the Cape Peninsula in the south and Bredasdorp in the east).

Galanthus nivalis **L. 1753 (Amaryllidaceae)**
Common Snowdrop | *Perce-neige
Gewöhnliches Schneeglöckchen

Temperate Europe and Mediterranean mountains (from France in the west to White Russia in the east and southwards to Spanish, Sicilian and Greek mountains).

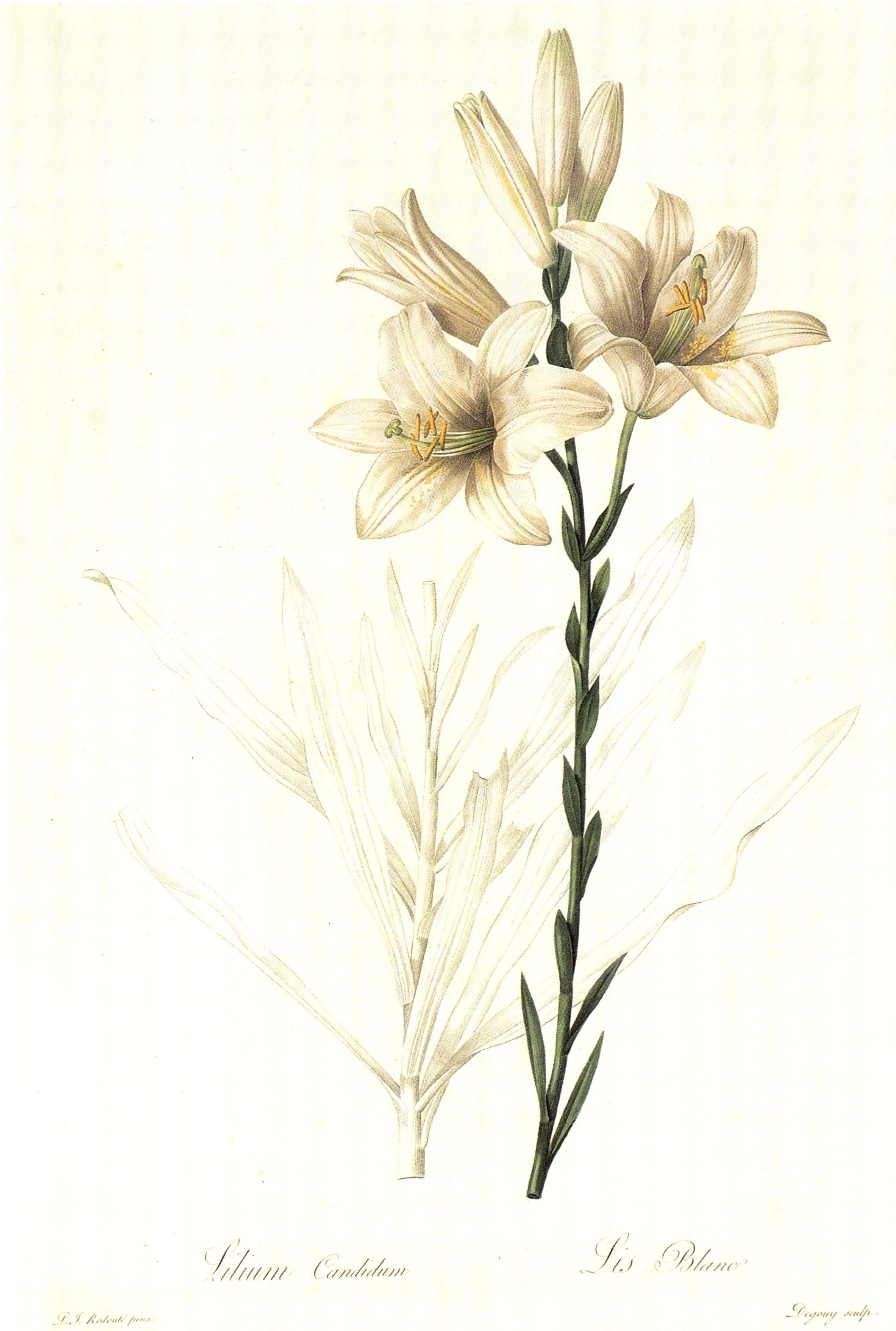

199

***Lilium candidum* L. 1753 (Liliaceae)**

Madonna Lily | *Lis blanc | Madonnen-Lilie

Eastern Mediterranean region (Yugoslavia, Greece, Lebanon) to southwest Asia.

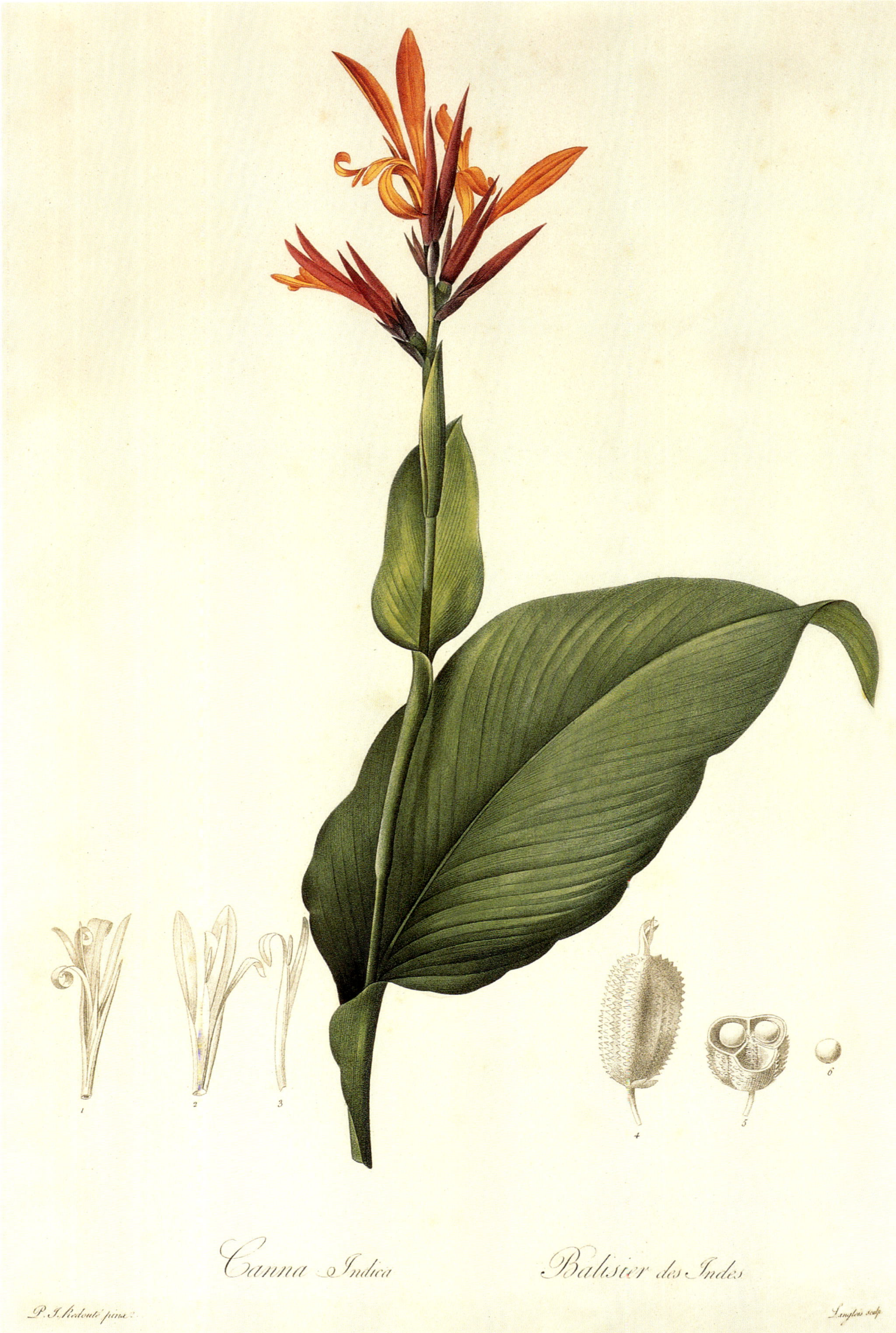

201

Canna lutea Mill. 1768 (Cannaceae)

Socalled-Yellow Canna | *Balisier des Indes | So genanntes Gelbes Blumenrohr

Central (West Indies, Mexico and Costa Rica) and South America (south Brazil). Note: Kränzlin (1912) cites in his revision the present plate under *Canna lutea*.

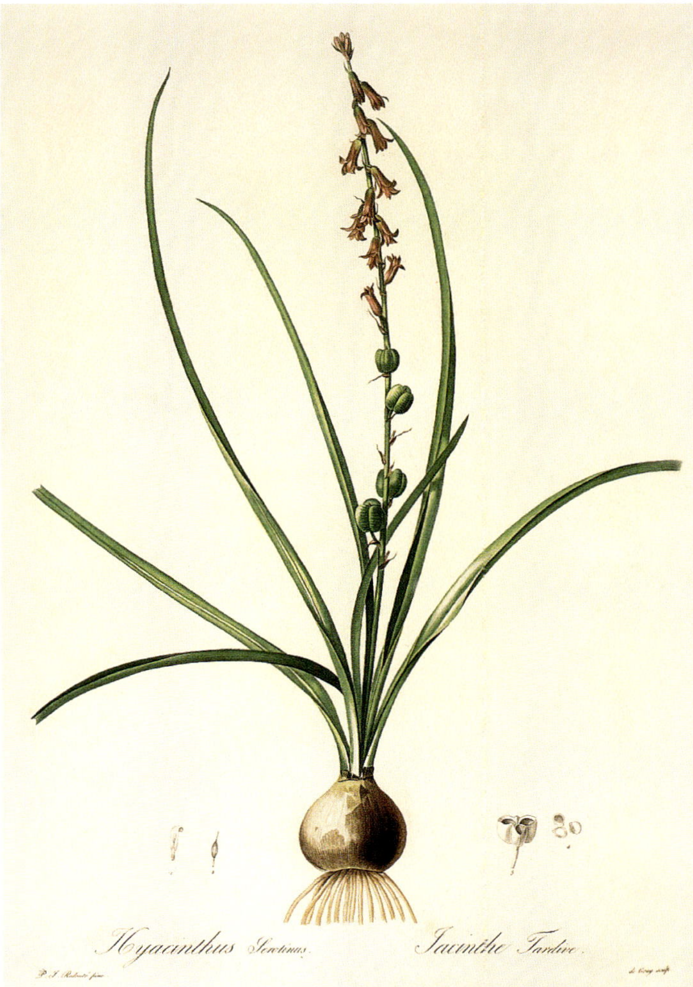

202

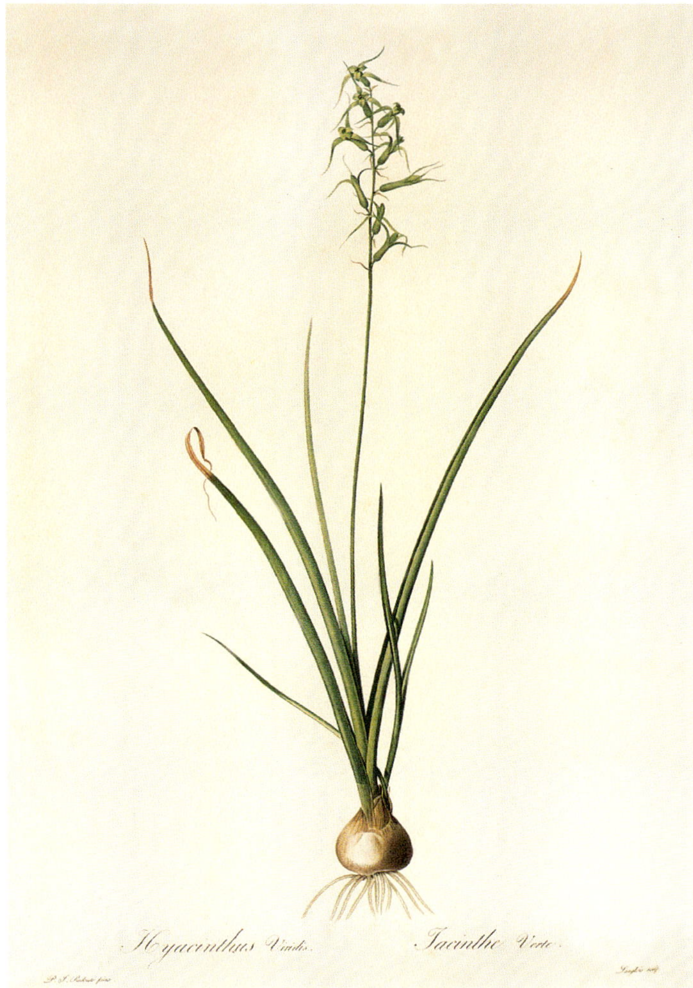

203

Dipcadi serotinum (L.) Medik. 1790 (Hyacinthaceae)

Late-flowering Phalaenohyacinth | *Jacinthe tardive
Spätzeitige Mottenhyazinthe

West Mediterranean region (from Portugal to France and the Baleares in southwest Europe and from Morocco to Libya in northwest Africa) extending to the Canary. *Dipcadi* is an Oriental = probably Turkish plant name for *Muscari* handed down by Lobel.

Dipcadi viride (L.) Moench 1791 (Hyacinthaceae)

Green Phalaenohyacinth | *Jacinthe verte
Grüne Mottenhyazinthe

Widespread in summer rainfall Africa, from South Africa to Ethiopia. *Dipcadi* is an Oriental = probably Turkish plant name for *Muscari* handed down by Lobel.

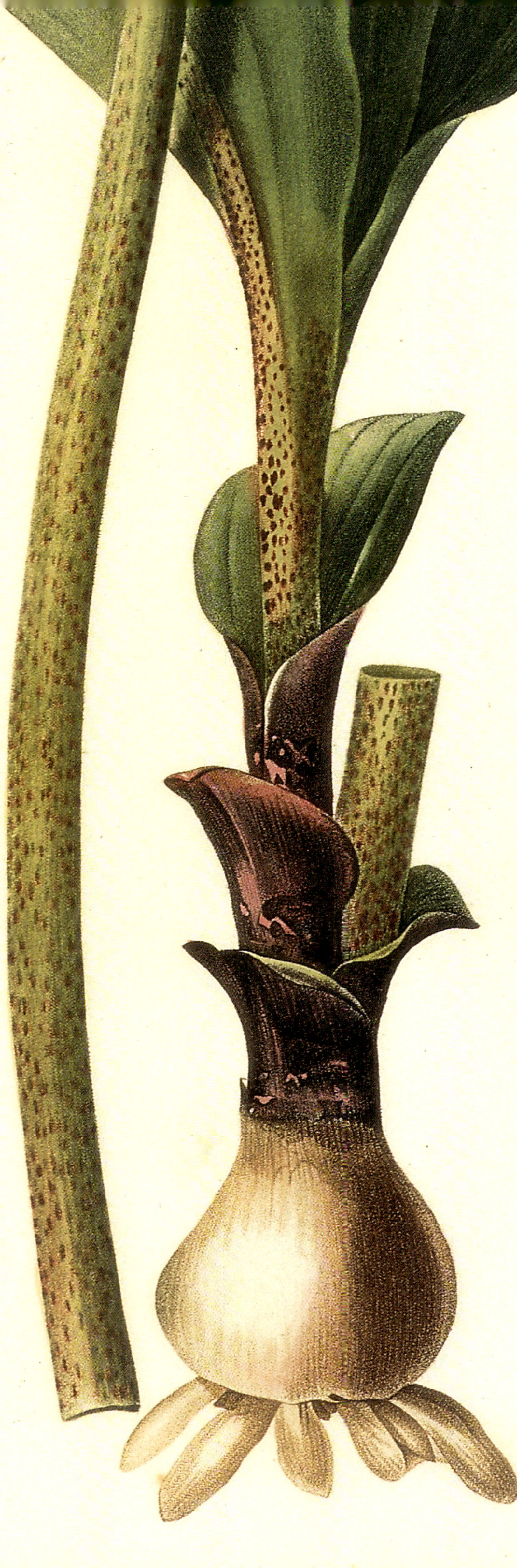

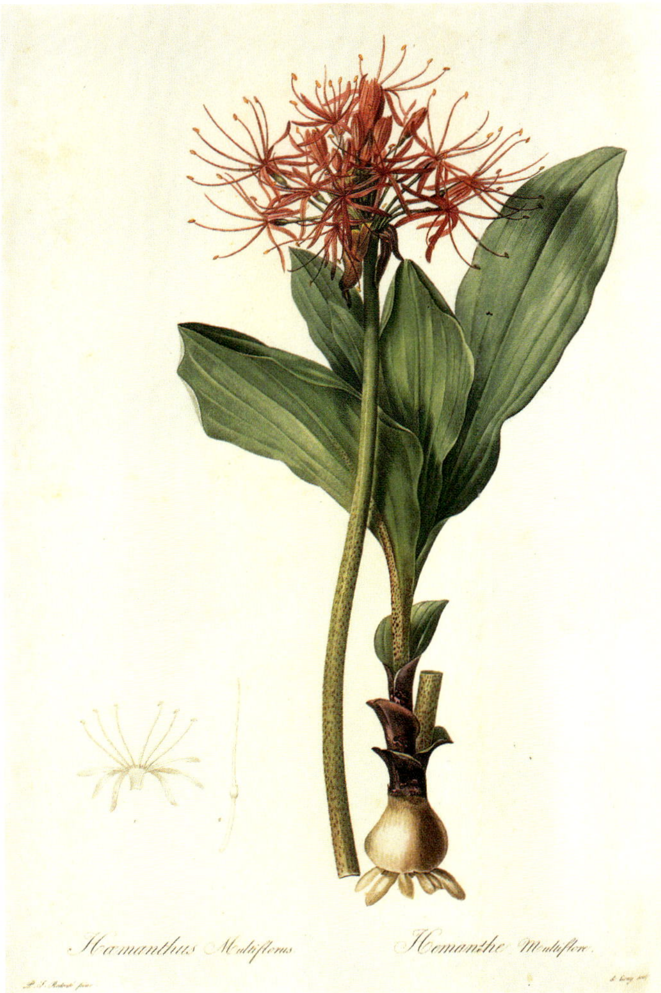

204

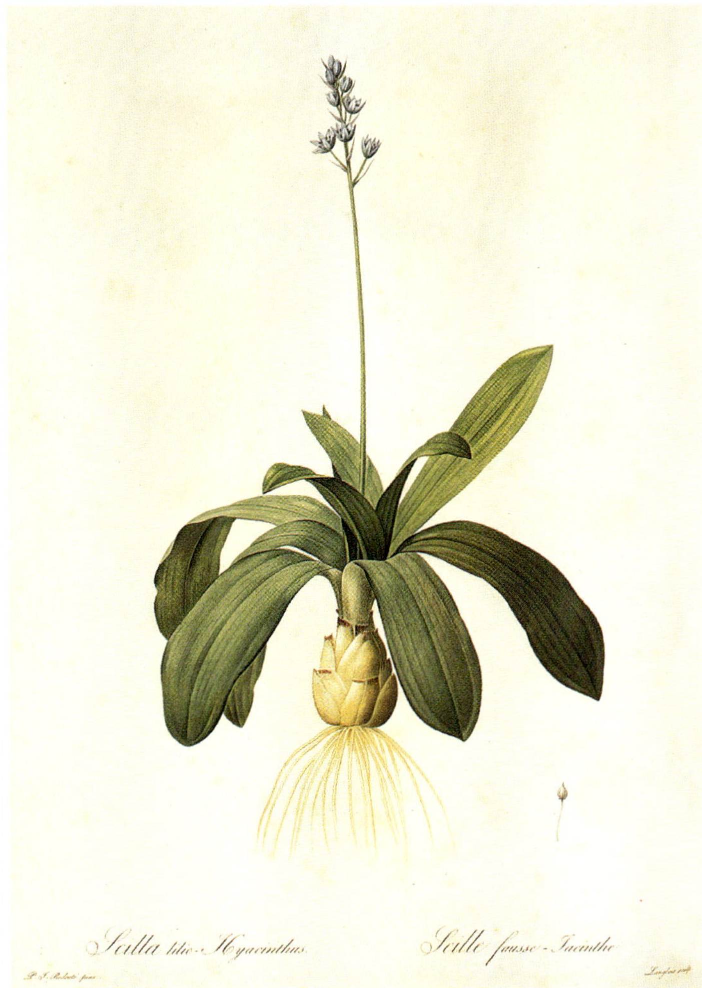

205

Scadoxus multiflorus (Martyn) Raf. 1838 [1836]
(Amaryllidaceae)
Many-flowered Blood-Umbel | *Hémanthe multiflore
Vielblütige Blutdolde

Tropical Africa from Senegal in the northwest and Ethiopia in the northeast to Transvaal and Kwazulu/Natal in South Africa, and just extending to Asia in the Yemen on the Arabian Peninsula.

**Scilla lilio-hyacinthus* L. 1753
(Hyacinthaceae)
Pyrenean Squill | *Scille fausse-jacinthe, Lis-jacinthe
Pyrenäen-Blaustern

West Europe (from central and south France to north Spain).

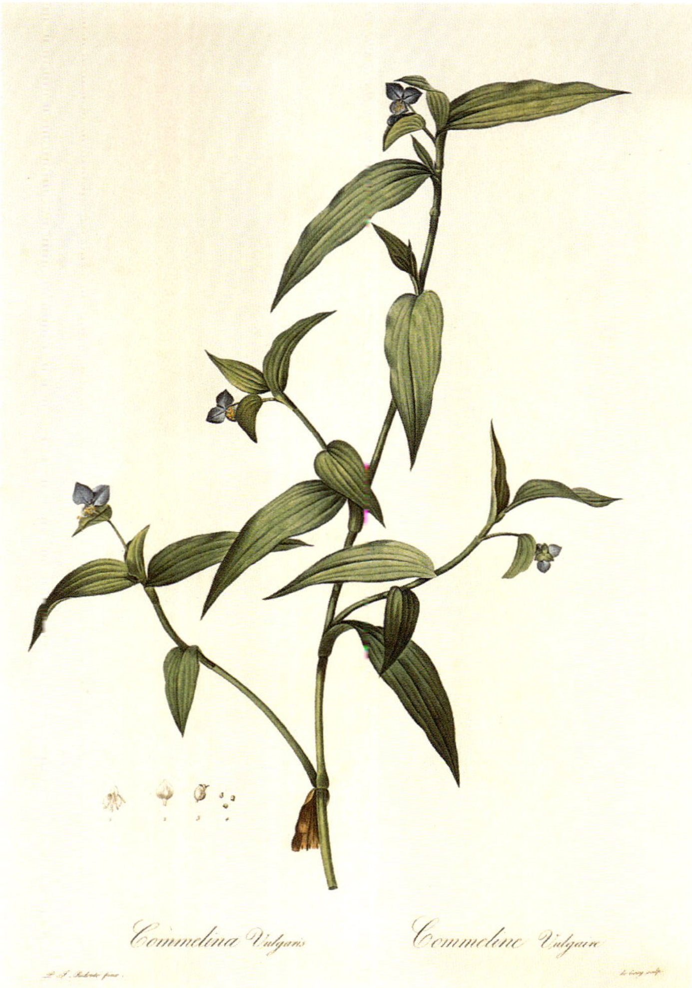

206

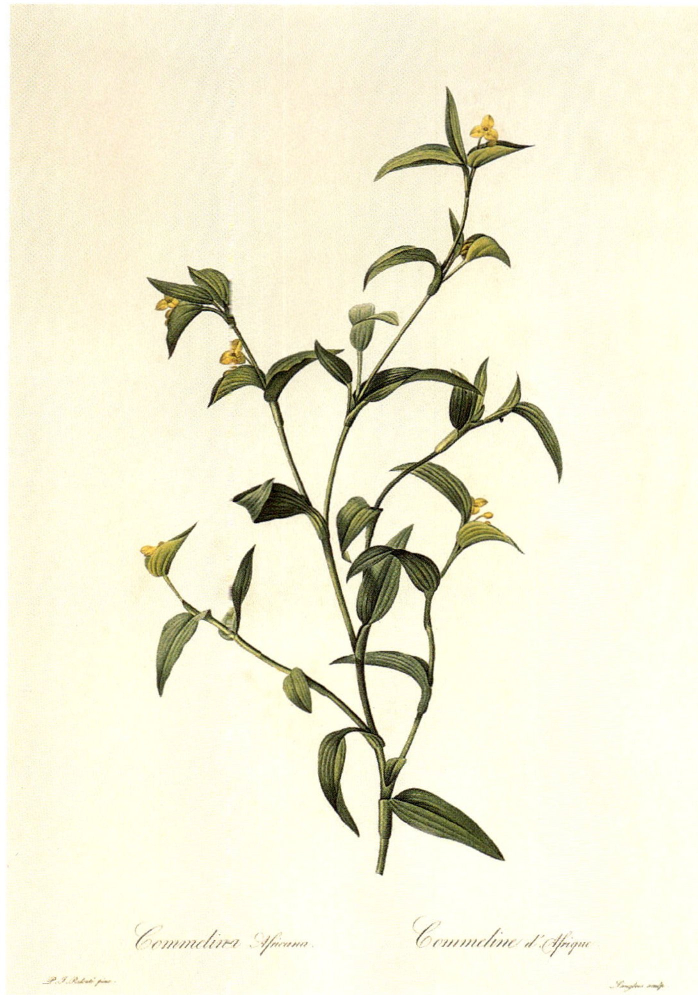

207

***Commelina communis L. 1753 (Commelinaceae)**
Common Dayflower | *Commeline vulgaire
Gewöhnliche Commeline

East Asia: China. Named for the Dutch botanists Commelin (Commelijn), Johan (1629–1692) and his nephew Caspar (1667–1731).

***Commelina africana L. 1753 (Commelinaceae)**
African Dayflower | *Commeline d'Afrique
Afrikanische Commeline

West and east tropical Africa (southwards to Kwazulu/Natal and Eastern Cape). Named for the Dutch botanists Commelin (Commelijn), Johan (1629–1692) and his nephew Caspar (1667–1731).

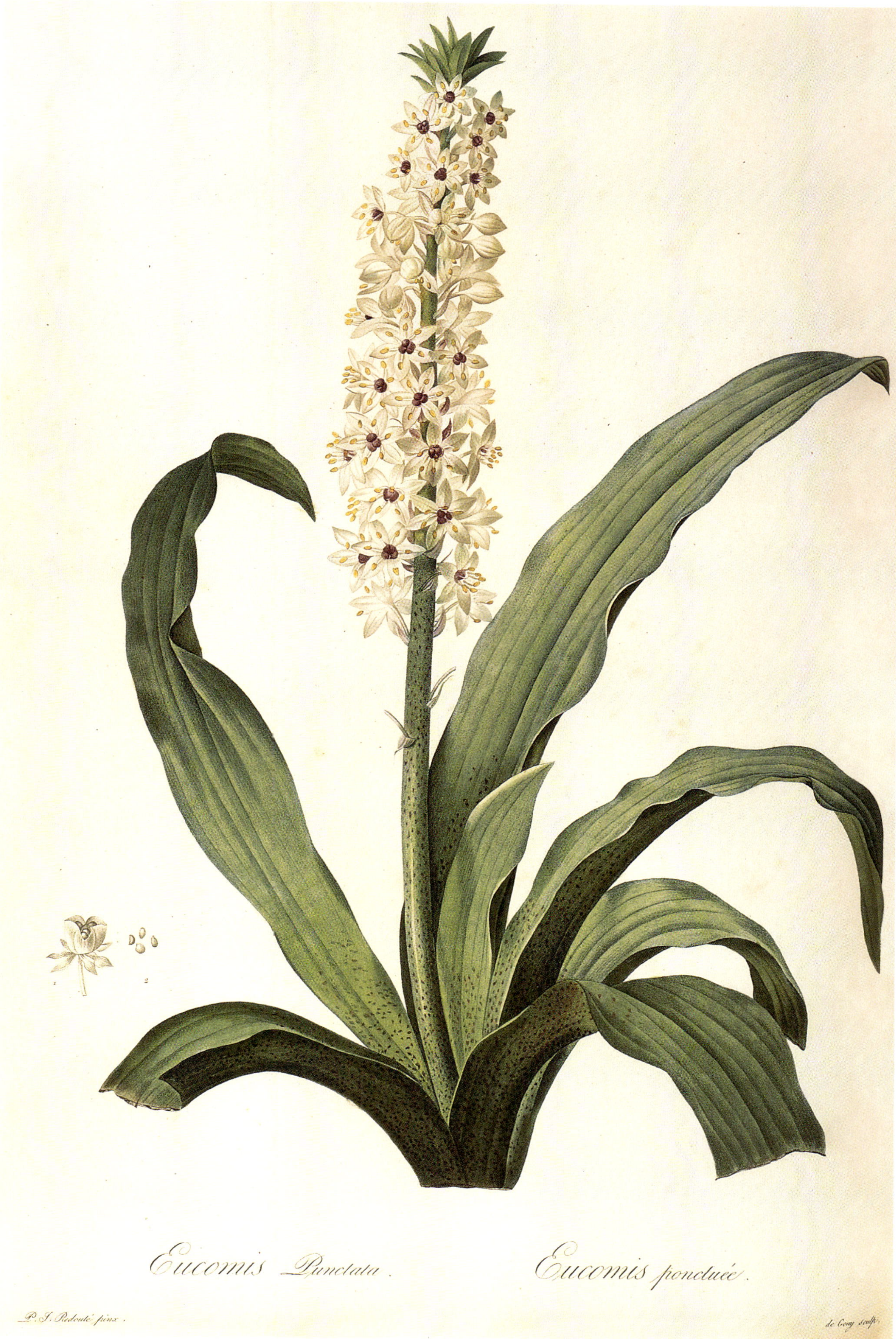

208

Eucomis comosa (Houtt.) Aschers. & Graebn. 1905 var. *comosa* (Hyacinthaceae)
(= *Asphodelus comosus* Houtt. 1783)

Dotted Pineapple Lily | *Eucomis ponctuée | Punktierte Schopflilie

South Africa (Eastern Cape). Note: Usually Wehrh. 1929 is given as author of the present name, but Aschers. & Graebn. 1905 already proposed this combination.

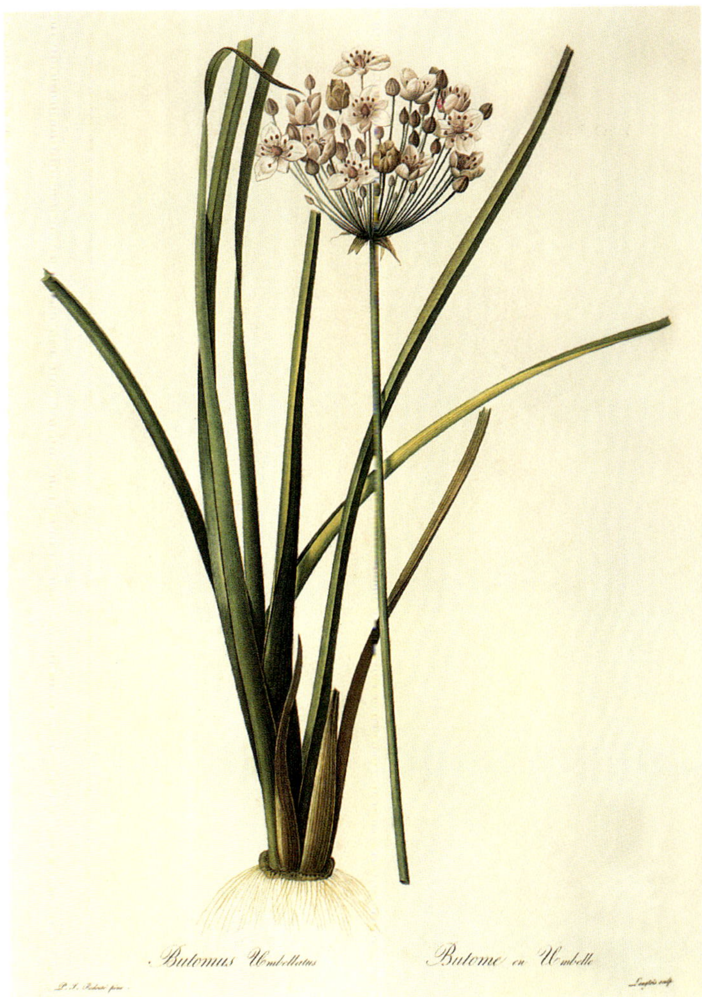

209

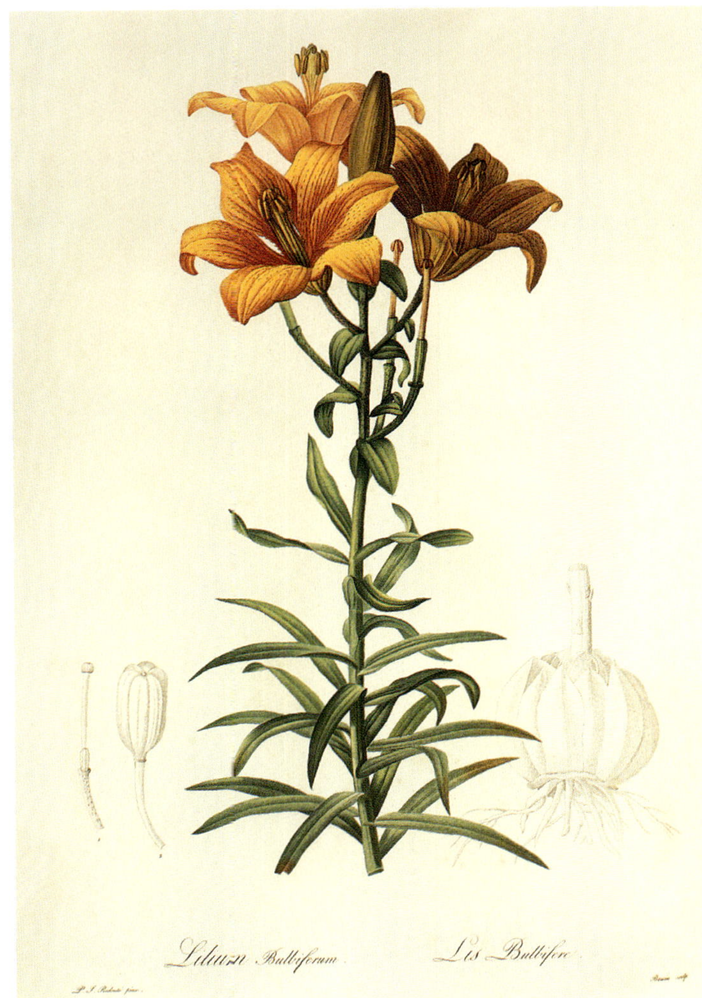

210

******Butomus umbellatus* **L. 1753 (Butomaceae)**

Flowering Rush | *Butome en ombelle | Schwanenblume

Most of Europe (except for the Mediterranean islands Baleares, Corsica, Sicily, Crete and the boreal islands Faro and Spitzbergen), Subcircummediterranean (in northeast Africa from Morocco to Tunesia and in the Middle East), southern Siberia, central Asia and Himalaya.

******Lilium bulbiferum* **L. 1753 (Liliaceae)**

Orange Lily | *Lis bulbifère | Feuer-Lilie

Central Europe (from France in the west to Poland in the east) extending southwards to Spain, Corsica, south Italy and northwest Yugoslavia.

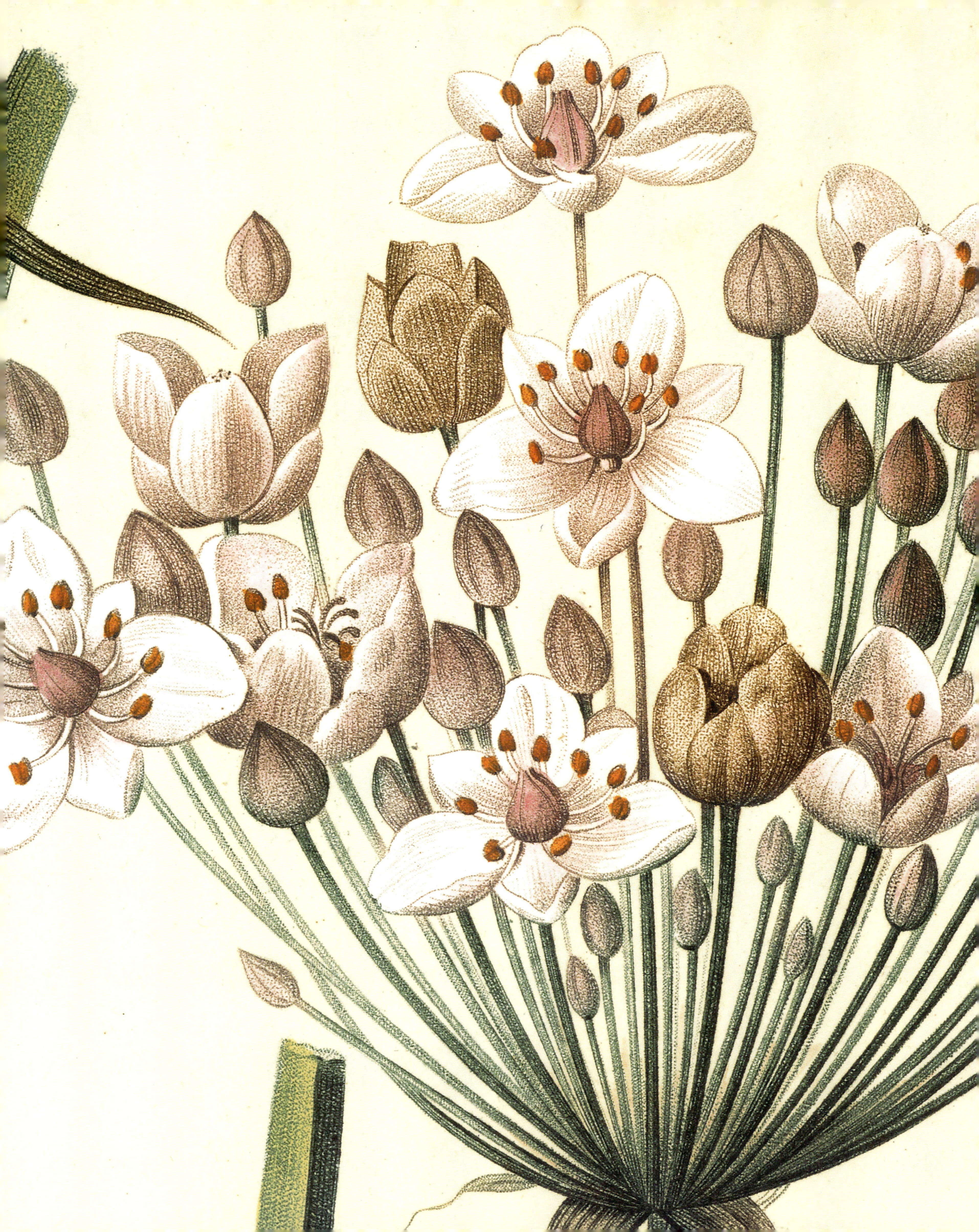

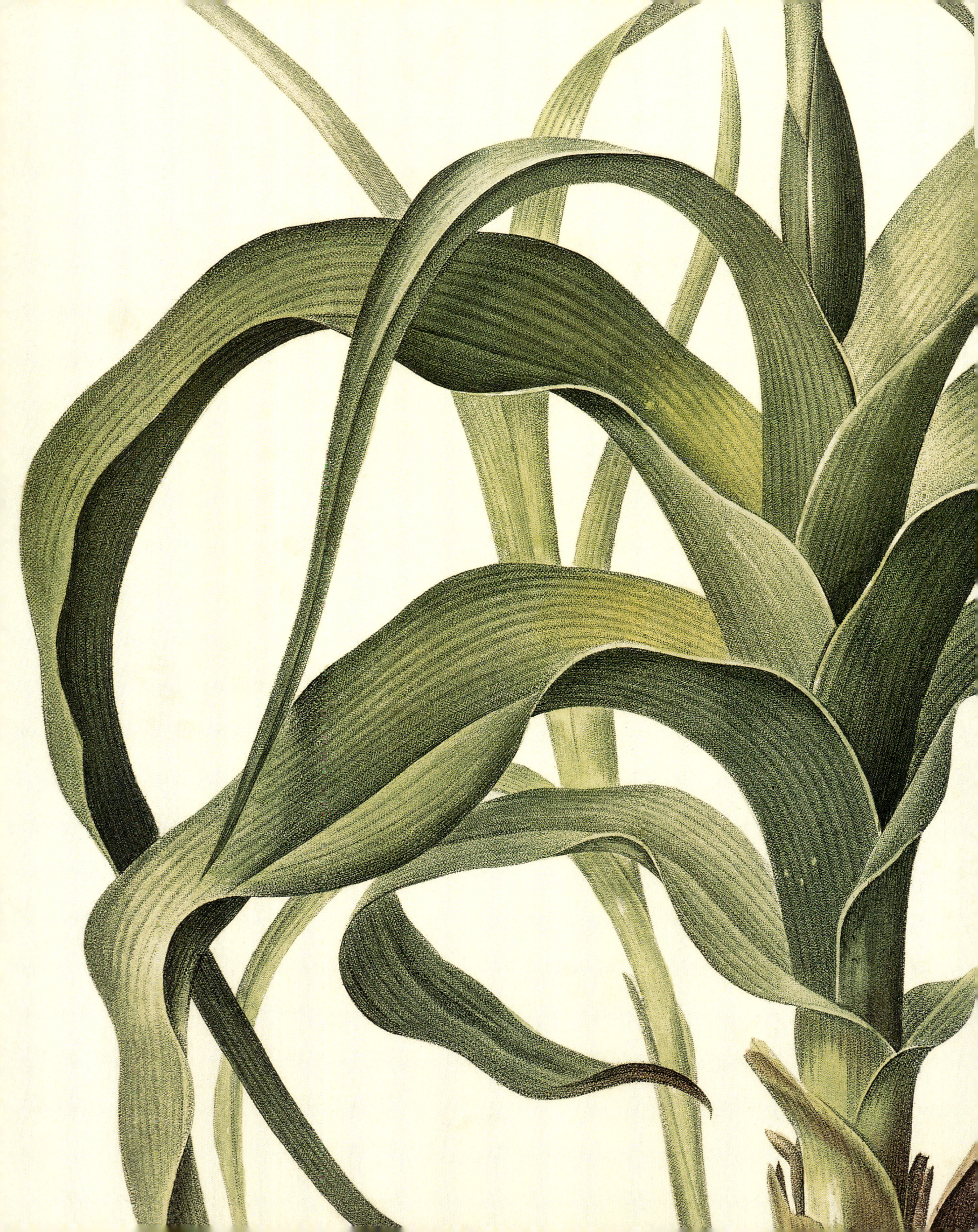

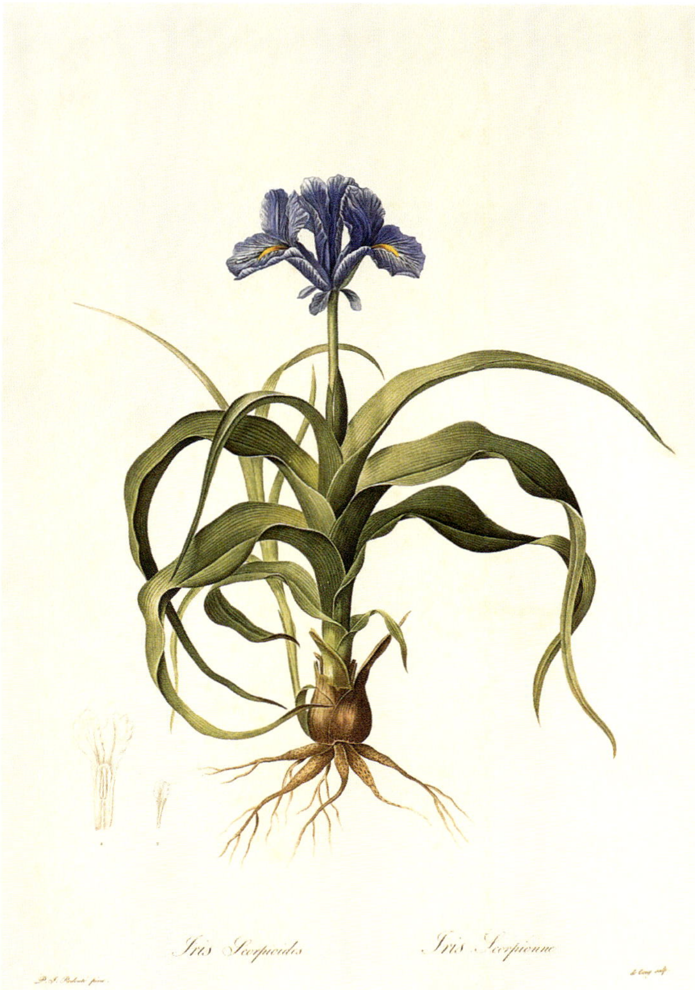

211

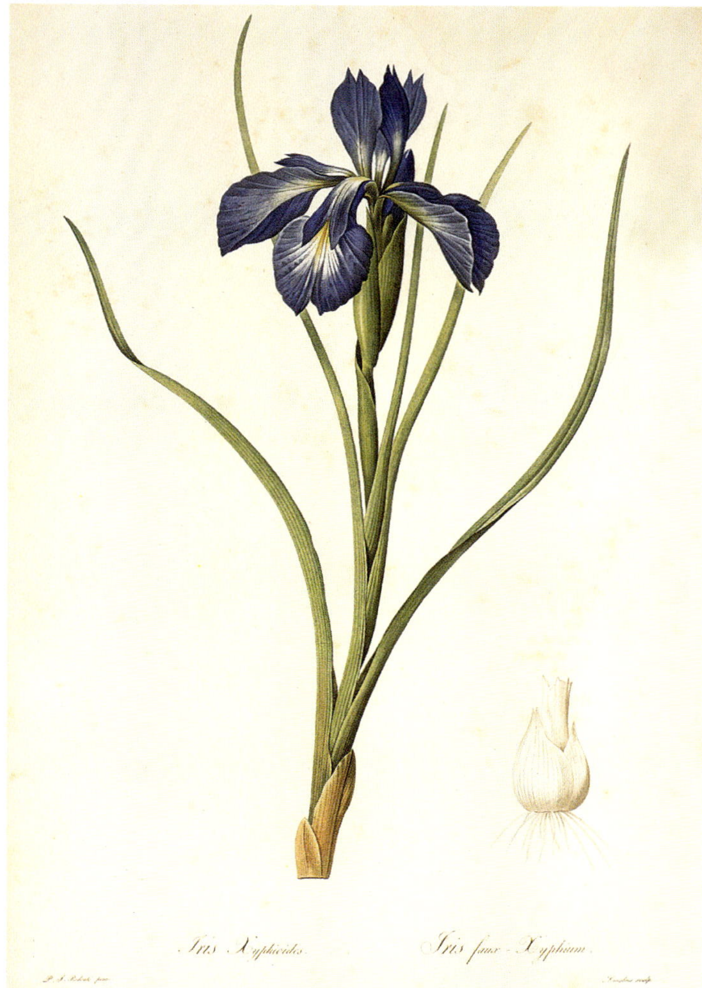

212

Iris planifolia (Mill.) Durand & Schinz 1895 (Iridaceae)
(= *Xiphium planifolium* Mill. 1768)
Flat-leaved Iris | *Iris scorpionne
Flachblättrige Schwertlilie

Sub-Circummediterranean with a gap at the eastern end (in Europe from Portugal to Greece including the islands of Sardinia, Sicily and Crete, but with a gap in Italy; and in north Africa from Morocco to Libya).

Iris latifolia (Mill.) Voss 1895 (Iridaceae)
(= *Xiphium latifolium* Mill. 1768)
Broad-leaved Iris | *Iris faux xiphium
Breitblättrige Schwertlilie

Southwest Europe (Pyrenees and Cordillera Cantabrica = southwest France and northeast Spain).

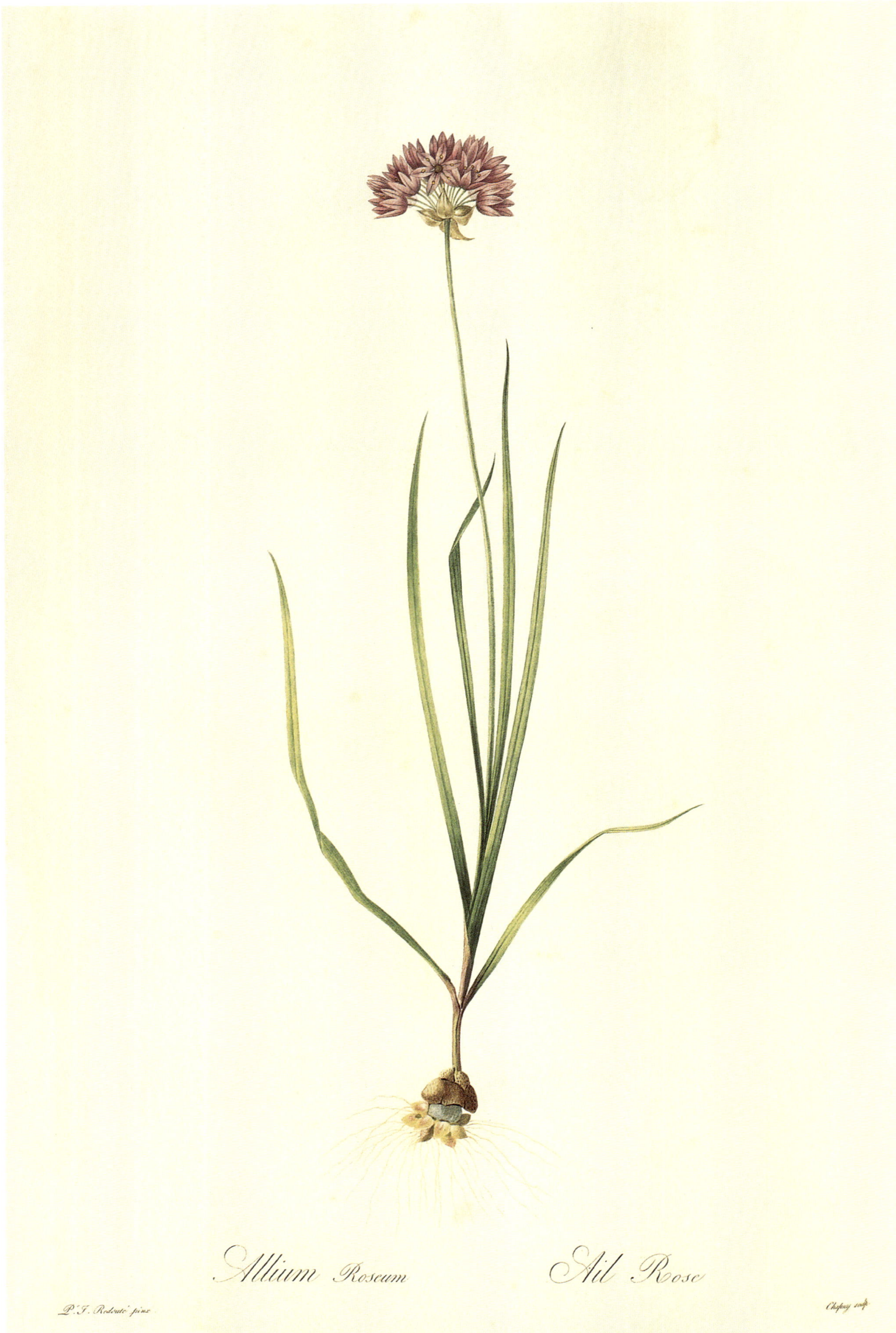

213

Allium roseum L. 1753 (Alliaceae)

Rose Garlic | *Ail rosé | Rosa Lauch

Circummediterranean (in Europe from Portugal to European Turkey; in north Africa from Morocco to Libya; and in Asia Minor and the Middle East).

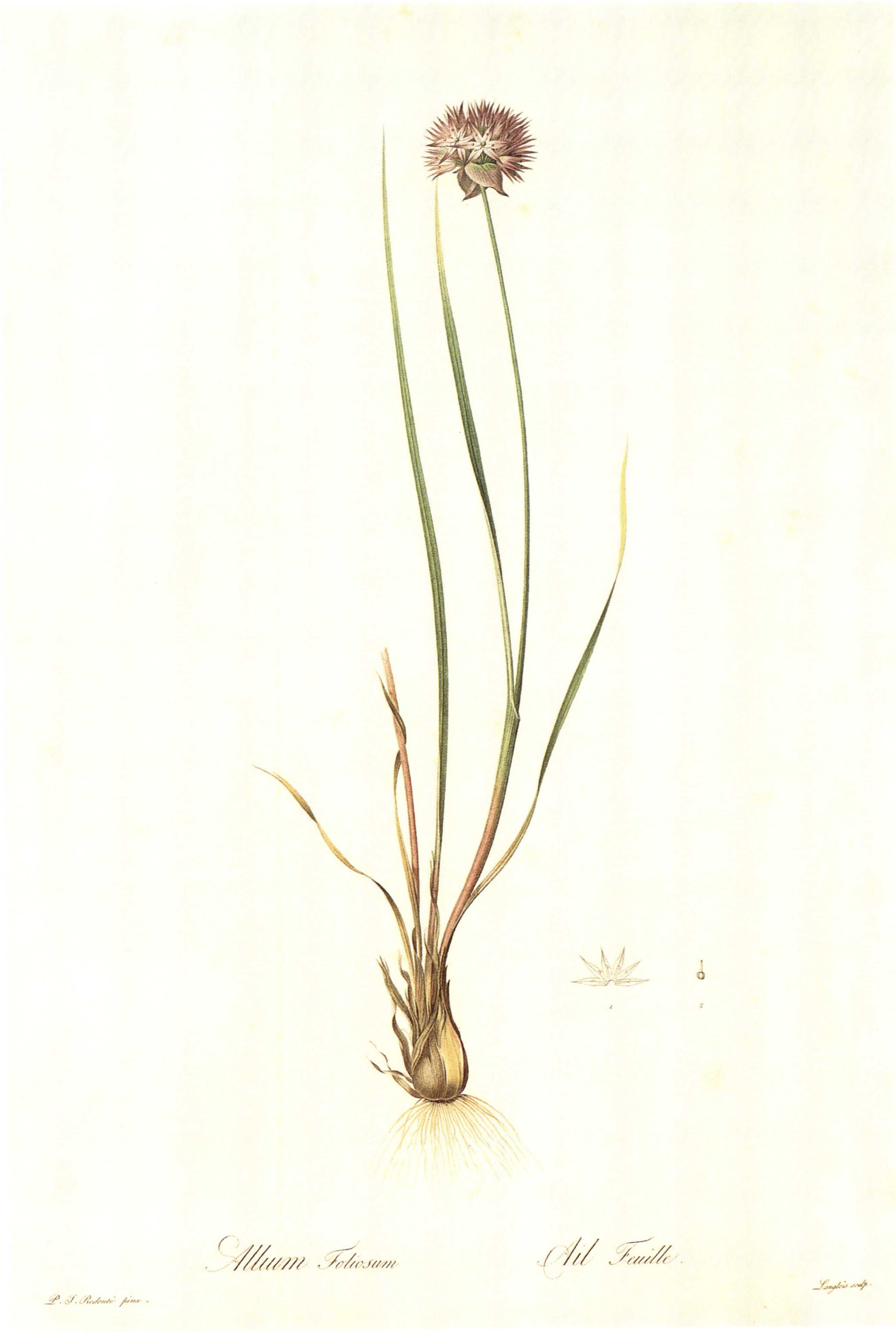

214

Allium schoenoprasum L. 1753 (Alliaceae)

Wild Chive | Civette | Schnittlauch

Circumboreal (in Eurasia from Ireland to Japan and in North America from Alaska to Labrador). Note: The scientific name is a Latin and Greek hybrid: the Greek specific apposition 'rush-leek' repeats the Latin genus name *Allium*.

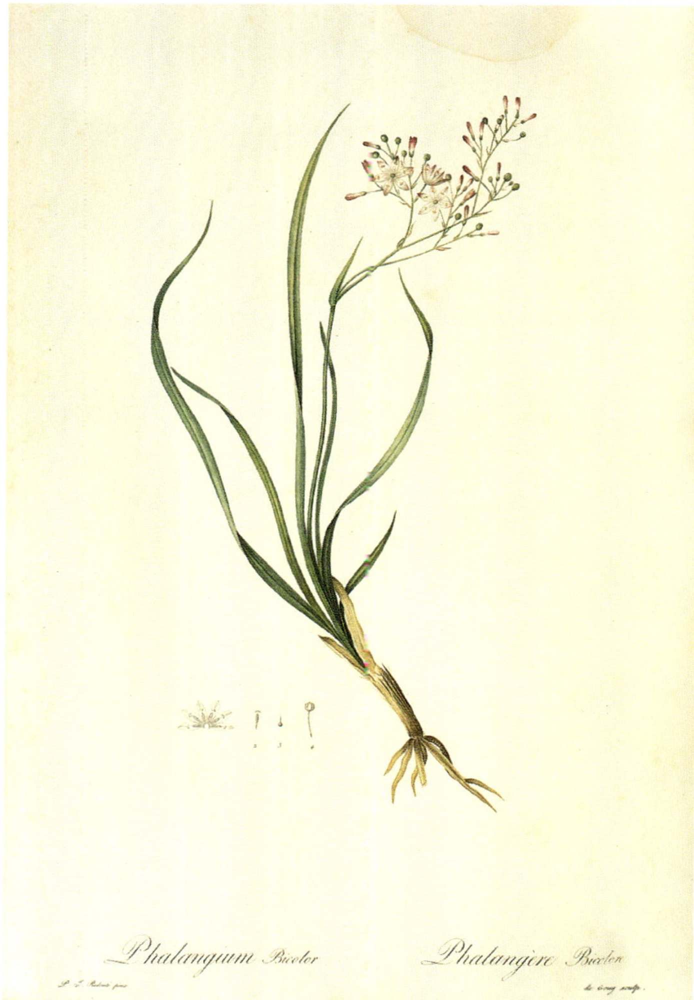

215

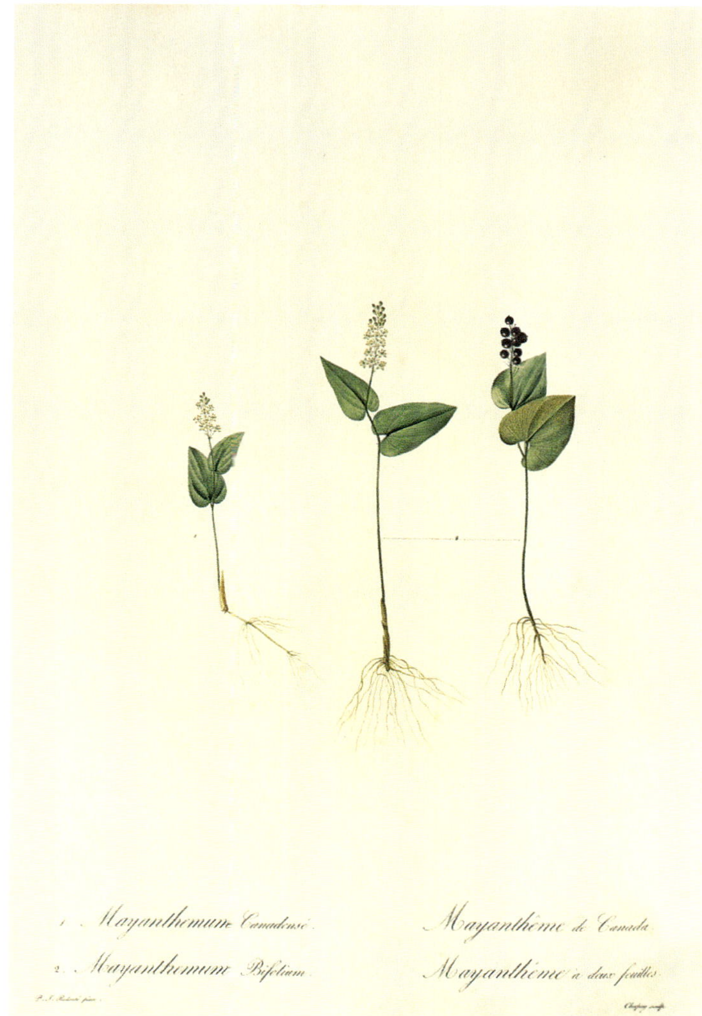

216

***Maianthemum canadense Desf. 1807**
(Convallariaceae)
Canadian Wild Lily-of-the-Valley | *Mayanthème de Canada
Kanadische Schattenlilie

North America (in Canada from Labrador to British Columbia in the west and in USA from the east coast to North Dakota, Iowa, and Tennessee in the west, and Georgia in the south.

Simethis planifolia **(L.) Gren. in Gren. & Godr. 1855**
(Anthericaceae)
(= *Anthericum planifolia* L. = *Anthericum bicolor* Desf. 1798)
Kerry Lily | *Phalangère bicolore | Simethis-Graslilie

West Mediterranean region (in Europe from Portugal to west Italy including the islands of Corsica and Sardinia; and in north Africa from Morocco to Tunesia) extending to temperate Atlantic Europe (Ireland).
Note: The relationship between this monotypic genus and the Irish Kerry cattle is not very obvious.

****Maianthemum bifolium*** **(L.) F.W.Schmidt 1794**
(Convallariaceae)
Eurasian Wild Lily-of-the-Valley | *Mayanthème à deux feuilles
Eurasische Schattenlilie

Boreal and temperate Eurasia from England to Kamchatka, Sakhalin and Korea in the far east). Note: There is no report about berries other than red in the genus. The black berries of the plate were drawn after a herbarium specimen.

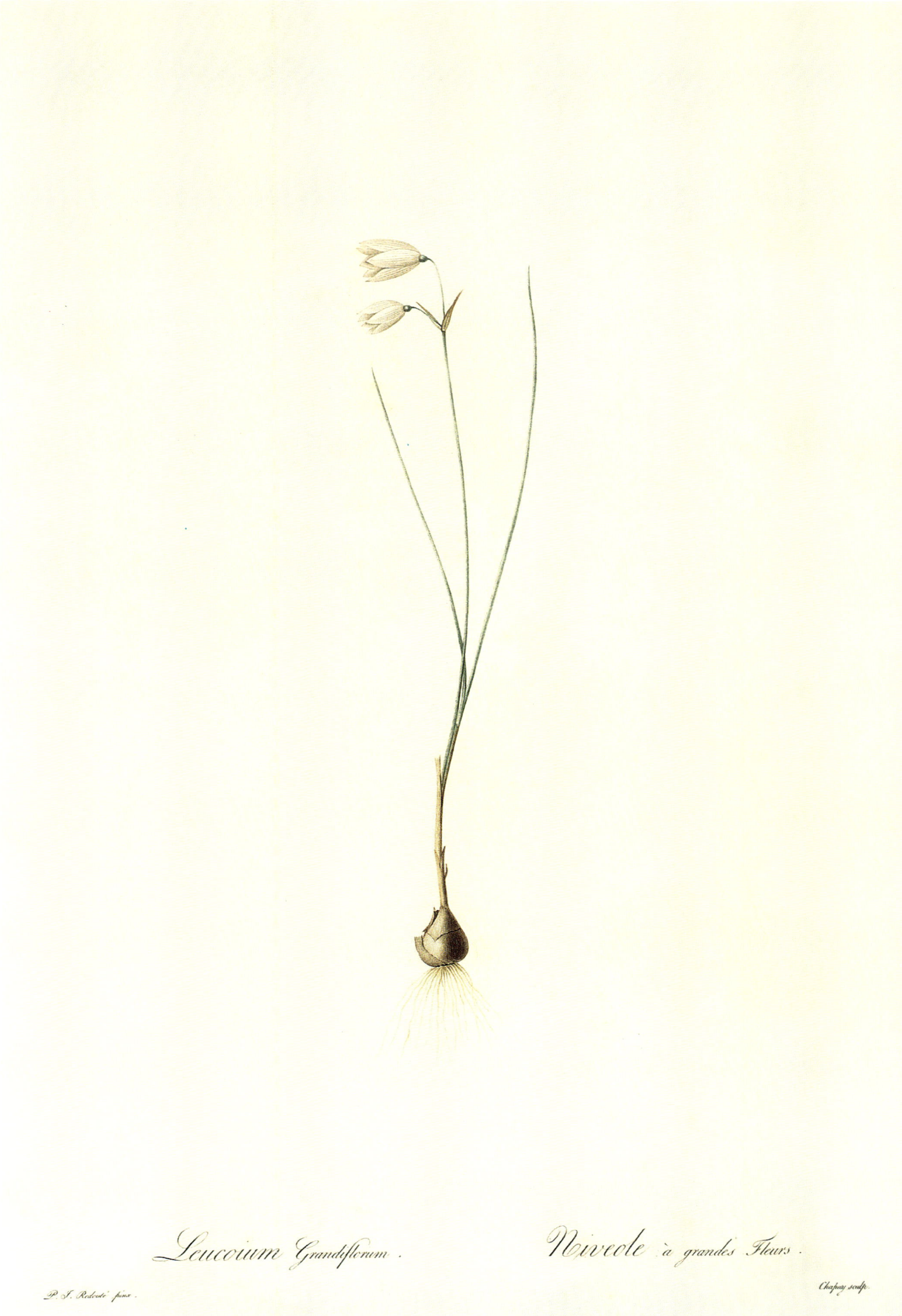

217

Leucojum trichophyllum Schousb. 1800 (Amaryllidaceae)
Three-leaved Snowflake | *Nivéole à grandes fleurs
Haarblättrige Knotenblume

Very west Mediterranean area (in Europe confined to southern Portugal and southwest Spain; in north Africa only in north west Morocco).

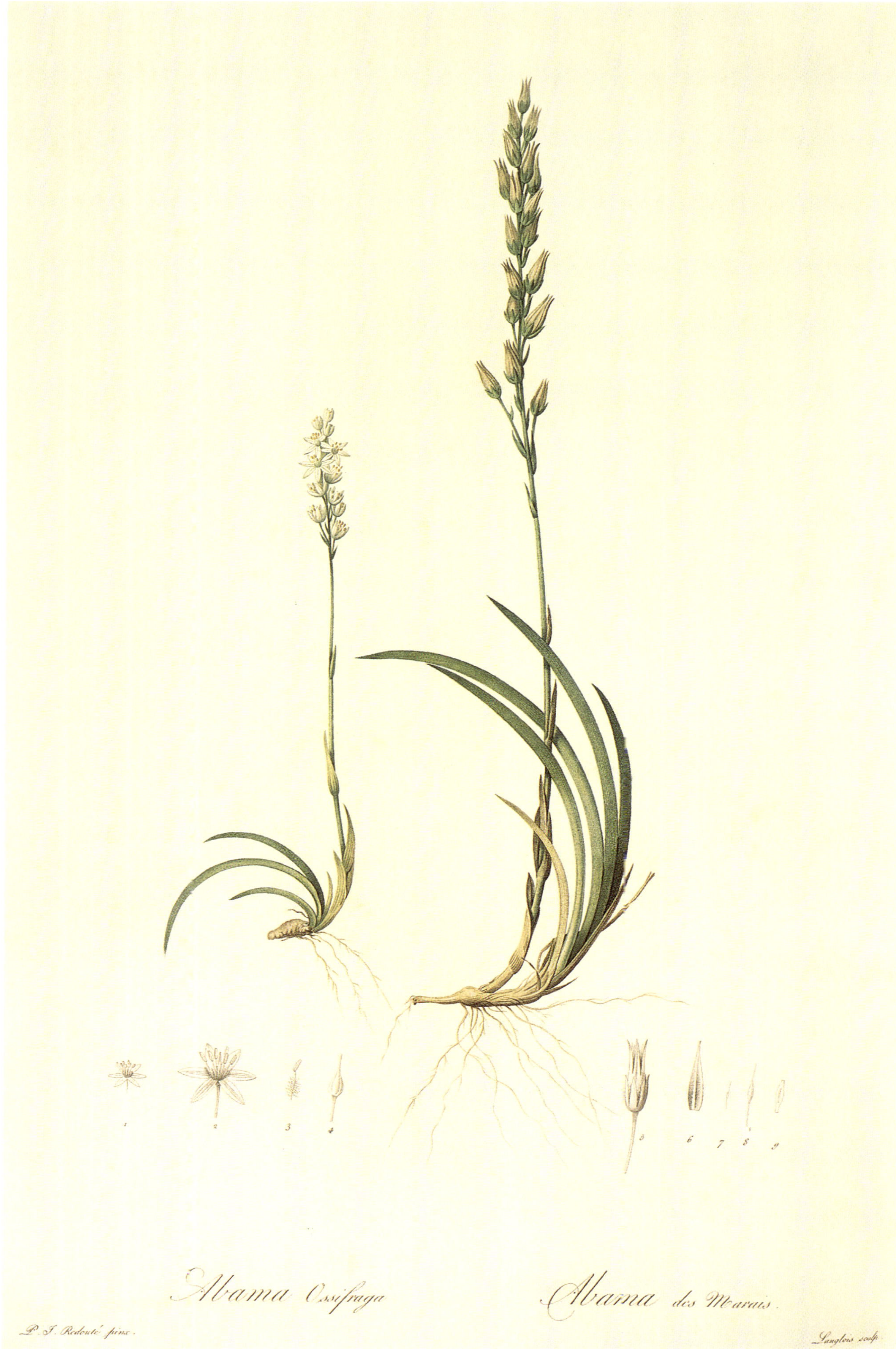

218

Narthecium ossifragum (L.) Huds. 1762 (Melanthiaceae)
(= _Anthericum ossifragum_ L. 1753)
Bog Asphodel | *Abama des marais | Beinbrech, Ährenlilie

*West and north Europe (from the British Isles southwards to Portugal, Spain, France, northwest Germany, Denmark, Sweden).

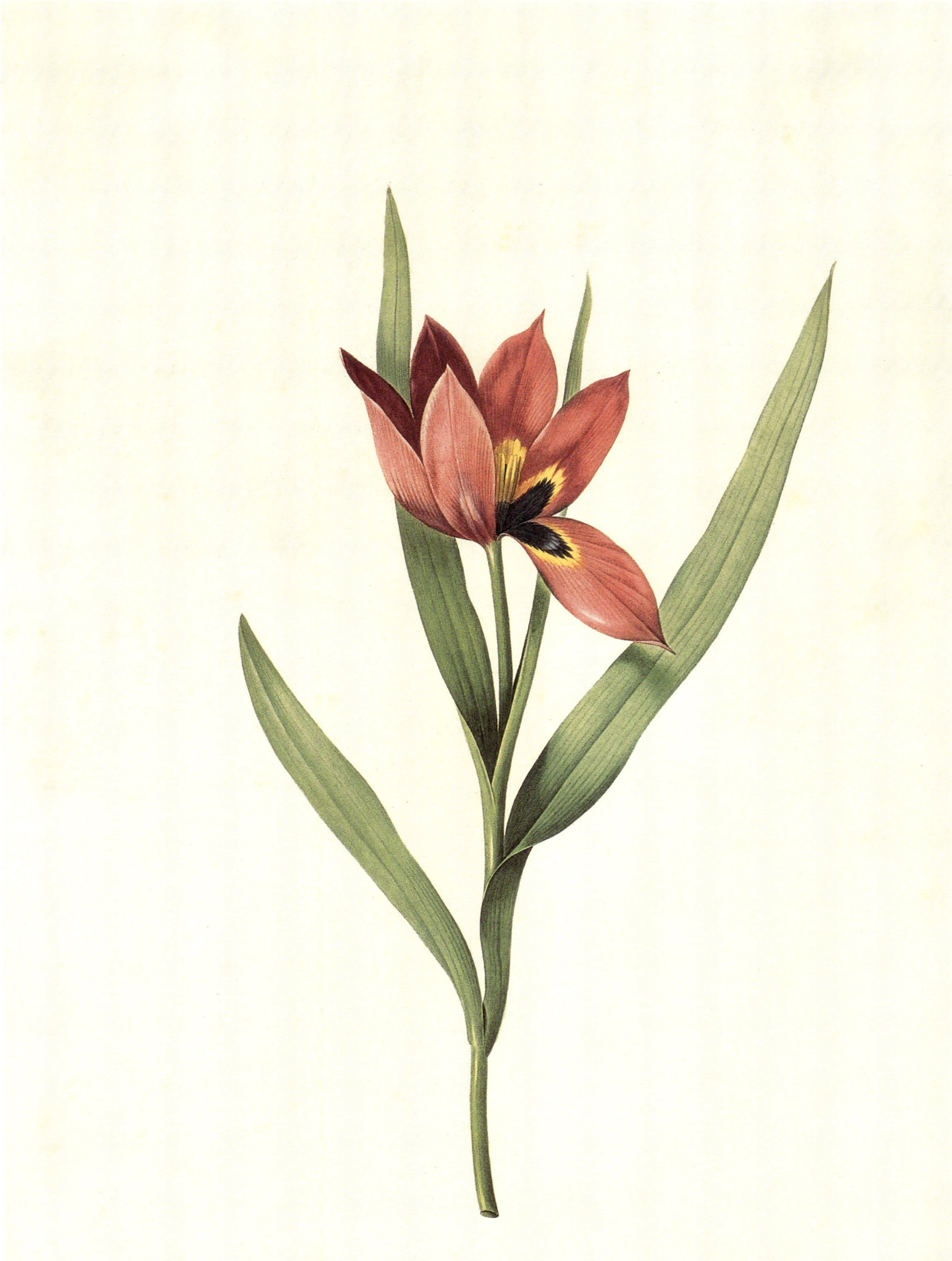

219

Tulipa agenensis DC. in REDOUTÉ 1804 (Liliaceae)

Agen Tulip, Sun's Eye Tulip | *Tulipe œil de soleil | Sonnenaugen-Tulpe

Cultivated, probably from southwest Asia. Naturalized in south France and Italy. The generic name *Tulipa* is derived from the Persian plant name *toliban*. The species is named after Agen, the capital of the Lot-et-Garonne, where this Tulip was found for the first time.

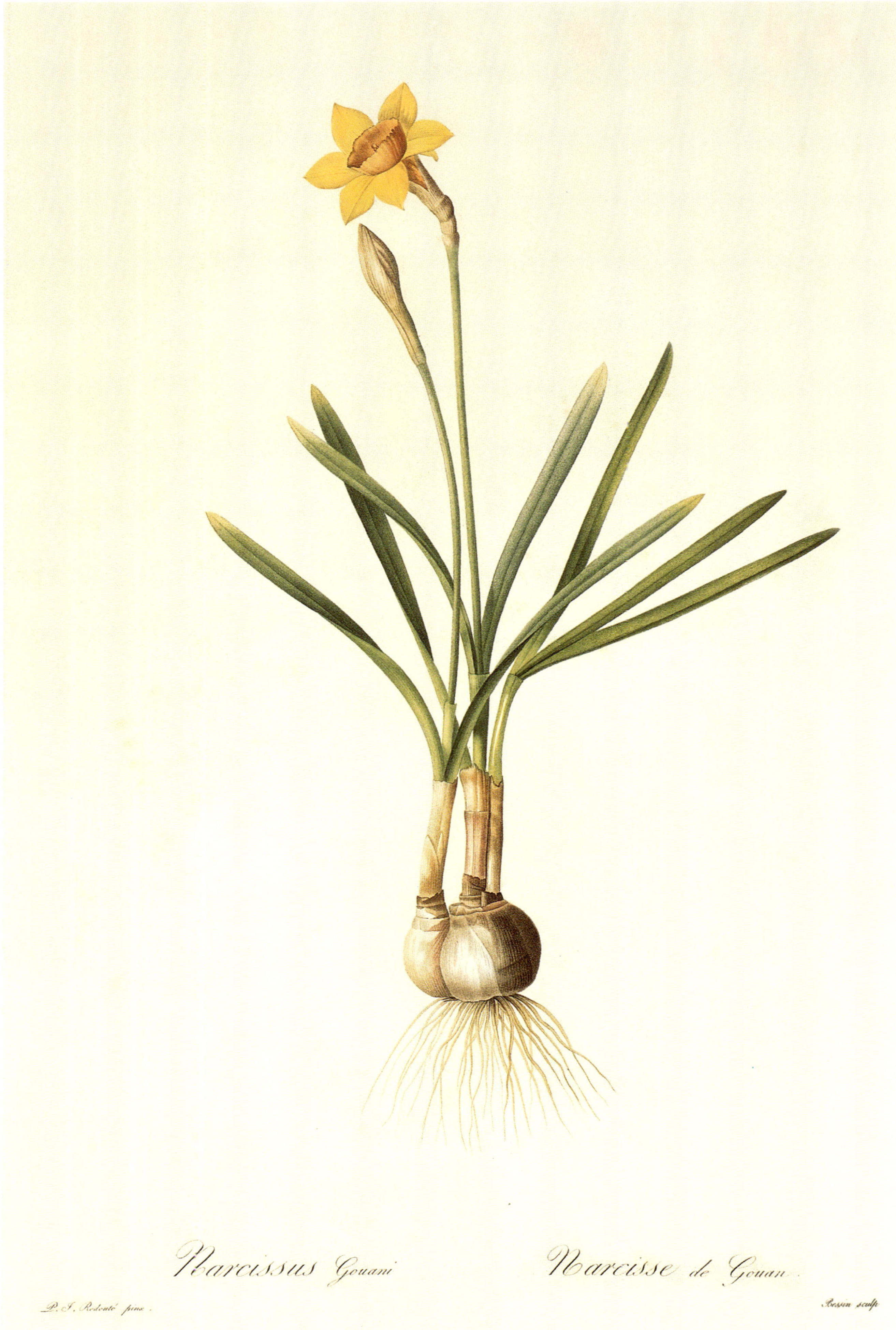

220

Narcissus × *incomparabilis* Mill. 1768 (Amaryllidaceae)

(= *Narcissus poeticus* L. 1753 × *N. pseudonarcissus* L. 1753)

Incomparable Narcissus | *Narcisse de Gouan | Unvergleichliche Narzisse

West Europe, probably native in southern France. Naturalized elsewhere.

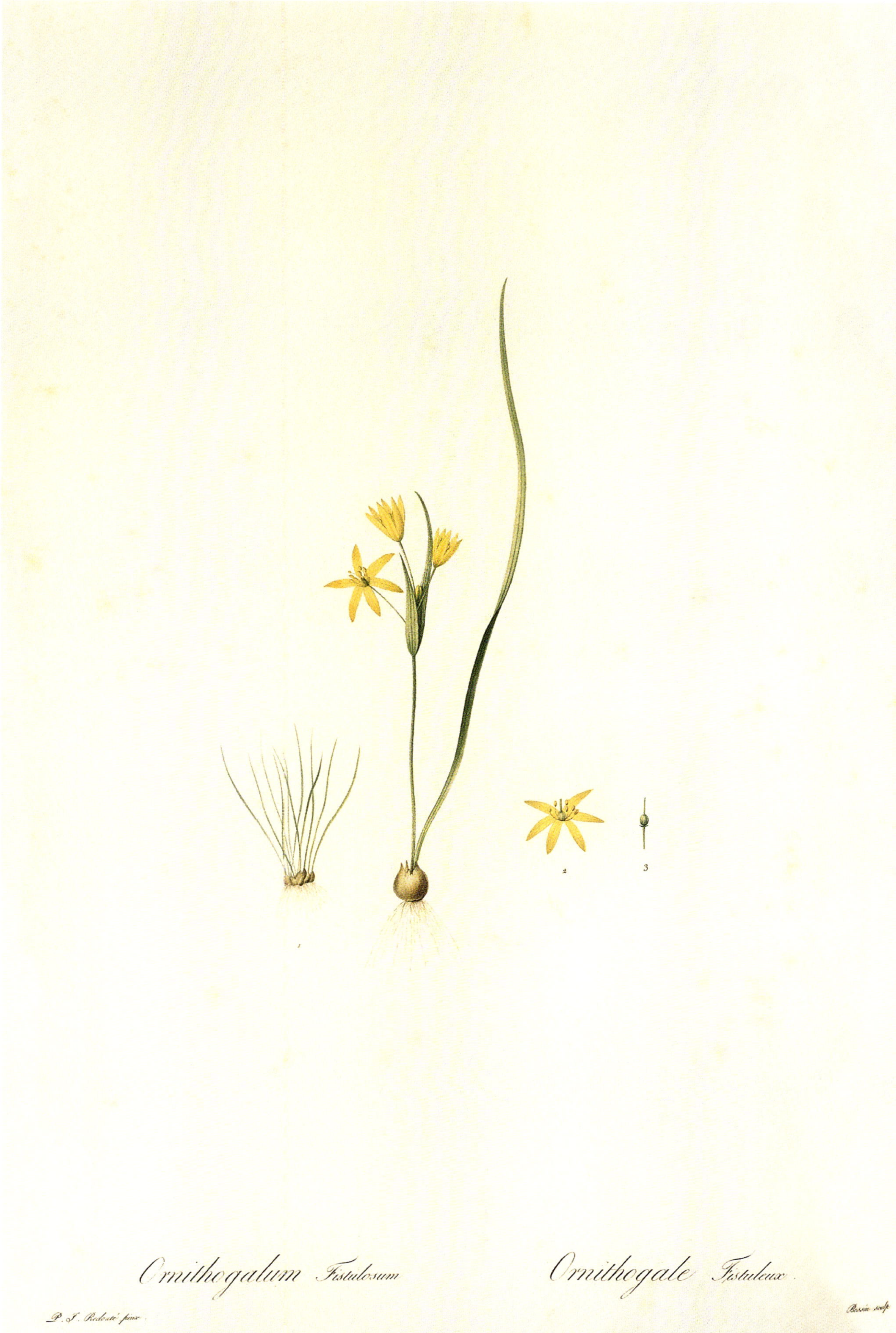

221

Gagea fistulosa (Ramond ex DC.) Ker Gawl. 1816 (Liliaceae)

Fistular-leaved Gagea | *Ornithogale fistuleux | Alpen-Gelbstern

Mountains of Europe from the Alps of Switzerland and Austria to the Pyrenees, Sicily, Greece, the Atlas of Morocco in Africa and the Himalaya in Asia. Named for the British amateur botanist Sir Thomas Gage (1781–1820).

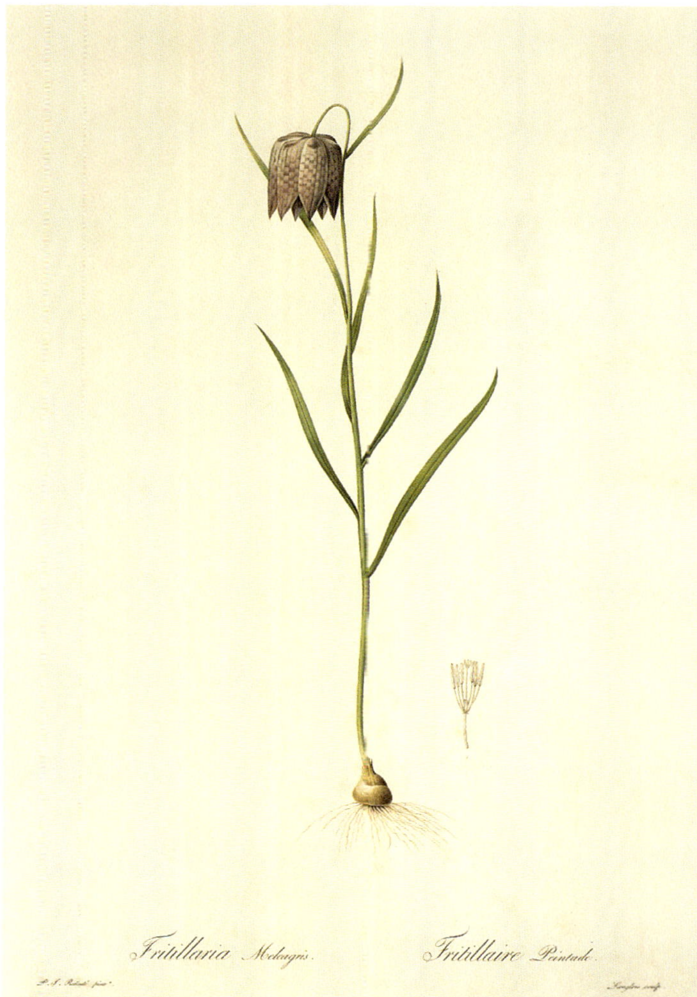

222

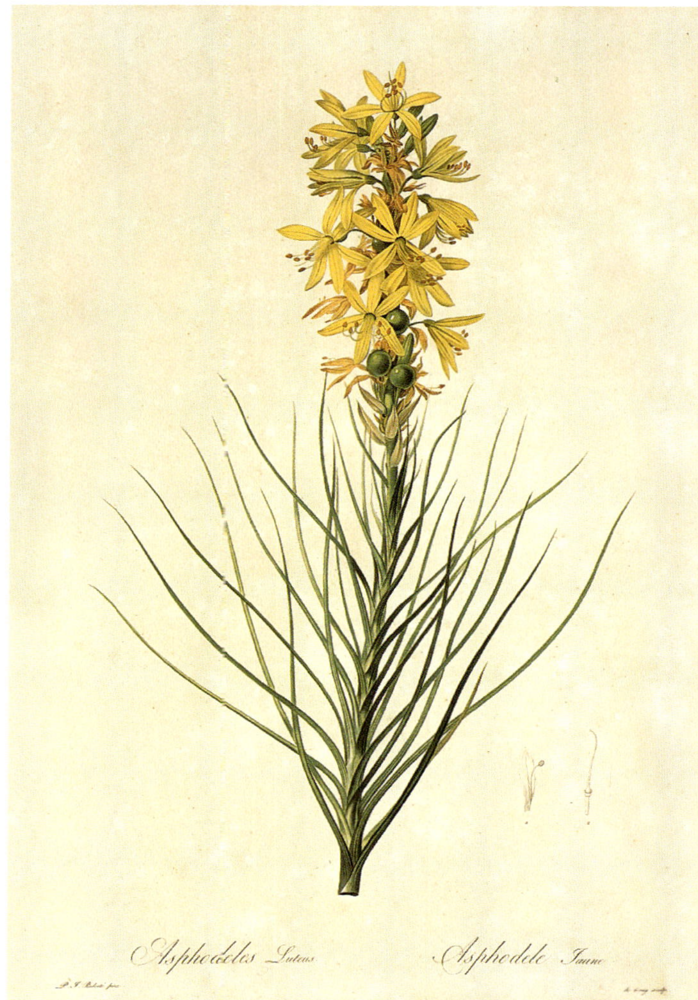

223

***Fritillaria meleagris L. 1753 (Liliaceae)**
Checkered Fritillary | Fritillaire damier
Mitteleuropäische Schachblume

Temperate Europe (from England and central Russia to the southern Alps and into central Yugoslavia).

***Asphodeline lutea* (L.) Rchb. 1830 (Asphodelaceae)**
Yellow Asphodel | *Asphodèle jaune
Gewöhnliche Junkerlilie

Eastern Mediterranean region to Western Asia (Syria and Caucasus), and southwestwards to Algeria.

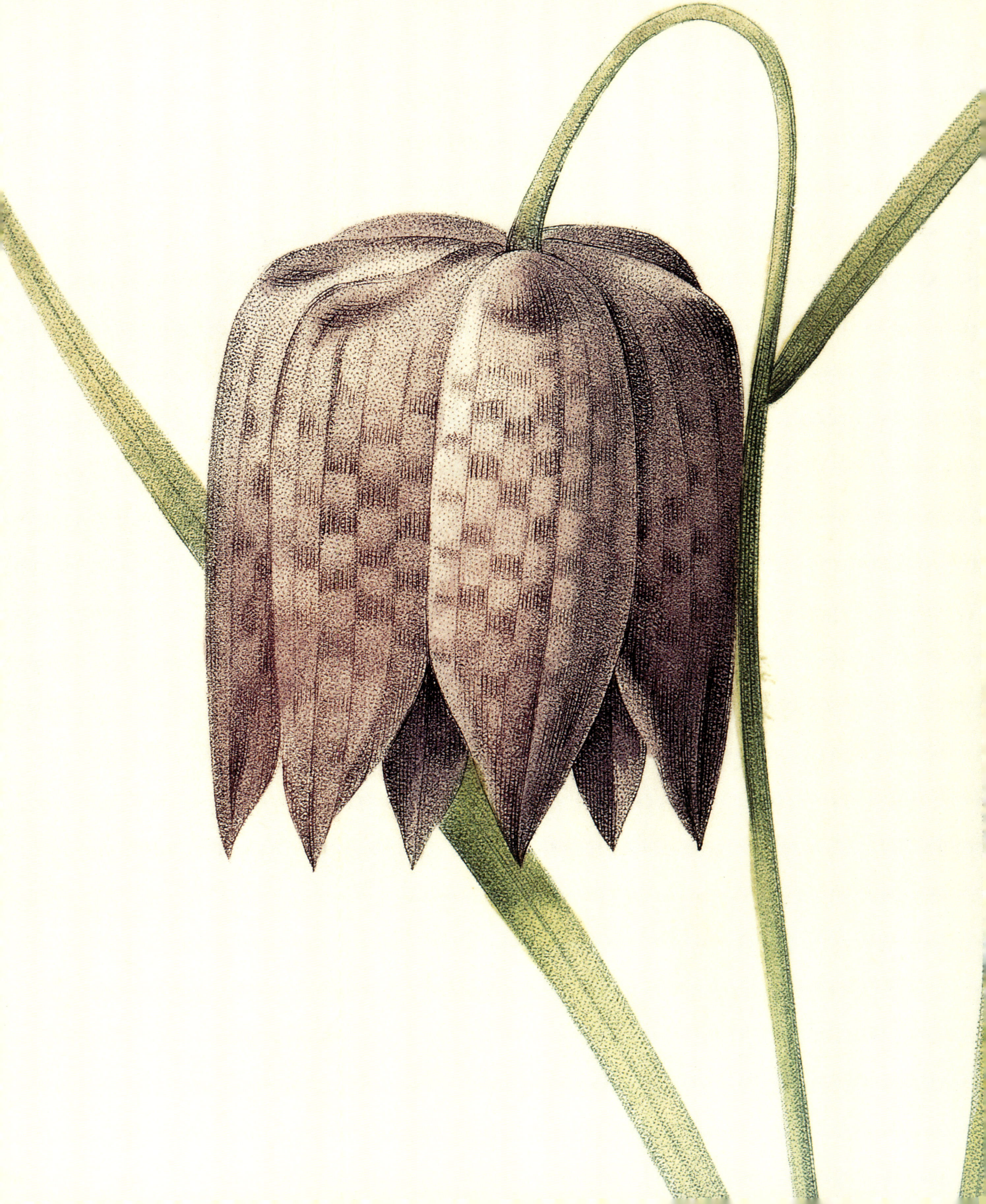

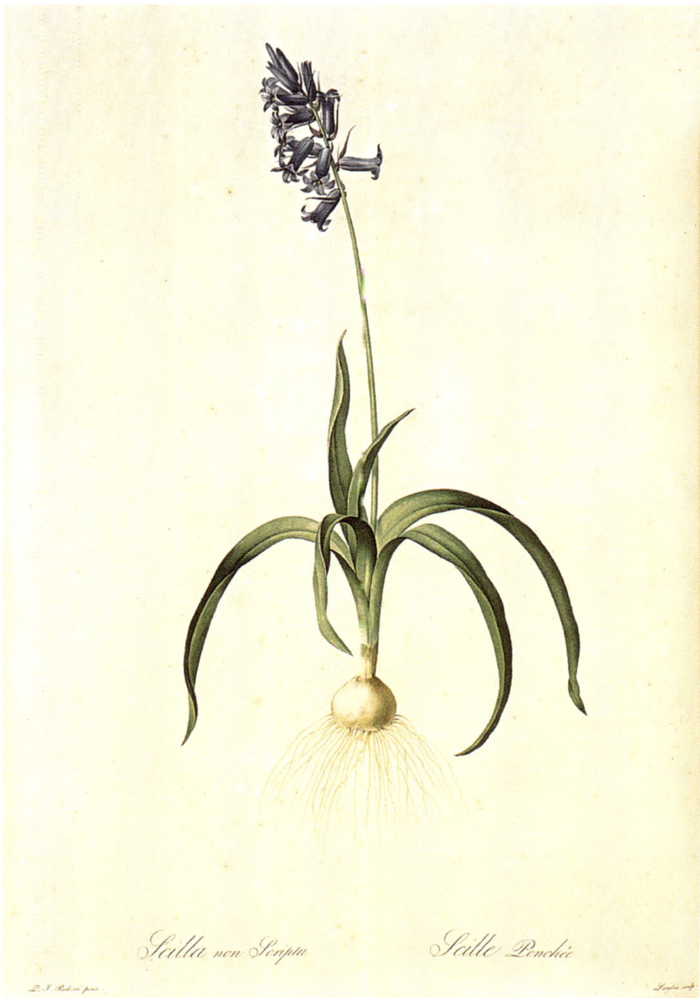

224

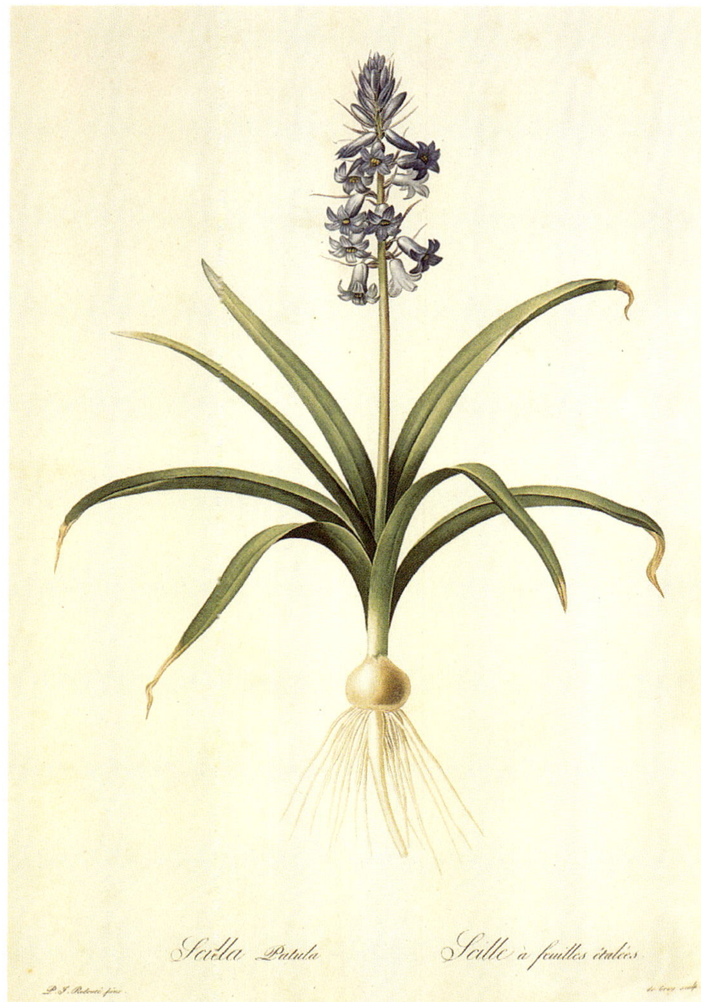

225

Hyacinthoides non-scripta (L.) Chouard ex Rothm. 1944
(Hyacinthaceae)
(= *Hyacinthus non-scriptus* L. 1753)
Common Bluebell | *Scille penchée
Gemeines Hasenglöckchen

West Europe (Portugal, Spain, France, Germany, Belgium, Netherlands, England, Scotland and Ireland).

Hyacinthoides hispanica (Mill.) Rothm. 1944
(Hyacinthaceae)
(= *Scilla hispanica* Mill. 1768)
Spanish Pseudohyacinthe | *Scille à feuilles étalées
Spanisches Hasenglöckchen

Southwest Europe (Portugal, Spain; doubtfully indiginous in southern France, elsewhere naturalized), endemic of Europe, if *Hyacinthoides kabylica* (Chabert) Rothm. 1944 is considered a distinct species and not a variety of *Hyacinthoides hispanica*.

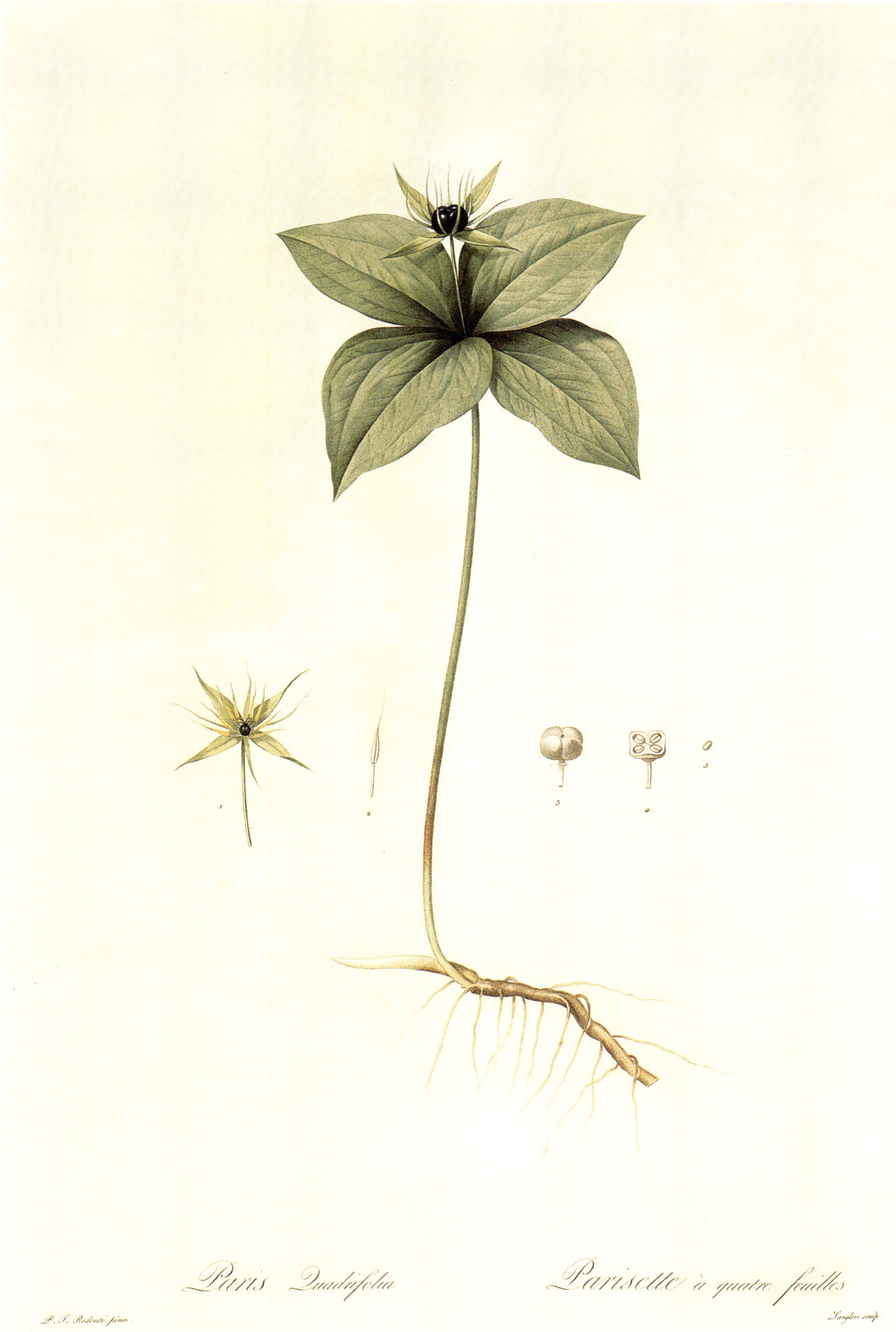

226

Paris quadrifolia L. 1753 (Trilliaceae)

Herb Paris | *Parisette à quatre feuilles | Europäische Einbeere

Temperate Eurasia (most of Europe, rare in the Mediterranean region, e.g. absent from the Baleares and Crete; Asia Minor, Caucasus, Siberia, Altai to China).

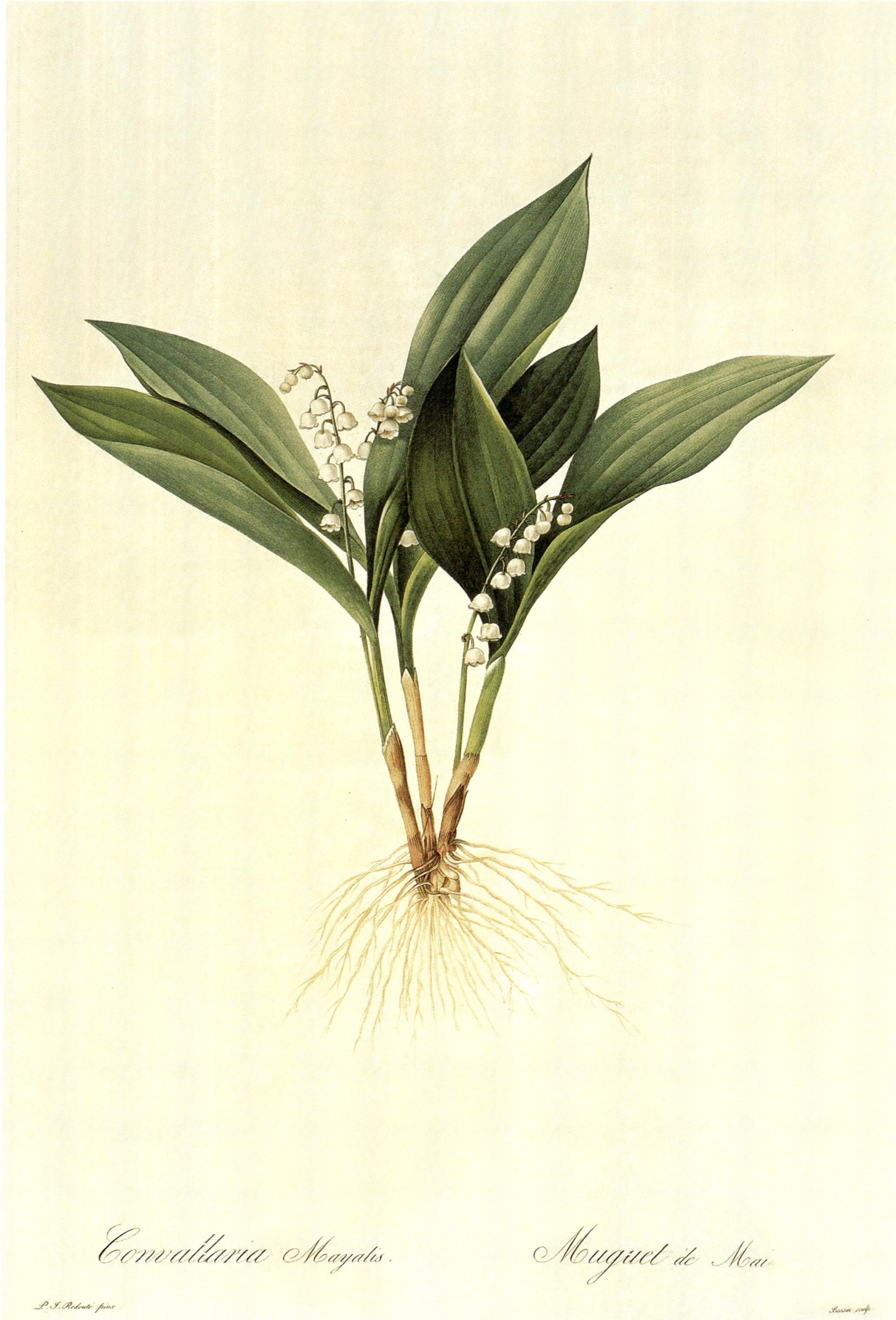

227

***Convallaria majalis L. 1753 (Convallariaceae)**

Lily-of-the-Valley | *Muguet de mai | Maiglöckchen

Most of Europe (rare in the Mediterranean region, e.g. absent from most large islands), extending to west Asia (Caucasus, western Siberia); the east Asian subspecies nowadays usually considered as a species of its own.

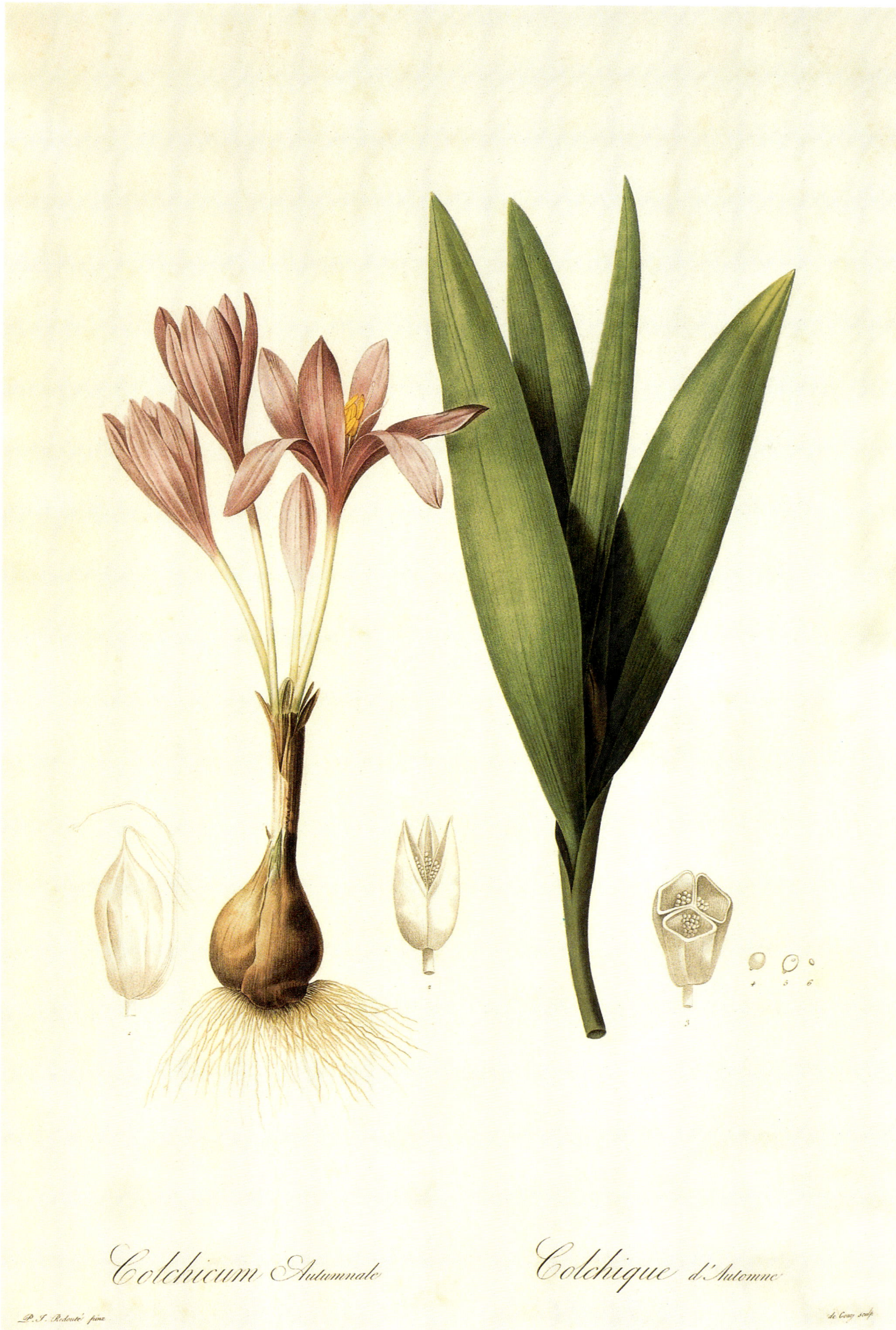

228

***_Colchicum autumnale_ L. 1753 (Colchicaceae)**

Common Naked Ladies | *Colchique d'automne | Mitteleuropäische Herbstzeitlose

Central and southwest Europe (eastwards to Greece) and northwest Africa. Named after the region Colchis at the Black Sea, where *Colchicum* was said to be especially abundant according to ancient authors. See pl. 468.

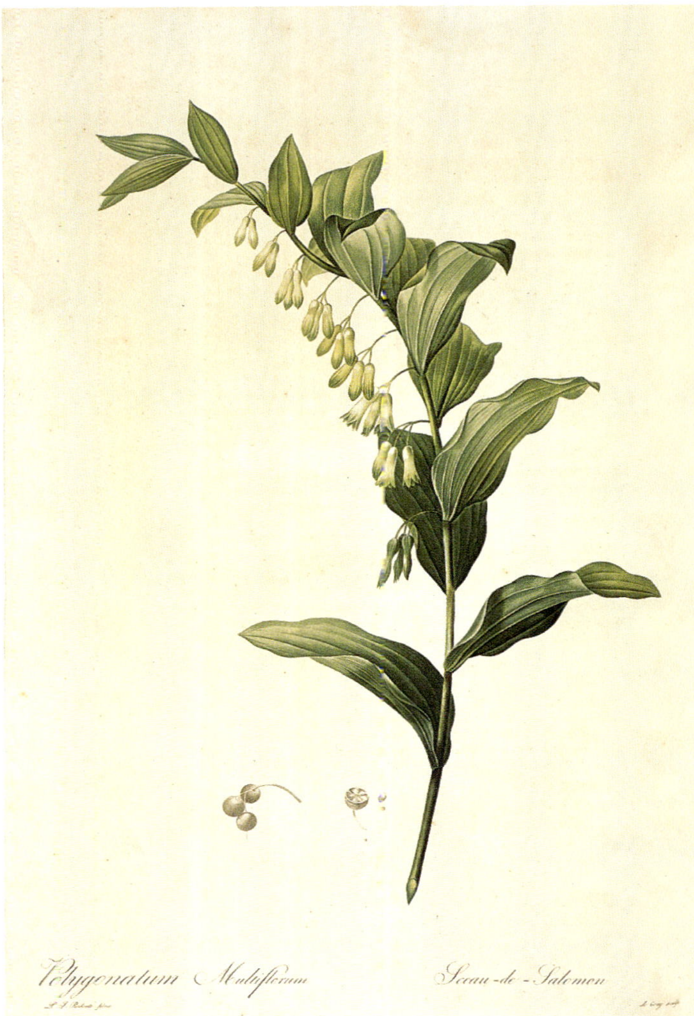

229

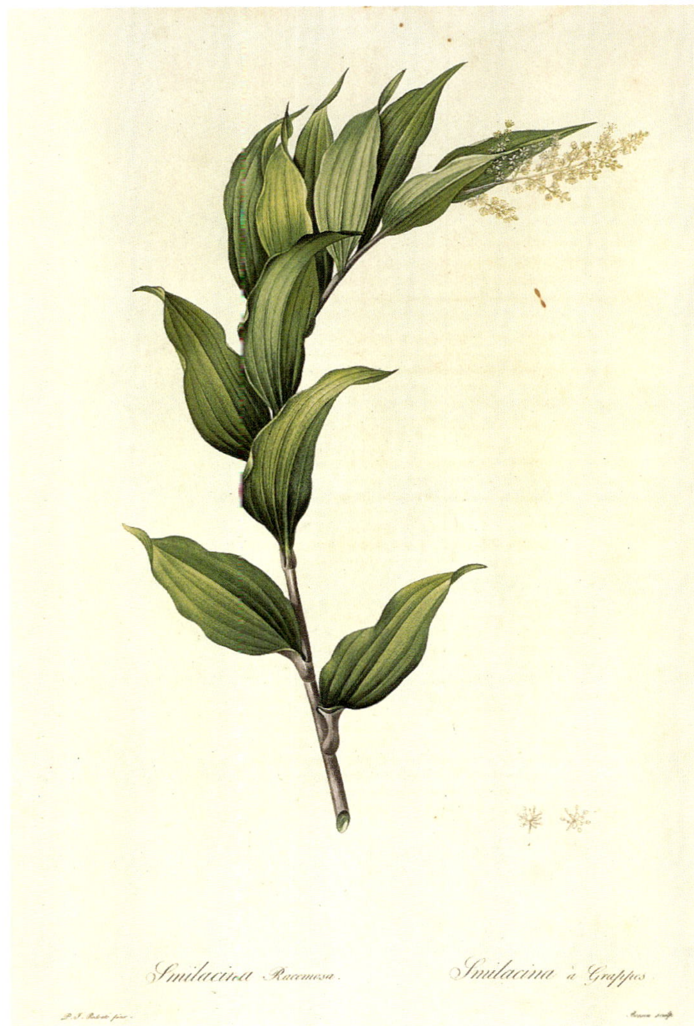

230

Polygonatum multiflorum (L.) All. 1785 (Convallariaceae)

Common Solomon's Seal | *Sceau-de-Salomon

Vielblütiges Salomonssiegel

Most of Europe (with some gaps, eastwards to the Ural), and much of Asia (Middle East, Himalaya, and east Asia).

**Smilacina racemosa* (L.) Desf. 1807 (Convallariaceae) (=*Convallaria racemosa* L. 1753)

False Solomon's Seal | *Smilacina à grappes

Traubige Schattenblume

North America (USA from Georgia and Arizona in the south to Canada and the Alexander Archipelago of Alaska; Canada from the Pacific to the Atlantic coast with a narrow gap in the centre as in the prairies of USA). The German vernacular name *Schattenblume* is misleading, since it also applies to the genus *Maianthemum*.

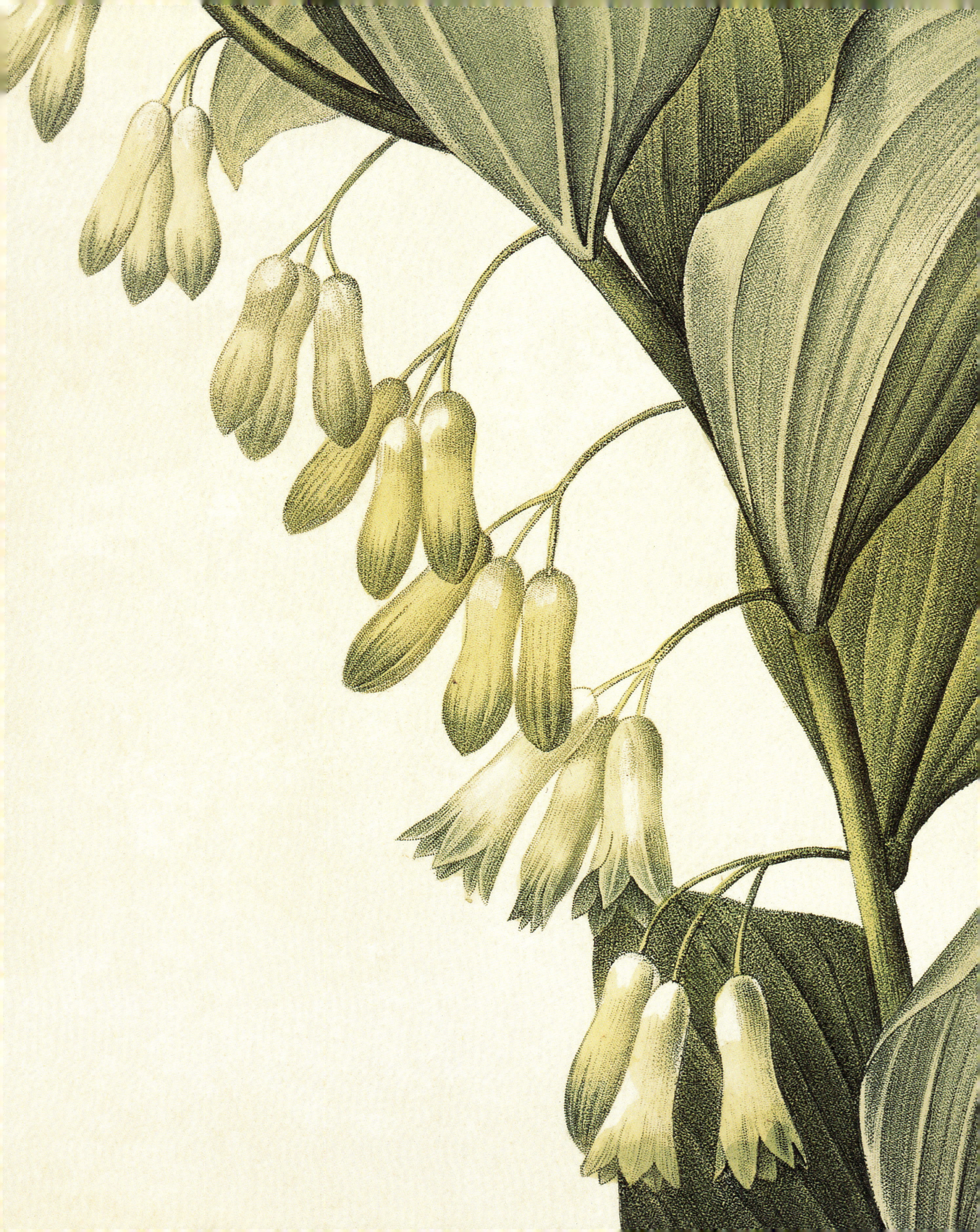

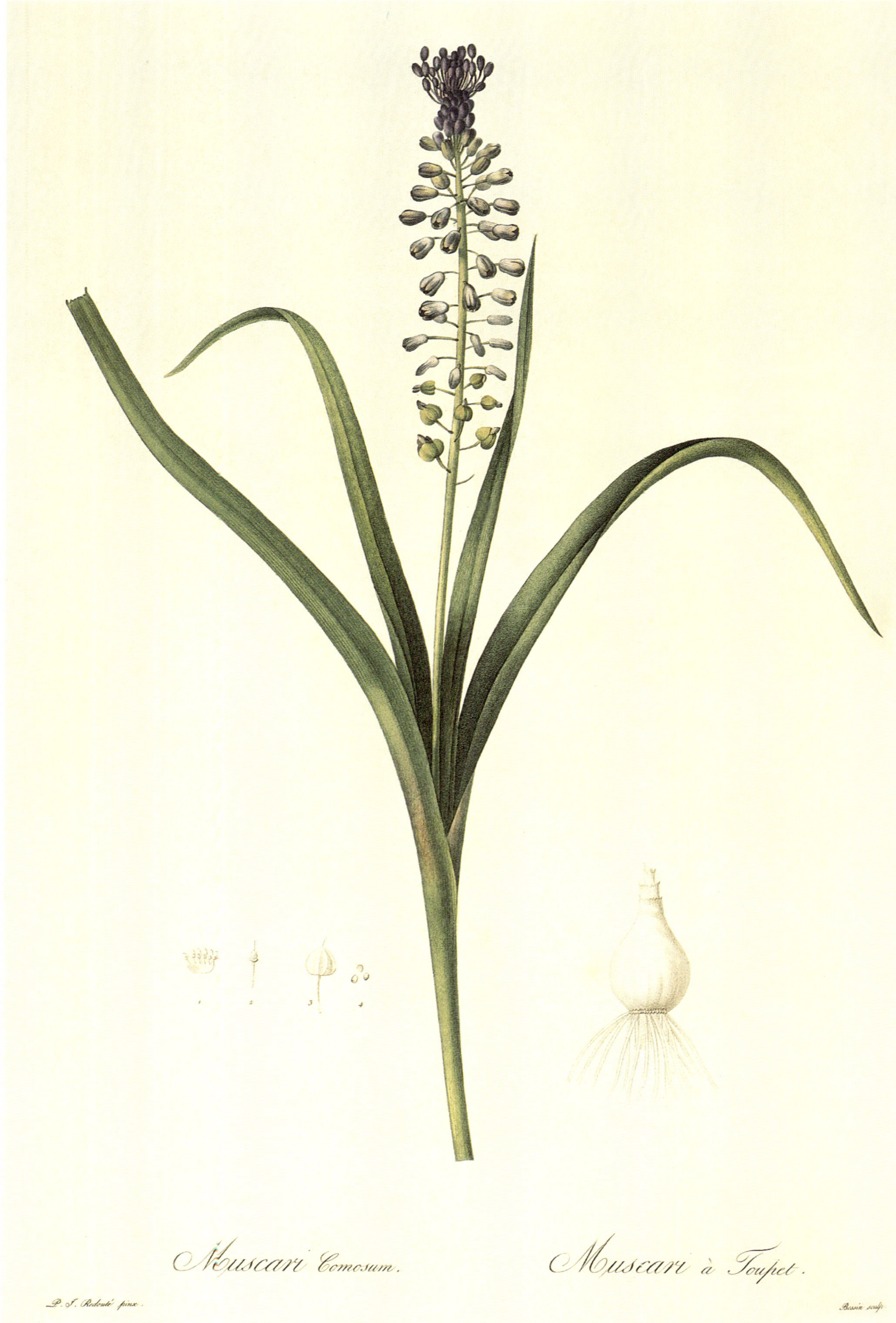

231

***Muscari comosum (L.) Mill. 1768 (Hyacinthaceae)**
(= *Hyacinthus comosus* L. 1753 = *Leopoldia comosa* (L.) Parl. 1845)
Tassle Hyacinth | *Muscari à toupet | Schopfige Traubenhyazinthe

Sub-Circummediterranean (in Europe from Portugal to Greece and European Turkey including the larger islands; in north Africa from Morocco to Libya; and in Asia from Turkey to Israel).

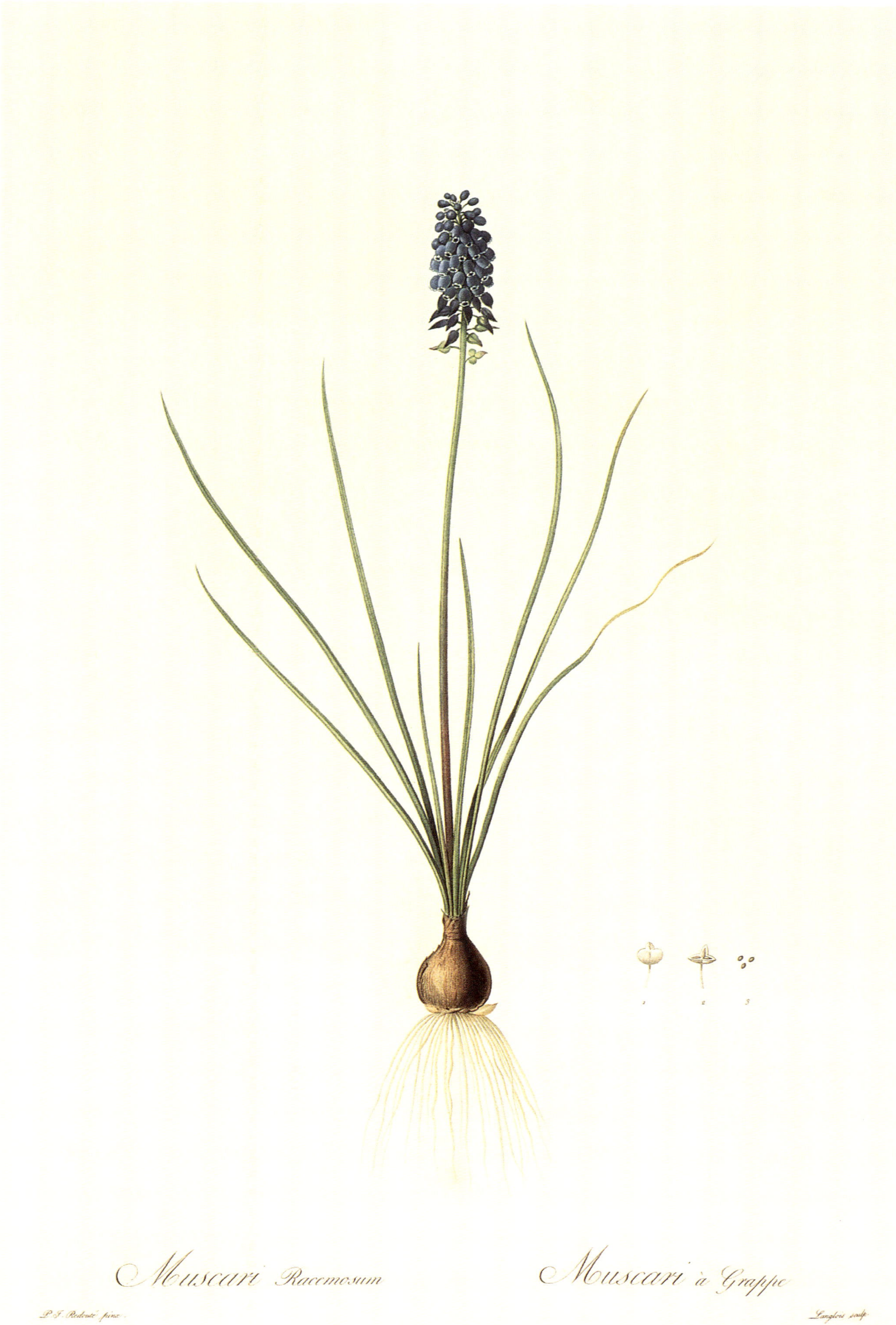

232

Muscari neglectum Guss. ex Ten. 1842 (Hyacinthaceae)
(= *Hyacinthus racemosus* L. 1753)

Common Grape Hyacinth | *Muscari à grappe | Vernachlässigte Traubenhyazinthe

Sub-Circummediterranean (in Europe from Portugal to Greece and European Turkey; in north Africa from Morocco to Libya; and in Asia from Turkey to Israel). Extend ng northwards to northern France, central Germany and south central Russia. Naturalized in eastern USA.

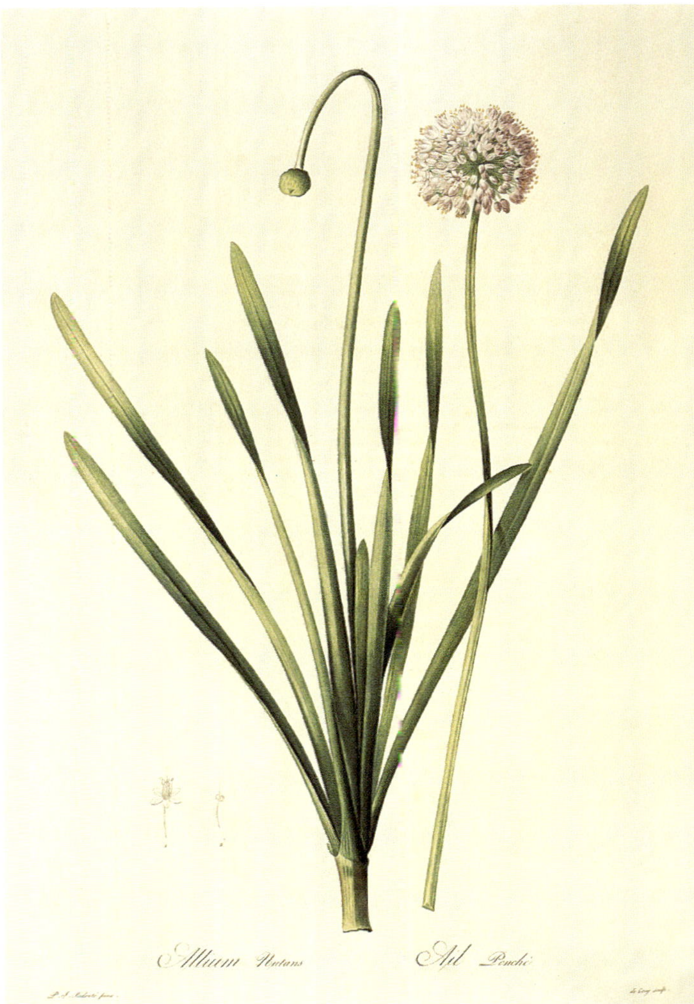

233

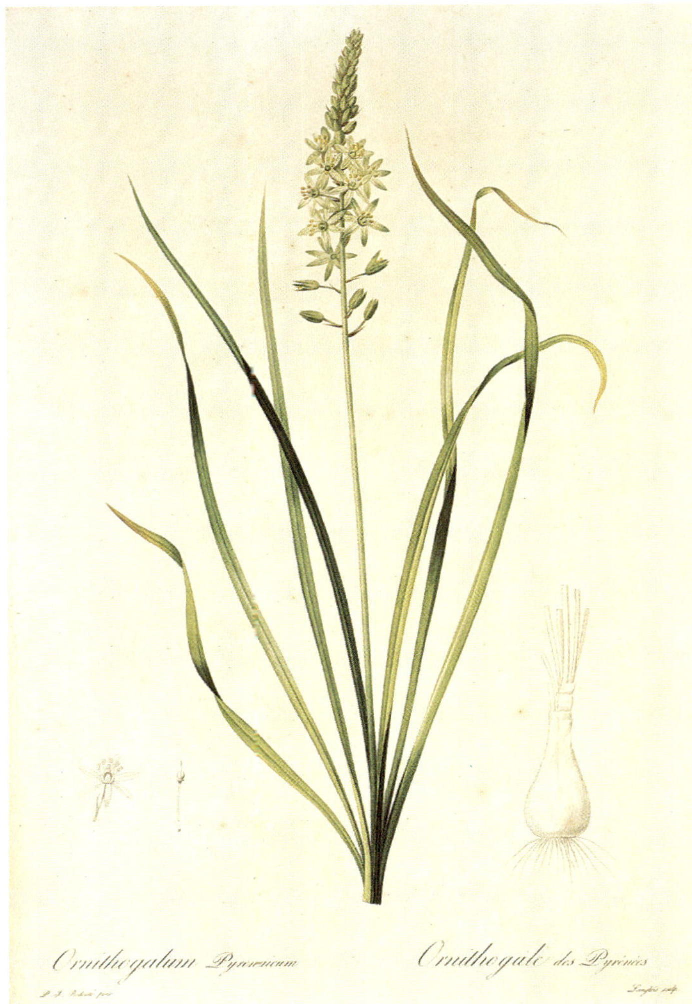

234

Allium nutans L. 1753 (Alliaceae)
Nodding Leek | *Ail penché
Nickender Lauch

Northwest Asia (western Siberia).

**Ornithogalum pyrenaicum* L. 1753 (Hyacinthaceae)
Pyrenean Star-of-Bethlehem | *Ornithogale des Pyrénées,
Aspergette | Pyrenäischer Milchstern

Sub-Circummediterranean with an African gap from Algeria to Egypt (in Europe from Portugal to the Crimea; in north Africa only in Morocco; and in Asia from Turkey to Syria and Iraq). In French *Aspergette* = Little Asparagus, because the young shoots are edible.

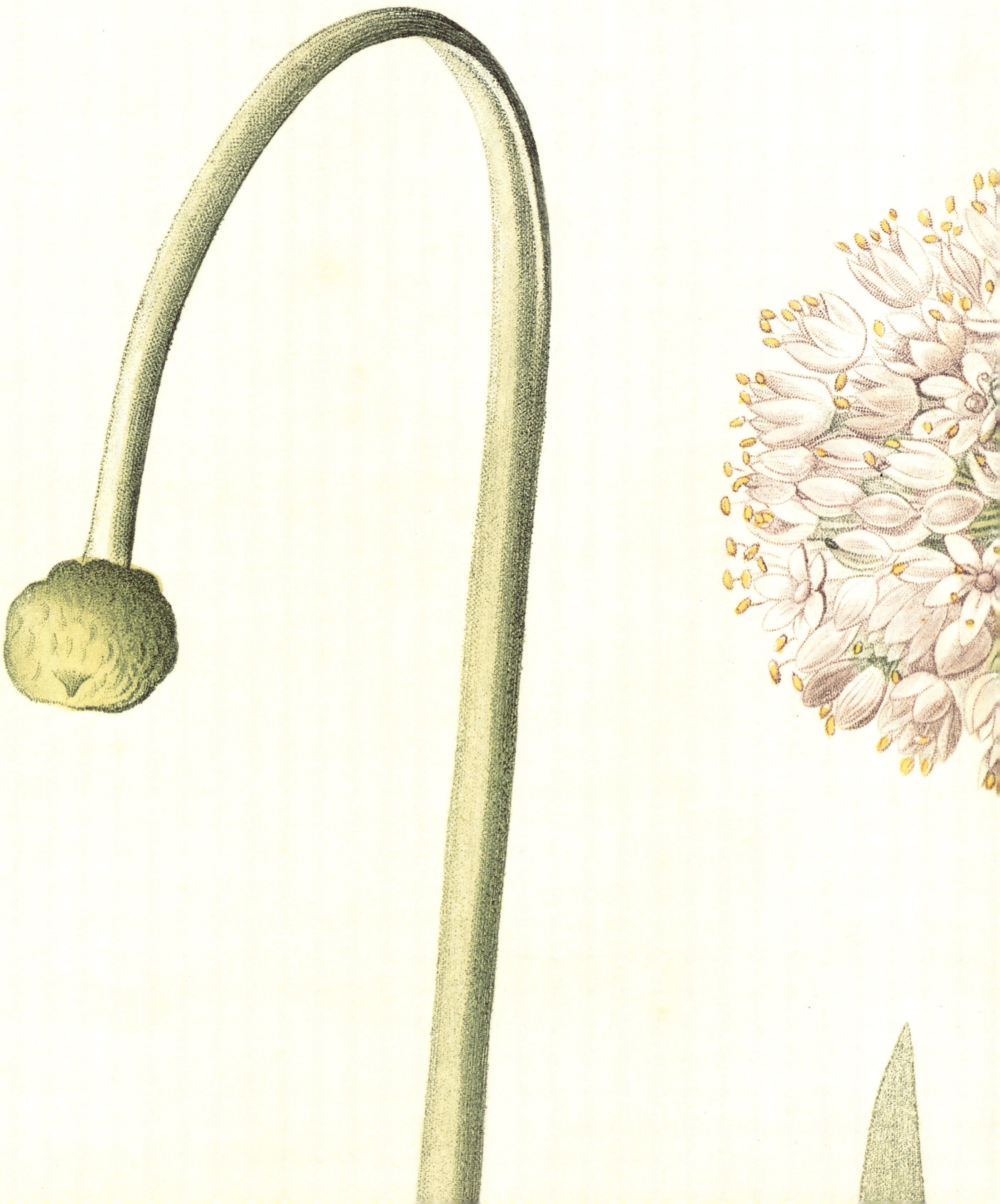

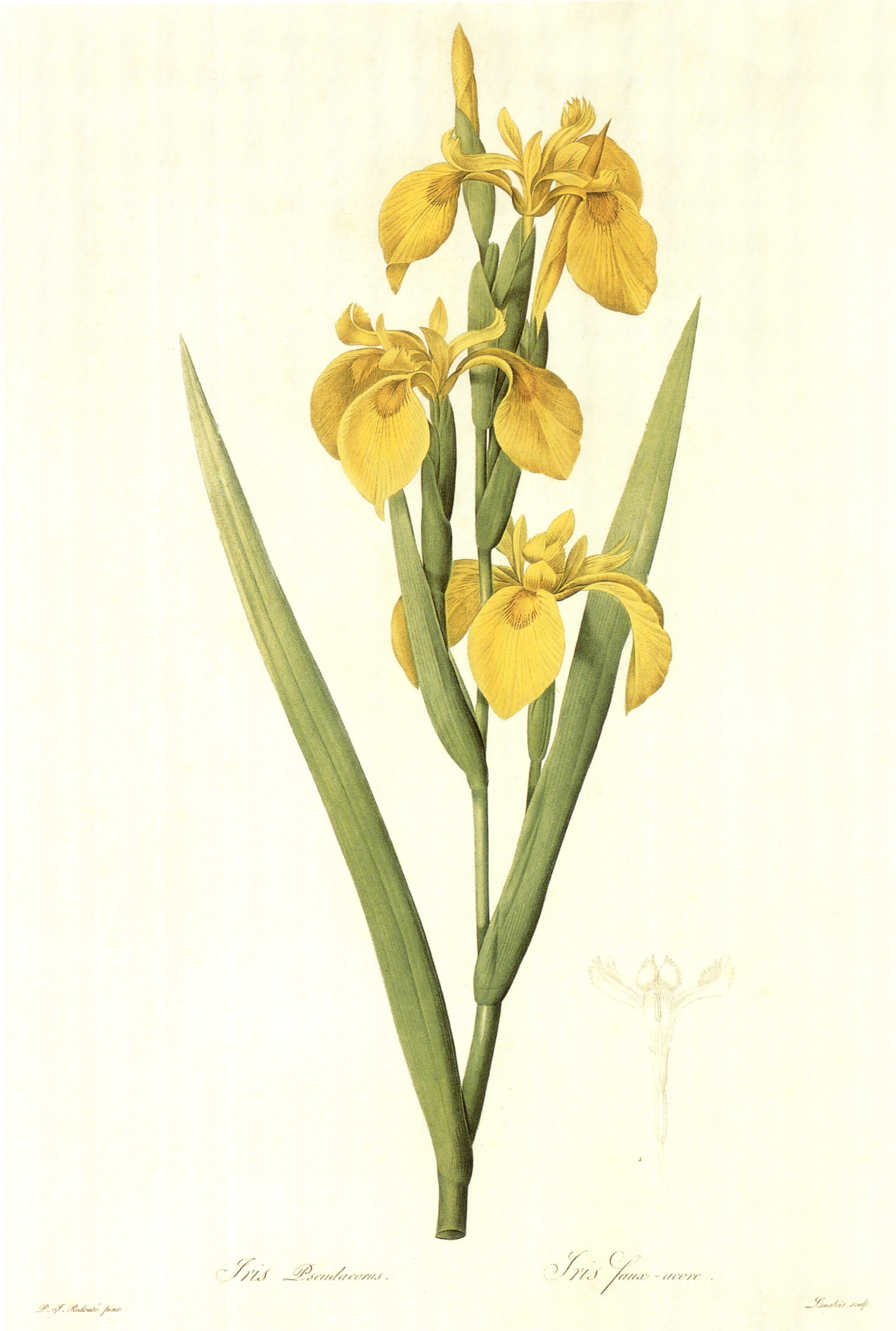

235

***Iris pseudacorus L. 1753 (Iridaceae)**

Yellow Flag | *Iris faux-acore | Wasser-Schwertlilie

Most of Europe (except for Iceland and Spitsbergen) to north Africa in the south and west Siberia in the east. See pl. 340.

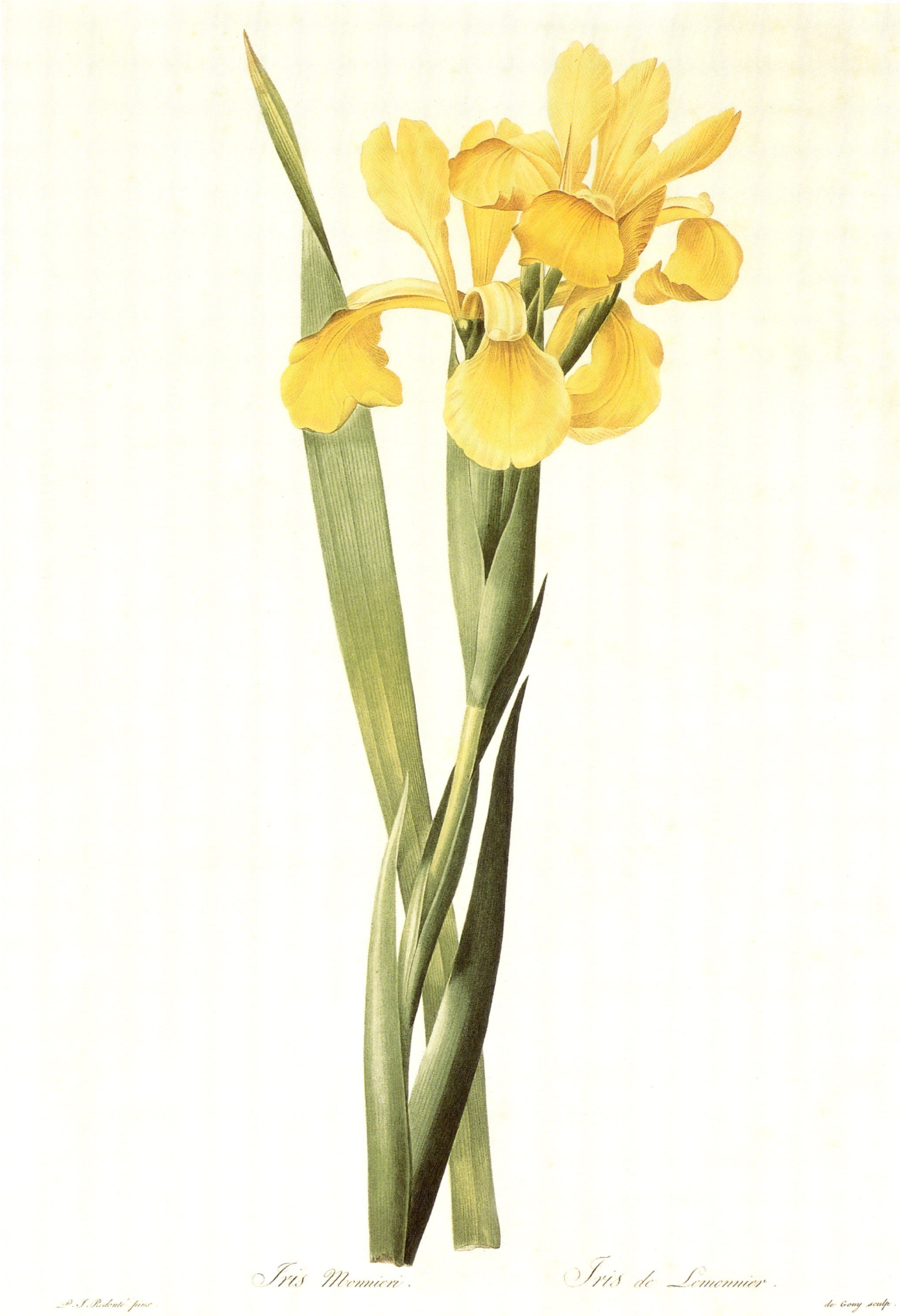

236

Iris spuria L. 1753 incl. _I. monnieri_ DC. in REDOUTÉ 1808 (Iridaceae)

Lemonnier's Iris | *Iris de Lemonnier | Lemonniers Schwertlilie

East Mediterranean islands of Europe (Greece: old reports from Rhodos and Crete). See pl. 310, 349.

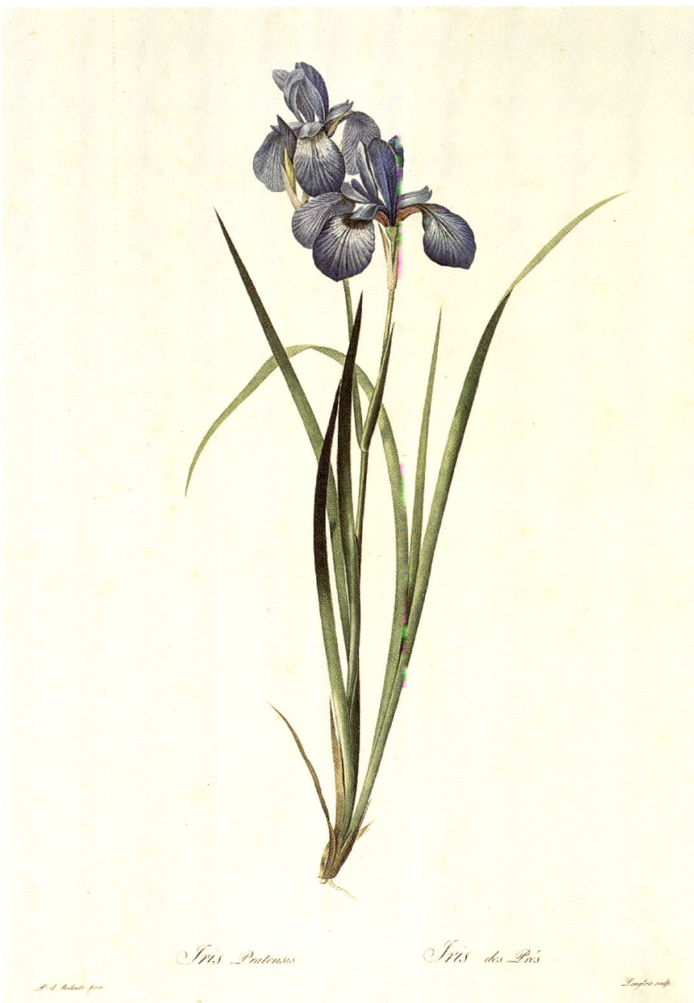

237

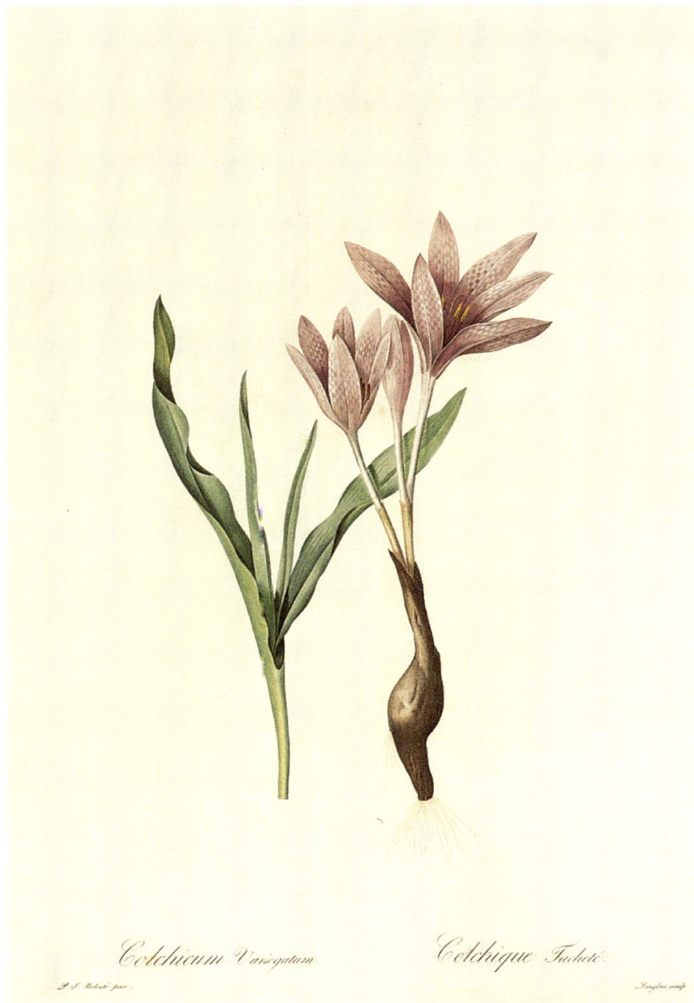

238

Iris sibirica L. 1753 (Iridaceae)
Siberian Iris | *Iris des prés
Sibirische Schwertlilie

Central and east Europe (with one station in western France, Germany, southern Sweden, Switzerland, Austria, southern Italy, Balkan Peninsula, Poland, Russia) to west Siberia. See pl. 419, 438.

**Colchicum variegatum* L. 1753 (Colchicaceae)
Variegated Naked Ladies | *Colchique tacheté
Gescheckte Herbstzeitlose

East Mediterranean (Greece and Turkey) and southwest Anatolia.

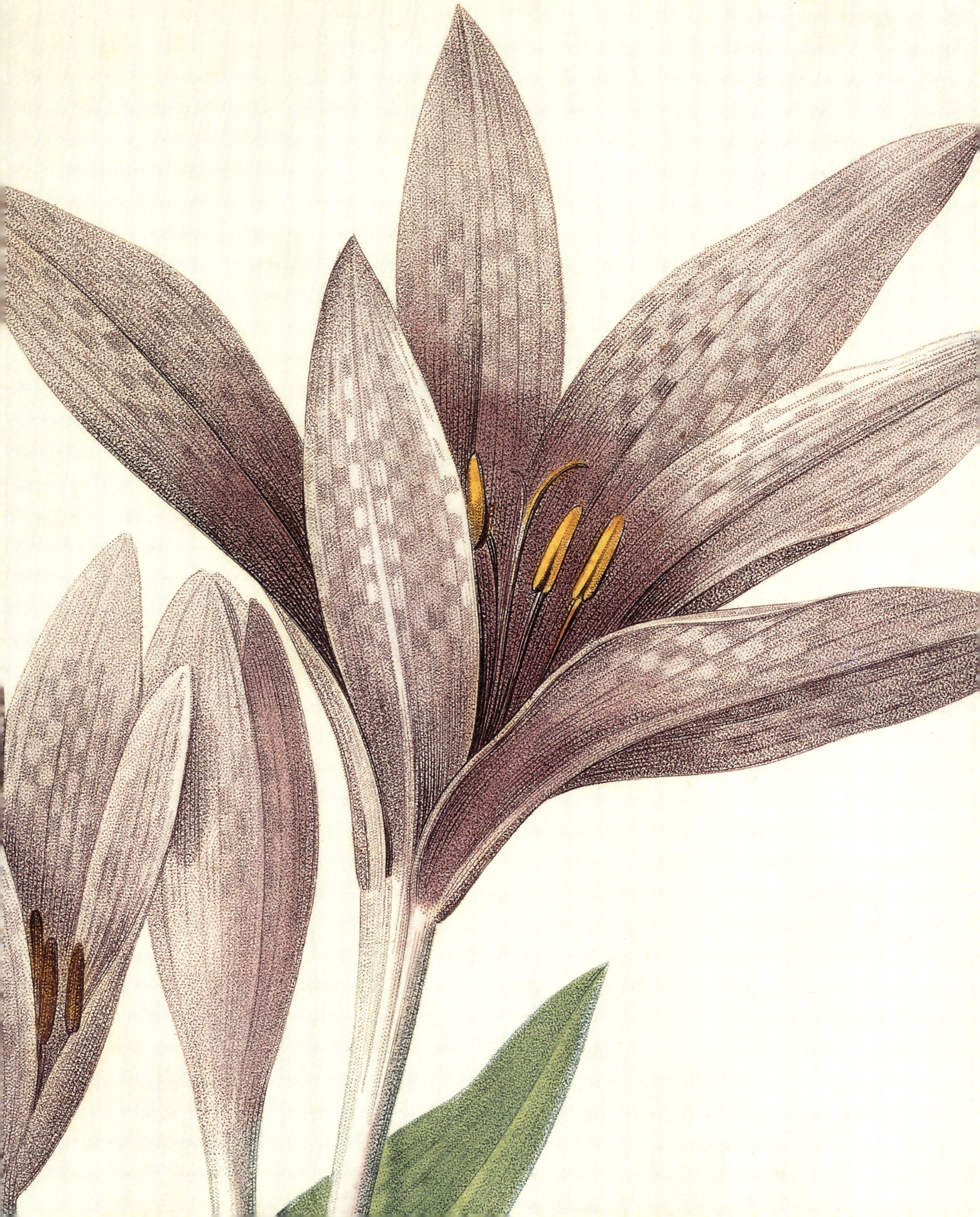

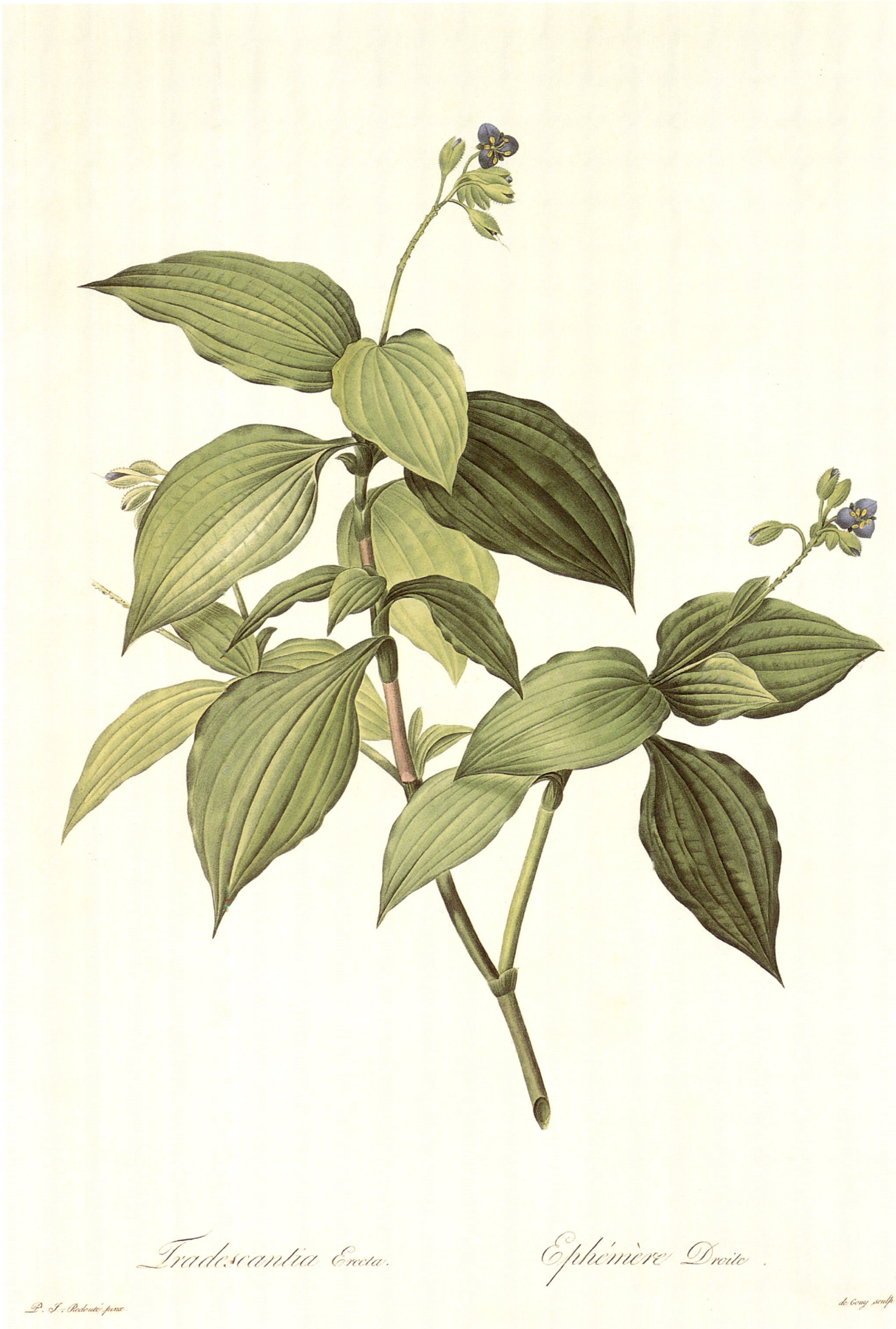

239

Tinantia erecta (Jacq.) Schltdl. 1852 (Commelinaceae)

Erect Tinantia ✿ | *Ephémère droite | Aufrechte Dreimasterblume

Central and South America (widely distributed e.g. Peru). Named for the Luxembourg forester and botanist François A. Tinant (1803–18[illegible]8), author of *Flore Luxembourgeoise*.

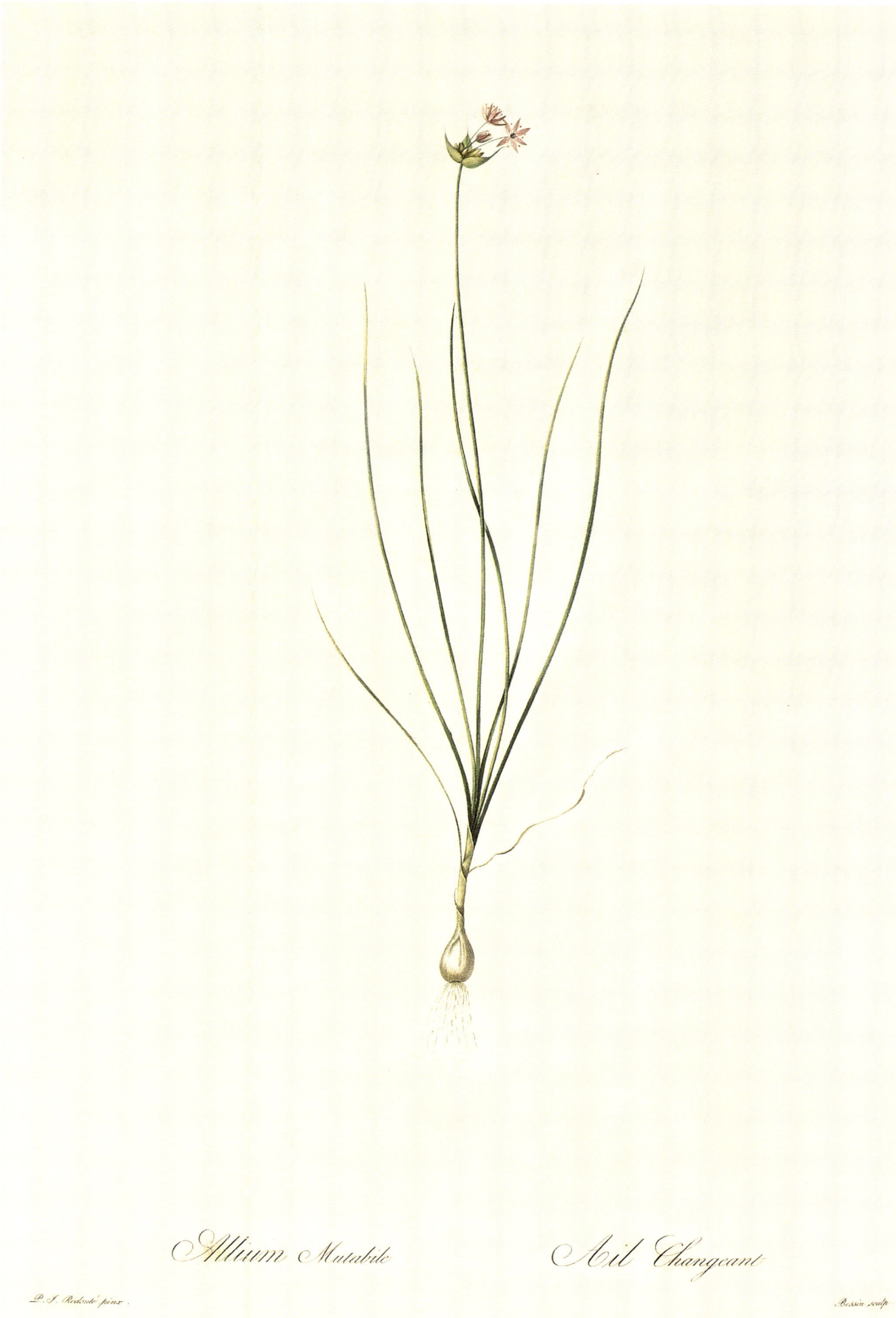

240

Allium mutabile Michx. 1803 (Alliaceae)

Wild Onion | *Ail changeant | Veränderlicher Lauch

North America (southeastern USA from Virginia and Nebraska in the north to Florida and Texas in the south).

Les Liliacées

Volume V

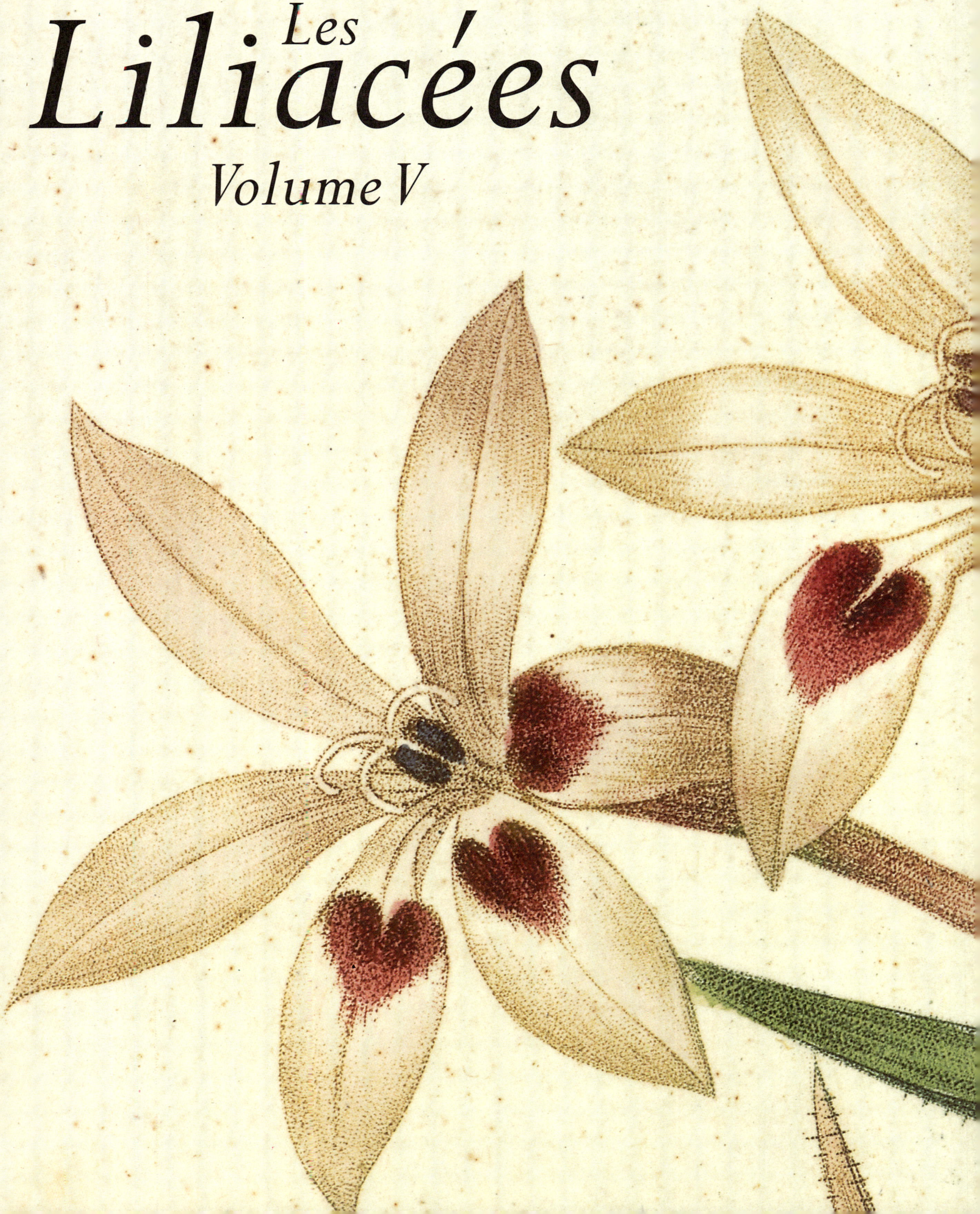

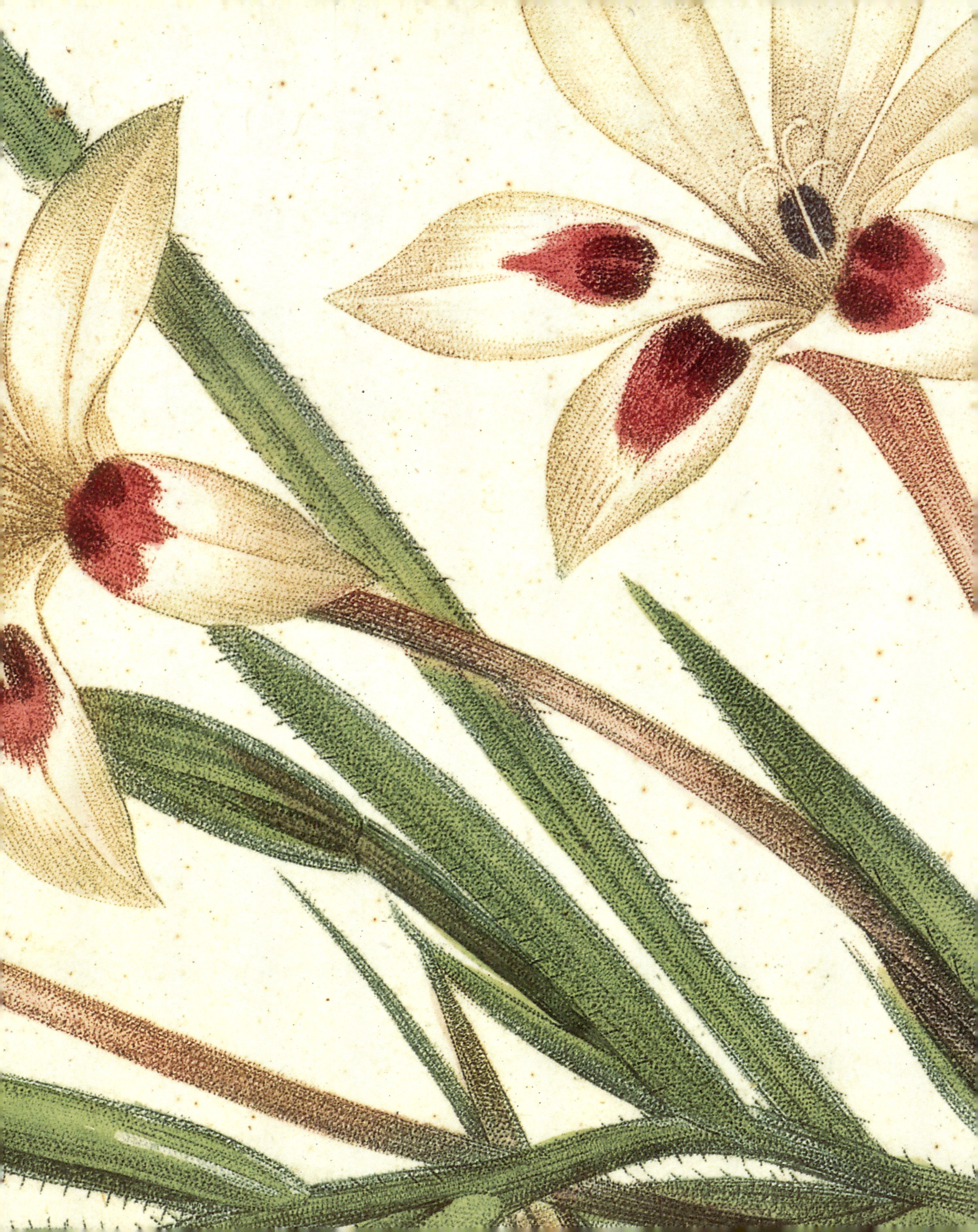

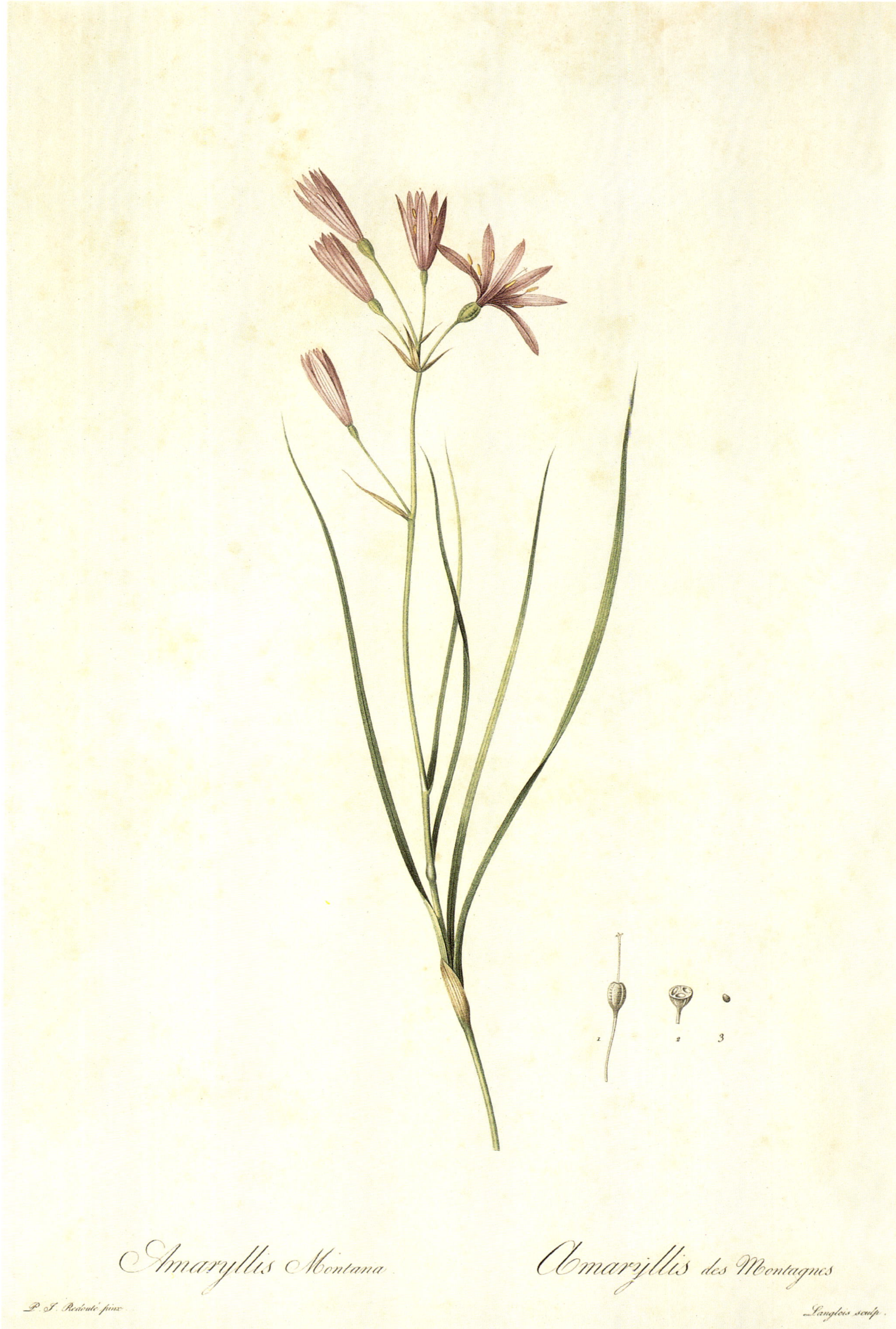

241

Ixiolirion tataricum (Pall.) Herb. 1821 (Ixioliriaceae)
(= *Amaryllis tatarica* Pall. 1776 = *Amaryllis montana* Labill. 1791)
Tatarian Ixia Lily | *Amaryllis des montagnes | Tatarische Ixienlilie
West and central Asia (Asia Minor, Syria, Lebanon, Palestine, Iraq, Iran, Afghanistan, Pakistan, Altai, Caspian Sea).

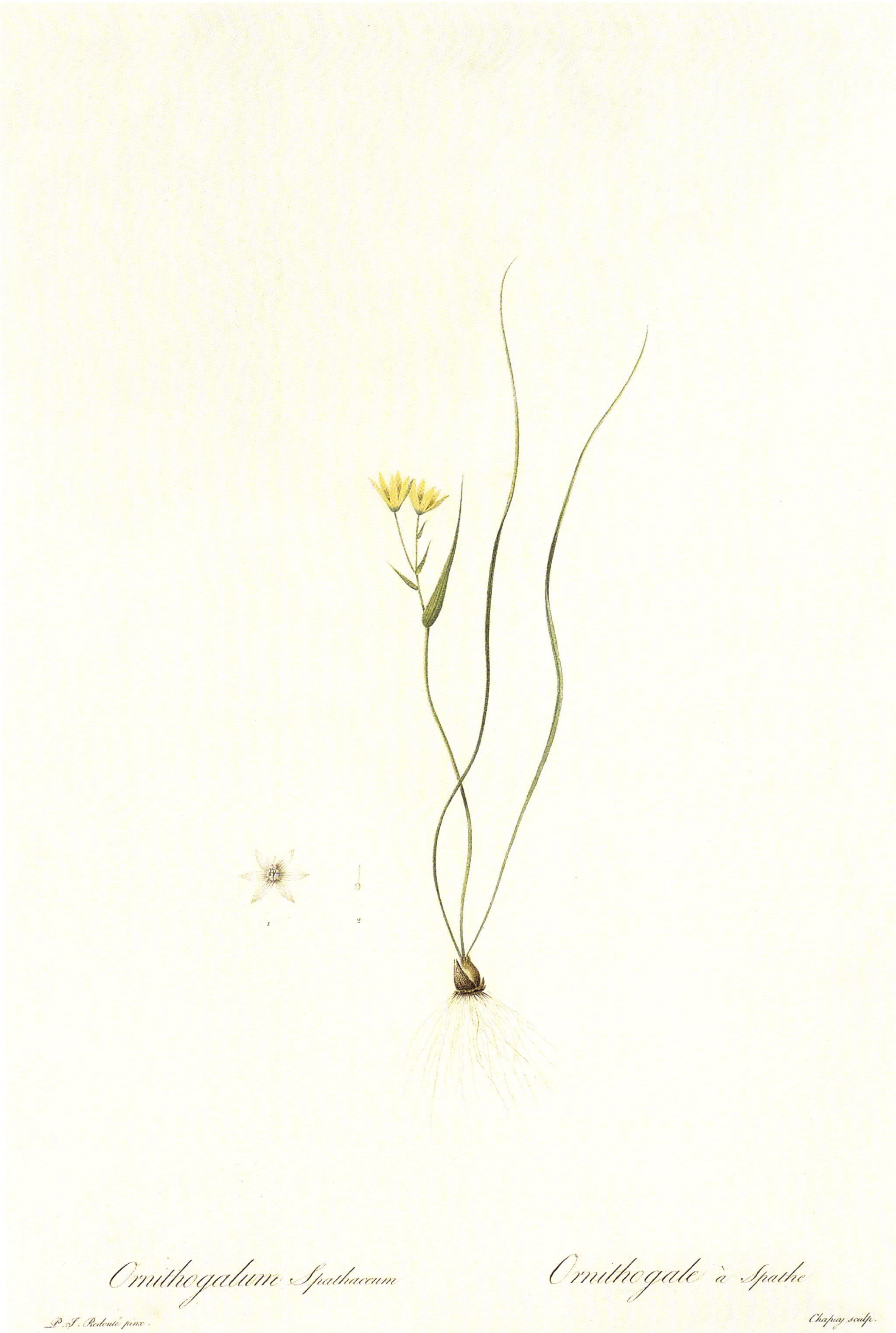

242

Gagea spathacea (Hayne) Salisb. 1806 (Liliaceae)

Belgian Gagea | *Ornithogale à spathe | Scheidiger Goldstern

North and central Europe (from south Sweden to NE France, Holland, Belgium, Germany, Yugoslavia, Hungary, Russia). Named for the British amateur botanist Sir Thomas Gage (1781–1820).

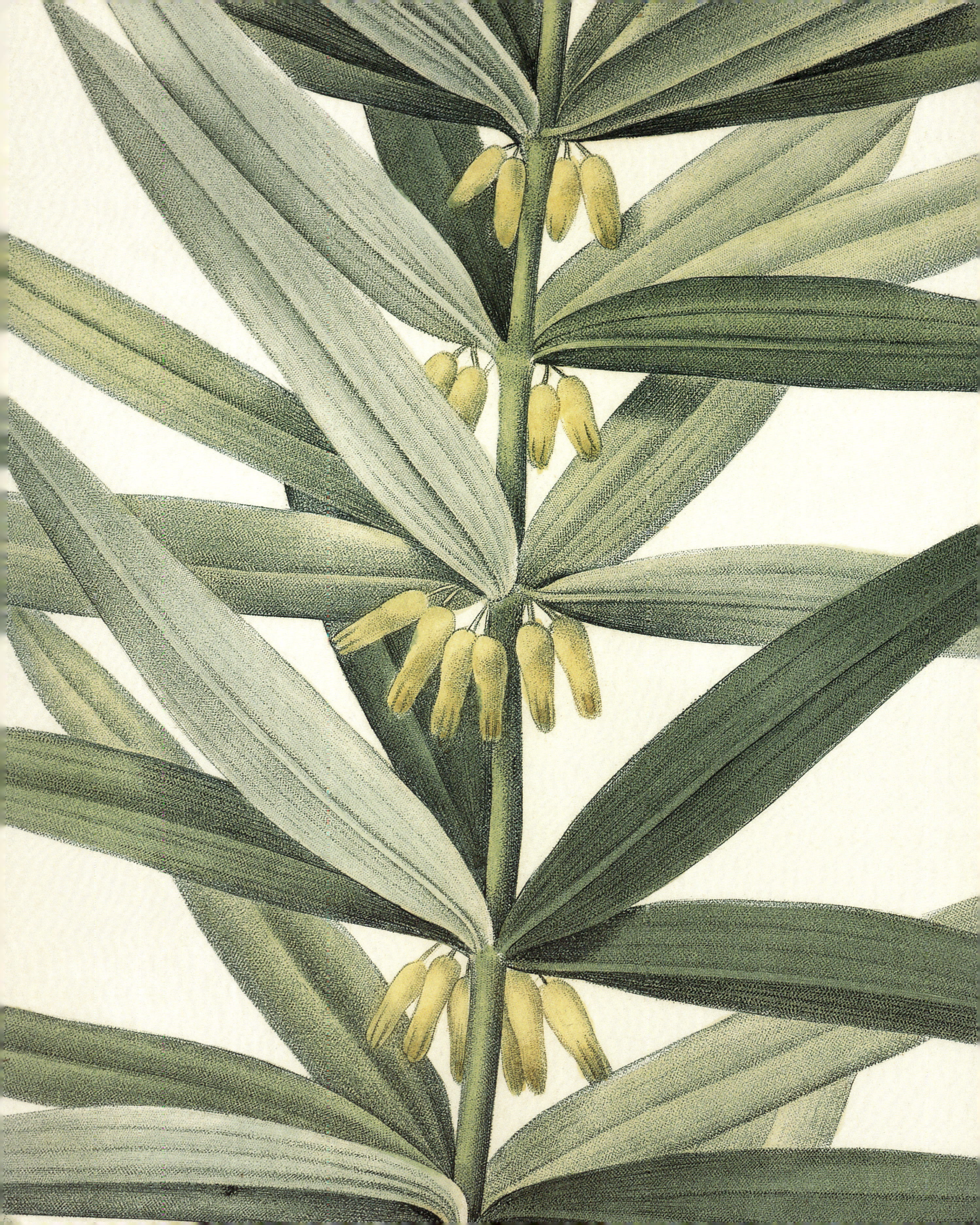

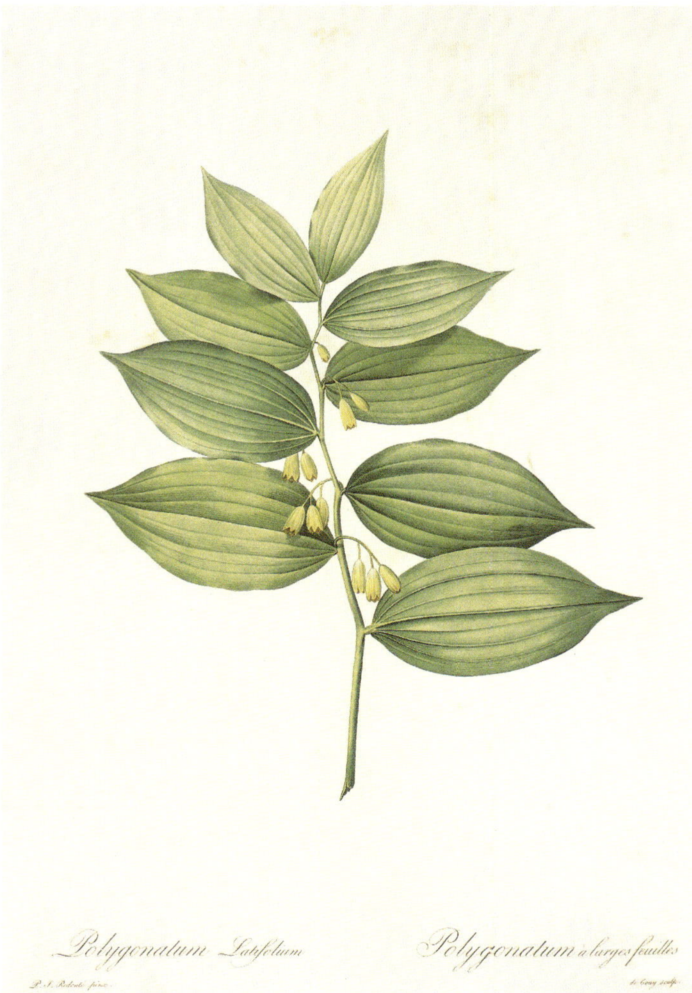

243

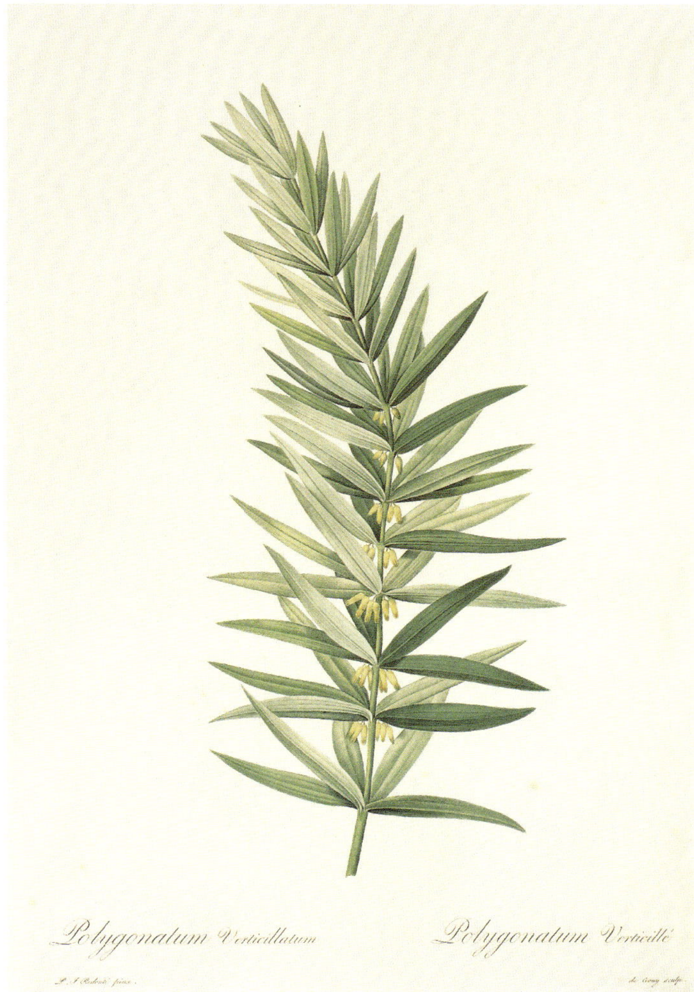

244

***Polygonatum latifolium* (Jacq.) Desf. 1807 (Convallariaceae)**

Broad-leaved Solomon's Seal | *Polygonatum à larges feuilles
Breitblättriges Salomonssiegel

Central and southeast Europe and eastwards to the Caucasus in Asia.

***Polygonatum verticillatum* (L.) All. 1785 (Convallariaceae) (= *Convallaria verticillata* L. 1753)**

Whorled Solomon's Seal | *Polygonatum verticillé
Quirlblättriges Salomonssiegel

North and central Europe (southwards to north Spain and Bulgaria, eastwards to the Ural), and Asia (from Asia Minor and Caucasus to Afghanistan and Tibet).

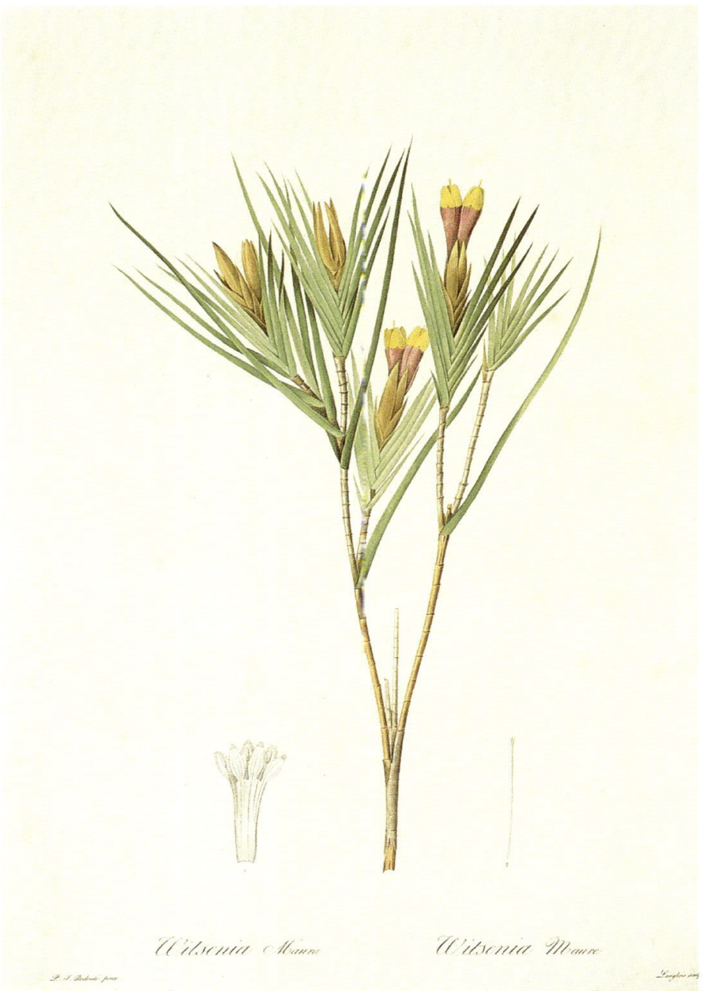

245

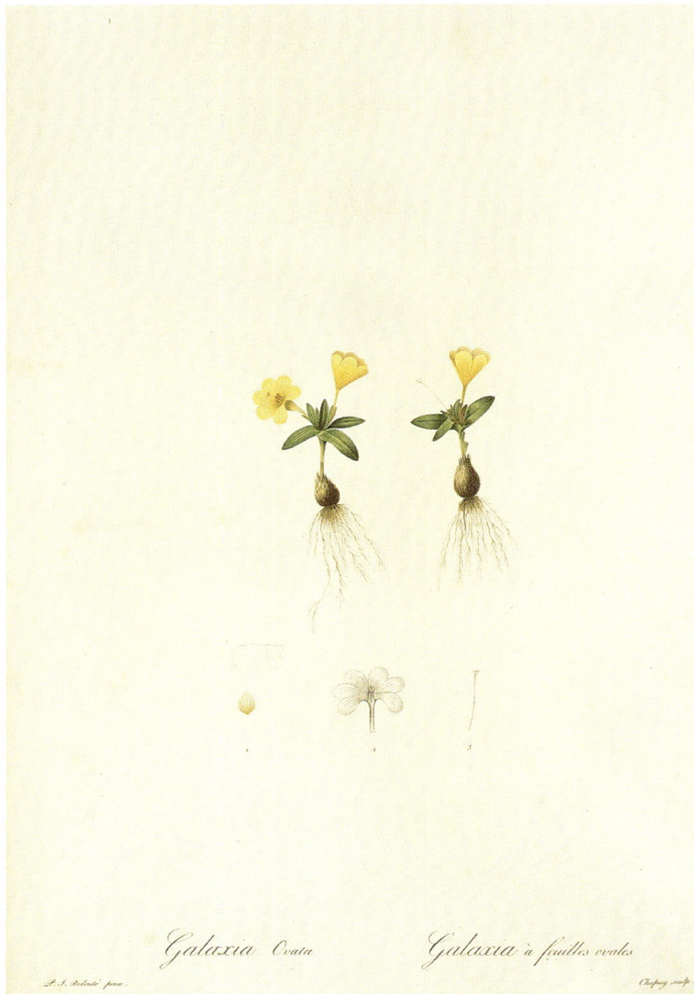

246

****Witsenia maura* (L.) Thunb. 1782 (Iridaceae)**
(= *Antholyza maura*. L. 1767)

Moorish Witsenia | *Witsenia maure
Maurische Witsenie

Winter rainfall South Africa (Western Cape from the Cape Peninsula to Tradouw Mountains in the east).
Named for the Dutch mayor of Amsterdam, Nicolaas Witsen (1641–1717),
who assisted in the foundation of the Amsterdam Botanical Garden. See pl. 463.

****Galaxia ovata* Thunb. 1782 (Iridaceae)**

Oorlosie Flower | *Galaxia à feuilles ovales
Ovalblättrige Galaxia

Winter rainfall South Africa (Western Cape from Clanwilliam to the Cape Peninsula and to west of Bredasdorp).
Named for the frequent occurrence in fields of ten thousands of star-like little yellow flowers.

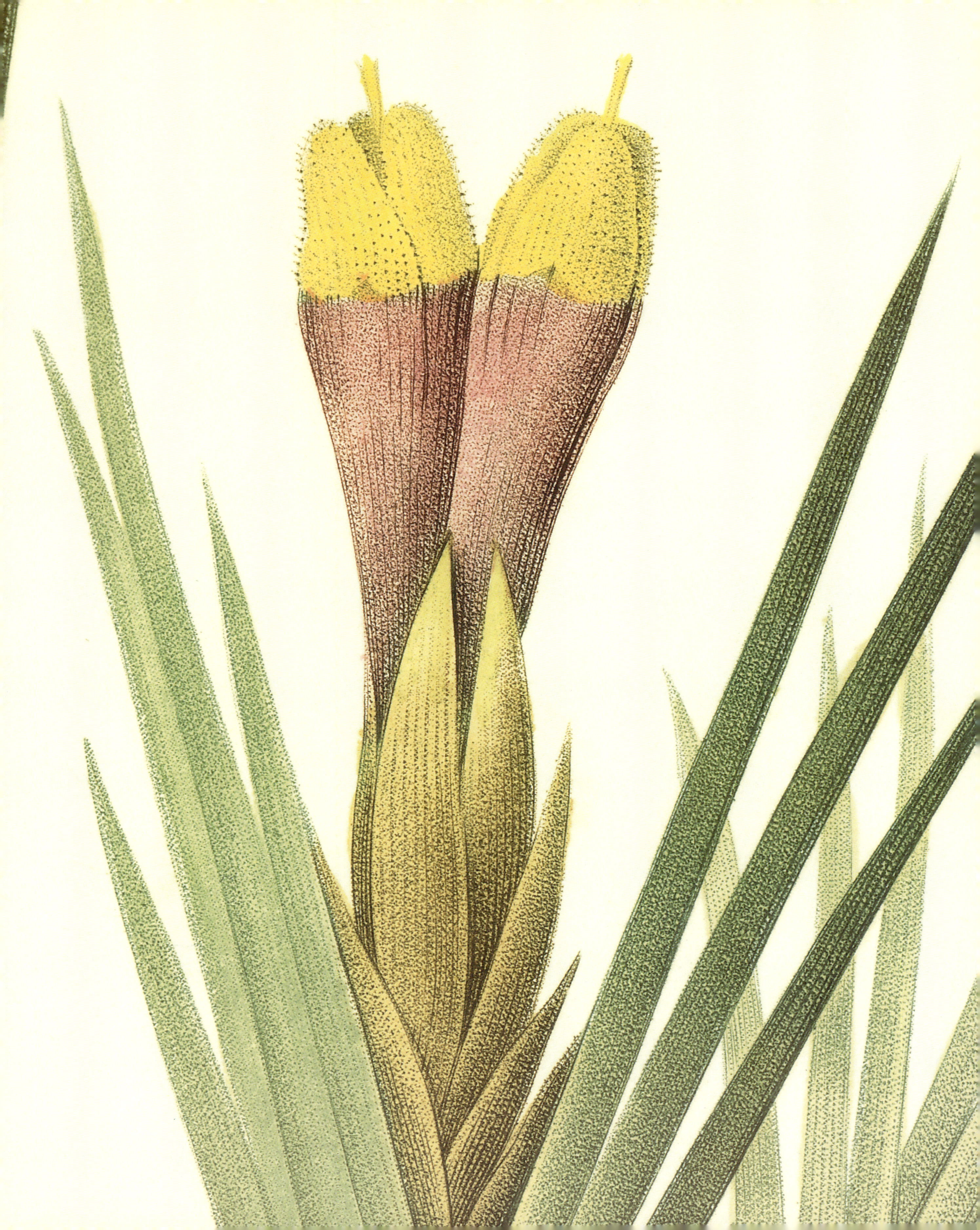

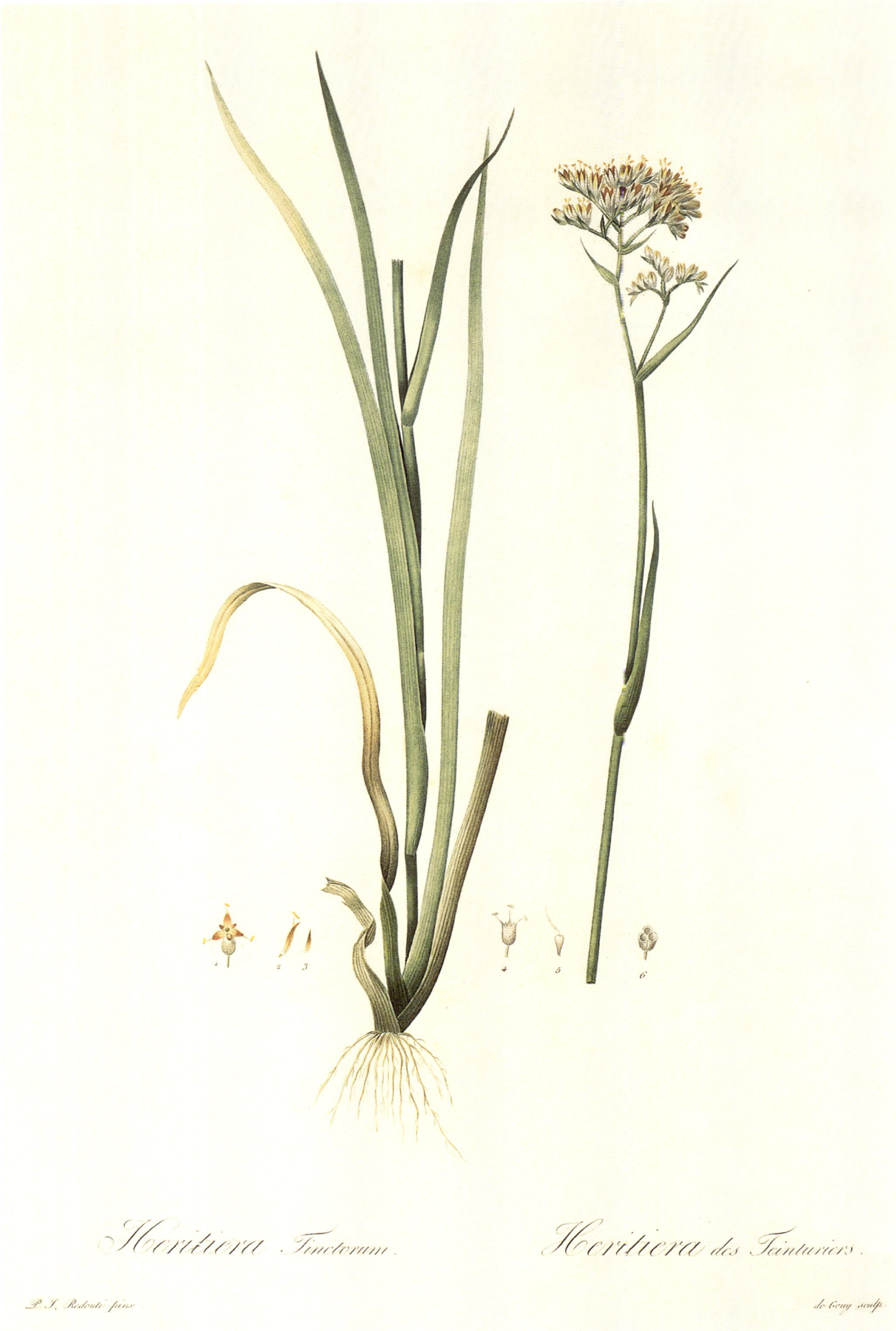

247

Lachnanthes tinctorum (F.Gmel.) Sprague 1939 (Haemodoraceae)

Redroot | *Heritiera des teinturiers | Indianer-Rotwurzel

Atlantic North America (Massachussetts to Florida).

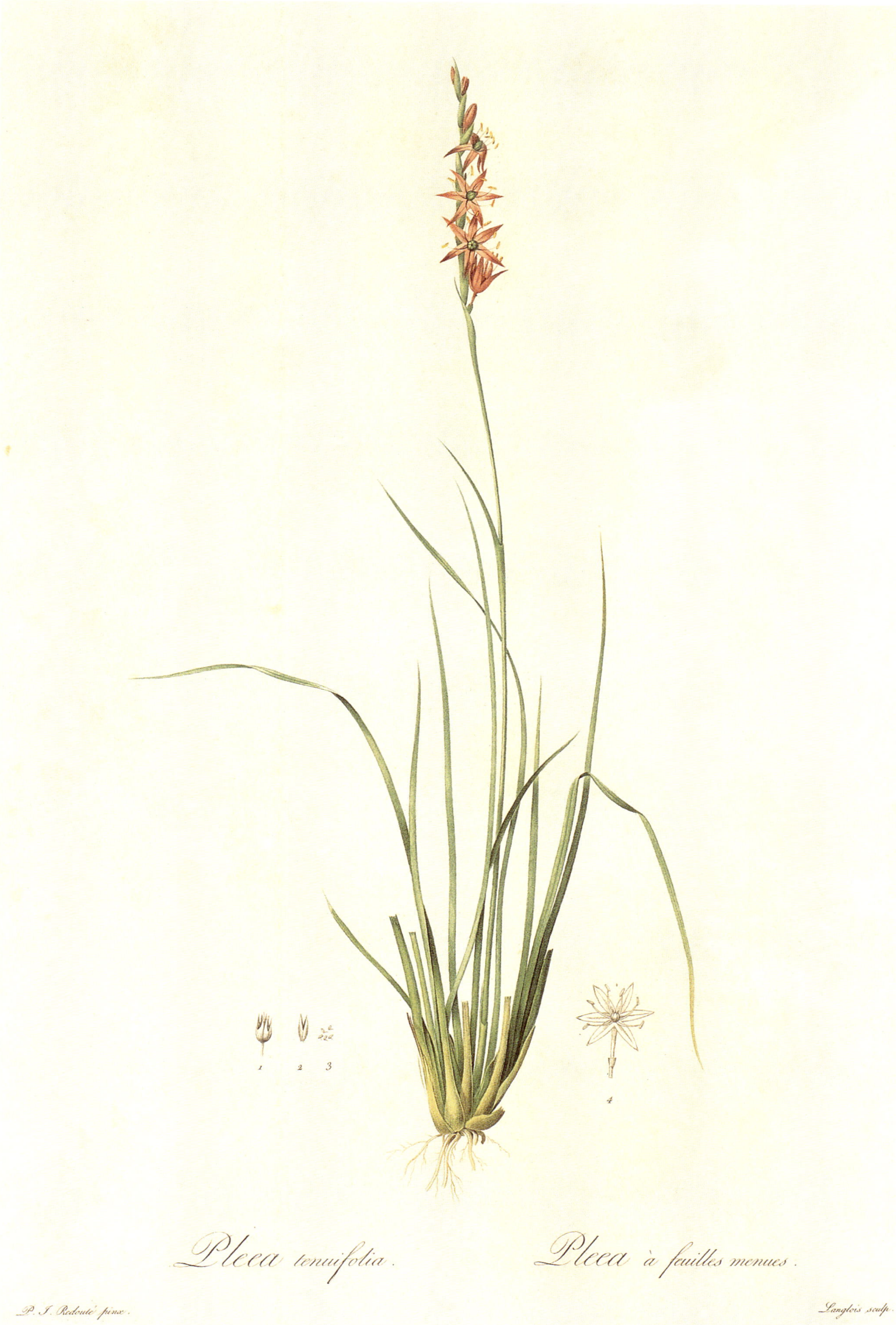

248

***Pleea tenuifolia Michx. 1803 (Melanthiaceae)**

Rush-Featherling | *Pleea à feuilles menues | Binsenfederling

Atlantic North America (from North Carolina to Georgia and Florida).

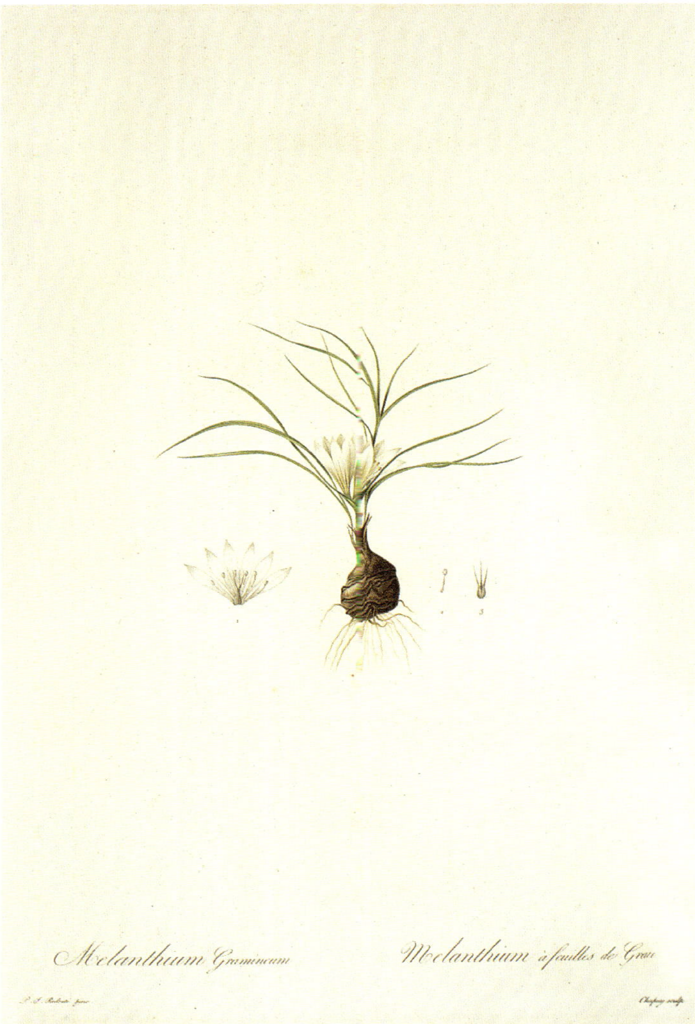

249

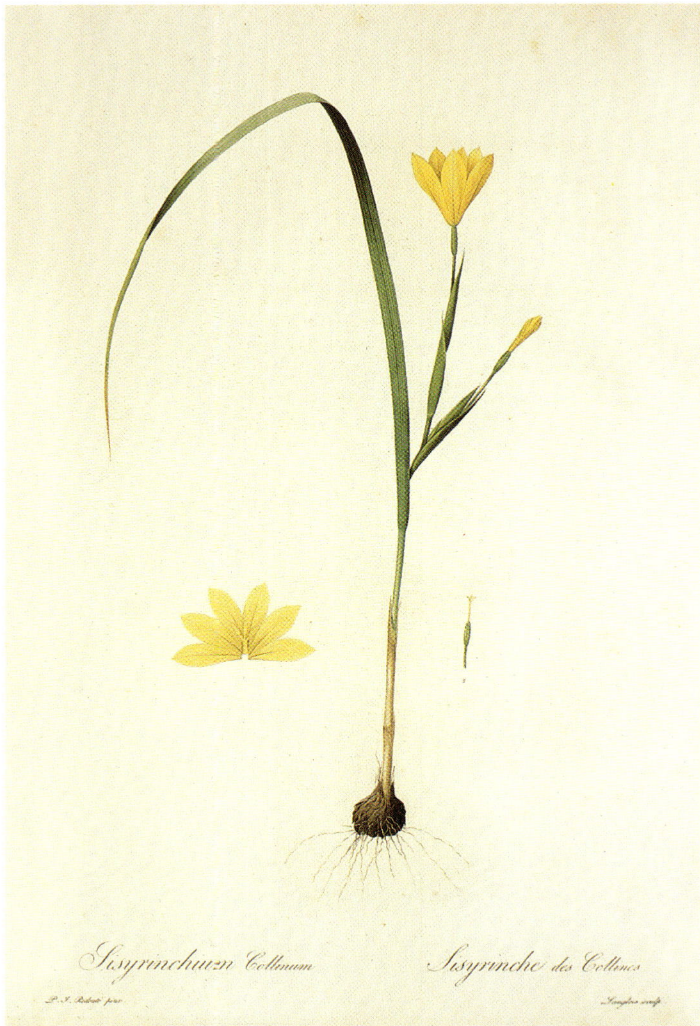

250

Androcymbium gramineum (Cav.) Macbr. 1918 (Colchicaceae)
Grass-leaved Man-in-a-Boat | *Melanthium à feuilles de gramen | Grasblättriger Mann-im-Boot

North Africa (Morocco), geogr. according to Greuter 1967.

Homeria collina (Thunb.) Salisb. 1812 (Iridaceae) (= *Moraea collina* Thunb. 1787)
Hill-dwelling Homeria | *Sisyrinche des collines
Hügel-Homerie

Winter rainfall South Africa (Western Cape, from the Cape Peninsula to Bainskloof in the NE and Houhoek Pass in the south).

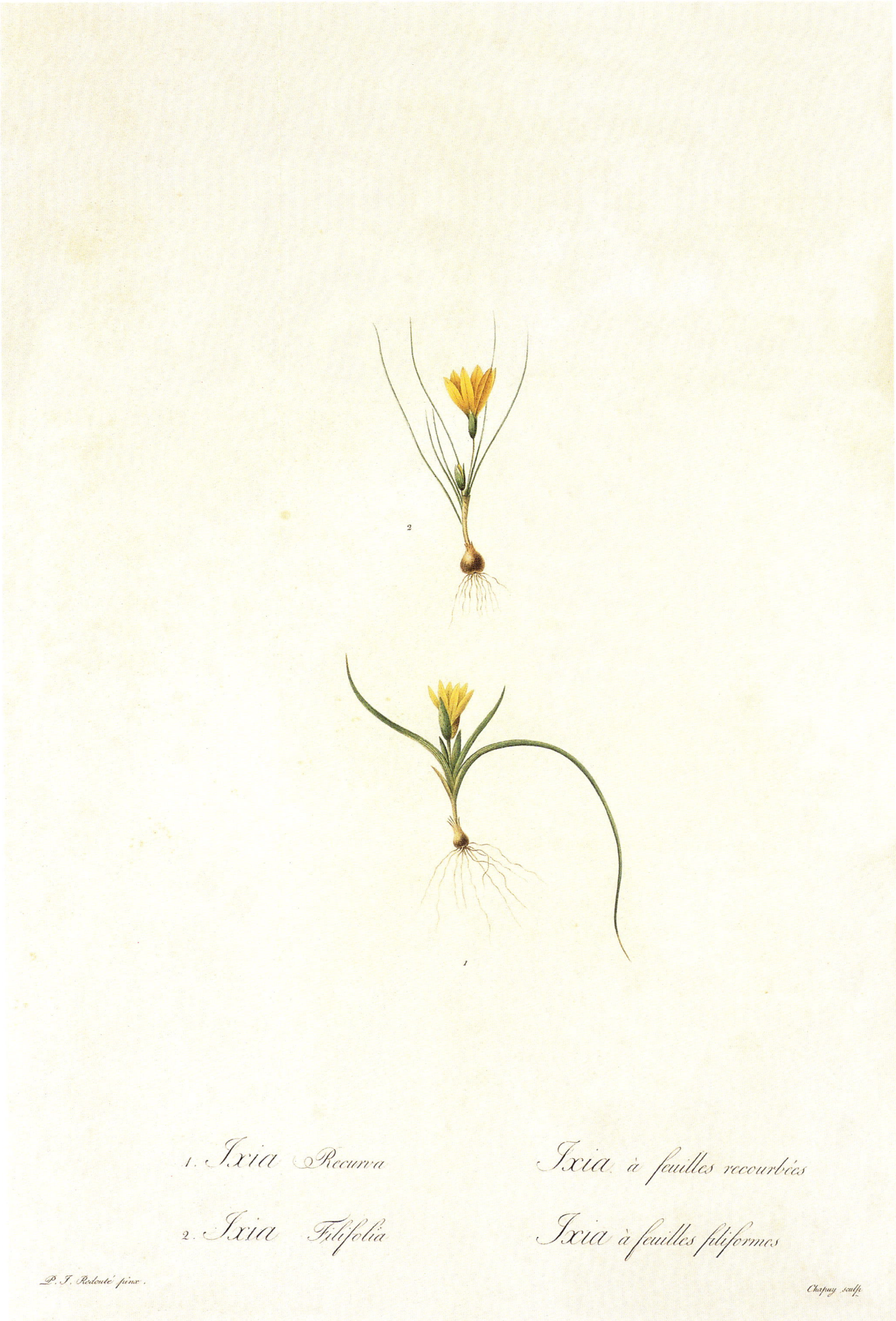

Romulea flava (Lam.) deVos 1970 var. flava (Iridaceae)
(= Ixia flava Lam. 1791)
Pale-yellow Romulus Star | *Ixia à feuilles recourbées
Blassgelber Romulus-Stern

Note: The upper name belongs to the lower plant, *Romulea flava*. Geogr. of the variety: Winter rainfall South Africa.

Romulea triflora (Burm.f.) N.E.Brown 1929 (Iridaceae)
(= Crocus triflorus Burm.f. 1768)
Three-flowered Romulus Star | *Ixia à feuilles filiformes
Dreiblütiger Romulus-Stern

Winter rainfall South Africa (western Cape from Citrusdal to the Cape Peninsula and to Caledon in the east).

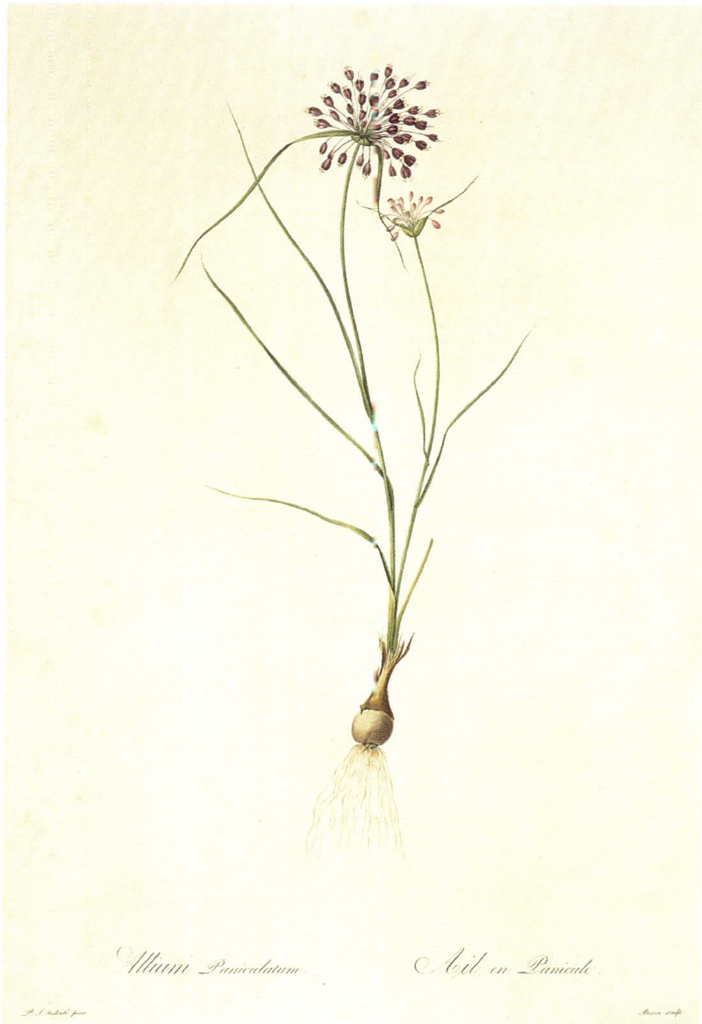

252

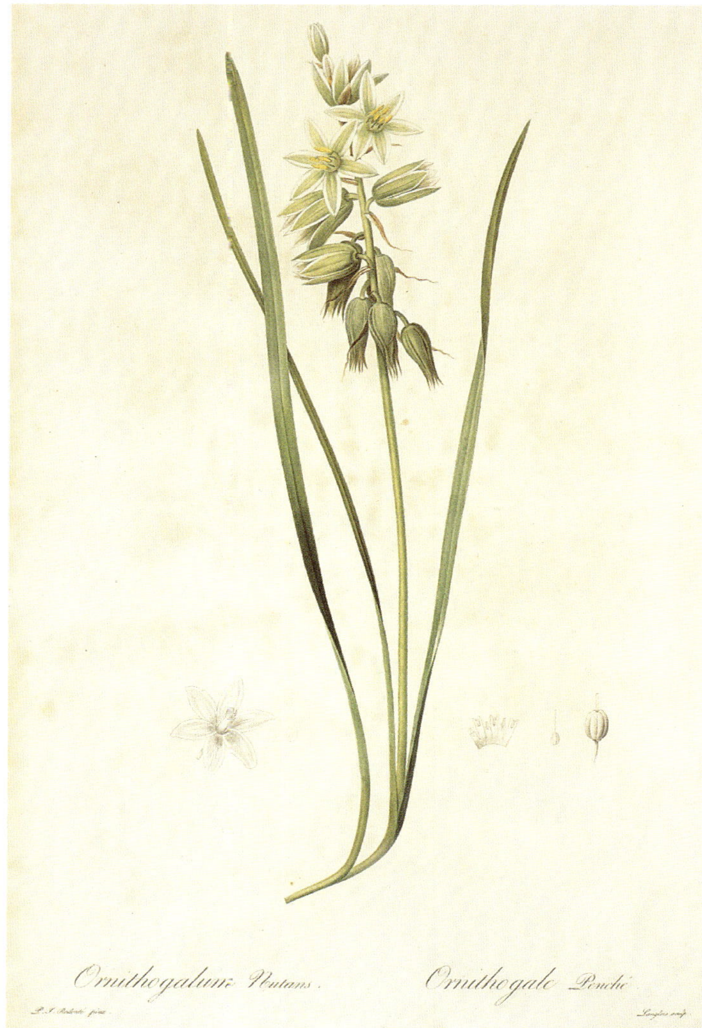

253

***Allium carinatum* L. 1753 subsp. *pulchellum* (Don) Bonnier & Layens 1894 (Alliaceae)**
(= *A. pulchellum* Don 1827 = *A. cirrhosum* Vand. 1771)

Fair Garlic | *Ail en panicule | Schöner Lauch

South Europe (from SE France to western Romania and northern Greece) and to Asia Minor.

***Ornithogalum nutans* L. 1753 (Hyacinthaceae)**

Nodding Star-of-Bethlehem | *Ornithogale penché
Nickender Milchstern

Southeastern Europe (SE part of Balkan Peninsula: Bulgaria, Greece and European Turkey), extending to western Asia. Naturalized in most countries of Europe.

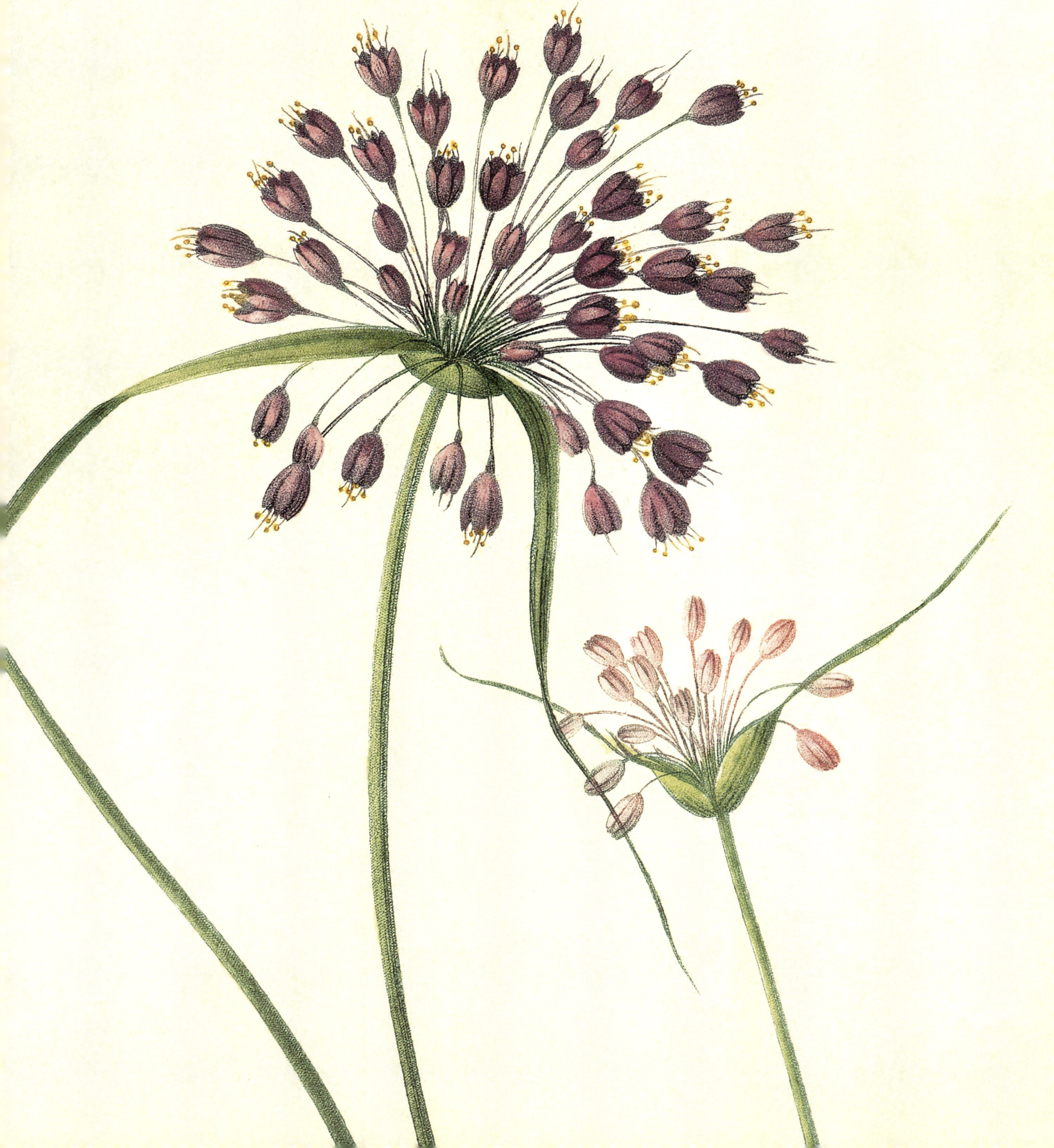

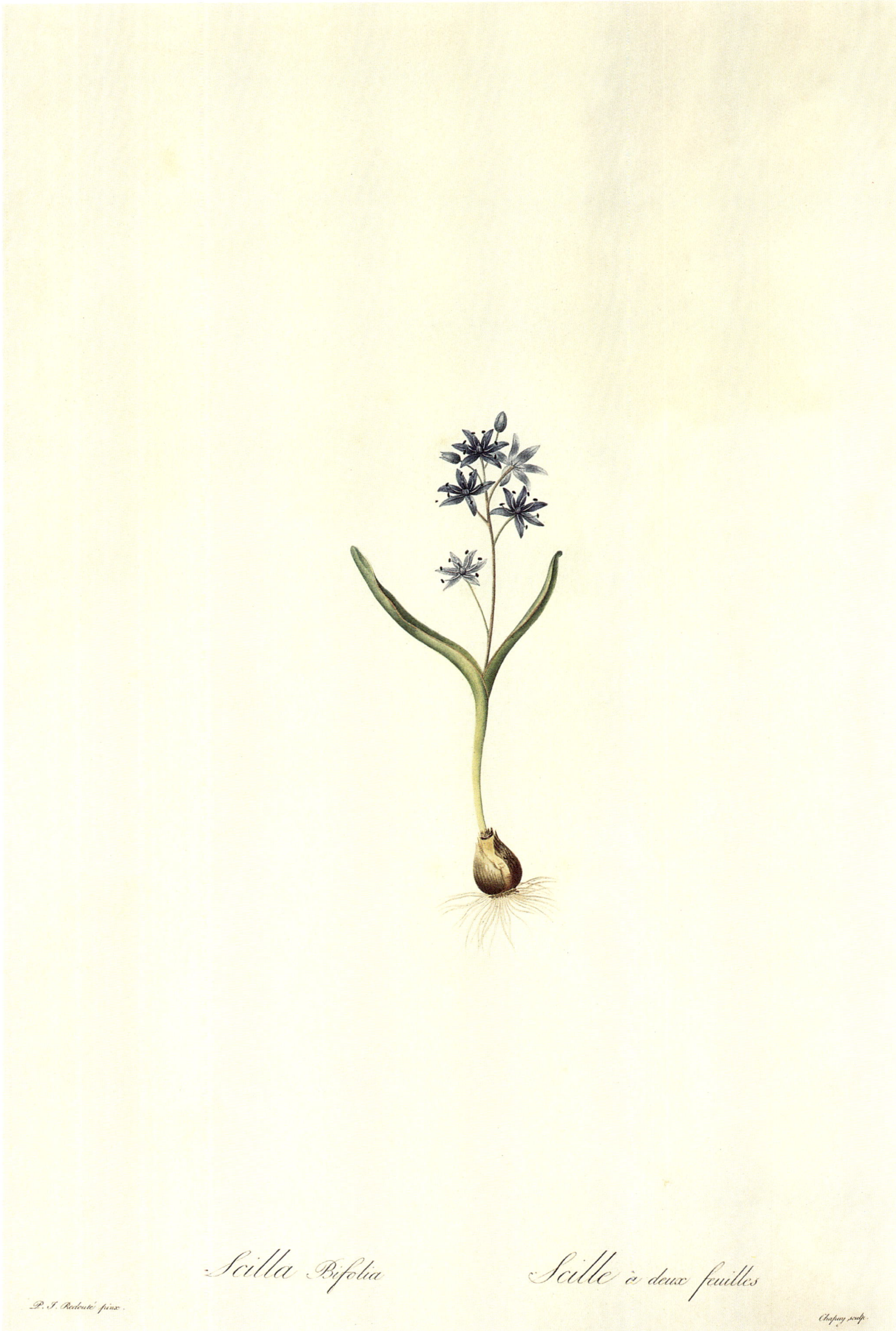

254

Scilla bifolia L. 1753 (Hyacinthaceae)

Alpine Squill | *Scille à deux feuilles | Zweiblättriger Blaustern

South and central Europe (from Spain to European Turkey and from France and Belgium to Poland and central Russia), extending to western Asia until the Caucasus.

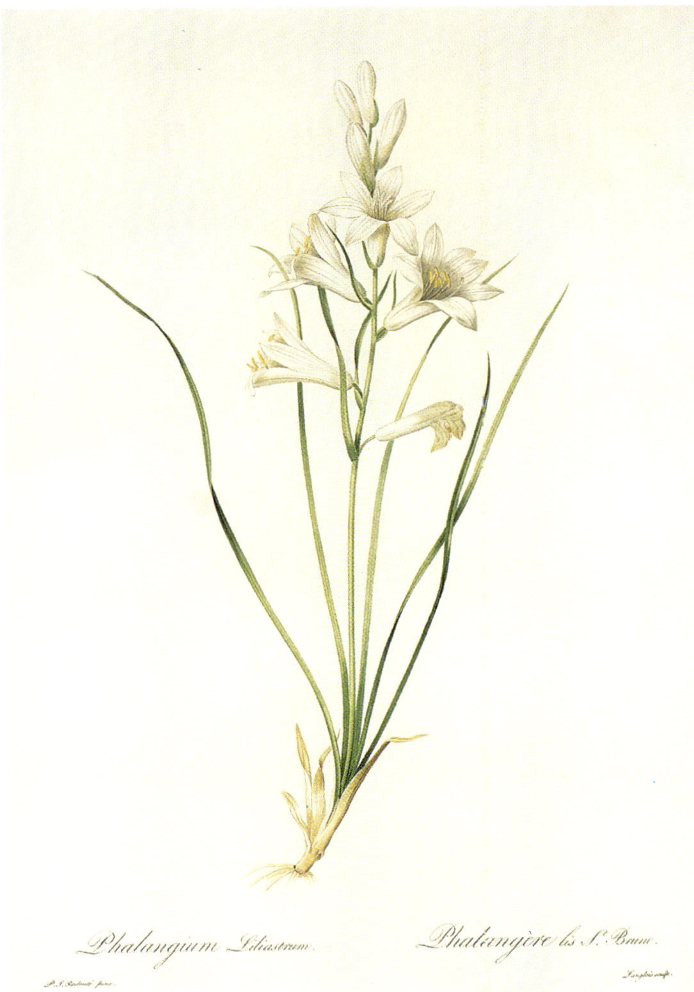

255

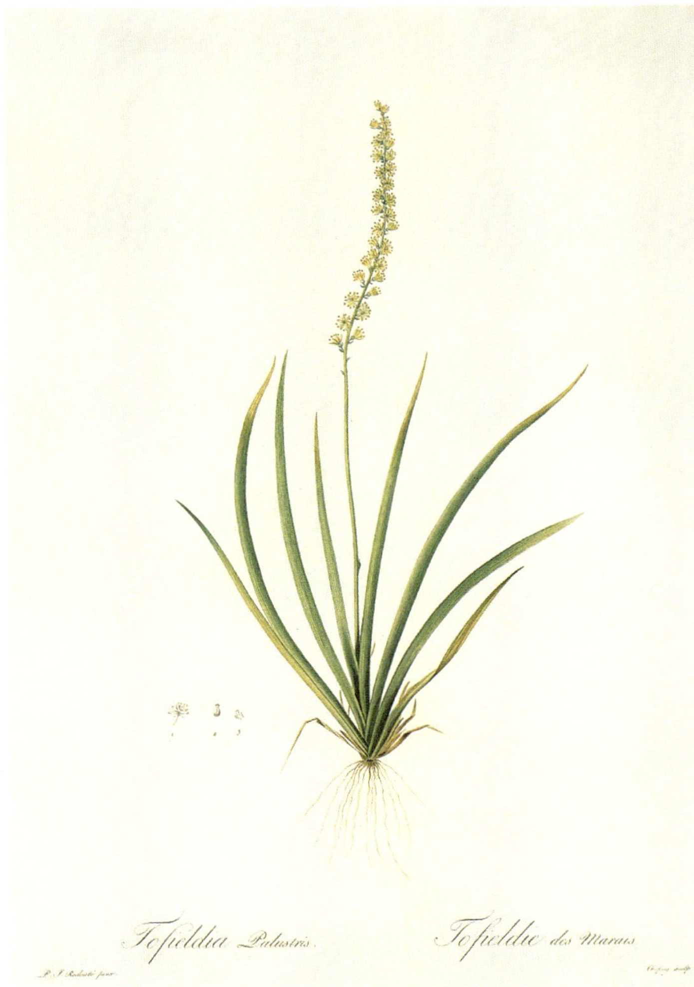

256

Paradisea liliastrum (L.) Bertol. 1840 (Anthericaceae)
(= *Hemerocallis liliastrum* L. 1753
= *Anthericum liliastrum* (L.) L. 1762)
St. Bruno's Lily | *Phalangère lis St. Bruno | Paradieslilie

Mountains of west and central Europe (Pyrenees, Alps, Jura, N and C Appenin, from Spain to Austria and Yugoslavia). Named for Count Giovanni Paracisi (1760–1826) of Modena.

Tofieldia calyculata (L.) Wahlenb. 1812
(Melanthiaceae)
German Asphodel | *Tofieldie des marais
Kelch-Simsenlilie

Central Europe, extending northwards to Estonia and Gotland and southwards to the Pyrenees and Ukraine.

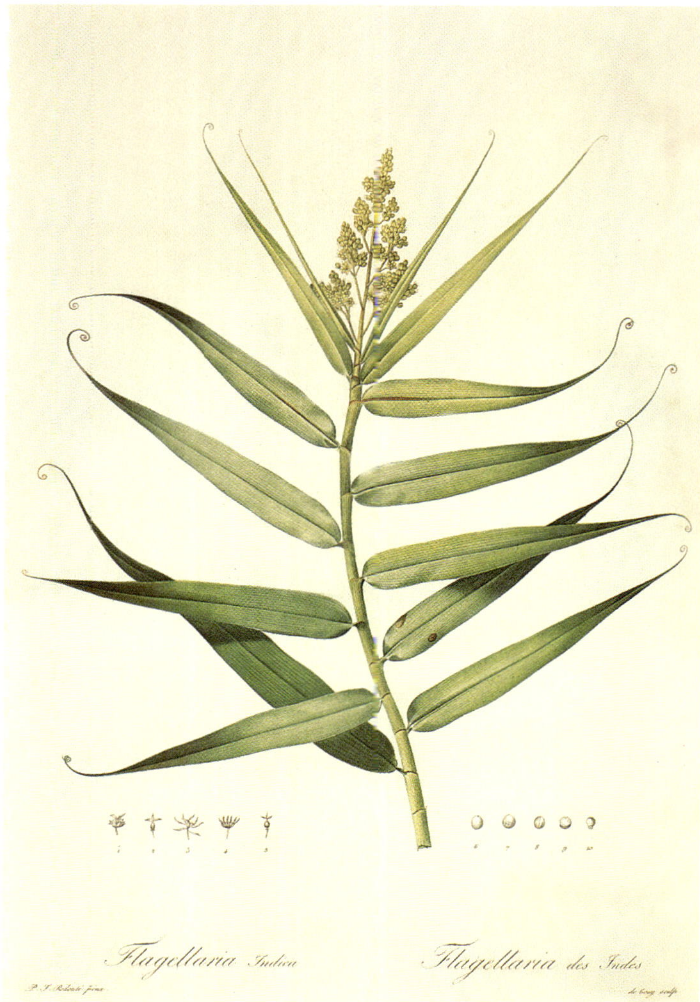

257

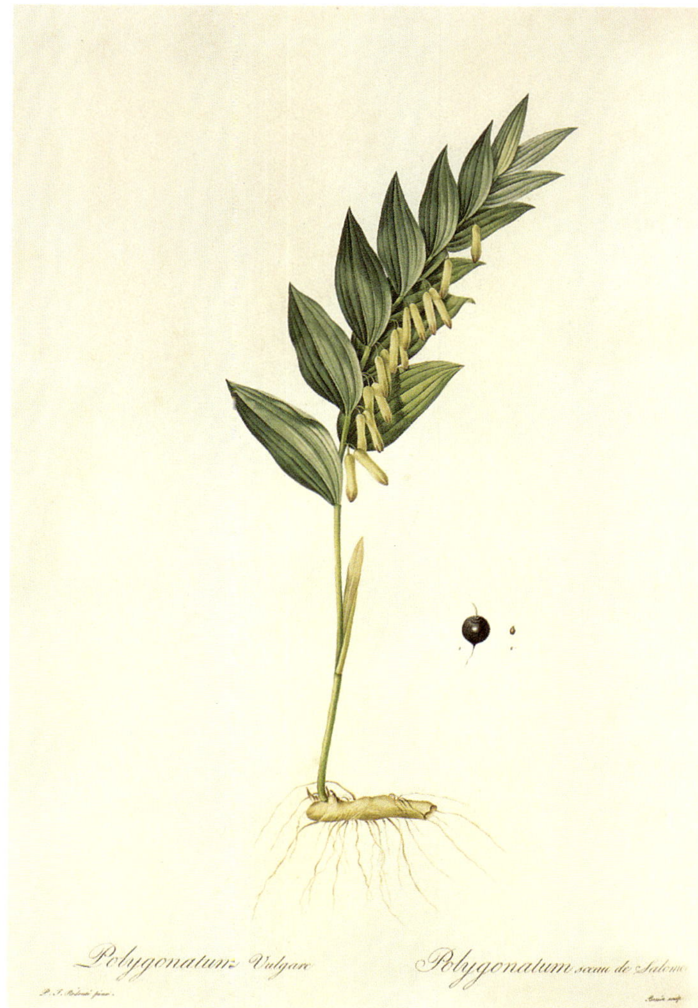

258

******Flagellaria indica*** **L. 1753**
(Flagellariaceae)
Indian Flagellaria | *Flagellaria des Indes
Indische Flagelarie

Southeast Asia and northeast Australia.

Polygonatum odoratum **(Mill.) Druce 1906**
(Convallariaceae)
(=***Convallaria odorata*** **Mill. 1768)**
Sweet-scented Solomon's Seal | *Polygonatum sceau de Salomon
Wohlriechendes Salomonssiegel

Most of Europe (rare in the Mediterranean region) and eastwards to China and Japan in east Asia.

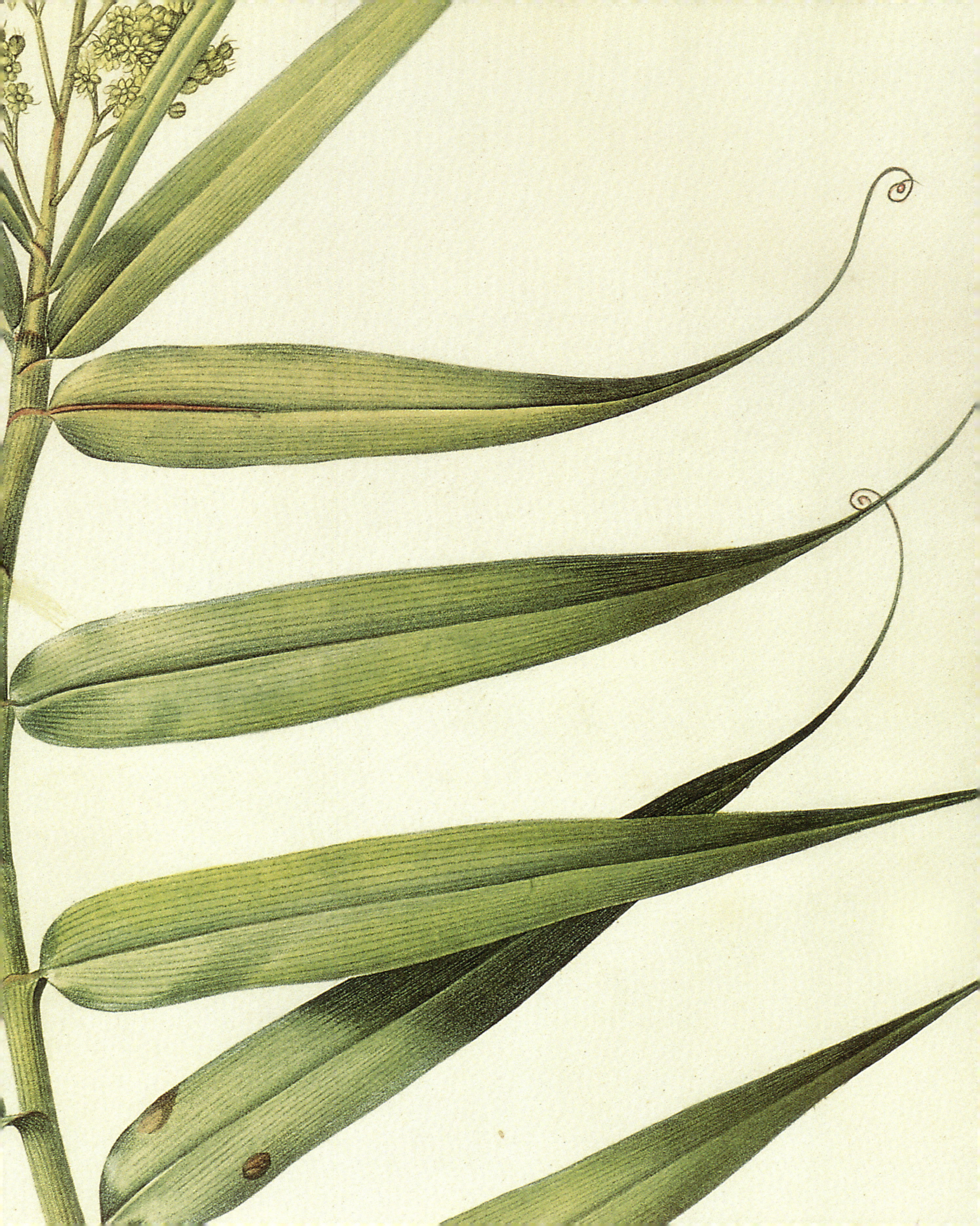

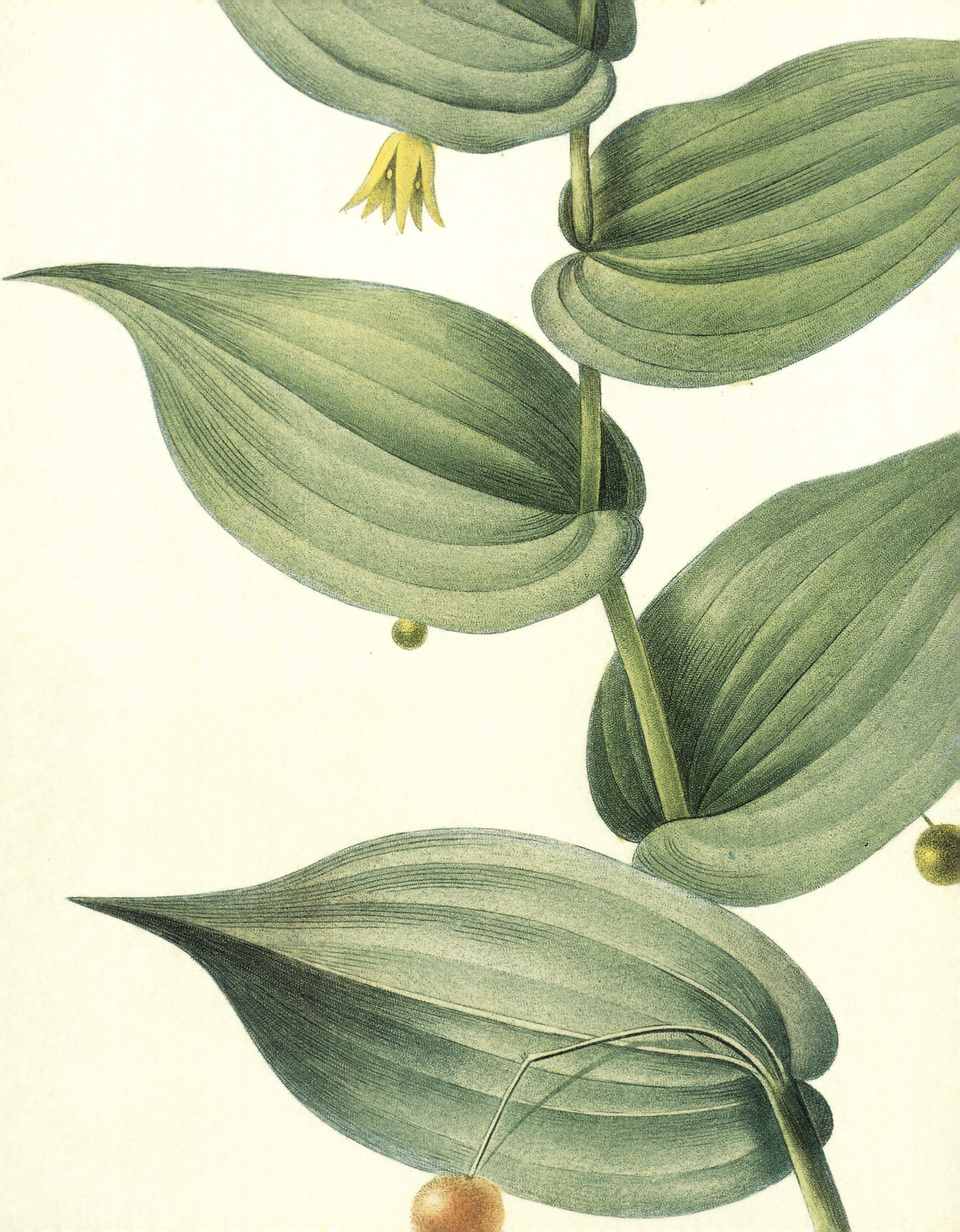

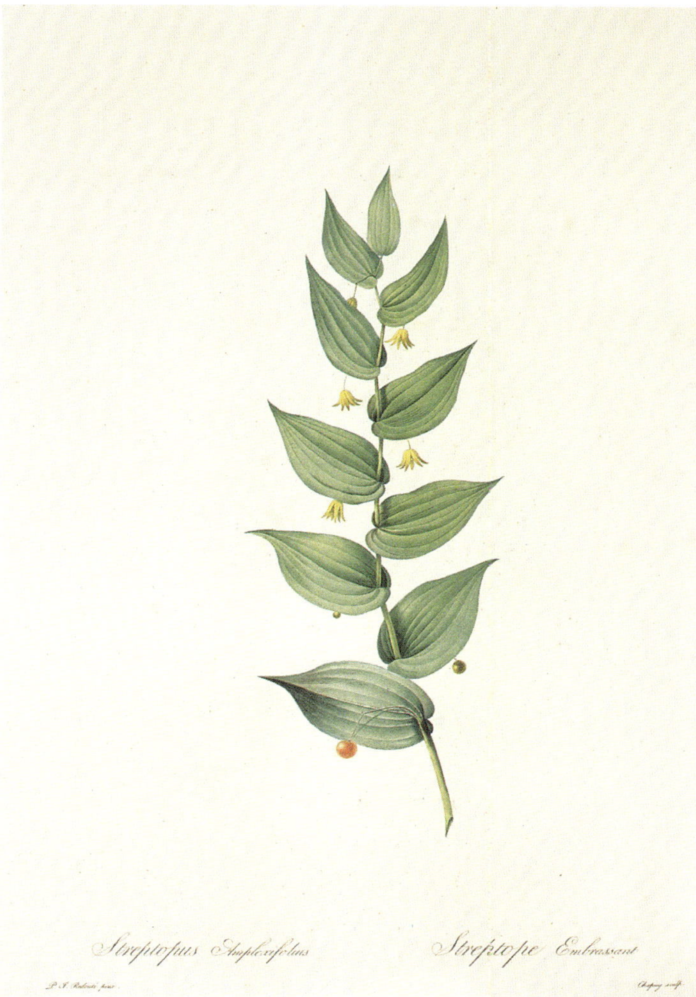

259

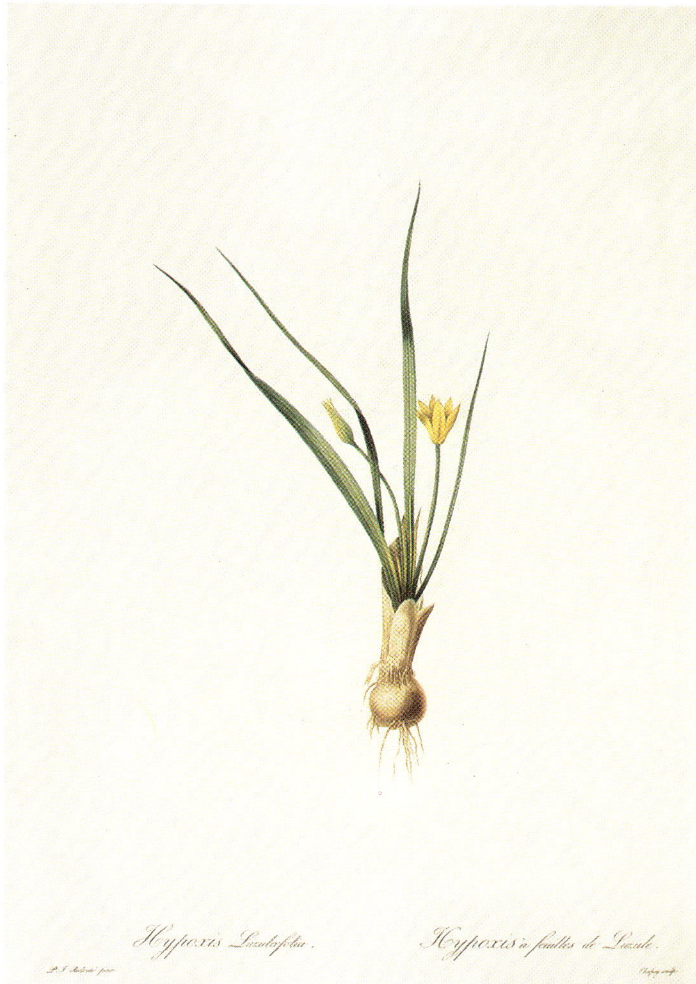

260

***Streptopus amplexifolius* (L.) DC. in Lam. 1805**
(Convallariaceae)
(= *Uvularia amplexifolia* L. 1753)

European Twisted-Stalk | *Streptope embrassant
Europäischer Knotenfuß

Central and south Europe and in temperate Asia and North America.

***Empodium plicatum* (Thunb.) Salisb. ex Garside 1950**
(Hypoxidaceae)
(= *Fabricia plicata* Thunb. 1779)

Autumn Star | *Hypoxis à feuilles de luzule | Knotenfuß

Southern South Africa (Western and Eastern Cape and radiating to the Northern Cape).

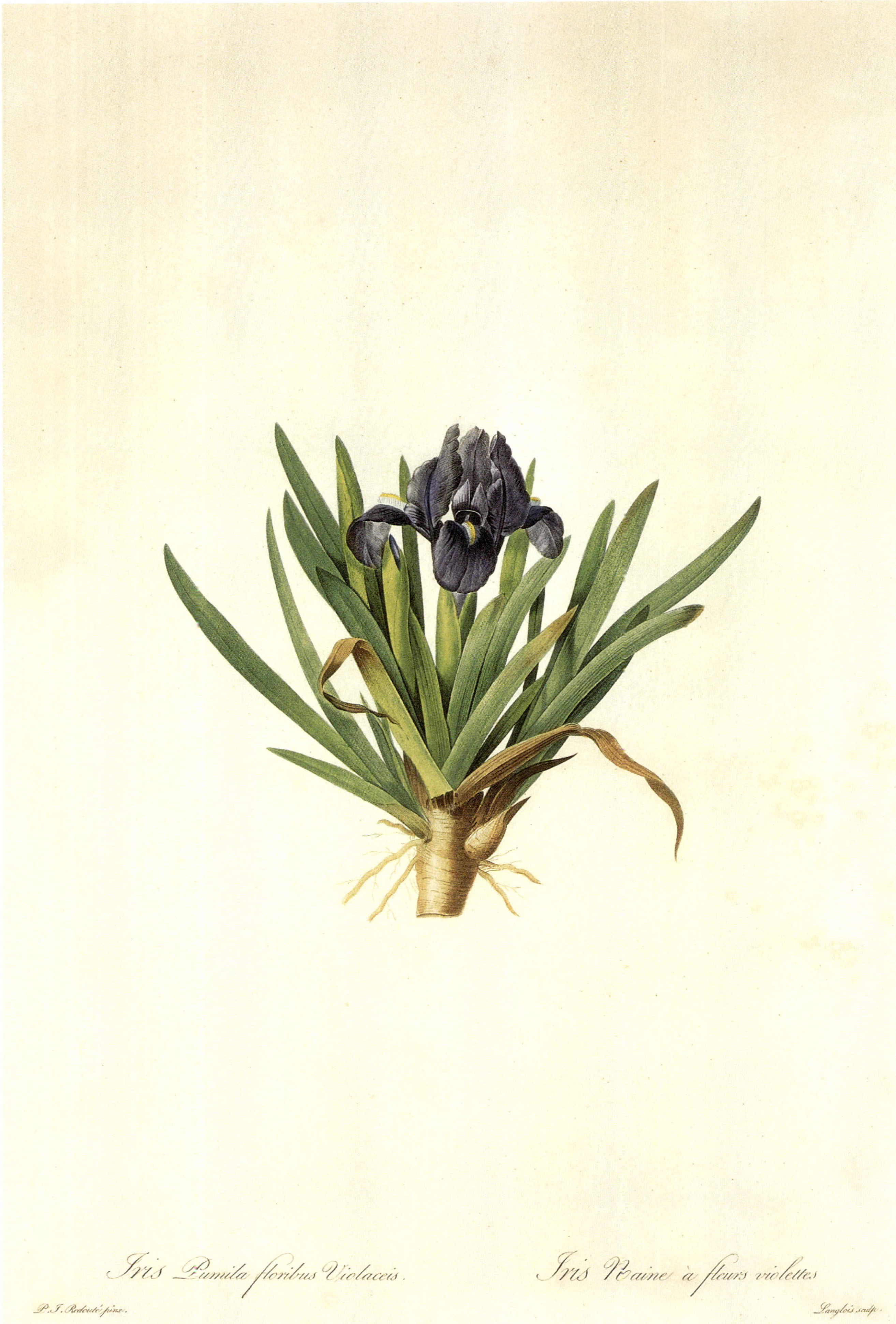

261

***Iris pumila* L. 1753 subsp. *pumila* (Iridaceae)**

Dwarf Bearded Iris | *Iris nain à fleurs violettes | Zwerg-Schwertlilie

Southeastern Europe (Czech Republic, Slovakia, Austria, Balkan Peninsula and Russia).

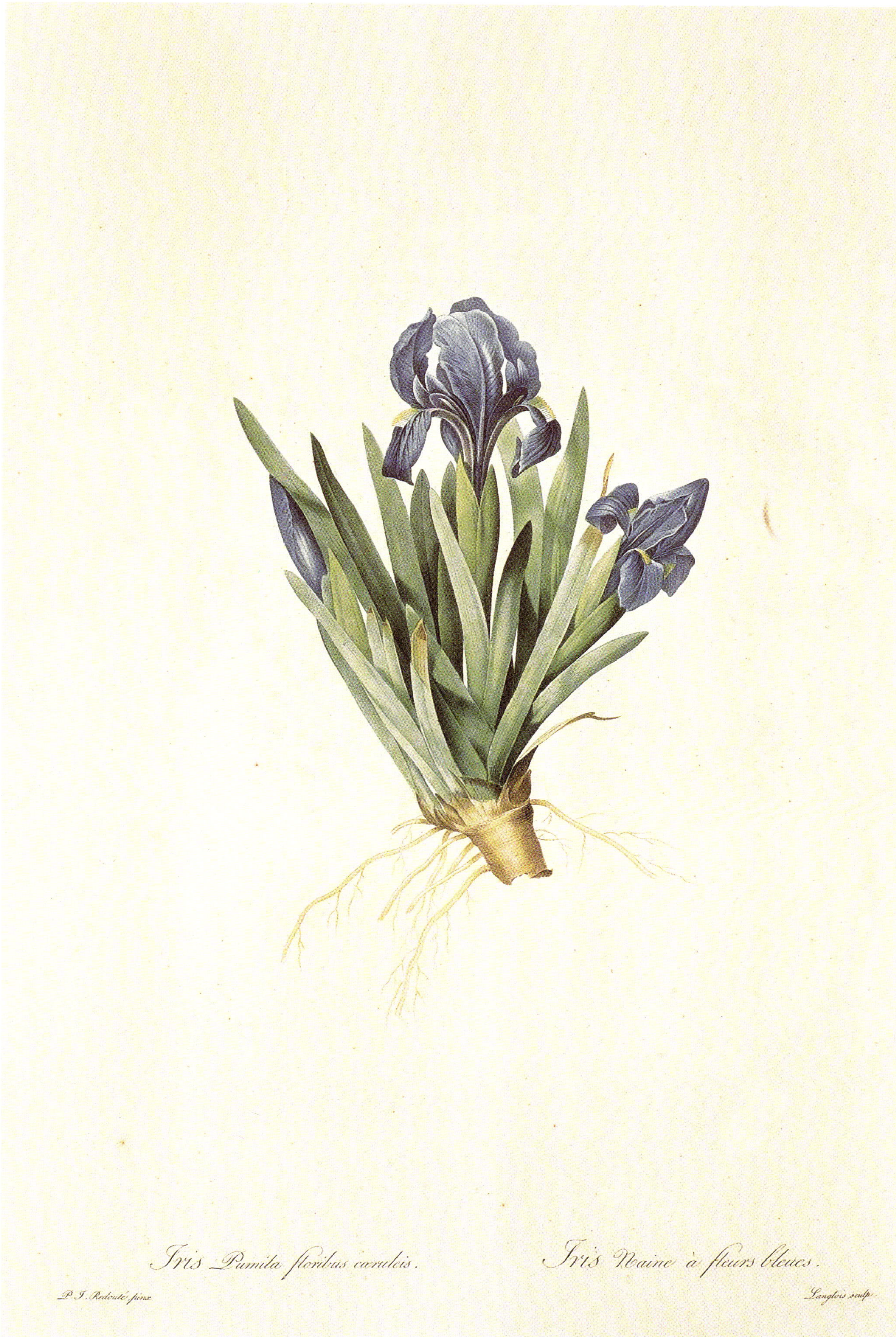

262

****Iris pumila* L. 1753 subsp. *pumila* (Iridaceae)**

Dwarf Bearded Iris | *Iris nain à fleurs bleues | Zwerg-Schwertlilie

Southeastern Europe (Czech Republic, Slovakia, Austria, Balkan Peninsula and Russia).

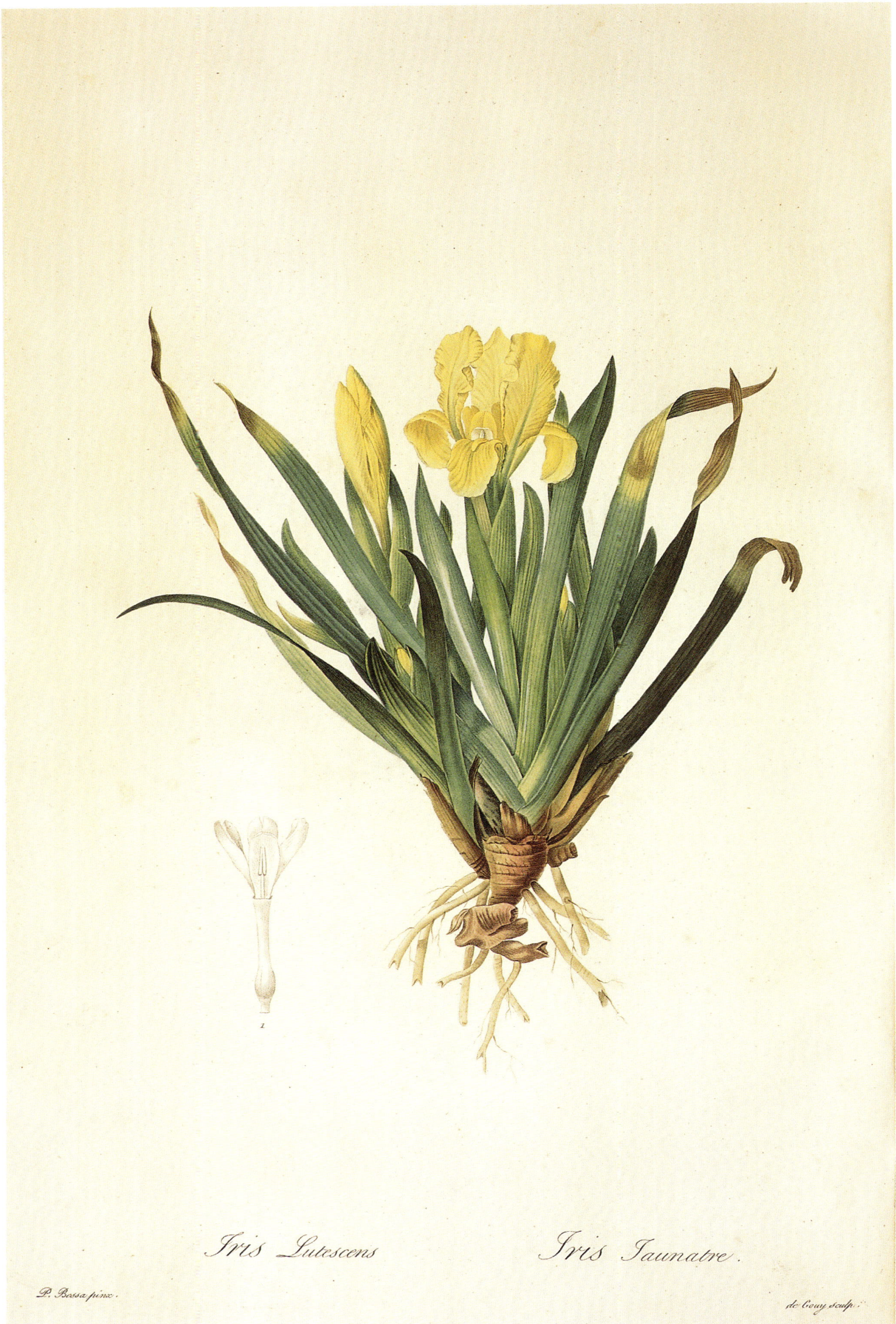

263

Iris lutescens Lam. 1789 (Iridaceae)

Dwarf Iris | *Iris jaunâtre | Zwerg-Schwertlilie

Mediterranean region of Europe (from Portugal to Italy, absent from the large Mediterranean islands). See pl. 295.

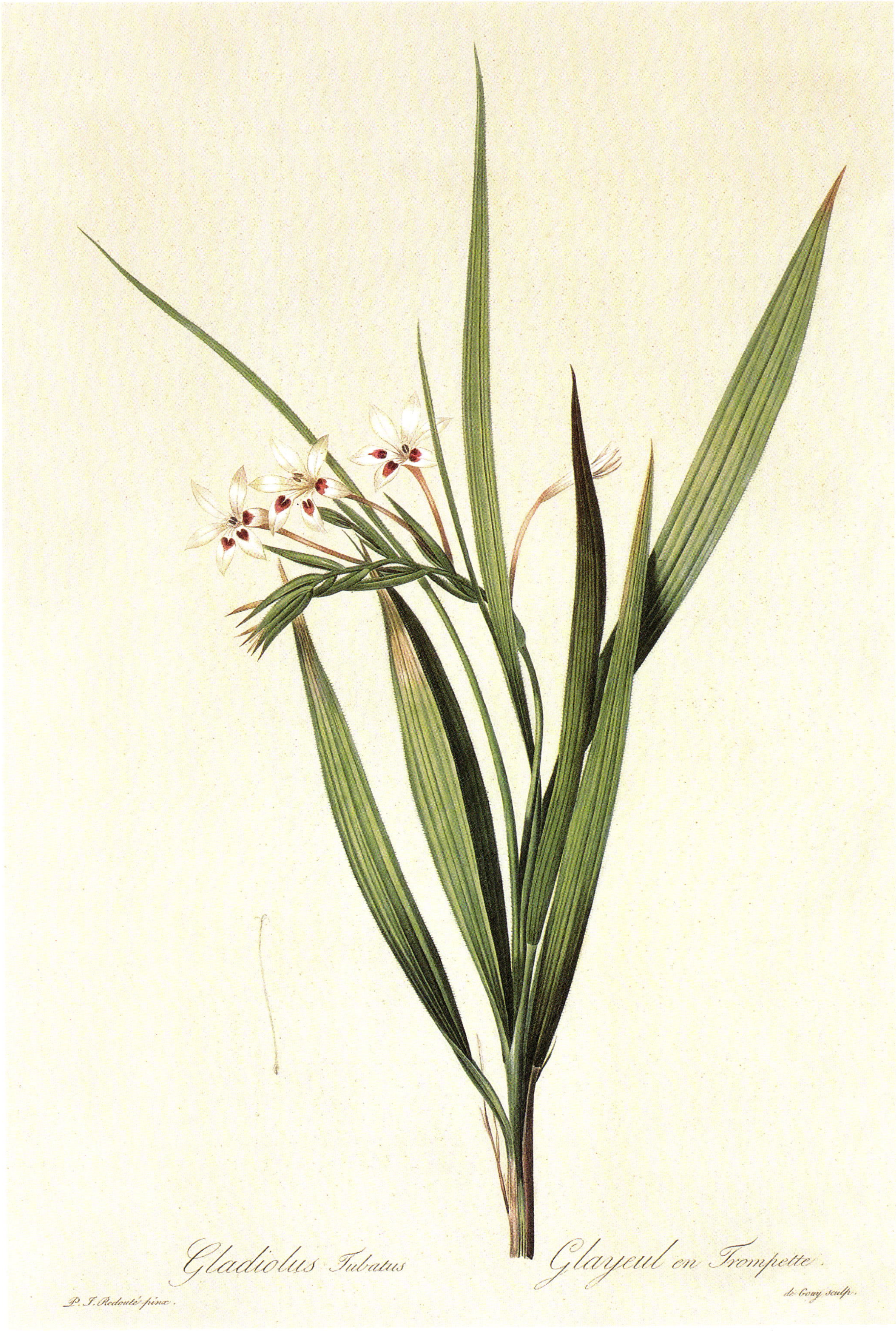

264

Babiana tubulosa (Burm.f.) Ker Gawl. 1827 var. _tubulosa_ (Iridaceae)

Long-tubed Baboon-Potato | *Glaïeul en trompette | Langröhrige Babiana

South Africa (Western Cape, coastal areas near Hopefield and Malmesbury; *Babiana tubulosa* var. *tubulosa* is more restricted than var. *tubiflora*, see pl. 44, 364).

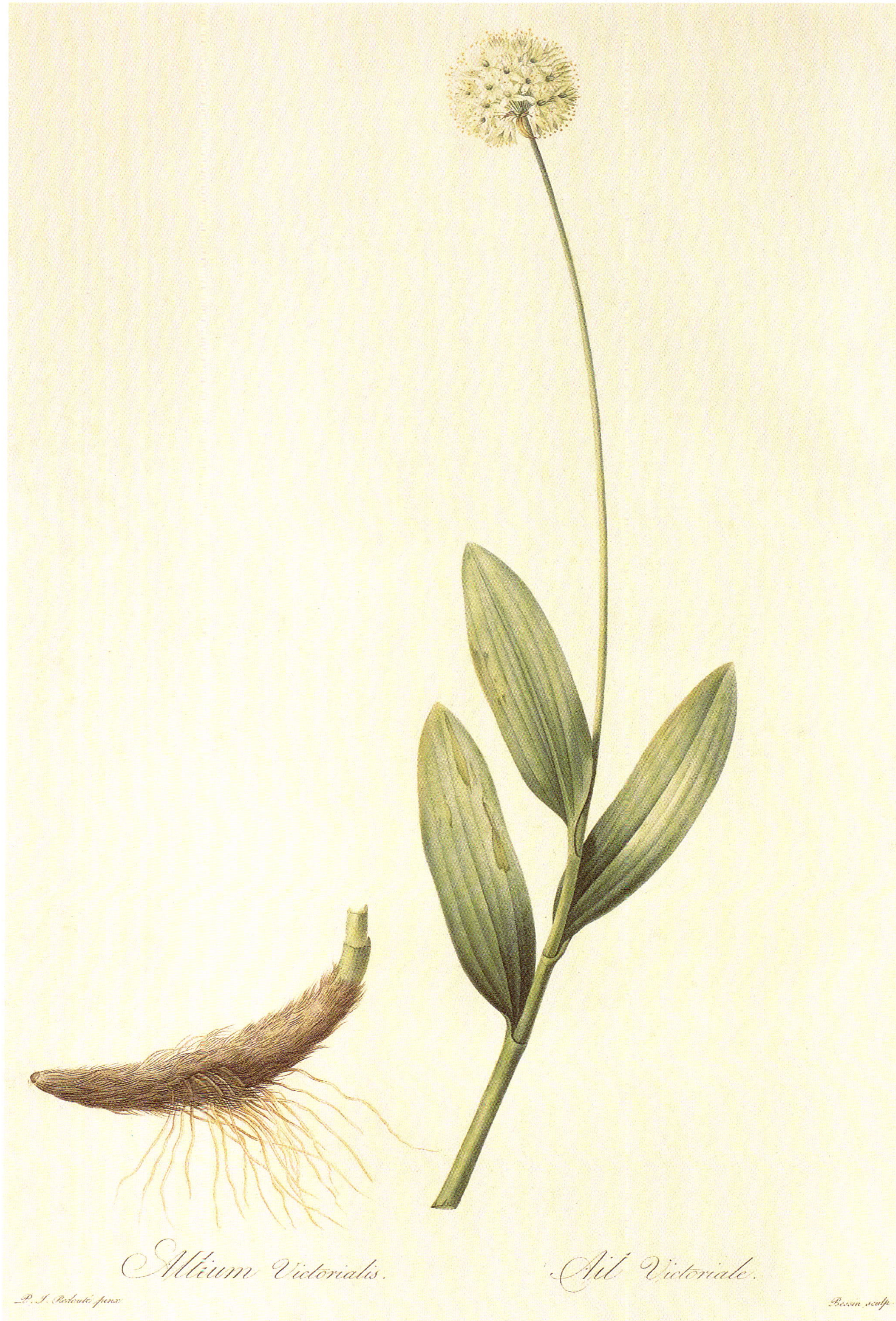

265

**Allium victorialis* L. 1753 (Alliaceae)

Alpine Leek | *Ail victorial | Allermannsharnisch

Circumboreal: Mountains of central and south Europe (from central Spain and the Vosges to the Ural),
and with gaps through north Asia to Japan and along the Himalaya chain, reaching North America on the islands belonging to Alaska.

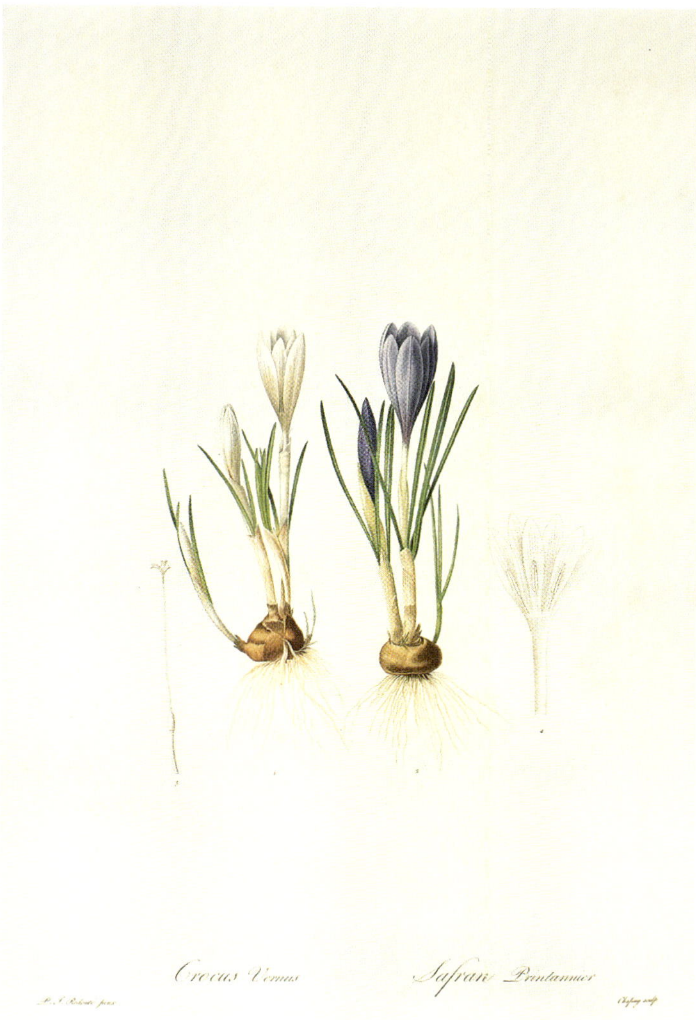

266

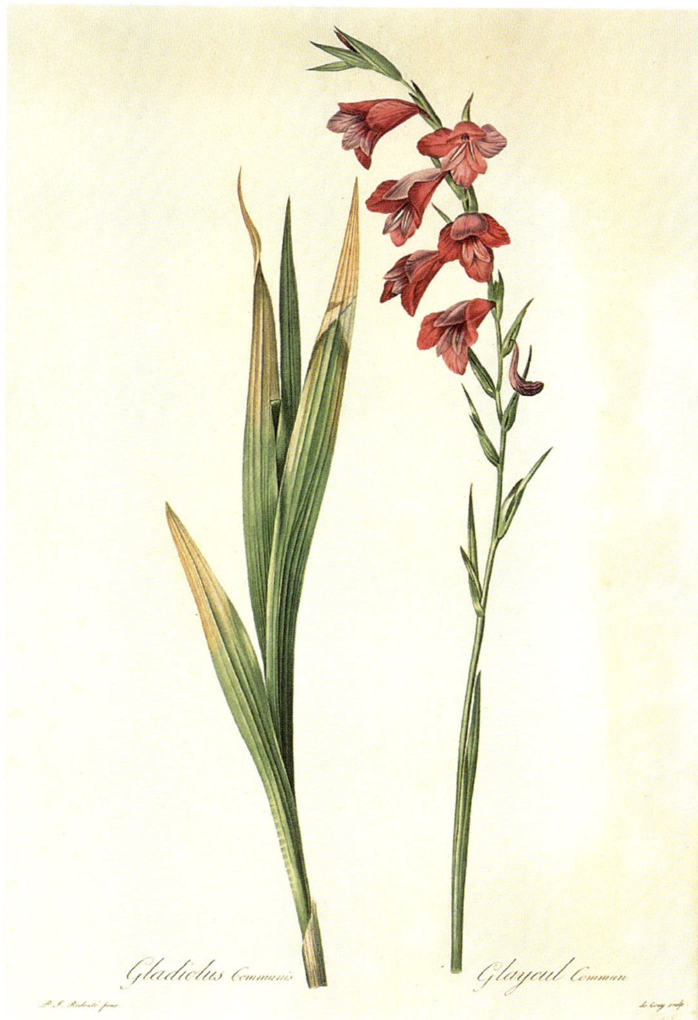

267

**Crocus vernus* (L.) Hill 1765 (Iridaceae)

Spring Crocus | *Safran printanier | Frühlings-Krokus

Mountain of south and central Europe (Pyrenees, Jura, Alps, Sicily). *Curcuma* and *Crocus* are old plant names with a common linguistic root in the semitic *karkom*, originally meaning *Crocus*.

**Gladiolus communis* L. 1753 (Iridaceae)

Common Gladiolus | *Glaïeul commun | Garten-Siegwurz

South Europe (from Spain to Greece and south Russia).

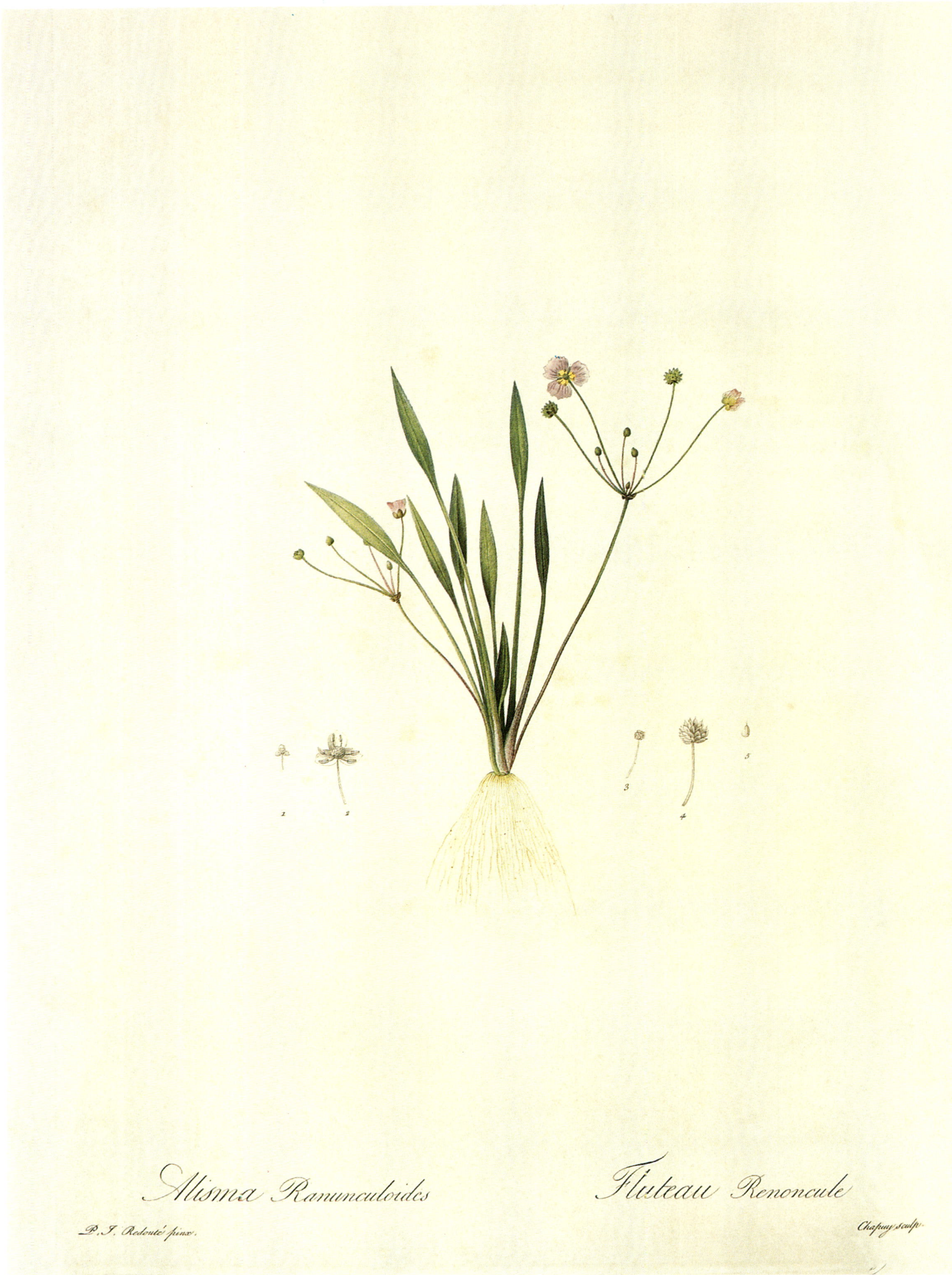

268

Baldellia ranunculoides (L.) Parl. 1854 (Alismataceae)

Lesser Water Plantain | *Fluteau renoncule | Gewöhnlicher Igelschlauch

Most of Europe, northwest Africa, and Canary Islands. Named for the Italian politician Marchese Bartolomeo Bartilini-Baldelli.

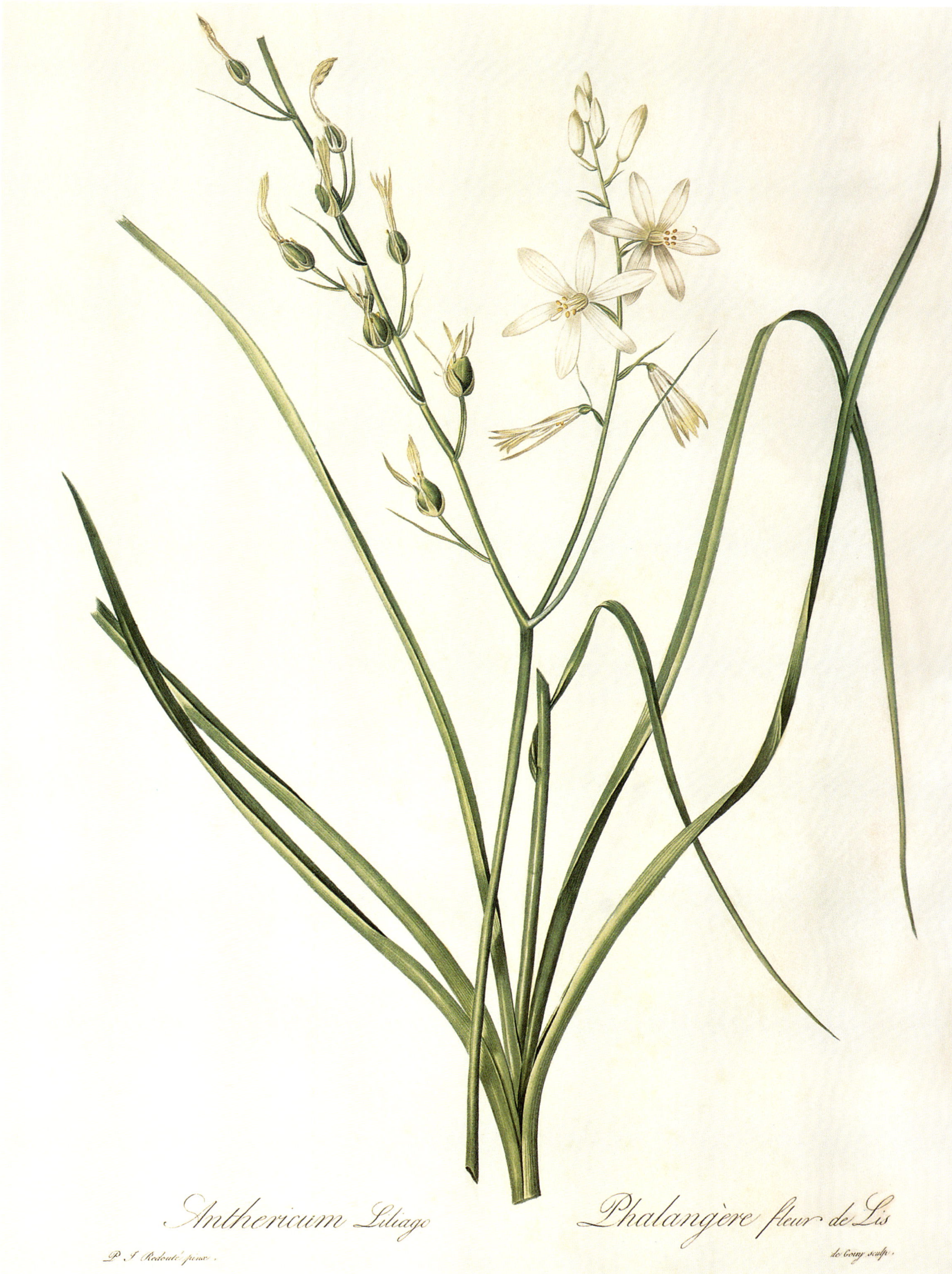

269

****Anthericum liliago* L. 1753 (Anthericaceae)**

St. Bernard's Lily | *Phalangère fleur de lis | Astlose Graslilie

Most of Europe, Asia Minor, north Africa (from Morocco to Tunesia). *Anthericum* derived from the ancient Greek plant name *anthericos* (handed down by Theophrastos), meaning either a blade of grass or a bulbous plant.

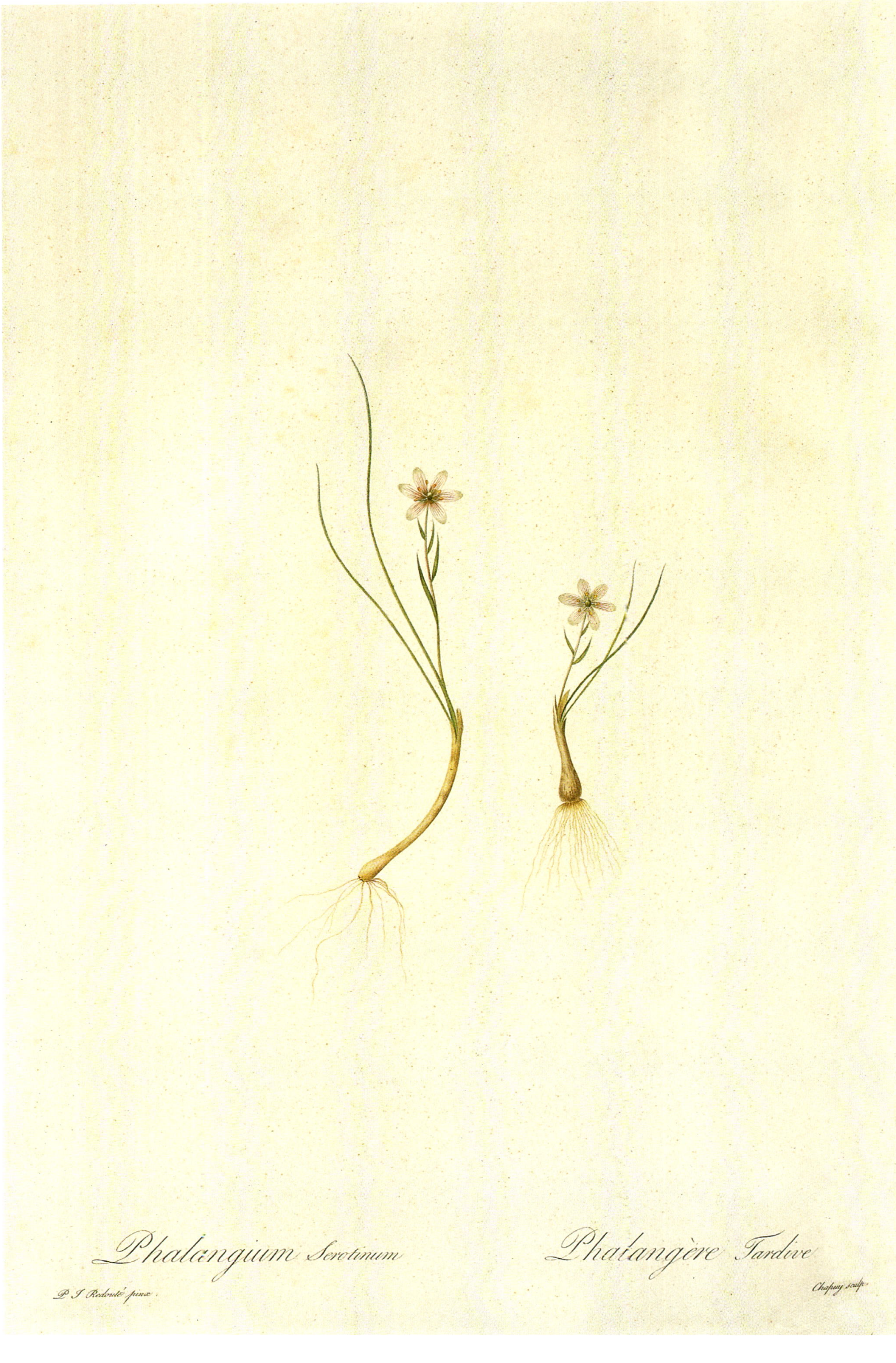

270

Lloydia serotina (L.) Rchb. 1830 (Liliaceae)

(= *Bulbocodium serotinum* L. 1753)

Snowdon Lily | *Phalangère tardive | Faltenlilie

Circumboreal: mountains of central and northwest Europe (Scotland, Alps, Carpathians) and of west and north Asia (Caucasus, Siberia, Altai), North America (British Columbia, Rocky Mountains). Named for the British Botanist Edward Lloyd (1670–1709).

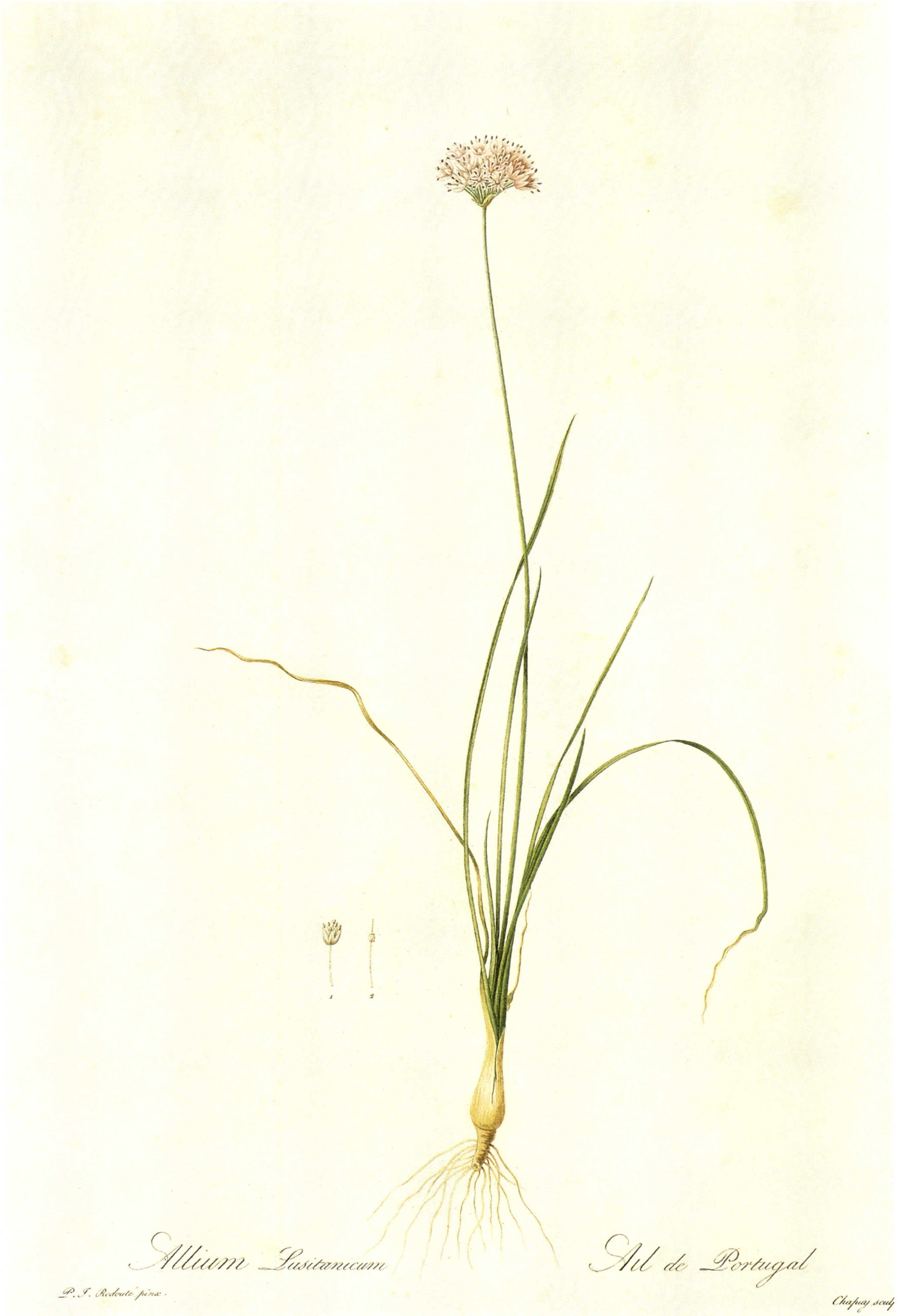

271

Allium senescens L. 1753 (Alliaceae)

Mountain Garlic | *Ail de Portugal | Berg-Lauch

Much of Europe and southern Siberia, Mongolia.

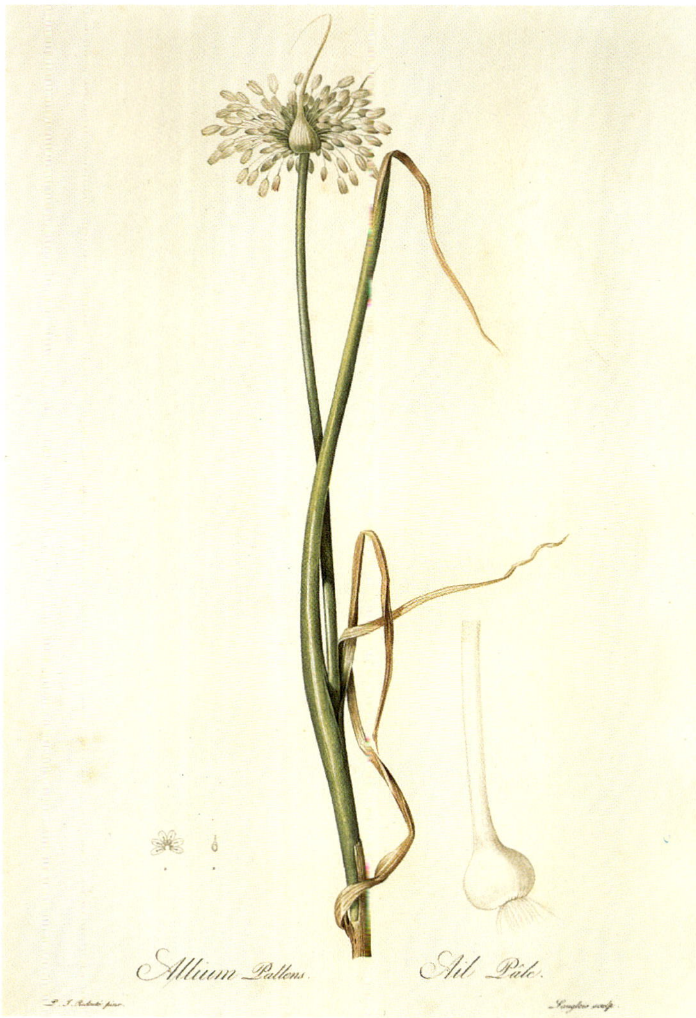

272

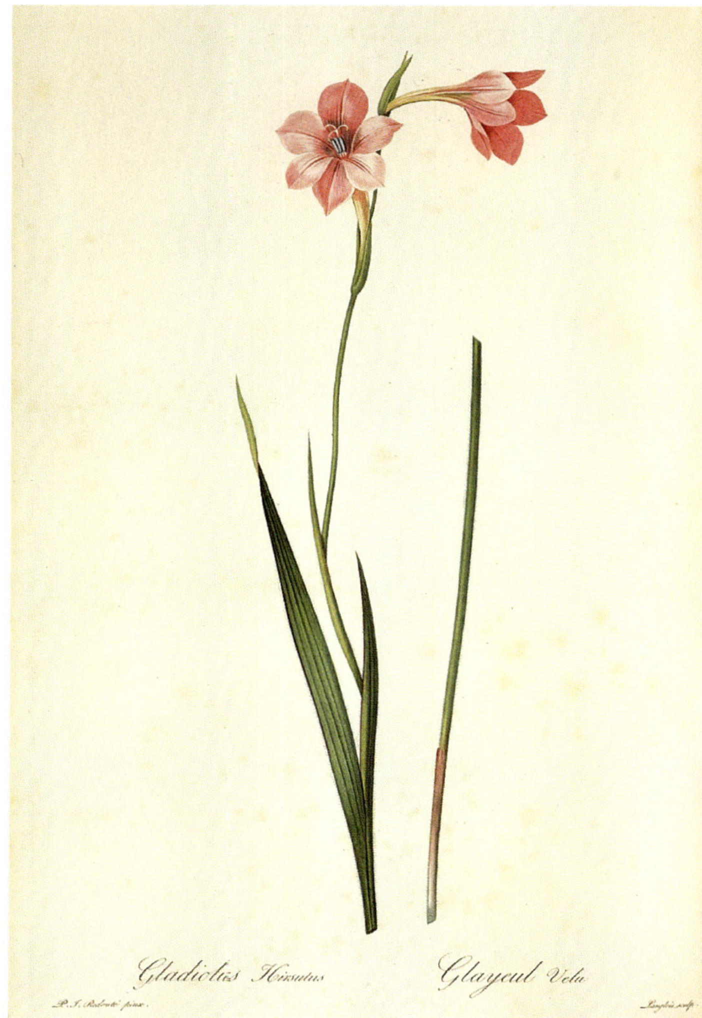

273

Allium pallens L. 1762
(Alliaceae)

Pale Garlic | **Ail pâle* | Blasser Lauch

Southern Europe (Portugal to European Turkey), northern Africa (from Morocco to Libya), and western Asia (Israel).

Gladiolus caryophyllaceus (Burm.f.) Poir. in Lam. 1811
(Iridaceae)

Carnation Swordlet | **Glaïeul velu* | Nelken-Siegwurz

Winter rainfall South Africa (Western Cape from Malmesbury to Nieuwoudtville, very slightly extending into the Northern Cape).

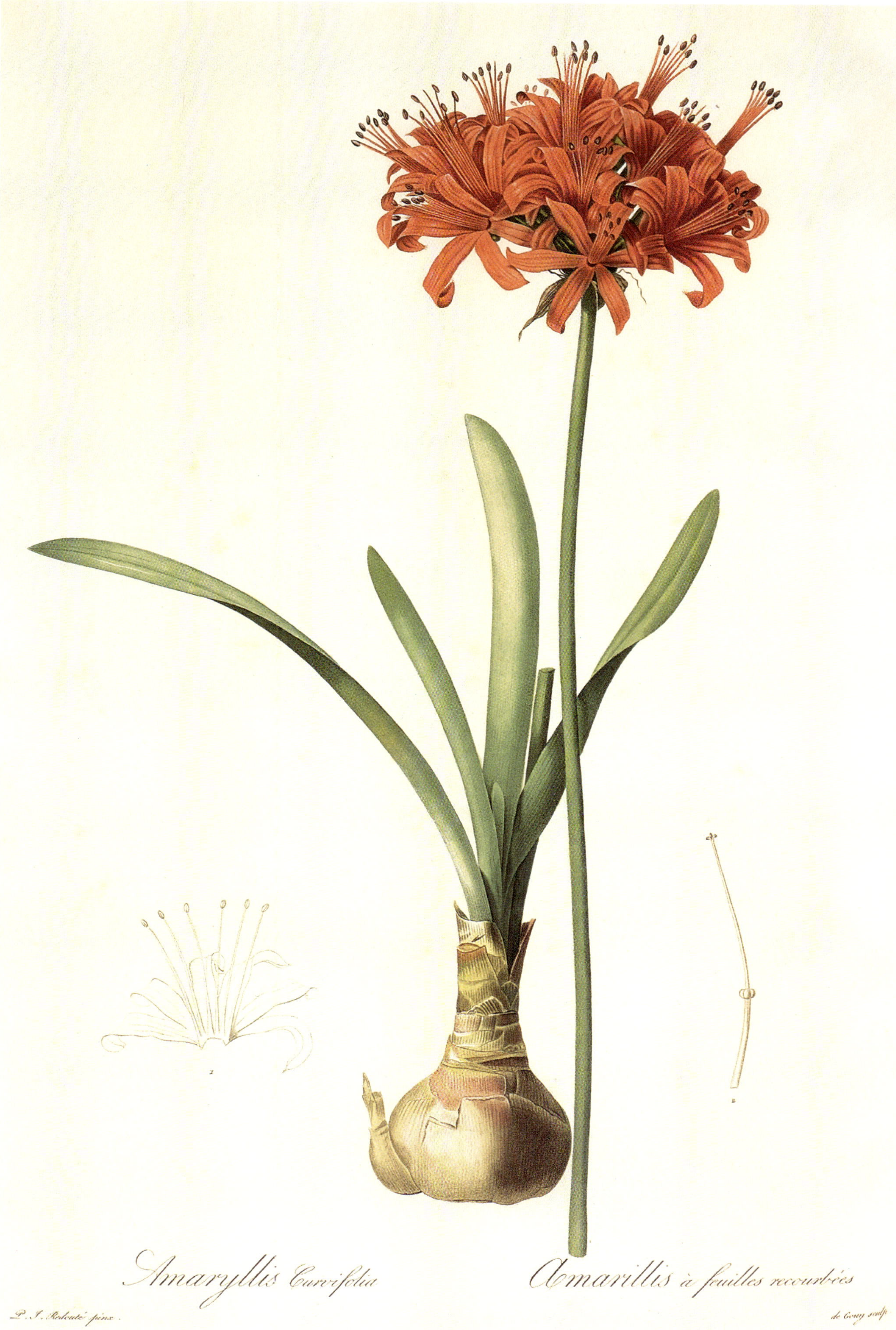

274

Nerine sarniensis (L.) Herb. 1821 var. *curvifolia* (Jacq.) Traub 1967 (Amaryllidaceae)

Guernsey Lily | *Amaryllis à feuilles recourbées | Krummblättrige Varietät der Guernseylilie

Winter rainfall South Africa (Western Cape: from Clanwilliam in the north to Caledon in the southeast). The generic name is probably a rare form of *nereïde*, nymph of the Mediterranen Sea, 'Guernsey' originates from a ship wreckage; the first plants of this species were found growing on the Channel island of Guernsey. See pl. 33.

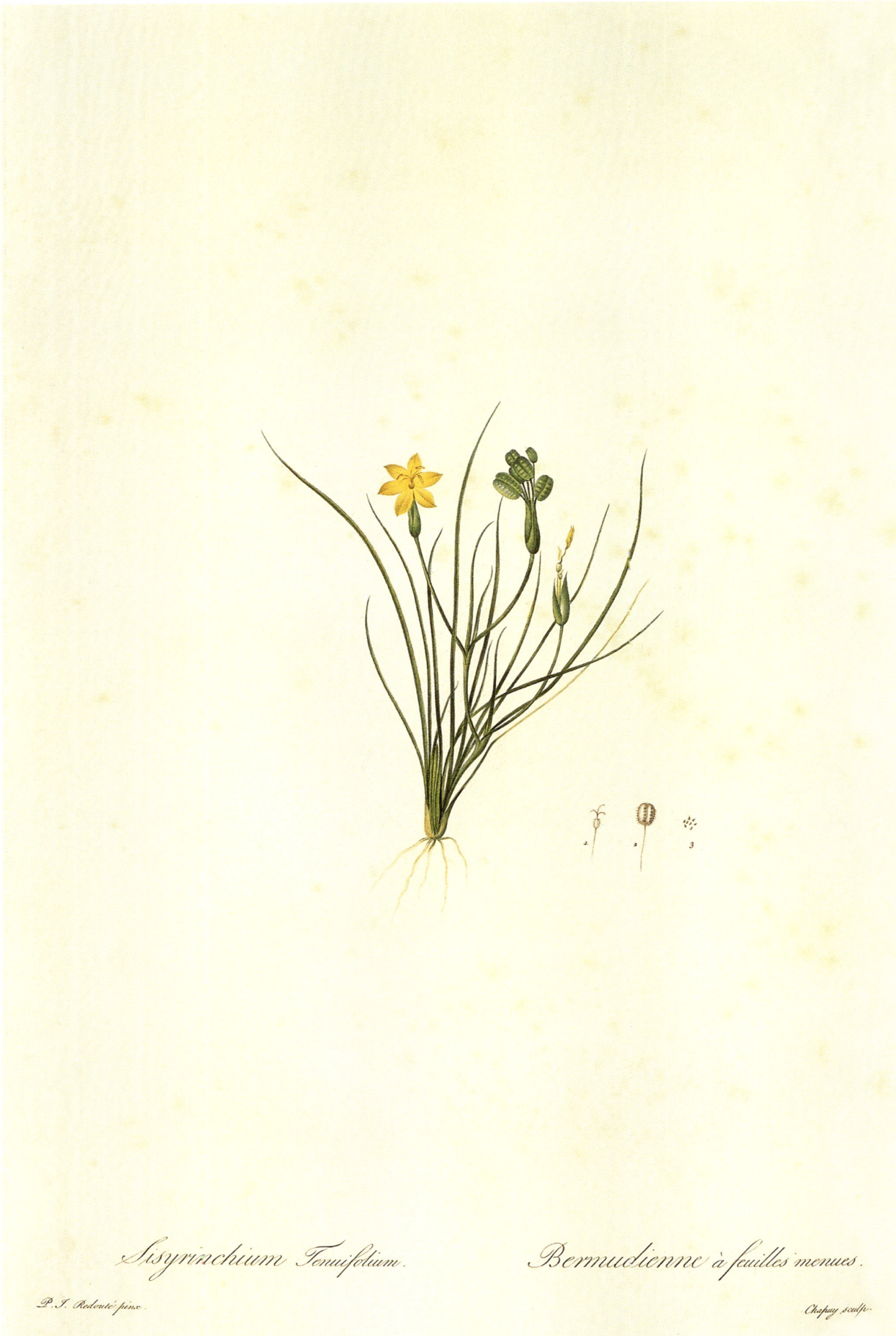

275

******Sisyrinchium tenuifolium*** **(L.) Willd. 1809 (Iridaceae)**

Slender-leaved Blue-eyed-Grass | *Bermudienne à feuilles menues | Zartblättrige Binsenlilie

Central America (Mexico)

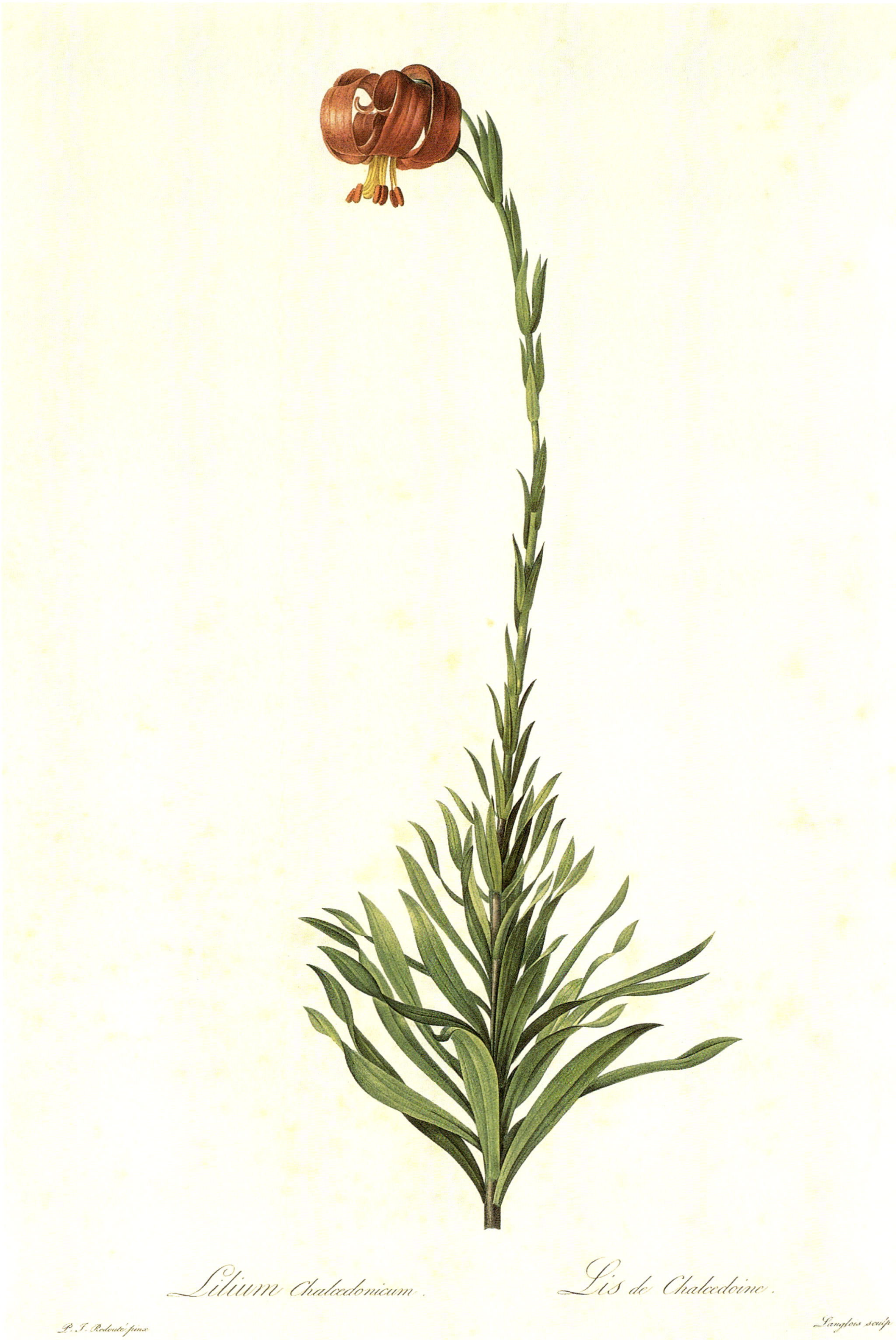

276

***Lilium chalcedonicum* L. 1753 (Liliaceae)**

Red Turk's Cap | *Lis de Chalcédoine | Rote Griechische Lilie

Southern central Europe (south and west Greece and south Albania).

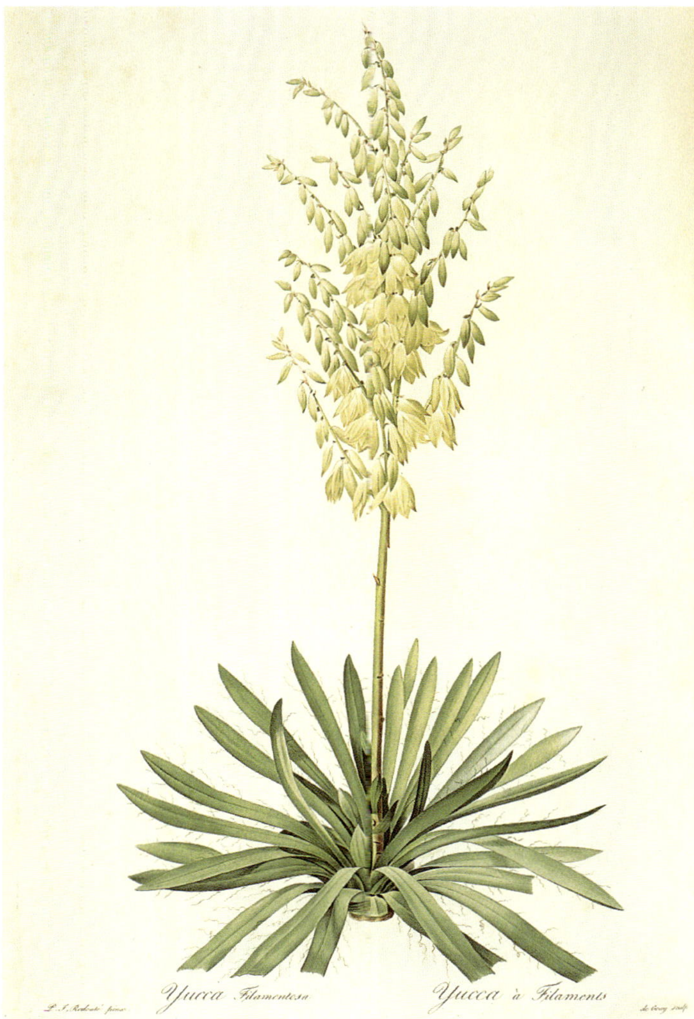

277

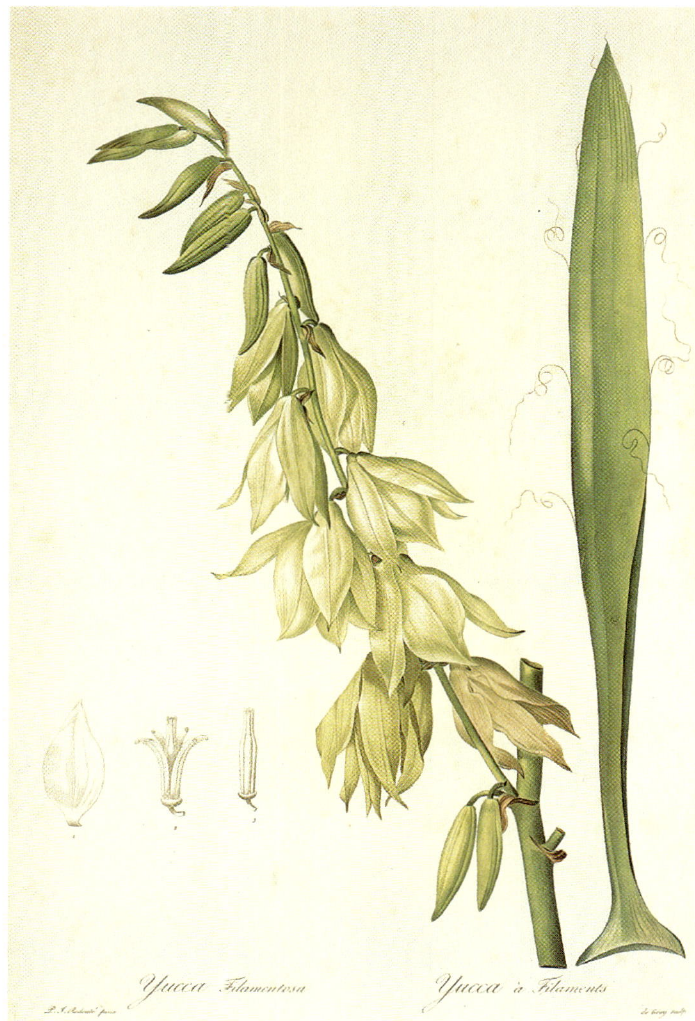

278

***Yucca filamentosa L. 1753 (Agavaceae)**
Adam's Needle | *Yucca à filaments | Filament-Palmenlilie

Atlantic North America (New Jersey to Mississippi).
Named by Linnaeus after a plant named in Peru or in the West Indies for manihot or cassava.

***Yucca filamentosa L. 1753 (Agavaceae)**
Adam's Needle | *Yucca à filaments | Filament-Palmenlilie

Atlantic North America (New Jersey to Mississippi).

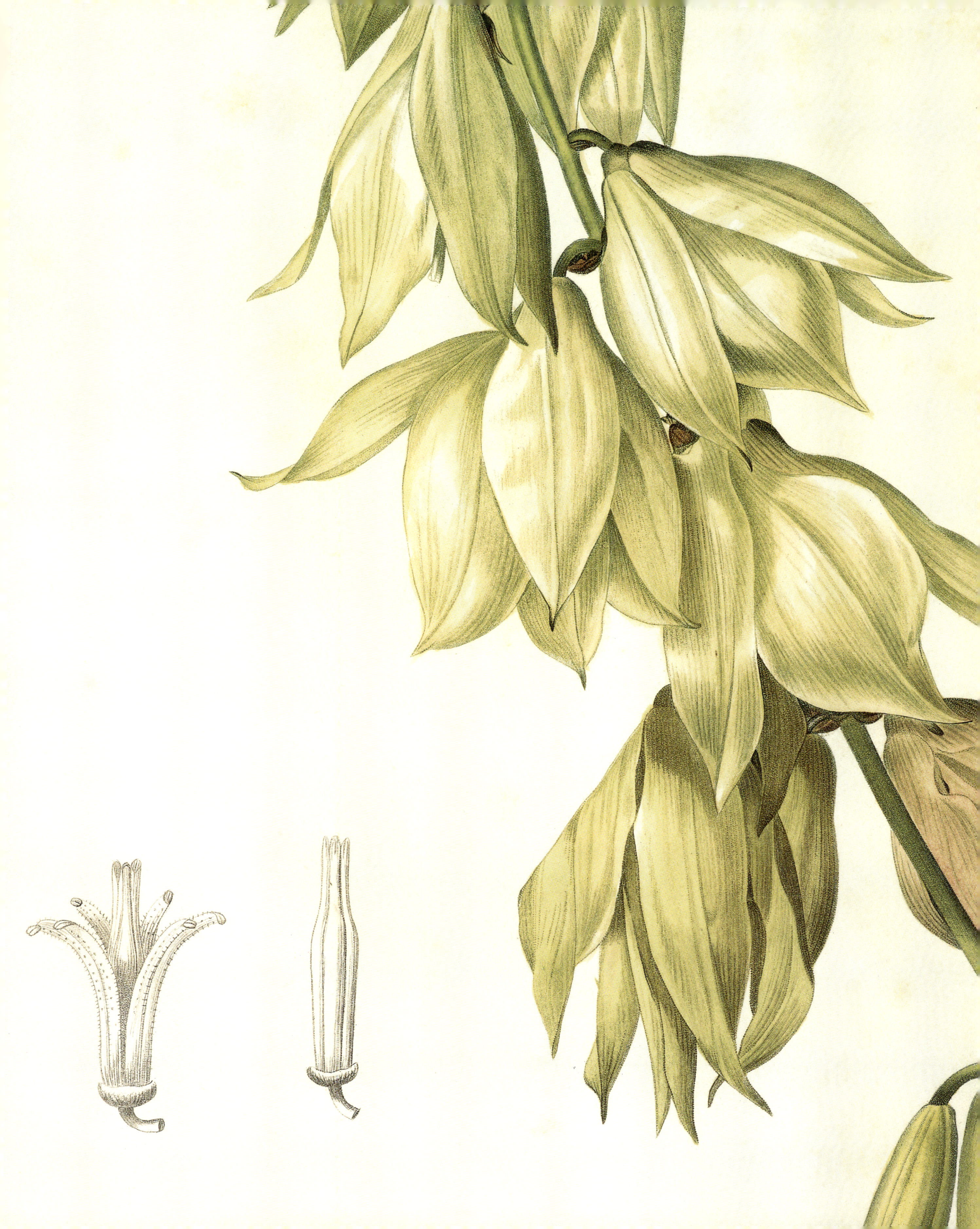

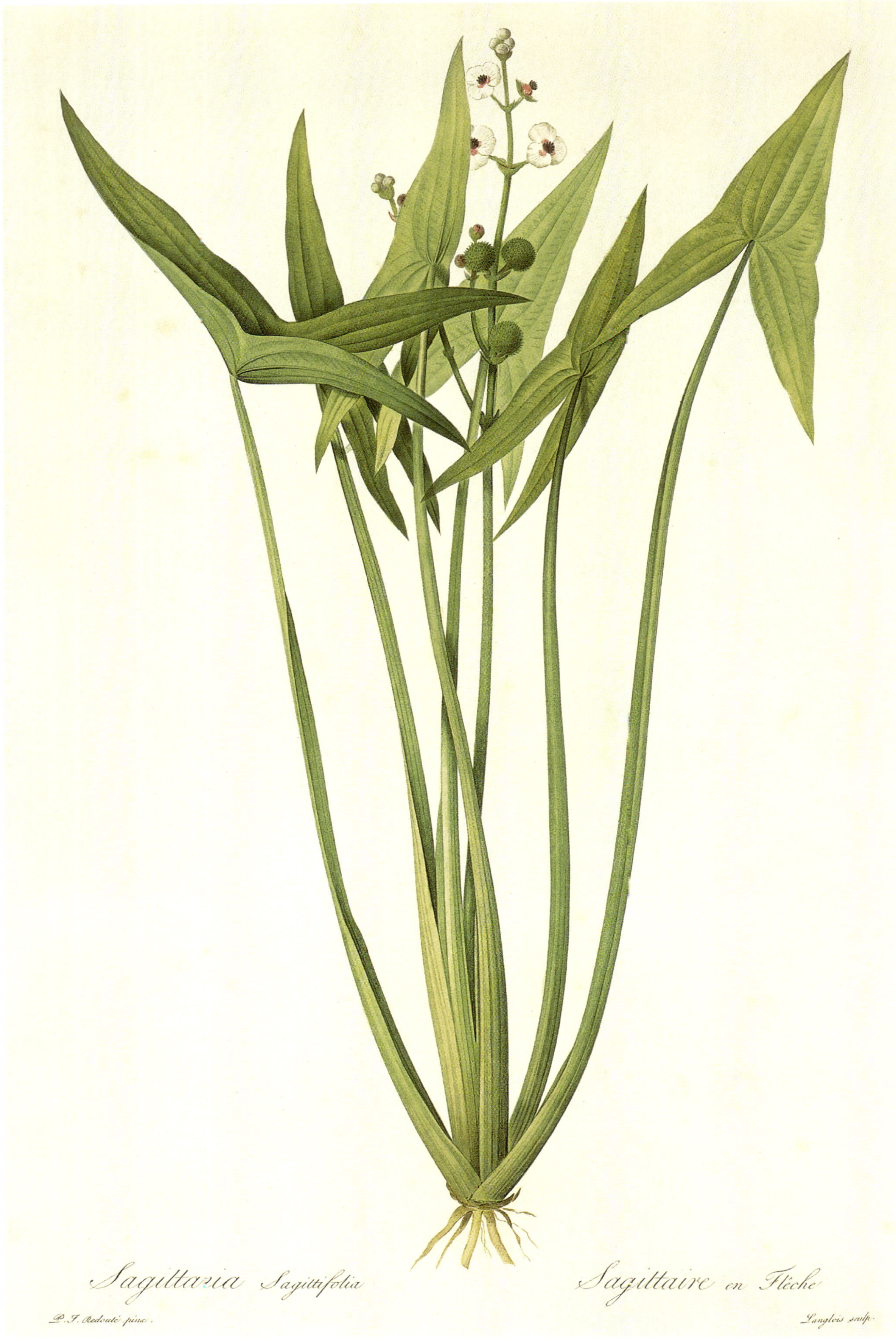

279

Sagittaria sagittifolia L. 1753 (Alismataceae)

Arrowhead | *Sagittaire en flèche | Gewöhnliches Pfeilkraut

Most of Europe (not on the islands), western, northern and eastern Asia.

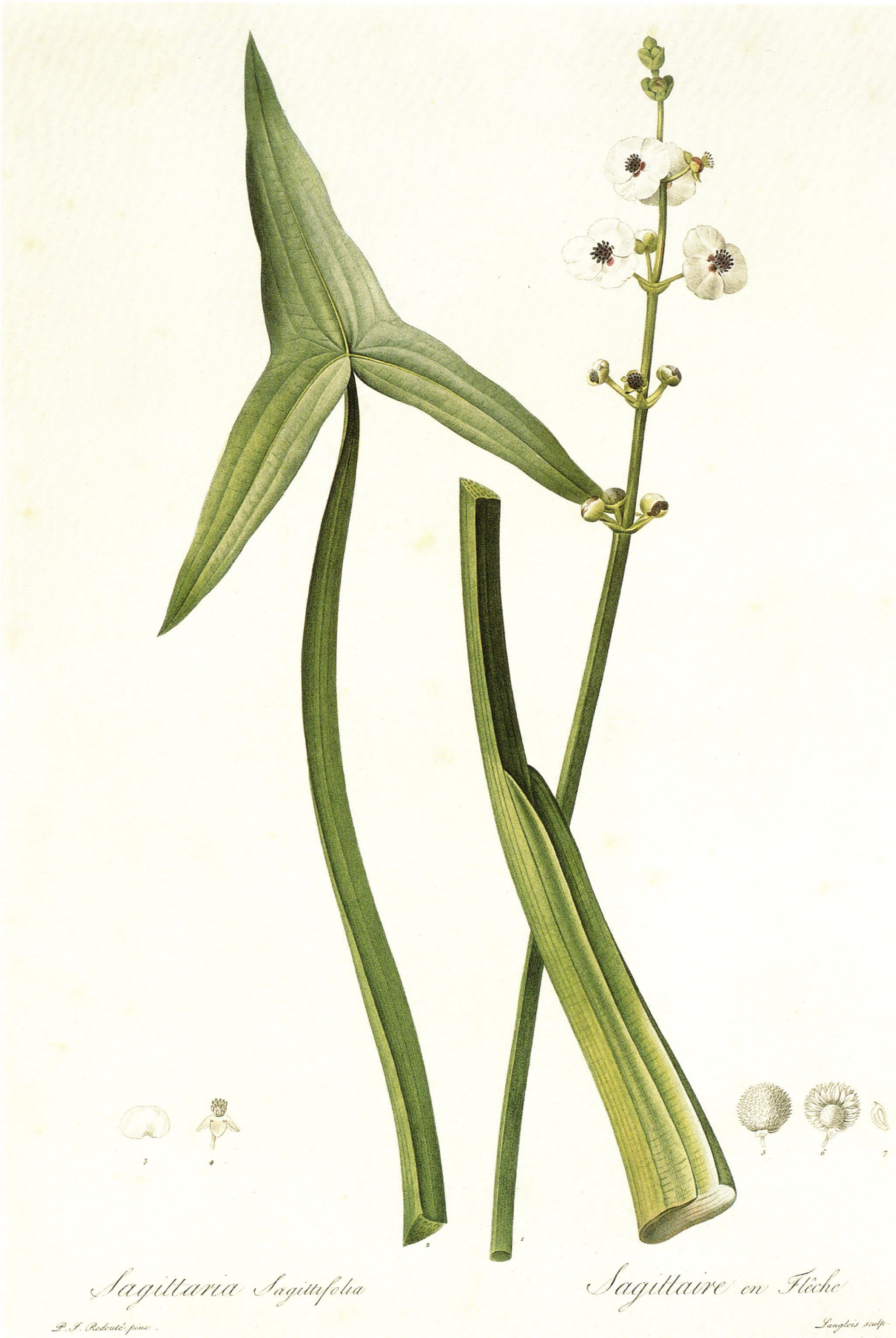

280

***Sagittaria sagittifolia* L. 1753 (Alismataceae)**

Arrowhead | *Sagittaire en flèche | Gewöhnliches Pfeilkraut

Most of Europe (not on the islands), western, northern and eastern Asia.

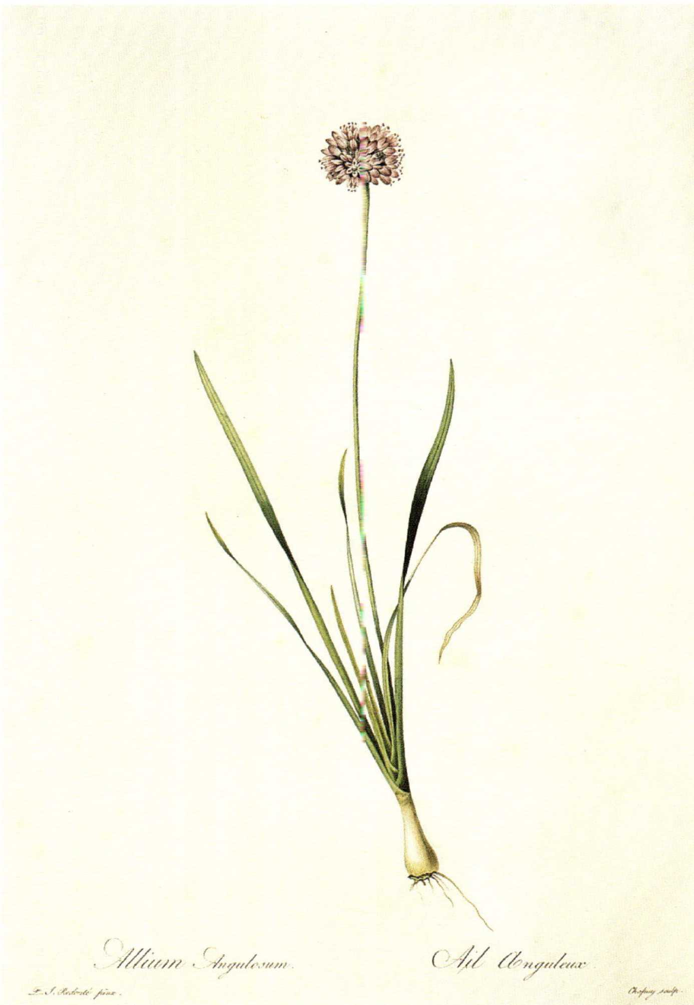

281

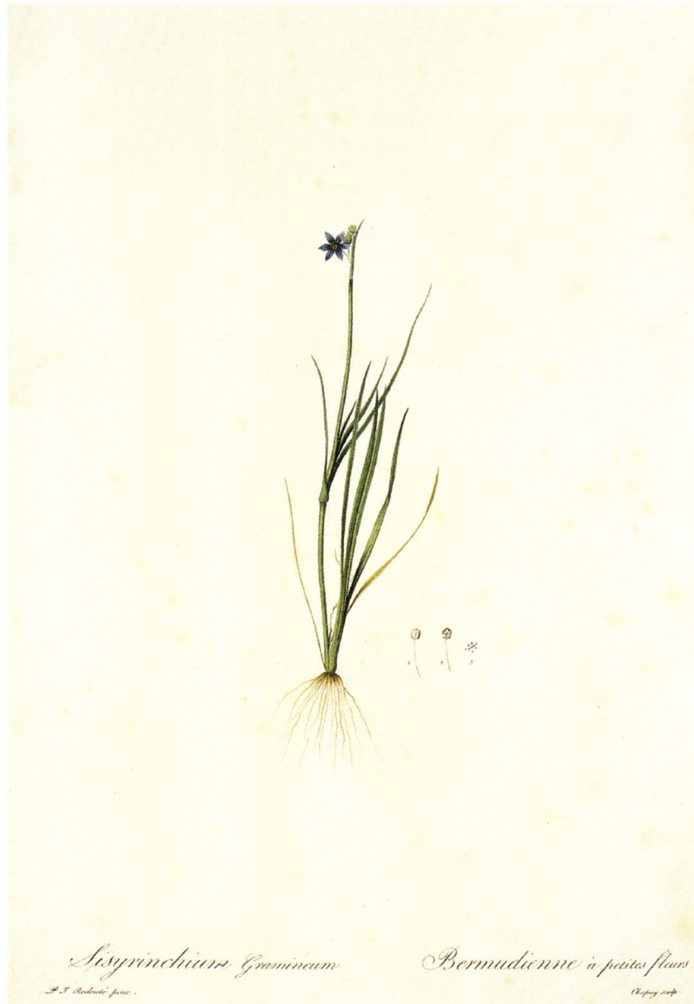

282

**Allium angulosum* L. 1753 (Alliaceae)
Angular Garlic | *Ail anguleux | Kanten-Lauch

Central and east Europe (from east France to Romania and Russia) to west Siberia.

Sisyrinchium angustifolium Mill. 1768 (Iridaceae)
Narrow-leaved Blue-eyed-Grass
*Bermudienne à petites fleurs | Schmalblättrige Binsenlilie

North America (Canada from Newfoundland to British Columbia, from northern USA to Texas and Florida in the south).

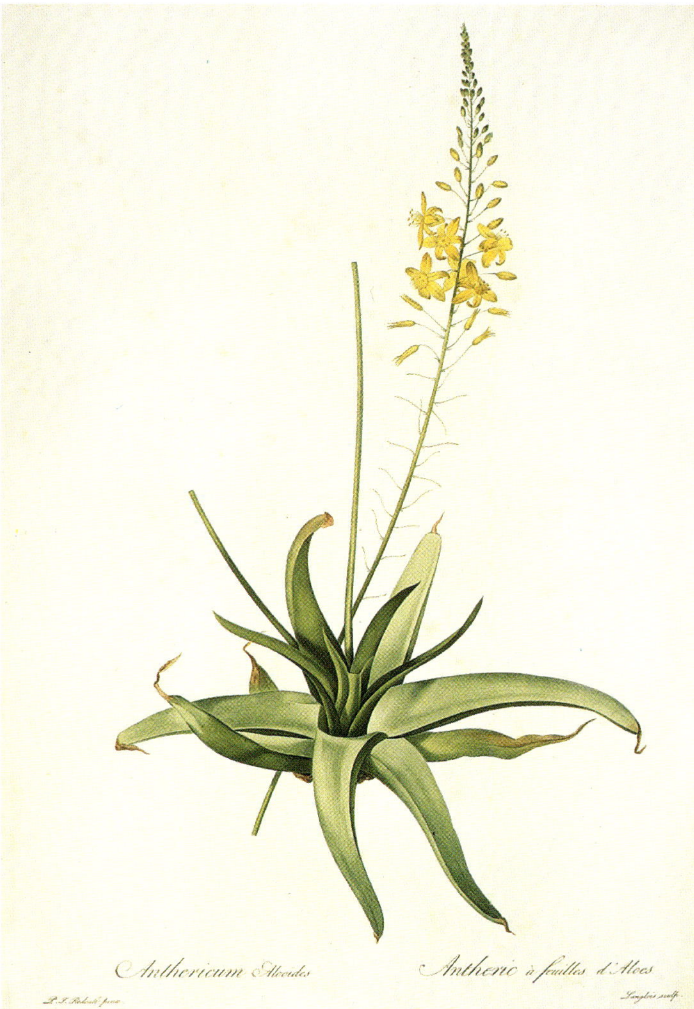

283

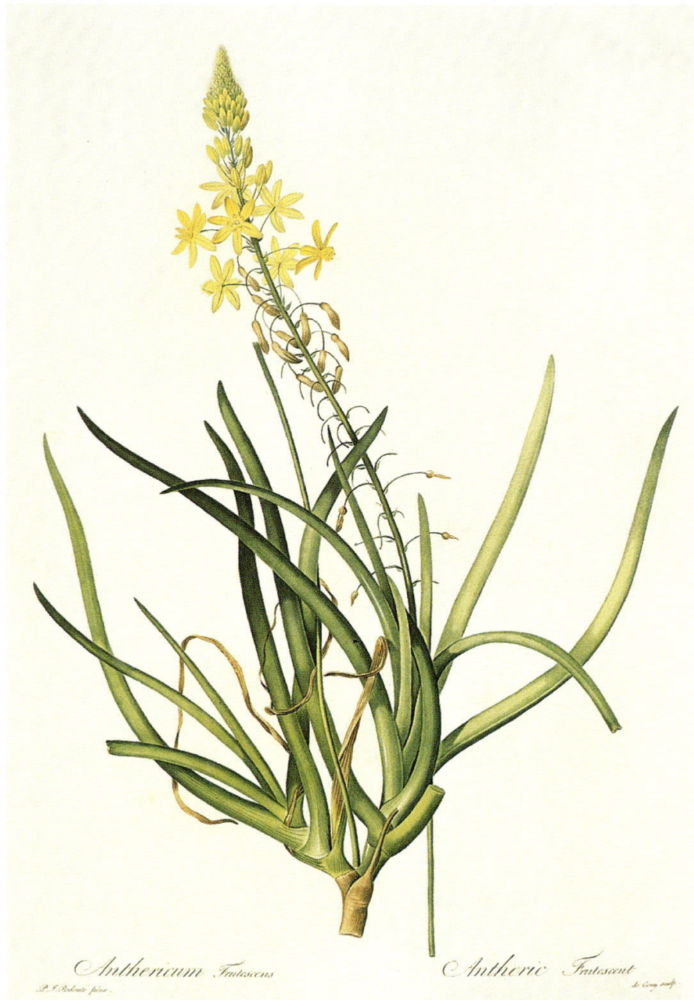

284

Bulbine alooides (L.) Willd. 1809 (Asphodelaceae)

Leek Lily | *Anthéric à feuilles d'aloès | Aloeblättrige Bulbine

Mainly summer rainfall South Africa (Eastern Cape extending to Uniondale in the Western Cape). Originally the Latin word *bulbus* meant bulb and tuber, i.e. thickened vegetative organ. Only after Linnaeus the meaning was restricted to storing leaves = bulb as a term of morphology. In *Bulbine* there is no bulb but a tuber.

Bulbine frutescens (L.) Willd. 1809 (Asphodelaceae)

Snake Flower | *Anthéric frutescent | Strauchige Bulbine

Winter and summer rainfall South Africa (widespread in most of the new provinces), in Lesotho and Swaziland. Originally the Latin word *bulbus* means Bulb and tuber, i. e. thickened vegetative organ; in *Bulbine* there is no bulb but a tuber, see also pl. 283.

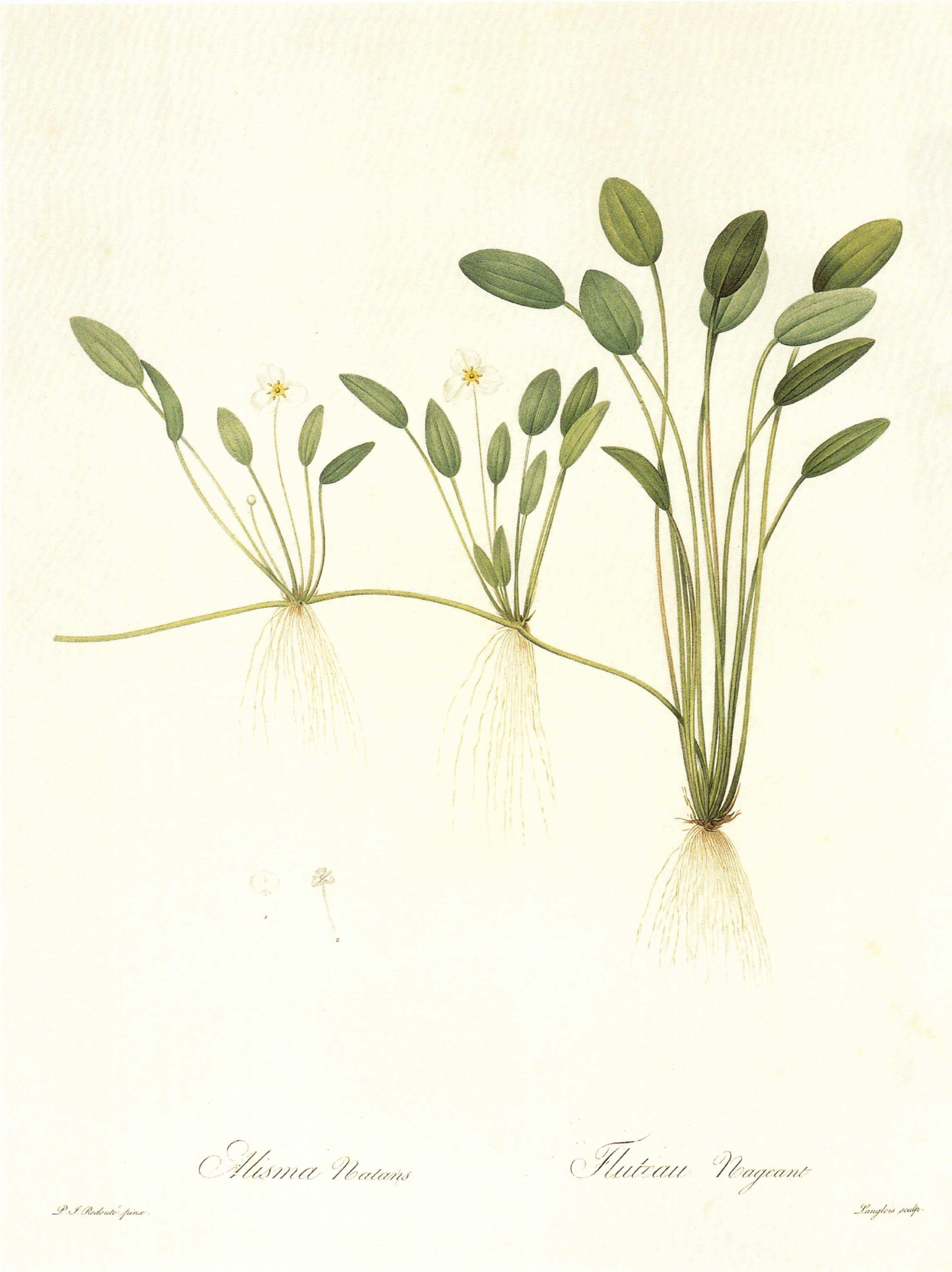

285

Luronium natans (L.) Raf. 1840 (Alismataceae)

Floating Water Plantain | *Fluteau nageant | Froschkraut, Schwimmlöffel

West and central Europe (from Spain to Great Britain in the west to Scandinavia, Germany, Poland, Russia, Romania (extinct), and Bulgaria in the east).
Name probably derived rom the Ancient Greque λυρα = lyre, compare the French name *Waterflute*.

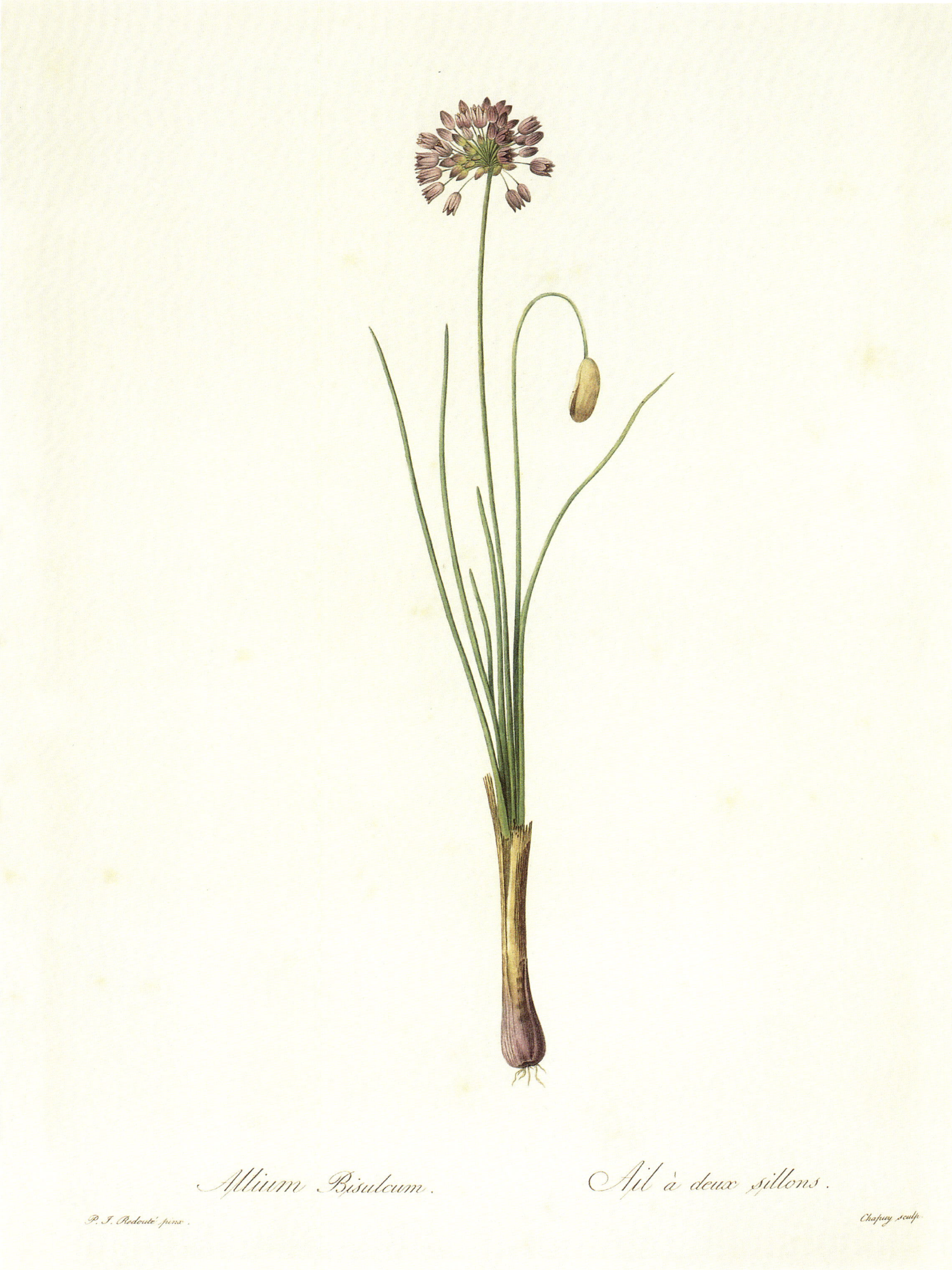

286

Allium stellerianum **Willd. 1799 (Alliaceae)**

Steller's Leek | *Ail à deux sillons | Stellers Lauch

Eastern European Russia and in Asia Siberia and Mongolia. Named by Willdenow for the German naturalist and traveller in Siberia, Georg Wilhelm Steller (1709–1746).

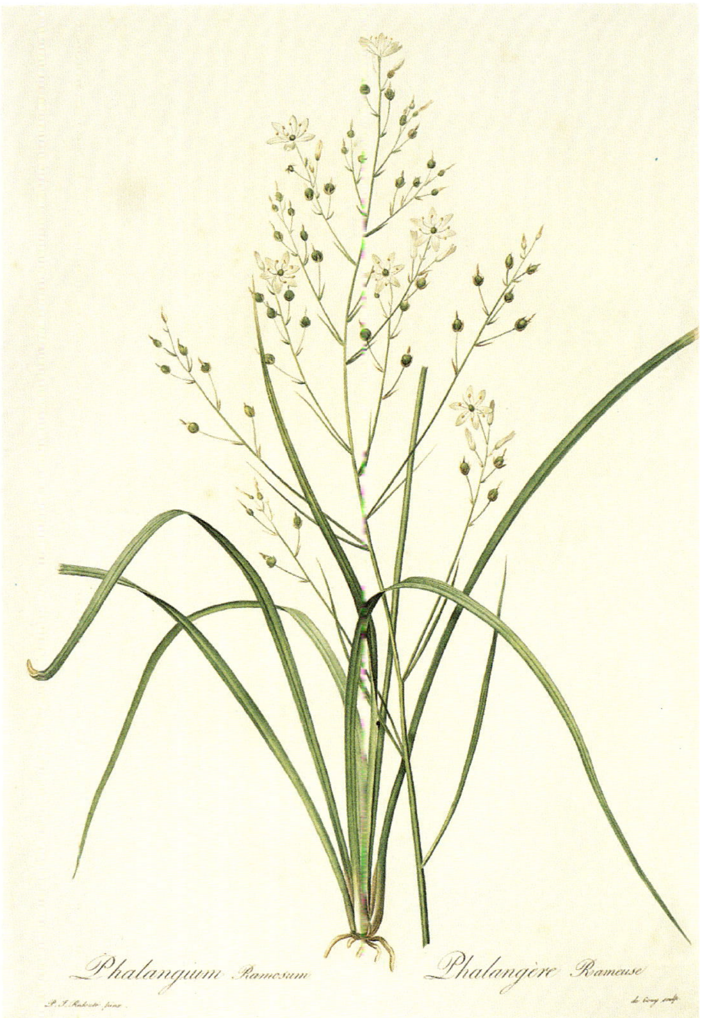

287

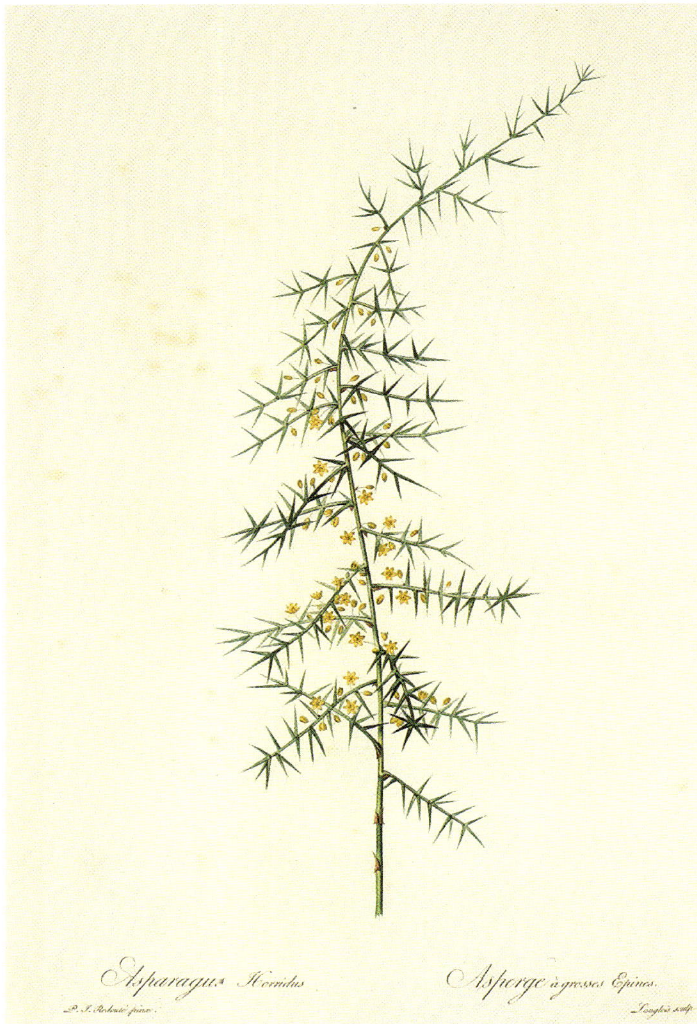

288

Anthericum ramosum L. 1753 (Anthericaceae)

Branched Anthericum | *Phalangère rameuse
Ästige Graslilie

Most of Europe, in Asia, Crimea and Caucasus. *Anthericum* derived from the Ancient Greek plant name anthericos (see also pl. 269).

Asparagus stipularis Forssk. 1775 (Asparagaceae)

Deterrent Asparagus | *Asperge à grosses épines
Nebenblatt-Spargel

Circummediterranean (in Europe from Portugal to Greece including most large islands; in north Africa from Morocco to Egypt; in West Asia in Lebanon and Palestine) extending to the Canary Islands. Name derived from the ancient Greek plant name asparagos for the same genus handed down by Theophrastos (370–285 BC).

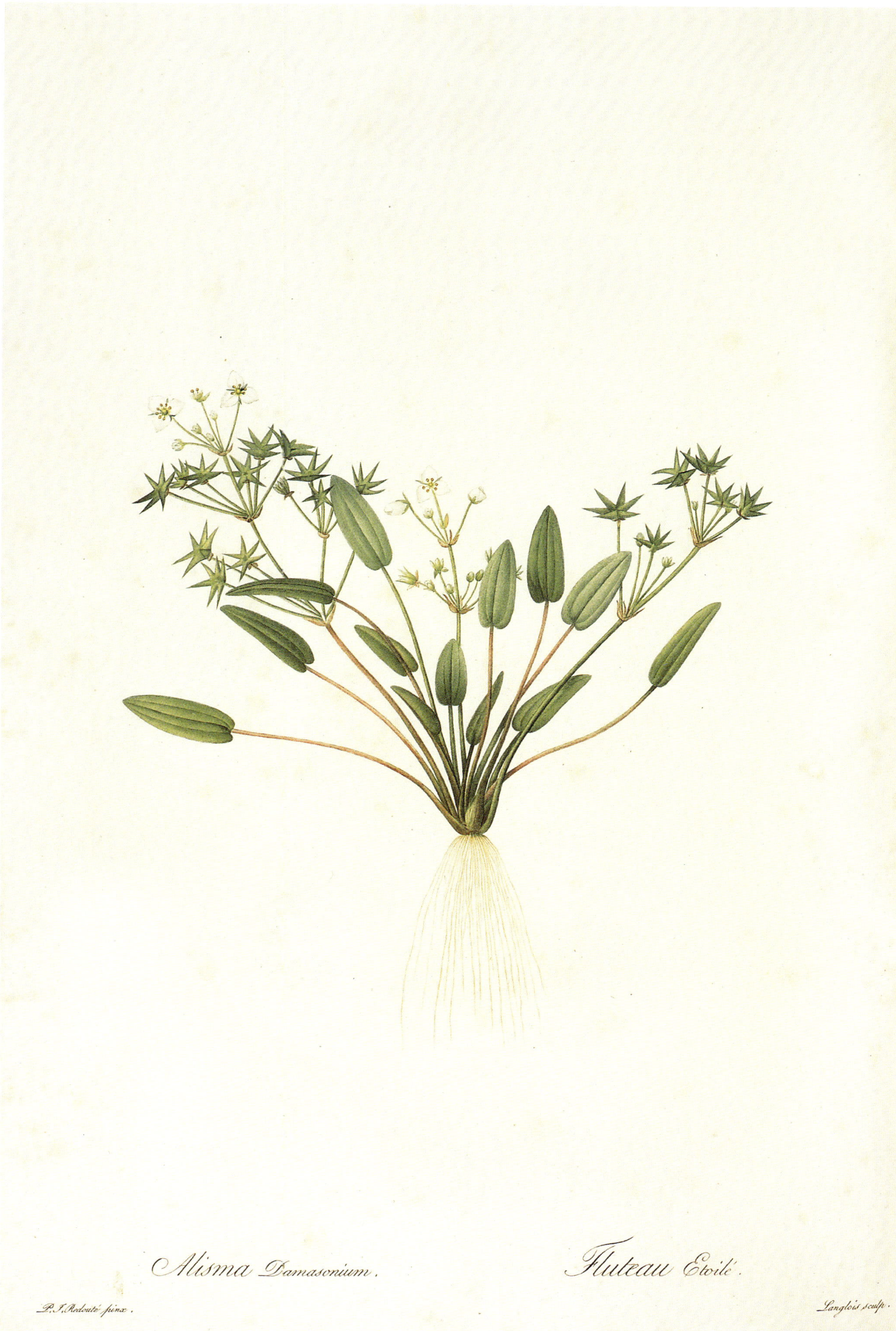

289

Damasonium alisma **Mill. 1768 (Alismataceae)**

Thrumwort, Star Fruit | *Fluteau étoilé | Sternfrucht-Froschlöffel

West Europe northwards to Great Britain and Circummed terranean (in Europe from Portugal to Greece and south Russia, including most large islands; in north Africa eastwards to Egypt; West Asia).
Note: The botanical name is one of the rare cases in which genus name and specific apposition mean the same, and both were used as valid genus names.

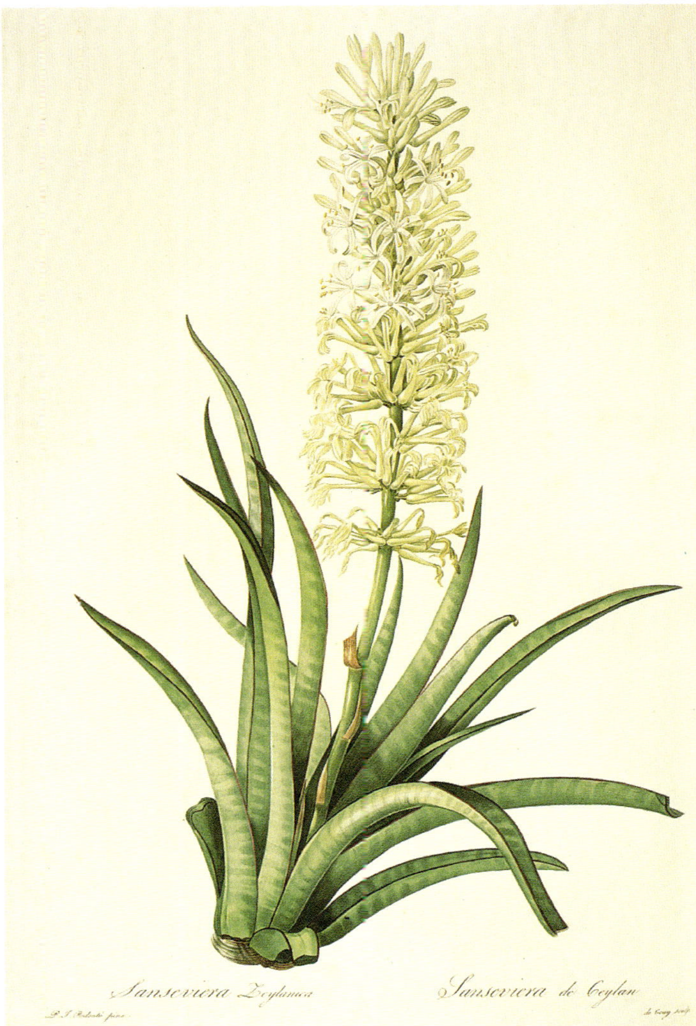

290

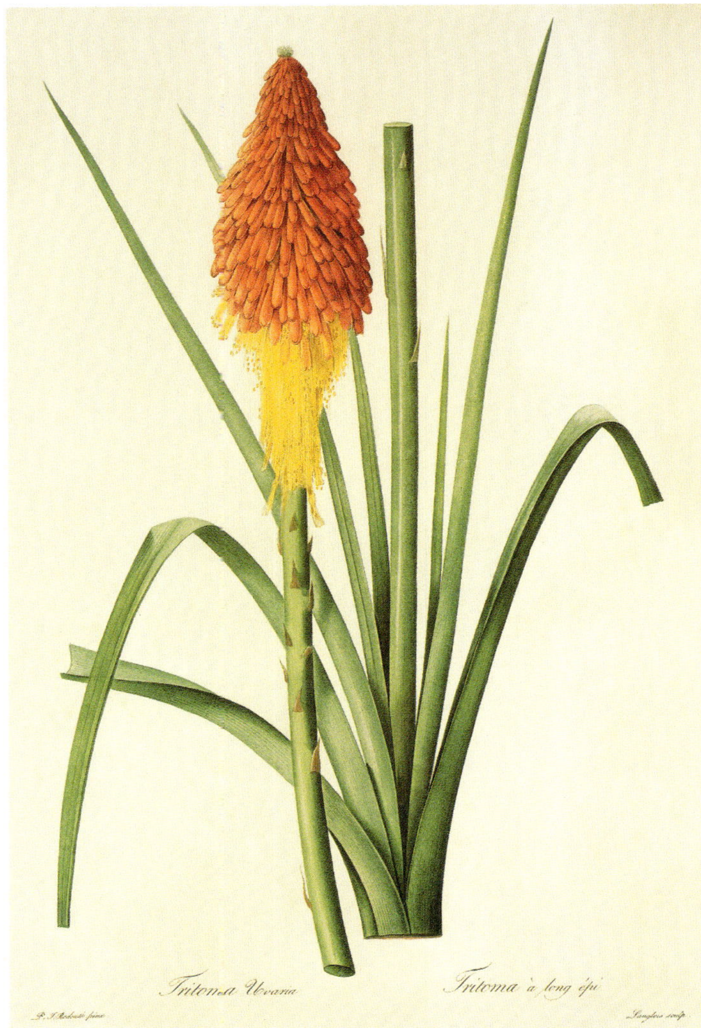

291

***_Sansevieria zeylanica_ (L.) Willd. 1799 (Dracaenaceae)**

Indian Bowstring Hemp | *Sanseviera de Ceylan

Indischer Bogenhanf

South Asia (Sri-Lanka). Named for the Italian Raimondo Sangro Principe de Sanseviero (1710–1771).

Kniphofia linearifolia Baker 1892 (Asphodelaceae) (= _Aloe uvaria_ L. 1753 = _Kniphofia uvaria_ (L.) Hook. 1854)

Red-hot Poker | *Tritoma à long épi

Schmalblättrige Fackellilie

The most widespread *Kniphofia* species *in* South Africa from Worcester near Capetown to the Transvaal Drakensberge in the northeast through all four old provinces, as well as Lesotho, Swaziland, and Zimbabwe. Named in honour of the German physician and professor of medecine at Erfurt University Johannes Hieronymus Kniphof (1704–1763).

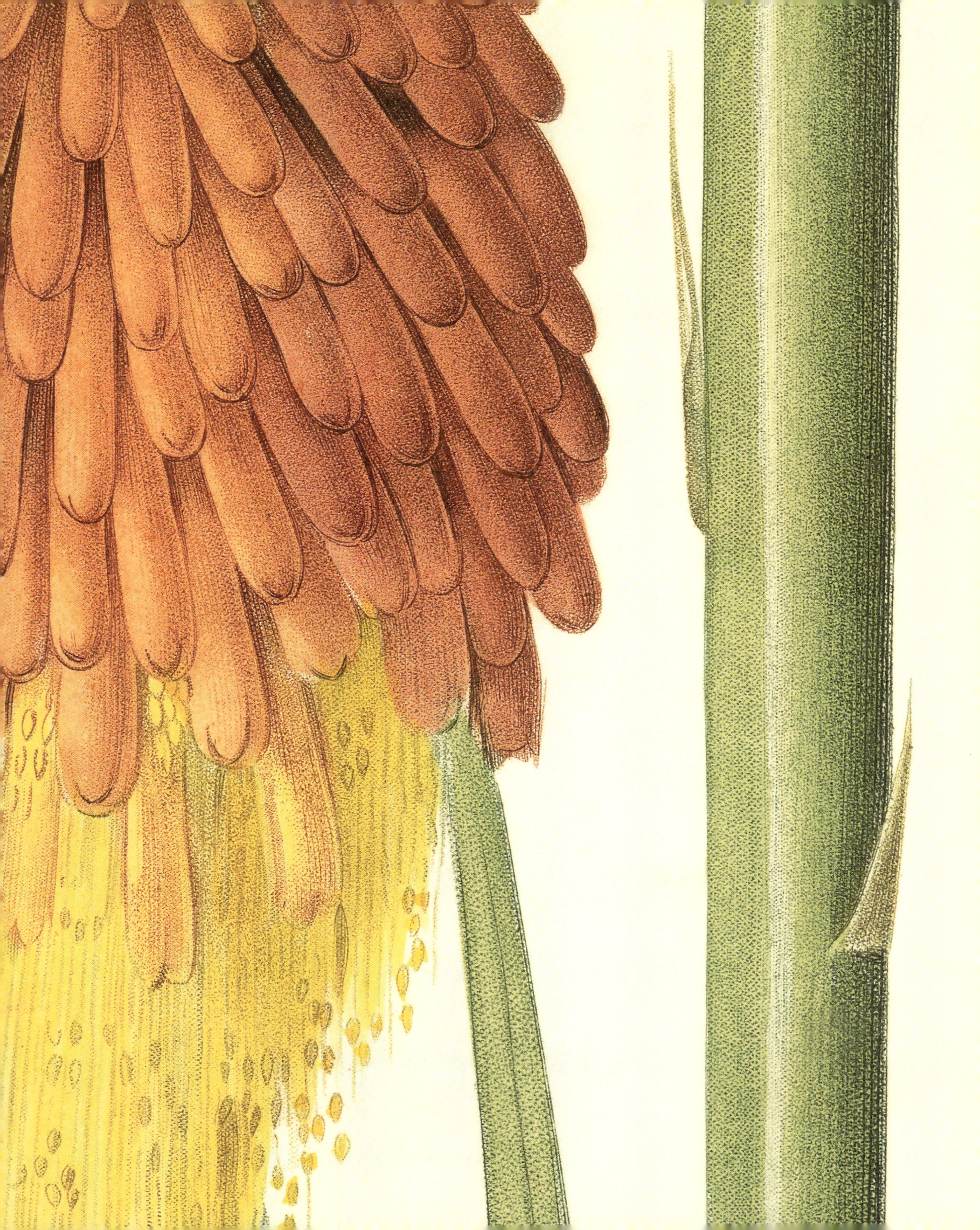

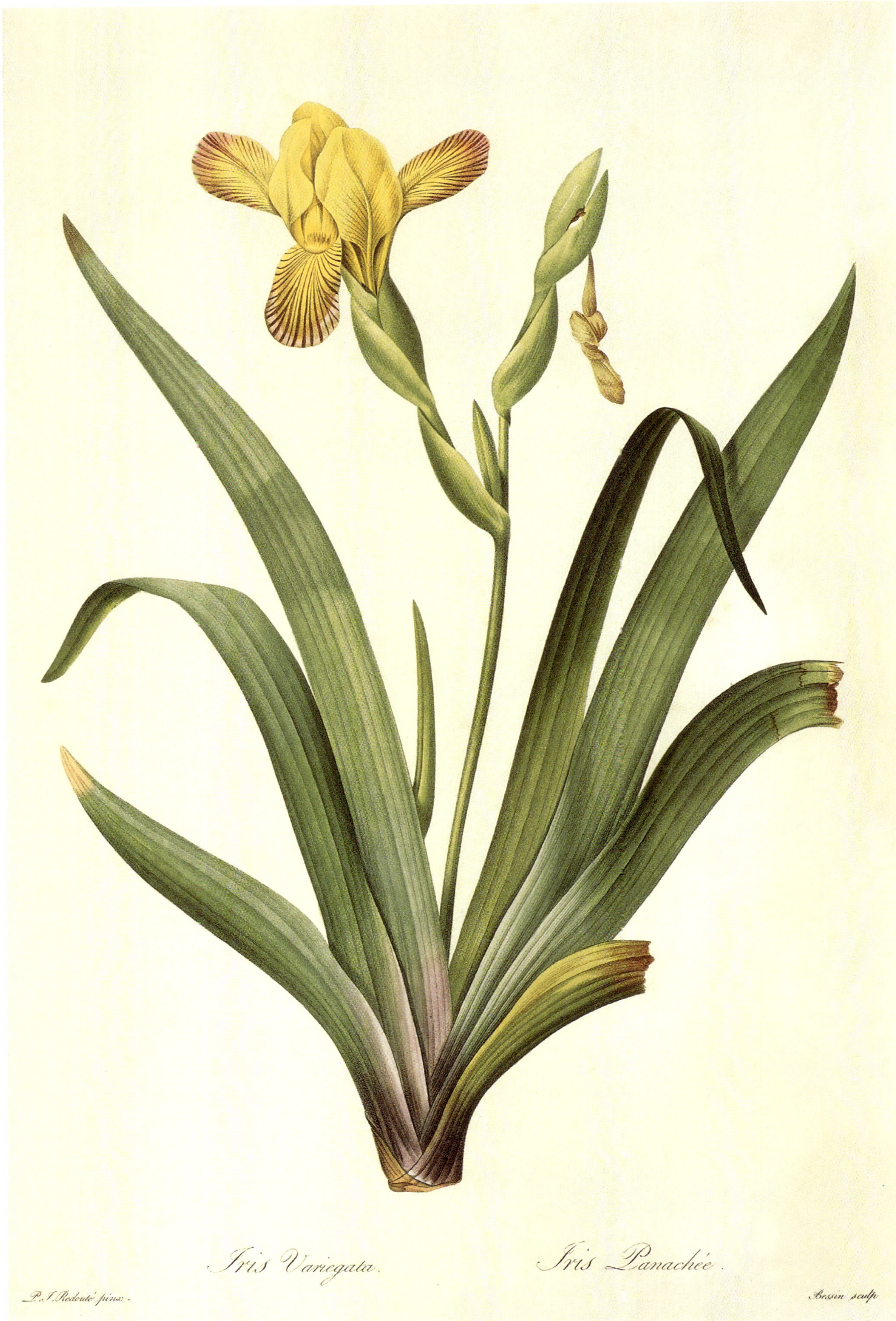

292

Iris variegata L. 1753 (Iridaceae)

Variegated Iris | *Iris panaché | Bunte Schwertlilie

Central and southeast Europe (from Germany to Bulgaria and Russia in the southeast).

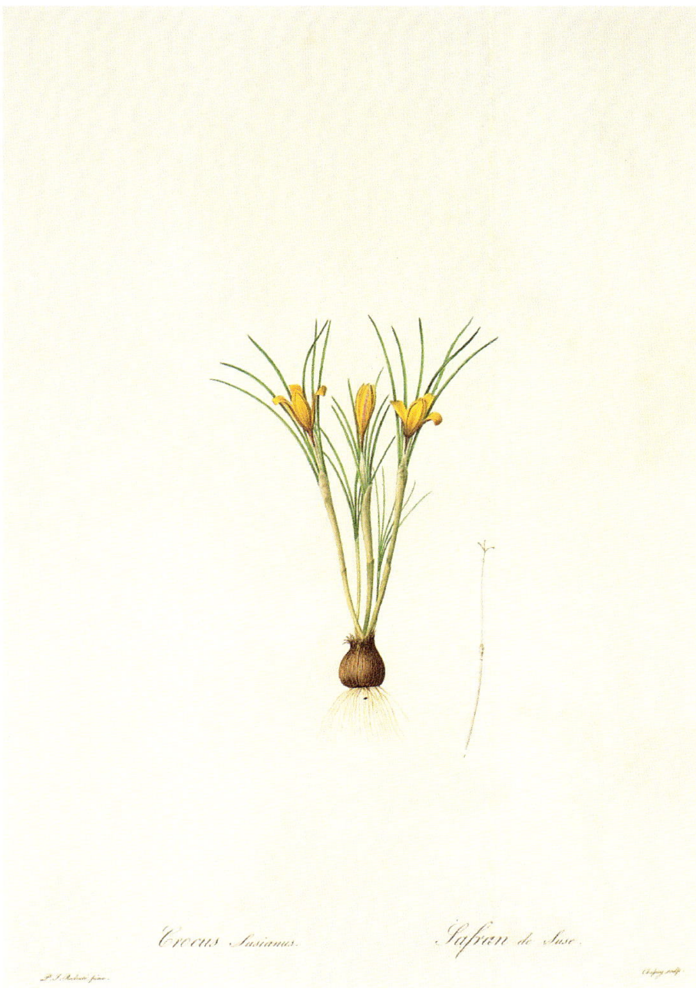

293

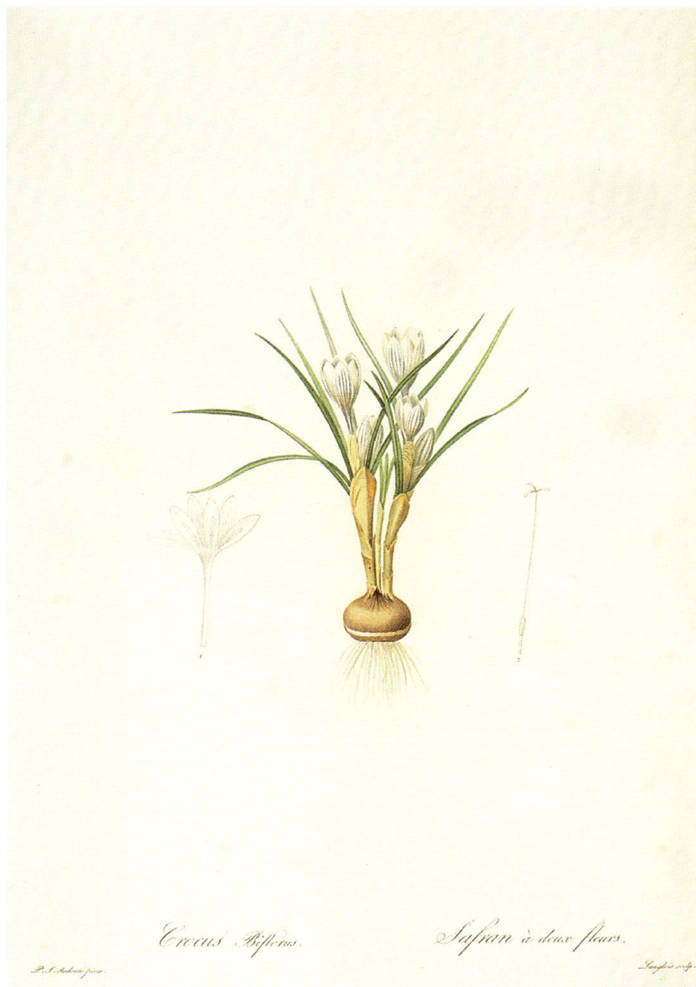

294

Crocus angustifolius Weston 1771 (Iridaceae)

Cloth-of-Gold Crocus | *Safran de Suse | Krim-Krokus

Southeast Europe (Krym). *Curcuma* and *Crocus* are old plant names with a common linguistic root in the Semitic *karkom*, originally meaning *Crocus*.

***Crocus biflorus Mill. 1768 (Iridaceae)**

Scotch Crocus | *Safran à deux fleurs | Zweiblütiger Krokus

Southeast Europe and west Asia (from Sicily eastwards to Crimea, Turkey and Iran).

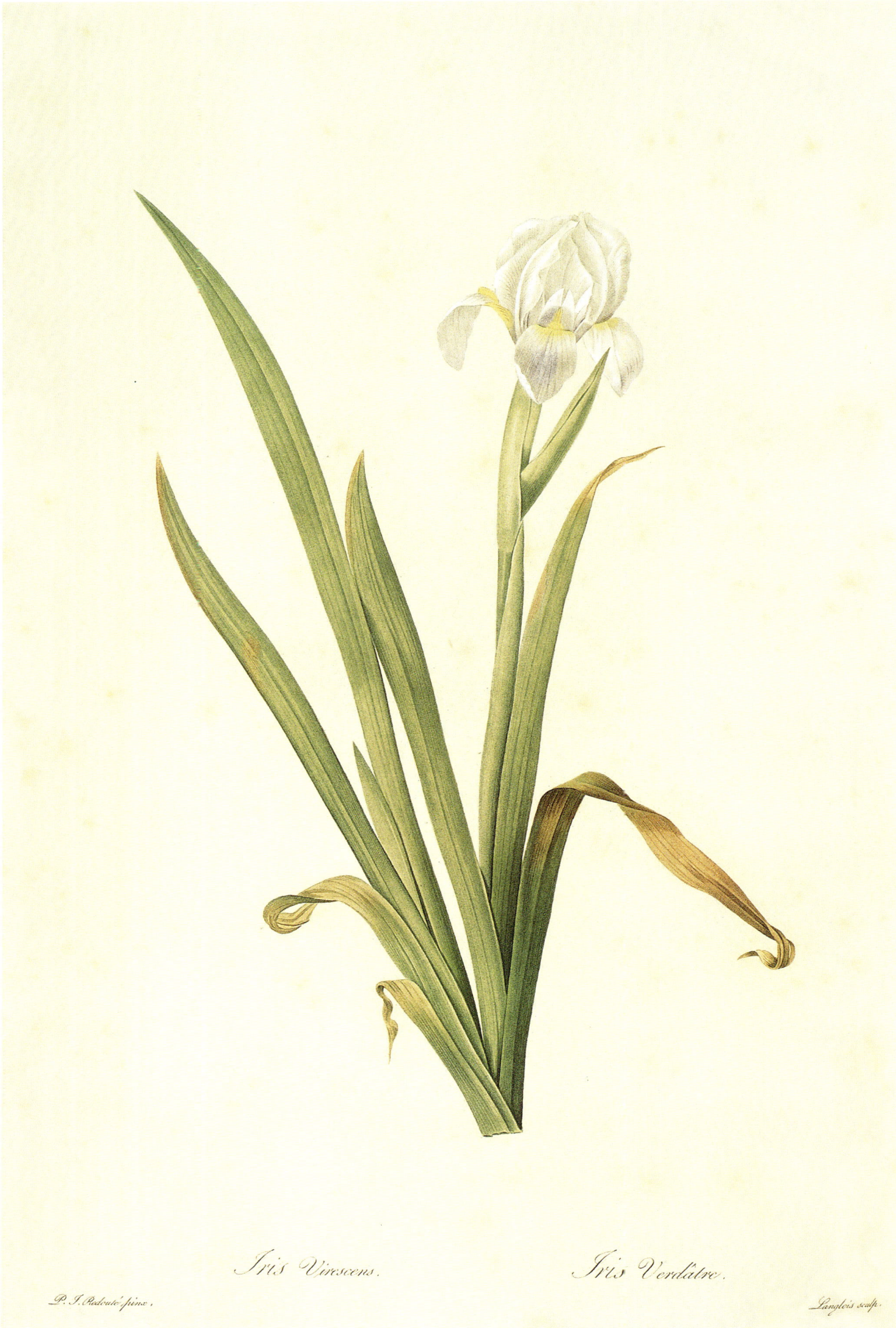

295

Iris lutescens Lam. 1789 (Iridaceae)

Dwarf Iris | *Iris verdâtre | Zwerg-Schwertlilie

Mediterranean region of Europe (from Portugal to Italy, absent from the large Mediterranean islands). See pl. 263.

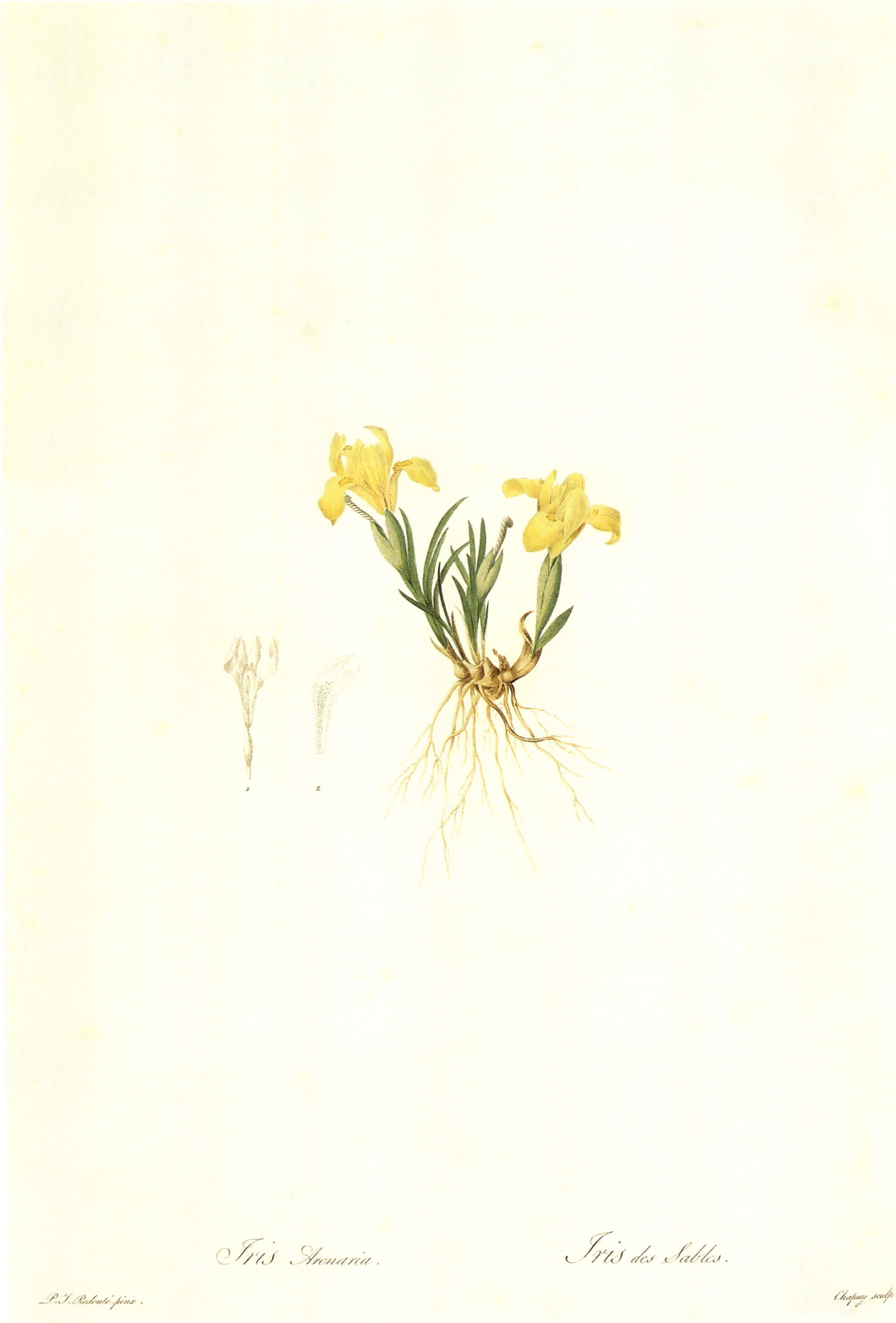

296

Iris humilis Georgi 1775 (Iridaceae)

Low-Growing Iris | *Iris des sables | Niedrige Schwertlilie

Southeast Europe (from the Czech Republic and Slovakia and Austria to SE Russia) and western and northern Asia (Caucasus, S Siberia).

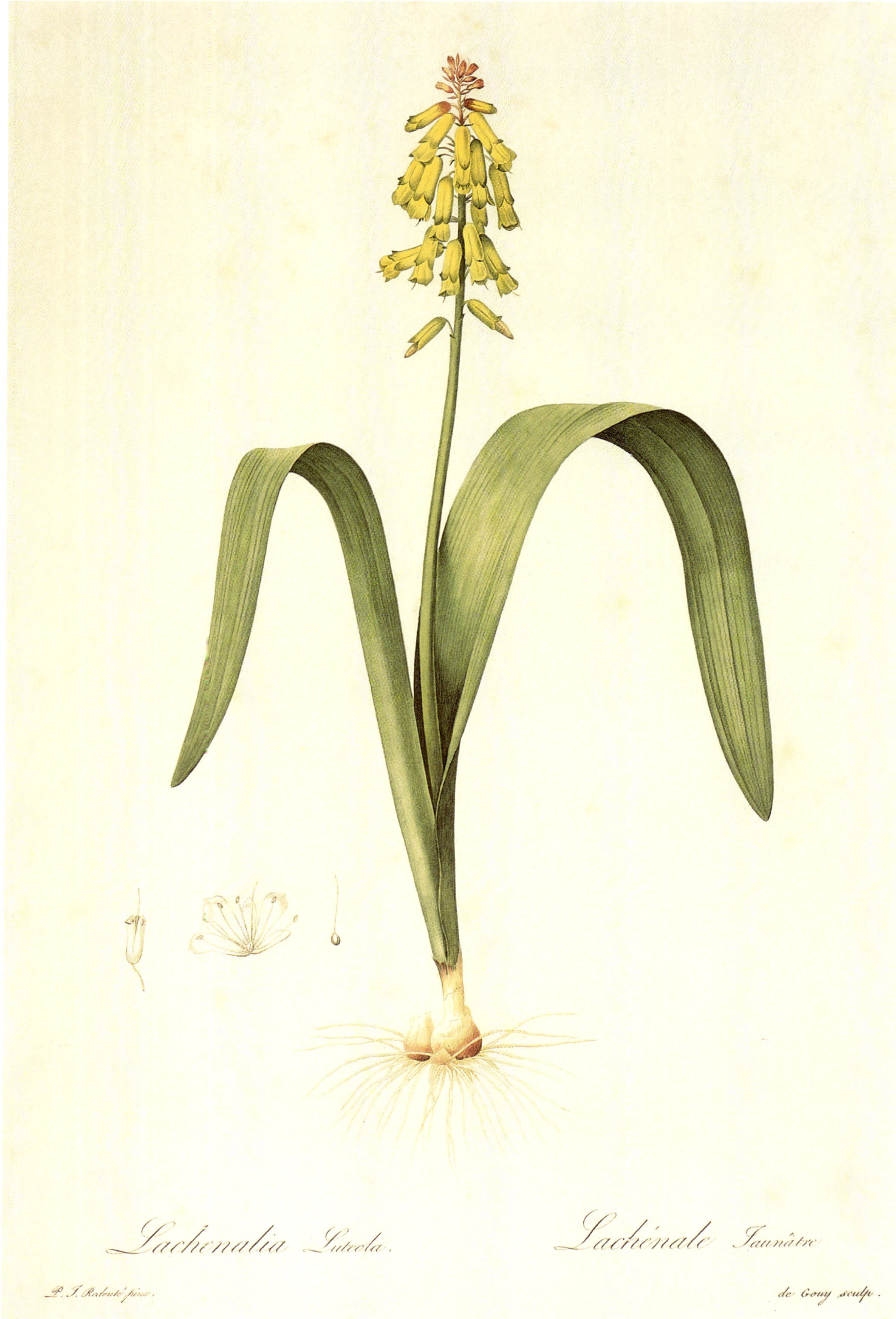

297

Lachenalia aloides (L.f.) Asch. & Graebn. 1905 var. *luteola* (Jacq.) U. & D.M-D. comb. Nova (Hyacinthaceae)
(= *Phormium aloides* L.f. 1782, "1781" = *Lachenalia tricolor* Thunb.)
Cape Cowslip | *Lachenale jaunâtre, Lachenale tricolore | Dreifarben-Lachenalie

Winter rainfall South Africa (Western Cape from Cape Peninsula to Citrusdal). Named for the Swiss botanist Werner de Lachenal (or Werner de la Chenal; 1736–1800).

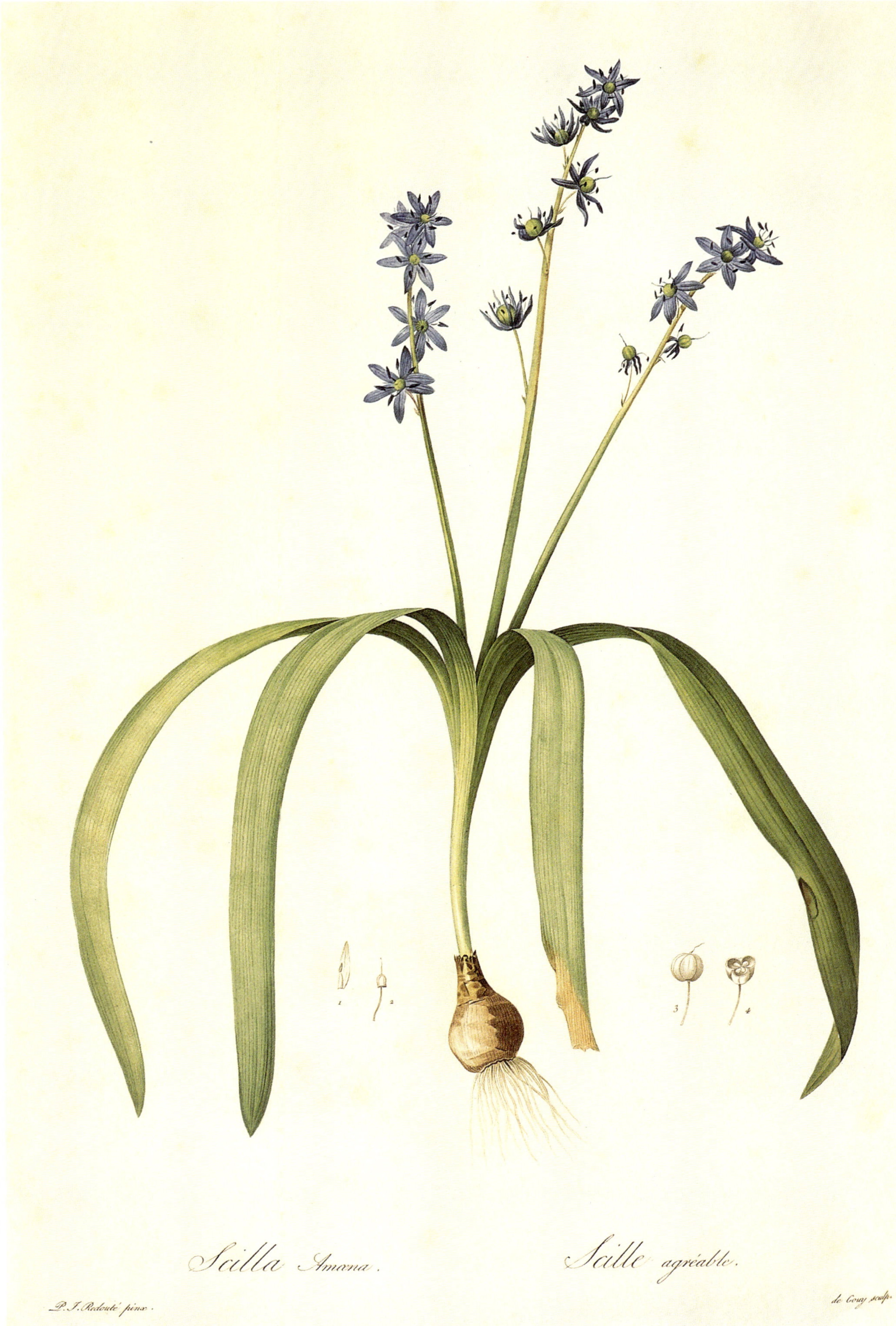

298

Scilla amoena L. 1753 (Hyacinthaceae)

Byzantine Squill | *Scille agréable | Schöner Blaustern

Origin unknown, probably from Asia Minor.

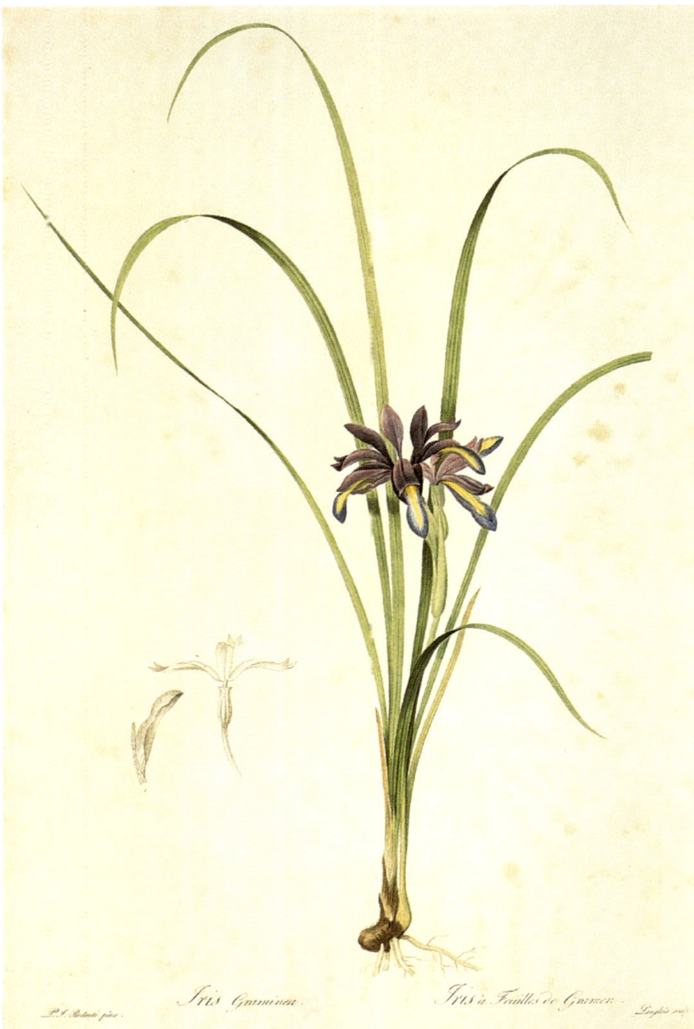

299

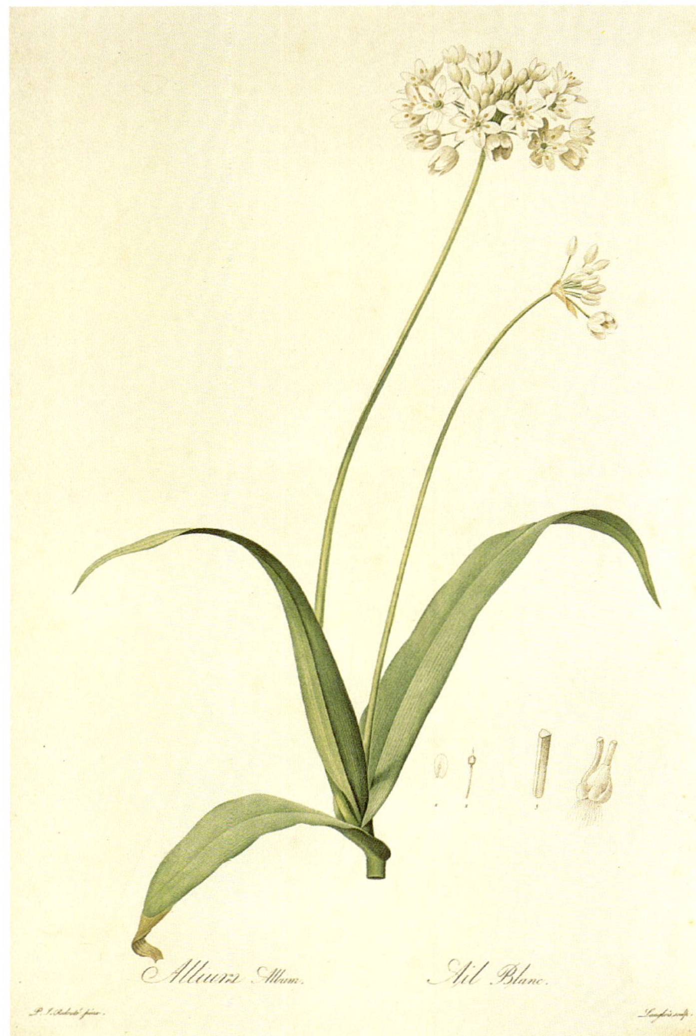

300

**Iris graminea* L. 1753 (Iridaceae)

Grass-leaved Iris | *Iris à feuilles de gramen

Grasblättrige Schwertlilie

Central & south Europe (from W to E: Spain to Ukraine and Germany & Poland in the north), in Asia in the Caucasus.

Allium neapolitanum Cyr. 1788 (Alliaceae)

Naples Garlic | *Ail blanc

Neapel-Lauch

Circummediterranean from Portugal to Israel, with a gap in northwestern Africa. See pl. 482.

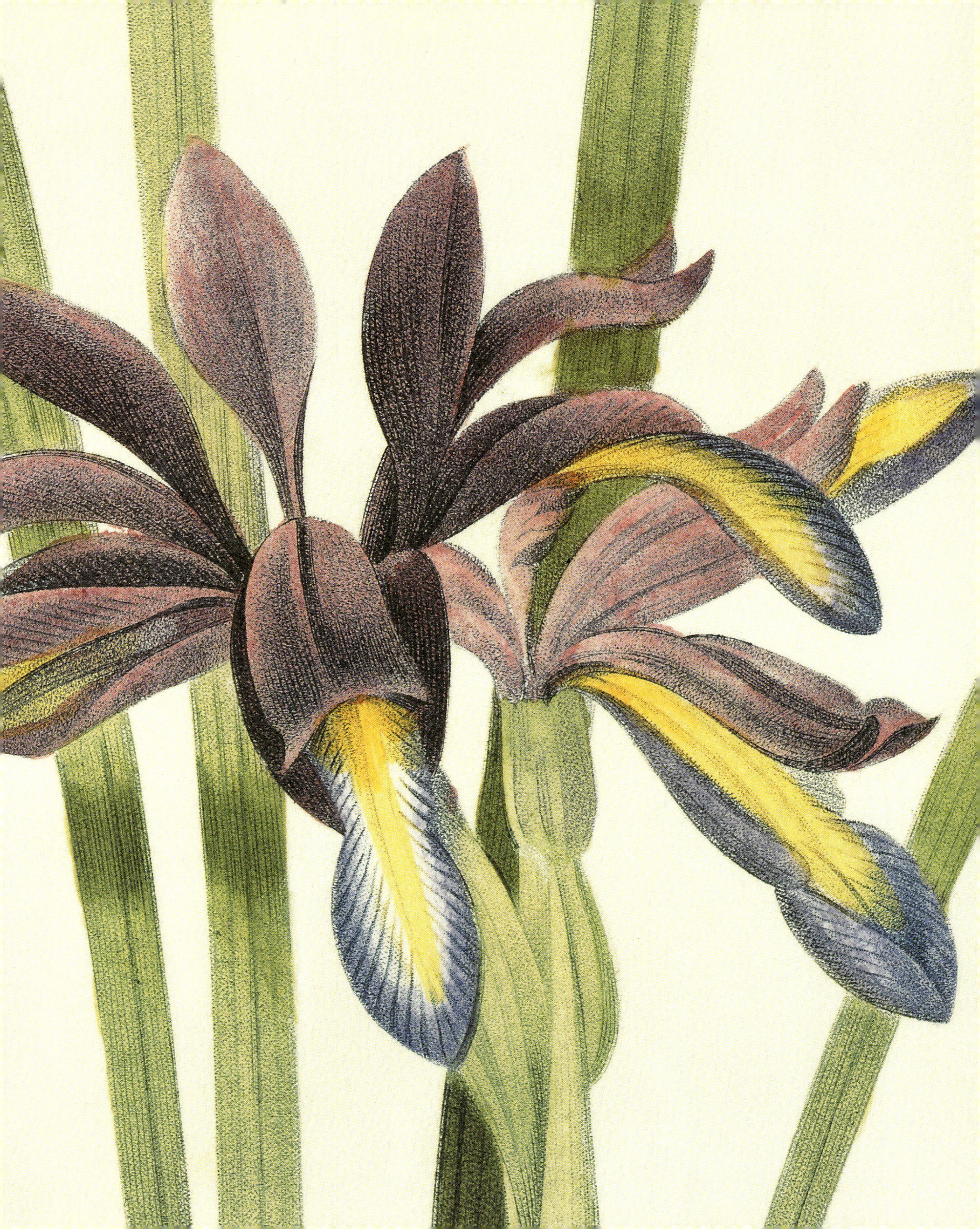

Les Liliacées
Volume VI

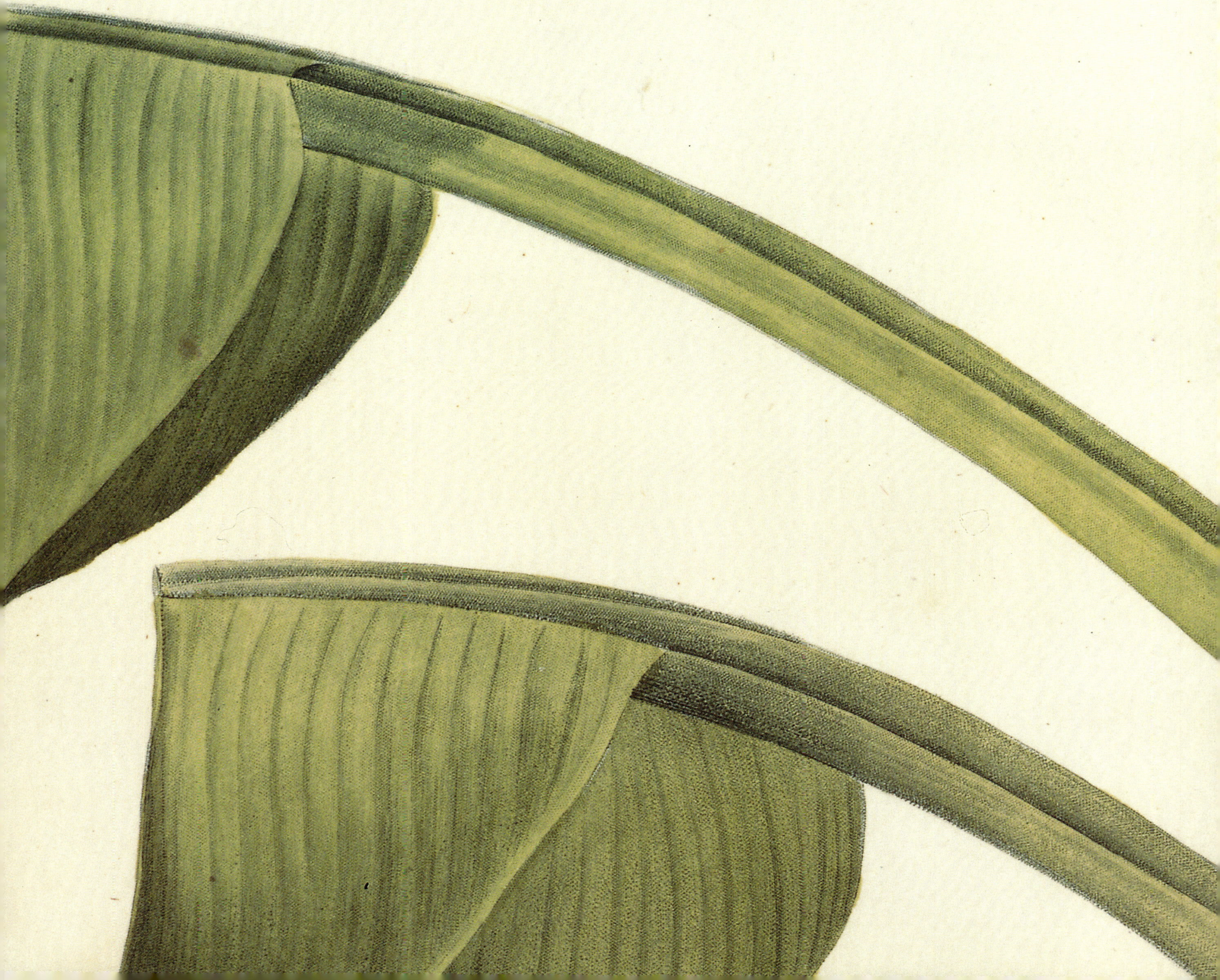

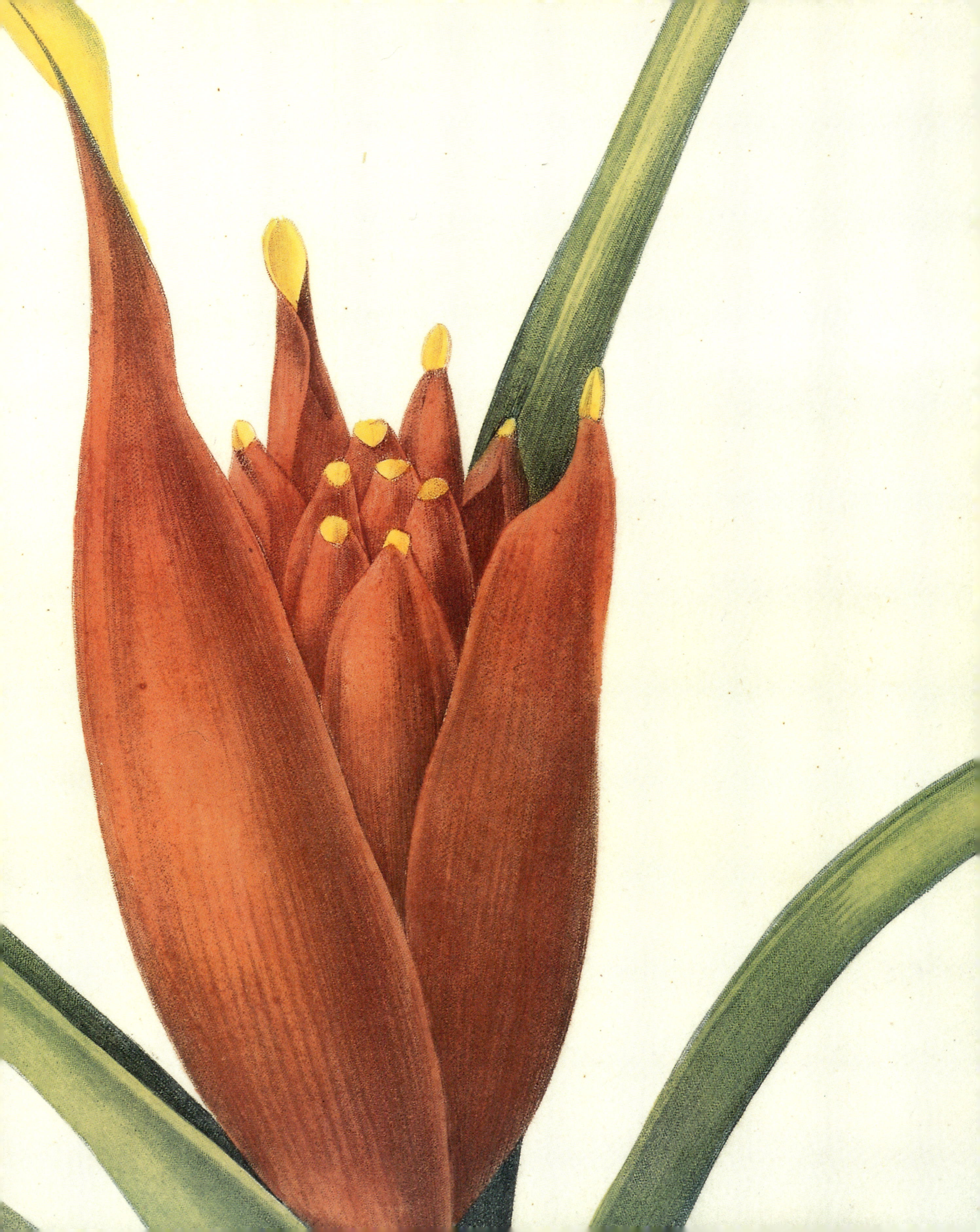

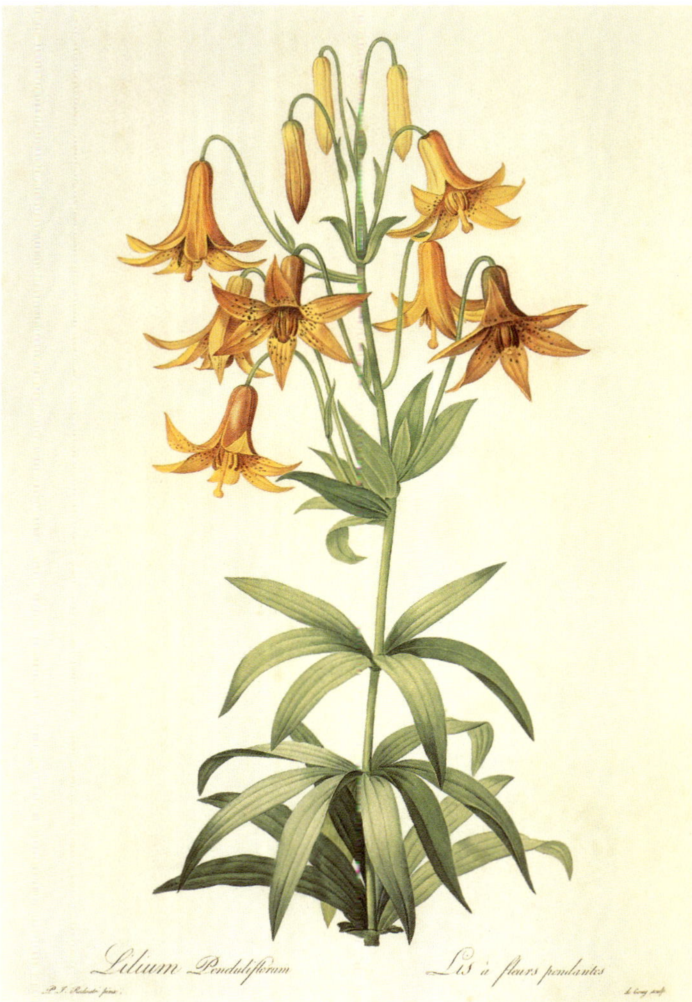

301

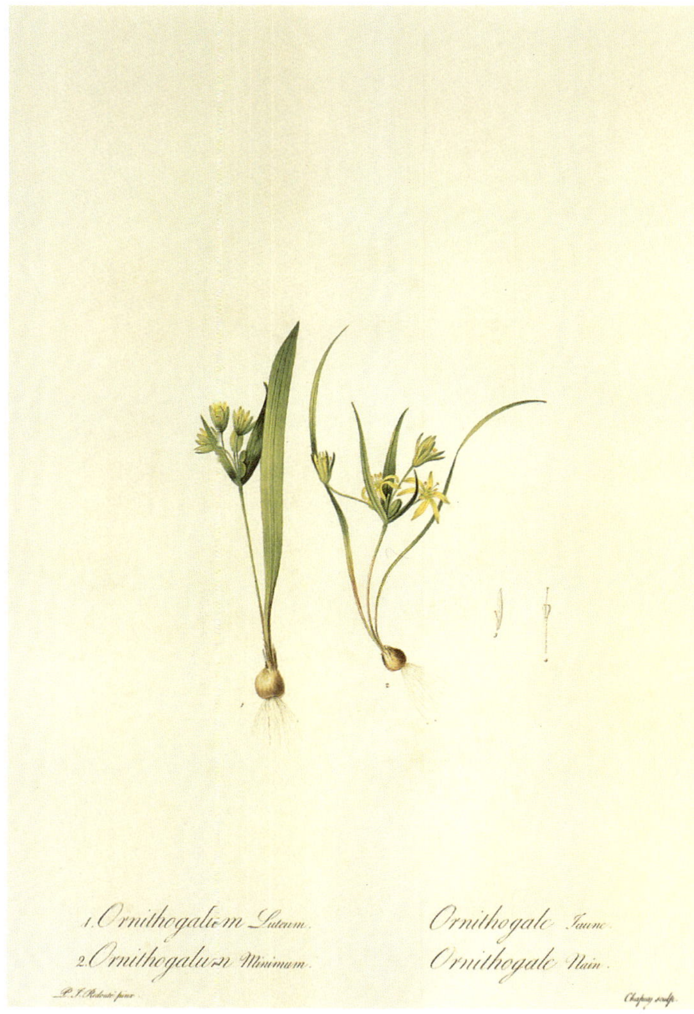

302

Gagea lutea (L.) Ker Gawl. 1809 (Liliaceae)

Yellow Star-of-Bethlehem | *Ornithogale jaune
Gewöhnlicher Gelbstern

Most of Europe from Great Britain in the northwest and Spain in the southwest to eastern Asia.

Lilium canadense L. 1753 (Liliaceae)

Meadow Lily | *Lis à fleurs pendantes | Kanadische Lilie

Eastern North America (from Quebec in Canada to the eastern USA: from the east coast to Indiana, Kentucky and Alabama in the west). See pl. 105.

Gagea minima (L.) Ker Gawl. 1816 (Liliaceae)

Least Gagea | *Ornithogale nain | Kleiner Gelbstern

Most of Europe from Switzerland and Germany in the West to southwestern Siberia. Named after the British amateur botanist Sir Thomas Gage (1781–1820).

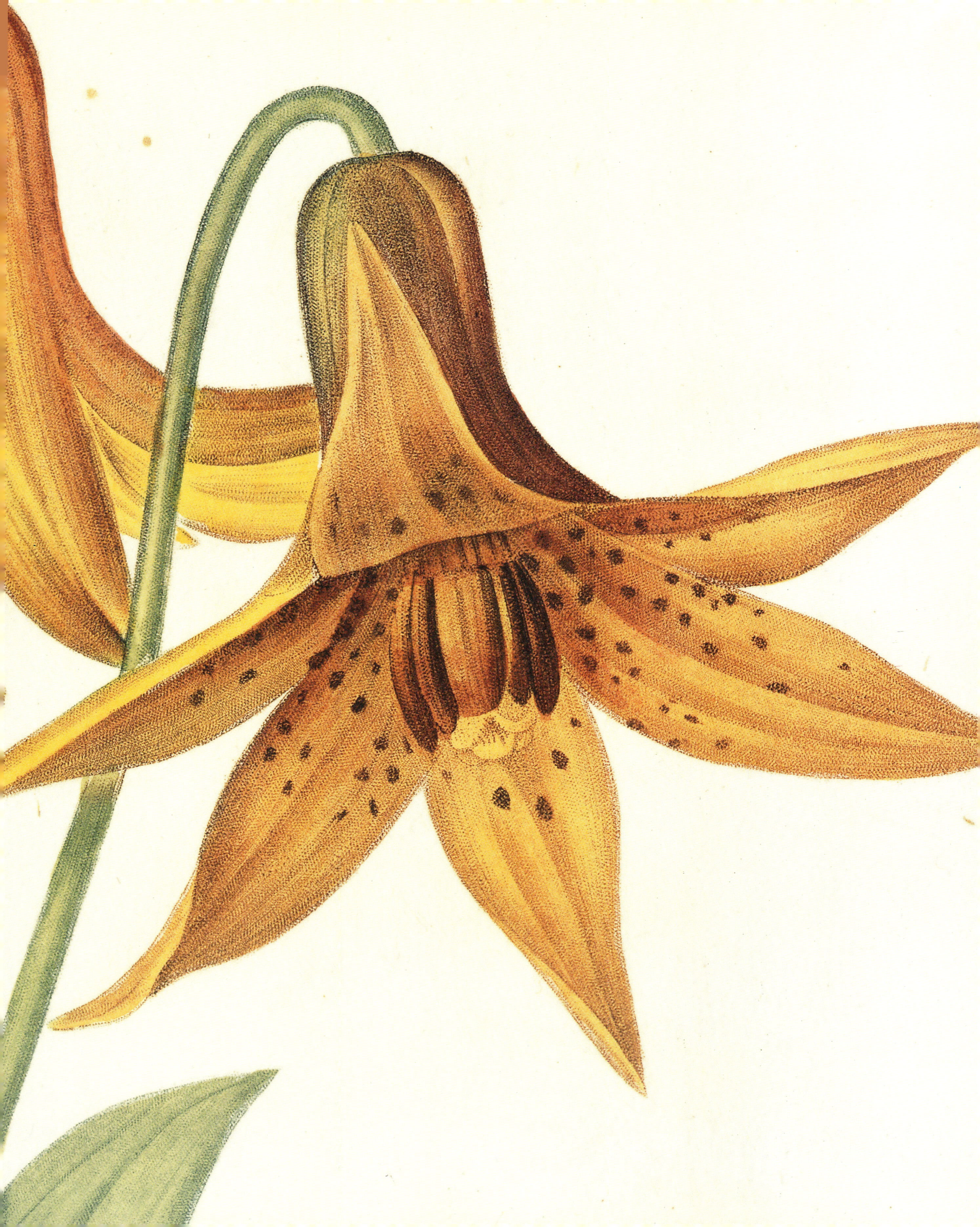

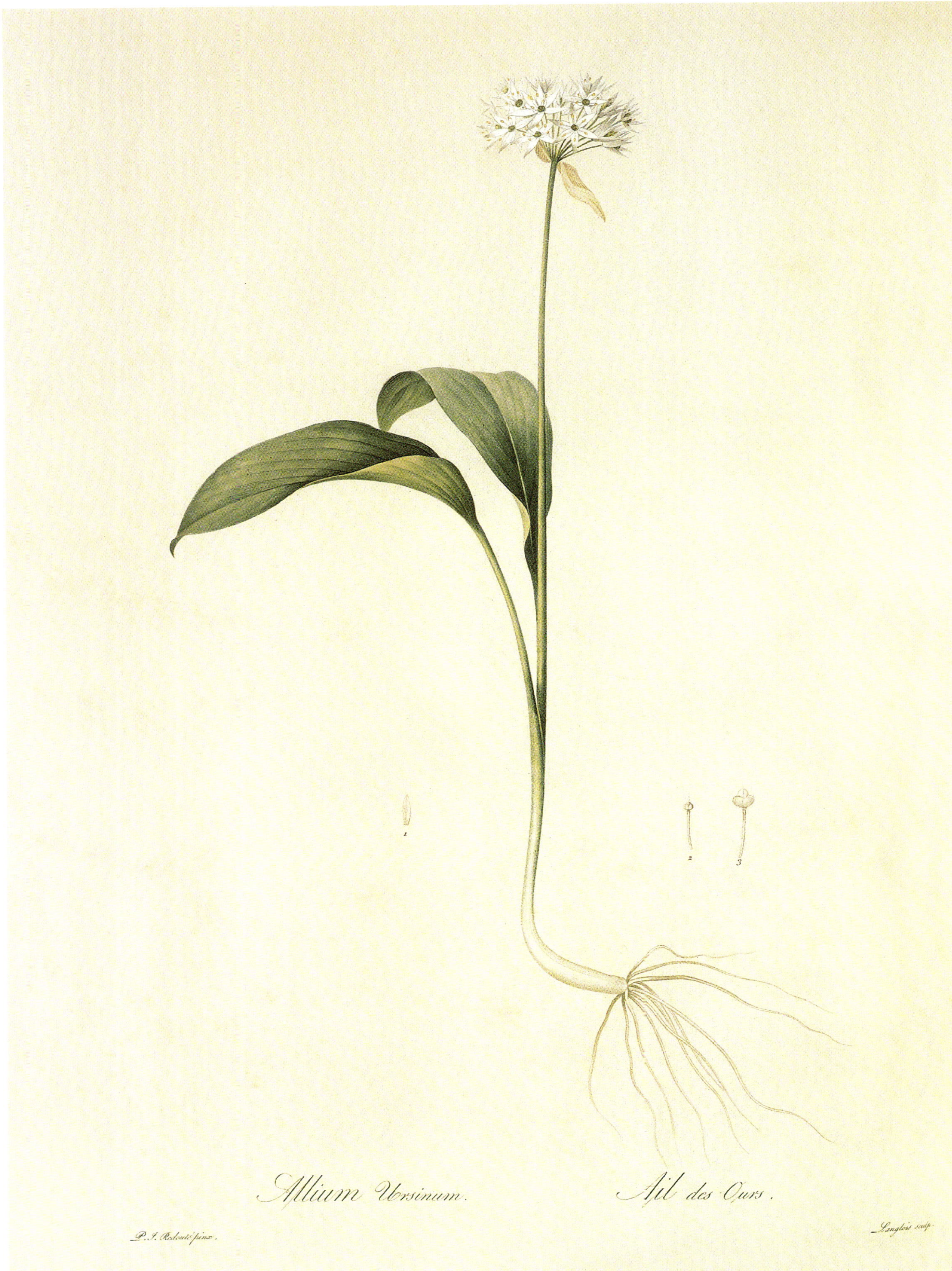

303

***_Allium ursinum_ L. 1753 (Alliaceae)**

Ramsons | *Ail des ours | Bär-Lauch

Europe, Asia Minor, Northern Asia.

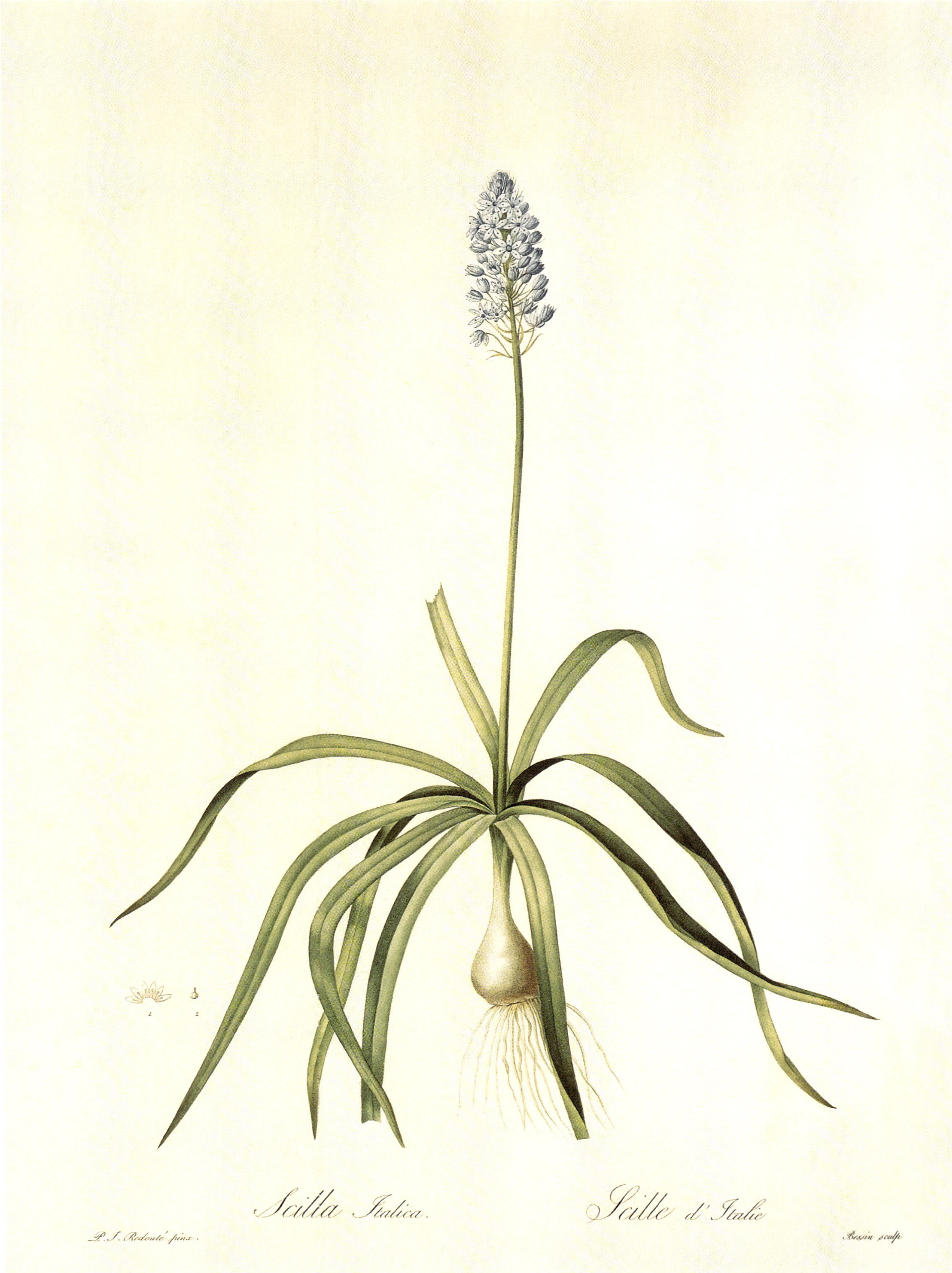

304

Hyacinthoides italica **(L.) Rothm. 1944 (Hyacinthaceae)**

Italian Bluebell | *Scille d'Italie | Italienisches Hasenglöckchen

Southwest Europe (NW Italy, SE France, SW Portugal).

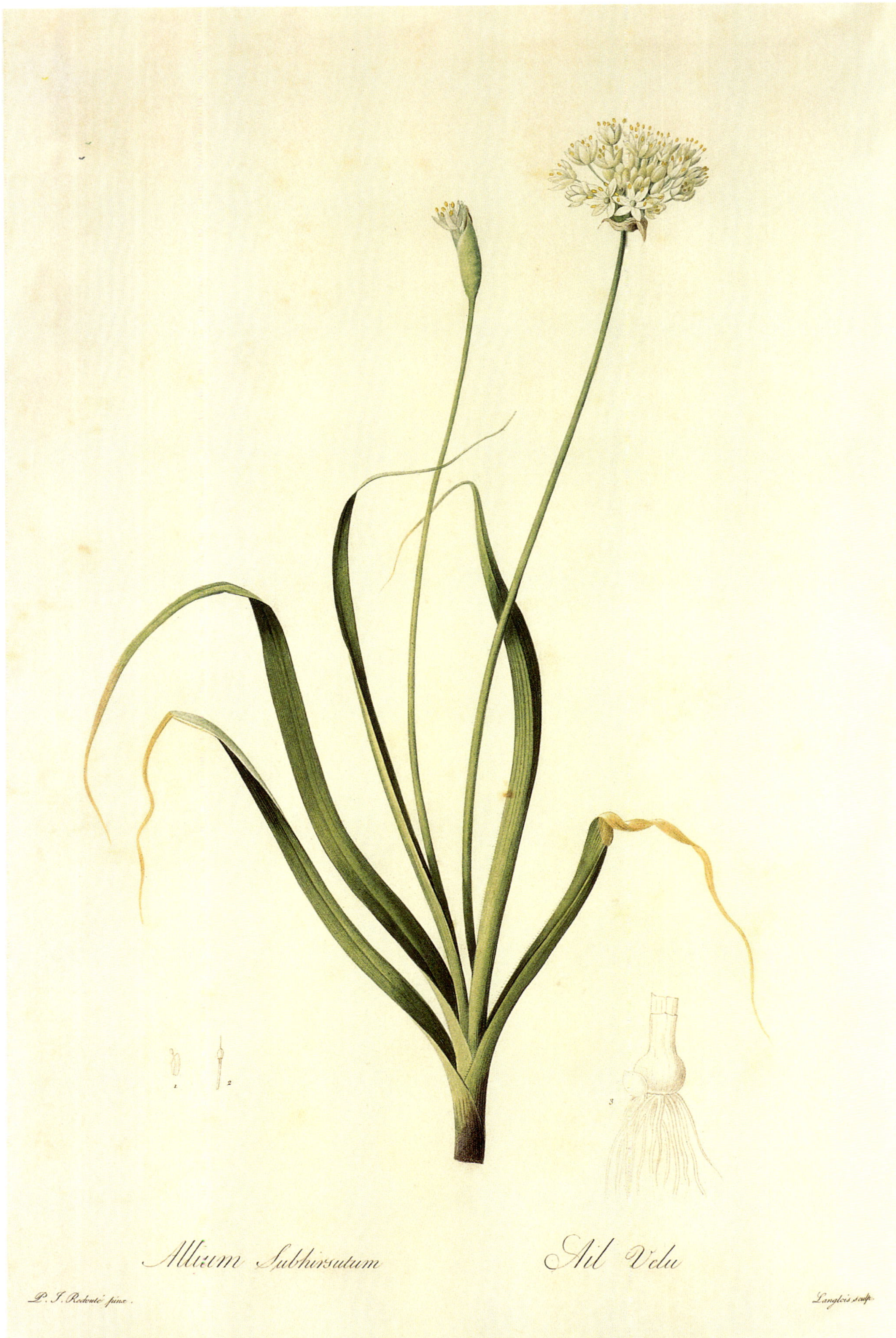

305

Allium subvillosum Salzmann ex Schultes & Schultes 1830 (Alliaceae)

Scarcely Shaggy Leek | *Ail velu | Flaum-Lauch

Western Mediterranean Region (south Portugal, south Spain and islands, north Africa)

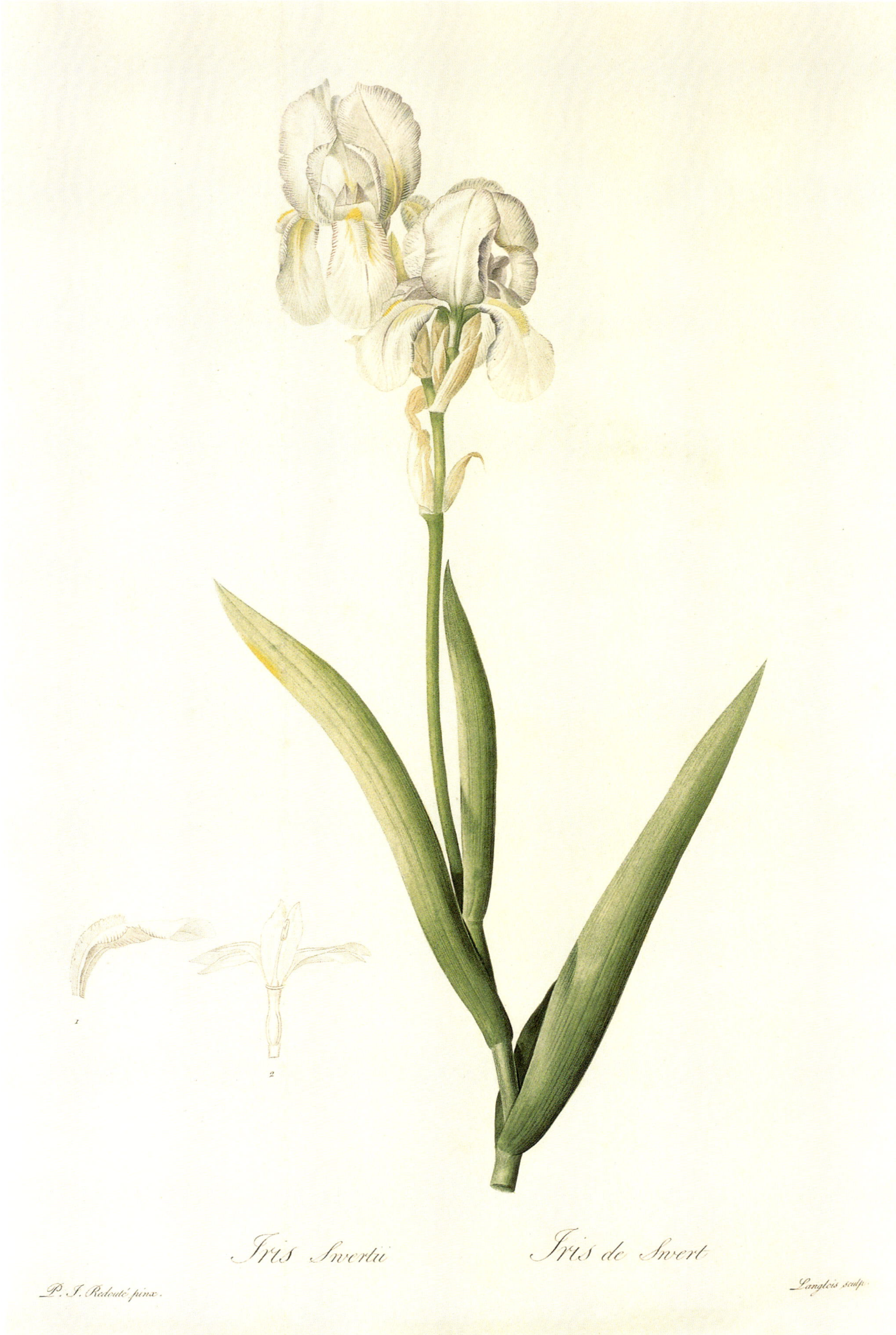

306

***Iris* × *swertii* Lam. 1789 (Iridaceae)**
(= *Iris germanica* L. 1753 × I. pallida Lam. 1789)
Swert's Iris | *Iris de Swert | Swerts Schwertlilie

Garden plant of unknown origin. Named after the Dutch botanist Emanuel Sweert.

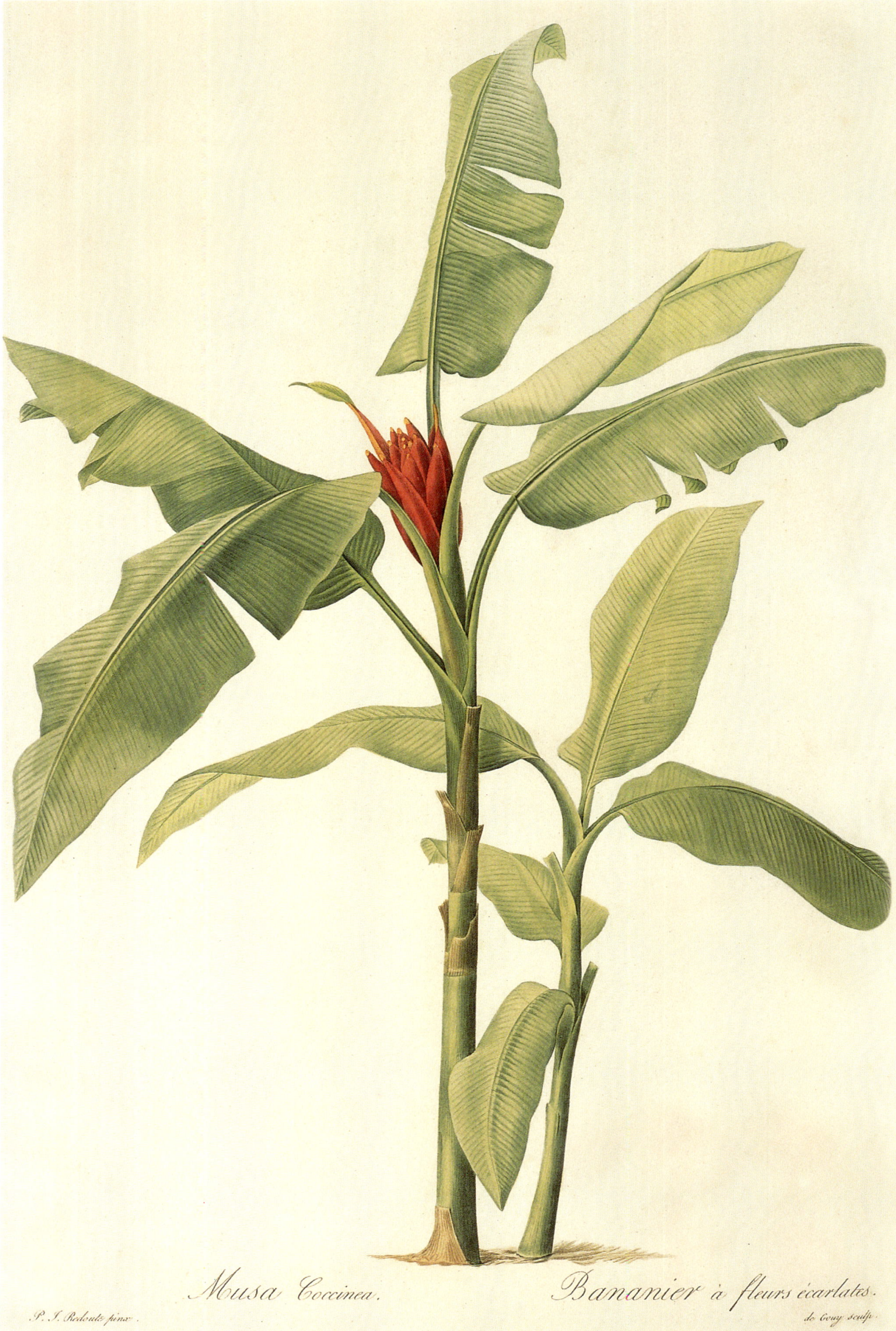

307

Musa uranoscopos Lour. 1790 (Musaceae)

Erect Native Banana | *Bananier à fleurs écarlates | Aufrechte Wild-Banane

East Asia (south China). *Musa* derived from an Arabian plant name.

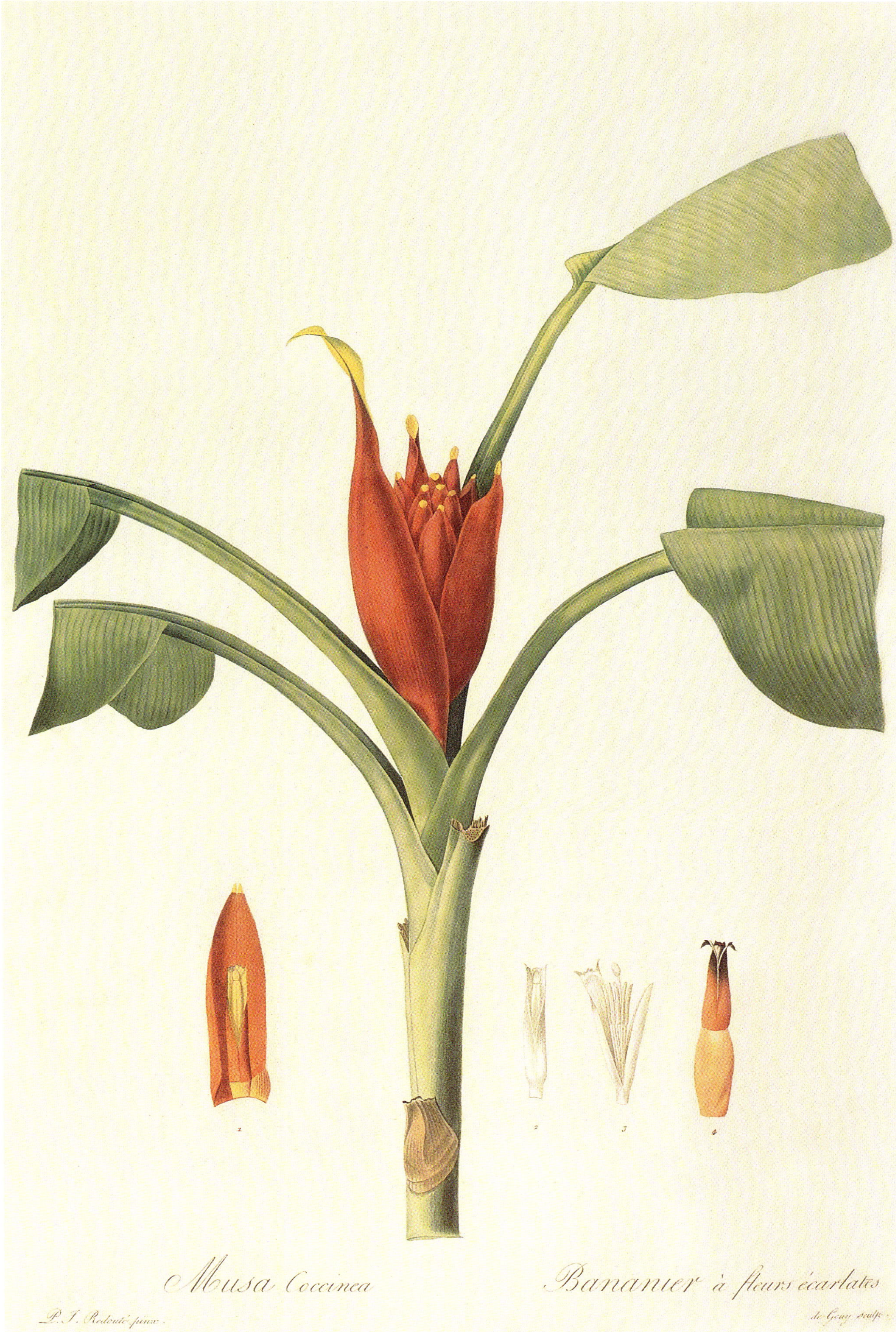

308

Musa uranoscopos Lour. 1790 (Musaceae)

Erect Native Banana | *Bananier à fleurs écarlates | Aufrechte Wild-Banane

East Asia (south China). *Musa* derived from an Arabian plant name.

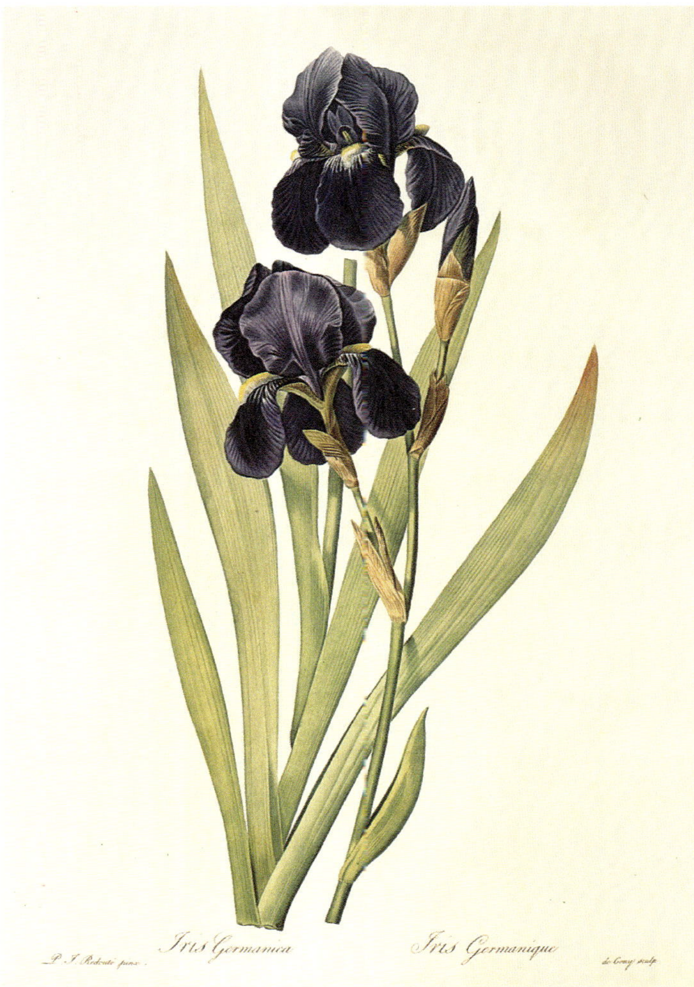

309

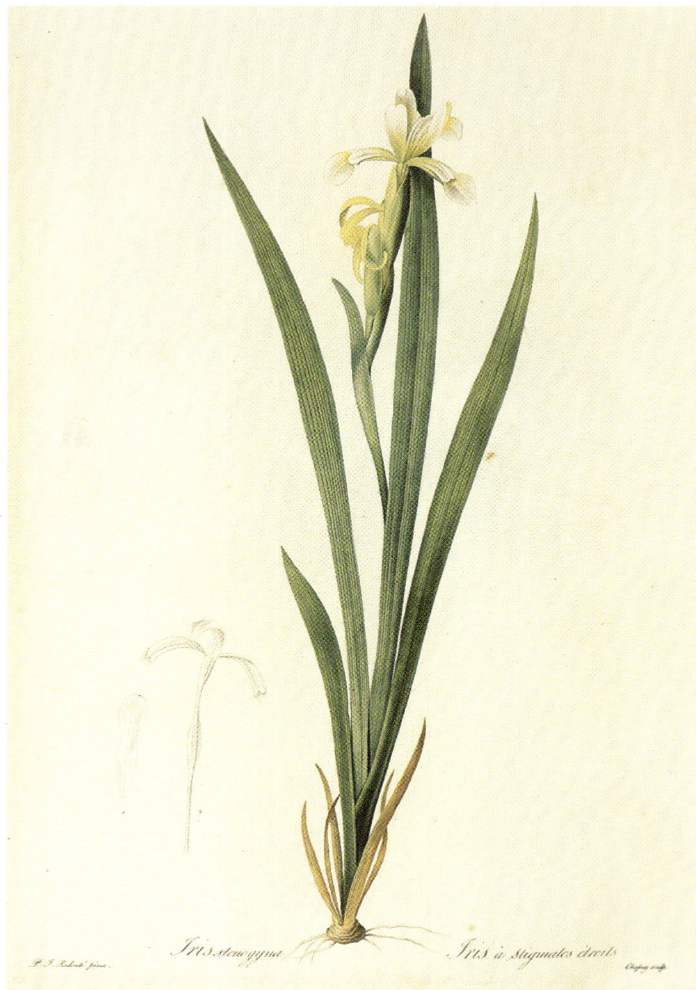

310

**Iris germanica* L. 1753 var. *germanica* (Iridaceae)

Tall Bearded Iris | *Iris germanique | Deutsche Schwertlilie

According to *Flora europaea* of unknown and probably hybrid origin, but perhaps native in the east Mediterranean region. See pl. 23.

Iris spuria L. 1753 subsp. *halophila* (Pall.) D. A.Webb & Chater 1978 (Iridaceae)

Butterfly Iris | *Iris à stigmates étroits | Bastard-Schwertlilie

Eastern Europe (south Romania to Ukraine) to western Siberia.

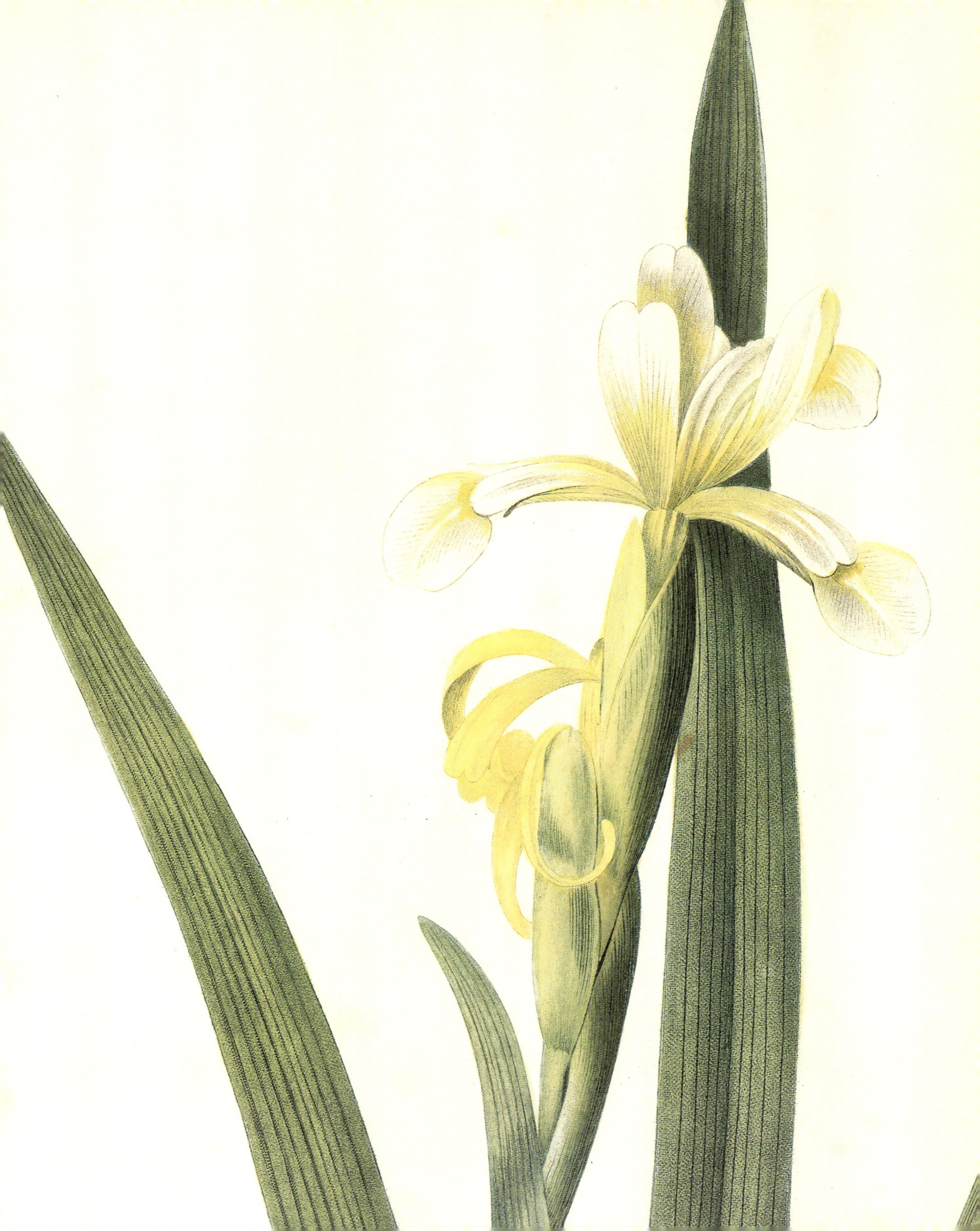

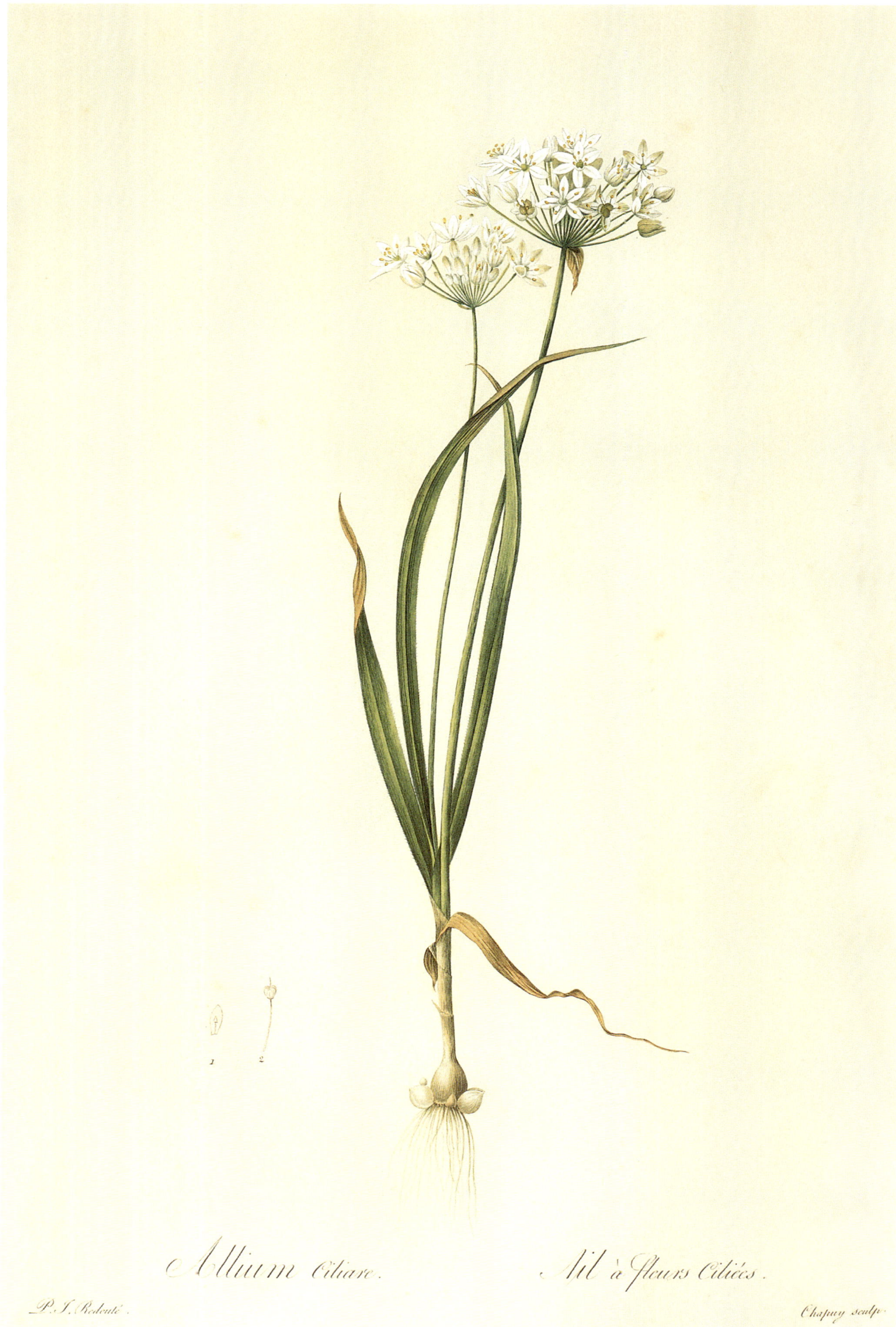

311

Allium subhirsutum L. 1753 (Alliaceae)
Hardly Hairy Leek | *Ail à fleurs ciliées | Flaum-Lauch

Mediterranean region.

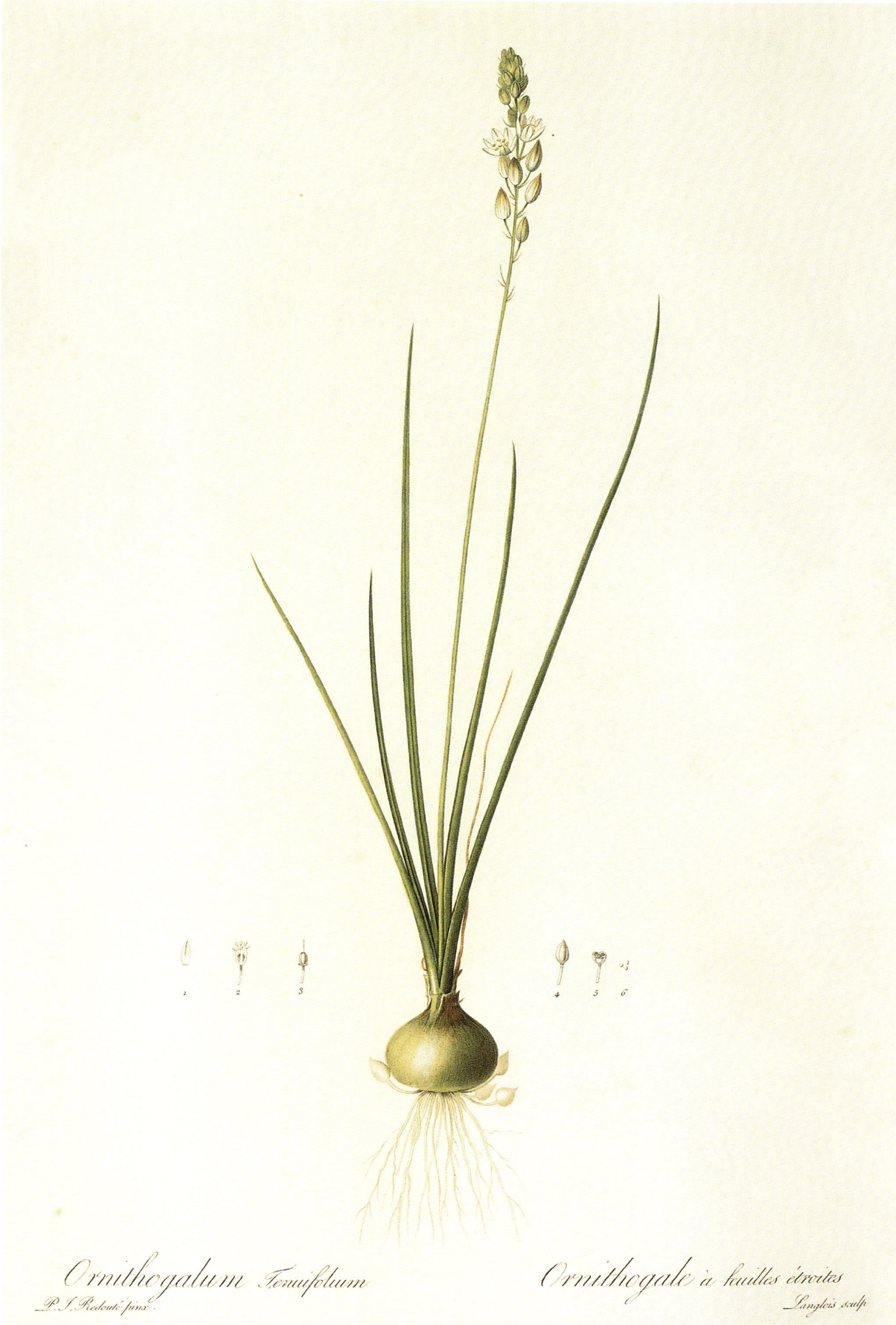

312

***_Ornithogalum tenuifolium_ F.Delaroche in REDOUTÉ 1811 (Hyacinthaceae)**

Narrow-leaved Star-of-Bethlehem | *Ornithogale à feuilles étroites | Schmalblättriger Milchstern

Southern Africa, probably radiating to tropical Africa.

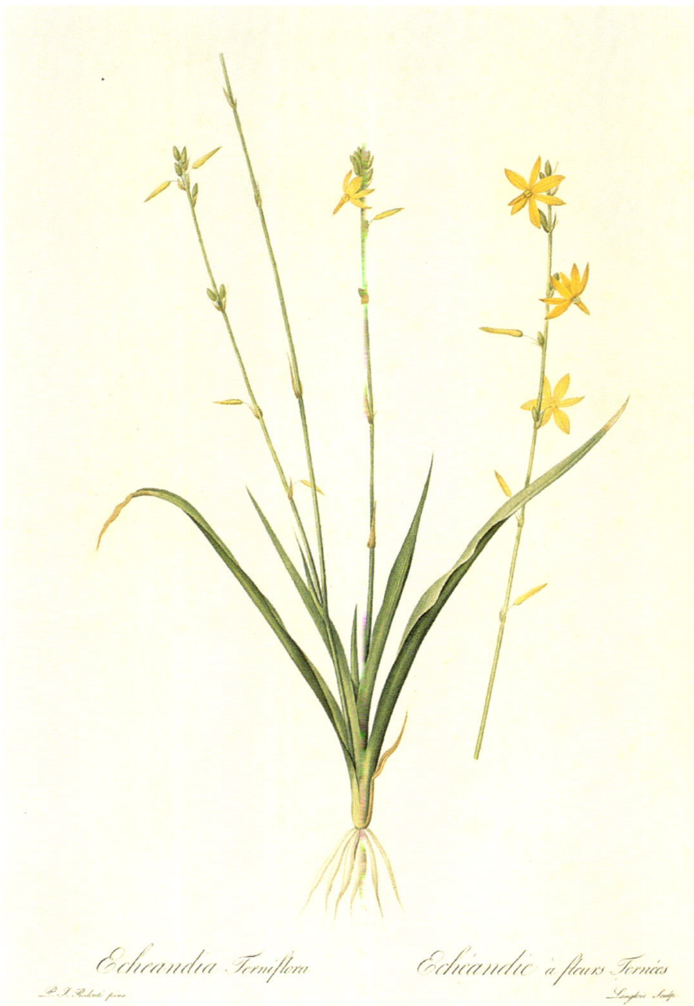

313

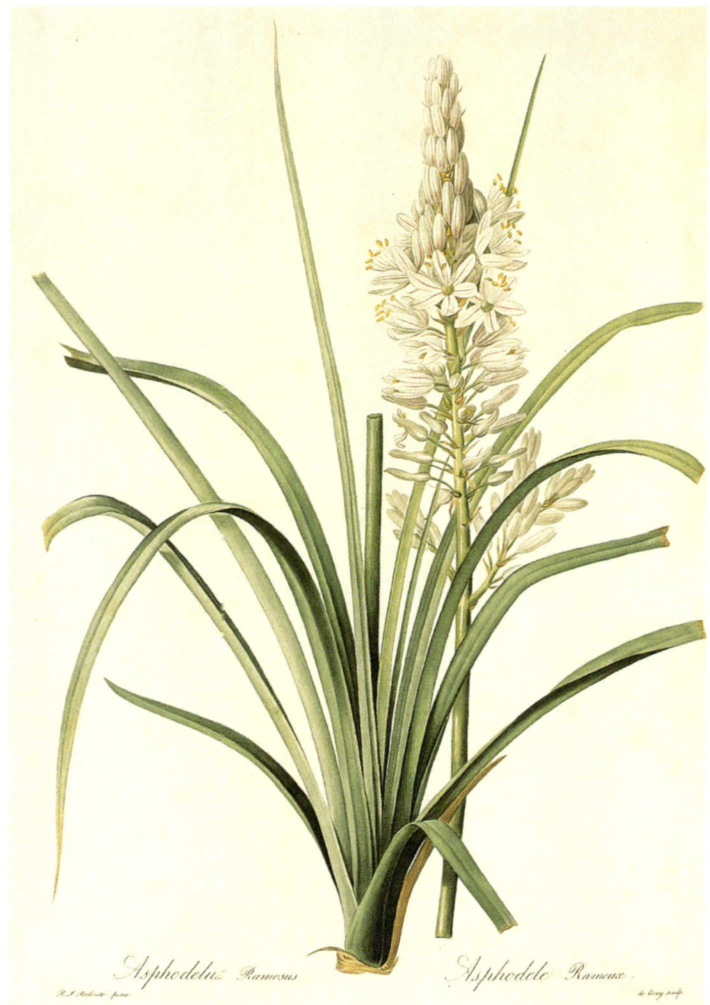

314

***Echeandia terniflora Ortega 1797 (Anthericaceae)**

Three-flowered Echeandia | *Echéandie à fleurs ternées

Dreiblütige Echeandia

Central America (Cuba and Mexico). Named after the Spanish pharmacist in Zaragoza, Pedro Gregorio Echeandia (1746–1817).

***Asphodelus ramosus L. 1753 (Asphodelaceae)**

Branched Asphodel | *Asphodèle rameux

Ästiger Affodill

Western Mediterranean region (Europe and Africa), radiating eastwards to Greece.

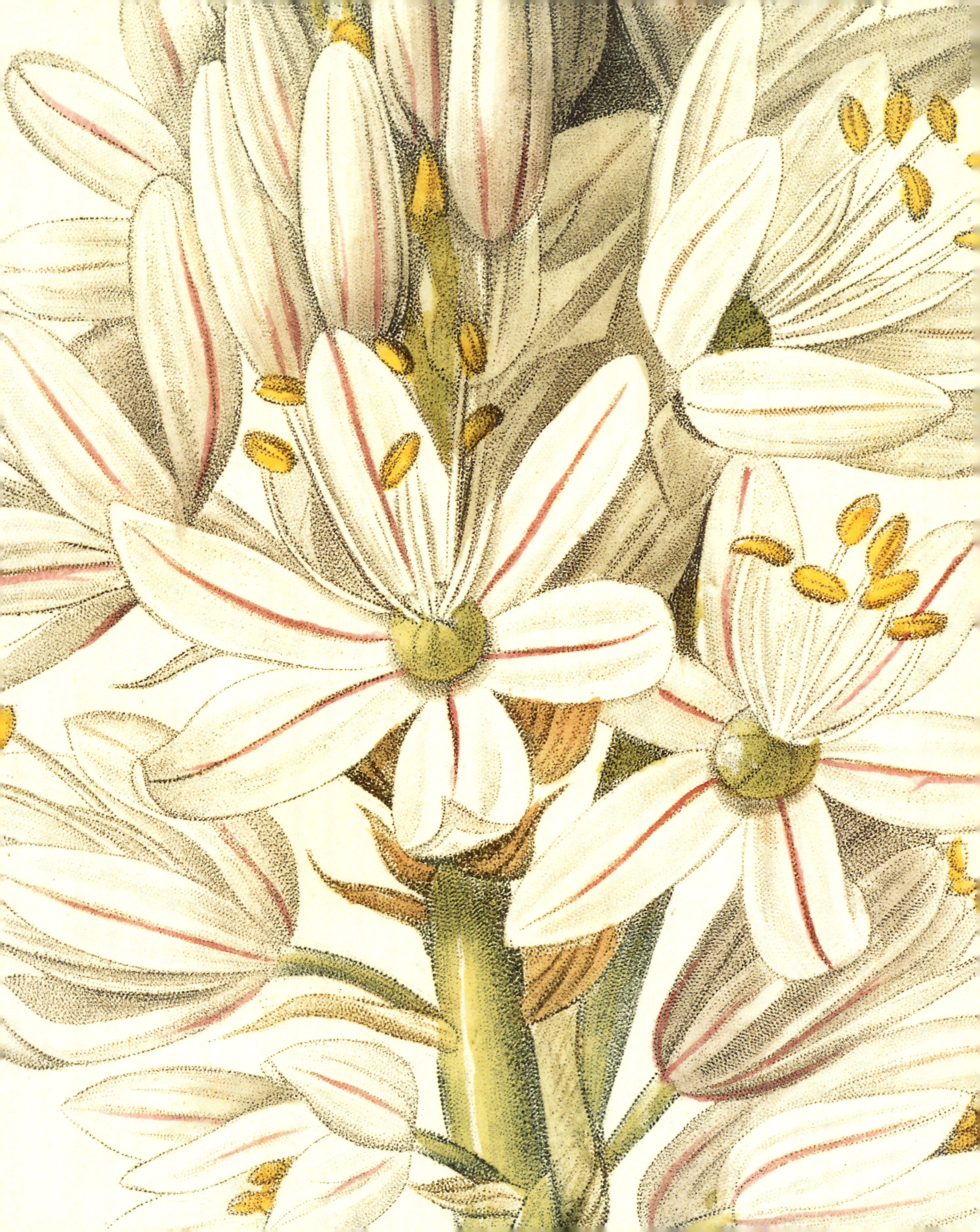

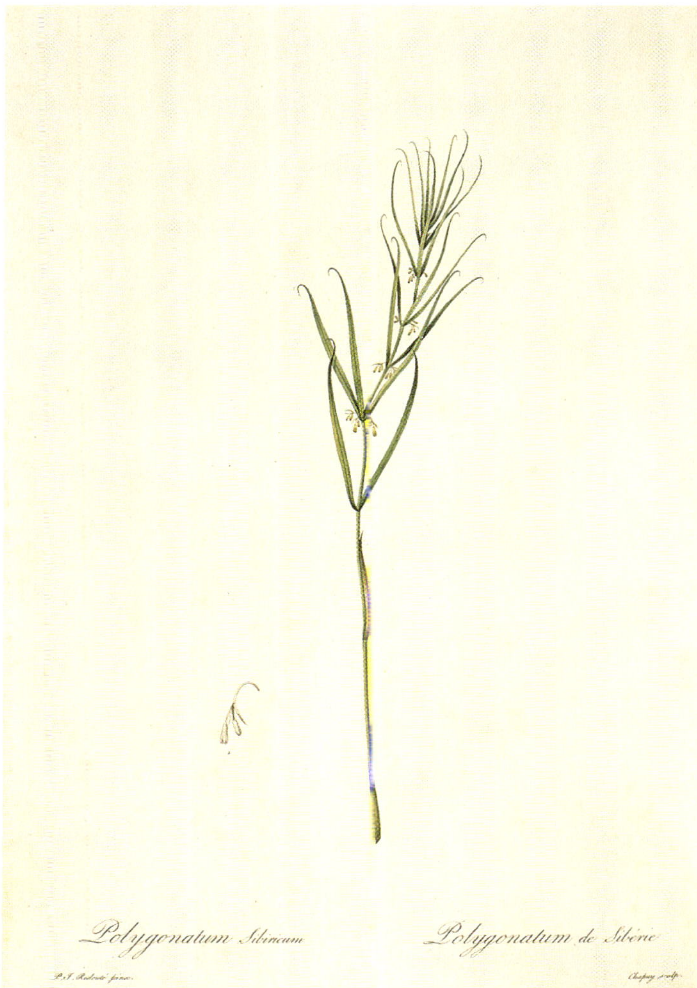

315

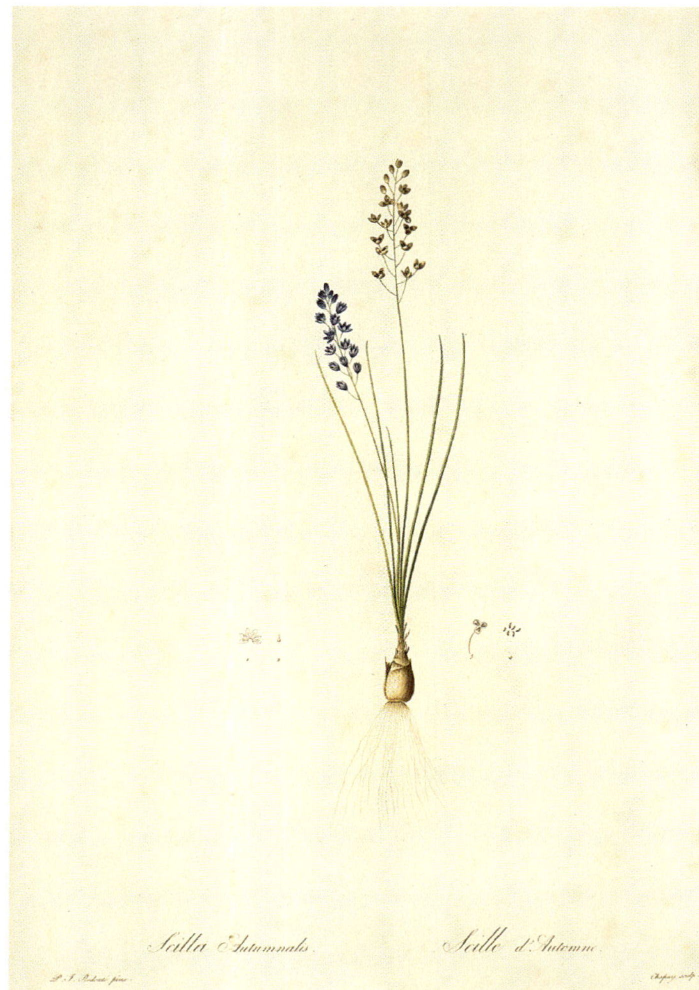

317

***Polygonatum sibiricum* F.Delaroche in REDOUTÉ 1811**
(Convallariaceae)
Siberian Solomon's Seal | *Polygonatum de Sibérie
Sibirisches Salomonssiegel
Central Asia (southern Siberia).

***Scilla autumnalis* L. 1753**
(Hyacinthaceae)
Autumn Squill ☠ | *Scille d'automne | Herbst-Blaustern
South and west Europe (northwards to Hungary, Alsace and England), northwest Africa.

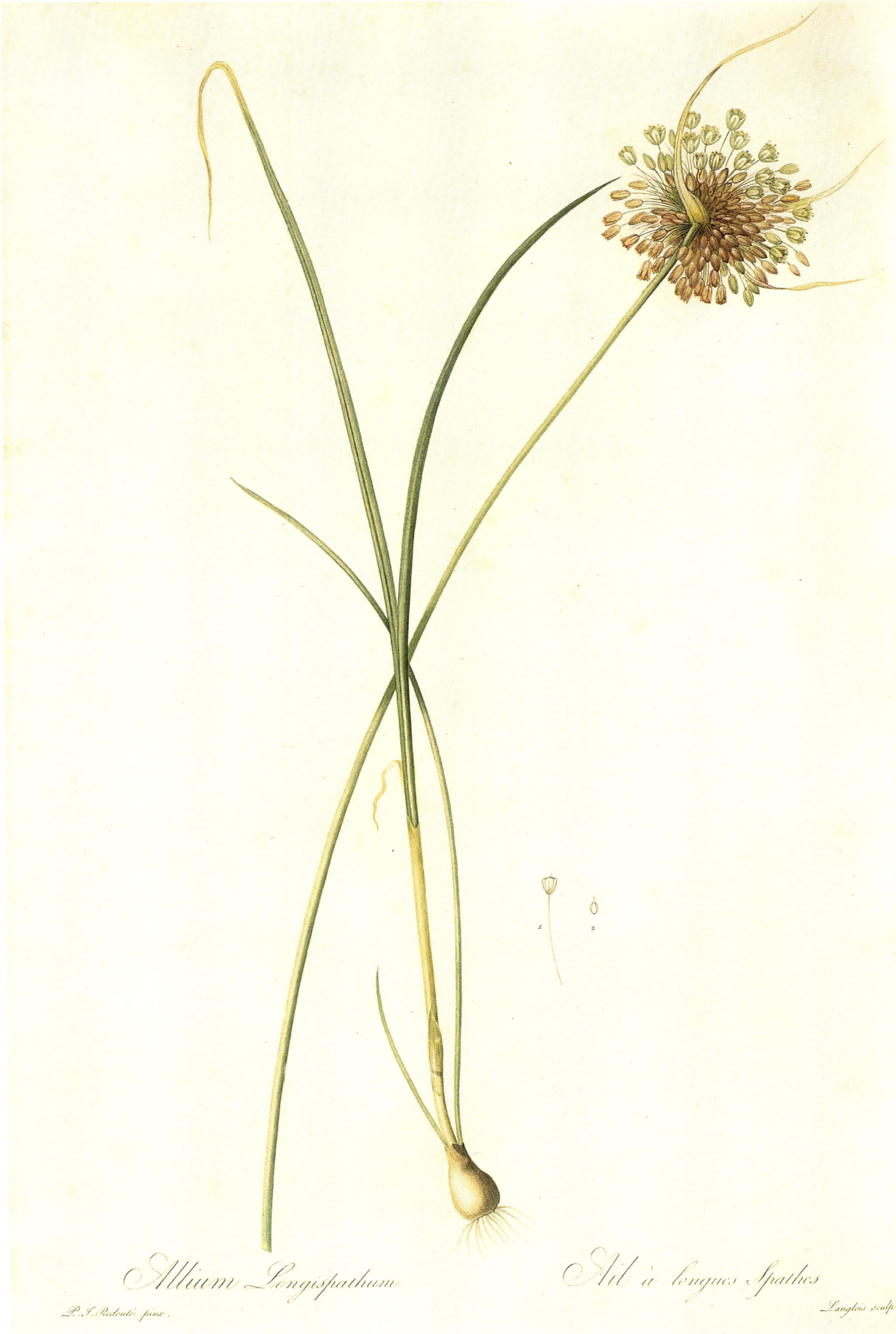

316

Allium paniculatum L. 1753 subsp. *paniculatum* (Alliaceae)
Clustered Garlic | *Ail à longues spathes | Diffusblütiger Lauch

Mediterranean region.

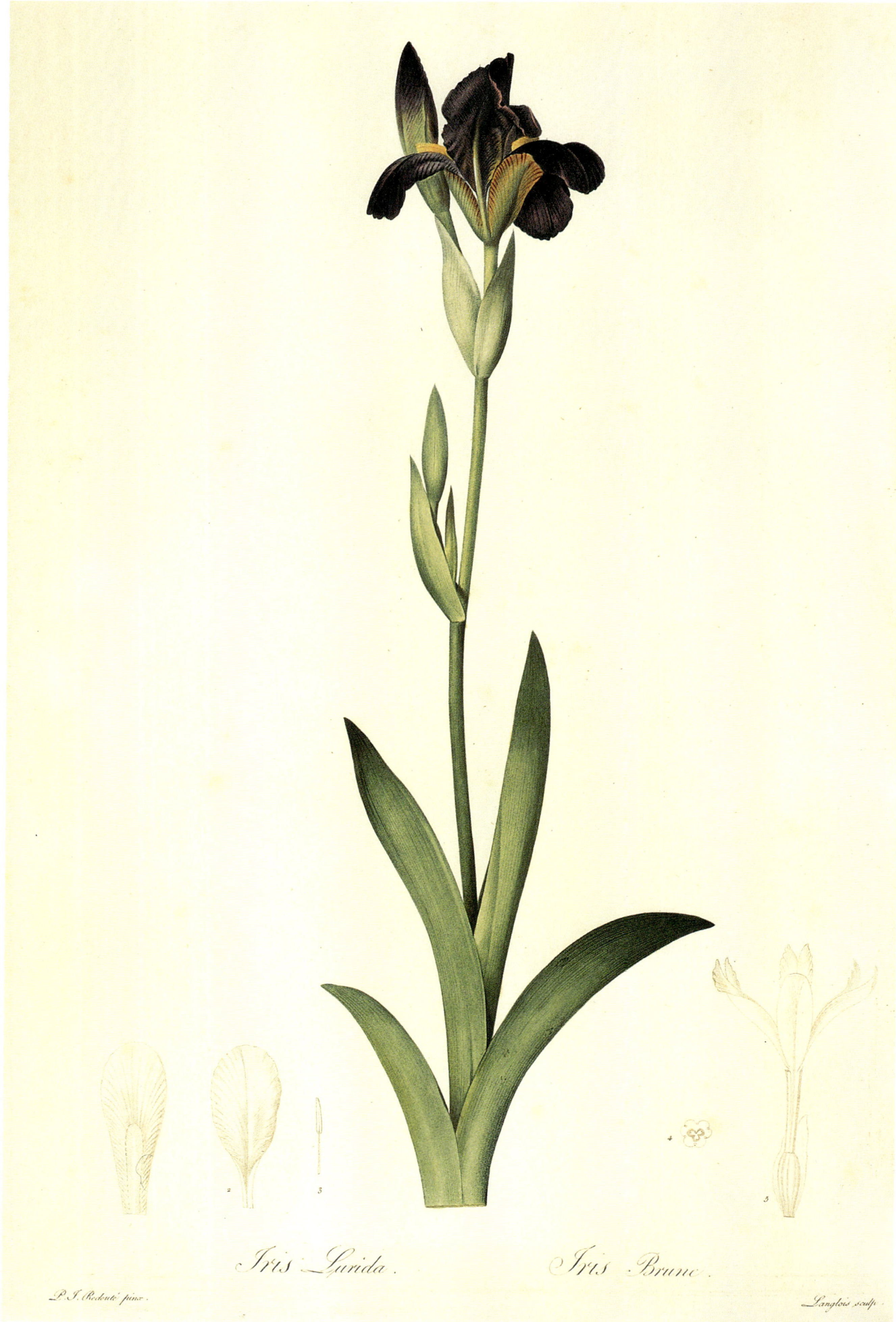

318

***Iris* × *lurida* Aiton 1789 (Iridaceae)**

(= *Iris variegata* L. 1753 × *I. pallida* Lam. 1789)

Brown Iris | *Iris brun | Braune Schwertlilie

In cultivation and naturalized e.g. in Romania and in Germany (along the Rivers Danube, Neckar, central Rhine, and Moselle).

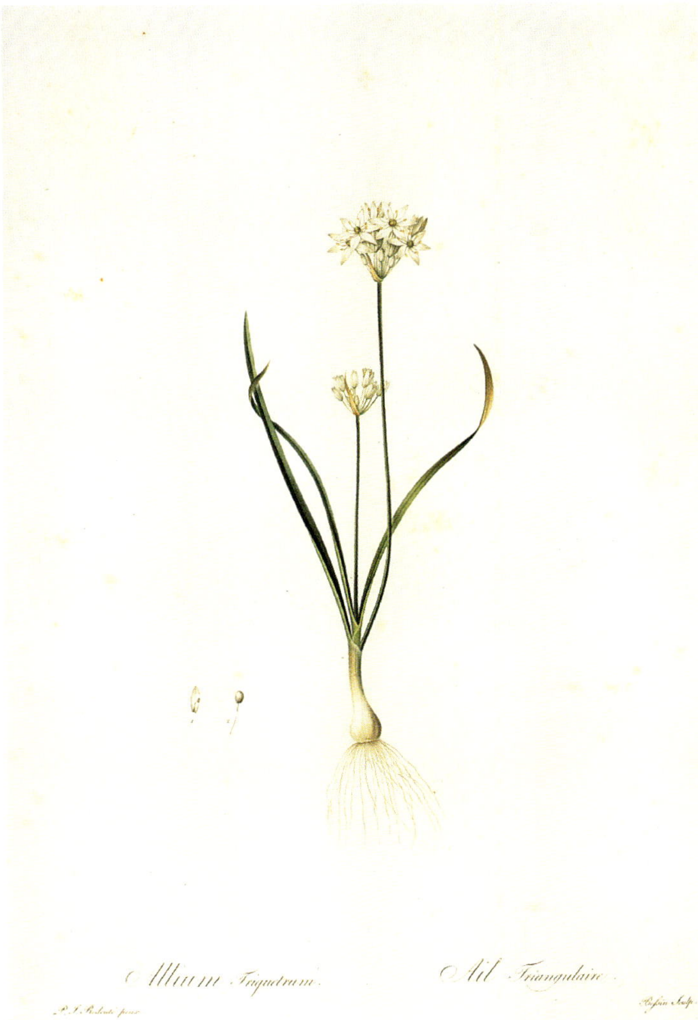

319

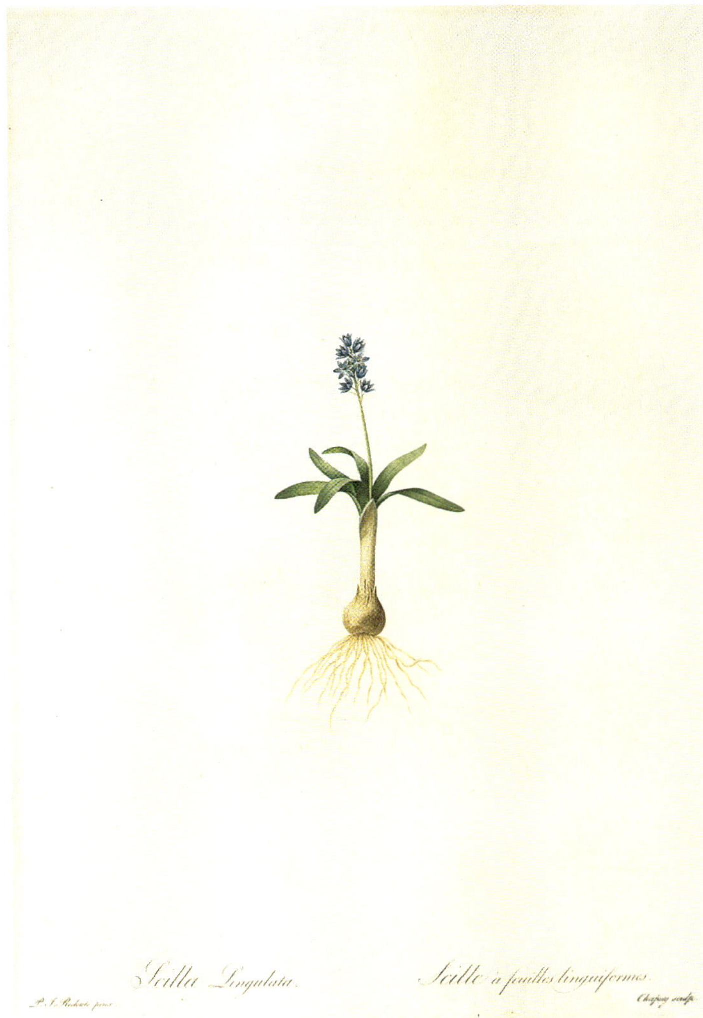

321

Allium **spec.**
(Alliaceae)
Allium | *Ail triangulaire
Allium

Note: The plant depicted is not *Allium triquetrum* L. 1753, but the description fits well.

Hyacinthoides lingulata **(Poiret) Rothm. 1944**
(Hyacinthaceae)
North African Bluebell | *Scille à feuilles linguiformes
Zungenblättriges Hasenglöckchen

Northwest Africa (Morocco, Algeria, Tunesia).

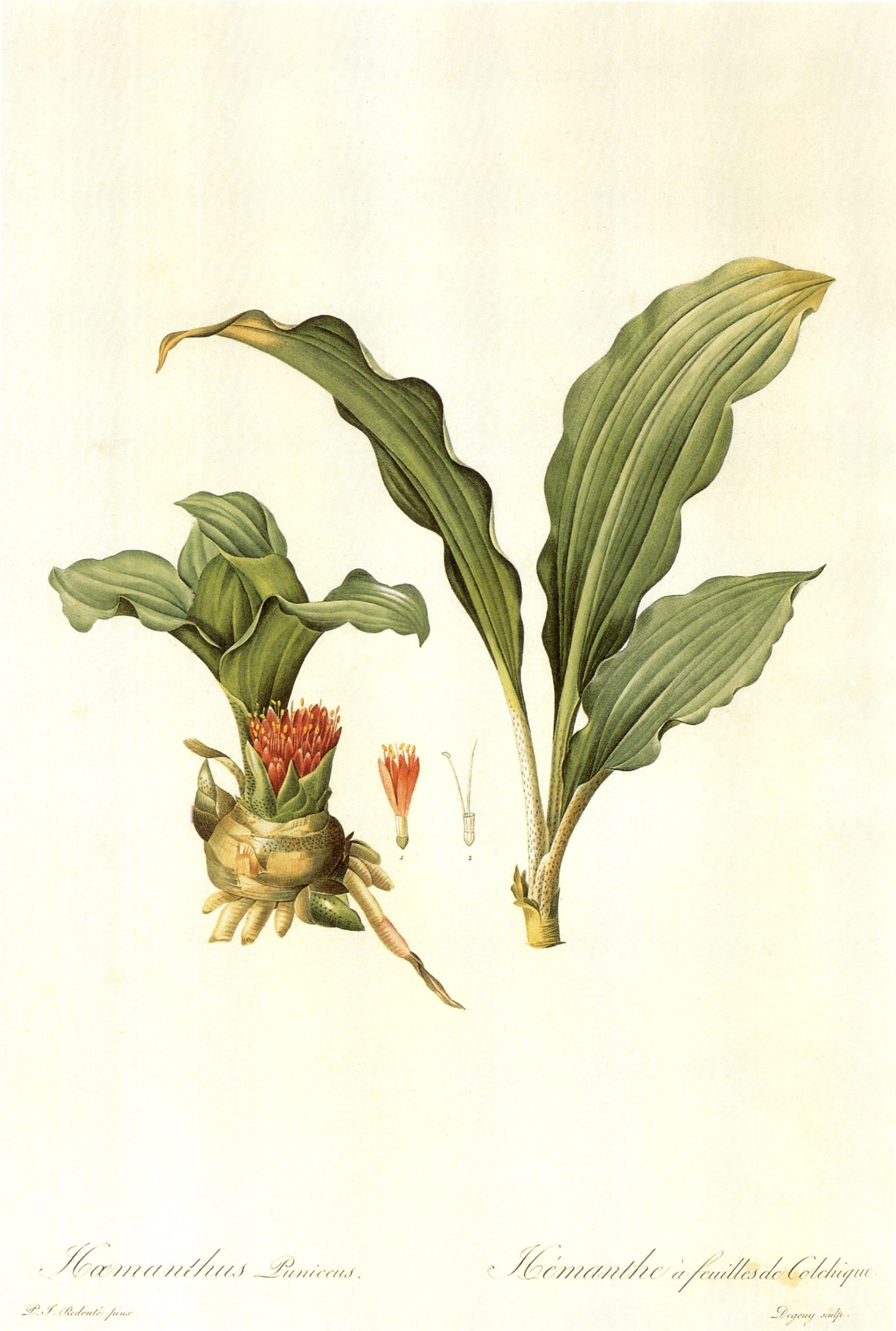

320

Scadoxus puniceus (L.) Friis & Nordal 1976 (Amaryllidaceae)
(= *Haemanthus redouteanus* Roem. 1847)

Crimson Blood-Umbel | *Hémanthe à feuilles de colchique | Granatrote Blutdolde

Summer rainfall east Africa from Ethiopia to South Africa, extending into the winter rainfall region of the Western Cape (De Hoop Nature Reserve).

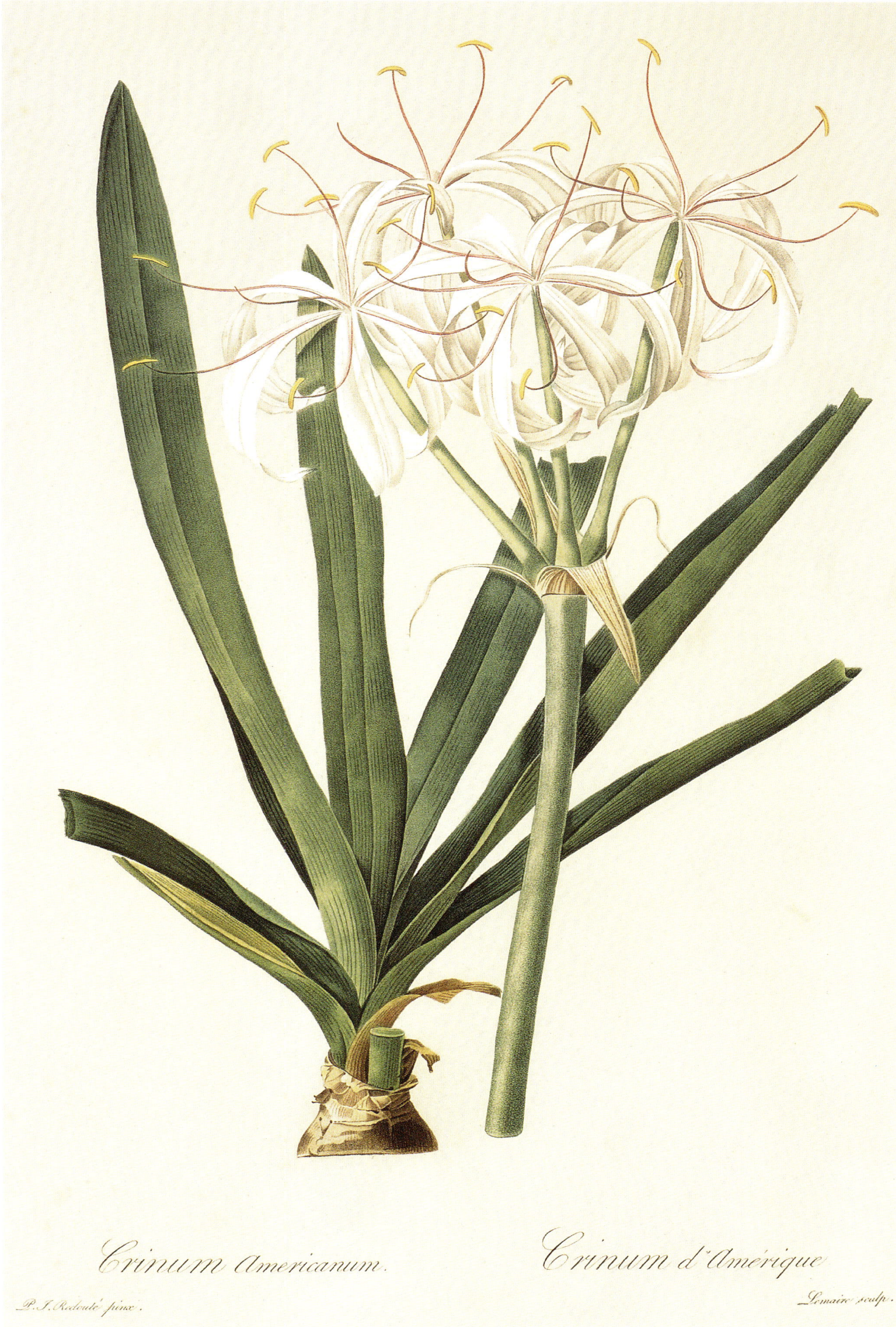

322

Crinum erubescens Aiton 1789 (Amaryllidaceae)

Blush-coloured Crinum | *Crinum d'Amérique | Errötende Hakenlilie

Central and South America (from southern Mexico to southern Brazil). Note: In the text the plant is called *Crinum commelynii* and it is stated that *Crinum americanum* on the plate is an error. See pl. 27.

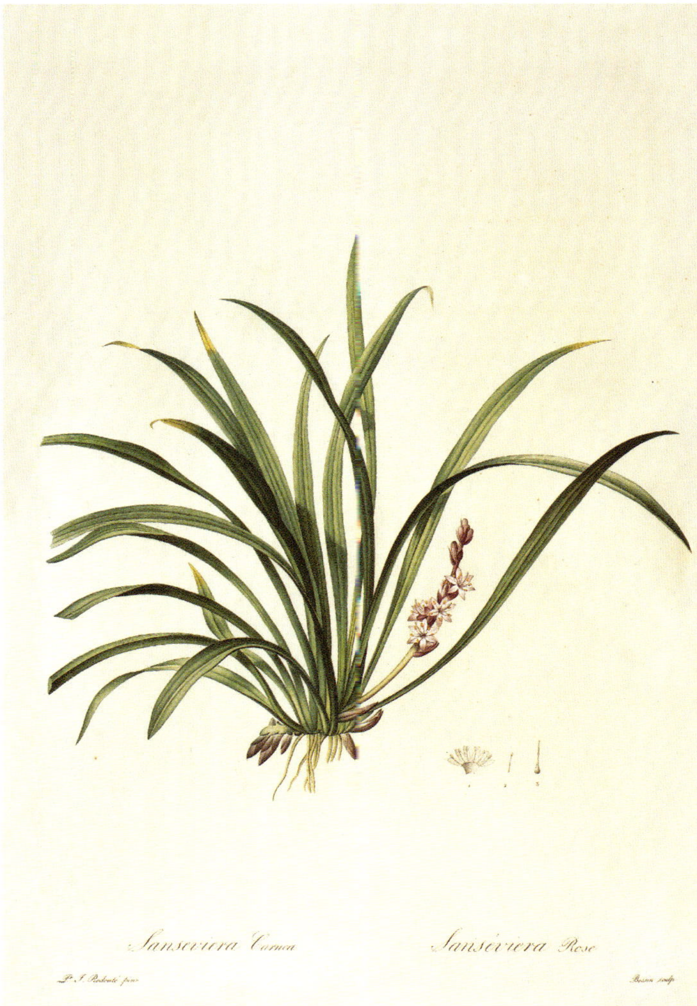

323

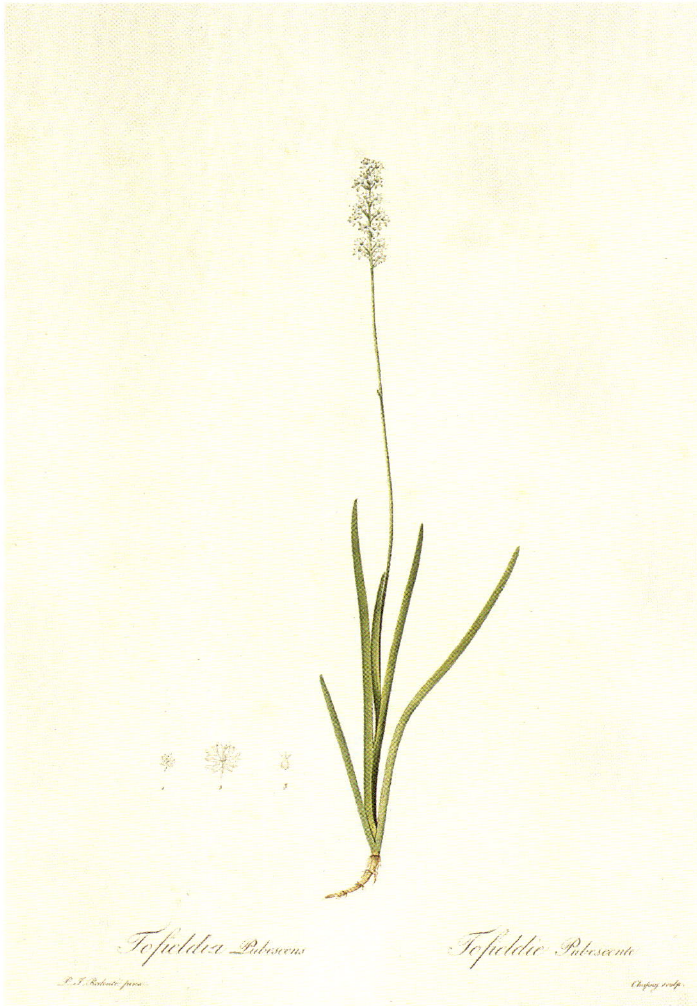

324

Reineckea carnea (Andr.) Kunth 1842 (Convallariaceae)

Flesh-colour flowered Reineckea | *Sanseviera rose
Fleischfarbene Reineckie

East Asia (Japan, China). Named after the German horticulturist Johann Heinrich Julius Reinecke (1798–1871).

Tofieldia pubens (Michx.) Willd. 1808 (Melanthiaceae) (= _Narthecium pubens_ Michx. 1803)

Pubescent False Asphodel | *Tofieldie pubescente
Kräuselhaarige Simsenlilie

North America (USA: Carolina). Drawn from herbarium specimens. Named after Mr. Tofield (fl. 1778), with whom Hudson corresponded.

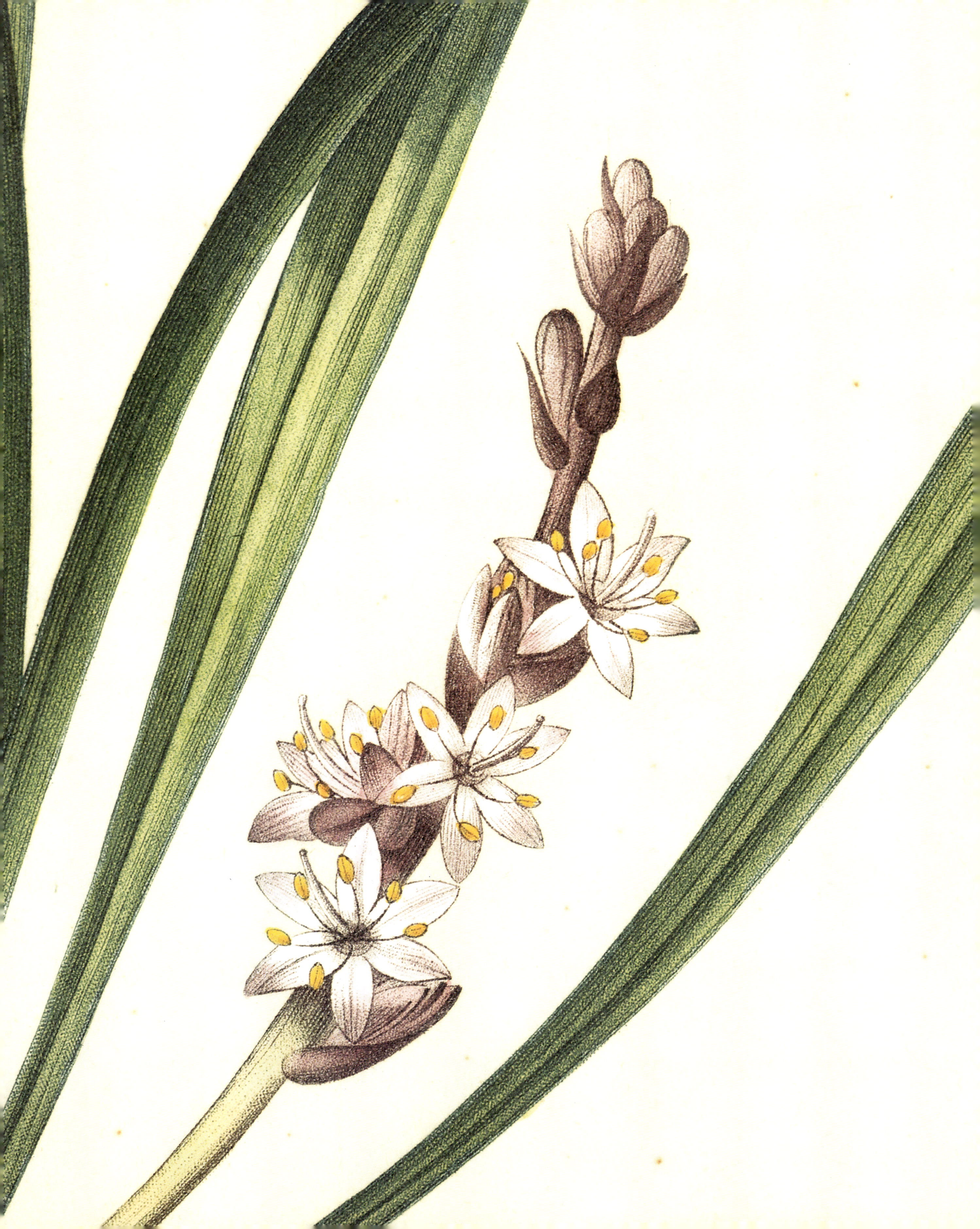

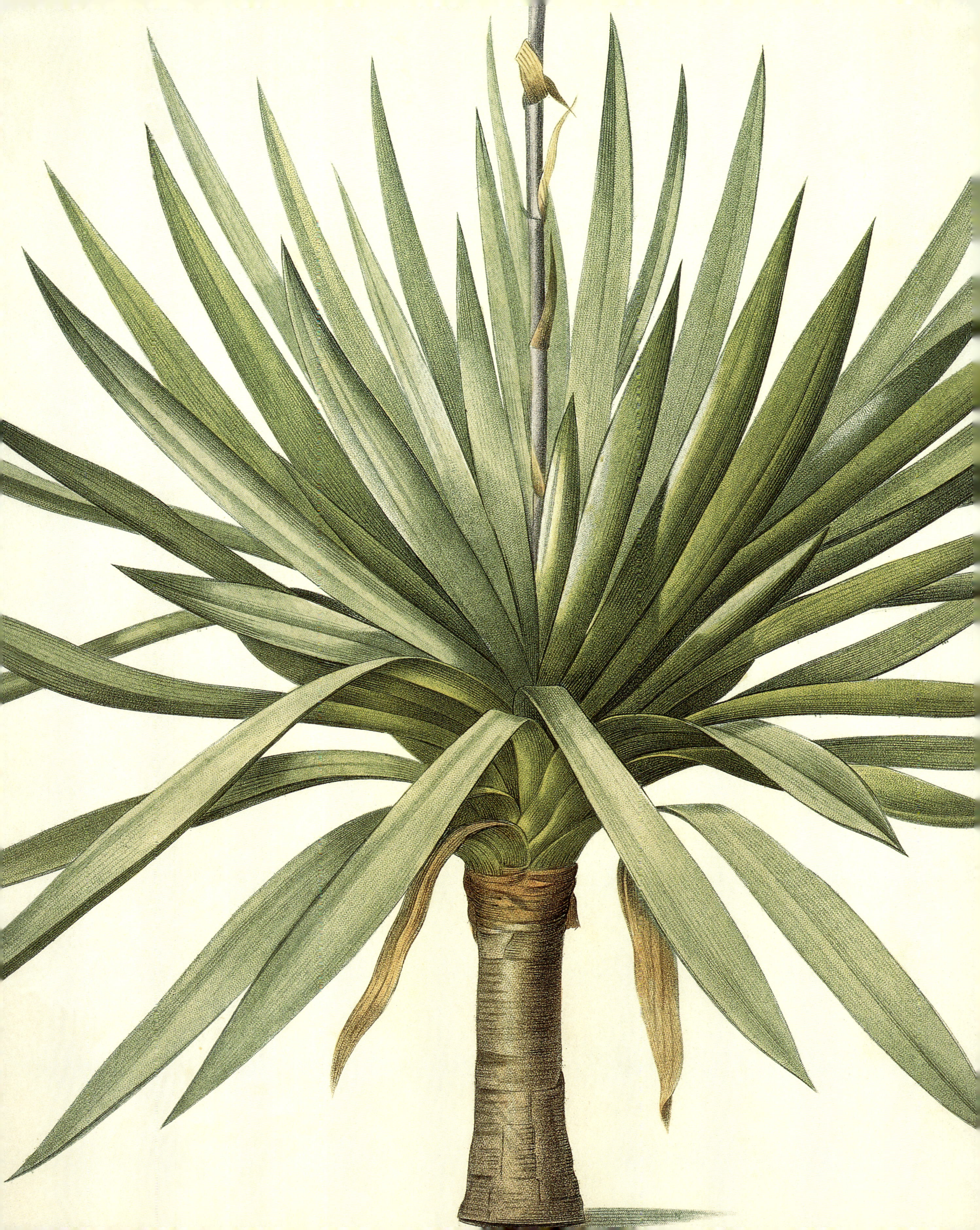

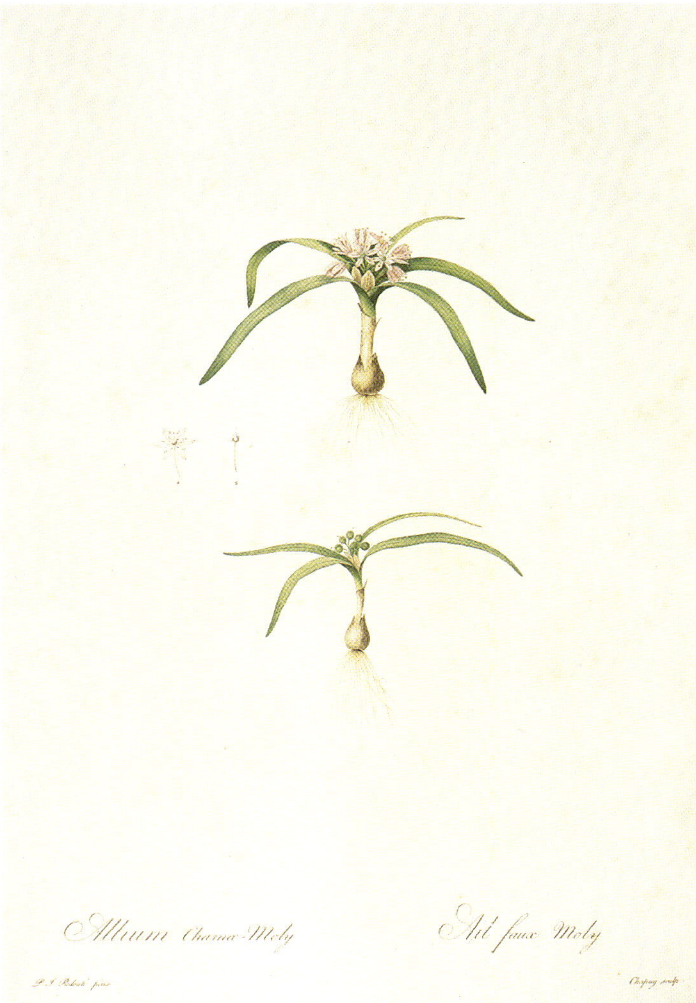

325

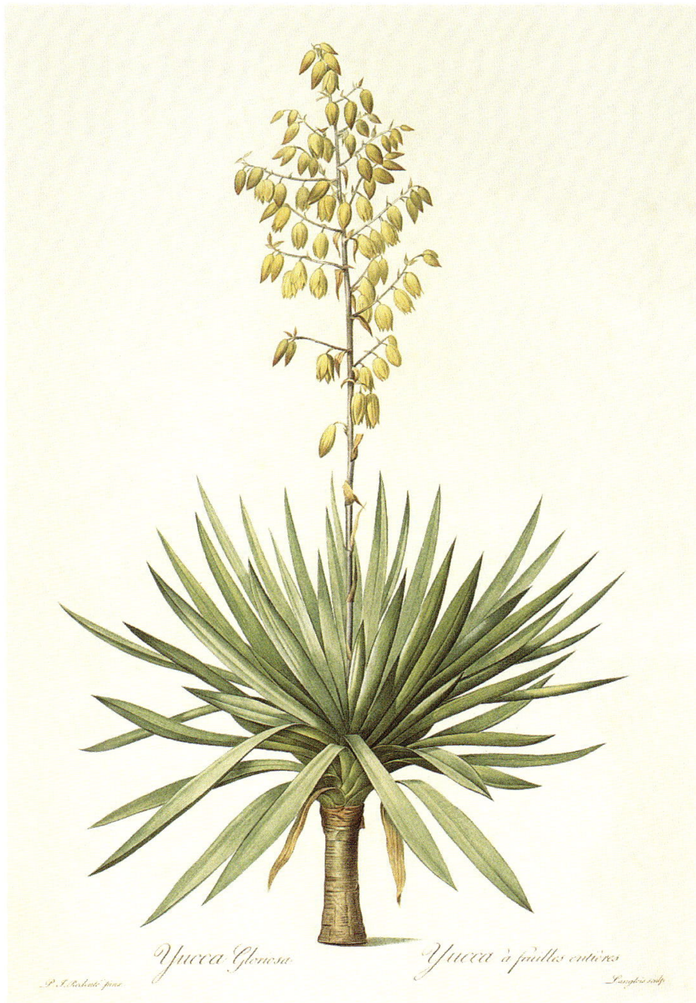

326

***Allium chamaemoly* L. 1753 (Alliaceae)**

Dwarf Moly Leek | *Ail faux moly

Zwerg-Moly-Lauch

Mediterranean Region: South Europe (Spain to Greece), North Africa (Tunesia, Algeria, Morocco).

***Yucca gloriosa* L. 1753 (Agavaceae)**

Gorgeous Yucca | *Yucca à feuilles entières

Herrliche Palmenlilie

Atlantic North America (North Carolina to Florida).

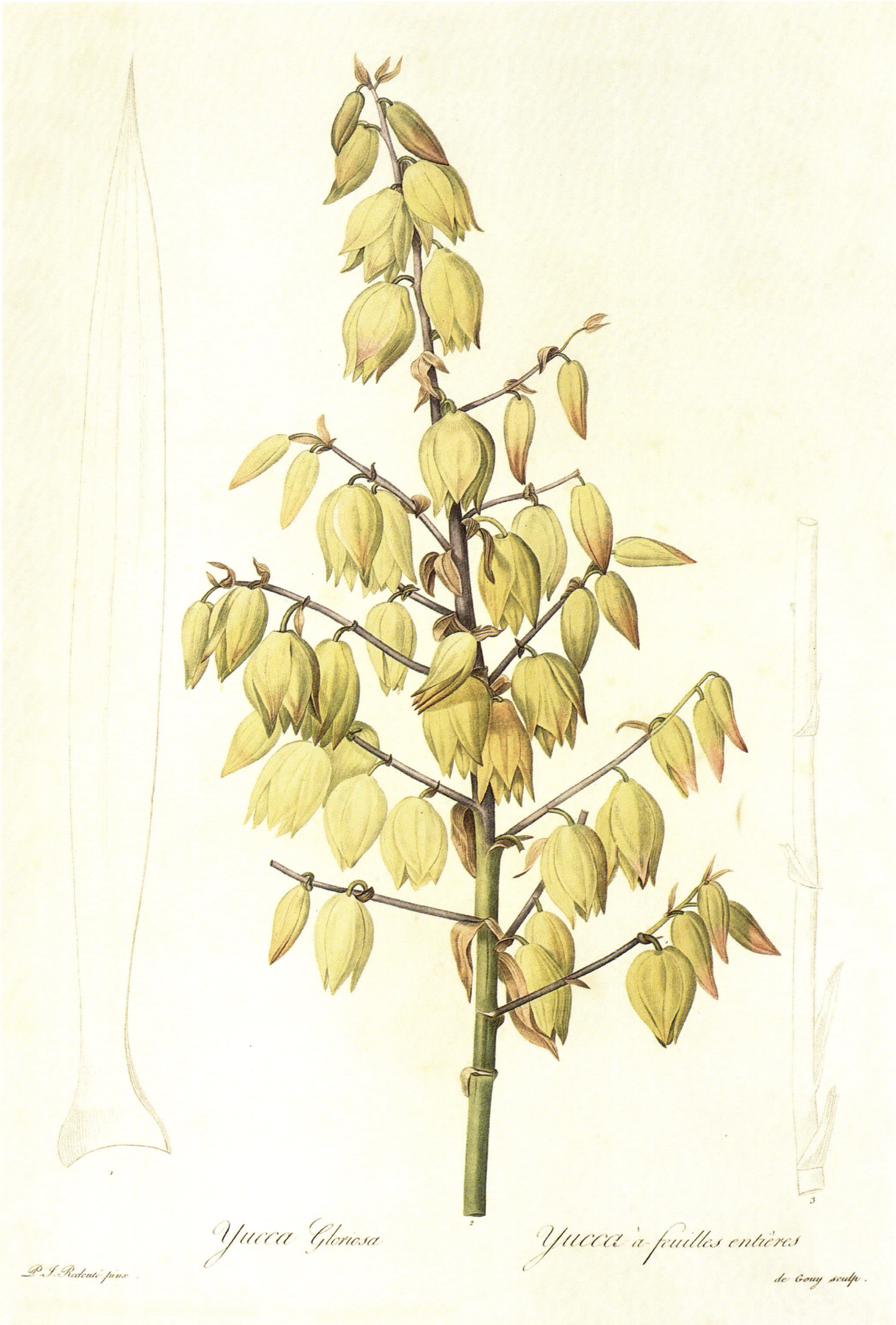

327

Yucca gloriosa L. 1753 (Agavaceae)

Gorgeous Yucca | *Yucca à feuilles entières | Herrliche Palmenlilie

Atlantic North America (North Carolina to Florida). (Strangely enough Linnaeus 1753 gives "Habitat in Canada, Peru.")

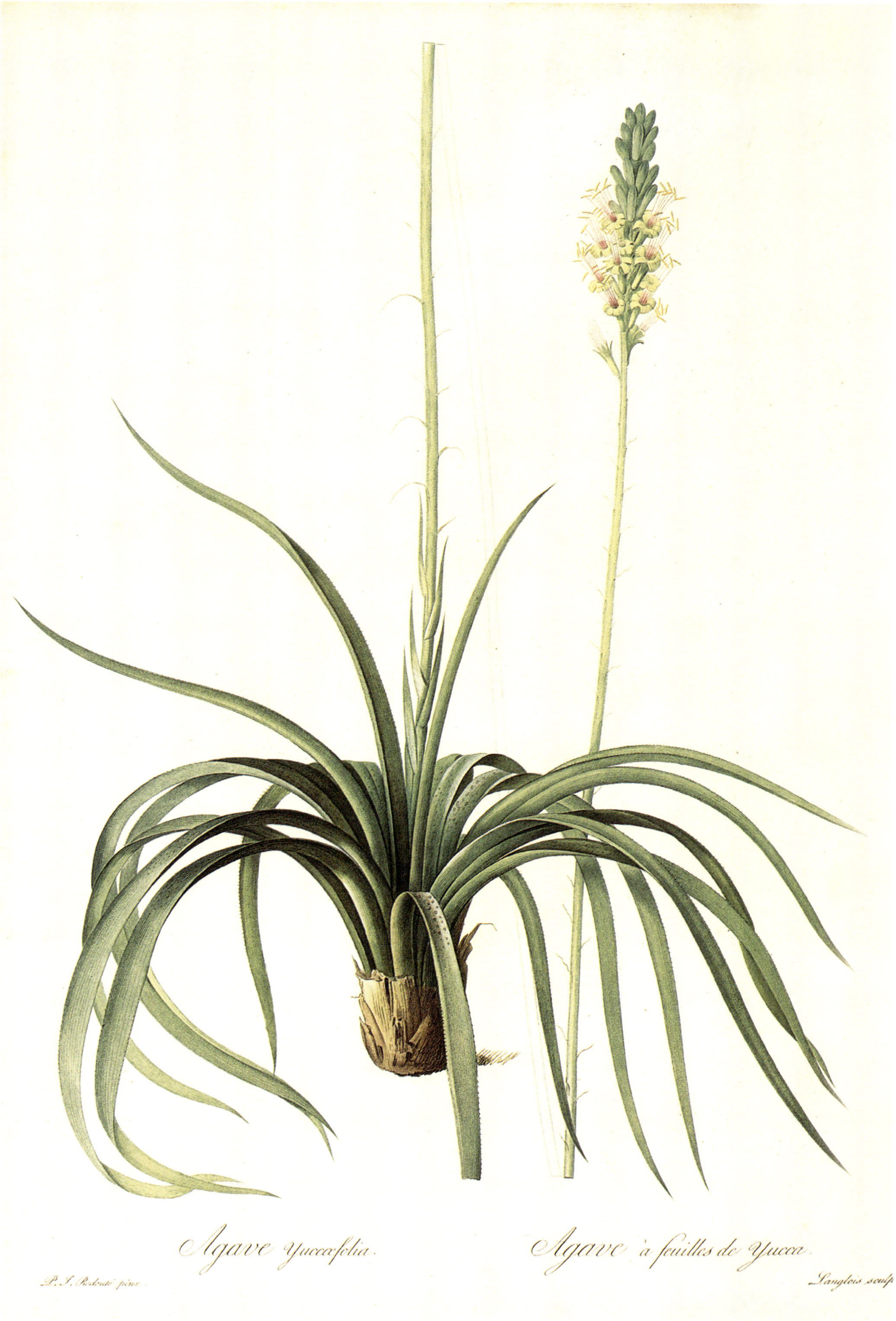

328

***_Agave yuccifolia_ F.Delaroche in REDOUTÉ 1811 (Agavaceae)**

Yucca-leavec Agave | *Agave à feuilles de yucca | Yuccablättrige Agave

Central America (Mexico).

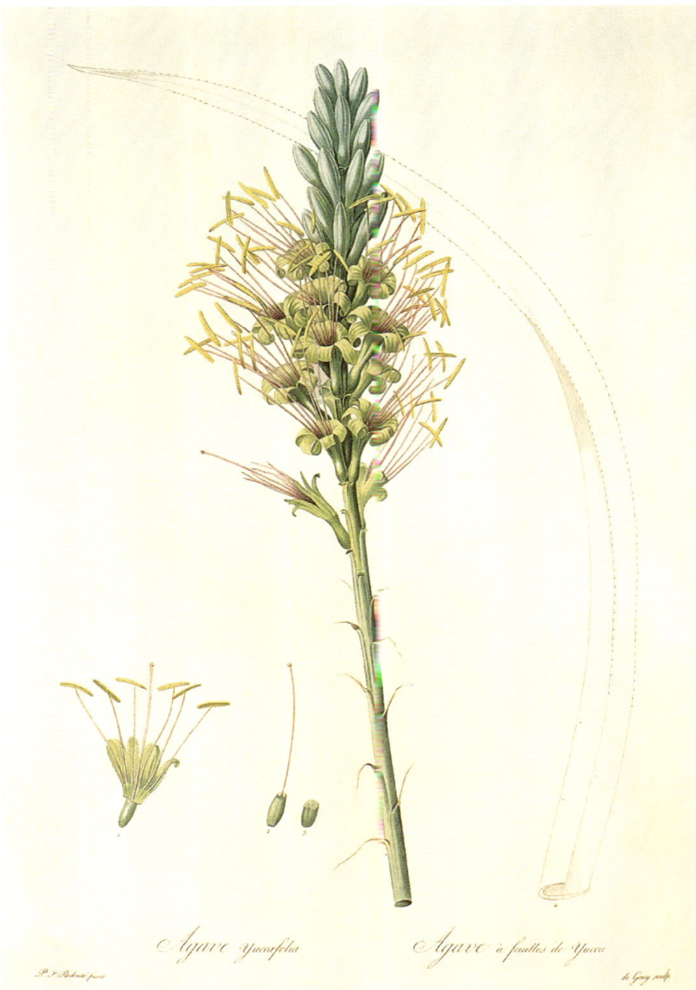

329

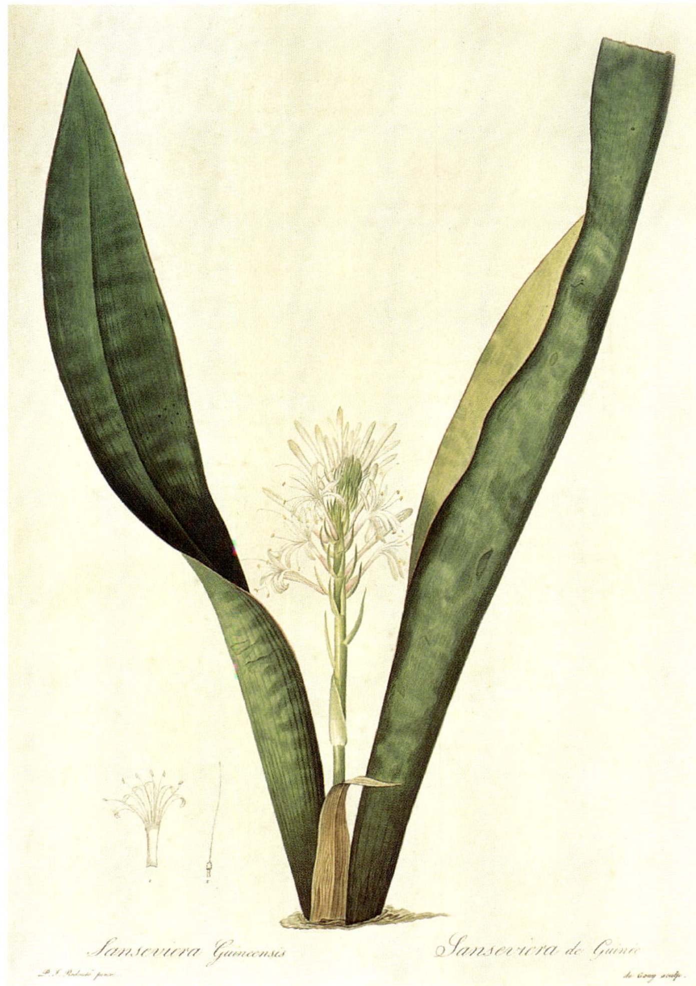

330

******Agave yuccifolia* **F.Delaroche in REDOUTÉ 1811**
[*yuccaefolia*] (Agavaceae)
Yucca-leaved Agave | *Agave à feuilles de yucca
Yuccablättrige Agave

Central America (Mexico).

Sansevieria hyacinthoides **(L.) Druce 1914**
(Dracaenaceae)
African Bowstring Hemp | *Sanseviera de Guinée
Südafrikanischer Bogenhanf

South Africa (not western tropical Africa as often assumed from the synonym *S. guinensis*).
Named after the Italian Raimondo Sangro Principe de Sanseviero (1710–1771).

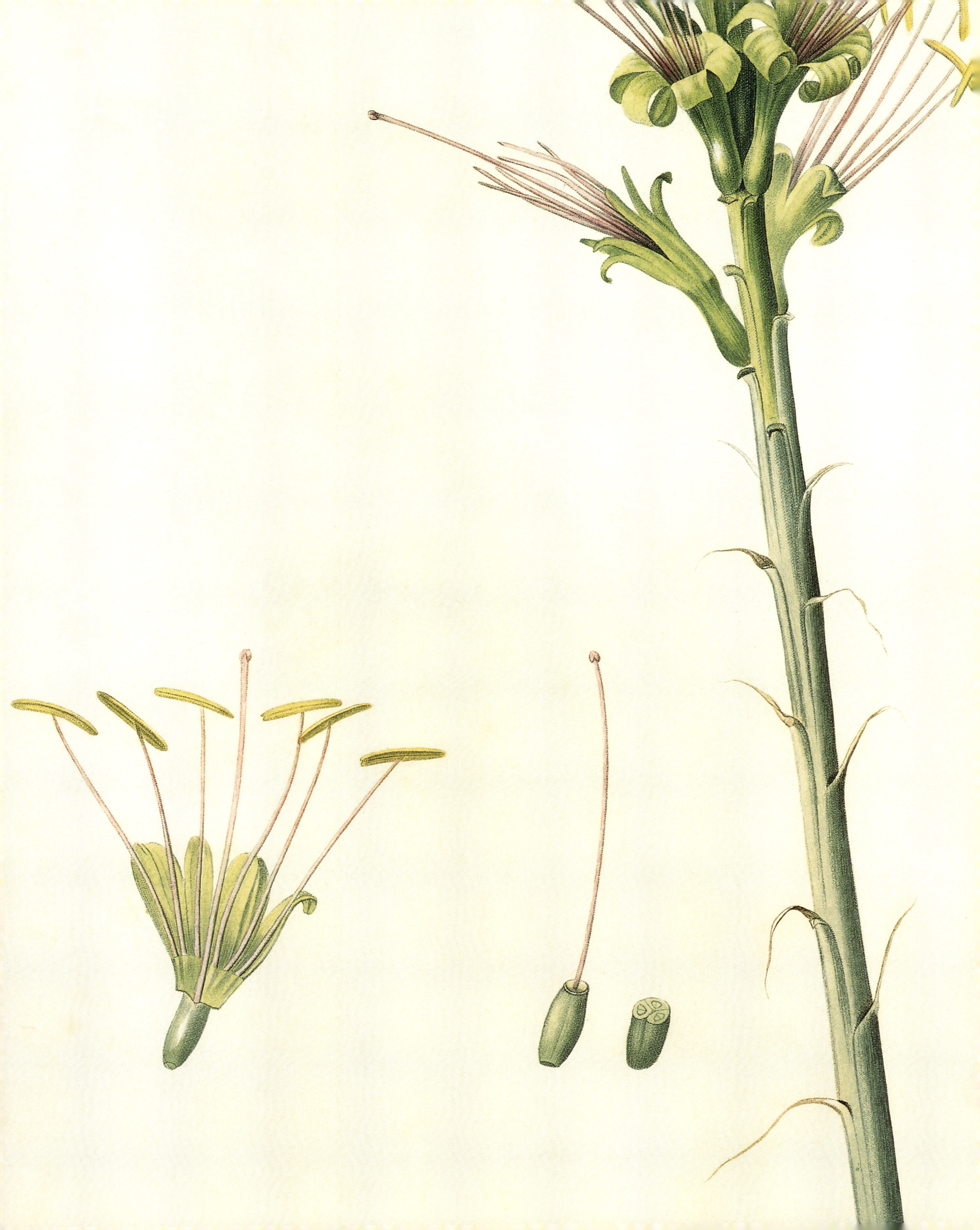

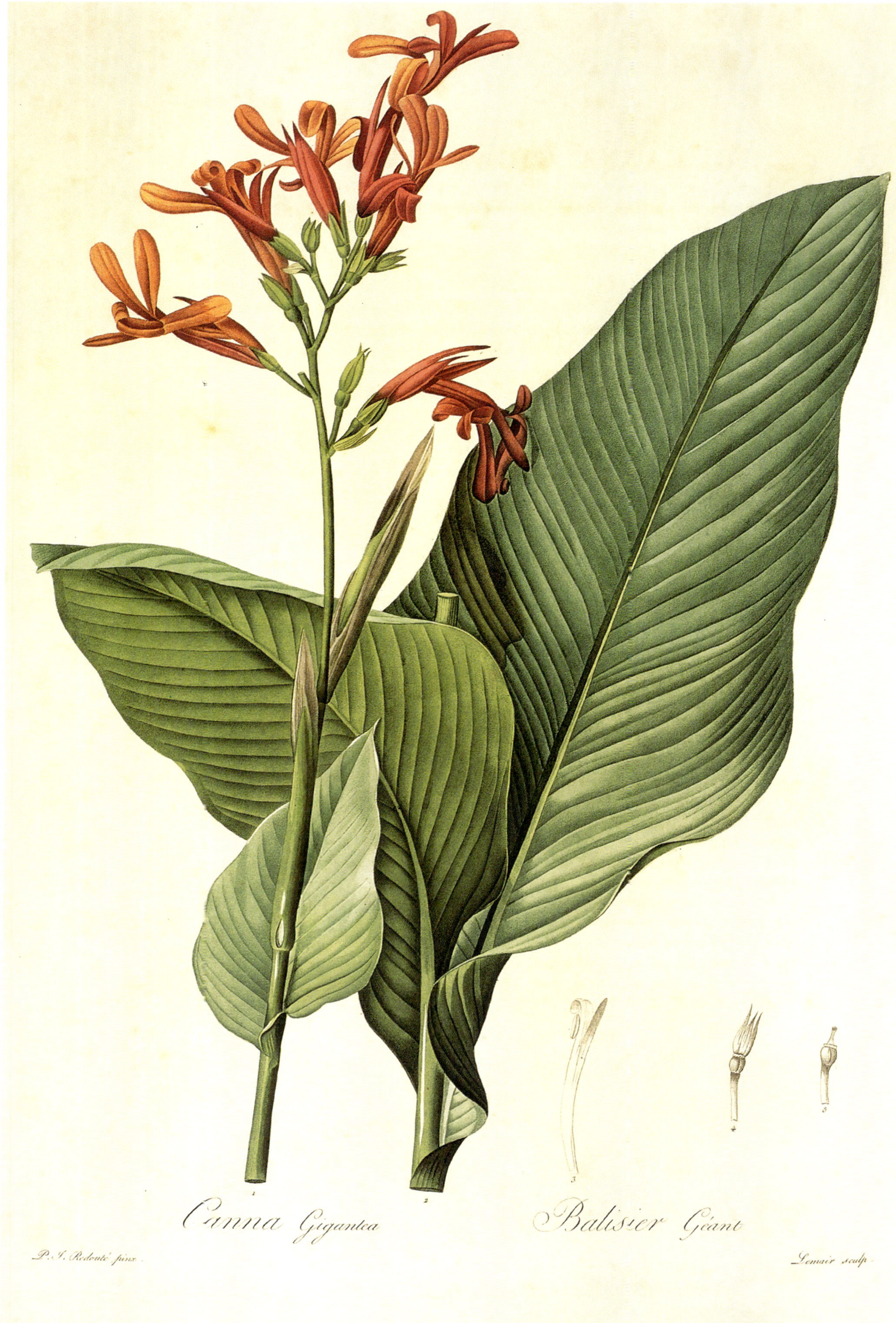

331

Canna latifolia Mill. 1768 (Cannaceae)

Broad-leaved Canna ✿ | *Balisier géant | Breitblättriges Blumenrohr

Tropical South America. Originally Canna was a Semitic plant name which was introduced into ancient Latin for all sorts of reed or cane. Linnaeus switched the meaning to *Canna*.

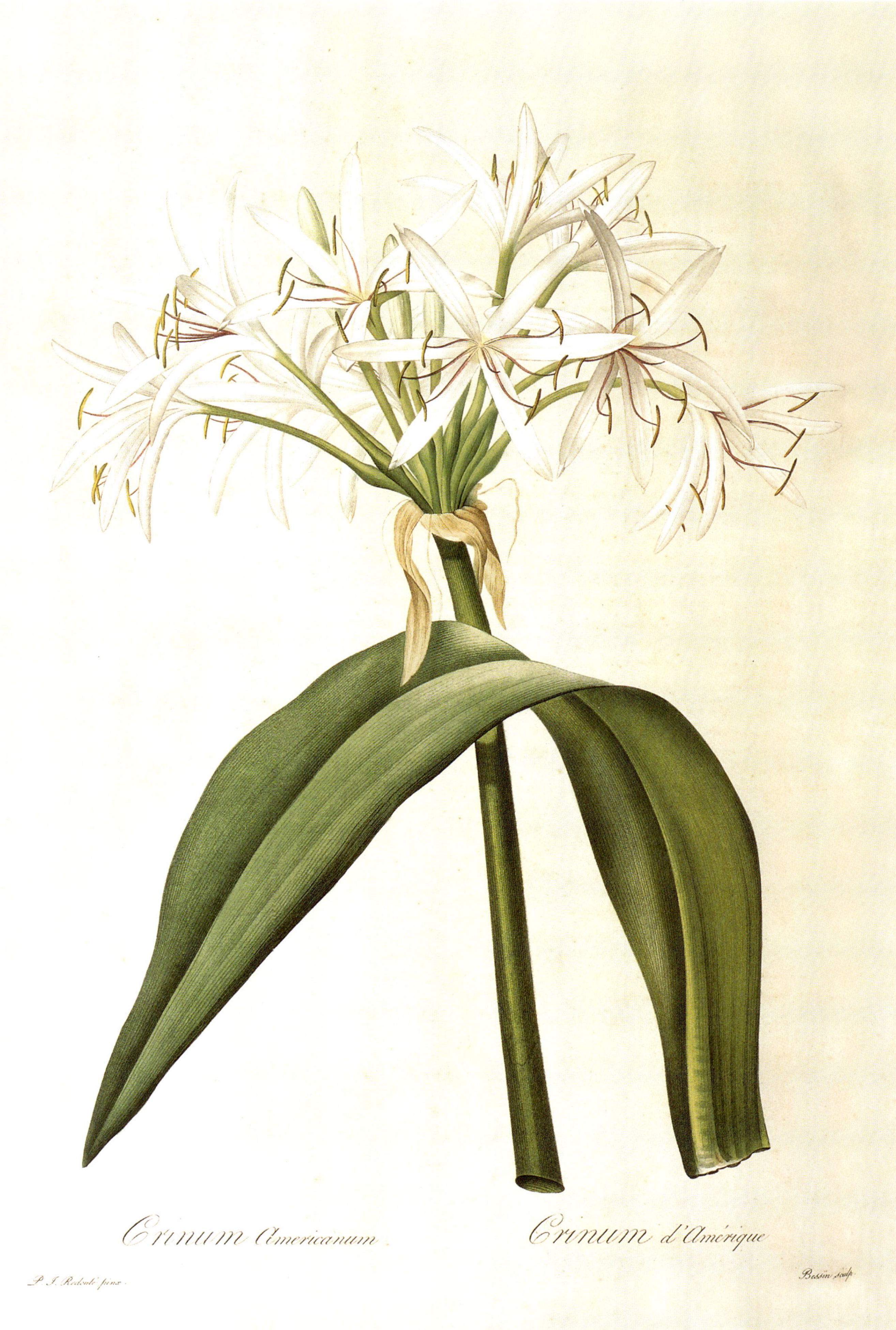

332

Crinum asiaticum L. 1753 (Amaryllidaceae)

Asiatic Crinum | *Crinum d'Amérique | Asiatische Hakenlilie

Southeast Asia to Australia and Oceania. See pl. 348.

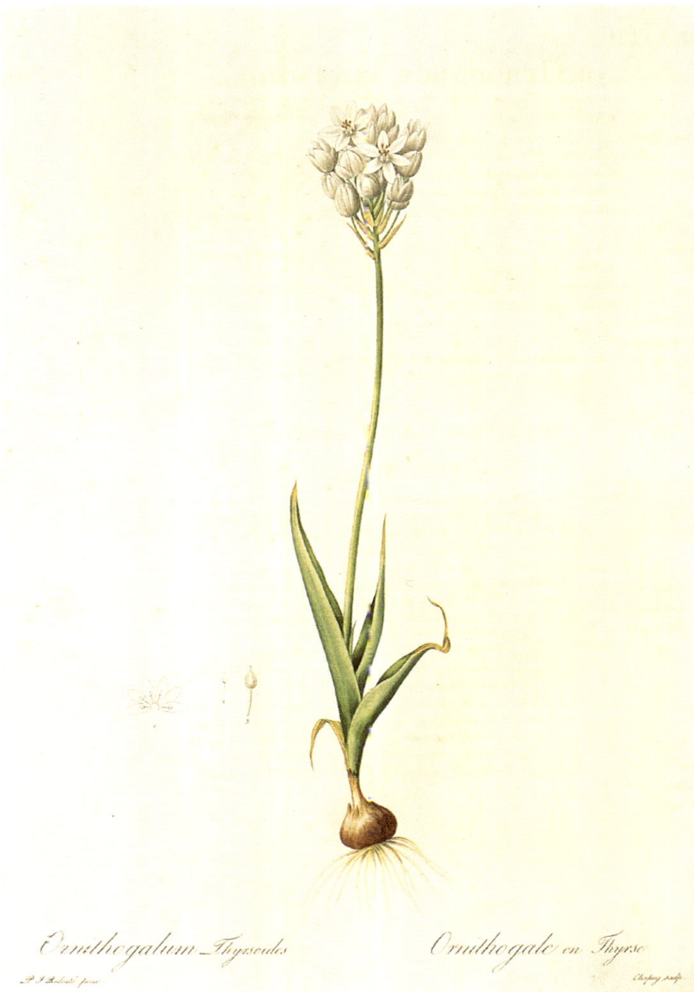

333

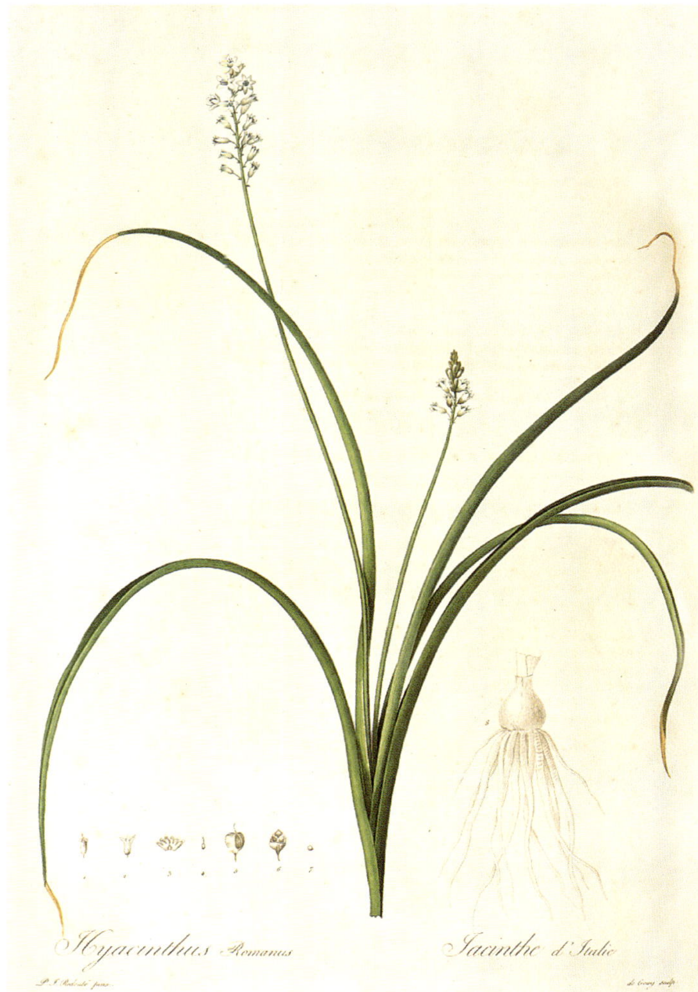

334

***Ornithogalum thyrsoides* Jacq. 1776 (Hyacinthaceae)**

Common Chincherinchee | *Ornithogale en thyrse
Thyrsische Vogelmilch

Winter rainfall South Africa (Western and Northern Cape). In fact the inflorescence is not thyrsic but corymbose. The morphological meaning of the inflorescence type "thyrse" was specified by A. P. de Candolle, text author of the first four volumes of *Les Liliacées*.

***Bellevalia romana* (L.) Rchb. 1830 (Hyacinthaceae)**

Roman Bellevalia | *Jacinthe d'Italie
Römische Bellevalia

South Europe (east and central Mediterranean region from Greece and Albania to Sicily and Corse and radiating to southwest France). Named after Pierre Richer de Belleval (1564–1632), French botanist and founder of the Botanical Garden in Montpellier (1598).

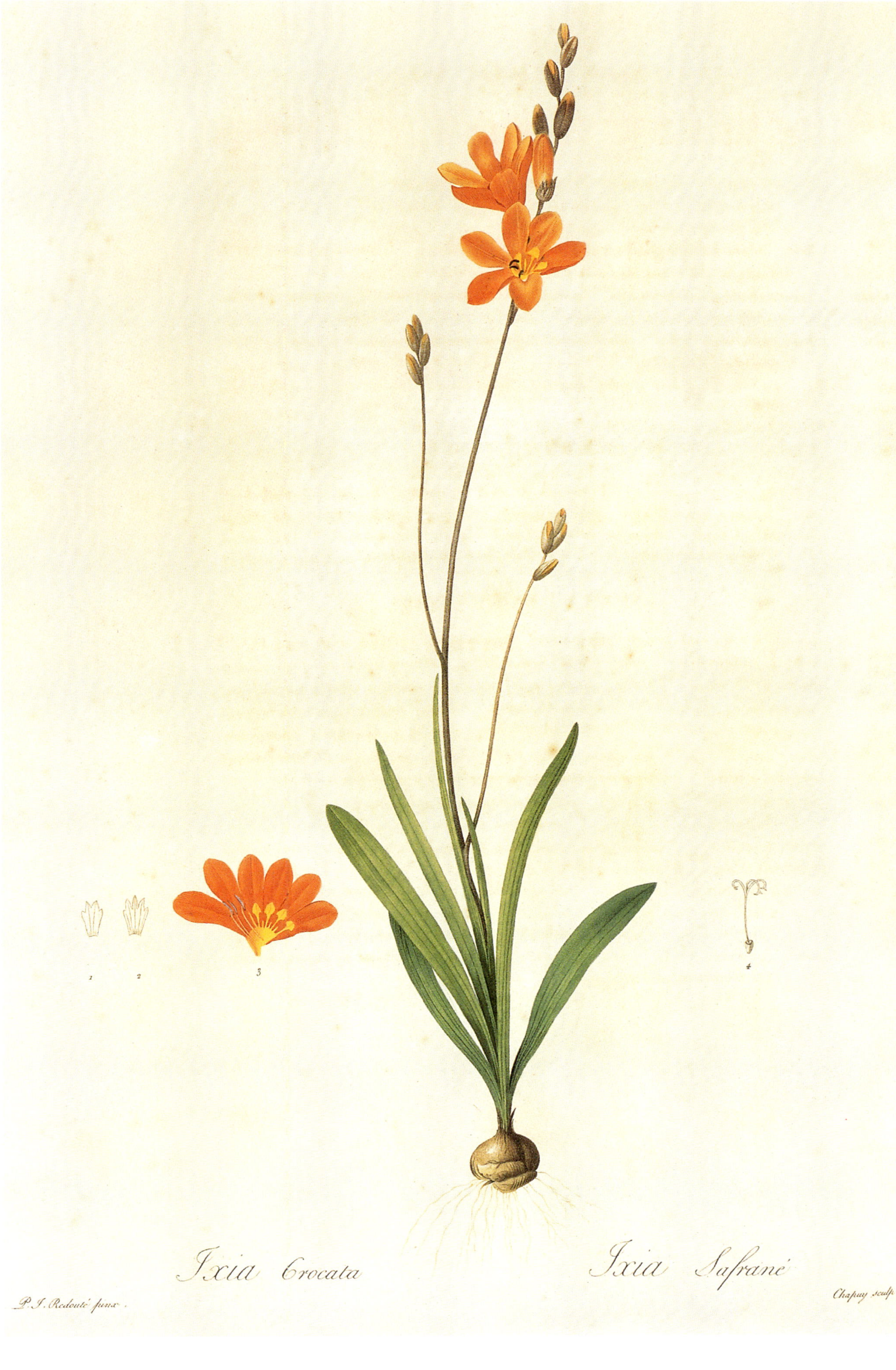

Tritonia deusta (Aiton) Ker Gawl. 1803 subsp. miniata (Jacq.) de Vos 1982 (Iridaceae)

Orange Tritonia | *Ixia safranée | Orangefarbene Tritonie

Winter rainfall South Africa (Western Cape, from the Cape Peninsula to Mossel Bay). "Name derived from *Triton*, in the signification of a vane or weathercock …" according to Ker Gawler, the author of the genus *Tritonia*. See pl. 89.

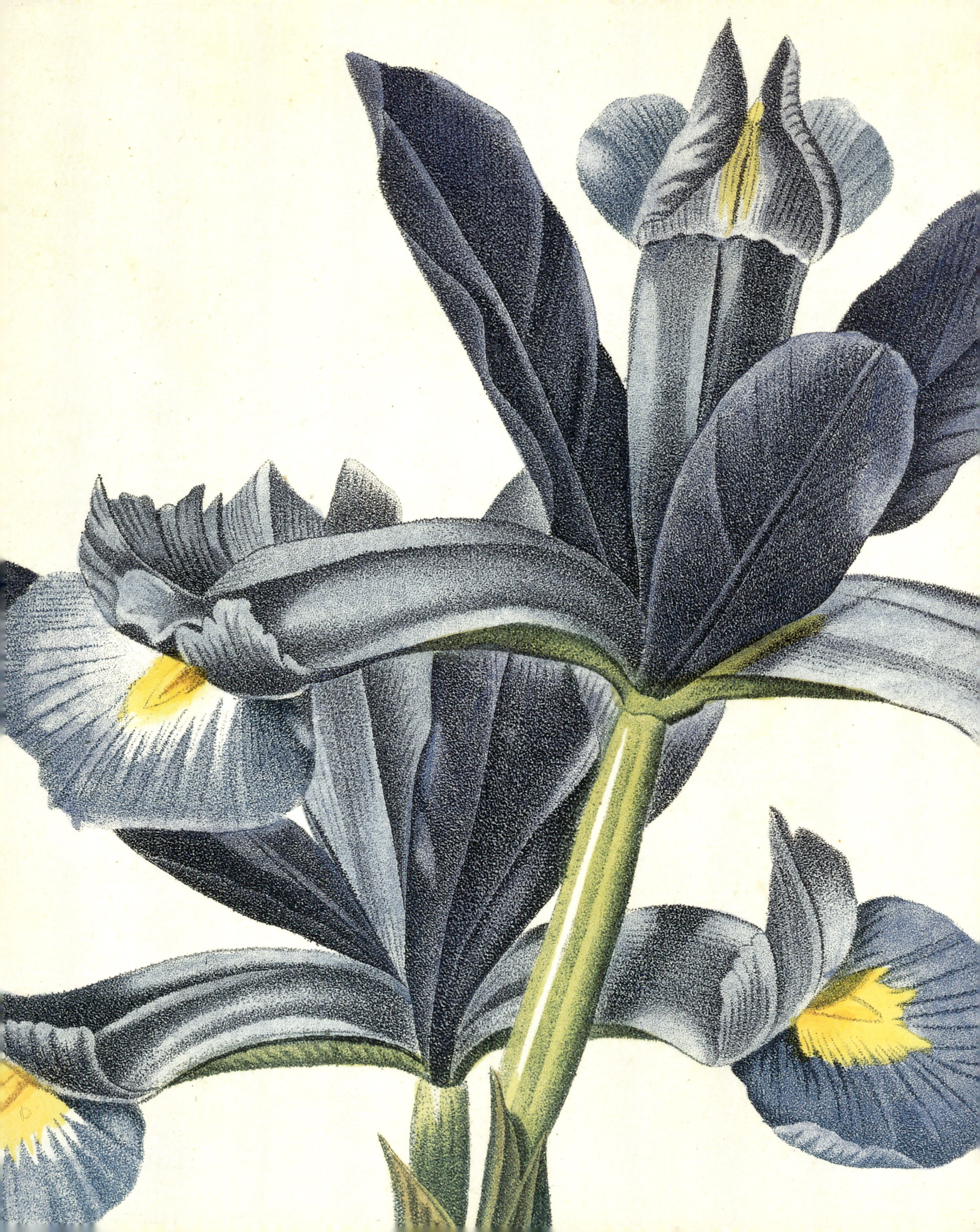

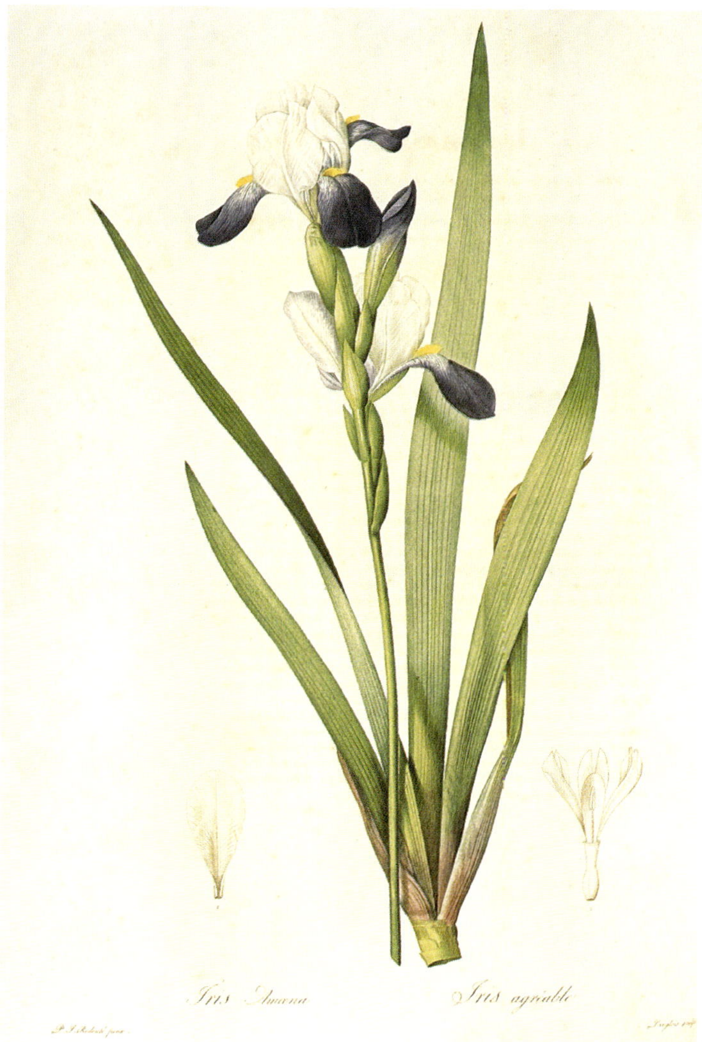

336

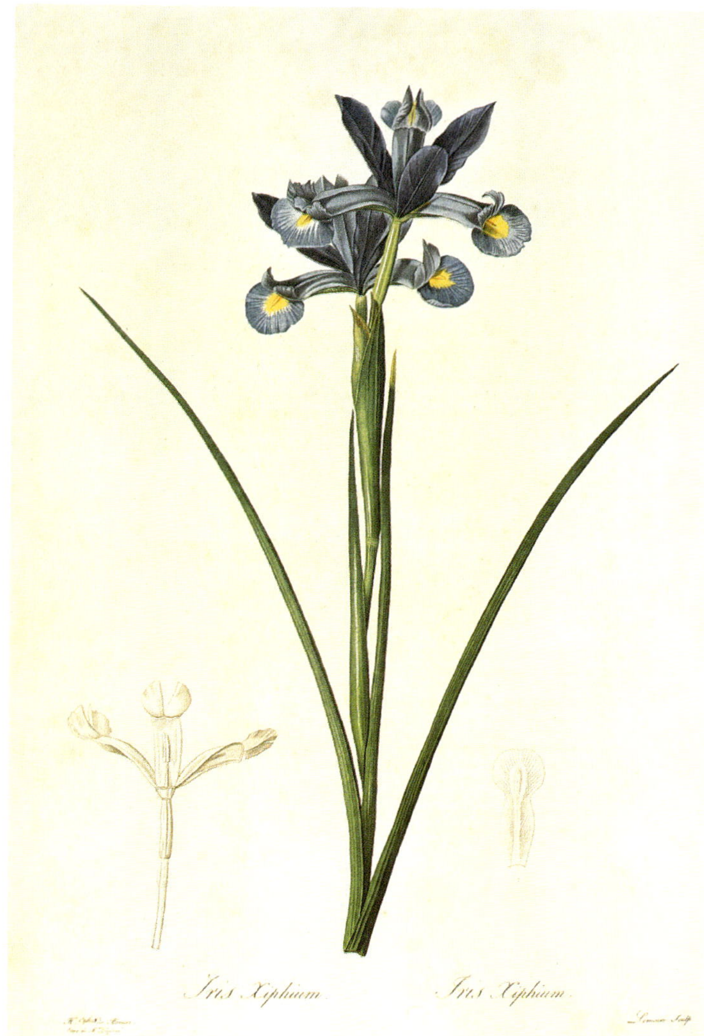

337

Iris × hybrida Retz. 1786 (Iridaceae)
(= Iris variegata L. 1753 × I. pallida Lam. 1789)
Hybrid Iris | *Iris agréable | Bastard-Schwertlilie

Cultivated.

***Iris xiphium L. 1753**
(Iridaceae)
Spanish Iris | Iris d'Espagne | Spanische Schwertlilie

Southwest Europe (Portugal to Italy in the east) and North Africa (Morocco, Algeria, Tunesia).

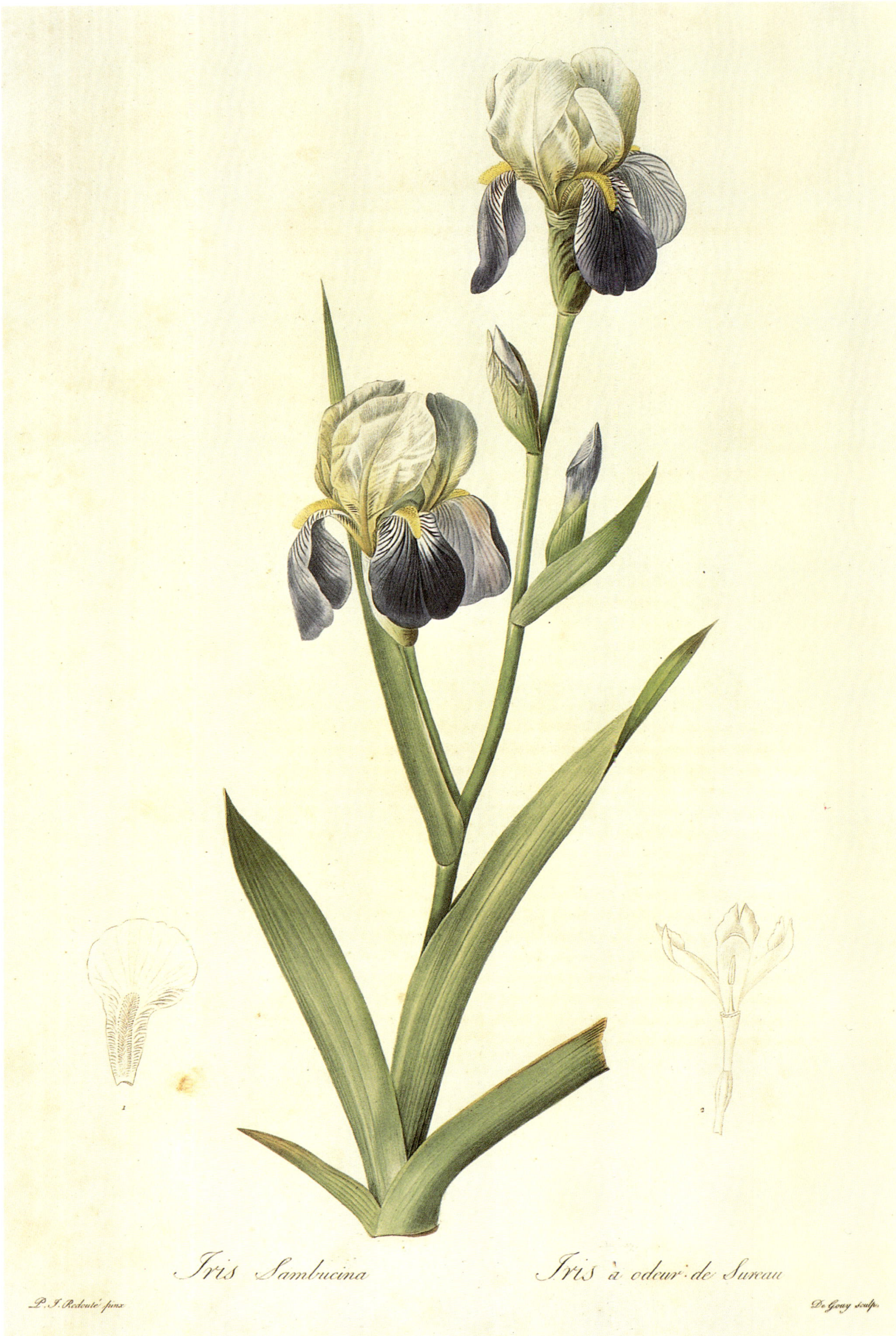

338

Iris × sambucina L. 1759 (Iridaceae)
(= *Iris variegata* L. 1753 × *I. pallida* Lam. 1789)
Elder-Iris | *Iris à odeur de sureau | Hollunder-Schwertlilie

In cultivation and naturalized in central and south Europe, Asia Minor.

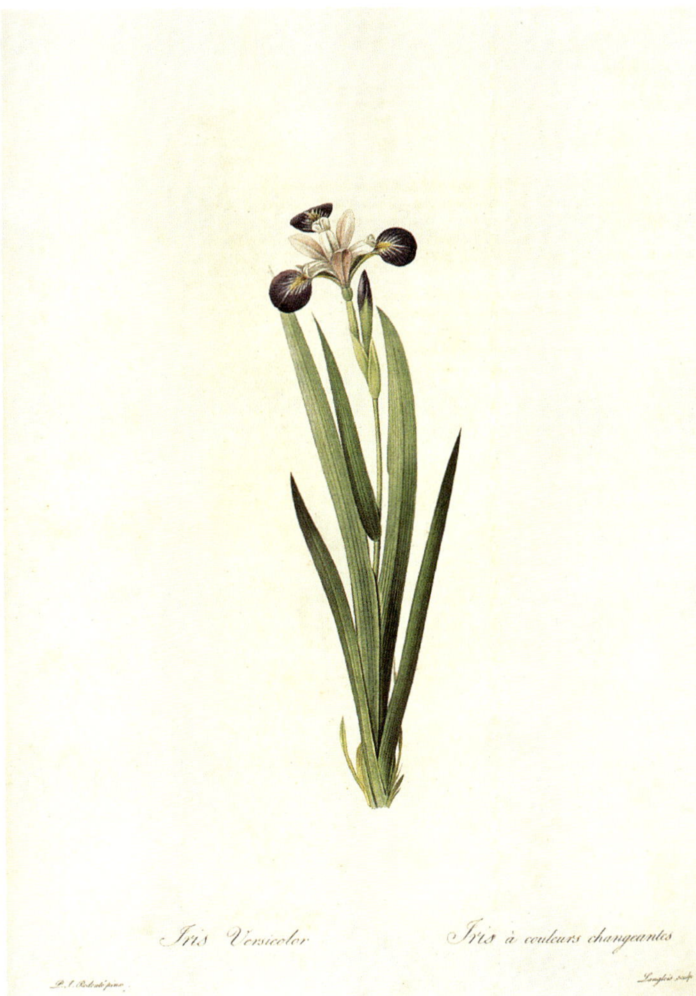

339

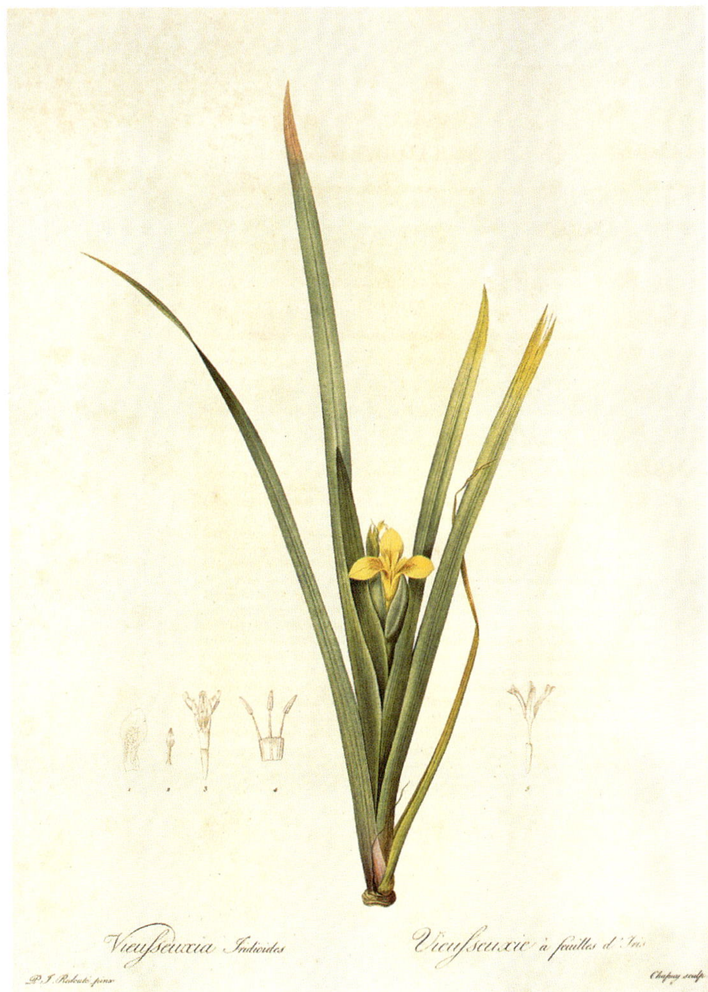

340

Iris versicolor L. 1753 (Iridaceae)

Purple Iris | *Iris à couleurs changeantes

Verschiedenfarbige Schwertlilie

East North America, naturalized in Great Britain along lake shores and river banks.

Iris pseudacorus L. 1753 (Iridaceae)

Yellow Flag | *Vieusseuxie à feuilles d'iris

Wasser-Schwertlilie

Most of Europe (except for Iceland and Spitsbergen) to north Africa in the south and west Siberia in the east. See pl. 235.

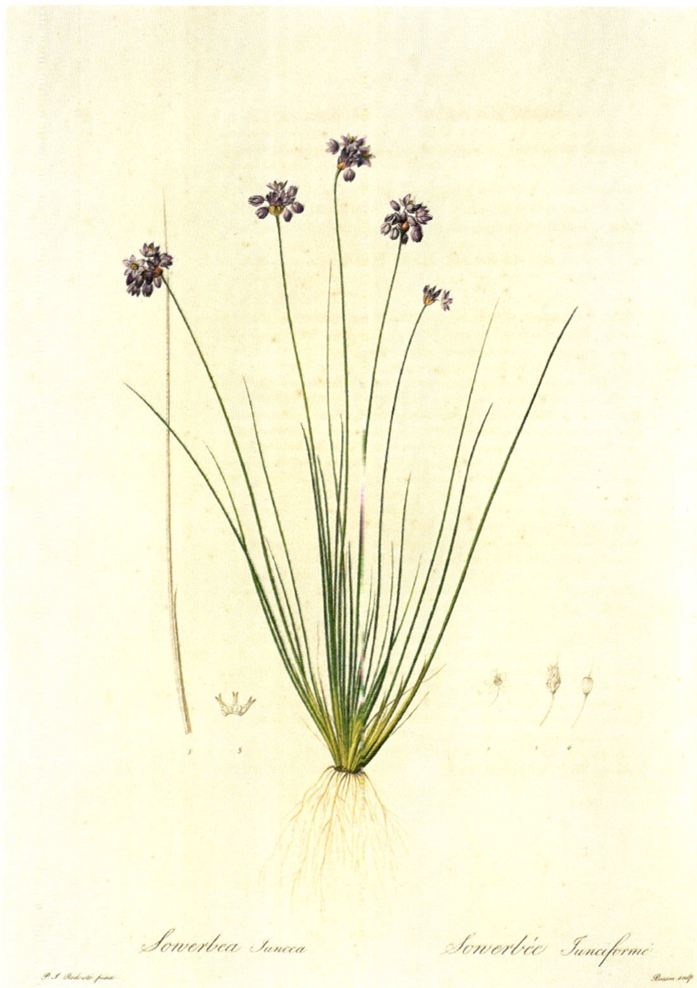

341

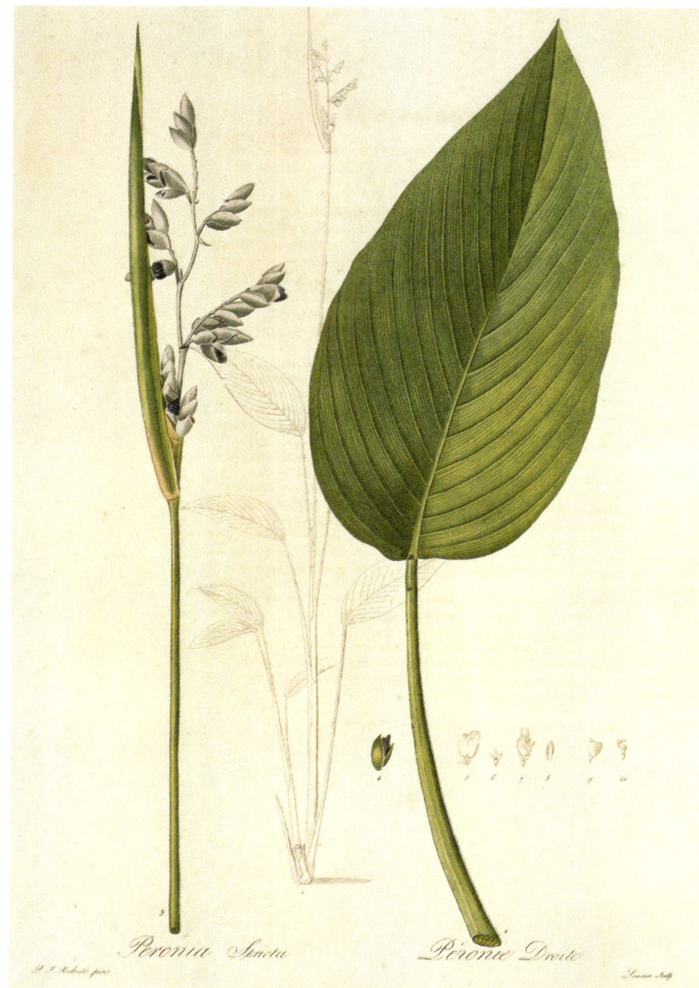

342

Sowerbaea juncea* Sm. (Anthericaceae)

Vanilla Lily, Vanilla Plant | *Sowerbée "junciforme"
Binsen-Sowerbya

Southeast Australia. Named after the British botanical artist James Sowerby (1757–1822).

***Thalia dealbata* Fraser 1794 (Marantaceae)**

Whitewashed Thalia | *Péronie droite
Weißgewaschene Thalie

North America (USA from South Carolina to Missouri and southwards to Florida and Texas). Named after the German medical doctor Johann Thal (1542/3–1583).

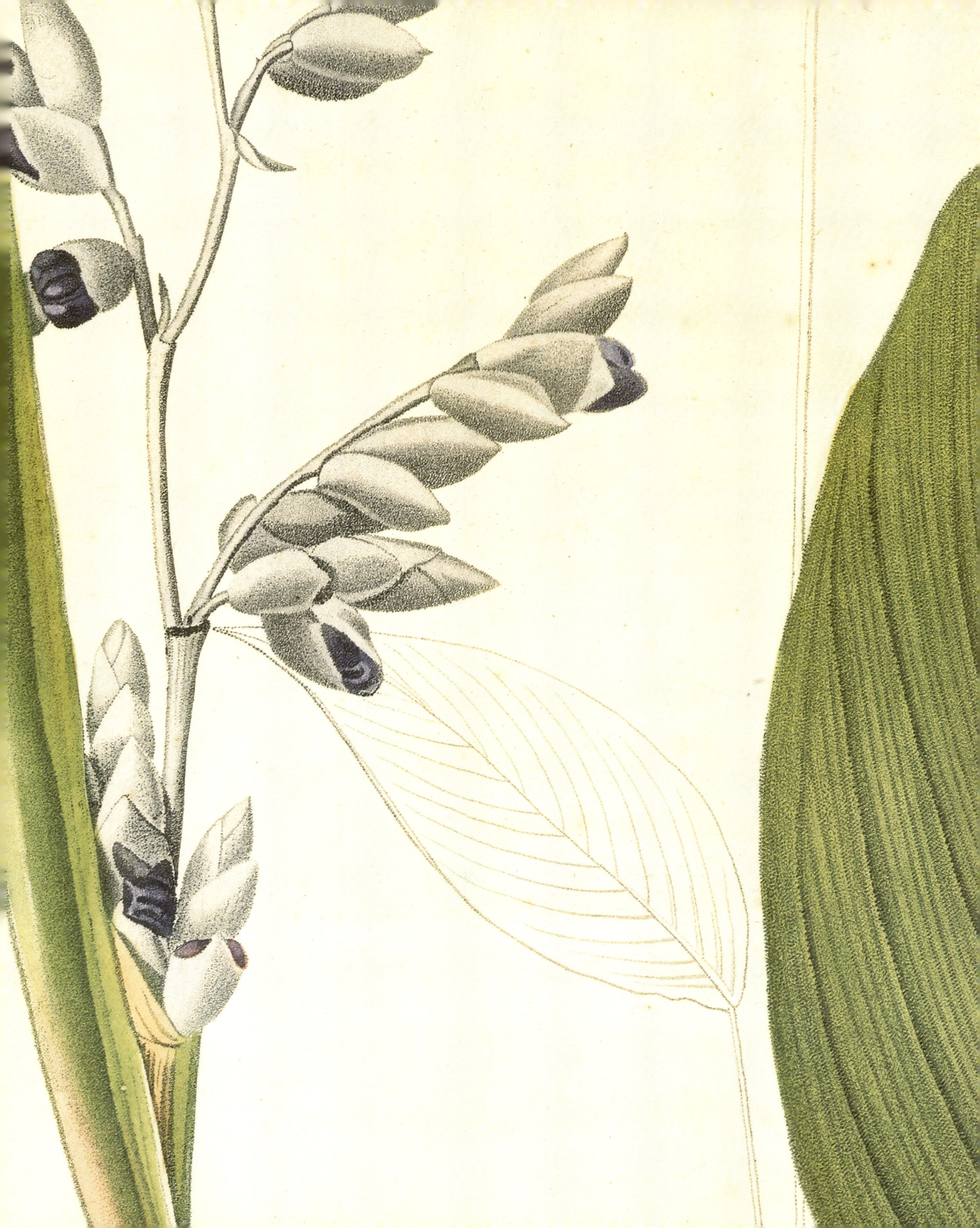

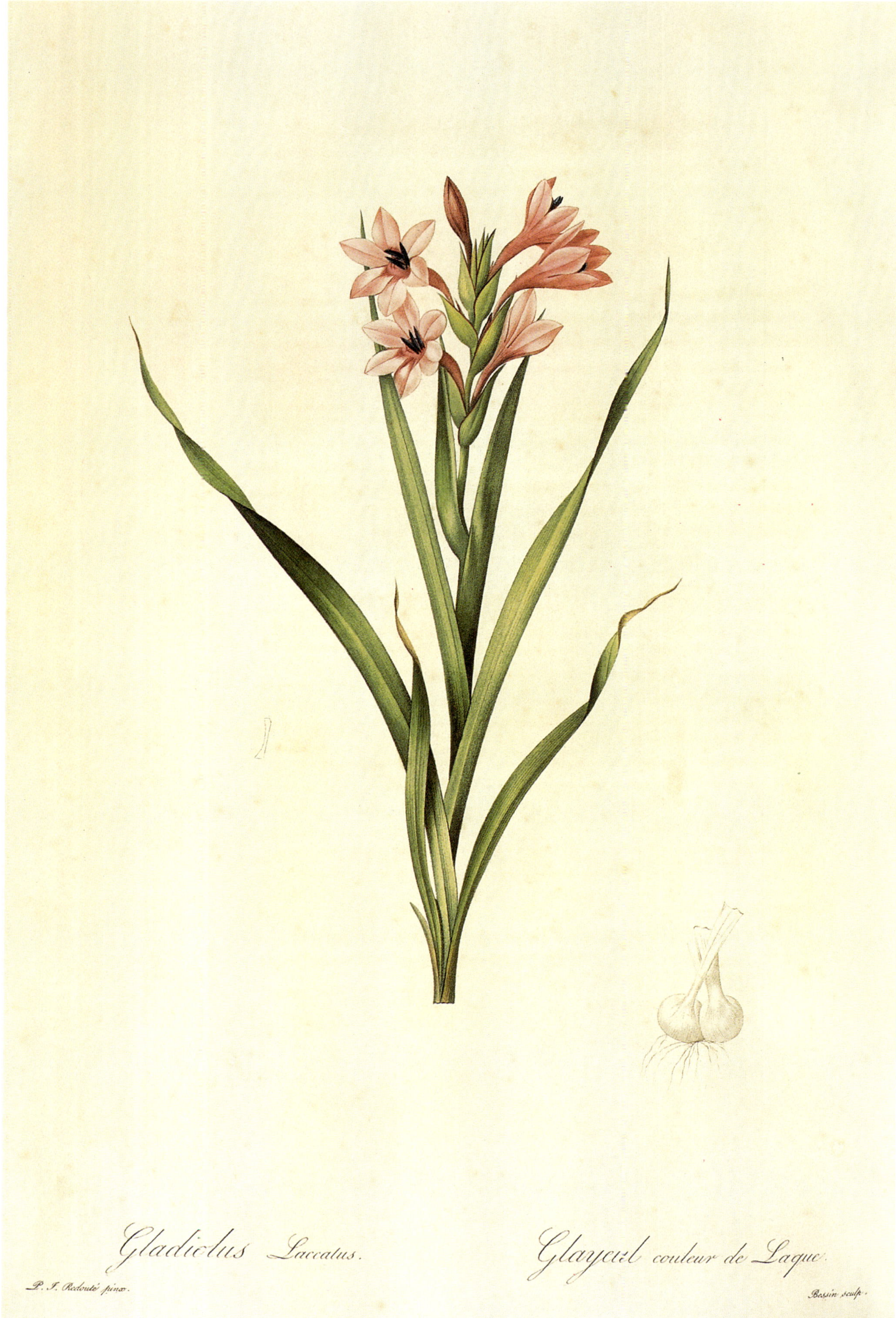

***Watsonia meriana* (L.) Mill. 1768 (Iridaceae)**
(=*Antholyza meriana* L. 1759 = *Gladiolus merianus* (L.) Thunb. 1784)
Meriana Watsonia ✿ | *Glaïeul couleur de laque | Meriana-Watsonie ✿

South Africa (Western Cape from the Bredasdorp region to the Kamiesberge in the Northern Cape). Named after the British botanist William Watson (1715–1787) and the obsolete genus *Meriana* (Iridaceae). See pl. 11.

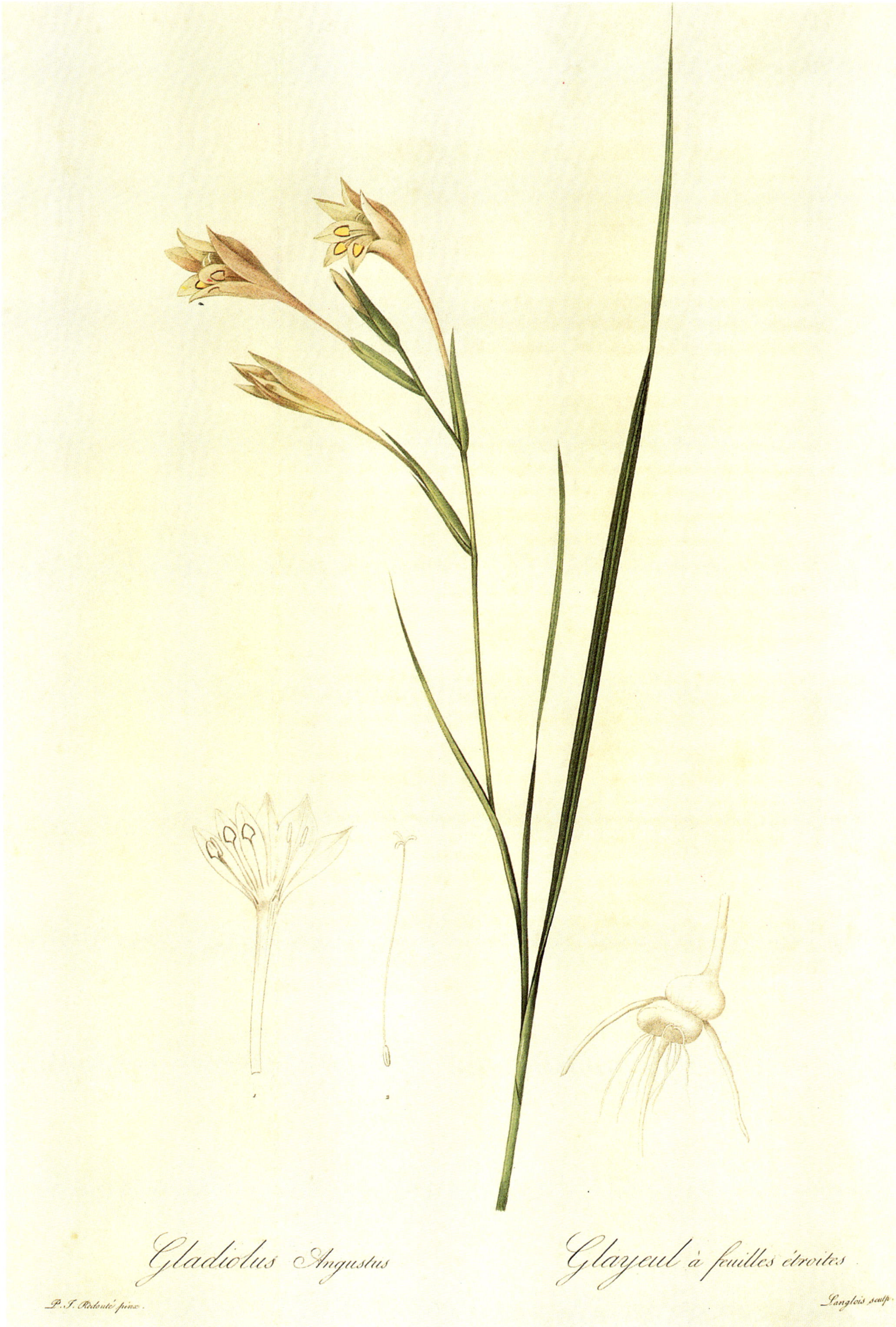

344

*Gladiolus angustus L. 1753 (Iridaceae)

Long-tubed Painted Lily | *Glaïeul à feuilles étroites | Schmalblättrige Gladiole

South Africa (Western Cape, from the Cape Peninsula to Clanwilliam).

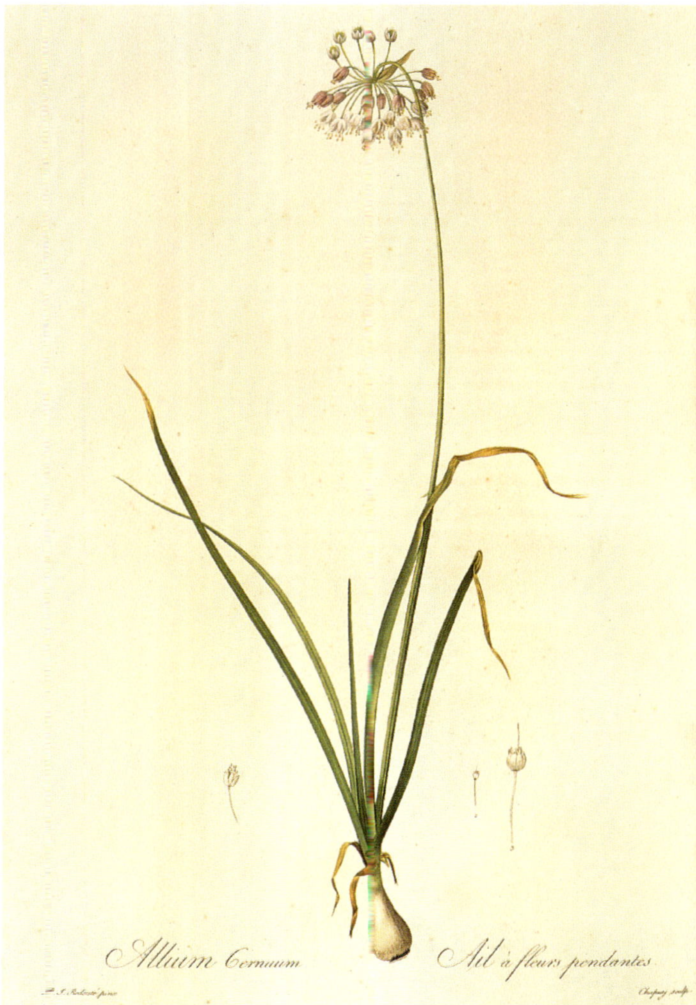

345

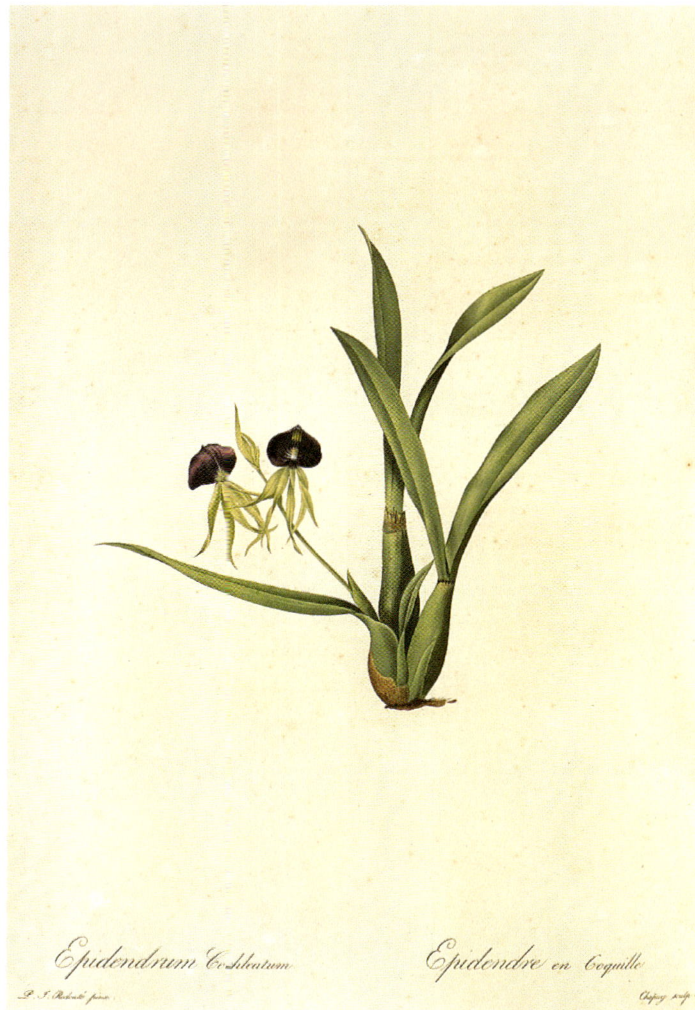

346

***_Allium cernuum_ Roth (Alliaceae)**
Lady's Leek, Nodding Onion | *Ail à fleurs pendantes
Nickender Lauch ☙

Central (Mexico) and North America (Canada, from Quebec to British Columbia; in USA southwards to Alabama and Arizona).

Encyclia cochleata (L.) Lemée (Orchidaceae)
Larger Yellow Ladyslipper | *Epidendre en coquille
Marienfrauenschuh

Central and northern South America (West Indies, Colombia, Venezuela, Guyana) radiating to Florida. *Encyclia* has the same Greek root as 'encyclopedia' in allusion to the labellum embracing the gynostemium.

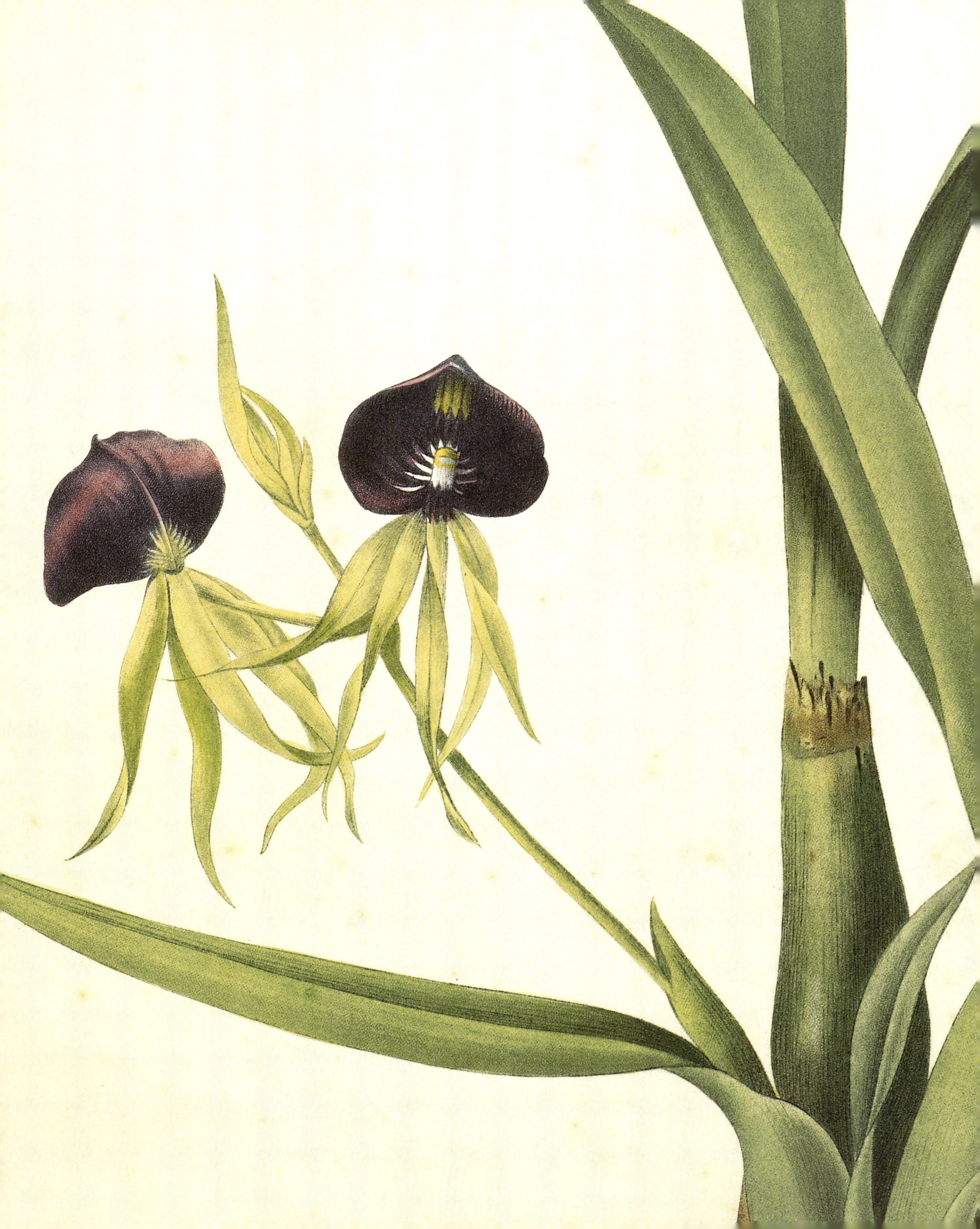

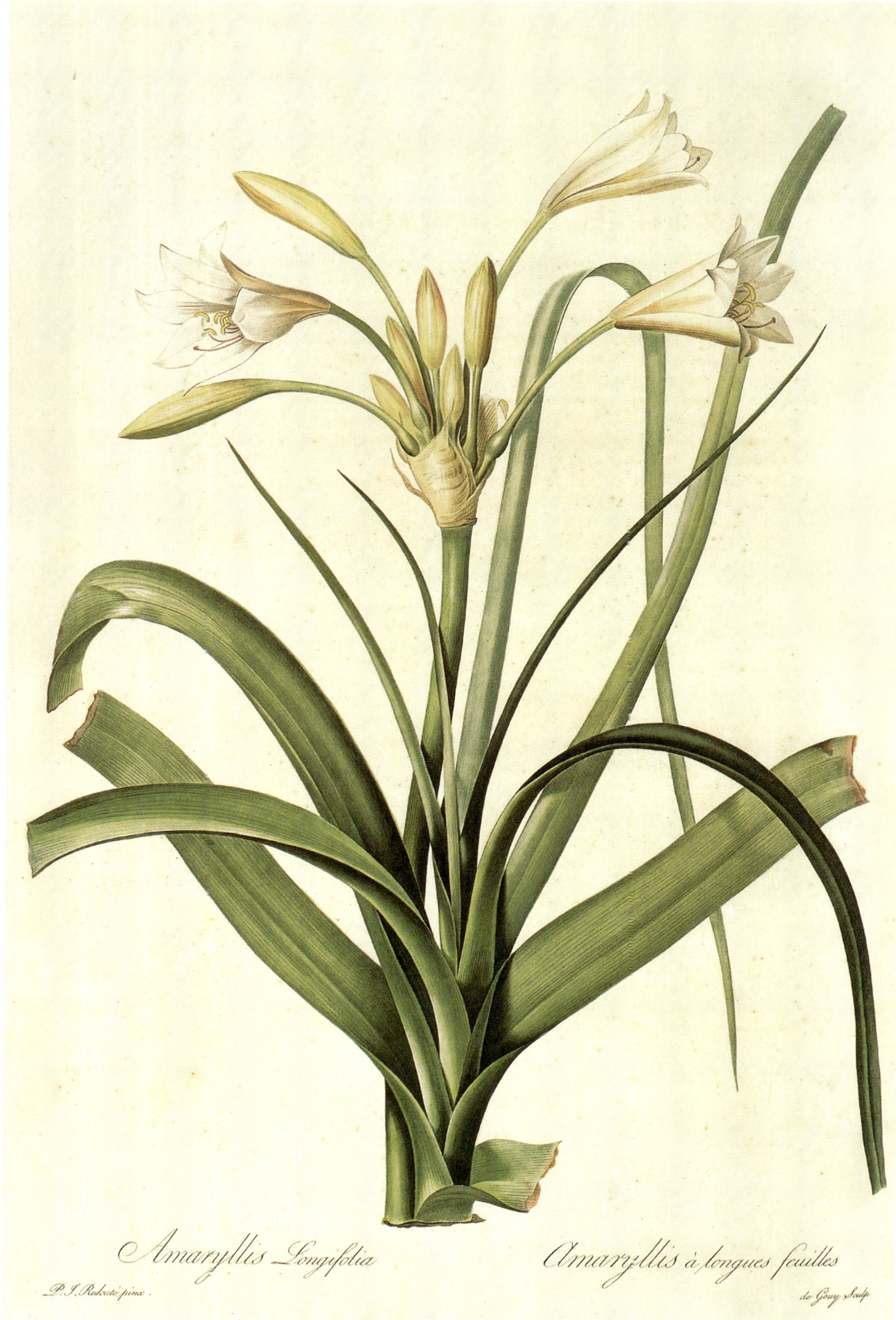

Crinum bulbispermum (Burm.f.) Milne-Redh.& Schweick. 1939 (Amaryllidaceae)
(=*Amaryllis bulbisperma* Burm.f. 1768)
Orange River Lily | *Amaryllis à longues feuilles | Oranje-Hakenlilie

Summer rainfall Southern Africa (Transvaal, Orange Free State, Northern Cape, and Lesotho).

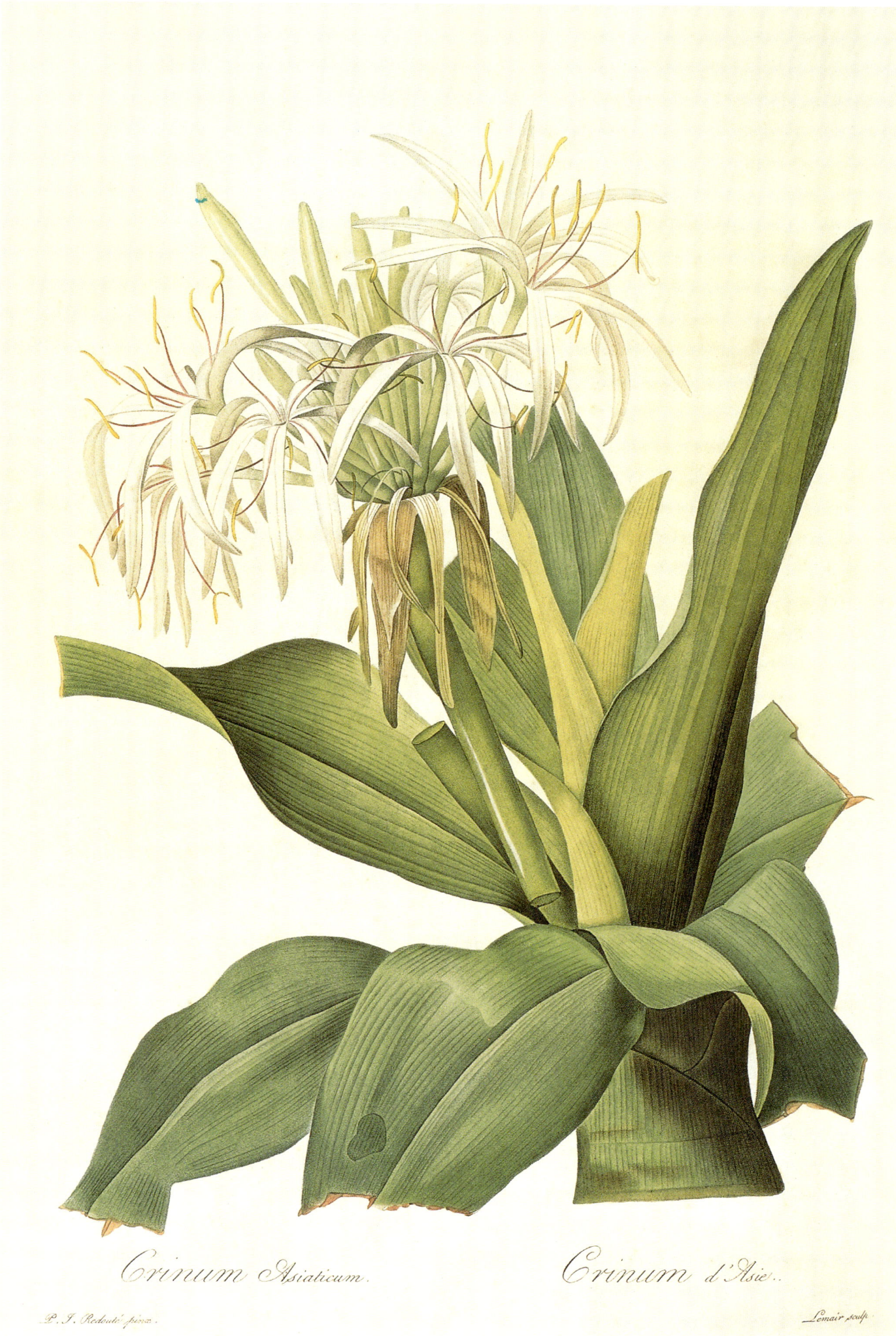

348

***Crinum asiaticum L. 1753 (Amaryllidaceae)**

Asiatic Crinum | *Crinum d'Asie | Asiatische Hakenlilie

South and east Asia to Australia and Pacific Islands. See pl. 332.

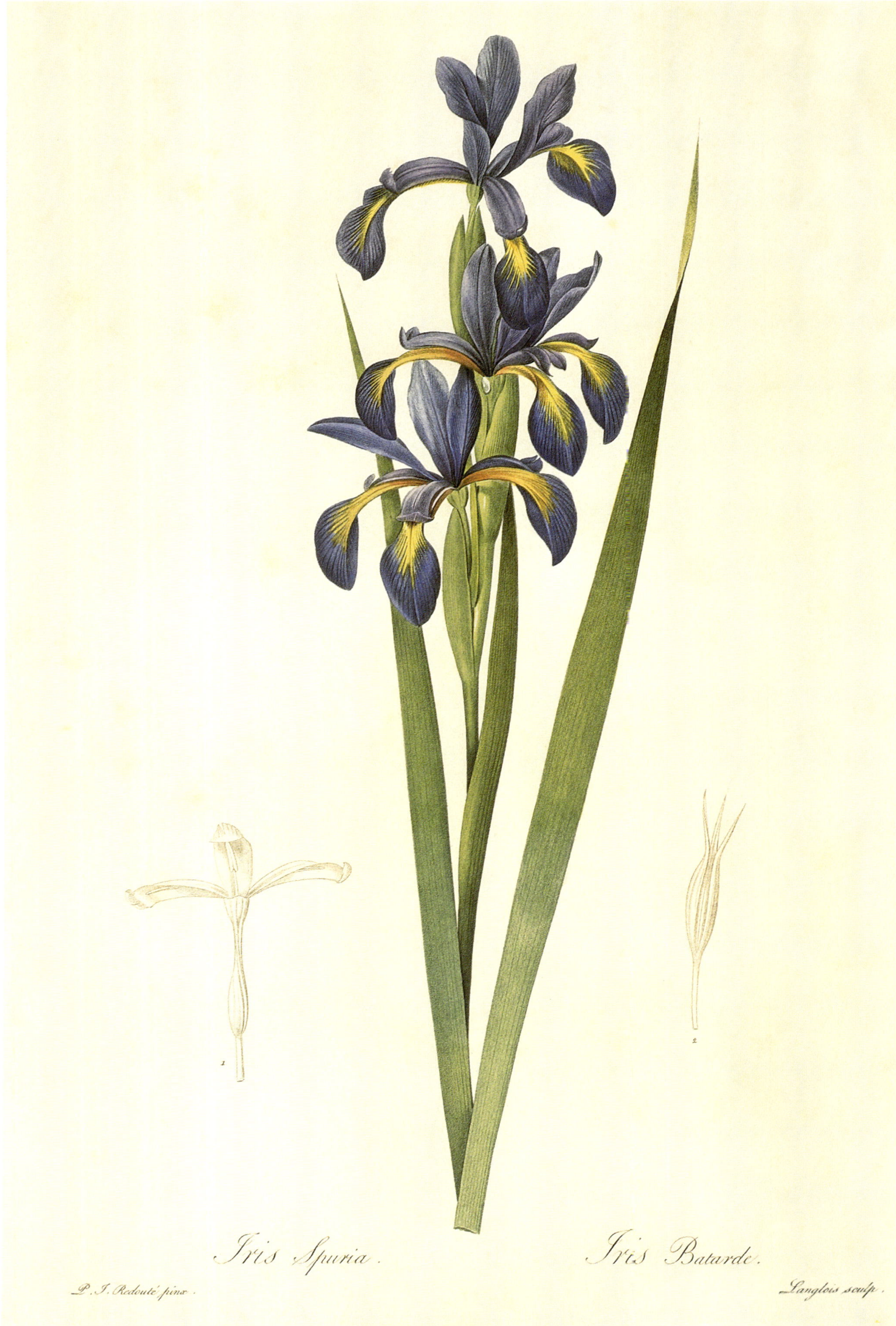

**Iris spuria* L. 1753 subsp. *spuria* (Iridaceae)

Salt-marsh Iris | *Iris bâtard | Bastard-Schwertlilie

Central Europe (northwards to south Sweden).

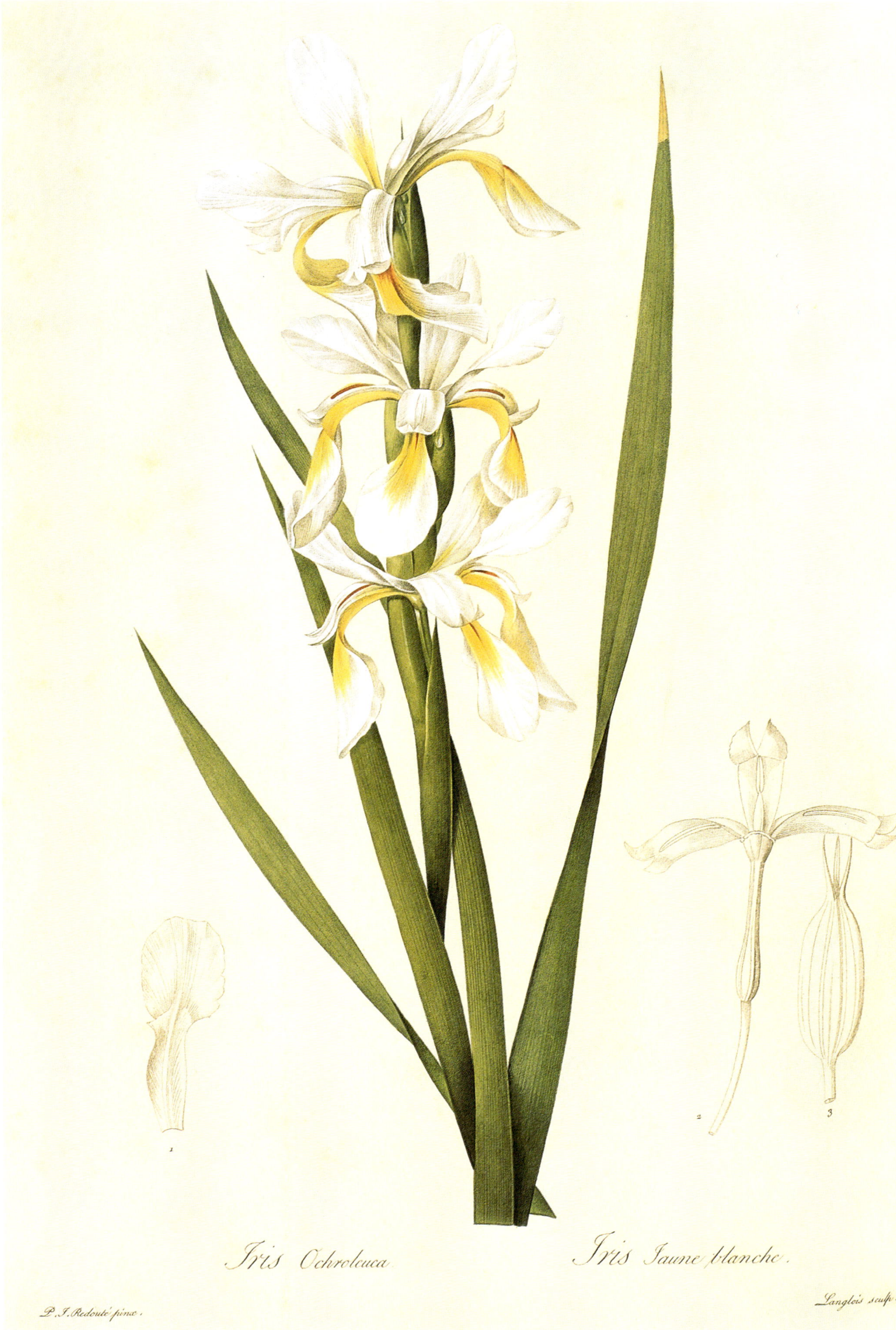

350

Iris orientalis Mill. 1768 (Iridaceae)
(= *Iris spuria* L. 1753 subsp. *ochroleuca* (L.) Dykes 1913)
Creamy-white Iris | *Iris jaune blanc | Blassgelbe Schwertlilie

Eastern Mediterranean Region (from Greece to Anatolia and Syria).

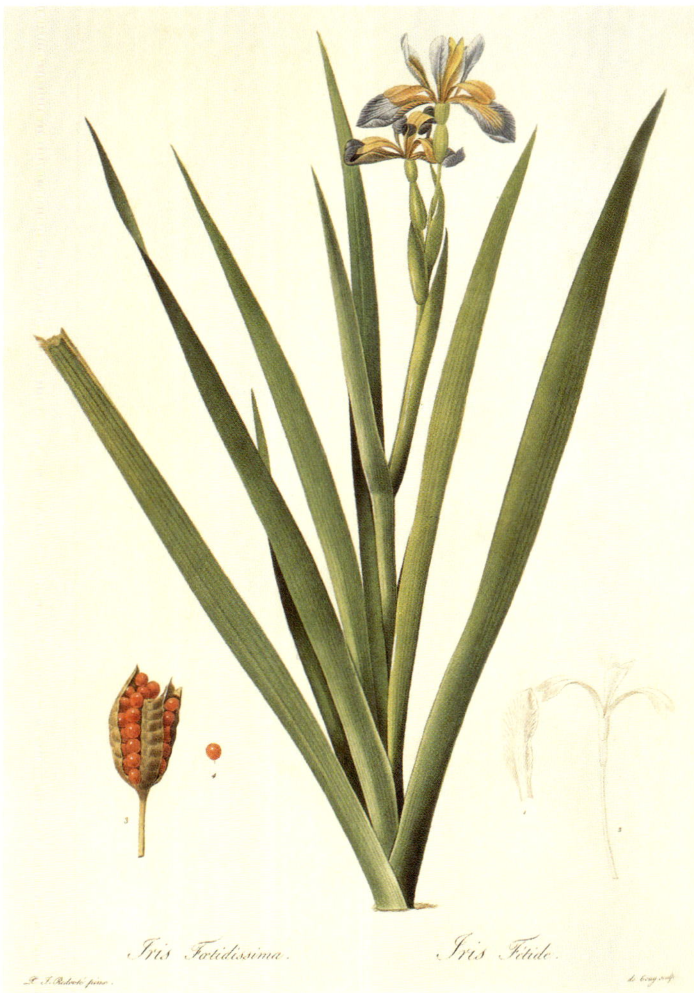

351

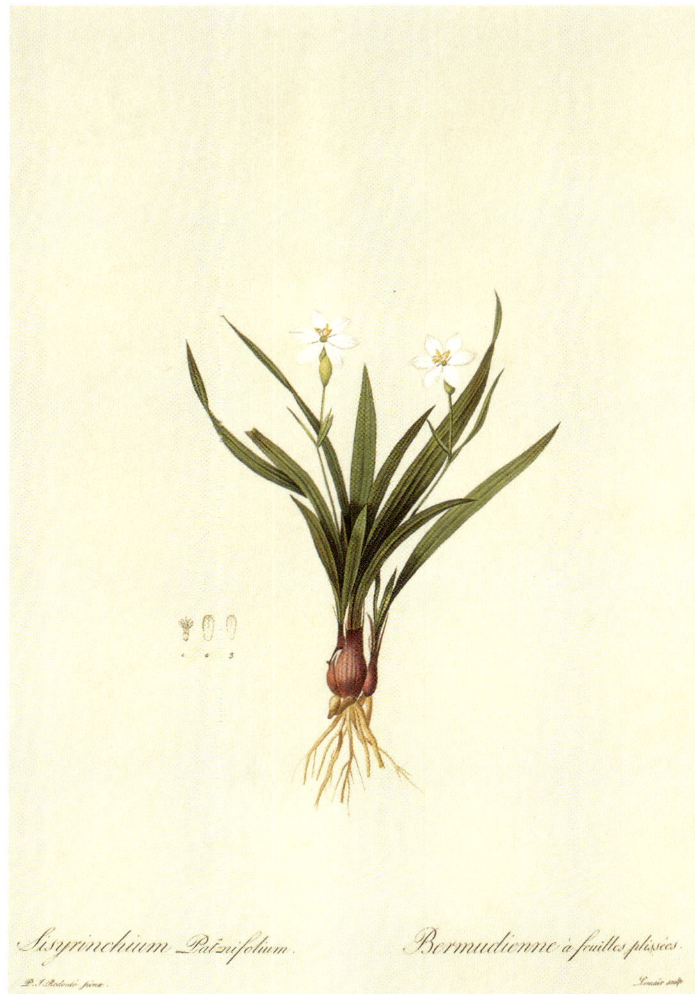

352

***_Iris foetidissima_ L. 1753 (Iridaceae)**

Stinking Iris | *Iris fétide

Stink-Schwertlilie

South and west Europe (northwards to England and eastwards to northeast Italy). From the Canary Islands and north-west Africa in the west to Iran and Afghanistan in the east.

***_Sisyrinchium palmifolium_ L. 1767 (Iridaceae)**

Palm-leaved Blue-eyed-Grass | *Bermudienne à feuilles plissées

Palmenblättrige Binsenlilie

South America (Colombia to Patagonia).

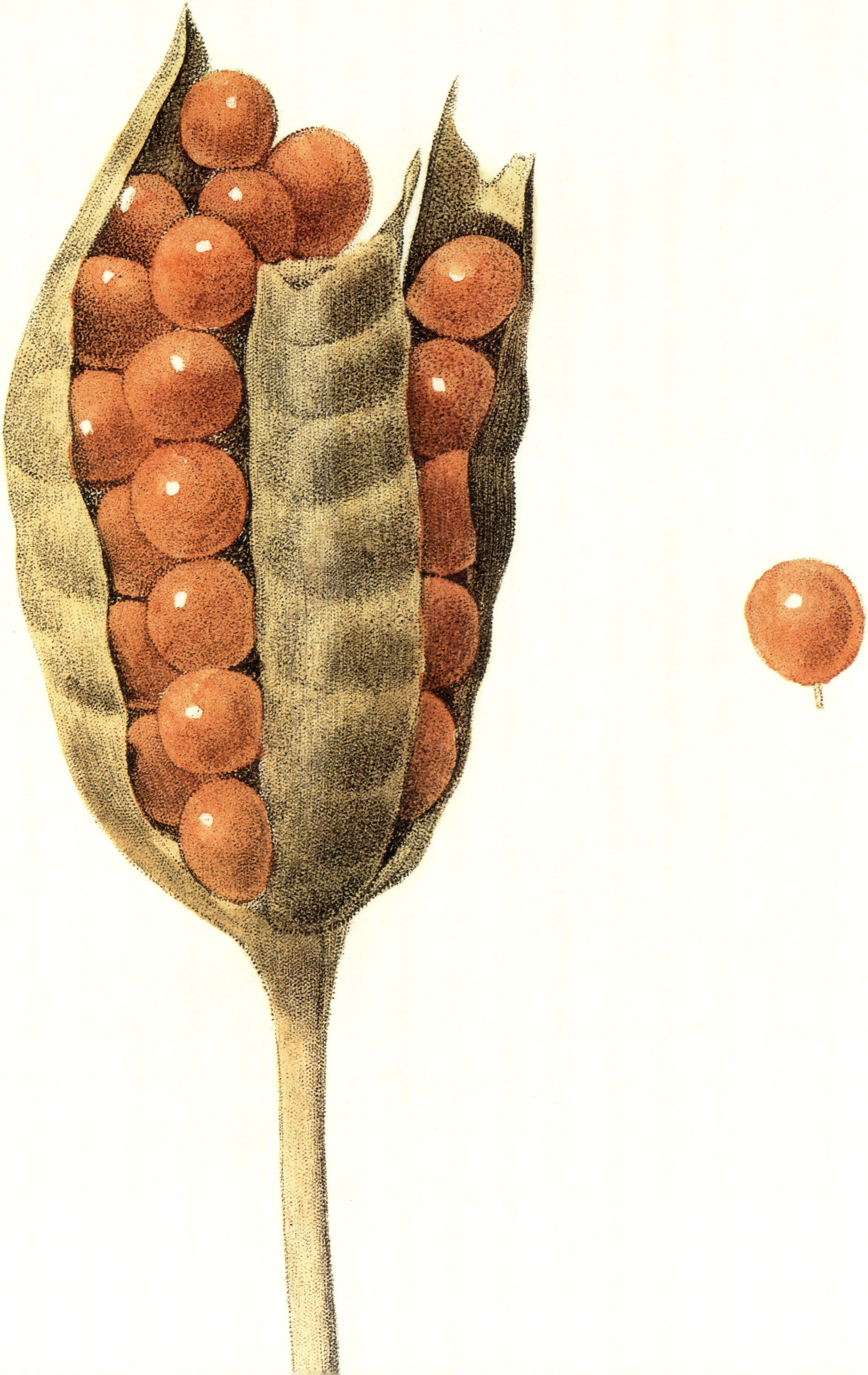

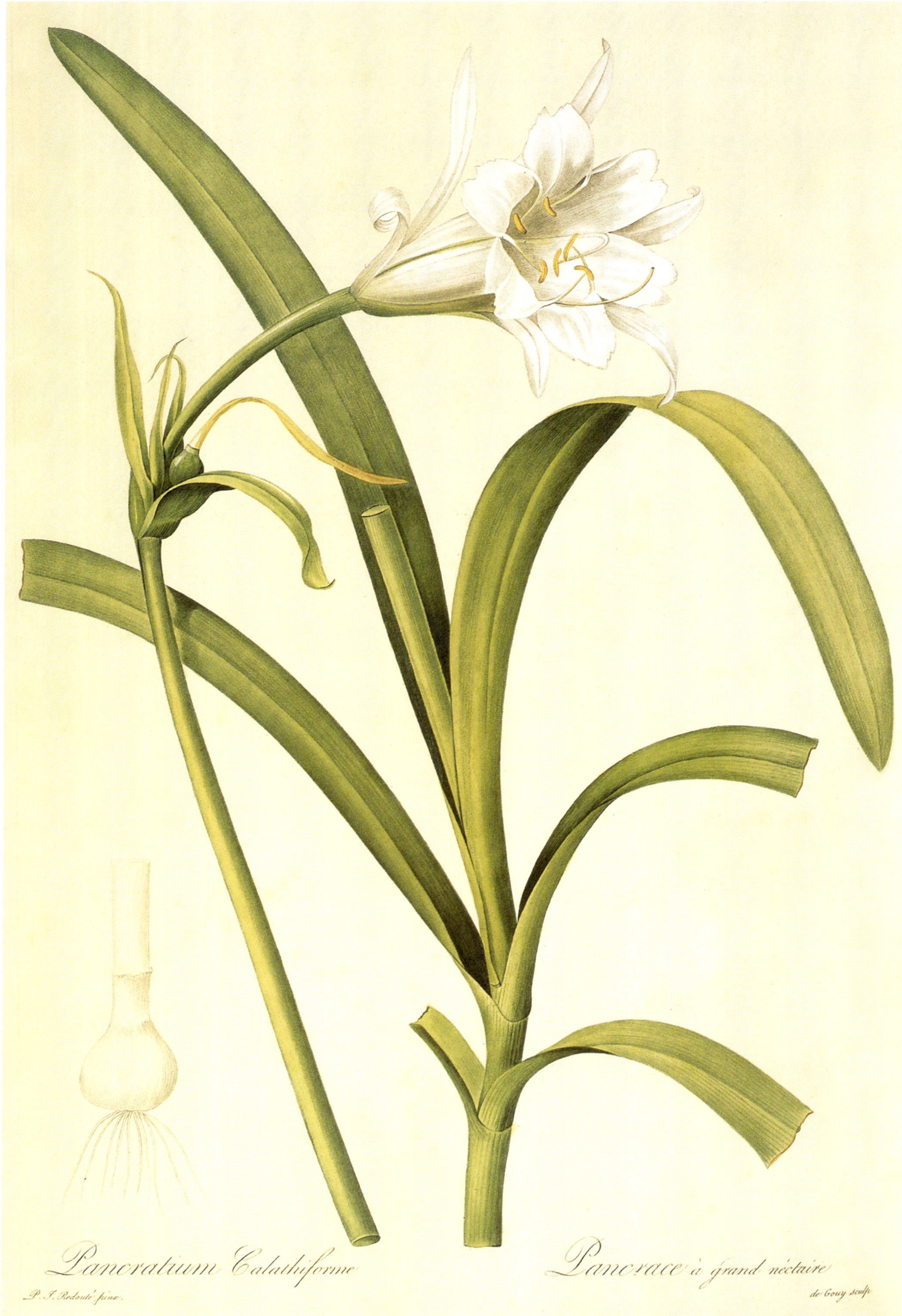

Hymenocallis narcissiflora (Jacq.) J. F.Macbr. 1931 (Amaryllidaceae)

Basket Flower | *Pancrace à grand nectaire | Narzissenblütige Neuwelt-Pankrazlilie

South America: Andes of Peru and Bolivia.

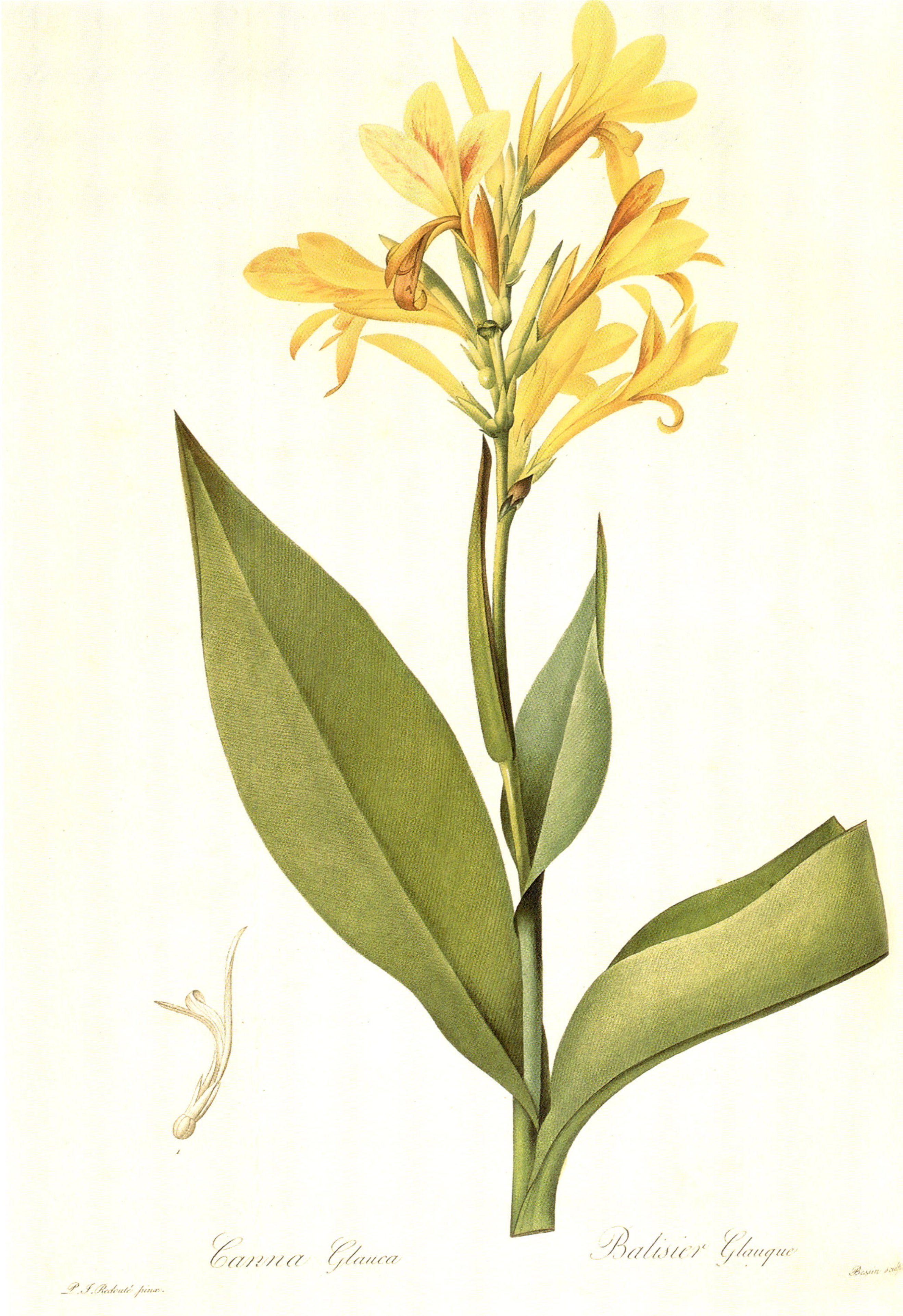

354

***Canna glauca L. 1753 (Cannaceae)**

Glaucous Canna | *Balisier glauque | Blaugrünes Blumenrohr

South America and West Indies. Originally *canna* was a Semitic plant name which was introduced into ancient Latin for all sorts of reed or cane. Linnaeus switched the meaning to *Canna*.

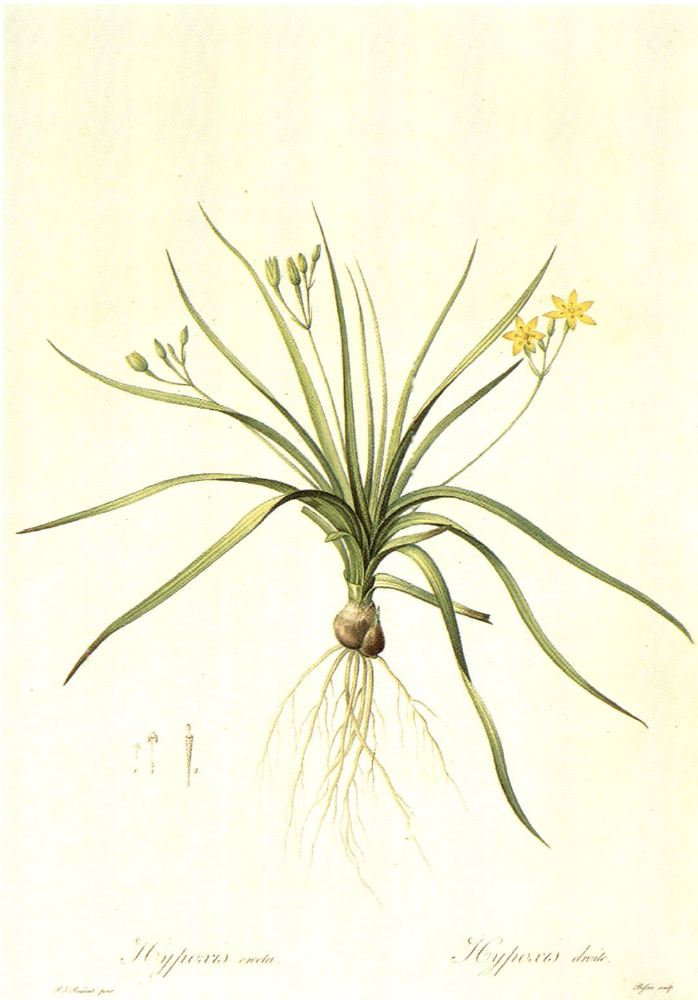

355

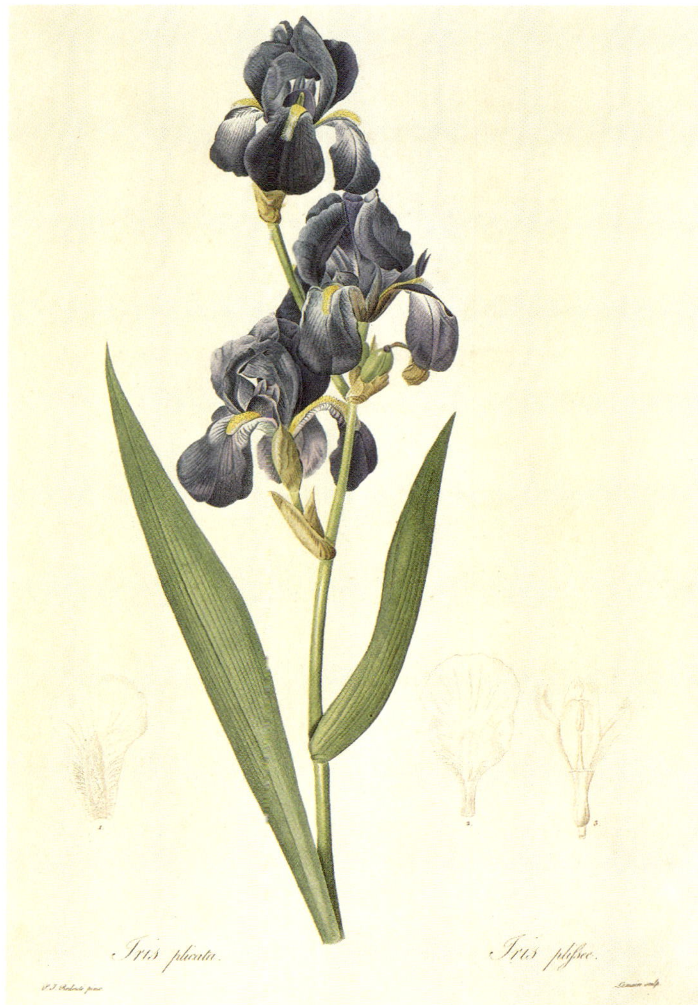

356

Hypoxis hirsuta (L.) Coville 1894 (Hypoxidaceae)
(= *Ornithogalum hirsutum* L. 1753)
Hirsute Golden Winter Star-Grass | *Hypoxis droite
Zottiges Goldsterngras

North America (Manitoba in Canada, USA from Maine in the north-east to North Dakota in the west and Florida and Texas in the south).

**Iris × plicata* Lam. 1789 (Iridaceae)
(*perhaps = Iris germanica L. 1753 × I. pallida* Lam. 1789)
Pleated Iris | *Iris plissé
Falten-Schwertlilie

European garden plant of unknown origin. Not recognized in *Flora europaea*.

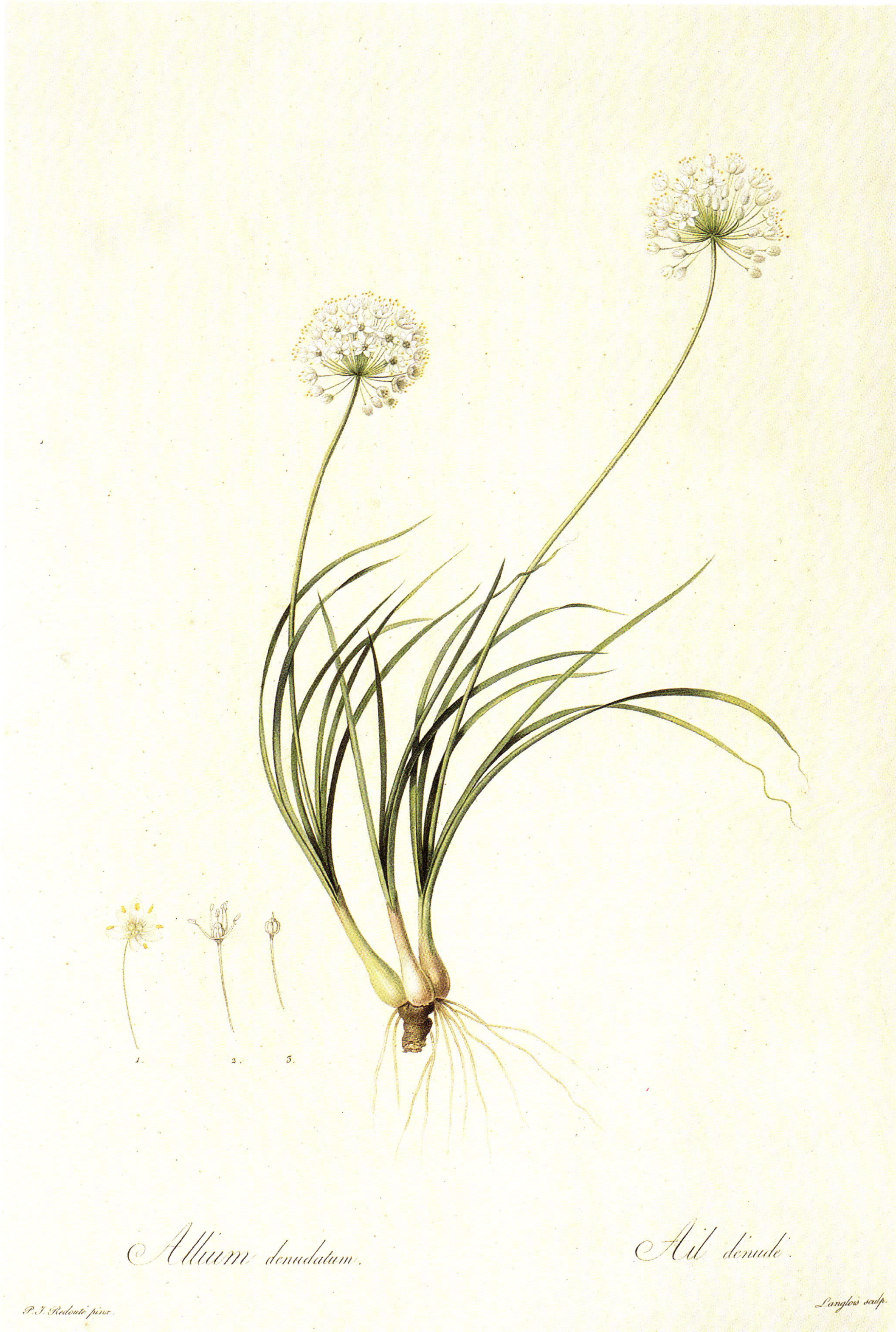

357

Allium albidum Fischer ex Bieb. 1819 subsp. *albidum* (Alliaceae)

Whitish Garlic | *Ail dénudé | Weißlicher Lauch

Allium albidum subsp. *albidum* is endemic to eastern Europe (Bulgaria, Romania, Russia).

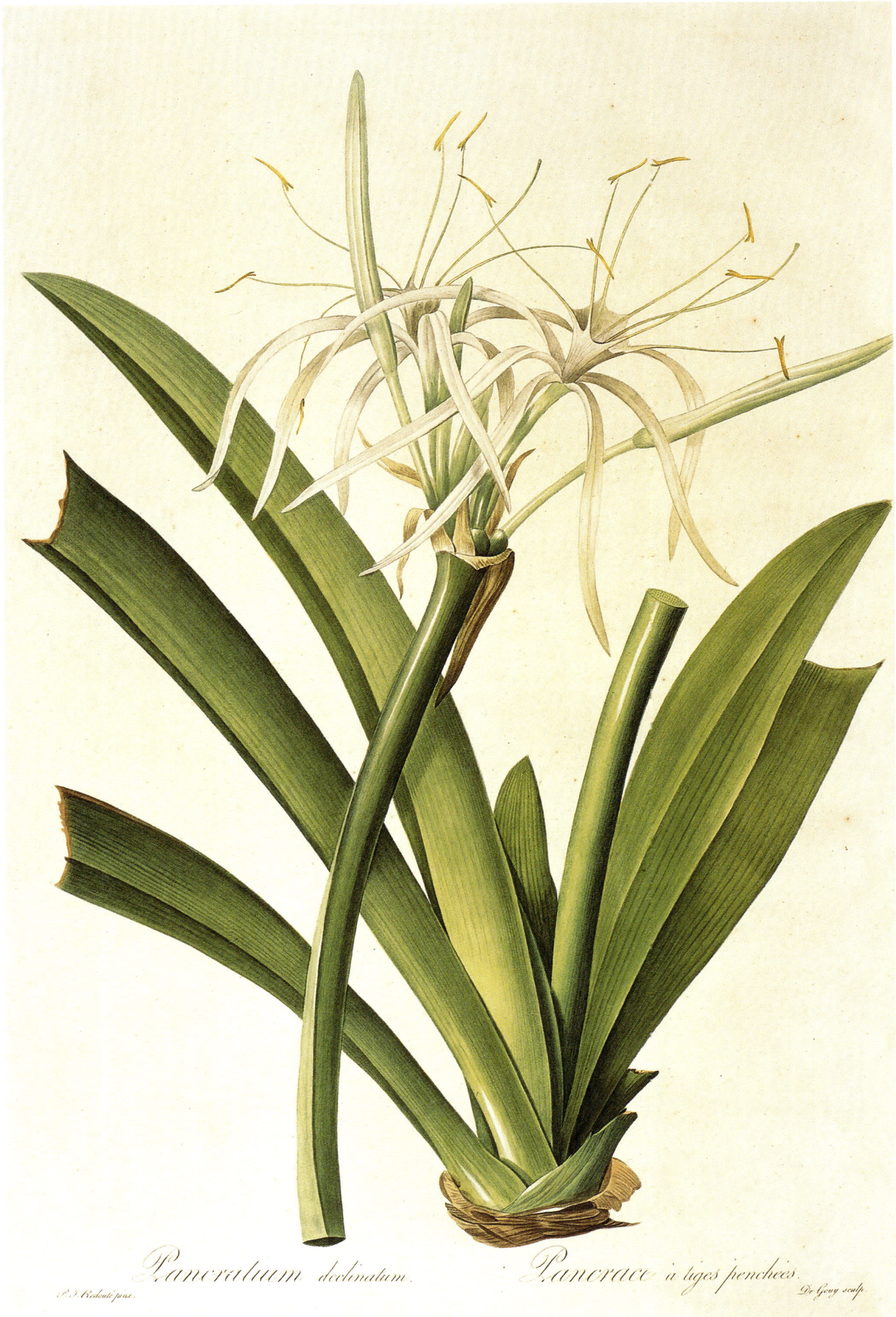

358

Hymenocallis caribaea (L.) Herb. 1821 (Amaryllidaceae)

Caribbean New World Pancratius Lily | *Pancrace à tiges penchées | Karibische Hymenocallis

Central America (West Indies).

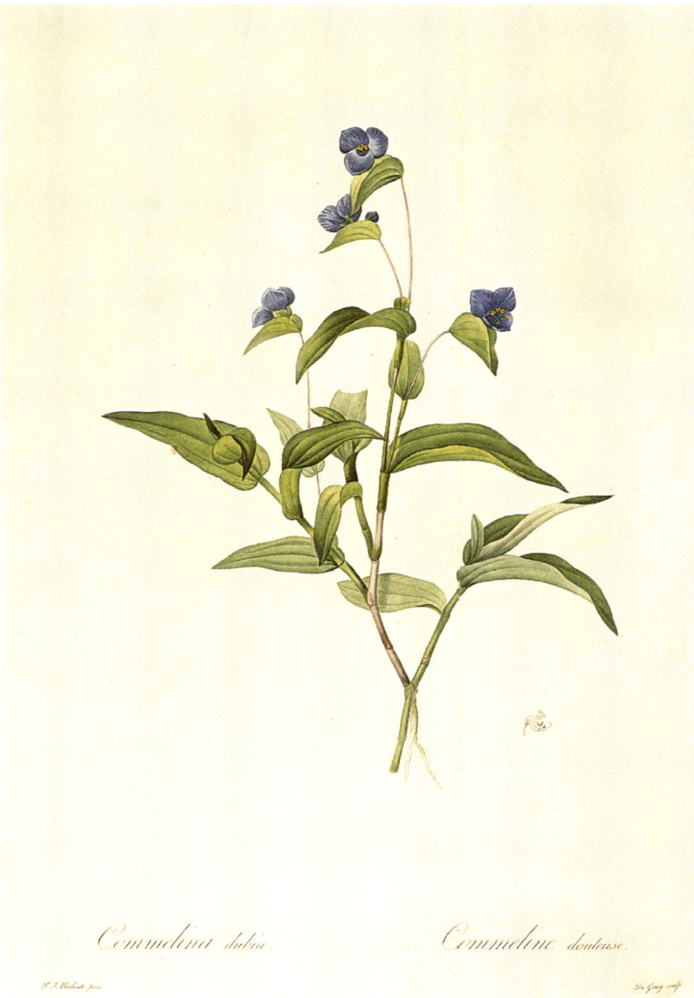

359

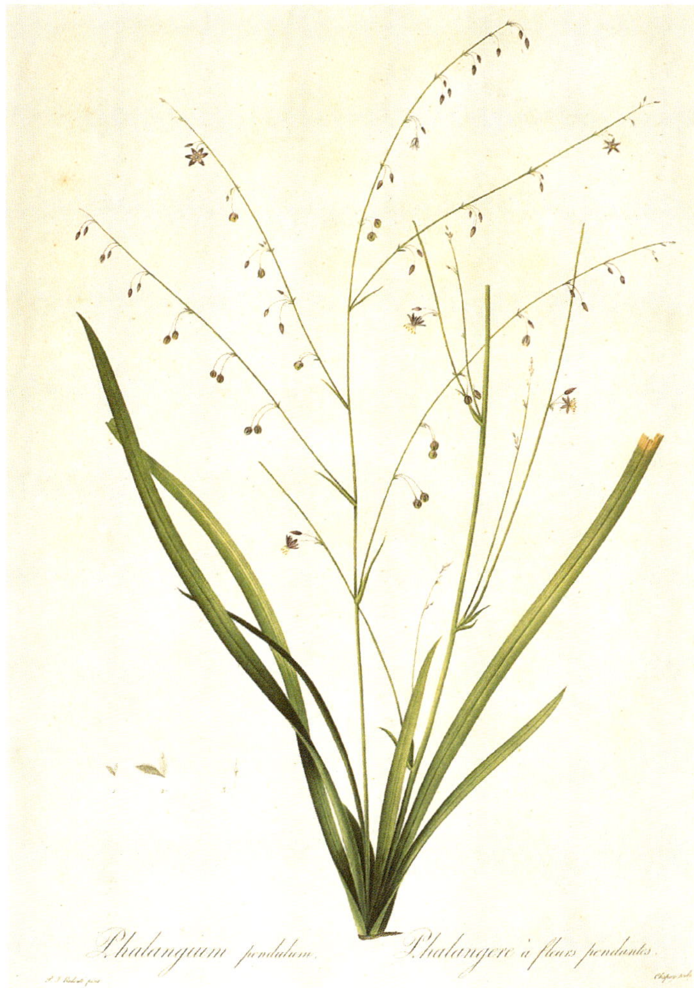

360

***_Commelina dubia_ F.Delaroche in REDOUTÉ 1812 (Commelinaceae)**

Doubtful Commelina | *Commeline douteuse
Zweifelhafte Commeline

Central America (Mexico etc.).

Arthropodium milleflorum (DC. in REDOUTÉ 1803) Macbr. 1918 (Anthericaceae) (= _Arthropodium paniculatum_ (Andr.) R. Br. 1810)

Pale Vanilla Lily | *Phalangère à fleurs pendantes
Tausenblütiges Arthropodium

South and east Australia (Queensland to Tasmania). The name *Arthropodium* (= articulated foot) refers to the articulated pedicels. See pl. 58.

Les Liliacées

Volume VII

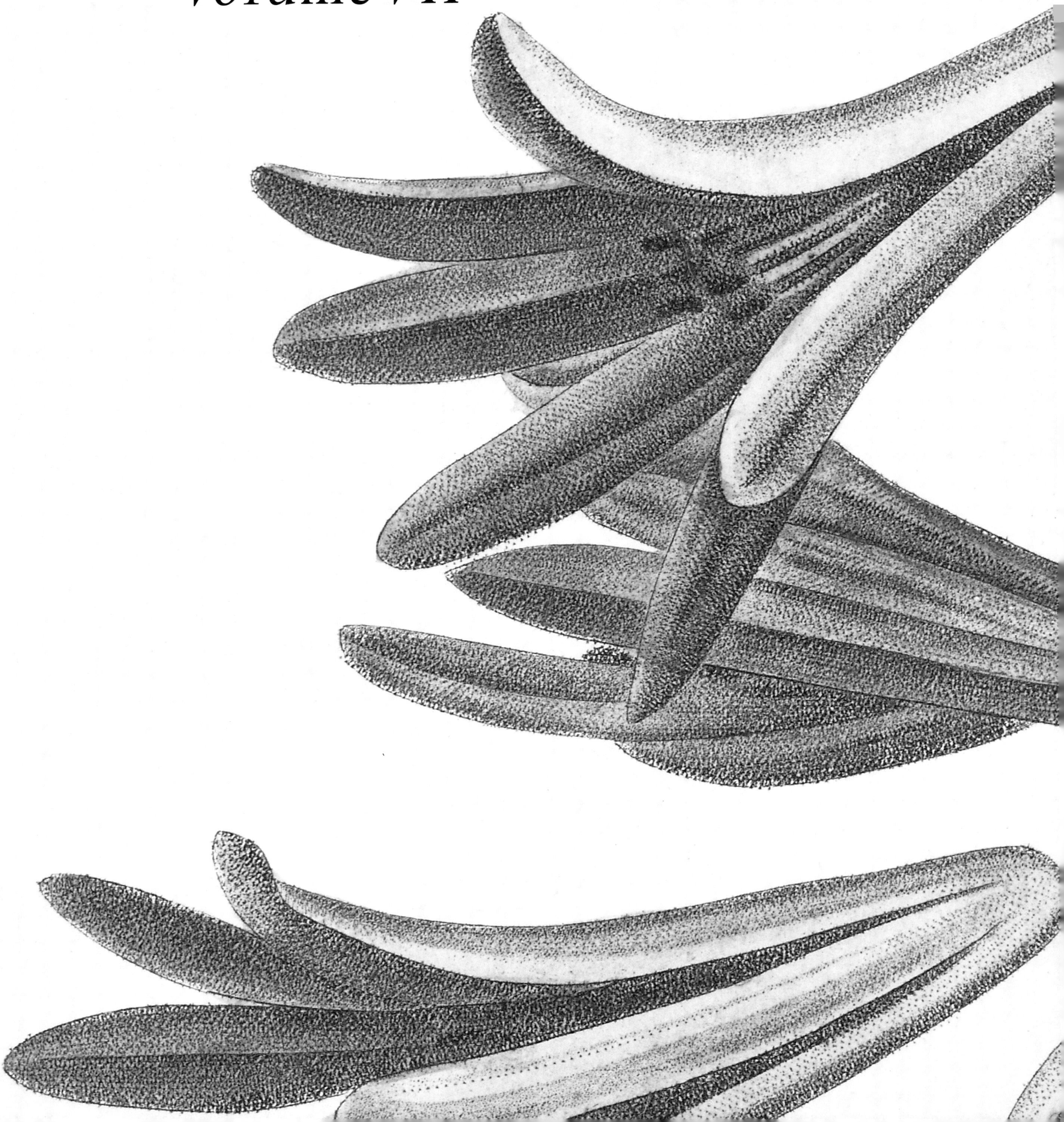

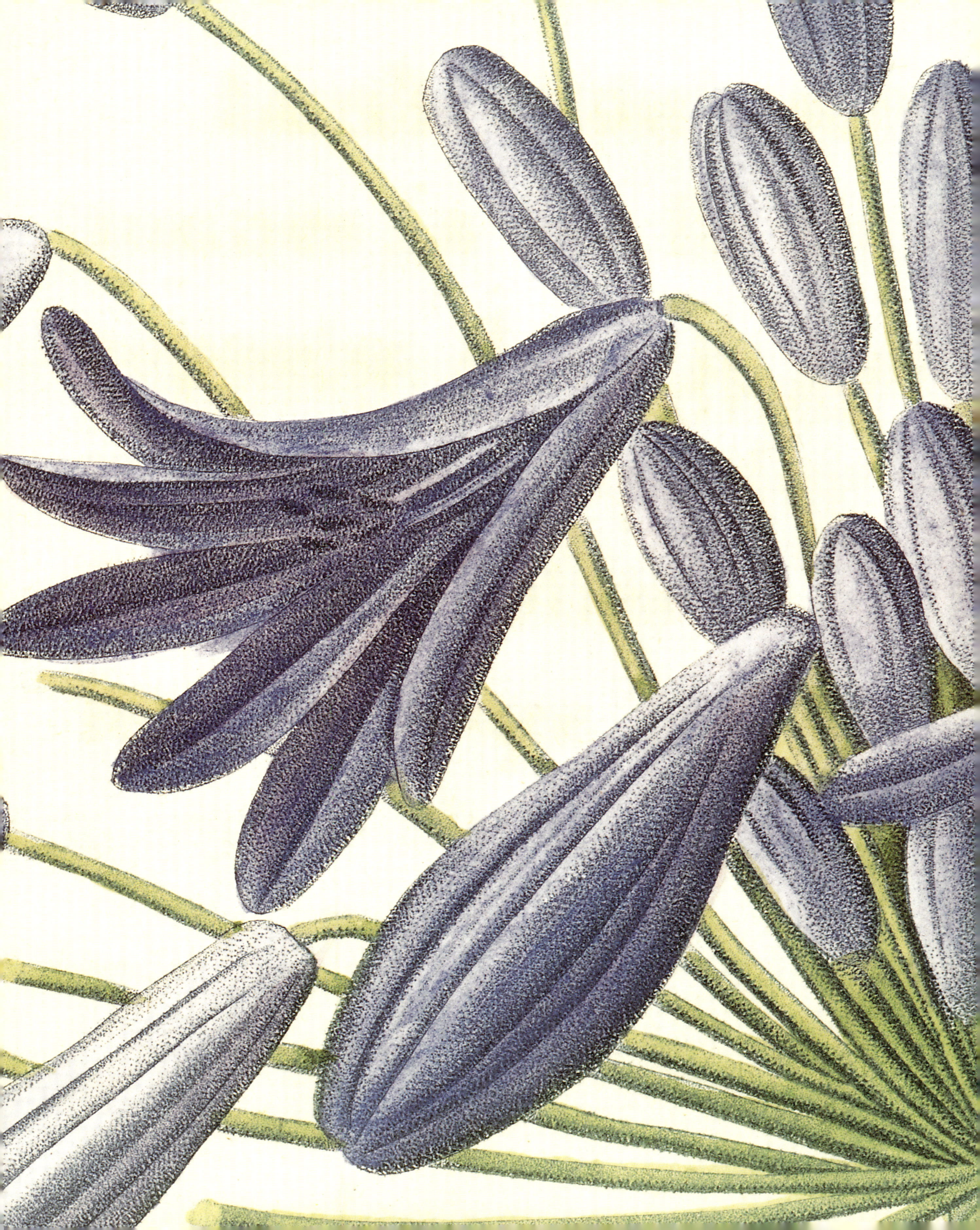

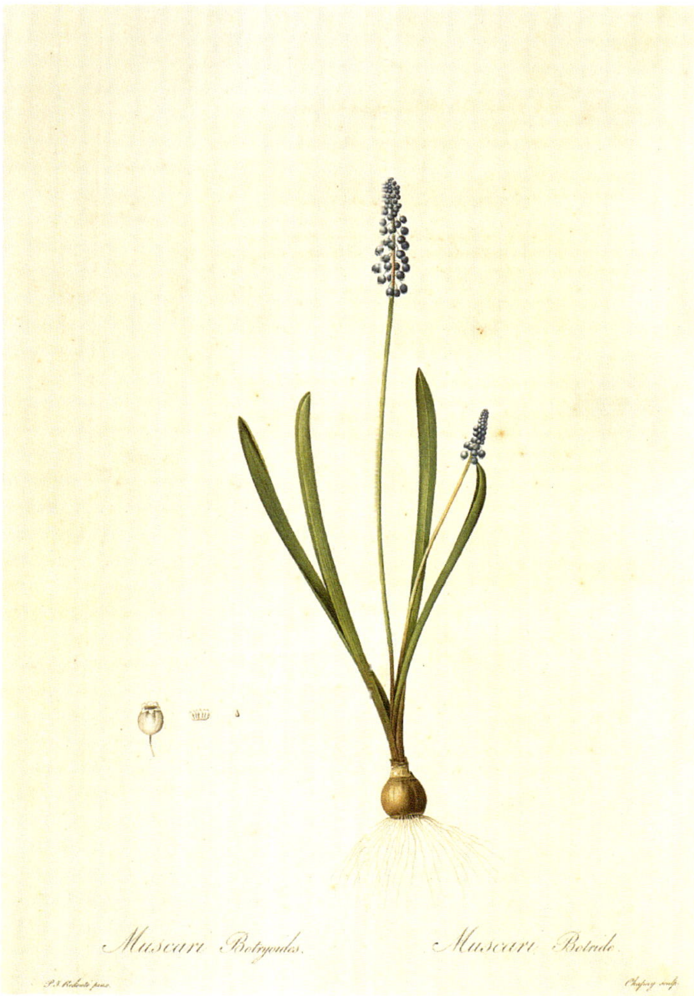

361

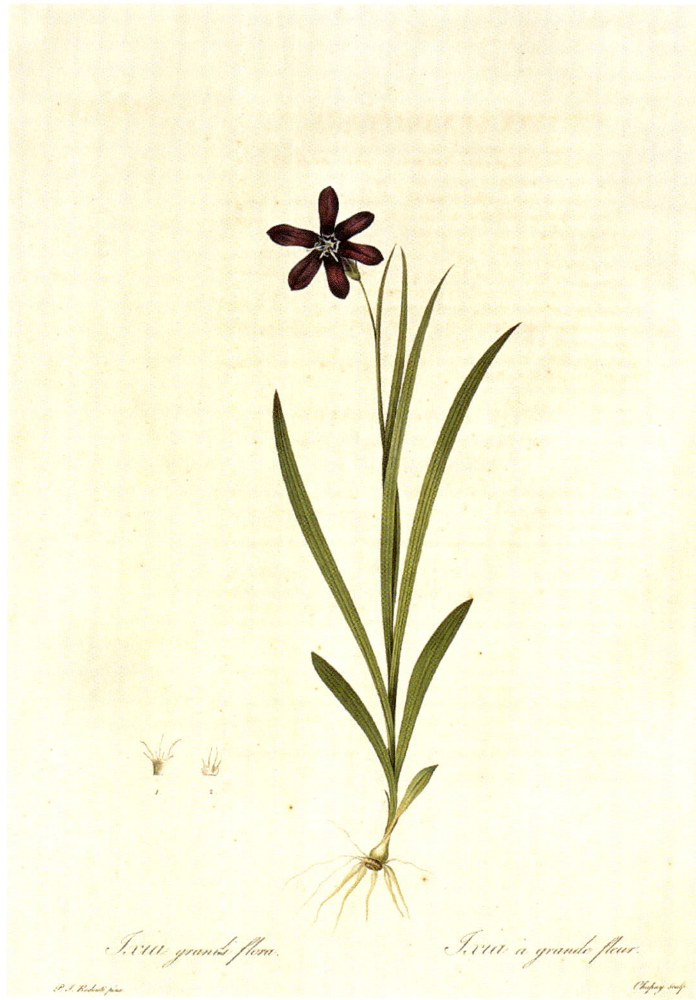

362

Muscari botryoides* **(L.) Mill. 1768 (Hyacinthaceae)
(= *Hyacinthus botryoides* L. 1753)
Small Grape Hyacinth | *Muscari botride
Kleine Träubelhyazinthe

Central to southeastern Europe (extending locally to northwest France).

Sparaxis grandiflora **(D.Delaroche) Ker Gawl. 1804**
subsp. *grandiflora* (Iridaceae)
Large-flowered Sparaxis | *Ixia à grande fleur
Großblütige Sparaxis

South Africa (Western Cape). See pl. 109.

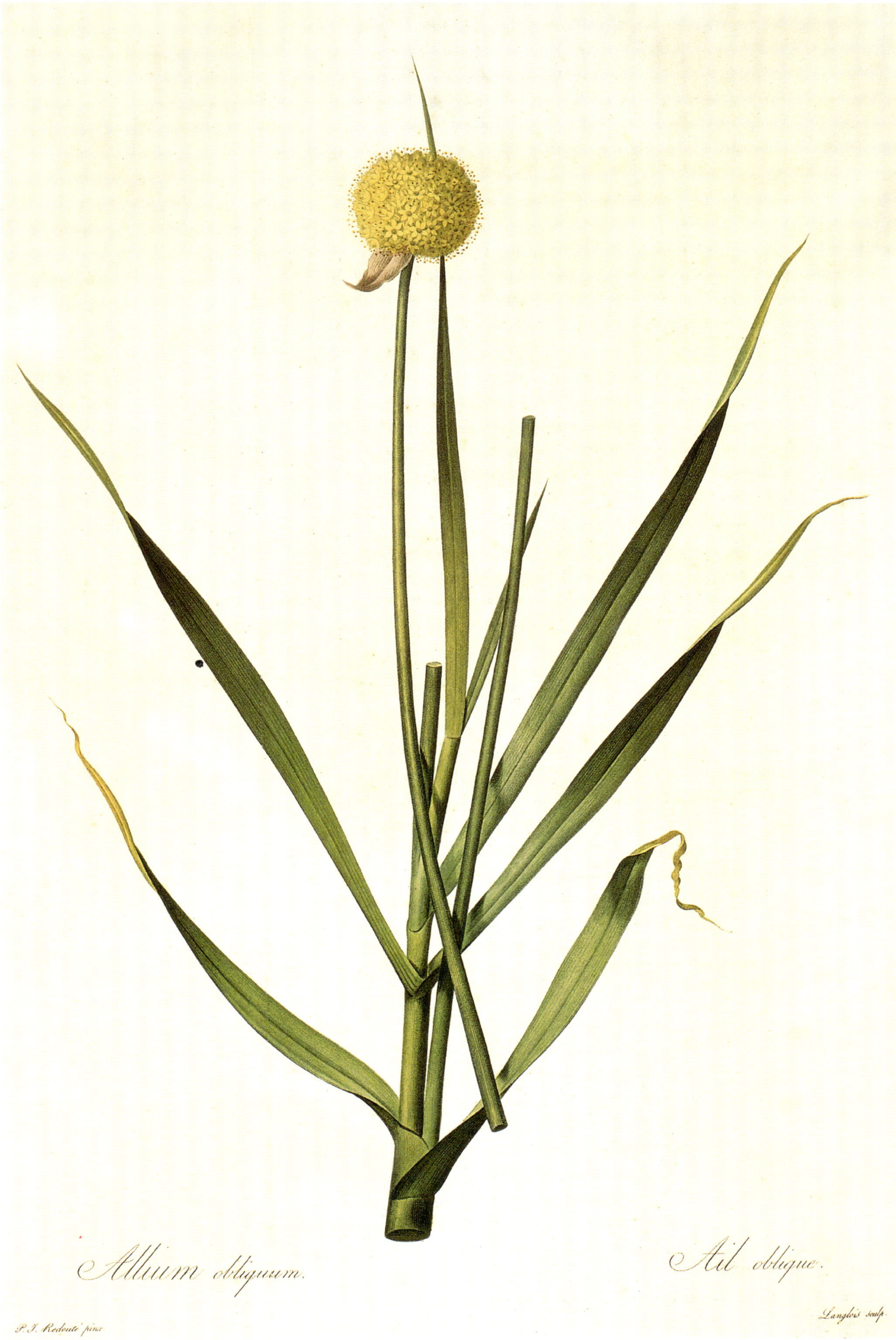

363

Allium obliquum L. 1753 (Alliaceae)
Oblique Leek | *Ail oblique | Schräger Lauch

Southeastern Europe (Russia and one locality in Romania) to central Asia and Siberia.

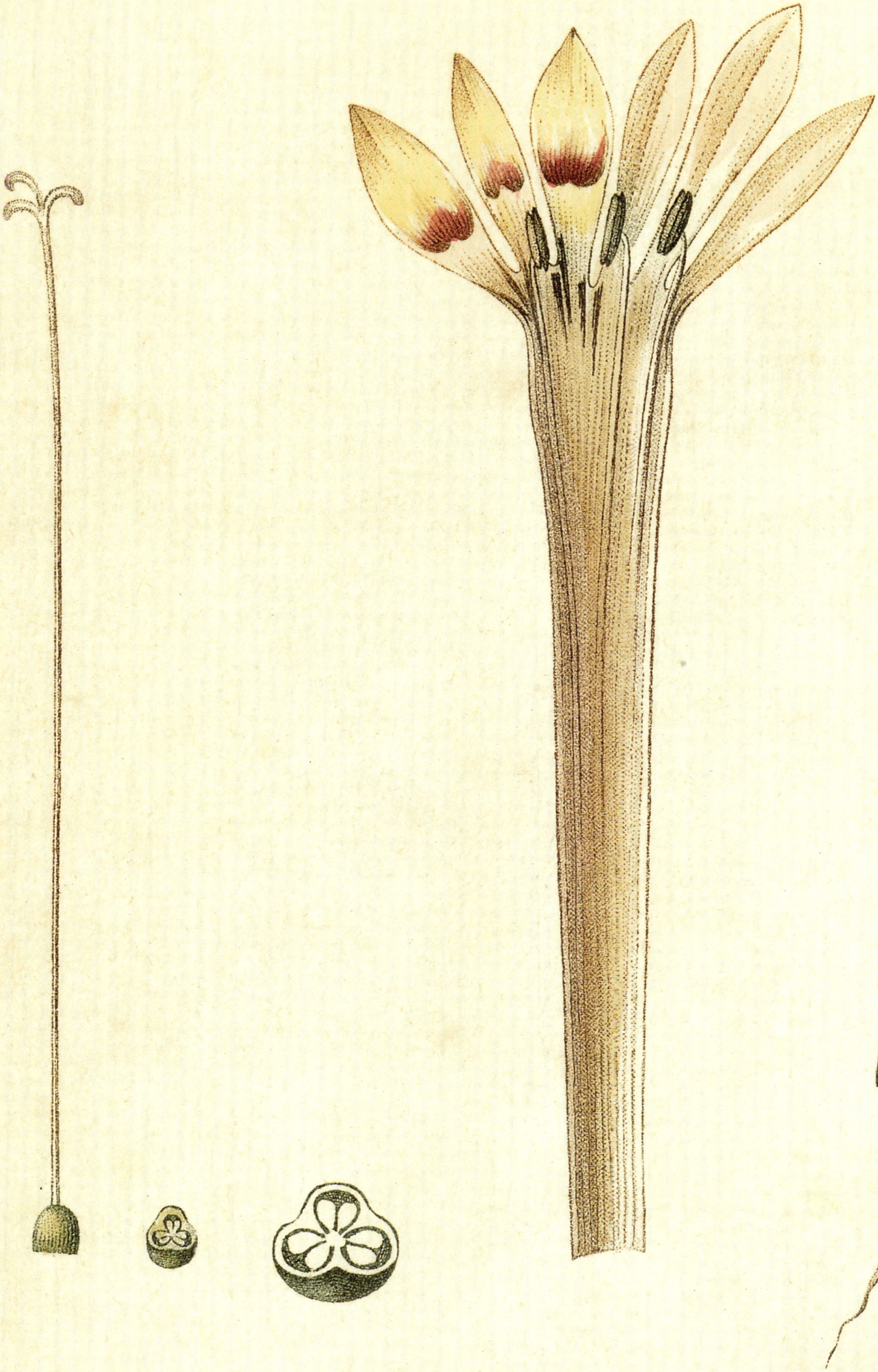

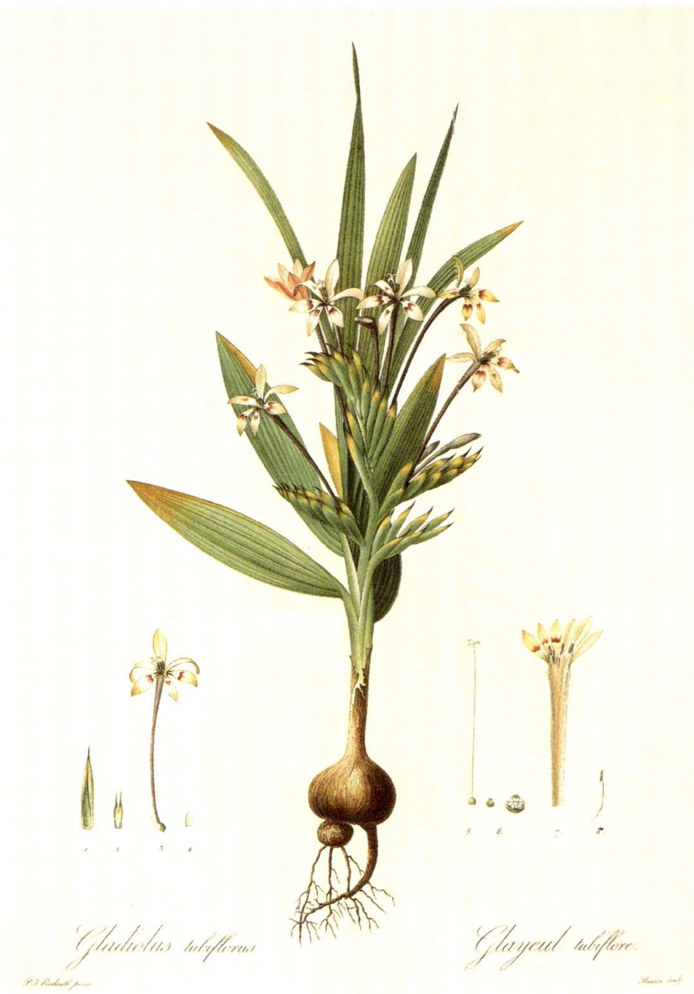

364

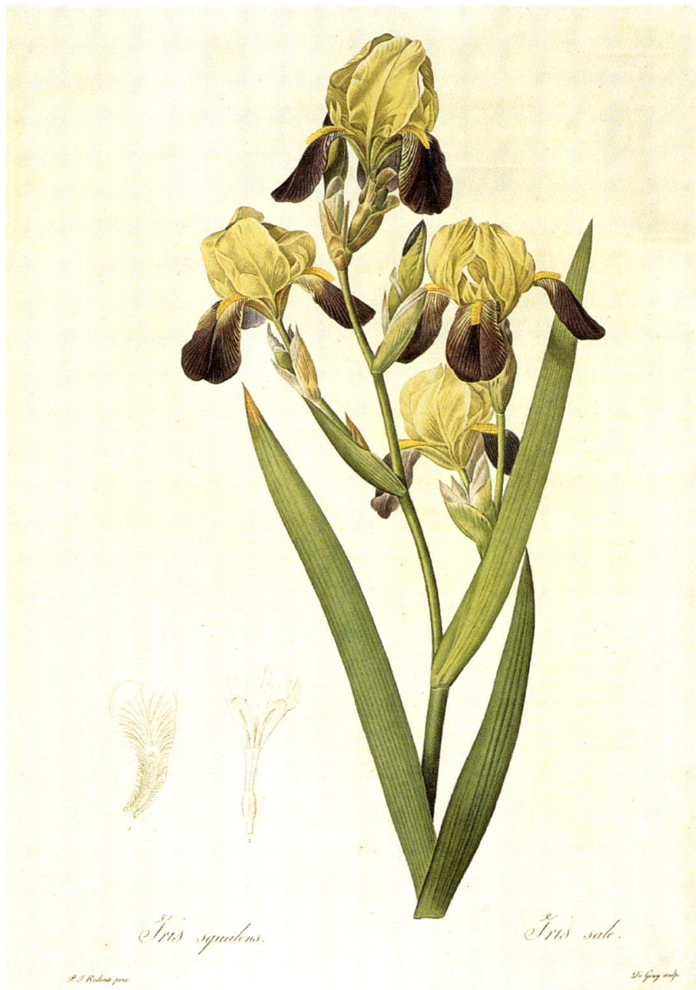

365

Babiana tubulosa **(Burm.f.) Ker Gawl. 1827 var.** ***tubiflora*** **(L.f.) G. J.Lewis 1959 (Iridaceae)**

Painted Lady | *Glaïeul tubiflore | Röhrenblütige Babiana

South Africa (Western Cape, coastal areas from Clanwilliam to Riversdale; *B. tubulosa* var. *tubiflora* is more widespread than var. *tubulosa*, see under pl. 264). See also pl. 44.

****Iris* × *squalens*** **L. 1759 (Iridaceae)**
(= ***Iris variegata*** **L. 1753 ×** ***I. pallida*** **Lam. 1789)**

Stiff Iris | *Iris sale | Steife Schwertlilie

In cultivation and naturalized in several countries of southern central Europe e.g. in Switzerland (Engadin), north Italy (South Tyrol), Hungary.

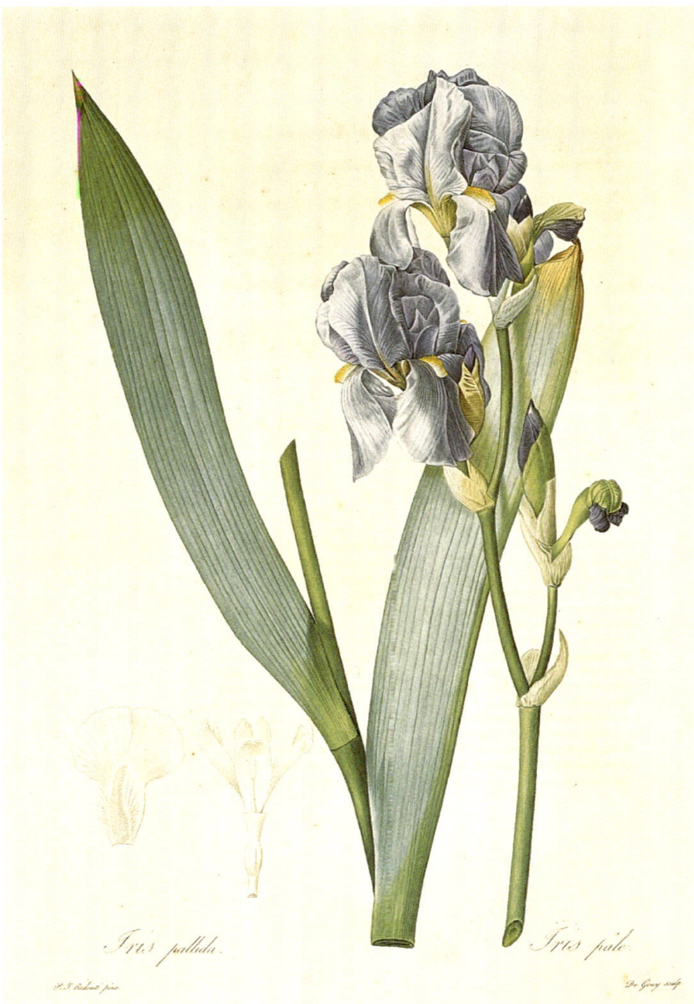

366

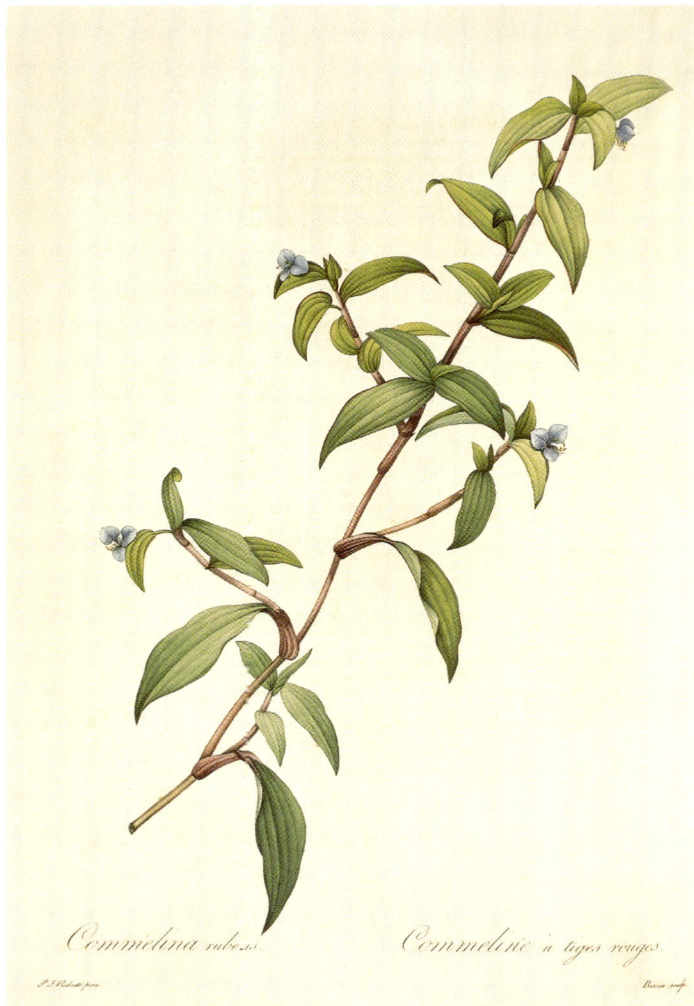

367

**Iris pallida* Lam. 1789 (Iridaceae)
Dalmatian Iris | *Iris pâle
Bleiche Schwertlilie

Central south Europe (Yugoslav a and northeast Italy).

Commelina pallida Willd. 1816 (Commelinaceae)
Pale Commeline | *Commeline à tiges rouges
Blasse Commeline

Central America (Mexico).

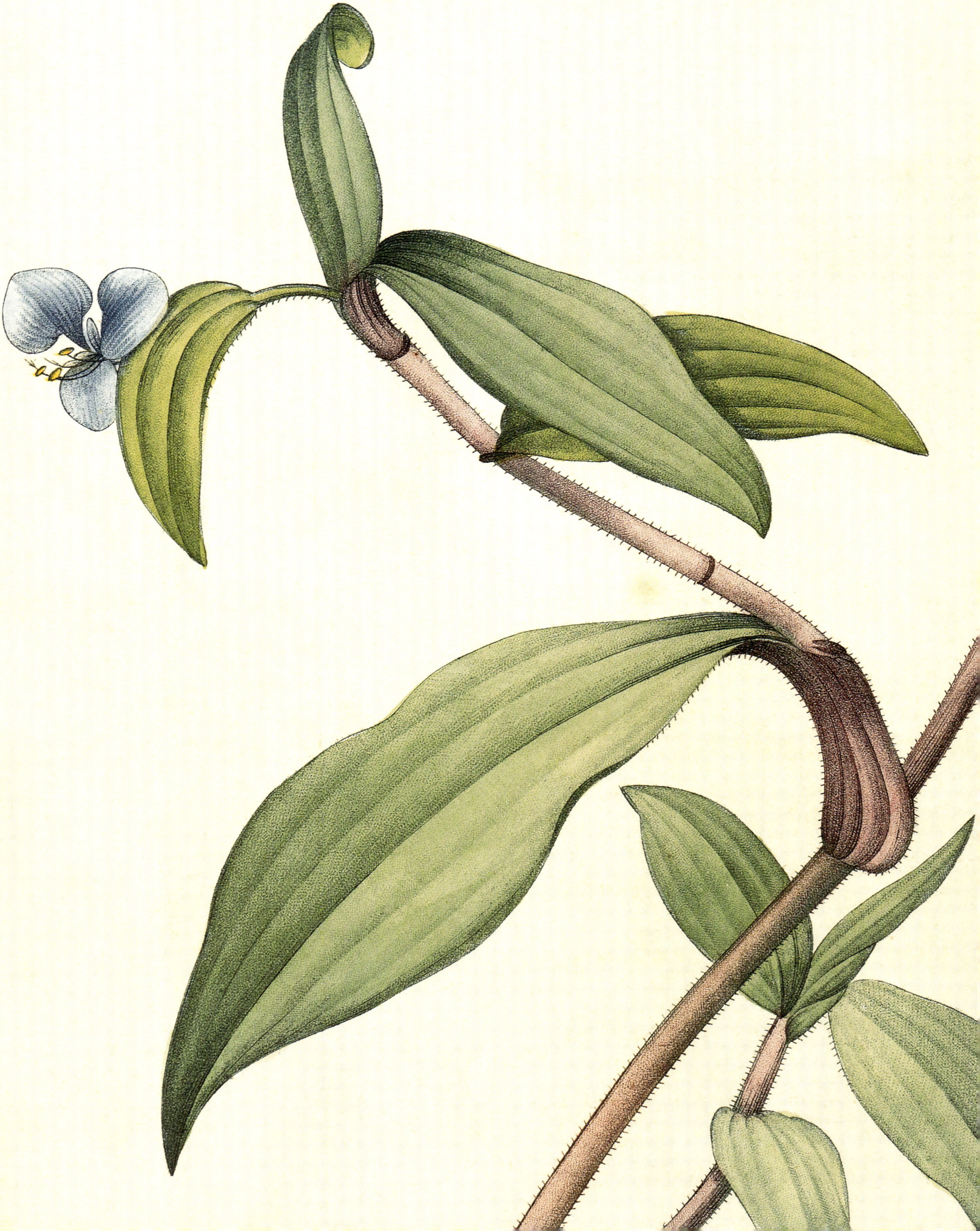

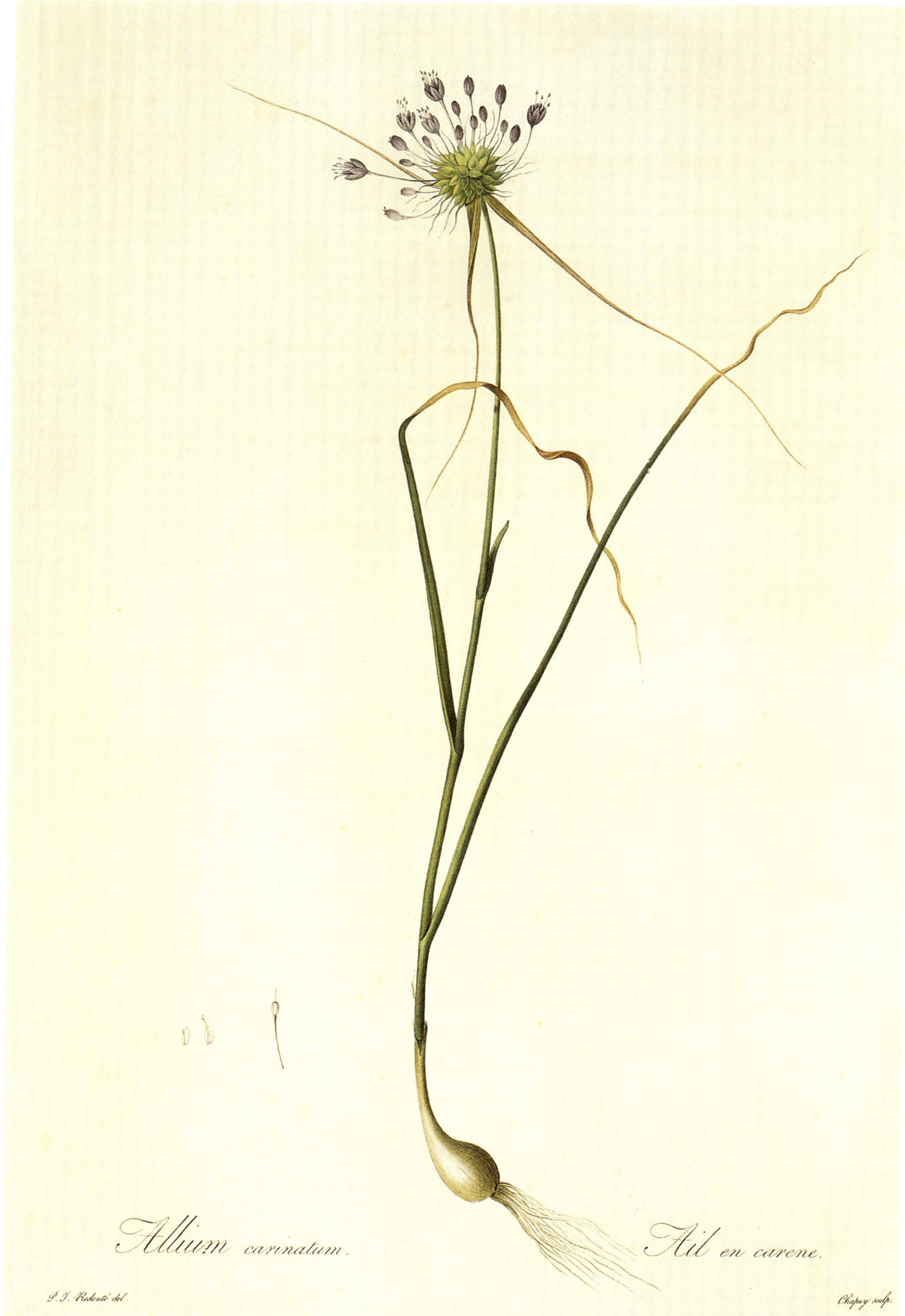

368

***Allium carinatum L. 1753 subsp. carinatum (Alliaceae)**

Keeled Garlic | *Ail en carène | Gekielter Lauch

Central and south Europe (northwards to southern Sweden and Estonia).

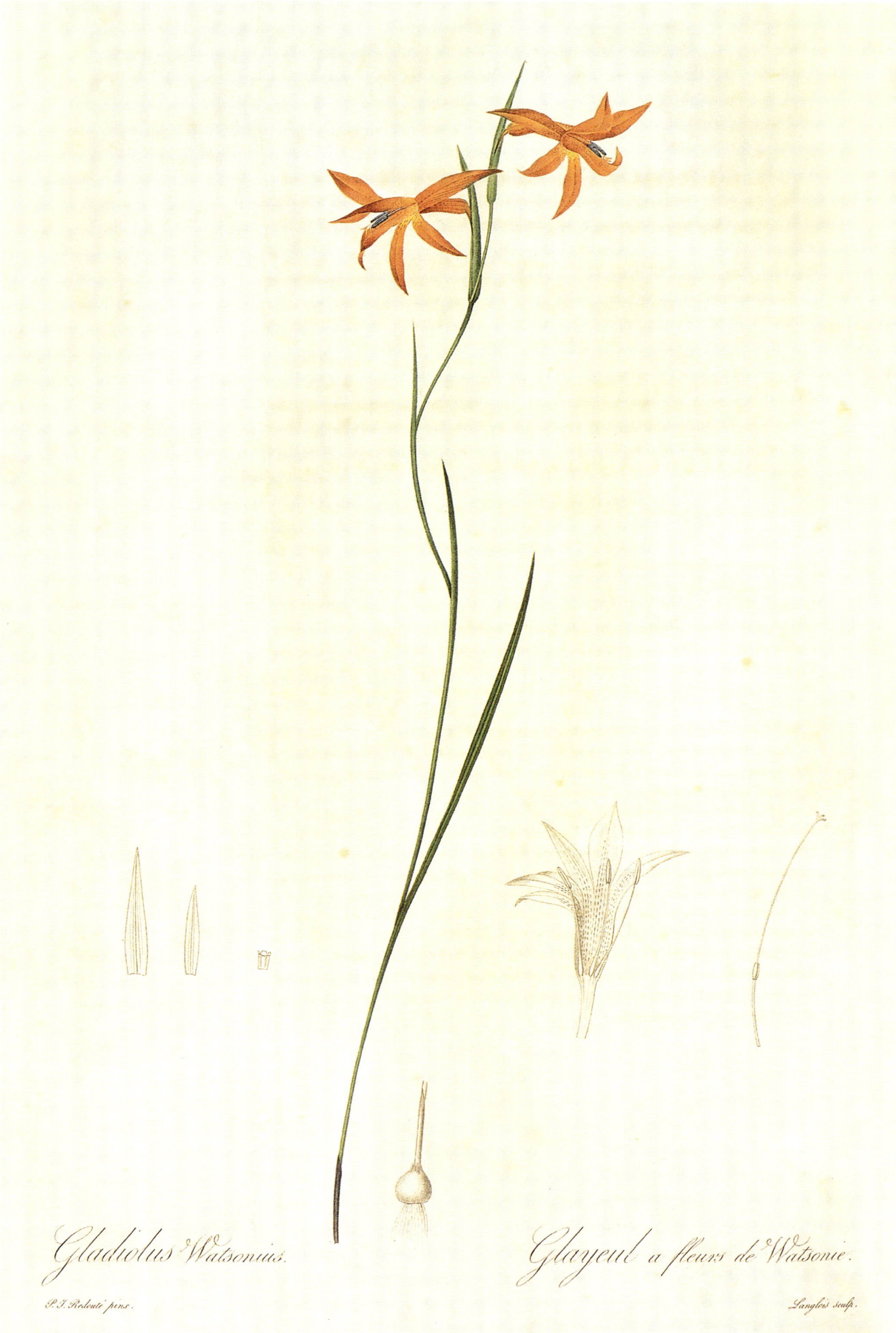

369

Homoglossum watsonium (Thunb.) N.E.Br. 1932 (Iridaceae)

Red Afrikaner | *Glaïeul à fleurs de Watsonie | Watsons Geichzunge

South Africa (Western Cape, from Cape Peninsula to Tulbagh).

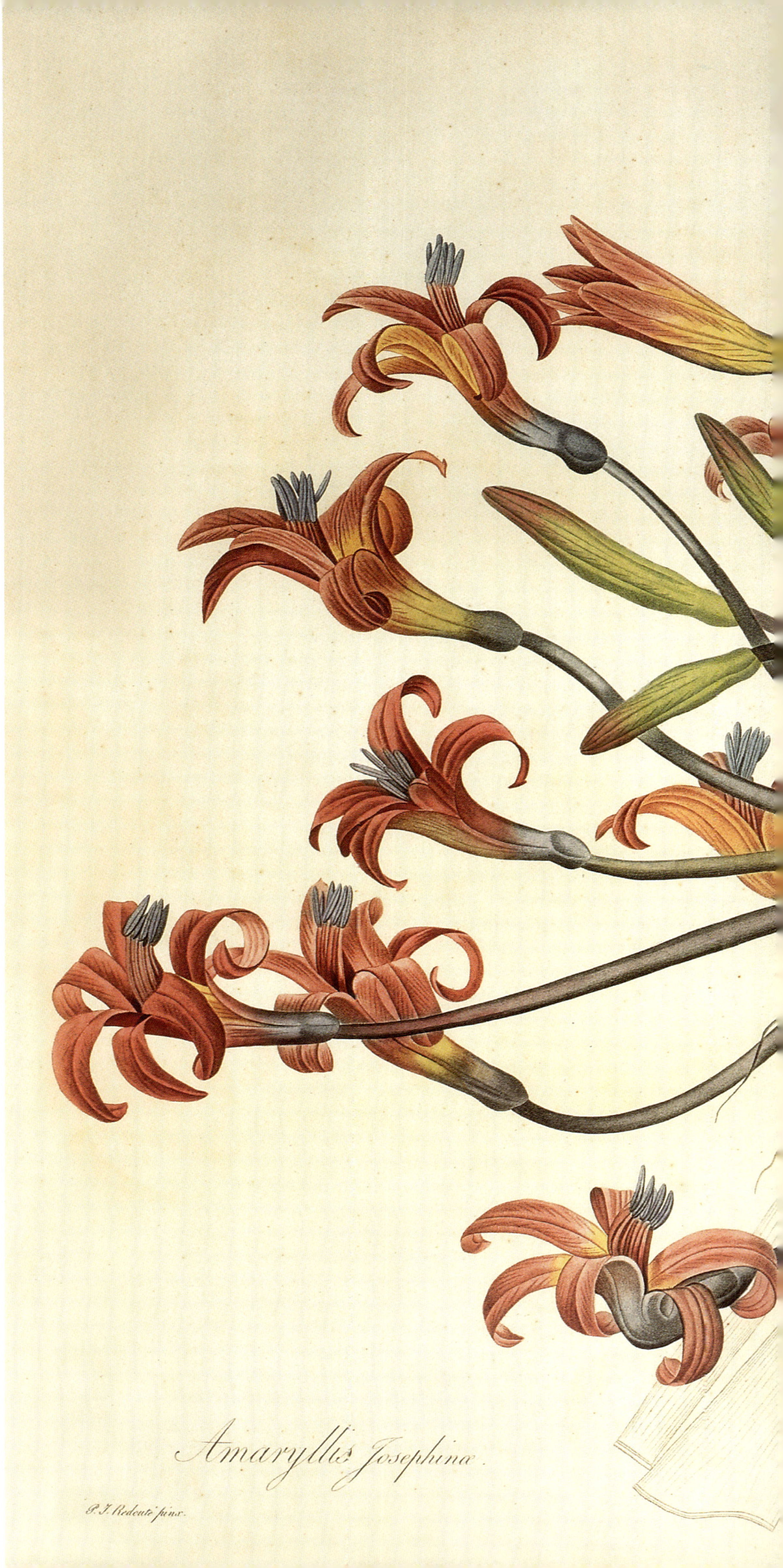

Brunsvigia josephinae
(Delile in REDOUTÉ) Ker Gawl.
1817 (Amaryllidaceae)
Josephine's March Lily | *Amaryllis de Joséphine | Josephines Märzlilie

South Africa (interior of the Western Cape).

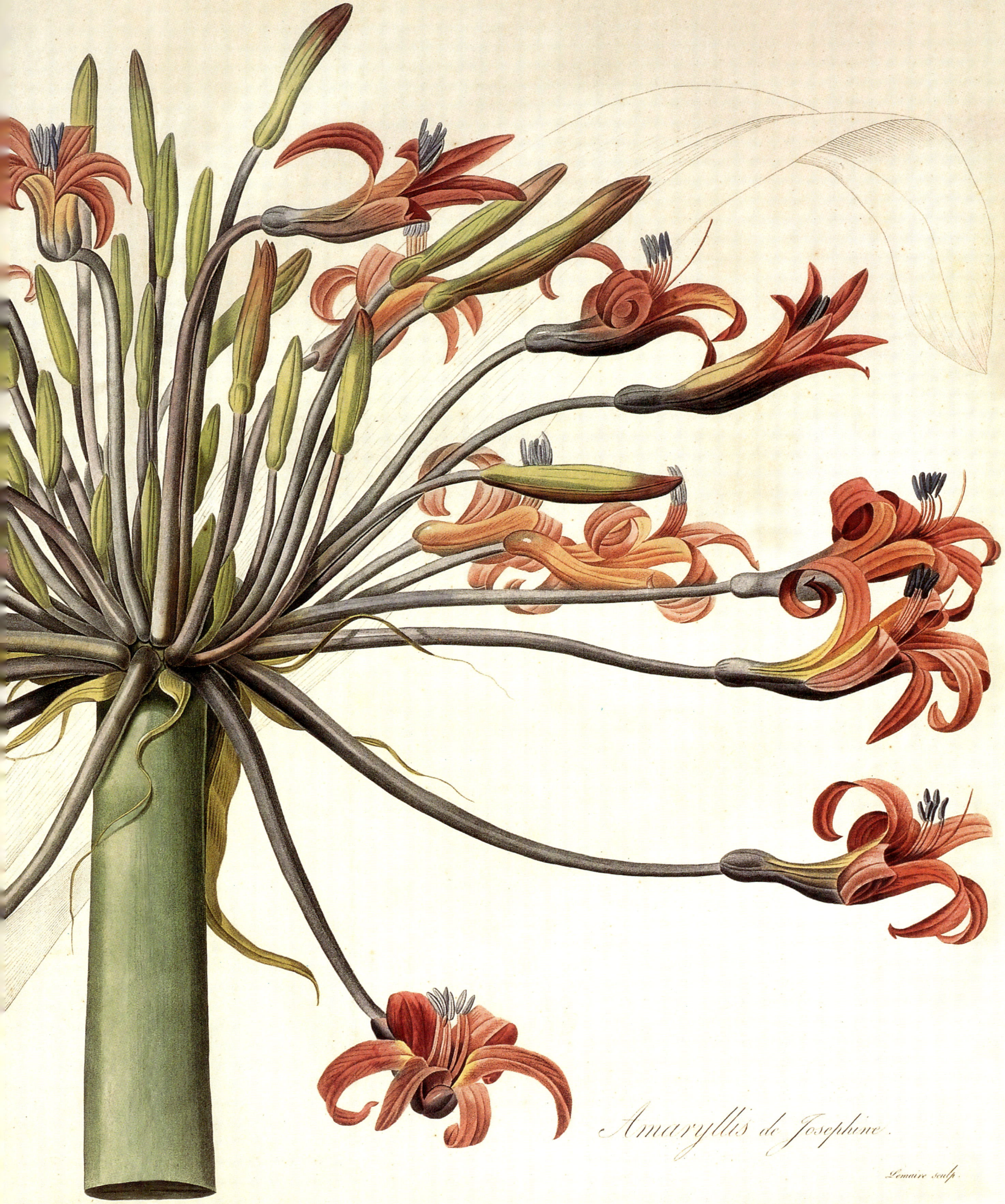

Amaryllis de Josephine.

Lemaire sculp.

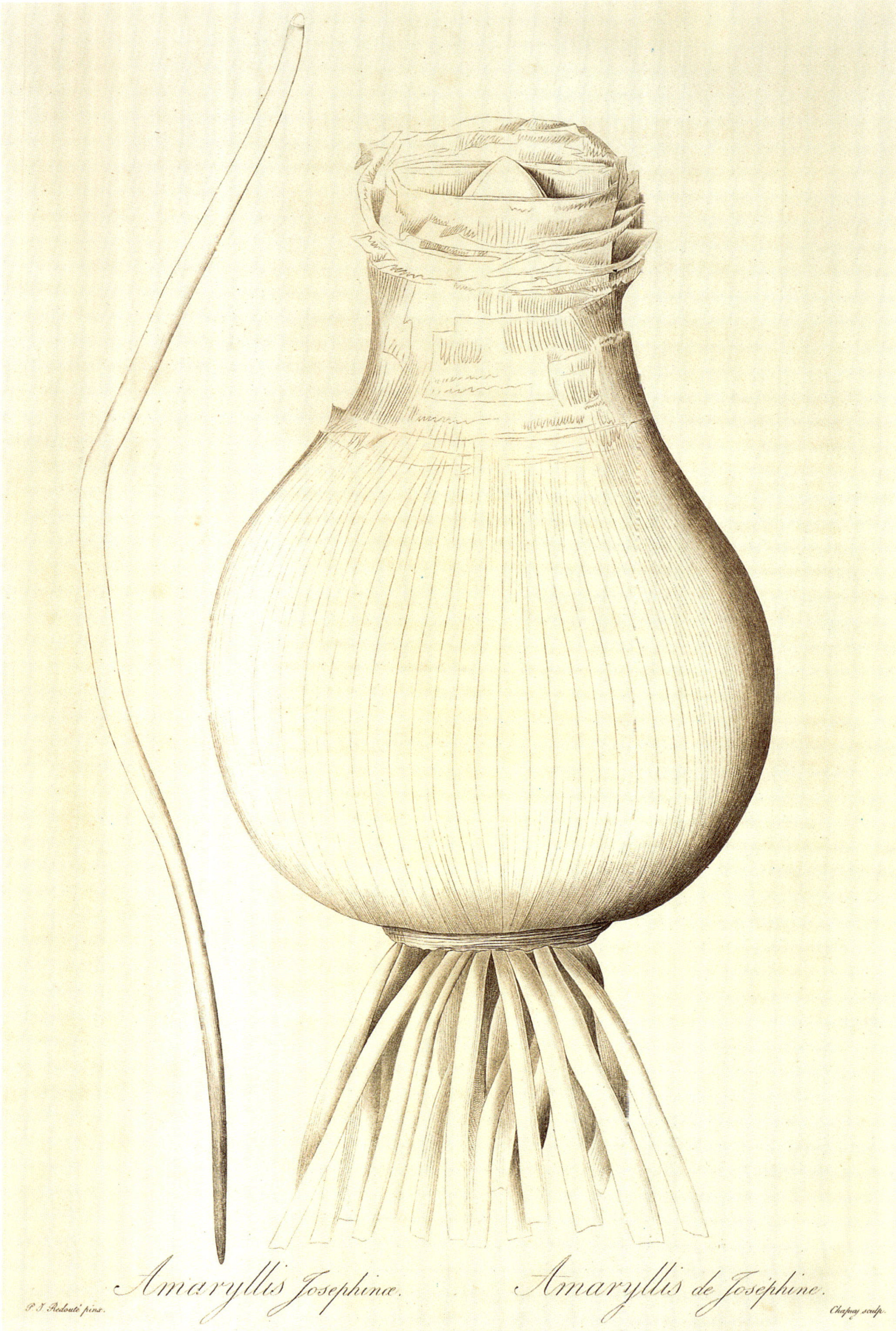

Brunsvigia josephinae **(Delile in REDOUTÉ) Ker Gawl. 1817 (Amaryllidaceae)**

Josephine's March Lily | *Amaryllis de Joséphine | Josephines Märzlilie

South Africa (interior of the Western Cape).

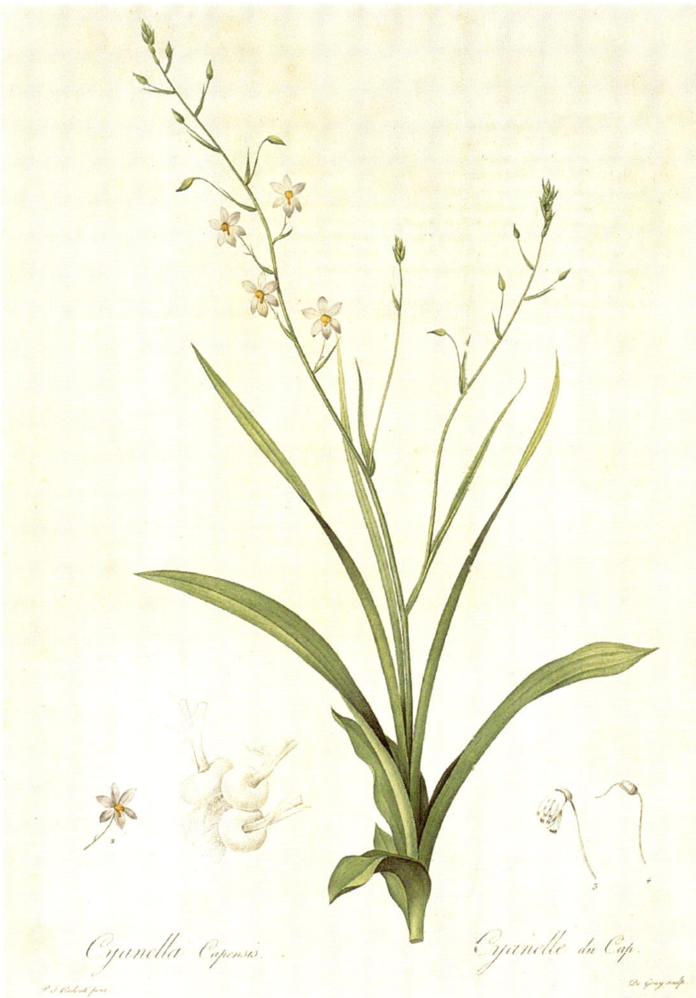

372

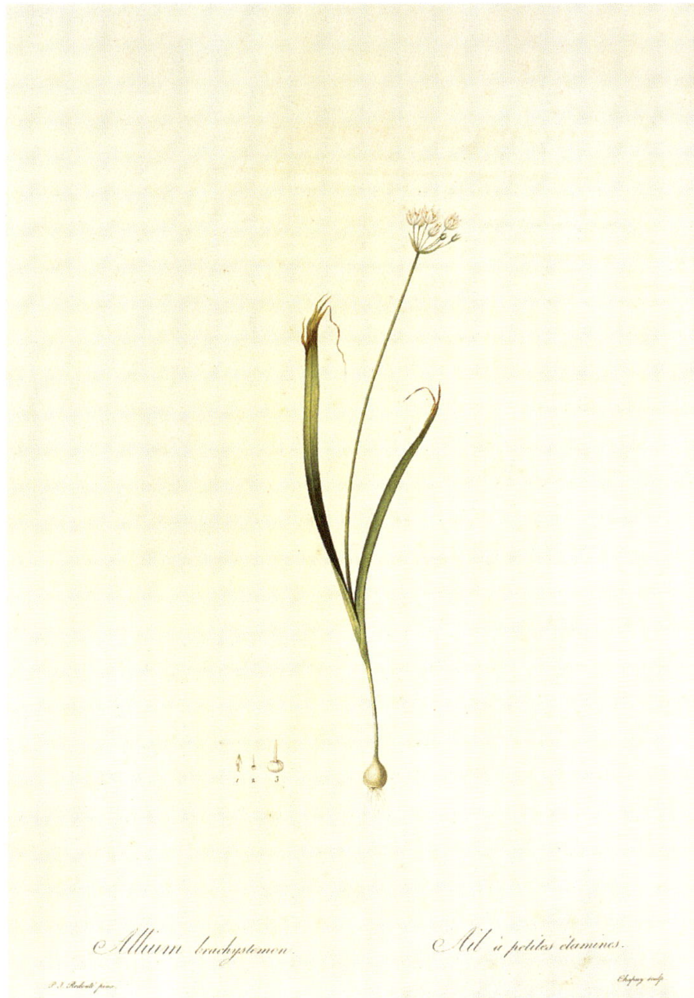

373

***Cyanella hyacinthoides* L. 1754 (Tecophilaeaceae)**

Lady's Hand | *Cyanelle du Cap | Hyazinthen-Zyanelle

South Africa (Western Cape and Little Namaqualand).

***Allium subhirsutum* L. 1753 (Alliaceae)**

Hardly Hairy Leek | *Ail à petites étamines | Flaum-Lauch

Circummediterranean. See pl. 311.

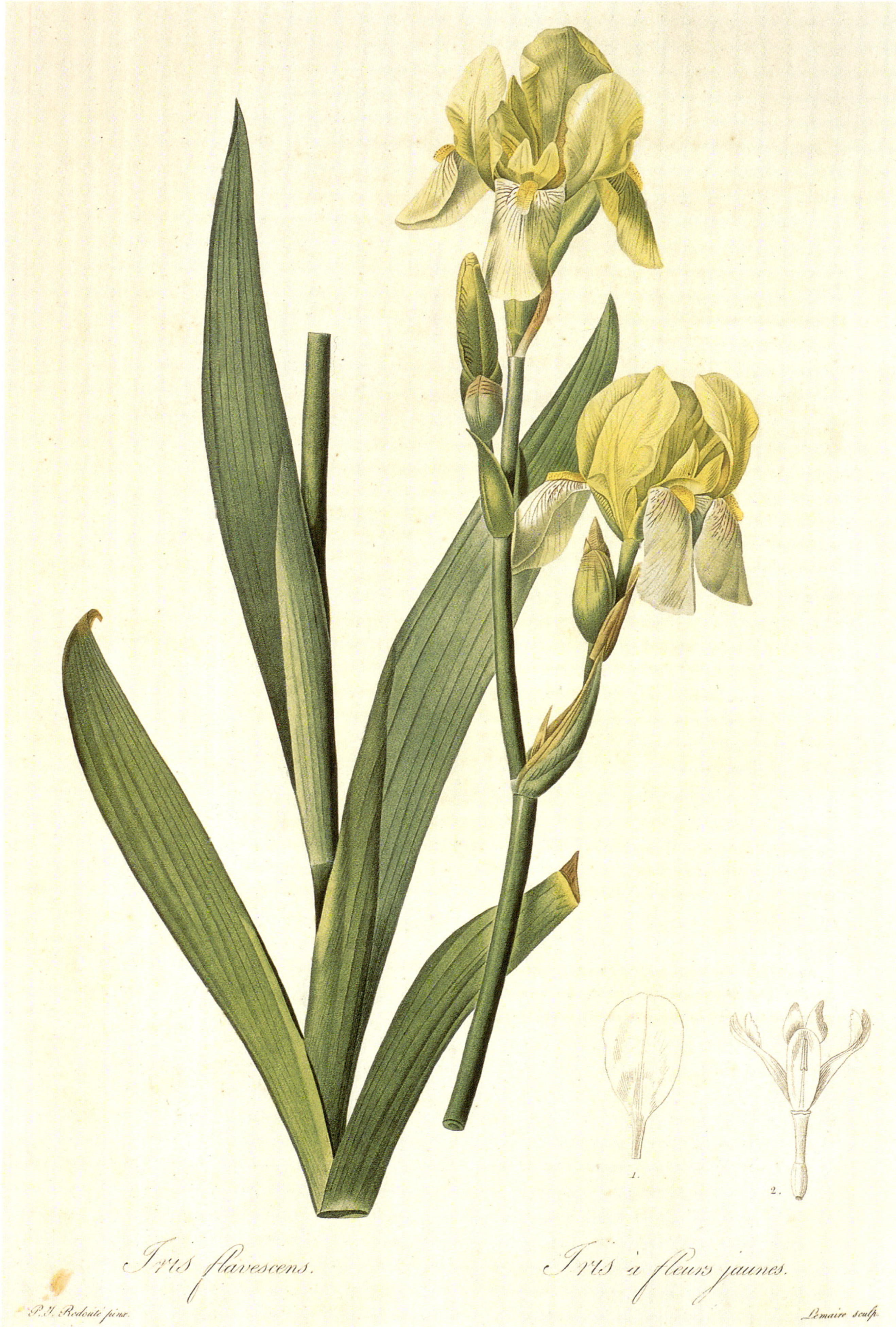

***Iris flavescens* Delile in REDOUTÉ 1812 (Iridaceae)**

Pale Iris | *Iris à fleurs jaunes | Gelbliche Schwertlilie

West Asia (Caucasus).

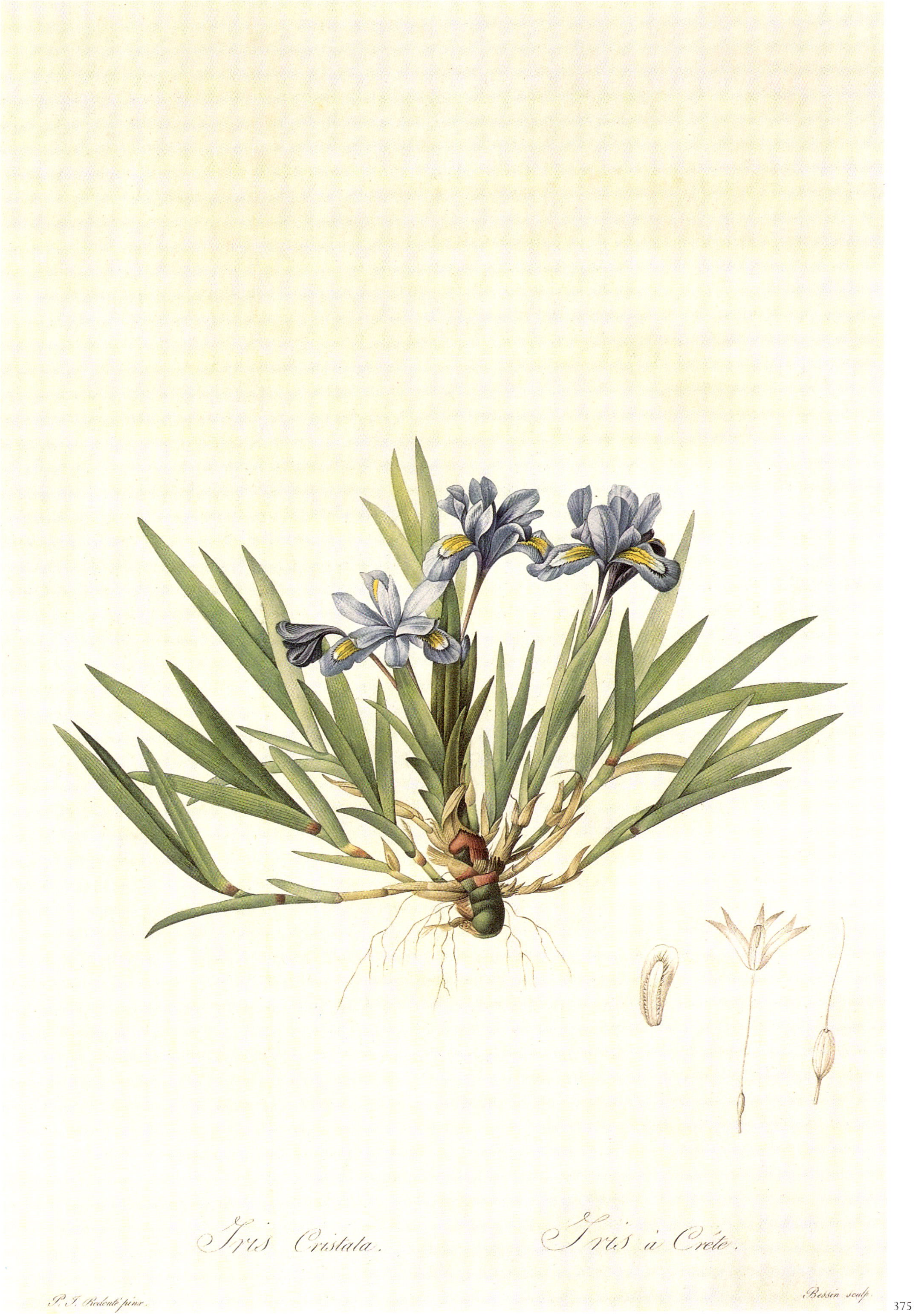

***Iris cristata Sol. in Aiton 1789 (Iridaceae)**

Dwarf Iris | *Iris à crête | Kamm-Schwertlilie

North America (Eastern to central USA).

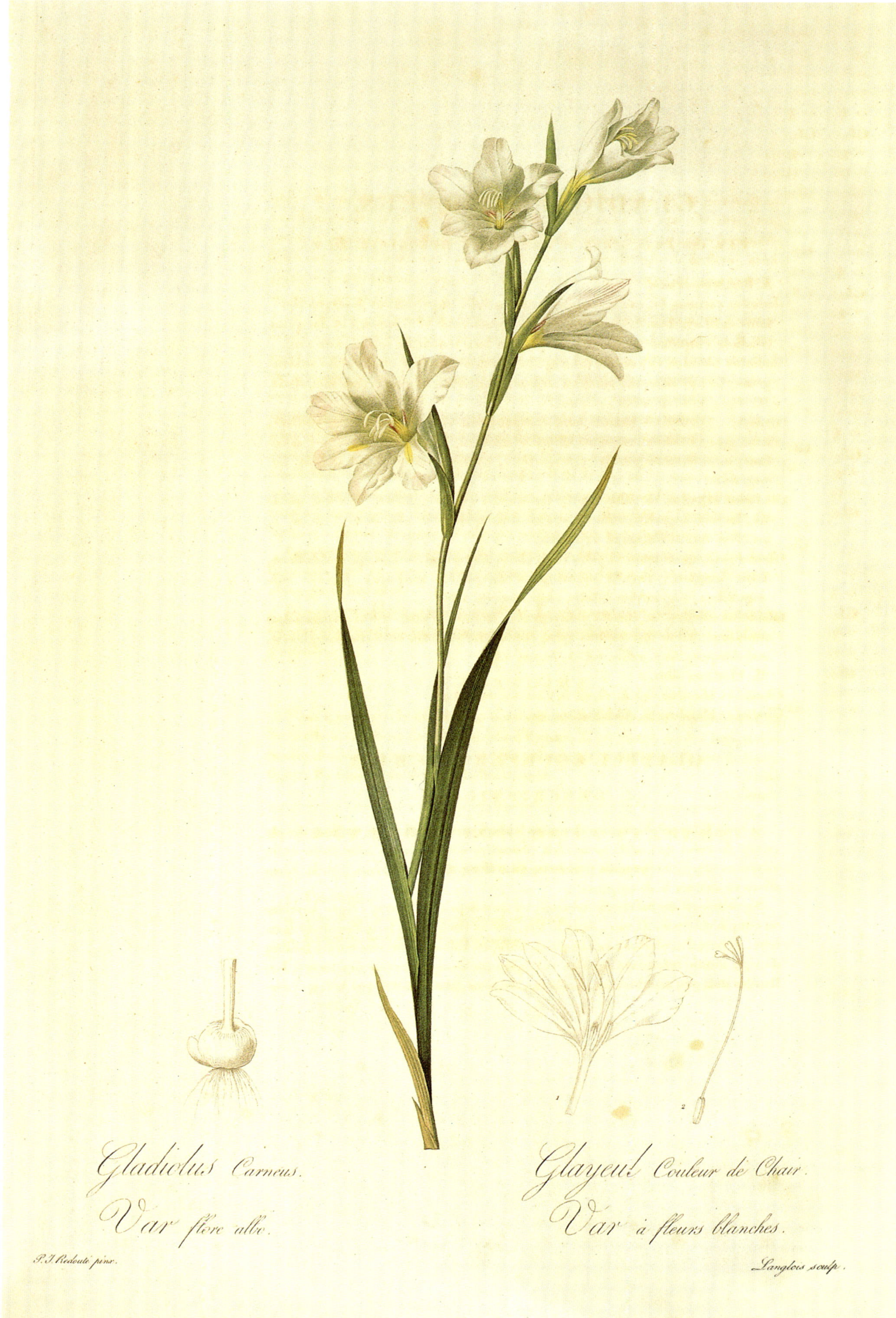

376

******Gladiolus carneus* **D.Delaroche 1766 (Iridaceae)**

White Afrikaner, Painted Lady | *Glaïeul couleur de chair var. à fleurs blanches | Blassrosa Gladiole

South Africa (Western Cape). Note: About 20 synonyms are cited in Obermeyer's revision 1972, but currently no single infraspecific taxon is recognized. See pl. 65.

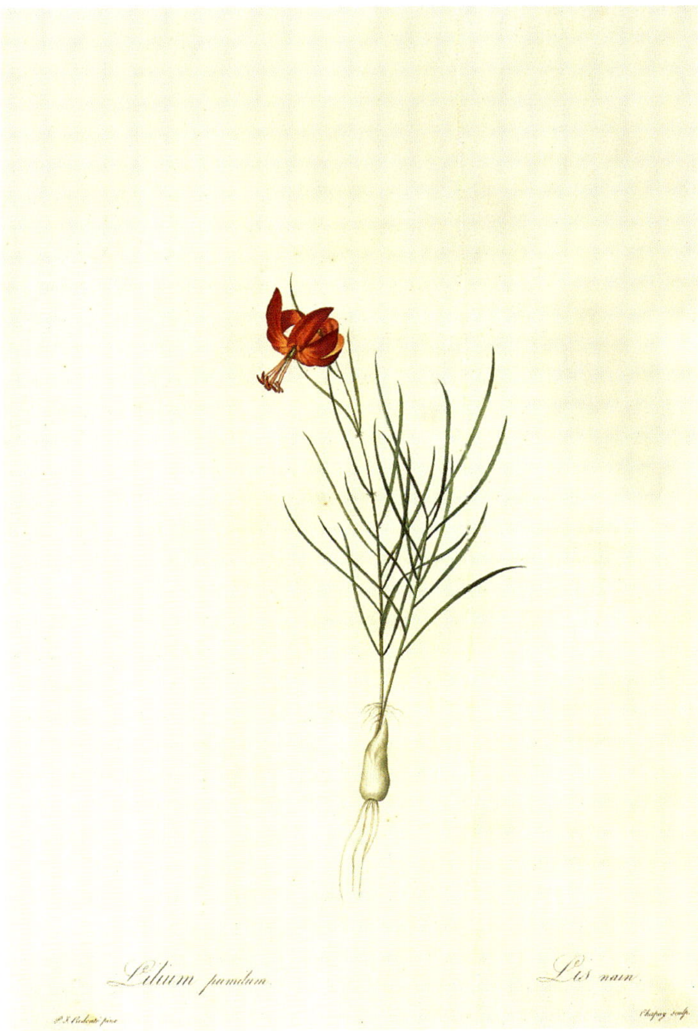

377

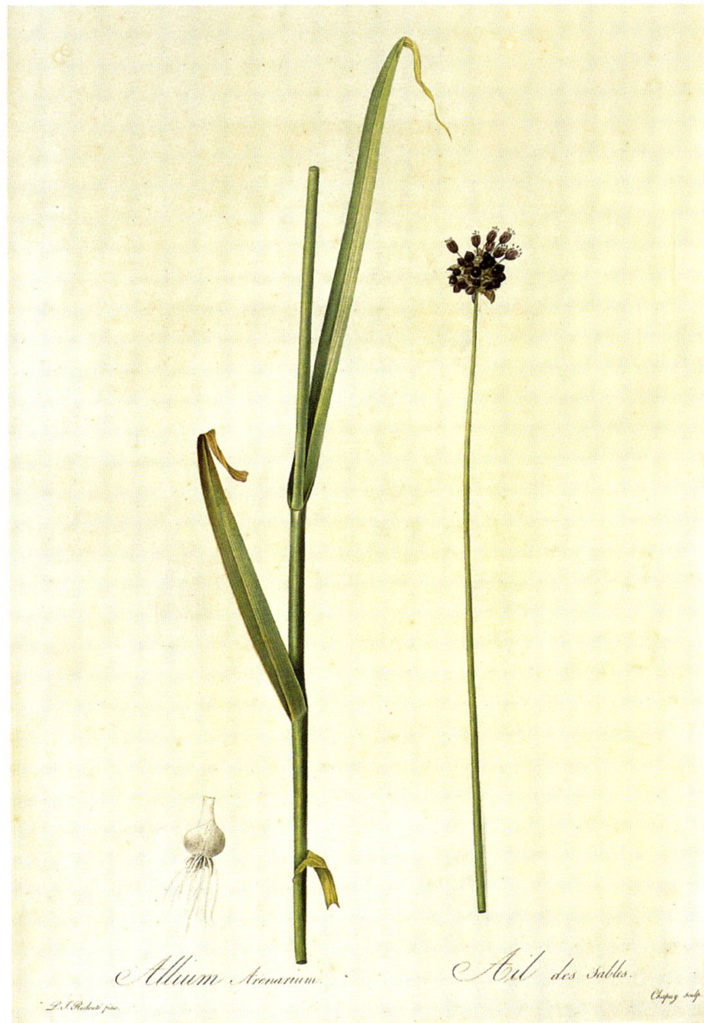

378

**Lilium pumilum* Delile in REDOUTÉ 1812 (Liliaceae)
(= *Lilium tenuifolium* Fischer 1812 ex Schrank 1819)

Coral Lily | *Lis nain | Zwerg-Lilie

Northern central and east Asia (Mongolia, eastern Siberia, north China).
Note: As author of *Lilium pumilum* usually DC. in REDOUTÉ 1813 is given.

Allium scorodoprasum L. 1753 subsp. *scorodoprasum* (Alliaceae)
(= *Allium scorodoprasum* (L.) var. *arenarium* (L.) Asch. & Graeb. 1905)

Sand Leek | *Ail des sables | Schlangen-Lauch

Geogr. of *Allium arenarium* L. 1753: Central Europe
(Baltic region: Swedish island of Falster, and northern to central Germany).

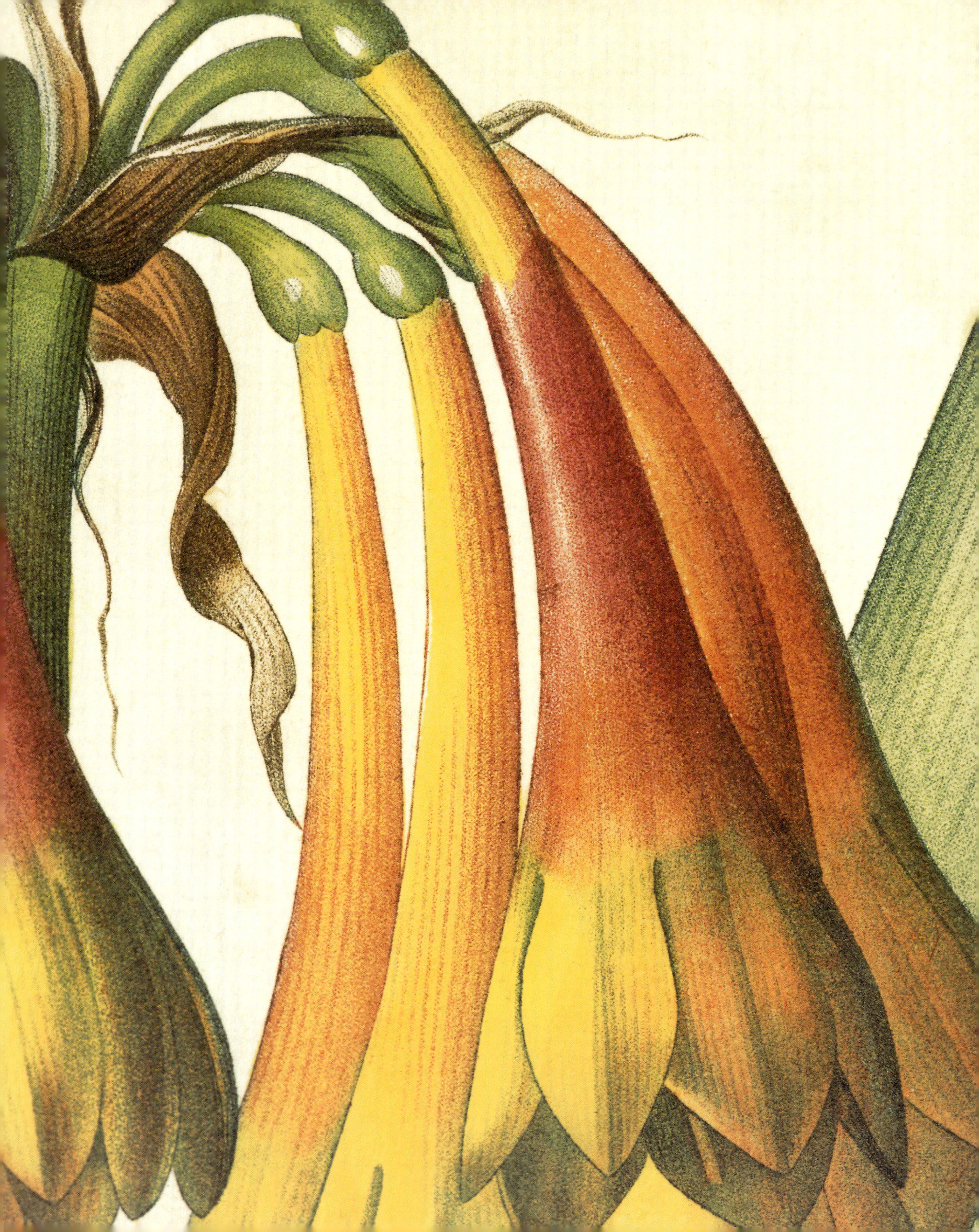

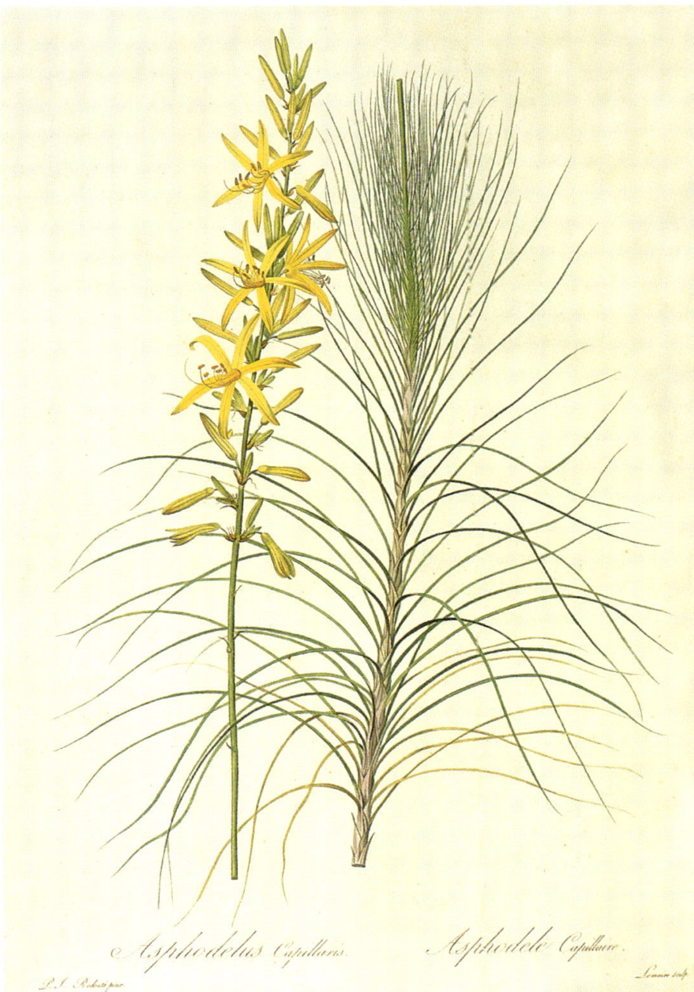

379

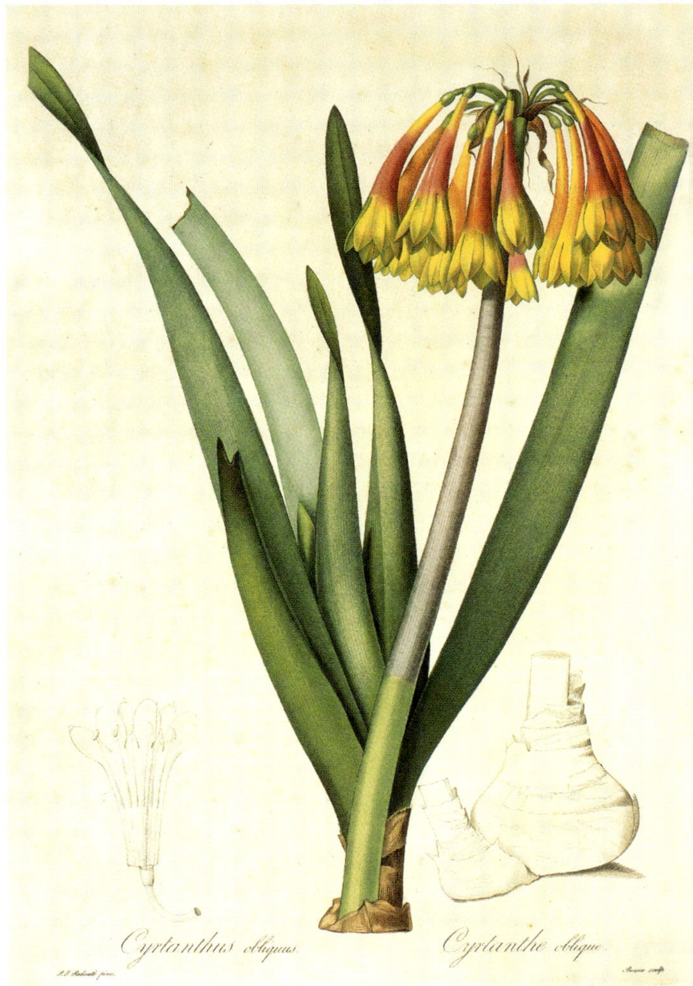

380

Asphodeline liburnica (Scop.) Rchb. 1830 (Asphodelaceae)
(= *Asphodelus liburnicus* Scop. 1772)
Yellow Asphodel | *Asphodèle capillaire
Jugoslawische Junkerlilie

Eastern Mediterranean region (Istria, Balkan Peninsula, Crete, south Italy) to Western Asia (Cyprus, Lebanon).

**Cyrtanthus obliquus* (L.f.) Aiton 1789 (Amaryllidaceae)
(= *Crinum obliquum* L.f. 1782, "1781")
Soldier Lily | *Cyrtanthe oblique
Schiefe Brandlilie

South Africa (coastal region of the Eastern Cape, with a few localities in adjacent Natal and Western Cape).

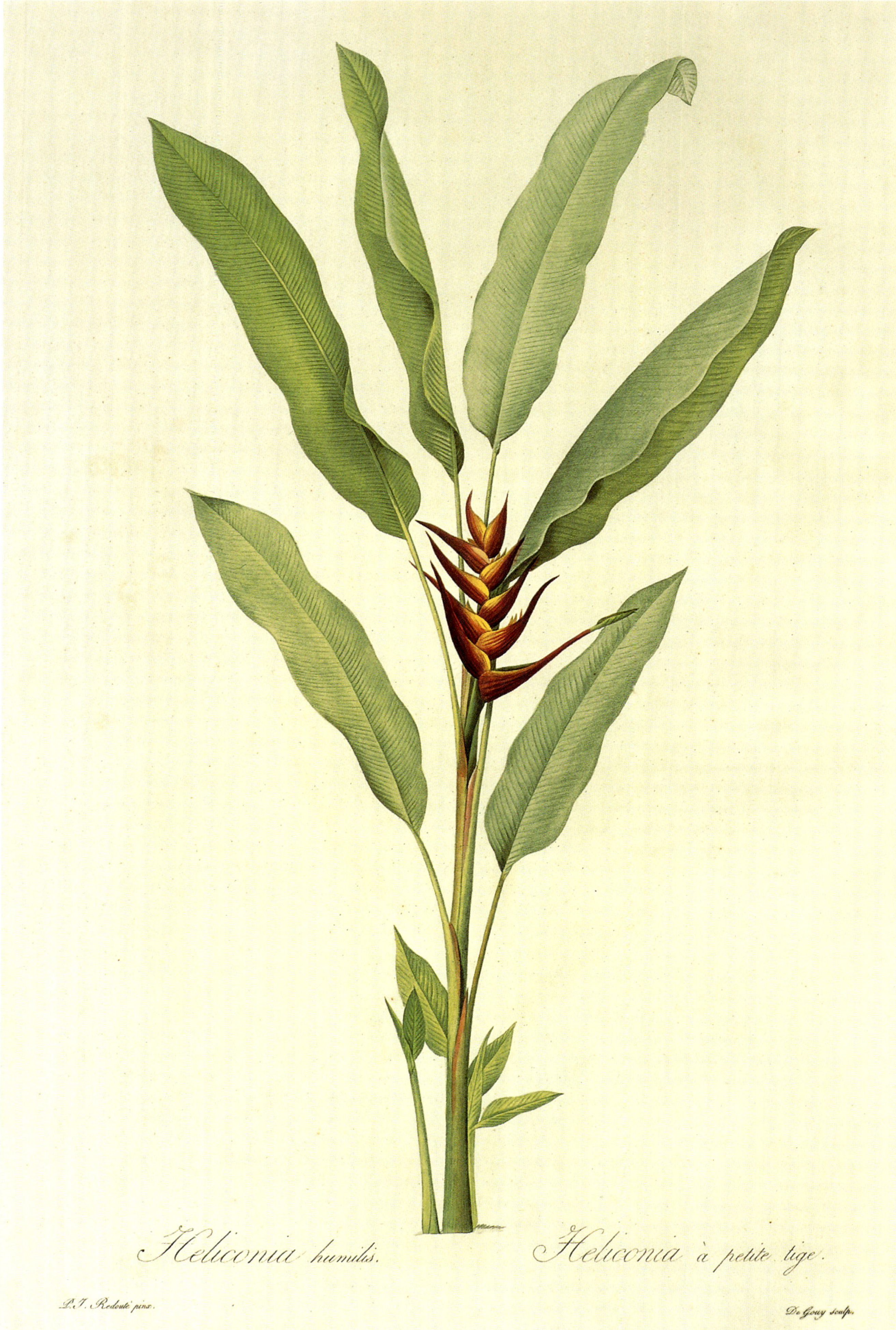

381

**Heliconia humilis* Jacq. 1797 (Musaceae)

Dwarf Heliconia | *Heliconia à petite tige | Kleine Heliconie

South America.

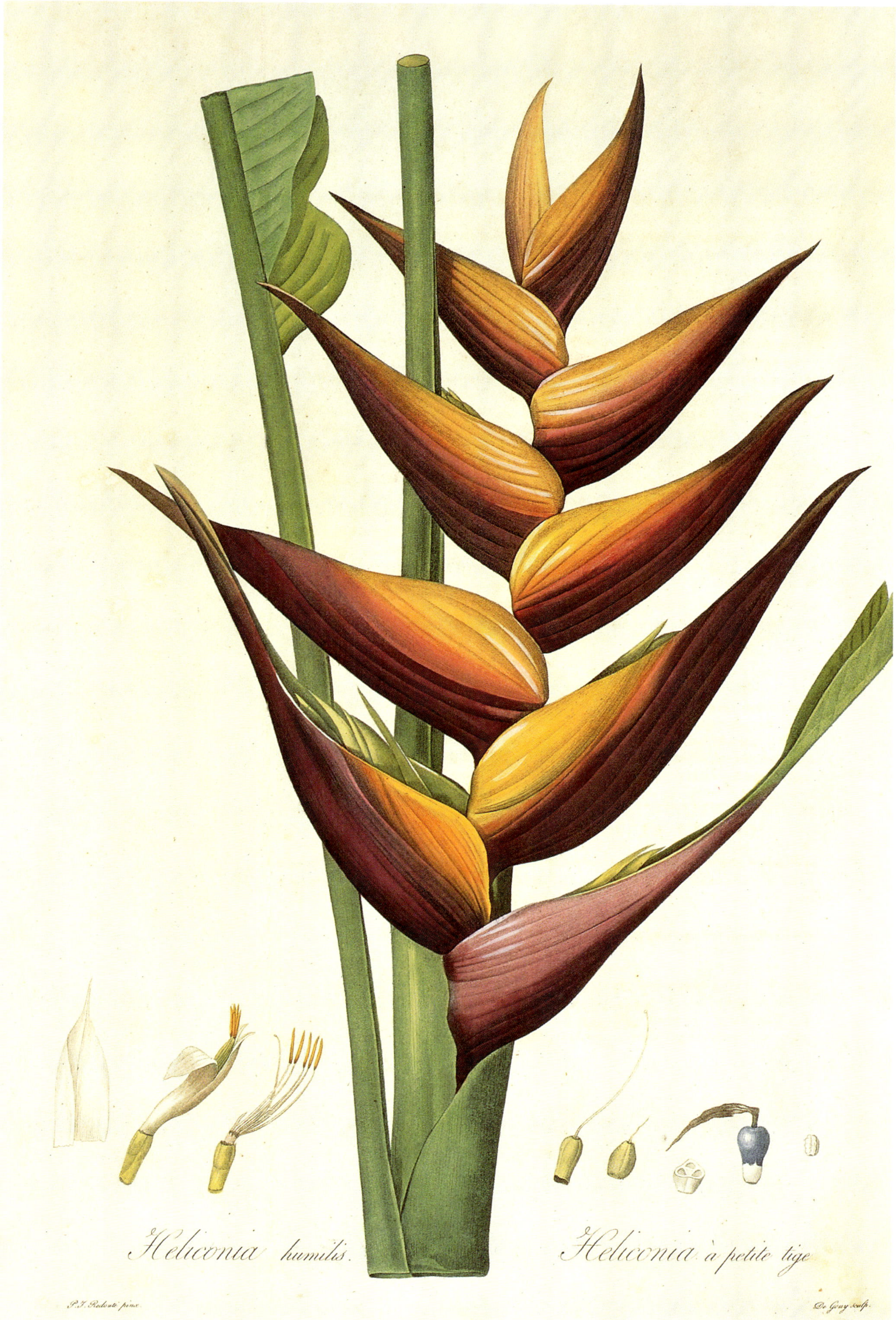

382

***Heliconia humilis Jacq. 1797 (Musaceae)**
Dwarf Heliconia | *Heliconia à petite tige | Kleine Heliconie

South America.

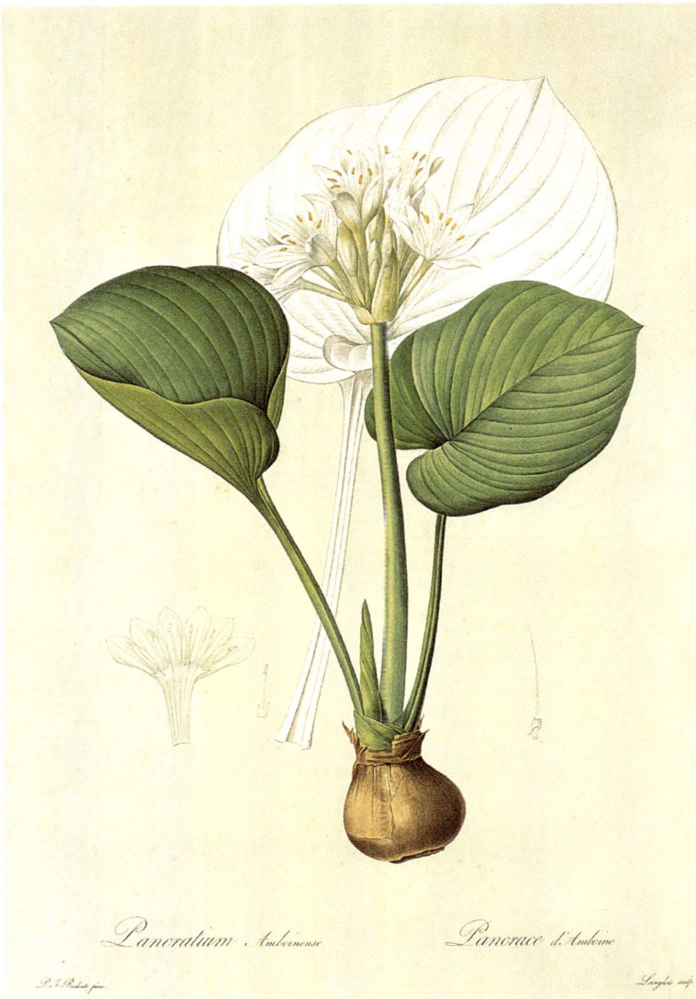

383

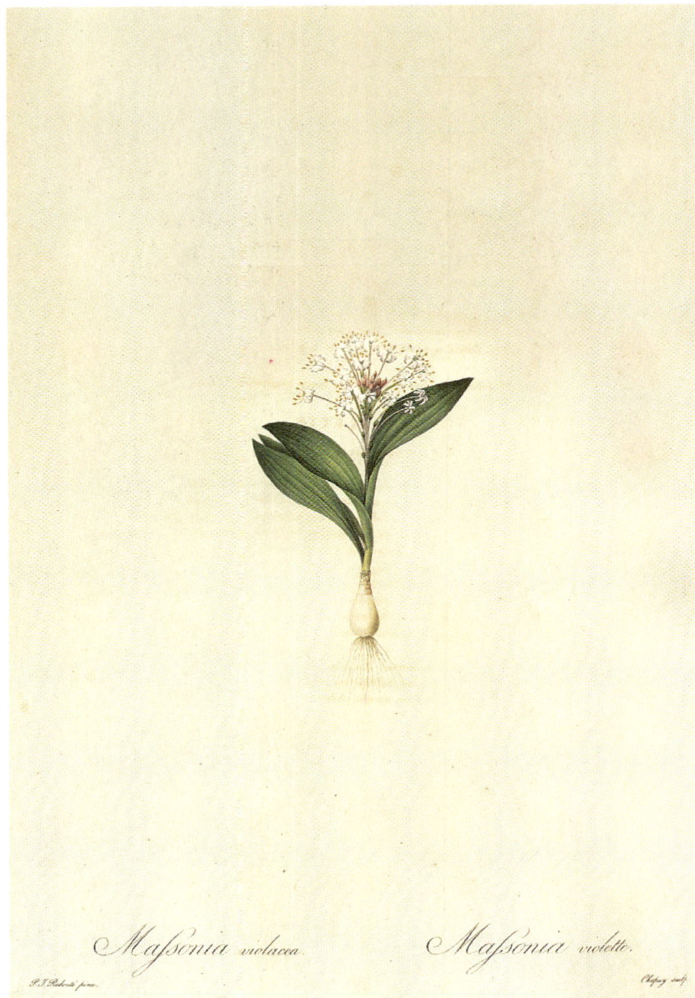

385

Proiphys amboinense **(L.) Herb. 1821 (Amaryllidaceae)**
Cardwell Lily, Christmas Lily | *Pancrace d'Amboine
Amboina-Lilie

Southeast Asia (Amboine Island of the Moluccas, Malay Peninsula, Philippines) and north Australia (northern Queensland).

Polyxena pygmaea **(Jacq.) Kunth 1843 (Hyacinthaceae)**
(= *Polyanthes pygmaea* Jacq. 1795)
Dwarf Polxena | *Massonia violette | Zwerg-Polxena

South Africa (on limestone flats of the Pacific coastal region of the Western Cape).

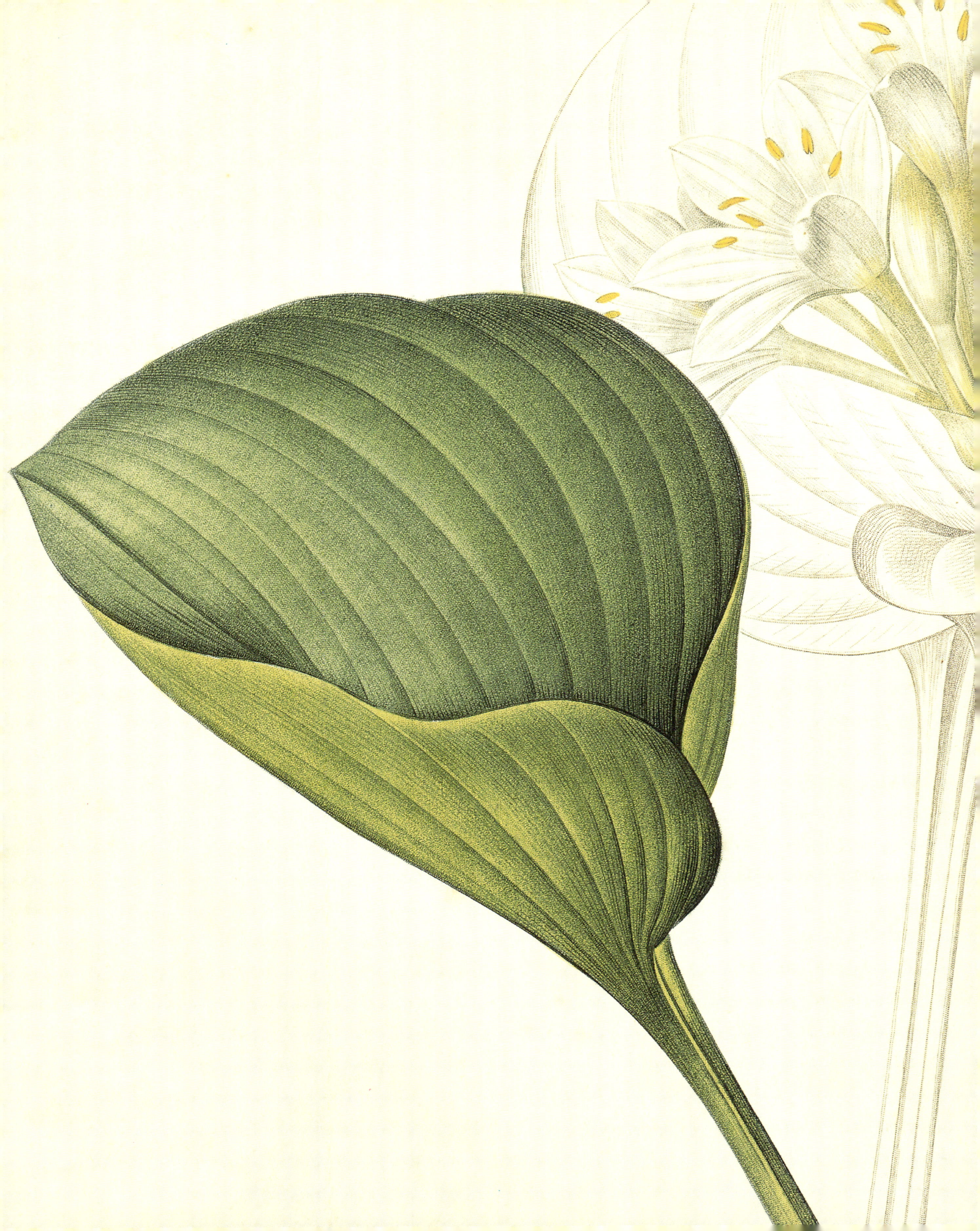

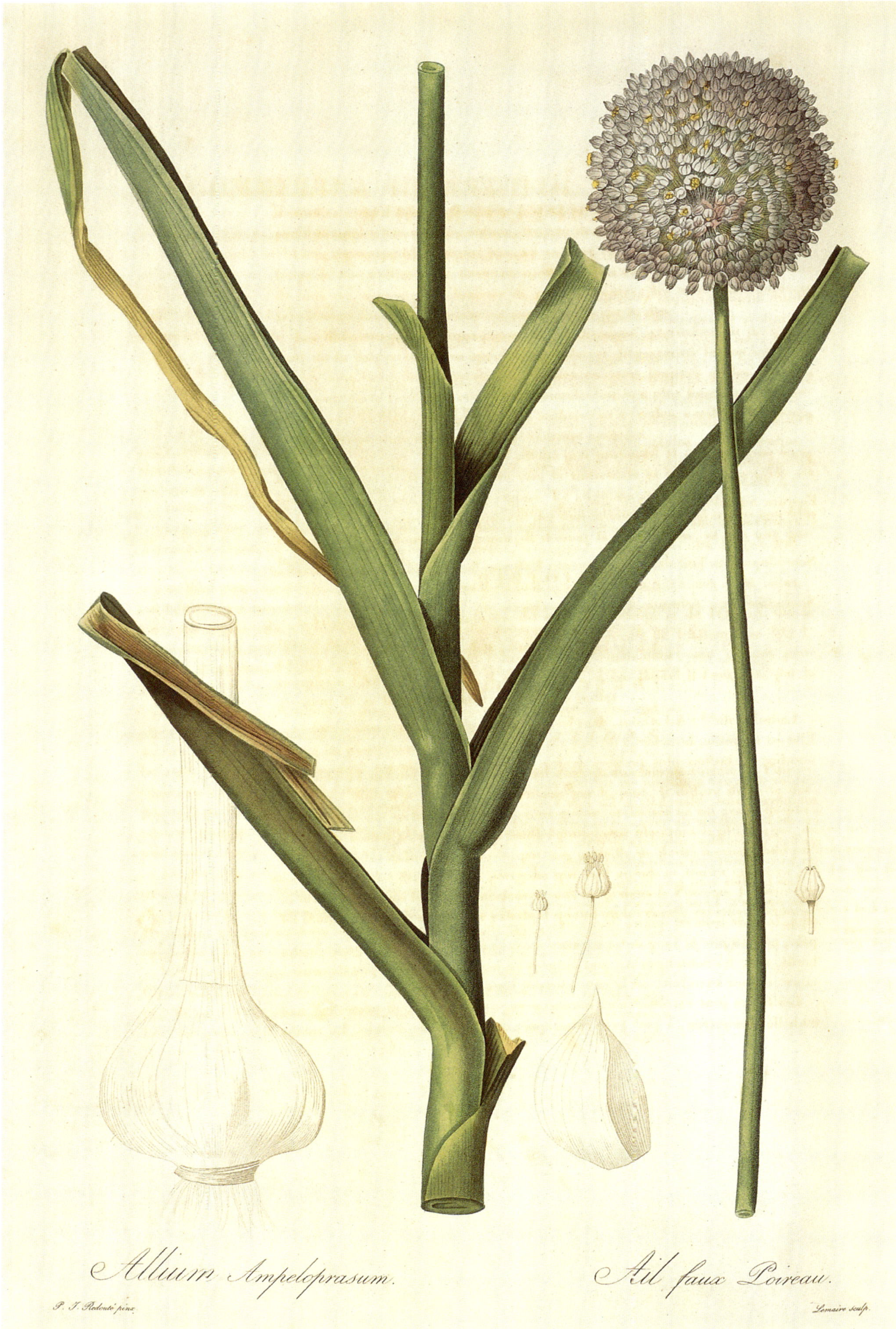

384

***Allium ampeloprasum* L. 1753 (Alliaceae)**

Wild Leek | *Ail faux poireau | Weinstock-Lauch

Circummediterranean and west Europe. In the east to the Caucasus and Iraq. The only South African *Allium* is a very near ally.

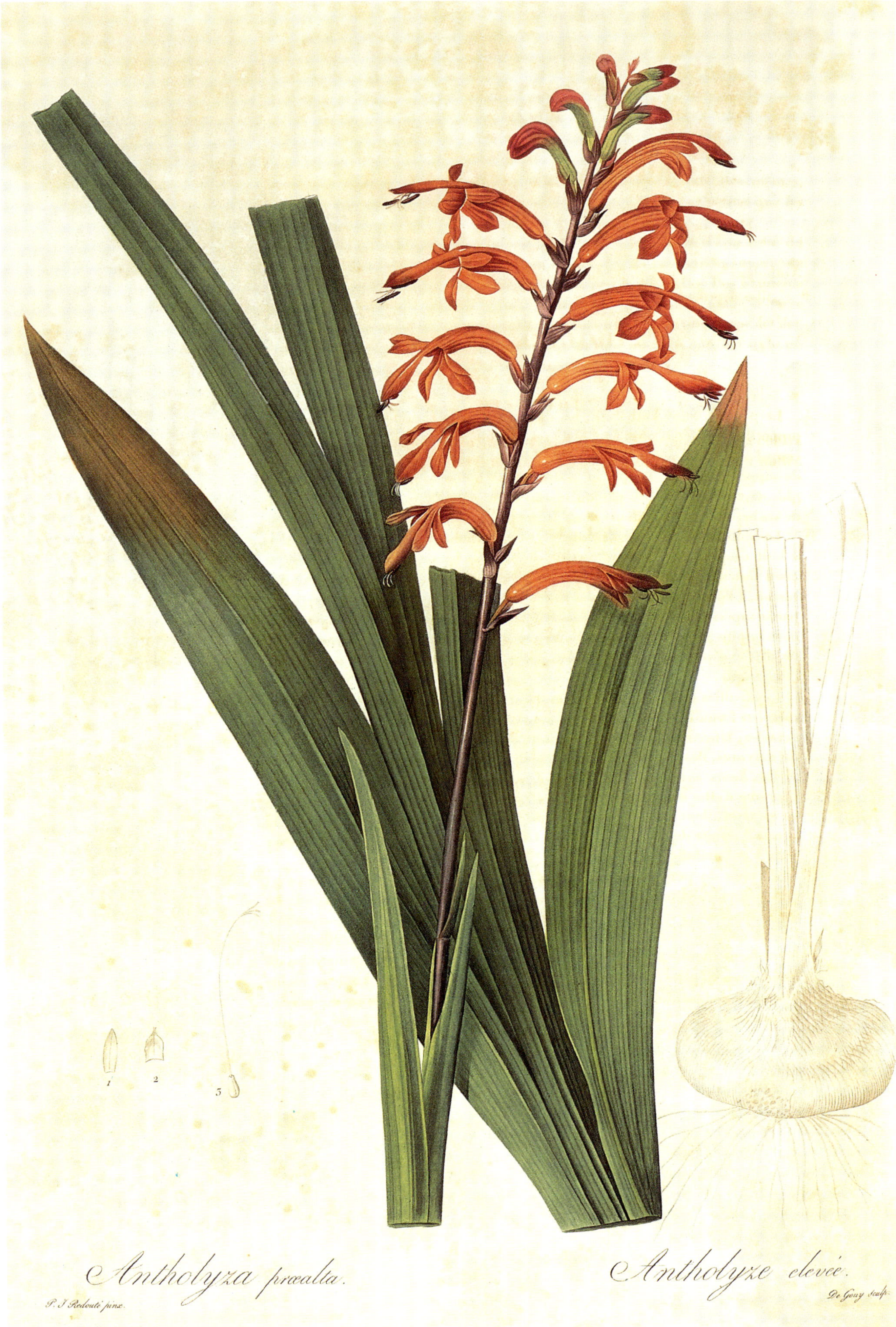

386

Chasmanthe aethiopica (L.) N. E.Br. 1932 (Iridaceae)
(=*Antholyza aethiopica* L. 1759)
Flames, Flag Lily | *Antholyze élevée | Südkap-Chasmanthe

South Africa (Western and Eastern Cape). See pl. 110.

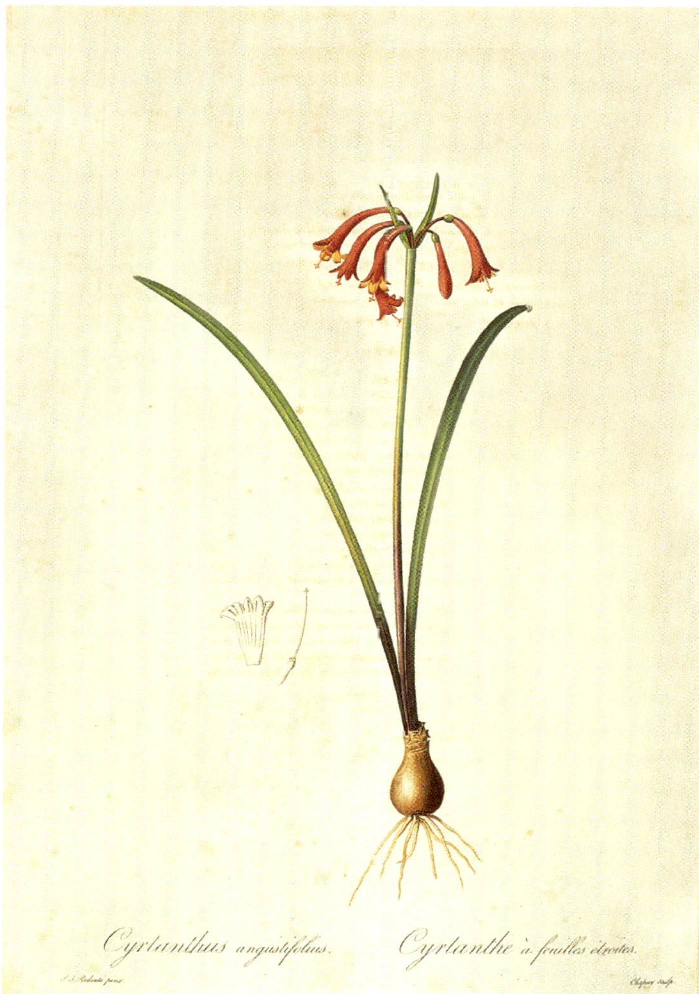

387

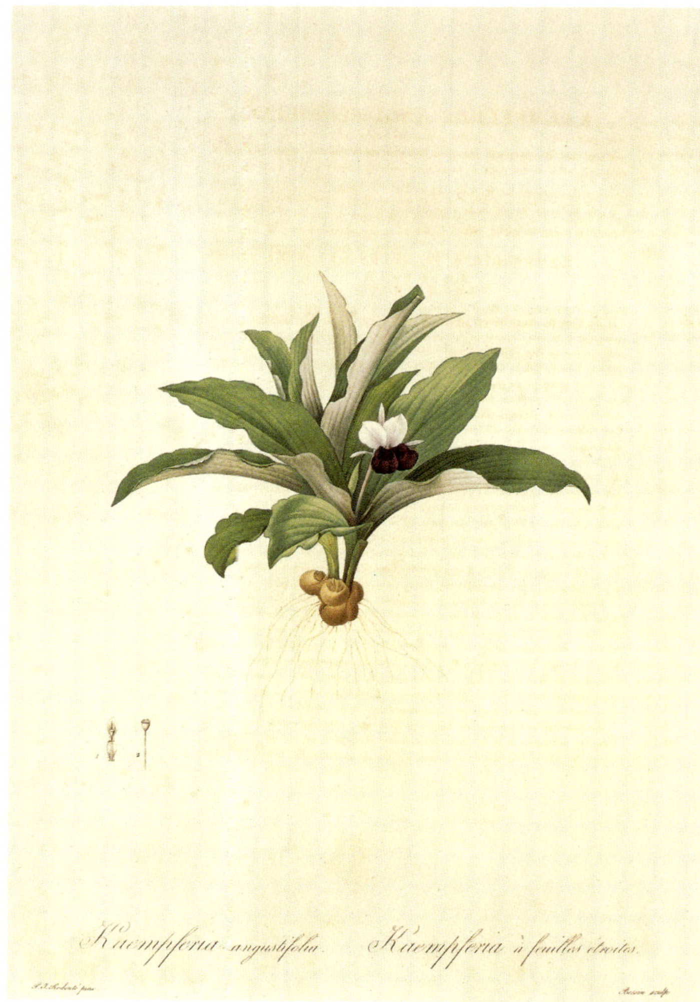

388

****Cyrtanthus angustifolius* (L.f.) Aiton 1789**
(Amaryllidaceae)
(= *Crinum angustifolius* L.f. 1782, "1781")
Narrow-leaved Brandlily | *Cyrtanthe à feuilles étroites
Schmalblättrige Brandlilie

South Africa (Western Cape, mainly on mountains near Tulbagh).

****Kaempferia angustifolia* Roscoe 1807**
(Zingiberaceae)
Narrow-leaved Ginger Lily | *Kaempferia à feuilles étroites
Schmalblättrige Gewürzlilie

Tropical Asia. Named for the German physician, botanist, and traveler Engelbert Kämpfer (1651–1716).

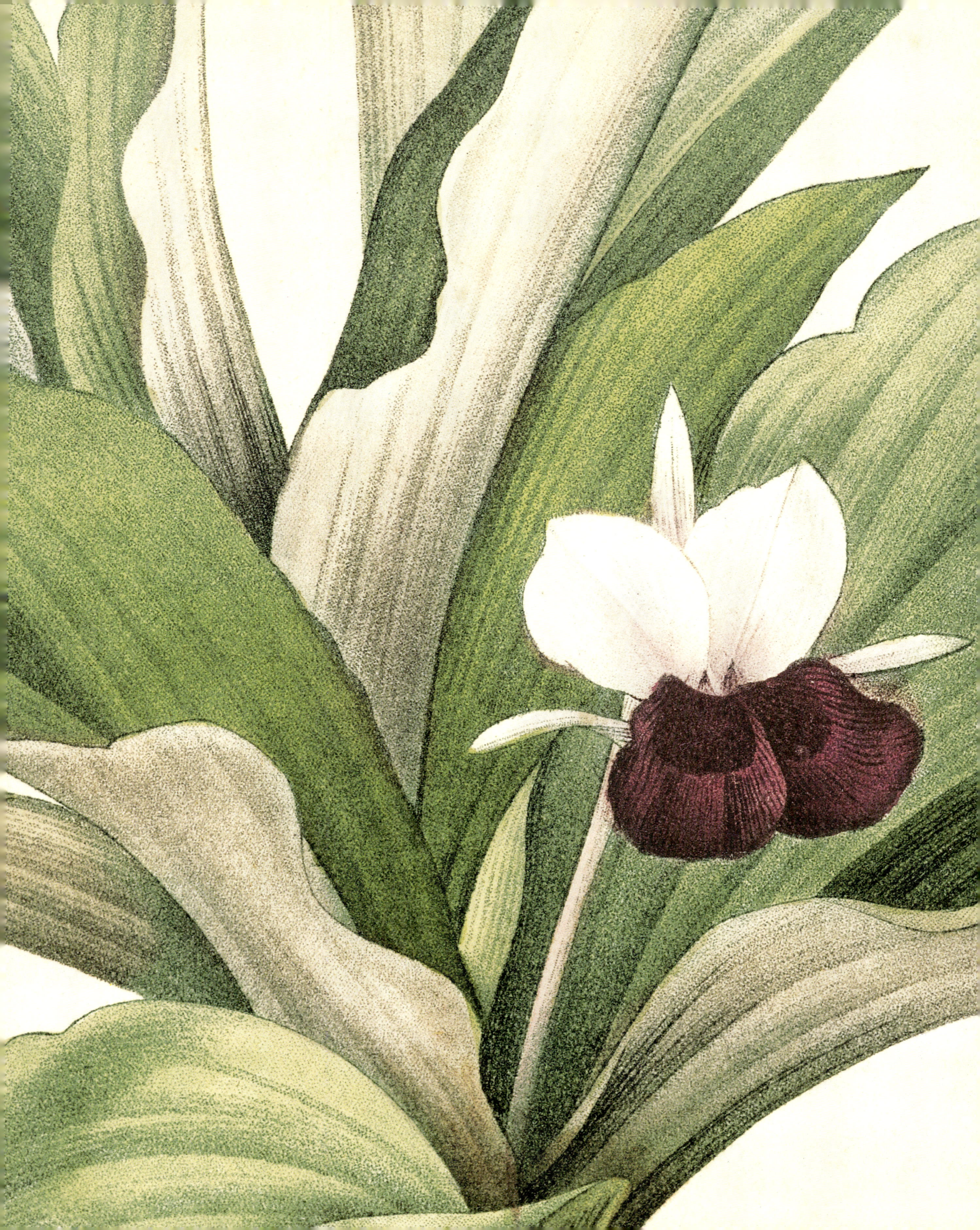

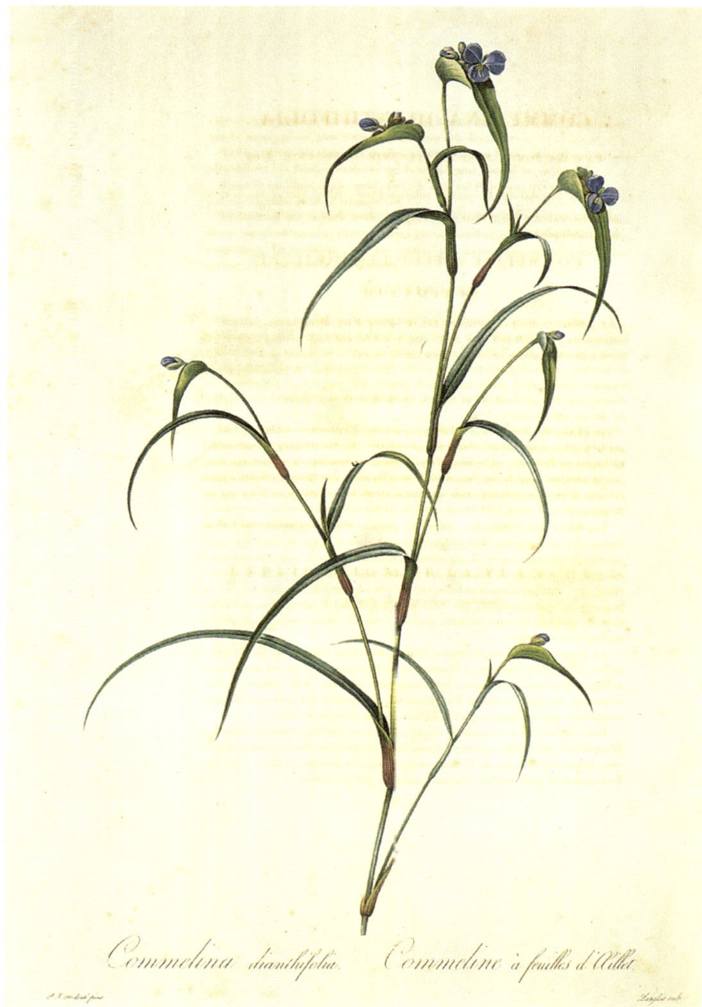

389

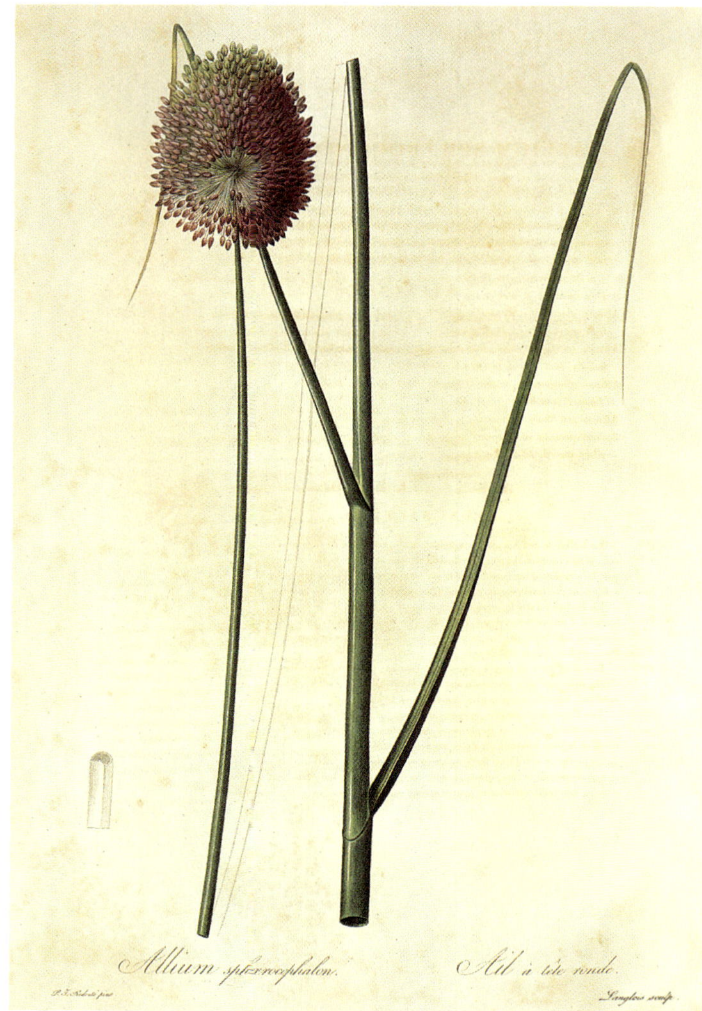

390

***Commelina dianthifolia Delile in REDOUTÉ 1812**
(Commelinaceae)
Carnation-leaved Commeline | *Commeline à feuilles d'œillet | Nelkenblättrige Commeline

Central America (Mexico).

***Allium sphaerocephalon L. 1753**
(Alliaceae)
Round-headed leek | *Ail à tête ronde | Kugel-Lauch

Circummediterranean, in the west to the Canary Islands, in the east to the northern Near East and to eastern Russia, and in the north to England and Central Europe.

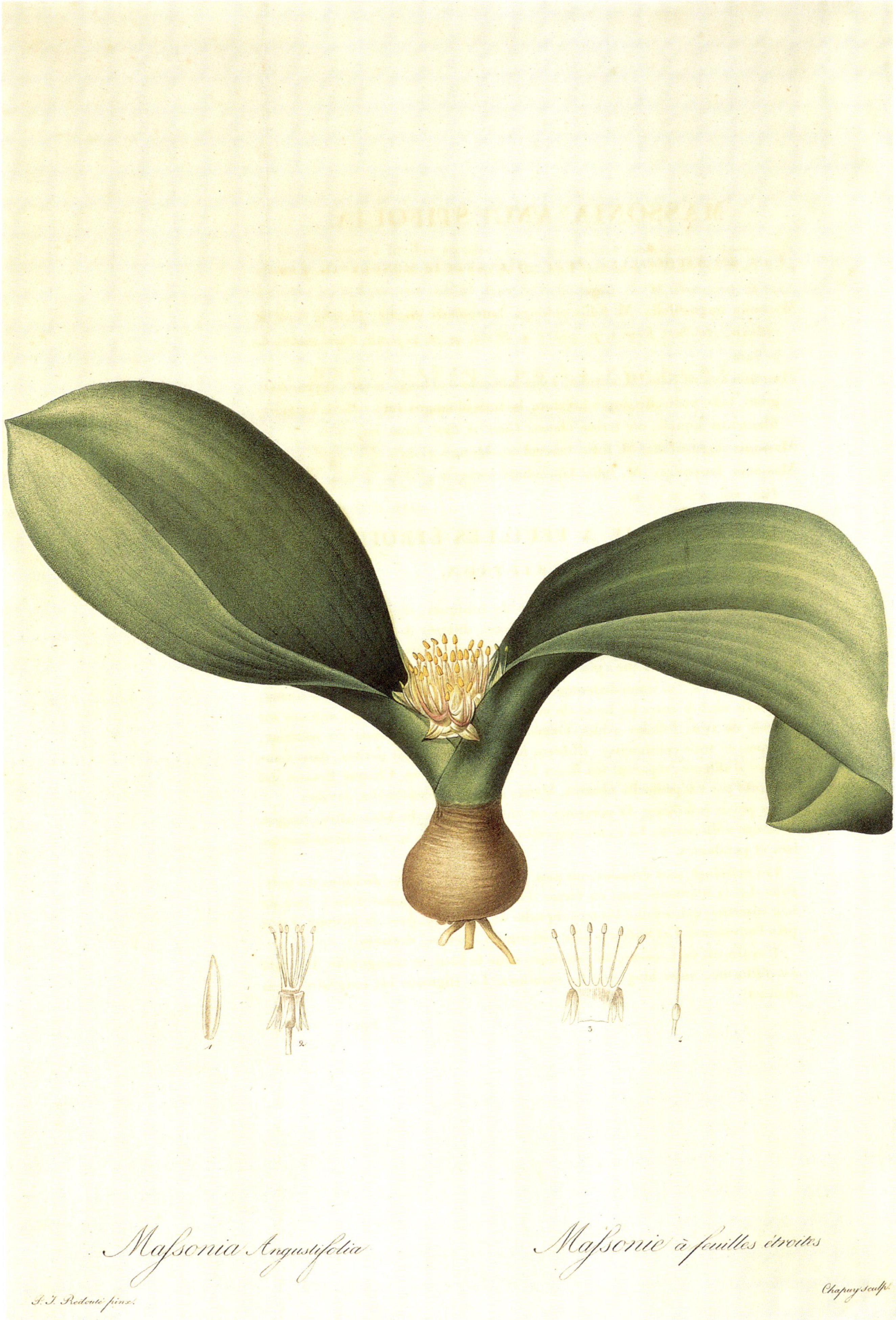

391

Massonia depressa Houtt. 1780 (Hyacinthaceae)

Flattened Massonia | *Massonia à feuilles étroites | Gewöhnliche Massonia

South A rica (Western and Northern Cape, radiating to the Orange Free State and the Eastern Cape).

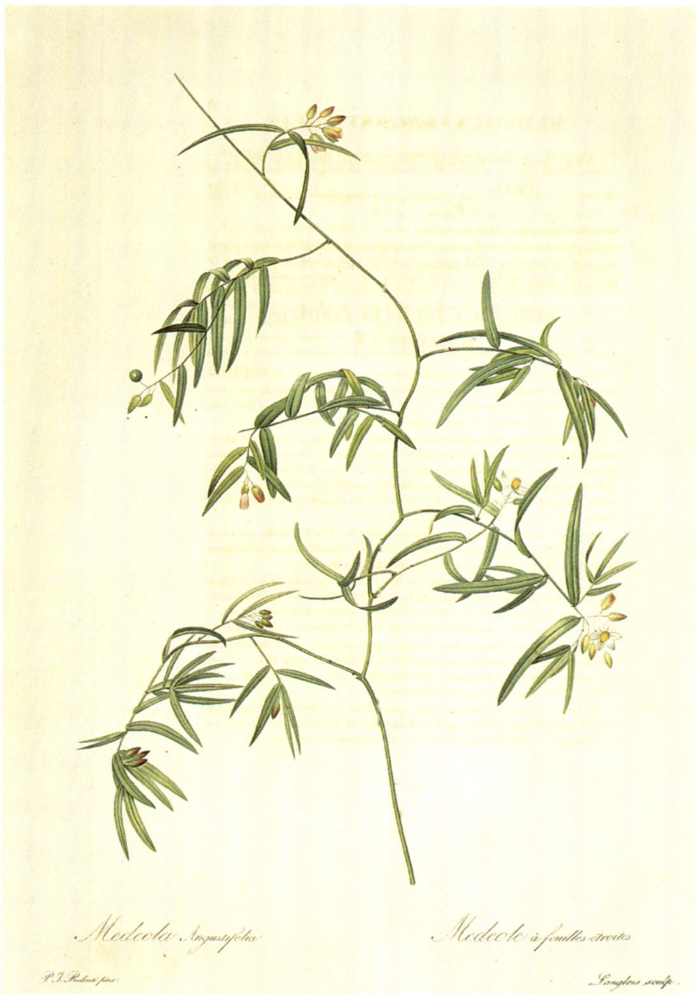

392

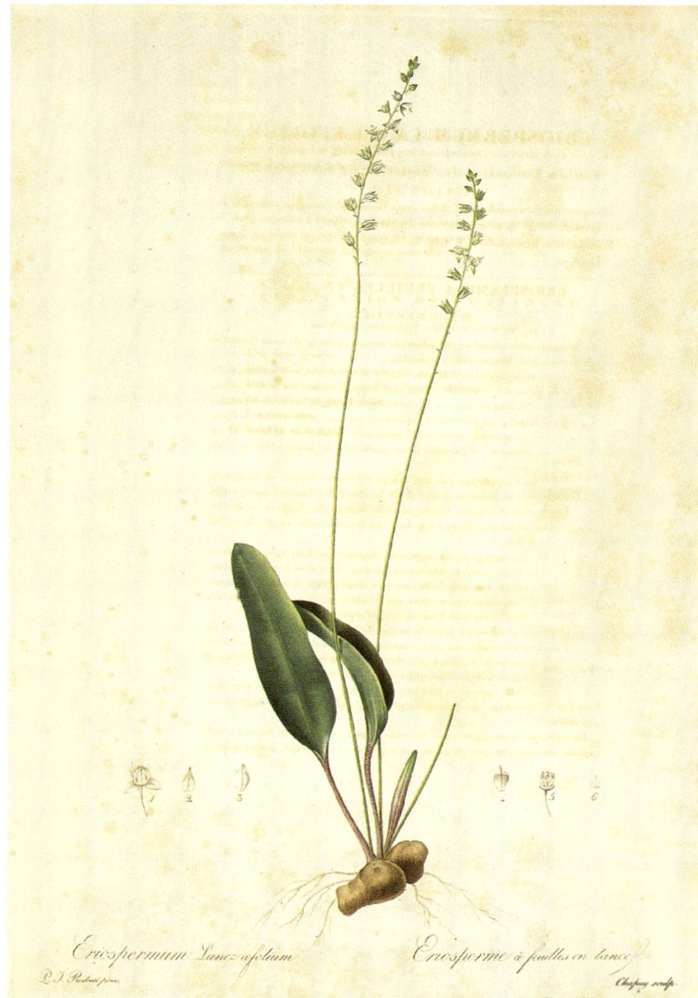

393

Geitonoplesium cymosum **(R. Br.) A.Cunn. 1832**
(Philesiaceae)
(= ***Luzuriaga cymosa*** **R. Br. 1810)**
Scrambling Lily, Shepherd's Joy | *Medeola à feuilles étroites
Zymoser Naher-Nachbar

East Australia, New Guinea and Pacific Islands.

******Eriospermum lancifolium* **Jacq. 1795**
(Eriospermaceae)
Lance-leaved Woolseed | *Eriosperme à feuilles en lance
Lanzettblättriger Wollsame

South Africa (Western Cape).

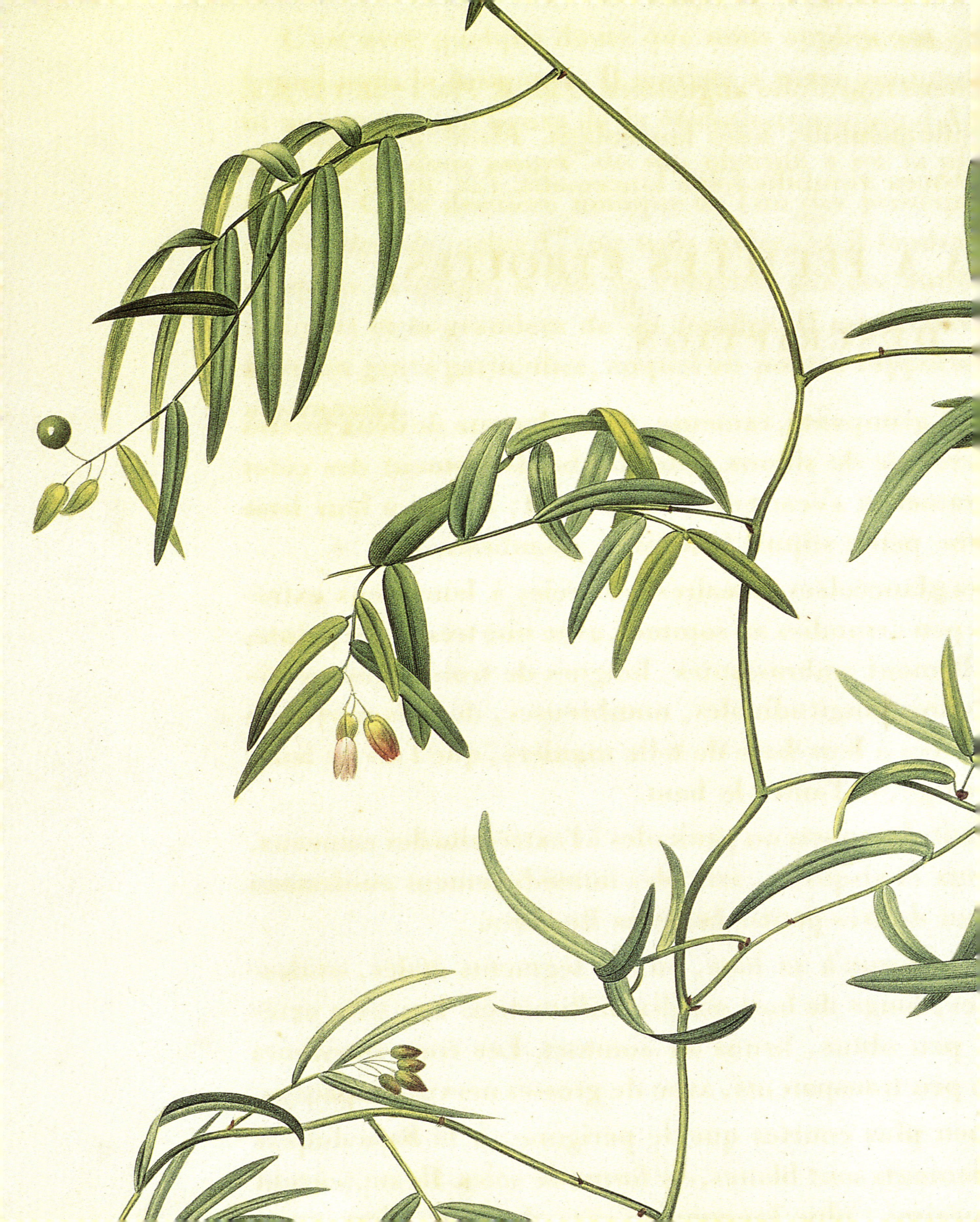

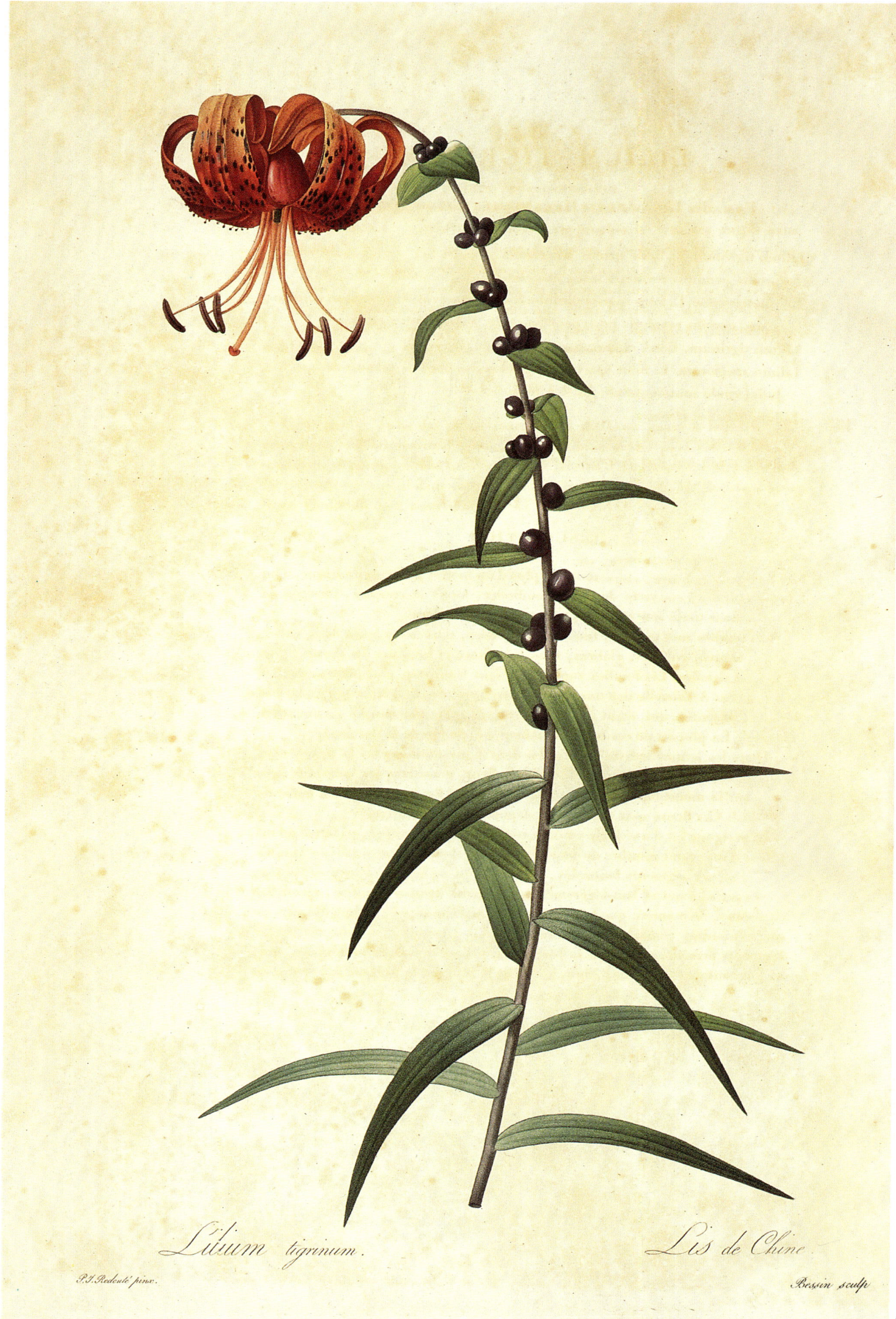

394

Lilium lancifolium Thunb. 1794 (Liliaceae)
Tiger Lily, Devil Lily | *Lis de Chine | Chinesische Lilie, Tiger-Lilie

East Asia (north and east China, Korea, Japan). In Austria naturalized. See pl. 475.

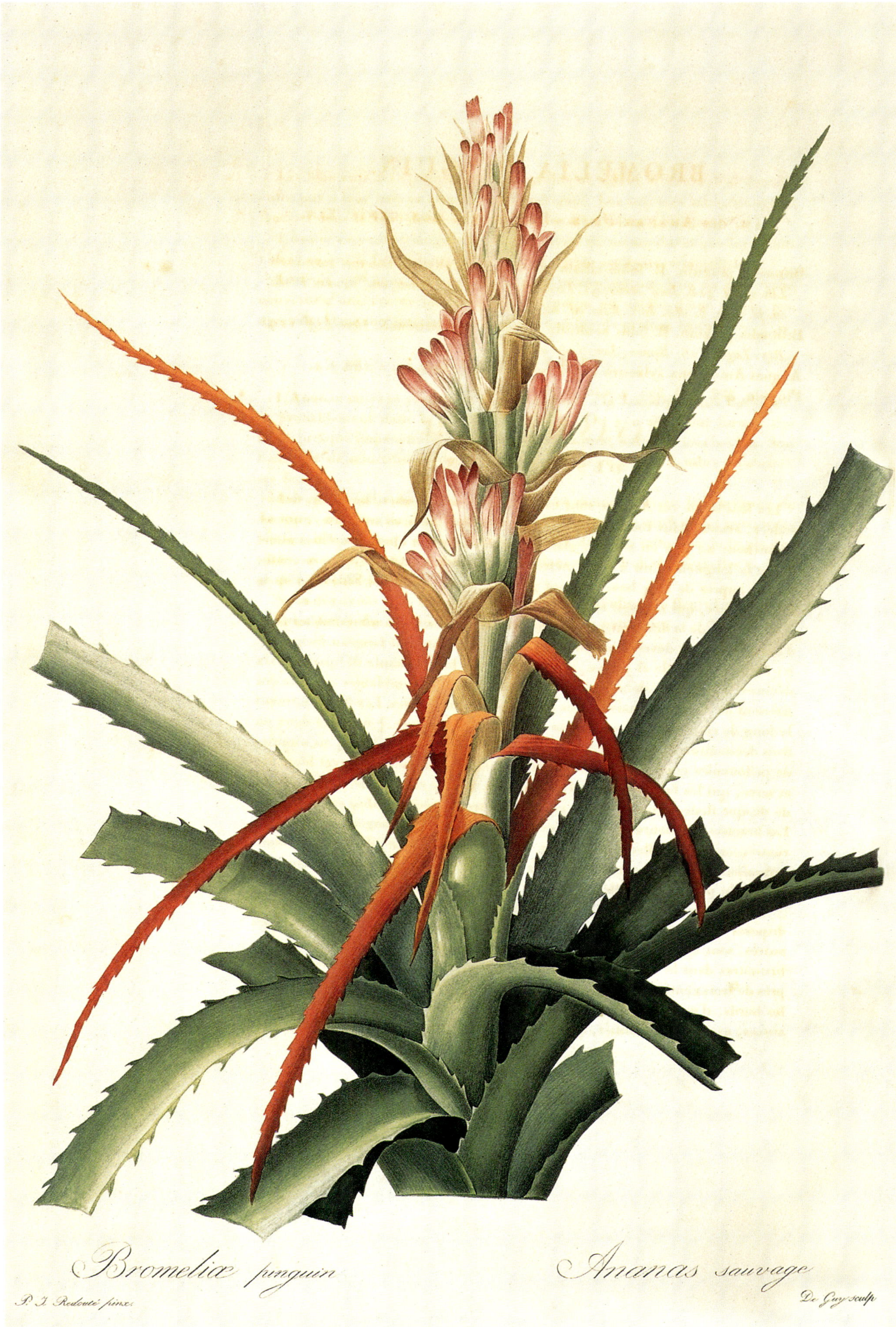

395

******Bromelia pinguin* **L. 1753 (Bromeliaceae)**

Pinguin-Bromelia | *Ananas sauvage | Pinguin-Bromelie

Central and South America (Mexico, Panama, West Indies, Guayana, Brazil). Genus named for the Swedish physician and botanist Olof Bromel(ius) (1639–1705). Species named after the place Pinguin (West Indies).

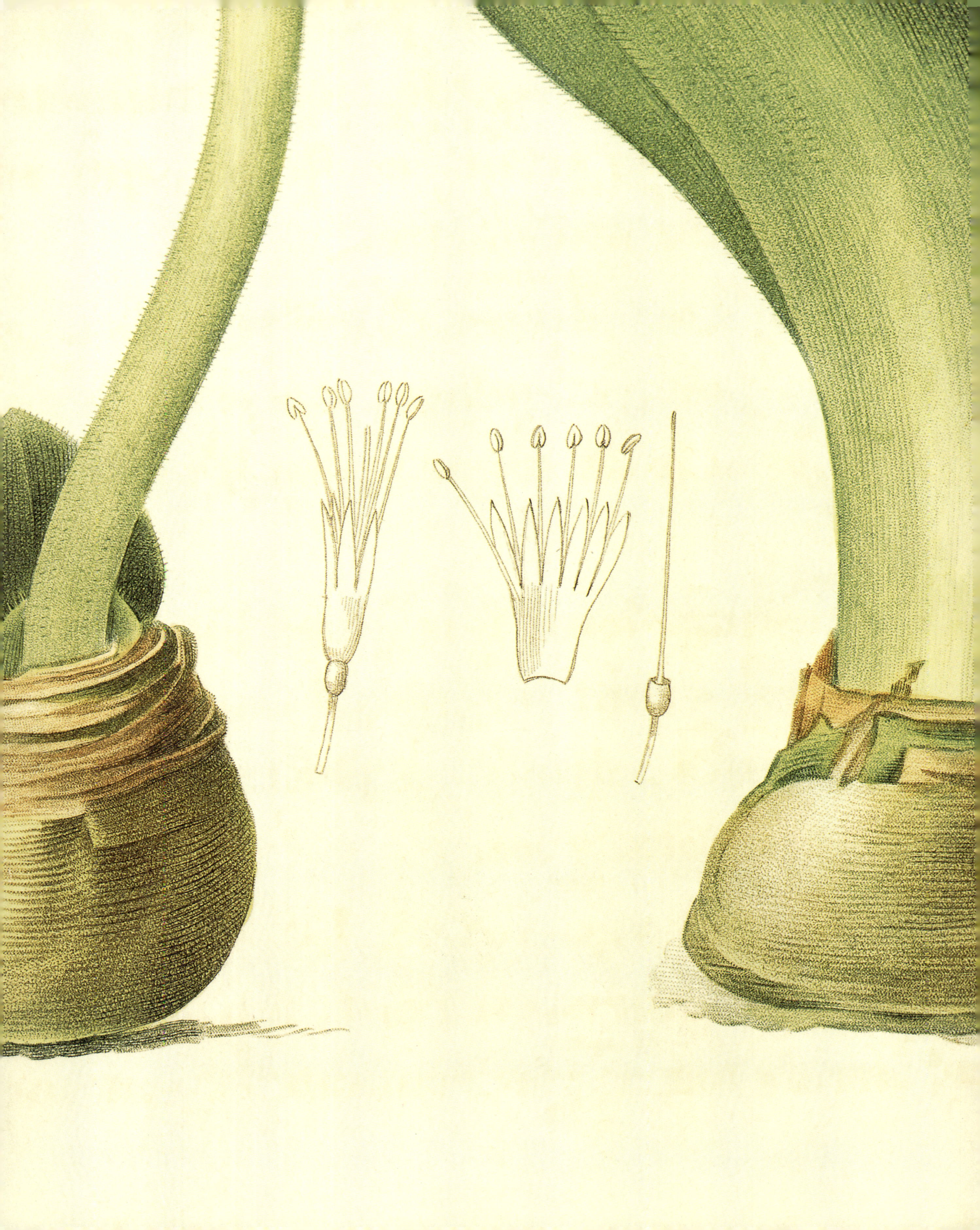

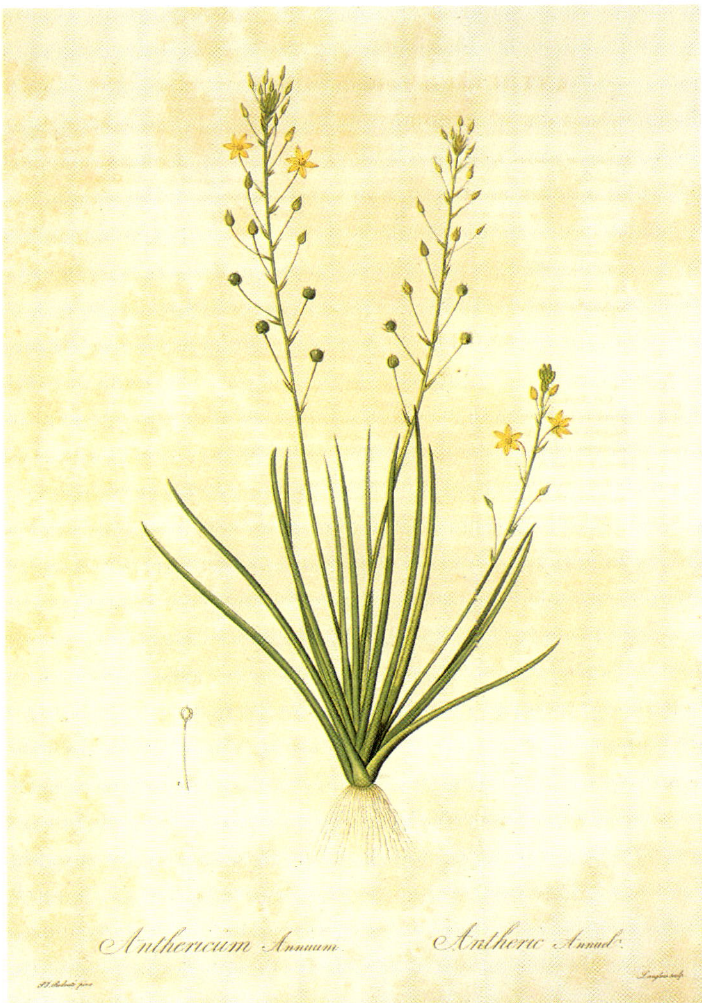

396

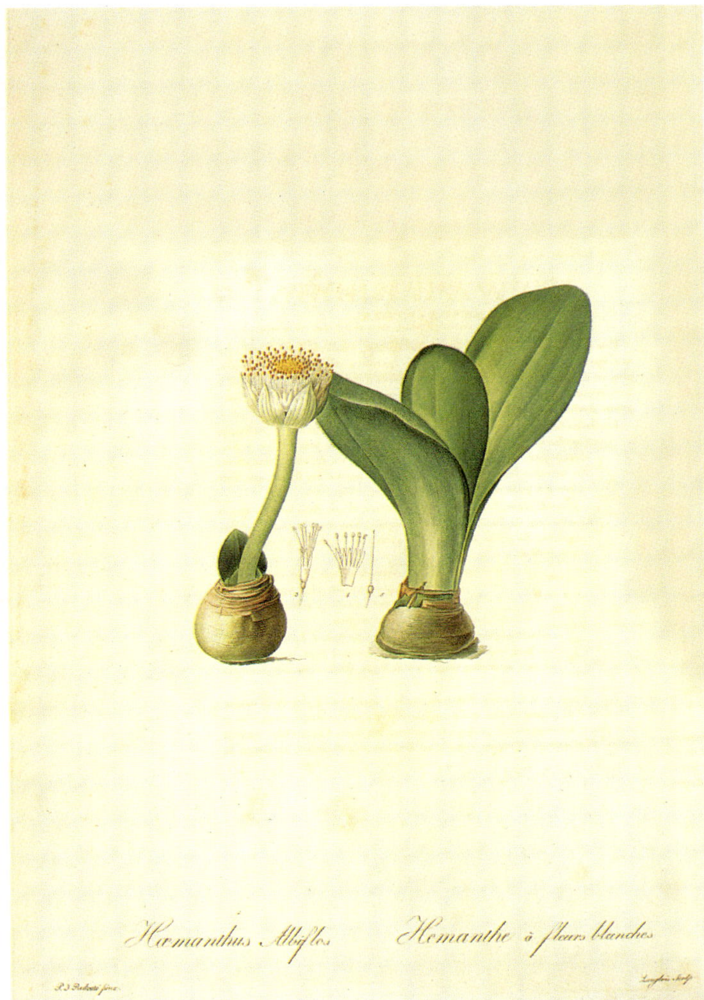

397

Bulbine annua (L.) Willd. (Asphodelaceae)

Annual Bulbine | *Anthéric annuel | Einjährige Bulbine

Winter rainfall South Africa (Western Cape, probably not radiating to other provinces, in any case confined to the old Cape provinces).

**Haemanthus albiflos* Jacq. 1797 (Amaryllidaceae)

April Fool | *Hémanthe à fleurs blanches | Elefantenohr

South Africa (Eastern Cape, radiating to the Western Cape, and Kwazulu/Natal).

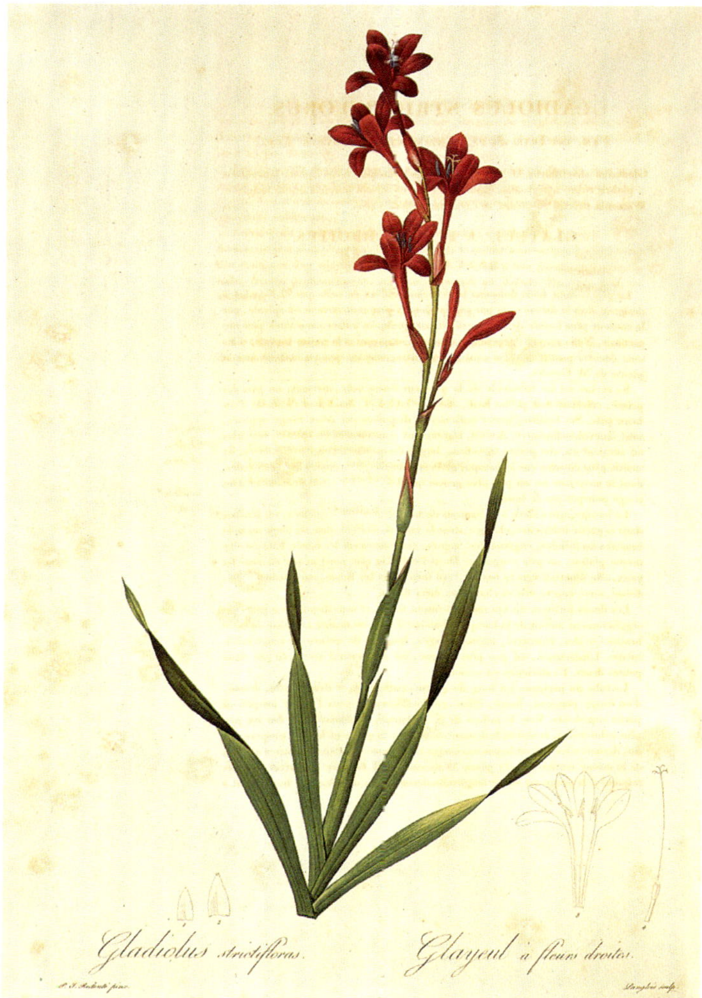

398

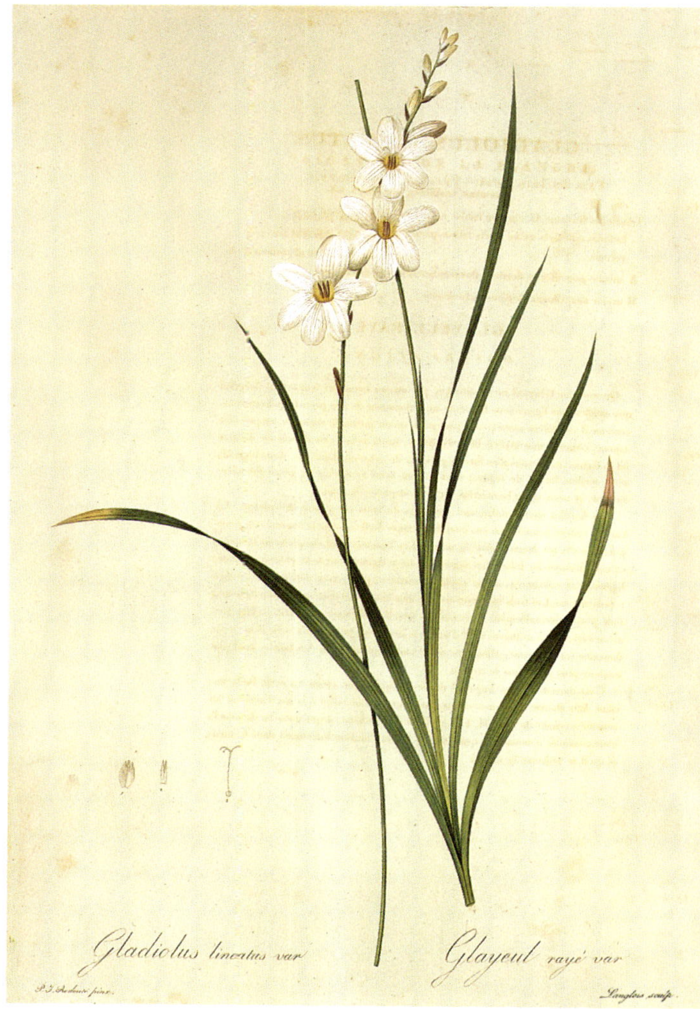

399

Watsonia strictiflora Ker Gawl. 1811 (Iridaceae)

Straight-flowered Watsonia | *Glaïeul à fleurs droites

Geradeblütige Watsonia

Winter rainfall South Africa (Western Cape, only known from Paarl and Durbanville).
Named for the British physician and botanist William Watson (1715–1787).

Tritonia lineata (Salisb.) Ker Gawl. 1805 var. _lineata_ (Iridaceae)

Lined Tritonia | *Glaïeul rayé var. | Linierte Tritonie

Summer rainfall southern Africa (Transvaal, Orange Free State and Kwazulu/Natal in South Africa, and Lesotho).
"Name derived from *Triton*, in the signification of a vane or weathercock …"
according to Ker Gawler, the author of the genus. See pl. 55.

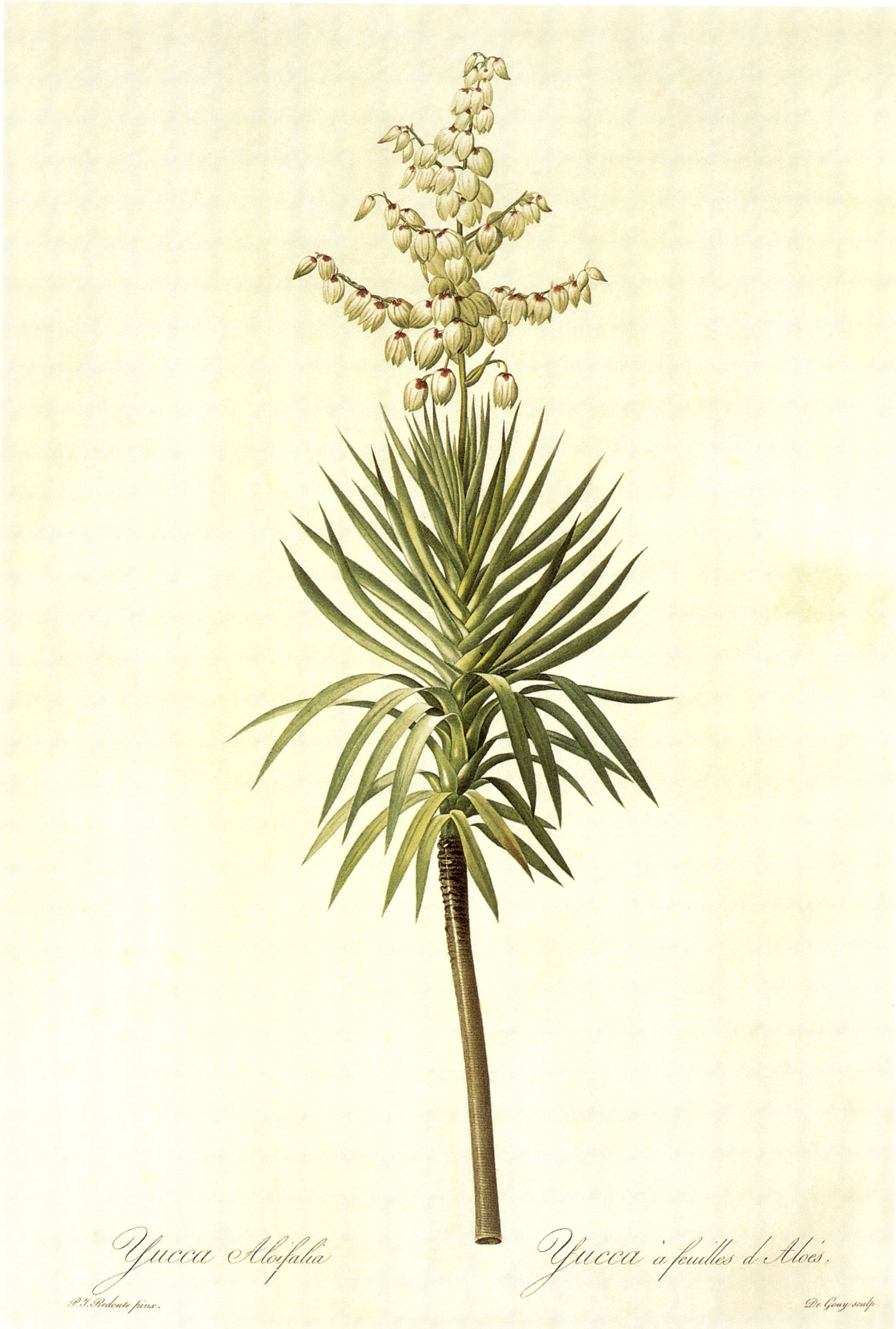

400

***Yucca aloifolia* **L. 1753 (Agavaceae)**

Aloe Yucca | *Yucca à feuilles d'aloès | Aloeblättrige Palmenlilie ❧

Central and southeastern North America (Mexico, West Indies, North Carolina to Louisiana).

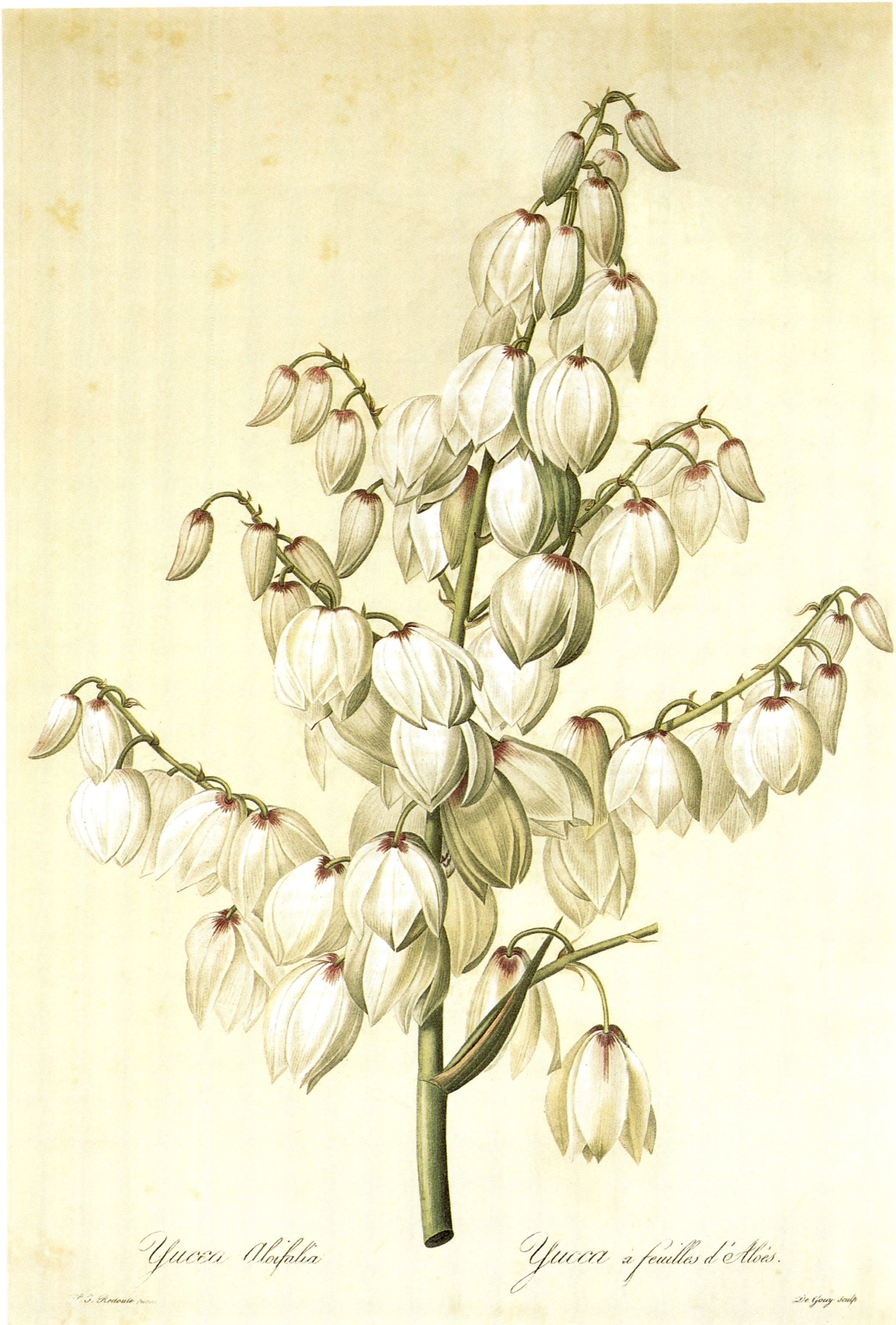

401

*** *Yucca aloifolia* L. 1753 (Agavaceae)**

Aloe Yucca | * Yucca à feuilles d'aloès | Aloeblättrige Palmenlilie

Central and southeastern No-th America (Mexico, West Indies, North Carolina to Louisiana). Named by Linnaeus after a plant name in Peru or in the West Indies for manihot or cassava.

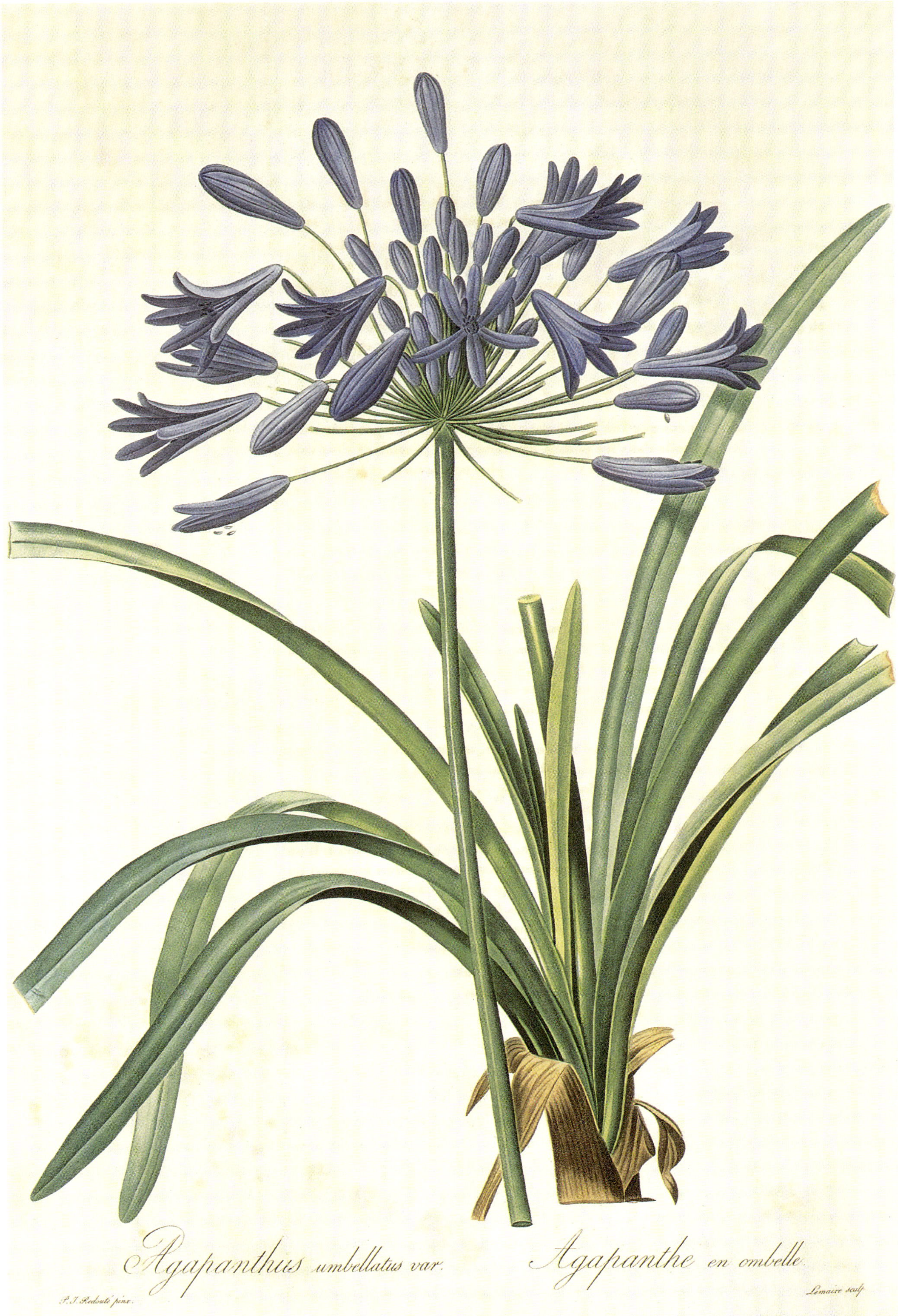

402

Agapanthus praecox Willd. 1809 subsp. *praecox* (Alliaceae)
(= *Agapanthus umbellatus* L'Hérit. = *A. africanus* (L.) Hoffmanns. 1824)
Lily-of-the-Nile | *Agapanthe en ombelle | Blaue Liebeslilie

Geogr. of the species: South Africa (Eastern Cape between Humansdorp and Port St. Johns and radiating to Port Shepstone in adjacent Kwazulu/Natal).
Distribution of the subspecies: South Africa (Eastern Cape between Humansdorp and Cathcart).

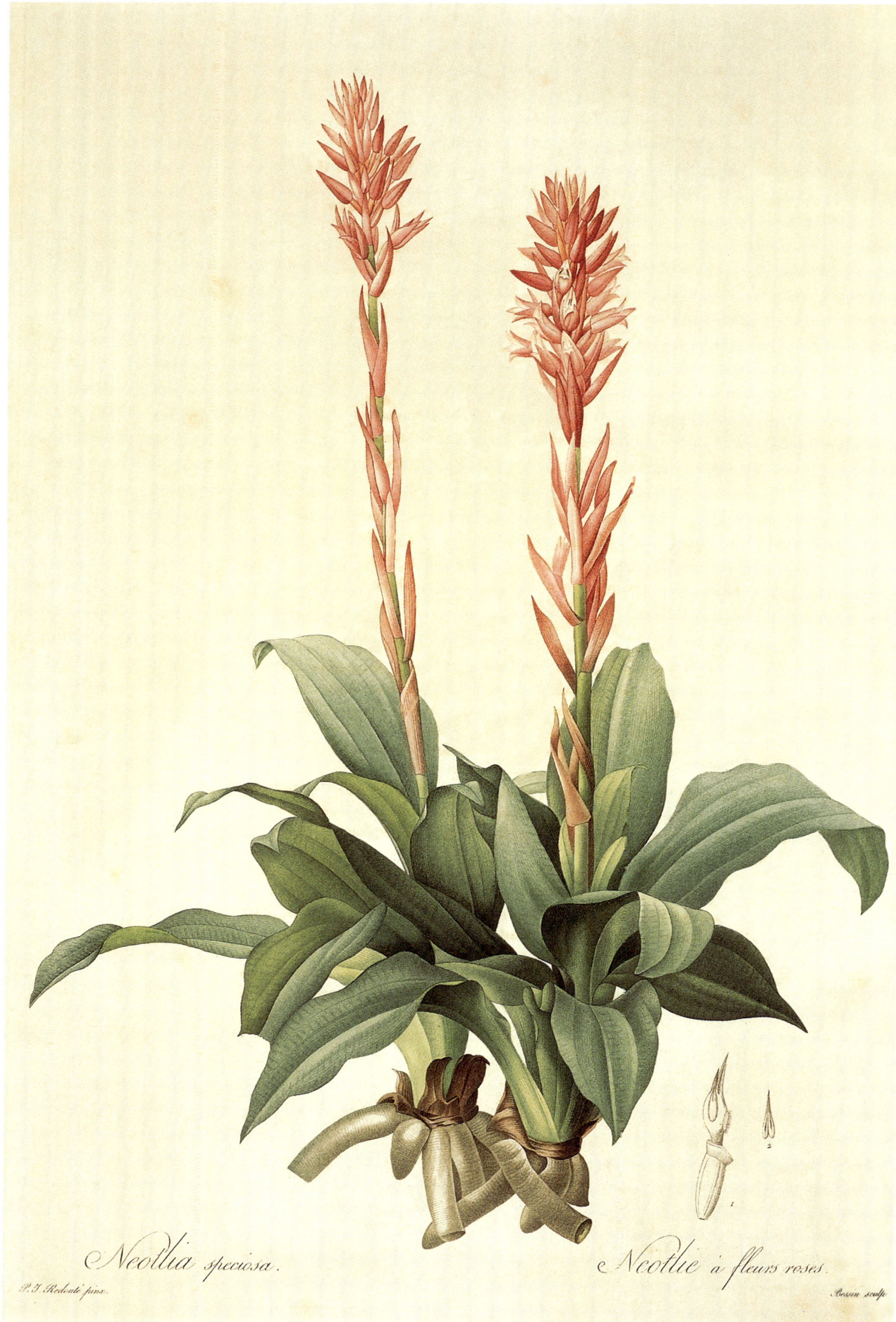

403

Stenorhynchos speciosus (J. F.Gmel.) Rich. (Orchidaceae)
Splendid Narrow Proboscis | *Néottie à fleurs roses | Prächtiger Schmalrüssel

Central and northern South America.

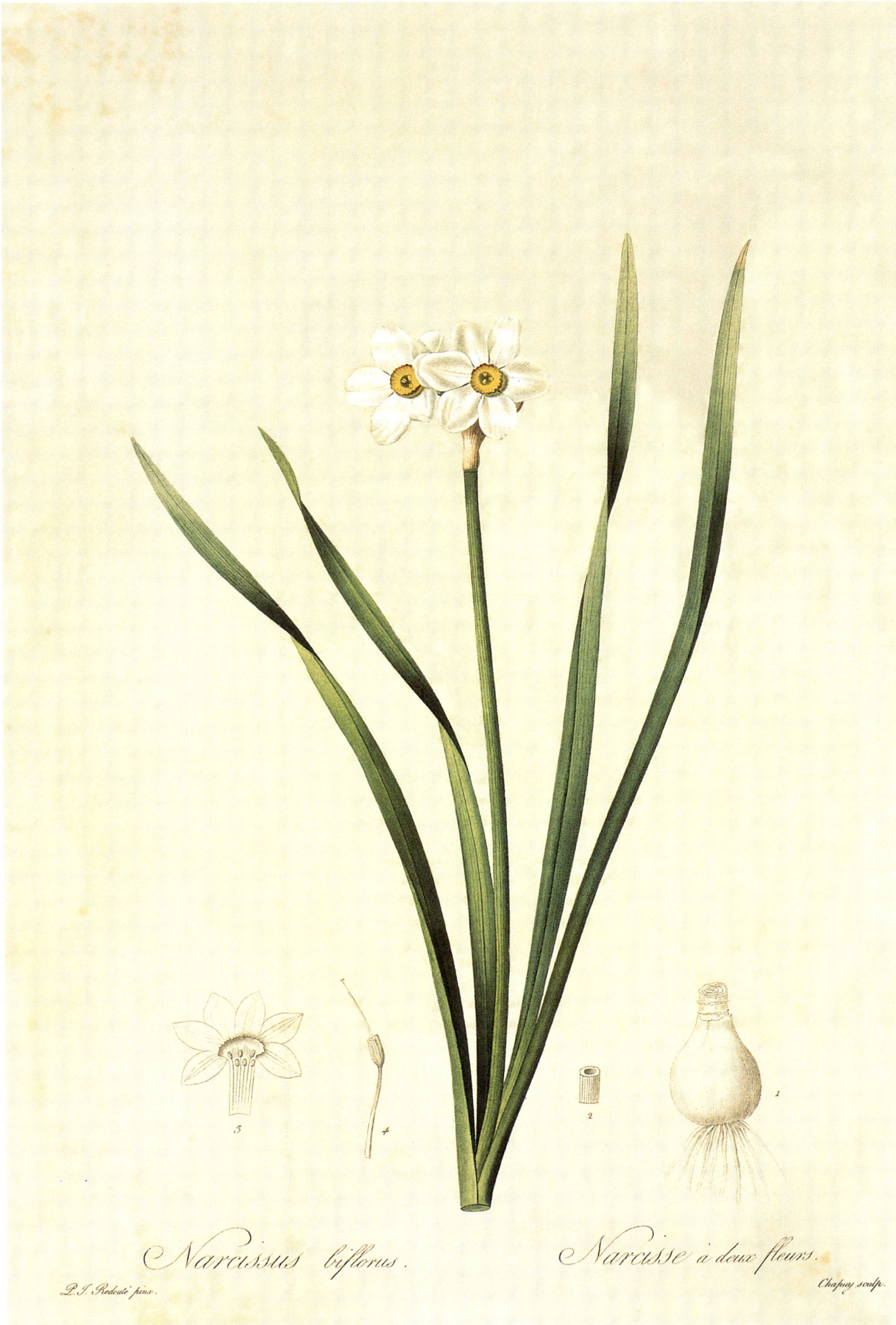

404

Narcissus × *medioluteus* Mill. 1768 (Amaryllidaceae)
(= *Narcissus poeticus* L. 1753 × *N. tazetta* L. 1753)
Yellow-centered Daffodil | *Narcisse à deux fleurs | Gelbmittige Narzisse

South-west Europe (southern France).

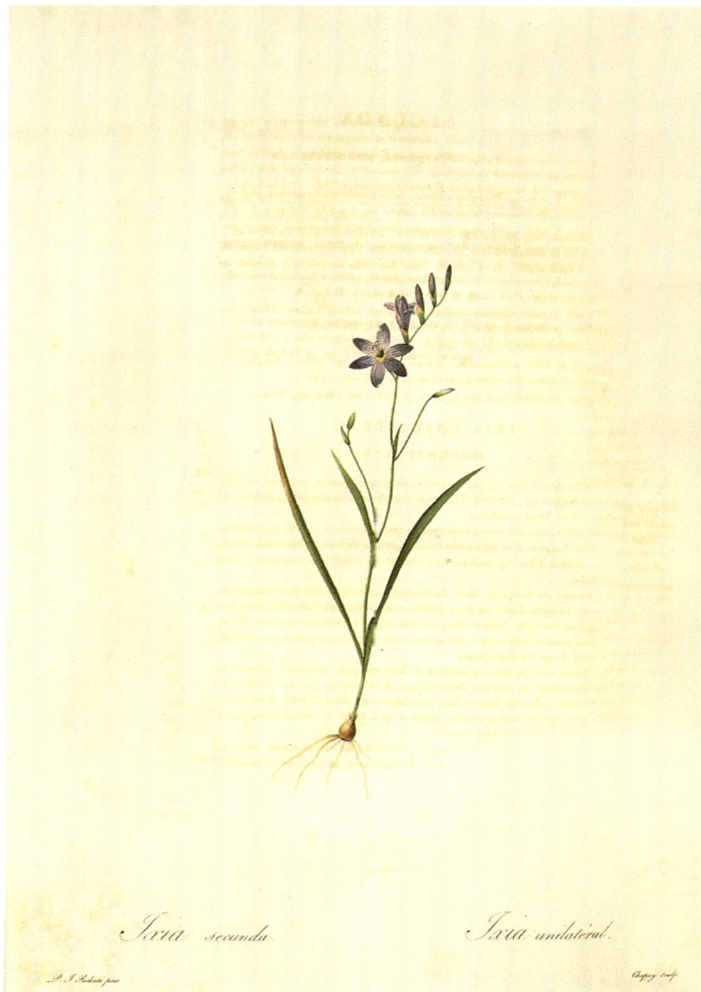

405

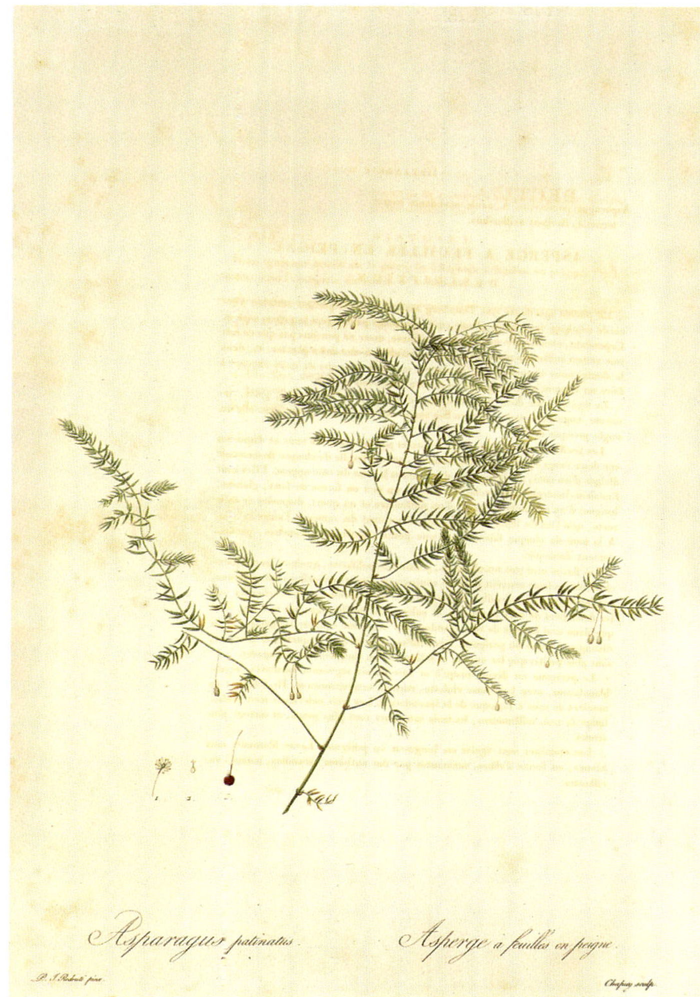

406

Geissorhiza aspera Goldblatt 1789 (Iridaceae)

Rough Tile Root | *Ixia unilatérale
Rauhe Dachziegel-Wurzel

South Africa (Western Cape, from the Gifberg to Bredasdorp).

Asparagus scandens Thunb. 1784 (Asparagaceae)
(=*Myrsiphyllum scandens* (Thunb.) Oberm. 1984)

Climbing Asparagus | *Asperge à feuilles en peigne
Kletter-Spargel

South Africa (Western Cape, very slightly extending eastwards as far as to Tsitsikamma in the Eastern Cape).
Note: The error *Asparagus "patinatus"* on the plate is corrected in the text.

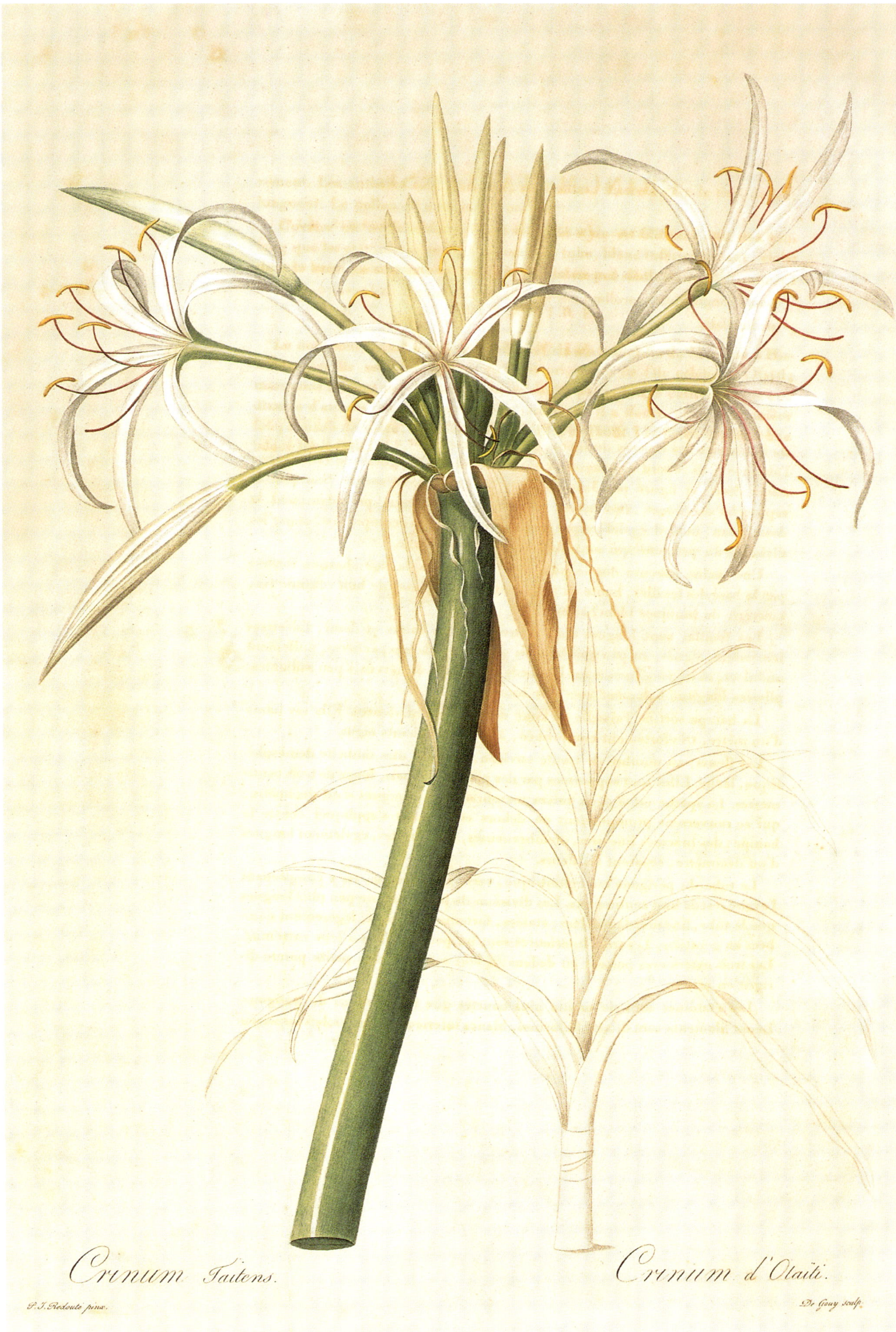

407

Crinum pedunculatum R. Br. 1810 (Amaryllidaceae)

Botany-Bay Lily | *Crinum d'Otaïti | Tahiti-Hakenlilie

Eastern Australia and adjacent Pacific Islands.

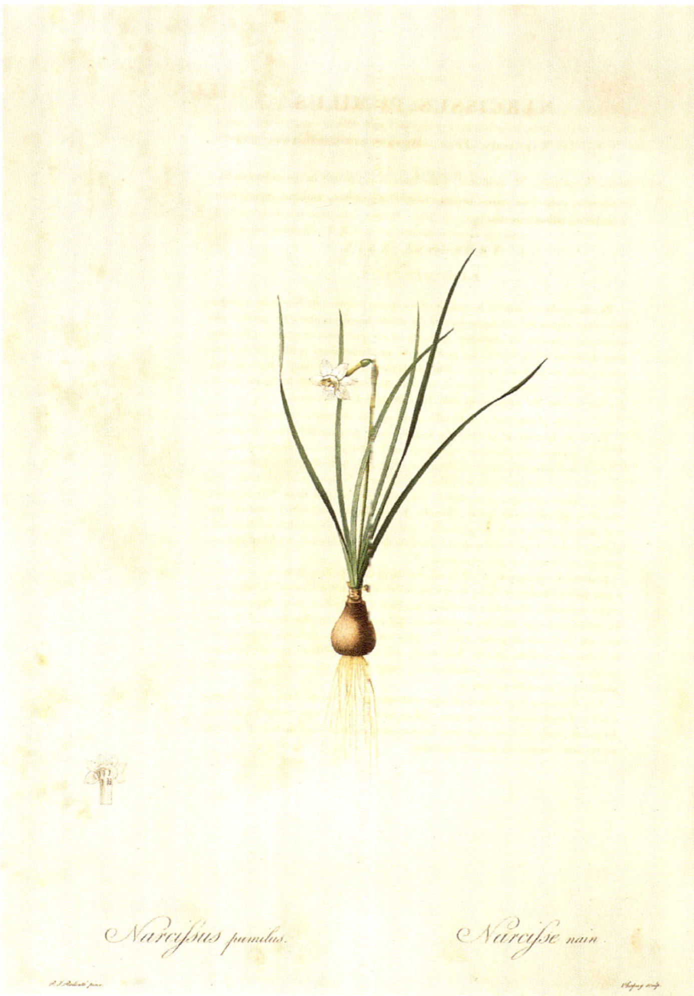

408

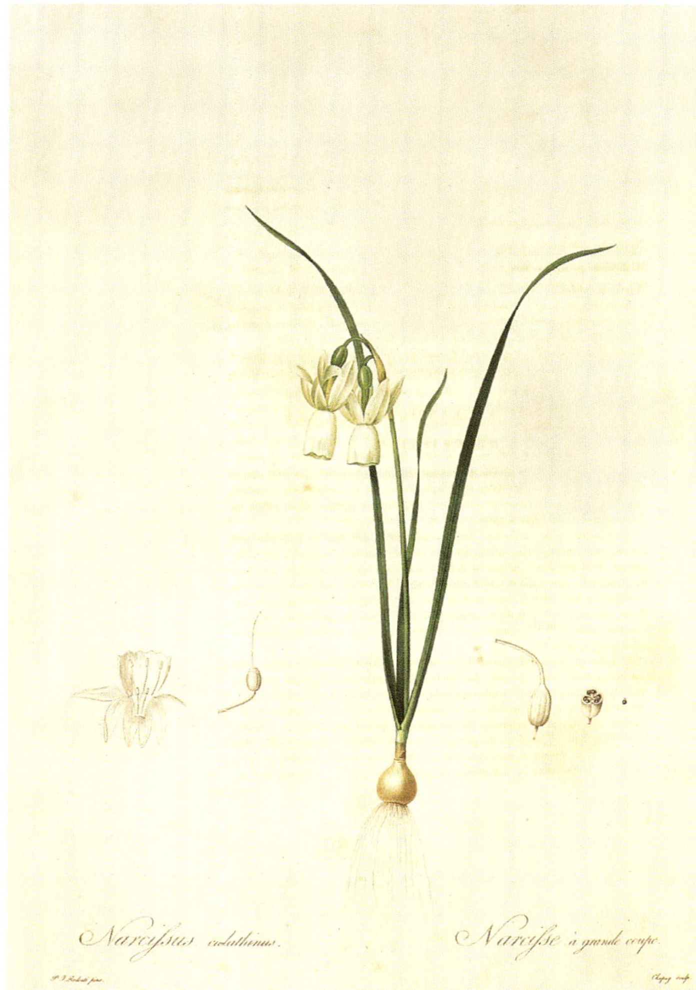

409

Narcissus requienii M.Roem. 1847 (Amaryllidaceae)

Requien's Daffodil | *Narcisse nain

Requiens Narzisse

South-west Europe (south France, south and east Spain).

Narcissus triandrus L. 1762 subsp. *capax* (Salisb.) D. A.Webb 1978 (Amaryllidaceae)

Angel's Tears | *Narcisse à grande coupe

Dreimännige Narzisse

Geogr. of the species: West Europe (Spain, Portugal, north-west France). Geogr. of the subspecies: West Europe (northwest France: Iles Glénants in Finistère).

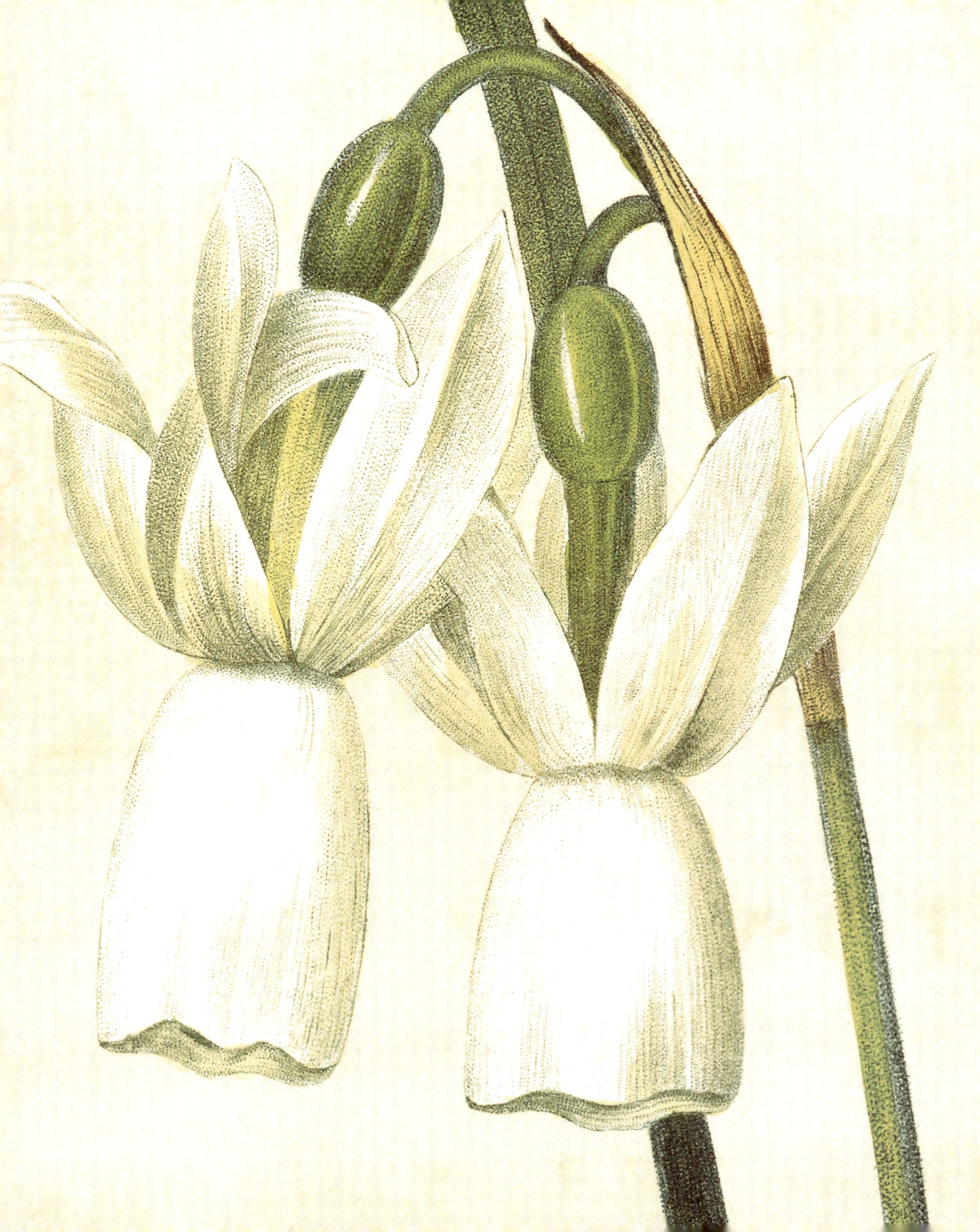

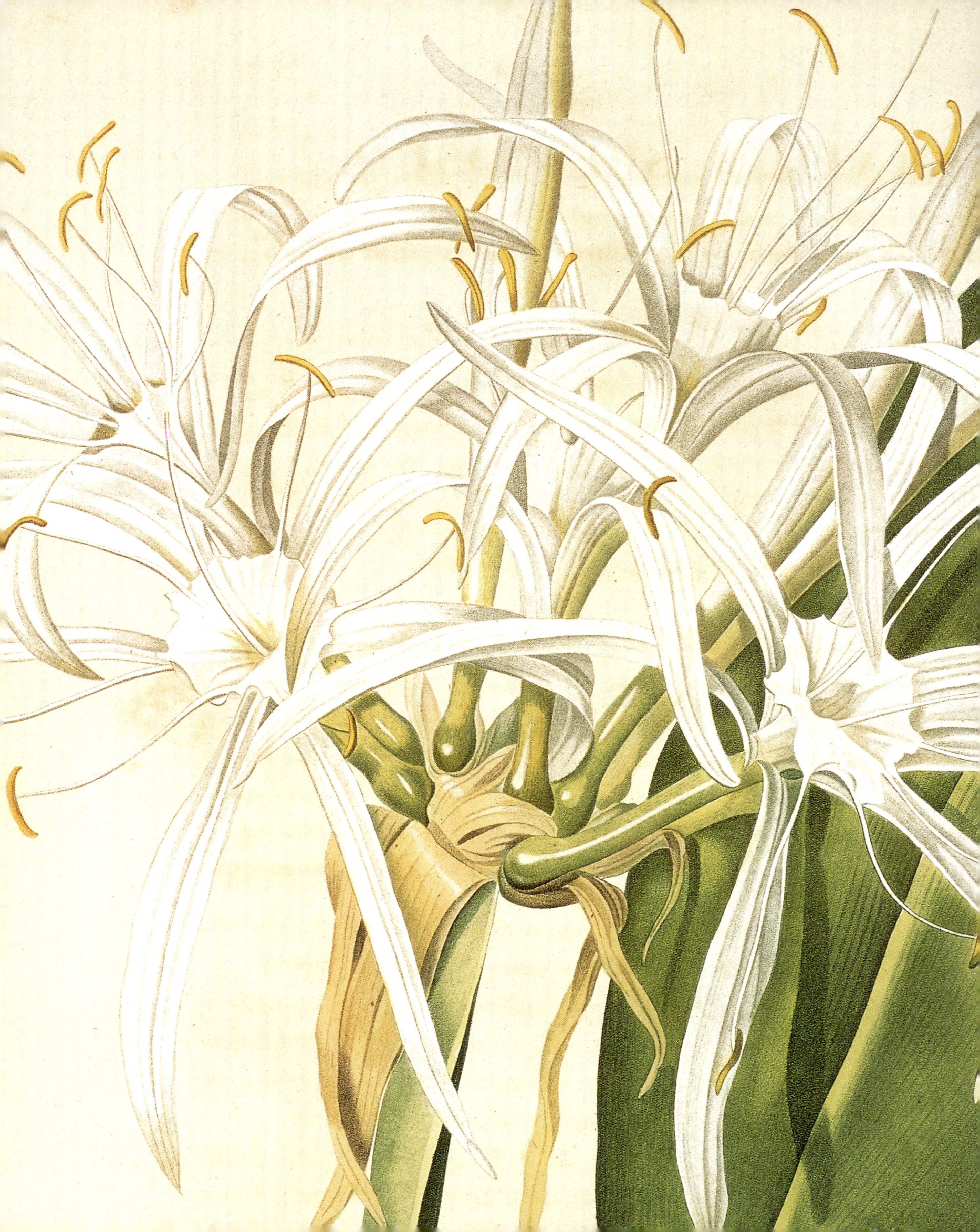

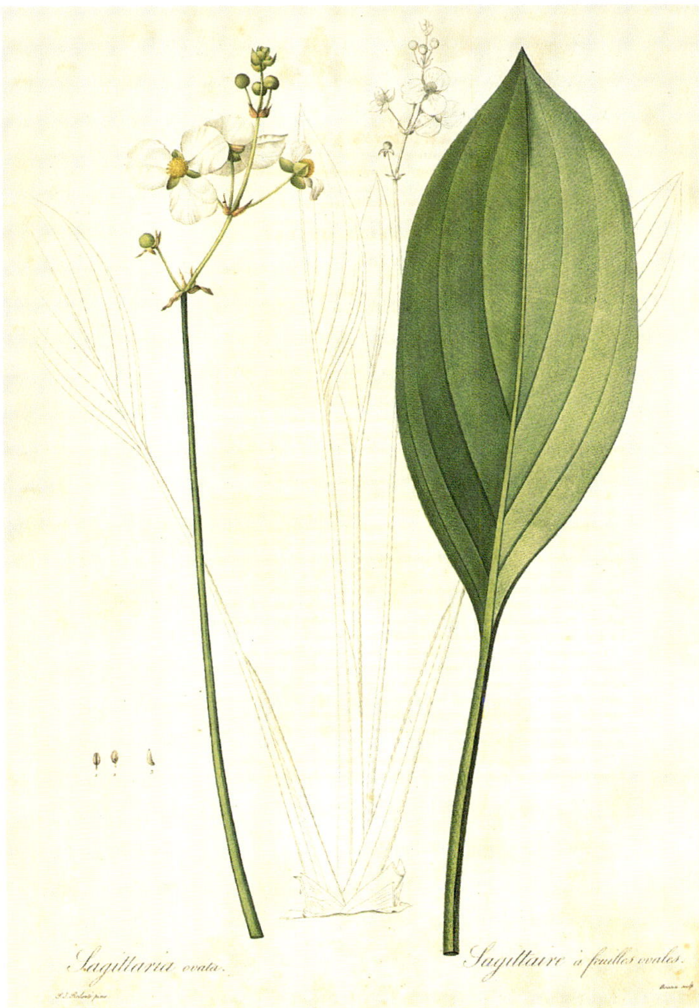

410

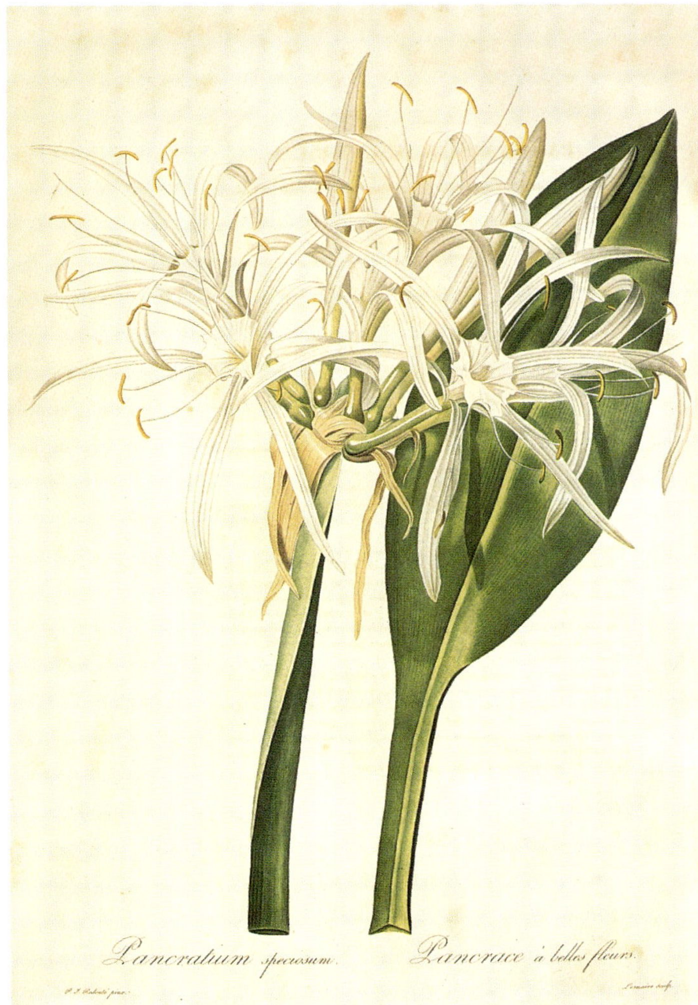

411

***Sagittaria lancifolia* L. 1759 (Alismataceae)**

Lanceolate-leaved Arrowhead | *Sagittaire à feuilles ovales
Lanzettblättriges Pfeilkraut

North to South America (USA: from Delaware in the northeast to Florida in the south and Texas in the west; Central America: Mexico and West Indies; northern South America).

***Hymenocallis speciosa* (L.f.) Salisb. 1812 (Amaryllidaceae)**
(= *Crinum speciosum* L.f. 1782, "1781")

Splendid New World Pancratius Lily | *Pancrace à belles fleurs
Prächtige Neuwelt-Pankrazlilie

Central America (West Indies).

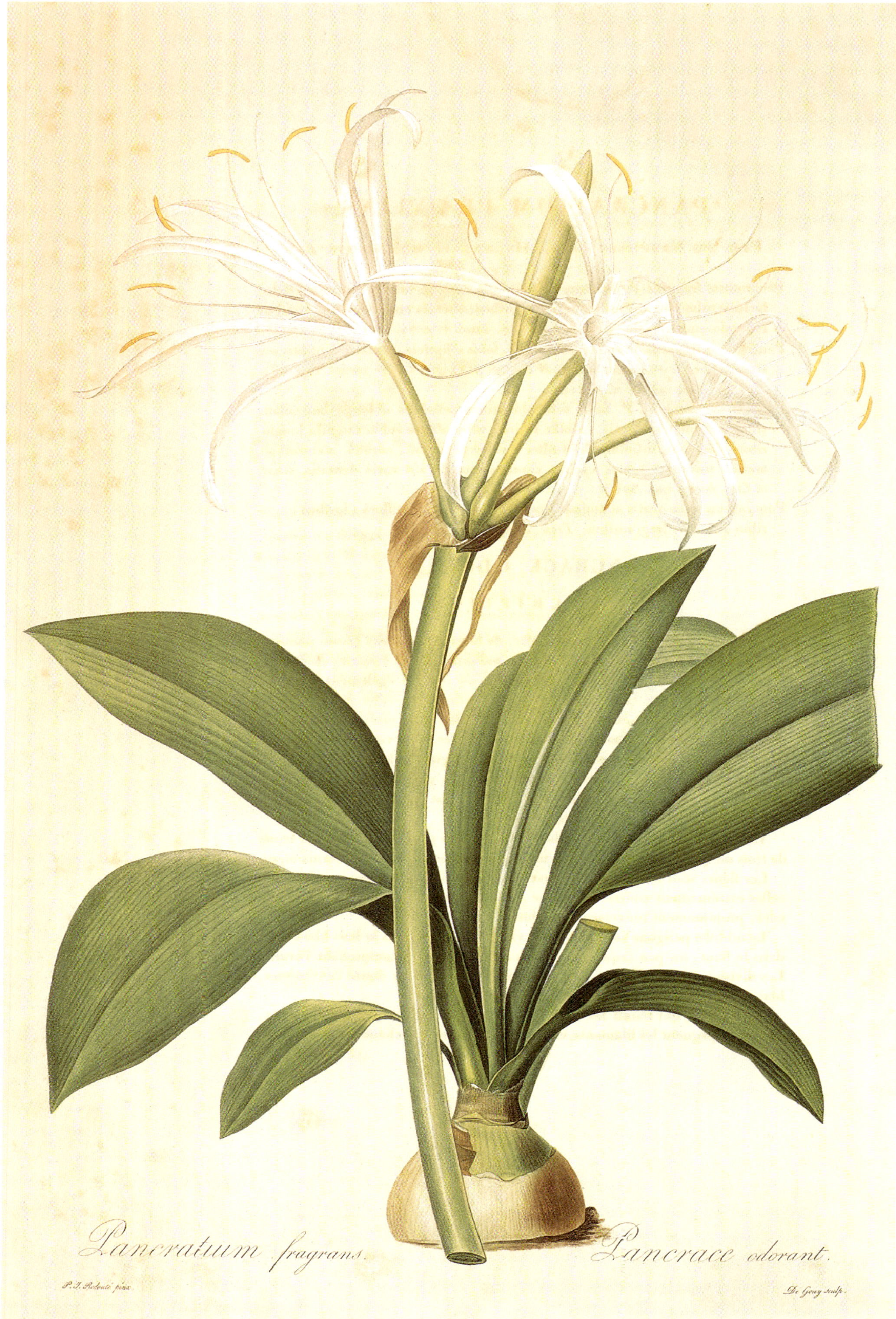

412

Hymenocallis fragrans (Salisb.) Salisb. 1812 (Amaryllidaceae)

Fragrant New World Pancratius Lily | *Pancrace odorant | Duftende Neuwelt-Pankrazlilie

Central America (West Indies).

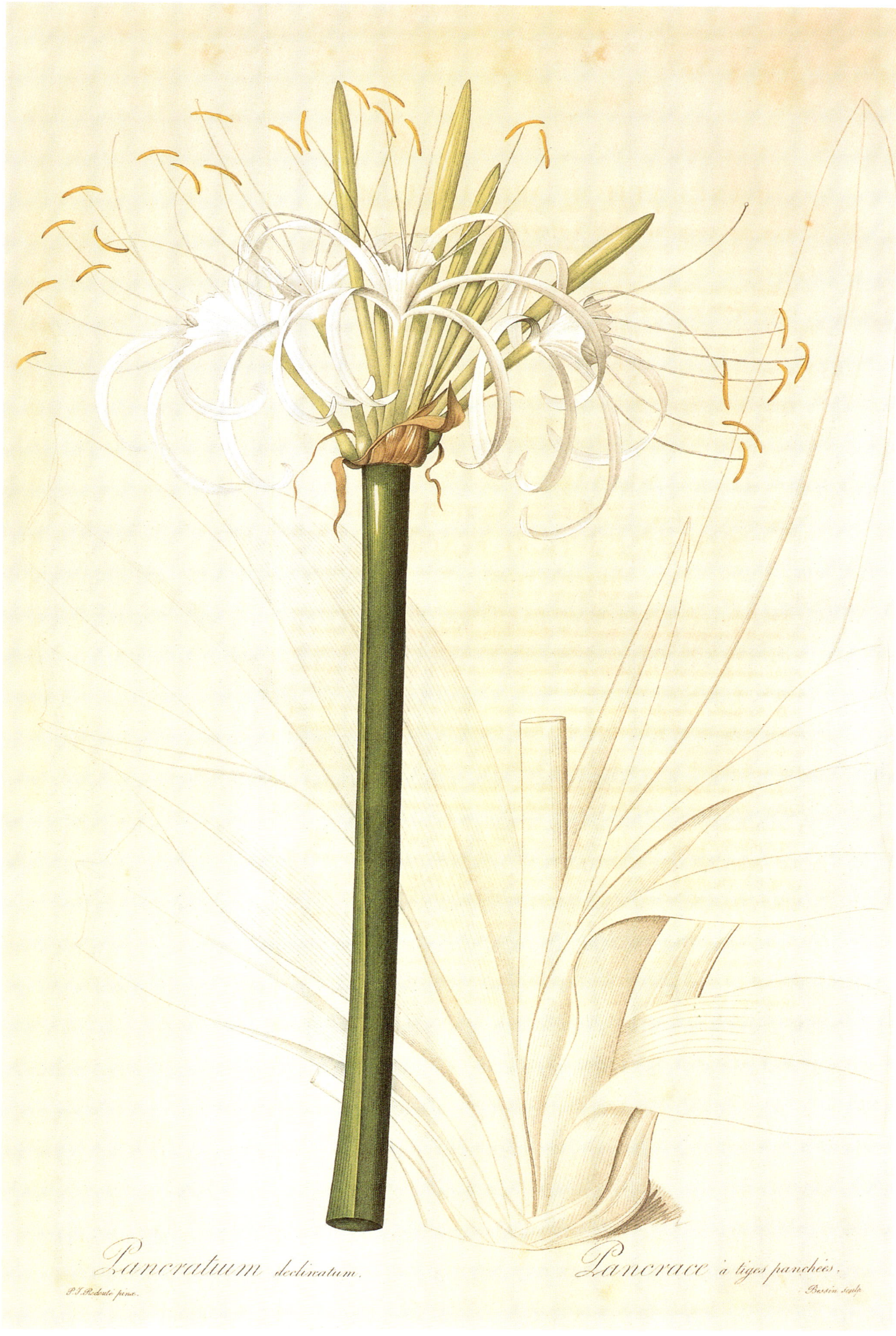

413

Hymenocallis caribaea (L.) Herb. 1821 (Amaryllidaceae)

(= *Pancratium caribaeum* L. 1762)

Caribbean New World Pancratius Lily | *Pancrace à tiges penchées | Karibik-Neuwelt-Pankrazlilie

Central America (West Indies). See pl. 156 and 358.

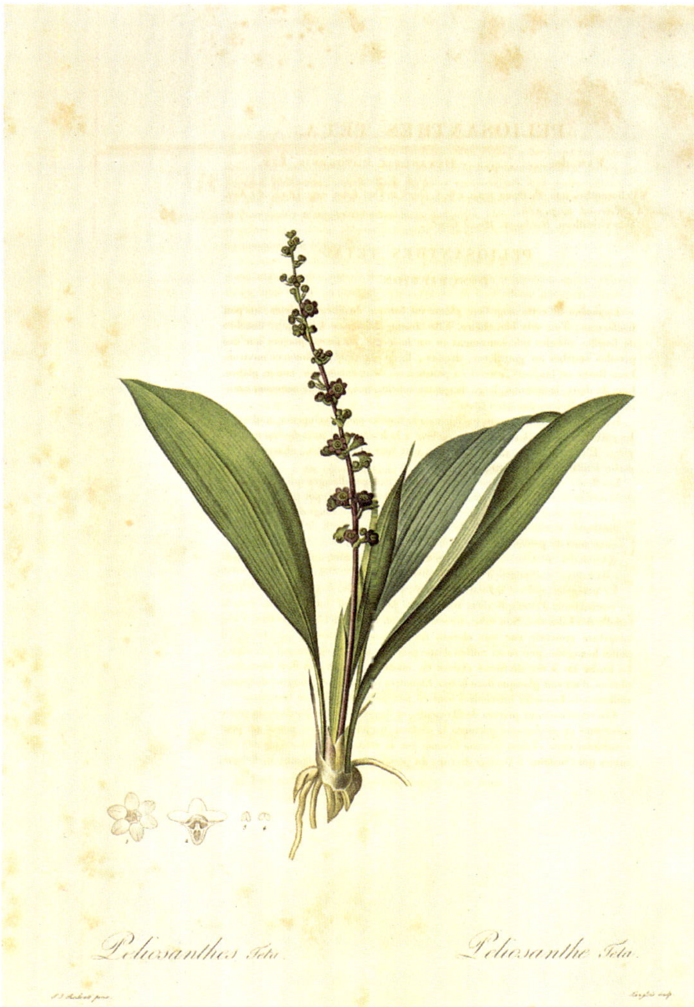

414

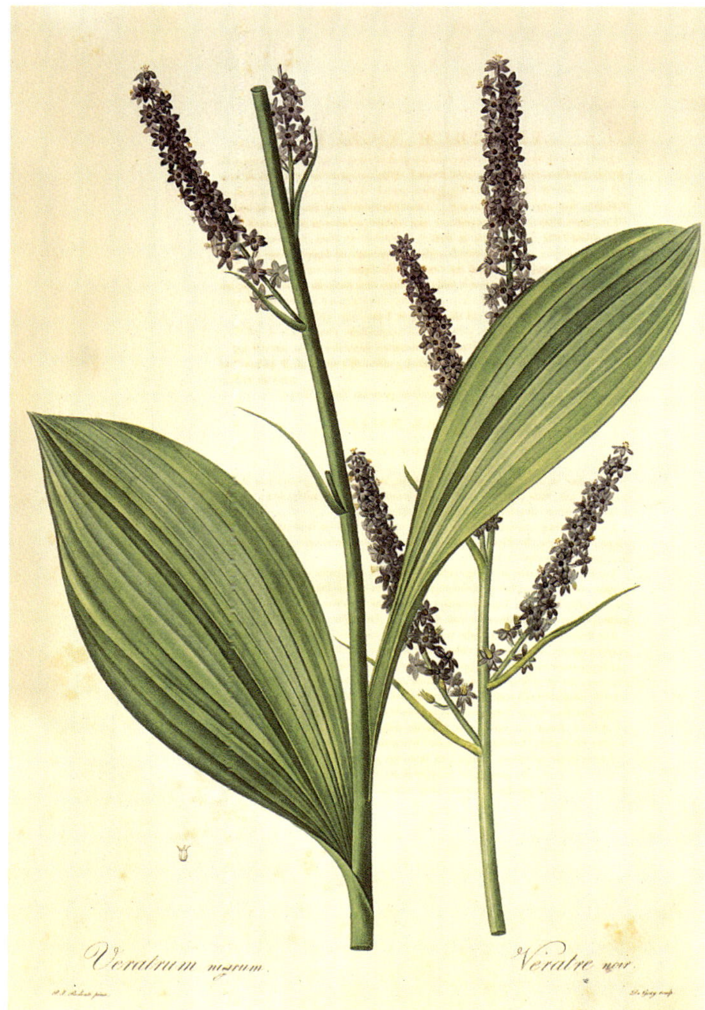

415

**Peliosanthes teta* (Convallariaceae)

Teta Dark-coloured Flower | Fleur-sombre teta

Teta-Trübblüte

**Veratrum nigrum* L. 1753 (Melanthiaceae)

Black False Helleborine | *Veratre noir | Schwarzer Germer

Central and southern Europe (from Switzerland, Austria and Poland in the north to southern France, Italy, Balkan Peninsula and the former central and west Russia) and northern Asia.

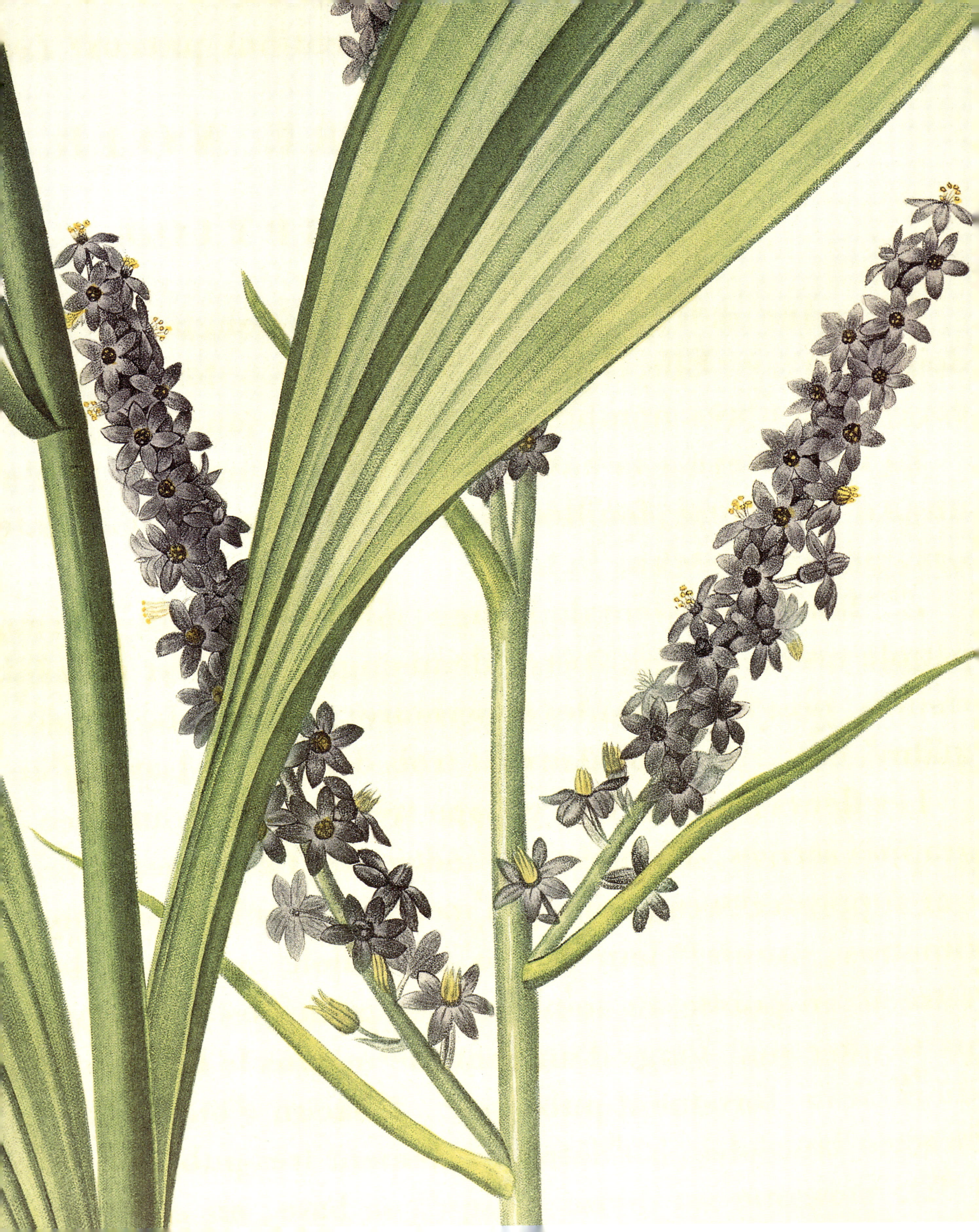

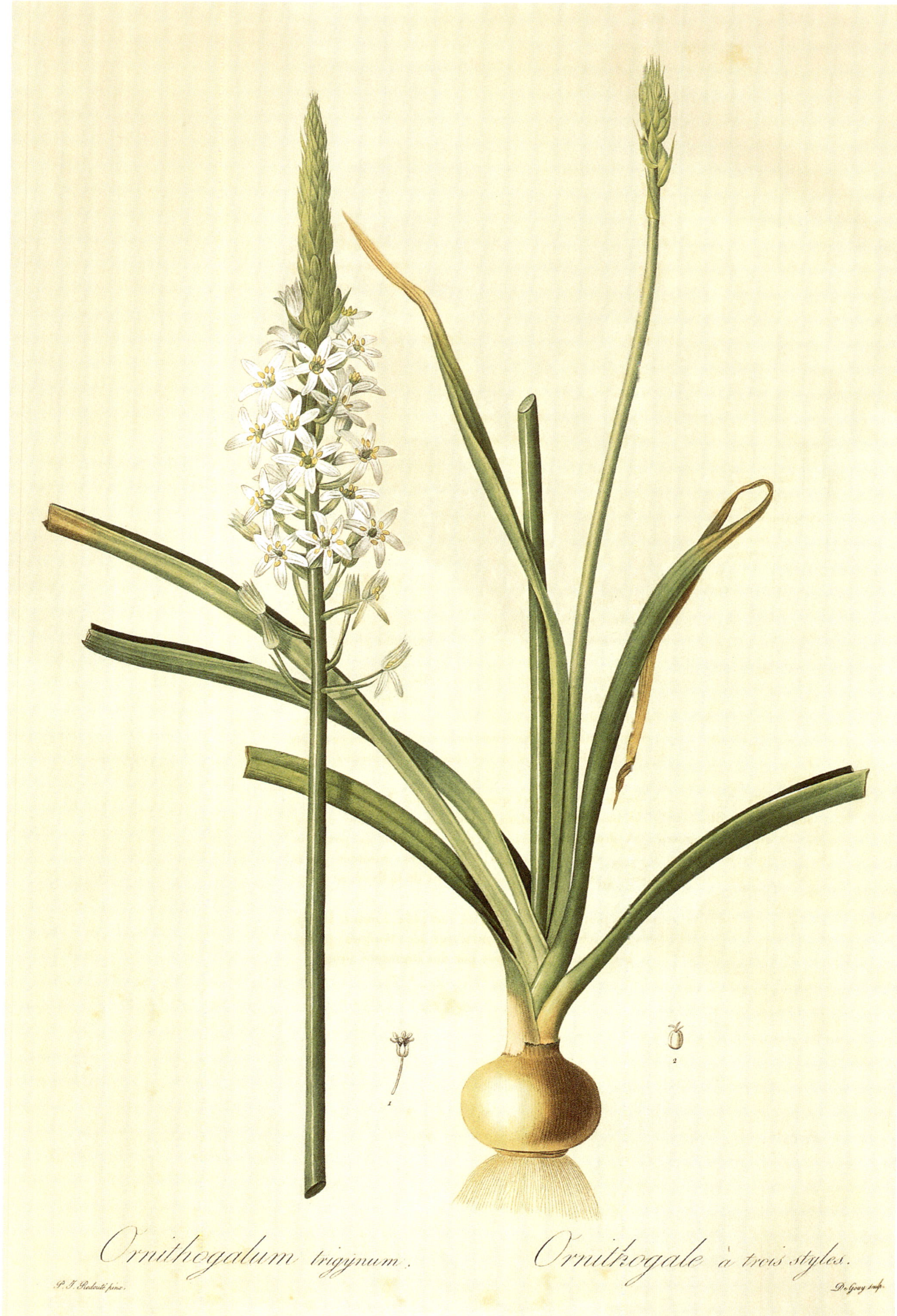

416

Ornithogalum trigynum Delile in REDOUTÉ 1813 (Hyacinthaceae)

Three-styled Star-of-Bethlehem | *Ornithogale à trois styles | Dreigriffliger Milchstern

Summer rainfall southern Africa, probably radiating to tropical Africa.

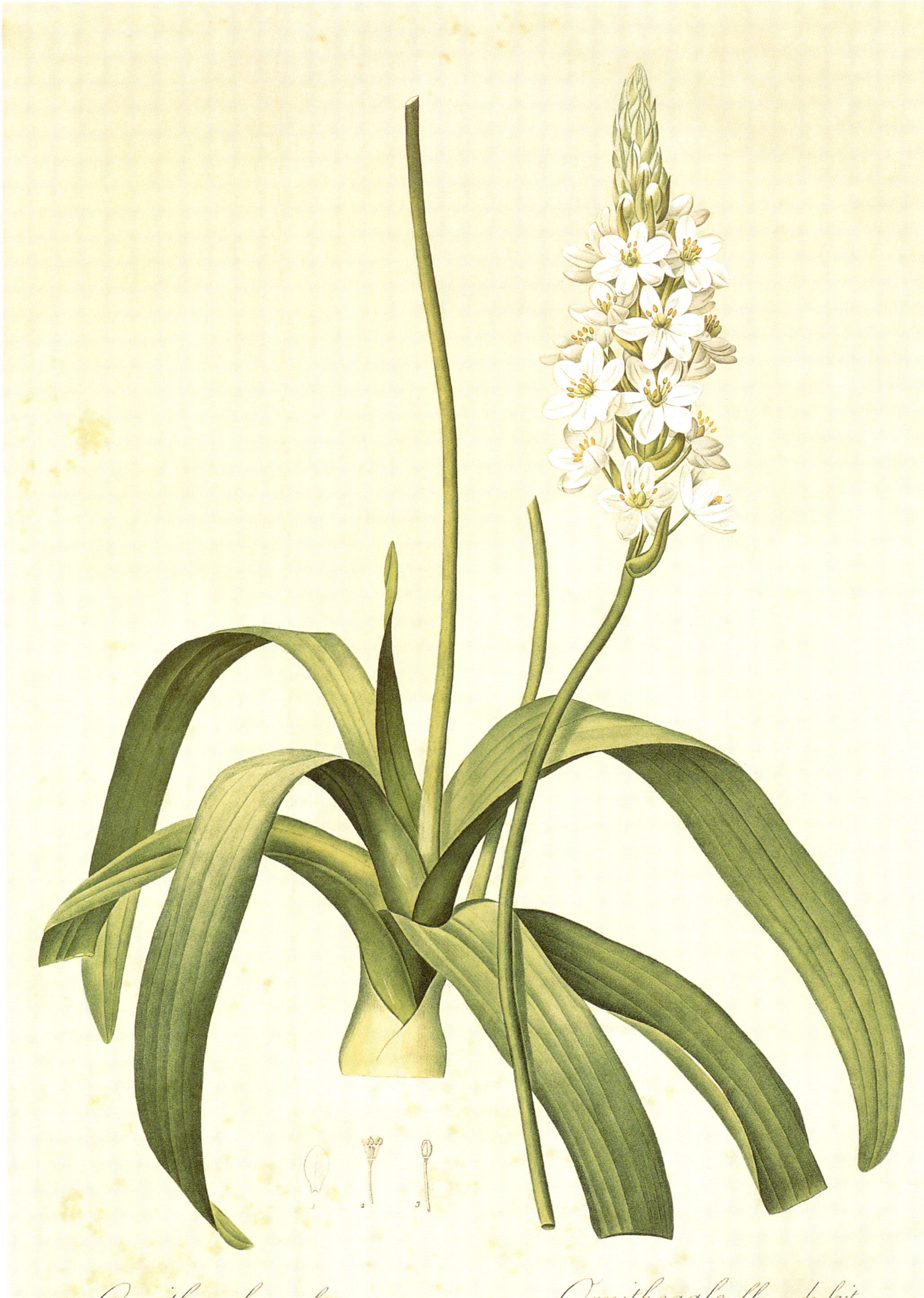

417

Ornithogalum conicum Jacq. 1791 subsp. *conicum* (Hyacinthaceae)

Conical Chincherinchee | *Ornithogale blanc de lait | Kegel-Milchstern

Winter rainfall southern Africa (Western Cape radiating to the Eastern Cape).

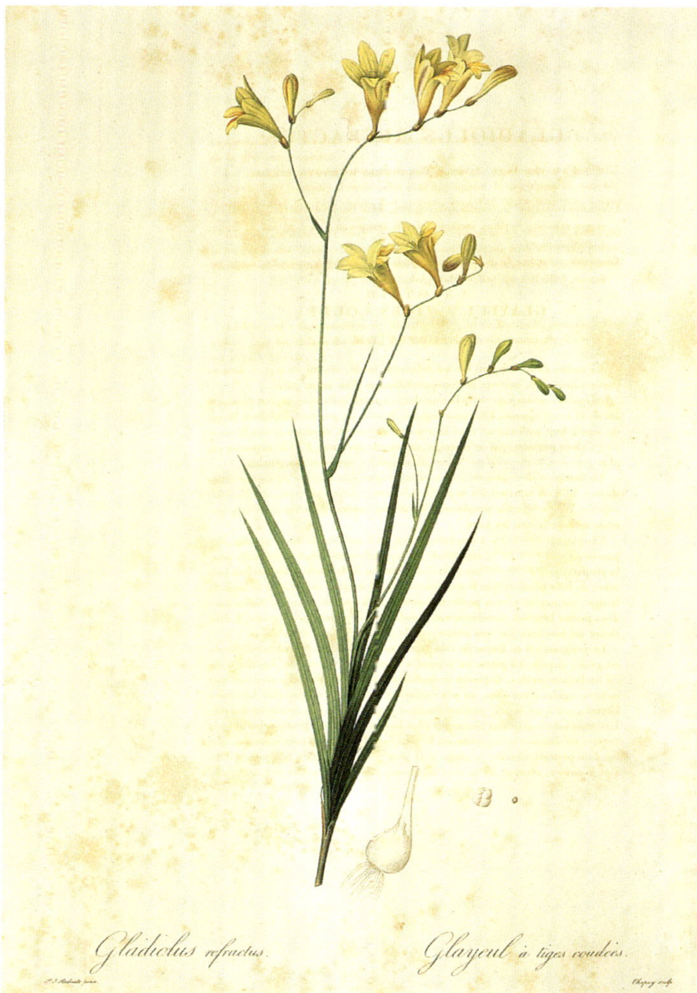

418

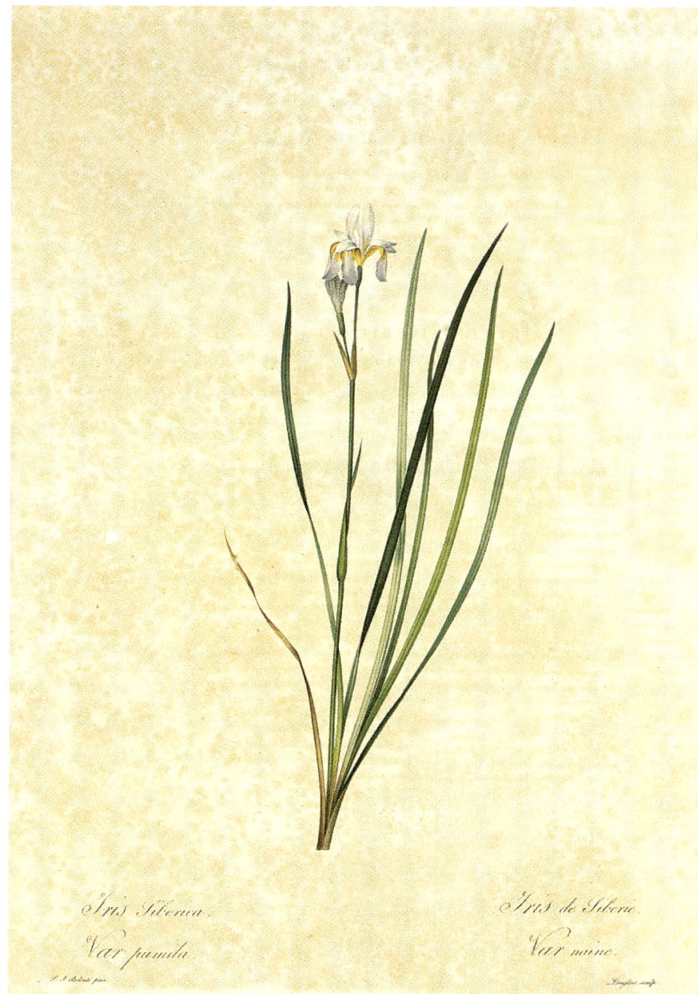

419

Freesia refracta (Jacq.) Ecklon ex Klatt 1866 (Iridaceae)

Common Freesia | *Glaïeul à tiges coudées

Gewöhnliche Freesie

Winter rainfall South Africa (southern part of the Western Cape: Worcester-Robertson-Karoo, Little Karoo and southern Cape between Stormsvlei in the west and Gouritz Mouth in the east).

**Iris sibirica* L. 1753 (Iridaceae)

Siberian Iris | *Iris de Sibérie

Sibirische Schwertlilie

Central and east Europe (with one station in western France, Germany, southern Sweden, Switzerland, Austria, southern Italy, Balkan Peninsula, Poland, Russia) to west Sibiria.

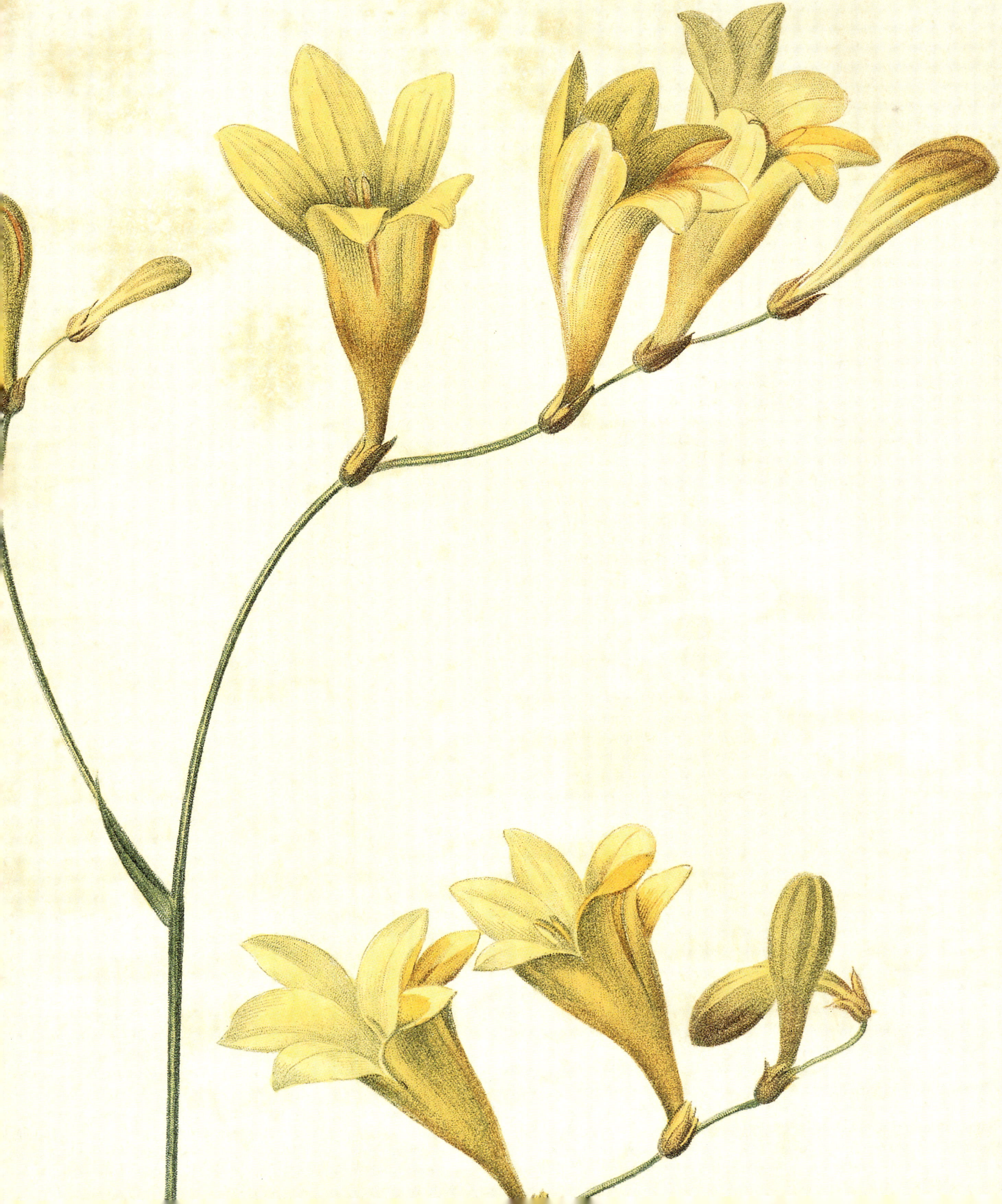

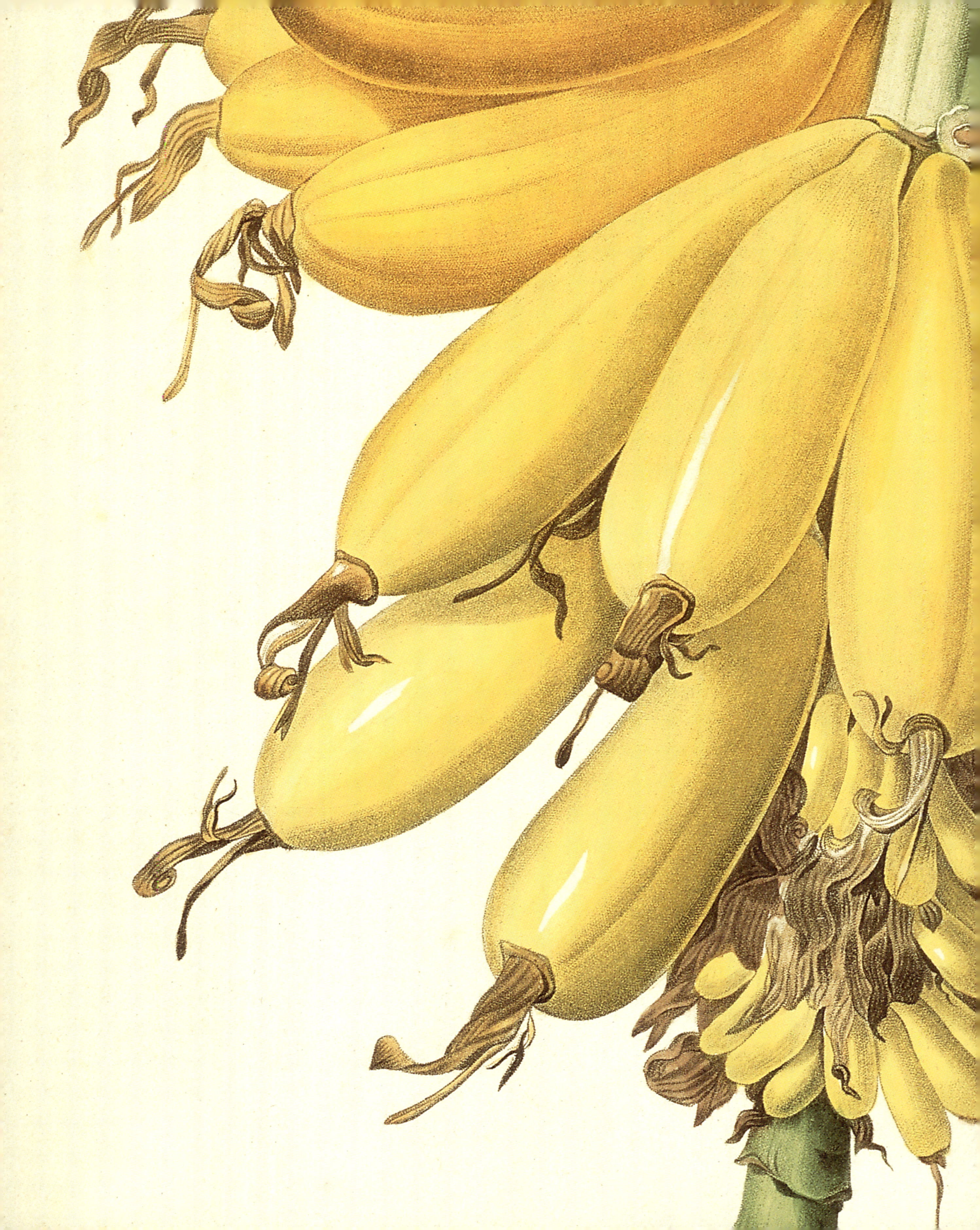

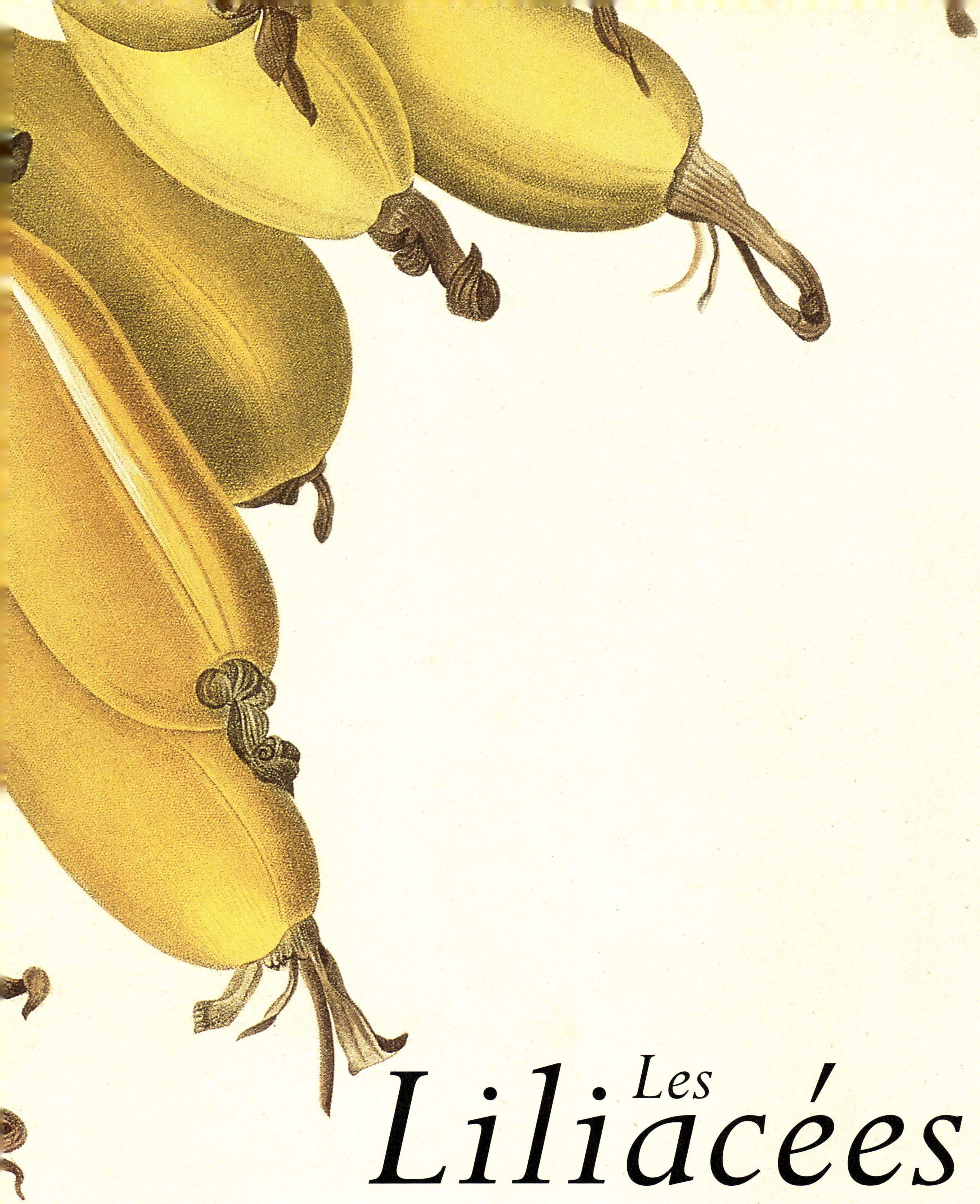

Les Liliacées

Volume VIII

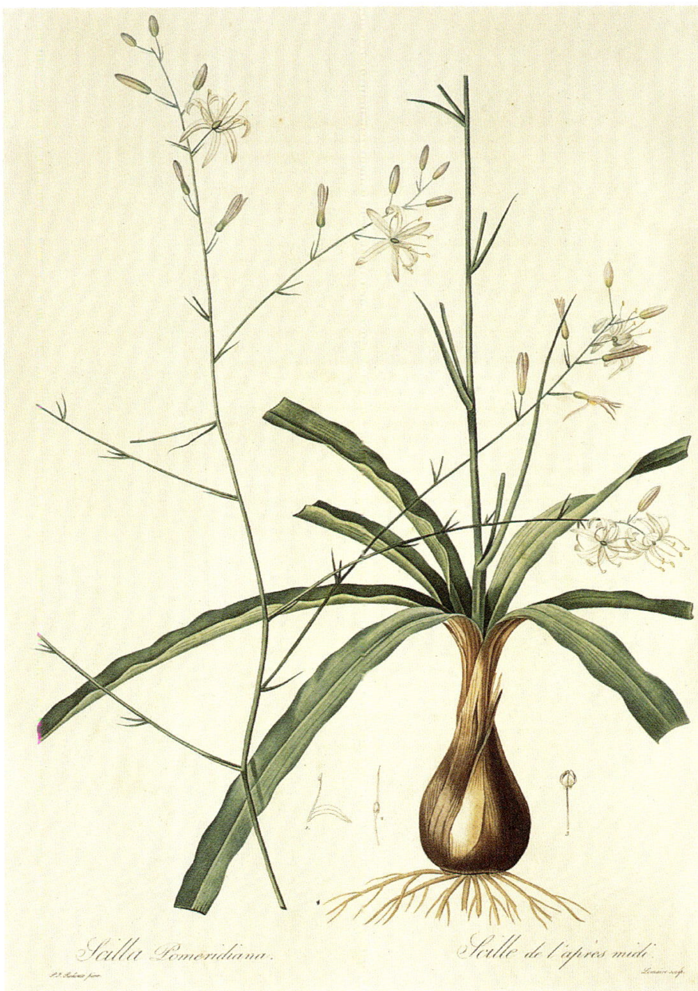

420

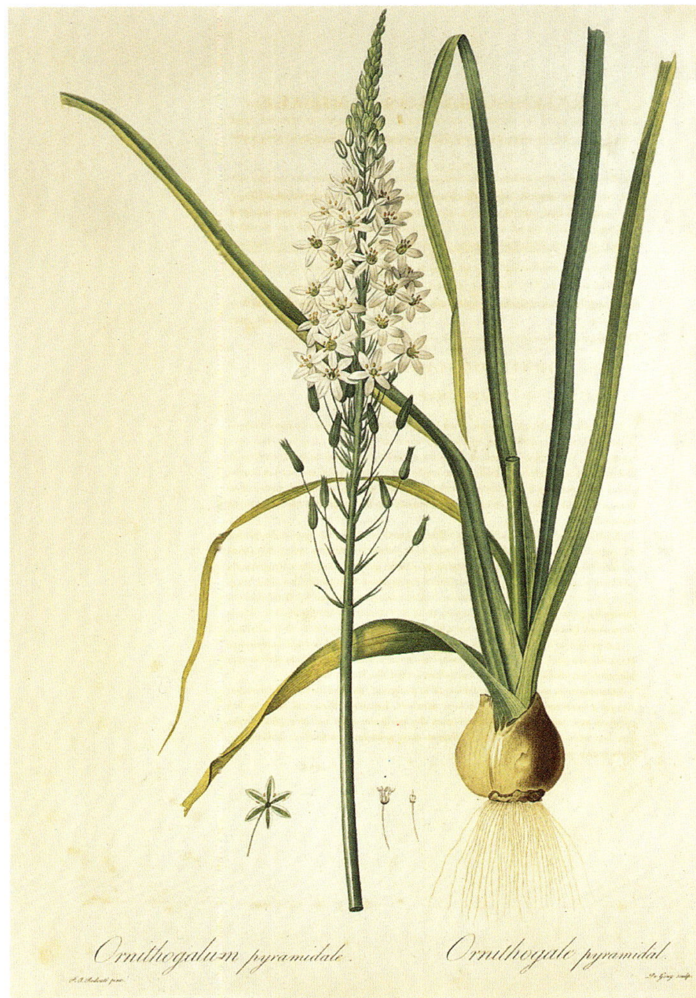

421

***Chlorogalum pomeridianum* (DC.) Kunth 1843 (Hyacinthaceae)**
(= *Anthericum pomeridianum* (DC.) Ker Gawl. 1821)
Soap Plant | *Scille de l'après-midi | Indianische Seifenpflanze

North America (southwestern USA: Josephine County, Oregon to San Diego County, California).

***_Ornithogalum pyramidale_ L. 1753 (Hyacinthaceae)**
Pyramidal Star-of-Bethlehem | *Ornithogale pyramidal
Pyramiden-Milchstern

Central and southern Europe (from Switzerland, Austria and Poland in the north to southern France, Italy, Balkan Peninsula and the former central and west Russia) and northern Asia.

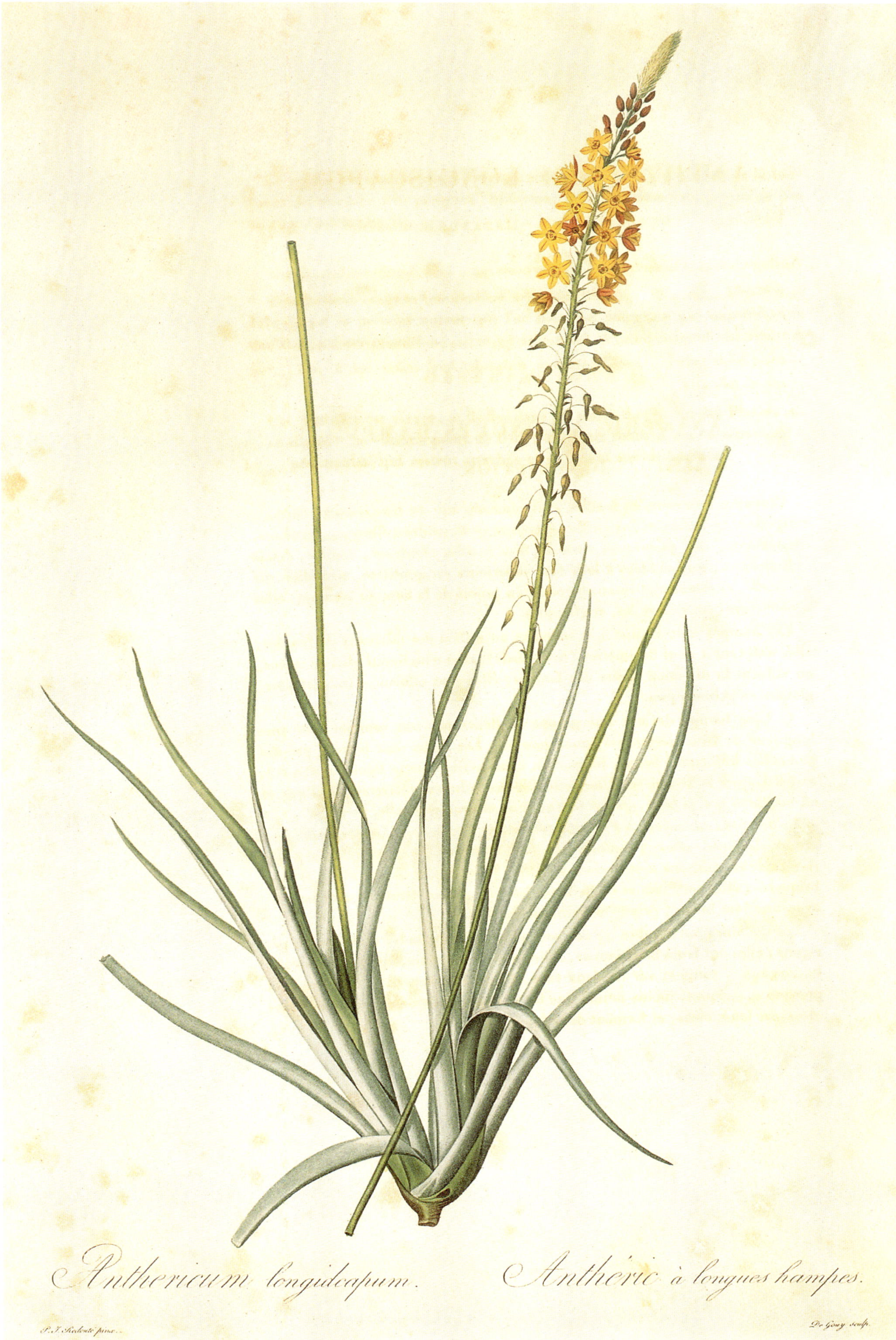

422

Bulbine lagopus (Thunb.) N.E.Br. 1931 (Asphodelaceae)

(= _Anthericum lagopus_ Thunb. 1794 = _Bulbine longiscapa_ (Jacq.) Willd. 1809)

Glaucous-leaved Bulbine | *Anthéric à longues hampes | Hasenfuß-Bulbine

The distribution is given according to Goldblatt and Bond (1984) and to Arnold & de Wet (1993). Winter to summer rainfall southern Africa (Western & Eastern Cape, Lesotho). *Bulbine* derived from a Latin plant name used by Plinius.

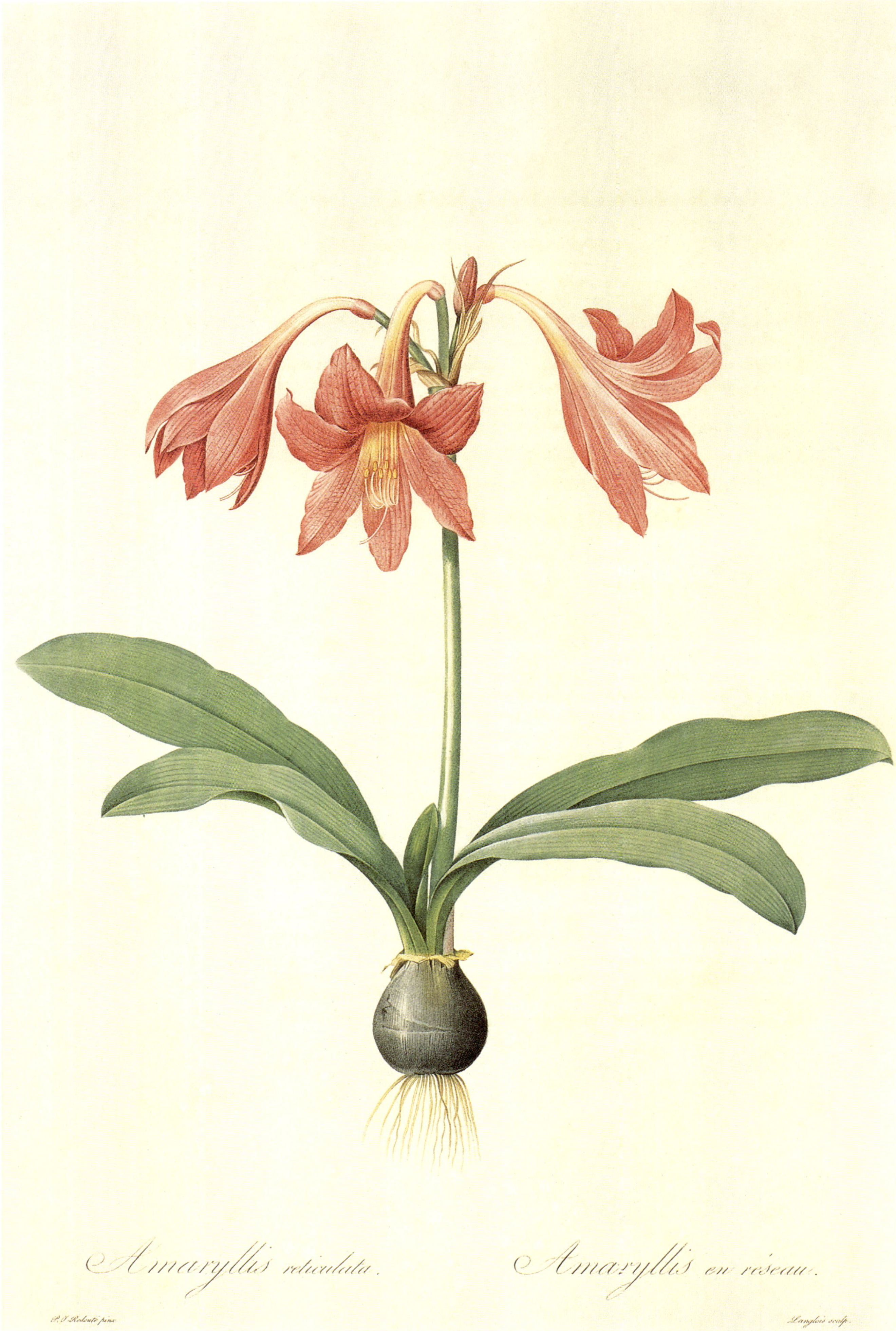

423

Hippeastrum reticulatum **(L'Hér.) Herb. 1821 (Amaryllidaceae)**

Netted-veined Hippeastrum | *Amaryllis en réseau | Netz-Ritterstern

South America (Brazil).

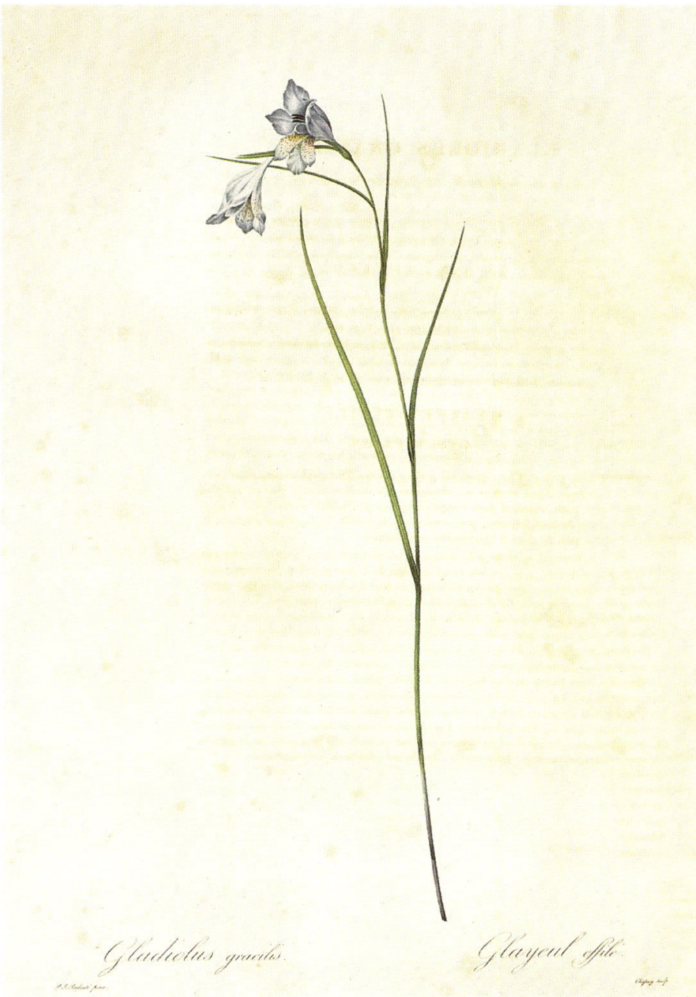

424

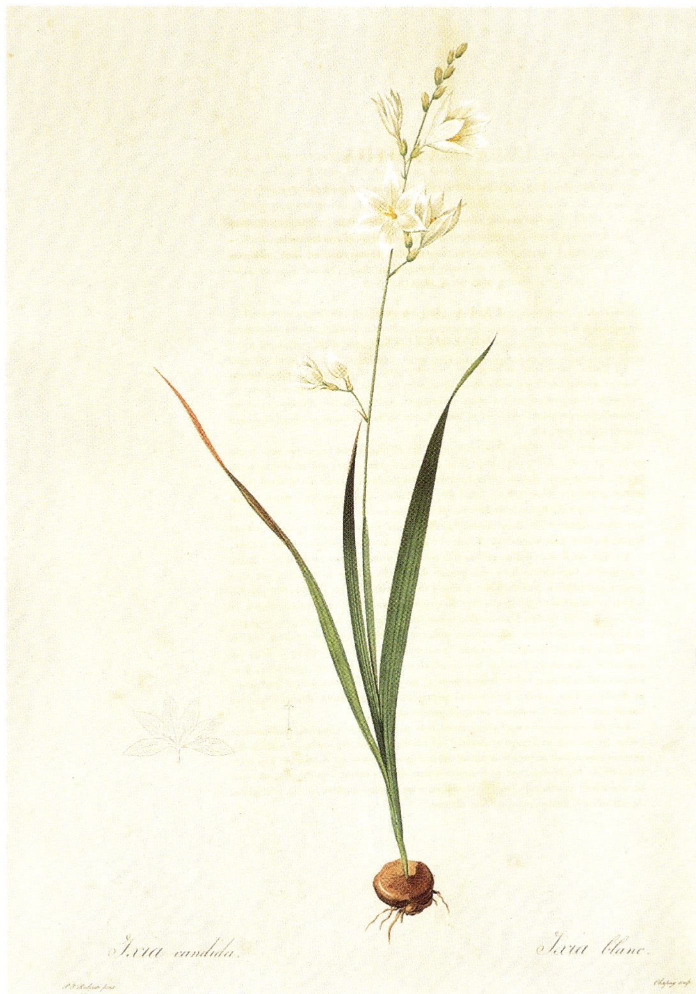

425

Gladiolus gracilis Jacq. 1791 var. gracilis (Iridaceae)

Graceful Gladiolus | *Glaïeul effilé | Zierliche Gladiole

Winter rainfall South Africa (Western Cape: from Hopefield in the northwest to Heidelberg in the east).
The variety only extends northwards as far as Malmesbury.
Note: The year of publication is not 1792 as proposed in the revision by Obermeyer (1972).

Ixia patens Aiton 1789 (Iridaceae)

Yawning Ixia | *Ixia blanche | Weitoffenblütige Ixia

Winter rainfall South Africa (Western Cape: from Clanwilliam in the north to Caledon in the southeast).
Named after the Greek plant *ἰξία* = *Viscum*, see pl. 30, 140.

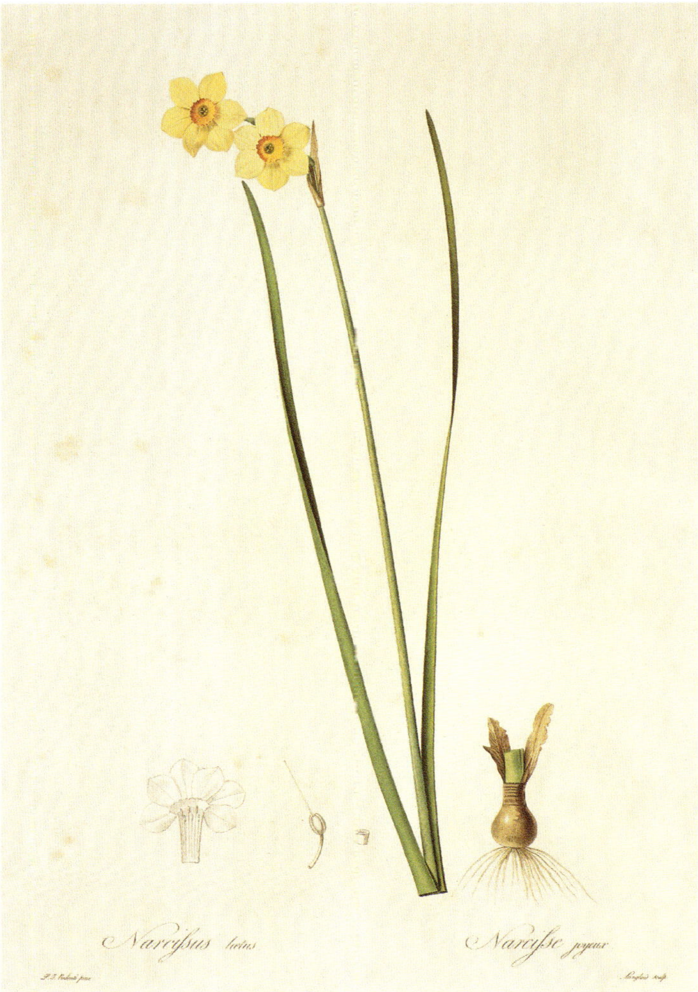

426

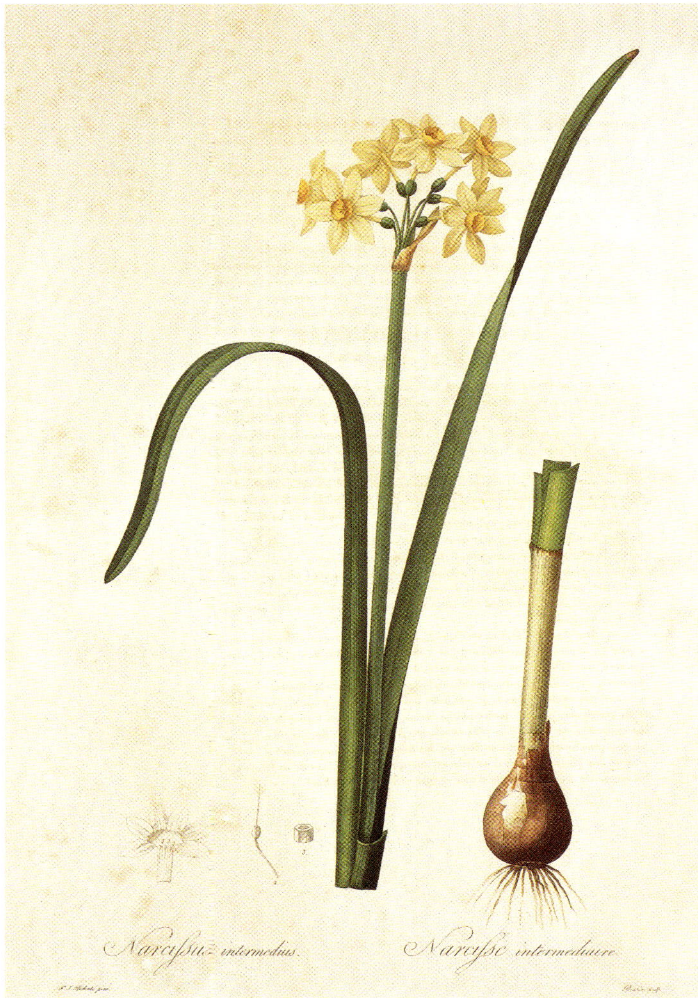

427

****Narcissus* × *laetus* Salisb. 1796 (Amaryllidaceae)**
(= *Narcissus jonquilla* L. 1753 × *N. minor* L. 1762)
Cheerful Narcissus | *Narcisse joyeux
Vergnügte Narzisse

****Narcissus* × *intermedius* Loisel. 1806 (Amaryllidaceae)**
(= *Narcissus jonquilla* L. 1753 × *N. tazetta* L. 1753)
Intermediate Narcissus | *Narcisse intermédiaire
Intermediäre Narzisse

West Mediterranean region of Europe (perhaps native in southwest France and northeast Spain). See pl. 459.

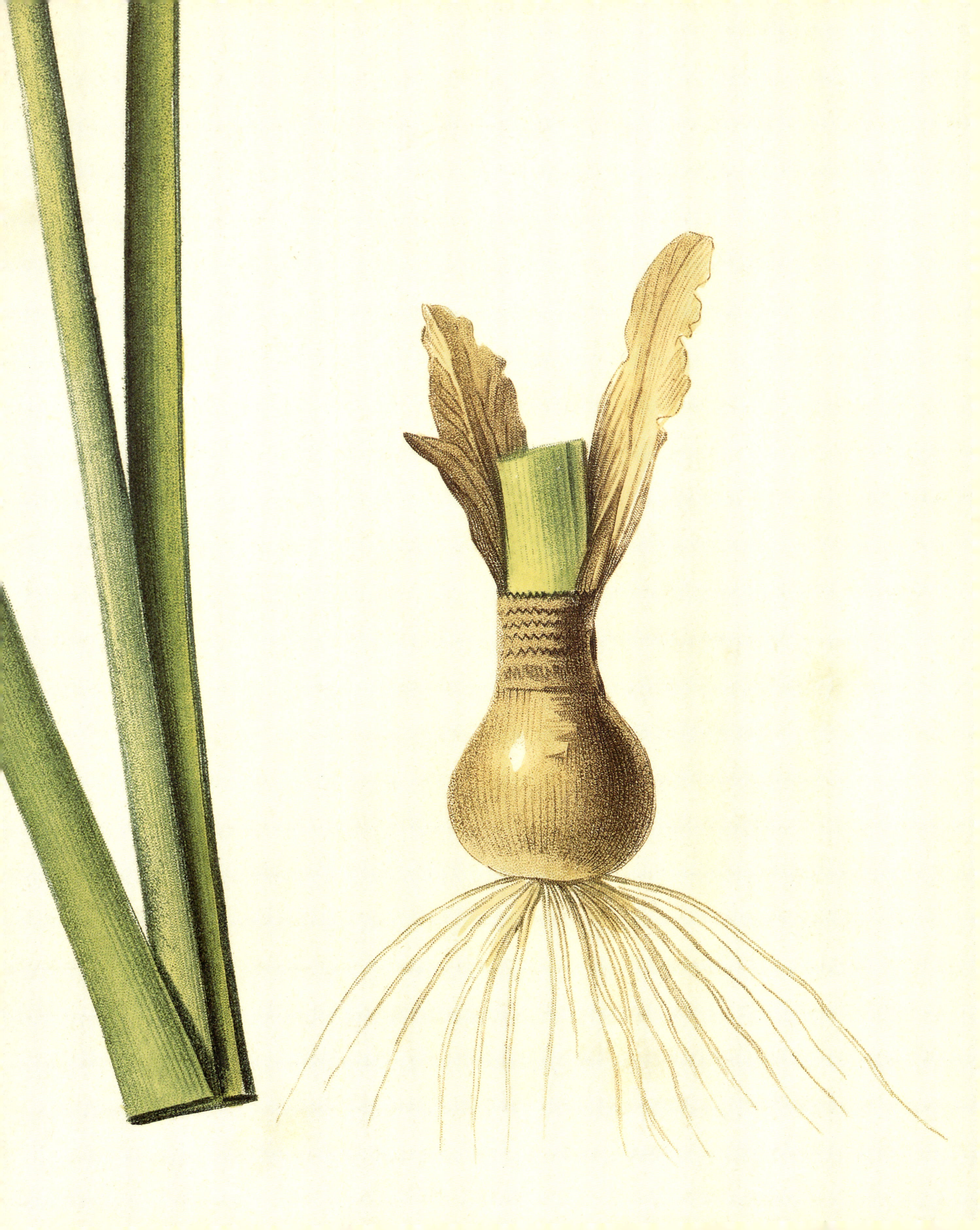

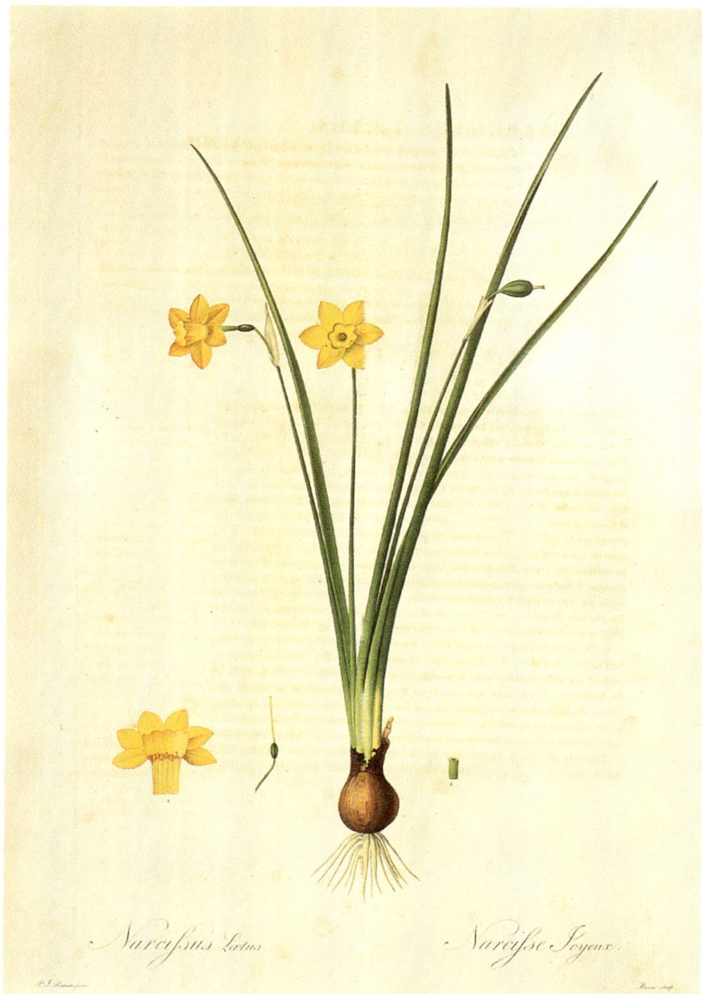

428

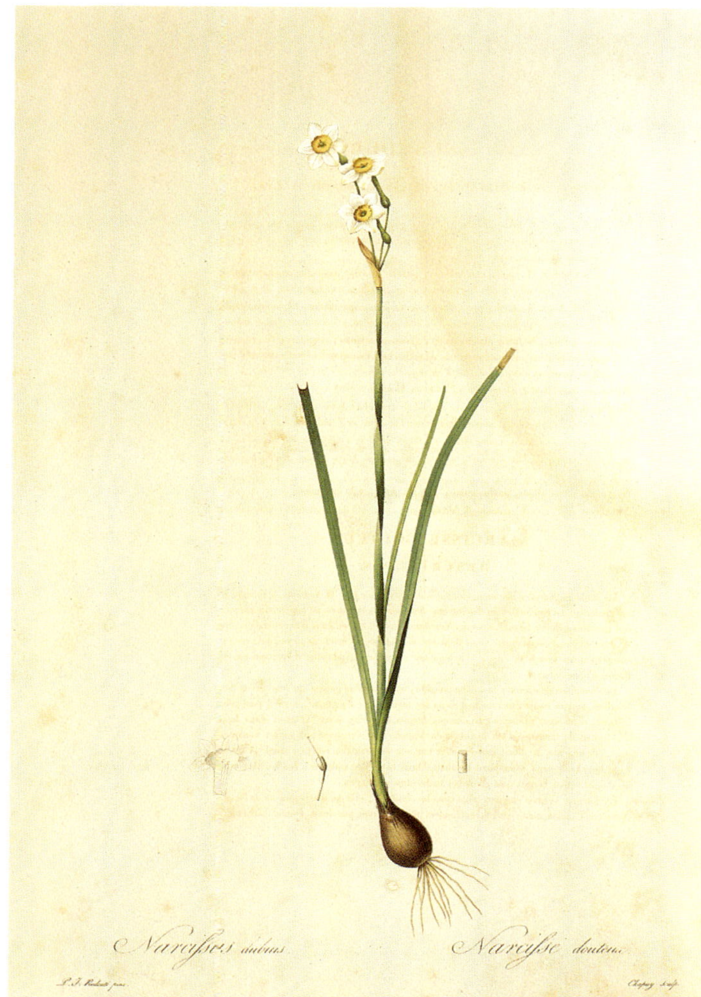

429

***_Narcissus_ × _laetus_ Salisb. 1796 (Amaryllidaceae)**
(= _Narcissus jonquilla_ L. 1753 × _N. minor_ L. 1762)
Cheerful Narcissus | *Narcisse joyeux
Vergnügte Narzisse

***_Narcissus dubius_ Gouan 1773 (Amaryllidaceae)**
(= _Narcissus papyraceus_ Ker Gawl. 1806 × _N. requienii_ M.Roem. 1847)
Doubtful Narcissus | *Narcisse douteux
Zweifelhafte Narzisse

West Mediterranean region of Europe (southern France and northeast Spain).
Note: *Narcissus dubius* is a famous example for a good fertile species of hybrid origin.

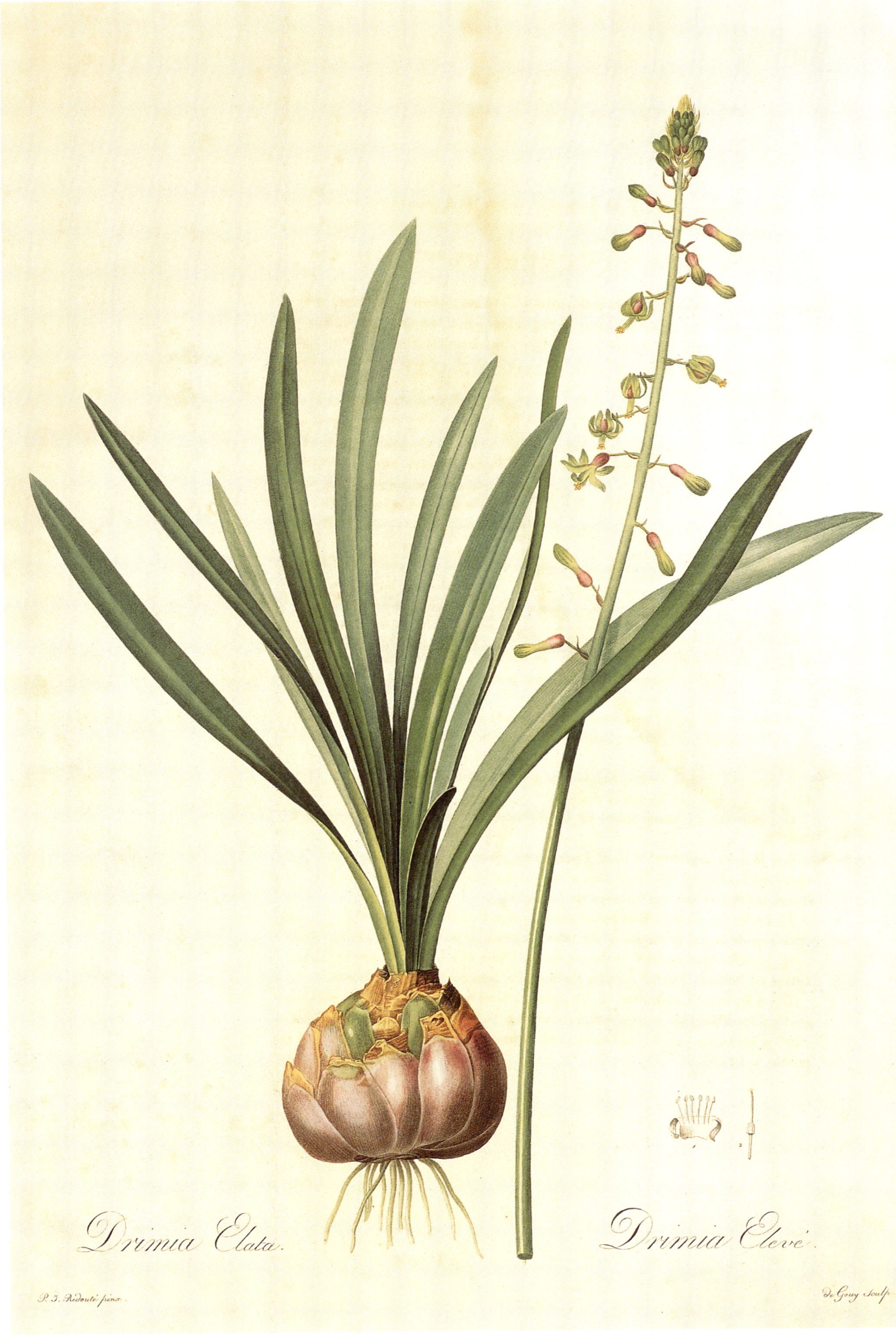

430

***Drimia elata* Jacq. 1795 (Hyacinthaceae)**

Relatively-tall Drimia | *Drimia élevée | Relativ große Drimie

Winter rainfall South Africa (probably confined to the Western and Northern Cape; citations from summer rainfall areas belong to different species).

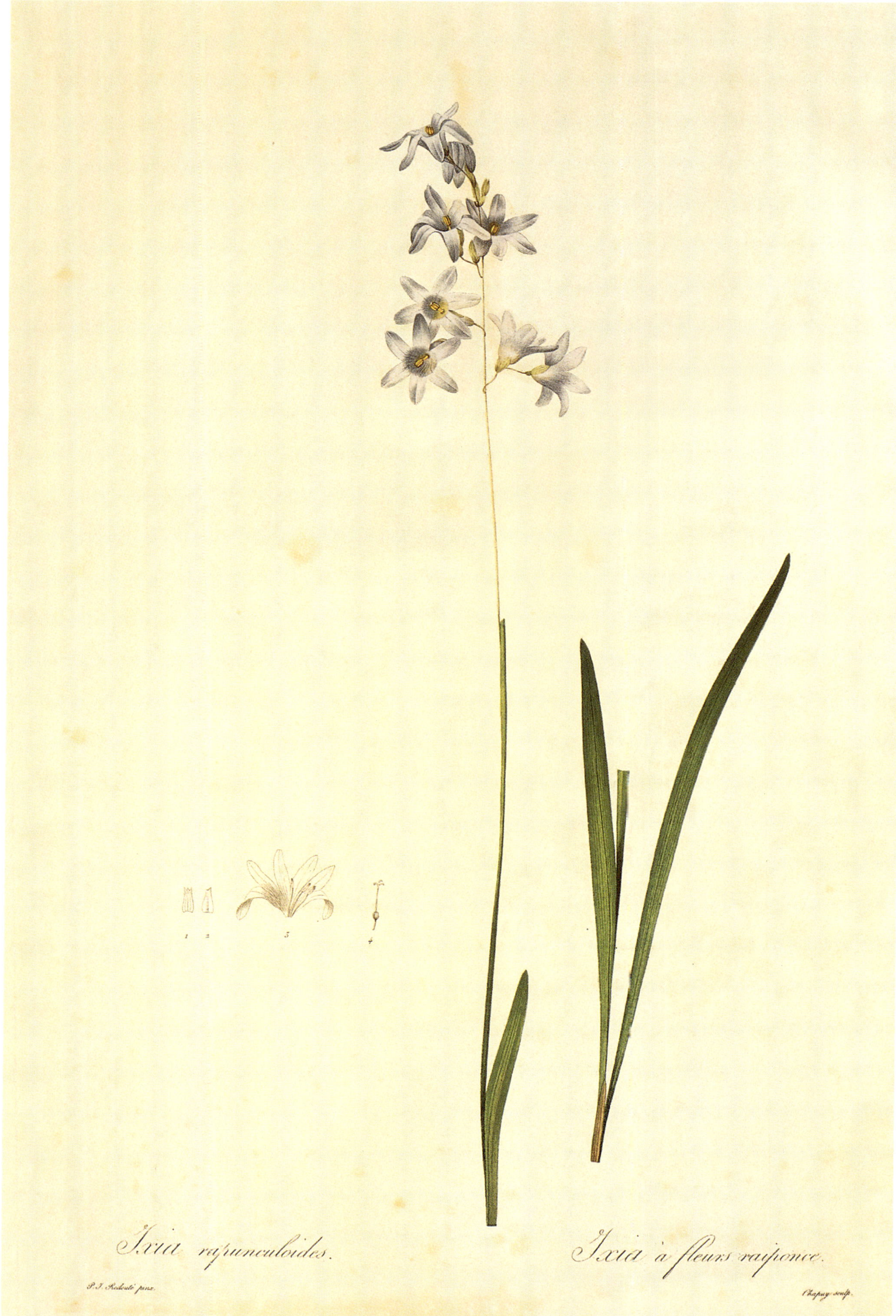

431

Ixia rapunculoides Delile in REDOUTÉ 1814 (Iridaceae)

Rampion-flowered Ixia | *Ixia à fleurs raiponce | Glockenblumenblütige Ixia

Winter rainfall South Africa (Northern Cape extending into the Western Cape). Named after the Greek plant ιξια = *Viscum*, see pl. 30.

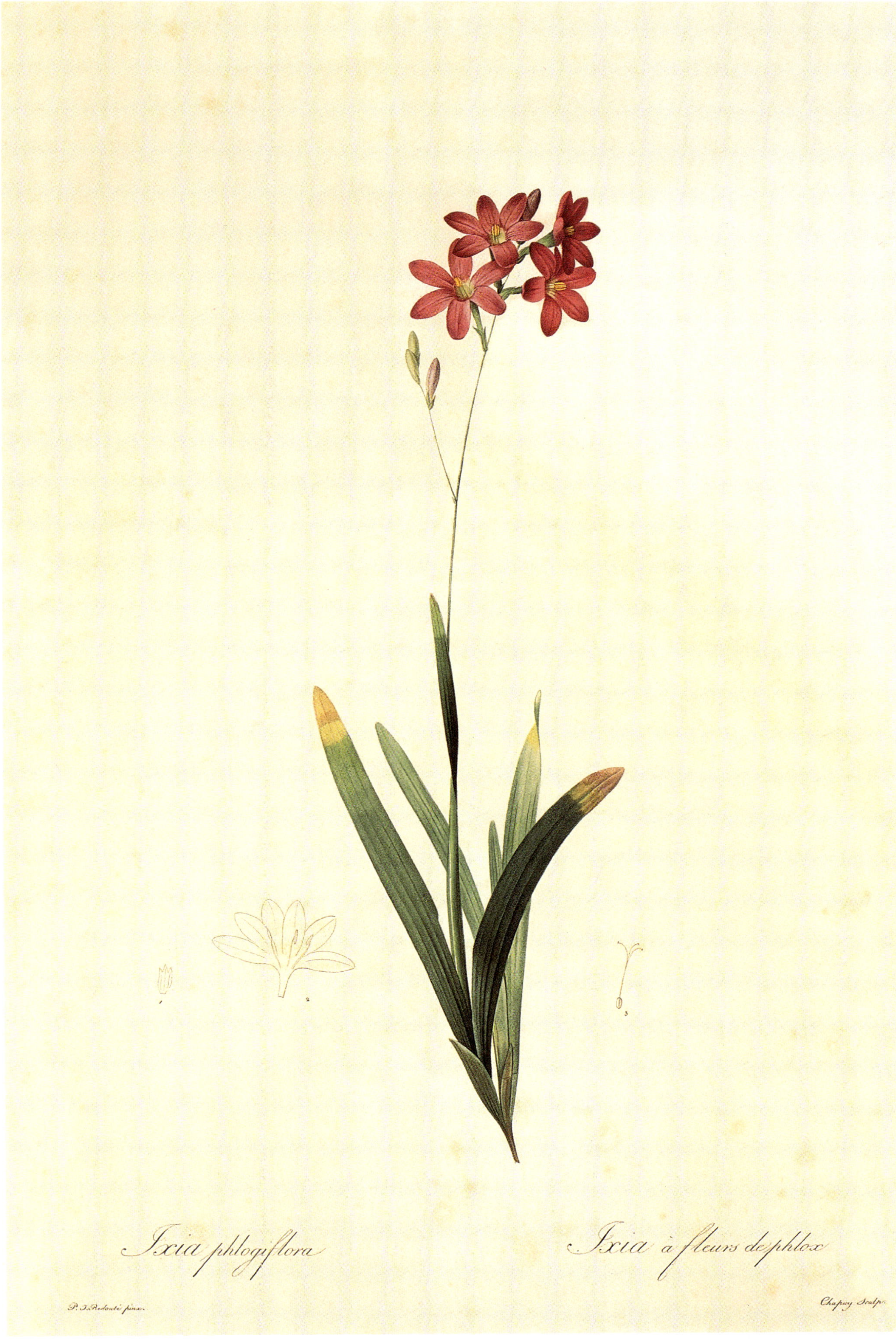

432

***Ixia latifolia* D.Delaroche 1766 (Iridaceae)**

Broad-leaved Ixia | *Ixia à fleurs de phlox | Breitblättrige Ixia

Winter rainfall South Africa (Wes:ern Cape: from Nieuwoudtville in the north to Karoopoort in the southeast). Named after the Greek plant ιξια = *Viscum*, see pl. 30.

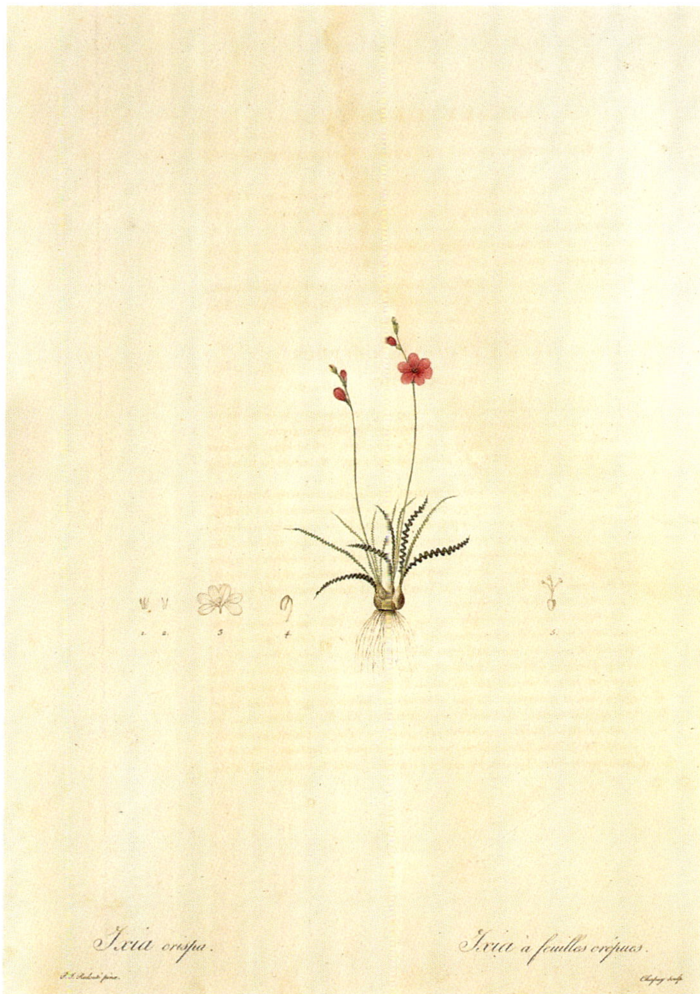

433

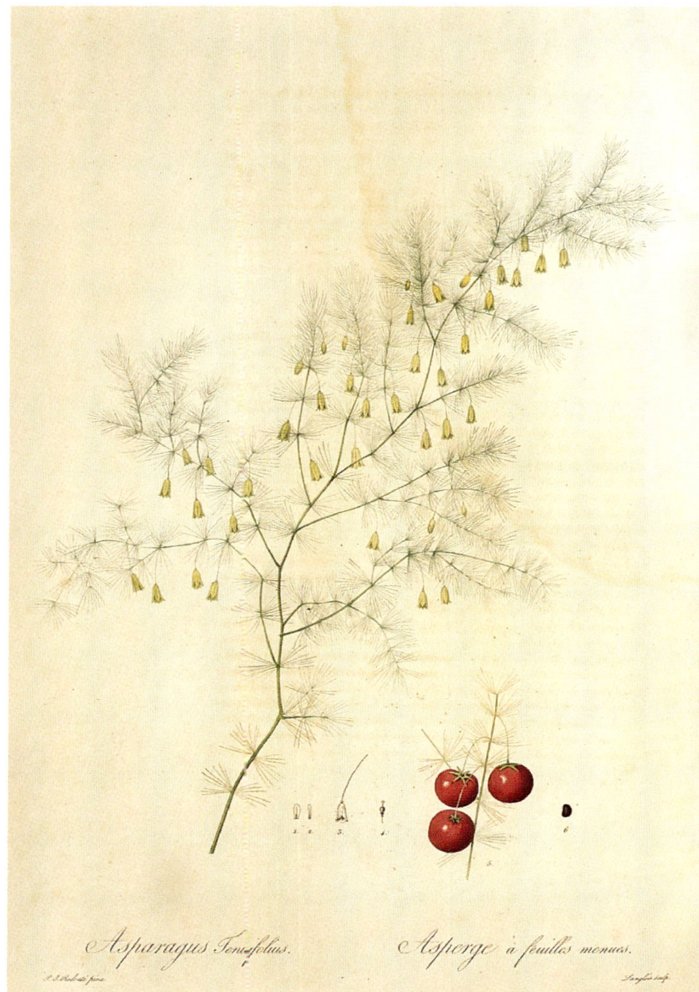

434

Ixia erubescens Goldblatt 1971 (Iridaceae)

Reddening Ixia | *Ixia à feuilles crépues

Offenblütige Ixia

Winter rainfall South Africa (Western Cape: from Piketberg in the north to Caledon in the southeast, not on the Cape Peninsula). Named after the Greek plant ἰξία = *Viscum*, see pl. 30.

**Asparagus tenuifolius* Lam. 1783 (Asparagaceae)

Thin-leaved Asparagus | *Asperge à feuilles menues

Zartblättriger Spargel

South and Central Europe (from France and Italy in the west to the Crimea and north-eastwards adjacent Ukraine in the east) and in Asia in a narrow stripe along the northern coast of Turkey. Derived from the ancient Greek plant name *asparagos*. See pl. 288.

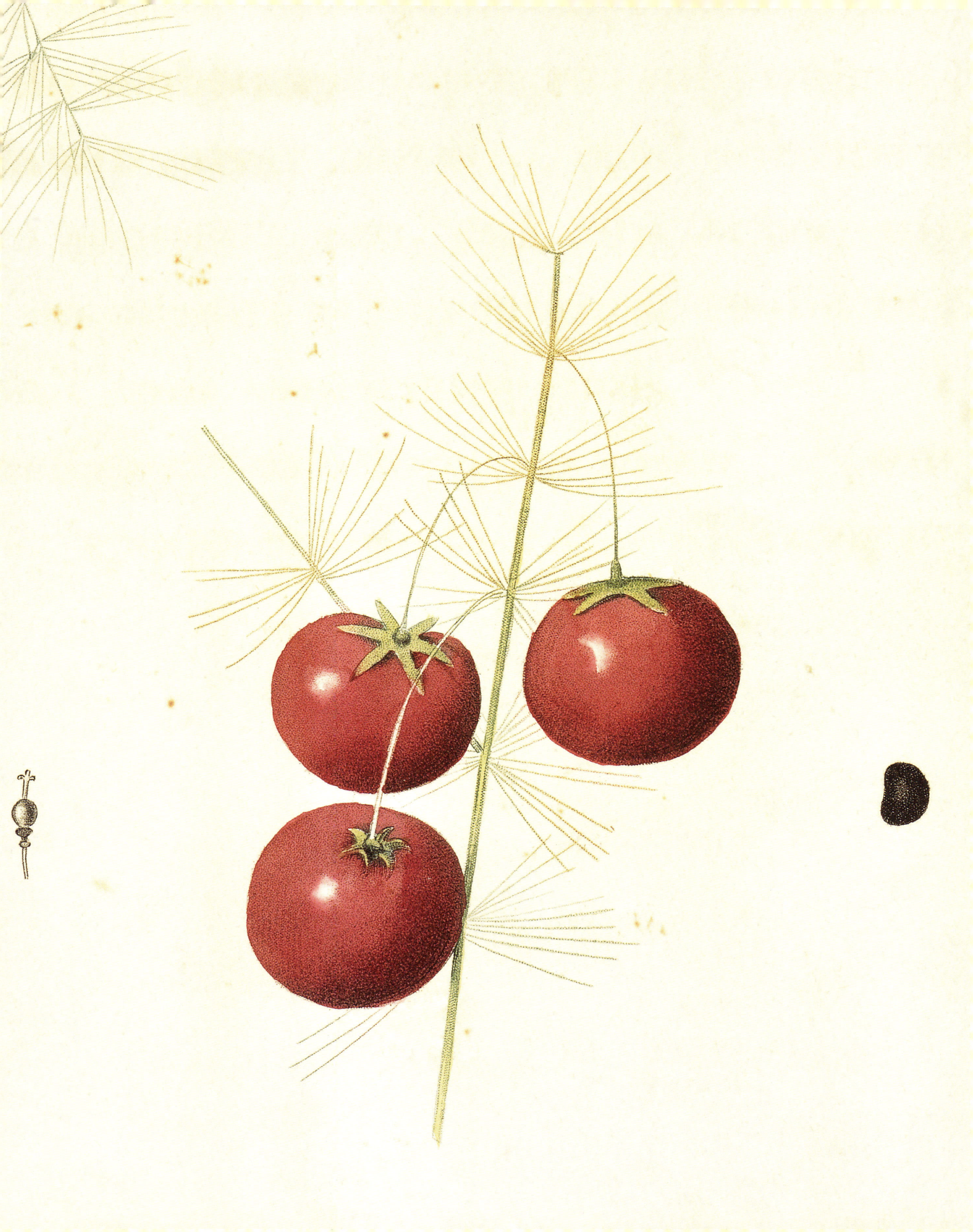

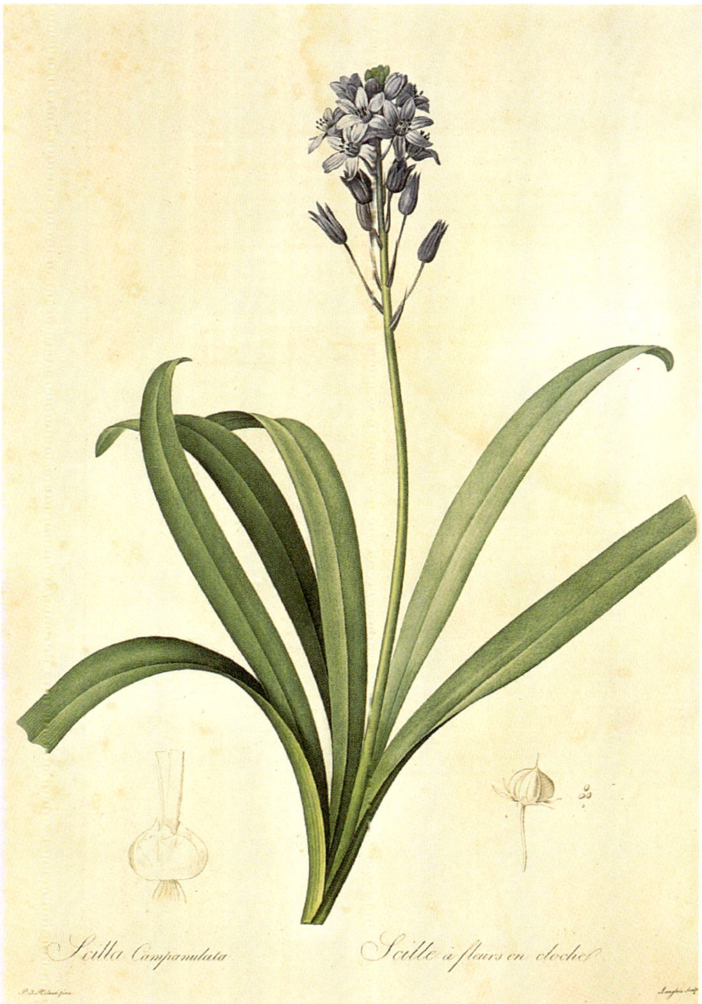

435

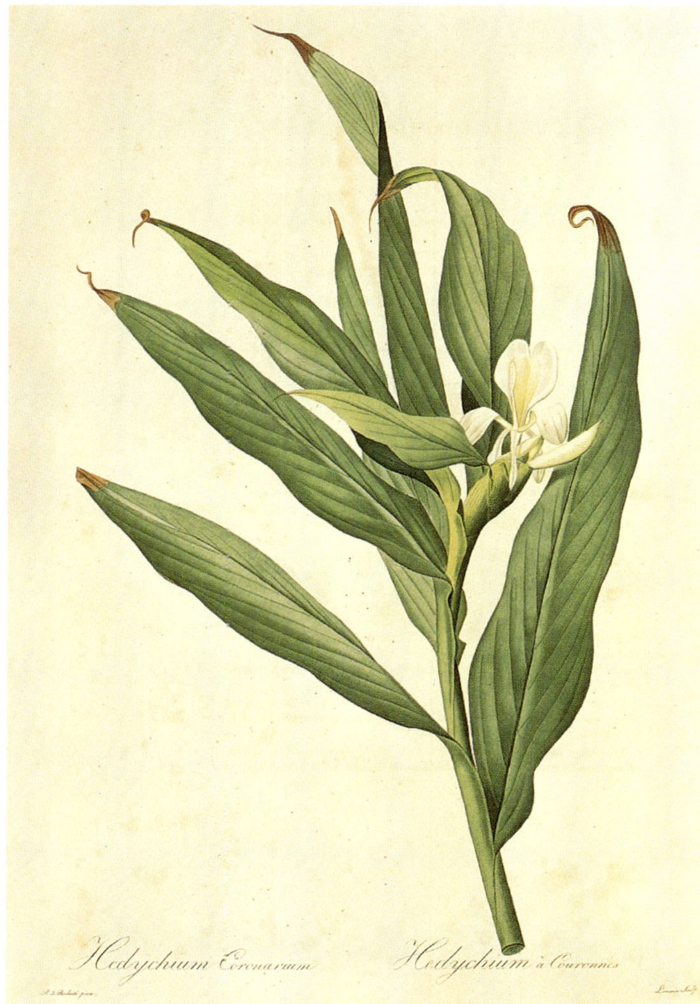

436

***Hyacinthoides italica* (L.) Rothm. 1944 (Hyacinthaceae)**
(=*Scilla italica* L. 1753)
Italian Bluebell | *Scille à fleurs en cloche
Italienisches Hasenglöckchen

South west Europe (NW Italy, SE France, SW Portugal).
Note: Depicted plant wrongly identified by Delile as **Scilla campanulata*. See pl. 304.

****Hedychium coronarium* J.König 1783**
(Zingiberaceae)
White Ginger, White Butterfly Lily
*Hedychium à couronnes | Kranzblume

South and possibly southeast Asia (Himalaya of India, in Indonesia possibly not indiginous).

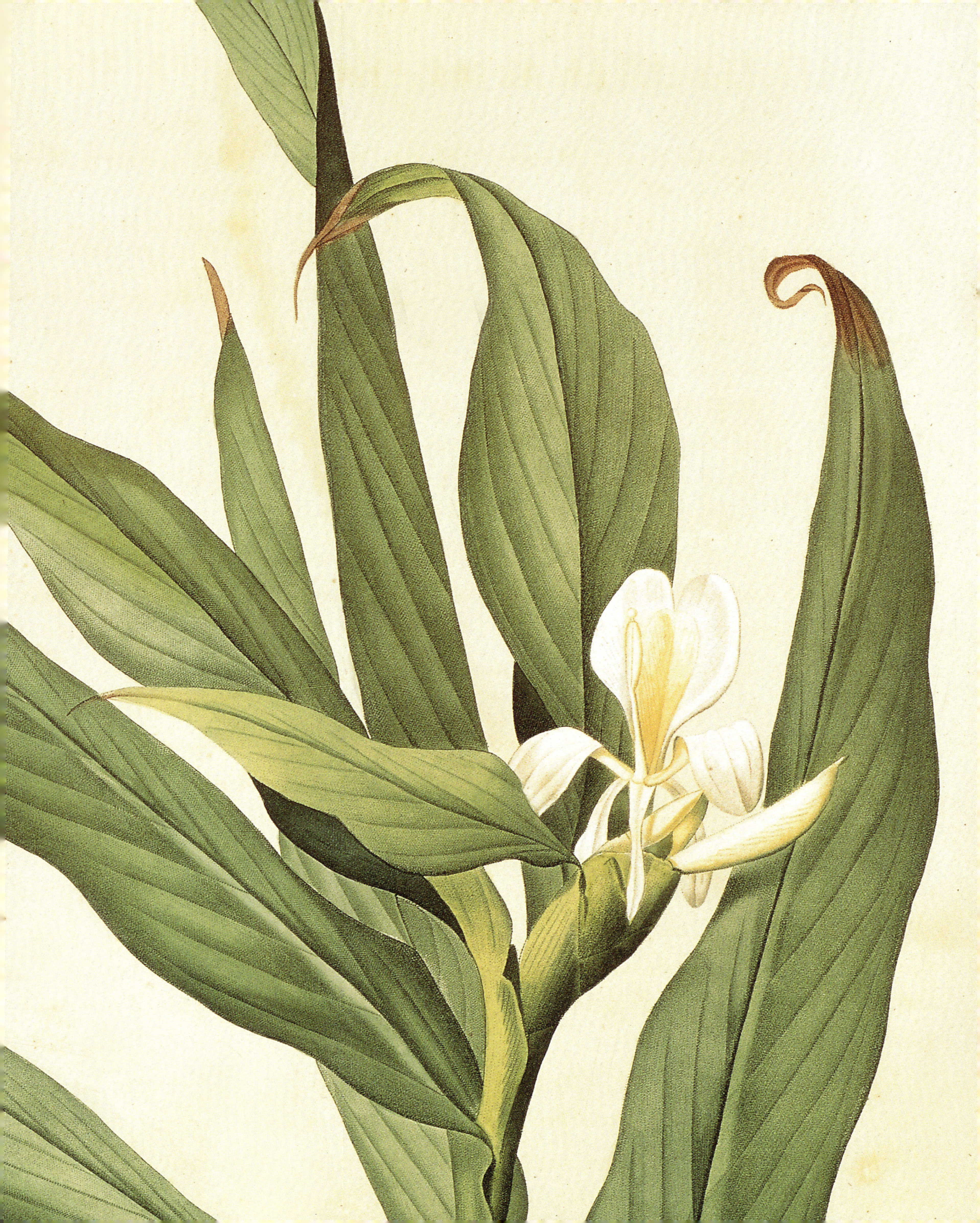

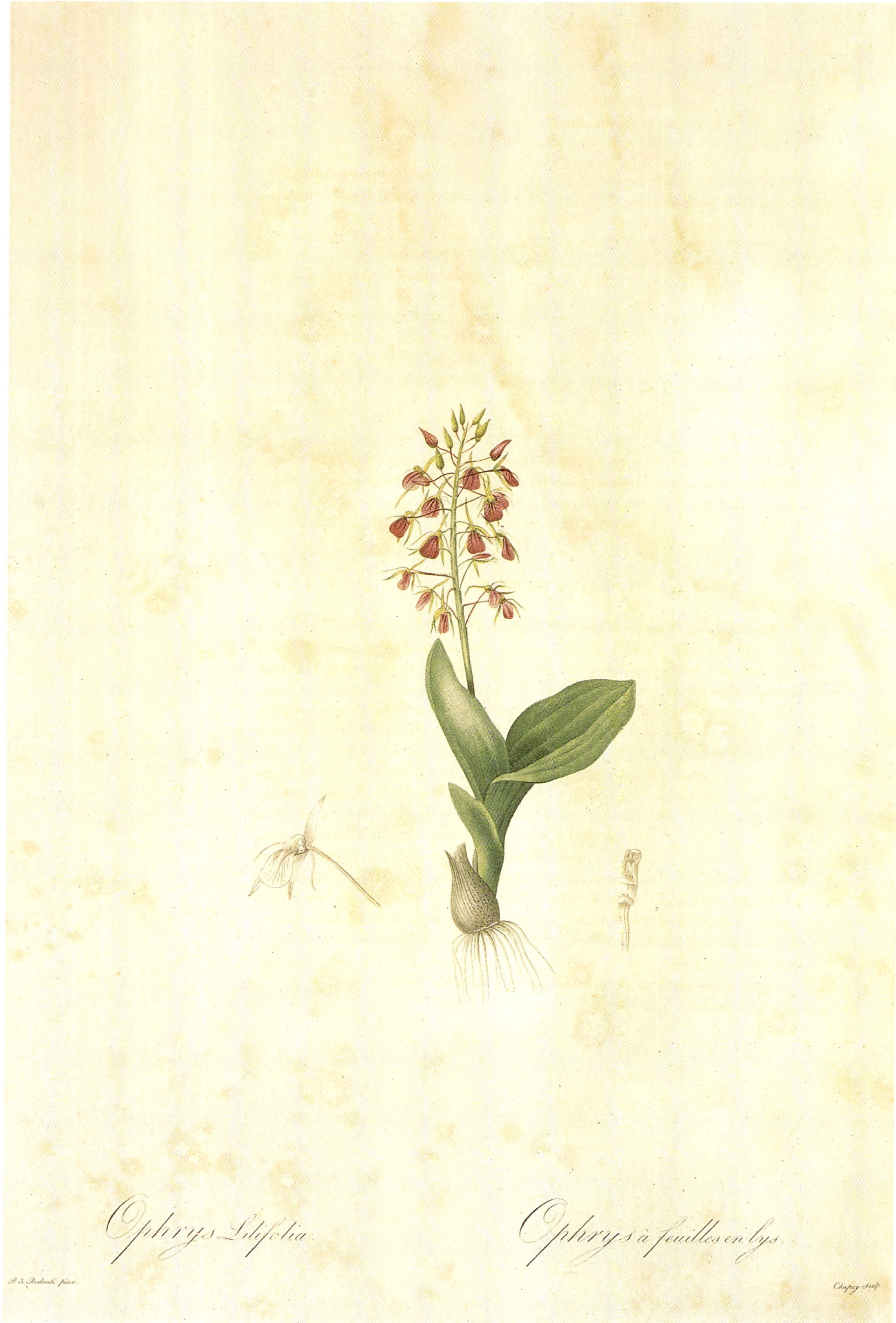

437

Liparis liliifolia **(L.) Rich. 1825 (Orchidaceae)**
Purple Scutcheon | *Ophrys à feuilles en lis | Lilienblättriges Glanzkraut
North America (southeast USA) and east Asia (China).

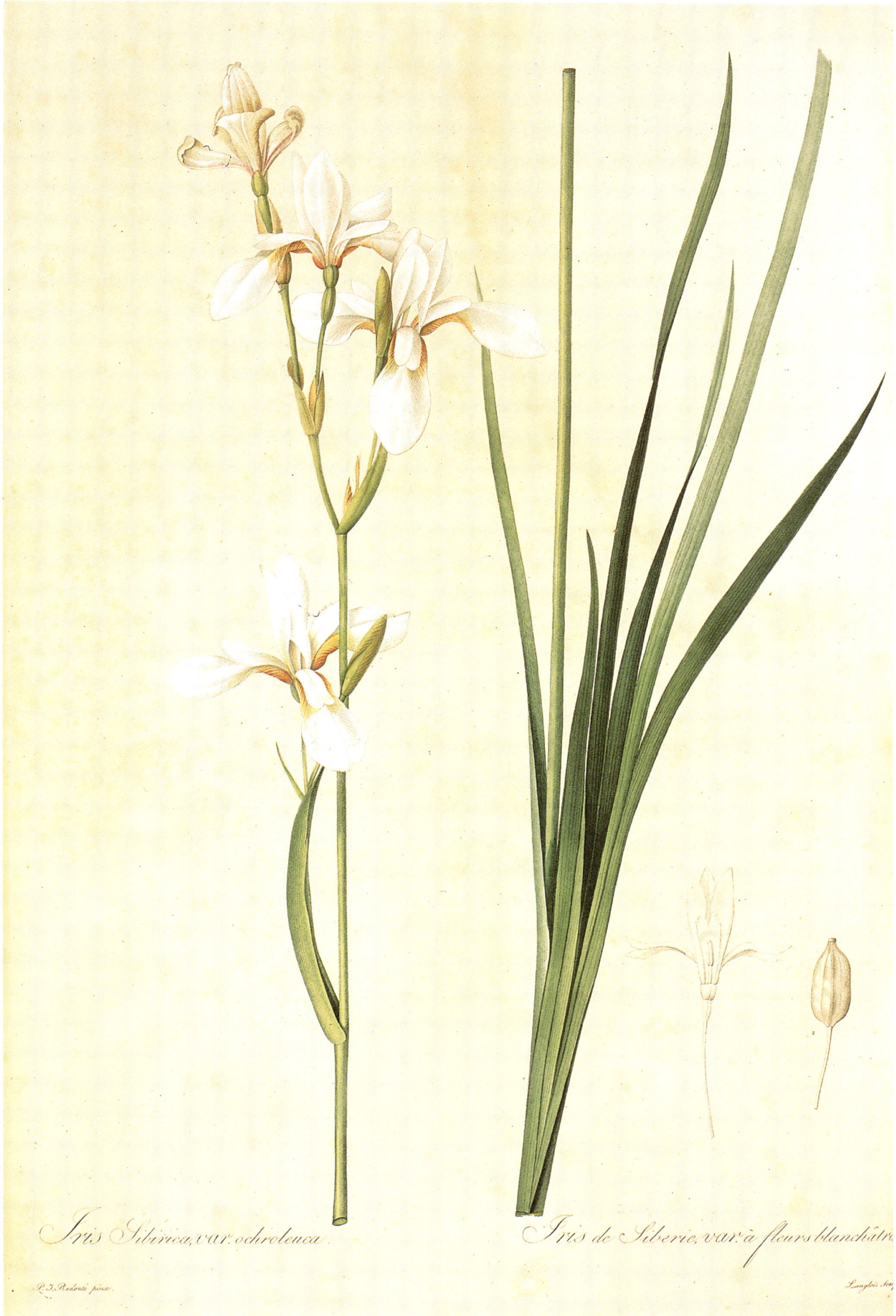

438

Iris sibirica L. 1753 (Iridaceae)

Whitish variety of the Siberian Iris | *Iris de Sibérie var. à fleurs blanchâtres

Gelblichweiße Varietät der Sibirischen Schwertlilie

Central and east Europe (with one station in western France, Germany, southern Sweden, Switzerland, Austria, southern Italy, Balkan Peninsula, Poland, Russia) to west Sibiria. See pl. 419.

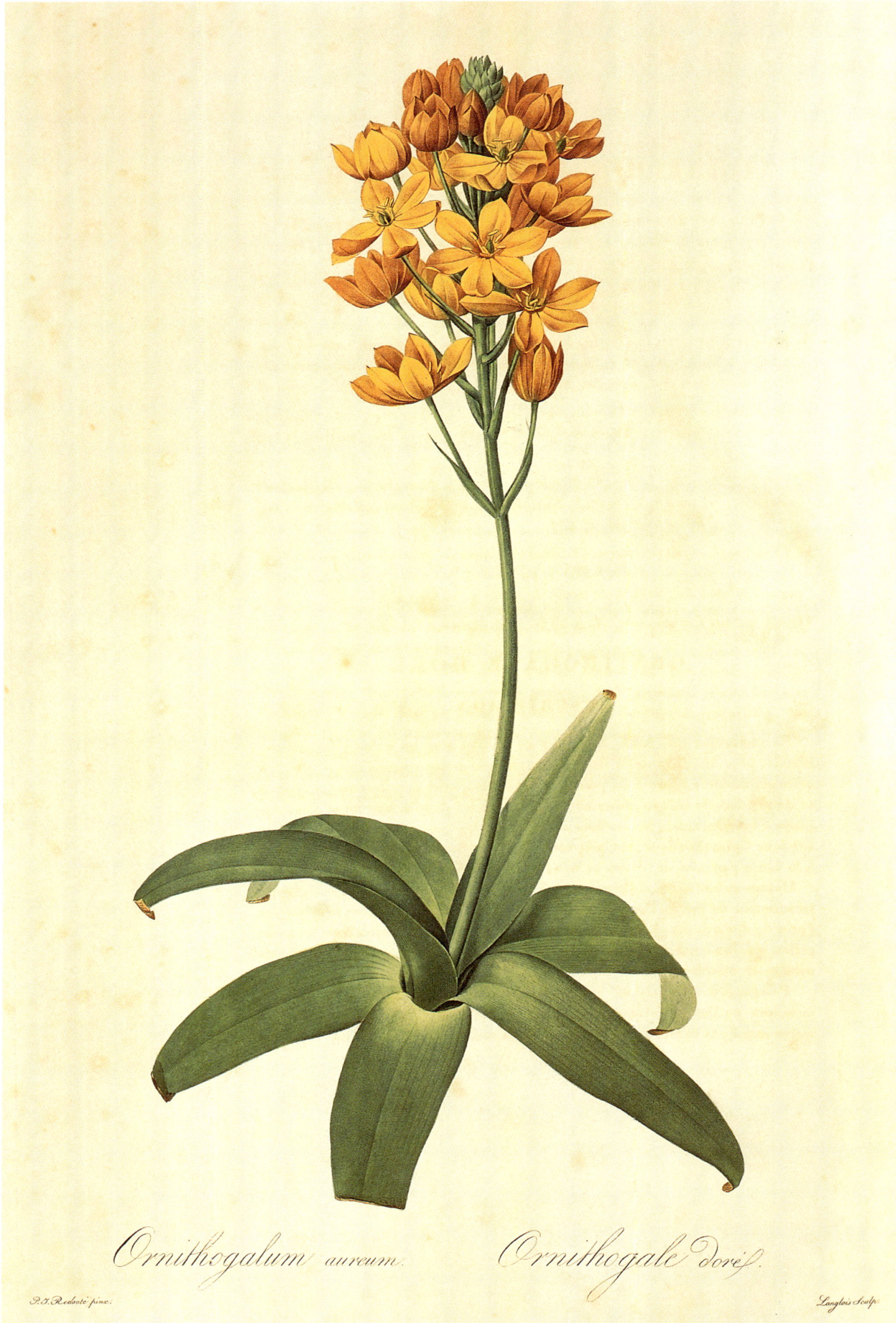

439

Ornithogalum dubium Houtt. 1780 (Hyacinthaceae)

Golden Star-of-Bethlehem | *Ornithogale doré | Bunter Milchstern, Bunter Gärtnertod

Winter rainfall South Africa (radiating in the east to Grahamstown with rains throughout the year; Western, Northern and Eastern Cape).
The odd and rather recent German name *Gärtnertod* refers to the beautiful and very long-lasting cut flowers, not allowing a gardener to earn sufficient money.

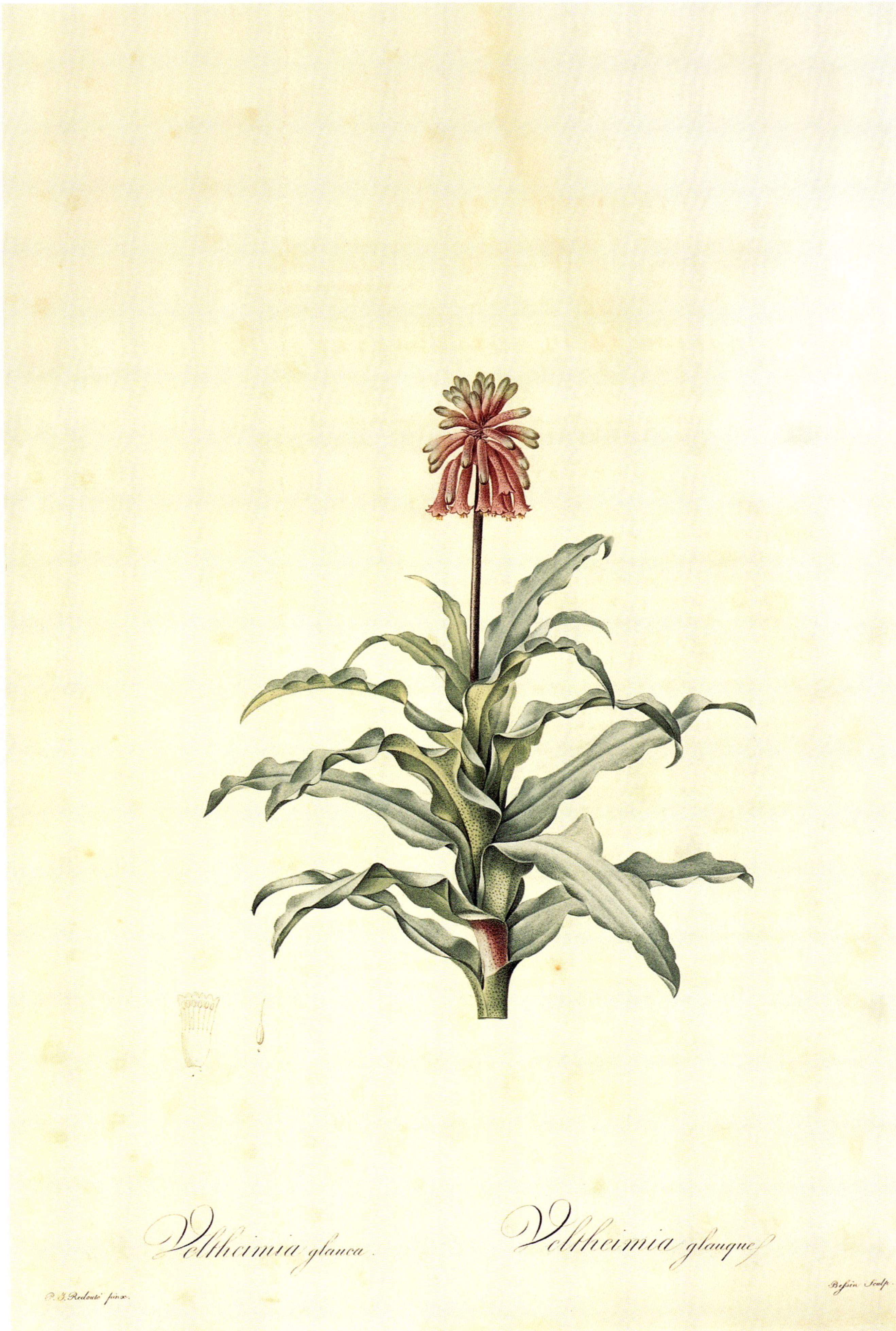

440

Veltheimia capensis (L.) DC. in REDOUTÉ 1807 (Hyacinthaceae)
(= _Aletris capensis_ L. 1759 = _Aletris glauca_ Aiton 1789)
Western Cape Sandlily | *Veltheimia glauque | Westkap-Veltheimie

Winter rainfall South Africa (Little Namaqualand of the Northern Cape, Western Cape as far east as De Doorns). Named for the German geologist and dendrologist, August Ferdinand Graf von Veltheim (1741–1801).

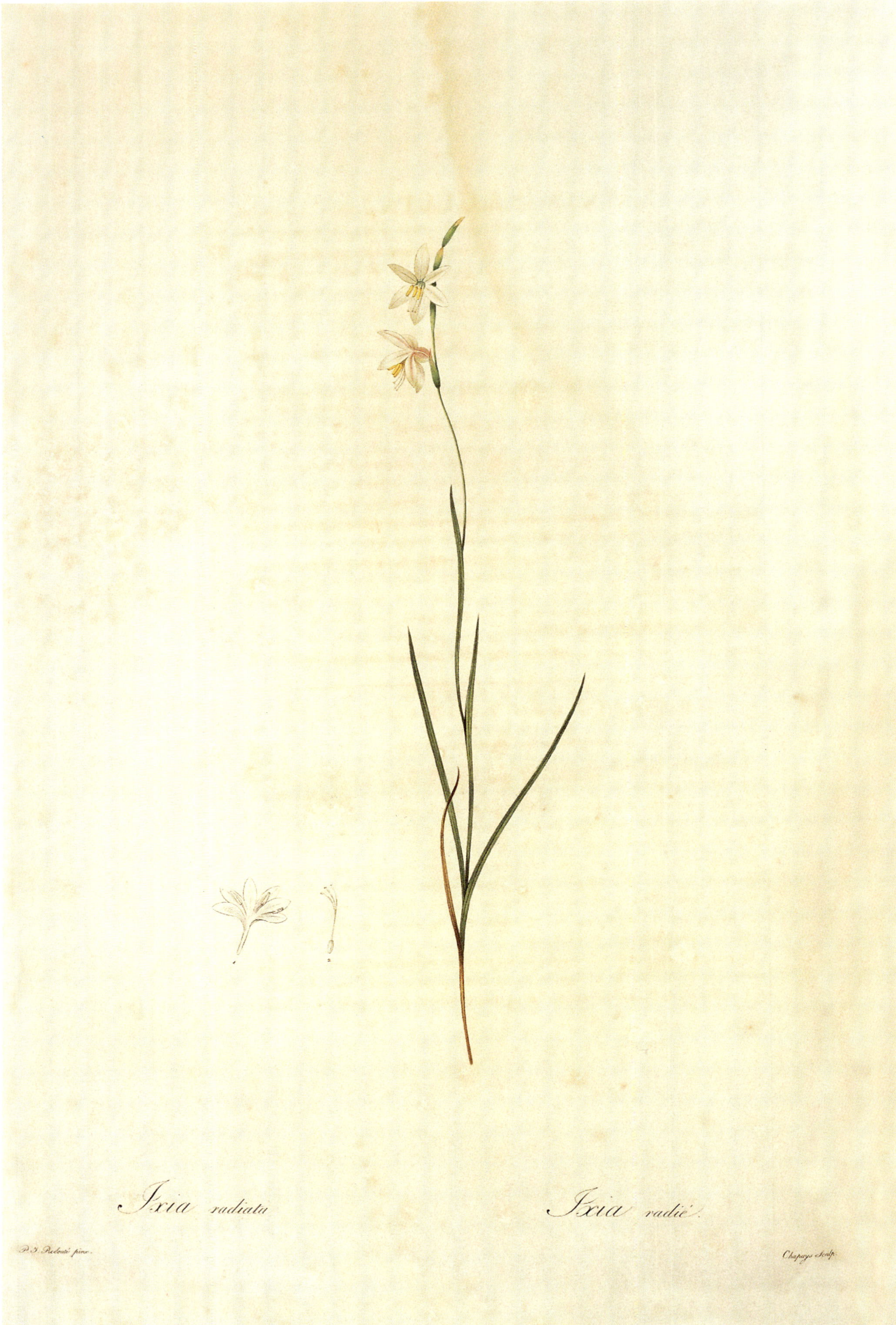

441

Hesperantha radiata (Jacq.) Ker Gawl. 1805 (Iridaceae)

Radiate Evening Flower, Aandbloom | *Ixia radiée | Strahlige Leimknolle

Very widespread in winter and summer rainfall Africa. The plant name 'aandbloom' is by no means a useful species name. In *Quattrocchi* (2000) six *Hesperantha* species are listed, five of which are called aandblom in South Africa and the sixth one is called 'rooibontaandblom'. This situation looks as if 'aandbloom' is a genus name, but it also occurs in other genera and families.

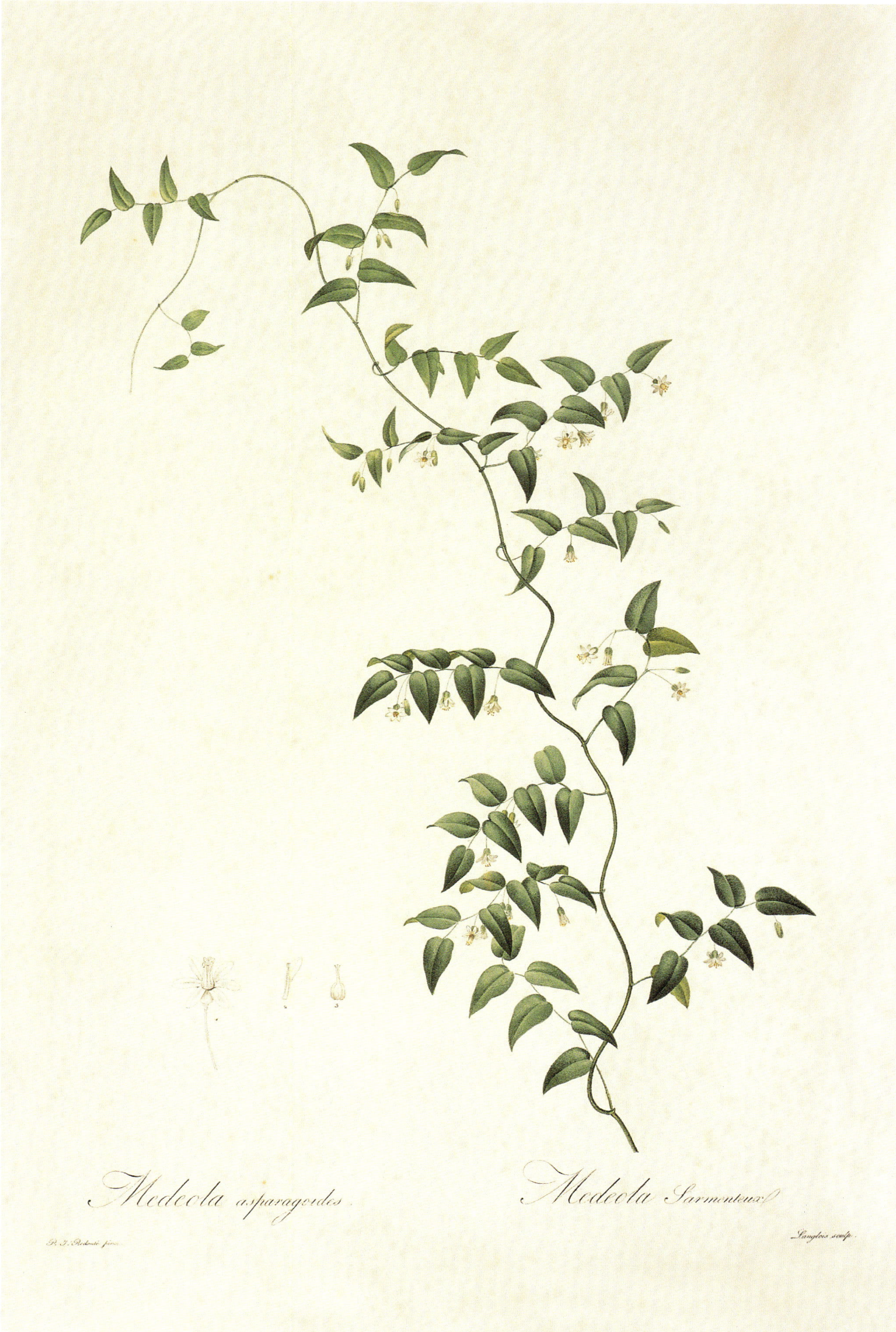

442

Asparagus asparagoides (L.) Wight 1909 (Asparagaceae)
(= *Myrsiphyllum asparagoides* (L.) Willd. 1808)

Asparagoid Asparagus | *Medeola sarmenteuse | Spargelartiger Spargel

Summer and winter rainfall southern Africa (in all nine new provinces of South Africa, Lesotho, Swaziland, and Namibia) extending further north to tropical Africa. Naturalized in south Europe and Australia.
Derived from the ancient Greek plant name *asparagos*. See pl. 288.

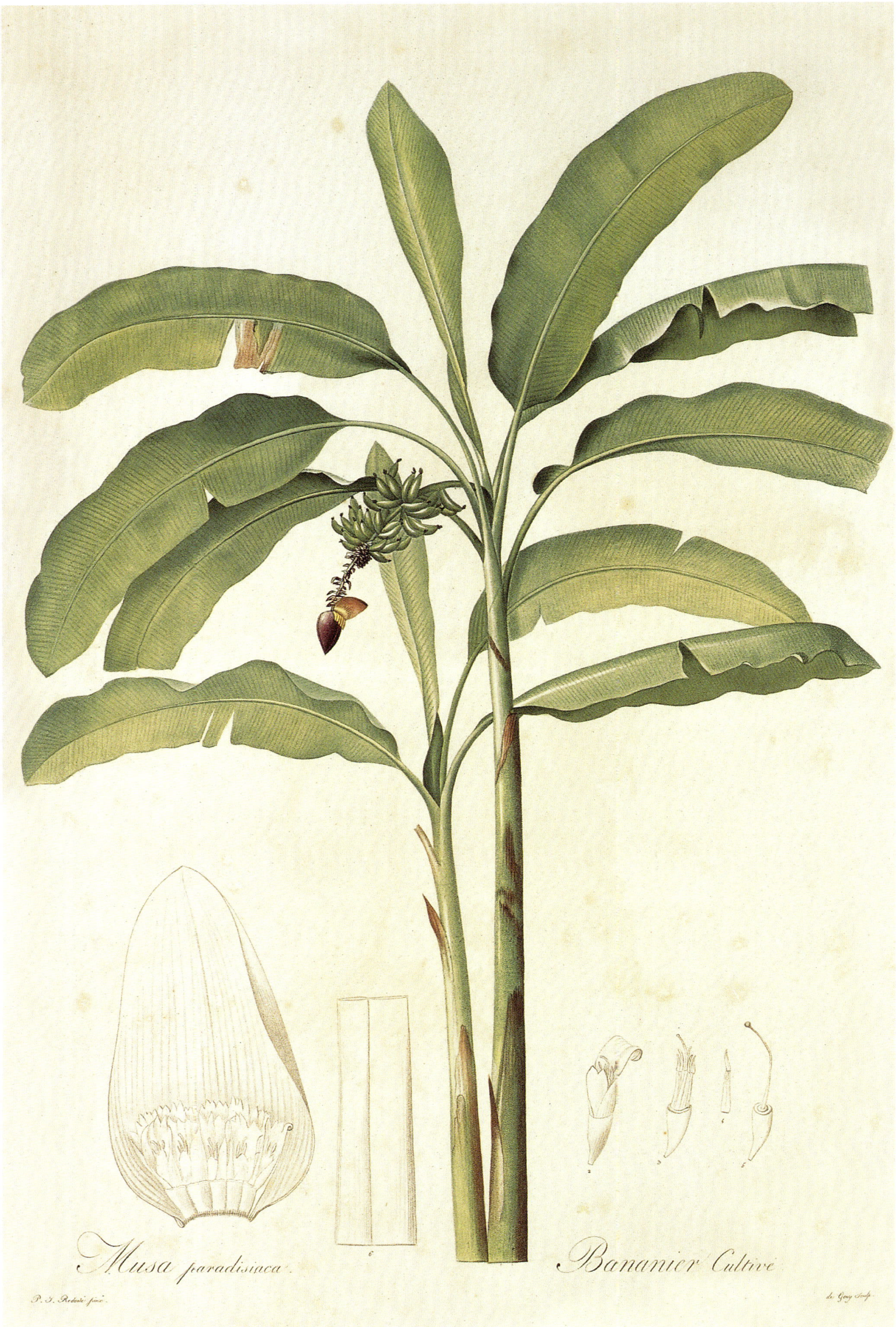

443

***Musa × paradisiaca L. 1753 (Musaceae)**
(= Musa acuminata Colla 1820 × M. balbisiana Colla 1820)
Eating Banana | *Bananier cultivé | Kultur-Banane

Cultivated in all tropical parts of the world. Parent species indiginous in southeast Asia, *M. acuminata* also in Australia. Derived from an Arabian plant name.

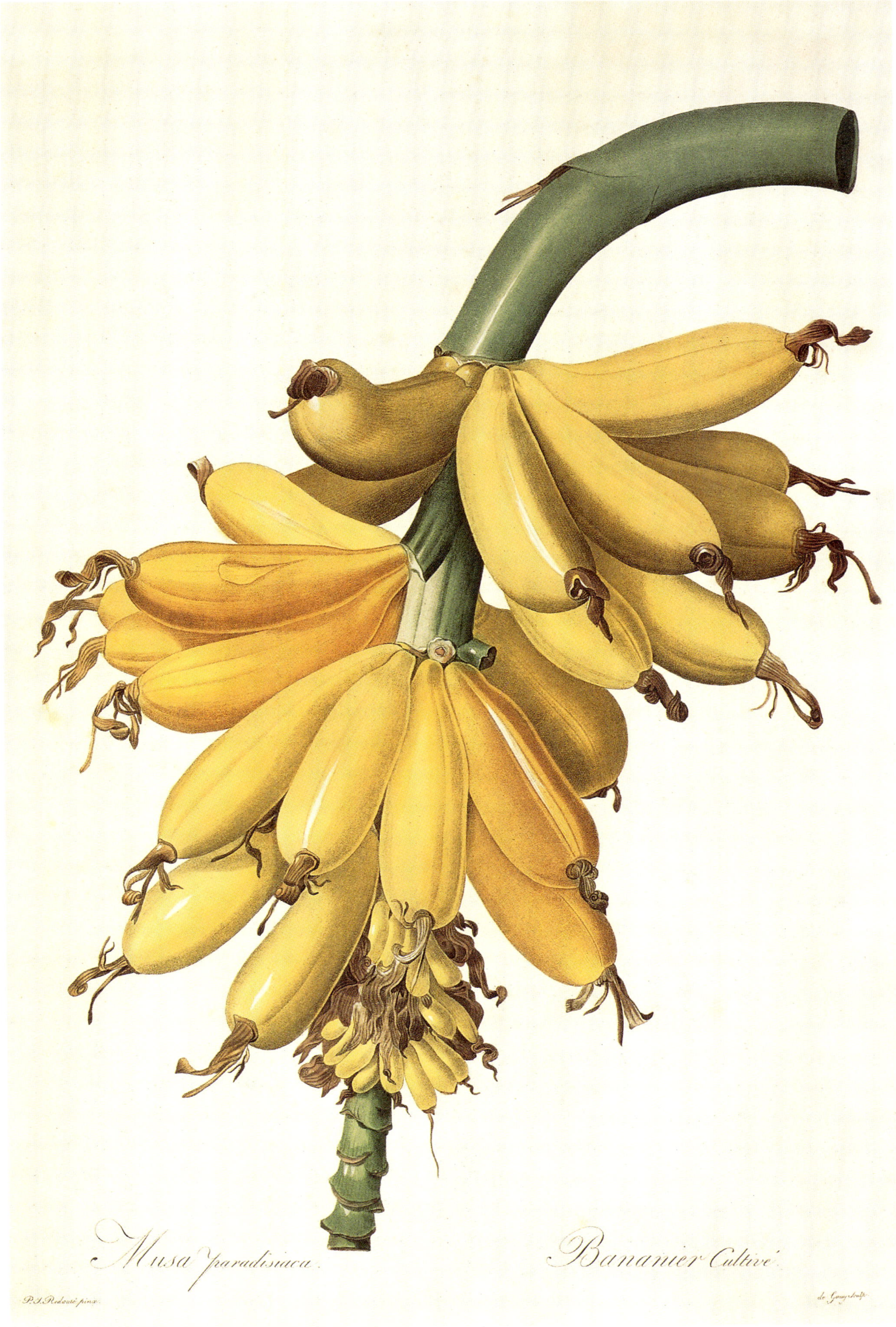

444

Musa × paradisiaca L. 1753 (Musaceae)
(= *Musa acuminata* Colla 1820 × *M. balbisiana* Colla 1820)

Eating Banana | *Bananier cultivé | Kultur-Banane

Cultivated in all tropical parts of the world. Parent species indiginous in southeast Asia, *M. acuminata* also in Australia. Derived from an Arabian plant name.

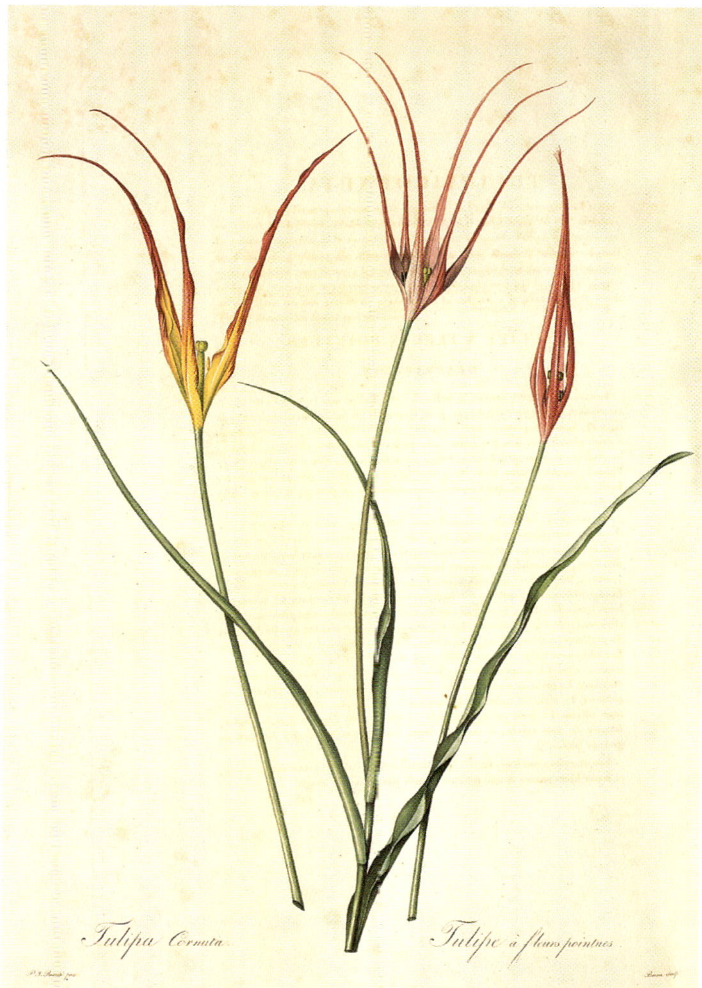

445

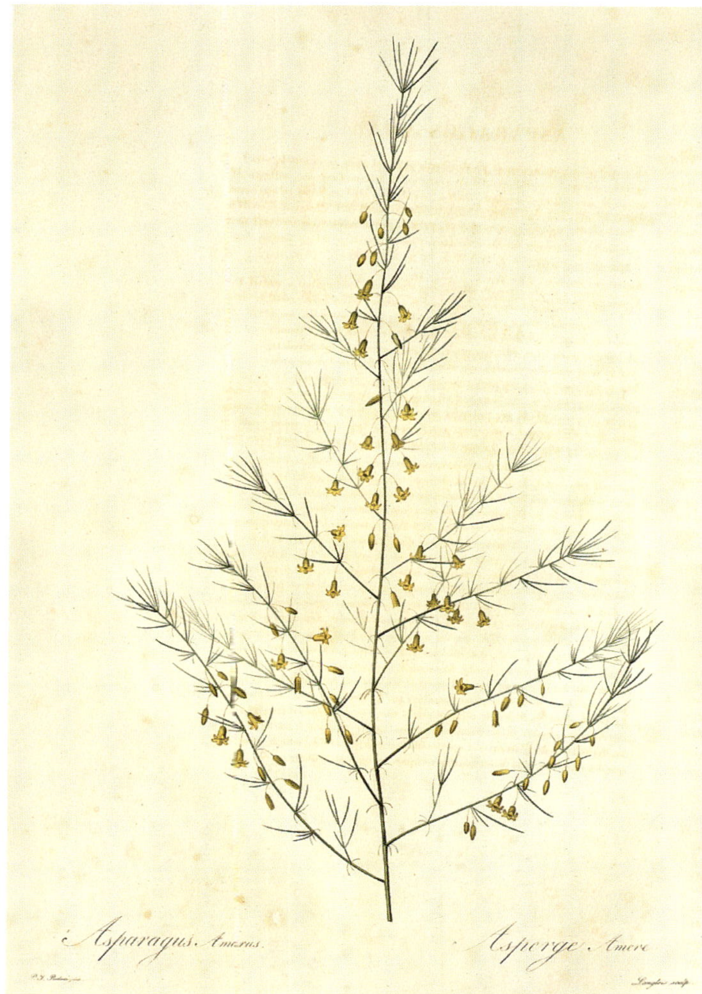

446

Tulipa acuminata Vahl in Hornem. 1813 (Liliaceae)

Horned Tulip | *Tulipe à fleurs pointues | Horn-Tulpe

This ornamental plant originated in cultivation about 1813 and does not merit a species name according to Encke (1958). The generic name *Tulipa* is derived from the Persian plant name *toliban*.

Asparagus maritimus (L.) Mill. 1768 (Asparagaceae) (= *Asparagus officinalis* L. 1753 var. *maritimus* L.)

Sea Asparagus | *Asperge amère | Meer-Spargel

Circummediterranean (in south Europe from one locality in east Spain, and from France and Italy in the west to Crete (doubtfully) and the Crimean in the east; in north Africa in Morocco and Libya). Derived from the ancient Greek plant name *asparagos*. See pl. 288.

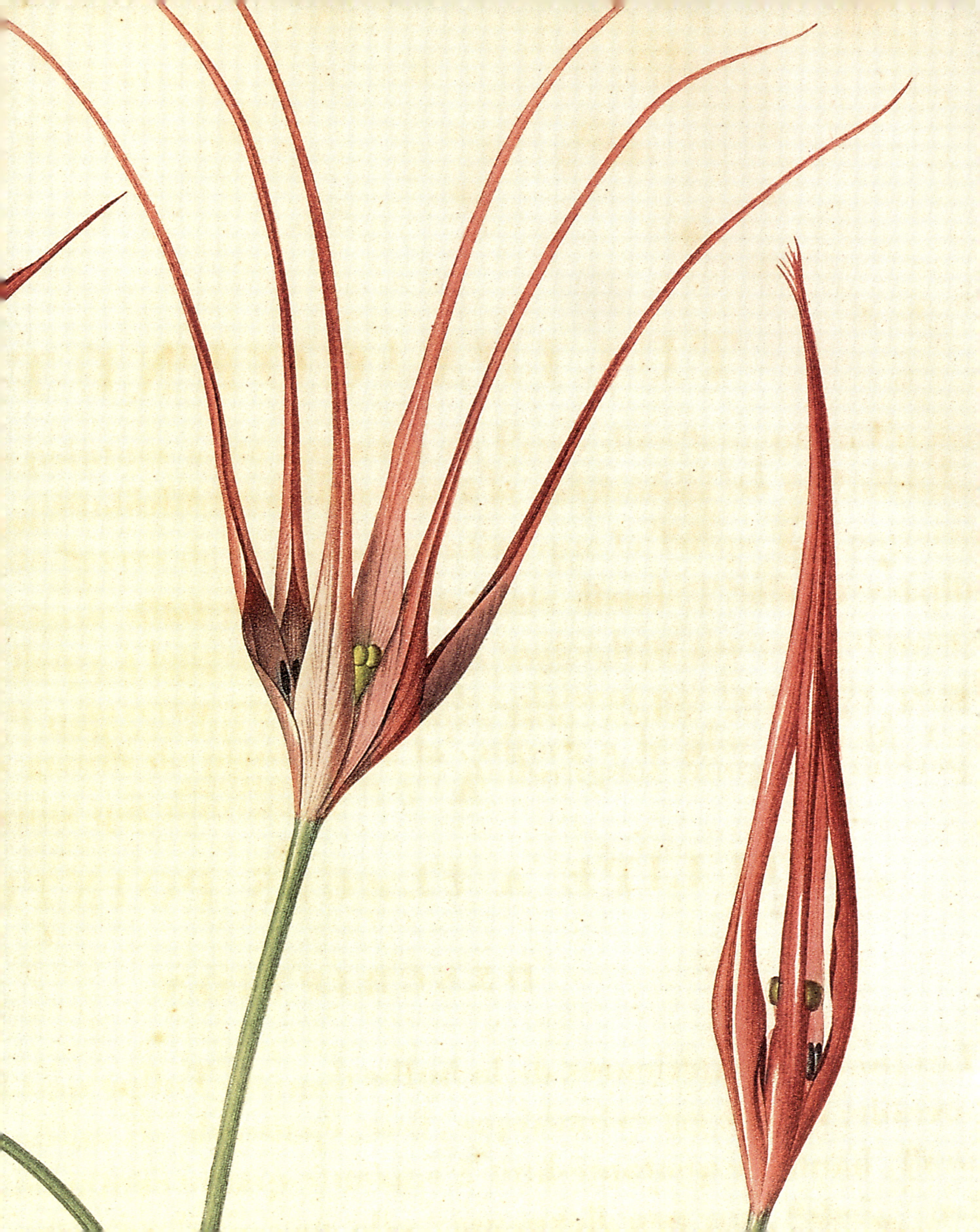

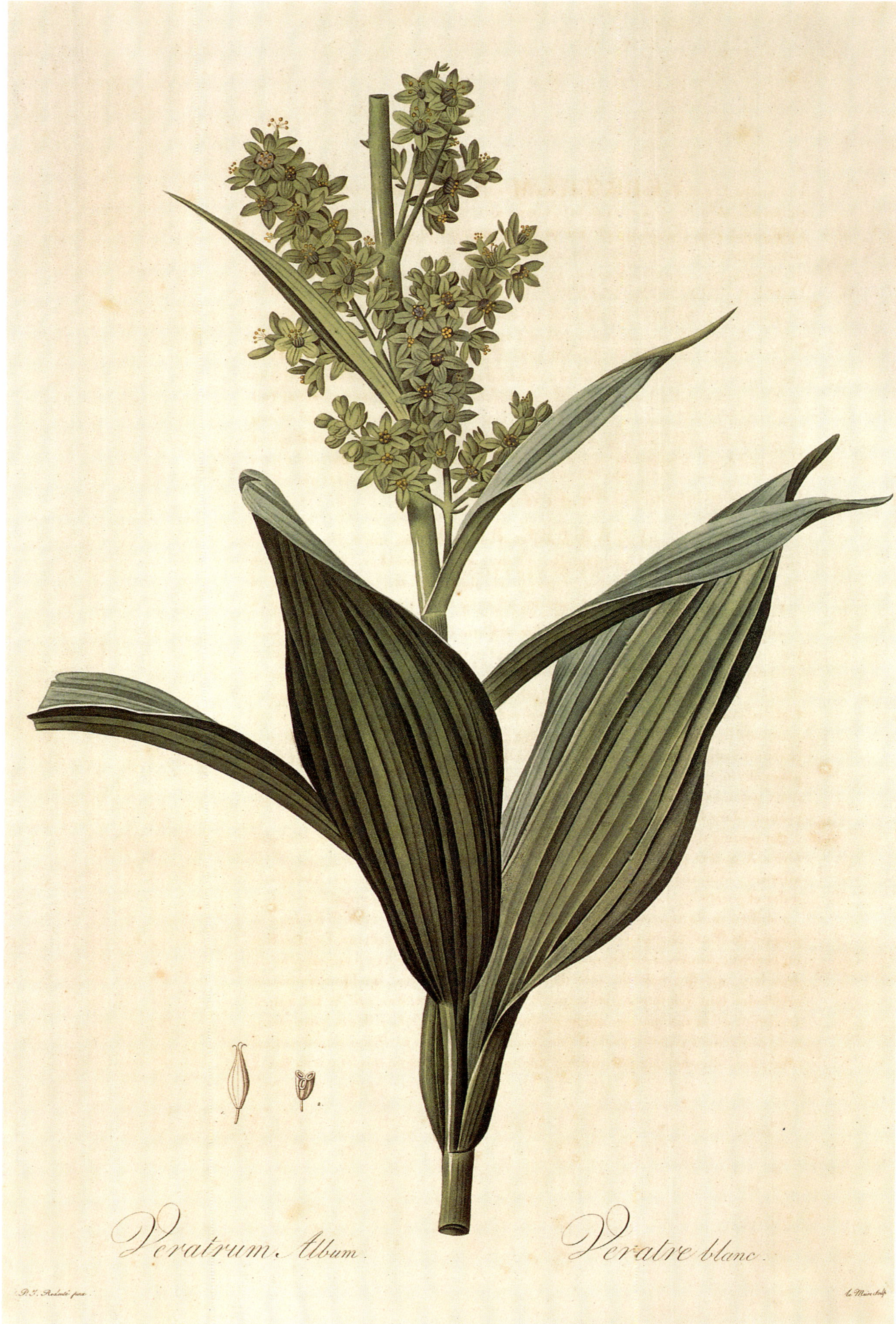

447

***Veratrum album L. 1753 (Melanthiaceae)**

White False Helleborine | *Veratre blanc | Weißer Germer

Eurasia (central, south and east Europe, Siberia, east Asia) and Alaska in North America. Plant name in ancient Rome. See pl. 415.

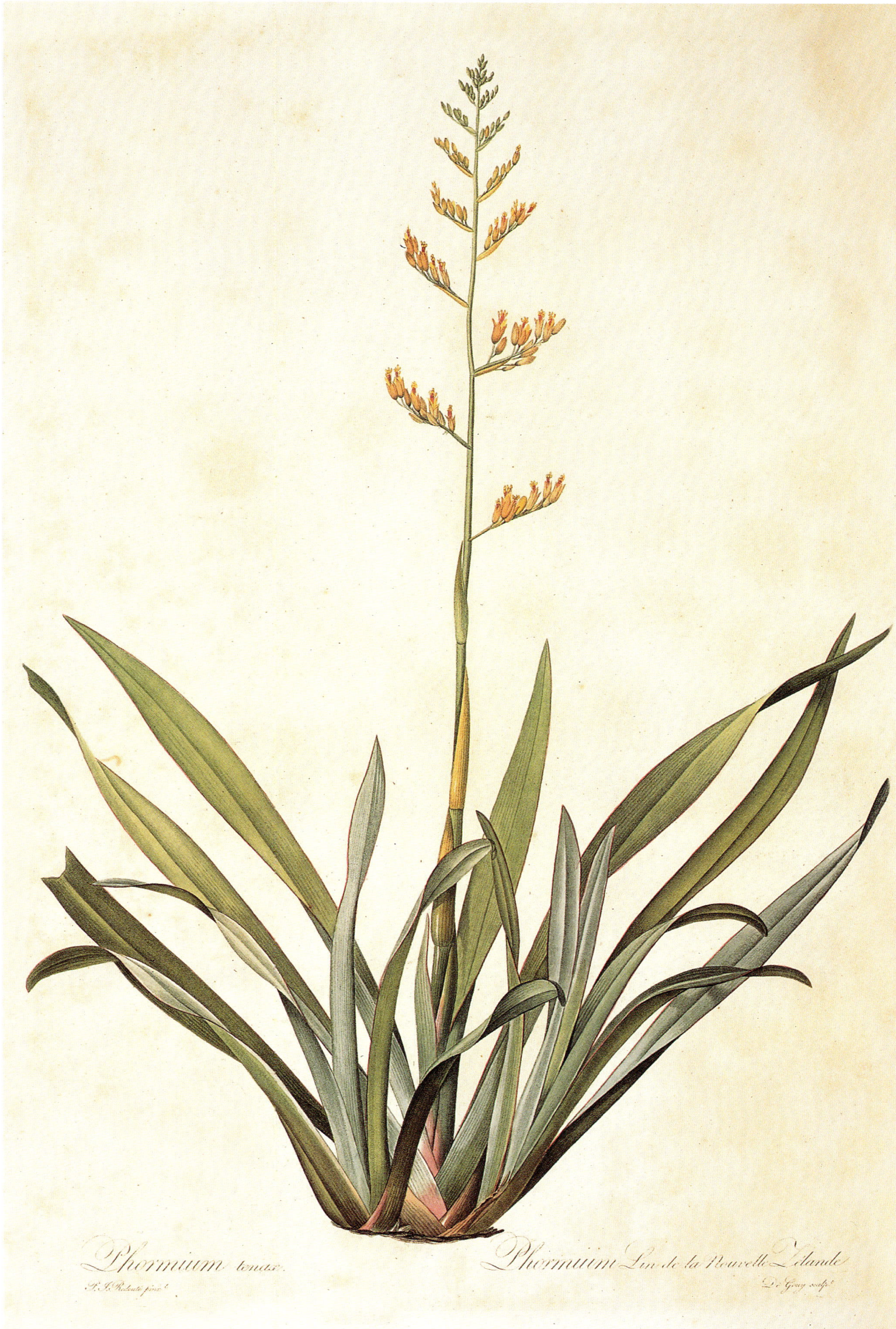

448

Phormium tenax J. R.Forst. & G.Forst. 1776 (Phormiaceae)

New Zealand Flax | *Phormium Lin de la Nouvelle-Zélande | Neuseeländischer Flachs

Endemic of New Zealand. In Ancient Greek the word *phormion* means 'basket' and perhaps refers to a plant name.

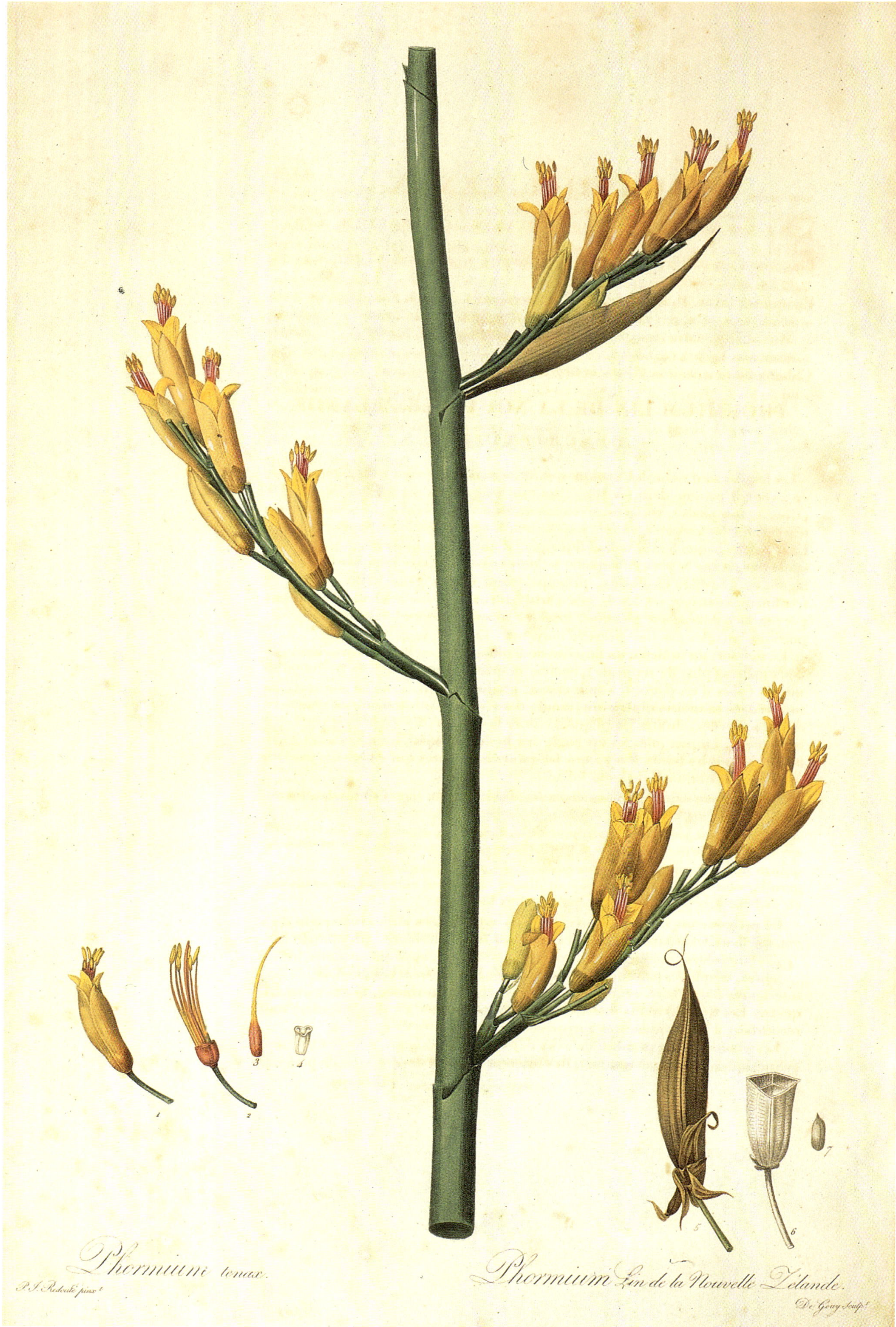

449

Phormium tenax J. R.Forst. & G.Forst. 1776 (Phormiaceae)

New Zealand Flax | *Phormium Lin de la Nouvelle-Zélande | Neuseeländischer Flachs

Endemic of New Zealand. In ancient Greek the word *phormion* means 'basket' and perhaps refers to a plant name.

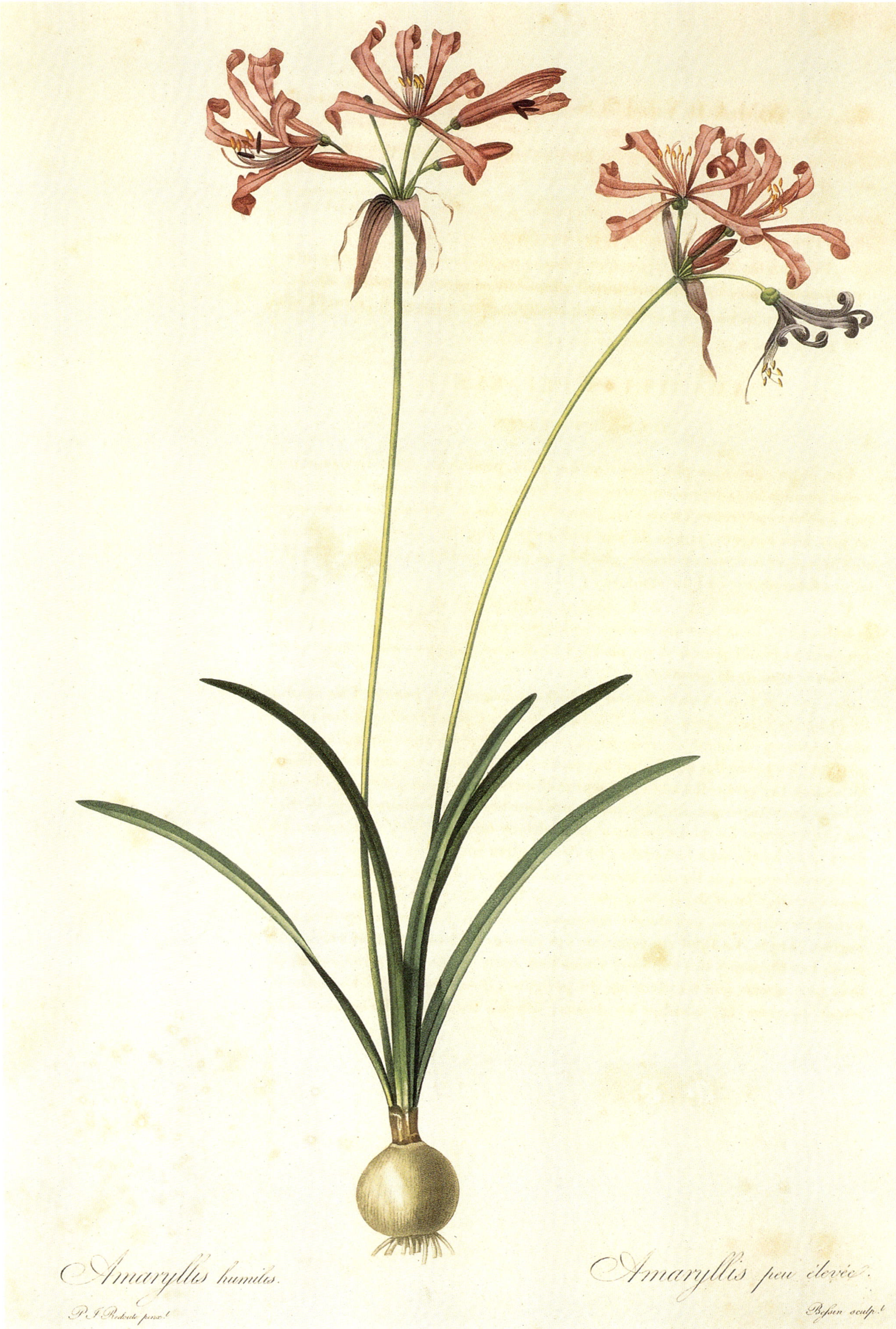

450

Nerine humilis (Jacq.) Herb. 1821 (Amaryllidaceae)

Mountain Lily | *Amaryllis peu élevée | Niedrige Nixenlilie

South Africa (Western Cape).

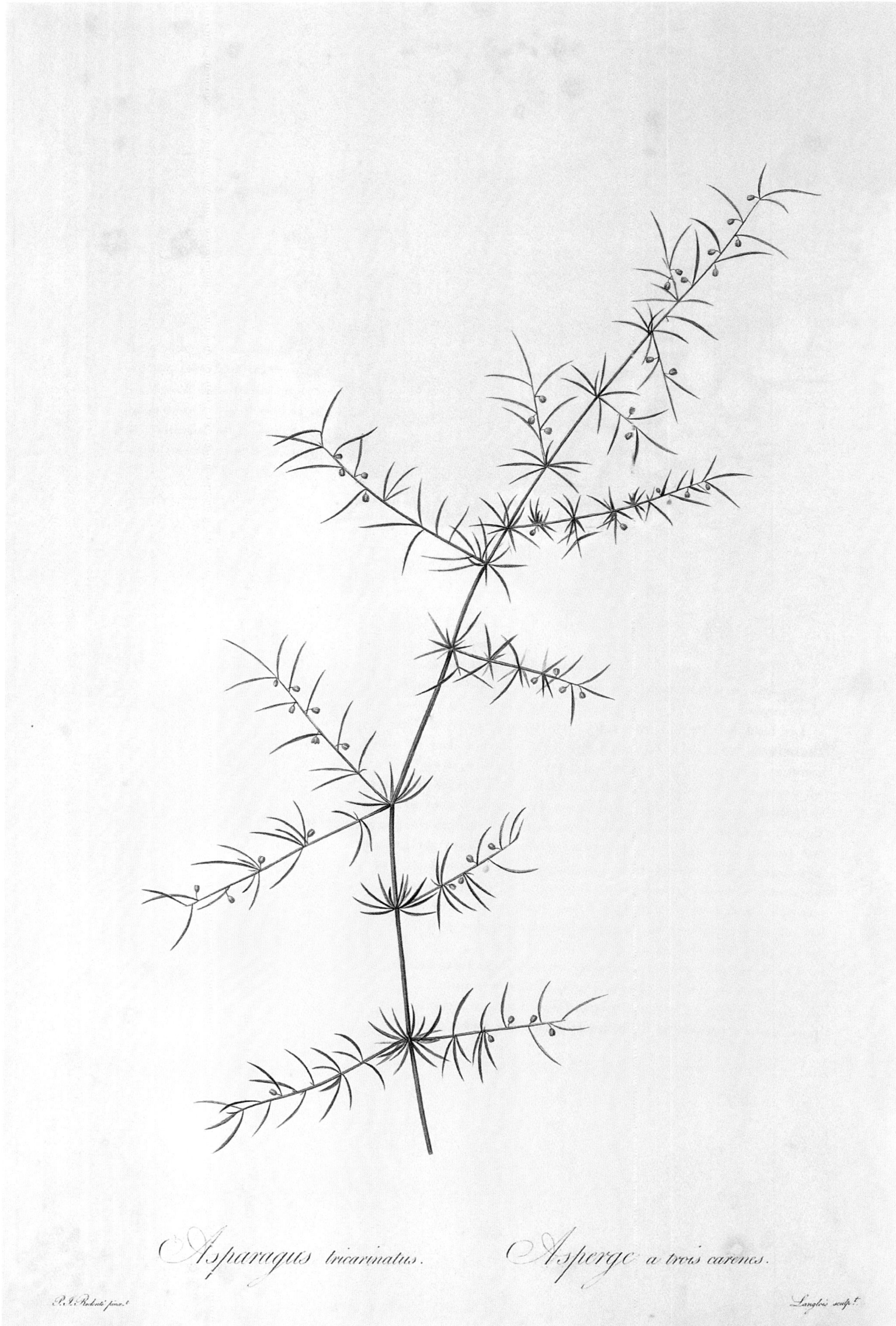

451

Asparagus verticillatus L. 1762 (Asparagaceae)

Verticillate Asparagus | *Asperge à trois carènes | Quirlblättriger Spargel

Southeast Europe from Yugoslavia and Bulgaria to European and Asian Turkey; Caucasus and Iran. Derived from the ancient Greek plant name *asparagos*. See pl. 288.

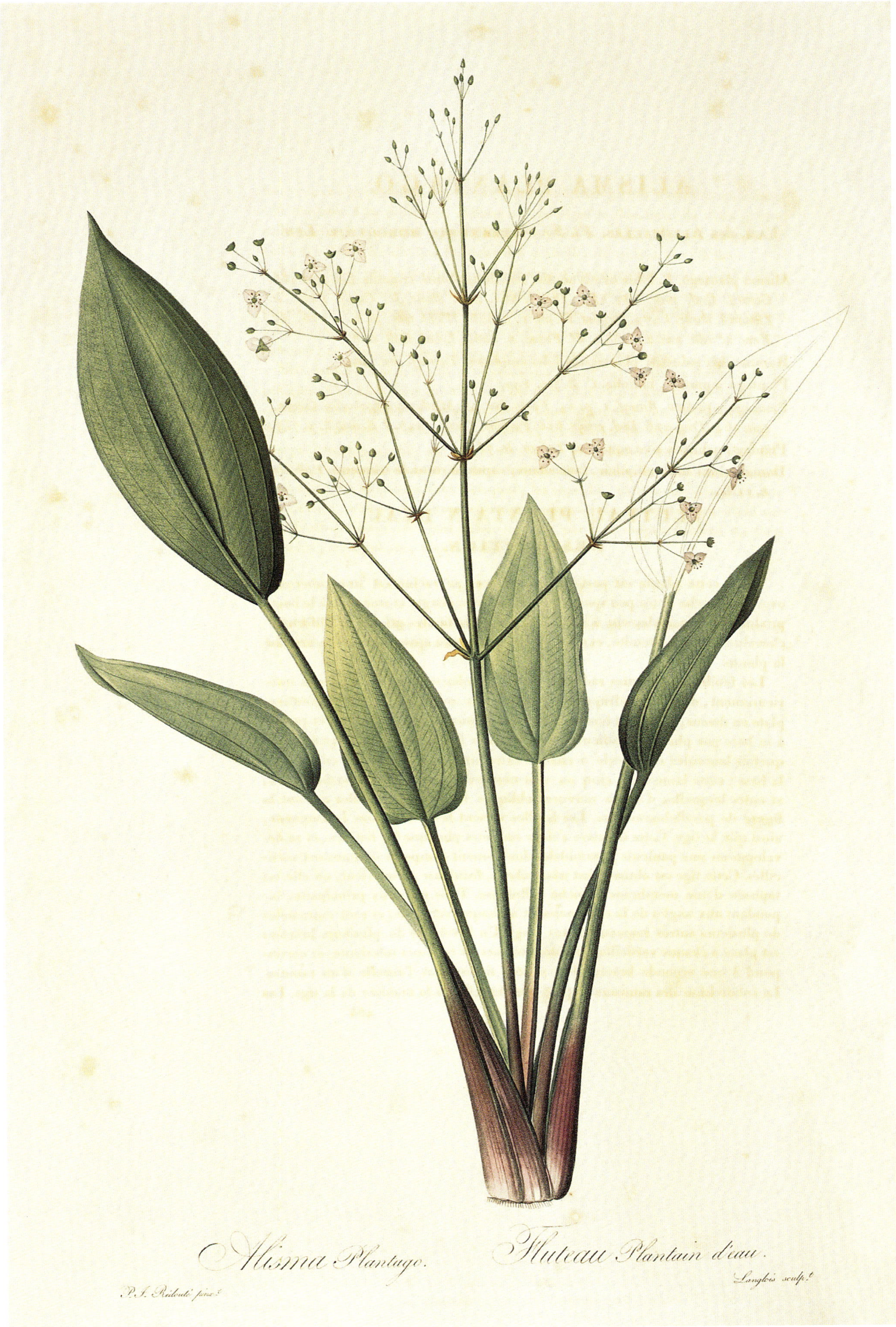

452

Alisma plantago-aquatica L. 1753 (Alismataceae)

Water Plantain | *Fluteau plantain d'eau | Gewöhnlicher Froschlöffel

Cosmopolitain on five continents: in Europe (in nearly all countries and on most islands except for the Baleares, Spitsbergen, Iceland), west and east Asia, North America (from Canada to Mexico), Africa and Australia. *Alisma* is an ancient Greek plant name.

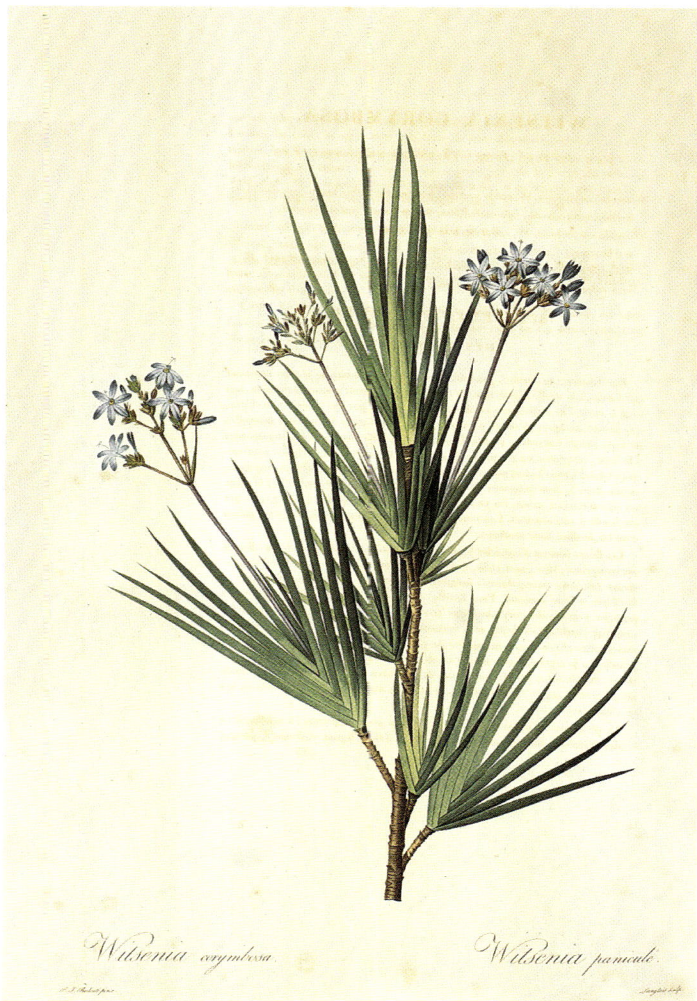

453

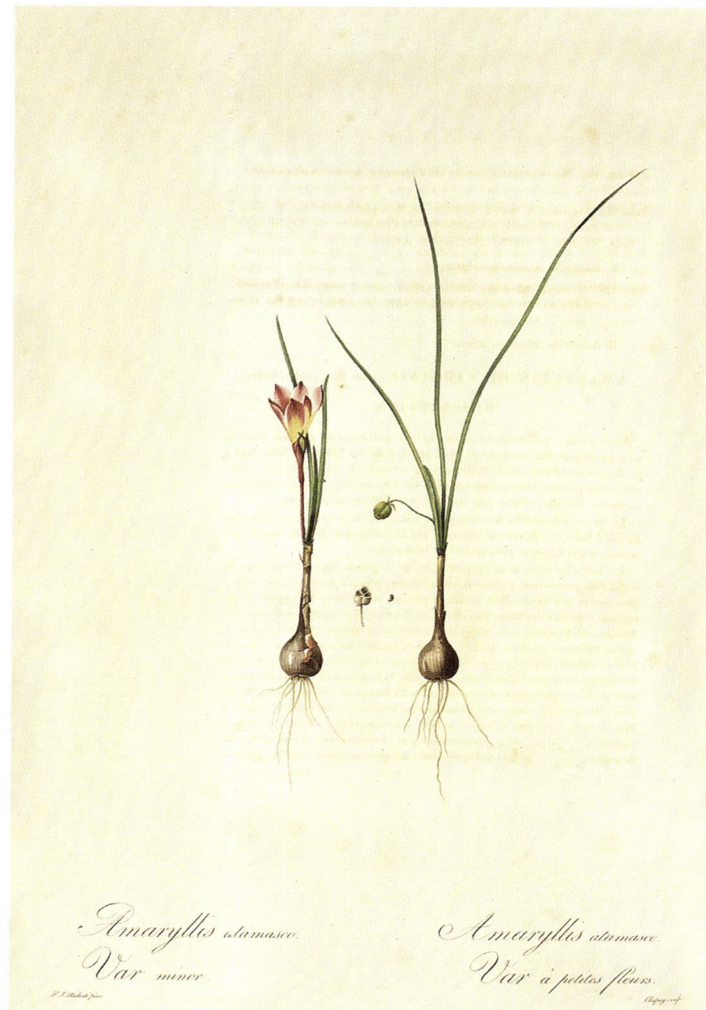

454

Nivenia corymbosa (Ker Gawl.) Baker 1877 (Iridaceae)

Corymbose Nivenia | *Witsenia panicule

Doldentraubige Nivenie

Winter rainfall South Africa (Western Cape from Paarl to Tulbagh, and one locality near Swellendam). Named for the Scottish gardener James Niven (1776–1828), who collected plants in South Africa. From 1803–1812 one of his clients was the Malmaison Garden of Empress Joséphine and thus he also supplied Redouté with novelties.

Zephyranthes atamasco (L.) Herb. 1821 (Amaryllidaceae)

Fairlily, Atamascolily

*Amaryllis atamasco var. à petites fleurs | Zephirlilie

North America (southeast USA from Virginia to Missouri and to Alabama and Florida in the south). See pl. 31.

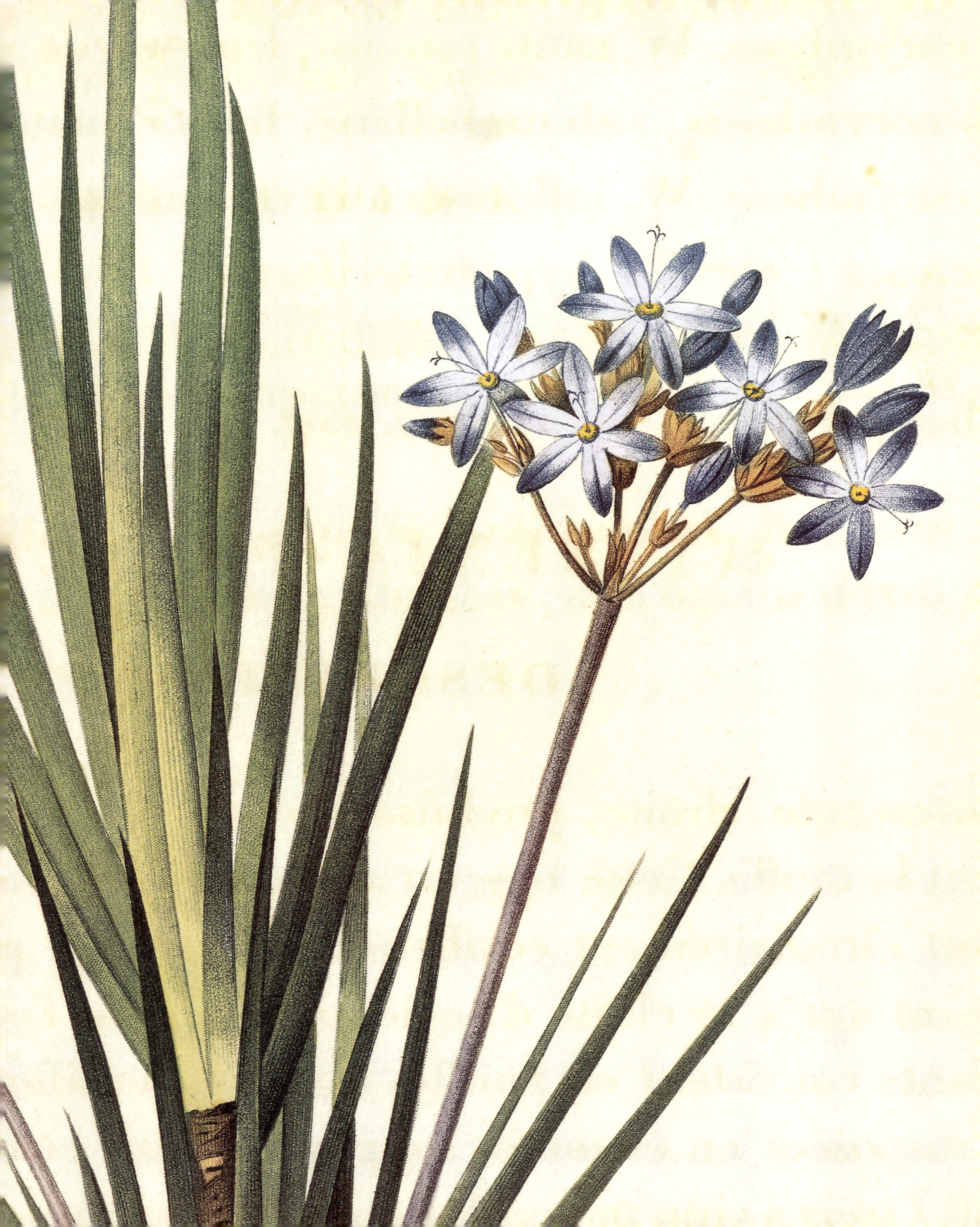

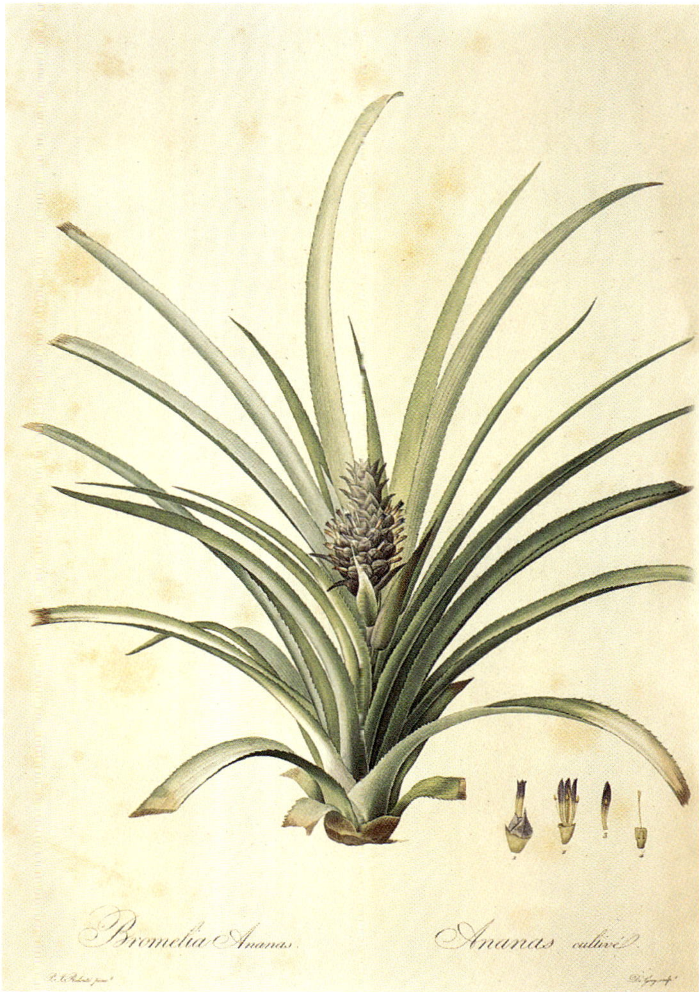

455

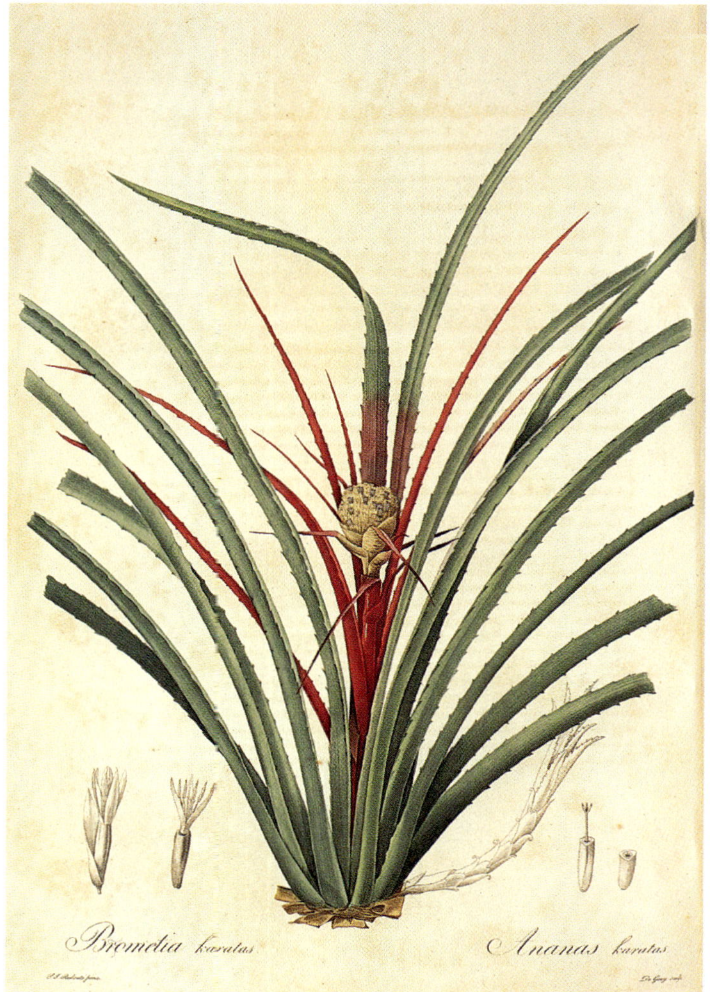

457

Ananas comosus (L.) Merr. 1917 (Bromeliaceae)
(= *Bromelia comosa* L. 1754)
Cultivated Ananas | *Ananas cultivé | Kultur-Ananas

South America, originated probably in Brazil. Only known in cultivation.

Bromelia pinguin L. 1753 (Bromeliaceae)
(= *Karatas plumieri* (L.) E.Morr. 1872)
Pinguin-Bromelia | *Ananas karatas | Pinguin-Bromelie

Central and South America (Mexico, Panama, West Indies, Guiana, Brazil). Genus named for the Swedish physician and botanist Olof Bromel(ius) (. 639–1705). Species named after the place Pinguin (West Indies). See pl. 395.

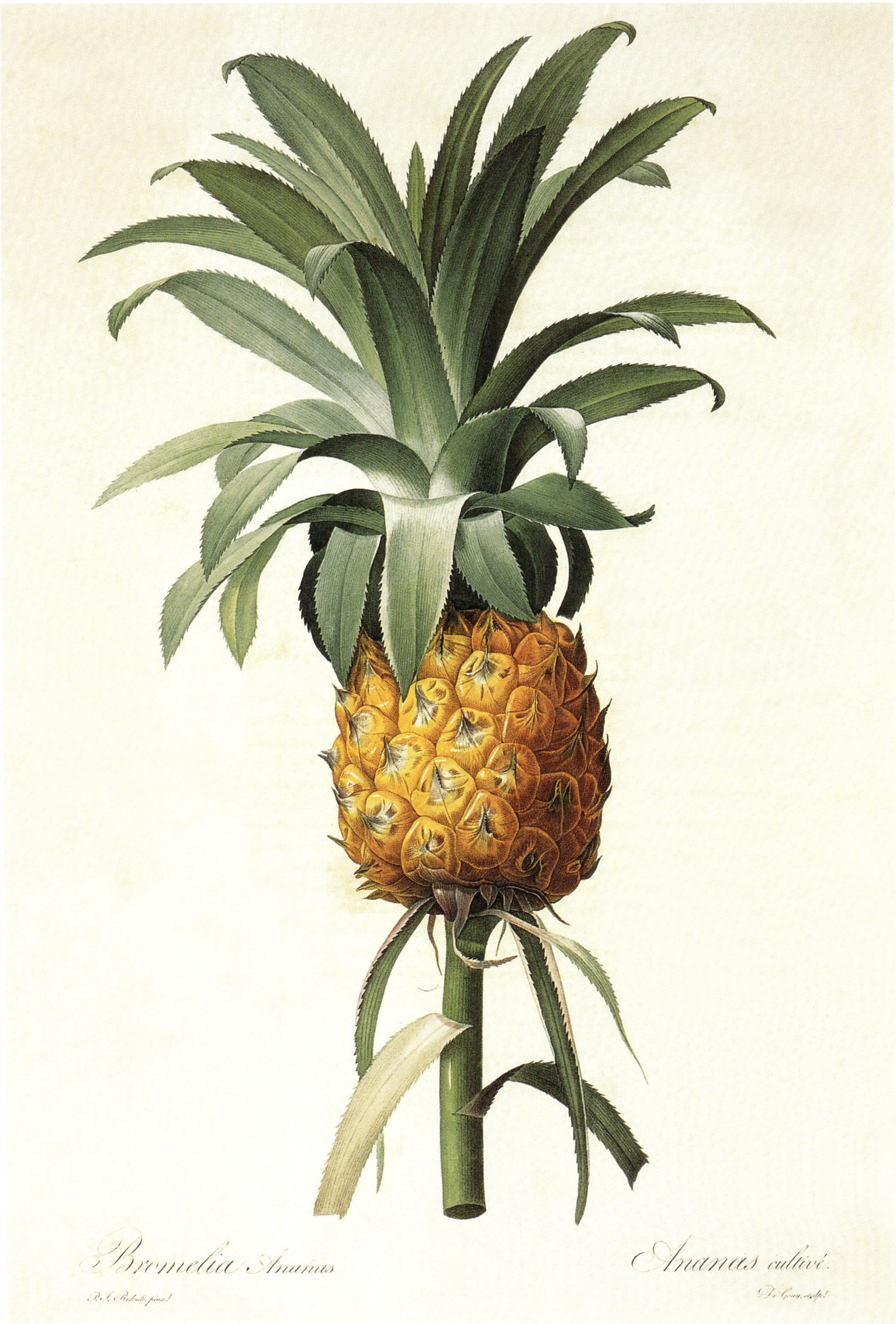

456

Ananas comosus (L.) Merr. 1917 (Bromeliaceae)
(= *Bromelia comosa* L. 1754)

Cultivated Ananas | *Ananas cultivé | Kultur-Ananas

South America, originated probably in Brazil. Only known in cultivation.

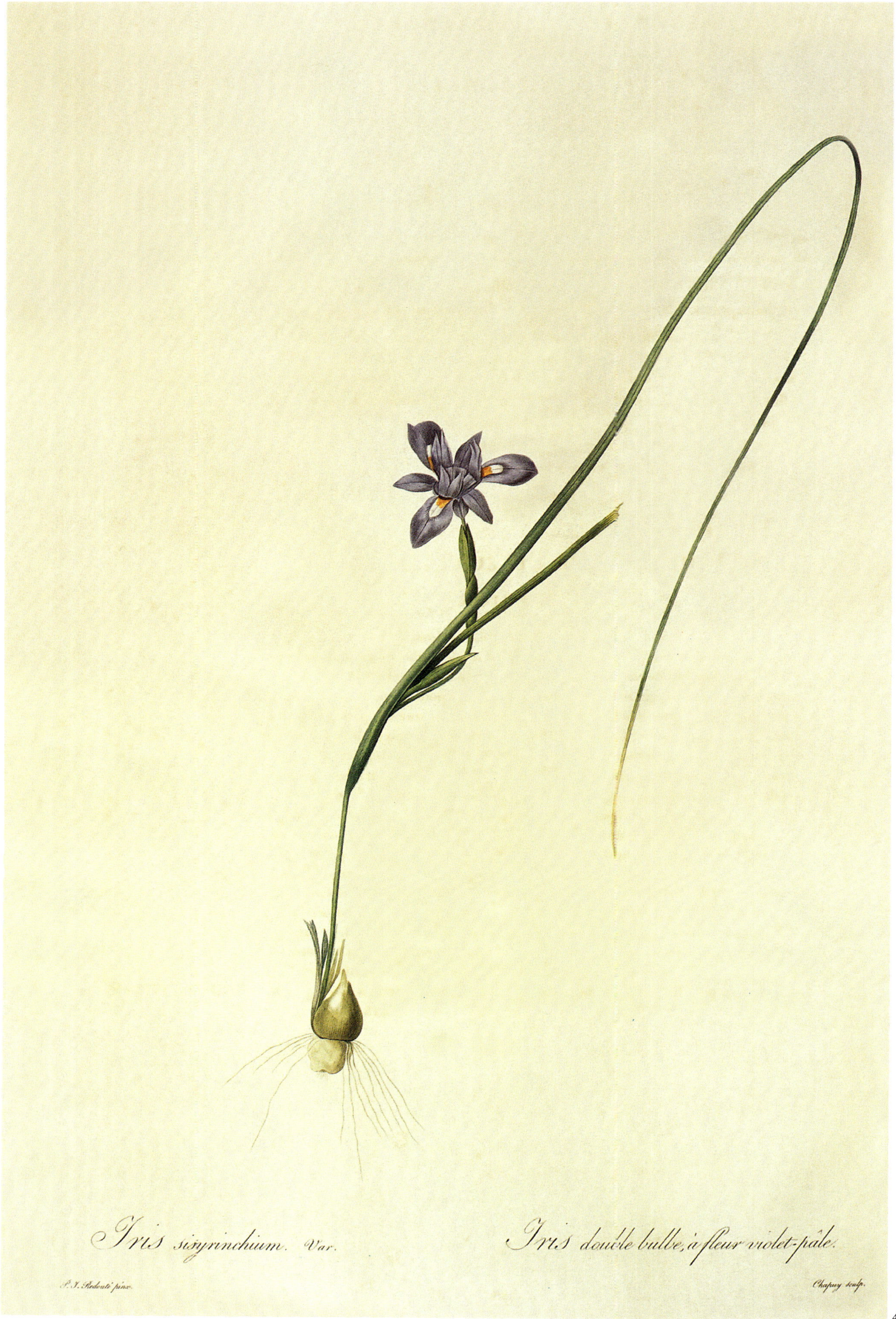

458

Gynandiris sisyrinchium (L.) Parl. 1854 (Iridaceae)

Barbary Nut | *Iris double bulbe à fleur violet-pâle | Gewöhnliche Zwittergriffeliris

Circummediterranean (in south Europe absent from southern France, north Africa, in Asia, in Turkey and Middle East). See pl. 29.

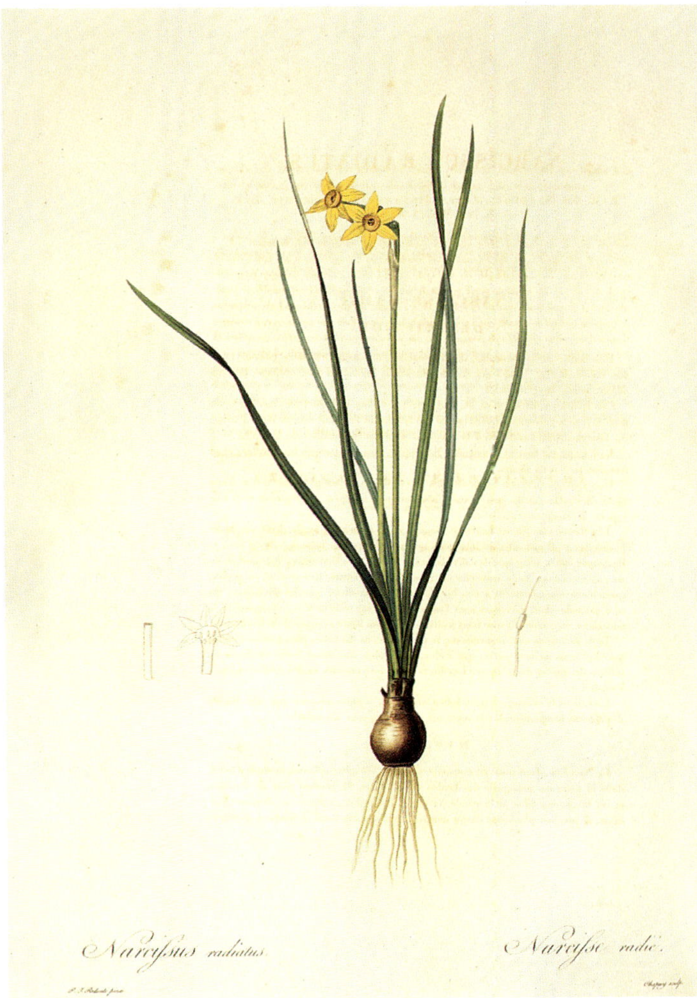

459

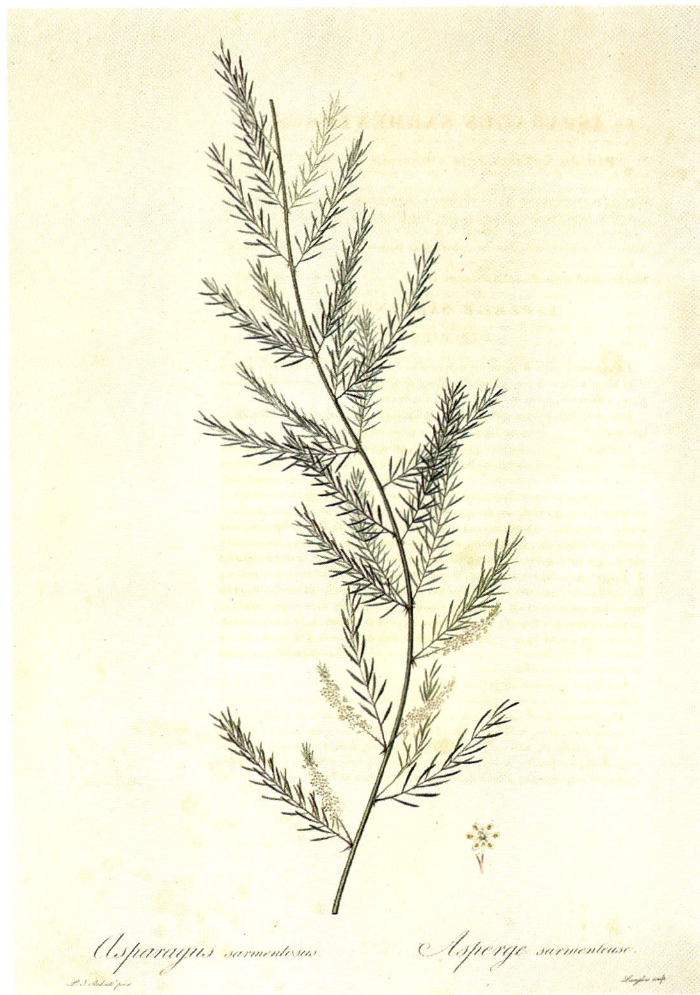

460

Narcissus × intermedius **Loisel. 1806 (Amaryllidaceae)**
(= *Narcissus jonquilla* L. 1753 × *N. tazetta* L. 1753)
Intermediate Daffodil | *Narcisse radié
Intermediäre Narzisse

West Mediterranean region of Europe (perhaps native in southwest France and northeast Spain). See pl. 427.

***Asparagus sarmentosus* L. 1753**
(Asparagaceae)
Stoloniferous Asparagus | *Asperge sarmenteuse
Ausläufer-Spargel

South Asia (Sri Lanka, India). Derived from the ancient Greek plant name *asparagos*. See pl. 288.

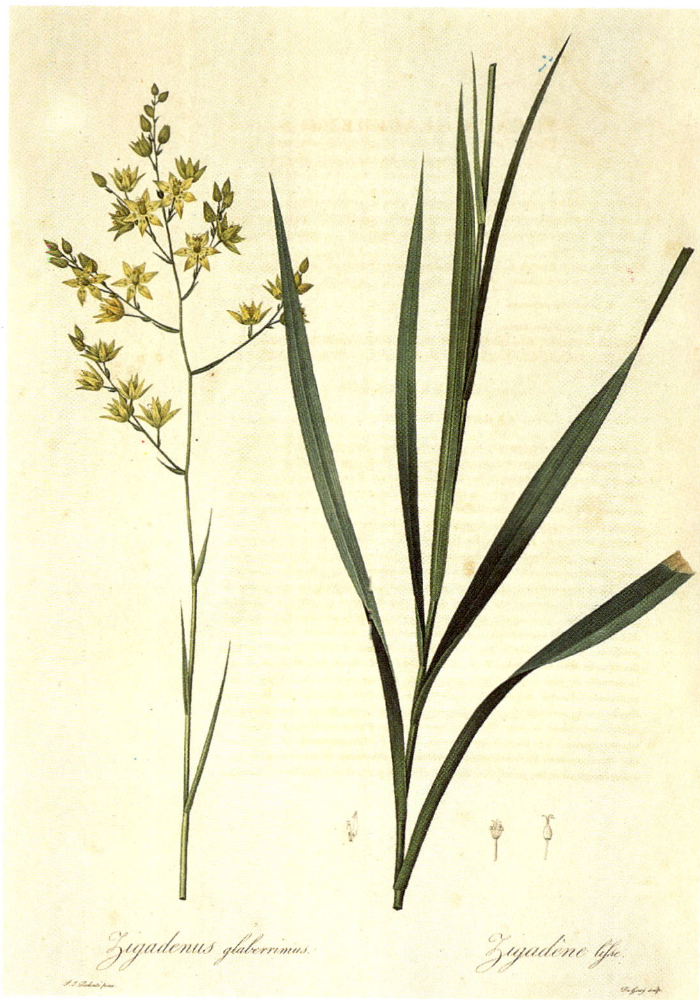

461

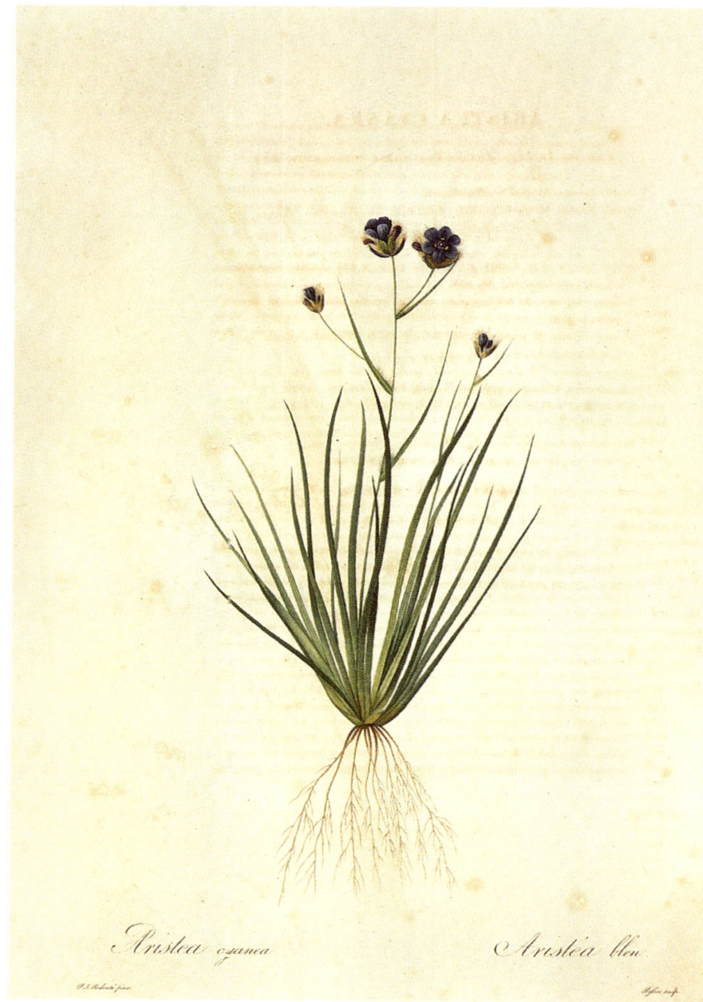

462

Zigadenus glaberrimus* Michx. 1803 (Melanthiaceae)

Glabrous Craw-Poison | *Zygacène lisse var. à petites fleurs

Kahles Krähengift

North America (south-eastern USA from Virginia to Missouri and to Alabama and Florida in the south).

***Aristea africana* (L.) Hoffmanns. 1824 (Iridaceae) (= *Ixia africana* L. 1753)**

African Awn Lily, Maagbossie | *Aristea bleue

Afrikanische Grannenlilie

Winter rainfall South Africa (Western Cape, from Nieuwoudtville in the north to Riversdale in the south-east). There are several explanations of the name *Aristea*, the most probable one is based on the Latin word *arista* = awn.

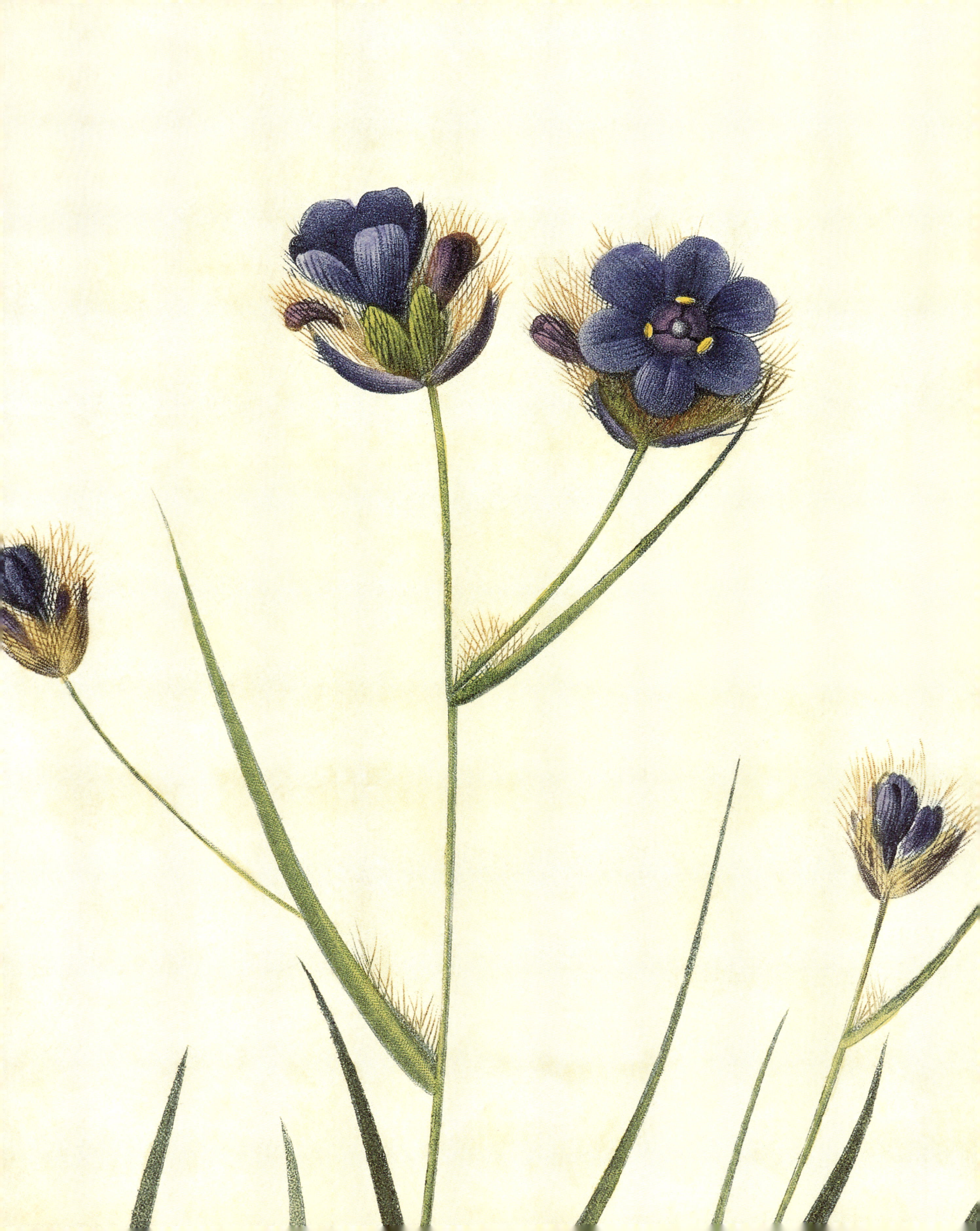

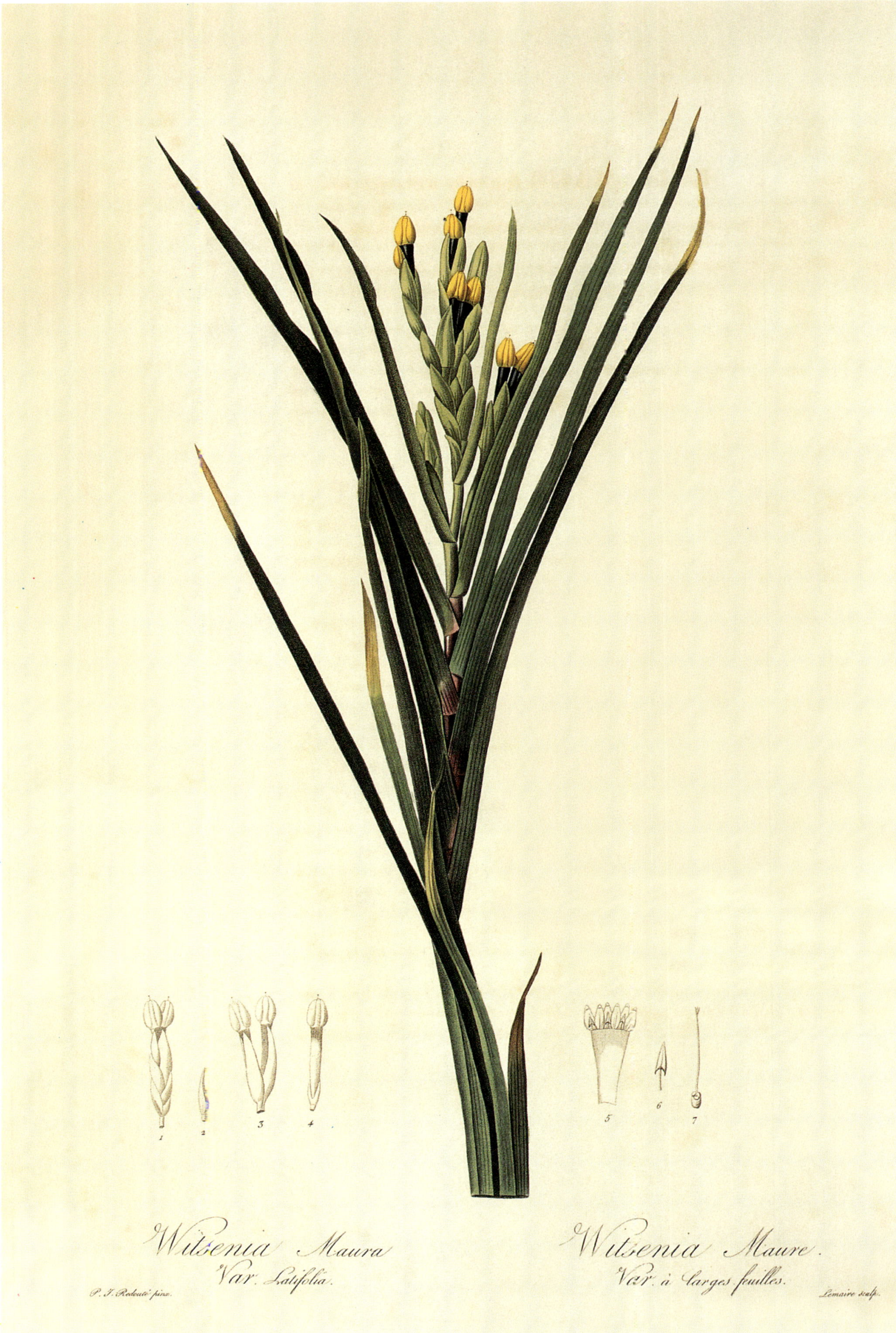

463

**Witsenia maura* (L.) Thunb. 1782 (Iridaceae)
(= *Antholyza maura* L. 1767)
Moorish Witsenia | *Witsenia maure var. à larges feuilles | Maurische Witsenie

Winter rainfall South Africa (Western Cape from the Cape Peninsula to Tradouw Mountains in the east). Named for the Dutch mayor of Amsterdam, Nicolaas Witsen (1641–1717). See pl. 245.

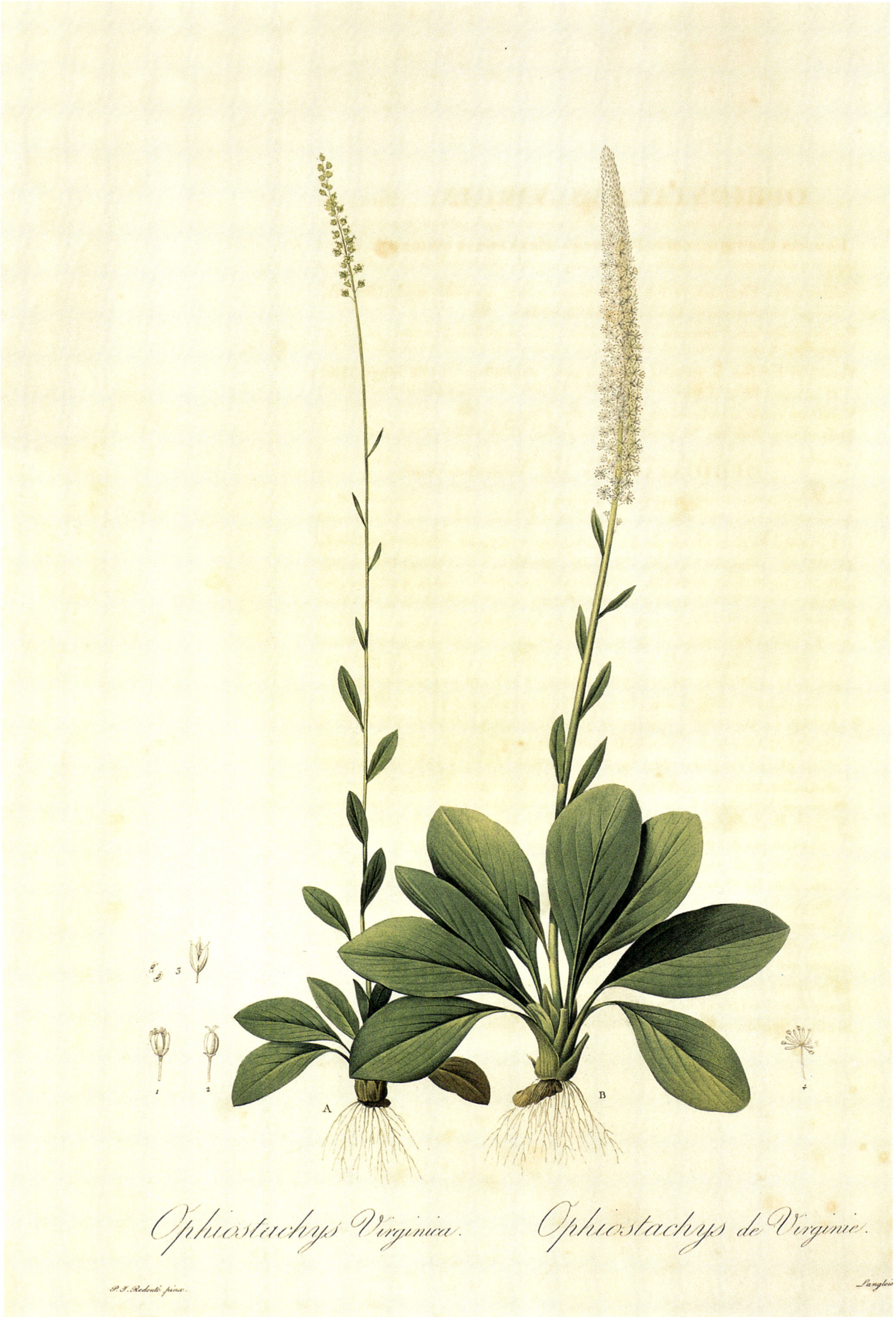

464

Chamaelirium luteum (L.) Gray 1867 (Melanthiaceae)
(= *Veratrum luteum* L. 1753 = *Melanthium virginicum* L. 1753)
Yellow Dwarf Lily | *Ophiostachys de Virginie | Gelbe Zwerglilie

North America (from Manitoba and Ontario in Canada to Massachusetts in the east of the USA, to Illinois and Arkansas in the west and Florida in the south.

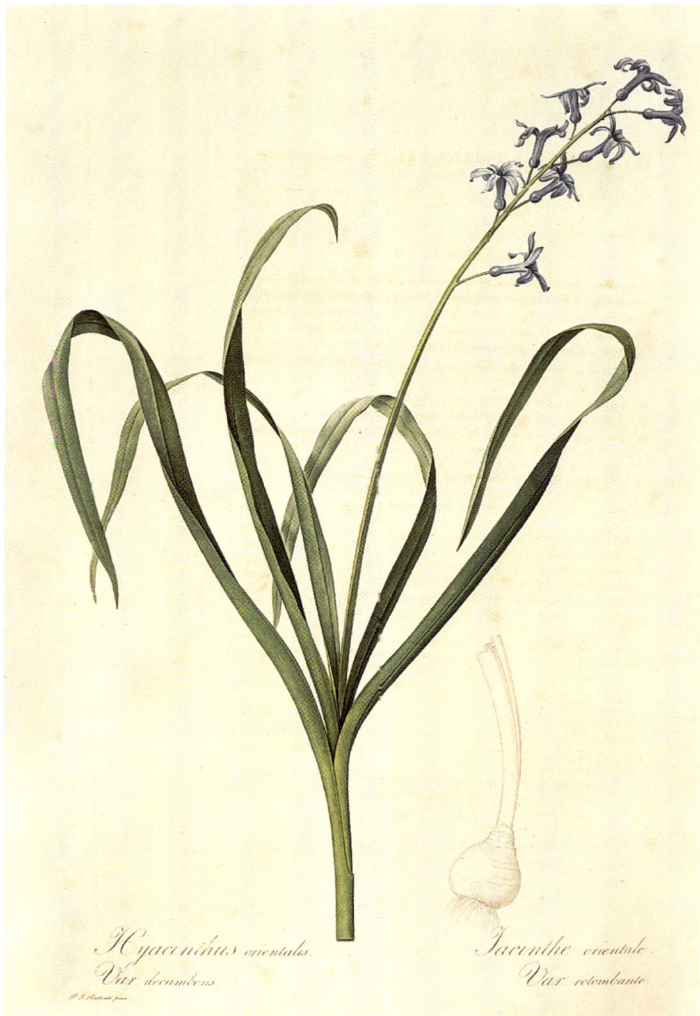

465

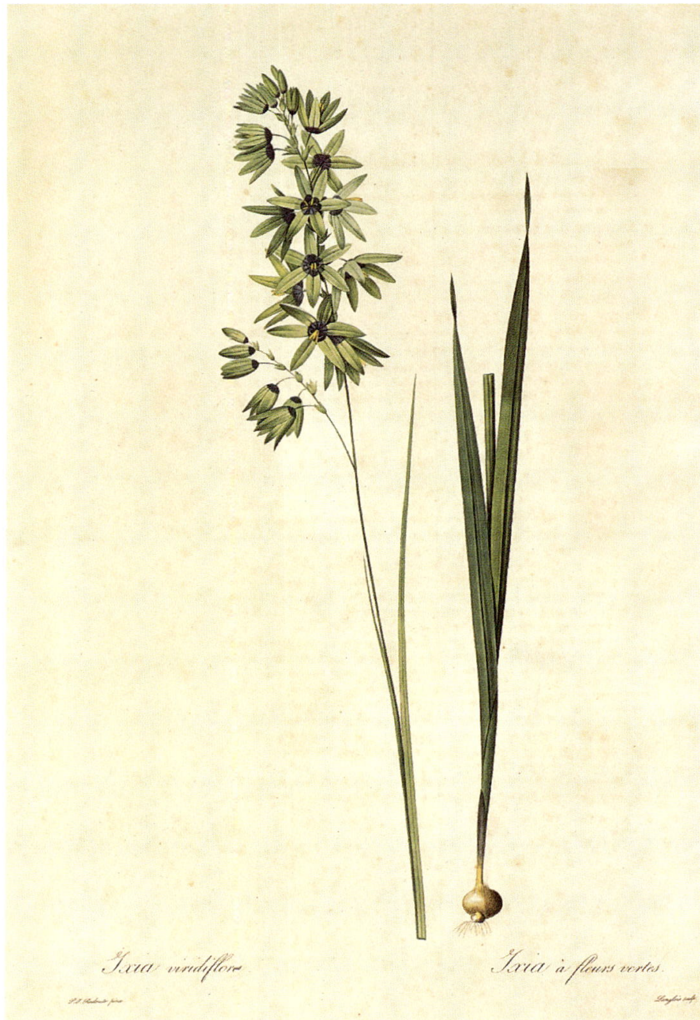

466

***Hyacinthus orientalis* L. 1753 (Hyacinthaceae)**

Common Hyacinth | *Jacinthe orientale var. retombante

Gewöhnliche Hyazinthe

East Mediterranean region of Europe and west Asia.
The ancient Greek plant name *υακινθοσ* and the Latin one *hyacinthus* designate our plant among others.

***Ixia viridiflora Lam. 1789 (Iridaceae)**

Green Ixia | *Ixia à fleurs vertes

Grünblütige Leimknolle

South Africa (Western Cape, very local around Tulbagh). Named after the Greek plant *ἰξία* = *Viscum*, see pl. 30.

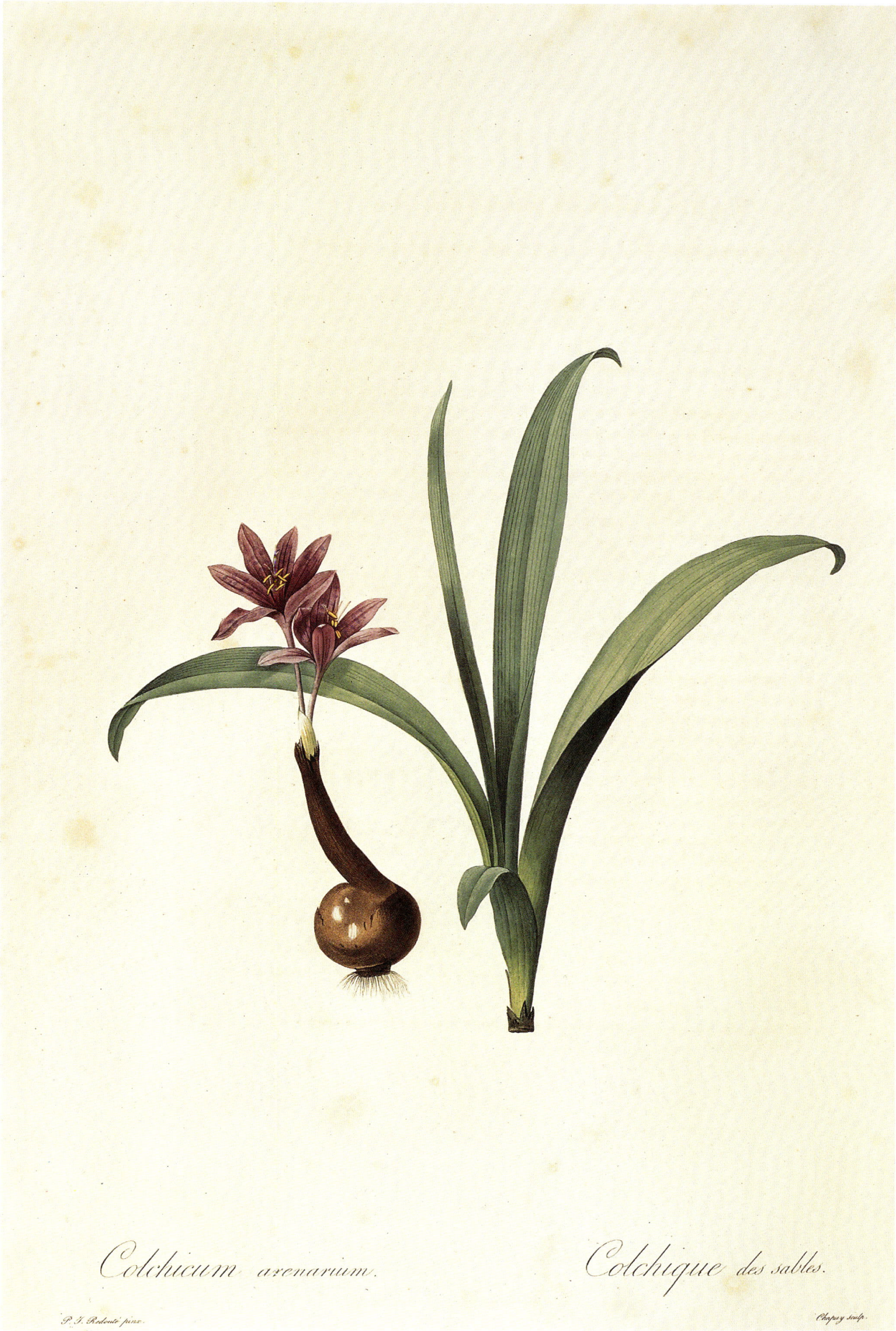

467

*Colchicum arenarium Waldst. & Kit. 1805 (Colchicaceae)

Naked Ladies in the Sand | *Colchique des sables | Sand-Herbstzeitlose

East central Europe (Czech Republic, Slovakia, Hungary, Yugoslavia).

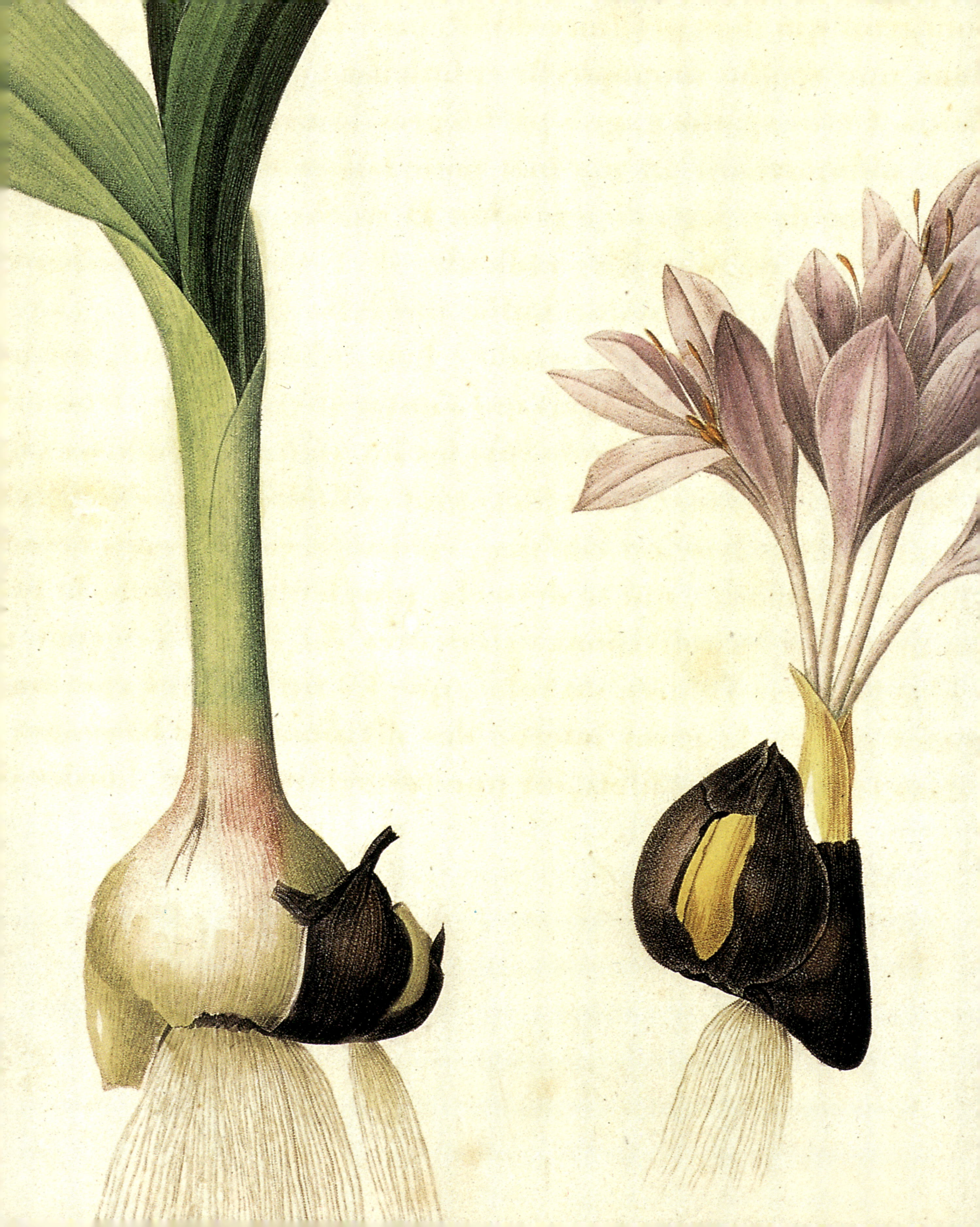

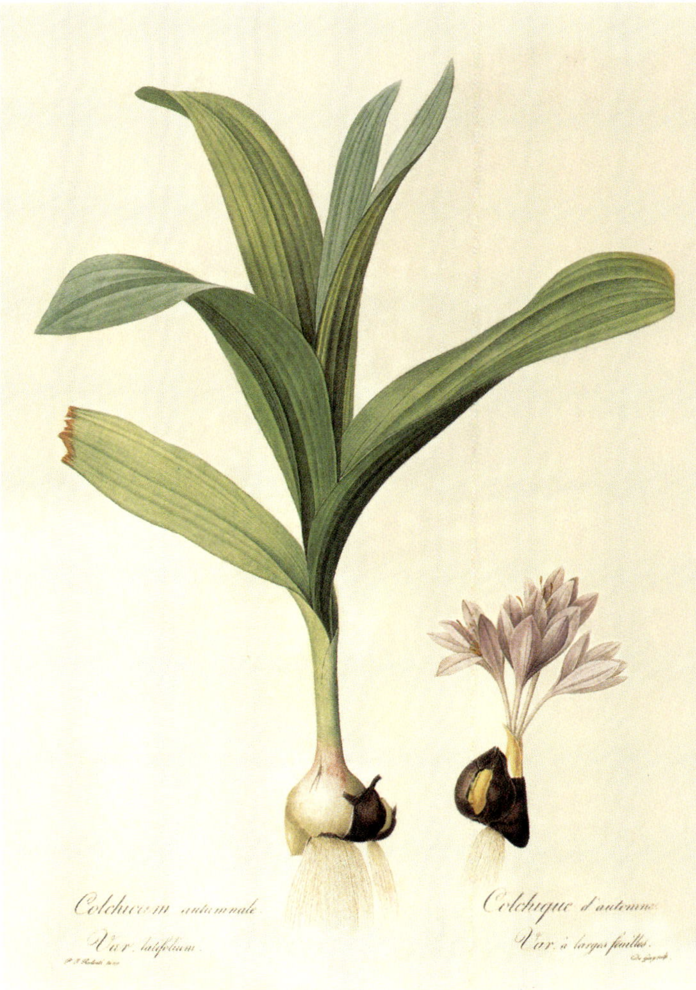

468

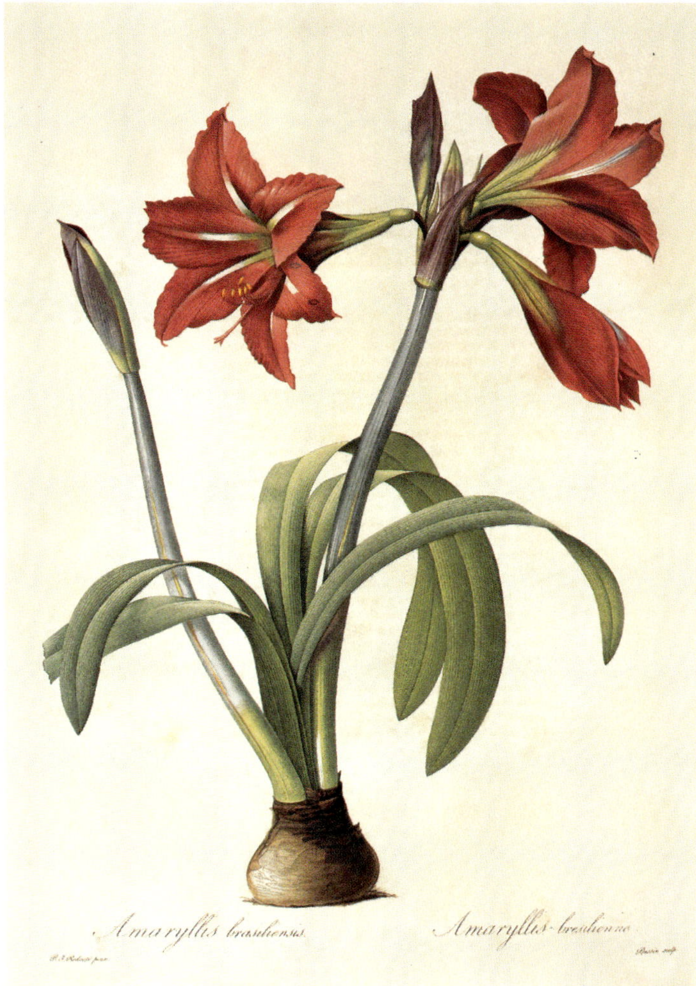

469

Colchicum autumnale L. 1753
(Colchicaceae)
Common Naked Ladies | *Colchique d'automne var. à larges feuilles | Mitteleuropäische Herbstzeitlose

Central and southwest Europe (eastwards to Greece) and northwest Africa. See pl. 228.

Hippeastrum puniceum (Lam.) Voss 1895 (Amaryllidaceae)
(= *Amaryllis punicea* Lam. 1783 = *Amaryllis equestris* Aiton 1789 = *Hippeastrum equestre* (Aiton) Herb. 1821)
Barbados Lily, Fire Lily | *Amaryllis brésilienne | Barbados-Lilie

Central (Mexico and West Indies) and South America (to Brazil and Chili). See pl. 32.

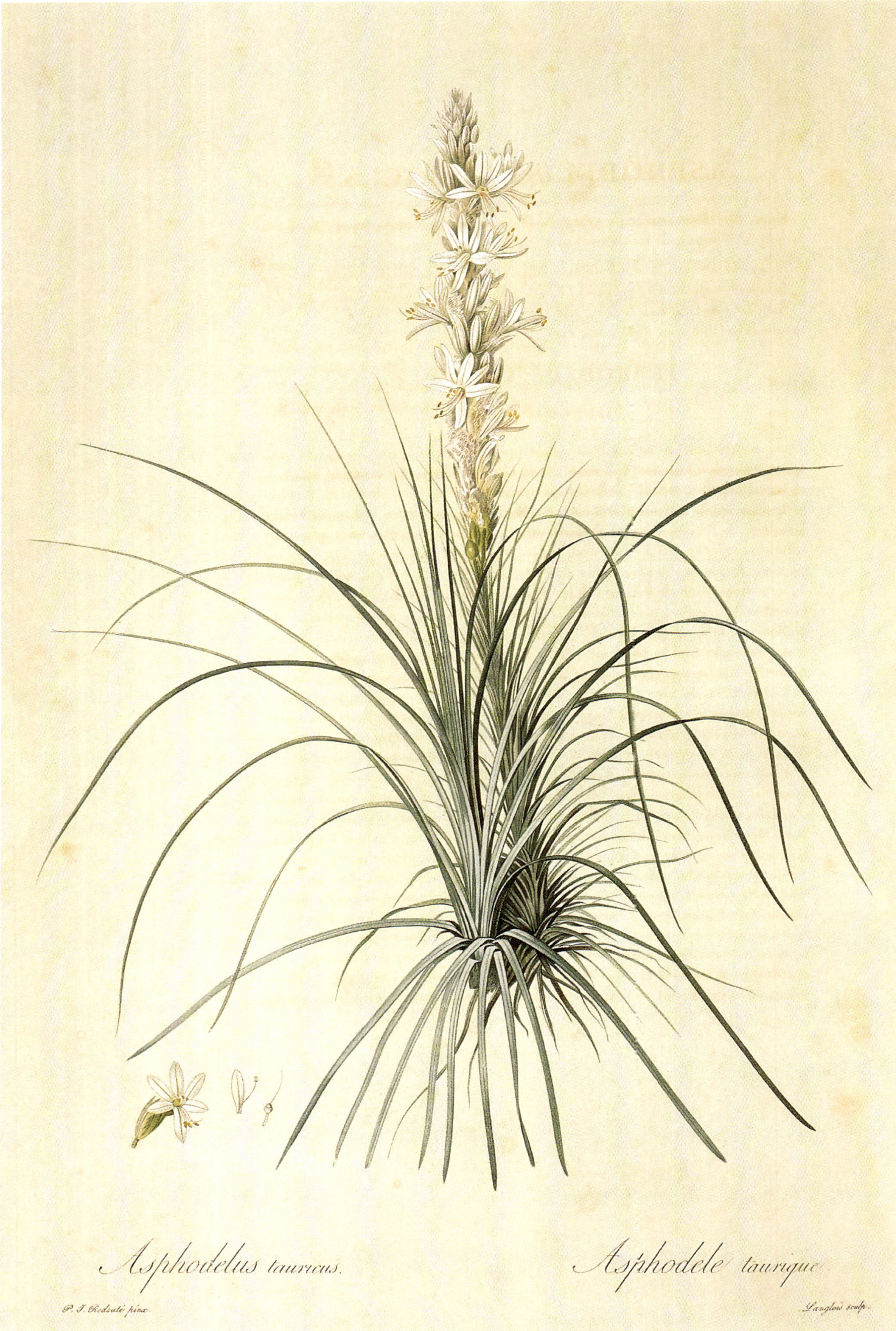

470

Asphodeline taurica **(Pallas ex Bieb.) Kunth. 1843 (Asphodelaceae)**

Taurian Asphodeline | *Asphodèle taurique | Taurische Junkerlilie

Southeast Europe (Greece, Crimea) to Asia Minor and Caucasus.

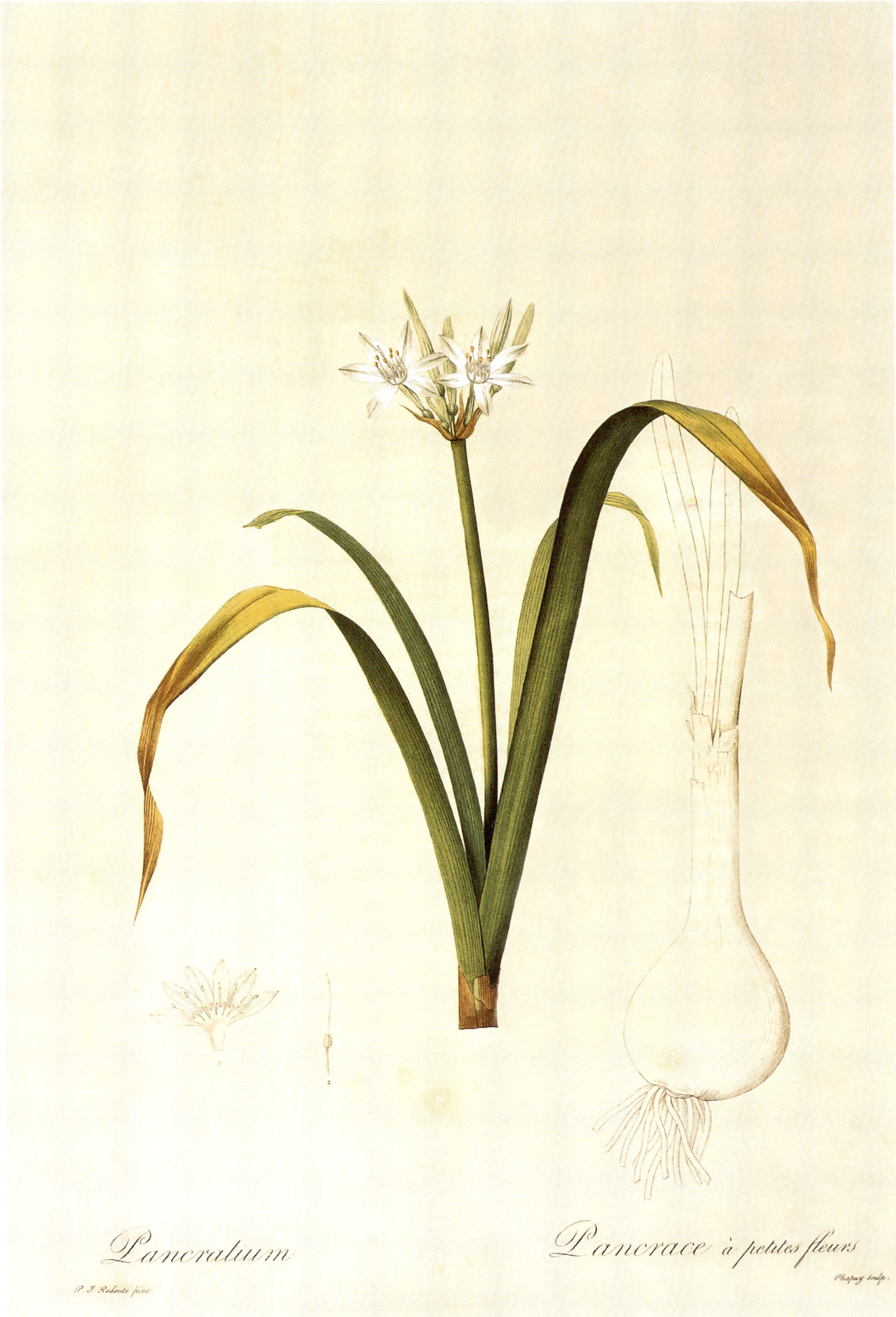

471

Vagaria parviflora (Desf.) Herb. 1837 (Amaryllidaceae)

Small-flowered Vagabondlily | *Pancrace à petites fleurs | Kleinblütige Vagabundenlilie

West Asia (Israel, Lebanon, Syria).

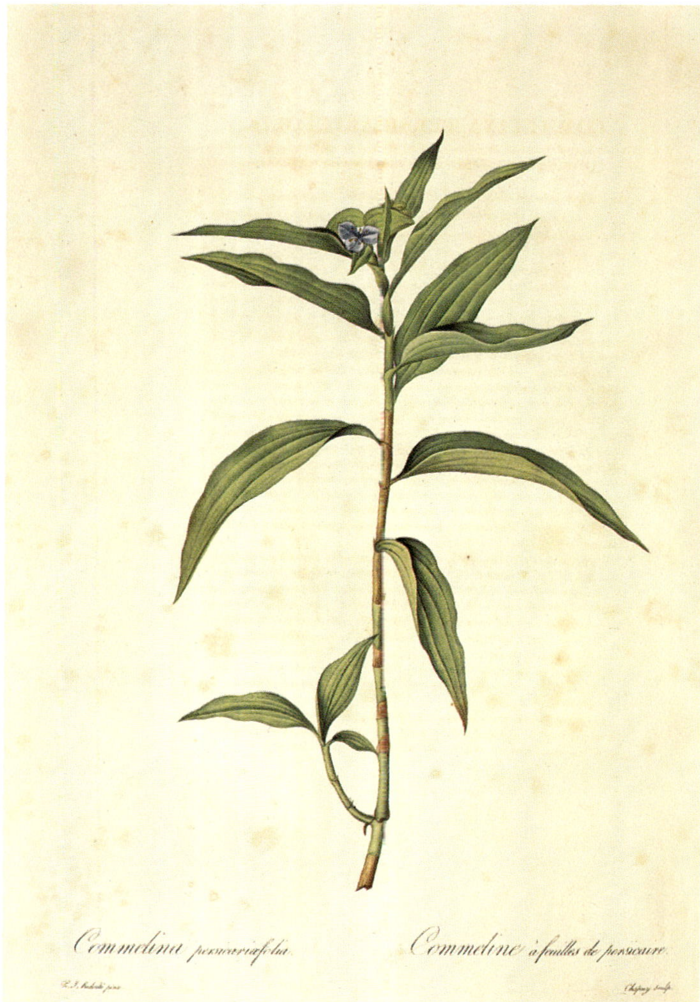

472

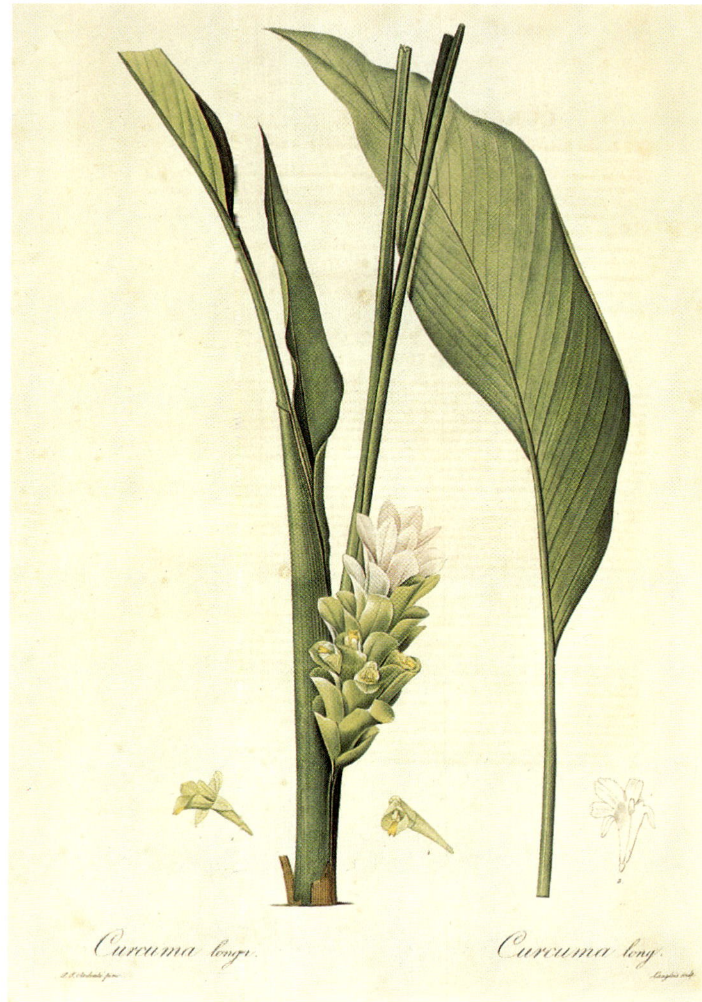

473

Phaeospherion persicariifolium **(Delile in REDOUTÉ) C.B.Clarke 1881 (Commelinaceae)**

Willow-Weed-leaved Brownball | *Commeline à feuilles de persicaire | Flohknöterichblättrige Braunkugel

South America (Brazil).

****Curcuma longa*** **L. 1753 (Zingiberaceae)**

Long Curcuma | *Curcuma long

Gelbwurzel, Gilbwurz, Lange Kurkume

Southeast Asia (India to Malacca, Malay Archipelago). *Curcuma* and *Crocus* are old plant names which were already known to Homer and Solomon in the Bible and have a common linguistic root in the Near East. Later Arabian writers applied the word *karkom* to the above Indian plant.

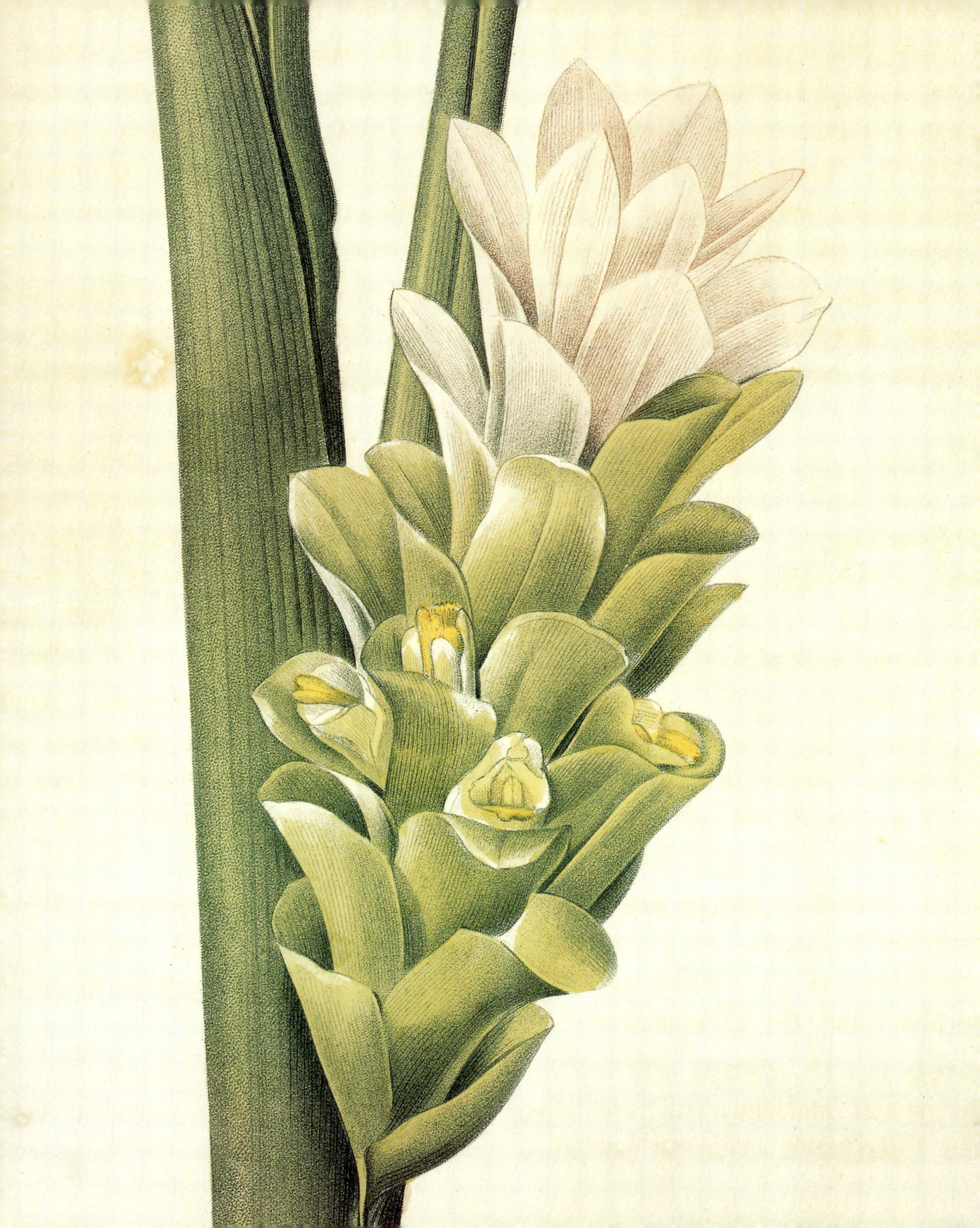

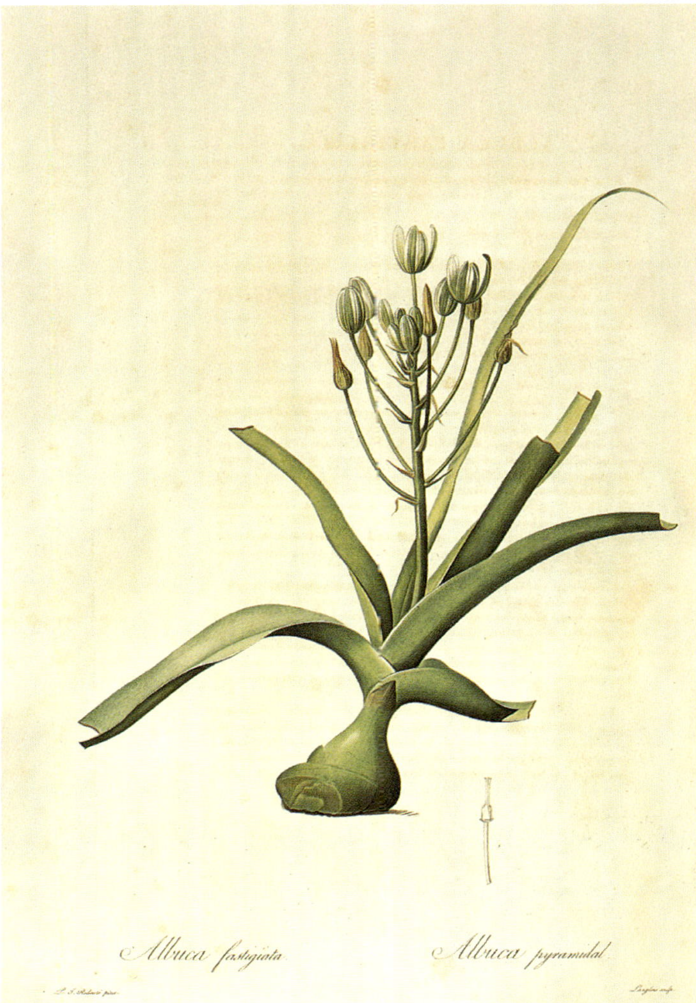

474

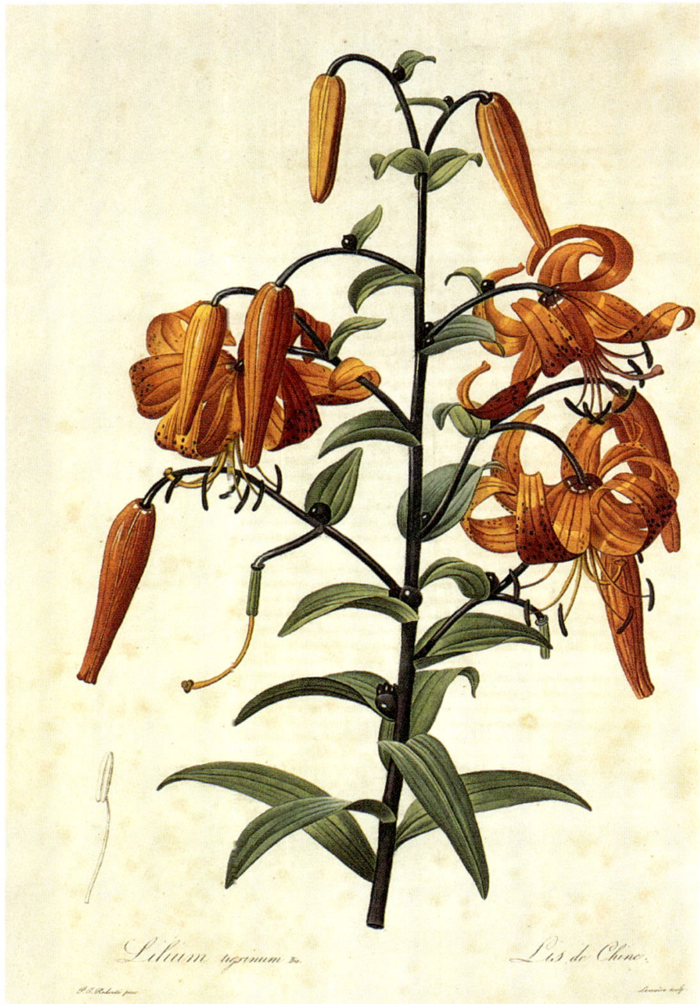

475

Albuca cf. *schonlandii* Baker 1904 (Hyacinthaceae)
Schonland's Lantern-flower | *Albuca pyramidal
Schonlands Laternenlilie

South Africa (Eastern Cape).

Lilium lancifolium Thunb. 1794 (Liliaceae)
Tiger Lily, Devil Lily | *Lis de Chine, Lis du tigre
Chinesische Lilie, Tiger-Lilie

East Asia (north and east China, Korea, Japan). In Austria naturalized. See pl. 394.

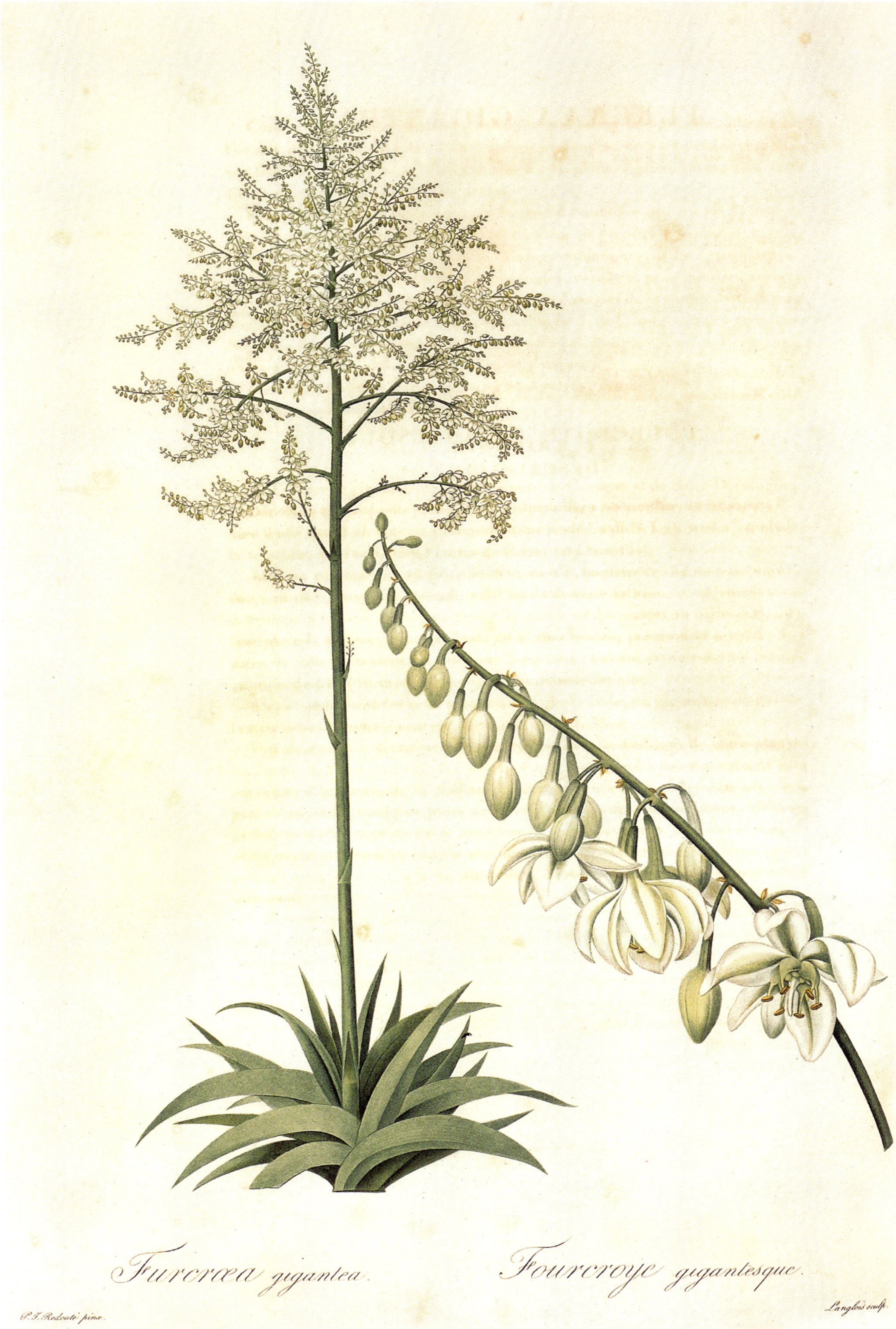

476

Furcraea foetida (L.) Haw. 1812 (Agavaceae)
(= *Agave foetida* L. 1753)

Giant Fourcroya, Giant Agave | *Fourcroye gigantesque | Riesen-Fourcroye

Central and northern South America. Named for the French professor of chemistry Antoine-François de Fourcroy (1755–1809).

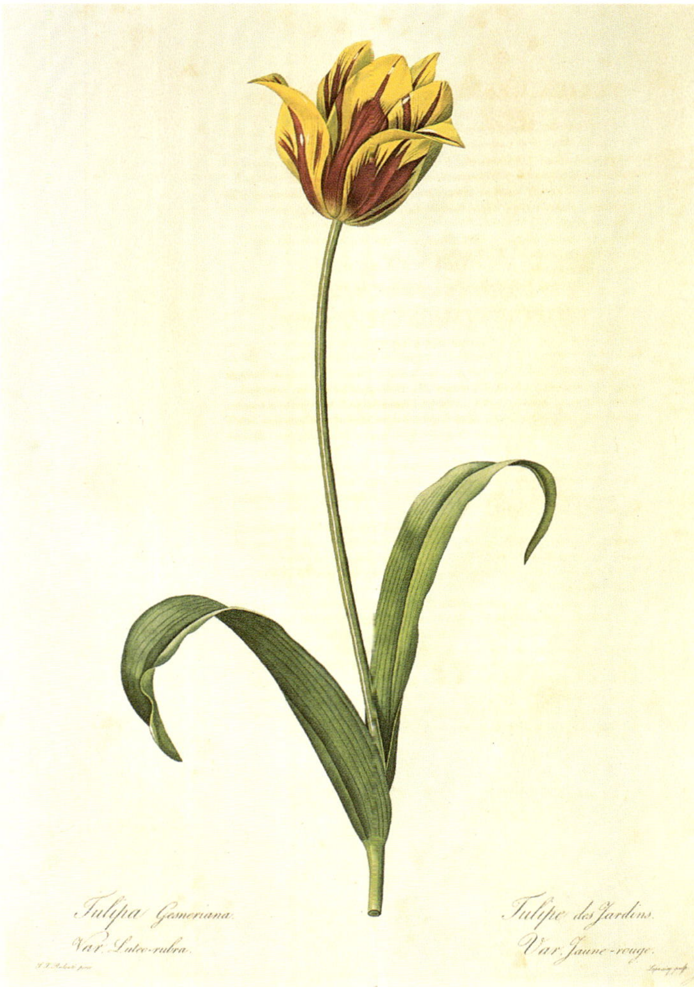

477

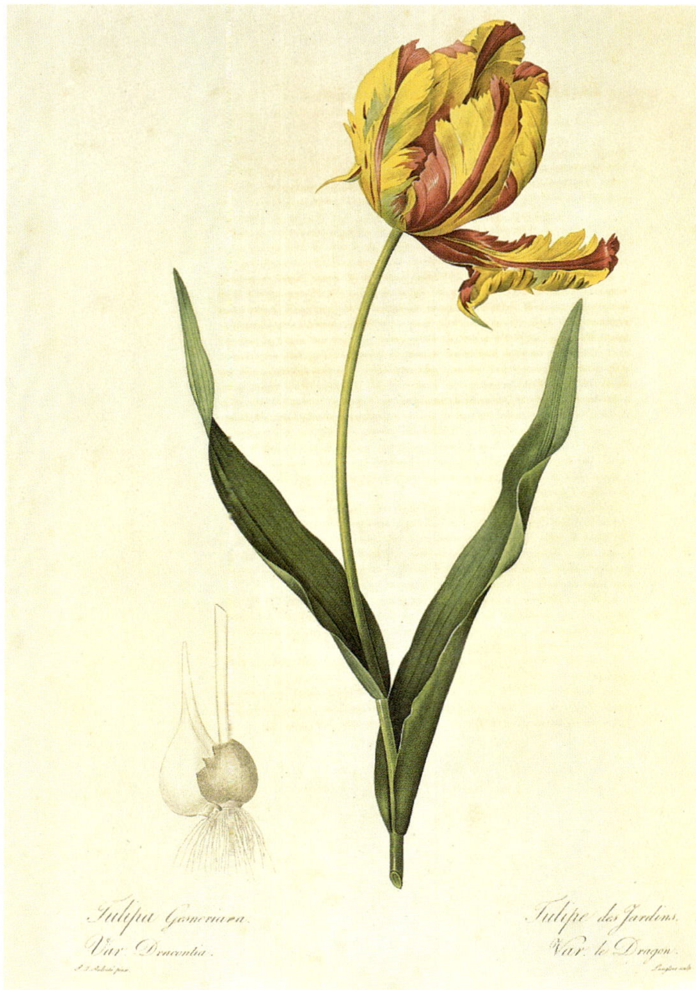

478

**Tulipa gesneriana* L. 1753 (Liliaceae)

Yellow-red variety of Gesner's Tulip | *Tulipe des jardins var. jaune-rouge | Gelb-rote Varietät von Gesners Tulpe

Only known as cultivated ornamental. The generic name *Tulipa* is derived from the Persian plant name *toliban*. The species name is dedicated to the great Swiss botanist Konrad Gesner (1516–1565). See pl. 111, 478.

**Tulipa gesneriana* L. 1753 (Liliaceae)

Dracontium-variety of Gesner's Tulip | *Tulipe des jardins var. le Dragon | Drachenwurz-Varietät von Gesners Tulpe

Only known as cultivated ornamental. See pl. 111, 477.

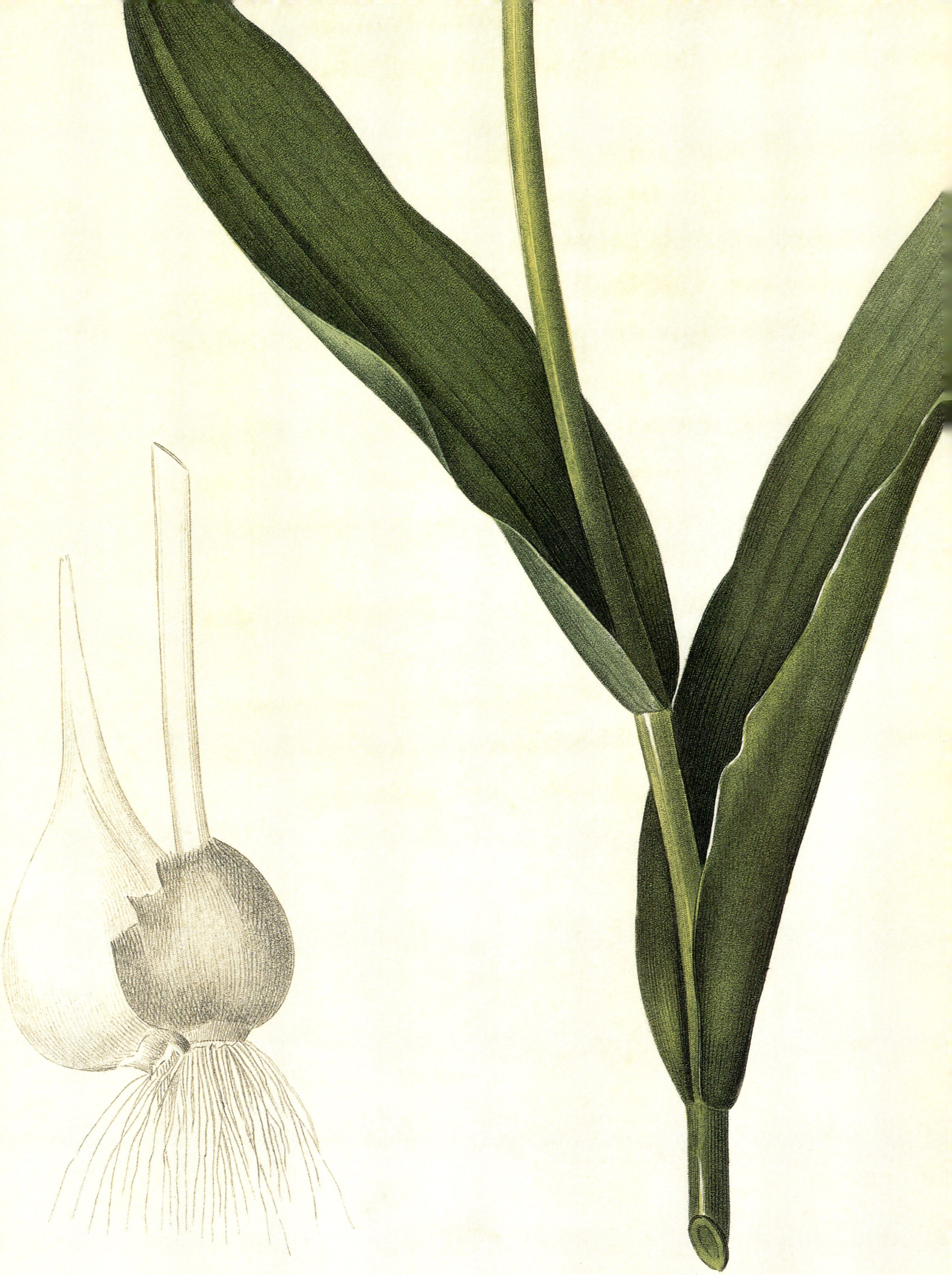

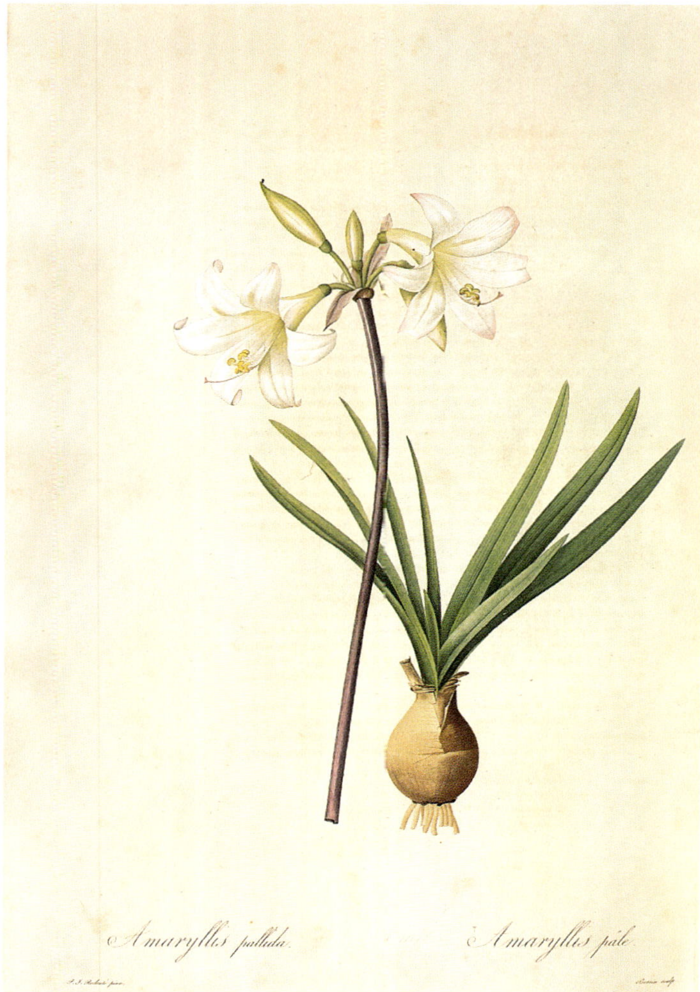

479

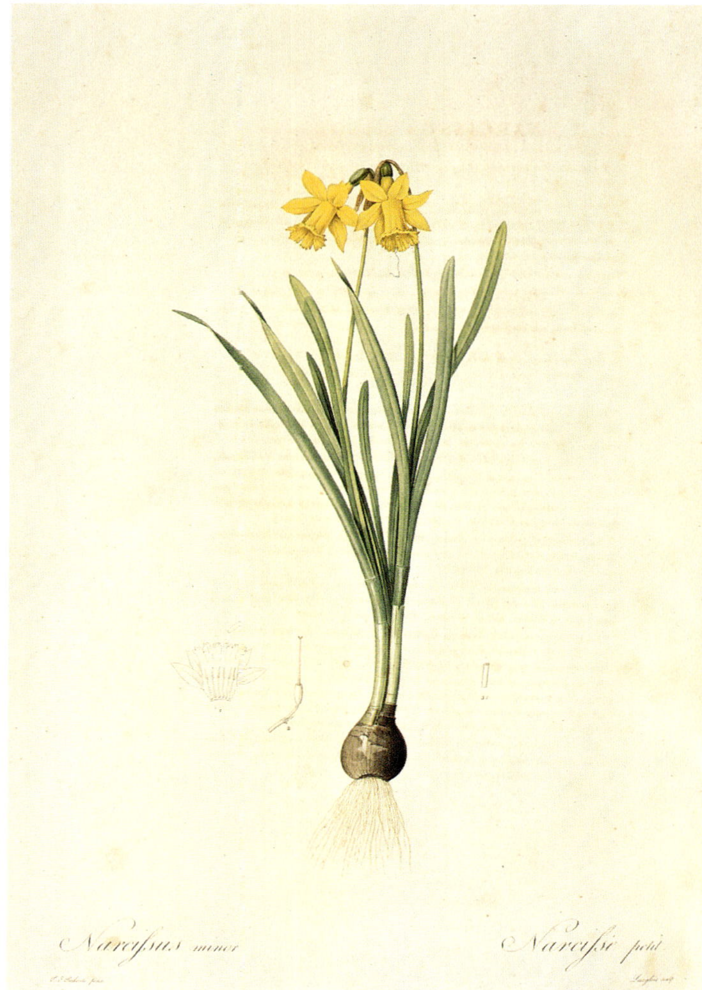

480

Amaryllis belladonna L. 1753 (Amaryllidaceae)
Belladonna Lily, March Lily | *Amaryllis pâle
Belladonna-Lilie

South Africa (Western Cape).

**Narcissus minor* L. 1762 (Amaryllidaceae)
Lesser Daffodil, Small Wild Daffodil | *Narcisse petit
Kleinere Narzisse

Southwest Europe (north Spain). Naturalized in southeast France.

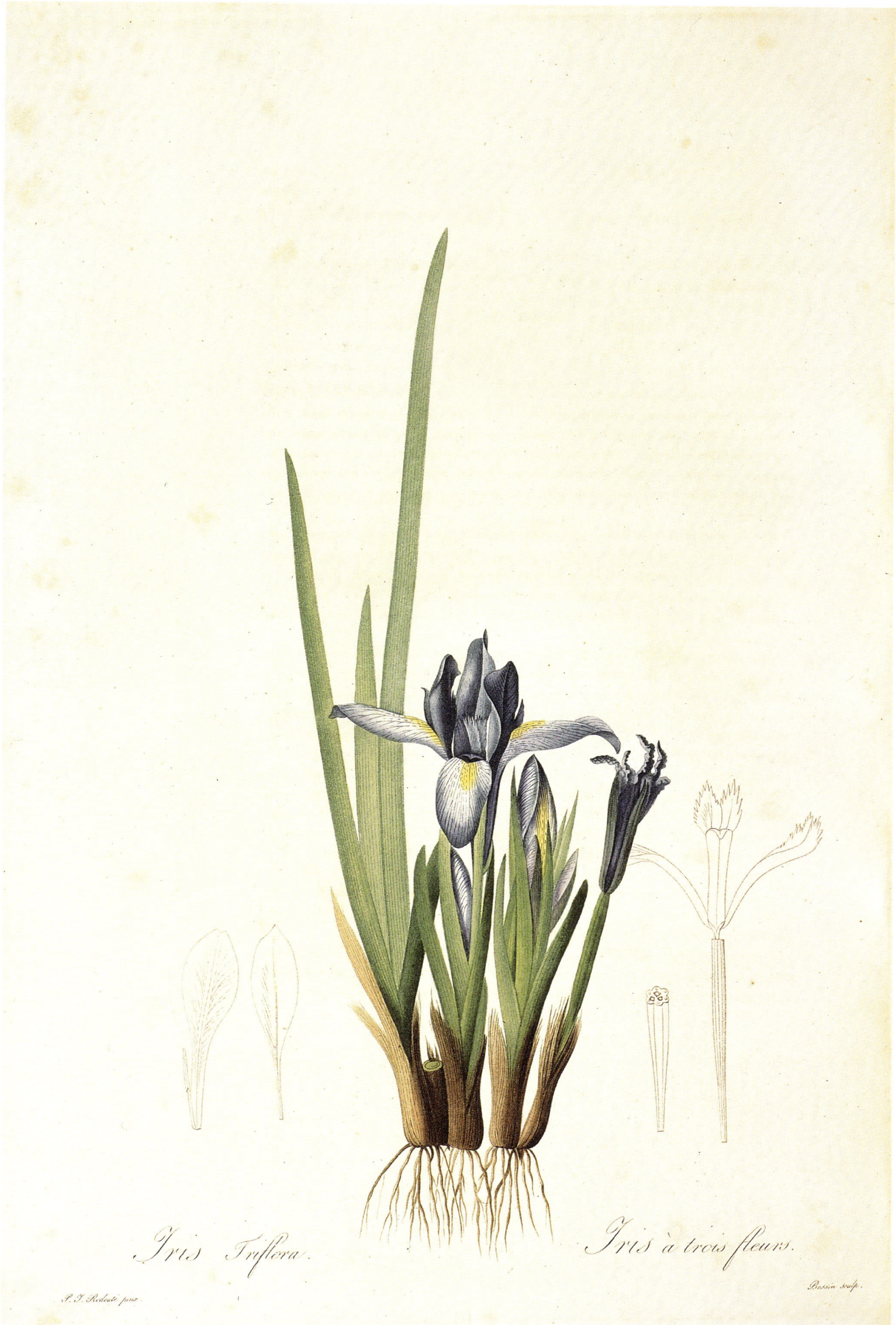

481

***Iris triflora Balbis 1804 (Iridaceae)**

Three-flowered Iris | *Iris à trois fleurs | Dreiblütige Schwertlilie

Central and east Asia. Said to be naturalized in northwest Italy.

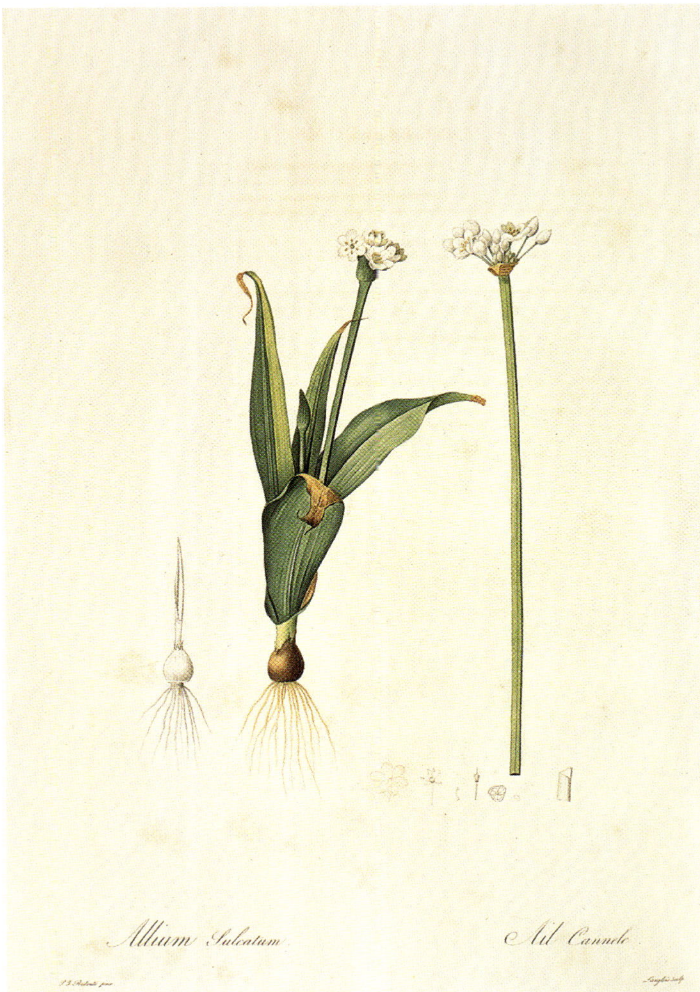

482

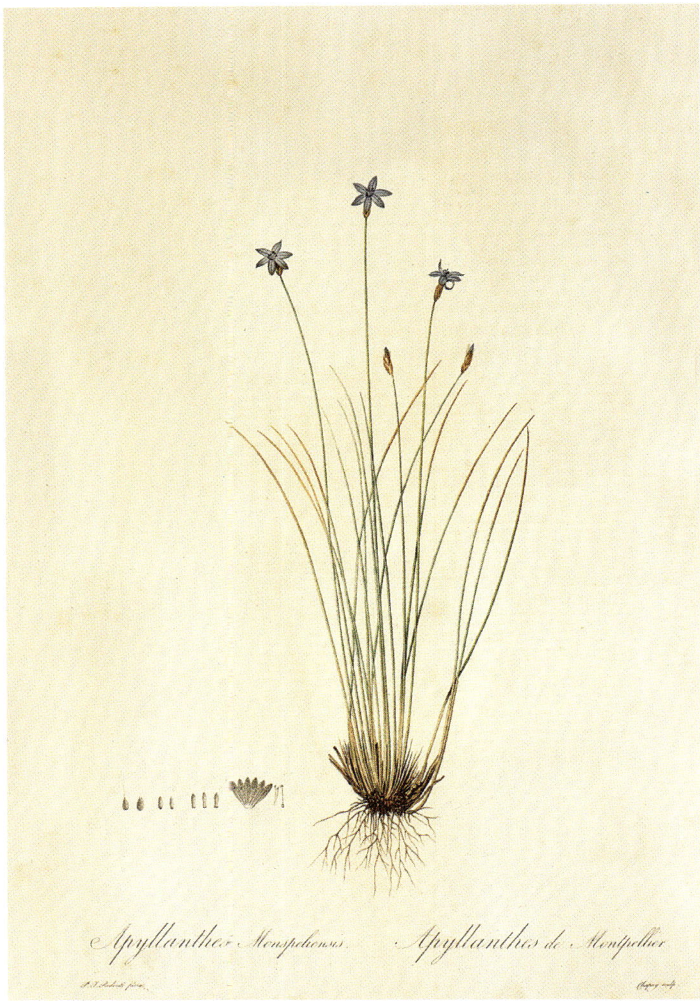

483

Allium neapolitanum Cyr. 1788 (Alliaceae)
Naples Garlic | Ail de Naples
Neapel-Lauch

Circummediterranean from Portugal to Israel. See pl. 300.

**Aphyllanthes monspeliensis* L. 1753 (Aphyllanthaceae)
Montpellier Lily | *Aphyllanthes de Montpellier
Montpellier-Lilie

Southwest Europe and northwest Africa.

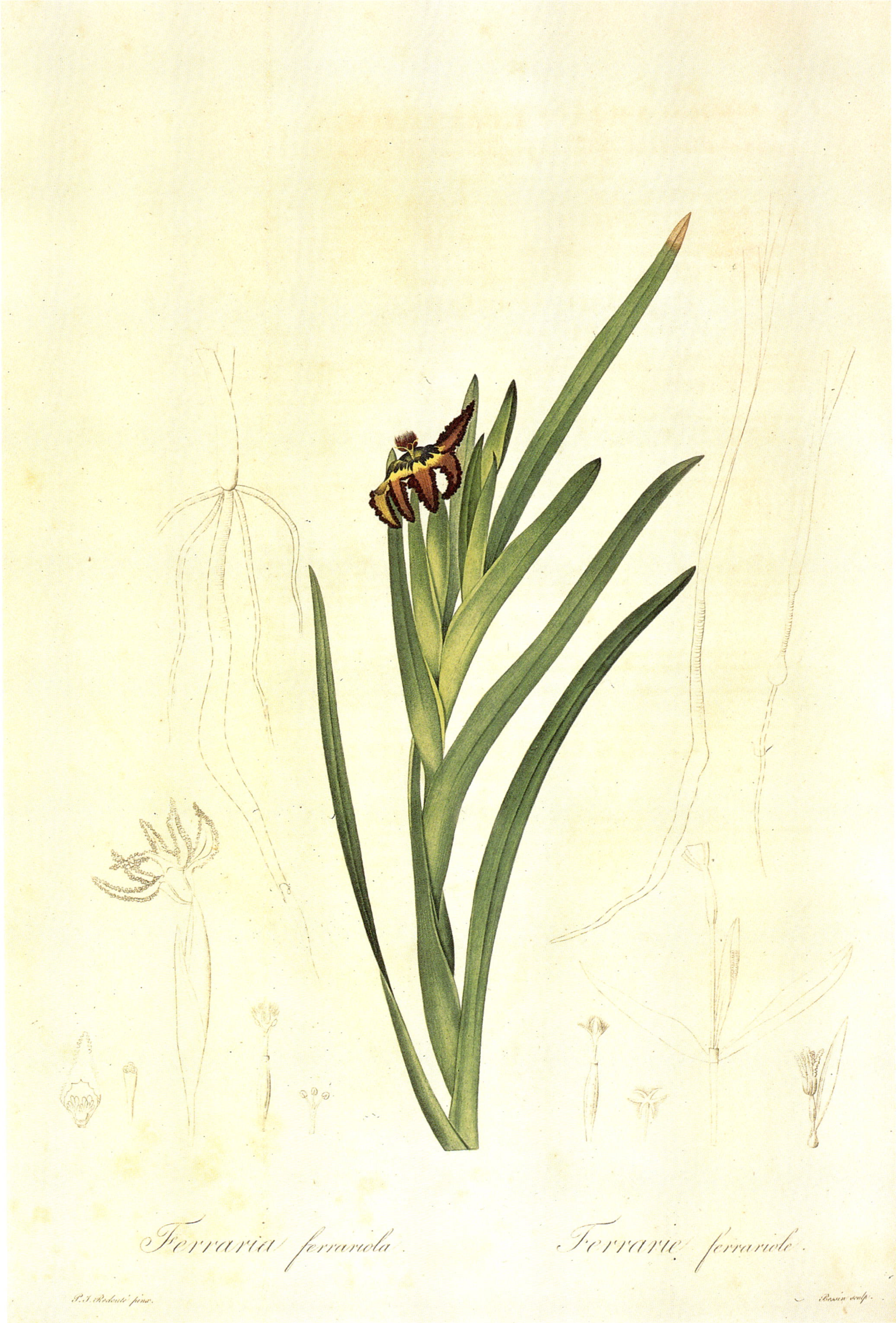

484

Ferraria divaricata Sweet 1827 (Iridaceae)
(= *Moraea ferrariola* Jacq. 1790)

Spider Flower | *Ferrarie ferrariole | Spreizende Ferraria

Winter rainfall southern Africa (provinces Western and Northern Cape of South Africa and southern Namibia).
Named for the Italian botanist Giovanni Battista Ferrari (1584–1655), who was the first to figure a *Ferraria* in 1633.

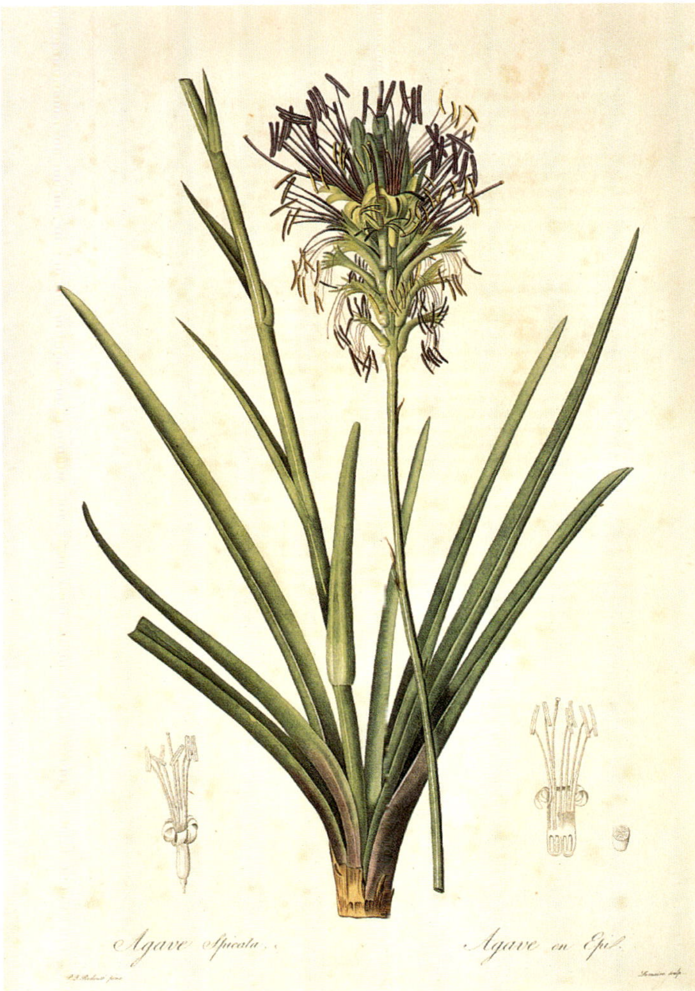

485

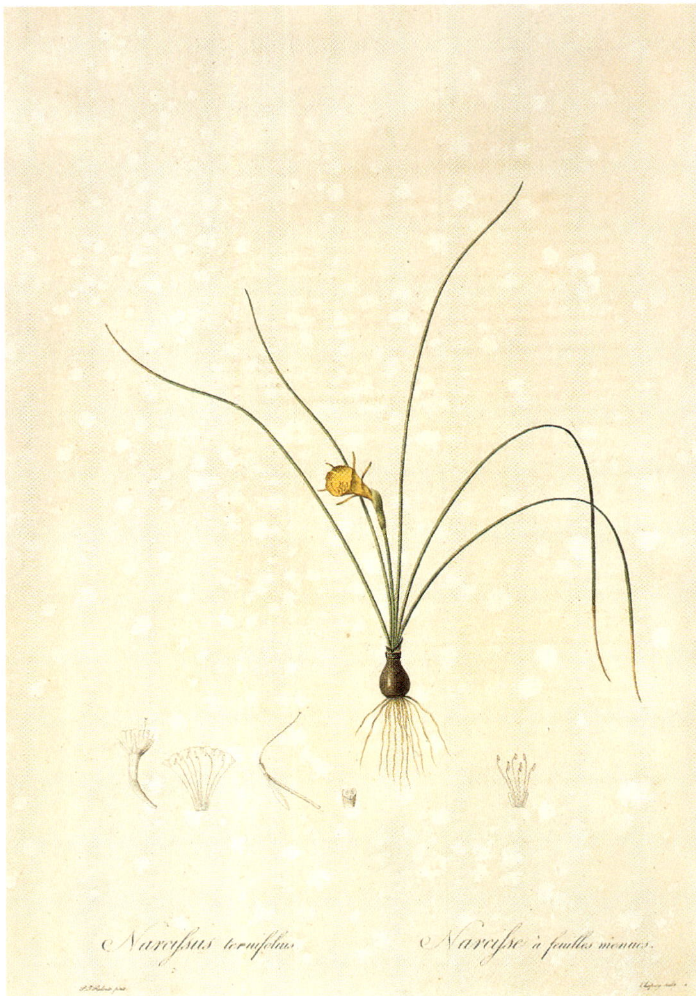

486

Agave brachystachys Cav. 1802
(Agavaceae)
Short-spicate Agave | *Agave en épi
Kurzährige Agave

Central America (Mexico).

Narcissus bulbocodium L. 1753 subsp. *bulbocodium*
(Amaryllidaceae)
Hoop Petticoat Narcissus | *Narcisse à feuilles menues
Reifrock-Narzisse

Southwest Europe (north Spain and southwest France) and northwest Africa (Morocco, Algeria).
Named after the plant name *bulbocodium* of the Romans. See pl. 24.

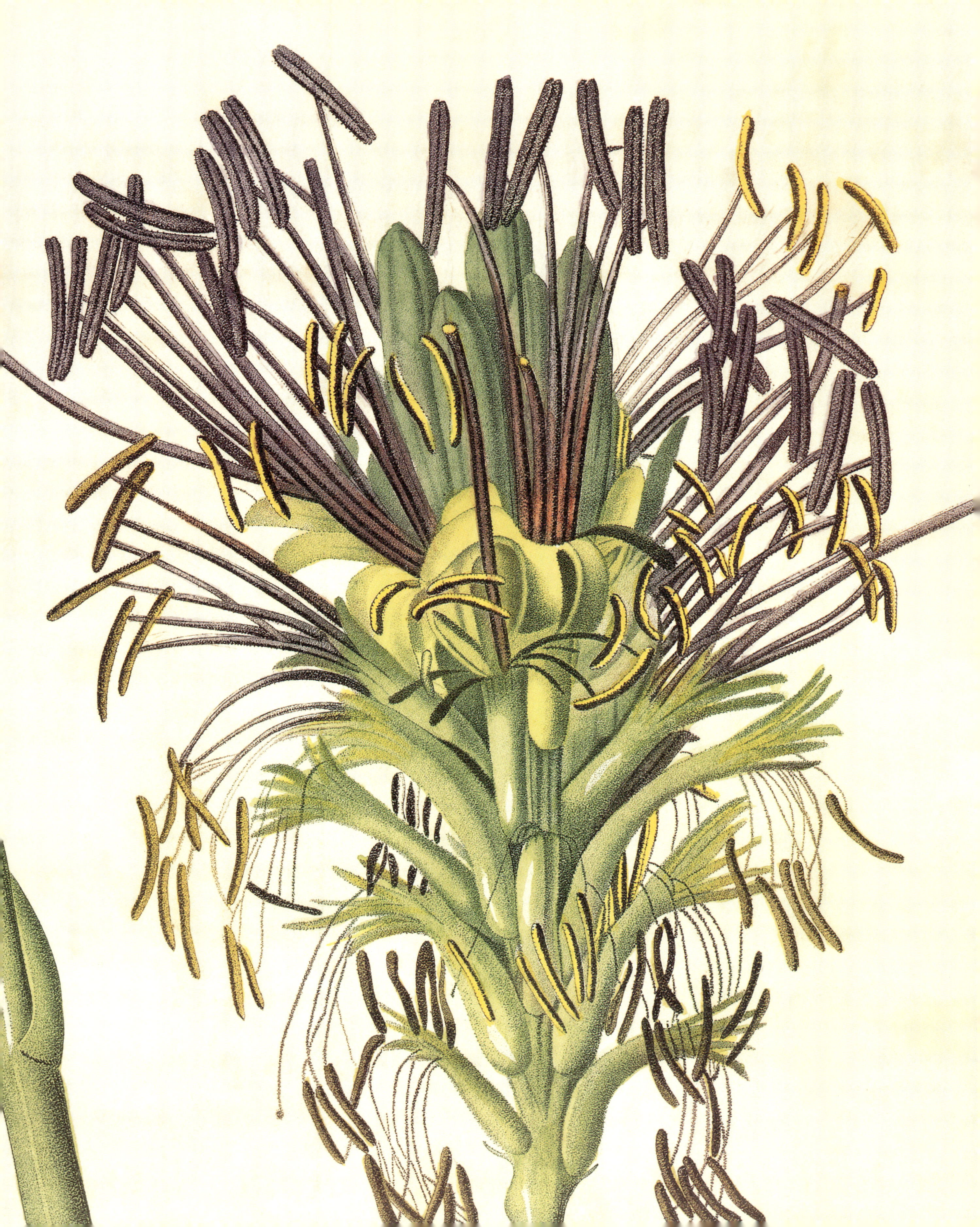

Appendices

Appendix | Annexes

Index

of current accepted scientific names
(the asterisk marks the names already used in* REDOUTÉ, Les Liliacées; *for species newly described in the present work the author and the year of publication are given)*

der international gültigen wissenschaftlichen Namen
(das Sternchen markiert jene Namen, die schon* REDOUTÉ *verwendet; für jene Arten, die im vorliegenden Werk neu beschrieben wurden, werden der Autor und das Publikationsjahr angegeben)*

des noms scientifiques acceptés et en usage actuel
(l'astérisque marque les noms déjà utilisés dans* REDOUTÉ, Les Liliacées; *pour des espèces nouvellement décrites dans l'ouvrage présent l'auteur et l'an de la publication sont donnés)*

C

D

E

F

G

H

Index English

Index Deutsch

Index français

(* = l'astérisque marque les noms déjà utilisés dans REDOUTÉ, *Les Liliacées*)

Planche n°

Bibliography | Bibliographie

Erhardt, W. & et al. *Zander: Handwörterbuch der Pflanzennamen. Dictionary of plant names. Dictionaire des noms de plantes*, 16th ed. Stuttgart, 2000

Enke, F., *Pareys Blumengärtnerei: Beschreibung, Kultur und Verwendung der gesamten gärtnerischen Schmuckpflanzen*, 2nd ed. 3 vols. Berlin, Hamburg, 1958–1961

Fisher, J., *The Origins of Garden Plants.* London, 1989

Genaust, H., *Etymologisches Wörterbuch der botanischen Pflanzennamen*. Basle, 1996

Hagers Handbuch der Pharmazeutischen Praxis. 5. vollständig neuberabeitete Auflage. Bd. 4–6, Folgeband 2, 3 (Hager's manual of pharmaceutical practice, rev. ed., vols. 4–6, suppl. vols. 2–3). Berlin & elsewhere, 1992–1998

Hegi, G., *Illustrierte Flora von Mitteleuropa*, 1st – 3rd ed. (Illustrated flora of central Europe). 1906 ff.

Heywood, V. H., ed., *Blütenpflanzen der Welt*. Basle, 1982

Hoppe, H. A., *Taschenatlas der Drogenkunde*. Berlin, New York, 1981

Kaiser, W. D., Vetter, R. R., *Blüten aus Zwiebeln und Knollen*. Leipzig, 1988

Kirschbaum, E., ed., *Lexikon der christlichen Ikonographie*, vol. 3. Rome, Freiburg, Basle, Vienna, 1971

Kraus, G., *Geschichte der Pflanzeneinführungen in die europäischen Botanischen Gärten*. Leipzig, 1894

Krausch, H-D., »Die Einführung der Zierpflanzen nach Mitteleuropa«, in *Beiträge zur Gartendenkmalpflege*. Berlin, 1990

Lack, H. W. & Baer, W., »Ein botanisches Porzellanservice aus Berlin für Kaiserin Joséphine«, in *Willdenowia*, 8 (1978), 235–259

Lack, E. & Lack, H. W., *Botanik und Gartenbau in Prachtwerken*. Berlin, Hamburg, 1985

Léger, C., *Redouté et son temps*. Paris, 1945

Mannering, E., *Pierre-Joseph Redouté: Rosen.* Stuttgart, 1954

Marzell, H., *Wörterbuch der deutschen Pflanzennamen*, vol. 3. 1977

Meyer, K. H., *Gefährten des Gartenjahres: Winterharte Blumenzwiebeln und Knollenpflanzen*. Hamburg, Berlin, 1960

Mölzer, V., *Der blühende Garten*. Hanau, Germany

Nissen, C., *Botanische Prachtwerke: Die Blütezeit der Pflanzenillustration von 1740 bis 1840*. Vienna, 1933

Nissen, C., *Die botanische Buchillustration, ihre Geschichte und Bibliographie*, 2nd ed. Stuttgart, 1966

Meusel, H., Jäger, E. & Weinert, E., *Vergleichende Chronologie der zentraleuropäischen Flora*, vols. 1–2. Jena, Germany, 1965

Ohloff, G., *Irdische Düfte. Himmlische Lust: Eine Kulturgeschichte der Duftstoffe*. Basle, Boston, Berlin, 1992

Perry, F., *Blumen der Welt*. Cologne, Germany.

Pistoia, M., *Blumen und ihre Sprache*. Munich, 1985

Redouté, P. J., *Kakteen und andere Sukkulenten: Eine Auswahl aus den Tafeln zu den »Plantes grasses« von A. P. de Candolle* (Cactuses and other succulents: a selection from the plates to *"Plantes grasses"* by A. P. Candolle). Bearbeitung und Nachwort von Edmund Launert. (Die bibliophilen Taschenbücher, 232). Dortmund, Germany, 1981

Rix, Martyn, *The Art of Botanical Illustration*. London, 1981

Rupprecht, H., Mießner, E., *Zierpflanzenbau: Zierpflanzen von A bis Z*, 2nd ed. Berlin, 1989

rororo Pflanzenlexikon, 5 vols. Reinbek, Germany, 1969

The Royal Horticultural Society, *Dumont's große Pflanzen-Enzyklopädie*, 2 vols. Cologne, Germany, 1998

Schauer, G. K., *Rosen und Tulipan, Lilien und Safran: Gartenlust von gestern und heute*. Brünn [Brno, Czech Republic], München, Vienna, 1943

Schmidt, H., *Die vergessene Bildersprache christlicher Kunst*, 3rd ed. Munich, 1984

Schneebeli-Graf, R., *Blütenland China*, 2nd ed. Vol. 1, *Ornamental plants;* vol. 2, *Useful and medicinal plants*. Basle, Boston, Berlin, 1995

Schneider, W., *Lexikon zur Arzneimittelgeschichte: Sachwörterbuch zur Geschichte der pharmazeutischen Botanik, Chemie, Mineralogie, Pharmakologie, Zoologie*, vols. 1–7. Frankfurt am Main, Germany, 1968–1975

Schöpf, H., *Zauberkräuter*. Wiesbaden, 1986

Schubert, R. & Wagner, G., *Botanisches Wörterbuch. Pflanzennamen und botanische Fachwörter*, 11th ed. Stuttgart, 1993

Stafleu, F. A., "Pierre-Joseph Redouté", in *DSB* 11. New York, 1975

Stafleu, F. A., "Redouté – Peintre de Fleurs", in *A Catalogue of Redoute ana*. Ed. G. H.M. Lawrence. Pittsburgh, 1963

Stearn, W. T., "The Origin and later Development of Cultivated Plants", in *Journal of the Royal Horticultural Society* 90 (1965), 279–291, 322–340

Tergit, G., *Kaiserkron und Päonien rot: Kleine Kulturgeschichte der Blumen*. München, Zurich, 1963

Tutin, T. G. & al., *Flora Europaea*, vol. 3. Cambridge, 1968

Urania Pflanzenreich in vier Bänden. Leipzig, Jena, Berlin, 1994

Vos, de A., "Biographie de P. J. Redouté 1759–1840" in *Belgique horticole*, 1873

Woenig, F., *Die Pflanzen im alten Ägypten*. Leipzig, 1886